U0271873

河北植保六十年

● 河北省植保植检站 编

中国农业科学技术出版社

图书在版编目（CIP）数据

河北植保六十年／河北省植保植检站编．—北京：中国
农业科学技术出版社，2014.7
ISBN 978－7－5116－1757－6

Ⅰ.①河…　Ⅱ.①河…　Ⅲ.①植物保护－概况－河北省
Ⅳ.①S4－122.2

中国版本图书馆 CIP 数据核字（2014）第 153981 号

责任编辑　　姚　欢
责任校对　　贾晓红

出 版 者　　中国农业科学技术出版社
　　　　　　北京市中关村南大街 12 号　邮编：100081
电　　话　　(010)82109704(发行部)　　(010)82106636(编辑室)
　　　　　　(010)82109703(读者服务部)
传　　真　　(010) 82106631
网　　址　　http://www.castp.cn
经 销 者　　各地新华书店
印 刷 者　　北京富泰印刷有限责任公司
开　　本　　787 mm×1 092 mm　1/16
印　　张　　44.5
字　　数　　1 200 千字
版　　次　　2014 年 7 月第 1 版　2014 年 7 月第 1 次印刷
定　　价　　198.00 元

◄━◄◄ 版权所有·翻印必究 ►►━►

《河北植保六十年》

编审委员会

主　　任：安沫平

副 主 编：张书敏　李春峰　王贵生

编　　委：(按姓氏笔画排列)

王贵生	王贺军	王维莲	王睿文	毕章宝
任自中	任　英	刘俊田	孙光明	苏增朝
杨彦杰	李同增	李春峰	李润需	肖殿良
张书敏	张志强	张连生	张利增	张振波
张淑玲	陈红岩	范建斌	赵国芳	袁文龙
柴同海	梅勤学	董立新	阚清松	

编写委员会

主　　编：安沫平　李春峰

副 主 编：王睿文　张连生　张振波　袁文龙

编写人员：(按姓氏笔画排列)

马记良	马买林	王丽川	王宝廷	王贵生
王保廷	王晓涛	王　鹏	王睿文	勾建军
白　颖	刘少军	刘永震	刘春茹	纪世东
杨彦杰	杨雪梅	李计勋	李春峰	李　娜
李朝辉	张书敏	张丽萍	张连生	张金华
张莉萍	张振波	张银虎	张淑玲	陈军勇
陈　彦	林英杰	罗东万	赵国芳	赵　禹
赵振明	赵鹏飞	侯文月	姜彦军	袁文龙
栗梅芳	高　军	席建英	梅成斌	寇奎军
韩永生	鲁洪斌	阚清松	翟国英	

序　言

作为从事农业工作多年的农民子弟，对农业、农村、农民的感情已浸入骨髓，无法割舍。看到《河北植物六十年》这本书，蓦然间回想起在农村劳动时与病虫害作斗争的情形，不禁有些感慨。历史上，蝗虫与旱、涝并列为三大自然灾害，粘虫被称为"神虫"，都被认为是人力无法抵御的天灾，其造成的为害和饥荒令人触目惊心，严重时甚至不亚于战争的破坏力。

建国以后，特别是改革开放以来，我省植保工作得到了长足发展，从无到有，不断壮大，成为保障农业生产特别是粮食生产的中坚力量。从编制、人员、装备和设施等几方面综合看，植保机构已成为是我省农业技术推广体系中最为完善的队伍之一。在防治手段上，通过多年不懈的努力，实现了从"人背机子"到"机子背人"的跨跃，各类中小型航空器也开始大显身手，我省大中型自走式施药机械、直升机、无人机的保有量和作业面积大幅增加，专业化统防统治队伍不断扩大、服务能力和水平快速提高，植保机械化步伐显著加快。在防治措施上，从传统的以消灭病虫保数量为目的短期行为，发展到着眼于农产品质量安全、农业生态安全和农业生产安全并重的可持续发展道路，大量基于生物、物理和低毒化措施的植保新技术得到了广泛应用，"公共植保、绿色植保、科学植保"的理念得以充分体现。同时，随着监测队伍、装备和水平的不断提高，植保机构的应急防控能力显著增强，实现了对东亚飞蝗、草地螟、粘虫、二点委夜蛾、小麦条锈病等暴发性、迁飞性病虫害的准确预测、快速处置和有效控制。毫不夸张地说，我省农产品质量水平的显著改善和连续十几年的粮食丰产丰收，植保工作功不可没。我省植保工作取得的成绩有目共睹，也得到了社会各界与各级领导的肯定和认可，《河北植物六十年》对这些工作加以精炼、浓缩，进行全面回顾，并正式出版发行，是植保从业人员的福音。

这本书覆盖面广，资料丰富，亮点颇多，既是对前一阶段六十多年植保工作全面、系统的总结和梳理，也为今后植保工作的发展提供了很多思路和方法。希望广大植保工作者以此为起点，按照中央实现"中国梦"的战略部署，抓住农业现代化、信息化快速发展的契机，继续发扬植保人开拓创新、不怕苦、肯钻研的实干精神，在新的历史阶段为保障农业生产安全和农产品质量安全做出更大的贡献。

王睿文

2014 年 7 月

目　录

第一篇　总　　论

第二篇　专　题　篇

第三篇　地　方　篇

石家庄市

唐山市

第四篇　人　物　篇

第一篇 总 论

河北省省级植保机构设置发展

河北省植保植检站

河北省植保植检站前身为河北省农业局植保处，1983 年原河北省农业局改为河北省农业厅，植保处及其下属的生防站、测报站和检疫站组建为河北省植保总站，2007 年 8 月更名为河北省植保植检站，隶属于河北省农业厅。

1984 年 1 月 25 日，冀编〔1984〕22 号文件，批复河北省农业厅经事企业单位机构改革，并报省政府领导批复，事业单位河北省植保总站编制 40 名。

1987 年 7 月 16 日，冀编〔1987〕103 号文件，通知河北省农业厅，河北省植保总站接收增加事业编制 1 名。

1989 年 7 月 5 日，冀编〔1989〕82 号文件，批复河北省农业厅，省植物保护总站增加 1 个副处级职位，主管植物检疫工作；在河北省植物保护总站现有 41 名事业编制的基础上再增加 7 名编制，新增编制只许调入植物检疫专业技术人员，所需经费由河北省财政厅解决。

1990 年 4 月 2 日，冀编〔1990〕40 号文件，批复河北省农业厅，在河北省植保总站内设立河北省农药检定所，定事业编制 10 名，承担全省农药管理工作及农药质量检测，残留分析和药效鉴定等项业务。河北省植保总站可增加处级干部职数 1 名，具体负责药检所工作。

1995 年 11 月 16 日，冀机编办〔1995〕99 号文件，批复河北省农业厅河北省农药检定所从河北省植保总站内划出单独设置，其职能和经费开支渠道不变。省植保站人员编制减为 48 名。

2007 年 8 月 2 日，冀机编办控字〔2007〕340 号文件，批复河北省农业厅，经省委、省政府同意，河北省植保总站更名为河北省植保植检站。主要职责：负责从国外引种和国内植物检疫审批工作；负责植物检疫登记、植物及其植物产品的调运检疫和产地检疫；负责在非疫区植物检疫对象科研和教学研究批复的具体事务性工作；负责植物疫情的监测与封锁控制；负责具体的植物保护管理工作；承担突发农业有害生物事件应急管理工作；负责农业有害生物的监测、预报；制订农业有害生物的治理方案，并组织实施；管理农药的使用，组织植物保护新技术、新农药、新药械的试验、示范、评估和推广；组织开发和推广无公害农产品的生产技术；负责植物保护行业从业人员职业技能鉴定的审查申报工作。为相当处级事业单位，事业编制 48 名，核定领导职数 4 名，经费形式为财政性资金基本保证。

河北省植保植检站作为省级植保植检部门，带领、指导全省各级植保机构围绕粮食增产、农民增收、农业增效，及时有效开展了农作物有害生物监测预警和防控工作，控制了蝗虫、草地螟、小麦条锈病等重大病虫危害，保证了粮食生产能力不断提高，外来有害生物得到有效控制，农药管理和科学用药水平稳步提高，为农业生产安全、农产品质量安全和农业生态安全做出了贡献。

【历任领导】

副站长（主持工作）陆庆光（1983 年至 1986 年 2 月）

站长　杨志中（1986 年 2 月至 1988 年 7 月）

站长　张国宝（1988 年 7 月至 1996 年 9 月）

站长　李永山（1996 年 9 月至 2002 年 6 月）

站长　王贺军（2002 年 6 月至 2011 年 11 月）

站长　安沫平（2011 年 11 月至今）

【河北省植保植检机构的演变与发展】

1954 年 7 月河北省农业厅下设河北省植物检疫站，配备检疫人员 15 人，负责监督检疫调入、调出河北省的种子、苗木。

1954 年 9 月，河北省农业厅技术推广所内设植物保护科。

1955 年年初，河北省农业厅设立植保处，编制 28 人。植物检疫站附设在植保处内。

1963 年，河北省农业厅增设植保处，编制 10 人。

1967～1971 年，河北省植保植检机构组织陷于瘫痪。

1975 年河北省编委批复河北省农业厅成立植物检疫站，行政编制 8 人。

1979 年 7 月，成立河北省病虫测报站和河北省生物防治试验站，编制各 30 人。

1979 年 8 月，河北省农业厅设立植保处，形成一处三站的植保植检机构。即在植保处领导下的植物检疫站、测报站和生防站。

1983 年，河北省农业厅成立河北省植保总站，编制 45 人。

1989 年，河北省编委在原有 41 人编制的基础上，新增植保总站编制 7 人，均为检疫人员，总编制 48 人。

2013 年，为了适应现代植保植检工作，立足植保植检工作的长远发展，结合河北省植保植检站工作实际，按照《河北省农业厅关于省植保植检站调整科室名称与增加科室的批复》（冀农人发〔2013〕8 号）精神，内设科室由原来的 6 个变更为 7 个，在原有科室基础上，重新进行科室设置和职能分工。科室调整后具体设置如下：资源管理科、监测预警科、防治督导科、执法监督科、药械安全科、体系建设科、综合信息科。

河北省现代植物保护体系构建研究

河北省植保植检站

现代植保体系是适应经济、社会和生态总体要求，以服务现代农业为主要任务，以现代科技、现代装备、现代人才和政策保障为支撑，实现农作物病虫害可持续治理的新型农业防灾减灾体系。为增强河北省重大病虫监测预警、防控治理和检疫监管能力，提升植保防灾减灾整体水平，根据《农业部关于加快推进现代植物保护体系建设意见》（农农发〔2013〕5号），河北省植保植检站围绕构建现代植保体系进行了专题调研，提出了2013～2020年河北省现代植保体系建设的基本构想，确立了目标任务、建设重点和保障措施。

一、河北省植保体系现状

（一）植保公共服务体系

1. 植保机构职能

植保公共服务体系主要是由县级以上植物保护机构组成，负责具体的植物保护管理工作。主要职能：贯彻、执行有关植物保护、植物检疫的法律、法规。负责农业有害生物的监测、预报，制订农业有害生物的治理方案并组织实施，组织开发和推广无公害农产品的生产技术，管理农药的使用，组织植物保护新技术、新农药、新药械的试验、示范、评价和推广，培训植物保护技术人员并进行资格审查与认证，宣传普及植物保护科学技术知识，组织开展植物保护防灾减灾和社会化服务；依法开展植物检疫，履行法律授权的行政执法职能。

2. 机构设置和基础设施

河北省设县级以上公共植保机构172个，其中，省级1个，市级包括11个设区市和定州市、辛集市，县级植保机构158个。已建和在建的植保工程项目共121个：14个国家级蝗虫地面应急防治站，1个防蝗专用飞机场，1个省级农业有害生物预警与控制分中心，55个农业有害生物预警与控制区域站，50个植保田间观测场及应急药械库。

3. 人员队伍

河北省县级以上植保机构有工作人员1 238人，其中专业技术人员1 020人。河北省植保植检站有专业技术人员42人，其中，农业技术推广研究员15人、高级农艺师11人、农艺师4人；11个设区市和辛集市、定州市植保机构专业技术人员142人，其中，农业技术推广研究员15人、高级农艺师52人、农艺师40人；158个县级植保机构有专业技术人员836人，其中，中级及以上专业技术人员625人。另外，全省有乡（镇）植保技术人员1 063人，村级植保员3 148人。

（二）专业化统防统服务体系

河北省现有专业化统防统治组织5 208个，其中，经注册登记且在农业部门备案的有2 134个。从业人员65 020人，其中，持证上岗人员19 025人；专业化防治机械装备总量90 904台，其中，大中型施药机械7 011台；日作业能力342万亩（1亩≈667m²，全书同）。河北省年专业化统防统治总面积3 195万亩，其中，主要粮食作物小麦专业化统防统治面积1 406万亩，玉米专业化统防统治面积968万亩。

二、植保体系存在的问题

（一）植保公共服务体系

1. 基础设施薄弱

植保基础设施与现代农业发展的要求不适应性。一是除国家和省投资建设的农业有害生物预警与控制区域站（点）外，仍有近三分之一的县（市、区）植保基础设施落后，缺乏必要的仪器设备、田间调查交通工具和信息传递手段。乡（镇）级植保基础设施更为薄弱，94%的乡（镇）农综站没有病虫监测专用的仪器设备，基层农作物病虫监测调查、植保技术推广工作很难正常开展。二是"十五"期间及"十一五"前期建设植保工程项目的设施设备老化严重，许多仪器设备已经到了报废年限，亟须补充更新。

2. 技术力量不足

植保专业技术人员数量少力量弱。河北省中级职称以上的植保专业技术人员只有762人，数量明显偏少。县级技术人员年龄老化问题突出，40岁以下的专业技术人员严重缺乏；70%以上的植保机构只有2~3名技术骨干，力量十分薄弱。另外，61%的乡（镇）没有植保技术人员，现有乡（镇）植保技术人员中基本没有农业专业院校毕业生，基层乡（镇）植保技术力量更为薄弱。

3. 经费短缺

河北省有76个县级植保机构全年没有工作经费，植保工作的正常开展受到严重影响。国家已经投资建设的植保工程项目，普遍缺乏病虫观测场和实验室正常运行维护的费用，监测预警和应急控制的功能难以得到充分发挥。另外，乡（镇）和村级植保技术人员工资得不到保障的现象较为普遍，专项工作经费几乎为零。

（二）专业化统防统治服务体系

1. 服务能力弱

河北省可以提供专业化统防统治服务的组织数量虽然不少，但主要以农资经营为主，规模小、装备落后、服务能力差。大部分服务组织以代防代治和单一病、虫、草害阶段防治为主，作物全生育期、全程承包防治面积小，服务质量难以保障。加之从事专业化统防统治服务风险大、效益低，因此植保社会化服务还缺乏足够的吸引力。目前，河北省专业化统防统治整体还处于发展的初级阶段，市场服务能力与建设现代农业的目标要求相比还存在相当大的差距。

2. 市场环境尚不成熟

受土地承包经营方式和传统病虫害防治形式影响，大部分地区农民已经形成了一家一户分散防治的习惯，对专业化统防统治的需求不如对机收、机播要求那么迫切，农民认同专业化统防统治的程度仍处于较低水平，参与的积极性普遍不高，市场需求不旺。

三、构建现代植物保护体系的必要性

（一）构建现代植保体系是发展现代农业的客观要求

病虫害防控是农业生产过程中用工最多、强度最大、技术要求最高的环节之一。随着工业化、信息化、城镇化和农业现代化的深入推进，农村劳动力结构性短缺问题凸显，"谁来防病治虫"已成为制约农业生产稳定发展的重大难题。建设现代植保体系，应用现代植保科技开展病虫害防控，可以促进传统的一家一户病虫害分散防治方式向专业化统防统治转变；有利于病虫防控集成技术的推广应用，提高防治效果、效率和效益；对促进农业生产经营方式转变，提高农业生产的规模化、集约化、专业化和标准化水平具有重要意义。

（二）构建现代植物保护体系是确保粮食安全的战略举措

粮食安全事关国家经济发展和社会稳定的大局。确保国家粮食安全是建设现代农业的首要任务，也是植保防灾减灾的第一要务。随着全球气候的变化、耕作制度的变革和农业贸易的增加，河北省病虫害发生发展出现新变化新情况，一些跨区域迁飞性、流行性、暴发性重大病虫发生的频率增加，一些地域性和偶发性病虫发生范围扩大、危害程度加重，植物检疫性有害生物传入和扩散蔓延的危险进一步加剧，河北省粮食安全面临着巨大的威胁。加强现代植物保护体系建设，提升植保防灾减灾能力，充分发挥其对农业生产的保障作用，是确保粮食安全的重要举措。

（三）构建现代植物保护体系是保障农产品质量安全和农民增收的迫切需要

在经济发展和人民生活水平不断提高的背景下，农产品农药残留超标问题越来越受到广泛关注。目前，施用农药仍然是主要的植物保护措施，农产品质量安全在今后相当长的时期内仍然会受到农药残留问题的困扰。建设现代植物保护体系，改善用药结构，减少农药使用量，实现科学、合理、安全用药，在生产过程中控制农药毒素残留，是保障农产品质量安全的关键措施。改变病虫防控手段，提高病虫害防治的集约化、规模化和社会化程度，降低防治投入成本，提高防治效果、效率和效益，是促进农民增收的重要途径。

四、现代植物保护体系建设的目标和要求

（一）建设目标

1. "十二五"目标

到 2015 年，在粮食主产区率先建立健全植保公共服务体系和社会化服务体系。以改善物质装备条件、增强科技支撑和提升重大病虫害防控处置水平为重点，初步形成职责明晰、管理有序、合理运转的现代植保体系框架。小麦、玉米主产区专业化统防统治覆盖率和蔬菜生产基地绿色防控覆盖率均达到 40% 以上。

2. "十三五"目标

到 2020 年，全面建成职责明晰、管理规范、运转高效、执行有力的省、市、县三级植保公共服务体系，健全基层植保社会化服务网络。实现监测预警信息化、物质装备现代化、应用技术集成化、防控服务社会化、人才队伍专业化和行业管理规范化。专业化统防统治和绿色防控在粮食作物主产区和经济作物优势区实现全覆盖，重大病虫害得到可持续治理。

（二）总体要求

树立"科学植保、公共植保、绿色植保"理念。以整合项目资源、加大政策扶持、增加资金投入为基本手段，以现代科技、现代装备、现代人才、集成技术和政策保障为重要支撑，构建适应农业、农村和经济社会发展的新型农业防灾减灾体系。着力促进防控策略由单一病虫、单一作物、单一区域防治向区域协防和可持续治理转变，着力促进防控方式由一家一户分散防治向专业化统防统治和联防联控转变，着力促进防控措施由主要依赖化学农药向绿色防控和综合防治转变，促进人与自然和谐发展，为保障粮食安全和农产品质量安全提供强力支撑。

因地制宜，分类指导。11 个设区市本级和定州、辛集、藁城、迁安、武安、遵化、三河等经济较发达的地区，率先实现现代植保体系的建设目标。86 个粮食生产大县重点加强经营性社会化服务体系建设，24 个蔬菜生产大县优先推广绿色防控技术，率先完成专业化统防统治和绿色防控的目标任务。

五、现代植物保护体系的基本架构

（一）省、市、县三级植保公共服务体系

1. 机构人员

植保机构保持稳定。到 2020 年，县级以上公共植保机构数量稳定在 170 个左右，职责明晰，管理规范，运转高效，执行有力。专业技术队伍结构进一步优化。到 2020 年，争取县级公共植保机构的专业技术人员数量达到 950 人。

2. 基础设施

到 2015 年，建成农业有害生物预警与控制区域站 56 个，建成县级植保观测场及应急药械库项目 59 个，建成植物网络医院中心院 1 个，分院 11 个。到 2020 年，植保工程项目在全省县级以上行政区域实现全覆盖。植物网络医院分院（点）建设 40 个，基本覆盖全省粮食作物主产区和经济作物优势区。

（二）县级以下植保技术服务网络

到 2020 年，争取建设乡（镇）病虫观测点 2 000 个，每个乡（镇）配备 1 名植保员，农作物病虫害监测范围乡（镇）一级实现全覆盖。

（三）专业化统防统治服务体系

到 2015 年，发展作业能力 3 000 亩以上的专业化统防统治服务组织 5 400 个，86 个粮食生产大县的小麦、玉米等主要粮食作物专业化统防统治覆盖率达到 40% 以上，蔬菜生产基地绿色防控覆盖率达到 40%。到 2020 年，发展作业能力 3 000 亩以上的服务组织 13 400 个，86 个粮食生产大县主要粮食作物的专业化统防统治覆盖率和经济作物优势区绿色防控覆盖率达到 100%。

（四）法律法规及技术援助体系

到 2020 年，植物保护法律法规以及相关的政策、规章、制度基本完善。成立省级植保科技创新团队，负责植保前沿技术的研究。建立农科教和产学研合作运行新机制，承担植保实用技术的研究和推广，缩短植保新技术、新产品的推广应用周期。植物保护相关的法律法规和技术援助体系基本完备。

六、现代植物保护体系建设的重点

(一) 植保公共服务体系

1. 植保机构

通过增加财政专项投入和实施植保工程，强化植保机构的公共服务能力。健全省、市、县三级植保公共服务体系，形成属地管理、责任明确、相互协调的三级联动机制。根据种植结构和农业有害生物发生分布特点，科学布局乡（镇）、村级植保观测点，增加粮食主产区、蔬菜大县和重点疫情防控区域监测站点的密度，减少重大病虫疫情监测盲区。

2. 人员队伍

推动植保用人制度改革，采取公开招聘、竞争上岗、择优聘用的方式，选拔有真才实学的专业技术人员进入植保队伍。增加专业技术力量配置，县级植保机构原则上每10万亩配备1名以上植保专业技术人员，环境复杂或病虫害多发重发地区还应适当增加专业技术人员的数量。县级以上植保机构的管理人员和专业技术人员，至少每5年轮训一次。另外，全省每个乡（镇）配备1名植保员，逐步建立村级农民植保员队伍，乡（镇）植保员和村级农民植保员，每个聘期培训不少于一次。

(二) 专业化统防统治服务体系

争取扶持政策，加大支持力度，把专业化统防统治引入快速、健康发展的轨道。加强专业化统防统治宣传，提高广大农民参与的积极性，引导社会资本进入专业化统防统治领域。利用植保机构的管理和技术优势，协助有发展潜力的服务组织拓宽发展空间；培育各类典型样板，抓好示范带动；提供病虫信息和技术方案，帮助服务组织提高防治效益；履行管理职责，维护服务组织的合法权益和广大农民的利益。推动出台针对专业化统防统治的财政、税收、金融、保险和奖励政策，为专业化统防统治发展提供有力保障。

在植保社会化服务体系中，我们还应关注各类植物保护中介组织的发展。随着政府职能的转变，中介组织会逐渐"去行政化"，随着市场在资源配置中作用的增强，各类中介组织会更多地承担政府购买的服务。植物保护行业协会等中介组织将迎来新的发展机遇，数量会不断增长，承担的服务内容会将更加全面，在植保体系中发挥的作用和影响力也会不断增强。

(三) 植保行业标准化体系

大力推进植物保护行业标准化进程。进一步完善植保法规，建立健全相关的行业标准和技术规范。提出《植物检疫条例》和《河北省植物保护条例》的修订意见，修改《植保事故纠纷现场鉴定办法》《河北省区域测报站考核管理办法》等配套办法。完善和修订病虫害防治相关的技术标准和规范，健全规范化的技术实施流程和效果评价体系。探讨制订疫情损失补偿标准，力争把农民在疫情防控中的损失降到最低。提高各项技术标准的实用性，从制订单一作物单一病虫的防治标准，向以作物整个生育期防治为主体的"集成"技术标准转变。开展有害生物监测预警、信息管理、防控指挥、试验示范、检验检疫、社会化服务管理等综合标准的制订工作，强化植保工作法制化、标准化、规范化建设，推动现代植保体系走上标准化运行轨道。

(四) 体系功能建设

1. 植保信息化建设

建立健全植保信息化平台，完善重大病虫害监测预警网络、防控指挥调度网络和检疫监管网络。在现有的河北省植保信息网、河北省植物网络医院中心院基础上，充分应用物联网、全球定位系统、地理信息系统以及雷达遥感监测等现代信息手段，加快构建省、市、县三级农作物病虫害监测预警信息系统、病虫诊断和防控指挥系统、检疫审批和疫情追溯系统，实现数据自动化、标准化采集和数字化、网络化传输，以及信息多元化、可视化发布和便捷化、系统化管理，提升农作物病虫害监测预警、防控指挥、检疫监管和技术服务的信息化水平。

2. 重大病虫防控及应急处置

健全重大病虫防控指挥系统，建立省、市、县、乡、村五级联动机制。在重大病虫发生的关键区域，建立一批由专业化防治组织、种植大户、农药械经销商和专业农民组成，具备先进技术和现代装备的专业应急防治队伍，增强重大病虫的应急防治能力，使迁飞性、流行性、暴发性重大病虫实现区域性联防联控。发挥重点植保科技示范园区的示范带动作用，按照农业有害生物综合治理技术规范，推广农业防治、物理防治、生物防治和生态控制，提高病虫害绿色防控技术的普及率。加强重大植物疫情阻截带和关键疫情监测点建设，加大检疫性有害生物的监测调查和阻截处置力度，提升重大植物疫情防控水平。

3. 植保科技创新与技术推广

推动农科教和产学研协作攻关，为农作物病虫害防治提供先进的技术支撑。加大新病虫发生规律、监测预警和综合治理的基础性研究。着力解决检疫性有害生物、土传病害、地下害虫、恶性杂草等困扰当前农业生产的重大病虫防治技术。加快新型农药、药械的引进和应用，大力推广高效低毒低残留农药和生物农药，推广自走式喷杆喷雾机、农用无人飞机等大型高效植保机械。及时为农药、药械研发、生产企业反馈产品使用效果和市场需求信息，引导相关企业和单位加大高效环保型新药剂、新剂型和新器械的研发生产。加强病虫害防治集成技术的研究和推广，组织开展农机农艺融合模式的探索，解决专业化统防统治发展中遇到的技术难题。

4. 植保植检执法监管

树立法制植保理念，强化依法实施植物保护和植物检疫管理的意识。加强执法队伍管理，健全执法人员准入、退出机制。培养基层执法骨干，培育执法样板县，着力建设一支业务熟练、执行有力、作风过硬的执法队伍。扎实推进检疫执法，严格国外引种检疫、产地检疫和调运检疫行政审批；狠抓大型繁种企业、种子种苗集散地的管理，加强重点区域、重点作物和关键环节的检疫监管；建立植物检疫联合执法与区域协调联动机制，加大跨区域协同执法检查的力度。探索《河北省植物保护条例》行政执法，逐步开展病虫信息发布、区域站管理、植保社会化服务等方面的执法检查。健全执法责任制和责任追究制，加强植保队伍内部履职履责的监管，全面推进植保法制化进程。

七、保障措施

（一）加强组织领导

各地要积极争取当地党委、政府对植保植检工作的重视，争取财政等有关部门的支持，按照重大病虫疫情"政府主导、属地责任、联防联控"的要求，强化组织领导，完善县级以上重大病虫防控指挥机构，密切部门间的协作与配合，突出政府和部门在重大病虫疫情防控中的作用。加强督导检查，将病虫害监测防控、疫情处置等工作纳入农业部门的考核事项。

（二）完善规章制度

根据有关的法律法规，结合河北省实际，制订和完善植物检疫、病虫害监测防控、植保社会化服务、植保工程项目管理、农药安全使用等规章制度，健全植物保护法律法规支撑体系，提高植保工作的法制化、规范化水平，为现代植保体系建设提供制度支撑。建立工作考核激励机制，鼓励植保科技人员深入基层开展试验示范和推广服务。

（三）增加财政投入

积极争取各级财政专项资金对现代植保体系建设的支持，多渠道增加植保防灾减灾的资金投入。保障植保机构开展病虫害监测预警、防控指导、植物检疫等日常工作所需的经费。加大粮食主产区病虫害专业化统防统治工作的支持力度。增加重大植物疫情铲除和实施绿色防控技术的补贴。加强基层植保技术人员接触有毒有害物品的劳动保护，落实相关的福利待遇。

八、结论

构建现代植物保护体系是农村经济和社会发展的必然要求，是发展现代农业的必由之路，是破解推进工业化、城镇化带来的"谁来防病治虫"难题的关键举措。各级政府应高度重视现代植保体系建设，制订发展规划，出台支持政策，加大财政投入。各级农业部门、植保机构应履职尽责，广泛宣传，积极行动，用现代理念、现代科技、现代装备、现代人才，尽快构建实现农作物病虫害可持续治理的现代植物保护体系，为粮食安全、农产品质量安全、生态环境安全和农民增收提供保障，为实现党的"十八大"确立的发展目标做出应有贡献。

调研课题组负责人：安沫平

成　　　　　员：阚清松、高　军、肖洪波、李令蕊

薛　玉、王　静、勾建军

河北省农业植物保护事业发展 30 年

阚清松

（河北省植保植检站）

摘　要： 改革开放 30 年，河北省植物保护事业经历了恢复调整、完善发展和全面提升 3 个阶段。在农业部、河北省政府的领导和全省植保工作者的努力下，植物保护机构逐步健全，植保队伍日益壮大，基础设施明显改善，农作物病虫害监测预警与控制能力显著提高，为粮食安全、农产品质量安全、农业生态安全和人民生活水平的提高提供了有效保障。

关键词： 河北；植物保护；发展 30 年

一、农业生产和农业有害生物发生概况

（一）农业生产简况

河北是农业大省，可耕地面积达 9 000 多万亩，是全国粮、棉、油集中产区之一。农作物种类较多，粮食作物主要有小麦、玉米、谷子、水稻、高粱、豆类等。河北是全国三大小麦集中产区之一，常年小麦播种面积约 3 000 万 ~ 4 000 万亩（15 亩 = 1 公顷。全书同），总产量一般占全省粮食产量的 1/3 以上。经济作物主要有棉花、花生、糖用甜菜和麻类等。河北也是全国主要产棉区之一，曾被誉为"中国产棉第一省"。河北省的果树资源丰富，分布广、产量大，有许多享誉海内外的果品，如昌黎苹果、宣化牛奶葡萄、深州蜜桃、赵县雪花梨、京东迁西一带的板栗、产于泊头、辛集等地的"天津鸭梨"、沧州金丝小枣和赞皇大枣等。农业在河北历史上占有举足轻重的地位。

（二）农业有害生物发生动态

1. 农业有害生物发生总体情况

河北省地域辽阔，地形、地貌复杂，气候差异大，为害农作物的病、虫、草、鼠种类多、发生频繁，是农业生物灾害多发省份之一。农业有害生物常年发生面积约 5 亿亩次。常发性农业有害生物 100 多种，主要有东亚飞蝗、土蝗、草地螟、小麦条锈病、麦蚜、小麦吸浆虫、麦田禾本科杂草、玉米螟、黏虫、稻水象甲、稻瘟病、棉花枯萎病、黄萎病、棉铃虫、棉盲蝽象、花生蛴螬、大豆孢囊线虫、番茄早疫病、晚疫病、灰霉病、瓜类霜霉病、白粉病、美洲斑潜蝇、蔬菜根结线虫病、农田鼠害等。新发生的病虫种类有玉米褐斑病、玉米皮蓟马、瑞典蝇、黄顶菊、黄瓜绿斑驳花叶病毒病等。随着产业结构、耕作制度、生态环境等因素的变化，农业有害生物的发生也不断呈现出新的特点。

2. 农业有害生物发生呈上升趋势

据统计，1978 年全省农业有害生物发生 2.1 亿亩次，其中，虫害 1.7 亿亩次，病害 0.2 亿亩次。2008 年全省农业有害生物发生面积 5.7 亿亩次，是 1978 年的 2.7 倍；虫害 3.3 亿亩次，是 1978 年的 1.9 倍；病害 1.2 亿亩次，是 1978 年的 6 倍。

3. 严重影响粮食安全的暴发性、迁飞性和流行性病虫为害程度增加

蝗虫连年猖獗。蝗虫年发生面积 1 000 万亩以上，其暴发性对农业生产安全构成很大威胁。草地螟在张家口、承德地区每年发生面积 600 万~650 万亩。小麦条锈病常发面积在 800 万~900 万亩。小麦吸浆虫发生范围逐年扩大，年发生面积 800 万~1 000 万亩。

4. 南病北移、南虫北扩

原长江流域的小麦纹枯病、赤霉病在河北省年发生已达 1 000 多万亩。小麦吸浆虫、玉米耕葵粉蚧由南部地区北移东扩至唐山和衡水等地，耕葵粉蚧已传入张家口。美洲斑潜蝇已遍及全省蔬菜产区。

5. 次要病虫上升为主要病虫

棉盲椿象、棉蚜、红蜘蛛等病虫发生程度逐年加重。棉铃虫在玉米、蔬菜、花生等非棉田的为害呈上升趋势。烟粉虱和线虫病为害蔬菜的问题日益突出。小麦、玉米土传性病害上升迅速。

6. 植物疫情构成潜在威胁

现有危险性性有害生物 68 种。其中，国家进境二类检疫对象 5 种，全国检疫对象 8 种。近年来，传入河北省的稻水象甲、黄瓜绿斑驳花叶病毒病、黄顶菊疫情已经成为植物检疫的重点。外来有害生物的威胁一直存在。

二、植保体系建设历程

（一）恢复调整阶段

1. 机构恢复，职能调整

1978~1983 年，"改革开放开始"至"省机构改革"是河北省植保体系的恢复调整时期。经历了"文革"以后，国家社会经济重新步入了发展的轨道，植保体系也由"基本瘫痪"逐步得到恢复。1979 年，省农业厅设立了植保处，下设病虫测报站、生物防治试验站和植物检疫站。1983 年省级植保机构由植保处改为植保总站，依工作性质下设综合、检疫、测报、综防、药械 4 个科室。在此期间，各县也相继恢复了植保机构，调整了工作职能，植保工作开始步入正常轨道。

2. 第一个植保公司成立

1979 年，容城县植保站建立了全省第一个县级植保公司，面向基层，面向农民，开展技术咨询、技术服务、开方卖药。这一新生事物受到各级政府的支持和农民的欢迎，发展十分迅速。

3. 国家投资生防厂建设

国家投资建设具有一定生产能力的生防厂 10 个。到 1983 年，形成生产"7216"工业菌粉 45t、松毛虫赤眼蜂 100 亿头、"769"抗菌素 10t、棉铃虫核多角体病毒毒虫 20 万条的生产能力，生防面积达 30 万亩。

（二）完善发展阶段

1. 体系逐步完善，工作全面推进

1984~1997 年是植保工作的完善发展阶段。这个阶段的特点是：植保机构趋于稳定、植保队伍日益壮大、植保体系逐步完善，以经营促服务的植保社会化服务全面展开。

2. 农作物病虫草鼠测报网络初具规模

1984～1985年，根据农业有害生物监测工作需要，馆陶、冀州、康保等32个县确定为粮棉油病虫测报重点县，张北、卢龙、青县等8个县确定为鼠情观测重点县；邯郸、石家庄、张家口、秦皇岛等4个市的郊区确定为蔬菜病虫测报重点。地、市、县普遍实行测报岗位责任制，每个县植保站建立5～10个虫情测报点。1988年，石家庄、武安、饶阳等21个县（市）纳入全国农作病虫测报网。曲周、阜城、定州等10个县植保站确定为省农作物测报网区域测报站。同时，确定40个县作为小麦、玉米、蝗虫、棉花、花生等病虫测报点。国家、省级测报体系基本构架初步形成。

3. 植保社会化服务全面展开

到1992年，全省植保机构和农业技术推广单位所属的植保公司、植物医院已达5 627个，80%以上的植保机构采用了以农药经营促进植保社会化服务的推广模式。植物医院、植保公司的诞生适应了当时农村生产力发展水平、农业生产形势和农民的需求，植保技术、植保产品通过这些公益性、经营性组织传递到千家万户和田间地头。

4. 机构变动，职能调整

1996年省级植保机构发生了较大变动，进出境植物检疫划归河北出入境检验检疫局，农药管理独立建所。省及市县级植保机构的业务发生了相应的调整，进出境植物检疫、农药管理业务与植保机构脱离。

（三）全面提升阶段

1. 植保事业进入快速发展轨道

1998～2008年为植保事业全面、快速发展阶段。这个阶段的主要特点是，国家对植保工作的投入加大，植保基础设施明显改善，公共植保体系向基层延伸，植保社会化服务重新兴起。

2. 植保基础设施明显改善

2001～2008年，国家累计投资1.9亿元，建设植保工程、国家优质粮工程植保项目57个。省财政投资2 218万元，为部分县植保机构更新了病虫观测、检验鉴定等设备。河北省植保机构的硬件设施明显改善，农业有害生物预警与控制能力大幅提升。

3. 公共植保体系向基层延伸

2008年，河北省委通过了《中共河北省委关于认真贯彻党的十七届三中全会精神进一步推进农村改革发展的意见》，全省按照部署提升农业公共服务能力，部分县启动了试点建设，力争3年内在全省普遍健全乡镇或区域性农技推广、动植物疫病防控、农产品质量监管等公共服务机构，逐步建立村级服务站点。

4. 植保社会化服务重新兴起

20世纪90年代末至21世纪初，随着市场经济的发展和政府职能的转变，各级植保机构成立的植物医院、植保公司纷纷与原机构脱离，推向了市场，植保机构的职能由"经营服务型"转变为"公共服务型"。随着城镇化加快和农村劳动力的转移，"十一五"期间，农业机械化程度加快，植保社会化服务出现了植保专业机防队、植保专业合作社等新型服务组织，其机械化、专业化和组织化程度高，呈现出强大的生命力。截至2008年年底，全省各类植保专业化防治服务组织达6 788个，从业人员38 445人；拥有大型喷雾器11 000台，机动喷雾器28 000台；专业化防治服务面积近1 000万亩。

（四）公共植保体系现状

截至 2008 年年底，全省有公共植保机构 175 个：省级植保机构 1 个，市级植保机构 12 个，县级植保机构 162 个；从业人员 1 153 人，其中，专业技术人员 952 人。具备一定预警与控制能力的国家投资的区域性站点 57 个："河北省农业有害生物预警与控制分中心" 1 个，"蝗虫防治专用机场" 1 个，"蝗虫地面应急防治站" 14 个，"农业有害生物预警与控制区域站" 41 个。省财政补助的 "植物有害生物防控体系" 监控站点 22 个。

三、植保防灾减灾卓有成效

（一）农业有害生物防控成效显著

1. 农业有害生物监测预警能力明显提高

农业有害生物系统监测对象由 1978 年的 10 种增加到 45 种；中、长期预报准确率达到了 85% 以上，短期预报准确率达到了 95% 以上；新增区域性监测站点 79 个，疫情阻截带监测点 110 个。信息技术在植保工作中得到广泛应用，62 个县的田间虫情观测实现了自动化，测报数据、预警信息的网络传输在植保工程项目县率先实现；41 个县级植保机构可以独立制作、发布病虫信息电视预报；省站开发的 "河北省农作物有害生物信息化系统" 软件成功推广应用；国外引种植物检疫实行了网上审批，调运检疫实现了微机出证。

2. 农业有害生物灾害控制取得显著成效

流行性、暴发性、迁飞性重大农业有害生物危害得到有效控制，蝗虫、草地螟做到了不迁飞、不成灾，棉铃虫、玉米螟危害进一步下降；小麦锈病、赤霉病、白粉病得到及时防治。常发性农业有害生物危害损失率控制在 5% 以下。植物疫情控制有力，扑灭了昌黎县引进法国酒葡萄苗木发生的一类进境检疫性有害生物番茄环斑病毒，消除了进口阿根廷小麦携带的假高粱疫情，控制了稻水象甲、豚草、黄瓜绿斑驳花叶病毒病、黄顶菊等植物疫情的传播蔓延。

据统计，2008 年经防治年挽回粮食损失 377.8 万 t，棉花 48.6 万 t，油料 15.4 万 t，蔬菜 364.4 万 t，果品 251.2 万 t，其他经济作物 11.8 万 t。与 1978 年同比，挽回粮食损失增长了 6.7 倍，挽回棉花损失增长了 3.9 倍。

（二）植保技术推广应用业绩突出

1. 植保技术推广工作取得辉煌成就

小麦、玉米、棉花、油料、蔬菜等主要农作物病虫害综合防治技术不断改进并得到推广普及，蝗虫、稻水象甲等突发性有害生物控制技术研究取得突破。在植保技术研究、推广领域牵头或合作的植保项目成果丰硕：获得国家级奖励 5 项，其中 "东亚飞蝗勘察及可持续控制技术推广应用"、"农业害虫监测及灯控技术研究" 获国家科技进步二等奖；"棉花害虫预测预报标准、区划和测报研究" 获国家科技进步三等奖；省部级 "科技进步"、"丰收计划" 奖励 26 项，其中，"检疫性有害生物稻水象甲在河北发生规律及其控制技术研究" 获河北省省长特别奖和省科技进步一等奖，"棉铃虫综合治理技术大面积推广应用"、"棉花害虫施药新技术及示范推广"、"农田蜘蛛种类调查及保护利用研究" 等获省科技进步二等奖。

2. 河北省蝗害生态控制技术应用推广

河北省重点植保技术推广项目。在全国首次运用 3S 技术，应用 GPS 定位并将蝗区划分为常发、多发和偶发 3 个类型区，不同蝗区采用不同的治理对策。常发区为重点应急防治区，偶发区为监测控制区，多发区采取以生态环境改造为核心的生态控制，辅以生物防治措施。多发区重点推广植被改造、生物防治、蓄水育苇 3 种生态控制措施。推广棉花种植、苜蓿种植、蓄水育苇控蝗，绿僵菌、微孢子虫防治等 5 大生态控制技术。2002~2004 年，在沧州、保定、唐山等蝗区推广面积 260.9 万亩，项目实施区覆盖面积占全省适宜推广区域的 66%，高密度群居型蝗群年发生面积由 50 多万亩下降到 3 万亩。控制了蝗害，减少了化学农药用量，保护了水源，蝗区生态有了明显改善。同时，生态控制区种植业、草业加工新增就业人数达 2 万多人，经济效益 10 亿元以上。

3. 小麦病虫草害优化配套防治技术开发与应用

该项技术 1986~1988 年在全省范围推广，综合运用了"小麦白粉病防治"、"黑穗病防治"、"化学除草"、"天敌资源调查"、"麦蚜指标化防治"及"黄腐酸、光呼吸拟制剂利用"等十多项科技成果。在有害生物动态监测的基础上，按小麦不同生育阶段的防治对象，突出治理三虫（地下害虫、吸浆虫、麦蚜），四病（白粉病、黑穗病、丛矮病、锈病），杂草和后期干热风。在技术推广中采取行政领导、防控技术、专家系统相结合，科研、教学、推广、科技示范户相结合，政、技、物相结合，技术承包、配套技术、经营服务、宣传培训、情报信息一条龙组织体系，运用百、千、万亩示范法，试验、示范、推广同步进行。平均挽回损失 21.8%，每亩提高经济收入 26.1%，以点带面示范推广面积4 925.3 万亩。据各示范点对比分析平均亩增粮食 23.6kg，共增粮食 11 亿 kg，省工 2 656个，节省农药 764.6t。

4. 免耕玉米田大龄杂草防除技术推广

该项技术 2001 年列为河北省农业厅科技成果重点推广项目，提出了合理应用"一封一杀"及多项措施协调应用技术，采用了科研单位、推广部门、名牌企业和科技农民相结合的组织形式；服务体系上针对市场和农村经济形势，以实用技术，专家指导，名牌企业、优质农资为基础，建立网络化服务组织，从而加快科技成果的转化。2002~2003 年累计推广面积达 2 272 万亩，占全省夏玉米播种面积的 25.8%，占免耕玉米播种面积的38.4%，与空白对照亩增产玉米 106.5kg。

5. 稻水象甲发生规律及其控制技术推广

检疫性有害生物稻水象甲 1988 年在河北省唐海县首次被发现。1989~1992 年，省植保植检站立项研究，掌握了稻水象甲的发生规律，确定了抓住 3 个关键时期化学防治为主结合生物防治的综合防治措施。稻水象甲综合防治技术和植物检疫行政措施的综合应用，有效减缓了稻水象甲扩散蔓延的速度和为害程度。

6. 无公害蔬菜生产技术规程及技术应用

河北省系列地方标准《无公害蔬菜生产技术规程》采纳了国内外无公害生产技术的最新成果，在多年、多点系统试验验证的基础上制定了 18 种蔬菜的《无公害蔬菜生产技术规程》，对无公害生产中的植保技术进行了量化、简化和优化，技术指标与国内外市场贸易中的质量要求相衔接。技术推广期间统计，年推广面积 306 万亩，亩平均增收 555元，减少成本 11 元，总增收 17 亿元。

7. 农作物主要病虫害灰色系统测报技术、东亚飞蝗综合治理技术、棉铃虫综合防治技术、棉花病虫害综合防治技术、抗虫棉病虫害综合治理技术等植保实用技术的推广

河北省植保植检站长期致力于植保实用技术的应用推广，取得了良好的社会、经济和生态效益，有效保障了粮食安全、农产品质量安全和农业生态安全，推进了现代农业的发展。

四、植保法制化进程取得突破

（一）法规定性植物保护的性质和职能

2002 年 3 月 30 日，河北省第九届人民代表大会常务委员会第二十六次会议通过了《河北省植物保护条例》，同年 7 月 1 日施行，标志着河北省植保法制化进程取得历史性突破。

《河北省植物保护条例》是我国第一部关于农业植物保护的地方性法规，明确了植保机构的公益性，规范了监测和预报、预防和治理、农业重大生物灾害和疫情控制、科研与推广等植物保护行为。《河北省植物保护条例》规定"县级以上人民政府应当把植物保护作为公益性事业纳入国民经济和社会发展计划，稳定植物保护机构，配备专职技术人员和必要的设施，在年度预算中安排植物保护专项经费"；植物保护的职责是："贯彻、执行有关植物保护的法律、法规；负责农业有害生物的监测、预报；制订农业有害生物的治理方案，并组织实施；组织开发和推广无公害农产品的生产技术；管理农药的使用，组织植物保护新技术、新农药、新药械的试验、示范、评价和推广；培训植物保护技术人员、植物检疫人员，并进行资格审查与认证；宣传普及植物保护科学技术知识；组织开展植物保护防灾减灾和社会化服务；法律、法规赋予的其他职责"。

（二）植物保护法律体系日益完善

《植物检疫条例》《河北省植物保护条例》《农药管理条例》《植物检疫条例实施细则（农业部分）》《河北省突发有害生物事件应急预案》以及相应的规范性文件构成了具有河北省特点的较为系统的植物保护法律体系，成为各级植保机构行政执法、依法实施植物保护的法律依据。

（三）《河北省植物保护条例》执法初见成效

《河北省植物保护条例》实施后，植保机构会同有关部门多次联合执法，共同解决植保工作难题。先后有 2 个市级、8 个县级植保站的机构的定性问题被依法纠正，由差额或自收自支变更为全额公益性事业单位。唐山、邯郸、秦皇岛、廊坊等地相继依法试行了"植物检疫登记制度"，有效控制了调运应检植物和植物产品的逃检漏检行为，企业检疫自律意识明显增强。承德、张家口等地依法实施"农药禁、限用制度"，杜绝了农药在蔬菜上的超标使用，果蔬等农产品质量明显提高，为京、津和奥运食品安全提供了有力保障。廊坊、唐山等地试行了"植物保护服务资格认证制度"，从事植物保护服务的单位和个人岗前培训每年达 1 000 多人。河北省农业厅 2005 年出台了法规配套的规范性文件《河北省植保事故纠纷现场鉴定办法》，各级植保机构依法受理植保事故纠纷申请，年调解植保事故纠纷 100 多起，维护了农民、农资生产经营者的合法权益，杜绝了因植保事故引起的群体性事件，维护了社会稳定。

五、植保工作存在的问题与对策

（一）存在问题

1. 部门职能交叉，管理体制不顺

果树植保、检疫职能划归林业部门造成上下体制不顺，管理、服务易出现工作盲区；农药管理独立于植保系统之外，植保机构的整体优势不能充分发挥。农业、林业、科技等部门在植保领域很难形成合力，共性资源利用率低。

2. 基础设施仍显薄弱，设备落后已经成为植保工作发展的瓶颈

主要表现为：50%以上县级植保机构的农业有害生物预警与控制设施、设备、技术手段落后；植物疫情控制能力不足，缺乏针对危险性有害生物快速应急反应的必要手段。

3. 基层植保机构队伍不够稳定

人员流动性大，数量、结构欠合理，知识更新慢。有些地区事业单位改革影响了植保工作人员的补充，专业技术人员青黄不接的现象尤为严重。

4. 植保法规和技术标准有待完善

现行法规需要进一步完善，增强可操作性，以适应社会、经济及现代农业的发展需求；植保技术、检验检疫等标准化程度较低。

5. 公共植保体系延伸不足

植保体系主要以县级以上植保机构为主，向乡镇、村级延伸不够。植保机构与技术支撑的科研院校和物资保障系统的企业缺乏有效的联动，科研与生产、产品与市场、技术与推广在一定程度上脱节。

（二）发展对策

1. 依法稳定植保机构，加强植保体系延伸和植保队伍建设

依照《植物检疫条例》和《河北省植物保护条例》等法律法规，明确各级植保机构的公益性职能，将植保机构纳入"参照公务员管理"的系列。利用乡镇农技推广体系改革，把公共植保体系延伸至乡镇和村级。加强专业技术培训，优化植保队伍结构，提高植保机构人员整体素质。

2. 增加投入，建立高效的农业有害生物灾害预警与控制体系

加大对植保工作的投入，加强植保基础设施建设，改善植保机构的设施、设备、手段，推进植保信息化建设，进一步提高农业有害生物测报准确率、信息传递速度和覆盖率、应急防控和检验检疫能力。

3. 加强植物检疫

加强植物检疫法制建设，完善现有法规，推进植物检疫立法；强化依法行政，提高检疫执法效率；加强检疫执法队伍建设，引进和培养"懂技术，通法律"的复合型检疫人才；重视检疫技术研究，提高潜在植物疫情的防控能力。

4. 增强植物保护技术支撑和物资保障

依托农业科研院所加强适用植保新技术研究，为推广工作提供必要的技术储备。增加植保机构与生产企业的合作，加大新农药、先进植保机械的研发，为植保防灾减灾提供必要的物资保障。

5. 提高植保社会化服务水平，推进专业化防治

引导、扶持、发展乡村级植保专业化防治服务组织，健全植保社会化服务体系，提高植保机械化水平和组织化程度，大力推进农作物病虫害专业化防治，实现植物保护事业对社会、经济、生态的全面贡献。

＊本文的完成得益于河北省植保植检站诸多老同志提供的珍贵素材和关心植保事业发展人士的大力支持，在此表示衷心的感谢。

河北省的农业植物检疫概述

河北省植保植检站

河北省的植物检疫工作从 20 世纪 50 年代中期开始，在机构、队伍、检疫制度建设，植物检疫对象的发生与防治，产地检疫等方面都取得了很大的成绩。

一、机构及队伍建设

随着新中国农业生产和国内外贸易发展的需要，1955 年 4 月，农业部在北京举办植物检疫训练班，由原苏联专家帮助中国培训了第一批植物检疫技术人员。同年 8 月，国家批准河北等省建立植物检疫站，实行农业部和省双重领导，主要承担对内植物检疫工作。

1956 年 4 月 2 日，经河北省编制委员会批准，农业厅植保处下设植物检疫站，定员为 8 名。

1956 年 8 月 29 日，河北省农业厅和河北省编制委员会行文，为了加强植物保护、植物检疫工作，决定在各专区建立植物检疫、植物保护站，定额为 70 人，要求当年 9 月 20 日前将站建立起来。

1958～1962 年，检疫机构取消，干部改行，使许多危险性病、虫、杂草蔓延成灾。"文化大革命"几年中，省、地两级植物检疫站撤销，检疫工作中断。

1963 年 1 月 9 日，河北省农业厅农业事业机构编制调整，植物检疫站每专区一处，编制共 50 人。

1963 年 3 月 30 日，河北省农业厅农业事业机构编制再次调整，专属农业局内由技术推广站总名额内留 5 人作为植物检疫干部，专区植物检疫站不再另设，全省检疫干部共 50 人。

1964 年 12 月 3 日，为了开展植物检疫工作，有效地控制危险病、虫、杂草的传播蔓延，河北省农业厅、粮食厅、农垦局、林业局联合行文。确定在各县（市、区）农林局设置植物检疫员 1～2 名，在各重点粮库、试验研究单、农业院校、两种繁殖场和推广单位、良棉轧花厂、果树场、蚕桑场、农垦研究所、国营农（牧）场、有果树苗木的国营林场等各设兼职检疫员 1 名。

1975 年 4 月 1 日，经河北省革委会编制委员会批准建立河北省植物检疫站，确定行政编制 8 人。同时，建立"中华人民共和国农业部石家庄植物检疫站（两块牌子一套人马）"，统管河北省对内对外植物检疫工作。

1977 年 7 月 15 日，河北省下发植物检疫人员工作证。植物检疫人员工作证颁发给地区农林局的一名局长和植保植检站所有工作人员；县植保植检站一名站长，一名专职或兼职检疫员。地区一级工作证由省统一编号，发证人员报省检疫站备案。实发证人数 600 名。

1981 年 9 月 9 日，经河北省农委批准，在山海关公路检查站设立美国白蛾检疫哨卡一处。从 9 月 8 日开始工作。

1984 年，河北省颁发农业部专职植物检疫员证数量为 426 名，其中农艺师 70 名，助理农艺师 107 名，技术员 190 名，暂无技术职称的 59 名。

1985 年 6 月 3 日，河北省农业厅研究决定：专职植物检疫员着装名额为地、市级 3 名，县级 2 名。

1986 年 8 月 6 日，河北省植保总站经主管部门同意研究决定：各地区专职检疫员定额 4 名，市站（地区级）定额 3 名，县（区）站定额 2 名，不足者增补到定额。规定定额中有调离人员补齐名额。

1986 年，河北省植物检疫站，为加强植物检疫队伍建设，提倡专职检疫员与兼职检疫员相结合，使植检工作扎根基层，队伍上下形成体系。经地（市）或县培训考试合格者，由地（市）农业局统一颁发工作证，全省实有兼职检疫员 1 248 名。

1989 年 7 月 5 日，河北省编制委员会确定河北省植保总站在现有人数基础上再增加 7 名编制。新增人员专门从事植物检疫工作。

1990 年 2 月 6 日，河北省农业厅行文办理植物检疫员证和调整增补部分植物检疫员。为更好地开展植物检疫工作，凡有农业建制并有引调种任务的地级市所辖的县级区和大的国营农牧场，无专职检疫员或有专职检疫员而不足 2 名的增加到 2 名，产地检疫和调运检疫任务重而人员不足的地方，可适当增加，所报人员必须专门从事检疫工作。同年 2 月底河北省植物检疫站的专职检疫人员 534 名。

1990 年 7 月 27 日，河北省植保总站行文办理兼职植物检疫员证。为适应农村商品经济发展和流通的需要，在有关单位聘用兼职检疫员协助开展工作，由河北省植保总站发给统一的兼职植物检疫员证。同年年底全省兼职植物检疫员有 2 296 名。

1996 年 8 月，河北省成立了"石家庄动植物检疫局"，对境外检疫的职能划归"石家庄动植物检疫局"，河北省植物检疫站只负责国内植物检疫工作。河北省执行国家有关的植物检疫法规。从 1964 年起，根据本省实际，制订了河北省的《植物检疫实施办法》等，检疫制度日臻完善。

二、植物检疫法规建设

1964 年 6 月 2 日，河北省农业厅、卫生厅、粮食厅、对外贸易局联合发文《加强进口粮食中的病、虫、杂草籽和毒性检验、处理工作》，为了保证河北省农业生产的安全，互相协作，共同搞好进口粮食的检疫工作。

1964 年 8 月 21 日，河北省农业厅发文，强调加强种苗调运检疫，并统一了全省《植物检疫证书》的规格和样式。

1964 年，河北省农业厅、粮食厅在保定根据全国植物检疫会议精神，检查了本省的检疫工作，研究拟订了河北省植物检疫对象名单和检疫手续，并对检疫方法和制度作了明确规定。

1964 年 12 月 31 日，河北省粮食厅、交通厅、农垦局、农业厅、林业局、邮电局联合行文，其内容包括：①植物检疫工作由各级植物检疫站和检疫人员负责办理；②检疫对象暂定为 30 种，其中病害 16 种，害虫 12 种，杂草 2 种；③检疫手续分为调运种子类，调运粮食和其他农产品类。

1975年1月12日，河北省革命委员会批转河北省农林等六局《关于农作物种子、苗木调运实施检疫的请示报告》。要求各级革命委员会须十分重视植物检疫工作，健全植物检疫机构，健全检疫制度，严格把好检疫关，切实做好植物检疫工作。内容包括：①做好宣传教育工作；②植物检疫工作，由各级农业部门负责；③暂确定30种病、虫、杂草为防止传入本省的植物检疫对象名单，其中本省尚未发生、严禁传入的病、虫13种，防止继续传入和禁止在省内互相传播的病、虫、杂草17种；④凡携带河北省规定植物检疫对象的种子、苗木、块根、块茎、林果桑的接穗、插条以及进口粮食和农副产品等，在起运前一律进行检疫检验；⑤分级检验；⑥各铁路、公路、民航、航运、邮政等部门，要严格把关，凭证承运；⑦有关单位在选育繁殖新品种时，必须进行检疫；⑧各地、县要搞好对植物检疫对象的普查；⑨植物检疫人员，凭植物检疫工作证有权进入车站、机场、渡口、仓库等场所进行检查或抽取样品。

1980年9月4日，根据农业部的部署，河北省农业局转发《引进种子、苗木检疫审批单》。从当年10月1日起，由国外引种必须首先填报引进种子、苗木检疫审批单，经植物检疫机构同意并作好试种安排后方可引入。

1981年7月5日，河北省农业局、交通局行文《加强公路运输植物检疫工作》，强调广泛开展植物检疫宣传工作；公布了应施检疫的范围；明确了各级农业部门、交通运输部门的责任。

1981年7月20日，河北省农业局发文，明确不再委托农业科研单位、国营农场代省站签发检疫证书。

1983年10月5日，河北省农业厅转发《国内植物检疫收费办法》。1983年12月5日，河北省农业厅下发《加强进口植物种子、苗木检疫工作的通知》。

1984年10月9日，河北省农业厅、林业联合下发了《对遵化县城关供销社采购站违犯植物检疫条例从疫区乱调苗木的通报》。该采购站1983年11月26日擅自从辽宁盖县九寨乡纪屯苗木花卉商店，将来自岫岩县美国白蛾疫区带有严重疫情的红果苗26 211株，未经办理检疫审批手续就调入河北省，随后转手倒卖给该县曹家堡乡及邯郸地区馆陶县，造成疫情扩散，给农林业生产带来极大隐患。通知要求立即采取封锁、扑灭措施，将来自疫区的红果苗全部拔除销毁，由此造成的经济损失由采购站承担。同时对该采购站予以罚款600元。在此基础上遵化县成立了查防美国白蛾领导小组，并制订了切实可行的查防措施，监测3年。

1985年2月5日，经河北省政府同意，河北省农业厅印发《河北省植物检疫条例实施办法（试行）（农业部分）》。该办法共五章，第一章总则；第二章国内检疫；第三章进出口检疫；第四章奖励和惩处；第五章附则。并附河北省植物检疫对象补充名单（9种）和应施检疫植物、植物产品补充名单。

1986年1月6日，河北省植保总站发文，加强对内植物检疫证书的管理，严格签证手续。1986年5月5日河北省植保总站发文授权18个地市站签发检疫证书，办理省间调运检疫手续。

1986年5月12日，河北省农业厅行文，开展农作物种子、苗木产地检疫。对种苗繁育单位和植物检疫人员提出具体要求；对种苗的生产、收购、销售和调运等均有明确规定，对违反本规定者可给予罚款处分。

1986 年 6 月 27 日和 1990 年 7 月 23 日，河北省植保总站分两次授权 63 个县植保站签发省间调运种苗的植物检疫证书。

1986 年 11 月，经农、林两厅协商，省政府同意，果树内检工作归林业部门管理。1986 年河北省植物检疫站统计，全省有 8 个地（市）以政府名义发布加强植物检疫的通告，大部分县政府发了通知，在 364 次会议上宣传《条例》，参加者达 543 万人次；张贴检疫文件、资料等宣传材料 315 657 份。

1988 年 10 月 5 日，为配合全国植物检疫宣传月活动，河北省科技报《植物检疫宣传月专刊》发表了"增强全民意识、开展植物检疫事业"特约评论员文章，文章指出：增强全民植物检疫法规意识，杜绝种苗违章调运，做到有法必依，执法必严，违法必究。

1988 年 10 月 18 日，河北省农业厅、林业厅印发经省政府批准的《河北省植物检疫实施办法》。该实施办法共分五章 29 条；第一章总则；第二章国内检疫；第三章进出口检疫；第四章奖励和处罚；第五章附则。并附河北省补充植物检疫对象病、虫、杂草 10 种（病 6 种、虫 3 种、杂草 1 种）及应施检疫的植物和植物产品名单。此文件是河北省植物检疫工作的依据。

1994 年，在"河北省植物检疫工作会议"上，研究决定每年的 3 月作为河北省植物检疫宣传月，从此以后，河北省植物检疫宣传工作进入了新的阶段。每年 3 月，全省各级植保植检站利用电视台、广播电台、报刊、杂志、宣传车、标语等多种形式进行植物检疫法规宣传，提高社会各界对植物检疫重要性的认识。

1997 年 12 月 3 日，河北省农业厅转发农业部《农业部国家储备两地奥运中有关植物检疫问题请示的批复》（农农函〔1997〕6 号），明确了"包括粮食等在内的植物、植物产品在运出发生疫情的县级行政区域之前，必须经过检疫。"

1999 年 9 月 10 日，河北省农业厅下发《关于调整专职农业植物检疫员的通知》（冀农函〔1999〕135 号）。确定对全省农业专职检疫人员进行调整和补充，由原来的 562 名增加到 636 名。

2000 年 12 月 1 日，河北省农业厅印发《河北省植物检疫代省签证管理办法（试行）》的通知（冀农函〔2000〕204 号）。提出了代省签证县的具体条件和授权资格，规范了植物检疫执法行为，保障农业生产安全。

2001 年 5 月 29 日，河北省农业厅印发《关于试行种子生产产地植物检疫报告单的通知》（冀农函〔2001〕70 号）。规定了种子生产产地植物检疫报告单作为种子生产单位（个人）申请领取种子生产许可证时，向审核机构提交的种子生产地点的植物检疫证明材料。

2001 年 11 月 7 日，河北省农业厅、北京铁路局、河北省交通厅、河北省邮政局、民航河北省管理局联合转发了农业部、铁道部、交通部、国家邮政局、民航总局《关于加强农业植物及植物产品运输检疫工作的通知》（冀农植发〔2001〕8 号）。提出全国应施检疫的农业植物、植物产品名单和新植物检疫证书（样式），对原农牧部、林业部、铁道部、交通部、邮电部、国家民航局 1983 年 8 月 1 日发布的《关于国内邮寄、托运植物和植物产品实施检疫的联合通知》中涉及农业部分的内容同时废止。

2001 年 11 月 9 日，河北省农业厅公布省间调运植物检疫委托单位名单的通知（冀农植发〔2001〕7 号）。从此，河北省省间调运植物检疫委托单位由原来的 100 个减少到

90 个。

2002 年 12 月 2 日，河北省农业厅印发《关于调整农业植物专职检疫员通知》（冀农植发〔2001〕8 号），经各市、县农业局推荐，省农业厅审核，新增调整专职检疫员 345 名，从事检疫工作。

2002 年 12 月 2 日，河北省农业厅制订《境外引进种苗植物检疫审批程序》，并编制了程序流程图，提出了国外引种检疫要求、申请、审批、疫情监测等规范程序。为防止检疫性有害生物的传播蔓延，促进种植业结构调整，保护河北省农业生产的安全，在程序上进一步得到规范。

2003 年 6 月 6 日，河北省植保总站印发《河北省省间调运植物检疫委托管理办法》（冀农植保〔2003〕16 号）。

2003 年 10 月 13 日，河北省植保总站印发《关于规范农业专职植物检疫人员制装工作的通知》（冀农植保〔2003〕29 号），按照全国农业技术推广服务中心针对近年来植物检疫着装不规范、滥着装等问题，重新制定了 03 式植物检疫服式样和技术标准，规定在检疫服定点生产厂家制作。

2004 年 7 月 30 日，河北省植保总站转发《全国农技中心关于认真做好农业植物检疫行政许可工作的通知》（冀农植保〔2004〕22 号）。明确了农业植物检疫行政许可事项和执法主体资格条件，规范了农业植物检疫行政许可受理工作和办事程序。

2004 年，河北省财政厅、河北省物价局联合转发《财政部国家发改委关于全国性及中央部门涉及农民负担的行政实用性收费项目审核处理意见的通知》（冀财综〔2004〕7 号）。规定取消行政事业性收费项目中"国内植物检疫费中的检疫证书费"。2004 年 1 月 1 日起执行。

2005 年 5 月 20 日，河北省植保总站发布植保植检机构继续依法实施的 5 项行政许可项目（冀农植保〔2005〕22 号）。调运植物和植物产品检疫、产地植物检疫、农业植物检疫登记、从国（境）外引种审批、在非疫区进行植物检疫对象的科研和教学研究批准。

2005 年 10 月 12 日，河北省农业厅印发《河北省红火蚁疫情防控应急预案》（冀农植发〔2005〕12 号）。

2006 年 1 月 13 日，河北省农业厅印发《农业行政事业性收费项目目录》（冀农发法〔2006〕2 号）。涉及省植保总站的有国内植物检疫费、引进国外农作物种苗疫情监测费。

2006 年 8 月 8 日，河北省农业厅转发《中华人民共和国农业部第 617 号公告》（冀农植发〔2006〕6 号）。重新公布了新的全国农业植物检疫性有害生物名单 43 种和应施检疫的植物及植物产品名单。1995 年 4 月 17 日农业部发布的《农业植物检疫对象和应施检疫的植物、植物产品名单》同时废止。

2007 年 4 月 4 日，河北省植保总站公布《河北省第一批省间调运植物检疫签证授权单位名单》冀农植保〔2007〕10 号），确定 93 个植保植检机构为代省签证单位。授权期限为 2007 年 5 月 1 日至 2009 年 4 月 30 日。授权期满后，根据省植保植检机构的检查结果，重新审定授权。

2007 年 4 月 25 日，河北省农业厅印发《河北省植物检疫性有害生物审定委员会成员单位名单、河北省植物检疫性有害生物审定委员会委员名单、河北省植物检疫性有害生物审定委员会章程》（冀农植发〔2007〕14 号）。

2007年10月14日，河北省农业厅印发《关于加强农业专职植物检疫员管理工作的通知》（冀农植发〔2007〕31号）对在岗和新增农业植物专职检疫员进行任职资格的考核，确定了760名农业专职检疫员并核发了植物检疫员证。

2007年10月14日，河北省农业厅第1号通告，重新审定了10种《河北省农业植物检疫性有害生物补充名单》，1988年河北省农业厅发布的《河北省补充植物检疫对象名单》同时废止。

2007年11月1日，河北省植保植检站印发《关于河北省植保总站更名及启用新印章的函》（冀农植保函〔2007〕11号）。对加盖河北省植保总站植物检疫专用章的省间调运植物检疫证书沿用至2008年12月31日，自2009年1月1日启用河北省植保植检站植物检疫专用章，原印章及证书同时作废。

2009年1月25日，河北省农业厅印发《关于调整农业专职植物检疫员的通知》（冀农植发〔2009〕1号）新增了73名农业专职植物检疫员并核发了证书。由于工作变动等注销了58名原植物检疫员资格证书。全省农业植物专职检疫员队伍扩大到752人。

2009年4月27日，河北省植保植检站印发《植物检疫证书和计算机管理系统推广的通知》（冀农植保〔2009〕13号），自2007年以来，全国植物检疫计算机管理系统开始推广使用，提高了检疫管理水平，规范检疫程序及执法行为，实现检疫信息的数据化、标准化、网络化。

2009年5月27日，河北省植保植检站公布《河北省农业植物省间调运检疫签证委托单位名单》（冀农植保〔2009〕25号）。确定94个（当年又增加2个县）植保植检机构代省办理农业植物省间调运检疫签证工作。授权期限至2012年6月30日。

2009年7月10日，河北省农业厅印发《关于转发农业部发布的全国农业植物检疫性有害生物分布资料的通知》（冀农植发〔2009〕18号）。在此之前发布的疫情发生分布信息与新发布的《资料》不一致的，一律以新发布的《资料》为准。

三、植物检疫对象的发生与防治

（一）甘薯黑斑病

该病1942年传入河北省卢龙等县。1957～1966年3月为国家的检疫对象。1964～1974年12月河北省列为检疫对象。河北省从1954年开始防治此病。1958年3月14日河北省农业厅发文：全面开展甘薯黑斑病防治工作，大力提倡精选种薯、温水浸种和换床址、床土的办法及建立无病留种地。为保护无病留种地，将涉县化为保护区。1958年11月10日河北省农业厅为认真贯彻七省（直辖市）肃清甘薯黑斑病决议，召开了肃清甘薯黑斑病，确保甘薯丰收的流动现场会，提出了在繁育无病种苗的基础上，大搞高剪苗、采苗圃，全面建立无病留种地等措施；推广涉县的"过三关、四不育、三不用、六见新"的防治经验；1962年11月1日，河北省农林厅印发"防治甘薯黑斑病座谈会文"，介绍了卢龙的甘薯顿水顿火育苗和涉县的及时采取检疫和搞无病留种地等措施；1963年2月7日河北省农林厅聘请农民技术能手推广传授甘薯顿火顿水高温育苗法，有效地消灭和控制了甘薯黑斑病。1963年10月16日河北省农业厅发文推广，用"401"处理鲜薯，防止霉烂损失，有很好效果。1977年9月13日卢龙县农林局印发了防治甘薯黑斑病方法，采用火炕、浸种、大水、大火等一整套措施，把甘薯黑斑病压低到万分之一的程度，对全县甘薯大面积增产起到了很大的作用，产量由新中国成立初期的 1 275kg/hm² 提高到 4 125kg/hm²。据河北省植物保护总站统计：全省防治甘薯黑斑病的面积 1954 年为 13.33 万 hm²，1957 年为 21.33 万 hm²，1958 年为 66.67 万 hm²；20 世纪 60 年代后，由于进行有效防治，到 80 年代降到 1.8 万 ~ 2.4 万 hm²，1986 年降为 1.032 万 hm²，1987 年仅为 0.544 万 hm²。

（二）棉花枯、黄萎病

1940 年首先在丰南县发现黄萎病。1965 年在石家庄郊区和获鹿县发现枯萎病。1957 年、1970 年、1975 年、1978 年、1982 年、1988 年、1990 年曾 7 次组织全省性大普查。其发生面积分别为 0.47 万 hm²、1.14 万 hm²、2.784 万 hm²、4.94 万 hm²、16.99 万 hm²、24.17 万 hm²、48.84 万 hm²。总体看，枯、黄萎病发生面积在逐年扩大。其原因：一是无病繁殖基地体系不健全；二是执行植物检疫法规不力，甚至放松调运检疫手续；三是抗病品种种植面积小，推广速度慢。1981 年 4 月 15 日河北省农业局发文对防治棉花枯、黄萎病采取了以下措施：①划定疫区和保护区；②严格执行植物检疫法规和制度；③积极推广防病灭病综合措施。1981 年起河北省农业局植保处连续三年派技术干部到正定蹲点，与地县技术人员一起搞棉花枯、黄萎病综合防治示范，大力引进推广抗病品种，重病田基本控制了为害。1981 年 4 月 30 日河北省政府批转农业局"防治棉花枯、黄萎病意见"的报告。1982 年 4 月 12 日河北省政府发了"认真作好棉花枯、黄萎病防治工作的紧急通知"，同年 6 月 9 日河北省政府又下发"认真开展棉花枯、黄萎病普查工作的通知"，推动了枯黄萎病的防治。例如成安县 1980 年枯、黄萎病面积为 0.113 万 hm²，1981 年为 0.21 万 hm²，1982 年为 0.8 万 hm²；从 1985 ~ 1988 年，采取了以种植抗病品种为主的综合防治措施，枯、黄萎病发病大大减轻，且多为零星病田。但随着棉花种植结构的调整，棉田向黑龙港地区转移，枯、黄萎病也有随棉田的转移向新棉区扩散蔓延的趋势。

（三）小麦全蚀病

1974 年在沽源县春麦区发现小麦全蚀病，1974 年至今，一直被列为河北省的检疫对象。1976 年 5 月 21 日河北省农林局下文组织张家口、承德两地进行普查，其发病面积为 0.133 万 hm²。1977 年 8 月 5 ~ 9 日在丰宁县召开了小麦全蚀病综合防治现场会。但以后随着黑麦种植面积的减少，春麦区的全蚀病发展和为害在缩小和减轻。1987 年在唐山市发现该病。1988 ~ 1990 年两次组织全省性普查，发病面积分别为 0.075 万 hm² 和 1.53 万 hm²，分布在唐山、秦皇岛两市。根据调查，针对病田情况，采取药剂拌种，更换感病品种，基本控制了为害。

（四）小麦线虫病

20 世纪 40 年代在河北省局部地区（如定县）发生小麦线虫病，50 年代在扩展蔓延，1964 ~ 1985 年列为河北省植物检疫对象。1953 年 5 月，中央拨 20 台选种机，河北省农林厅在定县发病为害严重片、村组织防治示范；经过示范，对汰选机进行了改进，1954 年后进行推广。1960 年河北省人民委员会转发河北省农林厅关于召开冬季除治病虫现场会的报告，小麦线虫病在全省范围内基本被控制。1964 年 9 月 4 日，河北省农林厅发文，"开展秋播期间病虫防治"指出，小麦线虫病前几年回升快，主要是种子处理工作不够好，各地应因地制宜地采取筛选、粒选、水选、机械汰除等法，将病粒汰除干净；为防止小麦线虫病传播蔓延，从外地调运麦种，必须进行检疫检验。

（五）小麦腥黑穗病

20 世纪 50 年代初小麦腥黑穗病曾在天津、沧县、唐山、通县、张家口专区的春麦上严重发生和为害。1949 年以前，对小麦黑疸黑穗病采用温汤、冷水温汤、草木灰水、盐水浸种，有重点地使用药剂拌种等措施。1959 年 9 月 25 日河北省农林厅行文指出，建立小麦无病留种地，是根除小麦腥黑穗病的根本办法，1960 年 2 月 2 日河北省人民委员会转发了河北省农业厅的文件。1964 ～ 1974 年 12 月，小麦腥黑穗病被列为河北省检疫对象。1975 年 8 月 14 日河北省农林局下发的《关于小麦主要病害防治意见》中指出，近年来，由于检疫不严，疏于防治，有些地方麦类黑穗病情有所回升，要求做好防治工作，采取选用无病种子 1% 石灰水浸种和药剂拌种等办法，彻底处理种子，进行灭菌防病。经过几年的试验和试用，认为 2.5% 萎锈灵拌种对腥黑穗病防治效果良好。80 年代后期，又采用粉锈宁、多菌灵拌种，有效地控制了麦类黑穗病的为害。

（六）水稻干尖线虫病、白叶枯病

1957 ～ 1966 年干尖线虫病被国家列为检疫对象。1957 年普查，河北省各稻区均有发生。1958 年 3 月 19 日河北省农业厅行文，要求加强防治水稻干尖线虫病，大力推广变温浸种（杀虫效果可达 100%），至 1959 年基本控制该病，1960 彻底肃清。1957 ～ 1983 年白叶枯病被国家列为检疫对象。1976 年 8 月 25 日河北省农林局行文要求，做好水稻白叶枯病普查。1980 年 3 月 12 日河北省农业厅行文，对涉县辽城乡等 7 个公社盲目从左权县调入带病种子提出了要认真处理的意见，规定此种一律不准作种用，就地加工，谷糠不能喂猪，全部烧掉深埋，根除隐患。河北省水稻白叶枯病发生情况是：1974 年 0.113 万 hm^2，1979 年 1.52 万 hm^2，1987 年 2.09 万 hm^2，1990 年 2.77 万 hm^2。现已遍及全省主要稻区，尚无有效的根治办法。

（七）马铃薯环腐病

1964 ～ 1985 年河北省把该病列为检疫对象。1964 年 10 月 15 日河北省商业厅、农业厅行文，对黑龙江调来的带有环腐病的马铃薯提出了处理意见，限制病薯块使用范围，规定只能用作食用，不准以种出售。1964 年 11 月 24 日河北省农业厅对省粮食作物所调运马铃薯种逃避检疫的行为发出了通报，指出：该所明知故犯，这些种薯未经检疫就擅自到车站托运，应就地销毁，防止环腐病蔓延。环腐病在河北省 1980 年发生 5.376 万 hm^2，1986 年 2.73 万 hm^2，发病面积在逐年缩小，而连年发生的主要在张家口、承德两地。

（八）花生线虫病

20 世纪 50 年代该病发生在滦县、怀来、安次、新城、丰润和秦皇岛。1957 ～ 1983 年，国家列为检疫对象；1964 ～ 1985 年河北省列为检疫对象。1958 年 4 月 5 日河北省农业厅行文，要求防治花生线虫病，并开展普查。根据普查结果，采取检疫措施，有效地控制了这一病害。1962 年 3 月 29 日和 1964 年 1 月 27 日两次从山东调入的花生种子普遍带有线虫病，下发文件，要求做好线虫病处理工作，对作种的花生集中剥壳，果壳务必烧毁。1966 年 4 月 18 日河北省农业厅发文，推广科研单位总结出的群众防治线虫的经验，即轮、挖、压、翻、林五项措施，特别是轮作倒茬和深翻是缓和花生连重茬减产而又能兼防土传病、虫、杂草的成功经验。1985 年河北省印发的综防技术中，替换二溴氯丙烷的药剂有 "67825" 和涕灭威。据统计，河北省花生线虫病 1981 年发生 1.185 万 hm^2，1987 年为 1.01 万 hm^2，发生面积在逐年缩小。

（九）甘薯小象鼻虫

1957～1983 年国家列为检疫对象，1964 年至今河北省一直列为检疫对象。该虫曾在 1958 年经南良等 11 个县从广东、福建、湖南调入薯苗、薯蔓而传入。1958 年 12 月 9 日河北省农业厅行文要求迅速彻底肃清甘薯小象鼻虫。1959 年 2 月 5 日河北省农林厅下文要求立即停止从南方省份调运种薯、种苗，以防继续传入危险病虫。1963 年因水灾缺种薯，高阳县从浙江、贵州、广东调运鲜薯。1964 年 4 月 18 日河北省农业厅又行文要求坚决肃清甘薯小象鼻虫。由于及时采取得力措施，控制了该虫传播为害。现河北省尚未发现此虫。

（十）豌豆象、谷象

1957～1983 年豌豆象被国家列为检疫对象；1964～1985 年河北省列为检疫对象。1957 年全省普查除张家口地区外，其他地区均有该虫发生。1958 年 5 月 30 日河北省农业厅发文防治豌豆象，积极推广溴化钾烷处理，开水烫种和磨粉杀虫办法，控制危害。1957～1992 年谷象被国家列为检疫对象；1964 年至今河北省一直列为检疫对象。1963 年开展谷象调查，在唐山市粮库发现；采取氯化苦熏蒸和加工粮食，已彻底消灭该虫。

（十一）棉红铃虫

1957～1966 年国家列为检疫对象；1964～1974 年河北省列为检疫对象。该虫在河北省 20 世纪 50 年代前期发生为害严重，60 年代已基本控制为害。1956 年 6 月 4 日河北省农业厅、农产品采购站、工业厅、供销社联合行文，要求全面开展棉红铃虫越冬防治工作，全省统一采取晒花、贮花、轧花、收花、榨油等措施，消灭越冬红铃虫。1957 年 9 月 10 日河北省农业厅、公安厅、第二工业厅、粮食厅、供销社又联合发文，除治越冬棉红铃虫，应以人工防治为主，结合使用药剂，棉库、棉籽库远离住宅，搞好顶棚和缝隙的随时清扫及棉籽熏蒸，大力开展群众性的植物检疫工作。到 1960 年已基本控制该虫为害。

（十二）美国白蛾

该虫为国家对外对内的检疫对象，1979 年和 1984 年先后在辽宁丹东地区和陕西武功地区发生。为此，1981 年 4 月 17 日河北省政府批转河北省林业厅、农业厅、农垦局文件，要求加强对美国的检疫工作，认真开展调查，严格执行检疫制度。1981 年 9 月 9 日河北省农业局、林业局行文，在山海关建立美国白蛾哨卡，在交通部门配合下负责对东北进关通过公路运输的种子、苗木及其他繁殖材料、木材、果品、蔬菜等农林产品进行检疫检查，严防美国白蛾入关。1983 年和 1985 年河北省农业厅发文，开展对美国白蛾查防，重点调查铁路、公路沿线树木和与陕西省武功县 5702 工厂有关的单位。调查表明由于严格检疫，直至 1985 年，河北省尚未发现美国白蛾，仅 1990 年曾在秦皇岛少量发生。

（十三）稻水象甲

1988 年 6 月在河北省唐山市发现该虫。经调查发生面积 4 万 hm^2，分布在唐海、滦南、乐亭、丰南、滦县、唐山市东矿区。1988 年 10 月 22 日河北省政府将上述发生区划定为稻水象甲疫区，并确定了疫区范围；批准在疫区设置哨卡 30 处，省、市、县、乡建立稻水象甲防治领导小组；当年国家科委专门成立了研究课题；中央和省财政拨专项经费，市县也筹集相应资金，用于防治；中央、省领导和专家多次专程到疫区检查指导和调查；农业部制订了 3 年内封锁、控制、监测和防治工作。经过 2 年时间，初步摸索出稻水象甲的发生特点和防治办法，提出以化学农药为主的综合防治措施，确定抓住 3 个关键时期，打好三个战役的策略。到 1990 年基本控制了为害和疫区的扩大。

（十四）毒麦

1957 年至今国家一直将毒麦列为检疫对象。1958 年唐山等六地区从黑龙江引进春麦种子，1963 年围场县发现毒麦植株，同年邯郸地区供应进口（加拿大）的小麦中发现带有毒麦。1963 年和 1965 年河北省农业厅行文，要求组织普查，发现毒麦立即拔除、烧毁，并采取封锁疫区种子，汰除选种等检疫措施，已基本控制危害。1965 年统计，河北省发生毒麦的县 56 个，但均属零星发生。1958 年、1987 年统计，在河北省局部地区仍有零星发生。

（十五）豚草

1988 年 7 月 18 日，河北省植保总站在秦皇岛市召开豚草普查现场会。当年普查结果，秦皇岛市的抚宁、昌黎、山海关、海港、北戴河两县三区共 16 个乡 84 个村发现豚草和三裂叶豚草，发生面积 130hm^2，较集中的地段面积为 833.33hm^2。秦皇岛市的特殊地段仍有豚草发生。

（十六）美洲斑潜蝇

1995 年传入河北省，开始在广平县发现，经过普查，在河北省大部分县、乡均有发生。为了尽快消灭此害虫，由河北省植物保护总站和河北省农业科学院植物保护研究所成立了科研协作组，对美洲斑潜蝇的发生规律和防治方法进行了研究，该研究成果于 1997 年 11 月通过河北省科委组织的专家鉴定，该研究成果于 1997 年 11 月通过河北省科委组织的专家鉴定，认为该项研究达国内领先水平，同时在全省广泛发动广大群众进行防治，目前，河北省美洲斑潜蝇的发生面积已达约 26.67 万 hm^2，但经过防治，蔬菜被害损失率控制在 10% 以下。

四、实施产地检疫

产地检疫是国内植物检疫工作的重要一环，是实施调运检疫的基础。河北省从 1984 年开始，首先在平泉、围场两县，进行产地检疫，面积达 3 829hm^2，从中摸索出了一套办法。为推动河北省产地检疫工作的开展，1985 年 5 月 9~12 日河北省农业厅在平泉召开种苗产地检疫现场会，1986 年 4 月河北省农业厅行文要求认真开展产地检疫，同年 6 月又在遵化县召开植物检疫产地检疫现场会，到 1987 年全省大部分县都开展了种苗产地检疫工作。各地、县植保站因地制宜，分品种、分季节，对所有种子田认真实行产地检疫。特别是北部的承德地区作为两杂制种和马铃薯繁种基地的县市，每年产地检疫面积均在 1.33 万 hm^2 左右；近年来，发展起来的对外蔬菜繁种基地，每年产地检疫面积 80hm^2，所产种销往十几个国家和国内 20 多个省、市。在开展产地检疫过程中，建立了一支专职检疫员与兼职检疫员相结合的队伍，同心协力，按国家制定的各种作物产地检疫规程，建立制种繁种档案，对每年调入的亲本和常规繁制种，逐项登记来源、产地、种子状况等。在生产季节，于播种出苗后、生长中期、收获期 3 次实施产地检疫，有效地保证了制繁种质量，为国内生产和外销产品提供了大量不带危险病虫的种子、苗木。据不完全统计全省产地检疫面积，1985 年 4.73 万 hm^2，1988 年 20 万 hm^2，1991 年为 16.67 万 hm^2。

河北省农业有害生物预测预报工作发展概况

河北省植保植检站

一、河北省病虫测报组织机构历史演变概况

河北省农业有害生物预测预报组织机构发展变化大体可分为四个阶段，一是从中国共产党领导的华北人民政府冀南行署建立至 1966 年，处于建立健全阶段。二是 1972～1977 年，处于恢复阶段。三是 1978～1990 年，处于探索发展阶段。四是 1991 年至今，处于巩固提高阶段。

中国共产党领导的人民政府十分重视农业有害生物的预测预报工作，早在 1946 年华北人民政府冀南行署就设立农业处，下辖临清、邯郸、冀县等农场，负责农业病虫测报工作。1949 年 3 月，华北人民政府冀南行署农业处设农政科，负责调查全区农业基本情况，推动捕灭害虫等运动。1950 年河北省人民政府农业厅成立，相继在有关专区、县政府、农场建立测报机构。参照农业部指示精神，将河北省历年发生较普遍而严重的几种病虫害（如棉蚜、黏虫、玉米螟、马铃薯晚疫病等），根据其分布地区与发生特点，分别建立预测站、情报点、情报员三种测报组织。20 世纪 50 年代末至 60 年代初，河北省的测报组织机构得到逐步完善，到 1963 年各专区设中心测报站，各县普遍设测报站，各专区选择有代表性的县站作为重点测报站。测报站推广了"四固定"（人员固定、地点固定、测报对象固定、指导范围固定，"三统一"（测报办法统一、工作制度统一、诱测工具统一）的工作方法。1966 年全省建立了 151 个县中心测报，其中，天津市 4 个，邯郸专区 14 个，邢台专区 18 个，石家庄专区 18 个，保定专区 23 个，衡水专区 11 个，沧州专区 16 个，天津专区 14 个，唐山专区 9 个，承德专区 10 个，张家口专区 14 个。

1967 年后，由于受到"文化大革命"严重干扰，河北省病虫测报组织瘫痪，工作停止。从 1972 年开始，全省测报组织逐步恢复并逐步发展，至 1975 年，全省以县为单位的病虫测报站基本形成，全省 149 个县已有 138 个县建立了病虫测报站，90% 以上的公社建立了测报组织，80% 的大队有测报点、查虫员。全省县级以上测报员 330 多人，公社以下常年参与测报和植保的工作人员 30 多万人，做到了有虫先知，灭虫适时。

1978 年河北省农业局直接联系的重点县级测报站有馆陶等 31 个县。1979 年 7 月 18 日，经河北省革委会批准，同意建立河北省农作物病虫测报站和生物防治实验站，各定事业编制 30 人，1979 年 11 月 9 日，启用"河北省农作物病虫测报站"公章。20 世纪 70 年代末至 80 年代初农村实行生产责任制后，公社以下测报组织基本解体，但是专业测报组织机构得到快速发展。1983 年 8 月 1 日设河北省植保总站，下设测报站等 5 个科级单位，测报站负责全省农作物病虫鼠害预测预报。1983 年河北省站直接联系的有 33 个重点粮、棉、油病虫测报站，3 个市蔬菜病虫测报站和 17 个鼠情观测站，共 53 个重点县（市、区），有专业测报人员 600 多人，每个县联系 5～10 个虫情点，形成了省、地、县上下相

通的测报网络。1984 年河北省农业厅决定将省植保总站所辖测报站、检疫站、综防站、植保公司分别改为测报科、检疫科、防治科、药械科。80 年代末和 90 年代初，全省植保系统提倡测报服务于防治和经营服务，专业测报人员数量下降，由于经费支出等原因，基层测报点基本解体。1987 年全省有专职测报干部 87 人，兼职测报干部 202 人。

1991 年以来，农业系统实行机构改革，部分在 80 年代经营服务规模大，人员多的县级植保机构被界定为财政自收自支或差额拨款单位，人员工资不能保障。2000～2001 年河北省人大常委会组织部分省人大代表深入基层开展了《河北省植物保护条例》立法调研工作，2002 年颁布实施《河北省植物保护条例》，2004 年省人大常委会组织部分省人大代表深入基层开展了《河北省植物保护条例》执法调研活动，各级政府领导对植保工作，尤其是测报工作的重视程度提高，加之县级财政状况的好转，多数自收自支和差额拨款县级植保机构的人员工资基本得到保障。由于受单位人员编制的限制，多数基层县级植保站从 1996～2010 年没有增加新人，全省基层测报人员年龄结构偏大。2010 年全省县级以上植保机构共有测报人员 502 名，其中，专职省级 7 名，市级 18 名，县级 246 名；兼职市级 20 名，县级 211 名。

1989 年开始，实施了全国农作物病虫监测网络工程，国家分期分批投资在河北省建设了近 20 个测报区域站。2000～2011 年，通过实施植保工程项目和优质粮基地项目，国家投资建设了省级农作物病虫监测分中心 1 个，防蝗站 14 个，河北黄骅防蝗机场 1 个，57 个病虫监控区域站。农作物病虫监测（监控）网络硬件的不断建设和完善，极大地推进农作物病虫测报工作的开展。

二、有害生物预测预报对象历史演变概况

中华人民共和国成立前，河北省的农作物有害生物测报对象主要是蝗虫，之后由少到多，20 世纪 80 年代发展到 50 多种，2010 年增加到 70 余种。1946 年华北人民政府冀南行署农业处安排监测的主要害虫（螨）有蝗虫、棉蚜、棉红蜘蛛、黏虫。1955 年河北省农林厅把蝗虫、棉蚜、黏虫、玉米螟、黄绿条螟和马铃薯晚疫病等 6 种病虫害作为重点预测预报对象。随着全国"大跃起"运动的开展，全省测报对象迅速增加，1958 年测报对象由 1957 年的 12 种增加到 20 种。在粮食病虫上有蝗虫、玉米螟、粟灰螟、黏虫、粟穗螟、草地螟、地老虎、麦秆蝇、稻瘟病、小麦锈病、马铃薯晚疫病 11 种；棉花上有棉蚜、棉红蜘蛛、棉铃虫、棉红铃虫 4 种；果树上有木撩尺蠖、梨蚜、梨黑星病、食心虫、枣黏虫 5 种。此外，并着手观察柿疯病、核桃举肢蛾的发生和发展规律。1963 年河北省农业厅采取了各站系统测报对象不宜太多，一般选择 1～2 种，对偶发、暴发的病虫也应列为重点，在发生季节进行临时性观测的策略。调整压缩了测报对象，全省确定以蝗虫、钻心虫、黏虫、棉蚜、红蜘蛛、棉造桥虫六大害虫为重点。1966 年河北省各地中心病虫测报站的测报对象有：小麦锈病、稻瘟病、二化螟、三化螟、蔬菜病虫、棉铃虫、黏虫、地老虎、谷子钻心虫、棉蚜、棉造桥虫、玉米钻心虫、地下害虫、飞蝗、高粱钻心虫、甘薯黑斑病、红蜘蛛、高粱穗螟、粟穗螟、稻飞虱、草地螟、麦秆蝇、马铃薯晚疫病、土蝗、田鼠、黄鼠。农业部植保局为了准确掌握病虫发生情况，指导全国农作物病虫防治工作，要求河北省指定重点测报站，直接向有关委托单位寄送病虫情报资料。小麦锈病的承担单位是大名县束馆技术站、磁县中心病虫测报站、高阳县中心病虫测报站，委托单位是中国农业科学

院植物保护研究所。地下害虫的承担单位是馆陶县中心病虫测报站、武邑县中心病虫测报站、遵化县中心病虫测报站，委托单位是中国农业科学院植物保护研究所。谷子钻心虫的承担单位是深县中心病虫测报站、永年县中心病虫测报站、东光县中心病虫测报站，委托单位是中国农业科学院植物保护研究所。棉花病虫的承担单位是正定县中心病虫测报站、赵县中心病虫测报站、定兴中心病虫测报站，委托单位是中国农业科学院植物保护研究所。黏虫的承担单位是阜城县中心病虫测报站、围场县中心病虫测报站、蓟县中心病虫测报站，委托单位是中国农业科学院植物保护研究所。蝗虫的承担单位是黄骅县治蝗站、清河县治蝗站、献县治蝗站，委托单位是河北省农业科学院植物保护研究所。高粱蚜虫的承担单位是河间县中心病虫测报站、迁西县中心病虫测报站，委托单位是中国农业科学院辽宁分院。

1967 年开始的"文化大革命"，对全省的测报工作冲击较大。1975 年测报对象恢复为 7 虫（钻心虫、黏虫、高粱蚜、蝗虫、地下害虫、棉蚜、棉铃虫），4 病（小麦锈病、甘薯黑斑病、棉花枯黄萎病、玉米大小斑病）和田鼠共 12 种病虫鼠害。1982 年以来，测报对象迅速增加，系统测报对象有：稻纹枯病、稻瘟病、稻白叶枯病、小麦锈病、小麦丛矮病、白菜霜霉病、甜椒病毒病、黄瓜霜霉病、番茄疫病、稻纵卷叶螟、麦蚜、麦秆蝇、黏虫、玉米螟、高粱条螟、粟灰螟、草地螟、灯蛾、花生蚜、高粱蚜、小地老虎、黄地老虎、蛴螬、棉蚜、棉铃虫、玉米叶螨、棉叶螨、飞蝗、白粉虱、菜青虫、菜螟、菜蚜、萝卜蝇、茄果棉铃虫、仓鼠、黄鼠、沙土鼠、鼢鼠 38 种病虫鼠害。一般测报对象有：小麦黄矮病、麦类白粉病、玉米粗缩病、玉米大小斑病、玉米丝黑穗病、谷子白发病、花生叶斑病、麦蜘蛛、麦叶蜂、大豆造桥虫、栗秆蝇、棉造桥虫、棉红铃虫；天敌测报对象有：七星瓢虫、草间小黑蛛、小花蝽。1988 年省植保总站要求，各级植保站除抓好粮、油病虫测报对象的观测、调查外，又增加了瓜、果、菜、药等作物病虫害的测报。18 个地市和重点县都增加了瓜、果、菜病虫测报业务。平泉县专人负责病虫害测报，安国县负责中药材病虫测报，安新县负责芦苇病虫害的测报。张家口地区自 1987 年以来新增加黄瓜霜霉病、茄子绵疫病、辣椒疫病、炭疽病、番茄早疫病、晚疫病的芹菜斑枯病等作为测报对象。

2005 年，农业部安排河北省 26 个全国测报区域站的系统调查对象有：小麦赤霉病、小麦条锈病、小麦白粉病、小麦纹枯病、棉花枯萎病、棉花黄萎病、棉铃病、棉花苗病、玉米大斑病、玉米小斑病 10 种病害和蔬菜、果树二类植物病害，东亚飞蝗、小麦吸浆虫、小麦蚜虫、麦蜘蛛、棉铃虫、棉蚜、棉叶螨、棉花盲椿象、玉米螟、黏虫、稻飞虱、大豆食心虫、草地螟、土蝗 14 种虫害和蔬菜、果树二类植物虫害。河北省植保总站安排部署或有关县调查的一般测报对象有：小麦叶锈病、小麦根腐病、小麦黑穗病、小麦叶枯病、小麦丛矮病、麦叶蜂、地下害虫、麦田杂草；玉米弯孢霉叶斑病、玉米褐斑病、玉米灰斑病、玉米锈病、玉米粗缩病、玉米纹枯病、玉米丝黑穗病、玉米瘤黑粉病、玉米疯顶病、玉米顶腐病、地老虎、玉米耕葵粉蚧、二点委夜蛾、玉米蚜虫、玉米蓟马、玉米叶螨、灰飞虱、甜菜夜蛾、灯蛾、桃蛀螟、玉米田杂草；稻瘟病、水稻白叶枯病、稻水象甲、水稻二化螟、三化螟；马铃薯晚疫病、二十八星瓢虫、豆芫菁、甘薯黑斑病；谷子白发病、栗叶甲、高粱蚜；花生新黑地珠蚧；烟粉虱、番茄黄化曲叶病毒病；大仓鼠、沙土鼠、褐家鼠、小家鼠、鼢鼠等 50 余种农业有害生物。2009 年农业部实施了农业重大有害生物周报制度，确定河北省重点报告的有害生物有：蝗虫、草地螟、小麦条锈病、小麦吸浆虫、玉米螟、马铃薯晚疫病、黏虫、棉铃虫等8种重大农业有害生物。

三、测报技术规范与工作制度

1955年以前，河北省的病虫测报时间、方法不一，内容各异，资料不足，难以有效地指导防治。1956年，农业部发布了几种主要农业病虫害的预测预报办法。河北省在执行这些办法的基础上建立了工作制度，病虫测报工作逐步规范化和制度化。

1956年，农业部植保局发布了《1956年棉红铃虫预测预报试行办法》《1956年棉蚜虫预测预报试行办法》《1956年棉红蜘蛛调查方法》《1956年小麦吸浆虫预测预报试行办法》《1956年稻螟虫预测预报试行办法》《1956年稻瘟病预测预报试行办法》《1956年黏虫预测预报试行办法》《1956年飞蝗预测预报试行办法》8个技术规程。1965年河北省农业厅发布了《对1956年飞蝗预测预报试行办法的补充意见》。1959年河北省农林厅印发了《大白菜三大病害预测预报试行办法》。1966～1967年农业部植保局先后印发了《小麦锈病预测预报技术试行办法》和《棉根介壳虫的调查方法》。

这些规范化的工作制度，在"文革"期间被中断施行。

1978年河北省农业局印发了《病虫观测记载档案和"两查两定"技术操作规程》和《生产队防治农作物病虫鼠害"两查两定"试行技术操作规程》，制定了小麦条锈病、小麦丛矮病、玉米斑病、飞蝗、玉米螟、粟灰螟、黏虫、高粱蚜、蝼蛄、蛴螬、金针虫、小地老虎、黄地老虎、麦蚜、稻纵卷叶螟、棉蚜、棉铃虫、棉尖象、棉小造桥虫、花生蚜、麦秆蝇、麦田黄鼠等病虫鼠害的"两查两定"（即查发育进度，定防治适期；查发生程度，定防治地块）的技术，规定了具体的调查方法和内容。1981年对《生产队防治农作物病虫鼠害"两查两定"试行技术操作规程》进行了修订，增加了稻瘟病的"两查两定"技术和有关的41个计算公式。

1981年河北省农业局印发了《关于试行农作物病虫测报岗位责任制的通知》，内容包括：测报对象和任务，调查记载制度，发报与汇报制度，资料的整理和保管制度，考核与评比制度。

1983年河北省农业厅转发农牧渔业部《关于进一步加强农作物病虫测报工作的通知》，随文附发《农作物病虫测报工作岗位责任制》。要求各省（市、自治区）根据本地具体情况，制定细则贯彻执行。河北省农作物病虫测报站下发了《关于病虫鼠害测报质量评定和虫情定期报表的通知》，附件《河北省测报质量评定与建立虫情定期报表办法（试行）》包括四项内容：①测报种类和内容；②发生程度划分等级标准；③预报准确率的计算方法；④几点说明。

1984年河北省植保总站编印了《河北省病虫鼠害测报防治历》，1988年修订后定名为《河北省粮棉油瓜果菜病虫鼠害测报防治历》，印发各地，按每年各月份农事活动介绍了各种病虫鼠害测报调查时间、方法和防治技术。河北省农作物病虫测报站修订印发《河北省农作物病虫测报工作岗位责任制实施细则》。内容包括：病虫测报站职责；病虫观测、记载制度；发报验证制度；汇报联系制度；资料档案和标本管理制度；考核、奖惩制度。

1988年河北省植保总站印发了《河北省主要农业病虫鼠害测报办法（试行）》，简化修订了原有 28 种病虫的测报办法,新制订了 20 种病虫测报办法,具体规定了每种病虫鼠害的测报及田间调查取样规范。

1986 年开始,全国农业技术推广服务中心组织全国测报系统制订了 15 种农作物病虫《测报调查规范》,经国家技术监督局批准,以中华人民共和国国家标准,于 1995 年 12 月 8 日发布,1996 年 6 月 1 日实施,编号 GB/T15790—15804,1995。2000 年以来,农业部加大了农业标准化工作力度,农作物病虫害预测预报技术标准作为农业行业标准建设的重要内容之一。新制订发布了小麦主要病虫害、十字花科蔬菜主要病虫害、蝗虫、草地螟等十多种病虫测报技术标准。修订了水稻主要病虫害、棉铃虫、黏虫等多种病虫害测报技术标准。2005 年,农业部下达了桃小食心虫、水稻条纹叶枯病、玉米螟、棉盲椿象等重大病虫害测报技术标准的制订计划。1996 年以来,河北省植保站组织全省测报系统制订了棉铃虫、棉蚜、甘薯病虫害、稻水象甲测报技术规范地方标准。

2009 年河北省农业厅印发了《河北省农业有害生物测报区域站管理办法》,河北省植保植检站印发了《河北省测报区域站测报工作考核办法》,进一步规范了全省测报工作的管理。测报管理规范和测报技术标准化的推进,提高了全省农作物病虫监测预报水平。

四、测报技术手段和技术培训

河北省的测报手段和技术培训随着全省测报事业的发展不断提高。1950 年代,田间调查病虫主要采用昆虫网捕捉、糖蜜液诱集、草把诱集。1960 年代开始采用灯光诱集、杨枝把诱集。1963 年河北省农业厅印发《棉铃虫测报办法》载:诱捕成虫主要是采用杨树枝诱蛾。每亩放置 10 束,每束杨枝 5～7 枝,插于田间。每日清晨,检查每束成虫数,统计总蛾数、雌雄比例,以确定发蛾初期和盛期。1963 年河北省农业厅印发《棉花小造桥虫虫情调查办法》载:在历年发生严重危害的地区,设置灯光进行诱蛾,有电源地区以采用电灯或黑光灯效果更好。1964 年河北省农业厅《转发使用黑光灯资料》载:黑光灯是预测和消灭害虫的先进工具,具有效果好、节约电力、装设简单、管理方便等特点。

1963 年河北省农林厅在石家庄市省农干校举办为期一个月的植物保护训练班,系统学习粮、棉病虫害的测报防治技术和安全用药技术,参加培训的有 400 余人。1965 年河北省农业厅在保定农校举办科学治虫培训班,主要讲授蝗虫、黏虫、钻心虫、地下害虫、棉蚜、棉铃虫、小麦锈病、杂粮黑穗病、甘薯黑斑病以及田鼠和马铃薯晚疫病的测报与除治技术。参加人员有专、县测报站、推广站、治蝗站、检疫站的植保干部 400 余人。河北农业大学、河北省农林科学院植物保护研究所、各地区所、各农校派一名教师或技术干部辅导。

"文化大革命"期间,河北省病虫测报组织瘫痪,工作停止。

1975 年后,测报工作得到恢复、发展。1975 年,农业部每年在西北农学院定期举办一期全国测报技术干部培训班,系统学习病虫测报技术。1978 年改为在南京农业大学每年举办一期全国测报技术培训班,至 2010 年已举办 33 届测报技术培训班,每期分配河北省 4 名学员可参加学习。大约在 2 000 年前每学期为 3 个月,之后缩短为 1 个月。20 世纪 80 年代,河北省举办了多期次、大范围的测报技术培训。全省基本普及了生物统计、多元回归、列联表、模糊聚类、灰色理论等测报数据处理方法,逐步推广了电子计算机在测报上的应用技术,使全省病虫测报数据处理的科学性和病虫预报的准确性有了较大的提高。

　　20世纪50年代，病虫信息主要是靠邮寄和电话传递，速度慢、工作量大、不规范。80年代开始，为确保病虫监测数据传递快速准确，农业部牵头在全国测报系统自创了一种特有编码程序，并且制定了各地区测报区域站对农业部病虫测报站的统一内容和时间的汇报制度。由于某种原因这套编码程序开始是通过邮电部所配给的公益电报（BCH）来运行的，故称作"模式电报"。90年代以来，随着现代信息技术的不断发展，农作物病虫监测预报信息传递也随之取得进步，病虫监测信息"模式电报"传递逐渐被传真、电子邮件取代，进而向国际互联网方向发展。目前，全国农业技术推广服务中心已经建成中国农作物有害生物监控信息系统平台，该平台采用UNIX操作系统，应用两台高性能小型机以双机热备模式运行，共享磁盘阵列，储存海量数据。中国农作物病虫害监控中心内部网络系统和各省、市、县级植保站网络应用系统通过广域网连接起来，构成一个安全、稳定、高效的有害生物监控信息综合处理平台。开发的应用系统包括全国农业技术推广服务中心、省（直辖市、自治区）级植物保护站和县（市）级植物保护站三个类型的应用层次，由数据录入、数据校对、汇总查询、统计分析、公共数据维护、系统管理、地理信息应用、办公自动化、多媒体文件管理等模块组成。系统的推广应用可形成县（市）级和全国病虫害监控资料数据库，实现基于互联网的病虫监控信息的采集、传输、统计、分析、发布与授权共享，以及病虫监控信息的图形化动态显示，大幅度提高植物保护体系的办公自动化和病虫监控信息的社会综合服务水平。同时，为节省使用经费和可在当地保存病虫监控信息，开发了县（市）级离线版应用系统，可实现监控信息的离线录入、当地保存、自动上传和数据库处理。中国农作物有害生物监控信息系统的成功开发和推广应用，将更加快速地传递病虫信息，直接为病虫灾害综合治理工作服务。

　　20世纪50年代，病虫发生信息传递给农民主要是通过邮寄《病虫情报》、农村广播、黑板报、明白纸等形式。随着电脑的普及，开辟了网上传递等形式。1999年开始，全国农业技术推广服务中心提出了"因地制宜、采取多种形式，积极开展农作物病虫害可视化预报"的要求。河北省制定了农作物病虫电视预报技术开发应用方案，组织11个设区市植保站和有关县植保站研究开发相关技术，全省全面实行了农作物病虫电视预报工作。发布形式有滚动字幕、图文并茂等形式。发布时间有不定期、固定时间、固定栏目发布。制作方式有委托制作、合作制作和独立制作。2009年以来，全省推广病虫信息通过手机短信传播，仅廊坊市2010年就发布信息35次，受益农民30万户。病虫信息通过电视预报和手机短信直接传递给农民，不仅得到了政府及有关部门的认可，也深受广大农民的欢迎。这正是植保科技进村入户的表现形式，也是解决植保技术推广"最后一公里"问题的有效途径。

河北省农作物病虫害防治六十年

河北省植保植检站

一、病虫害防治职责

（一）2013 年前病虫害防治职责

（1）制定贯彻农业有害生物治理的规章及实施计划和措施。

（2）检查、指导全省农业有害生物防治工作，监督农业重大生物灾害治理程度和效果。

（3）制订防治农业重大生物灾害的作业方案，并组织实施。

（4）确定本省特定农业区域禁用、限用和推荐使用的农药品种。

（5）依法调节处理植保事故纠纷，参与事故技术鉴定。

（6）依法查处违反植物保护法规的行为。

（二）2013 年后病虫害防治职责

（1）制定农作物重大病虫灾害和植物疫情防治方案并督导实施。

（2）农作物有害生物综合防治技术的开发与推广。

（3）病虫害防治技术宣传推广普及。

（4）绿色防控技术开发推广工作。

（5）其他应急防控工作。

（6）同时承担"重大农作物病虫害防治指挥部办公室"相关日常工作。

二、病虫害防治所用农药发展历程

农药是防控病虫害的主要手段。新中国成立初期，河北省农作物病虫害防治工作没有常设机构，在集体所有制耕种模式下，几乎没有农药可用，完全依靠人工捕捉、铲除的方式消灭病虫害。农药曾经是我国的战略物资，20 世纪 50 年代初，有机氯农药的相继投产，标志着我国农药工业发展的开始。由于当时我国农药工业处于发展的初级阶段，生产能力低下，品种单一，而且在计划经济体制下，农药被列为战略物资，多年来实行按计划供应，并依靠大量的进口农药，以满足国内农业防治病虫草害的需求。

20 世纪 80 年代初，因高残留问题，（DDT）在中国相继被停止生产和使用，为保证国内农药供应，国家特拨资金支持农药项目的基建、扩建和技术改造工程。随着改革开放和登记制度的实施，引进了一批当时比较先进的农药新产品和新技术，促使我国农药工业在 80 年代上了一个新台阶，初步形成了包括农药原药生产、制剂加工、配套原料中间体、助剂以及农药科研开发、推广使用在内的较为完整的一体化的农药工业体系。

20 世纪 90 年代后，我国农药登记制度进一步完善提高，吸引了一批更新的农药产品和技术，并使之国产化，进一步缩短了和先进国家农药品种结构的差距，使我国农药工业又上了一个新的台阶。截至 2013 年 9 月中旬，我国农药登记有效成分数量达 600 多个，产品总数达 29 092 个。其中，杀菌剂达到 6 728 个，占比 23.9%，杀虫剂达到 11 423 个，占比 39.3%，除草剂达到 6 482 个，占比 22.3%，这三大农药登记比例相对稳定，生长调节剂达到 640 个，占比 2.2%，其他产品 8 702 个，占比 12.8%。但目前仍有 100 多种蔬菜等特种作物无药可用，国家计划用 5 年时间，通过一系列机制和政府投资等方面支持特种作物用药的登记，并且会考虑同组作物只登记一种即可通用的政策，促进特种作物合法用药局面的改善。

三、生物农药发展史

化学农药的研发极大地增强了人类控制病虫危害的能力，但是，长期依赖和大量使用有机合成化学农药，已经带来了众所周知的环境污染、生态平衡破坏和食品安全等一系列问题，对推动农业经济实现持续发展带来许多不利的影响。

"农药公害"问题的日趋严重，在国际上引起了震动，使农药发展发生了转折，引出了生物农药。1972 年，我国规定了新农药的发展方向：发展低毒高效的化学农药，逐步发展生物农药。20 世纪 70～80 年代，我国生物农药的发展呈现出蓬勃发展的景象。进入 90 年代，随着科学技术不断发展进步，减少使用化学农药，保护人类生存环境的呼声日益高涨，研究开发利用生物农药防治农作物病虫害，发展成为国内外植物保护科学工作者的重要研究课题之一。

生物农药具有安全、有效、无污染等特点，与保护生态环境和社会协调发展的要求相吻合。因此，近年来我国生物农药的研究开发也开始呈现出新的局面，目前，已发展成为具有几十个品种、几百个生产厂家的队伍。如除虫菊素、印楝素、苦参碱、木霉菌剂、寡雄腐霉、寡糖等，生物农药在病虫害综合防治中的地位和作用显得越来越重要。

四、农作物病虫害防控逐步转型

（一）化学防治对环境的影响

地球上的各种生物生活在自然界中，它们之间生活在某种环境中，形成了一种相互牵连的关系，彼此依赖，相互制约，保持着一种动态的平衡关系，这种现象就叫生态平衡。如鸟吃蚯蚓，蚯蚓吃土壤中的各种腐烂物质，鸟死后，它的尸体被土壤微生物分解成为蚯蚓的食料，从而导致蚯蚓的大量繁殖，这样，蚯蚓又为鸟类提供了丰富的食料。这就形成了鸟→土壤微生物→蚯蚓→鸟这样的生态系统，它们之间保持着一种动态的平衡关系。化学农药使用不科学、不合理对生态平衡破坏严重，污染环境。在防治地下害虫或常规喷施农药过程中，一些高剧毒农药将会导致蚯蚓死亡，蚯蚓数量减少，鸟类就不得不寻找其他软体小动物作食料，日积月累，鸟就和其他软体小动物形成了一个新的生态系统，同时发生一系列的连锁反应，与蚯蚓和鸟类有关联的其他生物也会发生改变。因为蚯蚓能翻动土壤并促进土壤团粒结构的形成，同时增加土壤有机物质，如果为了防治某些病虫，却造成蚯蚓死亡，也就影响了作物的良好生长。

1. 病虫草害易产生抗药性

化学防治使用农药不合理、不科学，病虫杂草中的某些害虫、病菌或杂草就会逐渐适应，产生抗药性。河北省在 20 世纪 80 年代初，从法国优克福公司引进农用型溴氰菊酯（商品名：敌杀死），它对棉花上的蚜虫与棉铃虫防效非常显著，当时群众称它为"一扫光"。但由于大量且盲目的连续使用，到了 1985 年，棉蚜对敌杀死的抗性增加到了 180～300 倍，对棉铃虫的抗性也增加到了 80 多倍，基本上就失去了单独使用的价值。目前世界上抗药性害虫已有 200 多种，特别一些个体小、繁殖率快的害虫，如蚜虫、飞虱和红蜘蛛等，由于它们一年繁殖多代，用药次数多，抗药性越来越严重。有些群众为了提高防效任意加大浓度，这样农药对环境的污染就越来越严重了。

2. 次要害虫上升为主要害虫

生物种群发生变化发生在 20 世纪 50 年代，浙江黄岩蜜橘上的蚜虫严重发生，当时我国能够生产"DDT"、"六六六"等有机氯农药，用 DDT 防治橘蚜，防效非常理想，但是有机氯农药是一种广谱性杀虫剂，在消灭橘蚜的同时，又把柑橘上的有益昆虫——大红瓢虫同时杀死了，本来它是柑橘吹绵介壳虫的主要天敌，如今被消灭了，于是吹绵介壳虫就上升为柑橘上的主要害虫了。20 世纪 90 年代以来，河北省广大棉区推广了 Bt 抗虫棉，对二代棉铃虫有明显的抑制作用，但为棉盲椿象提供了有利生存环境，致使近几年棉盲椿象大量发生。在农作物、农药、害虫与天敌的关系中，天敌在自然界中发挥着重要作用。IPM 植保综合防治体系不是把害虫全部消灭，而是将其控制在一定数量范围内。如 1 头瓢虫 1 天可捕食 150～200 头蚜虫，棉蚜虫与瓢虫比在（150～200）∶1，就不需要使用化学农药。目前，不少地区农药的大量使用，对害虫天敌的杀伤仍在继续，破坏了天然的生态平衡关系，使生物群落发生改变，如果不重视和采取有效措施，后果是严重的。

3. 化学防治对大气的污染

化学防治使用的农药对大气的污染来源于农药的随风飘浮。据有关报道，在地球上的两极，以及我国喜马拉雅山从来没有使用过农药，但上述大气中也测得有微量的农药残留，这说明农药的飘浮距离很远，只不过绝大部分大气的农药残留都在允许数量级以下，不会对作物和其他生物造成影响。但局部地区空气中的农药浓度可能很大，如农药厂附近的大气，以及喷洒时的局部区域，有时大气中的飘浮农药就可能造成相邻作物遭受药害。如夏玉米田喷洒乙阿、都阿等除草剂，在它下风口的几十米范围内的棉花和蔬菜等作物均造成不同药害，使植株萎蔫，严重时甚至死亡。因为棉花和蔬菜对乙阿、都阿都是非常敏感的作物，这就是农药随风飘浮造成田间敏感作物药害最明显的例子。

4. 化学农药的"三致性"（致癌、致突变、致畸形）

"三致性"受到普遍关注，目前已知内吸磷、二嗪农及西维因等有致畸作用。杀虫脒、杀草强、羟乙基肼以及灭草隆等有致癌作用。DDT、敌百虫、敌敌畏等有致突变作用，所以以上农药绝大部分已被淘汰，有的规定在严格范围内使用。

5. 化学防治对土壤的影响

拌种剂与土壤处理剂 100% 进入土壤，其他各种药剂（除熏蒸剂、烟雾剂等）最终也有 80% 进入土壤，它对土壤的影响有直接和间接的、暂时和持久的、可逆和不可逆的。这些影响取决于农药的化学性质、浓度和使用方法，也取决于土壤的特性，环境气候和测定土壤微生物的反应技术。农药对土壤微生物的影响，最终导致农业生态系统营养循环的效率和速度减慢，使土壤肥力下降，而降低作物产量。

6. 化学防治对水体的影响

农药使用后，绝大部分落入土壤，而后随雨水进入水环境，必然对水生生物产生一定影响，从而可能破坏水体生态平衡。饮用水一旦被污染，严重时可对人体造成损害。

（二）高剧毒农药逐步淘汰

从三大类农药品种结构来看，杀虫剂比重不断下降，已从 2005 年的 41.8%，降低到 2010 年的 31.9%，除草剂和杀菌剂比重已分别由 2005 年的 28.6% 和 10.1% 调整为 2010 年的 45% 和 7.1%。自 1997 年 5 月 8 日起施行的《农药管理条例》明确规定："剧毒、高毒农药不得用于防治卫生害虫，不得用于蔬菜、瓜果、茶叶和中草药材"。农业部 2002 年 6 月 5 日发布的第 199 号公告，公布了国家明令禁止使用的 18 种农药和不得在蔬菜、果树、茶叶、中草药材上使用的 19 种高毒农药品种清单。2007 年停止生产甲胺磷、久效磷、甲基对硫磷、乙基对硫磷、磷铵等 5 种高毒有机磷品种，高毒高残留农药品种比重降至 5%。后历经多次公告推进，到 2013 年 10 月 31 日，我国全面禁止生产、销售和使用的高毒剧毒农药达到 33 种，同时禁止甲拌磷、甲基异柳磷、内吸磷、克百威、涕灭威、灭线磷、硫环磷和氯唑磷在蔬菜、果树、茶叶和中草药材上使用。另外，继续维持"任何农药产品都不得超出农药登记批准的使用范围使用"的规定。

（三）病虫综合治理技术取得重大进展

1. 综合防治理论不断完善

20 世纪 50 年代初，我国就有科学家提到了农作物病虫害的综合防治，以后在不断实践的基础上，参考国外有关论述，给综合防治以更丰富、更完整的含义。在 1975 年农业部召开的全国植物保护工作会议上，确定了"预防为主、综合防治"的植物保护工作方针。1986 年我国植保专家对有害生物综合防治作出了这样的描述：综合防治是对有害生物进行科学管理的体系。它从农业生态系总体出发，根据有害生物与环境之间的关系，充分发挥自然控制因素的作用，因地制宜协调应用必要的措施，将有害生物控制在经济损害水平之下，以获得最佳的经济、生态和社会效益。80 年代以来，一些学者又先后提出了"植保系统工程"和"持续植保"等观点，使人们对植物保护的理解有了更高的认识。

2. 综合防治的研究与实践不断深入

自"六五"以来，国家一直把农作物病虫害综合防治研究列入国家科技攻关研究计划。其中"六五"期间的研究主要针对每个病虫对象，"七五"、"八五"期间发展为以每种作物的主要病虫害群体为对象，在病虫防治的综合度、系统性和实用性上有明显提高。目前发展到按特定生态区，围绕特定作物组建多病虫的综合防治体系，改传统的防治病虫为中心为保护作物安全生长与环境安全为中心，进一步协调了自然控制（种植抗病虫品种、改进栽培制度和保护利用天敌等）和人为防治（制订科学的防治指标、准确预报、合理用药预防及治理害虫抗性等）。进入 80 年代，发展到对多种病虫兼治的综合防治。90 年代以后，发展到以农业防治为基础，田间生态环境改善为中心，全生育期各种有效防治措施的综合运用的新阶段。植保农技推广部门积极利用这些科研成果，组装成实用配套技术，进一步进行试验、示范和推广应用。

3. 多种形式植保技能培训深入开展

农民是实施病虫防治的主体，为提高农民素质，加快病虫害综合防治技术到户率，各级农业植保部门创办了多种形式的病虫防治技术培训班，并通过广播、电视讲座、网络和采用报纸、病虫情报和明白纸等形式宣传植保知识，对于提高农民植保技术水平等方面发挥了重要的作用。

（四）绿色防控成主流

目前，适合农业生产方式的绿色环保农药品种发展缓慢，高毒、高残留农药品种仍占一定比例，随着《斯德哥尔摩公约》《鹿特丹公约》等国际公约的推进实施，安全环保标准越来越高。20世纪50~80年代，主要是解决温饱问题，进入21世纪，随着我国经济的快速提升，全社会环境保护和食品安全意识的不断增强，化学防治对环境的负面影响日益引起人们的关注。国家粮食安全战略的实施，农业将持续发展，农业的投入将进一步增加，病虫害绿色防控必定成为主流。到2015年，高效、安全、经济和环境友好的农药品种占总产量的50%以上，高毒、高残留品种的产量由5%降至3%以下，生物农药比例进一步提高。

1. 生物源化学合成农药

它是从动植物、微生物中提取了有某些农药功能的物质，对其活性结构，通过人工模拟化学合成，或化学结构修饰而生产的一类新型农药。生物源农药按其机理可分为：①天然毒素为先导的化合物。过去植物类农药中就有除虫菊酯、鱼藤酮、烟碱、印棟素、苦皮藤和皂角等，如今，从烟碱中提取吡虫啉，从鱼藤酮中提取达螨酮，进而合成唑螨酯，从大蒜中提取大蒜素、乙蒜素。②动物生长调节内源激素为先导的化合物。如干扰几丁质合成的苯甲酰脲类杀虫剂、多氧霉素杀菌剂。③植物生长调节内源激素为先导的化合物。最成功的例子莫过于油菜素内酯。除草剂发展较快的有磺酰脲类，黄酰胺类，咪唑啉酮类等。④控制有害生物活动的化合物有趋避剂、信息素、拒食剂等。

2. 微生物农药

应用最广泛的是 Bt（苏云金杆菌），已有近百个品种推向市场，能防治百余种害虫。病毒产品有苹果蠹蛾颗粒体病毒、舞毒蛾核多角体病毒等。以菌治菌的细菌类产品有绿黏帝霉菌、放射型土壤杆菌等。还有用真菌作除草剂的如棕榈疫霉菌等。此外，杀菌剂中有春雷霉素、多氧霉素、井冈霉素等；杀虫剂中有阿维菌素；除草剂有双丙胺膦；植物生长调节剂有赤霉素等。处于开发前沿的有金核霉素等。

3. 含氮杂环化合物

它具有以下特点：①超高效，农药使用量每公顷仅10~100g，低达每公顷5~10g。②成本低。③对环境的影响降低到最低程度。另外，它对温血动物、鱼类，鸟类毒性很低，因此，近年来，发展迅速，主要产品有烟碱类似物、吡唑类化合物、哒嗪酮类化合物以及咪唑啉酮类等。

4. 绿色防控技术

一是选用抗病虫品种、培育健康种苗、改善水肥管理等健康栽培措施，增强作物抗病虫能力；二是针对烟粉虱、蚜虫等推广银灰膜驱避、释放丽蚜小蜂、食蚜瘿蚊等生物防治技术；三是推广应用新开发的45~50目异型防虫网阻截害虫技术；四是应用蜜蜂类昆虫授粉技术，取代激素保果催产措施；五是推行黄板诱杀粉虱、斑潜蝇和蚜虫技术，灯光诱杀趋光性害虫等诱杀技术；六是筛选使用苦参碱、印棟素、蛇床子素等植物源农药预防性的时期早使用，控制后期病虫害；七是科学使用噻虫嗪、氯虫苯甲酰胺等新型高效低毒低残留农药应急控害技术等。

五、重大病虫害得到持续有效控制

随着农业生产条件的改善和各种高产栽培措施的推广应用，农作物病虫害的发生亦呈加重趋势。据统计，20 世纪 80 年代河北省每年农作物病虫鼠草害发生面积在 1.85 亿～3.25 亿亩次，90 年代发生面积在 3.92 亿～4.65 亿亩次，到 2012 年增加到 6.06 亿亩次。表现为以下特点：一是发生范围和面积扩大、程度加重；二是突发性病虫时有发生；三是不断有危险性病虫疫情由国外传入。但由于植保体系建设不断完善，植保技术水平逐步提高，防灾减灾能力明显增强，主要病虫害均得到较好控制。据统计，80 年代全省每年农作物病虫鼠草害防治面积在 1.35 亿～2.04 亿亩次；进入 90 年代防治面积在 2.78 亿～3.8 亿亩次；到 2012 年防治面积达到 5.66 亿亩次，占发生面积的 93.4%，挽回粮食损失 424.77 万 t，挽回棉花损失 37.32 万 t。尤其蝗灾得以持续控制，小麦条锈病流行明显减弱，对小麦黑穗病、吸浆虫、水稻螟虫等历史上严重危害的病虫都通过采取各种有效的措施，长期内将其发生与危害控制在一个较低的水平；对于其他重大病虫害，如黏虫等迁飞性害虫以及小麦蚜虫、红蜘蛛和白粉病、纹枯病、赤霉病，棉铃虫、棉蚜、棉叶螨和枯萎病，玉米螟和玉米青枯病，瓜菜霜霉病等多种重大病虫害都得到较好的防治和控制，常年因病虫灾害造成的损失控制在一个较低的水平。

20 世纪 60 年来，植保科技工作取得了很大进展，基本实现了对重大农作物病虫害的持续有效控制。但由于耕作制度改变和异常气候影响，病虫害的发生呈加重趋势，因此植保工作仍任重而道远。今后植物保护要继续贯彻"预防为主，综合防治"的基本方针，对农业重大病虫鼠草害实施持续治理。研究和改进关键治理技术，有害生物群落生态调控技术；研究提出合理用药技术，提高防治效果，减少农药用量；积极研究和推广应用对病虫高效、对环境安全的综合治理技术。

第二篇　专　题　篇

小麦跨区作业对节节麦扩散传播和区域分布影响的情况调查

李 娜 王贺军 王睿文

（河北省植保植检站）

摘 要：针对河北省节节麦发生范围不断扩大的态势，为进一步明确联合收割机携带节节麦情况。2009年6月笔者对河北省中南麦区3个小麦主产县30块麦田进行了小麦跨区作业对节节麦扩散传播和区域分布影响的调查。结果表明，节节麦可随联合收割机作业路线进行近距离或远距离扩散传播。

关键词：小麦；节节麦；联合收割机

小麦是河北省第一大粮食作物，常年种植面积3 700万亩左右。节节麦是一种危险性杂草，与小麦争光、争肥、争水、争空间，且多发生在高水肥麦田，适应性强，繁殖快，导致小麦产量降低，品质下降，对小麦生产已构成严重威胁[1,2]。近年来，随着大型联合收割机跨区作业的快速发展，节节麦逐渐由河北省中南麦区北延、东扩至廊坊香河县，唐山玉田、丰南、遵化等地麦区。截至2009年3月，河北省节节麦发生面积达140.1万亩，发生范围呈不断扩大态势，为害逐年加重。按照农业部种植业司"2009年农作物病虫害疫情监测与防治"项目的要求，我们承担了由中国农业科学院植物保护研究所主持的"小麦跨区作业对节节麦扩散传播和区域分布的影响"调查研究，进一步明确了联合收割机携带节节麦的情况。

一、材料与方法

（一）调查地点与时间

调查地点为永年、隆尧、正定3个节节麦发生较重的县。收获前1天调查节节麦田间密度，收割前后分别对收割机各部位进行取样调查。

（二）调查对象

调查地块均为当地节节麦发生较重具有代表性的麦田，小麦品种涉及良星99、石新733、济麦22等。

（三）调查方法

1. 收获前节节麦田间发生情况调查

每县选10块节节麦危害严重的小麦田，每块田在收获前1天采用倒置"W"9点取样法进行调查，每点调查0.25m²[3]。记录小麦亩穗数以及节节麦亩穗数、亩穗粒数、平均密度。

2. 收割前收割机携带节节麦情况调查

在收割机下地开始收获观测田之前，先取样检查收割机储麦器及可能携带节节麦的部位，装入取样袋中，带回室内调查，并记录收割机各部件分别携带小麦及植株残体量。

3. 收割后收割机携带节节麦情况调查

在收割机收获调查监测田完成作业、卸完小麦之后，立即取样检查收割机里、收割机上的残余小麦，装入取样袋中，带回室内调查。调查后将收割机清理干净。

二、结果与分析

（一）小麦收获前节节麦发生情况

三县调查的 30 个农户共 30 块麦田，涉及小麦师栾 02-1、观 35、良星 99、邯 6172、石新 828、石麦 15、石新 733、济麦 22 八个品种。收获前麦田中均有节节麦麦粒残留在穗上。尽管小麦收获前节节麦大部分麦粒已落地，但多数穗基部 2~3 节和个别穗仍未落地。其中，永年县平均小麦亩穗数 42 万，最高 46.5 万，节节麦亩穗数平均 10 054 穗，最高 80 040 穗，平均穗粒数 13.5 粒，最高 19 粒，平均密度 14.96 株/m²，最高 120 株/m²；正定县平均小麦亩穗数 42.7 万，最高 46.8 万，节节麦亩穗数平均 1 074 穗，最高 2 734 穗，平均穗粒数 2.9 粒，最高 3 粒，平均密度 1.7 株/m²，最高 4.1 株/m²；隆尧县平均小麦亩穗数 42.7 万，最高 52 万，节节麦亩穗数平均 6 374 穗，最高 21 344 穗，平均穗粒数 3 粒，最高 4 粒，平均密度 10.1 株/m²，最高 32 株/m²，见表 1。

表 1　小麦收获前节节麦普查汇总表

调查地点	调查日期（月/日）	调查地村数（个）	农户数（户）	小麦品种数（个）	小麦平均亩穗数（万穗）	节节麦		
						平均亩穗数（穗）	平均穗粒数（粒）	平均密度（株/m²）
河北永年县	6/5~12	10	10	5	42	10 054	13.5	14.96
河北正定县	6/9~10	10	10	4	42.7	1 074	2.9	1.7
河北隆尧县	6/7~9	10	10	3	42.7	6 375	3	10.1

（二）小麦收割前收割机携带小麦及植株残体情况

通过在永年、正定、隆尧 3 县调查发现，收割机一般都会携带部分小麦及植株残体。携带部位主要是割台、输送装置、脱粒清选装置和粮仓，割台上及两侧会携带大量小麦及植株残体；输送装置上积存大量植株残体，脱粒清选装置较隐蔽，内部不易清扫和调查，会残存部分植株残体和麦粒；粮仓也会残存麦粒。其中，永年县调查的两台收割机（雷沃谷神、新疆 2 号），携带小麦及植株残体总量平均 980g，以上四部分平均分别为 222.5g、375g、127.5g、255g，分别占总量的 22.7%、38.3%、13%、26%；正定县调查的两台收割机（新疆 2 号、中原 2 号），携带小麦及植株残体总量平均 2 952.5g，以上四部分平均分别为 825g、340g、847.5g、940g，分别占总量的 27.9%、11.5%、28.7%、31.9%；隆尧县调查的一台新疆 2 号收割机，携带小麦及植株残体总量平均 3 073g，粮仓没有携带小麦及植株残体，割台、输送装置、脱粒清选装置三部分分别携带小麦及植株残体 235g、338g、2 500g，分别占总量的 7.6%、10.1%、82.3%，见表 2。

表2 小麦收割前收割机携带小麦及植株残体情况调查表

调查地点		调查日期（月/日）	各部件分别携带小麦及植株平均残体量（g）				合计
			割台	输送装置	脱粒清选装置	粮仓	
河北永年县	占该县调查总量百分比（%）	6/6~8	222.5	375	127.5	255	980
			22.7	38.3	13.0	26.0	—
河北正定县	占该县占总量百分比（%）	6/13~14	825	340	847.5	940	2 952.5
			27.9	11.5	28.7	31.9	—
河北隆尧县	占该县占总量百分比（%）	6/11	235	338	2 500	0	3 073
			7.6	10.1	82.3	0	—

（三）收割机进地收割前携带节节麦情况

调查发现，3县联合收割机作业路线基本是从河南的新乡市、周口市到河北石家庄市、保定市；涉及谷神、福田谷神、雷沃谷神、新疆2号、新疆2号5个型号。收割机进地收割前所携带的小麦及植株残体，大部分混有节节麦。其中，永年县调查的10块地，9块地的收割机带有节节麦，携带率90%，总取样小麦及植株残体10 600g；总小麦粒数145 216粒，单机最高36 806粒；总携带节节麦数量144粒，平均14.4粒，最高62粒；正定县调查的10块地，总取样小麦及植株残体12 465g，只有一块地携带节节麦，携带率为10%，平均单机0.4粒；隆尧县调查的10块地，9块地的收割机带有节节麦，携带率90%，总取样小麦及植株残体25 000g；总小麦粒数173 000粒，单机最高61 500粒；总携带节节麦数量290粒，平均29粒，最高65粒，见表3。

表3 小麦收割前收割机携带节节麦情况调查汇总表

调查地点	调查日期	调查地村数（个）	收割机型号数（个）	所带小麦（节节麦数量）				
				总取样量（g）	小麦总粒数（粒）	单机最高小麦粒数（粒）	节节麦总粒数（粒）	单机最高节节麦粒数（粒）
河北永年县	6/5~12	10	4	10 600	145 216	36 806	144	62
河北正定县	6/9~10	10	2	12 465			4	4
河北隆尧县	6/7~9	10	2	25 000	173 000	61 500	290	65

注：正定县小麦收割前收割机携带节节麦调查过程中对小麦总粒数未计数

（四）收割机收割后携带节节麦情况

调查中发现，收割机收割后都未进行彻底清扫，割台、输送装置、脱粒清选装置和粮仓会携带部分小麦及植株残体和土壤，其中往往混有节节麦。永年县调查的10块地收完后收割机中均携带有节节麦，携带率100%，总取样小麦及植株残体9 850g，总小麦粒数166 307粒，总携带节节麦数量180粒，最高80粒；正定县调查的10块地中，有3块地收割机中携带有节节麦，携带率30%，总取样小麦及植株残体12 595g，总携带节节麦数量6粒；隆尧县调查的10块地收完后收割机中均携带有节节麦，携带率100%，总取样小麦及植株残体 25 000g，总小麦粒数 625 775 粒，总携带节节麦数量 2 852 粒，最高 588 粒，见表 4。

表 4 小麦收割后收割机携带节节麦情况调查汇总表

调查地点	调查日期（月/日）	调查地村数（个）	收割机型号数（个）	携带小麦（节节麦数量）				
				总取样量（g）	小麦总粒数（粒）	单机最高携带小麦粒数（粒）	节节麦总粒数（粒）	单机最高携带节节麦粒数（粒）
河北永年县	6/5～12	10	4	9 850	166 307	45 833	180	80
河北正定县	6/9～10	10	2	12 595			6	4
河北隆尧县	6/7～9	10		25 000	625 775	62 850	2 852	588

注：正定县小麦收割后收割机携带节节麦调查过程中对小麦总粒数未计数

三、讨论

调查表明，联合收割机在作业前后一般不进行清理，通常都携带部分麦粒及植株残体及土壤，其常混有节节麦种子，有时携带率高达 100%。携带部位主要是割台、输送装置、脱粒清选装置和粮仓。对机手、机器和地块的调查都表明联合收割机跨省作业、跨市作业以及村于村之间作业均可导致节节麦随收割机作业路线近距离或远距离传播。单台收割机通常是跨越式作业，即在一块地作业结束后，直接赶到 100 千米外的另一作业地点。这与河北省节节麦发生初期其发生区域呈插花式分布且发生地块间有区域间隔的特点有明显的关联性。节节麦一旦传入便难以控制。一是刚传入时基数很小，但长相与小麦极为相似，通常不易发现。二是繁殖量大，节节麦的田间分蘖数 5～15 个，地头植株的分蘖数高达 25～31 个，每穗 6～8 节，每节 2～4 个小花，据此推算，一粒种子在第二年的产量最少为 60 粒，第三年可达到 3 600 粒以上[4]。经过多年积累，可达到其至超过小麦种群数量。三是防治药剂较少，成本高，且硬质小麦田目前还没有可用药剂，单靠人工防治费时、费力、效率低，效果较差。

防止跨区作业传播节节麦建议采取以下措施：首先，加强宣传，提高认识。通过各种方式，进行广泛宣传，使广大农民都认识到联合收割机是传播节节麦的主要途径之一，使农民自觉做到不让携带其他地块麦残体的收割机进入自己的地块进行作业。其次，健全法制，依法防控。建立健全相关法制，凡从事联合收割作业的人员，在作业地点转移前有义务把自己的收割机收割物进仓槽处清理干净，否则由执法人员依法进行查处。再次，联合设卡，严防传播。在小麦收割季节，由政府协调，抽调一定数量的植保、农机监理和交警人员，在县域接合部，设立联合检查站，对凡进入本县域的联合收割机一律让其清理干净收割机收割物进仓槽处后，方可放行。最后，建议在小麦联合收割机设计制造时就收割机收割物进仓槽在行走时的携带方式予以改进，即由原来的手端式改为反扣悬挂式，以降低其携带节节麦几率。

对节节麦发生地，应加大防控力度，压缩发生面积，压低发生密度，降低为害程度。可采取以下措施：①加强宣传培训。农业部门在禾本科杂草防除的关键时期，利用电视、报纸、网络等宣传手段，召开现场会，发放明白纸等，对农民进行节节麦的识别和防治技术的宣传与培训。②加强检疫。严禁从发生区调种，含有麦秸、麦稃的农家肥不得施用于麦田。播种前，严格选种，剔除秕粒、杂粒，自留种也要进行精选。③人工拔除。对于节节麦较少的麦田，可在小麦返青至拔节期进行人工拔除。④播前深耕或轮作倒茬。对于重发生区，可在播前进行深耕，把草种翻入土壤深层，也可与油菜、棉花等阔叶作物轮作2~3年。⑤冬前防治的时间应掌握在小麦越冬前节节麦出齐后，用3%世玛乳油或50%异丙隆可湿性粉剂茎叶喷雾。春季补喷除草剂，冬前防除效果较差的麦田，于小麦返青后、节节麦开始生长期之前，用3%世玛乳油除草剂于小麦3叶期（节节麦分蘗前）茎叶喷雾防治，效果较好[4]。

由于本次调查在不同县之间取样数量有差异，因此会对节节麦在地域上发生情况的差异以及不同收割机型号携带麦残体数量造成一定影响，这个问题有待于今后通过加大取样数量来解决。

参考文献

[1] 段美生，杨宽林，李香菊，等．河北省南部小麦田节节麦发生特点及综合防除措施研究 [J]．河北农业科学，2005，9（1）：72－74．

[2] 张朝贤，李香菊，黄红娟，等．警惕麦田恶性杂草蔓延危害．植物保护学报 [J]．2007，34（1）：104－106．

[3] 张朝贤，胡祥恩，钱益新，等．江汉平原麦田杂草调查 [J]．植物保护，1998，24（3）：14－16．

[4] 王睿文，栗梅芳，肖红波，等．河北省麦田节节麦等杂草发生特点及治理对策 [J]．中国植保导刊，2005，25（6）：33－34．

小麦吸浆虫随联合收割机跨区作业
扩散传播调查报告

王贺军* 高 军 张连生

(河北省植保植检站)

摘 要：本文对联合收割机跨区作业对河北省小麦吸浆虫传播的影响作了深入调查。结果表明，联合收割机跨区作业可以扩散传播小麦吸浆虫，已经对小麦生产安全造成严重威胁。本文在调查基础上提出了一些技术建议。

关键词：小麦吸浆虫；传播；联合收割机

河北省冬小麦常年种植面积在 3 700 万亩左右。1986 年以来小麦吸浆虫从很少发生发展到现在的 1 000 多万亩，呈明显的逐年上升态势。从南向北、从西向东发生范围和发生面积不断扩大，当前已经发展到种植冬小麦的所有市，发生危害损失程度也在逐年加重。20 世纪 80 年代以来，我国小麦联合收割机跨区作业越来越普遍，作业范围逐年扩大，到 2009 年，全省 14 000 多台小麦联合收割机投入跨区作业。河北省除西部山区县部分麦田由于地形因素外，其他所有麦田均采用联合收割机作业。本文为进一步明确联合收割机携带小麦吸浆虫的情况，在小麦吸浆虫发生较重的地区对联合收割机跨区作业扩散传播小麦吸浆虫的情况进行了调查。

一、调查内容

（一）调查时间

收获前 2～3 天调查小麦吸浆虫发生情况，收割前、收割后检查联合收割机携带吸浆虫的情况。

（二）调查地点

邯郸市永年县、邢台市隆尧县、石家庄市正定县、保定涿州市。小麦收获前每个县选取小麦吸浆虫发生危害严重的 5 块以上麦田。

（三）调查方法

1. 小麦吸浆虫剥穗调查

每块麦田在收获前 2～3 天剥穗调查一次。每块田单对角线 5 点取样，每点任选 20 穗，放入纸袋内，带回室内剥查。调查结果见表 1。

2. 收割前调查联合收割机携带麦粒及植株残体中小麦吸浆虫情况

在联合收割机下地开始收获调查监测田之前，先对联合收割机各部件携带麦粒、植株残体和轮胎上所带的土壤进行取样，分别装入取样袋中，带回室内调查。调查结果填入表

---

* 第一作者：王贺军（1958— ），男，河北满城人，推广研究员，主要从事植保工作

2、表 3。调查后将联合收割机清理干净。

3. 收割后联合收割机携带小麦吸浆虫情况调查

在联合收割机收获调查监测田完成作业、卸完小麦之后，立即取样检查联合收割机储麦器及可能携带小麦吸浆虫的部位和轮胎上所带的土壤，装入取样袋中，带回室内调查。调查结果填入表 4。调查后将联合收割机清理干净。

二、结果与分析

（一）小麦吸浆虫剥穗调查

2009 年河北省中南部冬小麦收获前遇雨，有利于小麦吸浆虫脱落，致使收获前剥穗调查小麦吸浆虫虫量偏低。6 月上旬在永年、正定、隆尧 3 个县进行了调查，共调查了 28 个地块（表 1），平均每个麦粒有虫 0.06 头，最高每个麦粒有虫 0.45 头（隆尧）。调查结果表明，小麦吸浆虫在收获前仍有相当量的虫体未脱落入土，这就为联合收割机收获后传播提供了可能。

表 1　小麦收获前小麦吸浆虫剥穗调查结果

调查日期（月/日）	调查县	调查农户数	小麦总粒数	幼虫数量（头）	
				总虫数	平均每粒
6/5～9	永年县	8	26 884	1 204	0.04
6/9	正定县	10	21 747	737	0.03
6/8	隆尧县	10	5 000	1 518	0.3
合计		28	53 631	3 459	0.06

（二）收割前联合收割机携带麦粒及植株残体中小麦吸浆虫情况调查

经收割前联合收割机携带麦粒及植株残体情况调查（表 2），收割机型号涉及雷沃谷神、新疆 2 号、中原 2 号、金凤凰 308 型，每台联合收割机携带麦粒及植株残体量平均3 903g，最高 10 800g。联合收割机携带麦粒及植株残体的主要部件有割台、输送装置、脱粒清选装置、粮仓，以上 4 个部件平均每台携带量分别为 738g、495g、992g、1 678g，所占比例分别为 18.9%、12.7%、25.4%、43%。结果表明，割台、输送装置、脱粒清选装置、粮仓携带量有差异，原因可能与联合收割机操作手等人为清理情况有关，但均有携带，且量较高。

表 2　收割前联合收割机携带麦粒及植株残体调查结果

调查日期（月/日）	调查县	一台各部件分别携带麦粒及植株残体量（g）				合计
		割台	输送装置	脱粒清选装置	粮仓	
6/6～8	永年	222.5	375	127.5	255	980
6/13～14	正定	825	340	847.5	940	2 952.5
6/16	涿州	2 100	1 200	1 500	6 000	10 800
6/11	隆尧	235	338	2 500		3 073
平均		738	495	992	1 678	3 903
所占比例（%）		18.9	12.7	25.4	43	

收割前联合收割机携带小麦吸浆虫调查（表3），收割机型号主要是雷沃谷神、新疆2号、中原2号、金凤凰308型，所调查联合收割机中16台携带小麦吸浆虫、4台不携带，机带麦粒及植株残体中含小麦吸浆虫量平均0.037头/g，最多的0.283头/g（正定）。联合收割机轮胎上携带土壤量不一，可能与来源地土壤湿润程度有关。永年县对联合收割机轮胎携带土壤情况进行了调查，其中有一台联合收割机轮胎携带土壤700g，含吸浆虫10头。

表3　收割前联合收割机携带小麦吸浆虫调查结果

调查日期（月/日）	调查县	调查农户数	机带麦粒及植株残体中含小麦吸浆虫情况			轮胎上所带土壤含小麦吸浆虫情况		
			取样量（g）	总幼虫数（头）	平均（头/g）	重量（g）	总幼虫数（头）	平均（头/g）
6/5～12	永年	8	13 850	240	0.017	1 510	10	0.007
6/14～15	正定	10	18 595	995	0.054			
6/16	涿州	1	2 000	156	0.078			
6/11	隆尧	1	3 073	0	0			
合计		20	37 518	1 391	0.037			

（三）收割后联合收割机携带小麦吸浆虫情况调查

经联合收割机作业路线调查，我国联合收割机跨区作业现象仍然普遍，按小麦收获时间从南到北依次收获，河北省收获期联合收割机多来自河南和河北省南部地区。收割后联合收割机携带小麦吸浆虫情况调查（表4），所调查联合收割机中36台携带小麦吸浆虫、2台不携带，机带麦粒及植株残体中含小麦吸浆虫量平均0.046头/g，最多的1.1头/g（永年）。永年县对联合收割机携带土壤情况进行了调查，其中有一台联合收割机轮胎携带土壤400g，含小麦吸浆虫12头。

表4　收割后联合收割机携带小麦吸浆虫情况调查结果

调查日期（月/日）	调查县	调查农户数	机带麦粒及植株残体中含小麦吸浆虫情况			轮胎上所带土壤含小麦吸浆虫情况		
			取样量（g）	总幼虫数（头）	平均（头/g）	重量（g）	总幼虫数（头）	平均（头/g）
6/5～12	永年	8	11 230	942	0.08	1 160	12	0.01
6/14～15	正定	10	15 973	1 347	0.08			
6/16	涿州	10	32 000	766	0.02			
6/11	隆尧	10	36 364	1 321	0.04			
合计		38	95 567	4 376	0.046			

三、讨论

21世纪初以来，随着国家农机补贴政策的实施，我国小麦联合收割机大幅度增加。到2009年，参加"三夏"小麦跨区作业的联合收割机达到28万台，全国小麦主产区大规模跨区作业态势逐渐形成。经调查得出，随联合收割机连年跨区作业，小麦吸浆虫在我国和河北省由南向北得到进一步扩散传播，发生范围进一步扩大，发生危害损失程度进一步加重。调查中还发现，节节麦、麦蒿等麦田杂草的种子在联合收割机部件中也有携带，随逐年积累，联合收割机跨区作业对于上述杂草的传播也起到了一定的作用。

（一）联合收割机跨区作业直接造成小麦吸浆虫大范围扩散传播

我国小麦联合收割机跨区作业从 20 世纪 80 年代开始，到 21 世纪初以来大规模跨区作业态势逐渐形成。1983 年河北省仅在邯郸地区磁县 1 个乡发生 5.6 亩。截至 2009 年，已经发展到冬小麦种植区的所有 9 个地市，涉及 89 个县（市、区），发生面积达 1 068 万亩。小麦吸浆虫从南到北传播的态势十分明显，与小麦联合收割机由南到北跨区作业吻合。

（二）小麦吸浆虫种群数量的累积效应造成其发生危害程度加重

小麦吸浆虫为非种传虫害，成虫虫体小，飞行能力不强，只能近距离随风扩散。据前人研究，小麦吸浆虫雌虫多在高于麦株 10cm 左右飞舞，也可飞离麦地高达 3 ~ 4m 以上，随气流可飞离地面 30m 高处，顺风迁飞可达 40m，是其近距离扩散的主要方式。因此可以得出，小麦吸浆虫从南到北远距离传播与小麦联合割收机由南到北跨区作业有关。随联合收割机连年跨区作业，小麦吸浆虫在我国和河北省得以快速异地远距离传播，发生范围进一步扩大。此外，联合收割机作业也造成地块与地块、户与户、村与村之间近距离扩散，加上小麦吸浆虫成虫也可随气流近距离扩散的特性，造成小麦吸浆虫种群数量上升，虫量不断积累，发生危害损失程度逐年加重。

（三）防控策略

1. 加强小麦吸浆虫虫情监测

通过冬前淘土、春季淘土、收获前剥穗等多种调查手段，明确小麦吸浆虫一般发生区，尤其是确定重发区，在重发区设置警示牌，并予以公布和警示，提醒农户进行及时防治和机手作业防护。

2. 做好小麦吸浆虫危害易识别特征的宣传

小麦吸浆虫虫体小，发生隐蔽。要加大对农户进行小麦吸浆虫相关知识的宣传，向百姓讲解"受小麦吸浆虫为害贪青晚熟、为害严重的有明显产量损失等"易于掌握的识别特征，在中蛹期、成虫期及时指导农户进行科学防治，确保防治效果。

3. 阻断其随机传播

加强机手对小麦吸浆虫危害的认识以及识别技术的掌握；建议机手在联合收割机转移作业之前及时将粮仓和其他部件打扫干净并对残体作深埋处理（尤其是有明显产量损失的重发地），防止携带虫体助其传播。

4. 关键期进行药剂防治

药剂防治依然是大面积有效控制小麦吸浆虫危害的最经济、有效、简便、易行的措施。

（1）中蛹期防治为主　防治指标是每个土样（10cm × 10cm × 20cm）有虫 2 头以上。防治时间在小麦抽穗前 3 ~ 5 天（中蛹盛期）。

（2）成虫期补防为辅　防治指标是平均 10 复次网捕有虫 30 头左右，或扒麦查看一眼可见成虫 3 ~ 5 头。防治时间在小麦抽穗率达 70% ~ 80%（成虫盛期）。

（3）用药品种。中蛹期防治可亩用2.5%或3%甲基异柳磷粉剂2kg，或5%毒死蜱颗粒剂600~900g，配制成25~30kg的毒土，顺垄均匀撒施，撒毒土后及时浇水可提高药效。成虫期防治可亩用4.5%高效氯氰菊酯乳油、50%辛硫磷、10%吡虫啉1 000倍液或50%毒死蜱1 500倍液喷雾防治，可兼治麦蚜。

参考文献

［1］李光博，曾士迈，李振歧．小麦病虫草鼠害综合治理［M］．北京：中国农业科技出版社，1990.

［2］石淑芹，吕建萍，马伯霞，等．小麦吸浆虫重发原因及治理对策［J］．农业科技通讯，2006（2）.

［3］张瑞，乔锋，牛封山．小麦吸浆虫的发生与防治［J］．现代农业科技，2007（18）.

［4］袁锋．小麦吸浆虫成灾规律与控制［M］．北京：科学出版社，2004.

河北省植保机械与施药技术
现状调查调研报告

河北省植保植检站

农作物病虫草害防治是农业生产中一个必不可少的环节，作业机具、农药制剂、施药技术3个方面对农药利用率和病虫害的防治效果有着重要影响。随着农业高速发展，高效农药的应用以及人们对生存环境要求的提高，农药施用技术与施药机械面临着新的挑战。农药对环境和非靶标生物的影响成为社会所关注的问题，农药使用技术及其施药机械的研究面临两大课题：如何提高农药的使用效率和有效利用率；如何避免或减轻农药对非靶标生物的影响和对环境的污染。近年来，由于在农业生产中引进了植保机械，一方面，使农业生产获得了相当程度的高产，另一方面，病虫草害的发生繁衍规律也因此有了变化。这就给扑灭病虫草害的及时性和机具使用的可靠性提出了更加严格的要求，这不仅对植保机械提出了一个新课题，也反映了植保机械的使用和发展在农业生产和农业科技的发展中占有极其重要的地位。为了推进河北省农药施药技术的进步，提高农药的有效利用率和重大病虫防治能力与水平，河北省植保植检站于2012年10~11月对全省11个市的喷雾器社会保有量、市场销售情况、使用情况以及施药技术现状进行了调研，经统计分析，并综合相关资料，现将调研结果总结如表1。

表1 调查方法、内容和地点

项目	具体情况
调查方法	每点由当地植保站调查至少5家经销单位和至少20名使用者
调查内容	各种喷雾器的社会保有量、市场销售情况、使用情况以及施药技术现状
调查地点	南皮、盐山、承德县、丰宁、馆陶、涉县、武邑、阜城、霸州、香河、固安、涿鹿、安新、博野、南宫、隆尧、卢龙、昌黎、丰南、迁安、正定、栾城

一、河北省植保机械整体情况

河北省植保机械社会保有量近750万台，各类型机械占总保有量比例见下图，其中，人力型植保机械主要是背负式喷雾器645万台，占总保有量的86%，农民在病虫害防控过程中主要使用工农-16型或其改进型手动喷雾器，占到人力型植保机械的60.3%，国内研发的卫士-16型等优质背负式手动喷雾器仅占2.61%，主要在各类农业示范园区应用，市场零售较少；由于背负式电动喷雾器具有不用人工动力、不用燃油、与背负式机动弥雾机相比质量轻等优势，农民对其关注度很高，但因其零售价格、经销渠道、电池寿命、售后服务方面的问题，因此普及度不高，占总保有量的占2%，共15万台，目前，仅在设施农业和高效经济作物区有所应用；背负式机动弥雾机占总保有量的1.5%，共11.25万台，其具有灵活性好、动力性强、操控性高的优点，被广泛应用于农作物病虫害专业化统防统治作业中，社会保有量不断增加；动力悬挂喷杆喷雾机占总保有量的6.8%，共51万台，该类喷雾机主要分布在种植大户和流转土地承包大户，采用拖拉机动力，其优点是作业效率高、操作简便，但农民自制的喷雾系统以及喷头配置与喷雾调校很难达到作业要求，近年来商品动力悬挂喷杆喷雾机被农民普遍接受；机动喷雾喷粉机占总保有量的1%，共7.5万台，主要分布在种粮大户和林、果农户；杀虫灯（含灭蛾灯、诱虫灯）占总保有量的0.5%，共3.75万台；其他植保机械包括自走式高地隙喷雾机、风送式喷雾机、静电弥雾机等，这类产品科技含量较高，与常用植保机械比具有一定的优势，其中自走式高地隙喷雾机被应用于玉米、花生田病虫害专业化统防统治，静电弥雾机的试验示范表明，其雾化效果和防效均优于普通机动弥雾机，风送式喷雾机在河北应用较少，尚处于应用试验阶段。

在河北省销售的植保机械出自国内83家（表2）企业，主要分布在浙江、河北、山东、江苏省和北京市等地，仅浙江省台州市就有28家。产品型号多达59种，注册商标有116个（表3）。

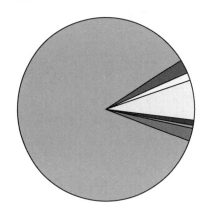

□ 背负喷雾器（在病虫害防控中占主体地位）

■ 背负电动喷雾器（应用于设施农业与高效经济作物区）

□ 背负机动弥雾机（广泛应用于专业化统防统治）

□ 动力悬挂喷杆喷雾机（分布在种植大户和流转土地承包大户）

■ 机动喷雾喷粉机（主要分布在种粮大户和林、果农户）

□ 杀虫灯（含灭蛾灯、诱虫灯）

■ 其他

图 各类型机械占保有量比例

二、目前河北省植保机械的主要特点

河北省是植保机械应用大省，进入21世纪以来，特别是"十六大"以来，在农村劳动力就业转移加速，农业机械化发展的内在成长动力不断增强和政策支持力度持续加大等多重利好共同作用下，河北省植保机械化取得了令人瞩目的发展成就，在推动传统农业向现代农业迈进中的作用日渐突出。特别是随着专业化统防统治的全面推进，有利于防控方式向资源节约型、环境友好型转变，加强了高效新型植保机械的推广应用，促进了植保机械升级换代。7年来，一大批高效、实用新型植保机械及其配套使用技术应用于河北省。与2005年调查相比，大型植保机械比例增加，动力型植保机械较人力型植保机械比例增加；适合河北省特点的自走式喷杆喷雾机，因具有结构合理、结实耐用、操作方便、机动性强、高效、安全可靠等优点，在河北省广泛应用，数量快速增加。例如，邢台市自走式喷杆喷雾机由2011年的17台增加到现在的60多台，利用丰富的病虫害防治经验和先进的植保器械，一户或多户组成专业化防治服务组织，为农民提供病虫防治服务。

表2 部分生产厂家名称列表

地区	企业	地区	企业	地区	企业
浙江省	台州椒江康农精密泵厂	河北省	定州机械厂	江苏省	江苏黑猫集团
	浙江嘉兴天地植保器械厂		河北清苑县齐贤庄西街喷雾器厂		江苏农器厂
	台州椒江平安玻璃钢厂		丰润宏利塑料制品厂		江阴市利农药械厂
	台州椒江苏农药泵厂		邯郸农业药械厂		江阴市陆桥陆粮厂
	台州椒江协丰喷雾器厂		邯郸喷雾器厂		江阴市塑料制品厂
	台州椒江兴发玻璃钢厂		清苑齐西动红塑料厂		苏州市农业机械厂
	台州爱农清洗机厂		河北清苑塑料厂		江苏武进江南植保器械厂
	台州椒江旭日五金机械厂		石家庄市裕华区三甲海厂		苏州药械厂华西分厂
	台州路桥利民喷雾器厂		永年县调压器厂		苏州昶盛捷农机有限公司
	台州路标为民塑化模具厂		玉田宏发塑料制品厂		武进市武星植保机械厂
	台州路桥保湖机械厂		玉田县鸦洪桥永丰塑料厂		武进市植保机械厂
	台州路桥丰农喷雾器厂		玉田县鸦鸿桥富强塑料制品厂	北京市	北京大自何机械厂
	台州路桥奇勇塑料厂		玉田植保机械厂		北京抗保机械厂
	台州路桥区农利达喷雾器厂		临沂康达厂		北京市丰茂植保机械有限公司
	台州路桥天风机械厂		临沂罗庄区汽油机厂		佳多科工贸有限责任公司
	台州三甲海岸喷雾器厂		临沂农业药械厂		阜城永丰农机厂
	台州双丰喷雾器厂		临沂批发城农利达喷雾器厂		兰山区康威喷雾器厂
	台州先锋药械厂		临沂永佳动力有限公司		上海科农有限公司
	台州新农喷雾器厂		青州金鑫机械厂	其他省市区	台湾陆雄科技发展位置
	台州药械厂	山东省	山东卫士植保机械有限公司		天津第一机械厂
	台州兴达制泵厂		临沂农利达厂		上海家猫泵业公司
	台州路桥蓬街塑料机械厂		山东罗庄兴农塑料厂		上海科农泵业有限公司
	浙江省黄岌市利民药械厂		山东丰宝喷雾器厂		皖桐城农用药用药械三厂
	台州市保丰农械有限公司		潍坊通达喷雾器厂		四川安德农业有限公司
	台州路西新华喷雾器厂		山东临沂喷雾器厂		山西农器厂
	浙江黄岩市下喷雾器厂		山东喷龙药器厂		成都彩虹
	浙江黄岩市百步五金塑料厂		潍坊市奎文区欣达塑料厂		驻马店五一机械厂
	台州永胜农机厂		潍坊欣达塑料制品厂		

表3 部分注册商标名称列表

商标名称
北京、创兴、东风、丰宝、666昶、发达、大喷王、金成、科丰、鹏发、苏农、卫星、燕牌
丰都、丰农、邯邢、红太阳、长江、飞燕、邯郸、金农、科农、平安、泰山、先锋、沂宝
沪丰、华农、华生、家家乐、春收、丰收、邯农、金土地、利丰、其昌、腾飞、协丰、永丰
稼兴、江南、金穗王、金田、大张、富农、禾农、金燕、利绿、三丰、腾燕、欣达、永佳
金丰、金枣王、乐宝、利民、东方红、湖农、荷莲、巨丰、利农、三甲、旺宝、新利群、永农
林丰、绿丰、没得比、民丰、尔宝、富胜、恒燕、康达、利群、三燕、为民、兴发、支农
农丰、农家乐、农友、喷龙、尔达、工农、火炬、康农、绿宝、双力、卫士、燕牌、健猫
强生、金农、仁宝、上农、友谊、中农、州农、魏农、益农、潍宝、万丰、熊猫、田园
邢农、鑫燕、双燕、新农、神农、新华、击桥、冀农、市下、顺农、佳多、冀洲

三、目前植保机械存在的主要问题

（一）对植保机械重要性认识不足

人们更重视农药的质量和药效，对优质、高效植保机械的重要性和老旧、劣质植保机械的危害认识不足，农民缺乏必要的植保机械使用与维护知识，很难做到科学用药，植保机械更新换代推进缓慢。

（二）植保机械质量问题突出

据调查，机动喷雾器的总体情况较好，除存在少量"渗油、压力不足"等问题外，用户相对比较满意。车载类型喷雾器主要由拖拉机或农用车的发动机、压力泵、可密闭的大容量容器等部件组成。其在农村使用已很普遍，适用于果树为主的防治作业。省时、省力是其最大的优点。但同时存在一定的问题。如喷辐度，很可能会殃及周边其他作物；出水量大，同时也降低了农药利用率，造成不必要的浪费和环境污染问题。手动喷雾器市场非常严峻，问题较多，主要特点可以概括为"四多、三低、两少、一缺乏"。"四多"即：生产企业多、品牌多、型号多、产品故障多。在河北省销售喷雾器的企业有80多家，商标有110多个，型号有50多种，表面上类型繁多，但其中鱼龙混杂，真正的优质产品并不多，在市场上占主导地位的手动喷雾器是价格在30元以下的工农-16型，这类产品问题多，故障率高，用户反映比较强烈。"三低"即：质量低、价格低、农药利用率低。以工农-16型为主体的手动喷雾器市场尽管价格低廉，但质量也较差，几乎产品的各个部分都存在问题，有的产品使用不到两个月就出现了严重的药液泄漏现象。反映"漏水、不喷雾、密封性能不好"的被调查者高达82.76%，经历生产性中毒的人员高达10.1%。"两少"即：优质手动喷雾器的产品少、社会保有量少。价格在100元左右的优质手动喷雾器社会保有量仅占手动喷雾器总保有量的2.61%。"一缺乏"即：缺乏宣传培训。被调查者仅有17.9%接受过喷雾器基本知识和使用技术培训，这对于小学学历和文盲占20.4%的被调查人群而言，显然是不够的。

（三）植保机械市场缺乏有效监管

一是生产厂家多、品牌杂、质量差异大，没有市场监管部门，没有形成品牌销售优势，农民心目中品牌形象没有形成。二是农机和农资多渠道经营，没有形成"生产—示范—销售—使用"的完整推广流通渠道。三是经销商缺乏植保机械知识，哪个产品赚钱就卖哪个，根本谈不上对农民的指导。四是售后服务不完善因品牌不同、配件不通用、易损件供应不及时或配件质量低劣，给农民使用者带来诸多不便，客观上助长了农民图便宜、用坏扔掉的想法。

（四）施药机械与现有耕作模式不适应

目前，农民仍以分田到户耕作为主，地块分散，作物繁杂，植保机械作业道问题无法解决，大型先进植保机械的应用受到限制，发展现代农业急需有相适应的耕作方式。

（五）植保机械示范推广亟待加强

植保施药机械是特殊的农机具，施药机械质量直接影响到应用效果，直接影响到使用者的人身安全，直接影响到农药的浪费和环境的污染。农机和植保部门在植保机械推广过程中存在盲区，农机推广部门缺乏施药技术，基层植保部门对植保机械知识掌握较少。同时，国家对植保机械试验、示范、推广没有经费支持，也制约了优质植保机械和先进施药技术的推广应用。

（六）优质植保机械缺乏价格竞争力

目前，市场上优质植保机械在价格上不具备竞争优势。现有农机补贴政策倾向于对大型农机具的补贴，而问题最多的手动喷雾器尚未纳入农机补贴名录。

四、河北省施药技术现状与主要存在问题

在用药情况上，农户不经常到田间去，防治病虫害的意识比较淡漠。在病虫草害防治上，有的农户是通过各级植保部门发布的病虫情报和手机短信进行用药防治的；有的农户是看到别人打药，自己也跟着打；很少有农户亲自到田间查看，然后进行防治。

在施药剂量与配药方法上，有些人不注意使用方法和使用浓度，经常粗略估算。有的农户查看农药说明书来确定剂量；有的凭经验来确定。大部分以瓶盖作为配药量具、还有的采取估计的办法直接将农药倒入喷雾器，很少有用标准量杯准确配制的。

超量、超范围、频繁使用农药现象严重。农药废液、废水、废包装乱倒、乱扔、乱弃置，给生态环境安全造成很大威胁与破坏，有的直接造成危害。大部分农户将使用后的农药包装物（瓶、袋等）随处丢弃，将剩余的药液（粉）随处乱倒，严重污染环境。

另外，从事农药作业人员文化程度偏低，年龄偏大。

五、对策与建议

一是突出重点，加大政府支持力度。鉴于土地流转引致土地不断集中，加之专业化统防统治队伍的不断扩大，应突出重点，从政策和资金上加大对统防组织和队伍支持力度，着重配备大型、新型植保机械。

二是因地制宜，引导各地合理配套植保机械，尽快改变大型植保机械稀少、背负式机动喷雾器偏少的现状。针对不同地理环境、种植模式、作物等，逐步形成以大中型自走式施药机械、背负式机械施药机械为主，优质手动喷雾器为补充的较为合理的植保机械体系。

三是进一步强化管理，逐步改变较为混乱的市场现状。通过立法规范行业标准，落实好现有相关法律、法规，加强对喷雾器销售市场和消费市场的管理。

四是加强宣传培训。只有经过大量的宣传培训和示范，使农民认识到劣质喷雾器的危害和优质喷雾器的好处与科学用药的重要性，逐步提高农药使用者的素质，逐步改变其意识与习惯。

五是相关职能部门要各司其职、各负其责，加强执法力度，并规范执法行为。在共同搞好服务的同时，制止违法行为。比如同一种农药，多种商品名，但其有效成分的中文通用名标示不显著，或者仅用英文通用名，群众不易搞懂。对一些农药废旧包装物应专门集中处理，杜绝假冒伪劣农药进入农业生产领域，规范农药标签的使用，依法管理农药。

六是争取对试验示范的资金支持，加大工作力度，在不同作物上进行各类手动、机动喷雾器性能试验、对比试验和施药技术试验，以及新机型的综合试验，并在此基础上进行大规模的演示、示范与推广。

河北省突发性生物灾害发生防治情况及对策

河北省植保植检站

一、新中国成立以来河北省发生过的突发性生物灾害

（一）迁飞性、流行性重大突发性生物灾害

1. 小麦条锈病

条锈病在河北省从20世纪60年代到21世纪，10年出现一次发生高峰期，高峰之间发生程度属下降趋势。20世纪60年代一般年份发生面积均在1 000万亩左右，经大力防治，发生面积稳定在700万亩左右。到70年代中期发生面积上升，1975年发生面积达2 100万亩，经推广运用抗病品种和全国区域联防等措施，控制住了发生态势。1988年又在河北省暴发，主要涉及邯郸、邢台、石家庄、保定、衡水等区域，发生面积达1 000多万亩。小麦条锈病为全国大区域流行性病害，新的生理小种为条中33号，多数小麦品种不能抵御该小种的侵害，如果5月遇到合适的气流和环境，河北省小麦仍面临着大面积受害威胁。

2. 东亚飞蝗

东亚飞蝗在历史上一直是农业生产的重大灾害性害虫。自新中国成立以来东亚飞蝗的治理工作备受政府重视。20世纪50~60年代每年平均发生面积800万亩左右，70年代每年平均发生面积190万亩左右，80年代每年平均发生面积250万亩左右。进入21世纪，每年平均发生面积400万亩左右。一般10年出现一次暴发的高峰，1957年、1965年、1979年、1987年、1995年、1998~2004年、2008年为暴发年，特别是1998~2004年，连续7年出现大面积、高密度蝗蝻群。

3. 草地螟

从全国来看，草地螟在50年代中期、70年代末80年代初、90年代后期出现了3个高峰时期。河北省的发生程度除了本地虫源以外，很大程度上受外地虫源影响。70年代末80年代初、90年代后期出现两个高峰，高峰之间发生程度属加重趋势。草地螟主要发生区域在张家口、承德两市，有些年份涉及唐山、廊坊、秦皇岛甚至波及保定、石家庄、沧州等市。1974年全省发生15万亩，1983年达到737万亩，出现第一个高峰。后经大力防治，一般年份发生面积控制在10万亩以下，1997年猛然发生1 000多万亩，一直居高不下。2004~2007年一直稳定在1 000万亩左右，幼虫发生面积一直稳定在350万亩左右。2008年又一次暴发，全省成虫发生面积达到1 350万亩，幼虫发生面积564万亩，堪称历史之最。2009年发生情况锐减，全省成虫发生面积1 000余万亩，但幼虫发生很轻，仅在局部发生危害，发生面积30多万亩。

（二）间歇性突发生物灾害

1. 小麦吸浆虫

河北省20世纪50年代有过发生的记载，但80年代中期以前一直没有形成危害，田间也很难发现。1986年在河北省磁县出现了严重减产的地块，到1988年在邯郸、邢台、石家庄相继出现吸浆虫严重危害地块，全省发生面积80万余亩。经大力除治，发生严重程度受

到遏制。进入 20 世纪 90 年代后期，随着高效低残留农药的推广和高产小麦品种的更换，利于吸浆虫的生存和钻蛀为害，又出现发生态势上升的局面。1998 年全省发生面积 600 余万亩，而后居高不下，进入 21 世纪，每年发生面积均在 800 万亩以上，2009 年发生 960 万亩，预计 2010 年发生 1 000 万亩以上，从南到北依次推进，成为今后小麦生产的障碍。

2. 农区鼠害

鼠害不仅对农业生产造成严重危害，也是人类一些重要疾病的传播媒体。20 世纪 80 年代初期，河北省农田鼠害曾连续多年暴发危害，1982 年全省发生面积达 3 154 万亩。经连年大力防治进入 90 年代，鼠害年发生面积由 80 年代的 3 000 多万亩下降到 2 000 多万亩，平均鼠害密度由原来的 50 只/百亩左右，下降到 5 只/百亩以下，鼠害得到了有效地控制。到 20 世纪末河北省鼠害猖獗态势再次加剧，1997 年发生面积又上升到 3 000 万亩。进入 21 世纪，农区鼠害面积一直居高不下，特别是河北省北部和东北部地区的张家口、承德、唐山、秦皇岛鼠害在一些区域成灾，成为农业生产的障碍，同时还传播一些疾病危害人体健康。2006 年全省发生鼠害面积 3 300 万亩，近两年有所下降，但发生面积仍在 2 500 万亩以上。

（三）由外地传入的突发性病虫害

1. 稻水象甲

20 世纪 80 年代末，稻水象甲是新传入河北省的危害很大的害虫，主要发生在唐海一带水稻区域。1988 年发生面积 10 余万亩，后经连年集中组织除治使发生蔓延态势得到遏制，进入 21 世纪以来又在河北省唐山一带稻区蔓延为害并局部成灾。2008 年发生 17.6 万亩，对水稻生产构成威胁。

2. 美洲斑潜蝇

20 世纪 90 年代中后期传入河北省，而后迅速蔓延，主要为害蔬菜、豆类等作物。进入 21 世纪基本蔓延到全省，成为常年发生的重大害虫之一，常年发生面积在 200 万亩左右，2008 年统计，全省发生 258.5 万亩，番茄、瓜类、豆类等蔬菜往往受害严重。

3. 番茄黄化曲叶病毒病

该病毒通过烟粉虱传播，2008 年从外省传入河北省，最早在邯郸魏县发现，相继在衡水、保定、石家庄、廊坊发现，主要渠道是农民从山东区域直接引种番茄苗，使带毒的种苗，进入河北省，而后迅速蔓延。2009 年全省发生面积达 5 万余亩，很多棚室番茄造成毁种，给农民造成了很大损失。2010 年仍有扩展的态势，成为蔬菜生产新的隐患。

二、未来 5～10 年河北省农业种植业主要有害生物突发事件预测分析

河北省常年发生农业有害生物灾害近 5 亿亩次，近年来，病虫害有发生种类增多，面积扩大，危害加重的趋势。依据气候变化、种植结构调整、耕作制度变化和对外交流扩大等影响病虫发生的主要因素综合分析，预测未来 5～10 年，河北省农业病虫灾害带来的农业安全问题将日益突出，并呈现以下特点：

1. 暴发性、迁飞性害虫和流行性病害大发生频率增加

一是东亚飞蝗在沧州、唐山沿海、安新白洋淀、衡水湖、岗南水库、岳城水库、潘家口水库等地的适生环境依然存在，水位变化较大，非常适宜东亚飞蝗的滋生，一旦气候条件适宜，东亚飞蝗还会猖獗，对农业安全构成很大威胁。二是张家口、承德坝上地区的植被和气候条件适宜草地螟的突发危害，邻近河北省的蒙古、俄罗斯国和内蒙古自治区、草

场面积大，草地螟常发生，遇有合适的气流，草地螟就会大量迁入河北省。三是小麦条锈病生理小种变化快、抗病品种种植面积小，大发生的频率增加。四是小麦赤霉病的突发流行。在 5 月上旬遇连阴天气，小麦赤霉病有可能在南部地市突发流行，造成严重减产和小麦品质下降甚至不能食用。五是稻飞虱、稻瘟病、黏虫、马铃薯晚病等迁飞、流行性病虫也有加重流行的趋势，对粮食生产威胁很大。

2. 病虫危害时间延长、南病北移、南虫北扩

受气候变化、冬季保护地蔬菜种植面积扩大、农机跨区作业的推广等因素的影响，小麦纹枯病、白粉病在河北省频繁发生；小麦吸浆虫、玉米耕葵粉蚧随着农机跨区作业迅速北移东扩；美洲斑潜蝇等蔬菜病虫周年发生，危害时间延长，发生范围遍及全省蔬菜产区，发生代数多，抗药性强，严重影响蔬菜生产安全。

3. 新的病虫害传入暴发

随着对外交往的广泛，农作物新品种的引进，新的病虫害传入河北省的速度加快。1988 年传入了稻水象甲，严重危害水稻安全。1996 年传入了美洲斑潜蝇威胁蔬菜生产。2008 年秋季邯郸魏县从山东调入番茄苗，传入番茄黄化曲叶病毒病，至 2009 年秋季已迅速扩散蔓延到邯郸、邢台、石家庄、衡水、沧州、保定、廊坊 7 市 23 个县，发生面积 5 万亩，生产上出现拉秧绝收现象，对农业生产构成严重威胁。

三、河北省突发性生物灾害监控工作及存在问题

河北省农业有害生物的控制主要做了四个方面的工作：一是搞好监测预警，建立了以区域站为骨干的监测体系；二是应急控制，开展体现政府行为的应急控制工作；三是群防群治，组织农民进行防治活动；四是进行必要的物资调配与采购，以便应急使用。

虽然河北省对突发农业生物灾害防控工作取得了很大成绩，为农业生产安全做出了突出贡献，但仍然存在着化学防治比重大，病虫灾害监控工作相对滞后，防治技术进村入户难，植保社会化服务体系不完善，缺乏必要的财政资金保障和长效监控机制，没有足够的防控物资储备等问题。

四、对策

一是增加投入，建立健全全省农业病虫灾害监控体系，构筑农业安全绿色屏障的长效机制。在现有 22 个国家级病虫测报区域站的基础上再增加 50 个，使全省 1/2 的农业县病虫监测达到区域站的标准。

二是增加储备，提高农业病虫灾害的应急处置能力。近几年，中央财政每年下达河北省防蝗经费 300 万 ~ 500 万元，主要用于购买农药储备，用于第二年蝗虫防控。其他迁飞性、流行性农业病虫灾害没有储备机制。针对突发性有害生物的发生分布分析，提高应急控制能力必须加强防控物资储备，分别在坝上地区、白洋淀地区、沧州沿海、唐山沿海、衡水湖沿岸和南部漳河沿岸建立应急物资储备库，储备机动药械、农药、燃油。并建立应急防治专业队，进行应急演练，以备重大病虫灾害发生时开展应急防治。

三是引进推广病虫灾害绿色防控新技术。减少化学农药使用量，降低农药污染，确保农产品质量、农业生态和农业生产安全。

河北省十字花科蔬菜蚜虫对氯氰菊酯抗药性发生、发展、现状以及综合治理措施

李 娜

（河北省植保植检站）

摘 要： 针对十字花科蔬菜蚜虫对氯氰菊酯抗药性不断增加的情况，2011 年我们在河北省 10 个市、县 10 个村的农户、农药经销商进行了实地走访，对氯氰菊酯在河北省的用药历史、抗性发生和发展情况进行调查和分析。结果表明：氯氰菊酯防治十字花科蔬菜蚜虫经历了从低浓度到高浓度、从高防效到低防效、从防治蚜虫的主导产品逐渐被其他农药取代发展历程，指出了目前防治十字花科蔬菜蚜虫面临的主要问题，并针对性地提出了十字花科蔬菜蚜虫对氯氰菊酯抗药性综合治理措施，以指导农民选择最科学合理的农药，减少农药的使用量和使用次数，降低防治成本，减轻农田环境污染，保障农业生产安全。

关键词： 蚜虫；氯氰菊酯；抗性；治理

河北省是蔬菜种植大省，常年蔬菜种植面积超过 113 万 hm^2，其中，十字花科蔬菜种植面积为 40 万 hm^2，占蔬菜总种植面积的 35.3%。十字花科蔬菜作物主要以大白菜为主，其次还有萝卜、芥菜、甘蓝、菜花、油菜、油菜籽等。蚜虫是为害十字花科蔬菜的主要害虫，每年均偏重或大发生[1,2]。因蚜虫具有繁殖快、世代重叠严重、为害时期长的特点，成为十字花科蔬菜生育期间防治次数最多的害虫[3-5]。防治十字花科蔬菜蚜虫的主要药剂氯氰菊酯随着蚜虫发生程度的逐年变化，经历了从低浓度到高浓度、从高防效到低防效、从防治蚜虫的主导产品逐渐被其他农药取代发展历程。2011 年笔者通过对河北省 10 个市、县 10 个村的农户、农药经销商的实地走访和调查，对氯氰菊酯在河北省的用药历史、抗性发生、发展情况以及目前防治十字花科蔬菜蚜虫面临的主要问题进行了汇总分析，并针对性地提出了十字花科蔬菜蚜虫对氯氰菊酯抗药性综合治理措施，指导农民选择最科学合理的农药，减少农药的使用量和使用次数，降低防治成本，减轻农田环境污染，保障农业生产安全。

一、材料与方法

2011 年河北省植保植检站在河北省 7 个市、县（廊坊市、邯郸市、承德市宽城县、保定市安新县、沧州市沧县植保站、衡水市故城县和张家口市康保县）10 个村的 50 家农户、30 个农药经销商进行了实地走访，对氯氰菊酯在河北省的用药历史、抗性发生和发展情况以及目前防治十字花科蔬菜蚜虫面临的主要问题进行调查和分析。

二、结果与分析

（一）十字花科蔬菜蚜虫对氯氰菊酯抗性发生、发展情况

1. 氯氰菊酯防治蚜虫高效阶段（1983～1992 年）

我国于 20 世纪 80 年代开始引入菊酯类农药，该农药对蚜虫的防治效果较好[2]。河北

省 1983 年开始使用浓度为 5% 和 10% 的氯氰菊酯乳油，主要用于防治多种作物上的蚜虫、棉铃虫等害虫，一般用药量为 150~225mL/hm²，进行喷雾防治，每季使用 2 次，对十字花科蔬菜蚜虫的防治效果可达 90% 以上，持效期为 5~7 天，可有效控制蚜虫为害。氯氰菊酯成为防治作物虫害的主要农药产品。

2. 十字花科蔬菜蚜虫对氯氰菊酯抗药性产生并快速增长阶段（1992~1997 年）

1990 年在沧州市沧县棉花蚜虫对氯氰菊酯首先表现出抗药性，氯氰菊酯的防治效果下降、持效期缩短。1992 年在衡水市故城县菜蚜对氯氰菊酯表现出抗药性，1992~1996 年用药量增加到 300~450mL/hm²，每季防治次数由以前的 2 次增加到 3~4 次，防治效果达 85% 以上，持效期缩短为 3~5 天。由于氯氰菊酯药效持效期缩短，防治十字花科蔬菜蚜虫的用药次数逐渐增加；单一连续使用氯氰菊酯使得十字花科蔬菜蚜虫对氯氰菊酯抗药性产生并快速增长。

3. 十字花科蔬菜蚜虫对氯氰菊酯抗药性缓慢增长阶段（1997~2000 年）

1997 年以后，防治十字花科蔬菜蚜虫的农药产品品种逐渐增加，除氯氰菊酯以外，高效氯氰菊酯、氯氰菊酯与有机磷的复配制剂、吡虫啉等农药相继在田间使用，防治十字花科蔬菜蚜虫不再使用单一氯氰菊酯产品，交替用药和使用复配制剂延缓了十字花科蔬菜蚜虫对氯氰菊酯的抗药性。氯氰菊酯防治十字花科蔬菜蚜虫用药量增加到 450~600mL/hm²，每季使用 4~5 次，防治效果达 80% 左右，持效期为 3 天。

4. 十字花科蔬菜蚜虫对氯氰菊酯抗药性稳定增长阶段（2000~2007 年）

2000 年以后防治十字花科蔬菜蚜虫的农药品种不断增加，不同防治机理的农药相继出现。2002 年继吡虫啉大面积使用以后，啶虫脒开始推向市场，啶虫脒成为高温条件下防治蚜虫效果最好的农药品种[7~10]。2003 年以后开始倡导无公害农业生产，禁止在蔬菜上使用有机磷制剂，使得氯氰菊酯与有机磷的复配制剂相继被淘汰，防治十字花科蔬菜蚜虫以吡虫啉、啶虫脒、氯噻啉、吡蚜酮为主[11,12]，十字花科蔬菜蚜虫对氯氰菊酯的抗药性由缓慢增长到抗性稳定阶段。氯氰菊酯防治菜蚜用药量稳定增长在 600~750 mL/hm²，每季使用 4~5 次，防治效果达 80% 左右。

5. 十字花科蔬菜蚜虫对氯氰菊酯抗药性稳定阶段（2008~2010 年）

2008~2010 年，防治十字花科蔬菜蚜虫的农药品种逐步更新换代，烯啶虫胺、氯噻啉、吡蚜酮等新农药制剂被广泛应用[13~17]，基本取代了氯氰菊酯防治蔬菜蚜虫，使得十字花科蔬菜蚜虫对氯氰菊酯的抗药性稳定在 2008 年水平（防治效果达 80% 左右），没有增长。

（二）目前十字花科蔬菜蚜虫药剂防治中面临的主要问题

1. 用药品种单一，缺乏复配、特效药剂

目前防治十字花科蔬菜蚜虫的药剂以单剂为主，且 1 种药剂连续使用，从过去的乐果、氧化乐果为主，发展到大量使用菊酯类农药，再发展到现在的吡虫啉、啶虫脒占主导地位，菜农不注重轮换用药，使得相同类型的药剂产生交互抗性，造成蚜虫抗药性发展很快。复配、特效制剂的缺乏是目前生产中面临的主要问题，也是加速十字花科蔬菜蚜虫抗药性产生的主要原因。

2. 用药时机掌握不准

一般在十字花科蔬菜蚜虫发生始盛期对其进行防治，但多数农户未抓住防治关键期用药，往往是定期喷药，看人喷药，虽然多次喷药，但防治效果不佳。

3. 用药量盲目加大，加速了蚜虫抗性的发展

菜农在实际防治中存在诸多防治误区，如重化学防治，轻综合防治；随意加大用药量，不能做到科学合理用药等。用药量的增加，不仅加大了对天敌的杀伤力，减轻了天敌对十字花科蔬菜蚜虫的自然控制作用，同时加快了十字花科蔬菜蚜虫抗药性的发展，减少了药剂的使用年限。

三、十字花科蔬菜蚜虫对氯氰菊酯抗药性综合治理措施

（一）不断研发新的农药品种

新的农药品种可有效解决抗性问题，各研发机构、农药生产商要针对抗性发生发展情况，积极研发农药新品种，与生产实际相适应；农药监督管理机构应鼓励新农药的研发和生产，尽量提供政策支持；农药推广机构要想农民之所想、急农民之所急，积极推广防治效果好、对环境污染少的农药新品种。

（二）指导农民科学合理使用农药

科学合理使用农药很重要，主要包括对口用药、适期用药、轮换用药、合理浓度（剂量）用药、合理混配农药、安全间隔期用药以及根据经济阈值用药等方面内容，尤其是要建议农民轮换用药和合理浓度剂量用药。要对不同作用机理、不同有效成分的农药轮换使用，以免产生交互抗性。

（三）积极推广生物农药和其他非化学防治技术

要积极推广生物农药，生物农药具有环境污染少、不易产生抗性、保护天敌、选择性强、对人畜安全等优点。除了使用农药外，还应积极推广人工铲除杂草、建立诱虫带、生态调控、黄板诱蚜、银灰膜驱蚜、黑光灯诱杀、释放天敌等农业、物理和生物防治方法，要积极探索蚜虫防治的新方法，尽量减少农药使用，延缓蚜虫对农药的抗性发展。

＊在此向廊坊市植保站、邯郸市植保站、承德市宽城县植保站、保定市安新县植保站、沧州市沧县植保站、衡水市故城植保站和张家口市康保植保站等单位对此项工作给予的大力支持和帮助表示感谢。

参考文献

[1] 何翠娟，毛明华，赵胜荣．高效氯氟氰菊酯和高效氯氰菊酯对蔬菜蚜虫、美洲斑潜蝇防治效果评价 [J]．世界农药，2010（2）：46 – 50．

[2] 杨凤娟，朱训永，冯小燕，张琴，周升春．10% 高效氯氟氰菊酯 WP 防治菜青虫田间药效简报 [J]．中国农村小康科技，2011（01）：14．

[3] 熊艺，刘小明，司升云．十字花科蔬菜蚜虫的识别与防治 [J]．长江蔬菜，2006（02）：36．

[4] 欧阳凤仔．十字花科蔬菜蚜虫的识别及其无公害防治 [J]．上海蔬菜，2004（02）：51．

[5] 李瑞昌，席敦芹，王效华．五种杀虫剂防治小菜蛾、菜蚜药效试验 [J]．现代农业科技，2007（10）：59．

[6] 尹仪民．我国现代农药工业起步和发展的几个关键时期——为庆祝建国六十周年 [J]．化学工业，2009（7）：19 – 28．

[7] 梁彩勤．啶虫脒防治十字花科蔬菜蚜虫药效试验 [J]．广西植保，2007（01）：36 – 37．

[8] 徐寿万，杨坚．蔬菜三种蚜虫的识别发生与防治 [J]．长江蔬菜，1991（05）：21．

[9] 俞明全，章金明，林文彩．三种农药对蔬菜地蚜虫田间防治效果研究 [J]．安徽农学通报，2007（16）：89．

[10] 方圆．防治蔬菜蚜虫的高毒农药替代品种 [J]．农药市场信息，2007（18）：33．

[11] 谢发锁．菜蚜的综合防治 [J]．农业知识，2011（04）：35．

[12] 叶志坚，何华升．70%吡虫啉水分散粒剂防治十字花科蔬菜蚜虫药效试验 [J]．现代农业科技，2007（10）：65．

[13] 李月红，姚淑英，陈桂华，夏声广．烯啶虫胺、吡蚜酮及啶虫脒防治烟粉虱田间药效试验 [J]．浙江农业科学，2008（02）：81 – 92．

[14] 马国兰，柏连阳．蚜虫的防治技术及应用新进展 [J]．安徽农业科学，2006（14）：164 – 166．

[15] 王萍，周福才，陈学好，胡静，顾爱祥，吴蔚，胡其靖．烯啶虫胺灌根对大棚黄瓜蚜虫的控制效果 [J]．江苏农业科学，2009（06）：178 – 179．

[16] 徐淑，董易之，陈炳旭，陆恒，陈培华．烯啶虫胺对柑橘绣线菊蚜的室内杀虫活性及田间应用效果 [J]．农药，2011（07）：61 – 62．

[17] 王锁牢，李广阔，刘建，乔旭．4种杀虫剂对小麦长管蚜的田间防治效果 [J]．新疆农业科学，2011（02）：162 – 163．

新中国成立以来河北省农区鼠害发生概况
和"十一五"期间农区鼠害防治工作成效及做法

勾建军

（河北省植保植检站）

一、新中国成立前河北省农区鼠害的发生简况

"硕鼠硕鼠，无食我黍！硕鼠硕鼠，无食我麦！硕鼠硕鼠，无食我苗！"这是公元前11世纪，我国古代诗歌《诗经》对鼠害危害的详细记载，并用鼠害危害形象地讽刺了统治阶级不劳而获的剥削本质。由此可见，人类自古以来对鼠害深恶痛绝的程度，已经达到了物极必反的状态。

河北省自明代已有对鼠害的记载，明天启五年（公元1625）秋季雄县等地田间黑鼠成群，咬食庄稼，粮食严重歉收。

二、新中国成立后河北省农区鼠害的发生防治简况

新中国成立伊始，美帝国主义加紧对新中国政权的颠覆，在侵略朝鲜的同时，在朝鲜和我国东北、华北使用恶毒的细菌战争，撒布大量的带病菌、病毒的老鼠、苍蝇、蚊子等害虫害兽，企图毒杀中朝人民。为了响应反对美帝国主义细菌战争的伟大号召，在全国掀起以除害防病为中心的爱国卫生运动。在党中央的正确领导下，河北省真正形成有组织有领导有计划的灭鼠运动。河北省的山海关区，在全国率先获得了先进单位。

20世纪50年代河北省农区鼠害发生面积小，危害轻。

60年代农田鼠害集中在张家口市发生，1962年全市发生面积27万hm²，坝上一般每亩有鼠2~3只，多的5只，有黄鼠0.2~0.3只，受害农田6万hm²，共减产粮食0.6万t左右。发生严重的蔚县，一个县即发生黄鼠2万hm²，成灾0.9万hm²，其中，0.8万hm²农田毁种，当年减产粮食0.15万t。此后，该市每年发生26万~33万hm²，以黄鼠、砂鼠、鼢鼠危害严重。

70年代张家口和承德两市，年平均发生面积上升到40万hm²，其中，1971年达76万hm²，平均每亩有鼠3~4只，严重地块有鼠8只以上，农田作物籽粒被吃光。由于滥用剧毒农药灭鼠，猫、猫头鹰、黄鼠狼等害鼠天敌大量被杀死，失去对害鼠的自然控制，田鼠迅速繁殖发展，危害扩大到全省。

1980年全省发生115万hm²，其中，农田发生100万hm²。1981年扩大到328万hm²，比上年增加1.8倍，一般农田每亩有鼠2只左右；承德、沧州、衡水地区平均每亩有鼠4~5只。1982年严重发生，达到420万hm²，一般每亩有鼠3~4只，严重的达20多只。黄骅、沧县、河间、无极等县调查，花生损失率30%~40%，粮食损失率10%左右。丰宁县黄骅公社王树强的12个月的婴儿，被一群老鼠啃咬致死。以后，每年发生田鼠均在267万hm²，其中，1984年、1985年为333万hm²以上。

进入 90 年代，全省宜鼠面积 267 万 hm^2，这是由于土地种植的变化，白色革命的发展，冬季无作物到一年四季都有，为鼠提供了食物，加大了为害范围，加重了危害。发生面积一般是 180 万 hm^2 左右。1994 年沽源、丰宁县绝收 0.19 万 hm^2。进入 90 年代中后期，由于多种原因，河北省农区鼠害猖獗态势迅速加剧。1997 年后年发生面积达 200 万 hm^2，百夹捕获率高达 50% 以上，花生、莜麦、大豆、玉米、葵花、水稻等作物受害严重，有些地块造成严重减产，经防治每年仍损失粮食约 8 万 t。由于鼠害对林地，草场的破坏，造成河北省北部地区生态日益恶化；农区鼠害的严重发生，形成了农村包围城镇的局势，城区鼠害肆虐，严重扰乱了居民的正常生活；并且一些鼠传疾病在一些区域时有发生，对人民身体健康构成威胁。

三、"十一五"期间河北省农区鼠害发生防治情况

自 2003 年后，我国开展了全国毒鼠强专项整治活动，河北省农区灭鼠工作开始了新的一页。全省各级农业部门根据省政府的统一部署，通过积极参与各地政府组织的统一灭鼠工作，开展大面积的普查和系统调查，进一步提升监控工作的科技含量，在灭鼠新技术引进开发、生物防治、生态控制和新型杀鼠剂筛选等方面取得了突破性进展。全省每年完成防治面积约 67 万 hm^2，统一灭鼠面积 40 万 hm^2，农户 200 多万户，各级财政投入经费约 500 万元，投药约 400t，圆满完成了河北省"十一五"期间的农区鼠害防控任务。确保了农业生产、生态环境、人民健康安全和奥运会的顺利召开。

四、"十一五"期间河北省农区鼠害防治工作的主要措施

（一）各级政府统一组织灭鼠工作，实践"公共植保"理念

2003 年国家整治毒鼠强工作以来，河北省各级政府高度重视灭鼠工作。

1. 省政府高度重视

2005 年 1 月，省政府明确提出"十一五"期间鼠害治理目标："抓实监测和灭鼠两个关键环节，全面落实综合防治措施，到 2010 年，基本控制鼠疫的发生和流行，确保鼠间鼠疫不下坝，人间鼠疫不发生"的目标。2007 年又省政府又提出了"奥运会举办前和举办期间不发生鼠间鼠疫"的更高要求。每年省政府都召开专门会议部署灭鼠工作，2009 年 3 月 12 日，在全省"清洁城乡、保护健康"爱国卫生运动电视电话动员会议上，孙士彬副省长亲自部署春季灭鼠工作，要求农业部门做好农村灭鼠工作。宋恩华副省长曾对河北省的"农区春季统一灭鼠工作"给予充分肯定："全省农业部门对春季鼠害防治工作，领导重视，组织得力，措施有效，实现了'人间鼠疫不发生，鼠间鼠疫不下坝'的防治目标，保障了农业生产安全和人民身体健康。要总结经验，完善措施，科学防治，再接再厉，做好防治工作。"

2. 市县政府全面落实

全省各市县都成立了以政府主要领导负责的专门机构，全面部属春季灭鼠工作，同时加大了督导和考核工作。各级政府通过召开会议、制订方案、下发通知、签订责任状、督导检查等形式统一领导和调度当地的灭鼠工作。如康保县建立了县委书记任政委，县长为指挥长，各乡镇村一把手负总责的"灭鼠工作一把手"机制，明确提出了"灭鼠工作须从讲政治、顾大局的高度，不讲条件，不讲代价，狠抓落实"的严格要求。当前，在河

北省北部地区灭鼠工作已经列为和教育、修路、植树等一样的公共事业，全面实践了"公共植保"的理念。

（二）加大经费物资投入，保证统一防治

为保证灭鼠工作的正常开展，近几年各级政府加大了经费物资的投入力度。

1. 投入数额大

为带动河北省各地对统一灭鼠工作的支持力度，2003年河北省植保植检站率先投入50t杀鼠醚支持灭鼠工作，大大激发了各级政府对灭鼠工作的重视和投入力度。全省各级财政每年直接投入约500万元用于灭鼠工作。2007年康保县财政投入130万元灭鼠资金，发放溴敌隆、杀鼠醚毒饵100t，对辖区进行了地毯式的投药；2008年又投入150万元灭鼠资金，投药85t。秦皇岛市每年都投入约100万元，鼠药140~180t，用于灭鼠工作。其他鼠害发生严重的县市，在组织统一灭鼠工作中，一般投入在5万元左右。

2. 形式多样

各地根据工作实际，灵活采取多种形式，确保资金物资落实到位。主要形式有：①政府统一采购农药，直接分配到农业局和各乡镇，如秦皇岛、康保、遵化、任丘、滦县等地；②财政把经费下拨到农业局，由农业局统一购买，再分配到个乡镇，如涿州市、武安市等地，2009年涿州市财政支持灭鼠经费3.5万元，由农业局统一购杀鼠醚3t，免费向各乡镇发放，武安市由政府行文，农业局统一购药5.5t，发放到全县的21个乡镇；③乡镇出资，集中到农业局购买，免费发放到村镇，如邱县等地；④乡镇统一收农户钱，集中到农业局购买，如围场等地；⑤农业局提供生产企业，乡镇集体到厂家购买，如安新等地。

（三）创新灭鼠组织模式，探索专业化统防统治

1. 专业化统防统治的最初提出

由于鼠害本身的发生特点，一家一户的分散灭鼠难以奏效，甚至会加剧鼠害的发生程度，鼠药对人畜生命的危险性，更增加了防治难度和社会关注度，因此，组织专业化的统防统治是农区灭鼠工作唯一有效的手段。为此，从2003年开始，全省各级植保机构率先在灭鼠工作中开展了专业化统防统治的探索和实践。2003年康保县提出了"三集中（人力、物力、财力）、三统一（组织、时间、检查）、三结合（城乡、部门、家鼠野鼠）、三饱和（时间、空间、数量）"的灭鼠原则。2004年张家口市确立了"五统一，五不漏"的灭鼠模式，即"统一组织、统一时间、统一行动、统一宣传、统一检查效果，不漏乡、不漏户、不漏地块、不漏单位、不漏房间"。近年来，河北省北部鼠害严重发生地全面确立了以政府组织领导，农业部门技术支持，村镇负责实施的专业化统防统治的灭鼠机制，每个村都建有专业化的灭鼠队伍，人数在15~100人，成为专业化统防统治的生力军。

2. 专业化统防统治的丰富与推广

专业化统防统治在农区灭鼠工作中的实际成效，受到了各级政府的认可和关注。2007年秦皇岛市政府整合农业和卫生部门资源，在全社会实施了推广了农业部门创立的专业化统防统治灭鼠模式，实行灭鼠工作的"五同"的联防机制，即同组织、同培训、同方案、同实施、同检查；全市的"2007年春季灭鼠动员和实施大会"由主管农业和卫生的两个副市长共同主持，专业化统防统治工作开始由从农村延伸至城市，丰富了病虫害专业化统

防统治的内涵和外延。

（四）发挥主力，迅速转型

农村灭鼠工作，是整个灭鼠工作中面积最大，涉及人员最广的、工作量最大的工作。为切实做好农村灭鼠工作，省农业厅每年都下发专门通知安排部署灭鼠工作。全省各级农业部门做好准确监测，制定科学预案，组织宣传发动，圆满完成了农区灭鼠工作。实践证明，正是因为农业部门在灭鼠工作发挥主力，甘当配角，配合各部门工作，才保证了整个灭鼠工作的完成。

近几年，由于大力防治，田间鼠密度明显下降，农舍鼠密度也很低。从农业角度看，灭鼠工作在河北省已经退居的次要地位。随着社会进步和人民健康意识的增强，近几年灭鼠防病受到了各级政府和人民群众的普遍关注，成为一项重点工作。河北省各级植保机构顺应形势变化，及时转型工作重点，即由农田转入农舍，强化了农舍的监测和防治，不仅保证农舍防治的工作需要，也得到了经费支持和政府重视。

（五）加强鼠情监测，科学制订方案

2003 年，河北省重新确立了围场、康保、丰宁、万全、饶阳 5 个农区鼠害监测站，给监测县配备了必要的监测设备，改善了鼠害测报手段，固定专职人员进行监测，系统掌握好鼠情发生动态和趋势，其他植保站做好常规监测。根据鼠害发生情况，制定灭鼠实施方案，为统一防治提供了技术保障。每年发布预报约 60 期，同时将鼠情动态以周报形式，定期向上级主管部门报送。康保等地在灭鼠期间采取日报制，为政府制定灭鼠工作决策提供科学依据。在报纸、广播、电视、网络等新闻媒体开办专栏和专题节目，宣传灭鼠工作。通过知识下乡、印发资料、黑板报、宣传车等形式，充分调动广大干部群众的积极性。

（六）建立农区灭鼠综合示范区，推动农区灭鼠技术的提高

全省建立了康保、围场、丰宁等农区灭鼠综合示范区，提升灭鼠技术的提高，重发区大力推广高效安全的杀鼠剂，轻发区以保护天敌，生态调控等技术为主。经过多年的示范推广，第一代和第二代抗凝血灭鼠药得到了全面应用，完全取代了"毒鼠强"等剧毒鼠药。毒饵站灭鼠技术在全省得到了广泛应用。

五、"十一五"期间河北省农区鼠害防治工作成效

通过"十一五"期间的综合治理，河北省鼠害猖獗势头得到了有效控制，从根本上取缔了剧毒鼠药的使用，在保证农业生产、生态环境、群众健康的同时，维护了社会稳定和奥运会的顺利召开。主要表现见下表和图 1 ~ 图 3。

（一）鼠害发生面积逐年下降

2004 年河北省农区鼠害发生面积 239 万 hm^2，2010 年下降到 146 万 hm^2，下降了 40%。康保县 2005 年发生 9.6 万 hm^2，2010 年仅发生了 2.1 万 hm^2，下降了 78%。

（二）重发生区的鼠害密度逐年降低

康保县鼠密度由 2005 年的 26% 下降到 2010 年的 7.3%，围场县 2003 年最高捕获率高达 79.5%，2010 年下降到只有 5.32%，鼠害猖獗危害的势头得到了根本遏制。

（三）农作物损失逐年降低

全省统计，农区鼠害造成的实际损失由 2004 年的 27 万 t，下降到 2010 年的 3 万 t，

为河北省农业连年丰收做出了突出贡献。

（四）生态效益明显

经过多年综合灭鼠技术的推广，河北省坝上地区生态明显改善，已经从沙尘暴加强区变为减弱区。

（五）人民身体健康明显改善

近几年农村鼠传疾病明显减少。

总之，"十一五"期间，河北省农区灭鼠工作取得的成就，是整个植保工作的一大亮点。"十二五"时期是我国加快建设现代农业的重要机遇期，河北省农区灭鼠工作站在"十一五"的起点上，必将将更上一层楼，为河北省农业和农村工作发挥更大的作用。

表　河北省十一五农村鼠害发生防治情况统计

年份	发生面积（万 hm²）	防治面积（万 hm²）	挽回损失（t）	实际损失（t）
2004	239.116	229.086	1 003 932	274 996.3
2005	222.952	107.9693	971 288.9	257 344.1
2006	220.03	110.5213	1 019 829	294 541
2007	200.9507	91.71	784 789.6	176 476.1
2008	179.066	98.01	140 078	41 944
2009	167.2967	89.62	129 562.5	35 305.4
2010	145.7333	71.2	114 213	31 284

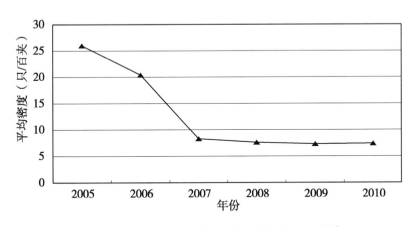

图 1　康保县十一五期间农区鼠害平均密度（只/百夹）

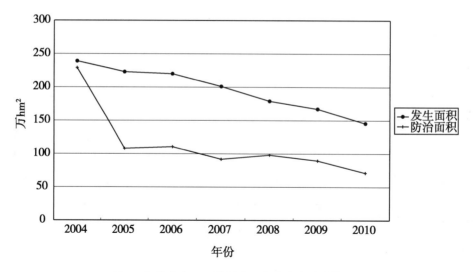

图2　河北省十一五期间农区鼠害发生防治情况

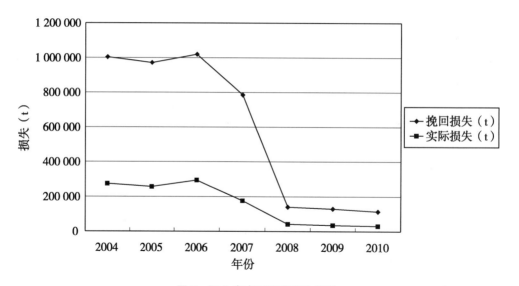

图3　河北省农区鼠害损失情况

河北省二点委夜蛾发生及原因分析

河北省植保植检站

二点委夜蛾是河北省夏玉米区新发生的突发性害虫，以幼虫咬食玉米的根和茎基部，造成玉米幼苗断根萎蔫或形成孔洞，轻者在为害解除后可以恢复生长，严重的会造成干枯死苗，缺苗断垄，对玉米产量影响较大。二点委夜蛾于 2005 年在河北省安新县首次发现，初期几年发生范围小、发生危害轻，一直没有引起重视。2011 年二点委夜蛾在河北省中南部夏玉米区大发生，发生范围及为害程度是自 2005 年发现该虫害以来最重年份。鉴于二点委夜蛾发生普遍、在一些防治不及时的地块危害严重的严峻形势，在农业部和省农业厅领导高度重视，亲自部署下，全省植保机构齐心合力，上下联动，有效地控制了二点委夜蛾的严重危害态势，保障了河北省粮食生产安全。

一、2011 年河北省二点委夜蛾发生概况

2011 年二点委夜蛾在河北省中南部夏玉米田发生较普遍，在一些区域呈偏重发生态势，局部大发生。全省发生面积 981.09 万亩，防治面积达 1 015.46 万亩次。涉及邯郸、邢台、石家庄、保定、沧州、衡水、廊坊 7 个市 91 个夏玉米主产县（市、区）。成虫诱蛾数量、幼虫发生面积、田间虫量及危害程度均达发现以来的最重年份，并呈现以下特点：

（一）始见蛾日早

4 月中下旬各地始见成虫，蛾量较低，单日诱蛾 10 头以下。安新县调查，4 月 10 日始见二点委夜蛾成虫；馆陶县、正定县调查 4 月 23 日始见成虫（表 1）。

表 1 2011 年河北省二点委夜蛾成虫始见日表

地区	馆陶县	隆饶县	辛集市	正定县	安新县
始见日	4 月 23 日	5 月 31 日	4 月 25 日	4 月 23 日	4 月 10 日

（二）蛾峰次数多、峰期长

全年河北省共出现 3 次大的蛾峰，成虫发生一直持续到 10 月中旬。各系统监测点调查，6 月 8 ~ 10 日，各发生地蛾量突增，高峰期一直持续到 6 月底；7 月中下旬进入第二次蛾高峰，高峰期持续到 8 月初，正定 7 月 24 日日诱蛾 1 024 头。8 月下旬至 9 月上旬达到第三次成虫高峰，蛾量较前期小，馆陶县调查 9 月 5 日诱蛾 102 头。安新县、馆陶县等调查，成虫分别于 10 月 11 日，10 月 13 日结束。

（三）盛期蛾量高

6 月中下旬和 7 月中下旬蛾量均较大，临西县调查，6 月 10 日，蛾量突增至单灯日诱 200 ~ 500 头，其中 6 月 22 日达最高峰，单灯日诱蛾 1235 头。隆尧县调查截至 7 月 6 日，

单灯累计诱蛾8114头，比历年同期多十倍以上。正定7月22～26日，单灯日诱蛾800～1 816头。安新县7月22～28日，单灯日诱蛾146～284头（图）。

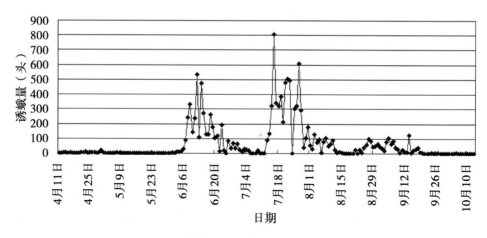

图　馆陶县2011年逐日灯诱蛾量

（四）幼虫分布范围广、发生面积大

2011年二点委夜蛾发生范围扩大到河北省邯郸、邢台、石家庄、保定、沧州、衡水、廊坊7个市91个夏玉米主产县，发生面积达981.09万亩。因二点委夜蛾危害河北省化学防控面积达1 015.46万亩，补种改种面积达183.35万亩。

（五）虫量密度高，地区区域、田块间差异较大，总体上南部重于北部

幼虫区域、田块间密度差异较大，一般百株虫量5～20头，严重地块高达单株20头（广平、临西、望都）。同时各县调查发现，地块间虫量差异较大，麦糠、麦秸覆盖厚、阴暗湿度大的田块虫量较大。玉米根部裸露的基本无幼虫，旋耕后播种的未造成危害。

（六）被害株率高，危害程度重

7月上中旬二点委夜蛾发生盛期全省普查，被害株率一般4%～10%，严重地块一般20%～30%，最高40%（邢台市），部分地块缺苗断垄严重，造成毁种。其中，小麦产量高、麦秸、麦糠覆盖多的田块危害程度重；播种偏晚，玉米苗体偏小的受害重。博野县7月11日调查，严重地块死苗率达20%以上。

（七）代次多，田间发生时间长

6月下旬各地始见幼虫为害，7月上旬达危害盛期，此代主要为害苗期玉米。8月中下旬田间仍可见到幼虫，但虫量少，为害轻，主要咬食玉米次生根。至10月中旬，各监测点调查，在临近玉米田的甘薯、花生、大豆、果园、棉花、蔬菜等地仍可见幼虫，主要蜷缩在土表和植物残体间。

（八）龄期不整齐，防控困难

田间幼虫龄期发育不整齐。全省7月5～7日普查，大多数幼虫处于2～4龄，但1～4龄幼虫均有。

（九）食性杂、食谱广，危害作物种类多

7月上中旬各系统监测点调查，二点委夜蛾除主要危害苗期玉米外，对大豆、花生等作物也咬食为害。8月下旬至10月中旬，二点委夜蛾幼虫主要在花生、甘薯、大豆、蔬菜、棉花、玉米等作物田和果园生存。

二、冬前基数情况

为详细了解2011年二点委夜蛾在河北省的越冬情况，准确做出2012年发生趋势预测，为2012年的防治工作及早提供决策依据，10月上中旬，河北省植保植检站组织7个二点委夜蛾幼虫发生区域的各监测站对2011年二点委夜蛾越冬基数进行了详细调查。

（一）越冬区域及越冬面积

2011年河北省二点委夜蛾越冬区域涉及保定市、石家庄市、衡水市、邢台市、邯郸市共5个区域，越冬面积测算达580万亩，面积之大，范围之广均创历史记录。

（二）越冬场所和越冬虫量

二点委夜蛾越冬场所较多，据调查，在玉米、棉花、甘薯、大豆、花生、蔬菜、桃园、苹果园及梨园等多种作物类型田发现老熟幼虫，且部分作物田虫量较大。

玉米田幼虫多见于根部、叶脉处、地表或覆盖物下，由于调查时河北省玉米已进入收获阶段，除了平乡县玉米田虫量最高4.2头/m²，大部分地区玉米田虫量均较低；棉田幼虫多发生于地垄内、棉花落叶下、棉花根部落叶覆盖的土表等处，虫态多为3～5龄，大多分布在土表内或干枯叶下，一般虫量0.1～1头/m²，最高虫量4头/m²（临西县、魏县）；花生、大豆和甘薯田幼虫多见于残枝落叶下或地表土层，虫量一般在0.1～1头/m²，最高1.1头/m²（故城大豆）、1.6头/m²（馆陶花生田）。另外辛集市在蔬菜北瓜地查到较高幼虫，虫量为3头/m²。

（三）目前越冬虫态

各系统监测点调查，目前有老熟幼虫开始做茧，未见化蛹，如何越冬还需要进一步监测调查。

表2　河北省2011年二点委夜蛾越冬基数调查表

调查单位	调查时间	调查地点	调查作物	幼虫量（头/m²）	所处位置或部位
阜城	10月24日	东高村、东张村、八股张	玉米	0.02	根部、地表、草下
		东张、东伊、李阳	棉花	0.1	垄内、叶下
		东张、郭村	苹果和梨树园	0	
		东伊、魏王	甘薯	0.05	埝上地表
		东伊、东高	大豆	0	
故城	10月20日	大坛村	大豆	1.1	大豆残枝落叶下
		葛村	大豆	0.25	大豆残枝落叶下
		大坛村	棉花	0.55	棉花落叶下
		红庙	棉花	0.25	棉花落叶下
		堤口	棉花	0.15	棉花落叶下
武邑	10月21日	多个村庄地块	棉花	0.17	棉花根部覆盖棉叶较多的地方
		多个村庄地块	玉米	0	

（续表）

调查单位	调查时间	调查地点	调查作物	幼虫量（头/m²）	所处位置或部位
辛集	10月16日	东井村	棉田	0.1	棉根部落叶覆盖下的土缝
			夏谷（上茬为小麦）	0.2	夏谷垄间残余麦秸下的土表层
			甘薯	0.8	甘薯蔓覆盖的土表层
			北瓜	3	瓜蔓下面的潮湿土表层
			豆田与甘薯地间的轮沟中的杂草丛	1	杂草下
			梨树	0.1	散落地下的叶子下面
			大豆	0	暂未发现
正定	10月17日	南楼村	花生田	0.5	地面干枯花生叶下
			甘薯田	0.7	地面干枯甘薯叶下
	10月20日	大孙村	玉米田秸秆下	0	
			大豆田	0.2	地面干枯豆叶下
			小麦田	0	
	10月21日	牛庄	大豆田	0.1	地面干枯豆叶下
			白菜田	0	
			桃树园	0.2	地面干枯桃树叶下
			小麦田	0	
			棉田	0.07	地面干枯棉花叶下
		树林	已收花生田	0.8	地面表土内或干枯叶下
			小麦田	0	
	9月27日	东邢庄村南	夏玉米	0.3	
			夏玉米	0	
		木庄	夏玉米	1.2	
	9月28日	教场庄	夏玉米	0	
无极	10月20日	高头村	大豆	0.2	地表
			大豆	0.15	地表
			大豆	0	
		北家庄村	甘薯	0.24	地表
			甘薯	0.18	地表
			甘薯	0	
		姚村	玉米	0	
		角头村	玉米	0	
平山	10月18日	县农场	小麦（前茬玉米）	0	
	10月18日	孟贤壁	玉米	0.03	地表、枯叶下
			棉花	0	
			甘薯	0.1	地表、蔓叶下
			花生	0.04	地表、枯叶下

（续表）

调查 单位	调查 时间	调查地点	调查作物	幼虫量 （头/m²）	所处位置或部位
平山	10月 19日	大吾	玉米 花生 甘薯	0.07 0.06 0.15	地表、枯叶下 地表、枯叶下 地表、蔓叶下
魏县	10月 20日		棉田	3~4	棉枝叶下土表，虫龄大小 不等
馆陶	10月 19日		花生田	0.8， 最高1.6	在干枯的花生殃下面
广平	10月 21日		玉米田、小麦田、甘 薯田、萝卜田、大豆 田等	未查到	
永年	10月 21日		玉米田、小麦田、甘 薯田、萝卜田、大豆 田等	未查到	
鸡泽	10月 21日		玉米田、小麦田、甘 薯田、萝卜田、大豆 田等	未查到	
大名	10月 21日		玉米田、小麦田、甘 薯田、萝卜田、大豆 田等	未查到	
涉县	10月 21日		玉米田、小麦田、甘 薯田、萝卜田、大豆 田等	未查到	
永年	10月 21日	西苏村 三塔村 大北汪村 北卷村 南卷村	小麦 小麦 小麦 棉花 甘薯 棉花 甘薯	0 0 0 0 0 0 0	
临西	10月 20日		棉田 甘薯 玉米 苹果 小麦	4 2 1 0 0	幼虫均在行间潮湿、落叶 下，很易查到，且周围均 为玉米田 在叶脉处

（续表）

调查单位	调查时间	调查地点	调查作物	幼虫量（头/m²）	所处位置或部位
平乡	10月21日	节固乡节固村	玉米	4.2	玉米根部和多覆盖物处
	10月21日	节固乡节固村	棉花	0.9	地垄
	10月21日	油召乡郝庄	大豆	0.8	地垄和多覆盖物处
香河	10月20日	蒋辛屯镇三百户、现代产业园、蒋辛屯镇王店子、安头屯镇东口头、安头屯镇杨营庄、刘宋镇北村	棉花、玉米、大豆、花生、桃树	0	
定州市	10月22日	大近同村、小近同村、韩家洼村、蔡庄子村	甘薯、白菜、大葱、棉花、甘薯	0	

三、严重发生的原因分析

通过田间调查综合分析，河北省玉米二点委夜蛾大发生的原因主要有以下几点：

（一）虫源基数的积累是大发生的先决条件

从2005年首次被发现到2011年大发生经历了虫源积累的过程，产生这一过程原因是农民误认为该虫是地老虎，很多地方基层植保机构、科研部门对其成虫、幼虫的生物学习性了解不够，在防控上出现盲区，虫源逐年积累，致使2011年在一些区域出现了暴发的局面。另外，从2011年江苏、安徽等省份发生情况来看，也不排除有外来虫源的可能。

（二）耕作制度为二点委夜蛾的发生提供了适生环境

一是近些年大面积推广秸秆还田的栽培方式，使田间麦秸、麦糠大量覆盖，尤其是2011年河北省小麦喜获丰收，超千斤地块面积扩大，增大麦秸覆盖厚度，为二点委夜蛾提供和营造了适生环境，同时造成防控困难。二是农事操作简化，收割完小麦后，不耕不耙，直接种植玉米，多年的这种耕作制度的推广造成田间虫源积累，基数增大，遇适宜气候，而造成大发生。

（三）气候条件适宜

6月下旬至7月上旬河北省夏玉米种植区先后遇到2次大的降雨，田间湿度环境利于二点委夜蛾产卵和孵化和幼虫的成活和为害。

（四）夏玉米播种期推迟，播后田间湿度大是直接的诱发因素

随着河北省小麦收获期的推迟，河北省夏玉米播种期比常年普遍晚5～7天，玉米苗龄小，肉质嫩，抵御虫害的能力与往年比较有所降低，加重了为害程度。

（五）该虫害具有隐蔽为害的特点

在危害初期和为害程度轻时难以发现，和引起农民重视，当造成玉米苗倒伏或萎蔫枯死时，幼虫一般已达 3~5 龄，致使防治效果差。

（六）监测技术不完善

该虫害发生历史较短，尚未形成完善的监测技术规范和成熟的防治技术措施，没有在发生较少时及时有效地对其予以控制，使其为害程度逐渐加重，致使二点委夜蛾在河北省突然大发生。

四、二点委夜蛾监测与防控工作

（一）领导重视，及时部署

鉴于二点委夜蛾严重发生的态势，7 月 8~9 日农业部种植业管理司副司长周普国、植保植检处副处长王建强到河北省检查督导二点委夜蛾的监测防控工作。省农业厅领导高度重视，多次做出指示并亲自部署防控工作。7 月初，监测到二点委夜蛾发生较重的情况后，就与新闻媒体密切合作，连续在河北电视台农民频道进行宣传和技术讲座，7 月 6 日以农业厅的名义下发了"关于加强玉米二点委夜蛾防治的紧急通知"的明传电报，全省掀起了防治高潮。7 月 11 日河北省植保植检站召开有关专家和 7 个夏玉米主产市的植保站长参加的紧急会议，对二点委夜蛾的发生为害情况和防控技术进行了研讨，根据会议的研讨结果，立即下发了"二点委夜蛾防治技术意见"。组织动员各市植保站根据会议的安排部署，密切监视二点委夜蛾的发生情况，有力地促进了全省防控工作的顺利开展。

（二）及早安排，加强监测

二点委夜蛾 2005 年在河北省首次发现，近两年呈现出逐年加重的趋势，针对这种情况，河北省植保植检站及早部署，坚持"早监测、早预警、早防控"的原则，组织各基层植保机构加强对其进行监测预报。5 月 10 日，河北省植保植检站依据去年二点委夜蛾发生区域和发生情况，进行了及早安排，在全省各生态区域均布下监测点，并下发了"加强 2011 年二点委夜蛾监测调查的任务通知"。6 月 8~10 日，二点委夜蛾诱蛾量突增，针对河北省各地对二点委夜蛾形态认识不清的情况，河北省植保植检站及时下发了二点委夜蛾形态特征识别指导及成虫、若虫照片，并立即电话通知各地加强监测，密切注视该虫的发生动态。6 月 28 日给各基层植保站下发了"二点委夜蛾发生与防治情况统计表"，从7 月初开始对二点委夜蛾进行全省普查，对其发生和防治情况实行日报制度，加强了省、市、县之间的信息沟通，明确了该虫的发生范围和危害程度，提出了防治适期，促进了各地问题的解决，保障了各地防治工作的顺利进行。7 月初组织全省植保机构对二点委夜蛾进行普查，准确掌握河北省二点委夜蛾发生防治动态。

（三）加强研究、准确预警

依据各基层监测点的及早调查情况，河北省植保植检站及早做出了"局部二点委夜蛾发生严重各地要加强调查监测"和"二点委夜蛾在一些地区发生严重组织防治刻不容缓"两期病虫情报，通过网络、报纸等方式及时进行了发布，并依据试验结果，给各基层植保机构和农民提供了有效的防控措施。按照农业部的安排，7 月中旬河北省植保植检站组织相关技术人员对《黄淮海夏玉米区二点委夜蛾普查技术方案》进行了研讨，促进了河北省和我国对二点委夜蛾害虫的监测技术水平。7 月 25 日依据二点委夜蛾发育进展情况，河北省植保植检站下发了二点委夜蛾卵巢解剖级别标准，并电话通知各基层植保机构进行卵巢级别调查。8 月 9 日，结合二点委夜蛾田间发生情况，对各基层下发了"继续加强二点委夜蛾调查的通知"，并对如何进行蛹期调查进行了指导。为进一步明确二点委夜蛾的越冬情况，9月27日河北省植保植检站对各发生区进行了加强二点委夜蛾越冬场所和基数调查的电话通知，并通过邮件下发了基数调查表。一系列的指导与研究，均为进一步明确该害虫的发生规律，为2012年的有效防控打下了可靠的基础。

（四）搞好宣传，科学指导

由于二点委夜蛾近年来发生面积小，为害程度轻，技术人员和农民缺乏认识，在防治上难以把握关键时机。为此河北省各级植保机构高度重视，通过情报下乡、召开培训会、印发明白纸、大喇叭广播、电视讲座等多种形式，广泛宣传该虫的虫态识别特征、为害特点和科学防治技术，组织广大农民进行了群防群治的应急防控。通过宣传提高了群众的防控意识、加大了防治力度、提高了防治效果。据统计，二点委夜蛾防治期间，全省印发病虫情报50 000余份，召开培训会、现场会83场次，印发明白纸120万余份，电视讲座75期，在幼虫为害高峰期连续播放，培训群众近百万人次。

（五）随时汇报，指导防治

鉴于二点委夜蛾在河北省严重发生的形势，河北省各发生区和未发区均实行信息报告和值班制度，定期报告二点委夜蛾发生和防治情况，实行24h值班监测和日报告制度，重大情况迅速上报。依据实际发生情况，河北省植保植检站将情况及时反馈给领导和农业部，从而为河北省和我国的及时有效防控提供了可靠的依据。同时河北省植保植检站随时加强市、县之间的信息沟通和同兄弟省市的信息交流，从而进一步明确了该虫的发生范围和危害程度，促进了各地问题的解决，保障了各地防治工作的顺利进行。

（六）检查督导，确保实效

按照厅领导的统一部署，7月11日河北省植保植检站召开技术培训和动员会，由处级干部带队组成7个工作组，深入到市、县检查督导防治工作。市、县农业部门高度重视，把玉米田二点委夜蛾的防治提升到保证河北省粮食丰收的大事来抓，在大力宣传防治技术的同时，也纷纷派出技术人员，深入到田间地头，面对面地向农民宣传技术，指导防治，全省上下植保技术人员和农民一起，开展了防治玉米田二点委夜蛾的群众运动，再次掀起了二点委夜蛾的防治高潮。据各地多点调查，平均防治效果达80%以上，有效控制了二点委夜蛾的为害。

农药药械及病虫草防治措施

河北省植保植检站

一、人工防治

民国时期以前防治农作物病虫害以治蝗为主，主要采用人工防治，唐开元四年（公元716年）蝗虫大起，人工捕打，坑埋火烧。元皇庆二年（公元1313年）在人工捕打蝗虫的基础上，采用秋耕晒蝗卵的办法，减轻蝗虫为害。

清代，灭蝗方法不断改进，但仍以人工捕打为主。咸丰六年（公元1856年）直隶省布政使司钱忻和编印《捕蝗要诀》，内有要所二十则，图十二幅。治蝗之法：①布围式。在迎风处设下布围，无布围则用鱼苇箔代替，飞蝗碰在布围（或苇箔）上掉下，消灭之。②鱼箔式。用鱼苇箔、鱼网围而歼之。③合网式。用人赶蝗群，入网后消灭之。④抄袋法。用抄网或抄袋捕捉飞蝗，然后消灭。⑤人穿式。将围箔立于飞蝗集聚处，人在围箔之中来回穿行十数次，围箔留一窄门，其门口处斜埋水缸或瓮，将飞蝗驱之入内。⑥坑埋式。先挖一沟，众人驱之入内，用土埋住。⑦捕初生蝻子式。乘其初生，用笤帚急扫，装入口袋坑埋。如过多则刨沟埋之。⑧捕半大蝻子布围式和箔围式。⑨围捕长翅飞蝗式。趁黎明前飞蝗翅膀沾濡露水未干之时，众人捕捉；或在日出后停落宽厚处，四面圈围捕打。⑩捕打庄稼地内蝗蝻式。将鞋子钉于木棍之上，蹲地捕打，不伤庄稼。⑪烧蝗。夜晚燃起火堆，飞蝗趋光，争相投火；或挖一坑，点燃干柴，投入坑中，将所捕飞蝗倒坑中烧死。⑫刨挖蝗卵。由捕蝗人夫刨挖蝗卵，用米收买。

民国30年（公元1941年）盐山县农民发明用秫秸秆制作幼蝻驱捕器捕捉蝗虫蝻，既可驱赴农田中蝗虫，又能减轻践踏禾苗。

新中国成立前，解放区开展人工捕打蝗虫活动。1944年南起黄河北岸的修武，滋博，北起正太铁路以南的赞皇，临城，东连平汉线的磁武、邢沙，西至太行山巅的和顺，左权，共23个县份发生蝗灾。中国共产党领导下的边区政府，动员太行山区25万人，开展捕打蝗虫的群众运动。参加人员有边区政府的厅长、分区司令员、专员、县长，有正规军、游击队、独立营，有机关人员、学校师生、商店店员，有士绅、知识分子，也有巫婆、道士，上至六七十岁的老人，下至六七岁的儿童。从二月末始，经过刨卵、打跳蝻、打飞蝗三个阶段，到9月初，历时几个月，据10个县统计，共打死飞蝗、跳蝻和刨卵9 200t。

新中国成立初期，各级人民政府仍主要沿用传统方法，发动群众防蝗治蝗。在蝗虫集聚地方，开始辅之化学农药除治。

二、药物防治

（一）土农药

始于清代后期。清同治十三年（公元1874年），在直隶省历任献县知县、大名与河间知府的陈崇砥著《治蝗书》记有用百部草煎成浓汁，加极浓碱水或极酸陈醋（或盐卤），于壶内，浇灌于蝗卵之上，次日用石灰水再灌一次，蝗卵即腐烂。

1915 年赵县农民使用煤油掺麻油，松香、胆矾水，石灰水等，喷杀蝗虫。或喷于作物之上，使蝗虫趋避。1943 年，伪华北农事试验场病虫科用 1% 漂白粉、0.5% 高度漂白粉、5% 龙汞配成液体，拌棉花种子，防治立枯病，根腐病效果良好。

1947 年 6 月晋冀鲁豫边区政府冀南行署各县（区）使用棉油乳剂、肥皂水、烟草水防治棉蚜，均收到较好的除治效果。1948 年 6 月冀中行署农林厅推广科指导各县使用烟草水、烟草石灰水、黑油胰子水防治蚜虫；使用白面糯糊水、米饭汤、烟草水、黑油胰子水、烟草石灰水防治红蜘蛛；使用信石碱面石灰水、苦树皮粉、信石小灰粉防治菜牛子；使用信石碱面石灰水防治黏虫；使用信石一两掺入三合（量具）米饭、防治蝼蛄。1949 年 9 月临清农事试场用红矾（信石）150～200g，掺煮拌熟 1kg 小米，与 3.5kg 麦种拌在一起，或用半碗清水浸泡 6 盒红头火柴头，拌 3.5kg 麦种，或用蝼蛄粉 100g，红糖 4 袋，拌麦种 3.5kg，施于 $667m^2$，防治蝼蛄。

1950 年使用烟叶小灰水，烟叶石灰水、烟叶肥皂水、烟叶碱面水、棉油皂水、棉油底子水等，防治棉蚜。1951 年邢台专区农场、石家庄省农业试验场、定县农场、昌黎果树试验场栽种除虫菊、供应各地防治虫害。同年，河北农学院农场试验成功治蚜乳剂。衡水专区推广使用棉油鸡旦碱乳剂防治蚜虫。以上办法均在各地推广。1958 年怀安县用黑煤烟油子碾成细粉，撒在马铃薯上，防治晚疫病。同年，河北省农林厅推广用铜矿石（孔雀石、兰铜矿）、硫酸和水生产硫酸铜、防治粮食、棉花、蔬菜、果树、烟草、马铃薯等作物病害并配成波平多液喷治作物病害。氟化钠、土制硫酸等矿物性农药也投入使用。另外在群防群治中还推广狼毒剂防治蚜虫，苹果巢虫、黏虫、稻螟、红蜘蛛、地下害虫；苦参防治瓜类害虫、棉蚜、棉叶跳虫和锈病；五加皮根防治蚜虫、地老虎、蛴螬、和小麦叶锈、菜青虫；黎芦防治菜青虫、菜蚜虫、蚊蝇、软体害虫、蓟马；断肠草防治蚜虫、斑蝥、毛虫、蝼蛄、凤蝶幼虫；土大黄制剂防治水稻害虫、小麦锈病；烟草制剂防治稻螟、棉蚜、蓟马和小麦锈病；白头翁防治蚜虫、小麦锈病；百部草根制剂防治菜青虫、猿叶虫、蚜虫；棉油皂水防治棉蚜、粟穗螟幼虫等。1959 年省农林厅推广用白砒或红砒拌种或用石灰水浸种，防治小麦腥黑穗病；用硫酸亚铁浸种或用硫磺粉拌种，防治大麦坚黑穗病；用马齿苋脑合剂防治棉蚜；用猫耳眼液防治各种害虫；用煤烟乳剂防治棉蚜、菜青虫；用花椒、烟梗合剂防治高粱蚜、玉米钻心虫、菜青虫。20 世纪 60 年代河北农业大学研制出雾剂防治小麦锈病。70 年代以小麦锈病、黏虫、棉铃虫为防治重点，选用化学农药和其他生物、化学材料配成土农药，开展除治工作。80 年代化学农药供应较充足，土农药很少应用。90 年代化学农药工业更快发展，土农药不再使用。

（二）化学农药

1947 年华北农业科学研究所进行六六六、毒杀粉及亚砒酸钠等杀灭蝗虫试验，以六六六毒力最强。

1949 年 6 月冀 南行署农业处委托建华公司出售蝼蛄水，硫酸烟精、氟矽酸钠、龙汞、砒酸钙、砒酸铅、波尔多液、赛力散、六六六粉等，供解放区各县农民灭虫使用。

新中国成立后，自 20 世纪 50 年代开始，不断增加各种化学农药的供应。1950 年国家分配河北 6.5% 可湿性六六六粉、12% 六六六粉、50% 可湿性 DDT 粉、氟矽酸钠、硫磺粉、石油乳剂等化学农药52.3t。1953年化学农药用量达2 401t，占当年农药总用量的73%。1955年省农业科技部门在石家庄、承德、衡水、唐山专区进行西力生、赛力散防治棉花病虫害和玉米虫害试验，效果明显。当年化学农药用量增到10 817t，其中六六六粉占86.5%，DDT粉占6.6%。1956年农业部无偿拨给20kg内吸型杀虫剂乙基1059，在石家庄邯郸农业试验站、冀衡、辛集、永年、吴桥农场、河北农学院和保定、昌黎农校做防治棉蚜、棉红蜘蛛、苹果绵蚜试验。该年全省使用农药15 400t，主要品种为六六六粉剂和DDT粉剂，还有赛力散、1605乳剂、砒酸钙、砒酸铅、硫酸铜、鱼藤精、甲溴苯、信石、硫磺等。1957年新增1059乳剂、25% DDT乳剂和代森锌等农药品种。1958~1959年省植保研究所和邯郸，石家庄、唐山专区农科所用的西梅脱（3911）拌棉种防治地下害虫和棉蚜，取得成功。1959年全省使用农药超过45 000t，其中六六六粉剂占62%，DDT粉剂占17.5%，余为敌百虫、1605乳剂、1059乳剂、鱼藤精、赛力散、西力生、硫酸铜、溴甲烷、代森锌、砒酸负、砒酸钙、五氯硝基苯、六氯代苯、磷化锌等。

60年代农药使用量继续上升，有机磷农药大量增加。1960年为进一步鉴定3911拌种效果，省农林厅在保定市、磁县、南宫、宁晋、藁城、束鹿、吴桥、武清、高阳县部分社队作拌种试验，当年6月省农林厅分配给邯郸、石家庄、保定、唐山、张家口、承德市什来特100t，二硝散100t，主要用于防治黄瓜霜霉病，白菜霜霉病和马铃薯晚疫病。到年底，全省使用农药达50 000t。1962年3月天津农药厂试验成功有机磷虫剂DDV乳剂，供各地试验。此后，相继有五氯酚钠、2-4滴涕钠、阿特拉津、三氯杀螨矾、磷胺、天锈一号、二溴磷、拒食剂5号、马拉硫磷、氯螨矾、萘乙酸、代森铵、灭锈片、福美砷、砷37、50%乙硫磷乳剂、20%乐果乳油、50%马拉硫铃乳剂、50% M-74颗粒剂、杀螟松、20%可湿性亚胺硫磷粉、8%开蓬粉、8.5%西维因粉、氯丹、碳氯特灵、敌稗乳油、敌草隆、五氯酚钠、矮壮素等新农药品种投入试验、示范。常规农药用量大幅度增加，1966年增至77 400t。

70年代国家停止生产和使用汞制剂赛力散、西力生、大量供应有机磷和有机氯杀虫剂及部分杀菌剂。农药使用量进一步增加，年平均使用量达89 000t，主要品种有六六六、DDT、敌百虫、乐果、1605、1059、马拉松、3911、亚胺硫铃、乐果、敌敌畏、马拉硫磷、代森锌、磷化锌、敌锈钠、萎锈灵等。

80年代进口农药在生产中大量使用，但国产农药仍占主要地位。1980年全省使用农药82 124t，其中国产农药82 014t，进口溴氯菊酯10t、呋喃丹100t。1981年使用农药85 966t，其中产农药83 936t，进口溴氯菊酯30t，呋喃丹2 000t。1982年使用农药增至101 636t，其中国产农药95 912t，进口溴氯菊酯224t，呋喃丹5 500t。1983后国家停止生产六六六，DDT等有机氯杀虫剂，大量生产供应有机磷杀虫剂和进口菊酯类杀虫剂等高效农药，农药用量明显减少。1988年统计，全省使用农药总量为20 700t。杀虫剂有甲胺磷、敌百虫、久效磷、氧化乐查、1605、磷胺、辛硫铃、呋喃丹、速灭杀丁、亚胺硫磷、西维因、灭扫利、来福灵、铁灭克、涕灭威、百树菊酯、溴氰菊酯、氯氰菊酯、辟蚜雾等；杀螨剂有三氯杀螨醇、杀螨矾、石硫合剂、克螨特等；杀菌剂有稻瘟净、敌锈钠、粉锈宁、退菌特、多菌灵、福美砷、阿普隆、萎锈灵、阿特拉津、乙膦铝、甲基托布津、克瘟散等；除草剂有杀草丹、敌稗、敌草隆、除草醚、拉索、氟乐灵、丁草胺等；生长调节剂有增产灵、矮壮素、萘乙酸、三十烷醇等。

90年代,从1990~1996年,共用药78 983.99t(商品药),平均每年用11 283.43t,其中1993年用药最多,达15 662.28t。用药主要品种上和80年代基本一样,但一个变化是,复配农药开始增多,并在棉花病虫防治上,开始大量应用。另外从1997年在稻田生产上,开始禁用菊酯类农药。

(三)农药械

在推广化学农药的同时,农药械的使用逐步推开。1915年赵县开始使用喷雾器治蝗。1946年冀中南各县喷雾器用量增多。新中国成立后,农药械的品种和使用不断增加。五六十年代以手动压缩式喷雾器和手摇喷粉器为主并开始试用三兼机、背负动力双用机等动力施药器械。70年代动力药械使用的主要有东方红-18型、天津利农型、上海36型、支农40型、还有手持电动喷雾机等。80年代动力药械普遍使用。1987年全省拥有喷雾器、喷粉器等手动药械202万架,动力药械9.1万架。1996年植保药械,手动式施药药械310.5万架。背负式机动药械18.8万架,担架式机动药械0.5万架,拖拉机悬挂牵引药械0.3万架,手持电动药械0.9万架。

利用飞机大面积防治病虫害。1951年首先用飞机防治夏蝗,获得成功。到1974年,全省有大名、魏县、磁县、清河、威县、宁晋、临西、新河、南宫、安新、雄县、里县、高阳、定兴、徐水、唐县、容城、清苑县、衡水、饶阳、武强、故城、景县、武邑、安平、滦县、枣强、黄骅、海兴、献县、任丘、肃宁、交河、盐山、河间、吴桥、沧县、青县、中捷农场、南大港农场、安次、永清、坝县、大城、文安、丰南、丰润、玉田、遵化、唐海、武清、宝坻、宁河、静海、汉沽、津郊、北大港、庆云、宁津60个县(区、场)使用过飞机治蝗,累计除治4 094万亩次。另外在1957~1976年,还使用飞机进行水稻害虫、棉铃虫、黏虫、果树害虫、麦秆蝇及小麦锈病的防治。为发展农用航空了事业,50~60年代省农业(林)厅,在天津筹建河北省农业航空队,投资400万元购买安二型飞机10架,并陆续在蝗区修建治蝗(除虫)机场16处,对及时消灭蝗虫、控制蝗害取得较好的效果。1995年和1998年,河北省再次动用飞机治蝗。

三、生物防治

《旧唐书》载:"开元二十五年(公元737年),贝州蝗,有白鸟数万,群飞食蝗,一夕而尽"。《续资治通鉴》载:"宋神宗熙宁六年(公元1073)年七月,雄县、涞水两县蝗为蜂所食;大安四年(公元1088)八月,宛平、永清蝗为飞鸟蝗所食"。清咸丰《大名府志》载:"明崇祯十六年(公元1643年),大名府蛹生,旋有黑虫状如蜂,食蛹殆尽"。

新中国成立后,农业科技部门重视研究保护利用自然天敌灭虫。70年代开始有计划、有组织地推广以虫治虫、以菌治虫、病毒治虫等生物防治技术。

(一)以虫治虫

1. 保护利用七星瓢虫治蚜

1972年邯郸地区植保站布点试验保护利用七星瓢虫自然抑制棉蚜技术。在瓢蚜比为1:250以上的棉田不用化防,可控制蚜害;瓢蚜比小于1:250的棉田,实施了人工助迁,也能收到抑蚜效果。一般可将棉蚜控制到6月中下旬。1974年该区推广4 600hm²,1975

年增到 14 000hm²，1976 年后每年达 50 000hm² 以上，从 1976 年开始在全省棉区推广应用。1979 年各地还将此项技术推广应用到防治麦田蚜虫，当年推广 20 万 hm²。此后，每年推广 26 万 hm² 以上，1983 年达 91 万 hm²。1996 年天敌保护利用 44 万 hm²。主要是小麦和棉田，其中麦田保护 31 万 hm²，棉田保护 10 万 hm²。

2. 利用赤眼蜂治虫

1977 年河北省植保研究所与望都县协作，在该县 6 个大队和 1 所中学应用人工繁殖的赤眼蜂防治棉铃虫，每亩放蜂 8 万～12 万头/次，放 8～9 次，二代棉铃虫卵寄生率平均 50%，高的为 72%。同年，怀来、青龙、青县等县利用人工繁殖赤眼蜂防治玉米螟和棉铃虫，效果达 80% 以上，1978 年全省发展到 6 万 hm²，1979 年降到 3 万 hm²。80 年代初期，每年放蜂 6 000hm² 以上。后因各地生防厂解体，防治面积逐年减少，1985 年降到 1 500hm²。进入 90 年代，生物防治又开始发展。1996 年南皮放蜂 700hm²，1997 年南皮 1 300hm²，丰南 3 000hm²，共放蜂 4 600hm²。

3. 种植诱集作物诱集天敌防治棉花害虫

1980 年河北农业大学和河北省植保研究所在棉麦扦花种植区混播冬、春油菜（每隔 2～4 行棉花播一行油菜）等诱集作物，诱集瓢虫。食蚜蝇、草青蛉、螳螂、蚜茧蜂等害虫天敌，控制棉蚜为害。多点试验成功后，1984 年在各地示范推广 3 000hm²。1987～1989 年邯郸地区示范推广在棉田内种植早熟绿豆、油菜、高粱、玉米诱集作物，引诱食蚜天敌、不仅可以控制棉花苗期蚜虫为害，而且还能引诱玉米螟产卵，减轻玉米螟在棉株上的落卵量。衡水地区在棉田内间作绿豆，引诱棉蚜天敌，对防治棉蚜为害也取得较好效果。据调查，间作绿豆的棉田，蚜虫天敌瓢虫、草青蛉量为平作棉田的 2～3 倍，最高达 7 倍。既不影响棉花产量，每 667m² 亩还可收获绿豆 15～40kg。1987 年全区推广 14 600hm²，1988 年 27 000hm²，1989 年 77 700hm²。

（二）以菌治虫

1. 应用"7216"菌药防治棉铃虫、玉米螟及菜青虫

1975 年石家庄地区高邑县率先试验使用"7216"菌药防治棉铃虫，1976 年示范 200hm²，之后每年推广 2 600hm²，占全县植棉面积的 70% 左右，1978 年石家庄地区推广 16 500hm²，防效一般 70%～80%，高的达 90% 以上。沧州、廊坊、保定、衡水、邯郸、唐山等地，市一些县份相继示范推广。据 1977～1981 年统计，全省每年应用"7216"菌药防治棉铃虫、玉米螟、菜青虫的面积约在 30 000hm² 以上，1987 年上升到 40 000hm²，1987 年达 100 000hm²。

2. 应用"HD-1"（从美国引进的高效苏云金杆菌菌株）防治玉米螟、菜青虫等

1978～1979 年省植保所在怀来和安平县分别应用"HD-1"工业菌粉和土法生产的菌剂（10 倍颗粒剂），进行防治玉米螟试验，防治效果高于"7216"和化学农药六六六粉剂、DDT 粉剂、1982 年涿鹿县应用此项技术，防治玉米螟 1 200hm²。1983 年省生防站与省植保所在张家口、保定两市郊区应用"HD-1"（工业菌粉）乳剂（400～500 倍液）示范防治菜青虫 87hm²，防治效果低的为 63.4%～74.5%，高的为 85.5%～88.5%。

3. 应用"77—21"防治黏虫

此菌药是 1977 年沧州农校从自然病死的越冬玉米螟中分离出来的，防治黏虫效果较好。

4. 应用"781"菌药防治鳞翅目害虫

"781"菌药 1978 年高邑县从高粱条螟病虫尸体中分离出来的苏云金杆菌用于粮、棉、林、果、烟、药等作物上。对多种鳞翅目害虫的防治效果较好。1980 年以来以 Bt-781 为代表的苏云杆菌类生物农药得到广泛的应用。1996 全省应用面积达 40 万 hm²。

5. 应用棉铃虫核型多角体病毒防治棉铃虫

1978～1984 年先后有临漳、成安、武安、馆陶、曲周、磁县、宁晋、肥乡、邢台、玉田、望都、束鹿、柏乡等县试验示范，防治效果 80% 以上。馆陶县 1981～1984 年用自己生产的棉铃虫核型多角体病毒防治棉铃虫 2 400hm²，防治效果 84%，高的达 96%。

6. 应用玉米螟性引诱剂（性信息素）防治玉米螟

1983 年万全县开始试用。1984 年邯郸、万全、涿鹿、赤城、河间 5 个县（市）示范 667hm²。1986 年唐山、张家口、秦皇岛、承德市示范 4 000hm²。1988 年仅张家口地市就发展 6 670hm²，其中宣化一个县即达 3 200hm²，防治效果近似化学农药。进入 90 年代，性诱剂开始在棉田应用，防治棉铃虫，1996 年、1997 年应用面积都在 10 万 hm²，主要分布在邯郸、邢台一些县，防效较好。

7. 应用"769"农抗（放线菌）防病

1977 年康保县从吉林省农科院引进"769"农抗菌种，进行土法生产。液剂闷种。防治莜麦坚黑穗病，效果在 90% 以上。用粉剂拌种，防治效果 80% 以上。1978 年该县生产 750kg，防治 1 000hm²。同年，承德县对谷子黑穗病、白发病和玉米黑穗病进行防治试验，效果均在 80% 以上。1979～1980 年张家口、承德两地区每年应用"769"防病面积均在 8 000hm²。

8. 应用"23-16"农抗（抗菌素）防病

由新城县生产资料公司和高碑店新两城公社微生物研究所（厂）从外地引入，对多种植物病原真菌以及线虫病有强烈的抑杀作用。1976 年该县利用"23-16"农抗对甘薯茎线虫病进行防治试验，效果达 75%。1977～1978 年全县示范防治 1 400hm²。

9. 1970 年以前，在河北省利用青虫菌防治棉铃虫和"白僵菌"防治玉米螟也较为普遍，效果好，张家口地区有的县防治玉米螟使用"白僵菌"封垛防效较好。

（三）建设生物防治厂（站）

为推动生物防治工作的开展，70 年代初期各地积极进行微生物菌药土法生产试验。到 1978 年全省相继建立土法生产厂（点）1 161 个，（其中县办 32 个，社办 1 129 个），主要集中在石家庄、沧州、张家口三个地区，共生产菌药 436t。保定、沧州、廊坊、承德、张家口等地区的部分县、社主要是繁殖赤眼蜂，共计繁殖 32.52 亿头。

1978 年 3 月农林部提出以县为单位建设生防厂，1978～1983 年国家共投资 234.2 万元，其中部投资 25 万元，省投资 188.8 万元。地、县投资 20.4 万元，在邯郸地区马头和馆陶、高邑、博野、怀来、康保、故城、东光、坝县、乐亭、青龙、沧州、宁晋、永清 14 个县（市）分别建立菌、蜂生产（繁殖）厂。据 10 个县、市（不含故城、东光、坝县、宁晋）统计，年可生产"7216"工业菌粉 45t，松毛虫赤眼蜂 100 亿头，"769"抗菌素 10t，棉铃虫核型多角体病毒毒虫 20 万头。其中高邑、博野两厂生产的"7216"工业菌粉完全达到质量要求，馆陶厂生产棉铃虫核型多角体病毒的含量接近国际水平。这些厂生产的菌蜂都直接用于当地生物防治工作。

1979 年 7 月由国家农林部投资，成立了省生物防治试验站，任务是：①负责全省生防技术指导，总结推广科研成果和群众经验；②开展天敌资源调查，保护利用研究，改进天敌的饲养繁殖和使用；③开展天敌的引种、保种、供种和标本技术资料的收集、整理和管理；④开展技术培训，普及生防知识，交流情报资料；⑤承担农业部下达的有关生防任务。由于菌、蜂均系活的生物，需要精心培养和繁殖，在农村作为商品销售，难度很大，绝大部分厂（点）经营亏损，地方财政又无力补贴，1984 年以后，除高邑县外，生防厂陆续停办，省生防实验站也于 1986 年撤并。

河北省三代黏虫发生原因分析及防治

河北省植保植检站

受强降雨和外地虫源的影响，2012 年 7 月下旬以来，大量黏虫成虫迁入并滞留河北省，致使三代黏虫在河北省局部严重发生。其特点为：来势猛，范围广，面积大，虫量高，发生重。为近 30 年来发生最重的年份。

一、三代黏虫发生情况

（一）外地迁入河北省成虫数量大

7 月初始诱测到二代黏虫成虫，多数县诱蛾量高于历年。安新县 7 月 2 日始见二代黏虫成虫，7 月 23 日出现诱蛾高峰，日诱蛾 98 头，截至 8 月 21 日，累计诱蛾 527 头，其中，雌蛾 241 头，累计诱蛾量比历年同期高 150.5%，比 2011 年同期高 1 692.3%。大名县 7 月 22 日诱蛾量达 396 头（下图），截至 7 月 30 日累计诱蛾 1 544 头，比历年同期高 135.1%。

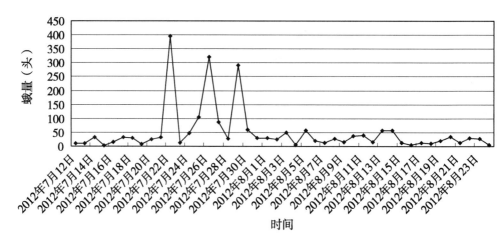

图　大名县 2012 年二三代黏虫成虫黑光灯日诱蛾量

（二）蛾峰持续时间长

大名县 7 月 22～30 日连续出现较大蛾峰，比历年持续时间长，其中，7 月 22 日诱蛾量最高 396 头，7 月 25 日 104 头，7 月 26 日 320 头，7 月 29 日 290 头。故城 7 月 10～24 日连续出现三个蛾峰，其中，7 月 10 日诱蛾 67 头，7 月 17 日诱蛾 125 头，7 月 23 日诱蛾 251 头。

（三）成虫上灯量低、田间虫量高

二代黏虫大量迁入期正遇 7 月下旬河北省的强降雨过程，影响成虫上灯量。大城县 7 月 20～23 日出现诱蛾高峰，其中，7 月 23 日诱蛾 44 头，截至 8 月 18 日累计诱蛾 186 头；田间幼虫调查，玉米田平均幼虫 65 头/百株，最高虫量达 5 000 头/百株。沧县 7 月 21 日出现蛾峰，日诱蛾 19 头，截至 7 月 29 日，单灯累计诱蛾 73 头；田间调查，虫田率 20%，一般地块虫株率

10%~20%，虫量 20~30 头/百株；严重地块虫株率 100%，虫量 300~400 头/百株。

（四）幼虫分布范围广、发生面积大

全省 11 个市不同程度的发生三代黏虫，发生范围涉及 123 个县，833 个乡镇。全省发生面积 990 万亩。环京津地区的廊坊、唐山、秦皇岛、沧州、保定 5 个市发生严重，发生面积分别为 163.2 万亩、131.3 万亩、40 万亩、145.6 万亩、104.7 万亩。

（五）幼虫密度高、重发区域多

一般玉米田幼虫密度 50~200 头/百株，重的达 300~1 000 头/百株，最重的，涞水县 3 000 头/百株，遵化市 2 120/百株，大城县 5 000 头/百株，丰南县最高单株幼虫 102 头。谷田一般幼虫密度 30~100 头/m^2，重发生地块，蔚县 250 头/m^2，大城县 560 头/m^2。水稻田一般幼虫 50~100 头/百株。高的，唐山市 325 头/百株。廊坊市的大城县、文安县、霸州、固安、永清、香河、三河、大厂、广阳、安次区；唐山市的汉沽、遵化、唐海、滦县、丰南、乐亭、玉田、滦南、开平、古冶、丰润；沧州的河间、献县、青县、沧县、盐山；保定的涞水、雄县、涿州、高碑店；秦皇岛的卢龙；承德市的承德县、宽城、平泉、兴隆；张家口市的蔚县发生较重。

（六）发生范围北移

河北省中南部地区为三代黏虫常发地区，一般年份北部发生较轻。受 7 月 21 日强降雨影响，2012 年三代黏虫在河北省中北部地区发生较重。

二、发生原因分析

（一）外地虫源迁入河北省数量大

7 月下旬以来，一般一盏诱蛾灯日诱蛾 30~50 头，最高 396 头，单灯最高累计诱蛾量为 1 773 头，为近年最高年份。

（二）受强降雨影响，下沉气流使黏虫成虫大量降落并滞留河北省

7 月 21~22 日、25~27 日河北省出现了大范围、强降水过程。大部分地区降水量在 100mm 以上，其中廊坊中部、唐山中北部、秦皇岛西北部、保定东北部、承德南部降水达到 315~450mm。黏虫发生较重。张家口中北部，承德北部，石家庄大部，邢台中部，邯郸中部和西南部，保定和衡水两市局部降水在 40~98mm。

（三）迁入成虫卵巢发育级别高，大量成虫就地产卵

承德县 7 月 25 日单天诱蛾 21 头，雌蛾 16 头，卵巢发育调查，4~5 级卵比率 90%。大城县 7 月 26 日解剖 10 头成虫调查卵巢发育进度，其中 2 级占 10%，3 级占 20%，4 级占 40%，5 级占 30%。围场县 7 月 29 日卵巢发育进度，3 级占 10%，4 级占 50%，5 级占 40%。

（四）环境条件适宜

2012 年河北省降水时间长，次数多，降水量大，大秋作物长势好，田间杂草多，为黏虫产卵提供了适宜的生态条件。田间湿度大，利于黏虫卵的孵化。

（五）玉米植株高，密度大，连续降水，田间积水，防治作业困难

天气炎热，农村青壮年劳动力缺乏，黏虫重发区机动喷药器械少，防治难度大；黏虫在河北省属于偶发性害虫，已连续多年未大面积暴发，农民没有防治习惯，准备工作不足。一部分地块错过最佳防控时期，危害损失较大，全省有 4 380 亩被吃光。

三、监测预警情况

（一）密切监测，及时预警

针对 2011 年河北省二代黏虫来势猛、诱蛾量大的情况，各地植保测报人员积极行动，全力以赴，克服了降水多，诱蛾灯常坏，天气炎热，田间积水等困难，一是认真开展田间拉网普查，准确掌握虫情动态。8 月 6 日，河北省植保植检站派出 4 个工作组到重发生市调查了解虫情，组织虫情拉网式普查。8 月初全省农业植保系统组织 725 名技术人员深入田间开展拉网式普查。二是动员农民和农药经销户开展虫情调查，做好信息反馈，掌握虫情动态。各地积极宣传，发动农民认真调查自己责任田的三代黏虫发生情况，准确掌握了黏虫发生发展动态。三是及时发布黏虫虫情预报、警报。河北省植保植检站 8 月 1 日发布了黏虫发生警报，初步统计，全省发布黏虫情报和警报 347 期。四是加快虫情信息传递速度。各市和区域测报站均明确专人负责黏虫信息的上传下达工作，全省实行三代黏虫发生防治情况日报告制度，重大虫情随时报告，及时为领导提供了黏虫发生防治动态信息。

（二）领导重视，精心组织

各级政府和农业部门高度重视三代黏虫的调查监测和防控工作。8 月 9 日，省政府办公厅印发了《关于加强三代黏虫防控工作的紧急通知》；8 月 3 日，省农业厅转发了《农业部办公厅关于加强玉米黏虫查治工作的紧急通知》的通知，8 月 8 日，省农业厅向省政府紧急报告三代黏虫的发生防治情况；根据省领导的指示，8 月 9 日，省农业厅召开全省三代黏虫紧急防控视频会议，参加会议的有主管市长、农业局长、有关县政府主要负责同志及植保站等有关单位主要负责人共 565 人，赵国岭厅长全面安排部署了全省黏虫调查监测和防控工作。8 月 9 日，省农业厅又派出 4 个工作组深入重发生区督导调查监测和防控工作。廊坊、沧州市政府印发了《关于防治三代黏虫的紧急通知》，召开了会议，安排部署防治工作，主管市长亲临发生重的县督导检查防控工作。

（三）广泛宣传，科学指导

为广泛宣传黏虫发生防治信息，河北省植保植检站专门成立了宣传报道组，多次在《河北日报》、河北电视台、河北广播电台、《河北科技报》等媒体节目广泛宣传报道三代黏虫的发生信息、防治技术和防治活动。并配合农业部在中央电视台、农民日报等国家新闻媒体开展宣传报道。全省农业植保机构充分利用现场培训会、印发明白纸、电视讲座、网络、报刊、手机短信、板报等多种形式，广泛宣传黏虫发生信息、危害特点、防治和安全用药技术。沧州市 17 个发生县（市区）都以专题片或新闻、滚动字幕的形式发布黏虫电视预报 18 期，在电视上播放防治技术 24 期，印发明白纸 20 000 余份。唐山市有关县印发明白纸 50 000 余份，并结合市、县电视台录制视频讲座、滚动字幕、大喇叭广播、黑板报等形式广泛宣传；邯郸市印发明白纸 11 万余份，并制作电视讲座连续播放，村喇叭广播 750 次，书写黑板报 300 块，宣传群众 10 万人次。邢台有关县共印发明白纸 130 000 余份。定州制作了电视专题片在黄金时段播放一周，积极引导广大农民自查虫情，科学防控。

在各级党委、政府的坚强领导下，农业部门、植保机构精心组织了三代黏虫监测预警，科学指导了防治，取得显著的成效，受到农民欢迎，得到社会认可和领导肯定。农业部韩长赋部长、余欣荣副部长、河北省副省长沈小平等领导充分肯定了河北省三代黏虫的监测和防治工作。河北省委书记张庆黎对全省黏虫调查监测和防治工作做出了："发现得早，防控及时，方法得当"的重要批示。

河北省蝗虫发生与治理工作概况

河北省植保植检站

衡量东亚飞蝗的发生程度，除面积指标外，发生密度也是重要参考指标之一。20 世纪 50 年代，东亚飞蝗发生的密度高、为害重。有 7 年蝗蝻最高密度达到 1 000 头/m² 以上，有 6 年出现农田严重受害现象，其中 1951 年全省农田受害面积达到 15 万 hm²。到 20 世纪 60 年代，发生程度有所下降，蝗蝻最高密度达到 1 000 头/m² 的面积只有 1966 年，有 3 年出现农田严重受害现象，分别为 1962 年、1963 年和 1964 年，进入 70 年代，蝗虫发生程度继续下降，未出现农田严重受害现象，蝗蝻最高密度每平方米超过千头的仅有一年，即 1973 年。到 80 年代，蝗虫发生程度有所回升，1981 年、1983 年、1987 年、1988 年 4 年出现了蝗蝻最高密度超过 1 000 头/m² 的点片，但未出现农田严重受害现象。进入 90 年代，蝗情严重回升，1992 年、1994 年、1995 年、1998 年、1999 年 5 年间均出现了大面积高密度群居型蝗蝻群，最高密度均在 1 000 头/m² 以上，高达数千头。其中 1998 年安新的秋蝗蝻最高密度可达每平方米上万头。由于防治及时，措施得力，基本未出现农田大面积受害现象。

2000 年以后的几年里，2000~2002 年东亚飞蝗发生程度均较严重，蝗蝻最高密度均超过了 1 000 头/m²，特别是 2000 年和 2002 年，夏、秋蝗发生密度均居高不下。2003 年后东亚飞蝗发生程度有所下降，2004 年和 2005 年，东亚飞蝗最高密度下降到每平方米百头左右，发生程度由大面积高密度蝗群压低到呈点片分布，大发生势头得到有效控制。

从东亚飞蝗的发生面积和密度分析，有同年代的大发生频次不一样。20 世纪 50 年代频次最高为 6 年，60 年代次之为 3 年，70 年代最低为一年，80 年代有所回升为 3 年，90 年代频次迅速增加为 5 年，进入 21 世纪后，2000 年和 2003 年为大发生，2004 年为中等偏重发生，2005 年为中等发生。

一、治蝗组织机构和技术队伍

（一）组织机构

党和政府十分重视治蝗的组织机构建设，新中国成立初期，治蝗的组织领导工作当时由河北省农林厅负责，河北省农林厅设有专职治蝗干部。为有效组织治蝗工作，从 1951 年起，蝗区地方政府开始组建由政府主要领导挂帅，由农业、供销、粮食等有关部门参加的治蝗指挥部，到 1953 年，全省建立各级治蝗指挥部 150 个，到 1956 年，治蝗指挥部的延伸至乡（人民公社）级，全省市、县、区、乡（人民公社）治蝗指挥部增至 732 个，联防指挥部 54 个。1961 年 6 月 6 日，成立河北省灭蝗指挥部，由当时的省委常委李子光任主任。1963 年 6 月 24 日，省治蝗指挥部再度组建，由农业、交通、供销、民航、财政、公安、卫生等部门领导组成。由治蝗指挥部组织协调，由农业部门负责防蝗工作的日常管理，所属植保技术机构负责具体实施灭蝗工作的组织领导机制一直沿用到 20 世纪 60 年代的"文化大革命"前。

1951 年起，各地陆续设立防蝗站，1953 年省农林厅设蝗虫防治总站，后改为防治组，

1956 年在滦县、黄骅、静海、清苑建由省、县双重领导的防蝗站。到 1973 年，河北省有地、县防蝗站 11 处。

1978 年以后，各级农业部门陆续恢复组建植保站，负责蝗虫的监测和防治工作。主要蝗区如沧州地区、平山、黄骅等县还专门设立了防蝗站。到 1980 年，全省基本形成了以植保站冠名的负有防蝗职责的省、市、县植保体系。

（二）防蝗基础设施

1951 年，经朱德同志批准，调动人民空军的飞机，在河北省首次进行飞机防治夏蝗作业，防治区域为沿海的黄骅，为中国防蝗史上的一大创举。飞机治蝗作业，大大提高了防治工作的效率和效果。此后，1951 年开始，河北省在黄骅修建临时防蝗机场，到 1966 年，全省共建临时机场 39 处，固定机场 16 座。分布于大名、永年、成安、蠡县、饶阳、景县、冀县、黄骅、献县、吴桥、海兴、文安、丰南以及今属天津的宝宁河和山东省的宁津。1985 年，河北省组建农业航空队，购安二型飞机 10 架，由省农林厅具体领导，进行防蝗施药作业。除飞机施药作业外，河北省的南大港等地还先后自行改装了拖拉机牵引喷粉机，提高了地面作业效率。

1988 年以来，国家和省财政先后投资在省内安新、霸州、冀州、磁县、平山、海兴、南大港、沧州、保定、承德、张家口、大城、唐山、衡水建设 14 个蝗虫地面应急防治站，在黄骅修建了高标准的防蝗专用机场。配备了用于蝗情监测的 GPS，用于试验研究的高试验设施，用于信息处理的计算机系统，用于防治工作的林型喷雾设备和机动施药设备，提高了防蝗工作的机动控制能力和监测预警能力。

（三）技术队伍建设

蝗虫防治的技术队伍包括专职防蝗技术干部和蝗情侦察员（也叫防蝗员）两部分，其中专职防蝗技术干部主要是各级农业部门的植保技术人员，蝗情侦察员主要是乡镇的兼职人员和农民，由农业部门以误工补贴的形式给予报酬。

专职防治蝗虫技术队伍是整个防治队伍的中坚，新中国成立初期，河北省农林厅就设专职治蝗技术干部，蝗区各级农业部门也设有专职的治蝗技术人员。1956 年全省设立首批 4 个蝗虫防治站时，4 个专业防治站有专业技术干部 50 人。到 1957 年，全省治蝗专职干部达到 112 人。到 1963 年，经省精简委员会批准，全省治蝗技术干部精简为 60 人。"文化大革命"后，各地陆续恢复基本解体的植保机构，在各级植保机构中配备专职治蝗技术干部，到 1984 年，全省各地配备专职治蝗技术干部 40 多人。1990 年后，在东亚飞蝗连年大发生的情况下，蝗区植保技术干部主要从事治蝗工作，全省有了一支比较精干的防蝗技术队伍。

群众性的蝗虫查治队伍是防蝗技术队伍的基础力量，河北省从 1952 年起开始聘用农民防蝗员，20 世纪 50 年代，平均每年聘用 494 人，1956 年最多达 1 000 人；60 年代平均每年 502 人，最多的 1960 年为 800 人；70 年代随着蝗情的下降，农民防蝗员人数开始减少，年均 335 人，最多时 400 人；80 年代年均 317 人，1980 年最多达 356 人；90 年代后，随着各级植保机构交通条件的改善，防蝗员人数急剧减少，多数蝗区的蝗情调查工作由专职植保技术人员和乡镇农技人员担任，只有沿海地区聘用少量的农民防蝗员。

二、行之有效的防治措施

不同的年代科技发展水平有一定的差异，对东亚飞蝗的防治策略和技术也不相同，防治技术随科技水平的提高而提高，体现了渐进的过程。河北省的蝗虫防治策略由20世纪50年代初期的"早治、普遍治、连续治、彻底治"到1998年以来的"生态控制为基础，以科学用药为重点"的综合治理对策的实施，在化学防治上由主攻3龄前到主攻5龄期的转变，体现了河北省防治技术的不断进步，有效地减少用药次数，最大限度的发挥天敌的控害作用。

（一）人工防治

人工防治主要采用于新中国成立初期，一般采用人工扑打、掘沟掩埋、围打、火烧、挖卵等措施，耗时，费工。随着化学农药的推广使用，人工防治方法逐渐停止使用。

（二）化学防治

化学农药防治东亚飞蝗是应急防治的主要手段，1950年以来，河北省累计实施化学防治近1 330万hm^2，对控制飞蝗的起飞为害起到了不可替代的作用。化学农药的使用大体上分为三个阶段：一是以粉剂为主的阶段。河北省从1951年开始应用六六六喷粉防治东亚飞蝗，到1953年，大面积推广喷粉和撒毒饵的方法，效果均在90%以上。二是以乳剂为主的喷雾防治阶段。1977年开始在沿海蝗区进行使用马拉硫磷等有机磷农药防治东亚飞蝗的试验，1984年后全省正式用马拉硫磷、敌·马乳剂取代六六六防治东亚飞蝗，同时试用菊酯类农药。1990年以后，菊酯类农药开始应用于蝗虫防治的地面喷洒，飞机喷洒仍以马拉硫磷为主。三是高效低用量农药阶段。1998年，河北省首次地面喷施锐劲特（氟虫腈）防治东亚飞蝗，2000年首次进行飞机喷施锐劲特防蝗作业，收到了长效、高效、抗雨水冲刷的作用，这对控制1998年以来的东亚飞蝗大发生起到了显著作用。

化学防治的施药方法很多，有喷粉法、撒毒饵法、常量喷雾法、地面超低量喷雾和飞机施药作业。现代施药方法主要是地面机械化施药和飞机作业。地面机械化施药以大型喷雾车和背负式机动弥雾机为主。

飞机施药作业是高效、快捷的施药方法，河北省自1951年开始试用飞机作业，1951～1974年以喷洒六六六粉为主，从1951～1974年的24年间，有16年进行飞机施药作业，累计作业面积273.0万hm^2。飞机喷粉的优点在于减少了单位面积的用药量，每架次平均作业面积近90hm^2。1995年后，河北省开始用飞机喷洒马拉硫磷防治蝗虫，每架次作业面积提高到了1 330～2 000hm^2。2003年河北省在国内率先使用直升机喷洒作业，同时采用了GPS导航技术，取消了人工地面信号旗导航的方法，机动灵活，喷洒精准，起降方便，为我国飞机灭蝗作业的又一创举。1995年以来，全省累计实施飞机灭蝗作业近27万hm^2，控制了连年大发生的势头。

（三）蝗区改造

蝗区改造是有效压缩蝗区面积的长效治理措施。河北省在新中国成立初期，有蝗区面积143.6万hm^2，其中沿海蝗区29.4万hm^2，河泛区11.4万hm^2，洼淀水库蝗区14万hm^2，内涝蝗区88.8万hm^2。结合农田基本建设，对大面积的蝗区进行了耕翻改造，经过几十年的努力，将盐碱荒洼改造为基本农田，使蝗区面积大大减少。经1986～1988年的全省蝗区勘查，全省累计改造蝗区121.2万hm^2，改造后的蝗区多种植小麦、玉米、水稻、豆类等作物，对控制蝗虫的发生起到了很大的作用。

（四）生态控制

蝗害生态控制从形式上看类似于蝗区改造，但基本思路二者都有着很大的不同。生态控制的提出是根据1990年以来蝗区面积回升，部分经过改造的蝗区蝗虫再猖獗的现象提出的。生态控制除将蝗区改造为农田外，还根据蝗虫的食性有计划的种植蝗虫厌食的双子叶植物，如棉花、苜蓿、冬枣等，盐分高的蝗区种植紫穗槐、香花槐等植物。1997 年河北省在黄骅市廖家洼试种苜蓿 200hm²，该洼于 1995 年曾经进行飞机灭蝗作业，试种苜蓿后基本未再发生蝗害。取得经验后，全省主要蝗区开展了有计划的生态控制，到 2004 年，全省实施生态控制面积 16.1 万 hm²，有效在控制了蝗区的反弹，实施生态控制的蝗区未出现大的蝗情，同时促进了蝗区种植结构的调整，增加了农民收入。

（五）生物防治

生物防治是维护蝗区生态环境的又一有效措施。河北省原来的东亚飞蝗生物防治多停留在自然天敌的利用上，但大量的化学农药的使用，很难发挥天敌的控害作用。1999 年在平山的岗南水库、磁县的岳城水库进行了利用微孢子虫防治东亚飞蝗的试验。1999 年还在磁县的岳城水库进行了微孢子虫与灭幼脲混配使用的试验。2002 年和 2003 年，分别在平山、安新进行绿僵菌防治东亚飞蝗的试验。这些试验均取得了良好的效果，此后全省进行了大面积推广。2004 年和 2005 年，在河北省沧州沿海蝗区分别进行了澳大利亚的绿僵菌和国内重庆大学研发的绿僵菌、中国农业大学研制的微孢子虫大面积飞机喷洒作业，从试验到飞机喷施，谱写了生物防治东亚飞蝗的新篇章。1998～2005 年，全省生物防治面积累计达 16.7 万 hm²，在保障防治效果的同时保护了天敌生物，维护了生态环境。

三、令人瞩目的治蝗成就

河北省和全国其他蝗区一样，在党和政府的领导下，经过几十年的人蝗较量，取得了令人瞩目的治蝗成就，主要体现在以下几个方面。

一是大大压缩了蝗区面积。全省蝗区面积由新中国成立初期的 143.6 万 hm² 一度压缩到不足 23 万 hm²，蝗区范围由过去的 100 多个县减少到 60 多个县，大面积的蝗区改造为基本农田，为河北省的农业生产做出了巨大的贡献。虽然 1990 年以后蝗区面积有所反弹，但是，在 1998 年以来的蝗虫特大发生的情况下，发生区域局限于沧州沿海、内陆水库、洼淀、湖泊的滩地等局部地区，充分显示了几十年来蝗区改造的巨大作用。

二是确保了农业生产安全。全省平均防治面积在 20 世纪 50 年代为 36.0 万 hm²，60 年代为 45.9 万 hm²，70 年代为 5.2 万 hm²，80 年代为 3.7 万 hm²。1998 年以来，每年的防治面积都在 23 万 hm² 以上，为农业生产安全起到了保障作用。1970 年以来，全省基本未出现大面积农田严重遭受蝗害的现象，未出现东亚飞蝗迁飞现象。特别是 1998 年以来的连年特大发生的情况下，实现了"不起飞、不成灾"的治蝗目标。

三是促进了蝗区农民的增收。经蝗区改造和生态控制技术的实施，形成了苜蓿、棉花、冬枣在蝗区的规模种植，带动了沿海蝗区苜蓿生业的形成，催生了蝗区的苜蓿加工业，推动了盐碱地棉花种植业的发展，同时开发推广了苜蓿、棉花在碱荒地的种植技术。

四是提高了蝗虫防治的科技含量。几十年的蝗虫防治造就了一支训练有素的技术队伍，积累了较丰富的经验，提高了技术水平。特别是飞机作业的 GPS 导航技术、生物防治技术、蝗虫的监测预警技术和研究应用、新型施药机械的推广等，使蝗虫综合治理技术提高到了一个新的阶段。与此同时，防治蝗虫的基础设施有很大改善，机动作业能力大大提高，初步具备了快速机动反应能力。

第三篇　地　方　篇

石家庄市专业化防治发展现状

张红芹　江彦军

（石家庄市植保站）

石家庄市根据《河北省植保植检站关于开展专业化防治推进统防统治工作安排意见》的文件要求，结合全市实际情况，本着提高全市植保社会化服务整体水平，积极组建了植保专业化防治队。

一、石家庄市植保专业化服务队类型

2010 年全市共建乡村级植保专业机防队 850 个，主要分布在平山、辛集、藁城、晋州、正定、赵县、无极、新乐、深泽、栾城等县市，在对本辖区进行防治的基础上，辐射周边县市进行统防统治。从业人员达 5 000 余人，拥有机动喷雾器 4 165 台，手动喷雾器 15 584 台，合计 19 749 台。

目前，全市形成以下几种形式的专业化组织类型：

（1）以农药经销户自发组建的植保专业化服务队　在石家庄市的 850 个专业化防治队中大部分为此种形式。例如栾城县恒丰种植专业合作社。目前合作社有 16 名员工的机防队一个，临时员工有 15 名，有机动喷雾器 48 台、手压式喷雾器 480 台，300m² 营业厅一个，1 000m² 仓库一个，手提电脑、台式电脑、触摸屏电脑、录放像机、大屏幕电视各一台，入会社员 4 326 户，建有 2 000 亩地的统防统治示范田一个，承接土地流转 1 300 亩、全程服务面积 8 000 亩、阶段服务近 60 000 亩。合作社分村建立了土地使用状况、土地养分构成、农民活动情况信息档案。合作社建有自己的邮箱 nangaokeji@163.com 接受县植保站《病虫情报》、技术建议。与美盛化肥有限公司、登海种业科技有限公司等农资厂家联系互动，共同管理合作社的农资供应，掌握最新农资市场供应动态。农民加入恒丰合作社后，体现出投入少、产量高、其衡量标准是：农资产品减少流通环节是农民投入少的一大保证；病虫草害实行统防统治是减少投入的又一举措；病虫草害防治及时保证了作物正常生长奠定了高产的基础；合作社建有示范田，以示范田管理为样板作为实现高产的一个标准。由于合作社管理不善造成减产，合作社会做出相应补偿。

农民配合合作社开展活动，每次作物耕种前，合作社员向基层社索取相关资料，了解种植结构、播种时间、种子、化肥的亩用量等，然后提出自己的实施意见，经协商后确定种植方案，将协商的方案记录在会员证上，确保整个作物种植方案顺利进行和入保依据，为农作物健康生长打下良好基础。

（2）植保协会型　这一服务组织大都由各县（市）植保站牵头，由农业局协调，以各县快易通科技进村服务站为主体（目前石家庄市已发展快易通科技进村服务站 600 余家），另有部分农药经营大户、种植大户参加组成。其成员普遍文化水平较高，再加上县植保站和快易通服务大厅经常定期培训，他们均有极其丰富的病虫害专业化防治知识；又由于他们具有先进的硬件设备（如：农业知识触摸屏电脑、电脑上网搜索、12316农业服务热线电话、部分县乡镇还具有连通市农业技术推广中心进行病虫害视频诊断的手段），因此他们获取农业新技术信息的渠道及时、畅通、高效。这种组织形式防效好、收费合理、诚信度高，并且统一着装、由县植保站统一提供病虫防治信息，有"正规军"的美誉，因此，群众信任，评价高，深受广大农民欢迎，发展前景广阔。如：深泽县赵八村植保专业化防治队，目前拥有喷雾车两台、手动喷雾器40台，固定资产近5万元。他们以县农业局植保站为依托，首先得到县植保站的支持和技术指导，给他们提供病虫情报及防治技术和实施方案，在每次病虫草防治前，都收到植保站的病虫情报和防治方案，并提供优质的农药品种，根据防治方案他们采取五统一：统一时间，统一技术，统一配药，统一药械，统一防治，农业局植保站负责防效检查，并随时提出改进建议，他们都认真采纳。有植保站作技术后盾，在专业化防治上他们更坚定信心，每年的机防面积60 000亩次。目前，专业防治队伍已发展到40余人，已全部实现喷药机械化，每天防治面积可达1 000～1 600亩。并且，统一购药都享受批发价，不但降低了防治成本，还作出承诺如因质量问题和防治不当造成的损失，一律赔偿。

（3）以村委会牵头组建的植保专业化防治队　此种专业化防治队主要是为本村村民服务。如正定县的南牛乡牛家庄村和新安镇李家庄村，以村委会牵头组建防治队，免费对本村进行统防统治。主要防治对象是小麦病虫和玉米苗期病虫害等大面积的粮食作物。

（4）农民个体联合植保专业化服务队　如新乐市木村乡木同村的3个农民组建了有10台喷雾器的机防队，开始服务于新乐市各乡镇农村及周边行唐等县市的农村，从事小麦、玉米、花生等农作物的病虫害专业化防治工作。

（5）农业合作社自己组建的服务队　如晋州市周家庄、吕家庄的农业合作社。由于土地归集体所有，病虫害专业化防治程度较高。这些合作社农作物种植的地块规划较好，同一种作物成方连片种植，便于统防统治。购置农药时，由于用量较大，可以享受批发价，防治成本也较低。每个合作社均有专职的农业技术员，对每个地块的病虫草害发生情况了解得一清二楚，能够抓住适宜的防治时期。有专业化防治队，机手经常进行培训，理论知识及实践经验较为丰富，为提高防效奠定了良好的基础。

（6）以企业为依托的土地托管合作社型　典型的是鹿泉市联民土地托管合作社。该合作社成立于2008年4月25日。目前发展到26个村，村村成立了植保专业化服务队，辐射农户6 000余户，耕地5万亩。合作社的主要服务形式是成立农政服务队，负责农作物病虫害防治。每个服务队统一服装，由合作社统一管理。制定了植保专业化服务队操作规程。收费标准依据各村情况而定，打一遍药每亩收工本费3～5元，经农户验收合格后再付款。

（7）以县植保站为主体　组成的植保专业化服务队。如平山县的县植保站机防队，植保器械由县植保站提供，统一领导和管理，在全县范围内开展防治服务。

二、农作物病虫害统防统治工作开展情况

全市2010年专业化防治面积达到100.7万亩。其中小麦病虫害防治面积50万亩，玉米病虫害防治面积30万亩，棉花病虫害防治面积8万亩，花生病虫害防治面积10万亩，蝗虫防治面积2.7万亩。

正定县在 2010 年小麦吸浆虫防治和后期"一喷综防"工作中，机防队发挥了重要作用，其中李家庄村委会免费为农民防治蚜虫、白粉病 2 000 余亩，防治效果均达到 95% 以上、牛家庄村委会每亩收费 2 元，防治面积 3 000 余亩次。七吉村、里双店、南楼服务面积均达到了 5 000 亩次以上，其中里双店服务面积达到了 12 000 亩，每亩收取工本费 5 元。全县小麦吸浆虫和"一喷综防"统一防治面积达到了 8 万多亩。在玉米化学除草工作中，专业化防治队也发挥了很大作用，防治面积达到了 4 万余亩，由于机动喷雾器雾滴小，喷雾均匀，防治效果比手动喷雾器好，并且基本没有药害。

新乐市主要防治的作物为小麦、玉米、花生。防治对象及面积为小麦白粉病 6 万亩、蚜虫 5 万亩；玉米褐斑病 5 万亩；花生叶斑病 5 万亩、花生棉铃虫 5 万亩等。合计 26 万亩。

平山县 2010 年的蝗虫防治工作在县站测报的基础上，由县站对植保站的原两个机防队机手进行了培训，然后统一组织大面积防治，全年共防治 2.7 万亩，使用喷雾器 570 台次，喷洒农药 3 000kg，出动人员 1 120 人次，投入资金 11.9 万元，顺利完成了 2010 年的蝗虫防治任务。

赵县 2010 年上半年，小麦生长期间，在小麦抽穗期进行"一喷综防"时，组织机防队进行了统防统治。此期病虫害以防治吸浆虫成虫为主兼治其他病虫，预防小麦赤霉病、白粉病、锈病。喷叶面肥，提高产量，防治时间为 5 月 5~25 日，抓住这一时机对机防队进行，技术培训，统一药剂配方，统一防治时间。2010 年 5 月 20 日河北省植保植检站统一免费发放农药，机防队发挥了很大的作用。防治吸浆虫成虫必须在小麦抽穗后至扬花前进行，兼治早代蚜虫，预防小麦赤霉病、白粉病、锈病加叶面肥增加粒重。药剂配方为：杀菌剂 + 杀虫剂 + 叶面肥。农民一家一户防治容易错过最佳防治时间，统防统治效果良好，省工省时，又为农民节约成本。尤其对在外面打工的农户更是解了燃眉之急。首先在种植面积较大品种一致的示范方进行试点，共防治面积 50 000 余亩。受到了广大农民的好评。

三、植保专业化防治队伍建设和统防统治的工作措施

（一）开展技术培训，提高服务水平

对参加植保专业化防治人员开展重大病虫害防治知识、科学用药、植保器械维修、使用等技术培训。对于采取分户防治的，要深入田间作业指导，解决农户在防治工作中的问题，提高防治技术的到位率，引导科学用药，提高统防统治水平。正定县进行了三统一，即统一制定了机防队工作制度包括：机防队管理制度、机防队承诺制度、机防队事前告知制度、机防队防治作业日志等；统一着装，服装为湖蓝色涤卡布料、胸前绣有绿色"农业病虫防治"字样；统一进行了机手培训。

（二）提高群众认识，广泛发动宣传

乡村级植保专业化防治服务组织建设是实现农作物病虫害统防统治的重要实现形式，是现阶段构建新型植保社会化服务体系、提高植保机械化程度、提升植保公共服务能力的有效途径。石家庄市充分利用电视、培训会、现场会、发放专业化防治有关知识等多种形式进行宣传。如新乐市今年在电视台上进行专业化防治技术宣传 6 次，召开专业化防治技术培训会 4 次，使各级领导和广大群众充分认识到专业化防治服务组织建设和统防统治工

作，对确保粮食生产安全和农业增效、农民增收的重要作用，营造了良好的社会氛围。

四、存在的问题

由于县里资金有限，有的只是扶持了部分专业化防治队伍，不能满足专业化防治的需要。

目前已经配置了防治机械的专业化防治队，主要是机动和电动小型喷雾器，需要大量人力，而到了防治高峰时根本忙不过来，这就需要大型机械防治，而大型机械对一家一户的小地块不适应，它必须要求成方连片的地块且地两边有田间道使得大型喷雾器能够掉头才行。

农民对专业化防治队不信任，专业化防治面积上不去，一些专业化防治队闲置，严重影响了防治队的积极性。

五、专业化防治的发展趋势

加强专业化防治队伍的管理，培训一批技术熟练的技术人员和施药人员。石家庄市的专业化防治队大都属于初期阶段，在这一时期我们要扶植一批典型，让他们带动其他的社会服务组织真正做到统防统治。

要大力宣传专业化防治的优势，扩大服务面积。并在扩大病虫草防治服务范围，提高机械利用率上下工夫。

专业化防治实行网络化、信息化，做到植保新技术、新信息的及时传播。植保专业化防治涉及范围广、户数多，传统的宣传手段，势必会形成技术传播死角、盲区。如果在一定区域设一个信息传播站，农民可以利用自己的闲暇时间及时上网查看植保新技术、新信息，为及时统防统治提供便捷的服务。

专业化防治队一定要是集团化的服务组织，必须有一套市场化的运行机制，它具备一专多能，以服务为手段，以赢利为目的。只有有了效益，它才具有生命力。我们下一步的重点就是扶植一批这样的队伍，给他们传授技术并提供一部分物质帮助，树立他们为样板从而带动起石家庄市的专业化防治。

这几年，石家庄市植保专业化防治工作虽然取得了不小成就，但仍存在许多问题和不足，今后我们将积极探索建立适合石家庄市现状的病虫害专业化防治体系，不断推进石家庄市植保专业化防治工作取得进步。

正确对待农药的毒性

李润需

（石家庄市植物保护检疫站）

农药毒性令人谈虎色变。有人因此断言化学农药很快会退出历史舞台。有人说"绿色食品"在生产过程中不能使用农药；还有文章讲农药是致癌的元凶。其实，这些说法并不科学。

农药的大多数品种用于防治农业有害生物，它们一般对人体也有一定毒性。可以说农药的多数品种属于"毒物"。但是，毒性是相对的，毒物的危险性与它的剂量有关。这种毒性与剂量关系的例子在日常生活里人们经常接触的各类化学品中屡见不鲜。一包香烟的提取物一次性注射到体内足以杀死一匹马，但烟民们吞云吐雾仍乐此不疲；洗衣粉主要成分十二烷基苯磺酸钠，长期接触皮肤致癌已有定论，但并不影响千家万户的正常使用等等。

农药对人的毒性可分急性与慢性。急性毒性指一次性或短期内大量摄入农药而发生的急性病理反应，一般是通过消化道、呼吸系统或皮肤三个途径进入体内。慢性毒性指长期连续少量摄入农药最终发生病理反应，这种情况下农药主要是通过饮食进入体内。慢性毒性中毒致癌、致畸、致突变的"三致毒性"特别值得注意。有的农药品种有效成分或其有毒代谢物被人体长期微量摄入后，因代谢与排泄量少，使之在人体内某些器官、组织中不断积存，这叫农药的蓄积性毒性，属慢性毒性范畴。有的农药品种施用后有毒的有效成分及其有毒的降解物、衍生物、代谢物在农作物上及在环境中长期滞留，污染了农、畜产品及水源，污染了环境，形成的农药残留问题与环境污染问题，也因此对人体构成了慢性毒性的威胁、恶化了人们赖以生存的环境。有机合成农药问世半个多世纪以来，农药毒性问题一直是决定农药发展方向及品种取舍的主要考虑之一。现代农药发展方向应该是高效、低毒、低残留、与环境相容性好。

那么，如何解决农药的毒性问题呢？

（1）开发农药新品种必须在毒性问题上严格把关 一个有生物活性的新化合物，要通过动物急性毒性、慢性毒性（包括"三致毒性"）试验，要进行环境毒性试验，要进行农作物、土壤等农药残留试验。有关毒性存在任何严重问题者一律封杀。作为农药制剂来说，不但要注意农药有效成分及其降解物、代谢物的毒性，同时注意农药原药中杂质与合成中间体的毒性，同时注意制剂中助剂、填料、溶剂的毒性。应该确保农药制剂中每一组分对人、畜和其他有益生物及对环境的相对安全。

（2）淘汰毒性问题比较严重的农药老品种 农药发展的几十年来一直在品种上"吐故纳新"。淘汰的老品种中很多是因为存在毒性问题，商品化的新品种很多是低毒的。我国先后停产禁用的农药品种有：剧毒的氟乙酰钠、氟乙酸胺、毒鼠强、狄氏剂、艾氏剂、内吸磷；高毒及有环境毒性问题的有机汞杀菌剂、无机砷杀虫剂；高残留的六六六、滴滴涕、氯丹；慢性毒性的二溴乙烷（致畸、致癌、致突变）、二溴氯丙烷（致突变、致癌、致男性不育）、2,4,5-涕（致畸）、敌枯双（致畸）、三环锡（致畸）、杀虫脒（致癌）。我国还在 2000 年年底前停止生产、2001 年底前停止销售和使用除草醚（致畸、致突变、致癌）。同时，国家已采取措施停止批准新增甲胺磷、对硫磷、甲基对硫磷、久效磷、磷胺 5 种高毒有机磷杀虫剂品种的制剂及混剂的农药登记。完全可以断言，凡国内外正规试验证明存在严重慢性毒性的农药品种，我国都会采取措施予以淘汰。

（3）安全保管与使用农药　我们要清醒地认识到不少农药品种都有毒，而且当前我国还在使用着一些剧毒和高毒的农药品种，如 3911（甲拌磷）、氧乐果、灭多威、克百威、涕灭威等，以及剧毒熏蒸剂磷化铝、磷化钙、氯化苦、溴甲烷，剧毒杀鼠剂磷化锌等。分析这些高毒品种的情况可以看到：除几种熏蒸剂、杀鼠剂外，它们主要是杀虫剂，且集中在有机磷、氨基甲酸酯两类及一种有机氯（硫丹），而一般常用杀菌剂、除草剂、植物生长调节剂品种相对安全；这些品种主要是急性毒性问题，并非具有严重慢性毒性问题，否则早已禁用；对高毒品种不但要注意使用时的生产性中毒问题，还要注意限用范围与收获前禁用期等；如甲拌磷、克百威、涕灭威等，只准做种子、土壤处理，不可茎叶喷雾；水胺硫磷等品种，经口毒性高，经皮肤毒性相对较低，从而降低了施药时生产性中毒的危险性。

防止农药中毒，要安全保管，安全使用。注意不要发生非生产性中毒事故，注意施药时的安全防护，注意农药容器、药械使用后的妥善处理。另外，也要学会对农药急性中毒的症状判断及简单急救措施。

防止农药慢性中毒，就要严格遵照我国国家标准《农药安全合作标准》和《农药合理使用准则》，其中详细规定了某种作物所用某种农药、剂型、施药方法下的常用药量、最高用药量、每季作物最多使用次数、最后一次施药距收获的天数（安全间隔期）。按这些规定施药，农产品中的农药残留就不会超过国家规定的允许限度，从而在这方面保障人们的食物安全和身体健康。农药使用者必须熟悉这些国家标准，按规定办事，保护自己，保护他人。

总之，农药好比武器，武器有无危险关键在于掌握它的人。我们应认识它、用好它，让它发挥应有的作用。

冀中南铜绿丽金龟甲发生概况及防治方法

齐力然

（河北省晋州市农技推广中心）

铜绿丽金龟甲（*Anomala corpulenta* Motschulsky）是冀中南的一大主要害虫。成虫主要为害取食梨、苹果、杨、柳等的叶片。幼虫又称蛴螬，主要取食小麦、玉米、棉花、花生、甘薯、大豆等的根茎，从而使地上部分变黄，萎蔫，甚至枯死。铜绿丽金龟甲为害作物多，发生范围广，发生面积大，为害程度重，不但影响作物产量，还降低作物的商品价值，大发生年份常给生产造成严重损失。笔者经过多年努力及认真调查研究，摸清了其发生发展规律，摸索出一套完整的防治方法，希望能对防治此虫提供一些参考。

一、生态环境

冀中南地处华北平原，属暖温带大陆性季风气候。种植制度是冬小麦—夏玉米一年两熟制。主要大田作物有小麦、玉米、棉花、花生、甘薯、大豆等，果树有梨、苹果等，是著名的鸭梨之乡。气候适宜，土壤肥沃，食料丰富，种植制度等造成了铜绿丽金龟甲连年大发生。

二、基本发生情况

铜绿丽金龟甲是冀中南一个占有绝对优势的害虫，发生量大，成虫盛期持续时间长，是其他害虫所不可比拟的。以晋州市 2009 年诱虫量为例，2009 年平均单个虫情测报灯年诱虫总量达 17 690 头，其中最高单日诱虫量达 1 684 头，日诱虫量超过 1 000 头的有 5 天。6 月 10 日至 7 月 20 日为发生高峰期，持续时间长达 40 天。表 1 是冀中南几种常见的金龟甲诱虫量对比情况，从表中也可以看出，铜绿丽金龟甲的绝对优势可见一斑。

表 1　冀中南几种常见的金龟甲 2006～2009 年平均单灯诱虫量对比情况

名称	2006 年诱虫量（头）	2007 年诱虫量（头）	2008 年诱虫量（头）	2009 年诱虫量（头）
铜绿丽金龟甲	15 341	10 479	12 357	17 690
黑绒金龟甲	228	115	172	117
灰胸突鳃金龟甲	107	134	94	87
华北大黑鳃金龟甲	63	59	65	76

三、发生原因

（一）适宜的气候

冀中南属暖温带大陆性季风气候，四季分明，无霜期 191 天，年平均温度 13.6℃，年平均降水量约400mm，旱涝等自然灾害极少，比较适合铜绿丽金龟甲的生长发育。

（二）肥沃深厚的土壤

铜绿丽金龟甲是一种地下害虫，一生中的大部分时间均在土中生活。冀中南地处华北平原，地势平坦，土壤肥沃，耕层深厚，为其提供了理想的栖息活动场所。

（三）丰富的食物来源

冀中南是著名的粮棉油产区，鸭梨之乡，农作物种类繁多，大田作物有小麦、玉米、棉花、花生、甘薯、大豆等，果树林木有梨、苹果、等。这些作物为铜绿丽金龟甲的幼虫和成虫提供了丰富的食物。另外，冀中南道边、沟渠旁大量种植的杨柳也是成虫喜食的植物。

（四）杂食性害虫

铜绿丽金龟甲是杂食性害虫，食量大，食性杂，适应性好。据不完全统计，在冀中南铜绿丽金龟甲成虫、幼虫为害的农作物、果树林木等达40余种。成虫取食叶片，被害叶呈孔洞缺刻状，发生严重时造成大片幼龄果树叶片残缺不全，甚至全树叶片被吃光。幼虫主要为害根系，咬食各种作物近地面的主根和侧根。

（五）种植制度

冀中南的种植制度为冬小麦—夏玉米一年两熟制。铜绿丽金龟甲1年发生1代，在其4个虫态中，成虫、幼虫的发生盛期和植物生长盛期相对应，取食量大，田间食物来源丰富；化蛹期、产卵孵化期不食不动，不用取食，正值小麦收获期，田间食物来源少。

（六）天敌控制力差

铜绿丽金龟甲的天敌有各种益鸟、刺猬、青蛙、蟾蜍、步甲等，但铜绿丽金龟甲是一种地下害虫，成虫和幼虫大部分时间生活在土中，天敌捕获其概率较小，对其控制力较差。

四、生活史

（一）铜绿丽金龟甲各虫态与作物对应关系（表2）

表2　铜绿丽金龟甲各虫态与作物对应关系

时间	铜绿丽金龟甲虫态活动期	作物生长期	备注
3月下旬至4月初	三龄越冬幼虫开始活动	小麦返青期	幼虫以取食麦根为主
4月中旬	大部分越冬幼虫上升到2～10cm表土层为害	小麦拔节期，甘薯苗期，棉花、花生播种出苗期	幼虫取食小麦、棉花、花生等作物的幼根。幼虫取食量逐渐加大，田间食料逐渐丰富
5～6月	在5～10cm土层中化蛹	小麦成熟收割期，玉米播种期	幼虫进入化蛹期，不食不动。此时小麦已经成熟收割，玉米尚在苗期，田间食物量大大减少
5月下旬	成虫始见期	梨、苹果、杨、柳的叶片已长成	成虫主要取食梨、苹果、杨、柳的叶片

（续表）

时间	铜绿丽金龟甲虫态活动期	作物生长期	备注
6～7 月	成虫盛期	梨、苹果、杨、柳的叶片的营养物质积累已达盛期	成熟的叶片，为成虫产卵孵化提供了充足的食源
8 月	产卵孵化期		
8～9 月	幼虫为害盛期	花生结果期、甘薯根茎膨大期，花生和甘薯是幼虫最喜食的两种作物	食料营养价值高，为幼虫顺利越冬提供保障
11 月	3 龄幼虫越冬	冬小麦苗期，花生、甘薯、玉米等作物已经收获	田间食源减少

（二）发生规律

铜绿丽金龟甲在冀中南 1 年发生 1 代，以老熟的 3 龄幼虫在土壤内越冬。翌年春季幼虫化蛹前，为害农作物主要是冬小麦及杂草的根部。5～6 月化蛹，6～7 月羽化为成虫，是成虫盛发期，为害果树林木的叶片。8～10 月以幼虫为害花生、甘薯等的根部。11 月进入越冬期。

（三）各虫态历期（表3）

表3　各虫态历期表

各虫态名称	历期（天）
卵期	10
1 龄幼虫	25
2 龄幼虫	25
3 龄幼虫	270
蛹期	8
成虫期	25

（四）生活习性

成虫羽化 3 天后与月落时开始出土，先行交配，然后取食，黎明前潜回土中。成虫食性杂，食量大，为林木果树的重要害虫。成虫羽化出土与 5～6 月降水量有密切关系，如 5～6 月雨量充沛，出土较早，盛发期提前。成虫白天隐伏于灌木丛、草皮中或表土内，黄昏出土活动，闷热无雨的夜晚活动最盛。成虫有假死性和趋光性；食性杂，食量大，被害叶呈孔洞缺刻状。1 头雌虫产卵 40 粒左右，卵散产于 3～10cm 土中。幼虫主要为害多种作物的地下根茎和果树根系。1、2 龄幼虫多出现在 7、8 月，9 月后大部分变为 3 龄，食量猛增，越冬后又继续为害到 5 月。幼虫一般在清晨和黄昏由深处爬到表层，咬食苗木近地面的基部、主根和侧根。

五、防治方法

（一）农业防治

（1）翻耙整地　除机械杀伤部分害虫外，还可以捕杀幼虫、蛹。

（2）合理施肥　施用腐熟的有机肥。

（3）适时灌水　在卵孵化盛期，灌水可防治初孵的幼虫；另外，土壤含水量大，幼虫数量下降，可于11月前后幼虫越冬时，结合冬灌灭虫。

（4）清除杂草，减少幼虫食料，抑制其发生。

（二）物理机械防治

（1）人工捕杀　利用金龟甲的假死性，于傍晚成虫开始活动时振动树枝，振落成虫后进行捕杀。

（2）诱杀　有条件的地方可以利用黑光灯诱杀成虫；另外种植蓖麻，金龟甲嗜食后中毒麻痹、击倒后及时收集捕杀。诱杀成虫可利用成虫的趋光性，当成虫大量发生时，于黄昏后在果园边缘点火诱杀。

（三）生物防治

（1）保护和利用天敌　金龟子的天敌很多，如各种益鸟、刺猬、青蛙、蟾蜍、步甲等，都能捕食成虫、幼虫，应予保护和利用。

（2）利用雌性激素　在成虫交配期，用雌性激素诱杀雄虫。

（3）利用乳状芽孢杆菌　每 $1hm^2$ 用菌粉1.5kg，均匀撒入土中，使蛴螬感病致死。

（四）化学防治

（1）防治成虫　在每年的6~8月成虫为害期，可用2.5%溴氰菊酯乳油2 000~3 000倍液或12.5%吡虫啉可湿性粉剂1 000倍液进行叶面喷雾。

（2）防治幼虫　播种期：每 $667m^2$ 用5%毒死蜱颗粒剂600~900g，拌细土20kg。也可每 $667m^2$ 用50%辛硫磷乳油200mL，拌细土20kg。在整地时，撒施后翻入土中。

生长期：花生甘薯田，一般掌握在7月底至8月初用药液灌穴，用50%辛硫磷乳油1 000倍液灌穴，浇灌时将喷雾器的喷头摘下，配好的药液直接滴入花生穴内，每穴灌0.25kg药液。随水灌药，每亩用50%辛硫磷乳油1kg或48%毒死蜱乳油1kg，随浇地灌入田中。

石家庄市无公害蔬菜生产现状及发展对策

李润需

（石家庄市植物保护检疫站）

随着经济的发展、社会的进步及人们生活水平的不断提高，人们的消费观念逐步改变，越来越注重农产品的质量安全，对蔬菜的品质也提出了更高的要求，特别是蔬菜中的农药残留问题已广泛引起人们关注，蔬菜病虫无害化治理成为生产上的重要课题。石家庄市是蔬菜生产大市，年度播种面积250万亩左右，总产值约100多亿元，占整个种植业产值的近40%，蔬菜是石家庄市农业四大特色主导产业之一。蔬菜生产成为当前农民增加种植业经济收益的重要途径。

一、石家庄市无公害蔬菜发展现状

（一）蔬菜生产的发展

在很长一段时间，石家庄市的蔬菜生产只限于市郊农户零散地种植，设施简单，品种单一，分散经营，就地供应，菜价起伏大，淡旺季现象明显。近年来，随着科学技术的发展，人民生活水平得到了大幅度提高，对膳食质量有了更高的要求，蔬菜生产及市场消费表现得尤为明显，随着保护地面积的迅速扩大，市场上蔬菜品种短缺的现象已不再现，蔬菜的周年供应已基本解决。随着人们对生态环境问题的认识不断深化和提高，普遍注意到了工业污染、农药、化肥中的硝酸盐通过食物链进入人体会造成一定的危害，特别是蔬菜中的残留农药，严重时会危及到生命，为此，人们对蔬菜的质量要求越来越严格，生产绿色的无公害蔬菜的呼声越来越高，无公害蔬菜的生产和供应受到了各级政府的高度重视和广大人民群众的欢迎。

（二）近年来在无公害蔬菜生产方面所做的工作

石家庄市政府十分重视全市无公害蔬菜生产，围绕创建"食品最安全放心城市"，石家庄市委、市政府出台的《关于创建"食品安全最放心城市"的意见》，明确了今后相关部门需要做好的6项工作，其中包括石家庄要建立100个无公害蔬菜标准化村和1 000个无公害蔬菜生产示范户等许多具体实际的工作。近年来围绕蔬菜无公害生产，石家庄市采取了一系列措施，做了一些工作，具体体现在：

1. 加强宣传培训，着力推广无公害蔬菜十项关键技术

充分利用农业技术推广体系和农业服务"快易通"等现代化的声讯手段，着力向菜农推广十项无公害关键技术和标准化技术规程，提高菜农的技术手段和质量标准意识，坚持依标生产。

2. 在100个无公害蔬菜标准化村推行"一定、二约、三健全"（确定无公害蔬菜标准化村建设的十条标准

农业局与生产村安全生产约定、生产村与农户安全生产约定，档案健全、检测机制健

全、监管机制健全）的管理模式，规范蔬菜安全生产，严把源头"产出关"。

3. 完善市、县（市、区）、基地三级质量检测体系和检测队伍建设

加强业务培训，改善检测条件，完善检测手段，提高蔬菜质量安全检测综合能力；科学制定检测制度，规范检测程序，真正发挥农产品质量检测在农产品质量安全管理中的作用；在搞好对生产基地蔬菜质量检测的同时，加大对批发市场监督抽检力度，助推市场准入工作的顺利开展。

4. 对蔬菜生产全过程实行有效监督

石家庄市建立了蔬菜生产质量监督员制度。聘请懂技术、会管理、有责任心的质量监督员对蔬菜生产的技术规程、投入品使用、田间管理等进行全程监督。目前，全市进驻无公害蔬菜生产基地履行职责的质量监督员已达 100 名。

5. 变中间环节管理为源头监管

重点改变了以往对农药、肥料等农业投入品只抓销售和使用两个环节的做法，实行了监管前移，从源头抓起。市里与当地 38 家生产企业签订了质量约定书，严禁生产和混配高毒高残留农药以及不达标肥料，同时与 12 个蔬菜生产大县的经销商和种植户签订了禁用违规违禁品责任书，从而有效提高了蔬菜生产环节的安全系数。

通过采取一系列措施，在农业部今年组织的两次例行检测中，全市 100 个标准化基地生产的蔬菜合格率达到了 98%。

二、石家庄市无公害蔬菜生产中存在的问题

虽然近年来在无公害蔬菜生产中做了一些工作，但由于石家庄市蔬菜面积大，分布范围广，标准化生产基地相对数量还偏少，蔬菜生产集约化程度较低，因此在蔬菜无公害生产中还存在着一些问题。

（一）有些菜农的环保意识淡薄，农药残留超标，标准化程度低

温室、大棚蔬菜的种植面积连年增加，小气候的改变、重茬、连作等均不同程度地导致蔬菜病虫害加重，一些过去只能在南方见到的病虫害，在北方也有不同程度的发生。有些菜农在防治病虫害过程中，使用廉价的高毒禁用农药和超剂量使用限用农药，再加上用药后采收频繁，是造成蔬菜中农药残留超标的主要原因。虽然石家庄市已制定了一系列的无公害蔬菜生产规范，然而由于目前一家一户的小规模经营，农民组织化程度低，难以实现统一的标准化管理，造成市场上无公害蔬菜的质量参差不齐，影响了无公害蔬菜的声誉。

（二）服务体系不够健全，无公害配肥、高效低毒低残留的新型农药进村入户难

无公害蔬菜生产技术、标准普及、宣传力度还不够，不能达到家喻户晓。

（三）检验检测体系还不完善

农产品质量安全检验检测体系的建设相对滞后，特别是县（市）级基层综合性农产品检测机构数量少，分布不均衡。由于市场上缺乏检验检测设施，消费者对无公害蔬菜难以相信，制约了购买欲望。已有的检测机构能检测的项目偏少，仪器设备老化严重，配套性不高，实验环境条件差，直接影响到检验结果的可靠性。检验依据的标准数量不足，监测工作尚未制度化，质检队伍人员素质有待进一步提高，资金投入不足，机构定位不明确。

（四）无公害蔬菜市场管理体制不规范，不科学

至今仍沿袭传统计划经济体制模式，生产、加工、流通等分割，市、县（区）机构设置不一，多头管理，这种条块分割、上下脱节的管理体制不利于无公害蔬菜产业市场的综合调控，影响管理效率、政策效率的发挥，严重阻碍了无公害蔬菜产业的协调发展。

（五）无公害蔬菜销售市场不容乐观

普通消费者无法区分是否无公害蔬菜，再加上由于无公害蔬菜的外观一般不及普通蔬菜，以及投入成本高导致的价格普遍比一般蔬菜高 40% 左右。这些原因的共同作用，极大地降低了无公害蔬菜消费数量，造成无公害蔬菜销售难以形成市场规模。

三、发展对策

针对上述存在问题，今后在无公害蔬菜生产中应重点抓好以下几个方面的问题，以便有效地促进石家庄市无公害蔬菜生产的发展。

（一）完善无公害蔬菜技术规范

加快农产品质量控制标准的制订和普及，基本覆盖主要蔬菜品种。

（二）建立健全无公害蔬菜技术培训推广体系，强化推广措施

建立健全县、乡、村三级农技推广体系，大力推广先进、适用技术，积极推进标准化生产，加快新农药服务站、无公害配肥站建设，筛选、推广高效、低毒、低残留化学农药，加强生物农药引进和推广，提高无公害生产技术覆盖率。按"常规技术抓普及、关键技术抓突破、高新技术抓引进"的思路，抓典型，树样板，在县范围内建立各级无公害蔬菜示范样板，让菜农学有基地，看有样板，以典型带动面上生产。以召开现场会办培训班等形式培训无公害蔬菜生产管理和技术人员，指导菜农无公害生产。

（三）加大宣传力度，强化舆论宣传

利用各种宣传媒体大力宣传无公害蔬菜生产技术。2007 年以市政府名义发布了《石家庄市人民政府关于禁止销售和使用剧毒高毒农药的公告》。2008 年，市农业局下发了《关于在全市开展无公害蔬菜标准化生产技术宣传培训活动的通知》，提出了宣传培训的内容、方式、对象和要求，各县（市）陆续采取多种途径、多种措施、开展多种形式的宣传活动。通过各种形式，全面展示石家庄市蔬菜领域的新成果、新技术，打造名牌农产品，放心农产品。

（四）加强无公害蔬菜生产管理和产品质量监督检验

在生产、农资投入等方面建立健全管理制度，制定无公害蔬菜生产经营管理办法，控制农用化学物质的使用，按照无公害生产操作规范，全程记录无公害蔬菜生产。努力达到环境质量、关键技术、规程标准、监测方法、产品标识的"五统一"。加强无公害蔬菜环境及产品质量监督检测体系建设，发挥县农产品质量安全检测中心和乡镇流动工作站作用，定期抽检无公害基地蔬菜。

（五）加大农业综合执法力度

以农药集散地为重点区域，以甲胺磷等 5 种高毒禁用农药列为重点监管品种。以信誉差、屡查屡犯以及重点监控的农药生产经营企业为重点监管对象，加大市场执法力度，打击违禁农资，在农资经营的关键季节、重点地带、重点产品，对怀疑有问题的农药进行抽检，并建立假冒伪劣产品"黑名单"，通过宣传栏、期报、宣传材料等媒体和宣传工具，把抽检不合格的产品及时向广大农民发出警示，提醒广大农民，不要购买不合格的农药，使假冒伪劣农药失去销售阵地和市场，从源头抓，确保无公害蔬菜生产中投入品安全。

（六）提高组织化程度，推进产业化经营

积极探索和建立现代化的市场营销模式。进一步加大连锁、配送、超市的建设力度。扶持龙头企业，培植无公害蔬菜品牌，修建无公害蔬菜批发市场。积极引导、扶持、规范农民专业合作组织的发展，建立公司＋基地＋农户＋协会的模式，规模化生产，产业化经营，统一生产品种、统一技术标准、统一收购营销、统一使用无公害蔬菜标识，增强适应市场、开拓市场的能力。积极实施名牌战略，增加无公害注册品牌，增强市场竞争力。

（七）加强市场信息服务体系建设

充分发挥河北农业信息网络，连接全国各地网站，发布供求信息，在无公害蔬菜批发市场安装电子屏幕，24h滚动播出全国农产品价格信息。产前为菜农提供技术服务，产后为经纪人提供销售信息服务，进一步完善市场信息服务体系，实现无公害蔬菜顺价销售，促进无公害蔬菜健康发展。

（八）发挥政府服务职能作用，增加政府投入

发展无公害蔬菜生产是一项系统工程，涉及生产、流通、加工、贸易等环节，需要农业、财政、科技、技监、工商和卫生等部共同配合。及时协调并解决生产、加工、流通中出现的问题，明确职责，合理分工，制订实施方案，加强督促检查，增强工作责任感，为无公害蔬菜发展发挥各自职能作用。同时，政府要加大无公害农产品的资金投入力度，用于菜农的用药、无害化生产的仪器、器械补贴，对按技术规程生产的菜农进行奖励等，以此提高菜农种植无公害蔬菜的积极性，保障石家庄市无公害蔬菜产业的健康发展，保证让人民群众吃上绿色菜、放心菜。

石家庄市小麦纹枯病流行原因分析及防治对策

江彦军　张红芹

（石家庄市植物保护检疫站）

小麦纹枯病自 1997 年在石家庄市发现以来，迅速上升为石家庄市小麦上的主要病害之一。随着全球气候变暖，种植制度的改变，高产品种的大面积推广和水、肥、密度的增加，小麦纹枯病发生日趋严重，发病面积逐年增加，常年发病面积在 13.3 万~20 万 hm²，占全市小麦播种面积的 40%~60%，发生程度在 3~4 级。病田病株率一般为 20%~50%，重者达 80% 以上。一般发病地块，小麦减产为 10% 左右，重发病地块，小麦减产可达 30%，给小麦生产造成了比较严重的损失。

一、发病规律

小麦纹枯病为土壤传播病害，病菌以菌核或菌丝体在土壤中或附着在病残体上越夏或越冬，成为初侵染的主要菌源。病菌随土壤传播，混有病残体、病土和未腐熟的土杂肥也可以传播病原菌。该病自小麦幼苗期至抽穗期均可侵染为害，其流行程度与田间生态条件及栽培措施关系密切。冬前气温高、降水多，有利于病菌存活；春季气温回升早、降水多，有利于该病春季发生与蔓延。小麦与禾本科作物连作时间长、土壤中菌量大的地块，发病重；早播田、冬前病菌侵染多的地块，发病重；播量过大、植株密度高、田间郁蔽、湿度高、杂草多的地块，发病重；偏施氮肥、缺少磷钾肥和有机肥的地块，发病重。

二、流行原因分析

（一）小麦品种抗病性差

据近些年的调查，石家庄市目前种植的小麦品种多是抗病性较差的品种。

（二）土壤中菌量大

石家庄市的耕作制度及机械化收割有利于小麦纹枯病病原菌的积累。小麦纹枯病的寄主范围广，除侵染小麦外，还可侵染玉米等作物及马唐、狗尾草等杂草。受耕作制度的制约，石家庄市的小麦大多为小麦与玉米连作，而小麦、玉米连作有利于病原菌在土壤中积累。近些年来，机械化收割，麦茬高，有利于病菌随病残体在土壤中积累。

（三）流行条件易于满足

近年来石家庄市的气象条件均能满足该病流行的要求。据多年观察统计，小麦纹枯病发生与流行所需的温湿度比较容易满足，因而易于流行。该病在常年情况下，自秋苗期即可侵染，形成冬前侵染高峰。在冬季和春季降水偏多的情况下，该病春季发生早、发展快，于小麦起身、拔节期形成春季侵染高峰，病迅速流行。即使在冬季及早春降水偏少、小麦拔节后雨水较多时，仍可流行。

（四）栽培管理水平相对偏低

目前石家庄市的小麦栽培管理水平仍然相对偏低，比较粗放。主要表现在健身栽培水平较低、防治措施不力等方面，如：整地较粗放、播种量偏大、不适期播种、施肥不合理、小麦苗期地上部症状不明显而防治麻痹等等。

三、防治对策

加强栽培管理，促进小麦健壮生长是防治该病的重要方法，化学防治仍是防治小麦纹枯病的重要措施。小麦纹枯病的防治，应采取农业防治与化学防治相结合、播种期药剂拌种与春季喷药相结合的综合防治策略。

（一）农业防治

1. 选用抗耐病品种

尽管目前尚无免疫和高抗病的品种，但品种间抗病性有一定的差异。应因地制宜选用抗耐病性强、丰产性好的小麦品种，是最经济有效的防病措施。

2. 合理轮作

小麦纹枯病重病田，应与非禾本科作物轮作，改小麦、玉米连作为小麦与花生或小麦与甘薯等非寄主作物轮作。

3. 推广小麦健身栽培技术

围绕"培育壮苗、建立合理的群体结构、提高植株抗病力"的目标，深翻土壤，精细整地，合理密植，适期晚播，增施有机肥和磷钾肥，力争做到氮磷钾配方施肥。在施用有机肥时，注意施用充分腐熟的有机肥。

（二）化学防治

1. 药剂拌种

药剂拌种能有效控制冬前纹枯病的为害，延缓并降低春季发病高峰。可用6%戊唑醇悬浮种衣剂，按种子量的0.03%～0.05%（有效成分）拌种，堆闷6h；或2.5%咯菌腈4～5g，对水1 000mL，拌麦种100kg，堆闷3h。

2. 药剂喷雾

于小麦起身拔节期用20%井冈霉素可湿性粉剂每667m² 用30g或40%多菌灵胶悬剂50～100g，对水50kg，对准小麦茎基部均匀喷雾。重病田，隔10天左右再喷施一次。

影响韭菜产量、效益的因素及解决的办法

陈君茹[1]　李润需[2]

（1. 深泽县植保站；2. 石家庄市植物保护检疫站）

韭菜是我国传统的栽培食用蔬菜品种。由于其"茎叶肥大，美观，鲜嫩、味浓而香，营养丰富"，再加之具有"补肝肾、暖腰膝，兴肠道，治阳痿"的药用价值，体现了我国"药补不如食补"的传统思想。因此韭菜深受广大消费者欢迎，同时由于栽培简单，四季均能生产，成本低，效益高，而又深受菜农青睐，华北乃至全国种植面积较大。

但是，由于近年来，因食用韭菜中毒事件屡屡发生，使得广大居民往往"谈韭色变"，韭菜的销售量受到了很大的影响，韭菜的价格也一落再落，市场的变小和价格的偏低，品质下降，从而形成一种恶性循环，这些都是韭菜生产中存在的问题，如果不及时解决，将会对韭菜生产带来长期的影响，使得韭菜的生产处于岌岌可危的地步。

那么怎样才能解决这些问题，使韭菜生产恢复往日的辉煌，根据笔者调查研究和多年来无公害蔬菜生产管理的经验提出如下几个主要的解决措施：

一、选用优良品种

因韭菜种植有保护地和露地之分，栽培条件和产品不同，为了达到高产、高效益，就要选好品种。

（一）保护地种植

一是秋冬茬种植生产韭青，应选用耐寒性强、长势旺、产量高、抗病强，休眠期短的河南791、汉中冬韭、浙江嘉兴白根等雪韭和犀蒲韭菜等弱冬性品种，这种尽可多的争取冬前生长期，而且产量高、品质好，而是早春拱棚生产韭青，应选用耐寒、积累营养能力强、抗病性强、回芽早、假茎粗、叶片宽、高产优质的寿光马、蔺韭中的"独根红"、"大青根"或"北京大青苗"以及寿光9-1等品种。

（二）露地种植

选用耐寒性稍弱，但生长势强，耐瘠薄，抗病、高产的寿光9-2系、本地红根、马蔺韭等休眠期较长，春发性强的品种。

（三）注意品种纯度

据调查，目前菜农种植的韭菜品种大多纯度较低，有的品种纯度仅30%～40%，大部分菜农对韭菜品种的纯度认识还不够，因此，在选用种子时往往把关不严，这样就会影响到韭菜生产的产量和品质，同时也说明我们现在韭菜的生产整体水平太低，应引起足够的重视，选种时应注意品种的纯度和生产质量，不要贪图便宜，多选用正规企业生产的种子。

二、科学的处理好收割与养根的关系

韭菜是多年生蔬菜，为了使其在盛产期保持旺盛的生产势，就必须处理好养根和收割的关系，两者之间的关系实质上反映了地上部与地下部的相关性，这两者之间的关系处理的好坏会带来"一损俱损、一荣俱荣"。同时也会直接影响到韭菜的产量和品质，处理好收割与养根的关系，必须先了解韭菜根系的特点：韭菜的根着生于茎盘基部，随着株龄的增加，茎盘的基部不断向上增生，形成根壮茎，新根着生茎盘及根壮茎的侧面，老根年年枯死，新根年年增生，因此韭菜新分蘖着生在原有的茎盘上，新根着生在老根上侧，如此不断分蘖和着生新根，使的着生位置不断上移，这种向上移动根的现象叫做"跳根"，一般每年根系上跳 1.5 ~ 2cm。

基于以上的特点，韭菜在生产中应该注意以下问题。

（一）收割

收割的过狠，养根不足会影响新根、新蘖的增长，导致植株的早衰，连续不正确的收割会引起韭菜群体的过早消亡，失去生产价值。过去，大部分菜农急功近利，不注意这个问题，也是影响韭菜产量、品质经济效益的一个重要因素。所谓正确收割要做到如下几点：①当年种植的韭菜当年不收割，使韭菜根贮足营养物质，以保证来年有较旺盛的生长；②确保收割的间隔期，一般间隔期为 25 ~ 30 天；③每个收割季一般不超过三茬，与下一收割季有 40 ~ 50 天以上的休割期，全年收割不超过 5 茬；④收割时应留茬 2cm 以上，严禁平茬收割，以防削弱其生长势；⑤当年韭菜凋萎前 50 ~ 60 天停止收割，使之自然凋萎，以利"回劲"。

（二）养根

所谓养根应注意以下几个方面的问题：①培育壮苗，施足基肥，加强苗期管理；②确定合理密度，切忌过密；③注意追肥培土；④科学的防治地下害虫。

三、重视生产期的追肥、培土

在韭菜的生产期内，应把培肥、培土当做主要的增产措施来抓，培肥、培土的关键是"培肥土"，不单单是一方面的问题，应做到肥、土结合，土肥同培的原则。

（一）肥土的制备

种韭菜就要先准备肥土，所谓培肥土就是将鲜鸡粪或猪粪每亩准备不少于 5m³，然后加上菜园培土、麦糠、麦秸等物 5m³。捣碎掺匀堆沤（如水分不够可适当加水），夏秋天 15 天，冬春 1 个月，充分发酵后捣开、捣散，然后再加 5m³ 土和秸秆的混合物捣匀加水堆沤，到期再翻垛捣匀堆好备用，制成培肥土，在倒堆时可结合喷施 1 000 倍液辛硫磷消灭剩余虫卵。

（二）韭菜的培肥土的方法

当韭菜收割后 1 ~ 2 天，趁韭菜未长高和畦土比较潮湿，将畦土锄松、趟细，于畦面均匀撒施已备好的肥土 1.5 ~ 2cm 厚，约亩施培肥土 3m³ 左右。然后搂平畦面，不浇水，以防畦土板结。若无备好的肥土，要先撒施草木灰 100 ~ 150kg，过磷酸钙 100kg，尿素 20kg，硫酸锌 2 ~ 3kg。然后，撒覆细土 1 ~ 2cm 后，这样既保证了韭菜的需肥，又能适应韭菜的"跳根"，有很好的增产效果、改善品质作用。若天气干旱，而影响韭菜正常生长时，可于苗高 10cm 时轻浇水一次（如不追施尿素可结合浇水施多元冲施肥 15kg），但浇后要及时锄草松土，以利保墒和提高地温，促进韭菜发展和正常生长。

四、韭菜的无害化生产

韭菜的无害化生产是一个综合性问题：涉及种植管理技术，施肥、病虫害防治以及市场运作等，简要论述一下：

（一）种植管理技术

一是首先要选用抗病品种（前面已述）；二是选用不种葱蒜类地块；三是该畦作为小垄栽培，浇水不宜过大，浇后注意松土；四是保护地要及时放风，降温排湿，减轻病害发生。

（二）合理施肥

韭菜的无害化生产用肥是很重要的，一是要注意以粗肥为主，不用或少用化肥，尤其不能用硝态氮化肥；二是粗肥一定要充分腐熟后再用，尤其注意不要在腐熟过程中掺加任何高毒农药，如甲胺磷、1605、呋喃丹等，可用如乐斯本、辛硫磷等低毒低残留农药做杀虫剂；三是在生产过程中可用一些高品质的冲施肥做追肥，以补充微量元素，促进平衡生长。

（三）病虫害的科学防治

韭菜的病虫害主要是灰霉、疫病和地蛆（种蝇），只要坚持预防为主、科学防治的方针，一般地说并不难除治，但用药必须注意高效、低毒、低残留，具体可参照以下办法：

1. 韭菜病害的防治

（1）灰霉病　韭菜的常发病多发病主要是低温高湿造成的，前期预防可用 10% 腐霉利烟剂熏蒸一夜，也可用 6.5% 万霉灵粉尘喷洒预防（阴天），苗期较大时可用 50% 速克灵 1 500 倍液喷雾，每 7 天一次，连喷 3 次。

（2）疫病　疫病是韭菜的一种毁灭性病害，发病急，病害扩展蔓延快，发病的主要条件是高温、高湿，因此在防治上，首先要通过农业措施改善环境，培育壮苗，增强抗性，浇水后及时松土散墒，棚室种植要及时防风排湿，降温。其次是可用百菌清粉尘喷粉预防，在发病初期用 72% 普力克水剂 800 倍液喷雾防治，如仍发展，可用 72% 克露 600 倍液，或 75% 易保 1 000 倍液或 52.5% 抑快净 2 500 倍液喷雾防治，7 天一次，连喷 2 次就会收到较好的效果。

2. 韭菜的虫害

为害韭菜最大的虫害是种蝇（韭菜地蛆）在防治过程中，千万要选用高效、低毒、低残留的杀虫剂，严禁施用 1605、甲胺磷、3911 等，否则就会造成韭菜农药残留超标，具体办法：一是施用腐熟粪肥，减少虫卵；二是实行秋季松土，消灭越冬虫蛹；三是设糖醋盆诱杀成虫，每亩用 0.5kg 糖加 1kg 醋，加 10kg 水，再加适量的敌百虫，在成虫发生期，分成几个大碗，均匀置于韭菜田中，诱杀成虫效果较好；四是化学防治，发现韭菜蛆为害时可用灌根方法防治：① 50% 辛硫磷 1 000 倍液，多菌灵 400 倍液混合液顺垄灌根，48% 乐斯本乳油 1 000 倍液灌根；②辛硫磷每 1.5kg 或乐斯本每亩 800mL，随水滴药灌溉。

（四）加强市场开发利用

（1）科学种植　韭菜种植要施行区域化种植，规模化经营，规范化管理，标准化生产，以便于集中管理，集中收购，集中加工，集中销售，形成一种产业。

（2）韭菜生产要走加工销售的路子　统一加工，统一包装，统一品牌，统一上市销售。

（3）注重品牌和无公害标识的使用管理　在一定范围申请注册韭菜品牌，并同时申报无公害标识的使用，建立安全监测、监督制度和追溯制度，这样对韭菜产业化的形成将会有很大的推动作用，也就会实现居民食用放心韭菜的目的。

石家庄市麦田雀麦的发生特点及防治措施

江彦军

（石家庄市植物保护检疫站）

摘　要：本文介绍了石家庄市地区麦田禾本科杂草雀麦的发生情况。由于杂草种群的演变，禾本科杂草雀麦已经逐渐上升为麦田的主要杂草，并分析了其原因。最后提出综合防治措施，对小麦生产具有积极的指导意义。

关键词：雀麦；发生特点；防治措施

小麦是石家庄市主要粮食作物之一，其常年种植面积约为 34 万 hm^2。20 世纪 80 年代以来，随着小麦耕作制度的不断变革，免耕面积不断扩大，化学除草剂的使用逐年增多且多年使用同类化学除草剂，致使麦田杂草种群发生了相应的变化。尤其是近几年联合收割机跨区作业，导致恶性禾本科杂草发生越来越严重，特别是雀麦的发生面积迅速增加，为害程度日趋严重。由于雀麦在生长习性等方面与小麦非常接近，且比小麦分蘖和繁殖力强，在与小麦激烈竞争光、肥、水等资源中占有优势[1]，对小麦产量影响较大且难防治，严重威胁小麦的安全生产。为此全市进行了广泛的调查和研究，进一步认识了雀麦的分布及其发生原因，并在防治实践的基础上总结出一套综合防治措施。

一、发生与为害

雀麦在全市分布较广，各县（市、区）均有发生，发生面积和范围迅速扩大，2004 年以前零星发生，到 2009 年全市发生 6.23 万 hm^2，2010 年 4.14 万 hm^2。2010 年雀麦全市平均密度为 2.15 株/m^2，中度发生田块平均密度在 50 株/m^2，其中雀麦最高密度达 1 000 株/m^2 以上。

二、发生原因

石家庄市 20 世纪 90 年代麦田杂草主要是以播娘蒿、荠菜等阔叶杂草为主，进入 21 世纪后，麦田杂草种群发生了变化，以雀麦为主的恶性禾本科杂草逐渐上升为优势种群。

（1）人为因素的传播　由于机械化程度加大，联合收割机跨区作业，造成人为传播；随小麦种子远距离调运，也加大了禾本科杂草跨区域的传播；农户间自行麦种串换，不经过筛选加工，也是传播的一种途径。

（2）种子繁殖量大，分蘖能力强，且生命力顽强　如 1 粒雀麦种子第二年最少产生 500 粒，第三年就是 25 万粒以上。1 粒节节麦种子第 2 年产粒最少为 60 粒，第 3 年可达 3 600 粒，第 4 年可达 21.6 万粒，第 5 年则可高达 1 296 万粒。有时杂草种被旋入较深的土壤，虽不能发芽生长，但也不会霉烂变质，若翌年秋播时，被旋耕于适宜深度的种子，仍能发芽生长，继续为害。

（3）雀麦和小麦生长发育同步，但成熟比小麦略早[2]　雀麦与小麦生活习性相近，同时萌发、出苗，一起生长，但成熟期较小麦早。在小麦收获前，杂草种子已经成熟脱落，成为翌年杂草种子的来源。

（4）耕作方式有利于其种子在土壤中积累　石家庄市是小麦—玉米两熟制，粮田很少与其他作物轮作。小麦收获后，免耕贴茬种植玉米，杂草种子大多散落地表。秋收后，普遍使用旋耕机，耕层浅，很少深翻，为适宜浅层萌发的杂草种子提供了适宜的出苗条件。

（5）长期使用单一的防治阔叶杂草的除草剂　长期以来农民在防治杂草时，通常使用防除阔叶类杂草的除草剂，如苯磺隆、2-4滴丁酯等，造成麦田杂草种群结构发生变化，阔叶类杂草逐渐下降，雀麦等禾本科恶性杂草逐年上升。

三、综合防控措施

（1）加强技术宣传培训　在雀麦防治的关键时期，我们都召开防治现场会，对群众进行杂草识别和防治技术的宣传和培训。

（2）严格选种　播前对麦种进行严格筛选，去除瘪粒、杂粒。

（3）人工拔除　对雀麦发生较少的麦田，可在小麦返青至拔节期间进行人工拔除。

（4）轮作倒茬　发生严重的地块可与油菜、棉花等阔叶作物轮作2~3年。

（5）化学防治　对重发生地块，一般在小麦3~6叶期（杂草分蘖前），每亩选用3.6%甲基碘磺隆钠盐·甲基二磺隆水分散粒剂20~25g加助剂伴宝80~100mL，或30g/L甲基二磺隆油悬浮剂25~30mL，对水30kg混合均匀喷雾。

参考文献

[1] 李耀光，方果，梁岩华．晋南麦田节节麦严重发生原因及防控措施［J］．中国植保导刊，2009（12）：35.

[2] 张风景．麦田恶性杂草节节麦和雀麦的发生特点及防治对策［J］．植物医生，2009（2）：41.

改革开放 30 年　新乐植保结硕果

朱增改

（河北省新乐市植保植检站）

新乐市位于河北省的中南部，是典型的农业生产县级市，全市总耕地面积 42 万亩，主要种植小麦、玉米、花生、西瓜等，是"全国粮食生产基地"，"河北省油料生产基地"、"河北大棚西瓜之乡"。改革开放 30 年来，新乐农业取得了惊人的成绩，新乐植保也硕果累累。30 年来，在各级党委、政府的关怀和大力支持下，在上级业务部门的指导和帮助下，历代新乐植保人崇尚"吃苦为人先，事业为己任，乐于做奉献"的精神，在艰苦的工作岗位上做了不平凡的业绩。

一、植保队伍不断壮大，植保体系逐渐健全

1978 年新乐市还没有植保机构，植保职责隶属于技术站，由 1 人负责植保工作。1984 年，全省统一部署，成立植保机构，定名为"新乐县植保站"（1992 年新乐县设为新乐市），建站之初，仅县站有工作人员（含临时工）5 人，"植保站 3 间房，三张桌子两张床，仨男的俩女的，还有一个没娶的"，是流传至今的歌谣。目前，已形成了以市站为中心、乡镇为纽带、村组为基点的植保网络服务体系，为现阶段植保工作的顺利开展奠定了坚实的基础。同时植保人员整体素质空前提高，仅市站专职从事植保工作的 6 人中，获得正高级技术职称的 3 人，高级技术职称的 2 人，中级技术职称的 1 人。

二、业务范围不断拓展，服务职能日益突出

建站之初的新乐县植保站，主要负责的是花生蛴螬及玉米、白菜、小麦蝗虫的测报和防治工作以及玉米干腐病、花生线虫病、棉花黄枯萎病的疫情调查工作。如今，新乐市植保植检站肩负着对全市粮、棉、油、菜、特种作物等作物病虫灾害和重大农业有害生物疫情进行监测与防控指导，大力推广植保新技术、新方法，为农业生产保驾护航的重任，服务职能日益突出。目前，新乐市植保植检站，每年完成各类报表 100 多期，印发技术材料 20 多期 30 000 多份，主要病虫预报准确率 95% 以上，重点病虫达到了 100%。全年主要农作物病虫草鼠发生面积 398 多万亩次，防治面积 430 万亩次，挽回损失约 35 083t，有效控制了有害生物的为害，为农作物安全生产做出了重大贡献。年发布《病虫情报》20 余期，短期预报的准确率在 95% 以上，中长期的准确率在 90% 以上，有效地指导了大面积病虫的防治。

三、基础设施明显硬化，办公条件得到改善

20 世纪 80 年代，我站一直在县老技术站的 3 间平房办公，条件艰苦，监测手段极为简陋。1990 年，县农业技术推广中心成立，我站随之迁入中心办公楼办公，安排有办公

室 4 间，1 间微机室。2008 年新乐市植保植检站完成了省级植物有害生物防控体系项目建设，现拥有办公室 4 间，标本室 50m²，实验室 100m²，化验室 80m²，配备了光学显微镜及成像设备、生物解剖镜及成像设备、光照培养箱、电子天平等实验设备，建设了 12 180m² 标准病虫观测场，拥有先进的自动虫情观测灯和田间小气候自动观测仪等先进监测设备。购买了 100 台机动喷雾器及一套大型施药设备。随后相继添加了数码相机、笔记本电脑、声像放映设备等，进一步改善了办公条件。

四、防灾减灾成绩突出，服务农民深受好评

有效地防控病虫害，是植保工作的重点。几十年来，新乐市十分重视病虫害防治工作，20 世纪 80 年代，主要采取县站发情报，乡村发简报，以户为单位进行防治。90 年代以后，在病虫防治的关键时段，还由政府出资，组织有领导带队的病虫巡查督导组，检查和指导病虫害的防治。在 1992～1994 年棉铃虫大发生时期，新乐市上下全力抓防治，取得了显著的效果。1992 年高效率飞机防治棉铃虫技术首次在我市靳家庄试验成功。2005 年以来，为了加大病虫防治力度，还成立以主管农业的副市长为指挥长的病虫草防控指挥部。由于测报准确、防控及时，可减少病虫为害率 80% 以上，每年减少损失 7 000 多万元，每亩直接和间接为农民增加经济效益 160 多元。从而植保人被农民朋友形象地称为"庄稼的保护神，百姓的财神爷"，得到各地党委政府、社会各界以及农民朋友的充分肯定和赞许。植保工作的影响面越来越大，社会地位越来越高，植保人员的干劲越来越大。为此，我站和工作人员连续多年被省、市业务部门授予"先进单位"和"先进工作"者等称号。

五、植保业绩硕果累累，收益当代永留史册

新乐市植保人事业心强，不停留在现有的技术上，而是把握社会和植保技术的发展前沿，力求解决植保新难题，努力探索植保新技术，以服务"三农"为己任，取得了一个又一个的丰硕成果。多年来获科技成果奖、推广奖多项，如"土蝗防治技术研究"获省农业厅科技成果三等奖、"蛴螬综合防治技术研究与推广"获省农业厅科技成果三等奖。20 世纪 80 年代以来，刊登在《中国植保导刊》《中国农技推广》《河北省师大学报》《河北省植保信息》等省级以上刊物上论文 200 多篇，如"土蝗发生规律与防治技术研究"、"金针虫发生规律与防治技术研究"、"阿维菌素防治小菜蛾效果好"、"小麦全蚀病综合防治技术"、"花生果腐病发生规律及防治技术研究"、"麦田恶性杂草防治技术研究"等。这些成绩的取得不仅对当时植保工作具有重要的指导作用，而且对河北省乃至周边地区都有重要影响，还是有益于植保后来人借鉴和精神的鞭策，更是永留史册的一项植保事业！

展望未来，植保工作任重而道远，为适应新形势发展的需要，更好地服务于现代农业，必须切实加强植保体系建设，牢固树立"公共植保、绿色植保"的理念，突出植物保护工作的社会管理和公共服务职能，举全社会之力，充实市级，完善乡级，发展村级，逐步构建起"以市级以上植保机构为主导，乡、村植保人员为纽带，多元化专业服务组织为基础"的新型植保体系，稳步提高生物灾害的监测防控能力。

鹿泉植保事业60年回顾

聂海琴　徐　靖　许素丽　张立娇　常丽波

（鹿泉市植保站）

60年弹指一挥间，勤劳勇敢的鹿泉人民，在党的领导下，众志成城，奋力进取，农业生产在不断探索和创新中快速发展。30年沧桑巨变，改革开放以来，历代植保人的辛勤努力无私奉献，使全县农业产业不断壮大、农村经济社会不断发展、农民生活水平不断提高，谱写了一个又一个不朽的壮丽诗篇。

鹿泉市位于河北省中西部，西倚太行山，东环省会石家庄，面积603km²，辖9镇3乡和1个省级高新技术产业开发区。人口38万，其中农业人口31.96万人。

鹿泉市自然条件良好，农业基础扎实。全市山区、丘陵、平原各占1/3，地形条件优越，粮食作物总面积52.56万亩，总产20.75万t，主要农作物是小麦、玉米。其中种植小麦24.67万亩，平均亩产394kg，总产9.72万t，种植玉米24.84万亩；蔬菜16.44万亩（无公害蔬菜12万亩），总产87.5万t，油料1.8万t，总产3 997t。

鹿泉市水利条件较好，境内有滹沱河、古运河等八条季节性河流，黄壁庄、龙凤湖等13座水库，塘坝72座，标准化机井4196眼，源泉渠、计三渠、引岗渠三条大型灌渠横贯全市南北；农业机械化水平较高，耕种收打浇基本实现了机械化。

新中国成立60年来，特别是改革开放30年来，鹿泉市农业连年增产、农民连年增效，农业发展日新月异，作为农业生产保驾护航的植保事业，见证了鹿泉农业几十年来不断前进的改革脚步和重大成就。

一、鹿泉植保站的历史变迁

（一）植保体系得到极大发展

植保体系和组织机构的建设是植保工作发展的基础。60年来，鹿泉市植保组织体系从无到有，日臻完善，植保事业取得了前所未有的发展。新中国成立初期，植保工作隶属获鹿县（1994年设为鹿泉市）政府农业生产办公室负责，植保工作是其一项职能。1966～1976年"文革"期间，获鹿县植保工作一度受到干扰影响或中断。"文革"后期，获鹿县植保工作隶属于获鹿县农业局的技术工作站负责，在70年代，先后历经了"获鹿县农业技术工作站"、"获鹿县革委会农业局技术站"、"获鹿县农业技术站"等几次名称变更，1973年正式命名为"获鹿县农业技术推广站，该站是集农业技术、植保、土肥、经作四站合一的综合站，植保工作作为重要组成部分，由植保组主要负责。2002年12月，经鹿泉市机构编制办公室批准正式成立具有独立法人资格的"鹿泉市植物保护检疫站"，编制7个。至此，鹿泉植保站成立，专门负责植保技术及植物检疫工作。

（二）植保队伍不断壮大

自新中国成立初期至今，鹿泉市各届领导对农业科技工作都非常重视，农业技术推广部门一直是人才济济。五六十年代，农业技术站有职工十几人，其中大中专以上学历人员达80%以上，至1979年，全站有科技人员19人，中专以上学历17人，1990年，全站有职工24人，科技人员22人。随着国家人才机制健全，今日的植保站更是藏龙卧虎，现有5名工作人员全部具有大学本科学历。2008年，鹿泉市根据农业发展需要，在城关、铜冶、宜安、大河成立4个农业推广区域站，招录20名对口专业大学毕业生，建成连接县、乡、村的技术网络体系，壮大了植保体系。人员结构和技术力量也不断提高，由过去老职工独当一面，改为老中青三代平衡发展，协调工作。新中国成立初期至今，历任站长有邢海根、周瑞林、温来锁、刘石柱、贾金凤、辛秀山、聂海琴等。老一辈植保人兢兢业业，终生奋斗在植保工作一线，带领全站人员，不畏艰辛，创造了一个又一个植保领域新奇迹。

（三）硬件设施建设空前发展

新中国成立初期，受办公条件限制，获鹿县农业技术推广站三度搬家，首先在位于获鹿县政府大院东侧三间小平房里办公，面积不足30m²，条件简陋。1980年搬到获鹿县农场办公，1984年与获鹿县农科所合并，搬到当时农科所所在的获鹿县南新城乡铁路南的一排平房办公，办公条件仍然很差，单位无电话，打接电话要跑到几百米外的农场。无电脑，印发材料需到农业局人工打字，手推印刷。冬天没暖气，写材料冻得伸不出手，夏天没电风扇，热得满头大汗。单位距离县城约5km，由于上下班要钻地道桥，一到天下大雨，桥洞积水，无法通过。职工下乡、开会全靠自行车，最远的乡镇距单位约20km，下乡遇到雨天，泥巴蹭着车轱辘，无法行走。直到1993年在县城建起了占地2 000m²的三层办公大楼，综合了办公、培训、宿舍、车库多种功能，全体职工搬进了宽敞明亮的办公室，冬天集中供热，夏天有空调，办公条件大大改善。这时，也迎来了植保事业崭新的篇章，上级先后配备了植保专用测报车，照相机、打印机等先进的办公设备，结束了钢板手工刻蜡纸，手推油滚印刷的时代。90年代以前，工作人员下乡，近处步行，远处骑自行车，偏远乡镇跑一个来回要一天时间，现在不同了，下乡调查有汽车，增大了调查范围，提高了工作效率，先进植保设施的配备，提高了测报准确性。植保工作人员的干劲更足了。2008年，鹿泉市植保站承担了河北省"植物有害生物防控体系建设"项目，该项目配备了大型施药设备1套、投影仪、光学显微镜、解剖镜、光照培养箱、电子天平等多种仪器设备，病虫害应急防治专用喷雾器100台，并装备了标本室、化验室、药品室等共计100m²。办公人手一台电脑，创造了便捷的办公条件。在鹿泉市原种场内建造了一个占地10亩的病虫观测场，配备了自动虫情测报灯、田间小气候观测设备。大大提高了农作物病虫害的预测能力，增强了预报的时效性、准确性。

二、主要工作回顾

（一）积极改进测报手段，努力提高测报准确率，示范推广有效防治措施

病虫测报是植保工作的基础，鹿泉市自始至终对测报工作非常重视，新中国成立初期，病虫测报工作就已开展，70年代推行"四级农科网"，即把县、公社、大队、生产队测报防治网建立起来，实行网络化管理，每级设立植保员，测报员等，逐级上报测报结果，按照准确测报结果，抓住战机，大打人民战争。1974年全县共设立6个县级测报点，分别在县南、北、中分平原、山区、半山区，由所属公社测报员负责定期向县植保站汇报虫情，县站据此进行综合分析，然后发出病虫情报，每年发布病虫情报达 16 期以上。遇到重大虫情，即刻召开现场会，组织学习，提高认识。改革开放以来，测报工作主要靠县乡两级进行病虫监测。近年成立基层区域站后以县站和区域站为主。目前测报设施有了较大提高，采用了佳多自动虫情测报系统，区域站测报网络，对全市大范围普查等措施，测报信息准确度大为提高，为准确发布病虫情报提供依据。已经形成了较为完善的病虫测报体系。

六七十年代，获鹿县种植作物主要以小麦、玉米、棉花、高粱、谷子等为主。小麦病虫主要有：小麦锈病、坐坡病、小麦腥黑穗病、麦蚜、潜叶蝇、麦叶蜂、红蜘蛛、麦茎叶甲等；玉米病虫主要有：玉米钻心虫、玉米黏虫、地老虎、金针虫、金龟子、春谷钻心虫、谷子黏虫、高粱钻心虫、棉蚜、棉铃虫、棉花立枯病、炭疽病等。2000 年以后，作物种植品种有较大变化，小杂粮种植大为减少，蔬菜、油葵等种植大面积增加。病虫害发生也发生了较大变化。小麦病虫以红蜘蛛、麦叶蜂、小麦吸浆虫、麦蚜、黑穗病、纹枯病、全蚀病等为主。玉米病虫害主要有地下害虫、蓟马、棉铃虫、黏虫、玉米螟、玉米瘤黑粉、玉米丝黑穗、玉米粗缩病等，蔬菜有霜霉病、白粉病、灰霉病等；油葵有霜霉病等。

在病虫防治上，获鹿县各种病虫害常年发生和防治面积在 130 万亩以上，主要以药剂防治为主，剧毒农药 1605、1059 等普遍使用，用药频繁，药量大，对环境造成极大污染，人们深受其害。70 年代初提出采取农业措施、低毒农药防治病虫害的口号，主要有：利用黑光灯诱虫，当时获鹿县政府为每个村都配发了黑光灯，种植玉米集诱带、插杨树枝把、瓢虫治蚜、抖粉、洗衣粉涮棵治蚜虫，自治土农药石硫合剂、"7371"、"889"、"5211" 等，曾提出口号："大搞土农药，以土代洋，除治害虫保丰收"。2005 年农业部要求各地逐步淘汰 5 种高毒农药，筛选推广了一批高效、低毒低残留农药。菊酯类、生物农药得到有效推广。

（二）飞蝗防控成效显著

60 年代，获鹿县主要有 3 个宜蝗区，即位于马山公社的黄壁庄水库，脱水面积 6 000 亩；位于山尹村乡的韩家园水库，面积 350 亩，位于秦庄公社的滹沱河流域水系，面积 3 100 亩，称为两水库一河槽。几十年来，获鹿县植保技术人员为确保飞蝗不起飞，不为害，作出了艰辛的努力。每年在蝗虫发生期到宜蝗区定期定点监测，几十年如一日，确保了鹿泉市农业生产安全。随着近年来韩家园水库和滹沱河流域水系萎缩，黄壁庄水库成为鹿泉市防蝗工作重点。目前该水库宜蝗面积 2.5 万亩，常年发生面积 1 万多亩。1998 年水库蝗虫大发生，鹿泉市委、市政府动员全市行 68 个机关团体工作人员，于 6 月 16 日，对达标的 1.5 万亩蝗区进行了一次彻底防治，仅当天出动各种喷雾器 514 台，供水车 4 辆，供药车 2 辆，参加人员 2 013 人。掀起了一场治蝗人民战争，经调查防效达 90% 以上，避免了飞蝗的迁飞为害。如今，黄壁庄水库担负着向石市和北京市供水的重任，生态防蝗和生物农药治蝗更被提上工作日程，对能开垦的区域，开垦种植了花生、油葵、棉花等，使宜蝗面积减少，应用生物农药以挑治为主、普治为辅措施，尽量减少用药面积，在不污染水体，确保饮水安全的情况下，做到了库区飞蝗不起飞、不危害。

（三）检疫工作不断加强，农业生产安全得到有效保障

获鹿县检疫工作始于 20 世纪 60 年代，逐步建立健全了检疫机构和制度。但由于接着受到"文化大革命"影响，棉花枯黄萎病、小麦腥黑穗病等防治工作没有很好落实，导致不少社队因病无法种植。对农业发展造成严重威胁。80 年代初，获鹿县在实施检疫办法同时。如推广小麦拌种防治腥黑穗病等，针对棉花枯黄萎病，当时获鹿县是重灾区，棉花产量受到严重威胁，大力推广抗病品种，如 80 年推广 86-1 品种 3 万亩，陕西 401 品种 1.7 万亩，使抗病品种占到棉田面积的 59%，棉花产量重新创下历史新高。1996 年，鹿泉植保站开始试验引进抗虫棉，当年种植 200 亩，现在种植棉花主要以抗虫棉为主。

如今，鹿泉植保站从产地检疫和调运检疫两方面着手，建立健全检疫制度，严格检疫手续，坚决杜绝危险性病虫杂草的传入和传出。产地检疫以小麦、玉米为主。调运检疫主要对调入鹿泉市种子进行市场检查。

2008 年，鹿泉植保站把市场检疫执法工作作为重要抓手，先后对全市 130 余家农资经营单位进行规范，宣传、培训了《植物检疫条例》，并对市场经营情况进行拉网式检查，对违法经营户进行了处罚，通过三年来的工作，鹿泉市农资市场有了较大改观，乱引乱调种子现象得到遏制，净化了鹿泉市种子市场。

2009 年开始，鹿泉植保站采用了植物检疫证书编写软件《全国植物检疫网络平台》，该软件应用先进的数据库技术，集检疫员管理、产地检疫管理、调运检疫管理和检疫证书管理为一体，不但省去了手工填写证书的繁琐，还杜绝了过期办理检疫证书的现象，实现了检疫工作现代化、网络化。

2007 年，检疫性杂草黄顶菊传入鹿泉市，当年发生面积 1 040 亩。鹿泉市植保站启动紧急预警机制，发动全市有关部门，对黄顶菊进行普查，采取人工拔除、喷洒除草剂等措施进行防除，经过一个时期的会战，杜绝了该危险性杂草的传播蔓延。2009 年，鹿泉市首先在大河镇城东桥村发现了河北省补充检疫对象向日葵霜霉病，后经全站工作人员，克服困难，节假日不休息，及时对全市范围内向日葵霜霉病进行了全面普查、全市发生面积 32.97 亩。后经过人工拔除深埋和喷药防治，有效地遏制了该病的传播，保证了农业生产安全。

（四）病虫草专业化统防统治走在前列

新中国成立初期，农业生产实行集体经营，病虫害防治由大队统一组织，实行合作防治。当时各大队都成立了除虫专业队，人员由生产队选拔责任心强、热爱植保工作，有一定技术水平的人参加，每生产队选拔 2~3 人，备有维修人员，在大队农科组指导下开展工作。农药购置由农科组统一购买，统一保管和统一使用，根据不同作物制定防治定额和防治指标，达到防治效果按规定计工，体现多劳多得，防效差的酌情扣罚工分。并开展业务评分和物质奖励，调动植保专业防治组织积极性。这就是专业化防治队的雏形。1978 年实行联产承包责任制后，耕地分户种植，除虫专业队随之解散。

近年来，随着现代农业发展需要、农业生产安全需要、解放农村劳动力需要，开展病虫害专业化防治工作迫在眉睫。植保站将专业化统防统治工作作为重点工作。结合鹿泉市实际情况，县南县北经济发展不平衡特点，2008 年首先在经济条件较好寺家庄镇东营成立了鹿泉市联民土地托管合作社，开展土地托管和组织专业服务队，为农民开展农事管理及病虫害专业化防治工作。鹿泉市联民土地托管专业合作社托管辐射范围达 8 个乡镇 74 个村 1 万余户，下设 98 个村级服务站，土地托管面积近 7 万亩。大范围集中连片土地耕作，为开展病虫专业化统防统治提供了有利条件。该合作社目前拥有电动喷雾器 300 台、机动喷雾器 18 台、大型喷雾器械 3 辆。合作社所在村寺家庄镇东营东街全村 2 600 亩耕地，90% 以上实现专业化防治。机防服务队每年为农民提供病虫害专业化防治面积累计达 3 万亩次，防治效果较好，受到入社农户的好评。

另外，鹿泉市植保站还扶持成立了其他形式的专业化防治队伍：如依托 2008 年成立的 4 个农技推广区域站，配备了专业化防治大型药械自走式喷雾设备 6 套，电动、机动喷雾器 20 台，在防治适期主要为所辖种田大户提供专业化防治服务，采取农户自行购药和统一购药两种形式，收取适当防治费用。还有农资经营组织防治队：以农资经营服务组织黄壁庄农资服务站为依托，以库区飞蝗专业化防治为重点的专业化防治队，该防治队与鹿泉市植保站签订飞蝗防治协议，由鹿泉市植保站提供防治用药和防治费用，并提供防治技术建议，目前该防治队有兼职防治队员 30 人，并由飞蝗防治逐渐走向农作物全面防治道路。

（五）积极推广新技术，为农业生产保驾护航

只有不断创新，才能不断发展，鹿泉植保站推广的植保新技术，为农业生产更上新台阶起到了至关重要的作用。1979 年推广棉田早期除草防蚜技术、黄板诱蚜技术、磷铵和氧化乐果涂茎技术、瓢虫自然利用法等，另外近十年来推广的小麦综防技术、玉米综防技术、农田化除等。几十年来，每年因为采用植保新技术挽回粮食损失 3 万 t，挽回经济损失约 6 000 万元。

一分耕耘，一分收获，几十年来，全体植保人在各级领导的正确指引和共同努力下，取得了一个又一个丰硕的成果：在国家级、省级重点刊物上发表植保科技论文 200 余篇，取得农业部和省、市级科研成果 30 多项，1985 年"棉花高产抗病新品种 86-1"获示范推广奖；1987 年"药剂拌种防棉苗病"获石家庄市政府科技进步四等奖；1987 年小麦"蚜虫危害及防治探讨"获石家庄市政府科技进步四等奖；1992 年"棉花全程化控技术推广"获石家庄市政府科技进步四等奖；1993 年"小麦喷施多效唑防倒伏增产技术推广"获石家庄市科技进步四等奖；2005 年"毁灭性小麦主要病虫害综合防治技术推广"获石家庄市科教兴山创业三等奖，等等，鹿泉植保站多年被石家庄市农业局评为先进单位。工作人员也多次受到省、市以及县政府的表彰和嘉奖，多次获得荣誉称号。

纵观历史发展进程，我们看到，植保工作是为适应农业生产的需要而产生，伴随农业生产的发展而发展。在我国农业发展各个历史阶段，植物保护都发挥了不可缺少的重要作用。成绩的取得，只能代表过去，放眼展望未来，我们面临的将是一个崭新的起点，响应政府号召，与时俱进，更新观念，牢固树立"公共植保、绿色植保"理念，以新理念催生新思路，以新思路探索新举措，以新举措促进新发展，不断开创鹿泉市植物保护工作新局面。

平山县植保植检工作整体回顾

平山县植保站

平山县属农业大县，全县总面积 2 648km²，耕地面积 46 万亩，总人口 46 万人。县内地形复杂，作物种类多，生物灾害频繁发生，特别是境内有岗南、黄壁庄两大水库造成东亚飞蝗的严重发生。1979 年在东亚飞蝗大发生的背景下，成立了平山县防蝗植保站，成为独立财务核算单位，拉开了平山县植保事业发展的序幕。30 年来平山县植保人员辛勤耕耘，为平山县农业生产持续、稳定、协调发展做出了贡献。回顾植保事业发展的 30 年历程，既有成功的经验，也有失败的教训。客观分析面临的机遇与挑战，理清发展的思路与对策，对于促进平山县植保事业大发展意义重大。

一、植保社会化服务能力逐步提高

为解决农民群众买农药、药械难，防治病虫难的问题，1980 年平山县植保站开始着手组建各级服务组织，到 1987 年全县 52 个乡 712 村，均成立专业防治队，采取了五种形式防治。①以村为单位的"四统一分"专业化防治。②县乡村三级技术人员联合承包。③集团承包防治。④乡村两级联合防治。⑤由村级植保专业户承包。2008 年根据河北省植保总站有关文件精神，适应农业发展的新形势，全县由县植保站，乡农技站，各级经营门市，及承包地大户组建了 100 个专业防治队，其中，县级 2 个，乡级 23 个，其他 75 个，从业人员达 2 020 人，拥有机动喷雾器 1 980 台，手动喷雾器 10 800 台，防治面积达 85 000 亩。在工作内容上，由单一的技术指导，发展到技术指导，信息咨询，物资供应等一条龙服务，服务范围由粮棉油扩展到蔬菜、果树，实行全程化，全方位服务。工作方法上，采取定指标，订合同，重防效。统防统治，专业化防治等，为解决农民防治难，防效差的问题，走出了新的路子，打开了新局面。

二、植保体系建设逐步完善

（一）抓项目建设，稳定植保队伍

1979 年平山县防蝗植保站成立，编制 14 人，实际 10 人，到 1988 年发展到 26 人，并建立了县乡村三级测报网络。1996 年县植保站被列为全国区域测报站，装修了办公室，改善了办公条件，对原有观测圃进行了扩建，为系统观测各种病虫害提供了适宜场所。为进一步加快测报信息传递速度，本站微机与省站实施了联网。2002～2004 年平山县实施了蝗灾地面应急防治站的建设工程，完善检验，检测体系的建设，修建了病害室、养虫室、检疫检验室等。并配备了光学显微镜、解剖镜、培养箱、数码照相机、微机、大型喷雾器等仪器设备，为准确预报病虫害，指导农业生产打下了基础。

（二）抓宣传培训，加强了体系建设

多年来平山县植保站不断探索技术宣传方式，1999 年开始，平山县植保站开始开展病虫电视预报工作，初期工作处于探讨阶段，节目质量水平较低，播放时间也无规律，专

业人才不足，2004 年平山县植保站同农业局制片中心合作，开展了电视预报，由平山县植保站写出病虫发生情况及预报，由制片中心录制，固定每周的周二首播，周四重播，随着时间的推移，预报种类进一步扩大，内容逐步丰富，收视率不断提高，2006 年荣获"全国农作物病虫电视预报先进单位"荣誉称号。此外 2002 年农业局成立信息中心后，平山县植保站积极利用平山县农业信息网及农业快易通电话查询系统进行技术宣传，受到了广大农民的欢迎，2004 年植保站对全县植保网络建设进行完善，全县形成了县、乡、村技术员、种田大户、农药经营大户构成的植保网络体系，利用该网络，平山县植保站以病虫情报，植保信息等形式向农民传授，咨询，指导大田防治。

三、抓好科学研究及科技推广工作，科技成果丰硕

1979 年建站以来，平山县植保站一直致力于科学试验及新技术推广工作，30 年来，平山县共承担和参与的科学研究及推广项目达百项，其中：1982 年平山县植保站参与的"农业害虫天敌资源调查"获省科技成果三等奖，"蝗虫种类优势种及其研究"获省科技进步四等奖，"农田鼠害高查及危害损失研究"和"二代棉铃虫统计预报研究"分获省农业厅科技成果二、三等奖。2005 年杨素堂参加"河北省蝗害生态控制技术应用推广项目"获全国农牧渔业丰收奖二等奖，许连兵参加的"佳多自动虫情测报灯开发与应用"获河南省科技厅科技成果奖，2004 年由许连兵主持的"岗南库区蝗虫的生物防治技术研究与示范项目"获石家庄市科技兴山创业二等奖。

四、植物检疫工作力度加强

平山县植物检疫工作始终围绕宣传、贯彻执行《植物检疫条例》开展，严格执行调运检疫及时进行产地检疫，全面进行疫情普查，初期植物检疫工作很被动，被检单位没有认识到其重要性，不断有抗法行为，平山县植保站加大宣传力度，利用集市、会议、电视等形势宣传植物检疫的重要性及有关条例法规，推动了植物检疫工作的开展，现在检疫工作逐步规范，工作开展顺利，受到经营单位的肯定。

五、病虫监测与防控飞速发展

平山县农业有害生物频繁发生且发生较重，30 年来平山县病虫防治工作始终坚持贯彻"预防为主，综合防治"的植保方针，每年开展粮、棉、油、菜病虫害及东亚飞蝗的围歼工作。如东亚飞蝗采取了因地制宜，分类指导，狠治夏蝗，控制秋蝗的策略，防治上由单纯的农药防治发展到从生态出发、保护环境、维护农业生产安全的综合治理，经过多年的发展，测报技术有很大改进。已由初期实查测算发展到利用微机进行数据统计分析。如 1987 年采用 pc-1500 微机进行病虫发生期和发生量的预报，采用逐步回归和灰色拓扑预报对二代棉铃虫、二代黏虫、麦蚜、棉蚜等进行了电算预报，提高了预报准确率，1994 年电算预报采用了"绿十字博士预测"中的时间序列分析，使电算预报又上一个新台阶，目前采用历史资料通过微机测报，进入了一个新的时代。预报方式由单纯的信件邮递发展到网络传递及病虫电视预报，大大提高了测报准确率。

元氏县外来有害生物黄顶菊的发生与
防控工作回顾与展望

张国锋

（元氏县植保植检站）

黄顶菊属菊科堆星菊属，一年生恶性杂草，属外来有害物种，原产于南美洲。2001年河北省首次在衡水湖发现，到2006年7月12日石家庄市首次在元氏县发现正在生长中的黄顶菊植株，截至2008年，在元氏县北褚乡、南因镇、槐阳镇等9个乡镇发生，发生面积达1 000亩。

一、黄顶菊的发生为害特点

（一）黄顶菊生长势极强

黄顶菊植株高大，根系发达，耐盐碱，耐瘠薄，素有"霸王花"与"生态杀手"之称。据调查，在我县发生的黄顶菊植株最高可达2.4m。其高大的植株和释放的化学物质严重影响其他植物的生长，在北褚乡、南因镇等生长密度高的地方，其他植物难以生存。

（二）繁殖能力强，扩散速度快

据调查，元氏县生长中的黄顶菊一株约有300多个花序，能结数万粒种子。在北褚乡、南因镇高发区黄顶菊约2 000株/m²。据调查监测，2006年在元氏县北褚乡发现黄顶菊，发生面积250亩，黄顶菊最高密度240株/m²，辐射全县1 000亩，农田最高密度180株/m²；2007年我县8个乡镇23个村发生，发生面积1 000亩，最高密度240株/m²；2008年9个乡镇25个村出现黄顶菊，发生面积1 000亩，最高密度2 080株/m²，辐射全县5 000多亩农田。由以上调查记录可以看出，黄顶菊扩散蔓延速度极快。

（三）萌发时间不一致，防治难度极大

据跟踪监测，4~8月黄顶菊种子均可萌发，植株生长相当迅速，一年需要防治3~4次才能收到理想防治效果。

（四）潜在为害大

黄顶菊繁殖力强，种子生长力极强，与其他作物争抢阳光与养分，抑制其他植物生长。如果黄顶菊一旦侵入农田，对元氏县农业生产与丰收将构成严重威胁。

二、黄顶菊的发生与防控工作回顾

根据元氏县植保站普查，2006年元氏县黄顶菊发生面积250亩，辐射全县1 000多亩农田，主要分布在公路、乡间道路两侧，最高密度180株/m²；2007年发生面积1 000亩，多分布于公路、乡间道路两侧、废弃荒地、宅基地、河滩等地，涉及9个乡镇25个村，最高密度240株/m²；2008年发生面积1 000亩，辐射全县9个乡镇25个村，最高密度达2 080株/m²。经过近几年防治，到2009年发生面积下降到700亩，平均密度下降到每平

方米 30 株，最高密度 100 株/m²。

2006 年在黄顶菊防治工作中，市、县、乡各级政府、各部门共投入 1 万多元，购置除草剂约 100kg，对已发现的 250 亩黄顶菊全部除治 2 次以上。

2007~2008 年各级政府及各部门共投入 6 万元，购置除草剂约 500kg，对已发现的黄顶菊全部除治 2 次以上。在各级政府及各部门的通力合作，积极防治，2009 年黄顶菊发生范围缩小至 700 亩，密度也下降至 30 株/m²。农业局又投入 2 万元，进行了化学防治、人工拔除、集中焚毁，进一步遏制了黄顶菊的发生发展，在发现黄顶菊的 4 年中在元氏县未发生进入农田现象，2010 年河北省不再将黄顶菊作为检疫对象，黄顶菊疫情基本根除，确保了农业生产及生态环境安全。

三、在黄顶菊防治工作中主要做法与采取的措施

（一）发挥政府职能，成立组织，落实防控责任

自 2006 年 7 月 12 日在元氏县北褚乡发现正在生长的黄顶菊植株后，县委县政府高度重视，立即成立了由政府副县长张忠良任指挥长的黄顶菊防控指挥部，并制订了《元氏县黄顶菊防控应急预案》，按照预案，明确职责，分工负责，实行属地管理，黄顶菊发生地块归谁管就由谁除治，确保了元氏县黄顶菊工作的顺利开展。

为确保黄顶菊防止彻底全部不留死角，县政府充分发挥政府职能，将黄顶菊防治工作纳入了政府行为，于 2007 年 4 月 1 日下发《元氏县人民政府办公室关于紧急开展调查除治黄顶菊的通知》元政办函〔2007〕20 号，要求各乡镇政府立即组织人员，全面发动周密部署，采取有力措施，坚决控制辖区内黄顶菊传播蔓延。并对涉及的农业、水利、林业、建设、交通等 7 个部门按照职责进行了分工，农业部门负责黄顶菊的普查、宣传防治技术，组织黄顶菊的防治工作，并协调指导各有关部门的黄顶菊防治工作；交通局负责公路、火车道两侧的防治；水利局负责河道水库区内的防治；其全部门也都按照职责分工，负责所属范围内的黄顶菊防治工作。县政府要求各个部门要分工协作，系统防治，纵向负责。

在 2006~2009 年的黄顶菊防治工作中，县政府拨出经费 1 万元，召开了四次防治现场会，一次调度会，确保了元氏县黄顶菊防治工作的顺利进行。

（二）广泛动员，全面落实防控措施

为了切实控制黄顶菊的传播蔓延，减轻对农业生产和生态环境的危害，我县农业局采取了一系列的防治措施：

加强宣传培训，提高认识：我们通过县电视台、技术培训、印发明白纸和科技下乡等形式进行宣传，以提高农民的防范意识。在 4 年的黄顶菊防治中，先后举办了 5 期电视讲座，深入到黄顶菊发生的乡镇村举办了 28 次技术培训会，让农民了解了黄顶菊的形态特征、防治方法；同时印发技术明白纸 5 万份，挂图 30 份，光盘 20 个，印发出情报 5 期 600 份，发放到农民手中，指导农民防治，取得了很好的防治效果，受到了省市农业部门的肯定，《石家庄日报》《燕赵都市报》、河北电视台、石家庄电视台等各媒体对我县的黄顶菊除治工作也做了大篇幅宣传报道。

元氏县农业局分别在 2007 年 4 月 1 日下发《元氏县农业局关于紧急开展调查除治黄顶菊的通知》（元氏县〔2007〕7 号）文件，2008 年 5 月 15 日下发《元氏县农业局关于

全面抓好黄顶菊普查除治工作的通知》，石家庄市农业局分别于 2007 年 8 月 8 日，2008 年 6 月 3 日在元氏县召开了 2 次全市黄顶菊防治现场会，有力地促进了我县黄顶菊防治工作。

（三）搞好黄顶菊疫情普查及系统调查，研究黄顶菊防治技术

为了调查黄顶菊发生情况及生长规律，元氏县农业局植保站 2007 年在 4 月初开始连续 3 年对黄顶菊进行跟踪监测，每月 1～5 日农业局组织人员进行拉网式普查，调查黄顶菊的发生发展情况；每 10 天对黄顶菊生长情况调查一次，记录黄顶菊的株高密度、叶片数、生育期、单株花数、结籽量等等，研究其生长规律；同时连续 3 年安排了黄顶菊防治试验，试验结果为：喷施灭生性除草剂百草枯、草甘膦防治效果良好；喷施乙草胺、氟乐灵、莠去津等封闭土壤的除草剂防治效果受土壤、湿度等环境条件影响。通过 3 年的系统调查、防治试验，确定了百草枯、草甘膦为防治黄顶菊主要药剂，为有效防治外来有害生物打下了基础。

科学指导，统防统治。按照县委、县政府的要求，县农业局先后制定下发了《元氏县黄顶菊疫情防控实施方案》和《元氏县黄顶菊防治技术方案》等文件，指导和组织全县黄顶菊的防治工作，分别采取人工拔除和使用化学防治等技术措施，实行统防统治，要求库区内、农田边发生区采用人工拔除的方法，在远离农田水源等高密度发生区采用人工拔除的方法，在公路两侧，远离农田及水源的高密度发生区采用化学防治方法，在 4 年中共防治黄顶菊 2 950 亩，其中人工拔除 500 亩，药剂防治 2 450 亩。

要求在防治手段上突出政府行为，由县政府组织，农业局牵头，乡镇政府负责组织防治队，实行统一组织、统一措施、统一药剂、统一时间进行防治作业，取得了良好的防治效果。

在 2006～2009 年，元氏县黄顶菊防治工作在省、市、县各级领导的重视支持下，经过各级、各部门和广大群众的努力，取得了明显成效，黄顶菊疫情基本根除，到 2010 年黄顶菊不再作为河北省植物检疫对象，至此，黄顶菊防治工作落下帷幕。

新乐市麦田杂草群落演变及化学防治

朱增改

（河北省新乐市植保植检站）

　　小麦是新乐市主要粮食作物之一，其常年种植面积为 36 万亩，而杂草是麦田重要的有害生物之一，每年发生面积 34 万亩，其中化学防治面积 30 万亩。21 世纪以来，随着小麦品种的大量调运，麦田有害生物种群不断发生变化，尤其麦田除草剂的长期单一施用，造成杂草群落演替较快，原来没有的杂草演变为主要杂草，原来容易防治的杂草演变为耐药性、抗性杂草，为害程度日趋严重，因此麦田杂草已对新乐市小麦生产构成严重威胁。为有效防治麦田杂草，我们根据不同时期杂草群落，进行了不同药剂的化学防治。

　　20 世纪 80 年代初，新乐市麦田杂草以阔叶杂草播娘蒿、荠菜、麦瓶、藜、萹蓄、米瓦罐等为主，密度较小，以人工除草为主要防治方式。20 世纪 80 年代中期以来，麦田使用渠灌，杂草的数量迅速增大，化学除草剂的引入推广使麦田杂草的防治进入了化学除草的时代。除草剂品种主要是苯甲羧酸类的 2,4-D 丁酯、二甲四氯等除草剂的麦田，这类除草剂的瓢移严重，加上当时推广的时间是在 4 月中下旬，不仅对下茬作物有残留，而且对相邻的春季阔叶作物有严重药害。为了避免对非靶标作物的不良影响，开始研究推广秋冬季除草技术，并开始大面积推广，当时的麦田优势种杂草是播娘蒿、荠菜、麦瓶草。小麦播种在秋分前后，杂草的出土时间冬前占 90% 以上。冬前除草杂草小、用药少、效果好，药害轻，尤其是当时推广的美国杜邦 dpx 系列超低剂量、超高效产品，如甲磺隆、绿黄隆、阔叶散、阔叶净、苯磺隆，对小麦田阔叶杂草都有很高的防治效果很好。但是，因为它的超长残留，使在春季小麦拨节前使用的部分下茬作物造成药害。20 世纪 90 年代以后苯磺隆的安全性能有了很大提高，至今仍在我市的阔叶杂草发生田推广使用。但是随着苯磺隆的长期使用，特别是 2000 年以后，播娘蒿、荠菜越来越强的抗性或耐药性，迫使人们研究和引进推广了 "1＋1" 复配类除草剂，如 "10% 苯磺隆可湿性粉剂＋10% 乙羧氟草醚"，在杂草较小时使用对阔叶草效果很好，但是对大龄杂草容易造成反弹复活，并且受墒情、天气（寒流）影响，容易造成药害。目前市场上推广的 "1＋1" 类除草剂配方很多，如 "10% 苄嘧磺隆＋10% 苯磺隆"、"10% 苄嘧磺隆＋20% 氯氟吡氧乙酸"、"5.8% 麦喜（双氟磺草胺＋唑嘧磺草胺）"、"45.9% 的麦施达（双氟磺草胺＋2.4 滴异辛酯）" 等，对抗性播娘蒿、荠菜及恶性阔叶杂草猪殃殃防治效果很好。随着小麦品种的大量调运及机械化收割等原因，麦田禾本科恶性杂草雀麦、节节麦在我市逐渐扩展、蔓延，特别是近 5 年来，麦田禾本科恶性杂草已成为了目前影响新乐市小麦生产发展的主要杂草。为了更有效的防治麦田恶性杂草，我们自 2006 年以来，进行了大量试验、示范，通过试验示范，摸索出了麦田恶性杂草的生长习性，筛选出来有效的防治化学药剂，如冬前在小麦 3～5 叶期，使用彪虎、世玛、阔世玛、优先等，防治效果较好，特别是美国陶氏优先，在春后使用，对麦田恶性杂草雀麦、节节麦及阔叶杂草荠菜、播娘蒿、猪殃殃防治效果也很好。几年来，在做好麦田恶性杂草试验、示范和防治的工作上，召开省市麦田恶性杂草防治现场会 2 次：2006 年 4 月 18 日，"石家庄市麦田恶性杂草防治现场会"在新乐市召开；2009 年 4 月 8 日，"河北省麦田恶性杂草防治现场会"在新乐市召开。省市领导对我们做出的工作给予了高度的评价，我们将在省市业务部门及我市农业局、农业技术推广中心的领导下，再接再厉，做出更大成绩。

随着草相的变化以及杂草耐药、抗药性的增强，麦田除草剂的使用将会越来越有针对性，原来那种一个单一成分或"1＋1"型混合除草剂的优势会越来越弱，那种一药除尽麦田杂草的时代将会过去（若干年前，1 亩地使用 1g 巨星就可将麦田杂草轻轻松松全部搞定），随之而来的会是针对不同时期，或不同杂草分别使用相应的除草剂。期待着国内外有实力的公司能够开发出新一代的杀草谱更宽的新化合物来！

从植保巨变 看祖国发展

陈秀双

（故城县植保站）

一、背景

新中国成立初期，故城县还没有独立、完善的植保机构，一些简单的植保工作也只是由农委等单位完成，直到1974年，故城县正式成立了植保站，但当时由于条件有限，植保站和其他股站一起都在一排只有几间的平房里办公，宛如一"农家小院"。当时植保站只有不足 $100m^2$ 的办公室，办公室内仅有几张简陋的办公桌椅，办公用品只是简单地笔和纸，甚至连一个像样的计算器都没有，植保站人员大多是半脱产技术员，那时的植保工作只是单纯地病虫测报，植保内容匮乏；交通工具只靠自行车，测报设施只有 $20m^2$ 的养虫室，植保条件落后；上传下达信息单靠电报或邮寄，信息内容受到局限，信息传递耗费时间长，服务手段滞后。

二、现状

乘着改革开放的春风，伴着伟大祖国的发展强大，故城县植保事业发生了翻天覆地的变化。目前故城县植保站已成为全国农业有害生物预警与控制区域站，拥有一栋 $1\,000m^2$ 的现代化办公大楼，办公设施齐全，办公条件优越。人们的精神面貌焕然一新，植保技术雄厚，植保内涵丰富，植保理念转变，植保信息瞬间传遍全县。故城县植保工作迎来了新的春天。

三、成就

（一）从"农家小院"到"现代化办公大楼"

故城县植保站从建站伊始的"农家小院"，不足 $100m^2$ 的办公室，几张简单的桌椅、笔墨纸张到今天现代化办公大楼，无一不体现了强大的祖国给故城县植保站带来的巨变。如今故城县植保站已是国家投资兴建的农业有害生物预警与控制区域站，借助这一平台，故城县植保站拥有了约 $1\,000m^2$ 的实验楼，配齐农残检测室、标本室、养虫室、病害室等实验室，并配备了光学显微镜、解剖镜、光照培养箱、红外干燥箱、电子天平、农药残留速测仪、超净工作台、高压灭菌锅、台式离心机、移液器、试验室控温设备、实验台、药品柜等试验、检验、检测设备，能满足室内试验的检验、检测。

（二）从骑自行车下乡调查到开车跑全县

过去植保站的工作单纯以测报为主，而使用的工具只有自行车，为了调查一个虫情，有时还要吃住在乡村，当天不能返回，病虫测报信息上报晚、下传慢，调查辐射面小，病虫调查种类少。现如今，植保内容丰富多彩，各种农药试验、示范、推广项目，植物检疫，农业有害生物的预测、预警与防控等工作井然有序的开展，这都得力于我们有了汽车这一交通工具，节省了时间，提高了效率。

（三）从20m² 的养虫室到田间观测场

建站初期，故城县植保站唯一的植保设施是一个仅有20m² 的养虫室，进入20世纪80年代，唯一的测报工具也只是一盏黑光灯，现在故城县植保站已拥有占地10亩的病虫田间观测场，包括1 860m² 的温室、54m² 的养虫网室、56m² 的工具房、2.5亩的种植田间观测圃等。观测场内，安装有自动虫情观测灯、孢子捕捉仪、田间小气候观测仪等设备。观测场的建成，能满足各项测报工作的需要，提高了农业有害生物预测、预警能力，体现了测报的时效性、准确性。

（四）从邮票信封到互联网

以前植保信息、技术的传递主要靠的是邮寄，一种信息上传下达要几天的时间，信息传递速度慢、覆盖面小、时效性差、到位率低。现如今，现代办公设施有了大规模提升，借助电脑、传真机等，通过互联网，一系列调查资料、数据表格、总结汇报、病虫信息等均在电脑上生成。调查数据通过各种系统软件上传，虫情信息通过故城党政网传到全县各乡镇，并借助手机短信方式发布病虫信息，真是轻轻一按，信息即刻传遍。另外通过互联网，我们能详细了解全市、全省乃至全国的虫情信息。互联网让我们告别了邮票、信封，实现了信息传递的自动化、规范化、快捷化、直观化、可视化。

（五）从地图、米尺到GPS 定位仪

以前田间调查我们用的是米尺、测定方位只能靠地图，现在我们有了GPS 定位仪，一款小巧别致的仪器手中一拿，经纬度等数据即可显现，准确度高、快捷方便。

（六）从口头描述到拍摄、录像

过去在田间调查、试验时，遇到没有见过的病、虫在向上级技术部门咨询的时候，只能通过电话口头描述病、虫害的症状，往往由于描述不够清楚、详细而无法确诊，现在我们进行田间调查时，都带着照相机、摄像机，把一些新发生的病、虫拍成照片，在网上上传，形象、直观、一目了然，为科研单位提供了第一手田间资料。

四、展望

从无到有、从点到面，体现了故城县植保事业的巨大变化。弹指一挥间，60年过去了，故城县植保站经历了从无到有、从小到大、从弱到强、从沧桑到辉煌，见证了祖国的发展、壮大。是伟大的祖国才使故城县植保工作发生了翻天覆地的变化，是改革开放的春风催生了这一切，如果没有强大的祖国、没有改革开放，就不会有故城县植保的今天。回顾过去，我们看到了改革开放给植保带来的巨变，展望未来，我们坚信，有我们伟大的祖国做强大的后盾，故城县植保工作会有更大质的飞越，植保事业会更加蒸蒸日上。

衡水市植物保护检疫工作六十年回顾

刘国兴　梅勤学　张银虎　马世龙　孙海霞　孙凤刚

（衡水市植物保护检疫站）

植物保护检疫工作是确保农业生产安全、发展的重要措施，解放初期就写入了农业八字方针，历届政府都给予了高度重视，建立植保组织体系，增加植保基础投入，有效地促进了植保事业的发展。植保系统干部职工更是不辱使命，积极引进植保新技术，研究推广新方法、扩大服务新领域，在我市农业发展的各个历史阶段，都发挥了重要的、不可替代的作用，为粮食增产、农民增收和农业可持续发展做出了重要贡献，已成为衡水市农业生产安全、农产品质量安全，农业增产和农民增收的重要保障。现将衡水市植物保护检疫工作走过的六十年路程简要回顾如下：

一、植物保护检疫体系逐步完善

植保体系和组织机构的建设是植保工作发展的基础。建国 60 年来，衡水市植物保护组织体系得到了良好发展，植保机构从无到有，不断壮大，专业人员逐渐增加，人员素质逐步提高，植保事业取得了前所未有的发展。

衡水地区农作物病虫害预测预报工作始于 20 世纪 50 年代末期。1962 年建立衡水专区，设立了农业技术推广站，有专人负责病虫害测报工作。1965 年根据种植业区划和行政区划全区设立了 22 个站（点），1973～1975 年地县相继建立了植保（测报）站，对常发性的病虫开始了系统测报。

衡水地区植物检疫站 1974 年正式建立，是行政公署农业局下属的一个事业单位。1978 年 12 月 13 日经地区编委批准在植物检疫站的基础上，建立地区植物保护检疫站。1980 年 12 月 10 日地区编制委员会批复，恢复"地区防蝗站"与"地区植物保护检疫站"合署办公，一套人马两个牌子，在原 6 个编制的基础上增加 3 个干部事业编制。

按照省革委会农业局下达的建设任务，1979 年 7 月 20 日行署农业局请示行署农办，开始筹建地区农作物病虫害中心测报站，在当时远离市区西南建站（现育才南大街），1982 年开始使用。

1981 年 3 月统计，全区时有植保专（兼）职技术人员 101 人，其中大专以上学历 34 人，中专学历 49 人，技术工人 1 名，农民协助员 17 人；按职称划分，有农艺师 4 人、助理农艺师 12 人、技术员 5 人。

1992 年《中共中央、国务院关于加快发展第三产业的决定》（中发〔1992〕5 号文件），提出对事业单位要实行企业化经营，事业单位技术人员工资由经营创收给予补充，当年，饶阳五公全国农作物病虫测报站的 9 名人员被定位差额工资。为此，在保证业务工作正常开展的情况下，各县植保站开始实行有偿服务，用于补偿业务经费和人员工资的不足；1992 年 10 月 15 日地区植物保护检疫站成立植保技术咨询服务部，1996 年由全额事业单位改定为差额事业单位，促使技术人员从创收中解决工资福利等。1998 年 3 月市农业局（1996 年 7 月地改市）批准建立植保技术服务部。

1998 年 9 个县市都先后建立了农药管理站，并开展了农药管理执法工作。同年 10 月 15 日市农业局申请建立市农药监督管理站，与市植保检疫站一套人马两块牌子，1999 年正式开展工作。2001 年 6 月根据市农业局的通知农药监督管理站从植物保护检疫站分离出来 独立开展工作。2007 年根据市编办文件，农药监督管理站被撤销，其农药管理职能划归农业综合执法支队。

2007 年 11 月，市植物保护检疫站被市编办重新核定为公益性事业单位（衡市机编办〔2007〕105 号），财政资金基本保证，编制 16 人；全市除武邑、冀州两个县市植保站为差额事业单位外，其余为全额事业单位。主要职责任务是：贯彻、执行有关植物保护的法律、法规；负责农业有害生物的监测、预报；制定农业有害生物的治理方案，并组织实施；组织开发和推广无公害农产品生产技术；管理农药的使用，组织植物保护新技术、新农药、新药械的试验、示范、评价和推广；培训植物保护技术人员、植物检疫人员，并进行资格审查与认证；宣传普及植物保护科学技术知识；组织开展植物保护防灾减灾和社会化服务；农药登记田间试验；贯彻《植物检疫条例》及国家、地方各级政府发布的植物检疫法令和规章制度，向基层干部和农民宣传普及检疫知识；拟定和实施当地的植物检疫工作计划；开展检疫对象调查，编制当地的检疫对象分布资料，负责检疫对象的封锁、控制和消灭工作；在种子、苗木和其他繁殖材料的繁育基地执行产地检疫，按照规定承办应施检疫的植物、植物产品调运检疫手续，对调入的应施检疫的植物、植物产品必要时进行复检；监督和指导引种单位进行消毒处理和隔离试种；监督指导有关部门建立无检疫对象的种子、苗木繁育、生产基地；当地车站、机场、港口、仓库及其他有关场所执行植物检疫任务；受理植物检疫登记；从此开始走入正轨。

到 2009 年末，市及 11 个县市区全部建立了植物保护检疫站，共有专业技术人员 90 名（不含县以下技术人员）。其中，具有本科学历的 14 人、大专水平 39 人、中专文化的 24 人；有研究员 1 名、高级农艺师 5 名、农艺师 34 名、助理农艺师 24 名、技术员 17 名，构建了较为完善的植保技术推广体系。

二、防控预警能力显著提高

病虫测报是植物保护的基础性工作，准确的病虫监测和预报是提高防治效果，做好防治工作的基础。测报体系的软件、硬件建设历来受到各级政府的高度重视，通过多年持续不断的努力，特别是进入 21 世纪以来，各级政府更是加大了投入力度，极大地改善了植保体系的硬件条件，使防控预警能力得到显著提高。

20 世纪 60 年代开展测报工作主要靠人工观察；以农民技术员测报为主，实行领导、技术和群众三结合。70 年代开始应用黑光灯、糖醋盆和杨树枝把等测报工具，并引进了性激素。到 1977 年，全区 11 个县有专职测报人员 37 人，其中，中专以上学历人员 21 人，协助员 11 人，有实验台 3 个、标本柜 4 个、温箱 1 台、显微镜 11 台、双目解剖镜 9 台、摩托车 1 辆。

1981 年开始试用数理统计方法。为提高测报质量，1983 年开始由简单的调查分析方法向多因子综合分析和数字模型方法转变。实行定点调查和大田观测相结合。1984 年开始使用微机并应用线性回归、相关和聚类分析、灰色评判等新理论新方法。1986 年有 9 个县示范推广了电算预报，组建了 52 个数学模型；1987 年《微机在农业病虫预测预报上的应用研究》获省科技进步三等奖，地区科技进步二等奖。

进入 21 世纪，中央和省进一步加大了投资力度，对植保体系的基础设施进行了大规模建设，大大地改善了我市植保体系的硬件设施，有效提高了测报水平。截至 2009 年，中央投资在衡水市的枣强、故城、景县、武邑、深州、阜城等 6 个县市的植物保护检疫站建设了农业有害生物预警与控制区域站，在衡水市和冀州市建立了蝗虫地面应急防治站。总投资近 3 000 万元，使衡水市的测报条件得到了极大改善。截至 2009 年全市植保系统有微机 42 台套、显微镜 19 台、解剖镜 13 台、培养箱 33 套、照相机 13 台、摄像机 8 台、非线编辑线 8 条、化验室 23（×20m²）间、GPS 仪 20 部、虫情测报仪 40 台。使我市中长期预报准确率近 90%，中短期预报准确率近 95%，跃上了一个新台阶。

三、服务水平不断发展

信息技术的进步为植保工作现代化提供了条件，使病虫害发生防治信息的传播得到了提高。在病虫发生防治信息传输方面，20 世纪 70 年代主要靠手摇电话，接通难、误差多、不及时；80 年代初期开始利用模式电报；90 年代中后期开始利用传真；真正发生质的变化是 90 年代后期，随着计算机网络的迅猛发展，病虫信息传递则主要靠互联网，传播速度得到很大提高，传播误差大幅度降低，为植保工作特别是测报工作的现代化提供了条件。在病虫发生防治信息发布方面，过去一直沿用平信邮寄方式，每期虫情印刷几百份，分别邮寄到各县乡有关部门，不仅工作量非常大，而且由于平信传递较慢，经常出现滞后现象，起不到应有的作用。随着农村电视的普及，为了充分利用电视宣传速度快、范围广、直观形象的特点，1999 年市站首先和市电视台联合开展了农作物病虫害电视预报工作，取得了较好效果，随着电波入户工程的实施，各县也陆续在县电视台开办了专题节目，并把农作物病虫害预测预报作为主要内容进行发布，使病虫发生防治信息准确及时形象生动地传达到千家万户。随着农民使用手机的普及，建立短信平台，利用手机短信传递病虫信息也越来越普及，使病虫信息传递又增加了一个新手段。初步实现了病虫预测与信息传递的规范化、数字化和网络化；通过综合利用电视预报、手机短信、咨询电话和发布防治快报等技术手段发布，使病虫信息更加快速直观的传入千家万户，及时指导农民防治。据统计，到 2009 年植保信息进村入户率达到 87% 以上。

四、有效控制了检疫性有害生物的侵入

建立了完善的检疫体系，及时掌握重要检疫对象疫情，采取有效措施，切断或延缓其传播，保障了衡水市农业生产安全。

衡水地区第一张植物检疫证书为 1966 年 9 月 4 日签发的；1971 年植检人员对全区棉花枯、黄萎病发生分布情况进行了普查，划定了疫区和保护区。1974 建立了衡水地区植物检疫站，检疫工作开始步入正轨，1984～1987 年连续对美国白蛾、小麦全蚀病、豚草等进行了普查。1985 年十一个县（市）人民政府印发了《关于加强植物检疫工作的布告》。同年衡水地区植物检疫站对有关单位从辽宁美国白蛾疫区和山东苹果绵蚜疫区调入的 10 万余株山楂、苹果苗，依照条例进行了处理。1986 年以后对衡水地区小麦、玉米、

棉花繁种基地进行了产地检疫和种子的调运检疫。为加强检疫工作，各县市选拔了 110 名事业心强的乡镇技术员为兼职检疫员，由地区农业局统一颁发了工作证。

2001 年开展植物有害生物疫情普查中，在景县、武邑、武强发现了小麦全蚀病共 1 580 亩；在枣强农场首次在衡水地区发现全国检疫对象毒麦，约 200 株，阜城、武邑发现了黄瓜黑星病省级检疫对象，全部进行了扑灭。

2001 年秋，一种来自国外的有害植物、被人们称为"生态杀手"的黄顶菊最初在衡水湖与天津南开大学发现，除安平县外，全市十个县（市）区发现黄顶菊，发生面积达四万余亩。主要分布在路边、林地、衡水湖周围、渠边、建筑工地等环境。其中，冀州、武邑、桃城区、枣强、故城比较严重。按照省、市政府的统一部署，全市各级农业部门高度重视，精心谋划，充分部署，狠抓落实，按照"突出重点、分区治理、属地负责、联防联治"的原则，通过连续 3 年的集中防治，有效地控制了黄顶菊疫情在我市的传播蔓延。

衡水市的植物检疫工作在各级领导的支持帮助下，把规范管理贯彻在整个植物检疫工作中，狠抓队伍建设，文明执法，强化服务意识，严厉查处违法事件，做好产地检疫和调运检疫，搞好疫情监测普查和扑灭阻截带建设等各项工作，特别是近几年全力开展了黄顶菊和麦田禾本科杂草的防控工作，有效地防止了检疫性有害生物传播蔓延，确保了全市农业生产和生态环境安全。

为促进植物检疫工作的规范化和制度化，衡水市植保站从 2009 年 5 月开始，加强了微机出证的督导工作，着力推广植物检疫计算机管理，加快硬件如微机、针式打印机等的配置，提高植保植检管理水平，使微机出证工作在全市顺利开展。针对实际工作中的问题，2009 年 6 月 10 日衡水市植物保护检疫站召开全市农业植物检疫计算机管理系统培训会，河北省植保植检站李春峰站长到会指导工作并作重要讲话；河北省植保站专家薛玉对全国农业植物检疫计算机管理系统的安装及安装过程中注意的问题，系统实际操作等进行了详细讲解，确保了 2009 年 8 月 1 日后全部联网出证。

结合调运检疫检验需要，以简便实用为原则，充分利用项目建设所配备的检验仪器设备，开展实验室检疫、检验，基本做到每个县市都具备能承担室内检验任务的专业人员，为各项植物检疫工作的开展提供了保证。

五、全面实施了综合防治

从传统的以消灭病虫为目的短期行为，发展到着眼于农业的可持续发展、提高人类赖以生存的生态环境，进一步协调了自然控制和人为防治；积极采用综合防治策略，防治水平有了很大提高。

新中国成立之初，由于防治能力差，采取了自力更生、土洋结合，土法上马、全民动员的指导思想；动员干部、组织学生全部出动，而且见效慢效果差，代价和费用巨大。防治器械则以草把诱蛾、袜子筒、蚊帐、剪刀、小蒲扇齐上阵，自制密封水桶式喷雾器，自制土农药；大搞土药、土械、土法防治。1971 年的一次小麦锈病防治，全区就发动劳力 55.9 万、学生 18.84 万人参加；随着防治技术的提高，这种人海战术才逐渐消失。

1966 ~ 1967 年，杀虫剂主要以六六六原粉、DDT 原粉、1605、1059、敌百虫为主，占施用量的 83%，此外还有乐果、磷化铝、DDV 等。药械以丰收-6、丰收-5、简-8、522-

丙等手动铁桶压缩喷雾器为主，一般一人一天仅可喷2亩地；全区共统一分配9 100台。70年代后期，主要为有机磷农药，主要品种有乐果、久效磷等。

1971年不完全统计，全年违规使用农药发生中毒事件24起，中毒51人，死亡1人。3年不完全统计中毒事件62起，其中，人中毒48起，中毒120人，死亡24人，牲畜中毒14起，死亡5头。

1972年实验推广了生物防治，主要有赤眼蜂、杀螟杆菌、白僵菌。由于当时条件所限，没有得到大面积持续应用。

在1979年植保机械化水平还很低，全区仅有植保机动药械890台，作业面积只占防治面积的12.4%，是全省比较落后的地区之一。除用药剂杀虫外，还推广了黄色板诱杀、瓢虫控制等新技术，同时还推广了久效磷、磷铵加机油点涂治虫。到1981年开始示范推广溴氰菊酯、呋喃丹、甲胺磷等新农药。但由于菊酯类农药对棉蚜、棉铃虫防治效果好，农民每年多次重复使用，导致棉蚜、棉铃虫对菊酯类农药的抗性迅速增加，到1992年防治棉蚜主要推广久效磷、氧化乐果、甲胺磷等有机磷农药，防治棉铃虫推广灭多威、万灵、功夫菊酯＋辛硫磷等农药。

坚持以农业防治为基础，搞好科学用药、积极开展生物防治，把防治措施协调配套、有机结合，示范推广农业防治、物理防治、生物防治、生态调控、化学诱杀等综合控害技术，综合防治面积逐步扩大。2009年共推广绿色防控示范面积7 000亩，分别为景县、枣强、冀州、武邑、安平小麦科学用药"一喷多防"技术示范面积4 000亩；故城玉米田赤眼蜂防治玉米螟生物防治示范400亩；针对棉铃虫在玉米田的发生危害情况，结合玉米生防试验示范项目的开展，在故城玉米田释放中红侧沟茧蜂防治棉铃虫300亩；饶阳、阜城设施蔬菜生物防治示范800亩；在故城县建国镇罗马庄示范韭菜病虫害绿色防控1 500亩，均取得了明显的防效。不仅减少了单位面积农药使用量，还降低了农药残留。

通过杀虫灯、以虫治虫、性诱剂等物理生物防治技术，大大减少了农药的使用量。自从2003年衡水市开始进行设施蔬菜生物防治试验示范，逐步探索出棚菜生产应用生物防治的经验和教训。2009年衡水市又分别在饶阳、阜城设施蔬菜生物防治示范区推广应用丽蚜小蜂防治白粉虱，食蚜瘿蚊防治蚜虫，雄蜂授粉技术并配合防虫网、黄板诱测、病害大处方防治、健身栽培等综合配套技术，以期达到生产出绿色蔬菜和增加菜农收入的目的。

六、专业化防治初具规模

20世纪80年代以来，随着经济发展和农村剩余劳动力的转移，各地相继出现了植保公司、植物医院和专业防治队等群众性防治组织，为农民提供技术咨询、统一防治等多种形式的社会化服务；病虫害专业化防治工作不断推进，进一步提升了防控能力，实现了防治效果、防治效益和防治效率的全面提高。

1979年，饶阳屯里公社试办了一个公社级植保公司，由8人组成；基本实现了测报防治、农药供应和使用的统一。1982年阜城、武邑成立县级植保公司，与县植保站合署办公。

随着农业生产实行联查承包责任制，到1983年发展到11个县和46个公社级植保公司。既开方又卖药，服务和经营相结合。全区共有各类喷雾器47 757台，喷粉机 35 511

台；其中，机械喷雾器1 760台，东方红-18有1 257台。

植保社会化服务的发展，不仅解决了一家一户治虫难的问题，而且使植保技术的推广普及有了载体，提高了防治效果，降低了成本，减少了农药用量和对环境的污染。

1990年全区有4 150个村建立了植保技术服务站，有植保科技示范户44 964个。1992年全区11个市县开办了12所植物医院。

1993年专业化防治队伍有了较大发展，指导思想是：巩固县级、抓好乡级、发展村级。全区共建立配药站885个，建立不同形式的专业队4 315个，专业化统一防治面积618万亩次。有机动喷雾器10 007台。

近年来，随着农村劳动力的转移，务农人员以"386199"型为主力军（即妇女、儿童和老人），给农作物病虫害的防治带来一定困难。为进一步推动统防统治工作，提升植保防灾减灾能力，按照"提升能力、强化服务、部门支持、市场运作、示范带动、分类指导"的原则，建立健全植保服务体系、不断强化专业化防治队伍建设，发展壮大基层植保服务组织。在各级植保人员的努力下，衡水市专业化防治工作得到各级政府和上级领导的认可，受到了农民的欢迎。衡水市专业化防治组织主要有大户型、互助型、合作型、协会型等。专业化防治组织集农资供应、技术服务、宣传培训、田间防治为一体的服务组织，实行市场化运作、民办民营、自负盈亏。截至目前，全市拥有各种类型的专业化防治队648个，从业人员达2 660人，年实现机械专业化防治面积565.8万亩次。

2009年全市建设2个专业化防治示范县故城、景县，6个示范区（景县的龙华镇麦田专业化防治示范区、杜桥镇麦田专业化防治示范区、王瞳镇蔬菜专业化防治示范区、故城的坊庄乡梧茂棉田专业化防治示范区、郑口镇刘古庄粮田专业化防治示范区、建国镇罗马庄蔬菜专业化防治示范区），在示范区内筛选了8个信誉好、责任心强的专业化统一防治示范点，作为县植保站的联系点，植保站为每个示范点配备了5～10台机动喷雾器，通过抓专业化示范点建设促进了专业化防治队伍的壮大发展。

现在的专业化统防统治和20世纪七八十年代的统一防治相比，不但在组织形式上，而且在作业手段上有了质的飞跃，实现了由单纯的统一配药单独防治到大型机械大面积集中作业，由落后的手动喷雾器，到现在基本普及机械喷雾机，从人背机械到机器背人的彻底转变，全面提升了防治效果和服务水平。

衡水市农作物病虫害发生与防控60年回顾

刘国兴　梅勤学　纪世东　吴春柳　孙海霞　赵跃峰

（衡水市植物保护检疫站）

一、小麦病虫

（一）小麦锈病

衡水市主要发生小麦条锈病和叶锈，以条锈为害最重。20世纪50年代小麦条锈病大流行，淘汰了碧玛一号小麦。1964年是小麦锈病第一个严重流行的年份，一般都减产二三成，多的减产五六成，甚至有的"锁口"绝收，全区少收小麦1亿～1.5亿kg。1975年是继1964年以来的第二个严重流行年份，5月3日后小麦条锈病暴发，小麦种植面积486万亩，发病面积414.5万亩，其中发病率在5%以下的156万亩，5%～30%的169万亩，30%～50%的79.7万亩，50%以上的9.8万亩，严重程度仅次于1964年。1975年小麦的感条锈病品种顺序：蚰包麦，北京8号，农大311，衡水6404，向阳1、2号，科遣23、25、27，石家庄54、52；感叶锈病的品种：北京10号，石家庄54，科遣麦，向阳麦，北京8号，衡水6404，农大311，石家庄34、52、新54。1976年小麦锈病发生轻，面积75.94万亩，其中条锈37.1万亩；1978年小麦锈病发生面积5.7万亩；1979年小麦锈病发生面积22.463万亩，其中条锈3.24万亩，叶锈19.239万亩。1990年小麦条锈病是自1976年以来最重（面积程度损失主要品种冀麦26）的一年，主要品种冀麦26对白粉病、锈病高度感病，条锈菌生理小种发生了很大变化。1990年以后小麦条锈病没有大的流行。

小麦锈病的防治：20世纪50年代主要是用食盐水、烟草水、石硫合剂等土法控制发病中心。60～70年代开始应用200～250倍敌锈钠、萎锈灵除治效果比较好；施用代森锌、代森铵、氟矽酸钠、草木灰、石硫合剂、小麦叶面喷磷、前期喷施多硫化钡，对锈病均有良好的防病效果。80年代引进并应用抗病品种以来，对控制小麦锈病流行起了很重要的作用。90年代后，以推广粉锈宁提前预防和种植小麦抗病品种技术。

（二）小麦病毒病

衡水市主要是丛矮病，1975年以前仅在冀县、深县、安平三县与石家庄地区交界处的部分社队零星地块发生，总面积1.9284万亩，1976年发病较轻，有6个县发生面积8 600亩，1977年来，为害面积迅速扩大，为害程度不断加重，发病区域也有西部向东扩展，枣强、饶阳、阜城、故城等县都有发病地块，发病面积9.25万亩，其中绝收面积630亩。深县发病最严重，一般病株率20%～30%，严重地块病株率60%以上。1978年，扩展到全区11个县都有不同程度的发生，全区发病面积48.2万亩，一般减产小麦1～2成，严重的减产五成以上。1978～1982年对小麦丛矮病的发生规律和防治措施进行了调查研究，摸清了小麦丛矮病的传播媒介是灰飞虱，掌握了其发生规律，总结出了以"农业措施为主，辅助于药剂防治"的策略，推行了"小麦播种前清除田间地头杂草，切断毒源，适期播种，避开第四代传毒昆虫灰飞虱传毒盛期；杜绝棉田钻种小麦；早播小麦出苗期药剂防治灰飞虱，适时浇水，早春轧麦，加强病田肥水管理"等一套综合防治措施，有效地控制了丛矮病的为害。该项研究 1983 年获"农牧渔业部门技术改进三等奖"和"地区科技进步一等奖"。以后小麦病毒病在衡水市只是零星发生，每年发生 10 万亩以下。

（三）小麦蚜虫

蚜虫是衡水市小麦上的主要害虫，1989 年以前小麦蚜虫发生较轻，多数麦田利用自然天敌即可控制为害，1982 年、1983 年调查，百株蚜量 300～450 头，平均有天敌 4.8 头，益害比 1：93.8，不用药就控制了为害，1989 年大发生，1990 年以后几乎每年都大发生，可使小麦减产 10% 以上。80 年代后，由于农药用量大，大量杀伤天敌，致使小麦蚜虫年年猖獗为害。发生盛期在 5 月 15～25 日。

防治方法：放宽麦蚜防治指标，充分利用自然天敌如七星瓢虫和蚜茧蜂控制为害。当百穗蚜量超过 800～1 000 头时，1999 年前用 1 000 倍液乐果或者 1 000～1 500 倍液 DM 合剂喷雾防治，2000 年以后主要用吡虫啉、阿维菌素防治。

（四）小麦白粉病

80 年代后期发生较为普遍，成为衡水市小麦的常发性病害。1987 年小麦白粉病大发生，感病品种津丰一、衡麦一、冀麦 19 等减产三成以上。1990 年小麦白粉病发病 304 万亩，是历史上发病面积最大、危害最重的年份。衡水市小麦白粉病发生主要原因是：小麦群体大，氮肥用量高，田间通风透光不良。在防治上要保持合理群体结构，调整氮磷比例，增施磷肥。药剂防治：喷洒三唑酮，每亩有效成分 6～8g，防治效果 90% 以上。

（五）小麦吸浆虫

1992 年在安平县刘口乡徘徊村首次大发生，全村发生 1 600 亩，其中 500 亩绝收。1998 年扩大到 4 个县（安平、武强、桃城、深州），吸浆虫，单穗最多有虫 100 多头。1999～2000 年小麦吸浆虫中偏重发生 40 万亩，冀州、枣强和故城 3 个县相继发生，单穗最高有幼虫 654 头。到 2003 年除阜城外，各县都有发生。防治吸浆虫主要以中蛹期撒施毒土和成虫期扫残相结合的方法进行防治，也有采用成虫期连续喷药进行防治的，但喷药时间和技术不好把握。在 2007 年以前，毒土防治吸浆虫主要采用林丹粉剂、1 605 颗粒剂，喷雾药剂主要是敌敌畏、氧化乐果、拟除虫菊酯类等农药；此后采用毒死蜱颗粒剂、甲基异柳磷颗粒颗粒剂，喷雾药剂多为吡虫啉。

（六）小麦纹枯病

1998 年首次发现，发生面积 62.4 万亩。最近几年纹枯病中等发生，侵茎率低，对小麦没造成什么为害。

二、棉花病虫

（一）棉花蚜虫

棉花蚜虫为害盛期在 5 月下旬至六月中旬，7 月上中旬至 8 月中旬为伏蚜为害盛期。

棉花蚜虫的防治：50 年代化学农药较少，主要靠棉油皂土法防治。60 年代开始应用 3911 拌种和 1605 等喷雾，伏蚜采用敌敌畏熏蒸。1976～1980 年推广了氧化乐果缓释剂点涂技术，推广面积 200 万亩。80 年代应用了菊酯类农药防治棉蚜。1982 年苗蚜防治：3911 浸种、呋喃丹颗粒拌种、点涂（氧化乐果）、利用天敌；伏蚜防治：用敌敌畏熏蒸或喷雾。1985 年后开展了指标化防治，即三叶前卷叶株率 10%，三叶后卷叶株率 20%，瓢蚜比例不超过 1 : 150 时开始用药防治。并推广了 60～80 倍液久效磷点心治蚜新技术。长期连续使用菊酯类农药，产生了抗性，1985 年后伏蚜发生严重，用有机磷农药效果好。20 世纪 90 年后随着棉铃虫发生严重，防治频率增加，伏蚜发生程度一直处于较低的状态，仅个别年份在发生难防治（2009 年）。

（二）棉铃虫

是棉花生产的主要害虫，一年发生 3～4 代，一般在 6 月中旬和 7 月中旬为害蕾铃。1992 年二代棉铃虫全代累计卵量 5 000～8 000 粒，最多 11 637 粒。1993 年一代棉铃虫特大发生，一盏黑光灯全代累计诱蛾 676 头，比 1992 年高 1.12 倍，比历年平均值高 19.5 倍。二代棉铃虫特大发生年份，全代一盏黑光灯平均累计诱蛾 52 719 头，最高 109 928 头，全代累计平均落卵 4 347.8 粒。三代大发生，全代累计平均落卵 901.7 粒。四代大发生。

1994 年一、二代棉铃虫轻发生，三代中偏重至大发生，发生期比常年早 7～10 天一盏黑光灯平均累计诱蛾 208.4 头，卵量大，全代累计落卵平均为 353.7 粒。四代大发生，发生期比常年早 10～15 天一盏黑光灯平均累计诱蛾 7 542 头，是历史上最高年份，百株累计卵量 1 813.4 粒。出现了罕见的五代且蛾卵量大，一盏黑光灯平均累计诱蛾 2 507 头，百株累计落卵 1 024 粒。1995 年后开始示范引进 33B 抗虫棉，1996 年后面积逐年扩大，1998 年抗虫棉种植面积达 70 万亩，对棉铃虫防治起到了决定性的控制作用（效果）二、四代中等偏重发生，三代中等发生。

棉铃虫的防治：60 年代主要依靠化学农药防治。70 年代采用农业、物理和化学措施相结合的防治方法。1973 年衡水地区农科所孟文等研究的棉田种植玉米铸集带诱杀二代棉铃虫技术，可降低棉田二代棉铃虫卵 54.7%，直至 1987 年仍在衡水市大面积推广。该项研究 1978 年获省科技成果四等奖。1975～1978 年推广了二代棉铃虫综合防治技术，总结出"杨树枝把诱蛾，玉米诱集带诱卵，药治重点，结合农事操作人工扫残"等综合防治措施。80 年代开展了棉花害虫（包括棉蚜）大面积综合防治示范，总结推广了"药剂拌种，间定苗时拔除蚜株并带出田外，改进施药方法，低容量喷雾防治棉蚜，推广玉米两诱法，结合农事操作灭卵灭虫，合理使用农药"等综合防治措施，取得显著成果。这项技术 1983 年获"农牧渔业部门技术进步二等奖"、河北省发展研究四等奖、"河北省农业厅和地区科技成果一等奖"。1985 年在衡水农科所研究二代棉铃虫生命表的基础上放宽了二代棉铃虫防治指标，二代棉铃虫防治指标由百株累计卵 40～60 粒，放宽到 100 粒卵以上开始防治，全部棉田推广了二代棉铃虫防治一次性药剂防治技术，累计推广面积 700 万亩，该项技术简便易行，被农牧渔业部门列入重点推广项目。70 年代在药剂防治上主要应用甲胺磷、滴滴涕喷雾。80 年代推广了溴氰菊酯、速灭杀丁、来福灵等菊酯类农药喷雾。1987 年开始推广 60～80 倍液久效磷、200 倍液菊酯类农药点心技术。1991 年棉花推广种植中棉 12、冀棉 14、冀棉 17 等抗病品种，推广苏云金杆菌 BT-781 防治二代棉铃虫。引进了灭多威、菊杀乳油、喹硫磷等新农药防治棉铃虫。1995 年开始引种新棉 33B 抗虫棉，1996 年、1997 年、1998 年连续推广 3 年，1998 年棉花播种面积 83 万亩，70 万亩种植抗虫棉。

（三）绿盲蝽

2002 年绿盲蝽大发生，发生 52.1 万亩，防治 70 万亩，平均被害株率 38.7%，最高

86%。2003～2008 年呈中偏重发生，几乎所有棉田都有发生，一般发生地块百株虫量50～80 头，最高地块百株虫量 120 头，防治次数逐渐增多，防治面积达 900 多万亩次。2009～2010 年为中等偏轻发生，轻于前几年，发生面积大，但程度轻。

（四）棉花黄枯萎病

1971 年 8 月 22 日在饶阳县的里满乡第一次发现棉花黄萎病，当时的发病品种为徐州1818，该乡的播种面积 1 872 亩，发病面积 180 亩。其中病株率 1% 以下的 140 亩，病株率10% 以上的 40 亩。1976 年已扩展到冀县、故城、深县、枣强等五县大面积发生为害，面积达 1 492 亩，枯萎病尚未发现。1979 年在冀县码头李公社北小庄大队发现枯萎病，面积160 亩，品种为乌干达和中棉 3 号，其中病株率 1% 以下的 60 亩，病株率 1%～5% 的 15亩，病株率 5%～10% 的 20 亩，病株率 10% 以上的 65 亩，最重的 15 亩，病株率达 33%。一直到 1981 年枯黄萎病处于点片发生阶段。1981 年冬至 1982 年春，大量从疫区调种，从山东调进鲁棉一号后，发病面积跳跃式增加，发病面积达 24 322 亩，比 1981 年增加 18倍。1985 年从石家庄大批引进冀棉八号，1986 年枯黄萎病面积发展到 66 043 亩。1987 年春天从邯郸引进冀棉十二，当年发病面积增加到 42 万多亩。从 1977 年开始用硫酸脱绒方法处理棉种，对控制枯黄萎病有明显效果。

三、旱粮害虫

（一）黏虫

70 年代前，衡水地区黏虫发生较轻，1970 年以后，黏虫已成为衡水地区常发性的害虫。1979 年二代黏虫大发生，造成 12.95 万亩套播玉米受害，有 3.71 万亩玉米被吃光。1972 年、1976 年三代黏虫大发生，严重的谷田几乎被吃成光秆，直至 1987 年每年都有被黏虫为害的作物。1987～1989 年为中偏轻发生，1990 年后一直轻发生。

黏虫防治：以前主要是人工捕打结合喷粉防治，1975 年后推行了"黑光灯、杨树枝把或谷草把诱杀成虫，干叶把诱卵，药治重点，人工扫残"等综合防治措施，有效地控制了黏虫为害。在药剂防治上，70 年代主要是喷洒六六六、滴滴涕。1976 年采用飞机喷药防治黏虫。80 年代，采用有机磷农药喷雾。衡水地区农科所孟文等参加研究的三代黏虫迁飞规律，1978 年获"全国科学大会奖"。

（二）玉米螟、栗灰螟、高粱条螟

1984 年一代玉米螟大发生，全代累计落卵 1843 块，卵量之大超过任何一年。条螟、栗灰螟中等偏轻发生。50 年代采用六六六灌心，1957～1962 年孟文等研究出六六六粉加炉灰渣或细土制成颗粒剂治螟技术，提高了药效期和效果。1962～1965 年，全区大面积示范推广了颗粒剂治螟技术，取得了显著成效，此项技术一直推广到 1980 年六六六停产。1969～1977 年本区示范了赤眼蜂、白僵菌生物防治玉米螟技术，推广了谷子早播诱集带诱杀一代栗灰螟技术。有机氯农药停产后，在螟虫防治上总结了"狠治治好第一代，压低虫源基数，控制二三代危害"的治螟策略，推广了集中防治技术，研究了 1605 年制成颗粒剂和喷雾取代有机氯治螟施药技术。1987 年推广甲级硫环磷防治玉米钻心虫。

四、农田害鼠的发生和防治

衡水地区农田害鼠发生猖獗，地区植保站从 1984 年开始对鼠害种类和习性规律进行了研究，根据其习性，制定出综合防治措施：①三月是害鼠繁殖季节，洞内贮粮吃光，急于到地面觅食采用敌鼠钠盐拌毒饵诱杀。②夏秋季作物生长季节，害鼠食源充足，诱杀效果不好，采用机械诱杀。③害鼠秋季贮食，后秋冬钱挖洞灭鼠。④浇冻水灌洞，耕翻土地等农事活动消灭害鼠。综合防治技术的应用，使害鼠密度下降。1981年我市鼠害大发生，种类多、数量大、范围广、危害重。主要有六种：黄鼠、鼹鼠、黑线仓鼠、长褐家鼠和小家鼠，以黄鼠和长褐家鼠危害最重。1982年田鼠以仓鼠量最大，其次是鼢鼠和黄鼠，家鼠主要是大褐家鼠和小家鼠，百亩5头以下的104.6万亩，6～10头的22.5万亩，11～20头的16万亩，21头以上的7.5万亩。1996年以大仓鼠和黑线仓鼠为优势种群，家鼠以大家鼠、小家鼠为主。在防治上经历了药物灭鼠、生物防治及综合灭鼠等几个阶段。

五、化学除草

1978年，衡水市开始在阜城县旱田做化学除草试验，主要氟乐灵防除棉田、花生田杂草；同时还在玉米田试验了阿特拉津的除草效果，1979年、1980年全市旱田化学除草推广面积24.9万亩。

1986年衡水市引进了2,4D-丁酯麦田化学除草技术，经过试验示范，明确了亩喷洒2,4D-丁酯50g，除草效果90%以上，以3月25日至4月25日喷药效果最好，1986～1987年全区麦田化学除草88.4万亩。但使用2,4D-丁酯后，器械难以清洗干净且双子叶作物对其敏感易造成药害，后逐步被苯磺隆等取代，施药时间也从冬后逐步转至冬前。尤其是2000年前后，衡水市雀麦、节节麦等禾本科杂草的发生，2002年开始应用6.9%骠马（精噁唑禾草灵）水乳剂、3%世玛（甲基二磺隆）和3.6%阔世玛（甲基二磺与甲基碘磺隆）等专用除草剂。

1987年首先在示范区推广玉米田化学除草技术，示范面积3.6万亩，除草剂主要是拉索、阿特拉津、杜耳、草净津等，除草效果在80%以上。1991年玉米田开始推广乙草胺除草剂，但对后茬有影响。1992年首次试验乙阿合剂用于播后苗前除草；1996年开始推广玉米贴茬播种，我市大部分玉米田采用"一封一杀"除草技术，效果很好。1984～1987年推广玉米田盖麦秸减轻杂草危害，抑制杂草的效果也在80%以上。1998年应用的除草剂品种主要有：乙草胺、乙阿合剂、乙莠水、玉草净、克无踪、都阿、拿捕净等品种。

六、蝗虫

1955～1956年，河北省首次提出了"内涝蝗区"观点，衡水列为内涝蝗区。1949～1955年，衡水蝗虫每年发生10万～20万亩，属一般发生年份。1956年发生洪水灾害，1957年蝗虫大发生，面积达189.5万亩。其中，夏蝗105.8万亩，秋蝗83.7万亩。防治上采用药剂防治与人工防治相结合的方法，用"六六六"毒饵和喷洒粉剂。1959年首次利用飞机喷药治蝗。

1960～1963年，衡水每年都有沥涝洪灾，其中1963年罕见的洪水淹没799.4万亩农田，造成连续两年蝗虫大发生，1964年蝗虫发生812.9万亩，其中夏蝗460.5万亩，秋蝗352.4万亩，国家派3架飞机防治206万亩，1965年蝗虫发生228.3万亩，飞机防治了58万亩。1959～1965年全区飞机治蝗面积达392.2万亩。此阶段，各县都建立防蝗指挥部，配备了专职治蝗干部和查蝗员。1963 年景县、饶阳县建立防蝗站。同年，国家投资在饶阳县屯里（和泛蝗区），景县杜桥乡孟庄和冀县徐庄乡大豆村建立了 3 个防蝗飞机场。

1966～1990 年，随着农业生产条件的不断改善，特别是农业实行生产责任制后，许多荒田地变成了粮田，内涝易蝗区全部得到了改造。治蝗进入了一个新时期。一是易蝗面积大大压缩，原有 232 万亩 易蝗面积，仅剩下 12.3 万亩易蝗区，即衡水湖蝗区。二是飞蝗发生的范围减小，农田水利建设，植树造林，垦荒造林等活动，农田生态环境发生了根本性变化，不利于蝗虫发生。有 9 个县摘掉了蝗区帽子，农田蝗区及和泛蝗已去不复存在，易蝗区仅剩下冀州、桃城。三是飞蝗发生面积显著减少。蝗区得到改造，农田用药量增大、蝗虫密度及防治面积降低，发生蝗虫的频率减少，15 年中仅有 1978 年秋蝗发生较重。全区发生面积 78 万亩，较重的只有一万多亩，即冀州市西大湖农田高粱受害；桃城区巨鹿乡 100 多亩谷子被吃成光杆，同期景县十王店徐楼村 100 多亩芦苇遭受蔗蝗危害。

1993～2000 年受气候条件的影响，易蝗区衡水湖积、蓄水不稳定，蝗虫的发生频率增加，且多次出现高密度、群聚型蝗/蝻群。

1993 年 6 月初，桃城区巨鹿乡韩庄东，冀州市顺民庄北衡水湖内 2 万多亩芦苇地发生了高密度、群聚型东亚飞蝗，最大蝗蝻聚集区面积四五十亩，最高每平方米有蝗蝻 1 000 多头。1995 年 6 月中旬，桃城区彭杜乡滏阳新河内老盐河故道 3 000 多亩芦苇地发生了高密度群聚型飞蝗，一般 200～300 头/m²，最高约 1 000 头/m²。1998 年 6 月 5～12 日，桃城区彭杜乡盐河故道 3 000 多亩芦苇，河沿镇滏阳河内 3 600 亩芦苇和冀州市 600 亩芦苇等三处发生高密度飞蝗，一般 100～200 头/m²，高的 800～1 000 头/m²。8 月上旬冀州市魏庄乡湖区 2 万亩苇荒洼地发生了高密度群聚型东亚飞蝗（秋蝗），一般 100～200 头/m²，有 7 000 亩群聚区 1 000 头/m² 以上，最高群聚面积达四五百亩。1998 年、1999 年、2000 年连续三年蝗虫大发生，并出现高密度群聚性蝗蝻群，最高每平方米三四千头。2000 年省防蝗指挥部调集了飞机，6 月 22 日实施了飞机防治，喷洒锐劲特杀虫剂 800kg，防治效果很好。

2001 年以后衡水湖区大面积积水，成为国家级湿地自然保护区，湖区周围经过生态改造与治理，宜蝗面积大大减小，仍有 4 万～5 万亩，蝗虫中至中偏轻发生。

难忘的岁月　辉煌的成就

——阜城县植保事业发展的回顾

张志强　尤月琴　朱泽祥

（阜城县植保站）

阜城县位于河北省东南部，衡水市东北部，东西跨度 45km，纵距 18km，京杭大运河西岸，总面积 697km²，总耕地 68.5 万亩。阜城县历史悠久。始置于西汉时期，至今已有 2000 多年，悠久的文明史孕育了阜城人"艰苦朴素，重信义，讲礼让"的质朴民风。西汉置阜城县。《尔雅》："大陆曰阜。"《说文》称："阜"为"山无石者"。刘熙《释名》："土山曰阜。"县境坡阜较高，河患较轻，取《尚书》"阜成兆民"之义，定名"阜成"，后改为阜城。

1949 年新中国成立后特别是 1978 年党的十一届三中全会的隆重召开，实现了新中国成立以来我们党历史上具有深远意义的伟大转折，做出了把党和国家工作中心转移到经济建设上来、实行改革开放的历史性决策，开启了我国改革开放历史新时期。从此，党领导全国各族人民在新的历史条件下开始了新的伟大革命。在党的十一届三中全会春风吹拂下，神州大地万物复苏、生机勃发，国家各项事业蓬勃发展。我们伟大的祖国迎来了思想的解放、经济的发展、教育、文艺、科学振兴繁荣的春天。党和国家又充满希望、充满活力地踏上了实现社会主义现代化的伟大征程，也发生了世人瞩目的变化，推动了我国社会的全面协调发展。中国社会取得的翻天覆地的变化和崛起的速度让整个世界为之震撼。阜城县的植保事业也随着国家的发展有了可喜的变化，办公环境、工作效率以及植保人的精神面貌也在飞速发生着变化。粮食生产连年丰收，植保工作功不可没。随着全国各项事业的发展，同样也推动了植保事业的壮大和发展，特别是改革开放以来，各级领导的高度重视、关怀和支持下，加快了阜城县植保事业发展步伐，从植保体系建设、植保队伍、基础设施及植保队伍素质都得到进一步的提升。

一、植保体系得到进一步加强

20 世纪 70 年代，阜城县没有专职的植保机构，只是农技站的附属部门（病虫测报站），1974 年才成立专职的阜城县农林局植保站，当时我们还是以生产队为单位的大规模的耕作方式，农田归集体所有，种什么、怎么种都是队长说了算，由于规模作业，集体行动，植保技术非常容易推广，比如用甲胺磷剧毒农药防治多种害虫，大面积地推广六六粉防虫技术等。阜城县于 1981 年先后分田到户，农民真正"当家作主人了"，种什么，怎么种全由自己说了算，只抓住队长一人，来统一防治，统一推广防病灭虫技术已经很难实施，为了能够适应改革开放新的形势，我们进一步加强了植保工作，由 1974 年的 3 人增加到现在的 8 人，农技员的素质也不断地提高，1978 年前我站没有大学生，只有一名中专毕业生，现在大学学历占了 4 个，大专学历 2 名，中专学历 2 名，从职称上比较，过去只有一名助理农艺师，现在我站有两名高级农艺师、四名农艺师和两名助理农艺师；精神面貌也发生了非常大的变化，以前形容农技员是这样说的"远看像个要饭的，近看像个烧炭的，仔细一看原来是植保站的"，如今不同了，植保站田间调查开着自己的专车，拿着先进的照相机、摄像机活动在田间地头，有人还错把植保员当成了记者。

二、基础设施得到了极大的改善

阜城县植保在 20 世纪 80 年代前，均采用原始的毒瓶进行监测，结合田间定点调查作为预报的依据。90 年代采用简易的测报灯，结合田间定点调查为依据，一直延伸至 2005 年。如今不同了，我们已经开始用全自动的佳多测虫灯。2000 年以前，向省站汇报都是采取电报组合方式进行，编十几个字的电报要花很长时间，还得到邮局发送，非常麻烦，如今不同了，我们站里现在每人都有一台电脑，上传下达只需轻轻的一按键盘，交通工具有了较大改变，以前我们下乡骑自行车，偏远的乡镇只能坐班车，有时下乡还得走上十多里才能到达目的地，现在不同了，近处开摩托车，远处开小车，调查面积更大了，测报也更准确了。在 2005 年阜城县被国家批准为有害生物预警与控制站，更加强了基础设施建设。新建了一幢三层的办公楼面积达 960 m²，建有病虫观测场（温室大棚等）占地 10 亩，并温室大棚 1 812 m²，我站现有三部数码照相机，一部摄像机，随时可以拍摄病虫害发生情况，还有孢子捕捉仪、田间小气候自动观测仪、移动数据采集设备及 GPS 定位仪、非线编辑机、投影仪、手提电脑、光学纤维镜及成像设备、解剖镜及成像设备、光照培养箱、红外干燥箱、电子天平、农药残留速测仪、超净工作台、高压灭菌锅、台式离心机、移液器、冰箱、实验室控温设备、应急防治大型施药专用设备、机动喷雾机、防控指挥专用车、病虫系统调查专用摩托车等，总之基础设备的改善极大地提高了测报水平。

三、植保新技术得到进一步推广

随着农业的发展，种植业结构的调整及气候的变化，病虫害的种类也在发生着变化，过去的飞蝗，20 世纪 80、90 年代的棉铃虫已不是现在难治的主要害虫，盲椿象和白粉虱等已经上升为优势种群。病害种类越来越多，阜城县每年各种病虫害发生面积在 480 万亩左右，比 70 年代增加 200 万亩左右，这更加突出植保技术推广的重要性，从测报技术和服务功能上对比就能发现植保新技术的发展和植保事业的辉煌。

1974 年刚开始建站时只有一间办公室，没有测报仪器，测报手段也比较落后，我们老的测报人员由于植保设施落后，对新发病虫害不能进行分辨。目前，通过设施的改善及植保技术的培训，现在能准确地辨认出不同的病虫害，为预测预报准确率的提高做出了重大的贡献。同时通过移动短信平台及时发送病虫防治信息。利用有线电视直观展示病虫发生情况及防治知识。开通植保热线，跟踪服务于农民，被农民称之为"植保 110"，利用送科技下乡和新型农民培训现场指导农民。同时，还大面积推广了除草剂实用技术、绿色防控技术和小麦、玉米、棉花病虫害综合防治技术等，还在蔬菜上推广无公害生物防治技术，植保技术的推广在减灾防灾中起到举足轻重的作用。对在阜城县暴发，严重威胁着阜城县农业安全的病虫害，由于设备先进加上全体植保人员的努力，都非常准确发出病虫防治警报，及时指导全县农户开展药剂防治，把损失控制到最低，多年来为阜城县粮食安全和农业的丰收做出了贡献，也为本县特色农业的发展贡献了力量。在阜城县涌现了一批名牌农产品，如漫河西瓜，漫河乡有传统种植西瓜的历史，而且当地的砂壤土育出的西瓜瓤脆、甜度高，口感好，耐贮运，备受消费者推崇。为此我们在西瓜种植过程中推广采用病虫害综合无公害防治技术，大力推进了该产业的发展，1999 年被河北省定为 "省名优" 农产品，还建立了一个西瓜批发专业市场，从产前、产中、产后认真做好服务，极大地提高了瓜农的生产积极性。目前常年种植面积约在 5 万亩，总产在 20 万 t 左右，每年都有大量外地客户前来预定西瓜。目前已形成了大棚、中小拱棚、地膜、露地西瓜等种植形式，还大力发展西瓜多层覆膜种植技术，进一步研制成功了西瓜秋季延迟栽培技术，使西瓜生产逐步达到周年生产。西瓜远销京、津、石、济、沧及东北三省，颇受消费者青睐。

四、公共植保理念进一步增强

过去是集体土地耕作，如今是分田到户，多年来的工作实践证明，植保工作是关系 "三农"、关系社会公众、关系国家安全的公共服务工作。我们根据植保工作的性质和作用，及时向县政府领导汇报，得到县政府的高度重视和支持，切实加强了对植保工作的组织领导，推进了阜城县植保事业的发展。近几年，县政府在出台了《阜城县农作物生物灾害应急预案》，建立并健全了生物灾害应急防控组织指挥体系的同时，切实加强公共植保队伍建设，尽快完善农业生物灾害检测预警体系，加快发展植保社会化服务组织，着力提升农业生物灾害的应急处置能力，加大财政投入力度，提出了营造 "绿色植保" 新态势的要求，树立 "公共植保" 理念，将重大病虫防控工作上升为政府行为，纳入政府的社会管理和公共服务范畴，为构建 "公共植保" 服务体系奠定了良好的基础。

五、社会化服务组织进一步加大

过去由于是集体规模经营，统防统治面积大，但施药品种和器械落后，防治效果差。虽然现在是零散的分户经营，对病虫害的统一防治增加了难度，为了尽快解决一家一户防治难、传统药械效率低和植保先进适用技术难到位的突出问题，近几年来，我们在认真总结外地和本地植保服务队实行统防统治成功经验的基础上，把发展植保服务组织作为发展现代农业的主要措施来抓，把现代植保机械防治技术作为一项重要的绿色植保技术推广。坚持以民生需求为目标，以示范区为核心，创造条件搞试点，大力推进统防统治。在机防队建设上，我们采取队长负责制，县农业局给予支持和引导，实行区域化作业和有赏服务的原则。到目前阜城县共建立机防队 24 个，拥有机动喷雾器 134 台，手动喷雾器 85 台。其中，县植保站建立 10 个，利用项目器械无偿配备机动喷雾器 70 台和手动喷雾器 25 台，主要分布在小麦、棉花和瓜菜主产区，专业化防治面积达到 10 万亩次以上，大大提升了服务水平和服务效果，充分发挥了专业防治和现代植保机械在重大病虫灾害防治中快速和高效的优势，着力提高防控能力，为有效控制病虫草害的为害做出了贡献。

弹指一挥间，60 年过去了，让人顿觉有沧桑巨变之感。中国人充分体验和享受到了新中国成立和改革开放的成果。中国社会摆脱了旧社会的压迫当家做了主人，改革开放取得的翻天覆地的变化和崛起的速度让整个世界为之震撼。如果没有改革开放，就不会有中国的今天，也就不会有植保的今天。回顾过去，我们看到了改革开放所带来的国富民强；展望未来，我们坚信祖国会更加强大，人民会更加安康！植保事业会更加蒸蒸日上。

阜城县植保工作 30 年变化

张志强

（阜城县植保站）

光阴似箭，日月如梭。1978 年十一届三中全会召开至今，改革开放的春风吹遍了整个神州大地，在祖国广袤的农村也书写了一个又一个的神话。三十年来，我国从城市到农村，都发生了天翻地覆的变化，经济的腾飞，生活条件的改善，都反映了改革开放的辉煌成就。30 年来，阜城县农民的生活水平也像芝麻开花节节高，然而这一切看似悄无声息的巨大变化，却和阜城植保三十年的发展息息相关。30 年来，阜城植保为农业增产、农民增收做出了重大贡献，阜城植保三十年的发展是阜城农业发展的巨大动力。

一、植保体系得到进一步加强

三十年前我们还是以生产队为单位的大规模的耕作方式，农田归集体所有，种什么、怎么种都是队长说了算，由于规模作业，集体行动，植保技术非常容易推广，比如用甲胺磷剧毒农药防治多种害虫，大面积地推广六六粉防虫技术等。阜城县于 1981 年先后分田到户，农民真正"当家作主人了"，种什么，怎么种全由自己说了算，只抓住队长一人，来统一防治、统一推广防病灭虫技术已经很难实施，为了能够适应改革开放新的形势，我们进一步加强了植保工作，由 1985 年前的 3 人增加到 7 人，农技员的素质也不断地提高，1978 年前我站没有大学生，现在大学学历有 4 人，精神面貌也发生了非常大的变化，以前形容农技员是这样说的"远看像个要饭的，近看像个烧炭的，仔细一看原来是植保站的"，如今不同了，植保站的已经开着自己的专车，拿着先进的照相机、摄像机活动在田间地头，有人还错把植保员当成了记者。

二、基础设施得到了极大的改善

我站以前是传统式的测报灯，每天要有专人进行开关，如今不同了，我们已经开始用全自动的佳多测虫灯。2000 年以前，向省站汇报都是采取电报组合方式进行，编十几个字的电报要花很长时间，还得到邮局发送，非常麻烦，如今不同了，我们站里现在每人都有一台电脑，上传下达只需轻轻的一按键盘，交通工具有了较大改变，以前我们下乡骑自行车，偏远的乡镇只能坐班车，有时下乡还得走上十多里才能到达目的地，现在不同了，近处开摩托车，远处开小车，调查面积更大了，测报也更准确了。在 2005 年阜城县被国家批准为有害生物预警与控制站，更加强了基础设施建设。新建了一幢三层的办公楼面积达 960m²，建有病虫观测场（温室大棚等）占地 10 亩，温室大棚 1 812m²，我站现有三部数码照像机，一部摄像机，随时可以拍摄病虫害发生情况，还有孢子捕捉仪、田间小气候自动观测仪、移动数据采集设备及 GPS 定位仪、非线编辑机、投影仪、手提电脑、光学纤维镜及成像设备、解剖镜及成像设备、光照培养箱、红外干燥箱、电子天平、农药残留速测仪、超净工作台、高压灭菌锅、台式离心机、移液器、冰箱、实验室控温设备、应急防治大型施药专用设备、机动喷雾机、防控指挥专用车、病虫系统调查专用摩托车等，总之基础设备的改善极大地提高了测报水平。

三、植保新技术得到进一步推广

2000年以前，我们的老测报人员由于是植保设施落后，对新发病虫害不能进行分辨，通过设施的改善及植保技术的培训，现在能准确地辨认出不同的病虫害，为预测预报准确率的提高做出了重大的贡献。同时，还大面积推广了除草剂实用技术、绿色防控技术和小麦、玉米、棉花病虫害综合防治技术等，植保技术的推广在减灾防灾中起到举足轻重的作用。对在本县暴发，严重威胁着本县农业安全的病虫害，由于设备先进加上全体植保人员的努力，都非常准确发出病虫防治警报，及时指导全县农户开展药剂防治，把损失控制到最低，多年来为我区粮食安全和农业的丰收做出了贡献，三十年来通过阜城植保人员的共同努力，预计为阜城的农业生产挽回经济损失20亿元以上。

弹指一挥间，三十年过去了，让人顿觉有沧桑巨变之感。中国人充分体验和享受到了改革开放的成果。中国社会取得的翻天覆地的变化和崛起的速度让整个世界为之震撼。如果没有改革开放，就不会有中国的今天，也就不会有植保的今天。回顾过去，我们看到了改革开放所带来的国富民强；展望未来，我们坚信祖国会更加强大，人民会更加安康！植保事业会更加蒸蒸日上。

桃城区植保工作 30 年来的变化

赵林洪

（桃城区农牧局植保站）

从改革开放以来，农村发生了巨大的变化，人们的物质生活变了，精神面貌也变了，农村的生产形势也变了。对农作物的种植结构也变得更加合理，植保技术的应用也变得无公害化，使得农产品的品质提高了，农药残留降下来了，对环境的污染轻了，农田小环境得到了改善。植保技术的改变极大地减少了因喷药造成农民中毒事故的发生，保护了农民们的生命安全。30 年来的变化，给当地农业的发展提供了更加便捷的保护，主要表现在以下几个方面：

一、农药的毒性降低

开放初期，农村实行了联产承包责任制，农民们的生产热情普遍高涨，对农作物的管理更加热心，特别是对病虫草害的防治方面，一心想不让病虫草害给农业带来一丝损失，造成农田内用药量大增，因当时低毒农药较少，大多是高剧毒、高残留、高污染的有机磷、有机氯农药品种，农民们操作不当就会发生人员中毒事故，每年都有农民中毒死亡事件发生。随着改革开放的深入，各行各业的发展日新月异，特别是化工产业的发展，使市场上出现了大量的低毒性、低残留、低污染的生物农药、化学农药，过去那些高剧毒农药逐渐退出了农药市场。到 21 世纪后，随着"农药管理法"的出台，高剧毒农药厂的停产，也加速了高剧毒农药的退出。现在各种农药都有了新的替代产品，虽然价格比过去略高些，但效果更好，基本上杜绝了因喷药造成农民中毒事件的发生。农产品中的农药残留量也有了大幅度的降低，产品的品质也有新的提高，对农田小环境的改善也有了明显的作用，田间天敌数量也有所提高。

二、治虫手段多样化

30 年前治虫主要就是依赖化学药剂的喷洒，而随着科学技术的发展，防治虫害的手段也变得多样化了。最成功的、实用面积较大的就是转基因抗虫棉的推广应用；在保护生态环境的基础上，极大的减少了田间用药次数和用药量，保护了农田小环境，也保护了农民的丰收，增加了农民的收入。其次就是保护地蔬菜生产中释放天敌技术的应用，充分利用生物之间—食物链的关系，以虫治虫，既无污染又节省人工等，保护了农田小环境。现在正在研究大田玉米螟的生物防治等技术，相信在不久的将来，有很多种害虫的防治将完全依赖于释放天敌，在农田中形成一个新的生态平衡来控制其为害，让化学农药的使用越来越少，直至不再使用化学农药来灭虫。再就是专业防治队的建立。30 年前，刚实行联产承包责任制时，广大农民对土地种植有极大的热情，在自己认知的情况下，见虫就打药，你治你的，我治我的，互相交流的也不多，形成了农药使用有些不对路，喷药时间不统一，造成错过防治最佳时机，没有好的防治效果；不仅造成了一定的浪费，还形成了乱用药、乱打药的坏习惯，既没有控制住害虫的为害，还严重地污染了环境，破坏了田间的生态平衡，同时还极大地增强了害虫的抗药性，使其更加难防难控。随着农村经济的发展，植保技术也不断提高，在各级植保部门的技术支持下，各地形成了一些植保专业防治队，他们在农村，实行了统一农药使用，统一防治时间；根据害虫的发生特点，在技术人员的指导下，选在害虫最佳防治时间上进行统一防治；既提高了防治效果，也减少了不必要的农药浪费和环境的污染，同时也保证了农作物的丰收。

三、植保药械发生了大的变化

随着科学技术研究的逐步深入，在植保使用的器械方面也有了大的变化。30 年前农村都是使用老式的喷雾器，还有喷粉器，使用起来跑、冒、滴、漏都很严重，对操作者的生命威胁很大，不时就会有人身中毒事件发生。而现在不仅药剂发生了变化，药械也更加严密，防治效果也好，操作者的生命得到了极大的保障。因活塞、加压等一些装置都在器械内部，再也不会有跑、冒、滴、漏现象的发生。同时因为采用大压力喷头，使药液雾化程度更细，喷洒角度更佳，在未增加使用药液量的情况下，防治面积增加，效果提高。还有一些新的防治药械也在逐渐应用于生产；如：保护地生产中使用的烟雾机等。

总之，30 年来的改革开放给我们植保事业带来新的天地，给农业生产也带来了新的面貌，相信随着改革开放的深入，农民们的生产、生活将会更加美好。

武强县植保工作 60 年回顾

吕玉品　刘彩虹

（武强植保站）

新中国成立 60 周年来，武强县和全国各地一样发生了翻天覆地的变化，经济的腾飞，生活条件的改善，都反映了改革开放的辉煌成就。近几十年来，武强植保工作为农业增产、农民增收做出了重大贡献，武强植保的发展是武强农业发展的巨大动力。这些变化主要表现为：

一、适应现代农业发展，不断完善植保体系

新中国成立初期，由于土地改革和新的农业政策，调动了农民的积极性，农业生产得到较快发展，以生产队为单位的大规模的耕作方式，农田归集体所有，种什么、怎么种都是队长说了算，由于规模作业，集体行动，植保技术非常容易推广，比如用一六零剧毒农药防治多种害虫，大面积地推广六六六粉防虫技术。1982 年后由于分田到户，植保服务由原来的 238 个生产队变为千家万户，为了能够适应改革开放新的形势，1983 年不断充实新生力量，1985 年以后植保站正式定员、定编，不断充实新生力量，乡（镇）农技站也正式开始定编，农技员的素质也不断地提高，各乡的农业技术员配合农业局技术推广工作，包括植保工作，工资属农业局财政管理，据记载 1975 年正式成立了农林局测报站，工作人员 2 人，全县 14 个公社，每个公社配备一名测报员，属于半脱产人员，专门负责各乡病虫测报工作，1979 年改名为农林局植保站，1985 年成为农业局植保站，2006 年改为农牧局植保站。1984 年由于机构体制改革留下 4 名乡测报员继续承担专门测报工作，农业局负担开支，直至 1995 年脱离测报工作。1990 年乡财政改革后，乡技术人员由原来在农业局开支变为乡开支，县乡技术开始出现脱钩。植保技术人员 1984 年后稳定在 6~7 人，稳定的植保队伍有利于植保工作的顺利开展，到 2003 年随着人员的老化和新生力量不能及时补充，植保技术人员才出现不稳定状况。

二、根据病虫害种类变化、改善测报和防治手段，推动病虫防治工作

本县 20 世纪 50~60 年代发生的病虫简单主要是鼠害、黏虫、灯蛾、蚜虫、蝗虫等十几种。蝗虫：1950 年、1957 年、1961 年、1962 年发生蝗灾，70 年代以后以土蝗为主，没有形成大的灾害；鼠害 60~70 年代鼠害成灾，80 年代进行治理，90 年代以后受灾不再严重。据记载 1975 年农作物种植种类主要为小麦、谷子、高粱、玉米、甘薯及少量花生、大豆。主要病虫有：粟灰螟、高粱条螟、玉米螟、黏虫、麦蚜、小麦锈病，黑穗病、地下害虫、甘薯两病及豆天蛾、花生病虫害等不到 20 种。1982 年责任承包后，种植结构发生了变化，花生、棉花种植面积扩大，尤其是棉花猛增 10 倍，春玉米面积减少，谷子、大豆种植面积逐年减小，农作物的病虫也发生变化，原来不是主要病虫上升为主要病虫害。

1987 年适应新形势的发展搞好测报，增加服务范围，对新发生的和回升的小麦吸浆虫，农田杂草等病虫草害进一步查清底数，掌握发生规律，并加强测报技术培训，提高测报水平。到 1997 年农作物的病虫害增加到 30 多种，谷子粟灰螟不作为主要虫害进行系统调查。各种农作物病虫害不断增加新的病虫草害，一些次要有害生物上升为主要有害生物，具体变化为：玉米田：1996 年苗期二代黏虫大发生，首次发生瑞典蝇，1997 年玉米茎腐病首次发生，玉米黑粉病发生严重，1998 年提倡玉米秸秆还田使玉米秸秆残留少，玉米螟越冬生存条件改变和基数降低使玉米螟发生轻。麦田机械化收割玉米贴茬播种使玉米草害和虫害严重，机翻面积少，利于杂草、红蜘蛛、黏虫等发生。2000 年首次发现玉米田耕葵粉蚧，采用有机磷药剂灌根效果不错，2001 年发现玉米粗缩病、玉米细菌性茎枯病不同程度发生，2004 年玉米田弯孢菌叶斑病新型病害，主要感病品种为郑单 958。2005 年玉米顶腐病在街关镇发生，2007 年在豆村乡部分玉米田发生二点委夜蛾，2008 年玉米褐斑病偏重发生，主要品种是郑单 958、浚单 20。麦田：1998 年小麦根腐病发生 15 万亩，是发生面积和程度最大的一年，以叶锈为主的锈病大发生，小麦叶枯病发生严重；小麦吸浆虫在本县初次发生面积 1 万亩，减产 3～5 成的 500 亩，5 成以上的 500 亩，绝收的 200 亩，主要品种 4041、白玉 149、冀麦 38 新系。小麦根腐病大发生。1999 年小麦纹枯病在本县发生，2001 年发现小麦全蚀病，2003 年禾本科杂草在本县发生，开始在李封庄麦田发现节节麦，之后在堤南村、董庄、王庄、刘厂、段庄等村发现雀麦，东、西薛村、杜林等村也发生了节节麦。2003 年对小麦赤霉病进行产后调查，发现有病粒，至今每年都不同程度发生。近两年小麦潜叶蝇发生有上升趋势。棉田：1992 年麦田棉铃虫发生严重，引起棉田棉铃虫的大发生，1997 年引进抗虫棉的种植，使棉铃虫在棉田以外进行为害，主要为害花生、辣椒、大豆、玉米、蔬菜等。1998 年棉田红蜘蛛、棉蓟马、棉造桥虫、棉象鼻虫等虫害发生较重，2002 年棉田绿盲蝽发生严重，成为棉田的主要虫害，主要是引进抗虫棉用药减少，造成次要虫害上升为主要虫害。2003 年棉田出现生理性病害红叶茎枯病，近两年棉花疫病常有零星发生。

烟粉虱 2000 年属于大发生，特点是空间密度大，分布作物广，持续时间长，2001 年也是重发生，2007 年中度发生、2008 年中度偏轻发生，大田中受害严重的作物是棉花、玉米和辣椒。

三、狠抓防治，为农业生产保驾护航

新中国成立后，本县防治病虫上除人工捉拿物理防治外，开始重视化学防治，20 世纪 50 年代，防治病虫使用的农药主要有棉油皂、石灰硫磺合剂；70 年代初开始使用六六粉、滴滴涕；70 年代开始使用有机磷农药"1605""1059"、"波尔多液"；80 年代使用拟除虫菊酯类农药，90 年代使用生物农药如 BT 乳剂、氨基甲酸酯类及复合制剂，进入 20 世纪以来，人们生活水平的提高，逐渐重视食品安全问题，一些高效低度农药替代了高毒高残留农药，如阿维菌素、吡虫啉、啶虫脒、甲维盐等，为了增产抗倒伏使用了一些调节剂，如缩节安、多效唑、赤霉素等。除虫工具，50 年代初即使用手摇喷粉器、喷雾器；70 年代末开始使用机动喷雾机和电动离心式喷雾器等，但以背负式手动喷雾器使用时期长使用比较普遍，20 世纪以来，随着社会发展，植保机械也有了大的发展，烟雾剂、电动式喷雾机、泵式喷雾机、自走式喷雾机相继问世，将给本县病虫害防治带来很大发展。

20 世纪 60、70 年代鼠害一直困扰着人们，不仅为害农作物还传播疫病，进入 80 年

代，消灭鼠害成为植保站的主要任务，通过 1980~1986 年调查，本县田鼠主要种类有 4种：仓鼠、黄鼠、鼢鼠、褐家鼠。其中，仓鼠又分为大仓鼠和小仓鼠，褐家鼠分为大家鼠和小家鼠，褐家鼠主要集中在村内为害，几种鼠害中以大仓鼠为优势种，田鼠在本县的分布：西五、孙庄、郭庄北部田鼠密度大，为害重。而合立、沙洼、马头等公社为害轻。从植被上说，花生、豆田、玉米田间密度大，其他次之，被害作物里又以早播玉米、大豆和花生为重。根据国务院〔1983〕38 号文件精神采取综合性的灭鼠方法。当时涌现的灭鼠典型留贯乡焦左齐居养貂专业户左俊芳用鼠夹捕鼠喂貂五年如一日，坚持经常，控制了 4万多亩的田鼠为害，称为典型的鼠夹防治示范区，防效在 90% 以上。经过多年努力，植保站于 1988 年农田鼠害综合防治工作中获市科委颁发的一等奖。1990 年以后随着人们生活环境和耕作制度的改变，鼠害越来越轻，虽然每年都不同程度的发生，但为害轻。

1984 年以来麦田杂草日趋严重，1986 年开始，本县植保站推行了麦田化学除草技术，化学药剂是 2,4-D 丁酯，采用手持电动离心式喷雾机容药 4 两，喷幅 1.5m，行速以每分钟 45m 的速度，每天能喷 6 亩，1986~1988 年进行试验示范，试验出防治药剂的最佳用量及防治时间，同时总结出防治过程出现的一些药害情况，1988 年组建专业防治队进行专业化防治，经过统防统治，使原来"草与苗齐生，草比苗茂盛"的现象从此消失。

随着棉花种植面积增大，为了解决农民防治棉铃虫难的问题，1990 年本县实行了植保专业化防治，典型村有马头乡马头村郭庄乡大刘庄等村，村委会建立了专防队，本着服务为主，合理收费的原则，植保站负责技术指导，在二代棉铃虫防治中采用"四统一分"的防治方法，即统一购药，统一测报，统一防治时间，统一防治技术，分户防治。结合承包在 5 个乡 16 个村推广了"四统一分"的防治方法，从棉花伏蚜开始采取五统一分的专业化防治，即统一购药，统一测报，统一配药，统一时间，统一防治。技术上重点推广放宽指标防治，滴心防治苗蚜和二代棉铃虫。在棉铃虫发生严重的情况下取得较好的成效，节约用药，增加了产量，受到群众和领导的认可。1993 年棉铃虫防治工作中成绩显著，被河北省除治棉铃虫指挥部评为省先进集体。1995 年更进一步的抓了棉铃虫的防治工作，县财政筹集 20 万元，购进高压汞灯 600 盏，除虫药械 300 台，制定了激励政策，有偿收购棉铃虫的蛾子，每只 1 分钱，全年收购 100 多万只，有力地促进了棉铃虫防治工作。防治上还采取了种植玉米诱集带、安装高压汞灯、性诱剂等方法。1997 年引进种植抗虫棉，美国抗虫棉，从此防治棉铃虫工作翻开新的一页。

小麦吸浆虫是一种毁灭性虫害，1998 年小麦吸浆虫在本县首次发生，从 1998 年发生面积 1 万亩到 2003 年增加到 13 万亩，至此每年发生面积逐年减少，从街关镇大郭庄、洛湾等村开始，逐渐发展到北代乡、豆村乡，孙庄乡及武强镇，全县范围都已发生，1999~2009 年的发生情况如下表。

表　1999~2009 年小麦吸浆虫发生情况

年份	发生面积	淘查土样	总虫数	平均虫口密度	最高虫口密度
1999	6.5	207	5 089	24.58	654
2000	10	71	1 959	27.7	454
2001	10	59	377	6.39	95
2002	12	250	4 092	16.37	620

（续表）

年份	发生面积	淘查土样	总虫数	平均虫口密度	最高虫口密度
2003	13	92	1 127	12. 25	303
2004	10	355	3 037	8. 55	756
2005	11	156	1 550	9. 94	445
2006	8	106	577	5. 44	60
2007	7	82	150	1. 83	28
2008	7	71	295	4. 15	34
2009	9	52	291	6. 0	36

通过上表不难看出，通过几年植保站的不懈努力指导防治，小麦吸浆虫的发生面积和发生程度逐年减小，植保工作者克服无经费，人员少的困难，采取各种有效措施，积极防治，为弄清底数，发动各乡镇包村送土样免费淘土，加大宣传力度，在新闻黄金时间播放技术讲座和防治通知，以蛹期和成虫防治并重为原则，在防治关键期召开防治现场会，实行三统一，保证了防效。

四、搞好实验示范，推广植保新技术发展

1983～1986 年开始主要推广玉米螟性诱剂技术，试验得出，粟灰螟性诱剂不适合测报，玉米螟性诱剂有一定实用价值。1985 年开始相继推广各种作物病虫害综合防治技术，夏谷病虫害、谷田螟虫，田鼠的综合防治，夏谷线虫病综合防治工作获省农业厅三等奖。1986 年试验多菌灵拌棉种控制苗期病害技术，1987 年推广小麦病虫害综合防治、棉花病虫防治推广旱田化学除草技术，推广 2,4-D 丁酯防治麦田杂草，推广 1605 喷雾防治谷田螟虫和用"1605"、甲基硫环磷颗粒剂防治玉米螟、推广"1605"拌闷谷种防治夏谷线虫病技术。1989 年开始主要推广了棉蚜防治技术：氧化乐果和水 1∶100 的比例，在棉花苗期滴心防治棉蚜用药集中，残效期长，保护天敌，滴心防治既节省水也省药，减轻了劳动强度，是一项简便易行的有一定防治效果的技术措施；点涂、绳索涂抹器防治棉铃虫、棉蚜。1990 年在棉铃虫防治上推广了生物农药 Bt-781，在卵高峰期用药喷施，两三天后再用化学药剂喷施一次，防治了二代棉铃虫，保护了天敌，推迟了伏蚜的发生期和减轻三代棉铃虫的发生。1990～1998 年推广棉铃虫综合防治技术，1999 年开始推广小麦吸浆虫防治技术，2002 年武强县大力发展种植紫花苜蓿，2003 年植保站承担了省站安排的苜蓿田除草试验，经过三年试验，《苜蓿化学除草及丰产配套技术》项目 2006 年获河北省农业厅丰收奖二等奖。2005 年开始推广小麦一喷三防技术和秋季除草技术，2006 年开始推广小麦恶性杂草综合防治技术，2008～2009 年推广绿色防控技术和生物防控技术，做了大量的药效试验：1986 年、1987 年做了不同农药对棉伏蚜的防治效果试验，1990 年白粉病药效试验，滴心防治二代棉铃虫实验；1991 年乙草胺除草试验；1992～1995 年防治棉铃虫药效试验，筛选出适合本县防治棉铃虫的主要农药品种和适用浓度。还做了 12% 卵虫净杀卵效果试验，经试验可用于大田棉铃虫卵的防治。1992 年蚜毙死防治麦蚜防效试验 1 000～1 500 倍液效果明显。1996～1999 年进行了小麦蚜虫药效试验，2004～2005 年做了小麦禾本科杂草防治试验，2006～2009 年搞了高毒农药的替代药效试验，花生田蛴螬防治药剂的选择试验。

五、植保植检在减灾防灾中起到举足轻重的作用

改革开放以来，随着交通运输与国际贸易的飞速发展，外来有害生物入侵已经成为危及我国生态安全的重要问题之一。

据资料记载，1983 年开始展开检疫工作，1987 年增添了 10 名兼职检疫员，2003 年以后随着植保人员的分散和老化，植物检疫人员出现了不足。

在检疫工作中认真做好疫情普查工作：1983 年开始对棉田黄枯萎病进行普查，1985 年和林业局紧密配合，进行美国大白蛾的普查，认真查清苗木的来源，购进单、原产地，北代乡北平都合刘厂乡护林村从地区农科所购进的山楂苗木，为防治美国大白蛾进入我县，根据上级精神采取果断措施，拔除深埋，消除了隐患。十一届三中全会以来，农民大面积种植棉花，高度重视棉花黄枯萎病的普查和扑灭，1990 主要对棉花黄枯萎病、花生根结线虫病、玉米干腐病、黄瓜黑星病，番茄溃疡病、甘薯小象甲、谷象、四纹豆象等进行普查。1990 年我县从国外引种三英椒种子200kg，按着条例种植时设置了隔离区，保障了安全和无检疫性病害的发生。1998 年开始对美洲斑潜蝇的普查，2001 年疫情普查主要是棉花黄枯萎、美洲斑潜蝇及小麦全蚀病，首次发现小麦全蚀病属零星发生。2003 年在设施棚区调查西花蓟马疫情；最近几年相继对威胁本县的重大农业有害生物和外来生物如黄顶菊、节节麦、小麦全蚀病、南美红火蚁、黄瓜绿斑驳花叶病毒病、苹果蠹蛾、大豆疫病、番茄黄化曲叶病毒病等进行监控，确保不发生重大植物疫情。

从 1986 年开始搞产地检疫，主要检疫玉米制种还有小麦、棉花、大豆。在产地检疫中不断规范检疫程序，完善检疫手段，认真做好田间检查和产地检疫编号申请工作，把好本县种子质量关。特别是 2005～2008 年强化了小麦良种补贴的产地检疫。

在种子调运中，严格把好植物检疫关，对私自调运种子和植物产品者，要坚决按《条例》规定严肃处理，对外调种子无产地检疫合格证的，不予签证，植保工作人员充分利用宣传工具，印发宣传材料，发到各乡及有关单位，在各种会议上宣传，深入到群众中宣传，尽量做到家喻户晓，人人皆知。教育和处罚相结合，让经销单位自觉遵守检疫条例。2001 年开始进行种子市场监管，对玉米、棉花、花生、大豆等作物种子进行检查，重点查处无职务检疫证书，无种子检疫标识和无检疫证明标号，伪造检疫证号和使用过期证行为。

为控制疫情蔓延，本县采取积极措施进行防控，2001 年发现小麦全蚀病和小麦腥黑穗发现后，亲自到村到户，拟定防治建议，为防治疫情扩散，小麦单打独收，杜绝做种及饲料用，以免影响来年小麦的生产，对多年种植感病品种的，播种期要药剂拌种。

2001 年首次在枫庄村麦田发现节节麦，到 2005 年植保站对全县麦田进行普查，发现节节麦发生面积扩大，甚至有了危害。主要分布在东薛、西薛。为遏制恶性杂草的蔓延，采取各种措施，做了大量工作。由于近几年粮种补贴，农民购种积极性较高，对于小麦种子的需求量增大，为了防止雀麦、节节麦等恶性杂草种子随麦种调入本县，我站加大了对小麦种子的检疫力度。发现带有杂草种子的决不放行，勒令其停止销售，并且进行处理，处理后合格的准予销售，不合格的督促其销毁，彻底杜绝随麦种传入的机会。

2005 年在本县发现黄顶菊，2009 年全县发生面积 650 亩，主要分布在武强镇、街关镇和豆村乡的部分村，重点村为肖庄、陈院、常庄、中旺、吉屯、欧庄、张庄、铺头高速路段等地，从 2006 年开展了系统调查和疫情控制工作，本着"多措并举，重拳出击，坚

决控制，力求根除"的指导思想，采取多项措施控制黄顶菊蔓延危害。2003 年本县植保站被河北省植保总站评为 2002 年度河北省植物检疫工作先进集体。

六、加强植保服务体系，更好服务本县农业

为发展多层次、多形式、多成分的基层合作经济组织，抓好植保技术服务体系建设，1983 年武强县成立了植保公司，到 1984 年建成 14 个乡级分公司，并抓好植保专业户的发展，到 1986 年发展为 40 户，植保专业户以代销农药的形式，同时做好技术宣传，指导本村的防治工作，在武强县植保工作中发挥了很大作用，植保公司利用门市做好服务工作，还利用乡村植保专业户设立代销点共 36 个，为农村和农业生产起到了铺路搭桥的作用，方便了群众，植保公司和下边的分公司联合承包了 12 万亩，从管理技术及病虫防治进行指导和供药一体，取得较好的成果。

1987 年，植保站以"走下去，办实事"为指导思想，以技术承包的形式到村搞技术承包。主要搞了小麦和棉花承包，承包技术人员深入到乡村户，在病虫害防治适期及时发出病虫情报，进行宣传培训，用试验说服农民，科学防治病虫，做到以点带面统一防治，防止盲目用药和单独防治的弊病，减少用药次数，降低投资成本，并且利于保护天敌。从小麦病虫害综合防治做起，每年进行承包各项作物。1990 年在本县部分村实行了植保专业化防治，全县共建成各种专防队 30 个，其中乡级两个，村级 6 个，户联办 12 个。主要有"四统一分"和"五统一"两种形式，植保站以承包的形式主要负责病虫害的防治工作。1991 年加强了植物医院的建设，植保站全体技术人员进行技物结合，以服务为主，实行了开方卖药，并加强乡村植保服务体系的建设，在原来植保公司的基础上建立了农技服务公司 14 个，村级专防队发展到 47 个。1996 年下半年部分技术人员响应政策，承包门市，植保站从经营中脱离出来，全力以赴做好技术工作，认真搞好测报及时发布病虫信息，宣传植保新技术，到田间地头指导农民防治。1998 年植保站负责农药管理工作，一套人马两个牌子。1999 年农药监督管理被市局评为先进单位。到 2004 年农药监督工作由执法大队负责。1999～2003 年为指导好小麦吸浆虫的防治，农业局拿出资金植保站从厂家购进农药，在防治小麦吸浆虫实行了统防统治，保证了防治效果。2004 年抓好植保园区的建设，促进减量控害计划的落实，结合园区建设，做好新型农药、新药械、新病虫草防治试验、示范工作，为做好设施蔬菜病虫害生物防治的配套技术和熊蜂授粉技术的实验，请省市专家在北谷庄、新河等村召开培训会培训绿色防控技术和生物防治技术。2004 年配备电脑、照相机和解剖镜虫情测报灯等植保仪器，提高了测报水平和信息的快速传递。

为更好的服务农民，植保站结合本部门新型农民培训及残联、科协、扶贫办、乡政府、村委会等单位多次下乡进行植保技术培训及田间指导。以乡村科技服务站为纽带，为农民传达病虫信息、新型植保技术，同时涌现出一批优秀人才。以前形容农技员是这样说的"远看像个要饭的，近看像个烧炭的，仔细一看原来是植保站的"，如今不同了，植保站的已经开着车，拿着先进的照相机，活动在田间地头。

武强县植保工作者，在植保工作中兢兢业业，无私奉献，为武强的植保事业做出了突出贡献，2001 年度被省站评为全省农业病虫防治先进集体；2005～2008 年植保工作连续被市局评为先进单位。这些年来种植业持续稳定发展，为确保武强县粮食安全和主要农产品有效供给做出了很大贡献，其中植物保护功不可没。

武邑植保工作六十年

周彦群　崔艳荣　梅志学

（武邑县植保站）

武邑县地处河北省东南部，黑龙港流域的中部，东部与阜城、景县相邻，西部分别与衡水市、深州市接壤，北与武邑毗连，东北与泊头市为邻。辖9个乡镇，545个自然村，全县总人口32万人，其中，农业人口29万人，全县总耕地89万亩。主要种植小麦、玉米、棉花、蔬菜等，是典型的农业种植大县，常年粮食种植面积75万亩，蔬菜种植面积达20.1万亩。其中，小麦37万亩，玉米35万亩，设施蔬菜8.6万亩，日光温室2.1万亩，小拱棚西瓜3.0万亩，先后被列为河北省产粮大县之一，2002年3月被省政府命名为"河北蔬菜之乡"，河北省无公害蔬菜基地示范县、衡水市无公害蔬菜生产重点县。2008年全县粮食总产突破3亿kg，蔬菜总产3.5亿kg，农民人均纯收入2 863元。改革开放30年来，武邑农业取得了惊人的成绩，武邑植保也硕果累累。30年来，在各级党委、政府的关怀和大力支持下，在上级业务部门的指导和帮助下，历代武邑植保人崇尚"吃苦为人先，事业为己任，乐于做奉献"的精神，在艰苦的工作岗位上做了不平凡的业绩。

一、病虫草鼠害发生与防控概况

新中国成立以来武邑县境内病虫害发生频繁，为害较重的作物病害有：小麦锈病、纹枯病、根腐病、白粉病、黑穗病、棉花立枯病、黄萎病、枯萎病、玉米大小斑病、谷子线虫病、高粱红叶病、山药黑斑病、瓜类霜霉病、白菜软腐病、茄子果腐病、根结线虫病、瓜类灰霉病、叶霉病、病毒病等。历年发生较重的虫害有：麦蚜、麦叶蜂、棉蚜、棉铃虫、红蜘蛛、黏虫、蟆虫、毛毛虫、豆天蛾、造桥虫、蝗虫、地下害虫等。尤其是蝗虫、黏虫等暴食性害虫，往往造成毁灭性灾害。40年代以前，农民对作物病害迷信"天意该灾"，无能为力，对害虫只能用信石、草木灰、烟草水及人工捕打等土药土法治虫，很难奏效。在1975年农业部召开的全国植物保护工作会议上，确定了"预防为主、综合防治"的植物保护工作方针。武邑县农林局也成立了植保站，并分别在当时的18个公社成立了病虫测报点，加强了农作物病虫测报工作，广泛宣传植保知识，主要农作物病虫害均得到有效地控制。特别是蝗虫，国家投资，统一联防，飞机撒药，近40年没有大面积成灾。90年代以后，武邑县棉区棉铃虫连续5年大发生，1992年棉铃虫特大发生，受灾面积30万亩次，造成皮棉减产6.6万kg，直接损失42万元。为抑制棉铃虫大发生的势头，从1993年开始，国务院领导做出了"用三年时间控制住棉铃虫大发生趋势"的指示，农业部组织全国各级农业植保部门大打了一场防治棉铃虫的淮海战役。通过农、科、教三结合，贯彻落实国家领导对防虫工作提出的"领导指挥到位，虫情信息传递到位，技术指导到位，物资供应到位"的要求。大力推广秋季耕翻土地，冬季灌水灭蛹的农业措施；棉花前期利用灯光、性诱剂、种植诱集植物等诱杀成虫，减少田间落卵量，中后期以保蕾保铃为重点，采用轮换、交替用药，使用混配制剂等减缓害虫抗药性发展等综合防治措施。同时，促进统防队伍建设，积极开展统防统治工作，进一步提高了防治效果。1995
年以后，棉铃虫发生势头与90年代初相比明显减轻，其大发生势头得到了有效控制。20
世纪末，由于机械耕作制度的改革，跨区作业面积不断扩大，种植结构调整等原因，造成
新的病虫种类不断出现，次要病虫逐步上升为主要病虫。如小麦纹枯病、全蚀病、小麦吸
浆虫（2002年首次发现）、麦田禾本科杂草（2000年后在武邑县出现并逐渐蔓延），棉田
盲椿象、玉米耕葵粉蚧、二点委夜蛾（2007年发现）、瑞典蝇、玉米褐斑病、番茄黄化曲
叶病毒病（2009年发现），"生态杀手"黄顶菊（2006年在我县发现）等。但随着测报手
段的改进，植保新技术的使用，专业化统防统治的推广，控制了农作物病虫草鼠害的危
害。武邑县粮食连续6年增收，2009年被农业部评为"全国粮食生产先进县"。

二、重大病虫害得到持续有效控制

随着农业生产条件的改善和各种高产栽培措施的推广应用，农作物病虫害的发生亦呈
加重趋势。据统计，20世纪80年代每年农作物病虫发生面积200万～400万亩次，到20
世纪90年代增加到500万亩次（1994～1999年6年平均为489.339万亩次），2000～2009
年发生面积为679.4万亩次。表现特点：一是发生面积扩大、程度加重；二是突发性病虫
时有发生；三是新的病虫种类不断出现。但由于植保体系建设不断完善，植保技术水平逐
步提高，防灾减灾能力明显增强，主要病虫害均得到较好控制。据统计，1994～1999年
平均每年病虫草鼠防治面积328.19万亩次，占发生面积的67.07%。2000～2009平均每
年病虫草鼠防治面积407.8万亩次，占发生面积的60%。年实际损失分别仅占粮食、棉
花总产量3.3%和8%左右。除个别特殊年份人为不可抗拒因素外，主要病虫为害均得到
了较好控制，尤其是对小麦条锈病、棉铃虫等历来一些重大的全国性病虫实现了持续有效
控制，标志着武邑县植物保护工作水平的全面提高。

另外，对小麦吸浆虫、棉花黄枯萎病等严重为害的病虫都通过采取各种有效的措施，
将其发生与为害控制在一个较低的水平；对于其他重大病虫害，如黏虫等迁飞性害虫以及
小麦蚜虫、红蜘蛛和白粉病、纹枯病、赤霉病、棉铃虫、棉蚜、棉叶螨、玉米螟、瓜菜霜
霉病、疫病、灰霉病等30多种重大病虫害都得到较好的防治和控制，常年因病虫灾害造
成的损失控制在一个较低的水平。

三、植保技术日益成熟，科学用药技术得到进一步的推广

为提高农药的利用率和防治效果，我国植保科技工作者经过几十年的不懈努力，研
究、总结和推广了科学用药技术。一是根据农作物病虫害的发生发展规律，制订出适宜的
防治方案，并注意放宽防治指标，减少农药使用次数与用量，保护天敌，维护对害虫不
利，对作物健康生长有利的田间生态环境。二是改进施药方法，如采用涂茎、滴心等隐蔽
施药方法，或使用种衣剂及药剂拌种等。此外，改大量喷雾为超低量、低量喷雾，配合施
药器械改进推广小孔径喷雾技术等。三是大力推进病虫害的专业化统防统治。这些措施，
大大地减少了农药的浪费和对环境的污染。

四、农药更新换代向高效低毒方向发展

20世纪50年代，先后推广了棉油皂、六六六、DDT、敌百虫等农药，品种单纯，多

为粉剂。60年代，大面积施用1605、1059、3911等剧毒农药，除虫效果虽佳，但残毒期长，对人畜危害较大。70年代我国开始禁用有机汞制剂，农药开始向高效低毒方向发展，先后引用了乐果、氧化乐果、敌敌畏、粉锈宁、多菌灵等。80年代停止生产和使用六六六、DDT等高残留有机氯农药以来，加快了农药更新换代的步伐。目前一大批高效、低毒、低残留的新农药得到推广应用。如杀虫剂中的氨基甲酸酯类、拟除虫菊酯类农药，杀菌剂中三唑类、苯并咪唑类、二硫代氨基甲酸酯类等内吸性杀菌剂，除草剂中的三嗪类、酰胺类、磺酰脲类除草剂，以及新型植物生长调节剂等都得到一定的推广应用。农药制剂也由原来的乳剂、粉剂发展到气雾剂、胶悬剂、水分散粒剂、种衣剂、颗粒剂、片剂和熏蒸剂等，2004年停止推广甲胺磷等五种剧毒农药及混配制剂。逐渐推广啶虫脒、高效氯氟氰菊酯、三氟氯氰菊酯、吡虫啉、毒死蜱、噻虫嗪、烯啶虫胺、氯噻啉、吡蚜酮、甲氨基阿维菌素、多杀霉素、硫双灭多威、甲氧虫酰肼、苦参碱、除虫菊素、氯噻啉、吡虫啉、啶虫脒。

五、植保队伍不断壮大，植保体系日益健全

武邑县植保站是于20世纪70年代在农林局技术站的基础上建立起来的。建站之初，仅县站有工作人员3人。1978年，原各人民公社开始配备1名植保技术员，60%的行政村配备了查虫员，工资待遇由公社或村里解决，使本县植保工作得以正常运转。为了能够适应改革开放新的形势，1985年以后植保站正式定员、定编，不断充实新生力量，乡（镇）农技站也正式开始定编，乡（镇）多数农民技术员也正式招聘为国家在编的植保干部。农技员的素质也不断地提高，1978年前我站没有大学生，现在大专以上学历占了70%，精神面貌也发生了非常大的变化，以前形容农技员是这样说的"远看像个要饭的，近看像个烧炭的，仔细一看原来是植保站的"，如今不同了，植保站的已经开着自己的专车，拿着先进的照相机、摄像机活动在田间地头，有人还错把植保员当成了记者。目前，武邑县已形成了以县站为中心、乡镇为纽带、村为基点的植保网络服务体系，为现阶段植保工作的顺利开展奠定了坚实的基础。

六、业务范围不断拓展，服务职能日益突出

本县植保工作在20世纪80年代前，主要采用田间定点调查作为预报的依据。90年代采用简易的黑光灯，结合田间定点调查为依据，一直延伸至2000年。现在我们已经开始用全自动的佳多测虫灯、孢子捕捉仪、田间小气候等。80年代初至90年代末，向农业部及省站汇报都是采取电报组合方式进行，病虫情报传递以邮信的形式进行，还得到邮局发送，非常麻烦，如今，我们站里现在每人都有一台电脑，上传下达只需轻轻的一按键盘，就"OK"了，开始了农作物病虫害电视预报，病虫信息更加直观、传递更加快捷。交通工具也非常方便了，以前我们下乡坐公共汽车，偏远的乡镇每天只有一至二趟班车，有时下乡还得走上十多里才能到达目的地，现在不同了，近处开摩托车，远处开小车，调查面积更大了，测报也更准确了。

2000年，我站被农业部列为全国病虫区域测报站，承担了全国、全省主要迁飞性害虫（黏虫）及流行性病害（小麦条锈病）、蔬菜病虫害（黄瓜霜霉病、美洲斑潜蝇、小菜蛾、菜青虫等）的监测任务。2006年被农业部列为有害生物预警与控制站项目。如今，

武邑县植保植检站肩负着对全县粮、棉、油、菜、特种作物等作物病虫灾害和重大农业有害生物疫情进行监测与防控指导，大力推广植保新技术、新方法，为农业生产保驾护航的重任，服务职能日益突出。目前，年发布《病虫情报》20 余期，短期预报的准确率在90%以上，中长期的准确率在 85%以上，有效地指导了大面积病虫的防治。

七、基础设施明显硬化，办公条件得到改善

20 世纪 80 年代，我站一直在武邑镇（原农业局）办公，条件艰苦，监测设备落后。1990 年，县农业技术推广中心成立，我站随之迁入中心办公楼办公，安排有办公室 2 间，省植保站给我站配备了显微镜、解剖镜、电冰箱、温箱、高压消毒锅等实验设备。2000年，我站被国家农业部确定为全国重大农作物病虫区域测报站，同时由国家投资，完善武邑县区域站设施的建设，拥有办公室、实验室、资料室和标本室、检疫室等，并配备了电话、传真、电脑、打印机、摩托车等办公设备和交通工具，随后相继添加了数码相机、扫描仪等，进一步改善了办公条件。2006 年我站又被农业部确定为有害生物预警与控制站。新建三层办公楼一座，建筑面积 1 000m^2，检验监测设备 56 台（套），病虫害防控指挥车一辆。病虫观测场（温室大棚等）划地 10 亩。设备更加齐全，仪器更加先进、办公条件更加完善、环境更加优美。

八、防灾减灾成绩突出，服务农民深受好评

有效地防控病虫害，是植保工作的重点。几十年来，武邑县十分重视病虫害防治工作，20 世纪 60 ~ 80 年代，主要采取县站发情报，乡村发简报，以队为单位进行防治。90 年代以后，在病虫防治的关键时段，还由政府出资，组织有领导带队的病虫巡查督导组，检查和指导病虫害的防治。在 1992 ~ 1998 年棉铃虫大发生时期，全县上下全力抓防治，取得了显著的效果。本县植保站 1993 年被河北省除治棉铃虫指挥部评为省先进集体。2007 年为了加大病虫防治力度，还成立以主管农业的副县长为指挥长病虫防控指挥部。由于测报准确、防控及时，可减少病虫为害率约 80%，每年减少损失 3 500 万元以上，每亩直接和间接为农民增加经济效益 240 元左右。施药药械的更新换代、玉米"一封一杀"除草技术、高效低毒低残留农药的应用、生物防治等一大批植保新技术的推广，为农民增收、减轻劳动强度和减轻环境污染做出了重要的贡献。从而，植保人被农民朋友形象地称为"庄稼的保护神，百姓的财神爷"，得到各级党委政府、社会各界以及农民朋友的充分肯定和赞许。植保工作的影响面越来越大，社会地位越来越高，植保人的干劲越来越大。为此，我站和工作人员多次被县委、政府及部、省、市业务部门授予先进单位和先进工作者等称号。

六十年过去了，让人顿觉有沧桑巨变之感。是啊，是改革开放才使植保事业发生了如此之大的变化。展望未来，植保工作任重而道远，为适应新形势发展的需要，更好地服务于现代农业，必须切实加强植保体系建设。牢固树立"公共植保"、"绿色植保"的理念，突出植物保护工作的社会管理和公共服务职能，举全社会之力，充实县级，完善乡级，发展村级，逐步构建起"以县级以上植保机构为主导，乡、村植保人员为纽带，多元化专业服务组织为基础"的新型植保体系，稳步提高生物灾害的监测防控能力。

邢台市小麦病虫草害发生变化趋势回顾

苏增朝

（邢台市植物保护检疫站）

　　小麦是邢台市主要粮食作物，种植面积常年保持在 500 万亩左右。纵观多年来，小麦病虫害的发生发展变化，常发性病虫发生面积、危害损失成倍增加，新的病虫不断出现，老的病虫逐渐回升，突发性病虫存地潜在威胁。但在一代一代植保人的努力下，我们基本实现了对小麦重大病虫害的持续有效控制。对邢台市 60 年来小麦病虫草害发生变化进行回顾和总结，有助于我们积极探索在气候变化和耕作制度变革下，小麦重大病虫害的发生变化规律，进一步提高对小麦病虫草害预测的准确性和时效性。

一、小麦虫害发生变化趋势

　　在 20 世纪 50 ~ 70 年代，小麦生产上的虫害主要是麦蚜、麦蜘蛛、蝼蛄等，一般年份为偏轻或中等发生。50 ~ 60 年代末，对小麦虫害以人工防治为主，70 年代以后，开始进行化学防治。从 80 ~ 90 年代以来麦田虫害发生了较大变化，麦蚜、麦蜘蛛等常见的虫害发生呈现快速加重的趋势；新发生的小麦吸浆虫、棉铃虫的危害成为小麦产量损失的重要因素之一。从邢台市 1981 ~ 2009 年 30 多年虫害发生情况看，麦蚜、麦蜘蛛 1981 ~ 1994 年间麦蚜发生面积约占麦田总面积的 50% ~ 70% 和 12.5% ~ 24%，以 1994 年为转折点，发生面积快速扩大，麦蚜发生面积一直保持在 500 万亩以上，占麦田总面积的 90% ~ 95%；麦蜘蛛发生面积一般年份在 250 万亩左右，占麦田总面积的 45% ~ 55%；小麦吸浆虫 1984 年在邢台市开始出现零星发生点后，发生面积呈快速蔓延之势，1987 年达到 34 万亩，之后面积逐年扩大，尽管防治工作取得了进展，但其发生面积仍呈快速扩展的态势，2001 年大面积暴发为害，发生面积达 100 万亩，2002 年严重发生，发生面积达 173 万亩，至 2008 年已达到最高的 180 万亩，占麦田总面积的 34%；一代棉铃虫从 1992 年开始在小麦灌浆期造成为害，近十几年来发生面积一直在 100 万亩以上，最高年份达到 490 万亩（表 1）。近年来，麦叶蜂、麦茎谷蛾等一些新的虫害的出现，使得小麦病虫害的防治工作遇到新的挑战。

表 1　邢台市小麦主要病虫害历年发生情况统计表　　　　单位：万亩

年 份	小麦蚜虫	小麦红蜘蛛	小麦吸浆虫	棉铃虫	备注
1981	243.7	97.3			
1982	354.8	81.8			
1983	368	76			
1984	319.8	125.7			
1985	361.1	142			

（续表）

年　份	小麦蚜虫	小麦红蜘蛛	小麦吸浆虫	棉铃虫	备注
1986	410.9	54.7			
1987	424.8	71.3	34.45		
1988	347.1	74.9	34.5		
1989	446	162.8	34.45		
1990	374.6	71	36.5		
1991	460	75	35.58		
1992	400.8	142	65	330	
1993	469.8	165	74.66	469.8	
1994	480	240	88.05	100	
1995	510	320	118	350	
1996	549	190	120.65	110	
1997	560	260	98.15	200	
1998	580	150	84	340	
2000	500	200	97.95	490	
2001	510	180	100	450	
2002	520	160	173	300	
2003	510	120	180	160	
2004	445	300	169.7	165	
2005	520	230	141.7	210	
2006	540	280	180	130	
2007	530	240	173.4	100	
2008	500	260	167.8	280	
2009	527	260	180	200	

二、小麦病害发生变化趋势

20世纪50～70年代小麦锈病、条锈病是小麦生产上的主要病害。进入80年代以来，小麦病害的发生种类也发生较大变化，并呈逐渐加重趋势。近30年来邢台市小麦病害发生变化呈现两个特点（表2）：一是对小麦为害较重的病害发生面积呈快速扩大的趋势。如白粉病从1983年开始发生，到1990年大面积发生，很快成为危害小麦的第一大病害。80年代发生面积一般占麦田面积的15%～30%，进入90年代后，除个别年份较轻外，一般年份发生面积都达到45%～50%，1990年、1992年、1997年三年最重，发生面积达到360万～380万亩，占麦田面积的65%～80%，减产率达到5%～15%，已成为常发性病害。二是新的病害不断出现并快速蔓延。小麦纹枯病、根腐病虽为常见病害，但在1997年之前均为零星发生。从1998年开始大面积流行，迅速发展成为害较重的病害，2000年纹枯病最严重时，发生面积达400万亩，占麦田面积的69%。过去小麦赤霉病是长江以南麦区流行的病害，在华北只是零星发生，但从2002年开始发生后，迅速上升为危害小麦的主要病害，邢台市近年发生面积都在 230 万 ~ 280 万亩。小麦减产率达 10% 左右。2003 年发生面积达到 400 万亩，占麦田面积 72.7%，其中，病株率在 10% 以上的有 119.8 万亩，占发生面积的 30%。小麦全蚀病从 2002 年在南和县首次发现，短短几年已迅速蔓延到全市所有产麦县市。虽然绝对面积不太大，但其分布非常广泛，发展趋势不可忽视。

表 2　邢台市小麦病害发生情况统计表

病害名称	病害类型	始发时间	正常年份发生情况		重发生年份		减产程度	备注
			面积（万亩）	占麦田（%）	面积（万亩）	占麦田（%）		
小麦锈病	常见		50 ~ 200	10 ~ 30	300	50 ~ 55	较严重	叶锈或秆锈
赤霉病	新发生	2002 年	230 ~ 280	45 ~ 53	400	75	10	2003 年最重
白粉病	常见	1983 年	100 ~ 260	20 ~ 60	360 ~ 380	65 ~ 80	20 ~ 40	1990 年、1992 年、1997 年
纹枯病	新发生	1998 年	200 ~ 300	40 ~ 60	360 ~ 400	60 ~ 70	5% 以下	2003 年、2005 年
散黑穗	常见		50 ~ 80	8 ~ 15	180	31	1 ~ 3	1985 年
丛矮病	常见		20 ~ 60	4 ~ 12	86 ~ 92	15 左右	1% 以下	1994 年、1996 年、1997 年
根腐病	常见	1998 年	100 ~ 200	20 ~ 40	300 ~ 360	60 ~ 70	3 ~ 5	2005 年、2006 年
全蚀病	新发生	2002 年	12.5 ~ 25	2.5 ~ 5	80	14.30	5	2002 年

注：表中所列始发时间为成规模发生时间，非最早发生时间。

三、小麦草害发生变化趋势

20 世纪 50 ~ 80 年代，麦田杂草主要是阔叶杂草，主要是播娘蒿、荠菜、麦瓶草、麦家公、打碗花、黎、刺儿菜等，以人工除治为主。从 80 年代初到 90 年代中期，麦田杂草发生面积一直维持在 200 万 ~ 300 万亩，1995 年以后，杂草发生面积迅速扩大到 500 万亩以上。特别是 1986 年以后，随着麦田化学除草技术的推广普及，使麦田杂草优势种群发生变化，麦瓶草、麦家公等抗药性较强的杂草上升为麦田杂草优势种。联合收割机跨区作业、化学除草技术广泛普及以及农事操作日趋机械化等，使得麦田杂草发生种类增多，恶性杂草、抗性杂草不断出现。麦田禾本科杂草节节麦等在邢台市 1996 年开始发现，2001 年首先在平乡县周村发生为害，到 2003 年有 4 个县市部分地块开始零星发生，以后发生面积逐年扩大，为害程度逐年加重，至 2009 年，发生面积 40 多万亩，发生田一般杂草株占 5% ~ 10%，严重发生田杂草株占 60% ~ 80%，造成产量损失率 50% 以上。近年葎草、芦苇、打碗花等一些顽固性杂草也开始进入麦田，进一步增加了麦田杂草防治难度。

邢台市植保植检六十年回顾

（邢台市植物保护检疫站）

60 年来，邢台市植保植检工作经过了从无到有逐步发展的过程。通过强化队伍建设，对农业有害生物监测、防控体系建设，装备必要的先进仪器设备，增强、改善对农业有害生物的监测预报手段等，显著提高了邢台市对农业有害生物的监测与防控水平，已经成为保障邢台市农业安全生产不可或缺的一支力量。回首 60 年来邢台市植保植检工作的发展变化，主要有以下几个方面：

一、植保植检队伍和技术职称构成明显增强

在新中国成立之后，邢台市由专区农场管理农业行政和技术职责，文化大革命前植保附属于技术推广科，"文革"后植保附属于农业技术推广站，1979 年成立邢台地区植保站，共 7 人，魏理仓任站长。在 1979 年全市县级以上从事植保工作的技术人员共有 97 人，由于技术职称评聘尚未纳入正轨，多数技术人员的技术职称没能落实。自从 1983 年 1 月 3 日国务院发布《中华人民共和国植物检疫条例》之后，市县各级根据《条例》所规定的职责相继成立了在编的植保植检机构，到 1986 年有 17 个县（市）成立了独立的植保植检站。截止到 2009 年全市除高开区、桥西区之外其余 19 个县（市、区）均已成立植保（植检）站，全市从事植保植检工作的技术人员共有 125 人，其中专职检疫员 70 人，农业技术推广研究员 3 人，高级农艺师 14 名，农艺师 103 名，助理农艺师及以下 5 名。邢台市历任植保站长姓名赵恒信（1978 年前在农业技术推广站负责植保工作），魏理仓（1979～1986 年 9 月），马寿华（1986 年 10 月～1997 年 5 月），柴同海（1997 年 6 月至今）。

二、办公条件和基础设施建设有了明显的改善和加强

在 1979 年以前大多县（市、区）从事植保的工作人员多数与土肥、技术合署办公，办公场所不独立，办公条件除每人有个桌椅外，其余基本没有。21 个县（市、区）没有一个功能齐全，设备先进的病虫害预警与控制（区域）站，随着国民经济的发展，国家加大了对农业基础建设投入，植保植检办公条件和基础设施建设有了较大改善和加强。

目前，邢台市的宁晋县、任县已建成投资 300 多万元的国家级农业有害生物预警与控制区域站，巨鹿的国家级预警与控制区域站已完成 292 万元投资，并开始建设；每个投资 50 万元的隆尧、南和、南宫、清河 4 个省级农业有害生物预警与控制站已建成，并已正常开展工作，全市还拥有 2 个国家级区域测报站（宁晋、临西）、1 个省级区域测报站（巨鹿）、1 个省级抗性监测站（南宫）、16 个市级监测站，100 多个县级监测点；有 8 个县市配备了"佳多牌"多功能害虫测报灯，12 个县市安装了黑光灯，改变了 80 年代初病虫测报诱虫依靠杨树枝把、糖醋液等简单落后的方式，在大大提高了对农业有害生物预测

的准确性和时效性的同时，更提高了农民对农业重大有害生物防控能力。

邢台市从 2001 年开始推广使用佳多牌频振杀虫灯诱杀害虫，与传统的杨树枝把、糖醋液诱杀害虫比较，佳多牌频振杀虫灯诱杀害虫的种类和数量大大增加，可诱杀 87 科 1287 种农林害虫，单灯控制面积近 40 亩；并且佳多牌频振式杀虫灯采用的是现代光、电、数控技术与生物信息技术，集光、波、色、味 4 种诱虫方式于一体，实现了全天候、植物多样性、投入成本低、安全系数高的目标，省去了用杨树枝把或糖醋液诱杀害虫每天早晨收蛾、过 5~7 天必须更换杨树枝把或糖醋毒液的麻烦，减轻了劳动强度。

邢台市自 70 年代中期到 20 世纪末 20 多年时间内，对病虫害的预测预报工作主要用黑光灯诱测害虫。从 2001 年开始，邢台市先后有宁晋、隆尧、临西、巨鹿、邢台县、南宫、大曹庄安装使用佳多牌智能型虫情测报灯进行害虫预测预报；2008 年，宁晋、任县、隆尧、南和、南宫、清河等县先后建成了占地近 10 亩的病虫害田间观测圃，每个病虫害田间观测圃都安装了一台佳多牌智能型虫情测报灯，对病虫害进行预测预报。与传统的黑光灯相比，佳多牌虫情测报灯是集光、电、数控技术于一体的新型虫情测报工具，能够随昼夜变化自动开闭、自动完成诱虫、收集、分装等系统作业。设置的八位自动转换系统，可实现接虫器自动转换；如遇节假日等特殊情况，当天未能及时收虫，虫体可按天存放，从而减轻了测报人员每天来回奔波的麻烦；利用远红外快速处理虫体，使虫体新鲜、干燥、完整、易于辨认和分检，便于制作标本。与常规使用毒瓶（氰化钾、敌敌畏）等毒杀昆虫相比，避免了对测报人员的人体危害；诱虫数量大，虫峰日明显，提高了对害虫发生量和发生期预报的准确性；有效解决了多年来困扰基层的测报人员少，测报任务重的难题。

植保实验室检测仪器装备更加先进，单从显微镜看，显微镜倍数成倍提高，精度更加精确，功能更多，自 2007 年以来，市站、宁晋、巨鹿、临西、隆尧、邢台县、威县、大曹庄、南和、南宫、清河等县先后配备了具有成像和解剖功能的高端显微镜和解剖镜，大大提高了基层植保站对病虫害的鉴别能力。

三、现代化的传输（送）条件运用，使《病虫情报》的时效性、实用性大大增强

在 1979 年前后《病虫情报》的上传只能靠模式电报，由于缺乏资金，需要通过邮电局代传，80 年之后虽安装了电话，但全局共用，非常不方便，只到 1990 年市植保站才有了自己的单独电话，随着通讯传输技术的发展，2002 年实现了省、市微机联网，2005 年基本实现了省、市、县微机联网，使《病虫情报（信息）》的传递基本实现现代化。但《病虫情报（信息）》的下传尤其是传到农民手中，在 1998 年前多是依靠邮寄的方式，由于传递速度慢、实效性差，严重制约了《病虫情报（信息）》应有作用的发挥。1998 年邢台市开始创办并在全市各县推广"农业病虫电视预报"，由于"农业病虫电视预报"具有覆盖面广、传递速度快、图文并茂、直观好学等诸多优点，深受广大基层农业技术人员和农民的好评和信赖，从而大大提高了病虫情报的入户率，使困绕邢台市植保工作的"病虫情报"不能及时发到农民手中，适时指导农民开展防治问题得到彻底解决。《病虫情报》才真正成为农民炕头上的科技快餐、科技致富的好帮手，对推动邢台市植保工作的深入开展，产生了深远的影响。

此外，我们还把病虫发生信息和防治技术通过 16 万手机短信用户、《邢台日报》、邢台农业信息网等多种现代先进阵地进行及时、广泛发布，使广大农民通过多种渠道及时了解到他们防治所需信息。

监测网络、传输网络、电视预报和防治指挥系统进一步完善，基本实现了对危险性、流行性病虫害提前 30 天预警，常发性病虫提前 20 天预警，突发性病虫提前 10～15 天预警，测报准确率达 90％以上，病虫情报入户率提高到 85％，病虫情报入户率较 1978 年提高了 50 多个百分点以上。

四、法制建设，为植保植检工作更加顺利地开展提供了法律保障

1983 年 1 月 3 日国务院发布《中华人民共和国植物检疫条例》，为方便运用这一法规，1995 年 2 月 25 日农业部令第 5 号发布《植物检疫条例实施细则（农业部分）》，经第九届人民代表大会常务委员会第二十六次会议于 2002 年 3 月 30 日通过，颁布《河北省植物保护条例》于 2002 年 7 月 1 日起施行。把植保植检从业务工作逐步纳入法制化管理轨道上来。为植保植检工作更加顺利地开展提供了法律保障。

《行政许可法》《行政处罚法》《中华人民共和国植物检疫条例》《植物检疫条例实施细则（农业部分）》《河北省植物保护条例》等行政法律、法规的颁布实施，以法律形式明确了各级植保机构的职责，确立了各级植保部门为检疫（植保）行政执法主体，规范了检疫（植保）执法行为。根据《植物检疫条例》第三条规定，县级以上地方各级农业主管部门、林业主管部门所属的植物检疫机构，负责执行国家的植物检疫任务。因此，各级植物检疫机构是法规授权的植物检疫执法主体。《行政许可法》第二十三条规定，法律、法规授权的具有管理公共事务职能的组织，在法定授权范围内，以自己的名义实施行政许可。被授权的组织适用本法有关行政机关的规定。

在行政处罚方面，对违反农业行政法律法规行为的行政处罚，法律法规授权的植物检疫机构对违法行为可以行使行政处罚。《行政处罚法》第十七条规定："法律、法规授权的具有管理公共事务职能的组织可以在法定授权范围内实施行政处罚"，《农业行政处罚程度规定》第三条第二款规定："本规定所称农业行政处罚机关，是指依法行使行政处罚权的县级以上人民政府的农业行政主管部门和法律、法规授权的农业管理机构。"根据《植物检疫条例》第十八条"有下列行为之一的，植物检疫机构应当责令纠正，可以处以罚款；造成损失的，应当负责赔偿；构成犯罪的，由司法机关依法追究刑事责任"，《植物检疫条例实施细则（农业部分）》第二十五条"有下列违法行为之一，尚未构成犯罪的，由植物检疫机构处以罚款"，明确了植物检疫机构具有独立的行政处罚权，各级植物检疫机构依法行使行政许可和进行行政处罚受国家法律保护。

为提升植物检疫执法人员的威严，全国专职植物检疫员依据农业部颁发的（84）农（保站）字第 10 号文件，于 1984 年开始穿着统一制服进行执法活动。

五、植保专业化服务体系建设得到长足发展

在 1985 年之前，农业局植保部门只负责技术的研究、引进和推广。随着我国家庭联产承包责任制的施行，一家一户病虫防治难的问题日渐突出，买药的不懂技术，懂技术的不买药这种机构设置，严重制约着农业有害生物防治工作的有效开展。为此，邢台市根据

上级有关精神，自 1985 年开始发展技、物相结合的服务组织植保公司，于 1998 年又开始创办植保协会，为植保服务体系改革创出了路子，提供了经验，它标志着邢台市植保服务体系的建设已经进入新的阶段。全市已建立了 1 个市级植保协会、8 个县级植保协会，800 多个乡（镇）级会员服务站，拥有机动喷雾器 6 834 台，成为邢台市农业有害生物防治的主力军。2001 年国家行文不让行政、事业单位经商办企业，市县两级植保机构均把经营服务性实体分离出去。2009 年农业部号召开展农业病虫害专业化统防统治工作，并下达《关于推进农作物病虫害专业化防治工作意见》，同时河北省农业厅也下发了《河北省农作物病虫害专业化统防统治工作方案》，成为今后农业病虫害防治纲领性文件，农作物病虫害专业化统防统治工作广泛深入地开展，必将对农业病虫害防控水平有极大地提高。

由于上述各项工作的创新与发展，使邢台市植保植检工作有了很大的进步和提高，总体体现在对农业病、虫、草、鼠这些农业有害生物的防控能力有了明显增强。据统计，现在全年有害生物防治面积都在 6 000 万亩次以上，挽回农作物产量损失约 65 万 t，分别是 20 世纪 80 年代初病虫害防治面积 4 000 万亩次的 1.5 倍和挽回损失 23 万 t 的 2.8 倍。对重大病虫应急控制水平可达到 70% 以上，基本上做到不成灾。基本实现了粮食及经济作物病虫害危害损失率分别控制在 5% 和 8% 以下的防控目标。

临西县植保植检工作整体回顾

临西县农业局植物保护站

一、植保站历史

临西县植保植检站最早建于 1964 年底、临西县自山东省临清县划出归属河北省独立成县制时始，当时称临西县农业局技术站虫情测报科，附属于技术站管理，办公地点在县城西 1km 处的原种子公司东邻，有 6~7 间办公室，人员 4 名，当时周围为农田。视野开阔。院内设有黑光灯一盏，进行棉铃虫等诱蛾工作。文革开始后，测报工作受到冲击，调查数据不完整，资料不连续。1974 年改称虫情测报站。1980 年测报站迁移到现职教中心处，与县农科院一个大院办公时止，测报工作又恢复了正常，当时仍称虫情测报站，开始独立于技术站，独自成一站。1981 年正式改称临西县植物保护站，但人们仍称虫情测报站。1984 年前后开始赋予植物检疫职能。1990 年由现职教中心迁回到现农业局楼内办公，1993 年改称临西县植物保护检疫站，但由于检疫专用章刻制于 1984 年，当时正值《第二次汉字简化方案》实施期间，因此，检疫章上的"检"字采用的是简化汉字" 木介"，以致现在有人对临西县签发的检疫证书产生怀疑。

1994 年临西县植物保护检疫站成为省重点区域测报站。1995 年成为全国重大农业有害生物测报网区域测报站，2005 年在事业单位机构改革中，由于人为因素，原称呼被改成了"临西县农业局植物保护站"，在县编制办被正式定名至今，不过原职能没有变化，仍有植物检疫执法职能。

二、农业有害生物发生与防控工作回顾

蝗虫以土蝗为主，在原隶属山东省临清县时，1963 年卫运河决口，1963 年洪水退后和 1964 年划归河北省前，我县所辖区域实施过飞机治蝗。划归河北省后再没有实施过。1985 年、1996 年出现了两次土蝗大发生年份，1996 年的秋土蝗造成谷子苗受害严重，有 1 万亩左右的谷子田出现缺苗断垄，有 1 000 多亩地进行了毁种重播。1985 年组建了一支县级机防队，当时有 3 台机动喷雾机，人员 5 人；1996 年采取的防治策略是：统分结合，分户防治，即专业机防队除治沟渠等公共地块的蝗虫，责任田内的由农户自己喷雾防治，突出以统一时间为主，集中除治。

在 20 世纪 60~70 年代，农业病虫害以蚜虫为主，如棉蚜、高粱蚜、玉米穗蚜等；再就是高粱上的粟穗螟，棉花上的造桥虫、小麦上的麦叶蜂、谷子钻心虫。1975 年小麦条锈病发生严重。当时的防治药剂主要是 DDT、西维因、六六六、3911、1605 等高剧毒农药为主。80 年代初由上海引入菊酯农药开始在农田使用。

1989~1991 年小麦白粉病大发生，1982~1983 年小麦丛矮病暴发。全县发生面积 8

万亩左右，减产 60% ~70% ，上百亩地块绝产。

20 世纪 80 年代后期至 1995 年，棉铃虫在临西县大发生，产量损失严重，棉花生产受到严重挫折。1995 年开始引进国产抗虫棉示范种植 30 亩，但是由于抗虫效果不明显，引种失败，1996 年开始引进试种美国孟山都公司的岱字棉 33B，种植 35 亩，抗虫效果明显，引种成功，1997 年普及推广 4 000 亩，1998 年推广 8 万亩，至 2000 年实现了抗虫棉全覆盖，并且一些如 SGK321 为主的国产抗虫棉的抗虫效果也得到了广大棉农的认可，到今天形成国产抗虫棉一统天下的种植格局为临西县的棉花生产做出了突出贡献。

1996 年小麦纹枯病、根腐病在临西县麦田开始发生，1997 年、1998 年连续暴发。

2005 年小麦全蚀病在部分麦田开始发生。

2005 年以石麦 12、2006 年以藁优 9415、2008 年以 7086 为代表的小麦冻害发生严重。2008 年冬季小麦遭受冬季干旱无雨，2009 年春季返青时出现大面积因干旱导致的死苗现象，以赵樊村、赵瞳为代表的村出现上百亩的连片绝产面积。2009 年 11 月 12 日暴雪导致小麦冻害严重，2010 年返青时部分地块出现缺苗断垄，但通过加强以促为主的肥水管理，最后产量未受到太大影响。

三、历史记忆

说起临西县的植物保护工作，则不然要谈到本县植物保护工作的奠基人、开拓者——葛友明、盛宝兰夫妇。他们二人是随着临西县独立成县制自山东临清县划归河北省时一并划归临西县农业局的，当时二人在临清植保站时就从事植物保护工作，到临西时仍从事这项工作，葛友明在技术站任领导工作，盛宝兰任虫情测报科科长。葛友明主要从事各种农业病虫害防治方法的试验、示范、推广工作。到田间亲手操作，亲身调查；盛宝兰主要从事各种病虫害田间发生动态的监测调查工作，夫妇二人夫唱妇随，整天忙于业务，对于政治则不感兴趣，以致在文革中，被领导在大会上点名批评："百株有虫，葛友明，百株有卵，盛宝兰，"但对于他们夫妇二人对植物保护工作的贡献大家是有目共睹的、是公认的，后来人们把那两句话改成了"要治虫，找友明。""要查卵、找宝兰"，这事在临西县植物保护发展史上是一段佳话。

四、测报队伍建设

在 1980 年以前的集体时代，全县 15 个乡镇，都配有虫情测报员，小乡镇 1 个，大乡镇 2 个，全县共有 20 个测报员，5、6、7 月份每周集中汇报一次，关键时期每周 2 次，到后期一般 10 ~15 天一次。1980 年实行联产承包责任制分田到户，植保独立建站后，又自己在全县设立了 6 个测报点，培训了自己的专职测报员，每周一次汇报，1995 年后剩下 4 个，2000 年后剩下 2 个。测报网点的减少最根本的原因在于经济财力的制约。1980 年前，每人每月补助 12 ~15 元，1980 ~1995 年每人每月补助 30 元，1995 ~2000 年每人每年 300 元，2000 年后每人每年 500 元，补助全额与物价上涨、人员工资变化相差甚远，以至于部分测报员舍弃这项工作而转投其他行业。

五、科技成果及奖励

盛宝兰《粟穗螟发生规律的初步分析和防治技术探讨》，发表于 1975 年河北省农科院《植保与土肥》。

盛宝兰《棉小造桥虫发生规律初步分析》，发表于 1964 年《昆虫知识》。

1989 年、1992 年、2008 年临西县植保站获"河北省植保工作先进集体"荣誉称号。

1993 年，李月英获农业部"棉铃虫综合防治先进个人"。

南宫植保六十年

张先忠

（南宫农业局）

南宫植保工作从新中国成立后至 1980 年始终在农业局技术股内，叫虫情测报组对外称植保站。负责人先后有：张玉霞、薛志刚、高元群、张先忠担任。1981 年上级拨款后，植保站由学胡同迁至青年路（原邢德路）原种子公司院，相对办公独立，但还没有编制。1986 年 10 月南宫市编委批准设立植保站，并配设副站长指数一人。1987 年 1 月，组织部任命张先忠为植保站副站长。1987 年植保站由青年街植保站搬迁于农业技术推广中心大楼。1991 年，张先忠任正站长，李双涛任副站长，2002 年 10 月张先忠调离，李双涛任站长，2007 年 3 月，李双涛调离，张先忠任植保站站长。

1955 年南宫首次使用农药，品种为有机磷 1509、有机氯 666 粉。

1957 年我市巩家洼合作社发明杨枝把诱杀棉铃虫，先是在全县推广，进而在全省推广。发明人巩玉波因而获全国劳模。

1958 年 8 月 5～10 日南宫飞机治虫 95 130 亩，防治对象棉铃虫、黏虫。

1962～1964 年南宫的孙村、吴村、红庙等乡严重发生谷子线虫病，面积近 30 000 亩，减产幅度 25% 以上。

1964 年全县 11 万亩棉花受虫害，小麦锈病大发生，减产严重。

1971 年南宫 1 091 万亩棉花蚜虫、棉铃虫严重发生，减产 30% 以上。

1988 年南宫发生假久效磷案件，涉案人员 80 人、11 个单位。18 万元的 15t 假久效磷当场销毁。

植保站于 20 世纪 80 年代初期承担参加中国棉花病虫综防北方组项目，1982 年 5 月张先忠代表南宫参加全国棉花黄枯萎病学术研讨会（山东泰安）。1985 年李洪群代表南宫参加全国棉花综防学术研讨会（湖北武汉）。1989 年张先忠代表南宫参加北方棉花综防学术研讨会（陕西西安）。并宣读《棉花枯黄萎的发生与防治》论文一篇。

1994 年，全省除治棉铃虫现场会在南宫召开。2007 年 8 月全国棉花枯黄萎病学术研讨会在南宫召开，来自全国 16 个省、市、自治区的学者、专家约计 400 余人参加了这次大会。

20 世纪 80 年代初期，防治病虫害的器具以 8L 圆桶喷雾器和喷粉器为主，辅助于人工捕捉。80 年代后期推广使用 14L 的背负式喷雾器，并推广小孔径低容量喷雾防治病虫害。在防治棉花苗蚜上，推广呋喃丹拌种和氧化乐果涂茎，推广进口菊酯，有机磷点心防治二代棉铃虫。进入 90 年代，机动喷雾器大量进入农家，农作物病虫害防治以机动喷雾器为主。1996 年示范推广抗虫棉，为预防棉花鳞翅目害虫起到了很大作用。

1998 年植保站着手示范推广无公害韭菜生产技术。1999 年北胡无公害韭菜基地生产资质审评通过。2000 年韭菜产品在省无公害管理办公室检验通过认定。

（一）病害发生防治

1. 小麦锈病

小麦锈病分为条锈、叶锈和秆锈。1995 年前，在我市每年都有发生。发生面积占小麦面积的 25%。发生重点年份有 1990 年，南杜一块麦田每亩发病中心 30 个以上，防治选用农药：粉锈宁、石硫合剂，垂杨镇在大街上支起大锅灶，集体熬制石硫合剂，农民分散喷雾防治。1995 年以后，品种的抗性增强，发生逐年减轻，危害损失减少。

2. 小麦白粉病

一般年份都有发生，发生面积占小麦面积的 20% 左右。以田间密集、水浇条件好地块为重，1987 年、1990 年在我市大发生。1987 年垂杨一带一般麦田病株率 100%，病叶率占 70%～80%，严重程度都在 13% 以上。1987 年防治以土法熬制的石硫合剂为主，1990 年防治以粉锈宁为主，其次是石硫合剂。1990 年以后小麦面积减少，品种抗性增强，栽培条件改善，小麦白粉病在我市每年都发生，但没造成大的危害。防治还是以粉锈宁为主。

3. 小麦纹枯病

2000 年在我市首次发现小麦纹枯病，面积 0.05 万亩，程度不重，没给农民带来多大损失。防治以禾果利为主。以后每年都有零星发生，达不到防治指标，没有防治。

4. 小麦毒霉病

2003 年我市发生小麦毒霉病，面积有 3 万亩。通过农民更换品种，药剂拌种等防治措施，以后逐年减轻，没有形成危害，到 2007 年，已经控制住。

5. 小麦丛矮病

一般年份都有发生，1982 年大发生，发生面积 5.7 万亩，其中有 2 000 多亩绝收。防治方法主要是在小麦出苗后三叶期用辛硫磷喷雾防治叶蝉、灰飞虱。从 1995 年以后小麦面积减少，危害减轻。

6. 小麦秆黑粉

1985 年南宫王道寨、小石、苏村、大村、吴村等乡镇小麦秆黑粉病严重发生，损失惨重。

7. 棉花枯黄萎病

1980 年点片零星发生，随着鲁棉 1 号的推广，枯黄萎病大面积蔓延扩散，到 1990 年前后，全市棉田全部变为病区，1998 年、2003 年大发生。一般棉田发病率 5% 左右，重病田 20% 以上。

8. 棉花苗病

每年都发生。病田率占 100%。1978～1985 年，一般地块发病株率 30%～40%，1985～1990 年一般棉田发病株率 50% 左右，1990 年以后一般棉田发病株率都在 70% 以上。1989 年大屯乡栗庄大队一块棉田大约 40 亩死苗 80%，造成绝收。农民习惯用一般杀菌剂拌种、喷雾防治，效果不理想。棉花苗病已成为影响棉花前期生长的主要病害。

9. 棉花红叶茎枯病

在我市初发现于 1982 年，在小石乡齐屯村西北，面积 4 亩。以后逐年加重，到 1997 年已成为我市棉花主要病害之一。2003 年我市发生面积超过 25 万亩。农民通过增施钾肥、喷施磷酸二氢钾来防治，有一定效果，不太理想。现在我市常年发病面积不低于 25

万亩。

（二）虫害发生与防治

1. 麦叶蜂

每年都发生，主要以幼虫吃食小麦叶子，影响小麦产量。1979 年大发生，北胡乡侯家庄一块麦田每平方米 194 头幼虫。1985 年大发生，一般麦田每平方米 100～150 头，最多的达 300 头以上。发生面积 2000 年以前占小麦面积的 35%，2000 年以后占 20%。防治方法 1982 年以前用有机磷农药，1983～1992 年用菊酯类农药，1993 年以后用菊酯和有机磷复配农药。

2. 棉花苗蚜

在我市每年都有发生。1979 年大发生，一般地块卷叶株率 30% 以上，重的达 70% 以上。1985 年大发生，每株有蚜 100 头以上。防治方法拌种：1982 年以前用有机磷，1982～2000 年用呋喃丹拌种，2000 年以后用种衣剂；喷雾：1982 年以前用有机磷，1983～1990 年用菊酯，1992～1994 年用种衣剂，1995～2002 年用吡虫啉，2003～2008 年用啶虫脒。1984～1990 年还推广过有机磷涂茎。

3. 棉花伏蚜

常年发生，一般年份单株三叶虫量 10 头以下。1980 年大发生，每株有虫 10 000 头以上。1981、1982 年大发生，据查卷叶株率 40%，单叶 485 头。1985 年大发生，7 月 10 日城关调查，百株三叶 9.9 万头，大部分棉叶油光。2008 年大发生，农民 5 天一次药治不下去。防治方法 1989 年以前用 DDV 乳油喷雾、熏蒸，1990～1998 年用种衣剂、呋喃丹喷雾防治，1999～2007 年用啶虫脒喷雾，2008～2009 年用啶虫脒对丁硫克百威、硫丹。

4. 棉花秋蚜

一般年份不会造成多大危害。1992 年大发生，9 月 17 日查，百株三叶 2 万头以上，油光严重，摘花受到影响。防治方法同伏蚜。

5. 棉铃虫

在我市一般年份一年发生 4 代，个别年份生 5 代，发生面积占棉田面积的 100%。一般为害小麦为主，但不需要除治，1992 年发生非常严重，一般麦田每平方米 11～19 头，重的 30 头以上，个别地块达 50 头，农民除治 3 次，才有效防治为害。二代棉铃虫主要为害棉花幼尖。1982 年、1988 年、1989 年、1992 年大发生，特别是 1992 年，全代落而超过 4 000 粒，孵化率 30% 以上，农民说除电线杆上没虫，地里到处是虫。1993 年、1994 年大发生。1996 年后推广抗虫棉，棉铃虫发生率减轻。防治方法：1990 年以前以菊酯类喷雾为主，1990 年以后以菊酯与有机磷复配农药为主。1987～1990 年试验推广有机磷滴心技术。1993 年试验推广高压汞灯、性诱剂，1994 年高压汞灯面积 7.5 万亩，性诱剂 10.0 万亩。1993 年南杜安装一盏高压汞灯，一晚上诱杀棉铃虫成虫一蛇皮袋，足有 20 万头。为此全省棉铃虫除治现场会在南宫召开。

6. 棉花盲椿象

每年都发生，发生面积占棉田面积的 10%。1988 年大发生 6 月 18 日查百株 57 头，单株最多 5 头。发生面积 23 万亩。2007 年大发生。发生面积 45 万亩以上。防治方法 2006 年以前有机磷喷雾，2007 年开始试验推广氟虫氰。

7. 小菜蛾

一般只在蔬菜上发生，1992 年大发生，一般白菜田百株有虫 500 头以上，多的达千头以上，部分地块绝收。

8. 棉田红蜘蛛

每年都发生，发生面积占棉田面积 30%，1985 年大发生，8 月 11 日南街棉田查，百株三叶有虫 30 000 头以上，发生面积 23 万亩，1987 年大发生，部分棉叶白干，发生面积 27 万亩。防治方法 1995 年以前用三氯杀螨醇，1996～2003 年用达螨酮，2004 年以后用阿维菌素。

9. 棉田象鼻虫

每年都发生，发生面积占棉田面积 5%，一般城西重于其他地方。1988 年大发生，7 月 10 日查百株有虫 60 多头，发生面积 10.0 万亩。

10. 二代黏虫

每年都发生。1989 年重发生，8 月 18 日查每平方米有虫 24 头，最多 86 头。发生面积占谷子面积的 50%，防治方法 1982 年以前用有机磷喷雾，1983 年以后用菊酯类喷雾。

11. 粟灰螟

也叫谷子钻心虫，每年都发生，发生面积占谷子面积的 70%，防治方法：有机磷拌土顺垄撒施或喷雾。

12. 玉米螟

即玉米钻心虫，每年都发生。发生面积占玉米面积的 100%。1982 年重发生，7 月 27 日查南杜夏玉米田，虫株率 47%，百株有虫 105 头，单株最高 11 头。防治方法：顺垄撒施有机磷毒土，喷施有机磷、菊酯类或复配农药。

13. 谷子锁镇口蜜

偶有发生，1987 年大发生，8 月 4 日，赵明桥查，虫株率 97%，单株有虫最多 600 头。防治方法同棉蚜。

14. 甘薯天蛾

1991 年南宫南便、独水、陈村、小石、高寨、大村等乡镇的 84 个村甘薯天蛾严重发生，受灾面积甘薯 4.0 万亩，豆子 0.8 万亩。平均每平方米有虫 30 头，3.0 万亩甘薯叶子被吃光，70% 豆子受灾。

隆尧县植保植检工作整体回顾

徐璟琨　高炳华

(隆尧县植物保护检疫站)

燕赵自古多慷慨悲歌之士,从抗日战争到解放战争多少燕赵儿女抛头颅洒热血,从赶走列强到新中国成立,燕赵大地焕发了勃勃生机,人民生产、生活水平得到空前提高。六十年来,我们隆尧农业也取得了引人瞩目的长足发展,农业生产技术不断改进,粮食生产连年丰收。在其中隆尧县的植物保护工作发挥了不可替代的巨大作用。从新中国成立到今天,六十年来隆尧植保人继承老一辈革命家一不怕苦,二不怕死的优良传统,不怕脏、不怕累,勇于吃苦,甘于奉献,爱岗敬业,忘我工作,使我县植保队伍从无到有,从弱到强,推动了植保事业的发展和壮大。特别是在近几年来,在省市县各级领导的高度重视、亲切关怀和大力支持下,进一步加快了我县植保事业发展步伐,从植保体系建设、植保基础设施及植保队伍素质等方面都得到了进一步的加强和提升。

一、植保体系建设从无到有日渐完善

在新中国成立之初百废待兴的情况下,党和政府十分重视植保工作,1949 年农业部就设立了病虫害防治司(后更名为植物保护局),1950 年河北省同全国一样,逐步建立起病虫害防治站,随后各省农业厅相继设立植保机构。植保事业的起步发展,保障了1950～1957 年的农业恢复和稳步发展。1963 年隆尧县建立了病虫测报点。1967 年建立中心测报站。在“大跃进”和“文革”期间,植保工作受到严重削弱,隆尧县植保工作举步维艰,病虫草鼠为害严重,小麦黑穗病等病虫害严重为害,农业生产遭受重大损失。生物灾害与自然灾害的交互作用,导致了三年饥荒,农业发展一直在低水平徘徊。20 世纪70 年代末随着我国改革开放,国家加大了对植保工作的投资力度,加强了植保法制建设、基础设施建设和体制改革,隆尧县的病虫测报工作被注入了新的活力。80 年代我县建立了 6 个虫情联系点,形成省、地、县上下沟通的测报网络。60 年来对于推动我县植保科技进步发挥了重要作用。

(一)病虫测报体系

病虫测报是植物保护的基础性工作,测报体系建设历来受到各级政府的高度重视,从20 世纪 60 年代我县测报点的创建伊始,就带动了各乡镇病虫测报工作的发展。测报点负责对全县农作物病虫害进行系统观察和大田普查,并定期将有关病虫害发生防治信息向上汇报给省市级植保(测报)站。同时各测报站还发布当地病虫发生中短期预报,为部门制定防治决策和指导农民开展防治服务。由于调查监测条件有限,设施简陋,软硬件配备较低,调查数据的准确性较差,上报的速率较低,远远不能适应新时期农作物病虫害的常发性、多样性和流行性。

为了提高迁飞性、流行性、检疫性有害生物监测预警与应急控制能力,保障农业生产和农产品质量安全。2008 年在省植保植检站和县政府资金支持下，隆尧县启动建设了隆尧县有害生物防控体系。在县城东 6km 的县原种场建成了病虫观测场，占地面积 6 670m²，在农业局三楼和四楼新装修了四间植保实验室和标本室，总面积 100m²。仪器装备有光照培养箱、电子天平、投影仪、笔记本电脑、专用数码摄相机、专用数码照相机、机动喷雾器（100 台）、激光打印机、冰柜、药品柜、标本柜、空调等。我们充分利用这些先进实用的仪器设备，进行病虫测报调查、统防统治、监测、鉴定等项应用。尤其在农作物病虫草害田间调查摄像、照像鉴定、黄顶菊和农田恶性杂草防治等工作中发挥了积极的作用。病虫草害测报准确率由原来的 90% 提高到 95% 以上，农业病虫草害防治周期由原来的 5~7 天提高到了 3~4 天，防治效率提高 5 个百分点，在农作物病虫防治上每年可多挽回经济损失 1 500 万元以上。

在病虫情报信息的发布上，20 世纪 90 年代以前，县域内情报传递一般都是依靠技术人员步行或骑车走乡串镇开展工作，省地市主要靠信件邮递进行病虫发生防治信息上报。上报周期长，时效性差，误传率高。随着通讯技术、通讯条件飞速发展和不断改善，电话、传真、网上直报渐次被运用到病虫测报中。1996 年 5 月开始，我县率先在县电视台主持开办了《农技电波》电视栏目，通过电视预报农业病虫害、宣传推广农业新技术，每周播出 2 期。15 年时间采编、播讲农业植保技术 450 多期，发布农业信息 800 多条，传播、推广农业植保新技术 110 多项，直接受众百万人次以上，已成为最受农民欢迎的电视栏目，使我县农业植物保护新技术普及率达到 95% 以上。

（二）植物检疫体系

植物检疫工作是植物保护工作的基础，而六十年前检疫工作几乎是空白，无法可依。1983 年 1 月 3 日国务院颁布了《中华人民共和国植物检疫条例》，使植物检疫工作从无到有开始走向正常化和法制化的轨道。隆尧县的植物检疫工作从检疫对象普查开始，逐步开展了疫情普查与监测，实现了与疫情防控的有机结合。目前，我县有专职检疫人员 4 名，兼职检疫员 12 名，每年组织大规模检疫对象普查 3~4 次，已查明的植物检疫对象 15 个。每年对小麦等作物繁种田实施产地检疫 5 000 多亩，蔬菜等经济作物产地检疫 500 多亩，划定了疫区和保护区。对调出我县境内的植物产品及种子苗木实施调运检疫检查 100 多批（次），检查合格的出具调运检疫证书，对调入我县的植物及植物产品、种子、苗木及其他繁殖材料，在审验植物检疫合格证书的同时，必要情况下实施复检，确保不发生任何植物检疫安全事故，保证了农业生产安全。

二、植保基础设施得到加强和完善

我县农作物病虫测报工作在 20 世纪 80 年代以前一直采用杨枝把、黑光灯等一些简易的测报技术，测报调查手段只有一盏黑光灯，田间插上树枝绑成的杨树枝把儿诱杀害虫，还有糖和醋配成的糖醋液诱杀盆，田间调查只靠一个放大镜，一个笔记本和一支记录笔。白天搞调查，晚上编写《病虫情报》，分析数据做预报全靠经验积累，指导防治也只是就虫论病组织群众临时开展防治。改革开放后，国家逐步加大了对农业基础设施的投入力度，国家、省、市、县四级农业病虫测报防治机构不断壮大，装备水平不断提高，农业病虫预测预报手段也在不断加强。现如今，我县植物保护检疫站配备了专门的病虫测报调查车辆，建设了农业病虫观测场，安装了自动虫情测报灯、田间小气候观测仪，实验室装备了光学显微镜、光照培养箱、电子天平、投影仪、笔记本电脑、专用数码摄像机、数码照相机等现代化的记录和音像、电教设备，由过去的人工钢板刻蜡纸油印发情报改为电视预报、网络预报和短信预报。测报调查、实验观测装备水平的不断提高，使植保服务手段不断改进，科学预报水平明显提高。

三、植保队伍日益壮大、人员素质不断提高

改革开放初期的隆尧县病虫测报站，仅有3名同志，一名站长和两个临时测报员，所谓的测报站只是在离县城6km的隆尧县尧家庄村小农场附近租用了两间民房，3名同志挤在一间小土房里，另一间房放着一个小煤火炉和吃饭用的碗筷算是伙房。虽然条件艰苦，但他们天天都那么认真地重复着调查麦蚜、黏虫、棉铃虫、粟灰螟、地老虎等几个常见的病虫害。随着1977年国家恢复高考制度，一批农业院校的大中专毕业生开始陆续分配到测报站工作。人员也由3名同志增加到1982年的8名同志，1983年由测报站更名为隆尧县植物保护检疫站。虽然后来由于工作原因有些同志走上了领导岗位或年龄原因退居二线，现在的隆尧县植物保护检疫站仍有6名专业人士活跃在植保工作第一线，这6名同志中农业院校本科学历4人，专科学历1人，高中毕业1人。专业技术职称结构合理，高级农艺师2人，农艺师3人，农业高级工1人。植保队伍壮大、人员素质提高，为做好新时期植保工作奠定了坚实的基础。

四、植保技术推广应用

新中国成立初期至1970年我县小麦播种面积在35万亩左右，1971～1996年小麦播种面积在45万亩左右，1997～2010年小麦播种面积在58万亩左右，防控工作有系统史料记载始于1963年，1985年以前病虫害发生种类少，面积小，发生防治面积在50万亩左右（1957年、1664年发生面积100万亩）。在化学农药应用上，新中国成立初期仍然沿用传统方法人工捕杀，辅之以药物除治。1950年使用自制的土农药烟叶小灰水、烟叶肥皂水等防治棉蚜，同时开始使用六六六、DDT粉，1956年试用内吸杀虫剂乙基1059，1959年开始大量使用六六六、DDT粉，开始推广使用敌百虫、1605乳剂、硫酸铜、代森锌、五氯硝基苯等杀虫、杀菌剂。60年代有机磷农药大量增加，70年代国家停止生产汞制剂，大量供应有机磷和有机氯农药。1985年以后随着耕作制度改革，病虫害发生种类逐渐增多、发生面积逐年增大，至2004年小麦病虫害发生防治面积最大达330万亩左右。80年代开始进口农药，溴氰菊酯、呋喃丹开始应用，1983年后国家停止六六六、DDT等有机氯杀虫剂，大量供应有机磷和进口菊酯类农药，农药使用量明显减少。从60～70年代开始实施某项单一作物病虫害综合防治，80年代开始向农作物多种病虫害综合防治技术发展。我县植保工作也在积极适应农业发展新阶段的要求，逐步由侧重于粮食作物有害生物防控向粮食作物与经济作物有害生物统筹兼防转变，由侧重于保障农产品数量安全向数量安全与质量安全并重转变，由侧重于临时应急防治向源头防控、综合治理长效机制转变，由侧重技术措施向技术保障与政府行为相结合转变，促进了农业的持续、快速、稳定发展。提升了农业综合生产能力，促进了农业结构调整和农民增收，推动了农业科技进步，初步形成了与农业发展基本相适的植保体制和机制，保障了生产和生态安全。

近几年，以高科技、高投入、高产出为特征的立体种植、棚室栽培引发了农业内部结

构的大调整，为害农作物的各种病虫害也发生新的变化，一些主要病虫变为次要病虫，而一些原本不发生或很少发生的病虫，却变成了主要为害种群。特别是小麦全蚀病、麦田禾本科恶性杂草的发生、传播和蔓延，以及新的外来有害生物黄顶菊等有害生物的侵入、扩散，给病虫草害防治工作提出更高的要求。而且随着城镇化水平的提高，农村劳动力向城镇大量转移，使得农业病虫草害防治工作也面临着许多新的问题。面对这一新形势、新特点，我县从搞好农作物病虫草害防治为切入点，组建专业化防治队伍，开展了以农作物病虫草害防治为重点的专业化统防统治工作，全面贯彻"预防为主，综合防治"的植保方针，把植保服务贯穿于农业生产的全过程。加快了高效低毒农药的推广，减少了农药的使用量。解决了外出务工户农作物病虫防治的后顾之忧，从源头上保障了农产品质量安全，保护了农业生态环境，促进农业可持续发展。今年全县专业化防治面积达到55万亩，其中小麦病虫害防治面积40万亩，玉米5万亩，棉花8万亩。尤其在小麦抽穗期推广"一喷综防"技术，统一药剂配方，统一防治时间，既保证了防治效果，又实现了节本增效。通过开展专业化防治，使我县主要农作物病虫防治用药成本比过去降低了15%以上，全县统防统治面积达到病虫防治面积的50%以上。有效地控制了病虫危害，促进了农业增效、农民增收。

总之，六十年来我县植保事业，在各级领导的高度重视下，植保事业迅速发展，从无到有、从小到大，从弱到强，基础设施、体系建设等都得到进一步的加强，植保队伍发展壮大，精神面貌焕然一新，植保技术水平不断提高，植保服务领域不断扩大。我们坚信在省、市、县各级领导和业务部门深切关怀和大力支持下，隆尧县植物保护事业将会迎来更加光辉灿烂的明天。

前进中的宁晋县植保站

张春巧　梁建辉

（河北省宁晋县植保站）

宁晋县位于河北省中南部，现有耕地 98.7 万亩，常年种植小麦 76 万亩，玉米 68 万亩，棉花 10 万亩，蔬菜 12 万亩，是典型的农业生产大县，植保工作在农业安全生产中起着举足轻重的作用。30 年弹指一挥，30 年改革开放，宁晋县植保站及全体同仁也随着时代的发展成长进步。30 年来，在宁晋县农业局的领导下，在省、市业务部门大力支持下，宁晋县植保站经过历次新老交替一直坚持"脚踏实地，勤奋敬业，勇于创新，以苦为乐"的工作作风，在植保战线上做出了不平凡的业绩。

一、注重业务学习，植保队伍专业技能整体提高

宁晋县植保站现有干部 6 人，均是 20 世纪 80～90 年代初植保专业毕业的。近几年，受气候条件、耕作制度、种植结构等因素的影响，出现了一些新的病虫害及外来有害生物，对农业生产安全构成了严重威胁。如小麦全蚀病、玉米顶心腐烂病、美洲斑潜叶蝇、棉盲蝽、黄顶菊等。如何解决生产中出现的新问题，基层植保工作者面临着严峻的考验和挑战。为适应新形势的需要，植保站多次轮流参加农业部、河北省及邢台市举办的各种技术培训班。如参加了"全国棉花 IPM 项目 TOT 培训班"、"河北省农业电视节目制作培训班"、"中国农作物有害生物监控信息系统应用技术培训班"、"全国植保信息网信息员培训班"等。除此之外，在日常工作中，还特别注意查阅专业学术性刊物《中国植保导刊》《中国农技推广》《植保信息》等以及上网搜索、收藏一些有益的材料。通过多渠道不间断的学习，全方位、多层面地提升自身业务素质。主要表现在 3 个方面。一是每个人都有了长足的进步，整体素质得到了空前提升。在植保战线上，经过多年的不懈工作，由最初的农业技术员逐步晋升，至 2008 年我站已有 1 名推广研究员、2 名高级农艺师、3 名农艺师。并有多人多次获全国、省、市植保工作先进个人，荣立县三等功、获县政府嘉奖、青年科技奖和巾帼建功标兵等；二是掌握了新发病虫害的发生规律及防治技术，提高了解决处理生产中疑难问题的能力；三是农民田间学校的开展，培养锻炼了每个人在基层与群众沟通交流的能力，做到了人人能讲，个个会说；四是掌握了植保信息的采编技术。植保信息的传输经历了纸质文件邮寄、xcom、onlan 计算机数据包上传、以及现在的 E-mail 传递；并能熟练地运用非线性编辑软件 Piermiere 及 DV-storm 编辑制作节目。使农业技术以图文并茂、声像结合、及时快捷、范围广、覆盖面宽的独特效能传播到千家万户，增强了信息的时效性和植保部门的社会化服务职能。

二、健全基层测报网 搞好系统监测与防控

坚持定点系统调查，建立重大病虫系统档案。多年来，一直坚持深入到田间，采取定点

系统调查与大面积普查相结合的办法，对全县农作物上 30 多种病虫草害的发生发展情况都有翔实的观察与记载，保留了大量的第一手资料。特别是对 2000 年以来新发生比较严重的小麦全蚀病、小麦纹枯病、玉米顶腐病、玉米田蓟马、棉花盲椿象等病虫害的调查数据进行了系统整理、相关因子分析，建立了系统调查档案，延续了历史资料。为尽快地掌握其发生规律、预测预报办法提供了可靠的依据。另外还创建了植保社区服务站，技物结合，确保防治效果。2001 年根据全县作物布局情况，我们在 10 个乡镇建立了 10 个基层社区植保服务站。其中 3 个以粮食为主，3 个以果树为主，3 个以棉花为主，1 个以蔬菜为主。服务站由 3 ~ 5 人组成，其负责人均由乡镇农业技术员担任，农资销售在当地有很好的信誉和优势。主要业务为：以县植保服务总站为依托，立足本地，向外辐射 2 ~ 3 个村。向农民提供病虫信息、防治技术指导（病虫情报、技术资料、明白纸等）、组织开展培训、优质药械供应等。技物结合，保证植保技术在生产中得到很好的落实。除此之外，从 2000 年开始按照全县农作物区域分布，还特别聘请了 7 名乡镇农业技术员为基层测报员。这 7 名基层技术人员事业心强、业务素质高，工作扎实认真。形成了以县站为中心、乡镇为纽带、社区为基点的植保网络服务体系，对全县农作物以及蔬菜重大病虫草害发生发展动态实施监测，为指导防控工作提供可靠依据，是植保工作正常开展的有力保证。

三、开展农业病虫电视预报，开拓植保服务的新途径

宁晋县植保站是全国农作物重大病虫测报网区域测报站。1999 年我站建立了农业病虫电视预报系统，编辑制作片头为《农业病虫预报与防治》栏目，在县电视台黄金时间播出。使植保技术以动态的形式通过电视媒体与广大群众见面，达到电波入户。因其信息覆盖面广、传递速度快、通俗易懂又喜闻乐见，是以往其他宣传形式如广播、板报、明白纸等所不能比拟的，充分展示了其独特的效能，受到了广大农民群众的普遍欢迎，被称为"农业生产同期声"。如：2006 年 3 月 27 日，我县出现一次强降温，最低气温 −3.3℃，最低地表温度 −7.7℃，是有记载以来同期最低温度。受此强降温影响，部分麦田出现严重冻害，受害面积约 20 万亩，群众异常恐慌。我们当天迅速赶到现场录下镜头，及时采编了"小麦冻害发生后如何补救"专题，当晚 8：10 时在县电视台播出，连续播放 5 天，由专家讲解了发生冻害的各种因素与有效的补救措施。即：一是迅速锄划以提高地温；二是缺墒地块立即浇水施肥；三是叶面喷施磷酸二氢钾、康培 2 号络合微肥、沼液、爱多收等叶面肥，5 ~ 7 天喷 1 次，连喷 2 ~ 3 次。节目的及时播出，很快稳定了群众情绪，积极开展了生产自救。

几年来，共编辑制作农业节目 50 多期，先后对小麦吸浆虫、小麦纹枯病、玉米田化学除草技术、玉米耕葵粉蚧、蔬菜病虫害防治等 20 多个病虫进行了预报和报道。准确率 100%，均收到了良好的效果。同时也积累了大量的植保音像资料和图片，使植保信息有了动态的史料记载。

四、积极参与科研项目，搞好技术创新

为使植保技术不断发展和提高，在做好常规技术推广的同时，积极开展技术研究，探索农业技术新方法。多年来，先后参加完成了省、部级农业科研项目 100 多项。其中完成的"优质小麦新品种及配套增产技术"项目，获中华人民共和国农业部"丰收奖"一等奖、"花生田化学除草新技术开发与推广"项目获农业部"丰收奖"二等奖、"免耕田玉米大龄

杂草发生及防除推广技术"获河北省科技进步三等奖、编辑制作的农业电视预报专题"科技之花结硕果"等三项节目，均获得了第五届河北省农业科教电视"兴农奖"三等奖等。

近几年，由于大量使用剧毒高毒农药，农产品残毒严重超标，高毒农药替代势在必行，环保型农药急需认证，生产无公害农产品前景广阔。2001年宁晋县植保站承担了河北省农药检定所新农药产品的试验项目，先后对40多个品种进行了对比试验，对试验结果全部采用DPS数据处理系统进行统计分析、新复极差显著性测定。筛选出一批高效低毒低残留农药品种及使用剂量。如10%吡虫啉可湿性粉剂防治棉蚜20g/亩等。这些由于解决了生产中的实际问题，因此，得到了及时的推广应用，在生产中发挥了新技术的巨大优势并产生了巨大的经济效益和社会效益。

五、交流科研成果，积极撰写论文

长期以来，宁晋县植保站在生产实践中积累了大量的资料，为交流科研成果，积极撰写论文。在国家级及省级报刊上发表高质量的论文60多篇。其中国家级15篇，如"警惕瑞典蝇在夏玉米上的为害"发表在植保专业类刊物《中国植保导刊》2007年第2期；"棉花早衰的原因分析及防治对策"发表于《中国农技推广》；"宁晋县玉米病毒病的综合防治及效益分析"发表于《植物保护》；还陆续在《河北农业科技》《河北农业》《河北科技报》等省级报刊上发表30多篇；另外还在全国农技推广服务中心主办的《植保信息》；河北省植保植检站主办的《河北植保信息》刊物上多次刊登植保技术。

六、加强基础设施建设，优化办公条件

20世纪70～80年代，植保站一直在宁晋县城关镇东南汪村附近，下乡骑自行车，冬天是煤火炉取暖，病虫情报是用手刻写在蜡纸上，然后手工油墨印刷，费时费力，效率低下，办公条件艰苦，监测手段简单。1992年省站给我们配备了电脑、打印机，同年搬入农业局办公大楼，安排有办公室、试验室、微机室。2006年，我站争取了国家粮食产业工程河北省宁晋县农业有害生物预警与控制区域站建设项目。项目总投资400万元，其中，由国家投资333万元，地方投资67万元，完善我县区域站设施的建设。在农业局东侧建成了一栋3层农业生物预警楼，拥有中央空调办公室、会议室、实验室、微机室、资料室和标本室，并配备了汽车、摩托车、摄像机、非线性采编机、数码相机、电话、传真、电脑、打印机等交通工具和办公设备，进一步改善了办公条件。现在，我们在宽敞明亮的办公楼内，以农业生物预警为重点；以病虫调查数据规范化、防治信息网络化、预报生成自动化、预报发布可视化、有害生物控制统一化为工作目标；以推广植保技术，服务宁晋农业为宗旨而努力工作。正所谓：逢盛世，宁晋县植保站与时俱进；展未来，更上一层楼信心百倍。

宁晋县植保站具有高标准的职称结构。1名推广研究员、2名高级农艺师、3名农艺师，是一支高素质的基层队伍。在站长梁建辉的带领下，团结奋进，不畏艰苦，具有特别强的战斗力。各项工作都受到了县政府和上级业务部门的赞扬，也得到了群众的欢迎。多次获河北省植保工作先进集体，受到县政府嘉奖。在新形势下必须坚持"便民、利民、服务于民"的信念，树立"公共植保、绿色植保"的理念，为全县农业增效、农民增收再做贡献。

宁晋县在黄顶菊除治工作中的做法和经验

张春巧*　李彦青

（河北省宁晋县植保站）

黄顶菊是一种新的外来物种，原产于南美洲的巴西、阿根廷，以后逐步扩散开来。2001 年首次在我国发现，2006 年侵入我县。由于其特殊的生理、生物特性，决定了它传播速度快，危害程度深，一旦扩散成灾，不仅对农业生产造成很大损失，而且对当地生态环境乃至有关物种必将产生深远影响。目前黄顶菊在我县属初发阶段，群众缺乏认识，对其危害更是不甚了解，因此，各乡镇及政府有关职能部门要密切配合，协调联动，采取一切措施坚决将黄顶菊彻底清除，以绝后患。

一、提高认识，全面了解黄顶菊有关知识

黄顶菊为一年生草本植物，茎叶多汁而近肉质，茎具数条纵沟槽，茎直立，常带紫色，被微绒毛，高达 50～150cm，叶长椭圆形，长 6～18cm，宽 2.5～4cm，具锯齿或刺状锯齿，花冠鲜黄色，花果期夏季至秋季或全年。黄顶菊喜生于荒地，尤其偏爱废弃的厂矿、工地、河沟坡地、弃耕地、街道附近、道路两旁。它喜光、喜湿、嗜盐，一般于 4 月上旬萌芽出土，4～8 月为营养生长阶段，生长迅速，一般 8 月中下旬开花，9 月中下旬开花，10 月底种子成熟，结实量极大，每株可产种子数万粒乃至十数万粒，同时它还分泌一种物质，能抑制其周围其他植物种子的发芽，使其周围寸草不生俗称"霸王草"，严重影响生态平衡。

搞好黄顶菊等外来有害物种的防治工作，是保证农业安全生产和农村经济稳步发展，维护生态平衡的一项重要工作，是各级各部门义不容辞的责任。因此，我们必须加强学习，充分了解其特征特性；提高认识，增强除治黄顶菊的责任感和紧迫感。要充分认识黄顶菊这一有害植物的危害性，高度重视，认真安排部署，采取有效措施，扎扎实实做好黄顶菊的防除工作。

二、发生现状

经初步调查，我县发生面积有 1 万亩左右。主要分布在公路两侧，田间道路两侧，河沟坡地、砖瓦窑废弃地、坟场、加油站附近等场所，部分植株已开花，8 月中下旬是防治黄顶菊最后一道关卡，决不能使其产生种子扩散、蔓延。

三、摸清底数，认真制定除治方案

积极向县政府汇报，由政府出面调动各乡镇区、政府有关部门立即组织有关人员对所辖区域内的黄顶菊进行一次拉网式仔细排查，进一步摸清本地黄顶菊的发生和分布情况，

---

* 作者简介：张春巧，女，河北省宁晋县植保站，高级农艺师

因地制宜搞好除治工作。

（1）一旦发现成片黄顶菊，可先割除植株，再耕翻晒根，再拾尽根茬，然后焚烧，做到斩草除根。

（2）非农田防治：每亩用150mL 20%二甲四氯钠盐水剂加150mL 48%苯达松水剂混合，对水40kg均匀喷雾，可使黄顶菊枯死。或每亩用1 000mL 10%草甘膦水剂，对水40kg均匀喷雾，3天后黄顶菊顶端变黄，7～10天后死亡。或每亩用500g克无踪对水50kg喷雾。

（3）农田防治：每亩用50～80mL 25%虎威水剂，对水40～50kg，防除大豆和果园中的黄顶菊。

（4）对成片生长密度大、植株高的黄顶菊，可贴近地表全面割除植株；对高密度植株矮小的黄顶菊，可用20%百草枯100倍液喷雾进行除治；对生长比较分散零星发生的黄顶菊进行人工拔除。

四、加强技术宣传，提高全民对黄顶菊危害性的认识

宁晋县植保站加大对黄顶菊严重危害性和植株识别及技术培训和技术指导。印发图片、技术明白纸，利用宁晋电视台《金农桥》栏目合作制做了专题，同时与有线广播、报社联系，及时宣传有关知识。各乡镇、区及时成立了相关领导机构，充分利用本地广播、黑板报、墙体标语、印发明白纸、召开培训班等多种形式大张旗鼓搞好宣传发动，力争做到家喻户晓，妇孺皆知。人人能识别、懂危害、会除治。在全县迅速形成全民防范，大家动手，自觉除治黄顶菊的社会氛围，严格控制人为传播。要宣传和教育群众，不要随意采摘黄顶菊的花朵，更不能作为观赏花卉进行移植和种植。

五、明确责任，抓好各项工作的落实

由政府安排各级各部门各负其责，各司其职，密切配合，形成合力，采取有力措施，确保全县除治黄顶菊工作取得实效。农业部门负责黄顶菊除治技术方案的制定和技术指导工作，并做好药械的调剂与供应，搞好农田黄顶菊的监测与除治，做到常抓不懈；水力部门负责对河道两侧黄顶菊除治；林业部门负责对林区、果园等所辖责任范围内黄顶菊的除治；城建部门负责对城区绿化带、公园等所辖范围内黄顶菊的除治；交通部门负责对公路两侧等辖区内黄顶菊的除治；发改部门负责对原县办企业厂区内的黄顶菊的除治工作；教育部门负责各中小学校所辖范围内黄顶菊的除治，粮食部门负责各基层粮站等所辖范围内黄顶菊的除治，各乡镇区负责本乡镇区范围内黄顶菊的除治，各级财政部门要安排除治黄顶菊的专项资金，确保黄顶菊除治工作顺利开展。

各乡镇区、县直有关部门，要加强对黄顶菊防除工作的组织领导，建立健全责任制，明确任务，卡死责任，确保防除工作措施落实到位，确保在8月底以前全面完成黄顶菊的除治，确保我县农业生产的安全。

邯郸市植物检疫六十年回顾

任 英 王少科 田雪梅 高姗 王秀锦 毕章宝

（邯郸市植物检疫站）

邯郸市位于晋、冀、鲁、豫四省交汇处，西倚巍巍太行，东接华北平原，南临漳滏两河，全市辖 4 区 14 个县、1 个县级市，邯郸市的总面积 12 062 km²，其中，耕地面积 976.431 万亩，总人口 896.36 万人，其中，农业人口 609.99 万人。邯郸发达的现代农业，温带半湿润气候，为农业发展创造了良好的条件，使邯郸享有"冀南粮仓""冀南棉海"的美誉。

一、植物检疫机构沿革

新中国成立初期，邯郸没有专门的植物检疫机构。1957 年 1 月，邯郸行署成立农林水利局下设技术推广站，负责植保检疫工作。1964 年建立专区植保植检站，随后各县相继建立植保植检机构，根据农业部 1965 年和省农业厅 1966 年有关文件和指示精神，开始抓植物检疫工作。"文革"期间县级植保工作处于停滞状态；"文革"结束后，各县、区相继恢复和建立了植保植检站。1978 年建立地区植保植检站负责检疫工作，1979 年建立邯郸市植物保护站归当时地区植保站领导，1984 年邯郸市与行署分设，地区植保站负责邯郸地区所辖 13 个县的植物检疫工作，邯郸市植物保护站负责邯郸市辖区内 2 县 4 区的检疫工作（当时邯郸市植保站编制 7 人），1989 年 1 月，经市编委批准，植物检疫从植物保护站分出，成立邯郸市植物检疫站，当时编制 6 人，负责邯郸市辖区内农业、林果产品的植物检疫工作，全站有农艺师 2 人，助理农艺师 3 人，技术工人 1 名。1993 年地市合并，地区植保植检站与市植物保护站、市检疫站合并，成立新的邯郸市植保站和邯郸市植物检疫站。林业检疫工作划归林业局森防站。

二、检疫机构和人员情况

邯郸市植物检疫站是河北省 11 个市中唯一经编委批准专门成立的市级植物检疫专门机构，在邯郸市所辖 19 个县（市、区）中，从植保植检站分列出来的县级植物检疫机构有 5 个：永年、武安、成安、磁县、鸡泽，其中，永年县、磁县经过编委批准，其他为农业局内部分设，没有经过编委批准。邯郸市现具有代省签证资格的市、县共有 9 个：邯郸市、涉县、武安、大名、馆陶、永年、魏县、曲周、磁县。截至 2009 年年底，全市共有专职植物检疫员 67 名，其中，有高级以上职称的 21 人，农艺师职称的 29 人；邯郸市植物检疫站编制 5 人，现有人员 8 人，其中，研究员 1 名、高级职称 2 名、中级职称 3 名、初级职称和高级工各 1 名。

三、检疫工作开展情况

（一）邯郸市植物检疫站成立前检疫工作开展情况

1957 年农业部发布了《植物检疫试行办法》，同年各级农业技术部门组织开展了检疫对象普查。邯郸市查出了小麦腥黑穗病、小麦线虫病、棉花黄萎病、枯萎病、甘薯黑斑病、苹果锈病、苹果黑星病等 7 种检疫对象。20 世纪 60 年代，又查出毒麦、马铃薯环腐病等检疫对象。"文化大革命"期间，植物检疫工作中断。1979 年植物检疫工作开始恢复。1980 年，按省农业厅要求，全市对水稻白叶枯、小麦全蚀病进行了普查，没有发现二者的危害。1982 年，根据省农业厅的要求，发动植保植检站人员在全市进行了一次农作物检疫对象普查，发现了马铃薯环腐病、花生线虫病、棉花枯萎病、棉花黄萎病 4 种检疫对象。1983 年，国务院颁布了《植物检疫条例》，全市的植物检疫工作列入了各级农业部门的议事日程。在市、县（区）植保植检站内固定了专人，集中精力抓植物检疫工作。1984 年全市有 21 名专职检疫员，植物检疫人员开始着装执行检疫任务。市、县（区）政府相继颁发植物检疫布告或通告。

1987 年邯郸市植保站先后在市内 7 个货场设立了植物检疫小组，对禾谷类、豆类、蔬菜、干鲜果品、花卉、竹类、木材及包装材料和运输工具进行全面检查。各县、区也先后开展了调运植物检疫和产地植物检疫工作。

1988 年 3 月，在蔬菜产地检疫中邯郸市植保站在丛台区中柳林周丛江的日光温室和大棚（0.6 亩）的黄瓜上发现黄瓜黑星病（经农业部植物检疫实验所鉴定，种子带菌率 13.3%，品种是从山东省泰安市高孟村引进的新泰密刺），当年有 30% 大棚绝收，有的大棚病株率可高达 90%，减产 70% 以上。

（二）邯郸市植物检疫站成立后检疫工作开展情况

1. 法律、法规的宣传

邯郸市始终把植物检疫法规的宣传作为全市植物检疫机构的一项重要的工作，常抓不懈。首先，利用检疫宣传月开展宣传。每年 3 月份，结合邯郸市的实际情况开展检疫法规的宣传月活动。自 2002 年起，邯郸开通了"邯郸农业信息网"，我们在邯郸农业信息网上开设了植物检疫专栏，利用现代互联网技术，宣传植物检疫工作动态，开辟宣传的新领域，提高社会影响力。其次，在每年 3 月 15 日"消费者权益保护日"召开"邯郸市植物检疫执法暨信息发布会"，向社会公布检疫合格的农作物种子检疫证明编号及生产、经营单位名单，并公布举报电话，邯郸电视台、《邯郸日报》《中原商报》等多家媒体对这些活动做过专题报道。邯郸市植物检疫站还将《植物检疫条例》及《植物检疫条例实施细则（农业部分）》制成录音带，出动宣传车在集贸市场巡回播放。2004 年，邯郸市植物检疫站参加了邯郸市农业局举办的"和农民心连心"下乡宣传团，深入到永年、曲周、临漳等县宣传国家植物检疫法规。同时，结合典型案例，进行曝光或宣传，起到了惩戒违法事件和教育广大群众的目的，扩大了植物检疫宣传面。第三，采取在交通要道、农贸市场、繁种基地书写固定标语全面宣传。截至 2009 年年底，邯郸市植物检疫固定宣传标语有 100 多处。第四，利用普法宣传发放"植物检疫知识问答"、"致广大花卉经营单位和商户的一封公开信"和"致果蔬经销户的一封公开信"，宣传群众；利用开会、拜年等机会发放"致各县（市）区农业局长的公开信"宣传领导；利用赶集宣传发放"植物检疫须知"宣传经销户，采取不同形式宣传全社会不同层次人士，从而提高了植物检疫的知名度。

2. 疫情普查与阻截带建设工作

（1）疫情普查 2000～2002 年，邯郸市利用 3 年时间，对农业部指定的 278 种有害生物进行了普查。此次普查，涉及地域广，调查植物种类多，工作量大，为保证普查顺利完成，邯郸市检疫站制定了《邯郸市农业植物有害生物疫情普查实施方案》，采取了"五结合"。即疫情调查与疫情监测相结合、疫情调查与检疫工作相结合、"自诊"与"会诊"相结合、群众报告与专家鉴定相结合、一般调查与专题调查相结合。普查工作共涉及 152 个乡镇 463 个自然村，调查面积 82.3 万亩，调查植物种类 130 多种，采集标本 6 240 个，制作图片 350 张。在普查名录中，邯郸市共查出有害生物 41 种，其中昆虫 18 种、线虫 5 种、真菌 9 种、细菌 4 种、病毒 3 种、杂草 2 种。检疫性病、虫、草害 13 种，其中全国检疫性病、虫、草害 6 种：美洲斑潜蝇、南美斑潜蝇、苹果绵蚜、番茄溃疡病、棉花黄萎病、菟丝子；全省检疫性病、虫、草害 5 种：花生根结线虫、黄瓜黑星病、水稻白叶枯、蔗扁蛾、小麦全蚀病；突发性病虫害 1 种：花生新黑地蛛蚧。2005 年，在普查的基础上完成了"邯郸市农业有害生物分布图"的绘制，为全市积累了宝贵的检疫资料，为检疫证书的签发提供了科学依据，为检疫工作的开展提供了技术保障。

2006 年，农业部第 617 号公告公布了《全国农业植物检疫性有害生物》和《应施检疫的植物及植物产品名单》，全国植物检疫性有害生物种类由 1995 年的 32 种变更为 43 种，河北省补充植物检疫性有害生物种类仍为 10 种，其中保留 3 种（小麦全蚀病、玉米干腐病、谷象）增加了 7 种（花生新黑地珠蚧、马铃薯块茎蛾、向日葵霜霉病、南方根结线虫、黄顶菊、节节麦、加拿大一枝黄花）。

2008 年河北省植保植检站和河北省农林科学院植保保护研究所启动了"河北省植物疫情种类分布及数据库建设"项目，全市植物检疫人员对指定的 65 种有害生物进行了普查，其中，邯郸市有分布的 46 种，包括昆虫 20 种、真菌 9 种、病毒 3 种、杂草 5 种、细菌 4 种、线虫 5 种；检疫性病、虫、草害 12 种，其中全国检疫性有害生物 7 种：苹果绵蚜、蔗扁蛾、苹果黑星病、番茄溃疡病、黄瓜黑星病、棉花黄萎病、菟丝子，河北省补充检疫性有害生物 5 种：小麦全蚀病、花生新黑地珠蚧、黄顶菊、节节麦、加拿大一枝黄花，其他 34 种。

2009 年 6 月 4 日，农业部公布了新的《全国农业植物检疫性有害生物名单》和《应施检疫的植物及植物产品名单》（1216 号公告），本次公布的全国农业检疫性有害生物名单与 2006 年 3 月 2 日发布的名单相比，总数量由 43 种下降到 29 种，减少了 14 种，其中，撤销了 15 种（柑橘小实蝇、柑橘大实蝇、三叶斑潜蝇、椰心叶甲、苹果绵蚜、蔗扁蛾、芒果果肉象甲、芒果果实象甲、菊花滑刃线虫、番茄细菌性叶斑病菌、苹果黑星病菌、棉花黄萎病菌、番茄斑萎病毒、豚草属、菟丝子），新增 1 种（黄瓜绿斑驳花叶病毒），更改 2 种（玉米霜霉病菌更改为玉蜀黍霜指霉菌、马铃薯癌肿病菌更改为内生集壶菌）。嗣后，邯郸市植物检疫站组织全市植物检疫人员全面开展普查，普查正在进行中。

（2）重大植物疫情阻截带 2007 年农业部出台了《关于印发重大植物疫情阻截带建设方案的通知》（农农农〔2007〕9 号），2008 年全国农业技术推广服务中心下发了《关于印发重大植物疫情阻截带阻截有害生物名单、疫情监测办法和技术规范的通知》（农技植保〔2008〕21 号）。按照农业部和省农业厅的统一要求，从 2007 年开始，邯郸市开始建立重大植物疫情阻截带，设立了 11 个疫情监测点：分别是邯郸市的科贸城农资市场（北堡乡）、107 国道马庄收费站（马庄乡）、邯临路高速北口（耒马台村）；涉县的火车站、河南店镇桥头、309 国道涉城镇井店段；广平的平固店镇、广平镇、双庙乡；武安的康城镇清化桥桥头、阳邑镇阳邑大桥桥头，重点对小麦矮腥黑穗病、地中海实蝇、梨火疫病、谷斑皮蠹、美国白蛾等有害生物进行了检测。

3. 产地检疫开展情况

1987 年、1991 年国家技术监督局相继发布了国家标准《小麦种子产地检疫规程》（GB7412—87）、《棉花种子产地检疫规程》（GB7411—87）、《水稻种子产地检疫规程》（GB8371—87）、《马铃薯种薯产地检疫规程》（GB7331—87）、《甘薯种苗产地检疫规程》（GB7413—87）、《大豆种子产地检疫规程》（GB12743—91）；1996 年、1998 年河北省技术监督局相继发布了河北省地方标准《稻水象甲检疫规程》（DB13/258—1996）、《玉米种子产地检疫操作规程》（DB13/259—1996）、《黄瓜种子产地检疫规程》（DB13/362—1998）规定了各种种子产地检疫操作规程。2001 年 5 月河北省农业厅发布的《关于试行〈种子生产产地植物检疫报告单〉的通知》（冀农函〔2001〕70 号），要求植物检疫机构对繁种地块进行播种前勘验，凡不符合要求的地块不得作为繁种基地。根据这些规程和文件的要求，每年在不同作物不同时期，按照种子产地检疫操作规程，深入到田间进行产地检疫，每年的产地检疫率均达到 95% 以上，并且在产地检疫过程中相继发现了国家或河北省补充检疫对象。

（1）1989 年，邯郸市植物检疫站成立后，组织区县专（兼）职检疫员 50 人，开展良种基地产地检疫。共检查面积 41.2 万亩，未发现小麦全蚀病、玉米干腐病、花生根结线虫病、番茄溃疡病、苹果黑星病、苹果绵蚜、稻象甲 - 1、水稻白叶枯和细菌性条斑病，但在武安市的马店头、庙上、列江等乡和口上水库的板栗树上发现疫病，发病率达 20%；栗瘿蜂虫株率达 100%。对武安、峰峰矿区等地从吉林、承德等地调进的杨木和桦树树皮上，检查出有 14 批、20m³ 带有牡蛎蚧，当即组织进行了集中刮皮、烧毁，并用杀虫剂 1 605 处理场地，保证了邯郸市杨树的安全生产。

（2）1990 年 4 月 12 日，邯郸市植物检疫站在邯山区马头镇刘庄村调查，黄瓜黑星病发病率为 50% ~ 100%，其中刘庄村刘志国温室发病率 100%，病指 70。据 2002 年调查，全市发生面积为 32 650.1 亩，涉及 15 个乡镇 64 个村，其中零星发生 12 050.1 亩、轻发生 10 400 亩、重发生 10 200 亩。

（3）1995 年，在广平县蔬菜产地检疫中发现了一种新害虫，疑为美洲斑潜蝇。经农业部有关专家鉴定，确定该害虫就是美洲斑潜蝇。通过及早发现、准确鉴定，为及早防治提供了重要的依据，这在河北省是首次发现。现在邯郸市 19 个县（市、区）均有分布，涉及 171 个乡镇 2 446 个村，发生面积达 13.98 万亩，其中零星发生 4.3 万亩、轻发生 8.425 万亩、重发生 1.255 万亩。

（4）1995 年，邯郸市在馆陶番茄大棚首次发现番茄溃疡病，1996 年在广平县发现。该病是番茄上的一种毁灭性病害，由病原细菌通过种子传播，截至 2009 年，邯郸市在永年、广平、大名、磁县 4 个县有分布。

（5）1997 年 8 月 12 日，邯郸市在一家花卉商经销的巴西木木桩上首次发现了蔗扁蛾

（当时在1m长木桩上截获40头幼虫，整个木桩被蛀空，上面叶片发黄，整株枯萎），后又在邯郸市花木公司温室、武安市花市相继发现。目前，邯郸市19个县（市、区）均有该虫的分布，普遍率20%，有的甚至在会议室摆放一两盆也有危害。根据邯郸市植物检疫站2008年调查，全市发生面积10亩，其中零星发生7亩，轻发生3亩。

（6）1998年3月，邯郸市植物检疫站在永年县北巷村、馆陶县南徐村麦田首次发现麦田检疫性杂草节节麦，当年发生面积2 000亩。到2009年，邯郸市19个县（市、区）均有分布。

（7）1999年10月，邯郸市植物检疫站在临漳县砖寨营乡、东风柳村南2个果园（大约10亩）发现苹果绵蚜，在河北省属首次。2000年5月28日又在临漳县城关镇烟寨村、魏县康町村发现。2001年临漳县东风柳村两个果园虫果率分别为62%、43%。

（8）2001年，邯郸市植物检疫站在广平县广平镇侯固寨村生菜上发现了南美斑潜蝇，2002年5月在肥乡县小麦上发现该虫为害。该虫寄主植物范围相当广泛，包括13科35种，最嗜食作物包括豆科、葫芦科、茄科、菊科等。通过几年的防治，目前在邯郸市没有发现该虫的为害。

（9）2002年9月10日，邯郸市植物检疫站在大名县龙王庙镇三角店村发现花生新黑地珠蚧。后相继在大名的孙甘店、张集、埝头、北峰、金滩镇六个乡镇18个村发现，均属点片发生，发生面积3 000亩左右。该虫在花生上为害相当严重，截至目前，河北省只在唐山的迁安和邯郸市的大名县发生。

（10）2005年3月，邯郸市植物检疫站在邯郸市区花卉市场检查中发现加拿大一枝黄花，立即对查获的鲜花进行了没收和销毁。

（11）2005年11月份，在永年县南沿村发现外来有害生物杂草——黄顶菊，黄顶菊主要分布在路旁、沟渠、废弃砖窑、荒地等地方。2006年黄顶菊被列入河北省补充检疫性有害生物名单。

4. 调运检疫开展情况

1995年国家技术监督局发布了GB15569—1995《农业植物检疫调运检疫规程》，农业植物调运检疫操作规程以强制性标准规定了在国内调运种子、苗木和其他繁殖材料的植物和植物产品的程序。2000年河北省农业厅出台了《河北省植物检疫代省签证管理办法（试行）》（冀农函〔2000〕204号），对代省签证资格进行了规范管理。2001年11月，《河北省农业厅关于公布河北省省间调运植物检疫委托单位的通知》（冀农植发〔2001〕7号），对符合条件的市、县植物检疫机构代省签证资格进行了授权；2001年12月，河北省植保总站《关于启用新的植物检疫证书的通知》（冀农（植保）〔2001〕35号），从原来一式三联改为一式四联，设计更科学，更合理。新版检疫证书启用后，邯郸市实行了报检→受理→签样→化验→签证等审批程序，对检疫证书的发放和管理实行专人负责。从2002年开始，我站实行了微机签证，结束了过去近30年的手写签证，提高了工作效率和服务质量。2002年11月，河北省植保总站下发了《关于种子生产单位在外地制种运回本地重新包装植物检疫复函》（冀农植保函〔2002〕24号）的通知，对调运检疫中出现的问题进一步进行了规范。

为提高植物检疫管理水平，2006年全国农业技术推广服务中心组织开发了"全国农业植物检疫计算机管理系统"，从2007年开始在全国推广，2007年、2008年邯郸市植物检疫站多次派人到石家庄、郑州、杭州参加了管理系统培训，也多次邀请河北省植保植检站专家对管理系统进行培训，全面推广使用该管理系统，实行微机签证。

总之，从植物检疫站建站以来，邯郸市严格按照农业植物检疫调运检疫规程和调运检疫的程序要求，认真实施调运检疫，截获了危险性有害生物数起，保护了农业生产的安全。

5. 检疫执法和规范化管理工作

植物检疫执法工作是植物检疫中一项的重要工作，是产地检疫和调运检疫工作的延伸和补充。从1987年开始，邯郸市植物检疫站派出第一个驻邯郸火车站北货场检疫组，开展植物检疫执法工作，重点对北货场进出的应检物品进行检查，主要有水果、花卉、粮食、种子、木材。

1990年12月，邯郸县北张庄乡技术员耿良朋从辽宁营口市调进"7826"水稻种子1.5万kg，从北货场下站时，没有办理任何检疫手续，经中国农业大学鉴定该批种子带有大量水稻白叶枯病菌。水稻白叶枯病菌当时是河北省补充检疫对象，邯郸市植物检疫站责令耿良朋将稻种改变用途，但其置之不理，把稻种分放到4个行政村500户农民手中。对此，邯郸市植物检疫站的同志及时向农民宣传该病的危害，往返30多次说服教育当事人，强行把稻种一斤一斤收回，最后改变用途，碾米食用，烧毁稻壳，确保了全市1.53万亩稻田的生产安全。

1995年邯郸市植物检疫站第一次组织全市规模的执法大联查，采取人员互换、异地联查的方式，全市分为4个检查组，对16个县（市、区）进行了为期7天的执法联查，着重检查所经营的农作物种子是否经过检疫、自产的种子有无产地检疫合格证、外调的种子是否有检疫要求书和植物检疫证。这次联查共检查种子69个种子生产经营单位，数量550万kg，其中，玉米品种14个，数量470万kg，无证经营70万kg，占14.73%，棉花6个品种，数量71.3万kg，无证数量58万kg，占74.7%，蔬菜品种52个，数量6.25万kg，无证数量4.7万占74.7%，这种联查形式避开了抹不开的人情面、领导的说情关，队伍整齐，步伐一致，收到了很好的效果。

1999年邯郸市人民政府办公厅下发了《关于切实加强农业植物检疫工作的通知》（〔1999〕12号），对检疫工作更是一个很大促进，使执法检查趋于经常化、制度化。

2001年8月，河北省农业厅关于印发《河北省农作物种子检疫证明编号暂行规定》的通知（冀农函〔2001〕120号），对种子检疫证明编号进行了规范，实行了标识管理制度，使市场检查更具有操作性。

2002年7月1日，《河北省植物保护条例》正式实施。邯郸市植物检疫站抓住这一规范管理的大好机遇，精心谋划，制定了一套完整的植物检疫注册登记工作程序，设计了《植物检疫登记证》（正、副本）、植物检疫登记申请表、年审表等一系列证书、表格。从2002年12月开始，邯郸市正式实施了植物检疫注册登记制度，该项工作在全省属首创，得到了省植保总站的肯定。衡水、唐山、承德等地来人、来电学习取经。通过开展植物检疫注册登记工作，实现了检疫工作的新突破，从而使全市植物检疫工作整体上一个新台阶。

2004年7月，全国农业技术推广服务中心下发了《关于认真做好农业植物检疫行政许可工作的通知》（农技植保〔2004〕46号），要求对产地检疫和调运检疫程序、检疫范围、受理的条件、当事人需提供的材料、承诺时限、收费标准和依据进行公示。为进一步规范执法管理，2004 年邯郸市建立健全了各项规章制度，先后制定了《执法过错追究制度》《行政执法公示、承诺制度》《农业法律法规学习制度》《农业植物检疫规则》《农业植物检疫员职业道德》《行政执法规范用语》等等，要求做到"一严肃"、"二完善"、"三熟记"、"四不准"、"五公开"、"六上墙"、"七坚持"，使全市检疫工作做到了有法可依、有法必依、执法必严、违法必究。在管理上，实行"三证"（注册登记证、调运检疫证、产地检疫合格证）、"二单"（产地检疫报告单、检验结果通知单）、"一标识"（植物检疫标识）的管理模式。

从 2005 年开始，国家陆续对小麦、棉花、玉米种子开始实施良种补贴。2005 年邯郸市检疫站对全市优质专用小麦良种补贴中标企业进行了检疫专项检查，共检查了 16 个县（市、区）的 17 家中标企业。为了保障国家补贴的优质麦种不携带任何疫情，检查过程中，检疫人员严把检疫技术关口，严格监管中标企业进货渠道，严格产地、调运检疫程序，并对企业所供的种子全部抽样封存，通过对中标企业进行检查，有效防止了逃检和漏检现象的发生。

附专项材料

花生新黑地珠蚧
发生规律及防治技术的研究

邯郸市植物检疫站　任英

原载《植物检疫》2006（6）：350

摘　要：采用田间调查与室内试验相结合的方法，在河北省首次对花生珠蚧进行了系统观察，确定了珠蚧的种类。摸清了该虫的寄主范围、为害程度及与环境因子的关系；探明了该虫在邯郸市生活史和发展规律；筛选出有效的防治药剂，确定了最佳防治时期和防治方法。

关键词：花生；新黑地珠蚧；发生规律；防治技术

花生新黑地珠蚧是邯郸市新发现的一种地下害虫，据调查 2002 年在邯郸发生面积 1 500 亩，2003 年发生 2 000 亩，2004 年发生 3 000 亩，并有继续蔓延的趋势。花生新黑地珠蚧属于同翅目、硕蚧科，以幼虫刺吸花生根系汁液进行为害，导致地下根系变褐、变黑，地下部叶片自下而上变黄、脱落，生长不良，植株矮小，结荚果数减少或不结荚，严重影响花生的产量和品质，一般减产 10%～15%，严重地块达 50% 以上，甚至绝收，已对我市花生生产构成严重威胁。

花生珠蚧在河北省首次发现，因其主要在地下活动，不利于观察和发现，国内对本害虫研究和报道很少，河北省更是一个空白，为此我们于 2003～2005 年在大名县进行了花生新黑地珠蚧发生规律与防治技术的研究。通过三年的田间和室内试验，摸清了花生珠蚧发生、发展规律，找出了防治的关键时期，筛选出高效低毒的药剂和剂量，制定了一套综合防治措施。现将研究结果报告如下。

一、种类鉴定

为害花生的珠蚧有很多种，包括棉根珠蚧、玉米珠蚧、花生新黑地珠蚧等很多种，为了摸清为害本市花生的珠蚧种类，2005 年采集到成虫、卵、一龄幼虫、二龄幼虫、三龄幼虫、蛹实物及图片送往河北省植保所，经虫害室主任、研究员李建成博士鉴定，珠蚧的种类为花生新黑地珠蚧 [*Neomarodes niger*（Green）]。

二、寄主范围的调查

1. 田间调查方法

从 2003 年开始每年 8 月下旬至 9 月上旬，在花生（上一年有为害）改种棉花、大豆、玉米及与花生连作的小麦地块调查，仔细观察有无为害状，在植株周围向下挖土 20cm，仔细查找有无活珠体。

2. 室内试验

每年 3~4 月在田间筛选珠体，过筛田土装入花盆，每个花盆内埋入大小珠体各 20 头，在播种期分别在花盆内播种小麦、谷子、玉米、棉花、大豆等种子，每种作物各 10 盆，每盆装好防虫网，收获期将盆土过筛，调查珠蚧情况。

3. 调查结果（表1，表2）

表 1　室内寄主植物调查结果

播种作物	埋入珠体数量	播种花盆数	活珠蚧数量	有无为害状
小麦	200	10	0	无
谷子	200	10	0	无
玉米	200	10	0	无
棉花	200	10	80	有
大豆	200	10	65	有

表 2　大田寄主作物的调查

调查时间	调查乡镇	土质类型	调查作物	前茬作物	面积（m²）	珠蚧数量	有无症状
8 月 26	龙王庙	砂质	花生	小麦	100	2 140	有
9 月 10	龙王庙	砂质	大豆	小麦	100	200	有
9 月 10	龙王庙	砂质	棉花	小麦	100	205	有
9 月 10	龙王庙	砂质	玉米	小麦	100	0	无

经 3 年在不同植物上重复试验观察，新黑地珠蚧除为害花生外，还可为害棉花、大豆，在小麦、谷子、玉米等禾本科作物和甘薯上不能寄生为害，在禾本科作物上也未发现为害。

三、形态特征观察

1. 观察方法

新黑地珠蚧分卵、若虫、蛹和成虫 4 个虫态。通过 3 年的观察，较全面掌握了各虫态的形态学特征。

在花生田采集新黑地珠蚧的 4 个虫态，并在生物显微镜下观察，记录外部形态特征。

2. 观察结果

成虫。雄成虫体棕褐色，长 2～3mm。头部较小，复眼朱红色，触角栉状，口器退化，有发达的前翅 1 对，后翅退化为平衡棒，前足为开掘足。大型珠体蜕皮后变为雌成虫。雌成虫体白色、柔软、粗壮而略圆，体长 4.9～8.7mm，宽 4.2～6.5mm。眼退化，全身有黄褐色被毛和很多皱纹。头部有粗塔状触角 1 对。胸足 3 对，前足为开掘足。

卵。雌成虫将卵堆产于虫体后部。卵乳白色，椭圆形或卵圆形，外附白色蜡粉，长约 1.5mm，宽约 0.3mm，随着胚胎发育其颜色逐渐加深，即将孵化时透出 1 对红点。

若虫。分为 3 龄。一龄若虫长椭圆形，体长约 0.8 mm，宽约 0.3mm，淡黄褐色，触角粗短，6 节，眼点红色，口器发达。有 3 对足，前足为开掘足，中、后足细长。腹部末端有两条尾丝，爬行速度极快。二龄若虫（珠体）圆球形，黑褐色体壁坚硬，被 1 层薄蜡粉。按大小有 2 种：小型珠体直径约 2mm，为雄性；大型珠体直径为 3～6mm，为雌性。珠体球壁厚 0.01mm 左右，壁内为乳白色液态物质，遇碘变蓝色。小型珠体脱壳后变为雄性的三龄若虫，形状与大型珠体脱壳变成的雌成虫相似。雄性三龄若虫个体很小，长约 2.5mm，触角明显短小，不久体形逐渐变长，前足僵直，准备蜕皮化蛹。

蛹。雄蛹初乳白色，后变为灰白至黄褐色，体形长略扁，长约 3mm。触角、足、翅芽均裸露。前足粗大而突伸。腹部两节有多个蜡腺。

四、生活史的观察

1. 示范区的观察

2003 年、2004 年每年 4 月份以前在珠蚧发生严重的砂质土壤中，从田间取珠体大小各 1 000 个，平均分成 10 组放在 100 目尼龙沙袋中，埋在 10m² 经过过筛的示范田内，呈星状排列，地面做标识，埋在深度 6～20cm 花生田内，4 月开始进行系统调查，每 5 天调查一次，5 月 10 日至 7 月 10 日每天调查一次，每次调查轮换取出一组，观察各虫态历期。

2. 大田观察

花生播种前及生长季节选择发病严重的 3～5 地块，每 5 天调查一次，采取 5 点取样，每点调查 0.5m²，挖土深度 6～20cm，调查越冬情况及各虫态发育进度，了解各虫态发生的始、盛发、末期。

3. 结果

3 年研究调查结果表明，花生新黑地珠蚧在邯郸 1 年发生 1 代。以二龄若虫的珠体在花生田耕作层 6～20cm 土层中越冬，若环境条件不适，部分珠体可继续休眠，越冬雌性蛛体（大型珠体）直径 3～6mm，随着地温的升高，第二年 5 月中下旬直接羽化成成虫。邯郸最早羽化在 5 月 18 日，5 月 23 日 50% 成虫羽化，6 月 4 日 90% 成虫羽化，羽化后在土表层活动。越冬雄性蛛体（小型珠体）直径 2~3mm，于 4 月下旬开始化蛹，5 月上中旬为蛹盛期。雌雄成虫羽化后即可交配，此后雄成虫逐渐死亡。雌成虫在土中做卵室，5 月中旬开始产卵，卵成堆产在虫体后面。据调查 6 月 4 日已有 30% 成虫产卵，6 月上中旬为产卵盛期，每头雌虫可产卵数十粒，多者可达数百粒。卵期 20~30 天左右，卵在 6 月下旬至 7 月上旬孵化。6 月底至 7 月初为卵孵化盛期，一龄幼虫在土表活动 10 天左右，每天 15:00~16:00 时最活跃。一龄若虫极小，肉眼极难发现，它在地表快速爬行寻找寄主，此期是扩散为害的时期，也是防治的关键时期。一龄若虫找到寄主后，在土中约 8cm 深处将口针刺入寄主根部，吸食汁液。然后蜕皮变为球形，触角、足等均退化。二龄若虫继续为害，7 月份是为害盛期。此后虫体逐渐膨大、体壁加厚、颜色加深，并分泌蜡质，8 月上旬形成红褐色珠体（二龄若虫），7 月下旬重发田块会有零星死棵现象，8 月份死棵明显增多，直至收获。9 月下旬到 10 月初花生收获后，以二龄珠体越冬。

五、发生与环境因子的调查分析

1. 越冬基数与土壤中分布深度的调查

2003~2005 年，每年 4 月份在不同地块内 5 点取样，每点取长 1m 宽 1m 土方，按不同深度向下取土，分 5 个梯度 5cm 以下、5~10cm、10~15cm、15~20cm、20cm 以上，然后用筛子过筛，调查不同地块、不同深度活珠体数量（表 3）。

表 3 越冬深度与土壤分布深度的关系

深度（cm）	珠体数量	占百分比（%）
5	0	0
6~10	35	11.67
11~15	75	25.00
16~20	200	67.00
20 以下	0	0
总计	300	

经调查，花生珠蚧以二龄幼虫在 6~20cm 耕作层中越冬。

2. 发生与土质关系的调查（表 4）

2003 年、2004 年每年 9 月上旬至下旬花生收获前分别在大名县龙王庙镇三角店村、郑庄村调查未防治地块，记录百株花生珠体数量。

通过调查该虫在疏松的砂质土壤中发生较重，在壤土中为害较轻，主要原因是砂质土壤有利于幼虫钻入土中在根部为害。

3. 发生与耕作制度的关系

2003~2004 年进行了花生-大豆、花生-棉花、花生-玉米、花生-小麦、花生-谷子、花生-甘薯的轮作倒茬试验，以花生-花生为对照，每个试验田块面积 333.3m²。于 9 月 18 日进行田间虫量调查，每田块 5 点取样，挖取 50cm×50cm×20cm 样方土壤，筛取其中的活虫数，然后计算虫口减退率。试验结果（表 5）表明，花生与玉米、小麦、谷子、甘薯进行轮作倒茬，田间虫口基数明显减少，虫口减退率均达70%以上，而与大豆、棉花进行轮作，其虫量与花生连作几乎无差别。说明花生与玉米、小麦、谷子、甘薯等作物轮作可明显减轻发生为害。分析其原因，主要是重茬连作，虫源在土壤中连年积累，虫口基数越来越大；而合理轮作，可使花生田新黑地珠蚧在一个较长时期找不到寄主，恶化其生活条件，无法正常生长发育和繁殖，从而减少虫口，减轻为害。

表4　花生新黑地珠蚧发生与土壤关系

调查时间	调查地点	土质类型	调查作物	百株珠体个数	珠体比例
2003 年	三角店	沙土	花生	40 000	97.44
	三角店	沙壤土	花生	1 000	2.44
	郑庄	壤土	花生	50	0.12
	总计			41 050	
2004 年	三角店	砂土	花生	10 000	71.43
	三角店	沙壤土	花生	4 000	28.57
	郑庄	壤土	花生	0	
	总计			14 000	

表5　不同茬口新黑地珠蚧发生情况

茬口	虫量（头/样方）	减退率（%）
花生-大豆	84.1	7.5
花生-棉花	86.6	4.8
花生-玉米	20.6	77.3
花生-小麦	23.6	74.1
花生-谷子	22.1	75.7
花生-甘薯	23.4	74.2
花生-花生	91.0	

4. 发生与灌水试验

2003～2004 每年7月上旬，对试验田进行灌水试验。选取试验田3块，每块666.7m²，把每块试验田分成两部分，一半大水满灌（田间存有积水），一半不灌水（作对照），9月25日田间虫量调查，每田块5点取样，挖取50cm×50cm×20cm样方土壤，筛取其中的活虫数，然后计算虫口减退率。试验结果表明6月下旬至7月上旬是幼虫的孵化盛期，此时大水满灌，严重影响幼虫的活动，导致幼虫不能尽快找到寄主而死亡，同时田间积水可溺死部分幼虫及部分成虫（表6）。

表6　不同处理新黑地珠蚧发生情况

田块	处理	虫量（头/样方）	灌水的减退率（%）
田块1	灌水	62.3	32.3
	不灌水	92.1	
田块2	灌水	54.1	35.7
	不灌水	84.2	
田块3	灌水	41.2	41.3
	不灌水	70.3	
平均	灌水	52.5	36.1
	不灌水	82.2	

六、药剂防治试验

1. 试验方法

（1）2005年5月18日在大名县龙王庙乡三角店村花生播种时沟施农药，分5个小区（每小区667m²）进行了5种药品对比试验。施药方法为亩用3kg的5%卡线特（颗粒剂）和3%地星（颗粒剂）、40%除虫宝（乳油）、50%辛硫磷（乳油）、40%毒死蜱（乳油）各稀释150倍拌沙土，施于播种沟内，然后覆土播种，每小区留60m²作空白对照，10月上旬小区测产，折合成亩产量，调查防效。

（2）7月4日卵孵化高峰期分别用以上药剂200倍液、300倍液在另外小区进行灌根处理。方法为用配好的药剂装入去掉喷头的手动喷雾器内，逐墩灌入花生的根部，每小区留60m²作空白对照，10月上旬小区测产，折合成亩产量，调查防效。

2. 试验结果（表7）

表7　不同药剂防治珠蚧的效果

药剂	处理倍数		百珠珠体个数	产量/亩					
				I	II	III	IV	V	平均
40%除虫宝乳油	A1	150	40	180	181	187	180	181	181.8
	B1	200	43	182	175	185	179	179	180.0
	C1 ·	300	48	181	181	179	179	180	180.0
50%辛硫磷	A2	150	90	142	143	145	136	138	140.8
	B2	200	98	142	142	141	141	141	141.4
	C2	300	102	138	139	140	141	137	139.0
40%毒死蜱	A3	150	114	140	140	139	139	141	139.8
	B3	200	120	130	132	133	135	128	131.6
	C3	300	119	130	138	135	128	127	131.6
3%地星	A4	150	122	137	139	140	138	136	138
	B4	200	129	133	135	133	135	133	133.8
	C4	300	126	135	136	137	132	135	135

续表

药剂	处理倍数		百株珠体个数	产量/亩					
				I	II	III	IV	V	平均
5%卡线特	A5	150	86	140	141	141	142	141	141
	B5	200	89	137	138	136	139	135	137
	C5	300	92	136	136	138	139	131	136
对照			300	125	123	126	128	128	126

表7为试验结果，试验结果通过新复极差分析，得知在产量方面A1、A2、A3、A4、A5之间B1、B2、B3、B4、B5之间C1、C2、C3、C4、C5之间与对照相比差异极显著，而A1、B1、C1之间A2、B2、C2之间A3、B3、C3之间A4、B4、C4之间A5、B5、C5之间与对照相比差异不显著。综合以上结果可看出播种期（5月18日左右）用150倍液40%除虫宝乳油拌沙土，施于播种沟内，然后覆土播种，以及在卵孵化高峰期（7月5日左右）用300倍液40%除虫宝乳油进行灌根效果较好。

参考文献

[1] 杨集昆. 珠蚧科的研究（同翅目：蚧总科）[J]. 昆虫分类学报，1997（1）：35-48.
[2] 李绍伟，等. 花生新黑地珠蚧发生危害与防治，河南开封市农林科学研究所，2001.

邯郸市植物检疫站科技成果获奖项目一览表

项目名称	完成单位	执行时间	获奖时间	获奖类型	获奖等级	主要完成人
黄瓜黑星病发病规律与防治技术的研究	邯郸市植物检疫站	1989.1～1990.12	1991.10	科技进步奖	邯郸市二等奖	霍玉华、周瑾、任英、高姗、王秀锦
栗瘿蜂形成虫瘿的新技术研究	邯郸市植物检疫站	1990.1～1992.12	1994.10	科技进步奖	邯郸市二等奖	霍玉华、周瑾、王贵锁、何艳梅等
河北省控制栗瘿蜂形成虫瘿的新技术研究	河北省植保所、邯郸市植物检疫站	1994.1～1996.12	1997.10	山区创业奖	河北省三等奖	田士波、霍玉华、周瑾、何艳梅等
美洲斑潜蝇发生规律与防治技术的研究	邯郸市植物检疫站	1995.1～1996.12	1997.10	科技进步奖	邯郸市二等奖	霍玉华、周瑾、郭锦昌、李双宝、任英等
美洲斑潜蝇在河北省发生规律与防治技术研究	河北省植保总站、邯郸市植物检疫站	1995.1～1996.12	1997.10	科技进步奖	河北省三等奖	李永山、田士波、霍玉华、郭锦昌、柯汉英等

农作物病虫害防治中存在的问题及对策

郝延堂

（河北省馆陶县植保站）

一、概况

近年来，化学农药在农作物上的使用面积逐年扩大，使用品种和数量逐年增加。由于农药品种、剂型的不同，加上使用浓度偏高和错误的使用技术，产生的药害逐年明显，面积逐年增加，存在的问题逐年增多，不仅造成了严重的经济损失，影响了农民的收入，也给社会带来了不稳定因素，并严重制约着农业结构调整和农业的可持续发展。馆陶县总耕地面积近 3.3 万 hm^2，以种植小麦、玉米、棉花、花生、大豆和蔬菜为主。全年主要农作物病虫草鼠害发生面积 46.7 万 hm^2 次左右，防治 50 万 hm^2 次以上。

二、存在的问题

1. 盲目用药问题严重

据调查，在各种农作物病虫草害的防治过程中，化防面积达 100%，在防治中不按使用技术用药的占 98% 以上，用药量加倍、多种农药混配现象较为严重。导致部分病虫害对农药的抗性增强，药害面积增多，残留加重。

2. 防治技术不掌握，错过最佳防治时期

农民普遍存在不见虫（病），不防治，甚至量少了就不治的问题，给病虫草害的发生蔓延提供了时机。

3. 农药市场混乱，管理漏洞较多

各执法管理部门，以收费罚款为目的，缺乏对农药经营者的引导和管理，助长了劣质农药的生产和经营。

4. 宣传媒体的误导，导致滥用农药现象较为严重

部分宣传媒体，尤其是电视宣传，不是从技术要求出发，而是以营利为目的，盲目宣传一些劣质、效果差的农药产品。同时广告审查部门没有尽到应有职责，没有对这部分产品的宣传进行较为详细的审查和监督，在县级以下，有部分农药厂与某些宣传媒体盲目宣传，扩大使用范围和使用效果，误导群众使用现象比较严重。目前农药市场比较混乱，品种多、乱、杂现象比较严重，某些农药厂为谋取高额利润，根本不经当地试验示范，不顾当地实际情况，在某些媒体大肆宣传推广，还有的召集村级农药经销商，召开什么"信息发布会"、"技术培训会"或科技下乡等形式，误导群众消费和使用。有一些"三证"不全的劣质农药大部分转移到农村市场，并且村级农药销售门市有增无减。诸多原因的形成，导致农田滥用农药现象较为严重，增加了农作物发生药害的次数和农药残留，为有效杜绝药害的发生增加了难度。

5. 综防技术普及率较低

头痛医头，脚痛医脚的现象较为普遍，有时多种农药混配，但是有针对性的却很少。一喷多防或农药混配防治多种病虫害技术不能及时掌握，费工、费力、高投入，低产出，加重了群众负担，改变了田间各生物间的生态条件。

6. 施药时用水量普遍偏少

如在防治小麦蚜虫、麦叶蜂、吸浆虫、白粉病、小麦赤霉病等病虫害时，亩用水量只有 15~30kg。

三、对策

1. 加大宣传培训力度，提高技术普及率

搞好技术培训，加大宣传力度，这不仅是农技人员的责任，各级领导也应高度重视起来，协调好各部门之间的关系，增加技术人员和培训经费，培训技术骨干，搞好技术示范点，以点带面推广植保新技术、新产品，并且充分利用电视、广播、报纸、宣传资料等多种形式，从农作物病虫草害的发生规律、特点和农药的特性、使用方法、使用时期和不同作物施用农药的最佳时期等方面进行详细的讲解和宣传，使技术入村率达到100%，入户率达80%以上。

2. 规范农药市场，加大监管力度

禁止和限制使用高残留、高毒农药。按照国家有关法律法规和《河北省植物保护条例》《农药管理条例》，加强粮食生产的监督和执法力度，依法保护生态环境。搞好农药产品的投入管理，对高毒、高残留农药要从源头抓起，依法治理乱生产、乱销售、乱施用等行为。规范农药广告宣传，积极引导高效、低毒、低残留农药的推广和使用。各级工商和农药管理部门，要严格按照《农药管理条例》和有关法律法规对县级以下电视台和农药生产、销售单位擅自发布广告，并以专题片、群众（专家）访谈等形式进行宣传的行为，要严格审查、取缔、直至重罚；对三证不全，使用范围超标，擅自扩大宣传范围，并且未在当地试验、示范而推广产品的行为，要严厉打击，决不手软。并制定相应的政策法规来监督和限制农药产品的宣传和使用，积极引导广大群众在农田使用高效、低毒、低残留、易降解的农药产品，以确保广大群众的身体健康当地农业的安全生产。

3. 先试验，后推广应用

农药用前要先做试验，找出安全用量和最佳用量后，再大面积推广，以免造成失误。

4. 选择无风天时使用

尤其是在除草剂使用时，选择无风天气的早晨或下午17:00时以后喷施，药液飘移的可能性很小，并且用足水量，喷头放低，以使药害发生的概率降到最小限度。因此，小麦、玉米田在使用除草剂时，有条件的，要与棉花、豆科等敏感阔叶作物间隔500~1 000m，且风速不易超过3m。

5. 药害发生后应采取的措施

发生药害以后可追施速效化肥或采用根外追肥来补救。对激素类除草剂如2,4-D、二甲四氯飘移至双子叶作物产生的药害可打去畸形枝，必要时喷施赤霉素或草木灰、活性炭等，或用清水冲洗2~3次，或喷施磷酸二氢钾、绿风95、高美施等叶面肥，来促进受害植株的快速生长。

6. 推广新技术，新产品

在搞好技术培训的基础上，及时结合实际推广新技术，新产品，如一喷多防技术，病虫害综防技术，农药减量控害技术等。以提高防治效果，降低防治成本。

7. 严格使用喷药器械

喷施除草剂的药械最好专用或用专用清洗剂彻底清洗后，方可用于其他作物。

大名植保植检 60 年

大名县植保站

大名县是一个农业大县，总人口 73 万人，其中，农业人口 67 万人。辖 20 个乡镇、651 个村。耕地面积 114 万亩。年农作物播种面积 190 万亩以上，是国家商品小麦生产基地县、优质棉生产基地县和中国花生之乡。农作物病虫草鼠害种类多，为害重。新中国成立前，由于农业科学技术落后、迷信思想严重，除对小面积的轻度病虫害采取撒干坑土、喷烟草水、草木灰水等土法外，对黏虫、蝗虫的大面积发生，一则人工捕打，一则烧香祈祷。

新中国成立国 60 年来，各级人民政府大力宣传破除迷信，提倡和推广药物防治、物理防治，生物防治、以菌治虫等，以及植保技术工作的普及应用，大大减轻了病虫草鼠害的为害程度，特别是近 20 年我县结合本地工作实际，树立"公共植保、绿色植保"理念，坚持"预防为主、综合防治"的植保方针，扎实工作、开拓进取，努力开创植保工作新局面。大力推进重大病虫草害专业化统防统治，积极开展各种农作物病虫害的测报与绿色防控，有效地控制其为害。

一、病虫害种类

大名县农作物病虫草鼠害主要有 74 种。其中，病害 41 种，虫害 28 种，农田鼠害 5 种。

病害有：小麦条锈病、叶锈病、秆锈病、白粉病、散黑穗病、腥黑穗病、丛矮病、黄矮病、叶枯病、线虫病、纹枯病、根腐病、小麦全蚀病、卷曲病、玉米大斑病、玉米小斑病、玉米黑穗病、玉米褐斑病、玉米弯孢菌叶斑病、玉米锈病、玉米粗缩病、玉米顶腐病、玉米纹枯病、玉米瘤黑粉病、谷子白发病、谷瘟病、高粱散黑穗病、叶斑病，大豆角斑病、大豆褐斑病、菟丝子，甘薯黑斑病、甘薯软腐病、甘薯褐斑病、棉花立枯病、棉花炭疽病、棉花猝倒病、棉花角斑病、棉花红腐病、棉花轮纹斑病、棉花褐斑病、棉花曲霉病、棉花枯萎病、棉花黄萎病、花生茎腐病、花生青枯病、花生叶斑病、花生根腐病，芝麻茎点枯病等。

虫害有：小麦潜叶蝇、麦蚜、麦红蜘蛛、小麦吸浆虫、灰飞虱、麦叶蜂、玉米螟、玉米蓟马、玉米耕葵粉蚧、玉米蚜、高粱螟、高粱蚜、粟穗螟、钻心虫，豆天蛾、造桥虫、甘薯天蛾、花生蚜、花生新黑地珠蚧、棉铃虫、棉蚜、红铃虫、棉造桥虫、斜纹夜蛾、二十八星瓢、蟋蟀、黏虫、蝼蛄、蛴螬、金针虫等。

杂草种类有：麦田主要有播娘蒿、荠菜、麦瓶草、藜、婆婆纳、刺儿菜、麦家公、打碗花、王不留行、猪殃殃、节节麦、野燕麦、蜡烛草、雀麦等；玉米主要有马唐、马齿苋、牛筋草、田旋花、藜、狗尾草、反枝苋、苘麻、香附子等。

鼠害有：大仓鼠、纹背仓鼠、北方田鼠、黑线姬鼠、褐家鼠。

二、植保植检机构

早在 20 世纪 50 年代，大名县病虫害调查测报工作归政府农业科负责，如遇病虫发生面积大的年份，则由政府临时成立指挥部负责除治工作，并在万堤建了临时除虫专用飞机场。20 世纪 60 年代由农业局技术股固定专人搞预测，在万堤农场设立了预测点，在七里店乡王庄村西建成正式除虫专用飞机场，现仍在保留着。20 世纪 70 年代初仍由农业局技术股固定专人搞预测，并在西魏庄设立了测报点，各区技术站各设一个测报点。1978 年 11 月农业局正式成立了植保植检站，第一任站长是张兰亭同志，1979～1992 年在编人员为 5 人。1992～2005 年在编人员为 7 人。1988 年省农业厅批准成立了大名县农田灭鼠试验站，由植保植检站副站长李长印同志兼任，承担省下达的农田鼠害监测与防治任务并做好全县农田鼠害的防治工作。1987～2010 年 3 月由李长印同志任第二任植保植检站站长，郭兰云同志为副站长。站在编人员 7 名，其中专职测报员 2 名，专职检疫员 3 名，防治人员 2 名；对口省农业厅植保植检站、省农药检定所及市农业局植保站、检疫站。其间 1998 年还成立了大名县农业局农药监督管理站，与植保植检站合署办公。农药监督管理站人员也由植检人员兼职。有 2 名人员专管，负责全县的农药监督管理工作。年培训农资经营户和重点村农民技术员 200 个，积极开展了毒鼠强及高剧毒农药专项整治，与各门市签订了禁止销售使用五种剧毒农药及自查责任书和守法经营承诺书。年印发《农药管理条例》《植物保护条例》，《高剧毒农药的限用和禁用规定》和《农药安全使用规定》宣传资料 1 万份。严格检查，规范管理。坚持四看四严，规范商户经营。

2005 年由国家投资 367.3 万元在大名县建立国家级农业有害生物预警与控制区域站，目前现有技术人员 6 名，高级农艺师 1 人，农艺师 3 人。基层县级测报网点 10 个，乡村基测报点 110 个，有电话、电脑、灭虫灯等调控工具，6 个中心站监测点、20 个乡（镇）技术站设有 1～2 名技术人员作为测报员负责本辖区的农业有害生物测报，负责全县农作物病虫草害的预测预报工作并作为县站与基层监测站沟通的桥梁。负责定点系统调查。系统调查与大田普查相结合及早做出病虫害发生预报。每年编发《病虫情况》20 期以上。及时有效地控制了大名县病虫害的发生与为害，为粮棉油丰产丰收提供了保障。

（一）防治措施综述

新中国成立以来，大名县在农作物病虫害防治上，采取了"预防为主，综合防治"的指导方针。农业防治、机械物理防治、生物防治、化学防治 4 种措施协调应用，以化防较为普遍。另外又加强植物检疫工作，有效的防止有害生物的扩展蔓延。

1. 农业防治

（1）选种　在播种前选用抗病虫害能力较强的作物品种，提高农业自身抵抗力。

（2）轮作　即在同一地块上合理调茬、换茬，破坏病虫寄生环境。

（3）合理施肥　化学肥料中某些元素，有恶化病虫发育环境和直接杀灭的能力。

（4）合理密植　通过合理密植改变田间气候条件，控制病虫生存。

（5）合理灌水　直接淹杀虫卵、幼虫，控制病毒增殖。

（6）深耕　通过深耕晾晒，改变病虫生存环境，可起到减轻虫口密度，降低为害程度的作用。

（7）调节播期　根据病虫发生规律，调节作物播种期，错开病虫危害时间。

（8）间苗　剔除发育不良及病虫苗，摘除病叶等，抑制病虫蔓延。

2. 机械物理防治

（1）人工捕杀　用于体形大，容易发现或有转移习性的各种害虫。一般以手工或简易器械捕捉或深埋。

（2）诱杀　分灯光诱杀和潜伏诱杀两种：灯光诱杀即利用害虫趋光性，于田间布置20瓦黑光灯诱杀害虫飞蛾（成虫）；潜伏诱杀即针对性设置适宜害虫寄生或潜伏的场所，如用杨树枝把插入棉田诱杀棉铃虫，用泡桐树叶诱杀地老虎幼虫，用草把诱杀黏虫成虫等。

（3）热处理法　用日光暴晒种子或温汤浸种，以杀灭附在种子外表的病菌或虫卵。

3. 生物防治

（1）以菌治虫　以菌防治鳞翅目害虫，如黏虫、棉铃虫、玉米螟等，此法在大名县推广面积不大。

（2）以虫治虫　利用害虫之天敌杀灭害虫。如人工助迁瓢虫除治棉蚜。

4. 化学防治

新中国成立后化学防治病虫害的方法陆续推广，20世纪70年代达到普及。化学防治病虫害，杀伤力强见效快。80年代随着化学防治病虫害的进一步普及，生态环境遭到破坏，环境被污染。90年代后我们采取减量控害技术，特别是进入21世纪，在化学防治方面大力推广高效低毒低残留农药，采取适期早治一喷多防技术，取得明显效果。

（二）病害防治

（1）小麦锈病　也叫黄疸病，分条锈、叶锈、秆锈3种，大名县以条锈为主，叶锈次之，有时也有秆锈发生。20世纪70年代前，锈病是大名县小麦的主要病害之一。防治措施主要有选育、引进抗病品种，中耕拥土埋病叶，采摘病叶，药物防治等。1960年条锈病大发生，县政府动用飞机从4月2日到5月12日，喷雾治锈。仅万堤区就机治53 624亩，虽有效果但不明显。对此，省农业厅植保所、地区农科所和县农业局的科技人员在毛苏村展开对小麦锈病的研究，采用了人工土法防治与药剂防治相结合的综合措施，收到一定效果。1964年条锈病又一次大发生，采用了以早春中耕埋病叶、摘病叶为主，同时药剂封锁发病中心，后期用"敌锈钠"药剂防治等措施，较好地减轻了为害。1965年2月12日邯郸地区行政公署在毛苏村召开了"防治小麦锈病现场会"，河北省农业厅、河北农业大学、天津、唐山、石家庄、衡水、沧州、邢台等地市50名领导和技术干部也参加了会议，支书毛友田介绍了防治经验。

（2）谷子白发病　20世纪70年代以前每年都有发生，严重地块减产50%以上。主要采用了选用抗病品种，水选种子等方法。70年代以后至今谷子面积明显减少无谷子白发病发生。

（3）甘薯黑斑病　主要采取了选用无病薯块、温汤浸种、换茬栽种、引进抗病品种等方法。

（4）棉花苗期病害　有立枯病、炭疽病、角斑病等。80年代后至2010年大名县仍主要采取了选种晒种、药剂拌种、选用抗病品种、早中耕勤锄划提高地温等方法。

（5）花生青枯病　主要采用了轮作倒茬、选用抗病品种，近几年从大力推进花生种衣剂处理种子，收到了理想效果。

（6）花生叶斑病　喷施"托布津"、"多菌灵"1 000倍液，隔周喷一次，连喷2~3

次，效果明显。

（三）虫害防治

大名县的虫害主要有蝗虫、黏虫、玉米螟、蝼蛄、小麦蚜虫、小麦吸浆虫、棉蚜、棉铃虫、蟋蟀、田鼠等。现将主要虫害防治方法简记如下：

（1）蝗虫　主要分布在以下3个地区：一是漳河南北大堤之间的万堤镇、崔岳村乡、王乍村乡；二是张铁集乡的西南部，即翟滩至固城一带的翟滩洼；三是老柴河下游的冢北乡寺头村北地、北峰乡果子园村东南地、冢北乡葛村东南地、小丈村与十字路村西南地及冢北、小营村一带。除治蝗虫工作大体分五个阶段：一是新中国成立前到1952年，采取挖沟人工捕打的方法；二是1953～1957年，以药械除治为主，辅助以人工捕打；三是1958～1964年，以药械除治与开荒造田、改造蝗区生态环境相结合为主，辅以飞机除治；四是从1965～1990年以改造蝗区生态环境，抑制蝗虫发生为主，辅以药物除治；五是90年代后本着谁受益谁拿钱的治蝗原则，开展了监测与防治取得了较好效果。

（2）黏虫　也叫"好蚄"。是大名县历史上为害最严重的第二大虫害。从明朝开始对黏虫为害就有文字记载。新中国成立以来，自1959～1990年有14次大发生。少的年份5万～6万亩，多的年份20万亩以上。大名县在防治黏虫上，先后采用了人工捕打、杨树枝把及黑光灯诱杀、土农药防治、化学防治等措施。目前已掌握了黏虫的发生规律和防治方法，90年代后黏虫的为害得到了有效控制。

（3）玉米螟　也叫钻心虫，是为害玉米的主要害虫。大名县一般年份种植玉米20万～30万亩，个别年份达40万亩以上。玉米螟年年都有不同程度的发生，尤以1959年、1960年、1961年、1962年、1963年、1964年、1979年和2003年发生严重。

为彻底除治钻心虫，1961～1963年示范推广了颗粒剂，1963年全县多点示范推广1万亩，群众反映操作方便，省钱省药，有效期长，效果好。1964年决定在大名县普及，大名县百余名技术干部亲自动手，备原料、制颗粒，供销社备农药，一年普及打开了局面，大名县20万亩玉米全部进行了防治，取得明显效果。2004年以后普遍采取了喷雾防治，同样达到了控制玉米螟为害的良好效果。

（4）棉铃虫　是大名县棉花生产中主要虫害。一年发生4代，以二三代为害最重。棉铃虫以食嫩心叶、幼叶、幼蕾、幼铃为害棉花，造成蕾铃脱落。棉铃虫每年都有不同程度的发生，严重地块减产3～5成。

20世纪50年代以前对棉铃虫的防治，因对其习性掌握不准，农药种类单一，虽然防治但效果甚差，基本上处于束手无策的困境。后来随着农药品种的增多和对棉铃虫习性的认识，防治效果越来越好。常用方法一是溴氰菊酯、磷铵乳油、辛硫磷乳油等药剂喷雾除治；二是喷撒"六六六"粉、"滴滴涕"粉等除治；三是用"滴滴涕"乳油等农药沾棵；四是撒毒土。防治二代棉铃虫以喷雾为主，三代棉铃虫以喷粉为主。目前大部分群众已掌握了棉铃虫发生规律及有效防治措施，近几年虽连年发生棉铃虫，并未造成较大危害。20世纪90年代棉铃虫大发生，麦田一代棉铃虫发生成灾，一般小麦减产30%～50%，严重地块减产70%以上，3～4代棉铃虫给棉花生产带来了严重威胁，棉农恐虫心里严重，使棉花生产受到挫折。1992年全省棉铃虫挖蛹现场会在大名召开，1993～1995年，全县上下总动员狠抓棉铃虫的综合防治工作，取得明显成效，受到国家、省、市的表彰。

（5）小麦吸浆虫　是小麦生产上一种毁灭性的隐蔽害虫，以幼虫为害花器和麦粒造成小麦灌浆不足，形成麦粒空壳或霉烂，被吸浆虫为害的小麦其长势和穗型大小不受影响，且由于麦粒被吸空，麦秆表现直立不倒，具有"假旺长"的长势，出现"千斤长势，几百斤甚至几十斤产量"的残局，吸浆虫对小麦产量具有毁灭性，一般可造成10%～30%的减产，严重者达70%以上甚至绝收。1992年在我县首次发生，2002年大发生，防治方法：①蛹期防治：防治适期在4月17～25日，小麦吸浆虫处于中蛹期，亩可用2.5%甲基异柳磷1.5kg，3%辛硫磷颗粒剂1.5-2kg或用40%甲基异柳磷乳油200mL拌细土15～20kg，拌匀后顺垄撒施，并用扫帚扫动麦株，使毒土落在地表上，撒后及时浇水，防治效果可达90%以上。②成虫期防治：小麦抽穗率达70%～80%时立即用药防治，每亩用20%浆蚜净60～80mL或2.5%高效氯氟氰菊酯和10%吡虫啉或5%啶虫脒农药混配，对水30kg，于成虫活动的上午10:00时前、下午17:00时以后喷雾进行防治。防治时要求全株着药，兼治蚜虫。另加12.5%烯唑醇、15%三唑酮、50%多菌灵等杀菌剂还能兼治赤霉病、白粉病。严禁使用高毒高残留农药。通过广大群众的共同努力，小麦吸浆虫防治得到有效控制，近年来老虫区虫害出现反弹，新虫区严重发生，西未庄乡老堤北村最高密度每样方602头。由此2009年4月18日，全省小麦吸浆虫暨中后期重大病虫防控动员会在大名县召开，为推动全省小麦吸浆虫防治工作起到了重要的指导作用。

（6）鼠害　由于我县小麦、玉米、花生种植面积较大，适应田鼠的生息繁殖。20世纪80年代中期，鼠害发生严重，为害面积达70多万亩，给农业生产造成了严重危害。平均百夹捕获率达16.3%。此间在省市的大力支持帮助下开展了鼠害的综合治理工作，使农田鼠害得到了有效的控制。1990年农田灭鼠工作受到了农业部全国植保总站的表彰。

三、植物检疫

进入20世纪80年代检疫工作在省、市主管部门和县局的领导下，始终注意从宣传贯彻植物检疫法规，培训检疫人员，提高检疫人员素质入手，加大植物检疫执法力度，立足本县实际，突出抓好玉米、花生等良种的调运检疫和小麦种子的产地检疫工作，有效的控制了检疫对象的传播蔓延，同时对全县的小麦、玉米、棉花、花生、林果及蔬菜等农作物进行了有害生物普查，使我县的植物检疫工作更加适应新形式的需要，为确保我县农业生产的安全起到了积极的作用。

（一）突出植物检疫法规宣传，奠定植物检疫工作全面开展的基础

一是利用县电视台开办的《绿色植保》栏目，系统宣传了《植物检疫条例》及实施细则等相关法律法规30期次。二是针对全县小麦繁种、生产经营单位和个人私自繁种较为严重的实际情况，定期不定期的进行拉网式检查，并将印制的《大名县植保植检站关于加强小麦种子产地检疫的通知》及《实施植物检疫确保农业生产安全》相关资料10000份分发到全县所有种子生产经营单位及农户手中，并在国道、省道等明显处刷写永久性宣传标语8条，从而提高了全县各种子生产及经营单位和农民对植检工作的认识，为我县植检工作的全面开展奠定了基础。

（二）加大执法力度，开创了植检工作的新局面

进入20世纪90年代针对我县植检工作实际情况，按照省、市安排布署，认真研究制定实施方案，邀请专家讲授检疫对象识别、产地检疫操作规程、调运检疫应注意事项以及检疫证书的规范化签发，同时还认真学习相关法律法规，严格执法程序，定期不定期的开

展市场检查。严格按操作规程开展产地检疫，查处违法案件，并依法进行了严肃处理。

（三）抓好了疫情普查，严格控制有害生物的传入

2000年至今，搞好我县有害生物疫情普查，十年来对全县20个乡镇182个行政村的小麦、玉米、花生、蔬菜、果树等主要农作物进行了调查，共计调查样点面积20.4万亩，单位样点面积计238 000m²，2003年对在我县首次发现的花生新黑地蛛蚧开展了监测与防治工作的研究。自国家、省、市发布有害生物黄顶菊后我县站及时开展了宣传发动和群众性的普查，发放有害生物黄顶菊普查处理宣传资料3万余份，全县普查面积达70%以上，重点交通道路和河流堤岸普查率在80%以上，于2006年10月8日在我县城关迎宾路东段一建筑工地旁发现3株黄顶菊，及时进行了防疫处理。

（四）把好植物产地检疫和调运检疫关，使全县植物检疫逐步走向规范化轨道

我县地处冀、鲁、豫三省交界，是河北省的南大门，植物检疫工作虽然相对难度大，但我们对此项工作一点也不放松，严格按《植物检疫操作规程》进行抽样—检疫—出证，全县年调运检疫签证50批次以上，调运小麦种子100万kg以上、玉米种子10万kg以上、花生种子4万kg以上。有效的维护了农业生产的安全。

（五）加强检疫证明编号管理和检疫标签的发放

我县是小麦、花生、种子繁种大县，种子生产经营单位和个人相对较多。根据《种子法》的规定和河北省种子标签管理办法要求，我们全部实行检疫标签制度。主要做法：一是加强宣传，提高认识，积极为种子产销商户服务；二是在检疫证明编号发放前，严格审查田间检疫地块面积和检疫情况，根据面积、产量多少按批复检后进行发放；三是对检疫标签的发放，严格按申请户出具的发票和检疫证上的数量及包装件数进行发放。三年来我站共计发放植物检疫证明编号146个，发放检疫标签15万张，维护了植物检疫的严肃性。1996年以前靠自检为主。1996年后大名县与河南省南乐县、山东省莘县建立了植物检疫联防协作关系，互通种子检疫编号，有力地控制了未经检疫的种子流入大名县。2000年至今开始自繁小麦种，每年进行小麦产地检疫1 000亩以上。

四、抓好基层植保专业化组织建设，大力推进统防统治工作

近年来在省、市植保部门的关心和支持下，我县在积极搞好农业病虫草鼠害测报与防治的同时，认真抓了基层植保专业化组织建设，大力推进统防统治工作并取得一定成效，得到了各级领导的认可和广大农民群众的欢迎。为全县农作物安全生产起到了保驾护航的作用。2008年、2009年两年，县站购置机动喷雾器400台，扶植、引导成立植保专业化防治服务组织149个，拥有防治机械总量4912台（个），其中机动喷雾器1 120台、电动喷雾器492台、手动喷雾器5 580台，从业人员2 656人。2009年举办技术培训3期，培训人员300人，印发病虫防治资料3万份，加大对专业化防治组织的技术指导和培训宣传力度。植保专业化防治组织，日统防统治面积达6 500hm²，重大病虫害小麦蚜虫、吸浆虫、棉花、花生棉铃虫等年统防面积30万亩次，推广使用啶虫脒、阿维菌素、吡虫啉及菊酯类等农药258.5t。有效的应对突发性病虫害的发生，达到统一测报，统一时间，统一药剂，统一防治，并从源头上控制高毒、高残留农药的使用，普及了植保新农药新技术。

馆陶县农业有害生物发生与防治概论

郝延堂　董　超　李　洁　郭传新

（馆陶县植保植检站）

随着社会发展和农业种植结构的调整，农业有害生物的发生数量和种类发生了巨大变化，原有的已不再是防治的重点，新的病虫草害不断发生，有的已成为防治的主要对象。下面就馆陶县农业有害生物的发生演变与防治做一简要概述。

一、作物病虫害发生种群的演变

20世纪50～70年代，小麦害虫以地下害虫、麦蚜、麦蜘蛛、麦叶蜂为主：病害以条锈病、散黑穗病为主。玉米害虫以玉米螟、蚜虫、红蜘蛛和红腹灯蛾为主：病害以丝黑穗病和大、小叶斑病为主。谷子害虫以栗灰螟为主、三代黏虫为主：病害以白发病、谷瘟病为主。棉花害虫有棉蚜、棉蓟马、棉红蜘蛛、棉铃虫、红铃虫、棉小造桥虫、棉椿象（绿虫椿象、苜蓿椿象），病害以立枯病、炭疽病为主。

由于农药机械的落后，防治方法为喷雾、喷粉和撒毒土、毒饵等，防治不普遍，但天敌量大，可有效地控制病虫为害。在这个阶段中，1961年，县黏虫发生严重，当时虫口密度（大田）1m双行达210～289头，曾动员广大群众、学生捉虫、灭虫。1964年夏，秋蝗大发生，密度较大，最多达1 400～2 000多头/m²，山东省政府曾派飞机支援灭蝗，控制了蝗虫为害。

1972年棉红铃虫在县内绝迹。1978年，由于引种鲁棉1号棉种，使棉花枯黄萎病开始发生，发生较重的有马头、后宁堡等几个村，病株率一般均在2%～8%，病区病株率20%～46%。棉花枯黄萎病每年有不同程度发生。到90年代后，发生面积逐年增加，发生程度逐年加重，2009年调查发生面积达90%以上，病株率平均在15%～50%，高的达85%。

20世纪80年代，由于农村实行了联产承包责任制，棉麦间作增加，使用聚酯类农药，有益天敌被大量杀伤，由于引种使病虫害种群、种类也有所增加。如小麦病虫有麦蚜、麦长腿蜘蛛、红蜘蛛、麦叶蜂、黏虫、以麦蚜、红蜘蛛为害为主。病害也有了增加，除了原发条锈病、散黑穗病、病毒病外，新发病有赤霉病、白粉病和腥黑穗病。玉米害虫有玉米螟、红蜘蛛、蚜虫、红腹灯蛾、黏虫和穗部害虫（玉米螟、棉铃虫）等，病害除个别地块发生丝黑穗病，大部分玉米田无此病害，但玉米大、小叶斑病有增无减，还增发了粗缩病、青枯病。棉花害虫有棉铃虫、棉蚜（苗蚜和伏蚜）、红蜘蛛、地老虎、银纹叶蛾。随着春玉米面积减少，玉米螟转移棉田进行为害。棉花主要病害有棉花立枯病，炭疽病和枯、黄萎病。

此阶段中，有两种病虫害局部发生。1984年6月，留庄、鸭窝、西留庄等村突发一代黏虫，虫口密度一般在每平方米十几头到几十头，在田间小路上爬行部分麦田串种的玉米苗全被吃光。1989年，王二厢乡庄科村一户、南徐村乡东徐村村一户发生了小麦腥黑穗病，发生面积7～8亩，病穗率30%～80%，各别地块基本绝收。由于及时更换冀麦26

品种和大力推广药剂拌种，基本消灭了腥黑穗病。1986～1989年连续三年谷子发生栗穗螟，部分谷田发生严重，百穗虫量多达80～164头，造成谷穗空秕减产。因为很抓了防治工作，目前此虫已灭迹。1989～1990年小麦白粉病大量发生，为害程度之重，是历史罕见的，一般麦田病株率100%，病叶率在70%～86%，部分麦田病叶率达100%，使小麦提前枯死，造成大量减产。

20世纪90年代，由于种植结构的调整、品种的更新、水肥条件的改善以及气象因素的影响，病虫害又有了新的发生和新的变化。小麦主要病虫害有麦蚜、麦红蜘蛛、麦叶蜂、地下害虫，一代棉铃虫开始在麦田大量发生。病害有白粉病、病毒病、散黑穗病和纹枯病。玉米主要害虫有玉米螟、红蜘蛛、蚜虫和棉铃虫。病害有大、小叶斑病、粗缩病和青枯病。棉花主要虫害有棉铃虫、棉蚜（苗蚜和伏蚜）、棉红蜘蛛、棉小象鼻虫、玉米螟和美洲斑潜蝇，病害有立枯病、炭疽病和枯、黄萎病。

在这个时期，由于种植结构的调整，气候条件的变化。1993～1995年棉铃虫连续大发生，发生数量大、持续时间长，致使棉花生产大滑坡。从1998年开始引进33B、99B抗虫棉以后，二、三代棉铃虫的发生基本没有对棉花造成为害，到2009年抗虫棉面积达90以上，品种由最初的以种植33B、99B为主，发展为以国产抗虫棉为主，如冀杂999、冀棉169、冀228等。1992年棉花角斑病发生，出现烂叶烂铃，同时麦田一代棉铃虫发生严重，虫口密度高达百株100～150头。1993年玉米穗部棉铃虫百株50～120头。1995年美洲斑潜蝇初次发生，为害14种以上作物，全县发生4.6万亩。为害对象以蔬菜为主，瓜类、芸豆、蓖麻受害最严重。1995年玉米青枯病发生严重。使玉米提前干枯成熟，全县发生6万多亩，一般减产30%左右，高者达50%以上。

2000年以后，由于受气候条件的影响，小麦赤霉病每年均有不同程度的发生，2002年发生比较严重，发生面积达50%，病穗率平均为1%～3%。2003年发现小麦全蚀病，到2009年全蚀病发生地块占30%，严重的病株率达58%。

二、杂草发生和防治演变

农田杂草多以播娘蒿、田旋花、小蓟、苣荬菜、代马唐、俾草、蟋蟀草、话梅草、白矛、莎草、马齿苋、反枝苋、苍耳和白莉为主。从20世纪50～80年代中期，多以人工锄草拔草等除草方式，从80年代中后期至90年代初期，开始应用化学除治。1994～1995年化学锄草开始应用，全县化学除草达5万亩。2000年以后，农田禾本科杂草如节节麦开始发生，面积逐年增加，2009年发生面积达5万亩，阔叶杂草发生种类和发生数量变化不是很大，化学除草面积目前达90%以上，尤其是玉米田化学除草面积达100%。

三、主要作物病虫害演变

主要作物病虫害发生大体可概括4个阶段，第一阶段从20世纪50～70年代，主要作物病虫害发生种群没有明显差异。第二阶段从80年代初到中期，除小麦锈病、棉铃虫发生严重以外，1985年蟋蟀大发生，芦里乡虫口密度4 050头/亩，最高达10 000多头/亩。第三个阶段从80年代末期至90年代中期，这个时期是各种病虫害最严重的年代。第四个阶段从90年代后期至2009年，这一时期小麦以防治纹枯病、白粉病、锈病、蚜虫、吸浆虫为主，棉花以防治苗病、蚜虫、盲椿象、枯黄病为主，玉米以防治病毒病、大小斑病、红蜘蛛、玉米螟为主。

从 20 世纪 80 ~ 90 年代中期，一是病虫种群增加，如蟋蟀、谷子栗穗螟和美洲斑潜蝇；二是主要作物病害种类增加，如小麦腥黑穗病、白粉病、棉花角斑病、玉米粗缩病和玉米青枯病等。

从 80 年代中期至 90 年代中期主要害虫为害的对象和代别也有 3 个变化；一是 80 年代末至 90 年代中期，玉米螟由为害春玉米转移为害棉花。二是 90 年代初期棉铃虫在为害棉花的基础上又为害小麦、玉米和蔬菜、花生、大豆等。三是从 1993 年开始棉铃虫由原来的四代变为 5 代，为害时间延长 15 ~ 20 天。

从 90 年代后期至 2009 年，小麦纹枯病、赤霉病，棉花盲椿象、烟粉虱、玉米褐斑病、纹枯病等新发生的病虫害已成为防治的重点。

四、作物病虫害防治措施演变

20 世纪 50 ~ 70 年代多以常规喷雾、喷粉和拌种为主。从 80 年代初至中期，从保护利用天敌出发，广泛推广应用了隐蔽施药方式，如滴心涂茎治蚜和拌种治蚜，种植诱集带等技术和植保站生产多角体病毒推广应用，防治 6 万多亩，防治效果达 80% 以上。从 80 年代中期至 90 年代中期，组织科技人员研究防治策略如防治蟋蟀技术、棉虫综防、各种农药试验和应用技术研究。根据病虫的多发性和抗药性，90 年代以后普遍采取了农业、生物、物理、化学农业综合防治技术，并且推广了机械化防治，仅 1995 年全县推广应用性诱剂 27 万余个，安装高压汞灯 2 000 多盏，机动喷雾器 2 500 多架。2000 年以后，随着电动喷雾器、烟雾机和机载喷药器械的推广应用，大大减轻了农民的劳动强度，提高了防治效果，降低了防治成本。

五、测报方式的转变

新中国成立以来，农作物病虫预测预报方式和测报工具不断改进。50 ~ 60 年代多数采用糖醋诱测、杨树枝把诱测和黑光灯诱测（自制），70 年代主要用黑光灯诱测，80 ~ 90 年代应用了高压汞灯、性诱剂、数理统计测报方法。从 1998 年以后开始使用佳多自动虫情测报灯及网络化办公，强化了虫害预测预报手段，减轻了劳动强度，测报准确率达 90% 以上。

田间调查法；自 20 世纪 60 年代开始至今坚持应用调查方法采取定作物、定地点、五点取样，定时间进行调查。如小麦每点 100 株，五点共 500 株；棉花二代棉铃虫每点 20 株，五点共 100 株，测报准确率 90% 以上。从 90 年代以后，从布点、调查、统计、汇报，严格按照国家及省级标准进行。

诱集法：主要有杨树枝把诱测、糖醋诱测、黑光灯诱测、性诱剂诱测、高压汞灯诱测等方法。50 ~ 60 年代主要有糖醋液、黑光灯、杨树枝把诱测，1980 ~ 1990 年诱剂测报开始使用性诱剂、高压汞灯，取得了很好的预测预报效果，预报准确率一般都在 90% 以上，90 年代以后采用性诱剂、诱测板、诱测灯进行测报和防治。

数理统计预测预报法：它能够发布中长期预测预报，在指导害虫防治方面有一定的应用价值。1984 开始应用，主要用历年害虫发生程度资料和历年的气象因子等资料，通过计算机准确的计算出当年某种害虫发生程度，以便提前做好防治准备。

六、植物检疫

国内地方性检疫工作以产地检疫为主，同时兼顾调运检疫，其主要内容就是根据国内颁布的植物检疫条例，检查国家和省规定的植物检疫对象，控制危害性病虫草的传入和蔓延。

1984 年我县正式开展检疫工作，有专职检疫员 3 人，1991 年吸收兼职检疫员 4 人，1994 年兼职检疫员达到 5 人，其中县种子公司 4 人。以后随着人员的变动和检疫条例的修改以及河北省植物保护条例的颁布（2002 年 7 月 1 日），专职检疫员始终保持在 3 人及 3 人以上，取消了兼职检疫员。

检疫对象的调查与认定，根据发生年代、发生面积和发生程度，国家和省随时增加和取消。随着生产条件的改善，品种的不断更新和种植结构的改变以及植物的频繁调动，新的检疫对象不断发生，原有的检疫对象不再发生或已能控制。如 60～80 年代的腥黑穗病，90 年代以后，该病已得到控制，发生程度和发生面积明显减少。2005 年以后不在是省属检疫对象。棉花黄萎病由 80 年代的点片发生到目前普遍发生，小麦全蚀病由 90 年代的零星发生到目前的普遍发生，2008 年发现有害生物杂草黄顶菊等等，由最初的防治困难，到目前能有效控制，目前以上病害和杂草均不属于检疫对象。2009 年调查，我县现有的检疫对象主要有黄瓜黑腥病、美国白蛾、番茄溃疡病。

七、农药使用

20 世纪 50 年代使用的农药品种以有机氯类为主，如 6% 可溶性六六六、1%～2.5% 六六六粉剂、滴滴涕、乐果、敌百虫、西维因、赛力散、西力生、石硫合剂类等，防治仅 21 万亩次。

进入 60 年代农药以有机氯类为主，可溶性 666 粉剂和六六六粉剂、001 乳剂和粉剂、乐果等，还引进了 1605、1059 有机磷农药，防治对象多以棉花、玉米害虫、蝗虫、黏虫及地下害虫为主。1964 年蝗虫大发生，一般每平方米 1 400 头，密度高的每平方米 4 000 多头，飞机喷药治蝗均使用 1.5% 六六六粉剂，当年仅 666 粉剂一项销售量达 86 余 t。

70 年代除了六六六、001、乐果、1605、1059 等农药之外，还引进了新农药品种，如磷氨、3911、敌敌畏、氧化乐果、久效磷等。

80 年代，农药品种多以聚酯类为主。如溴氰菊酯、杀灭菊酯、速灭杀丁、来福灵及美国产呋喃丹颗粒剂，淘汰了有机氯类农药，平均每年农药销量 1 500～2 500t，防治面积 163 万～181 万亩次。

90 年代，由于某些害虫对菊酯类农药增强了抗药性，施用了复配农药，如灭多维、棉宝、棉铃宝、灭抗铃等，县植保站运用了复配技术，生产出 31% 智利乳油。全县以用复配农药取代了复配农药。又推广普及了生物农药 BT 和性信息素类诱杀成虫技术。

随着城乡居民蔬菜需求的增加，县内蔬菜生产已成规模，蔬菜所需农药品种也随着增加，目前已增加到 120 多种，尤其是杀菌剂、激素类品种繁多。由 50 年代的 3～4 个品种增加到 90 年代的 30～60 个品种。90 年代仅杀菌剂就有 27～35 个品种。2000 年后，随着高毒、高留农药的逐步取缔，到 2007 年高毒、高留农药的全面禁止，生物农药、高效低残留农药如苦参碱、毒死蜱、高效氯氢、辛硫磷、吡虫啉、阿维菌素等到逐步被应用在生产中，确保了农产品的生产安全。

沧州市病虫害测报手段及防治措施六十年的变迁

白仕静　任艳慧　寇奎军　高增利

（沧州市植保站）

沧州市是一个以农业为主的地级市，地处黑龙港流域，耕地 1 118 万亩，农业人口560 万人，主要播种品种：小麦、玉米、棉花、大豆、瓜菜等，其中，小麦常年播种面积600 万亩左右，玉米 450 万~500 万亩，棉花 180 万~200 万亩，大豆 50 万~60 万亩，瓜菜 100 万亩，随着国家农业政策的调整，农作物结构布局也随之发生变化，近年来，沧州市小麦、玉米播种面积基本稳定，棉花播种面积稳中有升，瓜菜面积逐年扩大，农作物病虫种类也随之越来越多，发生频率也越来越高，为害越来越重。

一、新中国成立后种植业结构的变化

1. 粮棉油种植比例

1949 年，全市农作物播种面积 1 754.67 万亩，其中，粮食作物 1 586.94 万亩，占总播种面积的 90.44%；棉花 95.83 万亩，占总播种面积的 5.56%；油料 41.46 万亩，占总播种面积的 2.36%。60 年代中期，粮食种植比重明显增加，70 年代，由于大力进行盐碱地的开发和改良，加之绿肥作物的种植，总播种面积有所恢复。粮食、棉花播种面积及种植面积比重变化不大，油料作物面积增加。至 1979 年，全市总播种面积 1 810.84 万亩。进入 80 年代，棉花播种面积大幅度提高，是新中国成立以来发展最快的时期。

2. 粮食作物种植比例

新中国成立前，沧州市粮食作物的种植无计划性。种植品种主要是小麦、玉米、高粱、谷子、大豆和部分甘薯，产量低而不稳定。新中国成立后，粮食作物种植比例逐年发生变化，夏粮所占比重明显增加。在秋粮作物中，高粱、谷子面积减少，玉米、大豆、甘薯面积增加。90 年代随着商品经济的蓬勃发展，种植作物进一步商品化发展，经济价值较高的粮食作物种植面积增加幅度较大。瓜菜种植面积逐年增加，其中，特色蔬菜从无到有，到现在形成一定的规模，打出本市自己的品牌，在国际市场上拥有一席之地，本市的农业种植结构发生了巨大的变化。

二、60 年来主要病虫害种类的变迁及防治药剂的变化

1. 黏虫

1953 年以前，黏虫防治措施主要靠人工扑打，1953 年以后采用人工扑打与施用六六六粉、DDT 粉相结合的办法，1959 年应用谷草把诱杀成虫，1961 年以后采用敌百虫、敌敌畏农药粉、喷雾、撒毒土等技术除治，同时大力推广杨树枝把诱杀成虫。1983 年后，全市普遍采用黑光灯、杨树枝把诱杀成虫，人工抹卵，在幼虫三龄前用菊酯类或有机磷类农药喷粉、喷雾或撒毒土的防治措施，1985 年以后黏虫为害基本得到了控制。

2. 玉米螟

1953～1962年，主要应用六六六、DDT药水灌心。1963年后把六六六、DDT药水用炉灰渣、粗砂土制成颗粒剂在喇叭口期撒施。1985年以后普遍采用有机磷农药颗粒剂或3%呋喃丹颗粒剂除治玉米螟。

3. 高粱条螟

1980年随高粱种植面积的逐年减少，高粱条螟主要为害玉米。除治方法与除治玉米螟同。

4. 粟灰螟

1960年以前除治粟灰螟主要靠处理谷茬，1960年以后采用六六六毒土顺垄撒在谷苗中心叶及谷苗根部杀死幼虫，1970年后用50%1605乳剂制成颗粒剂顺垄撒施的方法。

5. 棉铃虫

80年代以后，随着夏年播棉面积的增加，第四代棉铃虫在夏年播棉棉田发生较重，1970年以前在除治棉铃虫上主要使用敌百虫、氯丹粉、亚胺硫磷等农药。1970年后，使用西维因、辛硫磷、久效磷、敌敌畏等农药。1980年后多采用溴氰菊酯、氯氰菊酯、来福灵、功夫菊酯、氧化乐果、甲胺磷以及用菊酯类与有机磷类农药混配的农药等。

6. 麦蚜

1973年开始推广利用瓢虫治蚜技术。80年代用有机磷及菊酯类农药防治。

7. 小麦红蜘蛛

80年代用三氯杀螨醇防治。

8. 棉蚜

80年代用有机磷及菊酯类农药防治。

9. 地下害虫

新中国成立以前地下害虫防治方法就是用砒霜制成毒谷或用其他毒饵撒于田间。1953年后六六六、DDT等有机氯农药取代了砒霜。1958年后开始推广敌百虫、1605、1059、甲拌磷等有机磷农药拌种防治地下害虫，1963年防治面积达150万亩。1974年推广辛硫磷拌种防治蛴螬，1981年使用甲胺磷拌种防治地老虎。

10. 小麦锈病

防治小麦锈病始于新中国成立初期，方法是喷石硫合剂、食盐水、草木灰、肥皂水等预防保护措施。1964年则广泛推广了敌锈钠及磷酸二氢钾治疗方法。20世纪70年代以后除广泛使用敌锈钠外，还用萎锈灵、代森锌、硫磺粉、代森铵喷雾。1980年后多采用粉锈宁、多菌灵、三唑酮等农药。

11. 小麦白粉病

防治小麦白粉病的主要农药为粉锈宁和三唑酮。另外，硫悬浮剂、代森锰锌、多菌灵效果也很好。

12. 小麦丛矮病

多年延用的除治方法是在早春灰飞虱发生期间用氧化乐果、敌敌畏、甲胺磷、马拉硫磷、1605等农药喷雾。

13. 玉米大、小斑病

80年代以前除治玉米大、小斑病主要是使用波尔多液、代森锌、福美砷、退菌特等农药，80 年代以后又多使用多菌灵、百菌清、甲基托布津、代森锰锌、稻瘟净等农药。

14. 甘薯黑斑病

新中国成立后重点推广了温汤浸种防病技术，60 年代曾用硼砂浸种苗，70 年代以后一直延用代森铵、多菌灵、托布津或其他抗菌剂浸薯种。

三、测报手段的不断变化，提高了测报的准确率

1. 基础设施逐步改善

20 世纪 60～70 年代，本市植保系统的办公条件十分艰苦，测报手段极为简陋，测报最先进的仪器是放大镜和天平。80 年代开始使用传统的黑光灯，传统的黑光灯需要人工定时开关灯，技术人员在观察落入药液中的虫体时会遭受农药危害，进入 90 年代后期，虫情测报灯和田间小气候观测仪开始广泛安装在病虫观测场中，生物解剖镜、光学显微镜、电子天平、光照培养箱等精密仪器的应用为科学诊断提供了可靠的依据，GPS 卫星定位系统为病虫害的发生地域做出了精确的定位，数码相机和摄像机保留下第一手资料，这都直接提高了对农业生物灾害的预测能力和预报准确率。

2. 病虫测报体系逐步完善

测报工作是植保工作的基础，只有准确、及时的搞好病虫测报才能为科学防治提供依据。近年来，本市植物保护工作由于受农业种植结构的调整和气候环境等因素的影响，农作物主要病虫害的种类和发生规律也有所改变，因此，测报工作也就显得越发重要。为切实做好农作物病虫害测报工作，保证测报工作的顺利开展，市县植保部门制定了严格的测报制度，重要虫情当天报、连续报，做到虫情反馈准确及时。我们还根据病虫的发生特点，在测报内容上把蝗虫、小麦吸浆虫、棉盲蝽、棉铃虫、蚜虫、黄顶菊等突发性病虫草作为测报工作的重点，围绕小麦、玉米、棉花、蔬菜等主要农作物开展测报工作。

3. 测报调查更加规范

多年来，本市的虫情调查工作一直采取定点调查与大田普查相结合的测报模式。定点调查随时掌握病虫发生动态，了解其消长规律，决定防控方法和防控时间。大田普查主要掌握发生程度，发生面积，决定防控范围。由于调查方法科学，数据真实有效，从而保证了本市的测报准确率一直都在 95% 以上。

4. 信息传递多元化

90 年代以前，本市虫情汇报一直是采用电话汇报制度，进入 90 年代中期，省站为本市配备了专用电脑，以周报的形式向省站汇报。现在，本市及所属的 18 个县、市、区基本都进行了微机联网，实现了病虫信息的网上传递，使病虫信息反馈更准确、更及时。同时还把《病虫情报》通过邮寄下发到各县，利用报刊及时发布病虫信息，此外，我们还利用下乡调查机会，向农民现场讲解、培训；利用沧州电视一台每晚 7：40 时病虫电视预报生动直观地反映病虫发生动态和防治方法；利用 12582 专家咨询热线、农业信息短信平台和赶科技大集，印发宣传材料、出诊、接待农民来访等形式开展灵活多样的技术宣传和培训活动。使各种病虫的发生程度、发生时间、防治适期及防治方法，真正传播到千家万户，有力地指导了全市的防治工作。

5. 适应市场发展要求，拓宽病虫监测范围

60～70 年代本市的监测对象主要是粮食作物病虫，进入 80 年代，随着棉花种植面积

的加大，棉花病虫害逐渐发生并加重，现在，随着本市种植结构调整的不断深化，把病虫监测和防治的范围，由粮食作物向经济作物延伸，加强了设施栽培条件下病虫害防治技术研究与推广，促进了设施园艺、无公害蔬菜的迅速发展。

四、防治措施不断进步

1. 防治技术逐渐提高

20世纪50年代以人工防治为主，药剂防治为辅，60年代主要采用有机氯防治，70年代主要是有机磷药剂防治，80年代主要是菊酯类药剂防治，进入90年代以后，对于农作物病虫害采取综合防治措施，维护了农业生产安全，保护了生态稳定。

（1）农业防治措施

①选择抗性强的品种并进行种子处理。小麦、蔬菜等作物推广抗病品种。小麦拌种防治地下害虫和白粉病等病害，棉花实行包衣技术防治病虫害，蔬菜以黄瓜、韭菜为代表作物，实施温汤浸种、催芽。可有效地防治黑心病、炭疽病、病毒病、菌核病的发生。

②推广土壤处理。采用深耕整地，不仅促进病残体的腐烂，而且可以将地下病菌、害虫翻到地表，不利于越冬和存活，从而减少病虫基数。

③合理轮茬，棉花倒茬可有效减轻苗病和黄枯萎病的发生，禾本科与豆科倒茬种植减少重茬危害利于土壤改良。

（2）物理防治措施　大量杀虫灯应用在大田杀灭成虫，杨柳枝把诱杀鳞翅目成虫，在温室、大棚的放风口加防虫网，在害虫发生盛期采用黄板诱杀，可有效地诱杀蚜虫、飞虱等害虫。

（3）生物防治措施　在作物发病初期用生物农药防治。如农用硫酸链霉素、苦参碱等进行大面积推广。蝗虫防治采用绿僵菌。在温室、大棚采用释放丽蚜小蜂防治粉虱等。

（4）化学药剂防治措施　选择高效低毒低残留农药，如：阿维菌素、吡虫啉、啶虫脒、烯唑醇等。避免单一用药，遵循交替用药，尽量减少化学用药的原则。坚持按剂量施药和多种药剂交替使用，克服长期使用单一药剂，盲目加大使用剂量，减轻害虫的抗药性。

2. 施药器械越来越先进

20世纪50~70年代，主要是手动喷雾器的应用，进入80年代机动喷雾器开始应用在生产上，但面积较小，特别是大型机动喷雾器数量很少，只在农场和林业上应用。进入90年代后，大量机动喷雾器开始广泛地应用在农业生产中，并且雾化程度越来越好，用药越来越省，对人越来越安全。

3. 新技术新农药的大量推广应用

（1）新技术的推广　进入21世纪，大量新技术应用在生产上，如在蔬菜上黄瓜博耐3、博耐7、津优10、津优11；番茄博耐4、208、卡依罗、百利等，抗病耐贮运，减少农药使用。改变原来黄瓜春秋种植模式采用春黄瓜＋秋番茄、春番茄＋秋黄瓜、春西葫＋秋番茄等茬口安排，倒茬种植，减少重茬危害，利于土壤改良。生产中推广应用防虫网、遮阳网、黄板诱杀等物理防治措施，遮阴、阻虫、诱虫，减少病虫发生，每个生育期可减少用药5次以上。

（2）新农药的推广　在试验的基础上大面积推广应用生物杀虫剂，如抑太保、苦参碱等，降低了农药残留，提高了蔬菜质量。利用丽蚜小蜂在黄瓜上防治蚜虫和白粉虱的试验。

4. 植物检疫控制切断危险病虫草害的传播蔓延

大力开展植物检疫工作是切断控制危险病虫草害的传播与蔓延，保证农业生产安全的一项重要措施。新中国成立以来，通过几代植物检疫工作者的共同努力，有效控制了疫情传播与蔓延，保证了农业生产和生态安全，保护人体健康，维护了社会稳定。特别是改革开放后，种子、苗木及农产品交易频繁。检疫性有害生物随农产品调运而传入本市的危险性增加，为了推进本市农业可持续健康发展，把本市农产品打入国内、国际市场，降低外来植物检疫性有害生物传入和蔓延的风险，从而确保本市农业生产的安全。

5. 大力开展专业化防治

开展好病虫害专业化防治，不仅能有效控制迁飞性、暴发性、流行性、检疫性病虫为害，提高防治效益；而且能促进农业中新农药、新技术的更快示范推广，有利于帮助广大农户解决防治病虫难问题，有利于降低防治成本、减少环境污染，以及农产品安全和生态安全。近几年，本市在开展病虫害专业化防治工作中，采取多种形式扶持专业化服务组织，扩大统防统治的覆盖面。其中有乡村两级机防队、县市植保站机防队、乡镇农技站机防队、村委会机防队、农资经销商机防队、农村专业合作社组织、单个作物零散性季节性植保服务组织等。在服务模式上，可分为整生长季全程承包、单病虫承包、单次带药承包和单次不带药承包等多种形式。通过多种多样的服务组织，使本市统防统治面积比新中国成立初期增加了数十倍。

6. 生态控制

生态控制是保护生态环境的有效措施，蝗区生态除将蝗区改造为农田外，还根据蝗虫的食性有计划的种植蝗虫厌食的双子叶植物，如棉花、苜蓿、冬枣等，盐分高的蝗区种植紫穗槐、香花槐等植物。1997 年本市在黄骅市廖家洼试种苜蓿 200hm^2，该洼 1995 年曾经进行飞机防蝗作业，试种苜蓿后基本未再发生蝗害。取得经验后，在我市沿海主要蝗区海兴、南大港、中捷开展了有计划的生态控制，有效在控制了蝗区的反弹，促进了蝗区种植结构的调整，增加了农民收入。

沧州市植物保护六十年回顾

高增利　白仕静　寇奎军　王宝廷

（沧州市植保站）

沧州市地势低洼，易旱易涝，耕作粗放。沿海地带芦苇杂草丛生，人烟稀少，利于病虫害繁殖蔓延。全市现有耕地面积1 118万亩，农业人口560万人。多年来，人民群众和植保科技工作者同病虫害进行了不屈不挠的斗争，保护了农作物。下面我们就一起回顾沧州植保工作的六十年辉煌历史。

一、昔日植保事业成绩斐然

（一）主要病虫害和天敌资源

新中国成立后，全区植保科技人员对农作物、果树、蔬菜等病虫害做了普查，主要害虫有蝗虫、蝼蛄、金龟子、黏虫、蟎虫、棉蚜、棉铃虫、红蜘蛛等。粮食作物病害有小麦锈病、玉米大小斑病、高粱黑穗病、谷子白发病、线虫病、甘薯黑斑病、大豆菟丝子等。蔬菜病害有：白菜霜霉病、白粉病、病毒病和黄瓜霜霉病等。病害有腐烂病、梨黑星病等。

1956年，地区军用物资所进行了地老虎诱集等调查工作。1971年8月，地区农科所苗春生记载沧州地区发生的蛴螬有9种，地老虎3种。1974～1978年，沧州地区农科所苗春生、黄森坤等发现本区玉米病害有小斑病、大斑病、圆斑病、黑穗病和玉米粗缩病等。其中，以玉米小斑病发生最广、为害最重，为害损失达10%～40%。1978年，地区农科所崔景岳、李广武等调查，沧州地区分布的蛴螬有华北大黑鳃金龟、暗黑鳃金龟、铜绿丽金龟等31种，获全国科学大会奖。

1978年，地区农科所苗春生等收集多年黑光灯诱集害虫及天敌资料，进行了沧州地区灯下昆虫整理和分类研究，共整理害虫和天敌488种。其中，主要害虫和天敌167种，包括地下害虫16种、暴食性害虫5种、小麦害虫14种、杂粮害虫16种、甘薯害虫7种、棉花害虫25种、大豆害虫8种、烟草麻类害虫13种、蔬菜害虫11种、枣树害虫7种、梨树害虫8种、苹果害虫8种、桃树害虫9种、杏树害虫8种、葡萄害虫5种、杨柳树害虫36种、榆树害虫18种；天敌27种。

20世纪70年代，由于引进棉种不慎，发生了棉花黄、枯萎病、立枯病和炭疽病。

80年代初，地区农科所崔景岳等进行了"河北省地下害虫区系调查研究"，获1983年河北省科技成果三等奖。

1982年，苗春生等进行了"河北省农业害虫天敌资源调查"，查到沧州地区农业害虫天敌328种，1985年获河北省科技进步三等奖。

（二）病虫害预测预报

病虫测报工作始于1952年。1960年以后在沧县、任丘、河间、交河等县建立了病虫测报点，进行重点病虫害的系统预测预报。1970年后，各县均建立了病虫测报站，病虫测报从组织上得到了健全。1990 年后，农业部先后在黄骅、任丘、沧县建立全国农作物病虫测报区域站，装备了计算机全国联网，使病虫测报技术和信息传递速度都有了很大提高。地区植保站列入预测预报的病害有：小麦丛矮病、小麦锈病、小麦白粉病、小麦腥黑穗病，小麦秆黑粉病、甘薯黑斑病、棉花黄枯萎病、棉花苗期病等。虫害有：黏虫、蝗虫、玉米螟、灯蛾、棉铃虫、粟灰螟、麦蚜、高粱条螟、大豆造桥虫、豆天蛾、麦叶蜂、小麦红蜘蛛、小麦吸浆虫、地下害虫及农田害鼠等。

预测预报的方法：1975 年前应用灯光诱测，杨树枝把诱测，谷草把诱测，诱蛾器诱测。1975 年后采用了性诱剂诱蛾，数理统计分析方法。预测预报水平不断提高，取得三项科技成果。

（1）微机在农业系统工程中的应用推广，1987 年获省农业厅科技进步三等奖。

（2）小麦蚜虫为害对产量的损失及防治指标的研究，获省农业厅科技进步四等奖。

（3）昆虫性息素在测报上的应用推广，获省农业厅科技进步三等奖。

通过多年预测预报，指导了农民除治病虫害，总结了沧州地区主要农作物病虫害发生和为害期，编制了"沧州地区主要农作物病虫害防治历"。

（三）主要病虫害的发生和防治

1. 主要虫害的发生和防治

蝗虫

1950 年，蝗虫在我区大面积发生。盐山县人民创造出驱蝻器，由人工捕打、火烧发展到驱蝻器驱赶掩埋蝗蝻。1951 年 6 月 14～23 日，黄骅县在国内首次进行飞机灭蝗试验，人民空军出动安-2 型飞机喷撒六六粉，消灭蝗虫 2 万亩，农业部副部长杨显东、北京农业大学教授刘崇乐、农业部首席前苏联专家卢森科等临场指挥，成为中国治蝗史上的创举。

1952 年，黄骅县建立了全区第一个蝗虫防治站。1955 年，应用飞机灭蝗 47 万亩。多年来，全区人民与科技人员在国家"依靠群众，勤俭治蝗，改治并举，根除蝗害"的治蝗方针指导下，开展了大规模的根除蝗害的斗争，终于战胜了蝗灾，控制住了东亚飞蝗为害。劳动人民憧憬的"驱除蝗孽，保我禾苗"的理想实现了。截至 1985 年，沧州地区已连续 20 余年没有发生过蝗灾。

黏虫

黏虫的发生情况：黏虫在全区一年发生 3 代，以三代发生重，二代偶发。二代为害大麦、小麦和春玉米等，在 5 月中下旬发生。三代为害谷子、夏玉米、高粱等，在 7 月底至 8 月初发生。据资料记载，1975 年和 1976 年，二代黏虫发生严重；1963 年、1966 年和 1976 年，三代黏虫发生严重。据沧州地区农科所记载，1983 年 6 月 1 日，一盏黑光灯日诱黏虫蛾量为 84 120 头，合 7.5kg，为本区历史上罕见的日诱蛾量。

黏虫的防治：1953 年以前，主要采用人工捕杀，如黏虫车、黏虫兜等。1953 年后试用六六粉、滴滴涕粉防治。1959 年应用谷草把诱杀黏虫蛾。1961 年后应用敌百虫、敌敌畏等有机磷农药喷粉、喷雾、毒土、毒砂防治。1961 年应用黑光灯、杨树枝把诱杀黏虫蛾，1974 年应用高压黑光诱灯诱杀黏虫蛾。1983 年试用菊酯类农药防治黏虫。

玉米螟

玉米螟的发生情况：玉米螟在全区一年发生 3 代。一代为害春玉米、春谷、棉花，

二、三代为害夏玉米为主。涝年发生重，旱年发生轻。据 1955～1967 年越冬虫量调查统计，玉米百株秸秆越冬虫量为 11～89.7 头，平均为 32.2 头，其平均死亡率为 8%。

玉米螟的防治：1953～1962 年多应用六六六、滴滴涕灌心，1963 年应用六六六、滴滴涕等颗粒剂，1976 年应用敌百虫防治，1983 年应用 1605、甲胺磷颗粒剂，1985 年试用 3% 呋喃丹颗粒剂。

高粱条螟

高粱条螟发生情况：在全区一年发生 3 代，以幼虫越冬。主要为害高粱、玉米，一般为害产量损失 17%～35%。一代 6 月中旬、二代 8 月上旬、三代 8 月底发生。历年都有程度不同的发生。

高粱条螟防治：与玉米螟防治方法相同，只是高粱不可用敌百虫、敌敌畏、二溴磷，因为这些药对高粱有药害。

粟灰螟

粟灰螟在全区一年发生 2～3 代，以幼虫越冬。一代为害春谷，二、三代为害夏谷。

粟灰螟防治：1959 年前多用拔枯心苗等人工防治方法，1960～1983 年，应用六六六粉颗粒剂或喷粉防治，1967 年试用过敌百虫晶粉 800 倍液浇灌。

地下害虫

地下害虫发生情况：全区地下害虫众多，有蝼蛄、蛴螬、金针虫、地老虎、根蛆等，常造成作物缺苗断垄，甚至毁种。在历史上，沧州群众在种田上有两怕，即一怕碱拿苗，二怕蝼蛄咬，可见蝼蛄为害之严重。自从 1958～1962 年，任丘县农科所杨怀源、柳德敏，地区农科所崔景岳、张慧、苗春生等研究成功 1605 拌种法后，蝼蛄为害得到控制。因环境的变化，地老虎发生趋轻。1970 年以来，因生态条件的种种变化，蛴螬、金针虫在地区发生加重。

地下害虫防治：传统防治方法是用砒霜制成毒谷、毒饵。1953 年后，采用滴滴涕、六六六等有机氯农药毒谷、毒饵。1958～1962 年，地区农科所崔景岳、张慧、苗春生进行了蝼蛄发生规律和防治研究，1963 年全区采用该项研究成果，使用 1605、敌百虫等有机磷农药拌种防治蝼蛄，当年全区示范面积为 150 万亩，后来迅速在全国推广应用，共计推广应用面积 2.1 亿亩。1974 年在全区推广辛硫磷拌种防治蛴螬示范 50 万亩，1981 年研究成功甲胺磷拌种防治地老虎，示范面积 50 万亩。

棉蚜

棉蚜发生情况：棉蚜是全区棉花的主要害虫，年年有发生，而且大发生的情况很常见。不但苗蚜发生重，伏蚜发生更重。经沧州地区农科所研究表明，伏蚜为害产量损失远远超过苗蚜为害。进入 80 年代，棉蚜发生日趋严重，尤以 1982 年为重。

棉蚜防治：1958 年前，采用烟草水、生石灰水、鱼藤精、除虫菊、假木贼、棉油皂等土农药防治。1959 年试用 1605、1059、666 防治，1964 年采用敌敌畏、3911、辛硫磷防治，1971 年前后采用三硫磷、二溴磷、依可丁、杀螟松、硫特普、灭蚜灵、亚胺硫磷、磷胺、百治屠、保棉丰、胺甲萘酚、马拉硫磷、速灭虫、谷硫磷、敌死通、乐果等防治，1975 年采用西维因、氧化乐果、灭蚜松、敌敌畏防治，1982 年采用辛硫磷、甲胺磷、溴氰菊酯、氯氰菊酯防治，1983 年采用久效磷喷雾和涂茎防治，1981～1984 年研究和推广涕灭威（铁灭克）拌种、沟施、追施等地下荫蔽一次施药防治技术，此为沧州地区农科所苗春生、孙玉英等首创应用。

棉铃虫

棉铃虫发生情况：棉铃虫是棉花、番茄、玉米和向日葵等作物上的主要害虫。一年发生4代。产卵盛期，一代发生在4月末、5月初，二代为6月下旬，三代为7月下旬，四代为8月下旬。主要以二、三代为害棉花，雨多的年份发生较重。

棉铃虫的防治：1958年前采用六六六、滴滴涕喷粉、喷雾、棉棵洗澡法防治，1964年采用1965、敌百虫防治，1967年采用氯丹、亚胺硫磷乳油防治，1975年采用西维因防治，1976年前后试用辛硫磷、杀螟松、久效磷、氟乙胺，敌敌畏以及赤眼蜂防治，1983年前后采用溴氰菊酯、氯氰菊酯、甲胺磷、杀虫脒防治。

2. 主要病害的发生与防治

小麦锈病

全区小麦锈病有3种，即条锈病、叶锈病和秆锈病。小麦锈病对小麦的为害很大，大流行年减产30%以上，中度流利年减产20%左右，轻度流行年减产5%～10%。

1950年、1960年和1963年，条锈病在沧州地区是流行年，1964年为条锈病大流行年。1965年、1973年和1975年是叶锈病流行年。秆锈病只在5～6月间轻度发生，一般形不成灾害。

小麦锈病的防治：1960年前，采用农大311、西北丰收、南大2419、碧蚂一号等抗病品种，1961～1976年，曾采用过石家庄407、济南3号、北京10号等抗病品种，后采用丰收号、东方红号、津丰号等抗病品种。药剂防治锈病方面，1964年前采用过石硫合剂、代森锌、代森铵等杀菌剂防治，1970年试用过敌菌灵等内吸性杀菌剂防治。

（四）主要防治途径

1. 化学防治

沧州地区对病虫害用化学方法防治始于新中国成立前。新中国成立后，随着农药化工的发展，应用农药已几次更新换代。

农药除虫：新中国成立前，农民用砒霜除治蝼蛄等地下害虫。1953年后，开始用六六六、滴滴涕等有机氯防治多种害虫，1958年试用1605、4049等有机磷农药。1960年推广1605、1059、3911、敌百虫等农药防治。1964年应用敌敌畏、乐果等农药。1968年应用亚胺硫磷、氯丹。1974～1978年应用辛硫磷、甲胺磷防治蛴螬、小地老虎。1981年试用久效磷、涕灭威防治棉蚜。1982年应用呋喃丹拌种防治棉蚜。1983年应用溴氰菊酯等菊酯类农药防治棉虫等。

农药防病除草：1964年用阿特拉津除治玉米、高粱田杂草。1971年用2,4-滴丁酯、敌草隆等除治麦田、棉田杂草。1979年黄骅、任丘、海兴、东光4个县11个公社、4个良种场化学除草300余亩。1980年全区15个县市在玉米、棉花等十种作物田化学除草9万余亩。1974～1977年试用多菌灵、福美双、代森锰等杀菌剂防治玉米小斑病。1982年用百菌清防治果树、蔬菜病害。

20世纪60年代以来，地区农科所在化学防治方法上取得一批研究成果，1964年9月，地区农科所崔景岳等和省植保所李捷等，研究成功"应用1605拌种防治蝼蛄的新技术"，被农业部列为农业技术重大成果。1982年张慧等研究成功"甲胺磷拌种防治小地老虎"获地区科技成果二等奖。1983年崔景岳、李广武等研究成功"蛴螬取食特性与拌种防治技术"河北省科技成果二等奖。张慧等研究成功"小地老虎发生规律及拌种防治技术"，获河北省科技成果三等奖。1985年，苗春生等研究成功"50%涕天威颗粒剂防治棉花伏蚜"技术，获地区科技成果三等奖。

2. 生物防治

化学防治易造成环境污染，且增强害虫的抗药性，据此，植保科技人员提出生物防治措施。全区生物防治害虫工作始于1967年，农科所苗春生试用白僵菌、青鱼菌防治玉米螟。1970年苗春生等生产了白僵菌、杀螟杆菌。1974年地区农科所进行"鲁保一号"土法生产，防治大豆菟丝子。同年，黄骅县应用面积4万9千亩，创造了战高温生产法。1976年后，地区农校韩贵颇等进行了"昆虫病原菌资源及利用研究"，分离出昆虫病原菌苏云金芽孢杆菌415株，分6个血清型。其中，H_2型在我国为首次发现；编写了《苏云金芽孢杆菌寄生虫种名录》。韩贵颇等筛选出玉米螟杆菌77-1，1977年在交河寺门村、青县马厂建77-1菌药厂进行生产，防治面积1万余亩。1978年在河北、辽宁、内蒙古、四川、浙江等省部分地区推广，1978年获地区科技成果一等奖，1979年获河北省科技成果三等奖。1975年，地区农科所进行了蛴螬乳状菌研究。1976～1977年地区农科所土法生产7216防治棉铃虫。1976～1980年，在南皮县、青县生产赤眼蜂防治玉米螟。1977～1980年，地区农校韩贵颇等从苏云金芽孢杆菌菌株中，筛选出对黏虫毒力强的77-21菌株，经中国科学院鉴定属苏云金芽孢杆菌肯尼亚变种，并建厂生产菌药，在河北、河南、山东、山西等11个小区进行防治示范，收到相当六六六＋DDT农药的防治效果，1978年获地区科技成果一等奖，1979年获河北省科技成果三等奖，1983年获地区科技成果一等奖，1983年，国家科委成果办公室公布，把77-21防治黏虫技术资料编入《农村适用技术》一书中。1983年后，韩贵颇等应用77-21菌剂防治菜青虫，在省内外推广4万余亩，1985年获地区科技成果三等奖。1979～1982年地区农科所进行了棉田、麦田、谷田、玉米田、高粱田天敌自然保护利用研究，明确了优势种天敌和棉、麦田自然保护利用的天敌指标。1982年后，进行了棉田生态优化调控天敌保护利用研究，采取插花种植、诱集天敌带和涕灭威追施防治伏蚜等技术。地区农科所在研究过程中，发表科研论文数篇。研究工作密切结合生产应用，自1976年开始，全区开展了以天敌资源保护利用为主体的生物防治工作，先后利用赤眼蜂防治玉米螟，7216细菌农药防治棉铃虫，白僵菌防治玉米螟，瓢虫治蚜，草青蛉防治棉蚜，蚜茧蜂防治棉蚜虫。长吻虻防治蝗虫等，取得了与药物防治相当的效果。到1985年，生物防治面达到201万亩。

（五）植物检疫

沧州的植物检疫，主要是搞好国务院《植物检疫条例》的贯彻、执行和宣传工作。另外，还担负国内种子调运检疫，本市产地检疫及全国和河北省检疫性病虫草的普查、监测与防治工作。1955年9月，沧县专署农林局技术科曾建立沧县地区植物检疫站，同年撤销。1957年12月4日，国务院颁布了"国内植物检疫试行办法"。由于技术、设备等条件的限制没有真正执行。1983年1月7日，国务院颁发《植物检疫条例》。根据国务院的指示，沧州地区开展了《植物检疫条例》宣传教育，植物检疫员310名，其中有30人于1985年7月被授予农牧渔业部颁发的植物检疫证。1985年全区形成完整的植物检疫监测网。至1996年，专职植物检疫员发展到59人。截止到2010年，检疫员数量为82人。

植物检疫人员负责国内种子的调运检疫，产地检疫，检疫对象和对病虫害的普查防治工作。1985 年受河北省植物检疫站的委托，检疫出口皮棉 1 000t。

全区棉花枯黄萎病，是因 1965 年和 1978 年从湖北、江苏调种引起的，1964 年前，我区无此病害。1964 年，在吴桥赵楼棉花良种场发现黄萎病株 21 棵，至 1966 年该场调查，发现面积 173 亩，有病株 150 棵。1971 年，全区对棉花黄枯病进行普查，有吴桥、任丘、肃宁 3 个县，发病面积 469 亩，涉及 3 个村两个良繁场。到 1985 年全区发病面积继续扩大。发生棉枯黄萎病的棉花品种为 "7315"、"冀棉 8 号、10 号"、"鲁棉 6 号" 等。玉米大、小斑病是引进杂交种时由国外传入的。经过几年努力，已控制为害。

二、当今植保事业蓬勃发展

在省植保总站以及各级领导的大力支持和正确领导下，如今的植保工作呈现出快速发展的大好局面。

基础设施极大改善。我站 2006 年以前是传统式的黑光灯，每天要有专人入夜时开灯清晨关灯，操作非常不便。现在用全自动的佳多测虫灯，只要设置好开关灯时间，测报等在规定时间自动操作，此外，还把每天的诱虫数量自动分开，大大增加了测报的准确性。信息传递方式简便，速度更快。通讯设施由过去的手摇电话，到后来的对讲机、拨号电话，发展到现在移动通讯和互联网。病虫信息的传播，由过去的邮局传递，到现在的移动互联网和电视传播，现在使用摄像机、照相机把病虫害发生及防治信息通过电视台迅速传遍全市，使病虫害预报全部实现可视化，速度更快，覆盖面更大。文字撰写也由过去的敲打式打字机到现在的电脑打印。

植保工作在防灾减灾中成绩突出。近几年棉田盲椿象、玉米褐斑病以及黄顶菊在我市暴发，严重威胁着农业生产安全，由于全体植保人员的努力加上设备先进，非常准确发出病虫防治警报，及时指导全市农户开展药剂防治，把损失控制到最低，为沧州农业发展做出了巨大贡献。

在今后的工作中，我们要紧紧抓住 2010 年中央 1 号文件关于 "大力推进农作物病虫害专业化统防统治" 精神，大力推进农作物病虫害专业化统防统治工作，贯彻落实 "预防为主，综合防治" 的植保方针，牢固树立 "公共植保" 和 "绿色植保" 理念，坚持应急防治与持续控制相结合，专业防治与群防群治相结合，更好地推进植保工作持续、健康发展。

六十年过去了，植保事业沧桑巨变。回顾过去我们倍感自豪；展望未来，植保事业任重道远，我们要坚定信念，对我们从事的事业更加珍惜。有党的正确领导，有各级领导部门的大力支持，我们以 "献身农业，服务农民" 为宗旨，依靠勤劳智慧的广大农民群众，把植保事业的明天建设得更加美好。

科学植物保护对环境保护的意义

刘俊祥　　刘浩升

（黄骅市植保站）

虽然我国于 1998 年正式批准了《环境保护法》使环境保护工作制度化、法律化，但是仍应看到：人们对保护环境的重要性有一定的认识，可是多数人仅表现在希望国家提供一个无公害、无污染的生活环境，对于个人应该承担什么样的义务考虑甚少。这里浅谈一下植保工作与环境保护的关系。

一、保护环境是人类生存和发展的需要

地球人类赖以生存的唯一场所，人类的生存和发展全靠从地球这个范围内开发生活和生产资料，进入 20 世纪中后期，由于工业化程度的提高，工业三废、噪音等污染带来了全球性环境恶化，出现了酸雨等事件。人们开始认识到环境保护的重要性，由于受客观条件和发展经济的要求急于解决眼前需要，千方百计开发各种资源，如：超量开发地下水，引起局部水资源枯竭和地面塌陷。沧州市就形成了华北地区最大的地下漏斗。搞土地开发，滥砍乱伐森林，乱开垦荒草地，造成水土流失，农田及草原退化、沙化，进入 21 世纪我国的大面积沙尘暴天气就是大自然对我们的惩罚。

二、植保工作者对减少环境污染承担着特殊的责任

（一）化学农药滥用是环境质量恶化的重要原因之一

迄今，在控制有害生物的多项措施中化学防治一直占主导地位，而且鉴于世界和我国粮食问题的严峻局面，今后相当长的时期内，生产上需要化学农药"唱主角"的状况不会有太大改观。现实问题是人们在使用农药时往往只注重眼前经济效益，以把病虫害赶尽杀绝为目的，对于大量农药投入生态环境中起什么变化，对于生态环境的影响有多大没有考虑，一般仅考虑到有些剧毒农药使人高中毒，而有些农药虽直接毒性较低，但施药后在环境中长期滞留，并在其降解过程中产生有害物质，威胁人类健康。我国入世后，农产品出口受阻，农药残留超标就是明显的例子。

（二）植物化学保护用药习惯是造成污染的祸首

化学农药的滥用增加了环境污染的严重程度。多年来很多农民习惯了过分依赖化学农药而忽视了其他防治措施，并且哪种农药效果好就长期连续使用这种农药，这种不合理的用药习惯使病虫害对农药的抗药性不断增加，导致用药量和用药次数越来越高，防治效果越来越差。例如：20 世纪 80 年代初，我国棉田防治棉铃虫、棉蚜只需用菊酯类杀虫剂防治 2 ~ 3 次，就可以全生长期控制为害，到 90 年代棉蚜对这类杀虫剂的抗药性增加了 1 万倍，棉铃虫的抗药性增加了 1 000 倍左右，现在每年防治 8 ~ 10 次除治效果也不理想。同时农药残留上升，环境污染局部加重，同时因天敌被大量杀死而削弱了对病虫害的自然控

制作用，再猖獗现象严重。

（三）良好用药习惯利己、利国

良好的用药习惯不仅可以更安全的控制病虫害为害，还可降低农业投入，维护环境良性发展，实现可持续农业。例如：麦蚜，此害虫是北方麦区的主要害虫。以前防治药剂缺乏时，虽然产量有一定损失但危害程度保持平稳。随着对产量要求的提高和防治药剂的推广，麦蚜的为害程度自 20 世纪 80 年代逐年上升。多数麦区麦蚜防治已成骑虎之势，每年都要投入大量药剂进行防治。但黄骅市却是例外，我市麦蚜每年都有发生，发生面积占播种面积比例在 65% 以上，但由于我市没有除治麦蚜的习惯，主要靠天敌调控防除，个别重发生地块少量防治。虽造成部分减产，但对总产量几乎没有大的影响，本地调查表明：蚜量：天敌量 < 20：1 可不用防治。此现象虽与我市小麦产量水平较低有一定关系，但也说明了科学植保对天敌保护、环境保护和可持续发展的意义。

（四）药剂品种选择直接影响环境保护

药剂对环境保护的危害显而易见，例如：六六六、DDT 难于降解，易通过食物链在人体蓄积，人体长期摄入含有机氯农药的食物后，主要造成急、慢性中毒，侵害肝、肾及神经系统。此类农药在 1987 年已经禁止使用。锐劲特（氟虫腈、fipronil），虽属中等毒杀虫剂，具有高选择性、高效、低毒的特点，但对鱼、蜜蜂高毒，对蜘蛛等天敌威胁大，已被限制使用。

三、植保工作者对环境保护应尽的责任

（1）增强自身环保的意识，做好环保宣传工作。大力推广实施《河北省植物保护条例》，使人们认识到环境保护和植物保护的相关性。

（2）进一步贯彻农作物保护中"以防为主，综合防治"的方针策略。提倡利用各种自然控制因素和减少化学农药的用量，强调生态系统的良性循环，保护人类赖以生存的环境质量。大力推广利于环境保护并适应现代农业生产的可持续农业发展模式。

（3）研究、引进、推广新型环保药剂，减少对天敌和环境的危害。例如：近年来推广使用的杀蝗绿僵菌、白僵菌、苦参碱、印楝素、微孢子虫等。

（4）搞好病虫害的监测、预测、预报工作，提高防治水平。通过各种媒体传播先进的植保技术，提高科学用药水平，提高病虫害防治质量，减少防治用药。指导农民在保护环境、科学植保的基础上实现农业增收，最终实现农业的科学可持续发展。

渤海湾地区东亚飞蝗大发生原因分析与治理对策

刘浩升　刘俊祥　张书敏

（黄骅市植保站）

一、渤海湾地区东亚飞蝗发生和治理概况

历史上蝗灾曾与水灾、旱灾并称为三大自然灾害，东亚飞蝗就是我国历史上引起蝗灾的主要蝗虫。渤海湾地区因其独特的生态环境条件成为全国主要的东亚飞蝗发生区，总面积约62.8 万 hm^2，为我国蝗区类型最多的东亚飞蝗发生区，其中，沿海蝗区 46.795 万 hm^2，洼淀、水库蝗区 7.704 万 hm^2，河泛蝗区 3.083 万 hm^2，内涝蝗区 5.155 万 hm^2。从公元 158 年到 1949 年，有文字记载的蝗灾近 500 次，平均每 4~5 年就发生一起大面积蝗灾。

新中国成立后，党和政府大力开展治蝗工作，渤海湾地区的治蝗工作出现了翻天覆地的变化。1951 年 6 月，在农业部和人民空军的支持下，我国首次在河北省黄骅县成功地进行了飞机喷药防治蝗虫的试验，开创了环渤海蝗区治蝗史的崭新篇章。进入 20 世纪 70 年代以来，东亚飞蝗发生面积显著减少，虫口密度减低，每年的防治面积只有新中国成立初期的 20% 左右。

20 世纪 80 年代以后，受大气温室效应和全球气候变暖的影响，生态条件发生变化，渤海湾地区干旱不断加剧，加之各地经济转型造成农业生产方式的变化，使近 20 多年来渤海湾地区东亚飞蝗发生面积和程度迅速回升。特别是 1995 年以后，渤海湾地区东亚飞蝗连年大发生，连续出现了历史上罕见的大面积、高密度蝗情，直接威胁到渤海湾地区的农业生产安全，蝗灾控制成为渤海湾地区农业防灾减灾的首要任务。

二、渤海湾地区东亚飞蝗的发生特点

1. 宜蝗面积回升

环渤海蝗区在新中国成立初期约有宜蝗面积 200.8 万 hm^2，经过几十年的蝗区改造，宜蝗面积得到了压缩。到 20 世纪 80 年代，宜蝗面积普查结果为 59.3 万 hm^2。1990 年以来，宜蝗面积的范围呈回升态势，到目前为止已超过 66.5 万 hm^2（表1）。

表1　渤海湾宜蝗区统计表　　　　　　　　　　　　　　　　单位：万 hm^2

省份	河北	天津	山东	总计
20 世纪 50 年代	42.8	40.4	117.6	200.8
20 世纪 80 年代	9.6	10.9	38.8	59.3
20 世纪 90 年代	10.8	11.7	40.3	62.8
近几年	12.2	12.1	42.2	66.5

2. 发生面积扩大

宜蝗面积的增加导致发生面积与范围的扩大。1980 年以来，渤海湾地区蝗虫发生面

积波动性扩大，由 70 年代的 12 万 hm² 左右逐渐增加，1985 年以后扩大趋势异常明显，2000 年达到最高点，发生面积 65.4 万 hm²，发生区域扩大到几乎所有渤海湾宜蝗区（图 1）。

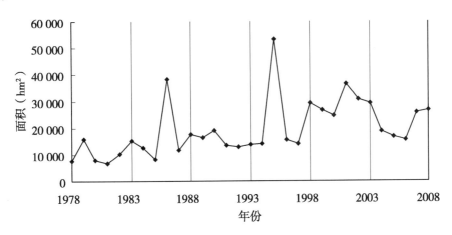

图 1　黄骅市近 30 年发生面积曲线图

3. 大发生频次增加

近几年东亚飞蝗在渤海湾蝗区的发生程度不断加重，出现了数十万亩的高密度群居型蝗蝻群，特别是 2001 年，沧州沿海蝗区农田出现了大面积群居型蝗蝻群为害，近今年虽群居面积明显减少，但总有存在。

渤海湾蝗区东亚飞蝗发生历史中，1959～1968 年的 10 年中，大发生年份有 6 年，占 60%；1969～1978 年东亚飞蝗大发生频次降低；1979～1988 年，大发生频次回升，10 年中共大发生 4 次；自 1989～1998 年波动下降至 2 次；1999 年至今的 10 年中，大发生再次加剧，大发生年占到 60%（图 2）。

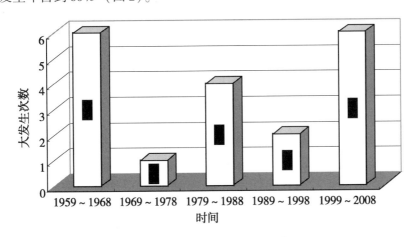

图 2　黄骅市近 50 年大发生频次图

4. 发生程度加重

近几年不仅大发生频次增加，而且发生程度有加重趋势，高密度群居型蝗蝻群的发生数量和面积有较大增加。以黄骅市为例：1980～1995 年的 15 年中，群居型蝗蝻群的发生面积只有两年超过 5 000hm²，其中，有 8 年群居面积未超过 1 000hm²，平均群居面积为 2 081hm²。而自 1999 年至 2008 年至今的十年中有 8 年出现群居型蝗蝻，以 2002 年为最大，群居面积是 10 366hm²，这十年群居面积平均为 1 838hm²（图3）。

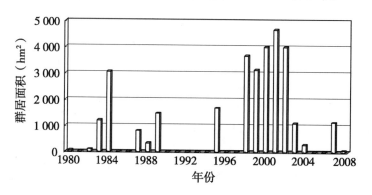

图3　黄骅市近年群居面积图

同时最高发生密度也有较大增高，从 80 年代的 500 头/m² 以下，逐渐增高，1986 年 1 000头/m²、1990 年 1 000 头/m²、1995 年 2 000 头/m²、1998 年 1 000 头/m²，直至 2002 年出现创记录的 5 000 头/m²（图4）。

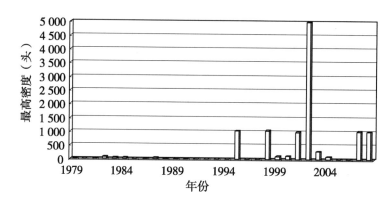

图4　黄骅市东亚飞蝗最高密度图

与此同时，秋蝗发生面积和为害程度进一步加重，自 1995 年以来的十年中夏、秋蝗发生面积只有 3 年相差大于正 20%。

5. 出土期提前，发育不整齐，产卵期延长

近年来，由于气温的升高，蝗虫出土始期、三龄盛期、羽化高峰期较正常年份提前，以处于渤海湾蝗区中部的黄骅市夏蝗为例，平均出土始期呈现提前趋势，2002 年居然在 5 月 2 日便发现有夏蝗出土。出土高峰期也同样呈现提前趋势，而产卵高峰呈现推后趋势，说明现在夏蝗发育历期增长，为害期延长，而且产卵的延后造成秋蝗发育龄期差异大（表2）。

由于夏蝗出土与降水有明显的内在联系，每逢少量降水后，便有出土，近年来春季降水量小，次数多，以致夏蝗出土不整齐，甚至到秋蝗发生期出现初孵若虫与成虫并存。2001 年和 2003 年都出现了夏蝗和秋蝗发生世代重叠现象，给防治工作带来极大的困难。

表2 黄骅市夏蝗重要发育期时间统计表

年份	蝗蝻出土始见期	蝗蝻出土高峰期	三龄若虫高峰期	羽化高峰期	产卵盛期
1959~1968	5月3日	5月19日	6月5日	6月20日	7月4日
1969~1978	5月8日	5月22日	6月4日	6月24日	7月8日
1979~1988	5月9日	5月21日	6月3日	6月24日	7月12日
1989~1998	5月7日	5月19日	6月2日	6月18日	7月10日
1999~2008	5月6日	5月19日	6月7日	6月21日	7月13日

由于秋后气温下降缓慢，造成秋蝗世代延长，产卵期延长，2001年和2003年渤海湾各地都发现在10月20日以后仍有秋蝗活动、产卵，增加了越冬卵量。

三、未来东亚飞蝗发生趋势及原因分析

蝗虫在渤海湾地区连续6年大发生，从东亚飞蝗的灾变规律看，其发生程度应当进入下降阶段，但从渤海湾的生态条件、气候条件、农事制度等方面分析，东亚飞蝗仍将是今后相当长的时期的主要害虫，其发生范围和面积仍有反弹之势，发生程度在短时期内不可能有大的回落，今后几年中等到大发生是其主要趋势。其主要原因是：

（一）气候条件

气候条件中决定东亚飞蝗发生程度的关键因子是气温与降水，温度影响其发育进度与越冬卵存活率，降水影响其生存环境和食物条件。

1. 气温上升利于东亚飞蝗发育、越冬

东亚飞蝗发育起点温度为15℃，发育适温为25~35℃，从出土到成虫发育有效积温为460℃，卵冰点温度为-15℃，卵不能安全越冬的条件是平均温度-10℃以下持续20天或平均温度-15℃以下持续5天以上，渤海湾地区近10年来均可算暖冬，据气象专家分析，今后几年甚至几十年内年气温都不会有大幅度下降，渤海湾这种气候条件极适宜东亚飞蝗的发育和繁殖。

受大气温室效应和全球气候变暖的影响，我国北方高温带出现北移趋势，使冬季变暖，夏季炎热，春季气温回升早，有效积温增加，加快了东亚飞蝗的发育进度。渤海湾蝗区与20世纪50年代相比，全年气温偏高1~3℃，致使90年代以后，夏蝗发生期普遍提前3~5天，有的提前7~10天，使发生世代北移，天津大港蝗区50年代东亚飞蝗每年发生1~2代或不完全2代，80年代以后变为完全2代。世代的增加，对东亚飞蝗的暴发提供了先决条件。

2. 降水较少利于东亚飞蝗大发生

20世纪90年代后期以来，渤海湾地区连年出现大旱，1997~2003年，不少县市连续6~7年遭遇干旱。持续旱灾导致水库、洼淀少积水，宜蝗面积增加给蝗虫滋生提供了适生环境。

长时间的积水或长期无雨又无客水聚集，不利于东亚飞蝗的发生，但短期积水对其发生无不利影响，气候较干旱但在蝗卵孵化期有降水利于蝗卵孵化出土。在15℃条件下，蝗卵浸水210天仍能孵化，30℃条件下，蝗卵浸水可达60天不死亡，超过30℃条件下，蝗卵浸水致死时间仍可达40多天，因此，夏秋季短时间涝灾或大强度降水利于飞蝗的次年大发生。而且，在飞蝗产卵后，秋冬季蝗区积水不影响蝗卵孵化。

从渤海湾气象条件看，干旱是普遍特征，但东亚飞蝗滋生地是低洼地区。蝗虫发生的湿度条件基本可以满足，但出现持续长时间积水可能性不大，因此从降水条件分析，对东亚飞蝗不存在明显制约，反而较有利其发生。

（二）生态环境、植被条件

1. 大面积苇荒地、湿地提供优良滋生环境

渤海湾蝗区土质类型有：黏土、壤土、砂土。渤海湾多盐碱地，农业开发极少，植被覆盖率在30%左右，主要是芦苇。渤海湾蝗区大片苇洼湿地点片相连，其中包括天津的北大港湿地、河北省的南大港湿地、黄灶湿地，这些环境极适宜东亚飞蝗活动取食，为其滋生、繁殖提供了上好场所。

2. 复杂的土地结构提供良好的活动场所

渤海湾蝗区土地结构较复杂，其中近海区域有众多苇荒地、湿地，是东亚飞蝗的集中滋生区。远海方向又有大量农田，由于含盐碱量高，耕地多为粗放作业的低产农田，称为繁衍扩散区。中间夹杂着不计其数的夹荒地和撂荒地，又叫多发区。

由于东亚飞蝗本身属于迁移性害虫，迁移扩散是其固有的行为习性，也是其保持种群延续的手段。渤海湾蝗区中的苇荒地、夹荒地、农田这样一个土地结构，又对东亚飞蝗迁移扩散起到了推波助澜的作用。为东亚飞蝗的迁移、扩散、取食、繁殖创造了有利条件。

当苇荒地东亚飞蝗大发生时，一部分留在原地取食繁殖，一部分扩散到夹荒地和农田；当夹荒地东亚飞蝗密度高时，部分蝗虫向农田迁移扩散为害；夹荒地遇降水后进行耕种时，蝗虫迁移到农田和苇荒地为害繁殖；农田蝗虫受到惊扰或防治时，向夹荒地或苇荒地迁移，为害繁殖。

3. 复杂的植被结构提供丰富多样的食物来源

东亚飞蝗属杂食性昆虫，但在食料丰富的条件下，首先取食禾本科植物，杂草中最喜食芦苇和稗草，粮食作物中以玉米、高粱和谷子为选择的食物。渤海湾蝗区中的苇洼湿地，其主要植被芦苇是东亚飞蝗最喜食的植物。渤海湾地区的粮食作物主要是冬小麦、玉米、高粱和谷子，夹荒地的植被也多是禾本科植物，都为东亚飞蝗提供了丰富的食物来源。

4. 金融风暴波及农业种植，影响蝗虫发生

去年暴发的金融风暴对农业的影响已初步体现并逐渐加深。由于棉花价格下滑，造成棉农积极性下降，我市是棉花主产区，占作物种植面积的10%，常年棉花种植面积为8万亩左右，绝大多数属于宜蝗区，其中有约3万亩为生态治蝗区，农事耕作对蝗卵的毁灭作用使蝗虫发生程度极低。然而今年棉花播种形势严峻，会加剧东亚飞蝗的发生。

（三）残蝗基数

由于东亚飞蝗连年大发生和宜蝗面积的增加，使渤海湾地区残蝗种群数量扩大，虫源充足，渤海湾蝗区每年的秋残蝗面积都在20万 hm² 以上，其中90头／hm² 以上的残蝗面积占到95%以上，为今后大发生提供了虫源条件。

四、渤海湾蝗区治理的未来和方向

（一）树立长期治蝗的思想

渤海湾地区的人蝗较量，已经有2 000多年的历史，尽管经过新中国成立后几十年的

蝗区改造，蝗灾得到了大规模控制，宜蝗面积得以大大压缩，但近几年蝗情的回升，说明彻底根除蝗害决非易事。其原因在于渤海湾有其适合东亚飞蝗生存和繁殖的环境和气候特点，而且有些适生环境还需要保护，不允许破坏，因此，渤海湾东亚飞蝗防治是一项长期而艰巨的任务，要常抓不懈。

（二）提高蝗情监测的科技含量

首先在蝗情监测上，及时和先进的科技接轨，研究开发新的东亚飞蝗测报、防治技术，不断改进监测方式方法，简化调查监测程序，同时提高监测数据的科学性和准确性。现在渤海湾蝗区监测已普及 GPS 使用，但只应用于蝗区定位和航空喷雾导航，尚具备开发潜力，渤海湾蝗区 GPS 数据蝗情统计分析预测系统还有待完善。渤海湾蝗区正在研究实施"3S 蝗情速报系统与持续控制工程"，是将地理信息系统（GIS）、遥感系统（RS）、全球定位系统（GPS）同东亚飞蝗的监测、定位、预报、防治相结合的新型东亚飞蝗控制系统，它的应用将使防蝗工作实现跨越式发展。

（三）开发新型高效防治药剂

近年来，由于对环境保护等方面的要求提高，对新型治蝗药剂的需求也日益迫切。在高效速效药剂方面由原先的马拉硫磷发展到菊酯类杀虫剂和氟虫腈，生物药剂已广泛使用绿僵菌。绿僵菌在中低密度区的应用技术已趋于成熟，但今年禁止地面喷施氟虫腈，给治理高密度发生区提出了新的问题。今后如何克服菊酯类杀虫剂持效期短、绿僵菌速效性差等方面仍面临很多课题。

（四）建立控制蝗害的科学模式

根据渤海湾蝗区的地理环境和东亚飞蝗发生特点，应因地制宜地开展蝗区改造、生态控制、生物防治和化学防治相结合的综合防控。渤海湾蝗区的气候条件人们是难以驾驭的，蝗虫的发生特点也很难改变，蝗区改造就成为控制蝗灾的重要手段，渤海湾地区的苜蓿、棉花、冬枣等蝗区改造示范区多年来对东亚飞蝗的控制作用显而易见，今后还应继续扩大。但由于渤海湾地区被保护湿地的存在，不可能完全进行蝗区改造，这就要求科学的生态控制，在被保护区周边建立防扩散带，保护和利用控蝗植物和天敌。同时蝗区改造和生态控制不能完全避免东亚飞蝗的大发生，高效的化学防治必不可少，生物防治作为环保、有效的治蝗药剂也需提倡使用。只有上述多种方法有机结合，才能实现东亚飞蝗的可持续控制。

作者资料：多处引用张书敏站长文章内容

刘浩升　河北省黄骅市植保站

刘俊祥　河北省黄骅市植保站

张书敏　河北省植保总站

蝗灾综合治理技术概述

沧州市植保站

一、治蝗技术策略

我国在新中国成立初期就提出了蝗虫防治的总体策略——"预防为主，防治结合，改治并举，综合防治（Integrated pest control，IPC）"。要以农业防治为基础，同时要因地制宜，合理运用化学防治、生物防治、物理防治等措施，同时尽量兼治多种有害生物。1986年又将综合防治解释为："综合防治是对有害生物进行科学管理的体系。它从农业生态系总体出发，根据有害生物和环境之间的相互关系，充分发挥自然控制因素的作用，因地制宜地协调应用必要的措施，将有害生物控制在经济受害允许水平之下，以获得最佳的经济、生态和社会效益。"这一综合防治定义与国际上常用的"有害生物综合治理"一致。

蝗虫灾害控制的指导思想遵循3个原则：环境保护原则、生态学原则和可持续原则。环保原则就是尽量降低目前大面积施用化学农药对当地生态系统的后续影响，保护当地生物的群落结构、种间关系、生物多样性。生态学原则注重研究蝗虫本身的生物学、生态学规律，保护、利用蝗虫在整个系统食物链中的重要作用，不能片面地强调蝗虫的危害性而忽视其对于整个生态环境平衡方面的作用，可持续原则就是要认识到蝗虫的发生受许多自然因素的影响。

在蝗虫的防治中，飞蝗是控制的重点，夏蝗防治是关键。在战略选择上，要以飞蝗为重点，兼顾土蝗，尤以东亚飞蝗为重中之重；在防治策略上，要狠治夏蝗，抑制秋蝗，控制全年，压低来年发生基数；在战术上采取"四个结合"，即重点挑治与普遍防治相结合，地面防治与飞机防治相结合，群众防治与专业队防治相结合，应急化学防治与中长期生态控制、生物防治相结合；在防治技术上采取综合防治措施，适当加大生物防治和生态控制的比例，注意充分保护和利用自然天敌，减少化学农药对生态环境的影响；在总体目标上确保"飞蝗不起飞、不成灾，土蝗不扩散危害"。

由于蝗虫的发生具有集中、间断、不稳定等特性，在蝗虫大量发生时主要采用化学防治，但对于不同的发生情况，具体的防治工作不尽相同。为了在蝗虫防治工作中避免"一刀切"，使蝗虫防治具体工作更科学更具针对性，根据河北省蝗区类型划分，结合全省各蝗区的具体情况及蝗虫防治的历史经验，对三类蝗区采取不同的监测机制和控制策略。

一类蝗区——重点监测及防治区，即常发区。这些蝗区主要是洼大村稀，荒地面积大，当前蝗区改造困难，常年发生较高密度蝗虫，防治任务较大。对于这些蝗区采取常年不间断的监测，控制方法采取高效化学农药防治优先的策略。飞机防治和专业队防治相结合进行普治。防治的具体目标是防止起飞、尽量减少虫口数量、控制为害。

二类蝗区——一般监测及防治区，即多发区，主要是洼淀、水库蝗区。由于水位变化大，蝗区尚难以全部改造，随积退水情况的交替发生，蝗虫发生时轻时重，每年有一定的防治任务。控制方法采取化学防治同生物防治、生态控制相结合，生物防治和生态控制优先的策略。防治中主要依靠地面专业队防治，采取普治和挑治相结合的方法。防治的具体目标是减少虫口数量、控制为害、防止扩散为害农田。

三类蝗区——偶发监视区，此类系经过初步治理的蝗区，蝗情比较稳定，偶有蝗虫发生，但虫口密度很低，一般年份达不到防治指标的原内涝和河泛蝗区。控制方法采取生态控制优先结合生物防治，降低化学防治的策略。此类蝗区单位面积小，地理位置分散，防治中主要依靠村民自治，主要采取挑治的方法。防治的具体目标是控制蝗虫虫口数量稳定在较低水平，减轻为害。

二、化学防治

化学防治作为蝗灾治理的重要手段在现阶段蝗虫防治工作中发挥着巨大的作用。

（一）化学防治的优点

化学防治非常适用于蝗虫等突发性和毁灭性病虫害的防治，相对于其他防治方法在蝗灾治理中有它独到的优势特点。

1. 见效快

化学药剂在施用的同时即对蝗虫产生作用，现使用的防蝗化学药剂大多兼具触杀和胃毒两种杀虫途径，首先这些化学药剂可以通过渗透作用穿透表皮进入蝗虫体内，其次随蝗虫取食进入体内，利用抑制胆碱酯酶、轴突部位传导及几丁质合成等作用达到杀死蝗虫的目的。这些化学药剂产生作用的过程短所以见效快，一般在施用当天就可以杀死一定量的蝗虫，据正常使用剂量实验统计：75% 马拉硫磷乳油在施药后 3 天防效就可以达到 85%以上；0.4% 锐劲特在施药后 1 天防效就可以达到 85%以上；高效氯氰菊酯在施用 3 天后防效可达 85%以上。

2. 效果好

从现实情况看化学药剂的防治效果要远远高于物理防治、生物防治和生态改造防治，从河北省蝗虫防治的历史资料和这些年的试验数据看，用于防治蝗虫的几种主要化学药剂在施用后 7 天防效一般可以达到 95%左右，而试验数据表明绿僵菌在施用后 15 天防治效果才达到 80%左右，苦参碱在施用后 15 天防效才达到 83%左右。

3. 持效期长

由于化学药剂的结构较稳定，在环境中衰变过程长，所以，化学药剂在施用后一段时期内对蝗虫仍有较高的灭杀和控制作用，而苦参碱、绿僵菌等生物农药由于在施用后受环境等因素影响，对蝗虫的控制和灭杀作用会大幅度降低。据有关试验表明，锐劲特持效期可达 30 天以上，马拉硫磷的持效期可达 25 天左右，除虫脲的持效期可达 45 天左右，而苦参碱、绿僵菌的持效期只有 10~20 天。

4. 使用量少、成本低

由于化学农药效果高、持效期长，所以，在达到防治要求的前提下，实际使用量较少。由于化学农药生产工艺简单，化学结构较稳定，生产成本低，包装简单，运输简便。综合比较，使用化学农药控制蝗虫的资金投入要远远低于其他防治方法。

5. 使用简便

长期以来各种化学农药在农业生产中的应用十分广泛和普及，化学药剂存在许多不同的剂型，如：粉剂、颗粒剂、乳油、可湿性粉剂等，但在使用中使用方法都十分简单，不是直接施用就是对水喷施。由于化学农药防虫治病的药理效能比较简单，所以，在施用过程中对于施用技术的要求比较低，一般人员经过简单的培训即可胜任蝗虫化学防治工作。

6. 受环境条件影响小

化学药剂的药理比较简单、直接，对气温、湿度等环境条件的要求低，化学药剂的施用和产生作用受环境影响小，马拉硫磷、锐劲特、高效氯氰菊酯等在非雨天就可以施用，气温对其杀虫作用几乎无影响，湿度对其影响也很小。而绿僵菌等对气温、湿度、施用时间有较高的要求，绿僵菌杀蝗虫的最适温度在 26℃ 左右，湿度越高效果越好。

（二）化学防治存在的问题

目前，我国的蝗虫防治主要还是依靠化学农药。化学农药的使用确实对蝗虫的防治起了重要的作用。但是半个世纪以来，由于在农作物病虫害防治中大量使用化学农药，已经对环境造成严重污染，同时还导致病虫抗药性的上升，增加了防治难度。化学农药还会在自然界、生物体中迁移转化、残留富集，最终进入人体内，危害人体健康。从 20 世纪 70~90 年代，施用化学农药造成环境严重污染的问题已引起世界各国普遍关注，并提到了首要位置，可持续发展已成为全人类发展的战略思想和行动。进入 21 世纪，在蝗虫防治工作中面临更大的挑战，防蝗工作中还存在不少急待解决的问题。

1. 单纯依赖化学农药

目前蝗虫防治很大程度上仍然单纯依赖化学农药，生态环境的总体规划不够，综合治理的措施执行不彻底，尤其是生物防治和其他无公害的防治技术应用较少，影响了蝗虫防治整体水平的提高，造成生态环境污染，大自然、天敌等控制作用受到削弱，影响防治效果，并导致病虫抗药性的产生和再度猖獗。

2. 应合理选用农药、合理轮用

首先考虑选择高效、低毒、低残留，对农作物和天敌安全的农药，减少对环境、天敌的影响。同时避免短期内多次使用同一种农药，应定期轮用不同作用机理、不易产生交互抗药性的药剂，防止蝗虫抗药性的产生和急剧增加，同时防止长期使用一种农药造成不可预见的负面影响。

3. 应选择最佳的防治适期

各种蝗虫有它独特的生物学特性和发生规律，它们的发生特点和为害情况不完全相同，因此，它们的防治适期也不尽相同。所谓"防治适期"就是害虫对作物产量、质量造成损失，且损失等于防治此害虫费用的时期。在防治适期进行防治可以更好地控制蝗虫的暴发，提高防治效果，减少化学农药的投入，更好地保护天敌、环境，同时大量节约防治费用。

4. 应研究开发更加先进科学的农药施用方法

现有的化学防治机械、手段、方法并没有最大发挥各种农药的防治作用，农药施用技术所要解决的根本问题，在于如何使农药最有效地击中防治对象，并力求最少影响环境质量。当然，这个问题是和农药品种、剂型及施药器械密切相关，如近年来发展较快的液态药剂的使用仍以高容量喷雾为主，低容量和地面超低量喷雾也正在不断扩展。如：超低容量喷雾通过高效能的雾化装置，使药液雾滴更小，雾化更彻底，经飘移而沉降于作物上。超低容量喷雾可以大大减少农药使用量，一般每亩喷药量少于 0.5kg，而普通喷雾需要 25～35kg，而且超低容量喷雾药液的有效浓度高、工作效率高，据实验证明使用"国产 JDP-A 型电动多功能超低容量喷雾器"每人防治每公顷最多用时 5h，而普通的背负式人力压力喷雾器却需要至少 3 个工作日。这种方法具有省工、省药、速度快、劳动强度低、药液残留时间长并能减少对环境污染等优点。

5. 应采用农药最低限度的使用技术

主要是采用最低有效浓度和最少有效次数，以符合经济、安全、有效的要求，并达到省药、省工、降低成本，减少残毒残留，同时保护自然界中的害虫天敌。不要以为，药用得越多，效果就越好。事实上，往往相反。降低用药量主要包括以下几点。

（1）降低单位面积用药量　使用最低有效浓度和适宜的施药方法，如采用超低容量喷雾，效果良好，既节约农药，又减少污染。

（2）减少用药面积　根据病虫发生情况，可以适当进行挑治。对天敌多的田块可以不打药，在一定范围内保留一些保护小区，保护害虫天敌。

（3）减少用药次数　做好预测预报，抓住关键时期，不要盲目用药。

6. 群众自治盲目用药，滥用药

农民较普遍缺乏蝗虫种类识别、田间调查、预测预报以及综合防治技术，而把化学防治当作唯一的防治办法。同时也无法把握最佳防治时期，甚至有虫没虫一样打药。而且，滥用农药现象十分普遍，故意选择高毒农药，随意增加用药剂量，忽视农药使用安全期，虽暂时防治了蝗虫但严重污染环境，严重影响蝗区农业的可持续发展。

7. 加强推广生物防治技术

在自然界中，蝗虫有不少天敌，在不同程度上，天敌发挥着控制蝗虫种群消长的作用。目前，发现对不少对蝗虫都有较好控制效果的天敌，例如，狼蛛、星豹蜘蛛等。现在我国还在研究应用绿僵菌治蝗等新技术。虽然生物防治技术具有选择性高、使用安全、对环境影响小等优点，但在应急控制大量蝗虫为害方面还有很多缺陷。生物防治是未来防蝗的一个重要方向，需加大力度进行研究，早日应用到现实工作中。

8. 加强环境保护意识

蝗害防治中引起的环境污染问题，很多是由于人们科学知识贫乏，环境保护意识淡薄造成的。因此，逐步提高广大农民的思想意识，加强科学知识的教育和普及，尤其是提高环境保护意识，是十分重要的。

（三）化学防治策略

化学防治在一定时期内仍将是蝗灾应急控制的主要手段，在蝗虫防治中，要充分发挥化学防治应有的作用，发挥它快速、高效、持久的特点，在短时间内迅速控制蝗虫的发生和蔓延，从而达到"飞蝗不起飞、不成灾，土蝗不扩散危害"。同时尽量避免不良副作用。具体来说，就是要从综合防治的观念出发，着眼于农业生态系全局，在加强对害虫和天敌的基本规律研究的基础上，注意讲究科学选择高效、高选择性、低毒、低残留的农药品种、剂型，科学准确地确定防治适期，应用先进的施药器械，运用科学、精准的施药方法，降低施药量及施药次数，尽量减少单位面积的施药量，减少对环境影响，保护防治地区昆虫天敌及周围生物群落的关系；注意选择多种适宜农药品种，定期轮换使用，确立并执行农药最低限度的使用技术，预防蝗虫抗药性的突增。同时研究并推广生物防治、生态控制等更加环保、安全的防治途径，进一步贯彻"以防为主，综合防治"的总方针，实现蝗区农业的可持续发展。

针对蝗区发生情况的不同，采取适当的监测机制和化学防治策略。

（四）当前主要的农药品种及效果

河北省在当前的蝗虫防治工作中使用的化学农药主要包括：有机磷类、拟除虫菊酯类、氨基甲酸酯类和以上各类的复配药剂，以及生物农药。

1. 有机磷类

［侵入途径］可经蝗虫表皮、呼吸道、消化道吸收。

［毒理学简介］

各品种的毒性可不同，多数属剧毒和高毒类，少数为低毒类。某些品种混合使用时有增毒作用，如马拉硫磷与敌百虫、敌百虫与谷硫磷等混合剂。某些品种可经转化而增毒，如 1605 氧化后毒性增加，敌百虫在碱性溶液中转化为敌敌畏而毒性更大。有机磷农药（有机磷酸酯类农药）在体内与胆碱酯酶形成磷酰化胆碱酯酶，胆碱酯酶活性受抑制，使酶不能起分解乙酰胆碱的作用，致组织中乙酰胆碱过量蓄积，引起神经系统中毒。

缓释微胶囊剂型的有机磷农药，作用时间可较长。

（1）马拉硫磷

［通用名］malathion

［别名］马拉松、MalathonCythion

［化学名称］O，O-二甲基-S-［1，2-二（乙氧基碳基）乙基］二硫代磷酸酯

［分子式］$C_{10}HH_{19}O_6PS_2$

［理化性质］纯品为黄色或无色；工业品为棕黄色油状液体；有特殊的蒜臭，室温即挥发。极微溶于水，易溶于有机溶剂，可与乙醇、酯类、酮类、醚类和植物油任意混合。水溶液 pH 值 5.26 时稳定，pH 值大于 7、小于 5 时即分解，日光下易氧化金属离子可促进其分解。

［毒性］对鱼类中等毒性，对蜜蜂高毒。对寄生蜂、瓢虫、捕食螨等害虫天敌也有较高毒性，但因残效期短，影响都不大。对高等动物低毒。

［制剂］75% 马拉硫磷乳油、45% 马拉硫磷乳油

［作用与特点］为有机磷酸酯类药物，是难逆性的抗胆碱酯酶药，为神经毒药物，对蝗虫有接触毒、胃毒及熏蒸毒。可使蝗虫体内的乙酰胆碱大量蓄积而中毒死亡，气温低时马拉硫磷杀虫毒力下降，需适当提高施药量或用药浓度。由于本品有毒性小，残效期较短的特点，故应用广泛。

［用法与效果］75% 马拉硫磷乳油、45% 马拉硫磷乳油都适于超低容量或低容量喷雾。进行飞机防治时，每公顷用药 900～1 050mL。也可用 45% 马拉硫磷乳油进行地面超低容量喷雾，每公顷用药 1 125～1 500mL。药后 3 天后防治效果可达到 90% 以上，持效期 10 天；45% 马拉硫磷乳油适于常规喷雾，可使用背负式手压喷雾器、泰山-18 型机动喷雾器或大型喷雾机进行喷洒，对水稀释 500～800 倍液，每公顷用药 2～2.5L。药后 3 天防治效果可达 85% 以上，7 天可达 93% 以上，持效期 10 天。

[注意事项] ①易燃，在运输、贮存过程中注意防火，远离火源。②施药的田块周围做上标记，10天内不许牲畜进入。③中毒症状，头痛、头昏、恶心、无力、多汗、呕吐。流涎、视力模糊、瞳孔缩小、痉挛、昏迷、肌纤颤、肺水肿等。中毒后应立即送医院诊治，给病人皮下注射1~2mg阿托品，并立即洗胃或服催吐剂。上呼吸道受到刺激时，可饮少量热牛奶及苏打（1杯牛奶加苏打1茶匙）。眼睛受到沾染时立即用洁净温水充分冲洗眼睛（最好配成生理盐水）。皮肤发炎时可用20%苏打水湿绷带包扎（每千克水放苏打15g）。

（2）敌百虫

[通用名] trichlorfon

[别名] Dipterex

[化学名称] O，O-二甲基-（2，2，2-三氯-1-羟基乙基）磷酸酯

[分子式] $C_4H_8Cl_3O_4P$

[理化性质] 纯品为白色结晶，溶于水、苯、乙醇和多数氯化烃。常温下稳定，但高温下遇水易分解。在碱性溶液中迅速转变成毒性更大的敌敌畏，但不稳定很快分解失效。80%敌百虫可溶性粉剂外观为白色或灰色粉末，80%敌百虫晶体为白色或淡黄色固体。

[毒性] 低毒。

[制剂] 80%可溶性粉剂、80%敌百虫晶体、5%敌百虫粉剂

[作用与特点] 敌百虫杀虫谱广，对害虫有很强的胃毒作用，兼有触杀作用，对植物有渗透作用，但无内吸性。

[用法与效果] 80%可溶性粉剂、80%敌百虫晶体可用于背负式手压喷雾器、泰山-18型机动喷雾器或大型喷雾机进行喷洒防治，用80%可溶性粉剂或晶体稀释500~800倍液，均匀喷雾。在施药后3天防效可达85%以上。敌百虫对水喷雾持效期短一般小于5天。2.5%敌百虫粉剂适用于喷粉机，用于地面喷洒，每公顷用量约20kg。

[注意事项] ①一般使用浓度（0.1%左右）对作物无药害。玉米、苹果对敌百虫敏感，尤其是高粱、豆类对敌百虫特别敏感，容易产生药害，不宜使用。②安全间隔期，蔬菜收获前7天停止使用。③现配现用，药液不能久放。④中毒急救，解毒可用阿托品类药物，不能用碱性药物解毒。洗胃可用高锰酸钾溶液或清水，洗胃要彻底。忌用碱性液体洗胃和冲洗皮肤。

（3）辛硫磷

[通用名] phoxim

[别名] 肟硫磷、倍腈松

[化学名称] O，O-二乙基-O-α-氰基苯叉胺基硫逐磷酸酯

[理化性质] 纯品为浅黄色油状液体，常温下工业品为黄棕色液体。可溶于醇类、酮类、芳香烃类溶剂。遇碱易分解失效，高温下易分解，对光不稳定，特别是对紫外线很敏感，直接暴露于阳光下易分解失效。50%辛硫磷乳油为棕褐色油状体。

[毒性] 对人、畜毒性低，对蜜蜂有接触、熏蒸毒性，对七星瓢虫的卵、幼虫、成虫均有杀伤作用，对鱼类、寄生蜂毒性也较大。

[制剂] 50%辛硫磷乳油。

[作用与特点] 辛硫磷是一种高效、低毒、低残留的广谱性有机磷杀虫剂，以触杀和

胃毒作用为主，也有一定熏蒸作用，有一定的杀卵作用，能渗透到植物组织内，但无传导作用。杀虫谱广、药效高、击倒力强，对蝗虫有很好的防效。该药对光不稳定，见光很易分解，所以，田间叶面喷雾持效期很短，仅2~3天，因此，特别适用于近期采收的农作物田中的蝗虫防治。

[用法与效果] 可以使用背负式手压喷雾器、泰山-18型机动喷雾器或大型喷雾机进行喷洒，50%乳油对水稀释1 000~2 000倍液，均匀喷雾。一般用量900~1 200mL/hm^2。在施药后3天防效可达85%以上，持效期短只有3天。黄瓜、菜豆、高粱、玉米对辛硫磷敏感，在蝗虫防治时避免在这些地块使用辛硫磷。辛硫磷在光照条件下易分解，一般在傍晚或夜间进行田间喷雾。贮存在避光阴凉处。药液随配随用，不能与碱性农药混用。作物收获前5天停止使用。

[注意事项] ①黄瓜、菜豆对辛硫磷敏感，50%乳油500倍药液喷雾有药害，1 000倍药液也可能有轻微药害，高粱、玉米也敏感。②辛硫磷在光照条件下易分解，田间喷雾时，最好在傍晚或夜间进行。应贮存在阴凉处。③药液要随配随用，不能与碱性农药混用。④安全间隔期，作物收获前5天停止使用。⑤中毒症状、急救方法与其他有机磷农药相同。

（4）毒死蜱

[别名] 乐斯本、氯吡硫磷

[英文名] chlorpyrifos

[化学名称] O，O-二乙基-O –（3，5，6-三氯-2-吡啶基）硫逐磷酸酯

[理化性质] 纯品为白色颗粒状结晶，有硫醇臭味，易溶于大多数有机溶剂。常温下稳定，在中性和弱酸性介质中较稳定，在强碱性水溶液中易分解，铜离子可促进其分解。25%乐斯本乳油制剂外观为草黄色液体。

[毒性] 中等毒。试验剂量下未见致畸、致癌和致突变作用。对鱼类及水生生物毒性较高，对蜜蜂高毒。

[制剂] 25%毒死蜱乳油、45%毒死蜱超低量油剂。

[作用与特点] 毒死蜱为有机磷类杀虫杀螨剂。杀虫谱广，具有触杀、胃毒和熏蒸作用。在植物茎叶上的持效期不长，但在土壤中的持效期长达60~120天。因此，对地下害虫的防治效果好。在推荐用量下，对多数作物无药害，但烟草敏感。

[用法与效果] 可以使用背负式手压喷雾器、泰山-18型机动喷雾器或大型喷雾机进行喷雾防治，毒死蜱25%乳油对水喷雾800~1 000倍液，均匀喷雾，一般用量900~1 200mL/hm^2，有必要多次喷施时需间隔7~10天，施药后3天防效可达78%以上，药后7天可达93%以上，持效期可达30天。

[注意事项] ①不能与碱性农药混用。②该药对黄铜有腐蚀作用，喷雾器用完后，要立即冲洗干净。③该药对蜜蜂和鱼类高毒，使用时注意保护蜜蜂和水生动物。为保护蜜蜂，应避开作物开花期使用。④安全间隔期，叶菜类作物收获前7天禁用。

2. 拟除虫菊酯类

拟除虫菊酯杀虫剂具有高效、广谱、低毒、低残留等特点，但也存在着大部分对水生生物有毒、对天敌选择性差、无内吸作用，对螨类药效不高等不足，其主要特点如下：

拟除虫菊酯杀虫剂的杀虫效力比以前常用的一般有机磷类杀虫剂高10~1 000倍，且

速效性好，击倒力强。

对人畜毒性一般比有机磷和氨基甲酸酯杀虫剂低，特别是因为其最低有效使用量少，使用较安全。

对农业产品和环境污染轻。拟除虫菊酯类农药是模拟天然除虫菊素的化学结构人工合成的，在自然界中易分解，使用后不易污染环境。在动物体内易代谢，没有累积作用，不会通过生物浓缩富集，对生态系统影响小。

目前常用的拟除虫菊酯杀虫剂的品种均无内吸作用，对蝗虫只具有胃毒和触杀作用，而且大都触杀作用远远大于胃毒。只有蝗虫体表接触到药剂才会达到良好的防治效果。因此，对于施药技术要求较高。

拟除虫菊酯杀虫剂是一类较容易产生抗药性的杀虫剂，而且抗药性增加速度很快，不利于蝗虫的持续控制。

（1）溴氰菊酯

［别名］敌杀死、凯素灵、凯安保

［英文名］deltamethrin

［化学名称］α-氰基苯氧基苄基（1R，3R）-3-（2，2-二溴乙烯基）-2，2-二甲基环丙烷羧酸酯

［理化性质］纯品为白色斜方形针状晶体，原药为无气味白色粉末。常温下几乎不溶于水，溶于丙酮、二甲苯等大多数芳香族溶剂。在酸性介质中较稳定，在碱性介质中不稳定。对光稳定，在玻璃瓶中暴露在空气和光照下，2年无分解现象发生。2.5%敌杀死乳油外观为透明状黄色液体，常温下贮存稳定期2年以上。

［毒性］中等毒。在试验剂量内对动物未见致癌、致畸和致突变。对鱼类及水生生物高毒，对蜜蜂和蚕剧毒，对鸟类毒性较低。

［制剂］2.5%乳油溴氰菊酯。

［作用与特点］溴氰菊酯为拟除虫菊酯类杀虫剂，是一种神经毒剂。以触杀和胃毒作用为主，对害虫有一定的驱避和拒食作用，无内吸传导和熏蒸作用。该药杀虫谱广，杀虫活性高，击倒速度快，尤其对鳞翅目幼虫和蚜虫杀伤力强，但对螨类无效。

［用法与效果］可以使用背负式手压喷雾器、泰山-18型机动喷雾器或大型喷雾机进行喷雾防治，用2.5%乳油对水稀释1 000～2 000倍液，均匀喷雾，一般用量600～900mL/hm^2，药后3天防效可达89%以上，药后7天可达95%以上，持效期约10～15天。

［注意事项］①溴氰菊酯等菊酯类农药，在气温低时防效更好，因此，使用时应避开高温天气。②喷药要均匀周到。③使用时要尽可能减少用药量和用药次数，或与有机磷等非菊酯类农药轮用或混用，以减缓害虫抗药性的产生。④不要与碱性物质混用，以免降低药效。⑤安全间隔期，叶菜类收获前2天停止用药。⑥中毒急救方法：及时洗胃，洗胃不能用热水，以免加速毒物吸收；反复洗胃，直至洗出液与进入液颜色一致并无味为止；昏迷者洗胃时应取左侧头低位，以免液体进入气管。无特效药，重病人发生抽搐可用地西泮或苯巴比妥，也可静滴三磷酸腺苷及维生素C。

（2）氯氰菊酯

［英文名］cypermethrin

［别名］安绿宝、兴棉宝、灭百可、赛波凯等。

［分子式］$C_{22}H_{19}Cl_2NO_3$

［理化性质］工业品600℃以下为黄色至棕色半固体黏稠液体，密度1.12g/cm³ 蒸汽压2.3×10⁻⁷Pa（20℃）。难溶于水，能溶于二甲苯、煤油、环己烷等大多数有机溶剂。在弱酸性、中性介质中稳定，在碱性条件下易水解。对光、热较稳定。常温下贮存，稳定可达2年以上。

［制剂］10%、25%乳氯氰菊酯油。

［作用与特点］具有触杀、胃毒和熏蒸作用，无内吸传导作用。杀虫谱广，杀虫作用迅速，对蝗虫击倒速度快，持效期长，效果较稳定（但药效受温度影响大）。大鼠急性经口LD_{50}为251mg/kg 本品对皮肤有轻微刺激，能引起过敏；对眼睛有中等刺激作用。对人皮肤有刺激性，对作物安全，对鱼、蜜蜂、蚕及害虫天敌有高毒，对鸟低毒。

［用法与效果］可以使用背负式手压喷雾器、泰山-18型机动喷雾器或大型喷雾机进行喷雾防治，10%乳油对水稀释1 000～2 000倍液，均匀喷雾，一般用量450～750mL/hm²，施药后3天防效可达87%以上，药后7天可达95%以上，喷雾持效期约14天。

［注意事项］①尽可能减少用药量和用药次数，或与有机磷等非菊酯类农药轮用、混用，以减缓害虫抗药性的产生。②使用时不要与碱性物质如波尔多液混用，以免降低药效。③对鱼、虾、蜜蜂、家蚕剧毒，使用时注意不要污染水域、蜂场和桑园。④安全间隔期：蔬菜收获前1～5天停止使用。⑤药品的贮存和中毒的急救方法参照溴氰菊酯。

（3）高效氯氰菊酯

［英文名］alphacypermethrin

［别名］高氯、高效安绿宝、高效灭百可、快杀敌、棚虫清

［化学名称］（IR顺式）S及（IR顺式）R-α-氰基-（3-苯基节基）-3-（2，2-二氯乙烯基）-2，2-二甲基环丙烷羧酸酯

［分子式］$C_{22}H_{19}Cl_2NO_3$

［理化性质］：白色或略带奶油色的结晶或粉末，熔点60～65℃，难溶于水，易溶于有机溶剂，中性及弱酸性稳定，易溶于有机溶剂，在室温下存2年不分解。

［毒性］大鼠急性经口LD_{50}为649mg/kg 本品对皮肤有轻微刺激，能引起过敏；对眼睛有中等刺激作用。

［制剂］高效氯氰菊酯5%乳油、4.5%乳油。

［作用与特点］高效氯氰菊酯是普通氯氰菊酯的活性部分提纯，是一种更高效、广谱、触杀性杀虫剂，在植物体内无内吸和传导作用。高效氯氰菊酯对昆虫有很高的胃毒和触杀作用，作用迅速，击倒速度快，具杀卵活性，在植物上有良好稳定性，能抗雨水冲刷，对光热稳定、持效长，对哺乳动物毒性低于氯氰菊酯，药效为氯氰菊酯2倍。

［使用方法］可以使用背负式手压喷雾器、泰山-18型机动喷雾器或大型喷雾机进行喷雾防治，用5%乳油对水稀释2 000～3 000倍液，均匀喷雾，一般用量300～600mL/hm²，施药后3天防效可达90%以上，药后7天可达98%以上。持效期7～10天。

3. 苯基吡唑类杀虫剂

锐劲特

［通用名称］氟虫腈（fipronil）

［商品名称］锐劲特（Regent）

［化学名称］（RS）-5-氨基-1-（2，6-二氯-4a-三氟甲基苯 基）-4-三氟甲基亚磺酰基吡唑-3-腈

［理化性质］原药在23℃时为白色粉末。20℃对比重1.48～1.629，熔点195.5～203℃，蒸气压3.7×10^{-7}Pa。在水中溶解度1.9mg/L（pH7），丙酮中54.6g/100mL，二氯甲烷中2.23g/100mL，己烷中0.003g/100mL，甲醇中13.75g/100mL，甲苯中0.3g/mL。在土壤中的半衰期1～3个月，在水中的半衰期135天。在水中的光解半衰期8h，在土壤中光解半衰期34天。

5%锐劲特悬浮剂由50g/L有效成分和悬浮剂、溶剂以及63%的水组成。外观为白色涂料状黏性液体，比重1.01g/mL，pH值=6.86，平均粒度大于4.8μm（50℃贮存5个月），90%粒度小于10.6μm。悬浮率大于95%，黏度440厘泊。常温下贮存稳定，对光不稳定。结冰点4℃，融化温度11℃。

［毒性］据中国农药毒性分级标准，锐劲特属中等毒杀虫剂。原药大鼠急性经口LD_{50}97mg/kg，急性经皮LD_{50}大于2 000mg/kg。兔急性经皮LD_{50}354mg/kg。大鼠急性吸入LC_{50}0.682mg/L。每人每日最大允许摄入量（ADI）0.00025mg/kg/天。对皮肤和眼睛没有刺激性。无致畸、致癌和引起突变的作用。该药对鱼高毒，鲤鱼LC_{50}30μm/L，（鱼工）鳟鱼LC_{50}248μg/L，蓝鳃翻车鱼LC_{50}85μg/L，水蚤EC_{50}190 μg/L（48h），绿藻EC_{50}68μg/L（72h）。对蜜蜂高毒，LD_{50}4.17 $\times 10^{-3}$ μg/头。野鸭LD_{50}2 000μg/kg，鸽子LD_{50}2 000 μg/kg，鹌鹑LD_{50}11.3μg/kg，野鸡LD_{50}31 μg/kg。对虾、蟹亦高毒。对家蚕毒性较低，LD_{50}为0.427 μg/头。

5%锐劲特悬浮剂大鼠急性经口LD_{50}大于1 932mg/kg，小鼠LD_{50}1 414mg/kg，大鼠和兔急性经皮LD_{50}大于2 000mg/kg，大鼠急性吸入LC_{50}大于5mg/L。对皮肤和眼睛没有刺激性，对皮肤有轻微致敏作用。

［制剂］5%锐劲特悬浮剂，0.3%锐劲特颗粒剂，0.4%锐劲特超低量喷雾剂。

［作用特点］锐劲特是最新开发研制的苯基吡唑类新型杀虫剂，广泛应用于水稻、蔬菜、水果、甘蔗、玉米等作物害虫及蟑螂、白蚁等非农业害虫的防治。该药剂具有结构新颖，作用机制独特、广谱高效、持效期长、刺激作物生长等特点和功效。

锐劲特是一种苯基吡唑类杀虫剂，杀虫广谱，对害虫以胃毒作用为主，兼有触杀和一定的内吸作用，其杀虫机制在于阻碍昆虫γ-氨基丁酸控制的氯化物代谢，因此，对蝗虫有很高的杀虫活性，对作物无药害，持效期长。使用此药剂防治蝗虫时主要采取叶面喷雾的方式，可以用于飞机防治也可用于背负式手压喷雾器、泰山-18型机动喷雾器或大型喷雾机进行喷雾防治。

［用法与效果］用于飞机防治时一般用量为30～60mL/hm²，药后3天防效可达90%以上，药后7天可达98%以上，持效期30天以上。用于背负式手压喷雾器、泰山-18型机动喷雾器或大型喷雾机进行喷雾防治时，每亩用5%锐劲特悬浮剂30～40mL，对水稀释1 000～1 500倍液均匀喷雾，喷雾时要全面，使药液喷到植株的各部位。施药后3天防效可达85%以上，药后7天防效可达98%，持效期可达25～35天。

［中毒解救］对动物的中毒试验发现，锐劲特中毒的典型症状表现为神经系统的超兴奋，多动、亢奋、颤抖，更为严重时出现昏迷、抽搐。如误食，需催吐，并立即就医。至

今尚未发现有专门的解毒剂，苯巴比妥类药物可缓解中毒症状。

[注意事项] ①锐劲特对虾、蟹、蜜蜂高毒，饲养上述动物的地区应谨慎使用。②施药时应配戴口罩、手套等，严禁吸烟和饮食。③避免药物与皮肤和眼睛直接接触，一旦接触，应用大量清水冲洗。④施药后要用肥皂洗净全身，并将作业服等保护用具用强碱性洗涤液洗净。⑤如发生误食，需催吐并携此标签尽快求医，苯巴比妥类药物可缓解中毒症状。⑥本剂应以原包装妥善保管在干燥阴凉处，远离食品和饲料，并放于儿童触及不到的地方。⑦请严格按标签要求使用本品。

4. 复配药剂

复配药剂就是将两种或两种以上的药剂混合后使用，一般复配药剂都是将两种杀虫机理不同或杀虫谱不同的非同类药剂混合。其优点主要有：

扩大杀虫谱。由于是不同类的药剂混合，其中各药剂的杀虫谱合并，这样就是复配药剂可以同时对其中各种药剂的防治对象产生作用。

加强对害虫的杀灭作用。由于一般复配药剂中各成分的杀虫机理不同所以，复配药剂有两种以上的杀虫途径，增强了对害虫的杀灭作用。一般表现为以下两种作用：①加合作用。复配混用农药对同一种生物的毒力与组成该混剂的各种药剂单用的毒力之和相等时的联合作用就属于加合作用。如西维因和灭杀威1∶1复配混剂，对抗性黑尾叶蝉就是一个典型的例子。一般来说，化学结构相似，作用机制相同的农药复配在一起，多数表现出加合作用。由于速效性、残留活性、杀卵活性、生物活性谱以及价格等方面的差异，某些药剂复配在一起后，毒力测定结果虽然表现加合作用，但能在这些性能上取长补短，是有实用价值的。如西维因—速灭粉剂，杀螨酯—杀螨醇可湿性粉剂等。②增效或增毒作用。混合药剂对同一种生物的毒力比组成该混剂各药剂单剂的毒力之和大时，其联合作用就属增效作用，这种增效作用随配比的改变而变化。例如，苯硫磷、稻瘟净等对分解马拉硫磷的羧酸酯有很高的抑制作用，使之对生物的毒性得以加强。

增强杀虫的速效性和持效性。复配药剂一般采取两种作用互补的农药品种，比如：一种速效性好的农药和一种持效性好的农药复配，这样就使复配药剂兼具速效性和持效性。

抑制害虫抗药性的产生和增长。由于复配药剂中的各种成分杀虫机理不同，这样就可以有效抑制害虫抗药性的产生和快速增长。

（1）敌百虫·马拉硫磷

[制剂] 4%敌·马粉剂、25%敌·马乳油

[作用与特点] 敌百虫和马拉硫磷混合可以产生增毒作用，提高杀虫毒力。同时如果按照敌百虫∶马拉硫磷＝2∶1的比例混合，其混合制剂对高等动物低毒，使用安全。对蝗虫有极强的触杀、胃毒作用，具有击倒力强、持效期长等特点。敌·马粉剂在使用中对施药人员的伤害小，但在环境中的量大，易随风力漂移，造成周围地块污染，所以现在已经很少使用。

[用法与效果] 25%敌·马乳油可用于背负式手压喷雾器、泰山-18型机动喷雾器或大型喷雾机进行喷雾防治，每公顷用25%敌马乳油2 250～3 000mL对水稀释800～1 000倍液，也可每公顷用4%敌马粉剂30kg，喷粉防治。

[注意事项] ①收获前7天慎用，高粱禁用。②如不慎中毒，可按有机磷解毒。③长期低温贮存有结晶，不影响药效。④不能与碱性农药混用。

（2）氯氰菊酯·辛硫磷

［制剂］25%氯·辛乳油

［商品名］星科

［作用与特点］

（1）解抗功能强。本品是由主要成分和几种解抗剂，增效剂复配而成，具有高解抗功能，能有效抑制蝗虫抗药性的产生和增长。

（2）杀蝗速效性好。本药剂是有机磷·拟除虫菊酯的合理组合，既具备了菊酯、辛硫磷快速击倒的优点，又避免了菊酯杀虫的复苏现象，真正实现了快速杀虫的目标。

（3）具有很高的胃毒杀虫性，对于喷施时未接触药剂的蝗虫也有很高的后续杀灭作用。

（4）安全性好。由于属中等毒性，对人畜比较安全。在使用过程中，尚未出现过生产性中毒事故。

（5）低残留，药效持续期短。由于本品杀虫作用活性高，持效期短，一般药效期 2 ~ 3 天，因此在作物上的残留较低。据有关单位测定：在茶叶上使用了 3 ~ 4 天后可降到规定残留标准以下；在蔬菜上，4 ~ 5 天后即可食用。

（6）杀虫谱较广。本品对棉花、小麦、水稻、大豆、蔬菜、麻等作物上的害虫都有较强的杀灭作用，可以在防治蝗虫的同时兼治其他害虫。

［用法与效果］可用于背负式手压喷雾器、泰山-18 型机动喷雾器或大型喷雾机进行喷雾防治。每亩用量为 300 ~ 375g/hm^2，一般对水稀释 1 000 ~ 1 500 倍喷施。在施药 3 天后防效可达 95% 以上，持效期小于 7 天。

三、仿生农药

仿生农药具有的优点：

①对病虫害防治效果好，对人畜安全无毒，不污染环境，无残留；②对病虫的杀伤特异性强，不伤害天敌和有益生物，能保持生态自然平衡；③生产原料和有效成分属天然产物，它可回归自然，保证可持续发展；④可用生物技术和基因工程的方法对微生物进行改造，不断提高性能和质量；⑤多种因素和成分发挥作用，害虫和病原菌难以产生抗药性。

（一）几丁质合成抑制剂类农药

除虫脲、灭幼脲等功能特性生长调节剂，可抑制昆虫几丁质合成，使害虫发生蜕皮障碍而死亡，对人、畜、益虫和鸟类无害，属绿色无公害农药。灭幼脲又称抗蜕皮激素，它能对害虫真皮细胞几丁质合成酶起抑止作用，使旧表皮蜕除受阻破裂而死亡。杀虫机理独特，完全无毒无公害。经过创新后的灭幼脲乳油系列产品，在保持了"灭幼脲"特殊杀虫机理的基础上，更具备如下特点：①广谱，可分别防治水稻、棉花和瓜果蔬菜中的主要害虫。②持效期长，本产品属兼有拒食，驱避，内吸，触杀，胃毒作用的激素类农药。因此，喷药后随时间的延长，杀虫效果还会提高。③超低毒。

除虫脲

［通用名］diflubenzuron

［别名］敌灭灵、伏虫脲、氟虫脲、灭幼脲一号、二福隆

［其他英文名］Dimilin，difluron，DU112307，PH60-40，PDD60-40-I、TH6040

［化学名称］1-（4-氯苯基）-3-（2，6-二氟苯甲酸基）脲

［理化性质］纯品为白色结晶，原药为白色至浅黄色结晶粉末。易溶于极性溶剂。对光、热较稳定，遇碱易分解，常温贮存稳定期至少 2 年。20%除虫脲悬浮剂外观为白色可流动液体。

［毒性］低毒。在试验条件下未见致突变、致畸、致癌作用，对蜜蜂、鱼、鸟类低毒。

［制剂］20%除虫脲悬浮剂

［作用与特点］除虫脲是苯甲酸基苯基脲类杀虫剂，主要是胃毒及触杀作用。抑制昆虫几丁质合成，幼虫蜕皮时不能形成新表皮，导致虫体畸形死亡。对鳞翅目幼虫特效，对鞘翅目、双翅目多种害虫也有效。在使用剂量内对天敌及作物安全。该药虽杀虫作用迟缓，但综合作用好，对有益生物、天敌等无明显不良影响，适用于综合防治。

［用法与效果］20%除虫脲悬浮剂现主要用于背负式手压喷雾器、泰山-18 型机动喷雾器或大型喷雾机进行喷雾防治，使用时对水稀释 1 000 ~ 1 500 倍液，均匀喷雾 75 ~ 150mL/hm²。一般在施药后 2 ~ 3 天才有明显的杀虫效果，药后 3 天防效可以达到 65% 左右，药后 7 天可以达到85%以上，药后 14 天可以达到95%，持效期可达 45 天以上。可与拟除虫菊酯类农药或其他触杀效果好的杀虫剂混用，以提高它的速效性。

［注意事项］①喷药应均匀周到，宜早期喷施。不得与碱性物质混用。②贮存于阴凉、干燥处。③使用除虫剂应遵守一般农药使用安全操作规程。避免眼睛和皮肤接触药液，避免吸入该药或误食。如发生中毒，可对症治疗，无特殊解毒剂。

（二）植物农药

植物农药就是从植物中提取的具有杀虫作用的物质，它是植物有机体的全部或一部分，它可以含有多种有机物质，其中有一种或多种有机物具有杀虫效果，其杀虫效果的优劣取决于其中有效成分的含量。因其产品杀虫效果受原材料质量、原材料产地、提取加工工艺等的影响较大，所以，相同浓度的同种产品杀虫效果也相差很大。虽然其用于蝗虫防治有诸多不便利的因素，但植物农药具有易降解，无残留，对环境、天敌影响小等优点。植物农药在蝗虫防治工作中正在逐步推广使用。

苦参碱

［别名］苦参素

［英文名］Matrine

［作用与特点］苦参碱是植物源生物碱杀虫剂，是由植物苦参的根、果提取制成的生物碱制剂，对害虫有触杀和胃毒作用，其杀虫机理是使害虫神经中枢麻痹，从而使虫体蛋白质凝固、气孔堵塞，最后因窒息而死。药效速度较慢，施药后 3 天药效才开始明显增高。苦参碱杀虫广谱，害虫对其几乎无抗药性，与其他农药无交互抗性，对因使用其他农药已产生抗性害虫防治有特效。苦参碱在环境中易分解，无残留。苦参碱对人畜毒性低。

［制剂］0.2%、0.3%苦参碱水剂

［用法与效果］0.2%、0.3%苦参碱水剂都只用于背负式手压喷雾器、泰山-18 型机动喷雾器或大型喷雾机进行喷雾防治，每公顷用 2% 水剂 50 ~ 75mL 加水 50 ~ 70L（稀释成 1 000 ~ 1 500 倍液喷雾），施药后 3 天防效可达68%以上，药后 7 天可达到 90% 左右，持效期可达 15 天。

［注意事项］避光保存，不宜与碱性农药混用。

四、施药技术

（一）喷粉

粉剂曾是我国产量最大的农药制剂，曾经占我国农药制剂总量的75%，主要是六六六、滴滴涕粉剂。这两种农药粉剂也是20世纪80年代以前我国防蝗的主打药剂，1983年这两种药剂停止生产后，敌·马粉就成为防蝗中使用的主要粉剂。

1. 优点

粉剂的优点如下。

（1）加工简单造价低　由于粉剂的加工工艺比较简单，而且原材料成本较低，所以产品造价低，对于全国防蝗这么浩大的工作，可以节省不少的投入。

（2）分散性好　由于粉剂是微小颗粒，可以借助风力扩散，可以达到较高的防治效果。

（3）使用简便　粉剂可以直接加入喷粉机直接喷施，不受水源限制，无须对水、搅拌等，只须喷施均匀即可达到预期的防治效果。

（4）沉积量高　较耐雨水冲刷，持效期长。

（5）工作效率高　一般背负式人力喷雾器每人每日防治面积在2～3亩，而手摇喷粉机可以达到20～30亩。

2. 影响因素

喷粉防效的高低很大程度上取决于药粉在作物上的附着量、均匀程度和附着时间的长短。影响喷粉防效的主要因素如下。

（1）粉剂的分散度　所谓分散度就是药剂被分散的程度，分散度高可以增加药剂的覆盖面积，增加药剂在处理表面上的附着性，提高药剂的杀虫稳定性，提高药剂颗粒的表面活性。防蝗中使用的敌马粉一般颗粒直径在$74\mu m$左右，这样既可以保证敌马粉有较高的分散度，又利于贮存、使用（分散度太高，粉剂容易结块失效）。

（2）喷施器械　现在的喷粉防治中主要使用背负式机动喷雾喷粉机（以下简称背负机）是采用气流输粉、气压输液、气力喷雾原理，由汽油机驱动的机动植保机具。早在20世纪60年代中期，我国有少数植保机械生产企业参考日本样机，开始自行研制生产我国第一代背负机-WFB-18AC型背负机，后对WFB-18AC型背负机的风机结构和材质加以改进，减小结构尺寸，减轻整机重量，提高耐腐性能。背负机由于具有操纵轻便、灵活、生产效率高等特点，它不受地理条件限制，在山区、丘陵地区及零散地块上都很适用。目前我国产背负机品种有WFB-18AC型背负机、蜻蜓牌3MF-26型背负机、泰山牌3WF-3型背负机、泰山牌3WF-2.6型背负机。

（3）环境因素影响　喷粉防治是有风和上升的气流对喷粉质量影响很大。一般当风力超过$1m/s$时就不适宜喷粉。喷粉时有露水利于提高附着药量，但为不使喷粉口受潮影响出粉量，操作时需不接触作物，加大了操作难度。

虽然喷粉防治有诸多的优点，但是也存在着许多现在尚无法解决的弊端。首先，其漂移性强，防治效果不稳定；其次，粉剂不易附着在作物表面和害虫体表，对蝗虫的防治效果不如喷雾防治的药剂效果好；再次，要同等防治效果粉剂的使用量要远远大于喷雾防治的可湿性粉剂、乳油等药剂;最后,正是由于其漂移性强、用量大,对防治区域及周边环境污染很大。在现在的蝗虫防治工作中已不提倡喷粉防治了。

(二) 喷雾

喷雾法是将药液直接黏附在植物或虫体上的一种施药方法。这种方法与喷粉比较有不易被风吹和雨淋散失、药效期长等优点,一般比喷粉防治效果好。不足之处是大容量喷雾需要一定的水源,工作效率低于喷粉,在干旱地区和山区使用较费工。喷雾法常用可湿性粉剂、乳油、乳剂、胶悬剂、水剂、可溶性粉剂、乳粉等农药。将农药对水稀释到一定浓度后,用喷雾器将稀释液均匀地喷洒在植物体或防治对象表面上,来防治有害生物。

1. 大容量喷雾法

大容量喷雾法即常规喷雾法,喷出的雾滴较大。一般直径 $200 \sim 300\mu m$,是目前使用较普遍的方法。地面专业队防治和农民自治中一般使用此种方法。按使用的动力来分有手动喷雾法、机动喷雾法和航空喷雾法(现很少使用)等,手动喷雾和机动喷雾时一般每公顷用药液(稀释后)$150 \sim 7~500$kg。大容量喷雾一般使叶面充分湿润,但不使药液从叶面上流下来为度。使用时喷雾器喷头不能靠近作物,以防药液流失,一般离开喷洒对象 50cm 左右,采用喷头由下向上逐渐喷洒的方法施药,并在喷到最下方时上翻喷头,以便使药液喷到叶背面,以提高用药效果。喷雾时,不是一定要喷到药液从植株上流下来效果才好。其实,当植株上药液达到流淌程度时,药剂的叶面保留量反倒比流失前大大减少了。农药的叶面沉积量,在一定条件下只与农药的浓度成正比,而与喷洒量无关。同时喷雾还要注意蝗虫在作物上的主要为害部位,这样喷药就能做到有的放矢。田间喷雾时,以退行喷雾为好,一可避免因行间较窄,施药人员皮肤接触农药产生中毒;二可减少施药人员从喷过农药的作物中穿过,使药液撞落到地面,影响施药效果。

2. 低容量喷雾法

低容量喷雾法是指一般每公顷用药液量在 150kg 以下的喷雾方法,其主要优点如下。

(1) 用药量少 大容量喷雾每亩用药液量 $30 \sim 50$kg,高者可达 100kg,对水倍数高,喷药液量大,易流失。低容量喷雾每亩用药液量多在 $5 \sim 9$kg,对水倍数低,用药量少,不易流失,一般比大容量喷雾节省农药 $20\% \sim 30\%$,而药效并不减。

(2) 黏着性强、喷洒面积大 低容量喷雾喷出的雾滴可随风分散飘移、穿透,沉积在比较远的作物上,且雾滴小、药液量小,不会结成水滴滚落地下,附着性好。在无风的条件下,有效喷幅在 1.5m 以上,比大容量喷雾宽。

(3) 效率高 大容量喷雾一般日工效为 $2 \sim 3$ 亩,而低容量喷雾可达 $20 \sim 30$ 亩。

低容量喷雾的方法一般有两种:一种是针对性喷雾法,就是把蝗虫为害的作物或蝗虫虫体作为目标,将药液直接喷向作物或虫体;另一种是飘移性喷雾法,就是喷头既不指向蝗虫为害的作物也不指向蝗虫虫体,而是指向空中,喷出的药液雾滴借助于风力和药滴本身的重力,飘移、分散并沉降在作物或蝗虫虫体上。

低容量喷雾法使用的喷雾器械一般是经过改装的普通手压式喷雾器,只需铜喷头片,改装成 0.7mm 的不锈钢小喷头片即可。喷出的雾滴直径 $175 \sim 275\mu m$,亩用药液量 $5 \sim 9$kg。低容量喷雾比大容量喷雾省工、省药、效果好、成本低。

低容量喷雾使用方法。低容量喷雾使用的药剂品种、剂型和稀释浓度与大容量喷雾相同。在田间进行低容量喷雾,是按照有效喷幅,从上风开始一幅一幅地依次喷药的,有效喷幅的喷洒质量，除受风速影响外，还要受药液用量、喷头高度、行走速度、作物植株高低等影响。

低容量喷雾一般在无风的条件下，有效喷幅为 0.75m；在微风的条件下，有效喷幅为 1.5m 以上。喷雾前应先根据风向确定喷洒方向、走向及作业路线，喷头孔向要与风向一致，如有偏斜，不能大于 45 度，喷头离作物顶端一般为 0.5～1m。当第一喷幅结束后，关上开关。再顺风向开始喷洒第二个喷幅，依次类推，喷幅顺序方向应从下风的地方开始，逐幅进行，以避免人体粘药。其作业方法如下示意图。

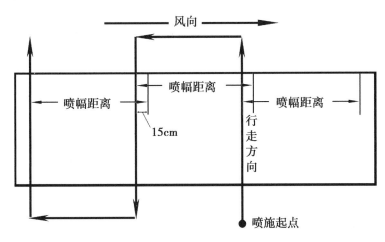

图　作业方法

一般喷雾的行走速度用下面的公式计算：

行走速度（m/s）＝喷头流量（mL/s）×10 000/ {需用药液量（mL/hm^2）×有效喷幅（m）}

在进行低容量喷雾时还须注意：① 喷药前要将药液用细纱网过滤。防止杂质堵塞喷孔。② 喷雾要随时根据风向和风速变化做出相应的调整。③喷洒时喷头高度、行走速度、喷洒手压次数应尽量保持不变，保证喷洒的药液分布均匀、一致。

3. 超低量喷雾

超低容量喷雾法就是药液使用量低于 7.5kg/hm^2。这种方法是利用特别高效的喷雾机械，将极少量的药液雾化成直径 50～100μm 小雾滴，一般每公顷喷药液在 6L 以下。超低容量喷雾也属于飘移性喷雾法，是 60 年代发展起来的一项新的喷雾技术，其田间操作与低容量喷雾法基本相同，但由于它比低容量喷雾更节省人力物力、施药工效高、防治病虫害效果好。目前用于超低容量的喷雾器械有两种：一种是手持电动超低量喷雾器，如国产 JDP-A 型多功能超低容量喷雾器，具有上、下、左、右喷雾的特点，用普通 1 号干电池 3 节，1 人操作，每小时可喷 3～5 亩。一种是背负式机动超低容量喷雾器，如东方红-18 型、JDP-3 型等。

供超低容量喷雾的药剂一般是含农药 20%～30% 的乳油，如 25% 辛硫磷油剂、75% 马拉硫磷乳油、5% 高效氯氰菊酯乳油、45% 毒死蜱超低量油剂等。使用时不需加水，直接将制剂喷在作物上，每公顷用药液 1.5～3L。喷头一般距作物顶端 0.5～1m。喷出的细雾在风的作用下飘移、逐渐降落，并积累在作物表面上。一般地面上风速为 0.5～4.0m/s

时，机动喷雾器的有效喷幅可达 5～20m。由于制剂所含农药的浓度较高，对害虫的杀伤力也较强，因而防治效果也较好。与大容量喷雾法相比，节省农药 30% 以上，节省费用 30%～50%。并可省去挑水、配药等繁重体力劳动。

在使用超低量喷雾防治前，应检查机器喷雾器零部件是否齐全，安装是否正确，各连接部分是否牢固可靠，转笼转动是否灵活自如；往发动机内加入汽油和机油配成的混合油时，应先向药液箱内加清水试喷，并观察药液箱及药液流过的管路有无漏液，转笼喷出的雾滴是否正常；在使用前，还要根据防治对象，在专业技术人员的指导下选择药剂种类和剂型，要以适合超低量喷雾为准。喷洒的药量可用节流阀控制。使用中的操作喷洒农药时，须待机器各部件运行正常后，操作人员先行走，再打开输液开关，同时要始终保持步行速度一致，停止喷药时，要先关闭输液开关，然后方可关机；喷药时，要注意当时风向，应从下风向开始，喷雾方向要尽量与自然风向一致，不允许逆风喷药（同低量喷雾相似）；田间喷雾时应用侧喷技术，喷管喷口不能对着作物，但对作物要有一定角度，角度大小要视自然风速大小来定，其原则是风速大时，角度要大，风速小时，角度要小；喷药时间不宜选择在炎热的中午进行，自然风大于 3 级时，不应施行超低量喷雾；在仓库、温室等处喷药时喷雾时间不要过长，以防止人员发生药物中毒；当喷洒的药液进入转笼的轴承部分时，应将轴承取下，用煤油或汽油清洗，在轴承室内按说明书的要求加入适量的二硫化钼固体润滑剂或钙基润滑脂润滑，然后再装上转笼；在喷药时，喷头雾化器的转笼不要触碰作物，以防止转笼损坏；加入药液箱的药液不要过满，以防溢出，若有溢出，应立即清洗干净。每次使用后，要将药液箱、输液管内的剩余药液放出，将全机擦拭干净；喷雾作业结束后，在收藏保管前，除将油箱、药液箱内的残余油液倒干净外，还要全面清洗，金属件要涂抹防锈油，然后保存在通风阴凉干燥处。

（三）撒毒饵

撒毒饵杀蝗法是将农药同蝗虫喜食的饵料均匀混拌，将混合物撒在它们经常活动的场所，引诱其前来取食使其中毒死亡。制作毒饵所使用的农药一般为胃毒作用强的农药，尽量避免使用有驱避作用、见光易分解、持效期太短的农药。用药量依药种而定，一般为干饵料量的 0.1%～2%。20 世纪 80 年代以前在毒饵防蝗中主要使用六六六，1947 年，南京中央农业实验所的邱式邦同志，研究出采用六六六毒饵治蝗的方法，并首创了六六六粉剂治蝗的技术。毒饵以 100kg 饵料加 50g 六六六（有效成分），加水 100～150kg 混拌而成，饵料中以麦麸、谷糠制成的毒饵效果最好。每公顷施用量为 15～23kg 干饵料。根据计算，当时防治 1hm² 地蝗虫危害面积用的六六六粉剂量，如配制毒饵可以用于 6hm² 地的面积，而且所花的劳力和经费可省一半。1952 年河北、山东等省 21 个县用毒饵治蝗的面积达 5.33 万 hm²，规模之大，在我国治蝗史上尚属首次。1953 年毒饵治蝗进一步扩大到 5 省，面积达 6.67 万 hm²，占当时药剂治蝗总面积的 43%。毒饵的推广不仅缓解了当时药剂不足的问题，也为防治多种土蝗提供了有效的措施。但由于六六六在动物体内有很强的蓄积作用，我国在 1983 年停止生产，同时由于乳油、可湿性粉剂等农药的大量生产和普及使用，防治蝗虫的主要方法向喷雾过渡。河北省在毒饵防蝗中主要使用敌·马乳油，具体方法是在麦麸、谷糠中加入切成 0.5cm 左右小段的稗草、芦苇或其他蝗虫喜食杂草（以节约成本），再按照饵料：马拉硫磷（有效成分）＝100：1 的比例混合，再加水混拌均匀，每公顷施用干毒饵 15～20kg。因为敌·马乳油对阳光和高温敏感，所以，在夏蝗防治中一般在傍晚施药，在秋蝗防治中早晨和傍晚都可施药。虽然使用敌·马乳油毒饵防蝗成本低，工效高，但由于受剂型和药剂本身性质的影响见效慢、持效期短、防治效果不理想，对于东亚飞蝗应急防治要求相差较大，现今毒饵灭蝗主要应用在土蝗防治中。

（四）飞机施药

我国的飞机施药灭蝗要追溯到 20 世纪 50 年代。1951 年，正值抗美援朝战争，经朱德同志批准，人民空军出动 5 架飞机，协助河北、安徽、湖北等省灭蝗，同时《人民日报》刊登出消息——中国采用飞机喷洒六六六在黄骅治蝗，自此揭开了我国、河北省飞机施药灭蝗的新篇章。虽然我们可以用飞机喷洒六六六治蝗，但是当时只是面积不大的试验性飞防，由于国产六六六尚在试产阶段、喷药器械不足，难以满足大量需要，所以，当时普遍采用的是六六六毒饵治蝗法，这种方法比喷药粉省药、经济，简单易行。

50 年代中后期，随着国产六六六、滴滴涕等有机氯类农药的大量生产，飞机施药在防蝗中广泛使用。这些药剂不但见效快，而且药效持续时间长，对蝗虫有持续的杀伤力。1983 年六六六在我国禁用，飞机灭蝗代之以马拉硫磷等有机磷杀虫剂为主。飞机施药成为我国防蝗的有力手段。近年来，飞机施药中已开发使用新型药剂——锐劲特，使飞机施药的单架次防治面积和效果大大增加。

我国飞机防蝗中普遍使用的是"运-5"飞机的改装机型，"运-5"运输机是我国第一种自行制造的运输机，1957 年 12 月 23 日获批准在前苏联专家和图纸的指导下成批生产，其原型为原苏联 40 年代设计的安-2 运输机。

其翼展：18.176m，机长：12.688m，机高：5.35m，最大起飞重量：5 250kg，最大载重：1 500kg，最大速度：256km/h，航程：845km，有效载荷：1 500kg，最大起飞重量：5 250kg，巡航速度：160km/h，升限：4 500m，爬升率：2m/s，起飞距离：180m，着陆距离：157m。

尽管"运-5"服役已有 40 年之久，但它飞行稳定、运行费用低廉，至今仍是中国最常见的运输机。"运-5"的另一个优点就是它可以以非常低的速度稳定飞行，且起飞距离仅仅为170m，十分适用于农业飞机施药防治病虫害。在飞机防蝗中运-5 飞机大部分配备超低容量喷雾设备，药液雾化雾滴直径在 50～100μm。无风或微风条件下喷幅为 100～120m。由于改装飞机的储药箱容量不同，各种改装机型农药加注量不一致，一般在 400～600kg。运-5 飞机飞防一架次如使用马拉硫磷可防治 5 000 亩，作业时间在 40～60min；如使用锐劲特可防治 7 000 亩，作业时间 60～80min。防治效果都在 95% 以上。

飞机施药防治飞蝗是飞蝗大发生年份十分理想的防治手段，飞机施药相对于其他施药方式具有以下优点：

1. 速度快

由于运-5 飞机的飞行速度比汽车行驶快将近 4 倍，所以，飞机防蝗比专业队防蝗反应速度要快得多，对于控制东亚飞蝗这种暴发性害虫极为有利。尤其是在河北省这样的平原地带，运-5 飞机的起降、飞行、作业都十分方便，大大降低了蝗虫成灾的可能性。

2. 工效高

一架运-5 飞机每次装 75% 马拉硫磷油剂 500kg，作业飞行 40～60min，防治面积可达5 000 亩，相当于人工常量喷雾速度的 4 000～8 000 倍。

3. 防效好

现代飞防中普遍采用超低容量喷雾，药液雾化程度高，雾滴小而均匀，药剂分散度高，对蝗虫的覆盖和杀灭作用高，75%马拉硫磷在施药3天后防治效果可达95%以上。

4. 用药少

由于现在飞机施药普遍采用低容量或超低容量喷雾，药剂使用量大大减少，飞机防治用马拉硫磷原油975~1 125mL/hm²，可节省30%以上的用量。

5. 污染小

由于飞防采用超低容量喷雾，药剂使用量少，而且大部分药液都附着在地面植物上，进入土壤的药液量更少，所以残留低，对环境的污染也相对较小。

五、卫星定位导航技术

（一）GPS 导航

卫星定位导航技术也称为GPS导航。GPS是英文Global Positioning System的缩写，其含义是全球卫星定位系统。当初，设计GPS系统的主要目的是用于导航，收集情报等军事目的。但是，后来的应用开发表明，GPS系统不仅能够达到上述目的，而且用GPS卫星发来的导航定位信号能够进行厘米级甚至毫米级精度的静态相对定位，米级至亚米级精度的动态定位，亚米级至厘米级精度的速度测量和毫微秒级精度的时间测量。因此，GPS系统展现了极其广泛的用途。我们现在使用的GPS系统是由美国研制，采用时间测距卫星导航方式的第二代卫星全球定位导航系统。GPS系统由21颗工作星和3颗备份星组成，1978年起陆续升空，1994年全部建成，从而使全球性、全天候、连续的精密三维导航与定位变为现实，被誉为是继阿波罗登月和航天飞机之后的又一重大航天科技成就。使用时用户先用GPS接收机测量天上4颗卫星发来信号的传播时间，然后自动完成一组包括4个方程式的模型数字运算，得出用户位置的三维坐标、速度和时间信息，一次定位仅用几秒到几十秒，定位精度优于10m，测速精度优于0.1m/s，计时精度优于10ms。GPS是当代最好的导航设备。

我们现配备的GPS接收机为Magellan GPS315，其体积小、重量轻、使用方便，但定位精度不高，误差在-30~+30m之间，这样的精度可以满足蝗虫防治的需要。GPS的出现使我们的蝗虫防治工作发生了重大的转变。GPS应用于防蝗飞机导航定量施药作业，是将GPS技术应用于植保机械作业过程中的蝗区定位、导航（航空喷雾）、导向（地面施药）和定位，以前飞机在进行超低空作业时，信号队员要手举红旗，站成50~150m的间距排成一线为其导航，每飞一趟，队员们就要快速前移，站位继续导航。由于信号队员行进速度不一致造成导航红旗不成一线，致使飞机无法正常准确作业。GPS的应用大大提高药液雾滴的中靶率；避免重喷、漏喷、误喷；减少农药对环境的污染。现代飞机防蝗工作利用GPS合理地布设航线、准确地引导飞机、精准地施药，大大节省飞机作业的费用，据统计，可降低成本约50%。具体优点有：

1. 降低飞防成本

使用GPS定位蝗虫发生区后，无须组织飞防地面信号队。据统计，以前飞防每平方公里蝗区需组织信号队20人，费用近400元。平均每年全国需防治蝗区面积在7万km²左右，使用GPS定位蝗虫发生区、GPS定位飞防后，仅组织信号队费用就可节约300万元。

2. 提高应急反应速度

由于 GPS 定位蝗虫发生区比较简单、易行，在定位后飞机可随时起飞防治，不受地面信号组织、指挥等因素影响，可有效提高应急反应速度，避免贻误战机。

3. 提高施药精度

GPS 的定位数据客观表示出蝗区的地理位置，飞机使用 GPS 定位防治后，避免了人工地面指挥出现的信号员走位不准确，信号队平移不整齐等原因造成的飞机飞行路线不准确，提高施药准确性。

4. 减少施药量，提高飞防工效

通过 GPS 导航飞防，可预先设定飞防路线，依据风向风速等气象条件确定喷幅宽度，事先设计合理喷雾路线，有效避免信号队指挥走位不准确造成的重复防治和漏飞漏防等问题，提高飞防工作效率。

GPS 在现代防蝗工作中的具体应用：

5. 替代飞防信号队，避免工作人员中毒

（二）非 GPS 应用

没有 GPS 应用时，飞机在进行超低空作业时，信号队员要手举红旗，导航飞行施药路线，防治完一条后还要快速前移，站位继续导航。施药飞机作业时均采取超低空飞行，药剂会直接喷洒到队员身体上，易发生人员中毒，应用 GPS 后，无须信号队导航，避免了工作人员中毒。

1. 发生区、飞防区定位

使用 GPS 的卫星定位功能对蝗区的各拐点进行定位，定位精度可达到 ±30m，定位后的蝗区可用地图的形式表示出来。

2. 设定飞防飞机航线

将蝗虫发生区进行 GPS 定位后，数据输入飞防飞机上携带的 GPS 中，即可设计飞行航线、目的地，进行导航。

3. 施药飞机作业导航

施药前，依据风向风速等气象条件确定喷幅宽度，通过 GPS 数据处理系统在防治区域设计合理的蛇形飞行喷雾路线，再将设计方案数据输入飞机携带的 GPS，飞机可按照实现设计好的路线飞行喷雾。

河间市小麦病虫害演变情况

河间市植保站

一、小麦虫害

1. 地下害虫

小麦地下害虫主要是蝼蛄、蛴螬、金针虫。1980 年以前由于河间市盐碱地较多，蝼蛄是影响小麦生产的主要地下害虫，1980 年以后随着联产责任制的实行及农田改造，河间盐碱地得到较大改善，地下害虫得到有效治理，为害逐步下降，虽然农民依然还有麦播期拌种的良好习惯，但因地下害虫造成缺苗断垄的现象十分少见。

2. 小麦地上部害虫演变

1980 年前后小麦害虫主要是黏虫、麦叶蜂、麦蜘蛛。生产上防治使用滴滴涕和 1605，控制黏虫和麦叶蜂的危害。红蜘蛛主要使用乐果防治。

1990 年以后小麦穗蚜、麦蜘蛛为主要害虫。1990～1993 年棉铃虫暴发，麦田遭受棉铃虫为害，1993 年麦田每平方米有棉铃虫平均 13 头。之后麦田棉铃虫逐年下降，基本在为害指标以内。棉铃虫由于复配药剂的使用控制了棉铃虫危害。

2009 年河间市西部几个乡镇遭受小麦吸浆虫为害，发生吸浆虫的乡镇有果子洼乡、北石槽、卧佛堂、兴村、郭村、西村、留古寺等几个西部乡镇。

现阶段麦田发生的害虫主要是小麦蚜虫、吸浆虫、红蜘蛛、麦叶蜂等。

二、小麦病害

1980 年前后，小麦病害主要有散黑穗病、条锈病、叶锈病。防治散黑穗病主要是推广抗病品种和药剂拌种。

防治白粉病推广使用了 20% 的三唑酮，防治赤霉病推广使用了 50% 的多菌灵可湿性粉剂。

1990 年由于冬季雪量较大，春季雨水多小麦白粉病暴发流行，1994 年在河间市沙河桥镇发现小麦全蚀病。

2000 年后河间小麦发生的病害种类有小麦全蚀病、小麦锈病、小麦白粉病、小麦丛矮病、小麦黑穗病、纹枯病、赤霉病等。

河间市植保站的成立及变化

河间市植保站

抗日战争胜利后，河间解放，之后河间的政权始终掌握在我党和人民手中。当时河间县政府下设农建科，主管前线的农业生产工作。1953 年河间县政府正式成立河间县农林局，农林局下设生产办公室、技术股、畜牧股、农经股（农村会计辅导站），当时的农作物病虫害防治工作由技术股负责，主要任务是防治蝗虫、地下害虫（包括地老虎、蛴螬、蝼蛄）、小麦锈病、小麦黑穗病等。

1965 年 12 月河北省农林厅在保定农校举办河北省植保培训班，之后河北省决定并要求各县建立农作物病虫测报站。

1966 年春季按照省农林厅要求，经河间县农林局请示县政府批准，正式成立"河间县农业病虫害中心测报站"。站址设在当时的沙河桥公社胡官庄大队。河间县农林局决定中心测报站由刚从河北农业大学植保系毕业的陈国宝同志负责，聘用两名协助员，共三人负责河间县病虫测报站的全部工作。中心测报站下设两个病虫测报点，一是沙河桥公社胡官庄大队，二是李子口公社（后改为榆林庄公社）南李子口大队，当时配备的测报工具是每个测报点一台糖醋液诱蛾器、两个饲养笼（主要是饲养害虫）、一个取土器、一个烘干炉。主要任务是对三螟、黏虫、地老虎、蝗虫、小麦锈病等病虫害进行监测。

1966 年 12 月份，"文化大革命"开始，植保工作陷入停顿。

1968 年河间县革命委员会成立，农作物病虫中心测报站移到果子洼公社柳林大队。历时 3 年多时间。

1972 年沧州地区行署组织所辖各县在献县办学习班，学习班后根据中央、河北省关于建立县级气象站式的农作物病虫害测报站的要求，河间县农业局把测报中心站与气象站（气象站当时隶属农业局）建在河间县东八里庄大队村庄西侧，征用土地 10 亩，自此河间县植物保护检疫站正式成立。1972 年、1973 年上级分批各拨出经费 3 000 元两年共计 6 000 元，在东八里庄村西建房 16 间，并建立观测场、安装黑光灯。1974 年正式开展工作。植保站根据河间县的地理环境和作物布局在果子洼公社柳林大队、城关镇葛庄大队、龙华店公社南八里铺大队、九吉公社沈村大队、榆林庄公社南辛口大队、西诗经村公社西诗经村大队、兴村公社边庄大队、张庄大队、卧佛堂公社大朱村大队、位村公社位村大队、留古寺公社后留古寺大队、行别营公社前各庄大队、景和公社小皮屯大队、城西西三里等地建立公社大队级测报站。

1978 年农业部在辽宁丹东召开美国白蛾检疫现场会，之后河北省开办植物检疫培训班，自此植物检疫工作正式开始。

1981 年河间县开始实行联产承包责任制，并撤销公社恢复乡级体制，原有的测报点撤销，只保留柳林、东八里庄两个乡村级测报点。

1984 年河间进行体制改革，将农业局、农机局、林业局、畜牧局合并为一个机构，更名为河间县农林局，1986 年河间县林业局独立，河间县农林局更名为河间县农业局。

1987 年河间县农业局成立农业技术推广中心，在上级支持下建设农业推广中心大楼，1988 年河间植保站自东八里庄迁入中心大楼。

1991 年河间撤县改市，更名为河间市植物保护检疫站。植保站成立河间市植物医院，从事农药经营。

1998 年国务院颁布农药管理条例，河间市成立农药监督管理站，挂靠在植保站。

2004 年农业局成立农业综合执法大队，农药管理职能从植保站剥离。

2006 年河间市申报"河间农业有害生物预警与控制区域站"获农业部、河北省农业厅批准，2006 年 12 月中央投资 280 万元到位，2007 年项目招标完成，5 月预警站动工建设，2008 年 9 月综合实验楼完工，9 月底植保站由农业局办公楼迁入预警站。

南大港蝗虫发生与防控工作回顾与展望

杨长青　刘志强　刘金栋　姜中会　刘桂琴

（南大港植保站）

摘　要：南大港是河北省历史上的重点沿海蝗区，20世纪以来，每3~5年就有一次大发生，在此我们一起回顾60年来南大港的蝗虫发生与防治、蝗区改造情况，并对今后的蝗虫防治工作予以展望。

关键词：南大港；蝗虫；发生与防控；回顾与展望

南大港管理区（原国营南大港农场）地处河北省沧州市东北部，渤海西岸，北距天津100km，西距沧州49km，南距黄骅16km，东距黄骅港49km。南北长18km，东西长28.1km，总面积294km²。境内地势低洼平坦，系黑龙港流域下游冲积平原区。海拔高度为1.5~4.5km，多港淀类的泻湖洼地及河床遗迹，形成浅槽形洼地，历史上属沼泽、泊淀、苇洼地，现有宜蝗面积35.6万亩，是河北省历史上的重点沿海蝗区，9.4万亩的大港水库蝗区芦苇丛生历来就是蝗虫的原始发源地。20世纪以来，每3~5年就有一次大发生，新中国成立以来党和各级政府十分重视南大港的蝗灾防治工作。几代防蝗人呕心沥血、奉献青春，控制了一次又一次的蝗灾，为南大港的农业生产和社会稳定做出了巨大贡献，在此我们一起回顾60年来南大港的蝗虫发生与防治情况，并对今后的蝗虫防治工作予以展望。

一、历史上的南大港蝗灾记载

南大港地势低洼、土地盐碱，古代一直流传着"涝了收蛤蟆，旱了收蚂蚱，不旱不涝收碱嘎巴"的民谣。历史上曾多次记载蝗灾发生情况：

[唐] 开元二年（公元714），七月蝗。

开成元年（公元836年）草木叶皆尽。五年（公元840年），夏，螟蝗害稼。

[元] 至大三年（公元1310年），七月蝗。

[明] 万历十三年（1585年），大旱，飞蝗蔽空。崇祯十一年（公元1638年），蝗。十二年（公元1639年）秋蝗遍野，食稼尽。十三年（公元1640年）三月至秋不雨，禾苗尽枯，飞蝗遍野，木皮草根剥掘俱尽，人相食。

[清] 顺治四年（公元1647年），旱，蝗，复大水。康熙三年（公元1664年），春旱，秋蝗。光绪十三年（公元1886年），五月蝗食麦。

1935年以前某次蝗灾，蝗虫起飞，遮天蔽日，蝗虫将房檐啃秃，窗户纸都被吃光，南大港孔庄村有一婴儿因脸耳被咬破而丧命，一个死里逃生的孩子长大后被人们叫作"蚂蚱剩"。由此可见东亚飞蝗在本地的泛滥猖獗。

二、蝗虫发生情况统计

现将我站有历史资料统计的蝗虫发生与防治情况绘制成下表。

表 南大港历年蝗虫发生与防治统计表

年份	夏秋蝗发生面积合计（万亩）	夏秋蝗防治面积合计（万亩）	极端密度（头/m²）	发生程度	备注
1959	29.6	26.4	1 500	大发生	
1960	30.2	17.54	500	大发生	
1961	25.7	16.9	1 000	大发生	
1962	31.8	28.8	800	大发生	
1963	26.2	19.7	150	大发生	
1964	8.09	0.8	10	中等发生	
1965	10.49	8.3	30	中等偏重	
1966	29.54	18	100	大发生	
1967	4.94	0.85	6	轻发生	
1968	14.68	6.69	4	轻发生	
1969	13.21	1.158	15	中等发生	
1970	15.83	8.337	20	中等偏重	
1971	12.77	5.3	10	中等发生	
1972	13.24	5.56	12	中等发生	
1973	39.94	13.57	80	大发生	
1974	41.98	6.63	20	中等发生	
1975	4.43	3.45	10	中等发生	
1976	3.879	1.93	5	轻发生	
1977	10	4.01	10	中等发生	
1978	14.74	7.47	20	中等偏重	
1979	15.26	4.03	10	中等发生	
1980	28.77	10.55	120	大发生	
1981	19.7	5.1	10	中等偏重	
1982	15.96	4.33	10	中等偏重	
1983	24.34	9.2	200	大发生	
1984	24.11	5.34	20	中等发生	
1985	8.2	2.18	10	轻发生	
1986	24.65	5.25	15	中等偏重	由天津北港迁入
1987	24.9	9.9	100	大发生	
1988	18.6	5.4	10	中等发生	
1989	19	9.2	20	中等偏重	

（续表）

年份	夏秋蝗发生面积合计（万亩）	夏秋蝗防治面积合计（万亩）	极端密度（头/m²）	发生程度	备注
1990	22.1	7.5	50	中等偏重	
1991	15	10	200	中等偏重	
1992	20	15	1 000	大发生	
1993	14	6	12	中等发生	大港水库蓄水
1994	15	5	30	中等发生	大港水库蓄水
1995	16	9	360	大发生	
1996	19	7	38	中等发生	
1997	21	9.25	4.5	中等发生	
1998	25	12.8	2 000	大发生	飞防 3 万亩
1999	22	17.2	450	大发生	飞防 6 万亩
2000	30	17.8	1 900	大发生	飞防 1.5 万亩
2001	39	30	10 000	大发生	飞防 10.2 万亩
2002	56	43	8 000	大发生	飞防 14 万亩
2003	51	38	3 000	大发生	飞防 15.8 万亩
2004	42	29	50	中等发生	飞防 3.2 万亩
2005	36	20	20	中等发生	飞防 4 万亩
2006	33.8	18.8	15	中等发生	飞防 9 万亩
2007	32	16	16	中等发生	飞防 5.6 万亩
2008	32	16.8	5	中等发生	飞防 6.8 万亩
2009	30.9	14.8	4	中等发生	飞防 6.8 万亩

三、蝗虫防治工作的发展历程

自 20 世纪 50 年代初，中央农业部开始领导大规模的蝗虫防治工作。在"依靠群众，勤俭治蝗，改治并举，根除蝗害"的方针指引下，南大港农场的蝗虫防治工作在经历了人工除治、飞机除治与人工除治相结合、机械化喷粉防治、低毒农药化学防治、生物农药防治等几个阶段的发展，取得了显著的成绩。

1. 以人工为主阶段（1953 年以前）

黄骅县有组织地开展蝗虫防治工作，是从 1951 年起步的。1951 年夏蝗大发生，面积为 26 万亩，其主体部分在现在的南大港农场境内。黄骅首次成立灭蝗指挥部，领导灭蝗工作。当时除治方法大致分 4 种：①火烧，防治 10 万亩，占总面积的 38.4%；②挖沟堵截，防治 9 万亩，占总面积的 34.6%；③手摇机喷，防治 5.1 万亩，占总面积的 19.6%；④飞机除治试验，防治 1.9 万亩，占总面积的 7.4%。1951 年政务院决定在南大港蝗区飞防，农业部杨显东副部长、农业部首席苏联专家卢森科等 1951 年 6 月 13 日来到我蝗区孔庄村，动员一千余人修建的临时机场，组织进行了新中国历史上的第一次飞机灭蝗，并取得了成功，被称之为"新中国的创举"（原载《科学通报》1952 年第 2 卷第 8 期）。1952

年夏蝗仍然大发生，防治方法除减少飞机除治、增加毒饵诱杀外，大致和上年相同。这是蝗虫除治的第一阶段。

2. 飞机除治与人工除治相结合阶段（1953～1969年）

1953年后，中央农业部提出"以药械为主"的防蝗方针，基本上淘汰"捕捉"、"挖沟"、"火烧"等原始方法。大片蝗蝻飞机除治，零星发生的小片用手摇喷粉机消灭。当时使用的是运-5型飞机，喷施农药是六六六粉剂，在当时因此项灭蝗措施见效快、持效期长，在防蝗中被广泛应用为控制蝗灾。1957年在孔庄村东建立了河北省第三蝗虫防治站。这是蝗虫除治的第二阶段。

3. 地面机械化喷粉治蝗阶段（1970年以后）

由于蝗区改造把蝗区分割、蚕食，从1970年开始，"1101"、"丰收32型"动力喷粉机代替了手摇机，地面机械化取代了空中机械化。除治蝗虫靠拖拉机携带动力喷粉机除治，这种方法比飞机除治既节省开支，又显得机动灵活，一直沿用到80年代末，这是蝗虫除治的第三阶段。据建场后统计，1959～1985年的27年中，我场共发生蝗虫4 609 942亩次，其中夏蝗2 401 399亩次，秋蝗2 208 543亩次，除治面积为2 421 872亩，其中飞机除治1 313 700亩，手摇机除治339 078亩，动力机除治768 694亩，共用农药（六六六）1 684.83t。

4. 以乳剂为主的喷雾防治阶段（1985～2004年）

自1985年我站开始使用马拉硫磷、敌·马乳油取代六六六防治东亚飞蝗，使用药械为泰山牌3WF-26型背负式喷雾机，地面防治大型机械还是以喷粉机为主，使用药剂为敌·马粉。喷粉防治时风和上升气流对喷粉质量影响很大，飘移性强，不耐雨水冲刷并且用量非常大又污染环境，逐渐被喷雾法取代。90年代以后使用药剂改为菊酯类和菊酯与有机磷复配制剂，喷雾方法有：常量喷雾和超低量喷雾。常量喷雾用一般喷头，使用药剂为乳油对水稀释喷施。超低量喷雾是用机动背负机带超低量喷头喷雾，供超低量喷雾的药剂是油剂，使用时不需加水，直接将制剂雾化喷到作物上。1995年以后飞防使用药剂以马拉硫磷为主，2001年以后我区飞机超低量喷雾使用药剂为锐劲特油剂，锐劲特的防治蝗虫长效、高效、并抗雨水冲刷，对控制蝗虫大发生起到了非常重要的作用。

5. 大型喷雾机普治与背负式挑治相结合，逐步推广使用生物农药阶段（2004年以后）

蝗灾地面应急防治站项目建设中我们最新购置了4台6HW-50型高射程喷雾机和200多台机动背负式喷雾机。6HW-50型高射程喷雾机上下转角90°，左右转角180°，有效射程40m左右，并配有红外线遥控功能，每天每台喷雾机防治蝗虫2 000亩左右。2005年6月20日，农业部副部长范小建来我区观摩地面防蝗专业队使用6HW-50型高射程喷雾机防治荒地蝗虫的现场，范小建副部长对我们因地制宜的使用6HW-50型高射程喷雾机防治蝗虫给予了充分肯定，并对我区的防蝗工作给予了高度评价。在防治工作中采取了大型弥雾机普治和背负式喷雾器挑治相结合的策略。随着"绿色植保、公共植保"理念的推出，我们逐步推广使用了对环境友好、保护天敌的生物农药来防治蝗虫，自2005年开始使用绿僵菌和微孢子虫生物防治，并采用直升机灭蝗的新方法，飞防前采用了GPS卫星定位仪，将飞防区域进行了定位，将定位数据传送飞防人员，保证飞防质量，并且不再需要地面信号队的配合，节省了人力。2005～2009年，我区生物防治面积累计达23.56万亩。

四、蝗区改造的阶段性发展

根据"改治并举，控制蝗害"的治蝗方针，几十年来我场一直秉承预防为主、综合防治的治蝗工作核心，根据不同时期的实际情况在蝗区改造方面，做了大量工作，并且取得了一定的效果。

1. 32 万亩水库蓄水时期（1957～1965 年）

南大港区域大规模的蝗区改造是在 1957 年后进行的。1957 年以前，防治蝗虫以治为主。1957 年，在人民公社建立后的水利建设高潮中黄骅县发动民工 4 万余人，历经 67 天，在我场北部苇洼区建成 32 万亩的水库，占现农场面积 20 万亩，同时进行大规模的移民垦荒，到 1965 年全场垦荒 8 万亩，并挖了廖家洼排水渠、南排河、石碑河等入海河道。南大港农场蝗虫常发面积由五十年代初的 36.65 万亩，下降为 1965 年的 16 万亩（包括农田蝗区），取得蝗区改造的显著成果。

2. 大搞农田基本建设时期（1966～1979 年）

因石油开采需要，1966 年 5 月 4 日，国务院决定，水库停止蓄水。南大港农场蝗区面积又增加为 34 万亩。这一时间的蝗区改造仍以垦荒为主。一、二、三、四分场分别深入原大港水库内，垦荒造田，改造蝗洼。1966～1979 年共垦荒地 8.5 万亩。其次，1972 年在原南大港农场水库东部新建水库一座，面积 9.5 万亩。另外，六分场在其东部修建盐厂一个。到 1979 年南大港农场蝗区面积下降为 15 万亩（包括新建水库）。这是蝗区改造的第二阶段。

3. 抓经济促效益时期（1980～1990 年）

这一时期，蝗区改造的特点是合理利用蝗区资源，注重经济效益。1980 年以后，农业种植方面，改变了单一种植粮食的经营方向，根据农场耕地含盐量高的情况，大面积推广种植抗盐碱作物——向日葵，取得明显效果；同时，大豆播种面积也显著增加。1984～1985 年全场建养虾场 2 处，总面积 4 400 亩，经济效益可观。另外，还有局部区域废田养苇，使蝗区面积略有扩大。据统计，1957～1990 年，南大港农场共建新村 17 个；开垦荒地 16.5 万亩；建鱼塘、养虾场 5 650 亩；良种场、畜牧场 4 个，占地 0.3 万亩，盐场一个，面积 0.8 万亩，工厂 45 个，占地 2.4 万亩，果园 6 个，造林 3 000 亩。开挖河道三条，骨干渠道 32 条，占地 2 万余亩，并两次修建水库，均取得良好的经济效益或社会效益。通过蝗虫的连年除治和蝗区的不断改造，东亚飞蝗在南大港农场发生程度有所减轻。1963 年以前，每年夏、秋蝗共发生面积在 30 万亩以上，密度也在每方丈 50 头以上；1963 年以后，蝗虫发生密度明显下降，每方丈一般在 5～10 头，而且面积也在逐年减少。

4. 产业结构调整时期（1991 年以后）

随着全国整体经济形势的转变，和发展市场经济的需要，大量农村劳动力参加工业生产，由于靠天吃饭的雨养型种植模式再加上天旱种植效益低，造成大面积土地撂荒，使得宜蝗面积又增加到 35.6 万亩。我区的荒洼、农田、夹荒地、撂荒地相间交叉分布，可以进行生态治理的面积 19 万亩。近几年，随着农业产业结构调整的进行，我区根据蝗虫连年大发生的情况，以及本区土地盐碱的状况，推广种植了适应本地生长，蝗虫不喜食的苜蓿和棉花等作物。目前综合生态治理面积 13.8 万亩，荒地的生态治理，压缩了宜蝗面积，减少了蝗虫防治费用，并且给农民创造了可观的经济效益。

重点蝗区 9.4 万亩的南大港水库是沧州市面积最大的湿地，有二百多种鸟类在这里栖息，是省级鸟类自然保护区，目前正申报国家级自然保护区。水库内沟渠纵横，具有良好的水利设施，可以蓄积雨水搞水上育苇，水下养鱼，控制蝗灾。南大港农场不惜重金于1993 年冬 1994 年春引行了黄河水 2 200 万 m^3，并对水库进行了改造，在原水库内又修建了两条南北到头的大堤，并修建了闸涵，平衡了水库内的蓄水量，改变了过去有水向东流，后面蝗虫产卵的适宜环境。由于黄河水的引进，对本来已产于水库的蝗卵造成了毁灭性的消除，解除了 1994 年乃至 1995 年的蝗源。持续干旱造成 1998～2003 年连续六年的蝗虫大发生，每年都有 1 000 头/m^2 的高密度蝗蝻群，常年发生面积在 16 万亩以上，其中2001 年秋蝗曾经出现 10 000 头/m^2 的高密度蝗蝻群两千亩芦苇被吃成光秆，2 万亩严重缺刻。自 2004 年秋季大港水库开始蓄水改造当年蓄水 1 000 万 m^3，2005～2009 年管理区多次投入重金向水库蓄水共 5 000 万 m^3，破坏了蝗虫的适生环境，对近年蝗虫未形成大发生起到了决定性作用。

五、防控工作展望

在"公共植保、绿色植保、和谐植保"的方针指引下，在蝗灾控制中应该遵循环境保护原则、生态学原则和可持续性原则等三个原则。在策略上，强调提前预防压制优于后期灭杀处理；在规律认识上，重视基础生物学和生态学的研究，并将之模型化和标准化；在测报方法上，加速植保信息数据库建设，积极发展和改善监测预警技术水平，将地理信息系统（GIS）和遥感（RS）技术集成引入到防治决策的整体系统中，使信息能够快速、准确地传递。在防治手段上，注意新型防治药剂和施药技术的研究开发和集成，增加用药效果；在天敌利用和环境保护方面，充分认识和评估自然天敌的控制作用。正确地估计防治效益和挽回的损失，重视对环境价值的评价；同时加强多个地区间的联合与协调。在总体目标上确保"飞蝗不起飞、不成灾，土蝗不扩散，不为害"。

任丘市 60 年植保工作回顾

任丘市植保植检站

光阴似箭，日月如梭。弹指一挥间，60 年过去了。60 年来，中国从城市到农村，都发生了天翻地覆的变化，经济的腾飞，生活条件的改善，都反映了改革开放的辉煌成就。从 1949 年新中国成立以来，农民只是粗放种植，而从 1978 年十一届三中全会召开后，改革开放的春风吹遍了整个神州大地，在祖国广袤的农村也书写了一个又一个的神话。60 年来，我市农民的生活水平也像芝麻开花节节高，在农村一幢幢小洋楼雨后春笋般拔地而起，室内家电应有尽有，小姑娘小伙子从穿着上看和城里人也没有什么两样了。然而这一切看似悄无声息的巨大变化，却和任丘市植保 60 年的发展息息相关。60 年来，任丘市植保为农业增产、农民增收做出了重大贡献，任丘市植保 60 年的发展是任丘农业发展的巨大动力。这些变化主要表现如下。

一、过去的植保体系已经不能适应现代农业的需要

30 年前我们还是以生产队为单位的大规模的耕作方式，农田归集体所有，种什么、怎么种都是队长说了算，由于规模作业，集体行动，植保技术非常容易推广，比如，用"1605"剧毒农药防治多种害虫，大面积地推广六六六粉防虫技术等。1982 年后由于分田到户，农民真正"当家做主人了"，种什么、怎么种全由自己说了算，只抓住队长一人来统一防治、统一推广防病灭虫技术已经很难实施，为了能够适应改革开放新的形势，1974 年植保站正式定员、定编，不断充实新生力量，乡（镇）农技站也正式开始定编，乡（镇）多数农民技术员也正式招聘为国家在编的植保干部。农技员的素质也不断地提高，1985 年前我站只有两个大学生，现在大学学历占了 70%，精神面貌也发生了非常大的变化，以前形容农技员是这样说的"远看像个要饭的，近看像个烧炭的，仔细一看原来是植保站的"，如今不同了，植保站的已经开着自己的专车，拿着先进的照相机、摄像机活动在田间地头，有人还错把植保员当成了记者。

二、基础设施得到了极大的改善

我站 2005 年以前是传统式的测报灯，每天要有专人入夜时分开灯，通常用一个小闹钟在晚上 12 时关灯，如今不同了，我们已经开始用全自动的佳多测虫灯。20 世纪 80 年代初至 90 年代末，向农业部及省站汇报都是采取电报组合方式进行，如棉铃虫，用"1265"来代替，编十几个字的电报要花很长时间，还得到邮局发送，非常麻烦，如今不同了，我们站里现在有 4 台电脑，上传下达只需轻轻一按键盘，就 OK 了，交通工具也非常方便了，以前我们下乡坐公共汽车，偏远的乡镇每天只有一二趟班车，有时下乡还得走上十多里才能到达目的地，现在不同了，近处开摩托车，远处开小车，调查面积更大了，测报也更准确了。我站有两部照相机、一部摄像机，随时可以拍摄病虫害发生情况。办公

261

设施也日新月异，我站作为全国区域性测报站在农业部和省植保站的大力支持下，1979年在党校白塔村建有砖木结构办公平房一幢，面积约100m²，在当时是非常好的建筑，2006年在上级业务部的大力支持下，由中央财政拨款350万元，地方财政配套65万元，在市林业局东侧建造一幢1 002.5 m²的农业（植保）综合大楼（见图），土建工程投资153.2万元，病虫观测场（温室大棚等）划地10亩，建温室大棚1 600m²，大棚及配套设施总投资43.2万元，同时通过政府采购调进各项配套仪器设备达138.3余万元。总之，基础设备的改善极大地提高了测报水平。

三、植保新技术的推广，为农民增收、降低劳动强度和减轻我市环境污染作出了重要的贡献

80年代初期，我们的老测报人员对相似病虫难以区分，主要是植保设施落后，通过设施的改善及植保技术的培训，现在能准确地辨认出两种非常相似但为害不同的病虫，为预测预报准确率的提高作出了重大的贡献。80年代中期都是脸朝黄土、背朝天，跪在田里苦耕耘，到了1987年我市才开始逐渐应用小麦、玉米和棉花田除草剂等，由于除草效果理想，而且省工省时，此项技术得到广泛地推广。进入90年代末期，我们又引进了转基因抗虫棉技术，彻底解决了棉铃虫危害问题。2005年农业部要求全国各地逐步淘汰甲胺磷等5种高毒农药，我站坚决拥护，积极筛选一批高效、低毒、低残留农药投放任丘市场，除此以外，还有非常多的植保技术，通过病虫情报进村入户工程，进入千家万户，为我区粮食增产、农民增收作出了重要的贡献。

四、植保植检在减灾防灾中起到举足轻重的作用

原来的植检机构不够健全，仪器设备也不够完善。现在已经拥有植物检疫人员5名，各种检验检疫设备30多台（套），用这些仪器分别对小麦、玉米、棉花和蔬菜种子进行检疫，有效地避免了危险性病虫草害的传入，为我区粮食安全和对外出口作出了非常大的贡献。60年来通过任丘市植保人员的共同努力，预计为任丘市的农业生产挽回经济损失50亿元以上。

五、农药管理从无到有

30年前农药是供销社独家经营，其他单位不得经营农用物资，因为当时正处在计划经济时代，没有市场竞争，80年代前期植保站开始少量经营农药，当时的经营数量不到供销社的1%，那时也没有任何监管，到了90年代开始有了监督机构，农资开始有工商局进行监管，从2004年以后我局成立农业综合执法大队，开展实施农药、化肥经营许可证的发放及市场监管工作，2005年以后农药市场全面开放，农药和其他商品一样可以自由买卖，农药店和食品店一样随处可见，老板多是私人经营者，供销社完全退出了农资市场，与此同时农资监管得到逐步完善。

60年过去了，让人顿觉有沧桑巨变之感。是改革开放才使植保发生了如此之大的变化，是改革开放的春风催生了这一切。如果没有改革开放，就不会有植保的今天。回顾过去，我们看到了改革开放所带来的国富民强；展望未来，我们坚信祖国会更加强大，人民会更加安康，植保事业会蒸蒸日上！

数奉献植保事业，还看今朝

张满义

（南皮县植保站）

在我们伟大的新中国走过 60 年的历程时，我们植保战线的科技工作者也经历了 60 年的风风雨雨。伴随着我们伟大祖国的繁荣富强，我们植保事业也创造了一个又一个的辉煌，奋进拼搏，与我们人类食粮的破坏者进行着不懈的战斗。一次次的战役，一次次的围歼，一次次的监测调查。我们打过无数次的农作物病虫害防治人民战，突击战，歼灭战，重大疫情的阻截战。作战水平提高，作战武器装备逐年改善，作战方式方法逐年提高，作战能力逐年加强。树立了一个又一个的丰碑。继承老一代植保人的精神传统，面对新问题，新挑战，树立信心、坚定信念，拿出数奉献植保事业，还看今朝的热情和激情，就一定能创造更加辉煌的一页。在这里就让我们一起来回顾历史辉煌、历史丰碑，树立我们的勇气和斗志吧。

一、南皮植保事业六十年的辉煌

（一）南皮县各类病虫鼠害的发生与演变

据统计，南皮县从 1949～1985 年的 37 年间，有 16 年发生大面积虫害，累计发生虫害面积 107.3 万亩，平均每年 2.84 万亩，成灾 41.2 万亩，平均每年 1.08 万亩。1986～1995 年十年间各种农作物虫害发生面积 3 634 万亩，平均每年 363 万亩（次），除治面积 3 371 万亩（次），年平均 337 万亩（次），各种农作物受灾程度不同，作物产量也有程度不同的减收，但防治很少有绝收面积。1996～2009 年各种农作物病虫害发生面积平均每年在 480 万亩（次），防治面积在 430 万亩（次），没有因病虫为害出现较大幅度的减产。各类害作物病虫主要发生演变情况如下：

1. 小麦病虫害

小麦病害有锈病（叶锈、秆锈、条锈），丛矮病、白粉病、腥黑穗病、散黑穗病、线虫病、根腐病、纹枯病、全蚀病等，以锈病、白粉病、腥黑穗为害最大；近年来根腐病、纹枯病有逐年加重的趋势；全蚀病对我县存在潜在威胁；小麦锈病 1950～1983 在我县有 9 次大流行，其中 1964 年损失较为严重，1965 年后推广抗病品种泰山一号，锈病大为减少，进入 80 年代后随着抗病品种的普及应用和小麦防治技术的提高，锈病得到基本控制，但病理小种的变异对小麦生产存在的威胁不容忽视。虫害有麦蚜、红蜘蛛、棉铃虫、麦秆蝇、蛴螬、蝼蛄、金针虫、黏虫、麦叶蜂、常年以蚜虫为害最大，近几年麦蚜均为偏重或大发生，由于各级重视，损失均在一定限度范围内。小麦红蜘蛛有逐年点片加重的趋势。已引起我们的高度重视。

2. 棉花病虫害

棉花病害主要有立枯病、炭疽病、黄叶茎枯病、枯萎病、黄萎病、红腐病、疫病等，立枯、炭疽病是我县棉区的苗期病害，黄叶茎枯病、红腐病、疫病是近几年发展较为迅速的几种病害；棉花黄、枯萎病是顽固的土传病害，1963年由于河北省从江苏、湖北等省调入带病品种，1964年以后迅速扩展，1980年前南皮县老棉区有零星小面积的发生，1980年以后为提高棉花单产，不经检疫，各乡村和农民从山东、聊城、德州等地大量调入带有枯、黄萎病的棉种，病情逐年加剧，我县大部分棉田发生黄、枯萎病，是南皮县当前棉花的主要病害。棉花虫害有蚜虫、棉铃虫、蓟马、红蜘蛛、棉小造桥虫、金刚钻、玉米螟、棉象鼻虫、斜纹夜蛾、甜菜叶蛾、棉盲椿象、地下害虫等。棉蚜为偏重发生年份占50%，大发生年份占40%，中度及以下发生年份占10%。棉铃虫一年发生四代，是棉花生产的大敌，50年代发生不普遍，多以二代为害为主，60～70年代三代为害加重，80年代后二、三、四代均呈加重为害态势。1992年棉铃虫暴发后，1993～1996年持续严重发生。随着抗虫棉的应用和防治技术的提高，棉铃虫为害得到控制，棉盲椿象上升为棉田的主要害虫，到2004年棉盲椿象暴发为害，通过几年的技术推广，棉农对盲椿象的防治技术已趋成熟；斜纹夜蛾在2008年秋季发生较重，为特殊年份虫害。

3. 玉米病虫害

玉米病害有玉米大、小斑病、瘤黑粉病、粗缩病、青枯病、顶腐病、纹枯病、弯孢菌叶霉病、褐斑病、锈病等，60年代中期至70年代中期严重为害，每年均有发生，到1981年基本得到控制，玉米纹枯病、顶腐病、青枯病有逐年加重的趋势；粗缩病为常年零星发生；1997年玉米大、小斑流行，2008年玉米褐斑病较重，病害都得到及时的控制，没有造成严重的为害。玉米虫害有玉米螟、棉铃虫、蚜虫、红蜘蛛、黏虫、蓟马、耕葵粉蚧、飞虱、地下害虫等，玉米螟、红蜘蛛为常年为害；耕葵粉蚧是近年来新发展的害虫，蓟马、飞虱有逐年加重的趋势。近几年，虫害加重，一喷三防技术、辛硫磷颗粒剂应用等技术推广，虫害没有对玉米增产构成威胁。

4. 谷子病虫害

谷子病害有白发病、黑穗病、谷疽病、谷锈病。白发病、黑穗病年年都有发生，50～60年代发生严重，70年代末期，病虫基本得到控制，虫害有粟灰螟、黏虫、钻心虫、粟叶甲、地下害虫等粟灰螟为常发性虫害，黏虫在降雨多的年份重。

5. 花生病虫害

花生有根结线虫病、褐斑病、叶斑病、青枯病等，线虫病和黑斑病为常发性病害。虫害有蛴螬、蝼蛄、金针虫等，50～60年代偏重发生，70年代基本控制了为害，80年代回升，90年代后除治效果较好。近年来花生病害有加重的趋势。

6. 甘薯病虫害

甘薯病害有黑斑病、线虫病、软腐病、干腐病等，线虫病和黑斑病为常年发生性病害。虫害有蝼蛄、金针虫、地老虎、甘薯蚕蛾、灰象甲、拟地甲、蟋蟀等。

7. 高粱病虫害

病害有黑穗病、褐斑病、青枯病等，虫害有蚜虫、高粱条螟、蝼蛄、玉米螟，地老虎、黏虫等，蚜虫和高粱条螟为常发性虫害。

8. 大豆病虫害

病害有褐斑病、霜霉病等，虫害有豆荚螟、食心虫、造桥虫、豆天蛾、蚜虫、金龟子、红蜘蛛、豆芫菁等。豆天蛾、豆荚螟是大豆常年害虫，豆芫菁是近几年大豆田的新虫害。

9. 蔬菜病虫害

十字花科蔬菜病害有霜霉病、软腐病、病毒病案、角斑病、白粉病、黑斑病、褐斑病。霜霉病、软腐病、病毒病是十字花科的三大病害。茄果类蔬菜有早疫病、晚疫病、青枯病、炭疽病、黄萎病、绵疫病、褐斑病、菌核病。瓜类蔬菜病害有霜霉病、角斑病、白粉病、炭疽病、猝倒病、立枯病、灰霉病、病毒病、蔓枯病、枯萎病、炭疽病等。蔬菜主要虫害主要有棉铃虫、烟青虫、蚜虫、白粉虱、红蜘蛛、茶黄螨、菜青虫、小菜蛾、夜蛾类、跳甲、蓟马、潜叶蝇等，蔬菜病虫害有逐年加强的趋势。

10. 蝗虫

历史上蝗、旱、涝并列为三大自然灾害。1948 年蝗虫飞天遮日，过道似流水，各种作物叶子都被吃光，几乎绝收。我县 50～60 年代仍有发生，但未造成严重危害，70～80 年代基本得到控制，1995 年我县低洼的几个乡镇发生夏蝗，受灾面积达 5 万亩，由于除治措施得力及时未造成危害。

11. 田鼠

50 年代田鼠发生较小，为害轻。60 年代由于河北省北部地区发生较重，逐步蔓延到南皮。造成 1982 年发生较重，据调查一般亩有鼠 3～4 只，棉花、花生、玉米等受到不同程度的损失。1995 年南皮引进棉花中无 268，因是低酚棉品种，有 3 万亩受鼠害较为严重，一般减产 20% 左右。

（二）防治技术的应用与进展

新中国成立初期，防治病虫害以治蝗为主，我县防治方法主要沿用解放以前的传统方法，发动群众，防蝗治蝗；在蝗虫集聚的地方，开始辅之化学防治；50 年代以土农药为主，开始应用有机氯及汞制剂；60 年代开始使用有机磷制剂；70 年代国家停止使用汞制剂并大量应用有机磷制剂；80 年代开始引进进口农药，菊酯类，新型农药逐步使用，推广病虫害综合防治；90 年代停用高残留、高污染的有机氯类农药使用；并推行病虫害专业化防治，及统防统治工作。本世纪初提出了绿色植保、公共植保理念，2004 年开始在我县全面禁止使用 1605、甲胺磷、久效磷、对硫磷、硫胺等 5 种高毒、高残留农药，并在蔬菜产区限制使用 23 种高毒农药。取而代之的是高效低毒、低残留以及活性高、杀虫效果好的生物农药。

1. 人工防治方法

建国初期主要是治蝗，防治方法有 12 种：布围式，鱼箔式，合网式，抄袋法，人穿式，坑埋式，扑初生蛹子式，扑半大蛹子布围式和箔围式，围扑长翅飞蝗式，扑打庄稼地内蝗蛹式，烧蝗，倒挖蝗卵等。70 年代后人工防治方法主要是针对玉米螟、棉铃虫等在从事农事操作的同时通过摘虫卵、捉拿幼虫，人工销毁。

2. 化学防治

50 年代使用的药剂多是土农药，例如：用烟叶小灰水、烟叶石灰水、烟叶肥皂水、烟叶碱面水、棉油底子水等防治蚜虫；用白砒或红砒拌种或用石灰水浸种防治小麦腥黑穗病；用硫酸亚铁或用硫磺粉拌种防治大麦黑穗病；用马齿苋樟脑合剂防治棉蚜；用猫儿眼防治各种害虫；用煤烟乳剂防治棉蚜、菜青虫；用花椒、烟梗合剂防治高粱蚜、玉米钻心虫、菜青虫等。60～70 年代这些方法还有使用。50 年代末 60 年代初开始使用 1059、敌百虫、1605 乳剂、代森锌等。60 年代 DDV 乳剂、五氯酚钠、阿特拉津、磷胺、灭锈一号、福美砷、三氯杀螨砜等已有使用。70 年代国家停止生产和使用汞制剂赛力散、西力生，大力使用有机磷和有机氯杀虫剂及部分杀菌剂。80～90 年代初进口农药在我县开始使用，农药品种数量剧增，我县通常使用的农药品种在 50 种以上，各种复配剂型应运而生。化学药剂使用空前活跃。进入 21 世纪，高效低毒农药、生物农药应运而生，随之高毒、高残留农药退出市场，农药应用水平上升到了一个新的高度。

3. 生物防治

生物防治在我县是从 70 年代开始示范，方法有以虫治虫、以菌治虫、病毒治虫等生物技术。例如：用保护利用七星瓢虫治蚜，1978 年全县示范 4.5 万亩；1979 年在我县建起生防厂，生产赤眼蜂防治玉米螟，1995 年用赤眼蜂防治棉铃虫示范，从 1977 年试验用白僵菌防治虫害，后用 7216 菌药、781 菌剂防治棉铃虫，应用 77-21 防治黏虫，都收到一定的效果。由于多种原因这些方法并没有大面积推广应用。

4. 农业防治

方法有轮作倒茬、冬灌消灭越冬害虫，种植诱集带，消灭杂草切断传播途径等。

5. 物理防治

用黑光灯诱蛾，1994 年推广使用高压汞灯诱蛾。

（三）预测预报

从 60 年代开始一直到现在，植保工作者始终把这项工作作为一项基本工作坚持不懈。主要方法：一是田间调查法；二是杨树枝把诱蛾法；三是糖醋液诱集法；四是灯光诱集法。现在灯光诱集法是最通用的方法。

二、南皮植保历史的丰碑

1953 年南皮县政府成立了技术股，县、区都固定有专人负责测报工作；1958 年人民公社成立，1961 年大公社划为 19 个小公社均建立农业技术推广站，并专人负责该项工作，1971 年县恢复技术站，站内设植保组；1973 年南皮县植保站成立后，植保站更加完善了测报体系，每社设一植保员配备了比较完备的测报工具，县植保站每年就各种病虫害了发生情况发布《病虫情报》，一直坚持到现在，情报汇报上级，发往各乡镇重点村，并通过广播传到千家万户，近年来，我们通过电视宣传对重要病虫及时发布，更加便捷和快速。

1985 年南皮县植物检疫站正式建立，和植保站合称植保植检站。

50～60 年代省、专两级建立植物检疫组织，主要承担植物检疫工作，1963 年根据检疫工作的需要，专、市检疫站负责对县级的植物检疫对象调查，开具种子、苗木、农产品调运检疫证书，肃清疫区，扩大保护区等项工作。1978 年植保植检站对全县主要检疫对象进行调查，有棉花黄、枯萎病，甘薯、花生线虫病等。1982 年、1984 年以对全县棉田进行了普查。1967 年 12 月农业部确定国内检疫对象 32 年，当时河北省发生 17 种，南皮县有棉花黄、枯萎病的发生。1995 年农业部农发 10 号文件《关于发布我国植物检疫对象和应施检疫的植物、植物产品名单的通知》共 32 项，涉及我县棉花黄萎病、番茄溃疡病、美国白蛾、假高粱、毒麦、美洲斑潜蝇、黄瓜黑星病等八项。多年来，植检人员努力工作，有效地缓解和阻止了有害生物在我县的传播速度，为南皮县的农业生产保驾护航做出了贡献。

1983年春，根据上级指示，成立了"南皮县植保技术服务公司"——植物医院，这一年省拨发经费一万元加上自筹资金，当年经营溴氢菊酯100kg，1984年扩大规模，到1985年仅县公司就经营农药18t，到1995年销售额达60多万元。南皮县植保服务公司的建立，极大地活跃了南皮经济，带动一大批销售服务人员为南皮县植保事业服务。有力地推动了南皮植保事业的发展。

1995年我县蝗区发生偏重发生，县植保站除了组织专业队化学除治外，市农业局还统一用飞机喷洒农药治蝗，我县小集村以北蝗区首次采用了飞机治蝗。

1992年我县棉铃虫大暴发，1993年持续严重发生，全县21万亩棉田受到严重威胁，南皮县植保站在县政府、县农业局的大力支持下，发动群众，搞好虫情测报，发布虫情信息，搞好防治技术宣传指导，打赢了抗击棉铃虫的决定性战役。受到省、市上级的表彰和奖励。

2004年棉花盲椿象暴发流行。县植保站积极应对，通过电视广播进行技术宣传、通过乡、村政府组织宣传发动，调运专用防治盲椿象的农药物资，抗击盲椿象的发生，打了一场防治棉盲椿象的人民战争。

六十年历程，六十年的风风雨雨，植保人勤奋工作，为赢取南皮县农业丰收立下不可磨灭的功绩。每5kg粮食就有1kg以上是通过虫口夺来的。没有植保，棉花、蔬菜等经济作物的生产几乎不能谈起。植保对农业的贡献率越来越高。有力地支撑了农业增产增收。

三、南皮植保面临的机遇和挑战

（一）解读"公共植保，绿色植保"似有千斤重担

"公共植保，绿色植保"是我们目前植保工作的指导思想，面临21世纪农业可持续发展的主题；面临保障农业生产安全、农产品质量安全和农业生产安全的主题；面临新农村建设和发展的主题。给我们植保工作提出了更高的要求。顺应时代的潮流，深化植保的各项工作，这就要求我们植保工作者要站在历史的新高度、站在全局的高度、站在政治的高度、站在时代发展的高度对待我们植保的各项工作。充分认识现在植保工作面临的新问题、新情况。认识植保工作的艰巨性、迫切性。搞好植保工作的定位。开拓新思路、拿出新魄力、做出新业绩。把我们的植保工作作为推进新农村建设的排头兵，迎接时代赋予的责任和挑战，把工作做扎实、做到位。

（二）抓住机遇，迎接挑战

抓住发展现代农业和高效农业的机遇把植保工作作为坚强后盾和有力支撑来抓，完善植保工作体系、服务体系、加强有害生物预测预警体系、防控体系以及基础设施建设，提升农业有害生物预警和防控水平。抓住2010年中央1号文关于"大力推进农作物病虫害专业化统防统治"精神。把农作物病虫害专业化统防统治作为推进植保工作的突破口。以百倍的信心和勇气，以火热的热情和激情去面对各项工作和挑战。

让我们以"数奉献植保事业，还看今朝"共勉！！

肃宁县植物保护六十年回顾与展望

苑丙申

（肃宁县农业局植保站）

新中国成立初期，百废待兴。肃宁植保是在摸索中前进的。

进入 20 世纪 70 ~ 80 年代肃宁植保有了较大发展，人员队伍壮大达十余人，资金充足，并且兼顾经营。植保技术推广方面：开展了利用黑光灯结合气象资料的病虫草害预测预报。推广了利用棉铃虫、桃小食心虫等害虫性诱芯诱杀技术。

进入 20 世纪 90 年代后，植保事业有了新的发展。植保技术人员利用电视进行病虫草害发生情况预报，在农民培训方面，采取农民田间学校方式进行培训，提高防治技术到位率；采取生物防治技术、物理诱控技术、科学用药技术等综合防治措施对有害生物进行全方位立体控制。

生物防治技术方面，2003 年开始重点推广苏云金杆菌防治鳞翅目害虫、丽蚜小蜂防治烟粉虱、昆虫型信息素防治大棚蔬菜、果树害虫和雄蜂授粉技术，累计推广面积 5 万亩。

农业防治技术方面，1998 年开始推广抗病、抗虫品种防治小麦锈病、白粉病、小麦吸浆虫、棉铃虫等，推广面积 20 万亩，降低了病害发生，单产提高；2003 年，推广防虫网防治保护地害虫技术，累计推广面积 5 万亩，减少了保护地作物栽培病虫害发生；2003 年，累计推广农业防治技术面积 25 万亩。2008 年开始推广棚室蔬菜膜下微滴灌技术 5 000 亩，通过该技术推广，降低棚室湿度，减轻病害发生。

科学用药技术方面，2000 年开始，大力推广吡虫啉、啶虫脒防治蚜虫技术，推广面积 25 万亩，对小麦、白菜蚜虫起到了较好的防治效果；1998 年开始推广韭保净、辛硫磷、毒死蜱防治韭蛆技术，当年推广面积 3 000 亩，对防治韭蛆起到了很好的效果；采用甲基异柳磷、毒死蜱毒土防治吸浆虫技术；积极推广苯磺隆、百草枯、乙草胺等一次性旱地除草技术以及其他高效、低毒如（苦参碱、阿维菌素等）农药使用技术。彻底禁止了高毒、高残留农药使用。

2004 年，政府进行了机构改革，植保植检站被并入农业技术中心，以后植保工作人员也逐渐减少至 2 ~ 3 人。2009 年重新建立植保植检站并与农业综合执法大队实行一套人马两块牌子，编制 8 人。

随着科学技术的进步，种植模式的不断改善，以及大型农机具跨区作业全面展开和人员、物资的大流通，一些新的病虫草害发生并逐渐上升为主要病虫草害。

1970 ~ 2009 年，县域内病虫草害发生与防治情况：

一、病害

县境内主要农作物的主要病害有小麦全蚀病、锈病、白粉病、纹枯病、丛矮病、黄矮病、黑穗病；玉米大小斑病、黑粉病、褐斑病、粗缩病；棉花立枯病、炭疽病、枯萎病、黄萎病、角斑病；谷子白发病、谷瘟病、线虫病；蔬菜的枯黄萎病、早（晚）疫病、青枯病、霜霉病、角斑病、溃疡病、炭疽病、叶霉病、番茄黄化曲叶病毒病、线虫病等及保护地的非传染性病害。

1. 小麦全蚀病

该病属检疫性病害，通过土壤、病残体、种子等方式传播，20 世纪 90 年代末，在梁村镇后丰乐堡村首次发现，发生面积 5 亩，亩减产 1%。由于大型收割机的推广应用、种子私下调换等因素，此病发生面积逐年增加，到 2008 年，全县 9 个乡镇均有零星发生，2008 年全县发病面积 2 万亩，发病田病株率 5%。防治措施：一是加强检疫；二是播前用 3% 苯醚甲环唑 40mL 拌种；三是拔节前喷淋 15% 三唑酮 600 倍液，亩用 50kg 药液。

2. 锈病

此病为真菌性病害，通过小麦自生苗、空气传播。1995 年全县发生面积 4 万亩，涉及全县九个乡镇，2008 年发生面积 3 万亩，发病田病株率 5%～12%，亩减产 25～50kg。防治措施：一是选用抗病品种；二是加强管理，培育壮苗；三是化学防治，用 20% 三唑酮 500 倍液喷雾，亩用药液 15～30kg。

3. 白粉病

此病为真菌性病害，主要靠空气传播。1995 年全县发生面积 6 万亩，涉及全县 9 个乡镇，2008 年发生面积 7.5 万亩，发病田病株率 18%，亩减产 25～50kg。防治措施：一是选用抗病品种。二是加强管理，培育壮苗。三是化学防治。用 15% 三唑酮 500 倍液进行喷雾，亩用 15～30kg。

4. 小麦丛矮病

此病为病毒侵染病害，2000 年开始在全县 9 个乡镇零星发生，发生面积 2 000 亩，通过推广冬前、春后药剂除治传毒媒介灰飞虱，该病得到有效控制。

5. 棉花枯黄萎病

此病属于真菌病害，70 年代中期传入肃宁县，80 年代初期大规模发生。1995 年全县发生面积 3 万亩，涉及全县 9 个乡镇，发病田病株率 3%～12%，亩减产 10～60kg，逐年发病面积不断扩大，2008 年发生面积 4 万亩。采取的防治措施：一是选用抗、耐病品种。二是与非寄主作物如玉米、小麦轮作倒茬。三是化学防治。用 50% 多菌灵 +50% 福美双 500 倍液进行喷雾及灌根，亩用 60kg。

6. 白菜软腐病

1995 年全县发生面积 5 000 亩，涉及全县 9 个乡镇，2008 年发生面积 4 000 亩，发病田病株率 3%～4%，亩减产 150～200kg。防治措施：一是选用抗病品种。二是中耕提温，提高抗病能力。三是化学防治。用 30% 硝基腐殖酸铜 600 倍液喷雾防治。

7. 茄子黄萎病

此病真菌病害，1995 年全县发生面积 2 500 亩，涉及全县 9 个乡镇，发病田病株率 1%～12%，亩减产 50～160kg，发病面积逐年扩大，2008 年发生面积 4 000 亩。防治措施：一是选用抗、耐病品种；二是与非寄主作物如芹菜、白菜等轮作倒茬；三是化学防治，50% 多菌灵 +50% 福美双 500 倍液进行灌根，亩用 60kg。

8. 黄瓜霜霉病

此病真菌病害，1995 年全县发生面积 5 500 亩，涉及全县 9 个乡镇，发病田病株率 3% ~22%，亩减产 150 ~900kg，发病面积逐年扩大，2008 年发生面积 6 000 亩。防治措施：一是选用抗、耐病品种；二是加强田间管理，培育壮苗；三是化学防治，50% 烯酰吗琳 +75% 代森锰锌 600 倍液进行喷零，亩用 30kg。

9. 西红柿晚疫

此病真菌病害，1995 年全县发生面积 3 500 亩，涉及全县 9 个乡镇，发病田病株率 2% ~18%，亩减产 160 ~800kg，发病面积逐年扩大，2008 年发生面积 8 000 亩。防治措施：一是选用抗、耐病品种；二是加强田间管理，培育壮苗；三是化学防治，50% 烯酰吗琳 +75% 代森锰锌 600 倍液进行喷零，亩用 30kg。

10. 番茄黄化曲叶病毒病

2009 年在我县暴发。该病为以烟粉虱传毒为主的病毒病。一般发病株率 5% ~85%。我站通过在玉周合作社园区的综合防治试验示范，病株率控制在了 5%。主要防治措施：一是选用抗、耐病品种；二是加强田间管理，培育壮苗，并且以防虫网、黄板诱杀烟粉虱为重点；三是化学防治，苦参碱 +吡丙醚，宁南霉素 +锌 +优丰亩配 30kg 水喷雾。

11. 韭菜灰霉病

此病真菌病害，1995 年全县发生面积 2 600 亩，主要发生在尚村镇柳科、李庄、边寨、王佐、城关镇滩头、谈庄等韭菜专业村，发病田病株率 3% ~20%，亩减产 60 ~700kg，发病面积逐年扩大，2008 年发生面积 3 000 亩。防治措施：一是选用抗、耐病品种；二是加强田间管理，平衡施肥，培育壮苗；三是化学防治，50% 嘧霉胺 +75% 代森锰锌 600 倍液进行喷零，亩用 30kg。

我县大力推广保护地蔬菜种植技术，蔬菜种植面积迅速扩大，蔬菜的病害面积也迅速扩大，通过指导菜农应用地膜覆盖膜下暗灌技术，选用抗病、耐病品种，交叉用药等农业措施，蔬菜的病害得到有效控制。

其他如小麦锈病、白粉病、玉米大小斑则由于抗病品种的推广，病情得到了有效控制。

保护地蔬菜由于连年大量使用化学肥料，而导致土壤板结，植株生长缓慢，易发病，产量低，通过强调增施有机肥，扩大黄腐酸及有机菌肥的施用，得到了很大缓解。

二、虫害

1970 年到 2008 年，我县前后主要发生的虫害有小麦吸浆虫、棉铃虫、玉米耕葵粉蚧、韭蛆、烟粉虱、美洲斑潜蝇、麦蚜、玉米螟、盲椿象、线虫、灰飞虱、麦蜘蛛、麦叶蜂、棉蚜、蓟马、蛴螬、金针虫、地老虎、象鼻虫、玉米螟、粟灰螟、蝼蛄、土蝗、叶甲、豆天蛾、甘薯天蛾、斜纹夜蛾、甜菜夜蛾等。

1. 小麦吸浆虫

2004 年在我县付佐乡葛家庄首次发现吸浆虫，当年发生面积 3 亩，发生田每样方（10cm×10cm×20cm）有虫 5 ~6 头，亩减产 10% ~80%，随后发生面积迅速扩大。2008 年全县发生面积 2 万亩，涉及全县 9 个乡镇，严重地块每样方有虫 60 ~180 头。由于该虫很小，隐蔽性强，又是新发害虫，农民认识不足，最初几年，部分农户损失较大。后经农业部门不断推广防治技术，农民有了充足认识。蛹期利用甲基异柳磷、辛硫磷、毒死蜱撒毒土、成虫期使用菊酯类加有机磷或吡虫啉喷雾的方式，基本控制了吸浆虫的为害。

2. 棉铃虫

1995 年棉铃虫发生面积 6 万亩，20 世纪末期，引进转基因抗虫棉冀岱 33B，棉铃虫发生得到了控制。

3. 玉米耕葵粉蚧

2005 年在我县肃宁镇西泽城村发现，是一种新发生虫害，虫体主要为害玉米根部，受害植株矮小，叶片镶黄边，称条状花叶，当年发生面积 5 亩，有虫株率 10% ~ 15%，单株有虫 6 ~ 8 头，亩减产 10% ~ 25%。2008 年发生面积 2 000 亩，涉及肃宁镇、梁村镇。防治措施：一是与棉花、花生等轮作倒茬；二是化学防治，50% 辛硫磷或 48% 毒死蜱灌根，亩用 500mL。

4. 韭蛆

韭蛆是韭菜生产中常发生虫害，1995 年全县发生面积 6 000 亩，2008 年发生面积 9 000 亩，涉及全县 9 个乡镇，肃宁镇、尚村镇、邵庄乡发生较为严重，一般亩减产 7% ~ 15%。防治措施：一是施用腐熟的有机肥；二是化学防治：成虫期喷施 2.5% 三氟氯氰菊酯 2 000 倍液，幼虫为害期用辛硫磷、毒死蜱灌根，亩用 500mL。1998 年，县农业局与河北省植保所专家联合在韭菜产区试验并推广了无公害韭菜农药"韭保净"。

5. 烟粉虱

主要为害棉花、蔬菜，1995 年全县发生面积 5 万亩，2008 年发生面积 8 万亩，涉及全县 9 个乡镇，一般亩减产 5% ~ 15%。防治措施：一是保护地栽培加 40 目以上防虫网，释放丽蚜小蜂；二是化学防治，10% 吡虫啉 1 000 倍液喷雾，异丙威熏蒸。

6. 美洲斑潜蝇

俗称潜叶蝇，主要为害棉花、蔬菜，1995 年发生面积 2 万亩，2008 年发生面积 5 万亩，涉及全县 9 个乡镇，一般亩减产 3% ~ 10%。防治措施：一是保护地栽培加防虫网；二是化学防治，2% 阿维菌素 1 500 倍液喷雾。

三、草害

我县发生的草害有播娘蒿、藜、麦瓶草、荠菜、马唐、画眉、稗子草、刺菜、雀麦、节节麦、黄顶菊。

1. 播娘蒿

俗称麦蒿，1995 年全县发生面积 11 万亩，2008 年发生面积 8 万亩，涉及全县 9 个乡镇，一般亩减产 5% ~ 10%。防治措施：一是人工拔除；二是化学防治，10% 苯磺隆亩用 12g 喷雾防治。

2. 黄顶菊

2004 年传入我县，首次在河北乡韩二村发现，当年发生面积 1 亩。2008 年发生面积 30 亩，涉及肃宁镇、河北乡、尚村镇。一般发生于路边、荒地。因防控及时，未侵入农田。防治措施：一是人工拔除；二是化学防治，10% 草甘膦亩用 1 500 mL 喷雾防治或 20% 百草枯喷雾防治。

3. 雀麦

2001 年传入我县，为麦田草害，首次在梁村镇后丰乐堡、达字房村发现，当年发生面积 16 亩，2008 年发生面积 700 亩，涉及肃宁镇、梁村镇、窝北镇、师素镇。防治措施：一是人工拔除；二是化学防治，3.6% 甲基二磺隆亩用 20mL 冬前喷雾防治。

回首看肃宁植保工作六十年风风雨雨，有很多宝贵经验需要汲取，也对我们今后的植保工作有很多指导意义。

今后我站将在各级领导的关怀指导下，更加努力的开展病虫测报及植物检疫、植保技术推广等工作，为农业安全生产及农产品质量安全做出更大贡献。

吴桥县植物保护工作六十年回顾

韩玉芹

（吴桥县植保站）

新中国成立前，政府对植物保护工作从不过问，任病虫害猖獗，严重年份常颗粒不收。新中国成立后，党和政府十分重视植保工作，植保事业有了长足发展，特别是改革开放以后，随着我县农业结构调整和产业化的发展，农业发展进入了一个新的历史时期。植保工作作为农业工作的重要组成部分，30年来，正确认识和把握新时期农业发展变化的特点，认真把握植保工作的现状及未来发展趋势，用科学的发展观统领植保工作，明确工作方向，促进了我县植保工作可持续发展。

一、逐步建立完善适应农业发展需求的植保体系

吴桥县于1956年成立县农业技术推广站，下设植保组，至60年代初，全县各区均设立了农技站，每站配备农技人员3~5名，植保工作有专人负责。1972年成立县植保站，从此植物保护工作进入有序发展阶段。建站之初，县站有工作人员4人，70年代末，原人民公社开始配备植保技术人员，使我县植保工作得以正常运转。现已形成了以县站为中心，乡镇为纽带，村镇为基点的植保网络服务体系，为现阶段植保工作的顺利开展奠定了坚实的基础。同时植保人员的素质空前提高，从事植保工作后获得高级技术职称的有4人，中级技术职称的12人。

近年来，为适应现阶段农业生产的需要，吴桥县植保站坚持"预防为主，综合防治"的植保方针，积极构建新型植保体系，实现从部门植保向公共植保的转变，各级政府乃至农村社会各个方面，都把植保工作作为农业和农村公共事业的重要组成部分，突出其社会管理和公共服务职能。积极开展植保社会化服务，建立各种形势的专业化防治组织10个，全面提高防治工作的科学性、及时性和有效性。同时积极引导农民全面树立"绿色植保"理念，深入实施农药减量控害增效工程，进一步推进环境友好型农业的发展。

二、农作物病虫草害预测预报工作从无到有，日趋规范

（一）基础设施得到很大改善

新中国成立之初，吴桥植保工作处于起步阶段，当时对大部分病虫害的发生特点、发生规律还不甚了解，测报数据主要用于对病虫害在吴桥县的发生特点、发生规律的认识，为植保事业的发展奠定基础。测报内容也比较单一，仅限于黏虫、蝗虫等。

20世纪60~70年代，吴桥县植保站的办公条件十分艰苦，测报手段极为简陋，测报用最先进的仪器是放大镜和天平。80年代开始使用传统的测报灯，传统的测报灯需要人工定时开关灯，技术人员在观察落入药液中的虫体时会遭受农药危害。2009年我站被河北省植保站确定为全国重大农作物病虫监测区域测报站，投资50万元进一步完善植保设

施的建设，配备了应急防控设备；自动虫情观测、田间小气候自动观测成套设备；光学显微镜、生物解剖镜及成像设备等。其中佳多自动测报灯具有先进的烘干系统和自动收集系统，工作人员可长达 8 天收集观察一次，有效地减轻了技术人员的工作量，提高了工作效率。

（二）测报调查更加规范

多年来，我们一直采取定点调查与大田普查相结合的测报模式。定点调查随时掌握病虫发生动态，了解其消长规律，决定防控方法和防控时间。大田普查主要掌握发生程度，发生面积，决定防控范围。多年来我站工作人员坚持工作在一线，走到哪里调查工作就做到哪里，调查方法科学，调查数据齐全，积累了丰富的经验，做到了测报准确无误，为确保农业丰收奠定了基础。

（三）信息采集多元化、信息传递多样化

我们采取专业测报与群众调查想结合的测报模式，进一步拓宽信息来源渠道。同时为更好地服务"三农"，我们不断创新信息服务方式，多途径开辟信息服务渠道，多形式地开展信息服务，由传统的单一情报发放发展为现在的信息网络、电视专题、有线广播、病虫情报、明白纸等相结合的传递模式。让农业信息覆盖每一个角落，更好地服务于吴桥人民。

（四）不断丰富病虫监测和防治范围

吴桥植保工作适应农业结构调整的需要，把病虫监测和防治的范围，由粮食作物向经济作物延伸，加强了设施栽培条件下病虫害防治技术研究与推广，促进了设施园艺、无公害蔬菜的迅速发展。由只重视虫害向病、虫、草害并重的方向发展，解放了劳动力，降低了劳动成本，为农业的丰产丰收提供了更可靠的保障。由只注重主要病虫害向主次兼顾、通盘考虑的方向发展，促进了"综合治理"工作的深入开展。由侧重于保障农产品数量安全向数量安全与质量安全并重转变，由侧重于临时应急防治向源头防控、综合治理长效机制转变，由侧重技术措施向技术保障与政府行为相结合转变，促进了农业的持续、快速、稳定发展。

三、病虫害防治新技术的推广为吴桥农业发展作出了巨大贡献

（一）防治技术不断更新

50 年代以人工防治为主药剂防治为辅。特别是在对蝗虫的防治上，认真采取了"防、治"并举的方针，发动群众进行人工扑杀、控卵，取得一定效果。用糖醋液诱蛾、谷草把诱蛾产卵、人工捕捉幼虫等方法防治黏虫。50 年代末开始使用 六六六粉防治黏虫、六六六颗粒剂灌心防治玉米螟。60 年代以有机氯农药为主，并推广使用有机磷农药，农业病虫害防治进入化学防治阶段。70 年代以有机磷农药为主。80 年代初使用菊酯类农药。当时拒我站试验用 20% 的杀灭菊酯 1 万倍液防治蚜虫，防效可达 95% 以上，一度被农民称为"神药"。

70 ~ 80 年代农作物病虫害的防治以化学防治为主。药剂防治抑制了病虫害，但长期使用病虫抗药性增加，防治成本逐年提高，且污染环境，有害于人民身体健康，破坏生态平衡。90 年代开始进一步落实"预防为主、综合防治"的植保方针，对棉铃虫等主要害虫 制定了"标准化栽培技术"方案，采用物理、化学、生物防治多措并举的防治策略，

尽量减少化学农药特别是高毒农药的使用量。在化学防治过程中采取了交替用药、轮换用药、"棋盘式"用药，从降低害虫抗药性角度，也就是说从根本上减少化学防治的次数及用药量。吴桥推广的"棋盘式"用药方式，通过交替、镶嵌用药延缓害虫抗性，被载入"1999年全国农业病虫抗药性监测和治理"工作会议纪要，得以在全国推广，成效显著。近几年来我们还推广了蔬菜、果品、药材无公害栽培技术，在全县实施农药减量控害行动，农药使用量同比下降10%，利用率提高5%以上，积极推广使用低毒、低残留农药，使农产品农药的残留量大大降低。

80年代中期都是面朝黄土，背朝天，跪在地里苦耕耘。1987年我县开始引进玉米田除草剂乙草胺，由于除草效果理想、省工省时，深受农民欢迎，此项技术很快得到广泛推广。如今化学除草技术应用于多种作物，农药品种也丰富多样，除草效果更加理想。

80年代中期开始使用多菌灵、托布津等杀菌剂。1985年开始推广使用机动喷雾器。90年代进一步运用物理、化学、生物防治方法推广综合防治技术，充分发挥各种防治技术的优势，有利地改善了农业生产生态条件，为农业可持续发展奠定了良好的基础。

总之，在过去的60年里，病虫害防治新技术的推广有效地控制住了多起重大病虫害的危害，实现了大灾之年不减产，确保了农业丰产丰收。

（二）新技术的推广成效显著

吴桥县是植棉大县，70年代以来，棉铃虫成为棉花主要害虫，危害较重。特别是90年代初更是猖獗，大发生年份高峰期日落卵上千粒，棉农谈虫色变。1992年一代棉铃虫在小麦上大发生，吴桥县植保站发动农民人工捕捉，二、三、四代在棉花上大发生，采取了杨树枝把诱蛾，引进高压汞灯500余台，用于诱杀棉铃虫成虫。通过实施"控制一代，普治二代，狠抓三代，挑治四代，结合人工扫残"的防治措施，运用深耕、诱蛾、人工采卵、捕捉高龄幼虫、种植诱集代和科学用药等方法，并率先使用BT生物制剂以提高防效、保护天敌，最终控制住了棉铃虫为害，取得了粮棉双丰收。1995年吴桥植保站率先引种抗虫棉33B，并一举试种成功，1997年大面积推广种植，有利的控制住了棉铃虫的危害。

抗虫棉的推广使棉田用药量减少1/3以上，同时也改变了棉田害虫种群种类及数量。2005年开始棉盲蝽由次生害虫上升为主要害虫，由于它体积小、世代重叠、活动能力强等特殊的生活习性，给防治带来困难。吴桥县植保站全体技术人员联合攻关，深入田间地头调查研究，在充分掌握其发生、发育特点的基础上很快制定了一整套治理方案，通过清除杂草、控制潜入、统防统治、围点打园等防治措施，指导农民科学用药，有效的控制住了危害。即使在大发生的2006年、2007年、2008年仍取得棉花丰收。由于方法得当、措施有利，2009年开始盲椿象发生程度有所回落。

四、植物检疫工作的开展确保了农业生产安全

农业植物检疫是通过行政和技术措施防范植物疫情传播和蔓延的行政执法工作。新中国成立以来，通过几代植物检疫工作者的共同努力，吴桥县植物检疫工作没有出现一起事故，做到了既把关，又服务，有效控制了疫情传播与蔓延，为保证我县农业生产和生态安全，保护人体健康，维护社会稳定作出了应有的贡献。特别是改革开放后，种子、苗木及农产品交易频繁。检疫性有害生物随农产品调运而传入我县的危险性增加；我县农产品要

想外销乃至打入国际市场，也离不开植物检疫这个技术壁垒。为了推进我县农业持续健康发展，广大植物检疫工作者严格执行《植物检疫条例》等法律法规，认真做好出、入种子、苗木及农产品的疫情检测与控制工作，降低外来植物检疫性有害生物传入和蔓延的风险。

1982年，吴桥县植保站增设检疫组，检疫员5名，从此植物检疫有专人负责，改善了办公条件，执法人员全部着装上岗，检疫工作走向正规。随着农业生产的不断发展，种子大调大运的矛盾日益突出，增加了危险性病虫传播蔓延的可能性，加强植物检疫工作对保护农业生产安全显得越来越重要，吴桥县植保站在全面开展检疫对象普查，防止植物检疫对象扩散蔓延方面做了大量卓有成效的贡献。

（一）全面开展疫情普查及控制

由于种种难以预料的原因，危险性病、虫、杂草传入我区是不可避免的。多年来吴桥县植保站充分发挥县级植检站的职能，及时在全县范围内开展疫情普查。1976年发现棉花枯萎病，1992年发现美洲斑潜蝇，2007年发现黄顶菊等。与此同时积极争取当地政府支持，通过行政法制手段，组织有关部门的人力、物力、财力，有计划、有步骤地强制执行防治，使疫情得到及时控制。

（二）建立无危险性病、虫、杂草的种子种苗繁育基地

吴桥县先后建成良种场、原种场、苗圃场5个，近几年帮助种子生产企业建成无危险性病、虫、杂草的种子种苗繁育基地4个，繁育无检疫对象和危险病、虫、杂草，而且一般病虫也尽可能少的健康种苗。努力把植物危险性病、虫、杂草堵在源头，有效防止其随种苗传播蔓延。

（三）产地植物检疫、调运植物检疫和市场检疫

一直以来吴桥县植保站坚持对调运的植物、植物产品在生产期间由两名专职检疫员调查是否发生有植物检疫对象，对调查未发现检疫对象的签发《产地检疫合格证》，调查发现检疫对象的，采取检疫防疫处理后，检疫合格的控制使用，不能进行防疫处理的停止调运。植物检疫人员时常（特别是种子、苗木销售期）深入市场进行检疫，重点检查种子市场流通的种子有无种子标签、有无植物检疫证号、有无《植物检疫证书》；检查应施检疫的植物及植物产品的经营单位或个人检疫手续是否齐全。对弄虚作假、伪造或使用过期植物检疫证明或无证擅自调运的种子、苗木和应施检疫的植物及植物产品的经营单位或个人，依法严肃查处。

五、农药管理逐步完善

农药是农业生产的重要因素，农药质量的优劣直接影响农业生产的收成，为切实搞好我县农药管理工作，吴桥县1998年成立农药管理站，2003年成立农业综合执法大队，我县在农药管理工作中，着重加大了农药监管力度，切实把打假扶优护农的各项工作落到了实处，维护了我县农药市场秩序，保护了农民利益，保障了农业生产安全。

（一）努力夯实农药管理工作基础

为切实搞好农药管理工作，夯实基础是关键，为此，我们从两方面做好工作。一是强化人员素质。配备专人从事农药管理工作，并着重提高从业人员的素质和能力，规范执法行为，相对集中了行政处罚权，无多头执法、重复执法等现象发生，做到了公开办事程

序，依法行政，在农药管理中严格按照执法程序和执法标准，进一步规范了农药行政执法工作。二是加大投入。每年用于农药管理工作的资金不占、不挪用。为农药管理工作配置专用车辆，保证了农药管理工作的交通工具，促进了我县进一步搞好农药管理工作，使农药管理工作不留死角。

（二）大力凸现农药管理工作地位

由于农药管理工作起步晚，加上老百姓法律意识淡薄，造成农药管理工作的地位还没有得到充分体现，为此，我们着重加大了农药管理工作的宣传力度。首先是积极宣传农药管理工作有关的法律法规，每年都通过电视广播、发放资料、赶科技大集等形式宣传《农药管理条例》等法律法规；其次是经常将农药经销商组织起来进行有关法律法规的学习，提高他们自觉依法经营意识，提高农药管理工作的地位。

（三）进一步明确农药监管目标

坚持"着力治本、标本兼治、打防结合、综合治理"的工作原则，严把流通、使用关，大力促进放心农药供应，加大执法力度，打假扶优，使我县农药管理秩序明显好转，非法经营假劣和违禁农药的违法犯罪活动得到有效遏制，从而达到常年无假劣农药坑农害农的事件发生，农药经营单位诚信守法，农民维权意识和能力增强。

（四）不断加大执法力度

以县批发商、乡镇零售点为主要整治对象，以严厉打击非法制售假劣和违禁高毒农药的违法违规行为。一是狠抓了农药市场检查。以农药产品标签为突破口，突出检查中文通用名未标注或不规范、擅自扩大防治对象、冒用登记证号、商品名未登记或与登记证不符、生产厂名与登记不符、毒性标志错误、登记证过期未续展、无农药类别颜色标志带、剂型与登记不符、有效含量与登记不符、无生产日期或生产批号等违法违规行为。平均年检查生产企业50多家，发现并处理不合格产品1~2t。同时积极开展了"禁用五种毒有机磷农药"的专项整治工作。对农药的使用进行严格的管理，要求群众不使用高毒禁用农药，对使用高毒禁用农药的进行批评教育，依法维护了生产、经营和使用的合法权益。

（五）大力促进放心农药进村入户

为了搞好放心农药进村入户工作，我们一是利用农技推广网络，大力实施《病虫情报进村入户工程》，积极向农民推广一系列农药新品种、新技术，引导农民群众选购放心农药产品。二是举办各种农民培训班和发放技术使用材料，指导农民正确、科学使用农药，防止因使用不当造成农业生产事故。三是搞好新农药的药效对比试验，严格做到效果不明显的农药不推广，高毒高残的农药不推广。

纵观我县植保工作的开展历程，在我县农业的各个历史阶段，植物保护工作都发挥了重要的、不可替代的作用。尤其是改革开放以来，植保工作为粮食增产、农民增收和农业可持续发展作出了重要贡献。

献县农业有害生物监测体系　健全推动
植保工作的全面发展

谭文学

（献县植保植检站）

我县地处黑龙港流域，总耕地 106.5 万亩，改革开放以来，随着农产品的市场流通和贸易的国际化，加快了种植业结构调整进度，种植结构的调整影响了农业生产和生态环境，造成农业病虫害发生的多样性。全县年均农业有害生物发生面积由 20 世纪 80 年代的450 万 ~ 500 万亩次上升到 21 世纪初的 650 万 ~ 700 万亩次。我县现有的农业有害生物预测预报体系和工作模式随着农业生产结构的调整和农业生产环境的改变逐步的健全和完善，我 1983 年参加工作一直从事植保工作，亲身经历了植保工作的开展和变化。在"预防为主、综合防治"的植保方针基础上，植保始终围绕农业安全生产和农产品质量安全开展工作。改革开放以来，我县农业有害生物监测体系经历了低谷、发展、完善、提高四个阶段。

一、农业生产制度的变革造成了农业有害生物监测体系与农业有害生物治理的脱节

土地联产承包责任制实施激发了农民种地的积极性，土地利用率高。但是由于土地的盲目开发使原有的沟渠、田间防护林等毁坏严重，改变了农业生态环境，形成了病虫害发生的适生地，造成蝗虫、玉米螟等病虫害发生严重，给植保工作的开展带来的新的难题。一是分散种管方式使集体所有制情况的病虫害监测体制已不适应农业生产的需求，影响了村级病虫测报工作的开展，形成了县、乡、村测报网的断层，直接影响了全县病虫害的监测和治理。我县是典型的河泛蝗区，20 世纪 80 年代蝗虫是我县的主要农业害虫。对蝗虫监测和防治国家每年要拨出专项防治经费雇佣季节性防蝗员。其补贴改革前采取村集体出工为主、国家给予补贴，当时我县有季节性防蝗员 20 名；村级测报员 10 名；各乡镇都配备农技站。联产承包以后取消了集体出工影响了基层防蝗队伍的稳定，致使基层病虫害监测工作无法开展，使病虫害监测工作跌入了低谷。1985 年植保体系统计表明，我县有季节性防蝗员 4 名，村级测报员仅保留后庄 1 名，有 5 个乡镇有农技站。二是改革初期国家财政吃紧，对农业的投入相对较少，县级植保工作经费不足，制约了工作的开展。为解决经费匮乏，确保病虫害监测和防治的正常开展，各级植保在做好常规工作的同时，不得开展增强自身造血活动，逐步形成了开方买药一院养站的格局，大部分技术人员集中进行农药经营创收，造成了病虫害监测和防治服务处在徘徊摸索阶段。

二、农业种植结构的调整和耕作制度的改变使农业有害生物的种群发生了变化，推动了农业有害生物害监测工作的变革和发展

20 世纪 90 年代开始，农民开展从数量型农业逐步向效益型农业转型，我县在稳粮、增棉、扩菜、发展牧草的思想指导下，进行了种植结构区域调整，推广了免耕播种技术，棉花的生产使农民的收入逐年增加，同时棉花的规模种植造成棉铃虫大发生。花枯黄萎病原菌逐年积累使其回升成为棉花的主要病害。由于牧草面积的扩大使绿盲椿象种群数量迅速增加上升为主要农业害虫，甜菜夜蛾发生越来越重。免耕技术的推广保护了土壤中的农业有害生物的病原菌，使小麦纹枯病、小麦全蚀病等根部病害发生逐年加重。

面对种植结构调整和耕作制度引发的病虫害发生特点和现状，为确保原有的病虫草防治技术推广网络不断层，我县的病虫害监测采取了相应的措施。一是我站采取了依托"农资服务网络，扶植发展村级示范户、发挥民间植保组织"的策略。选有责任心、热爱植保技术工作的村级农资经销户为示范户，进行登记备案建档，建立定期培训、汇报制度。二是引导有关的各种植协会组织、进行新药械、新病虫防治技术示范，加快了新产品、新技术的推广。到 20 世纪 90 年代末，我县重点发展村级植保技术示范户 50 个，扶持乡（镇）植保技术服务协会组织 10 个，逐步形成了上下一体全方位病虫害监测和防治网。依托监测网络，先后推广蝗区改造及可持续控制、BT 基因抗虫棉推广应用、棉铃虫的综合治理、麦田杂草综合防治，免耕玉米田大龄杂草控制等新技术。

三、发展高产、优质农业和农产品国内外贸易的开展加快了农业有害生物监测治理体系健全和完善

20 世纪 90 年代后期到 21 世纪初特别是加入 WTO 以来，拓宽了农产品和植物繁殖材料的流通渠道和市场，也为外向型农业的发展提供了一个平台。同时，农产品和植物繁殖材料的频繁调运也加快了农业危险性有害生物的传播和蔓延，致使一些新发农业有害生物开始在我县传播蔓延，为适应新形势下农业生产的需要，体现农业有害生物监测治理公益性职能，保障病虫害监测治理全面开展。1992 年国务院对《植物检疫条例》进行了修订，随后各级政府职能部门相继颁发了《植物检疫条例（实施细则）》《河北省植物保护条例》等相关的法律法规，依法完善和稳定植保监测治理体系。进入 21 世纪以来，农业有害生物监测体系得到了进一步的发展和完善，主要体现在以下两方面。

植保病虫害监测预报工作的公益性得到了当地政府的认可，从 2003 年起，县政府在县电视台为植保工作开辟了《植保园地》专题节目，设为固定栏目，在农作物病虫害发生期每周制作一期，播报二次，针对农业有害生物在我县传播的情况，对节目内容及时进行编辑，通过图文并茂的形式直接向农民介绍农业有害生物发生规律、治理中如何选购适时对路的农药产品、综合防治技术措施的配套利用等相关技术，使植保技术优化、简化，节目的收视率达 90% 以上，到目前《植保园地》节目已累计开办 180 多期，为病虫害监测治理营造了一个新的平台。

多格局的农业有害生物监测体系初具规模，随着农业生产规模化程度的提高，农业专业化合作法的颁布和实施。村级各种类型的专业化组织已经在病虫害治理中发挥越来越重要的作用。为此在植保服务体系的建设中，本着"巩固充实县级、重点发展村级"的原

则，建好县农业有害生物观测场，以县级预测预报站为中心，村级农业有害生物预测预报点为辐射点，形成县级农业有害生物预测预报网络。从县域植保服务体系看，村级是我县整个植保服务体系的基石，我们病虫害治理服务对象是农民，服务的市场在农村，农业有害生物信息的采集来于田间，村级植保服务组织是农业有害生物治理的主体。为实现我县农业有害生物防治信息随时共享、互联互通。近几年来，我们主要采取几方面的措施：一是以村级植保示范户为载体实行动态管理；二是以植保专业协会等组织为龙头带动植保工作的整体推进；三是完善植保站与各村植保服务组织之间的网络建设，为农业病虫治理信息的互联互通提供了条件；到目前，我县已经健全村级级测报点 20 个，植保防治专业队 20 个，各类专业协会 10 个。各类服务组织除有固定电话外，95% 配备了计算机并装了宽带，使多格局的植保服务体系已经初步形成。

四、植保基础建设全面提高了农业有害生物监测水平

进入 21 世纪以来，国家和各级政府逐年加大了对植保基础建设的投资，2005 年国家投资 422 万元在我县建设农业有害生物预警与控制区域站。目前已经建成并投入使用，其中建有 1 000m² 具有音像制作室、培训室、检验检测室、标本室、办公室等综合试验楼一栋；配备有录像机、非线编辑机、计算机等信息处理和传输设备和光学显微镜、检测仪、光照培养箱等检测仪器设备。建成一个 500m² 应急防治药品及施药器械库和一个 10 亩的标准病虫观测场。观测场内建有 600m² 日光温室 2 个和 50m² 养虫网室 1 个，安装有佳多自动测报灯、孢子捕捉仪、小气候田间观测仪等相关观测设备。区域站配有汽车等交通工具，区域站设施完备、功能齐全、具有现代科技水平，区域站的建设推动了植保工作的进一步提高。特别是 2006 年全国植保会议在坚持"预防为主、综合防治"在基础上提出了"公共植保、绿色植保"工作理念，突出了植保工作在农业和农村公共事业建设和农业生态环境发展中的重要作用，也为植保工作今后的发展拓展了广阔的空间，提出了更高的要求。为此，在今后的病虫害治理体系建设中，我们既要突出农业有害生物监测和治理体系的服务职能和管理职能，又要在服务和管理的基础，以监测治理体系为平台，加快绿色植保综合技术措施的引进、示范、推广，形成工作开展中相互促进，以推动我县植保事业的全面开展。

献县植物保护六十年回顾

谭文学

（献县植保植检站）

　　献县地处黑龙港流域，位于滏阳河、滏阳新河、滹沱河汇流处，总土地面积174万亩，其中现有耕地106.5万亩，新中国成立前旱涝、蝗灾是制约献县农业生产发展的主要障碍，植保工作主要是蝗虫的监测和治理。新中国成立60年以来，在各级政府的直接领导下，植保作为从事农业（种植业）有害生物防治的专业性工作，有了长足的发展。植保工作在农业有害生物综合治理过程中，先后经历了健全完善体制、恢复、全面发展、整体提高四个阶段：建国初到1972年为健全完善体制阶段，1973～1983年为恢复阶段，1984～2000年为全面发展阶段，2001年以来进入了整体提高时期。

一、蝗虫监测和防治为植保机构的健全和完善奠定了基础

　　献县是历史上有名的河泛蝗区，20世纪50年代初到60年代后期，蝗虫防治是献县植保的首要工作。由于特定的地理环境造成献县旱涝灾害时有发生，形成了蝗虫栖息繁殖的适生地。为了做好蝗虫的防治工作，1952年县政府下辖的农业股成立了治蝗小组。治蝗小组是献县最早的植保机构，为了便于防治工作的开展，从1953年以后，先后在张村乡张村西洼、段村乡野场、梅庄洼建立了简易飞机场，开展蝗虫的防治工作。

　　随着蝗虫治理工作的开展，植保工作有单一蝗虫防治逐步向黏虫、玉米螟、地下害虫扩展。植保体制随着工作的扩展逐步健全，到1955年在县政府下辖的农业股治蝗小组的基础上成立了献县防蝗站，防蝗站在张村飞机场办公。由于张村飞机场地处四十八村，经常被洪水淹没，1957年后，防蝗站随飞机场迁至段村乡野场，防蝗站在做好蝗虫防治的同时，兼顾做好黏虫等其他常规病虫害的防治工作，进入20世纪60年代中后期，各乡都配备了查蝗员。随着农业生产的发展，常规病虫害的发生逐年加重，到1972年，在防蝗站的基础上成立了植保站，部分公社、大队配备了病虫测报员，植保站主要职能是蝗虫等重大虫害的防治等。

二、集体所有制生产模式推动了植保事业的发展

　　20世纪70年代，以集体经济为主的生产模式为植保技术的推广提供了广阔的空间，公社三场和大队三场试验田是新病虫害防治技术引进、试验、示范的前沿场所。从1972年有了植保站建制到1983年土地联产承包责任制实施期间，我县先后推广了有机磷农药拌种防治地下害虫，多菌灵、三唑酮等防治小麦锈病、敌百虫防治黏虫、糖醋液和杨树枝把诱蛾等新植保技术，1975～1978年，植保站以段村公社尧上大队为基地，推广了素云金杆菌防治玉米螟技术，这是献县植保工作史上首次使用生物制剂防治农业有害生物。从1972～1980年期间，植保站在学校、科研推广部门办在田间地头政治背景下，先后在献

县云台山良繁场、献县高庄长城堤等地建站办公，到1981年代初迁到现农业局院内。20世纪70年代期间，集体生产制环境下有利植保工作开展，除现有植保站干部职工和部分防蝗员外，各公社配有虫情测报员负责病虫害的调查和上报，植保站工作由70年代初期的单一蝗虫和黏虫等重大害虫防治职能扩展到常规病虫害监测预报；新植保技术推广、新农药械引进、示范、推广；农业有害生物综合治理；植保技术推广普及等。到1983年，植保站发展到病虫害预测预报、植保技术推广、新药械试验等职能健全的机构。

三、农业生产制度的变革打破了农业有害生物的发生规律，加快了植保工作的多元化全面发展进程

1983年实施土地联产承包责任制以来激发了农民种地的积极性，但是由于土地的盲目开发使原有的沟渠、田间防护林等毁坏严重，改变了农业生态环境，形成了病虫害发生的适生地，造成蝗虫、吸浆虫等新发农业有害生物逐年加重害，植保工作的开展面临新的课题。主要表现在：一是分散种管方式使集体所有制情况的植保工作开展已不适应农业生产的需求，出现了成县、乡、村植保服务网的断层，到1988年县植保站仅保留季节性防蝗员4名。村级测报员1名。二是改革初期国家财政对农业的投入相对较少，县植保站经费不足，不得不开展农资经营，形成了开方买药一院养站的格局，大部分技术人员集中进行农药经营创收，制约了工作的开展。三是进入20世纪90年代开始，农业生产在稳粮、增棉、扩菜、发展牧草的思想指导下，进行了种植结构调整，推广了免耕播种技术，同时棉花的规模种植造成棉铃虫大发生。花枯黄萎病原菌逐年积累使其回升成为棉花的主要病害。由于牧草面积的扩大使绿盲椿象种群数量迅速增加上升为主要农业害虫，甜菜夜蛾发生越来越重。免耕技术的推广保护了土壤中的农业有害生物的病原菌，使小麦纹枯病、小麦全蚀病等根部病害发生逐年加重。

面对农业体制改变、种植结构调整和耕作制度引发的病虫害发生特点和现状，植保工作的开展采取了相应的措施。一是依托"农资服务网络，实施技物有效结合，扶植村级植保示范户"。对选定的村级植保示范户进行登记备案建档，建立定期培训、汇报制度。二是引导有关的各种植协会组织、进行新药械、新病虫防治技术示范，加快了新产品、新技术的推广。到20世纪90年代末，植保站建立村级植保示范户50个，扶植乡镇植保服务协会组织6个，形成了上下一体全方位病虫害监测和防治体系，为植保工作开展营造一个良好的空间。

从1983~2000年，献县植保工作进入了多元化全面发展阶段，植保站职能由服务职能逐步向执法管理职能扩展，1983年随《植物检疫条例》和《植物检疫实施细则》法规的颁布和实施，植物检疫工作全面开展，到84年春季专职检疫员开始统一着装标志植物检疫全面纳入正规，献县植保站更名为献县植保植检站，1988年10月河北省颁布实施了《河北省植物检疫实施办法》，到1993年5月，国务院对植物检疫条例进行了修订，推动了植保检疫工作规范化和法制化进程。

农业有害生物预测预报和防治职能从单一病虫鼠害向多元化扩展，1987年首先在麦田推广旱田化学除草技术，到20世纪90年代后期，农业有害生物防治服务职能扩展旱田杂草、果树病虫草害、蔬菜病虫草害等预报及防治领域。

在新农药械的引进、示范中，由于20世纪80年代初我国开始禁止使用某些剧毒、高

残留农药主要六六六、滴滴涕等有机氯类农药。从 1984 年在棉花害虫防治中推广使用敌杀死，到 20 世纪 90 年代后期在农业有害生物防治中，先后推广了酯类农药来福灵、杀灭聚酯；高效低毒有机磷农药马拉硫磷、毒死蜱等；氨基甲酸酯类克百威、丁硫克百威；微生物原农药 BT 制剂等。随着农业生产水平提高，农药使用范围和用药种类迅速增加，除草剂和杀菌剂使用量呈直线上升走势，在此期间，植保站通过引进示范先后推广了苯氧羧酸类 2,4-D 丁酯、精稳杀得；二苯醚类除草醚、克阔乐；苯胺类除草通、地乐胺、氟乐灵等。在杀菌剂使用方面、百菌清、杀毒矾、甲基托布津等。在药械使用上，从 20 世纪 70 年代以喷粉机为主发展以喷雾迷雾为主，超低量喷雾和航空喷药等技术应用加快了施药技术更新。

在开展植保防灾减灾和重大病虫综合治理方面，1983～1985 年开展河北省第二次蝗区勘察，献县作为河泛蝗区类型的代表进行资料整理，此项工作获等省科技进步三等奖。从 1990～1994 年，由于棉铃虫大连年大发生开展了棉铃虫的综合治理，推广了高压汞灯诱杀、BT 生物农药的使用等技术。1995 年献县张定大洼夏蝗大发生，随后部分省份相继大发生，为巩固蝗虫防治成果，1995 年国家首先在献县张定大洼恢复了飞机防治秋蝗措施，飞机治蝗主要使用的药剂是马拉硫磷。

从 1984～2000 年，是植保工作多元化全面发展时期，植保站的职能已发展到检疫执法、农业有害生物预测预报、重大病虫害治理、新农药械的引进、示范和推广、植保技术推广等领域，植保工作在新形势下的重要性及各项服务职能逐步得到社会认可。

四、发展高产、优质农业推动公共植保、绿色植保、数字植保工作开展，加快了植保工作整体提升

进入 2001 年以来特别是加入 WTO，拓宽了农产品流通渠道和市场，也为外向型农业的发展提供了一个平台。同时，农产品和植物繁殖材料的频繁调运也加快了农业危险性有害生物的传播和蔓延，致使一些新发农业有害生物开始在我县传播蔓延。

为适应新形势下农业生产的需要，体现植保工作的公益性服务职能，保障病虫害监测治理全面开展。国家加强了对植保工作的管理，植保站在工作职能的开展主要体现以下几个方面：

植保技术推广工作的公益性得到了当地政府的认可。从 2003 年起，植保站在县电视台开辟了《植保园地》专题节目，设为固定栏目，针对农业有害生物发生情况，通过图文并茂的形式直接向农民介绍农业有害生物发生规律、治理中如何选购适时对路的农药产品、综合防治技术措施的配套利用等相关技术，使植保技术优化、简化，节目的收视率达 90% 以上，到目前《植保园地》节目已累计开办 180 多期，使农业有害生物防控预报实现了电视化，体现植保工作中公共植保的公益性，为病虫害监测治理营造了一个新的平台。

植保基础建设为整体提高植保工作奠定了基础。2005 年国家投资 422 万元在我县建设农业有害生物预警与控制区域站。目前已经建成并投入使用，其中建有 1 000m² 具有音像制作室、培训室、检验检测室、标本室、办公室等综合试验楼一栋；配备有录像机、非线编辑机、计算机等信息处理和传输设备和光学显微镜、检测仪、光照培养箱等检测仪器设备。建成一个 500m² 应急防治药品及施药器械库和一个 10 亩的标准病虫观测场。观测

场内建有 600m² 日光温室 2 个和 50m² 养虫网室 1 个，安装有佳多自动测报灯、孢子捕捉仪、小气候田间观测仪等相关观测设备。区域站配有汽车等交通工具，区域站设施完备、功能齐全、具有现代科技水平，区域站的建设推动了植保工作的进一步提高。

植保法律、法规的相继颁布和实施使植保公共管理职能地位更加明显。从 2001 年 11 月，国务院修订后的《农业管理条例》实施到 2002 年 7 月《河北省植物保护条例》颁布实施以来，对植保的公益性有了明确的界定和法律保障，2010 年 3 月农业部颁布实施了《农业植物疫情管理办法》，对农业有害生物疫情发布的实施了依法管理。特别是 2006 年全国植保会议在坚持"预防为主、综合防治"在基础上提出了"公共植保、绿色植保"工作理念，突出了植保工作在农业和农村公共事业建设和农业生态环境发展中的重要作用，从 2002 年开始献县组建农药监督管理站，农药监督管理站机构建制为"二套牌子一套人马"，与植保站合署办公，从 2002 年起到 2005 年农药监督管理职能归属综合执法为止，期间植保站的公共管理职能主要表现在依法对农药市场管理规范、取缔高剧毒农药使用、植保事故的田间鉴定、新农药械的试验推广评价和农药安全使用。从 2003 年以来，植保工作公共管理职能已经扩展到外来有害生物防控，重大病虫的治理、2005 年献县对外来生物黄顶菊进行了全面防控。

多格局的植保服务体系初具规模，成为绿色植保开展的有效载体。随着农业生产规模化程度的提高，农业专业化合作法的颁布和实施。村级植保专业化组织已经在病虫害治理中发挥越来越重要的作用。从县域植保服务体系看，村级是植保服务职能实施的场所，病虫害治理服务对象是农民，服务的市场在农村。农业有害生物信息的采集来于田间，村级植保服务组织是农业有害生物治理的主体。从 2004 年以来，植保工作服务职能健全主要从以下几方面发展：一是以村级植保示范户为载体实行动态管理；二是以植保专业协会等组织为龙头带动植保工作的整体推进；三是完善植保站与各村植保服务组织之间的网络建设，为绿色植保技术的推广、农业有害生物防治信息的互联互通提供了条件。到 2009 年献县植保站已健全村植保服务组织 20 个，植保防治专业队 20 个，各类专业协会 10 个。各类服务组织除有固定电话外，95% 配备了计算机并装了宽带。使绿色植保和数字植保实行有效的结合，从 2004 年来依托植保服务体系，绿色植保技术得到了全面推广，先后推广了玉米化学除草、蔬菜病虫害生物防治、保护地烟雾机使用等多项技术，其中免耕玉米田大龄杂草控制项目获省科技进步三等奖。结合绿色防控技术的推广，一些高效低毒的农药品种阿维菌素、甲维盐、灭幼脲、苦参碱、丙环唑及部分农药混合制剂相继使用，推动了植保绿色防控技术普及。

进入 21 世纪以来，随着人们对农业生产安全、生态环境安全和农产品质量安全要求的提高，献县植保工作在农业生产中的地位越来越重要，为此，在今后的植保工作开展中，既要突出农业有害生物防治服务职能和管理职能，又要在服务和管理职能的基础上，加快绿色植保综合技术措施的引进、示范、推广，形成工作开展中相互促进，以推动献县植保工作健康有序的发展。

盐山县植物保护工作六十年回顾

刘　涛

（盐山县植保站）

植物保护是农业生产发展的基础，是维系国民经济持续、健康、稳定发展的根本保障。新中国成立后，国家对植保工作给予了高度重视，特别是改革开放以来，随着农业结构调整以及农业产业化进程的不断发展，农业生产进入了一个全新的历史时期，植保工作在农业领域的不可替代性也越来越突出，成为影响甚至制约生态经济发展的主要因素。作为农业工作的重要组成部分，盐山县植物保护经过几十年来的演变与发展，逐渐走出了一条与当代农业、农村发展相适应的新路子，谱写了一曲植保事业的光辉篇章。

一、植保体系的建立与完善

1956 年，我县农业部门成立了植保站，各项工作也随即展开，其后的几年内又相继在全县各区设立了受辖于农业部门的农技站，同时，每个农技站都配备了专职植保员，负责辖区内的各项植保工作。由此，我县植保工作得以正常运行，形成了以县站为中心，公社为纽带，村镇为基点的植保网络体系，解决了因交通、通信不便带来的信息传递困难，也为现阶段植保工作的顺利开展奠定了坚实的基础。至 80 年代初，原人民公社改为乡（镇），农技站更名为农业办公室，原农技人员归乡（镇）管理，植保网络体系在一定程度上受到了影响。为解决这一问题，农业局一方面加大对乡、村植保站点的沟通与扶持力度，增加植保投入。一方面积极培育适应社会发展的新型植保技术人才，几十年来，植保站共有 7 人获得高级技术职称，11 人获得中级技术职称，有力地支持了我县植保工作的顺利进行。

近年来，为适应生态农业生产发展的需要，盐山县植保站始终坚持"预防为主，综合防治"的植保方针，积极构建新型植保体系架构，努力实现从部门植保向公共植保、绿色植保的转变，积极开展植保社会化服务模式的推广，截至目前，共建立健全了各种形式的专业化防治组织 67 个，实现年专防面积 20 余万亩。

二、农作物病虫草害预测预报工作的不断完善

（一）基础设施

新中国成立后，我县植保工作开始起步，而对大部分病虫害的发生特点、发生规律还不甚了解，测报数据也主要是用于对病虫害发生特点及发生规律的认识，测报主体单一，仅限于黏虫、蝗虫等有限几种虫害。

20 世纪 60～70 年代，我县植保站的办公条件十分艰苦，测报手段也极为简陋，最先进的仪器也仅是放大镜和天平。到 80 年代，开始使用需要人工定时开关的传统测报灯，费时费力，效果也不好。进入 90 年代以来，我站多方筹措，改善了办公条件，并购置了

先进的植保设备、设施，如自动虫情观测、田间小气候自动观测、光学显微镜、生物解剖镜以及成像设备等。其中，佳多自动测报灯具有先进的烘干系统和自动收集系统，8 天收集观察一次，有效地减轻了技术人员的工作量，提高了工作效率。

（二）测报调查

为准确掌握病虫发生情况，多年以来，我们一直采取定点调查与大田普查相结合的测报模式。定点调查可随时掌握病虫发生动态，了解其消长规律，以确定防控方法和防控时间。大田普查主要是掌握病虫发生程度与发生范围，以确定防控级别与规模。一直以来，我站工作人员始终坚持工作在弟一线，走到哪里调查工作就做到哪里，调查方法科学，调查数据齐全，积累了丰富的经验，做到了测报的准确无误。

（三）信息的采集与传递

在病虫害测报工作中，由于测报站点的局限性，使得农民群众一直以来就是我站的病虫信息来源，多年的经验告诉我们，采取专业测报与群众相结合的测报模式，是取得病虫防控胜利的法宝。同时，为更好地服务"三农"，我们不断创新信息服务方式，多途径开辟信息服务渠道，多形式地开展信息服务，由传统的单一情报发放，发展为现在的网络媒体、电视专题、有线广播、病虫情报以及明白纸等相结合的信息传递模式。

（四）病虫监测和防治范围的不断扩大

为适应农业生产发展的需要，我县植保工作也逐渐由粮食作物向经济作物延伸，加强了设施栽培条件下病虫害防治技术的研究与推广，促进了设施园艺、无公害蔬菜的迅速发展。在防治方向上，由只重视虫害的防治，向病、虫、草、鼠害并重的方向发展。在防治顺次上，由只注重主要病虫害防治，向主次兼顾、通盘考虑的方向发展，促进了"综合治理"工作的深入开展。在防治目的上，由侧重于保障农产品数量，向保障农产品质量安全方向转变。在防治保障上，由侧重于临时应急防治，向源头防控与综合治理长效机制转变。在防治策略上，由侧重技术措施，向技术保障与政府行为相结合转变，保证了我县农业的持续、健康、稳定发展。

三、病虫害防治技术的推广

（一）防治技术的更新

50 年代，虫害防治主要是以人工防治为主。特别是在蝗虫的防治上，主要是发动群众进行人工扑杀、控卵，虽然也取得了一定的效果，但效率很低。在黏虫防治上，主要是用糖醋液诱蛾、谷草把诱蛾产卵、人工捕捉幼虫等方法进行防治。

从 60 年代初开始，人们开始使用六六六粉来防治黏虫和玉米螟。以后有机氯、有机磷农药逐渐成为病虫防治的主体，农业病虫害防治进入化学防治阶段。70 年代，病虫防治以有机磷农药为主。80 年代初开始使用菊酯类农药。当时用 20% 的杀灭菊酯 1 万倍液防治蚜虫，防效可达 95% 以上，一度被农民称为"神药"。

70～80 年代，农作物病虫害防治主要以化学防治为主。但农药的长期大量使用会使病虫产生抗药性，防治成本逐年提高，造成环境污染，生态平衡遭到破坏。从 90 年代开始，随着"预防为主、综合防治"植保方针的进一步落实，在对棉铃虫等主要害虫的防治上，采用了物理、化学、生物多措并举的防治策略，减少了化学农药特别是高毒农药的使用量。同时，在防治过程中还采取了交替用药、轮换用药的方式，从根本上减少了化学防治的次数及用药量。从2007年开始，我们实验并推广了小麦、蔬菜的绿色防控技术，农药使用量同比下降了10%，取得了良好的社会效益和生态效益。

1986年，我县开始引进玉米田除草剂——乙草胺，由于除草效果理想，省工省时，深受农民欢迎，此项技术很快得到广泛推广。如今化学除草技术可应用于多种作物，品种也丰富多样，除草效果更加理想。

在病害防治方面，从80年代中期开始使用多菌灵、托布津等杀菌剂，品种多样，效果明显。1985年开始推广使用机动喷雾器。到90年代，农业、物理、生物防治技术得到进一步推广应用，综合防治技术更加完善，有力地改善了农业生态条件，为农业可持续发展奠定了良好的基础。

（二）新技术推广

我县是植棉大县，从70年代以来，棉铃虫成为棉花主要害虫，为害严重，特别是90年代初更加猖獗，大发生年份高峰期日落卵上千粒，棉农谈虫色变。1992年一代棉铃虫在小麦上大发生，我县植保站发动农民人工捕捉，二、三、四代在棉花上大发生。我们采取了杨树枝把与高压汞灯诱蛾扑杀。通过实施"控制一代，普治二代，狠抓三代，挑治四代，结合人工扫残"的防治措施，运用深耕、诱蛾、人工采卵、捕捉高龄幼虫、种植诱集代和科学用药等方法，最终控制住了棉铃虫危害，取得了粮棉双丰收。1995年，我站率先引种抗虫棉33B，试种成功，并于1997年大面积推广种植，有效地控制住了棉铃虫的危害。

抗虫棉的推广，不但使棉田用药量减少1/3以上，同时也改变了棉田害虫的种群及数量。从2005年开始，棉盲椿象由次生害虫上升为主要害虫，由于它体积小、世代重叠、活动能力强，给防治带来困难。我县植保站全体技术人员联合攻关，深入田间地头调查研究，在充分掌握其发生、发育特点的基础上，很快制定了一整套治理方案，通过清除杂草、控制潜入、统防统治、由外至内以及科学合理用药等措施，有效地控制住了危害。即使在大发生的2006年、2007年、2008年仍取得棉花丰收。

四、植物检疫

农业植物检疫是通过行政和技术措施防范植物疫情传播和蔓延的行政执法工作。新中国成立以来，通过几代植物检疫工作者的共同努力，盐山县植物检疫工作没有出现一起事故，做到了既把关，又服务，有效地控制了疫情的传播与蔓延，为保证我县农业生产与生态安全，保护人体健康，维护社会稳定作出了应有的贡献。特别是改革开放后，种子、苗木及农产品交易频繁，检疫性有害生物随农产品调运而传入我县的危险性增加。为推进我县农业持续健康发展，广大植物检疫工作者严格执行《植物检疫条例》等法律法规，认真做好种苗及农产品的疫情检测与控制工作，降低外来植物检疫性有害生物的传入与蔓延风险。

1980年，盐山县植保站增设检疫组，设专职检疫员，从此植物检疫有专人负责。办公条件得到了改善，执法人员全部着装上岗，检疫工作走向正规。随着农业生产的不断发展，种子调动流通日益频繁，增加了危险性病虫传播蔓延的可能性，加强植物检疫工作对保护农业生产安全显得越来越重要。盐山县植保站在全面开展检疫对象普查，防止植物检疫对象扩散蔓延方面做了大量卓有成效的贡献。2007年，作为省重点外来有害物种监测地，我县增设了千童、庆云、边务三个农业病虫害监测点，并对过往车辆进行抽检，以确保外来有害物种不进入我县。

（一）疫情普查及控制

由于各种不可抗拒的原因，某些危险性病、虫、杂草的传入是不可避免的，如美国白蛾、草地螟等。为此，盐山县植保站充分发挥植检职能，及时在全县范围内开展疫情普查，如：1977年发现棉花枯萎病，1992年发现美洲斑潜蝇等。为控制进入我县的病、虫、杂草的扩散蔓延，我站在上级主管部门的支持下，采取有力措施，控源灭杀，使各种疫情均控制在有限范围之内。

（二）植物产地、调运和市场检疫

多年以来，盐山县植保站始终坚持按照《植物检疫条例》进行三检。对于良繁基地，由两名专职检疫员进行调查，未发现检疫对象的签发《产地检疫合格证》。调查发现检疫对象的，采取检疫防疫处理后，检疫合格的控制使用；没有进行防疫处理的停止调运。对种子市场及蔬菜批发市场，我们定期进行检查，重点检查有无种子标签、检疫证号、《植物检疫证书》及调运证书；检查经营单位或个人检疫手续是否齐全。对弄虚作假、伪造或使用过期植物检疫证明或无证擅自调运种苗的单位或个人，依法严肃查处。

五、提高药械水平，加强药械管理

在农业生产中，病虫害防治水平的高低是与药械分不开的，它决定了植保工作的基础水平。建国初期，病虫害防治几乎完全依靠人工，效率低下。至70年代，手动压力喷雾器开始在我县农业生产中应用，因其灵巧方便很快便在全县推广开来。80年代初，随着家庭联产承包责任制的实行，背负式手动压力喷雾器开始普及。进入90年代以后，一些新型药械开始进入农业领域，如：背负式机动喷雾器、弥雾机、大型机动喷雾器、超精量喷雾器等等。在药剂方面，由以前的单品种、单剂型，发展到现在的品种、剂型多样性，人们可以根据具体情况自由选择。

（一）努力经营，提高药械水平

盐山县植保站从建站开始就始终站在我县药械水平的制高点，在与病虫害的博弈中总结了丰富的经验。20世纪60~70年代，人们可用来选择的药械少得可怜，施药技术水平的含金量也不高，几乎人人都会使用。进入80~90年代以来，随着市场的放开搞活，一些以前常用的老品种不断退出，大量新品种开始上市。品种的多样化虽然丰富了市场，增加了选择项，但在病虫害防治时的品种选择上却出现了盲目和迷茫。为引领我县人民正确、合理地选择药械，我站在确保病虫测报工作正常进行的基础上，抽调人员开设了药械经营门市部，把市场最先进的药械带进我县，提高了我县植物保护的基础水平。

为更好地解决生产中遇到的各种问题，我站在掌握技术、信息与物资的情况下，进行了大量的防治效果对比实验，如对蚜虫、棉铃虫、盲椿象等，把最好的药剂与配比告诉农民，既产生了较高的经济效益，又对我县农业生态保护作出了贡献。2008年，我站在兴隆淀专业化防治组进行的超精量原液喷雾实验取得成功，这一实验的成功将会对我县植保技术水平的提高产生重大而深远的影响。

（二）强化药械的市场监管

市场的开放，不可避免地会有假冒伪劣商品进入我县，为净化我县农资市场，打击非法制售假劣和出售高毒农药的行为，我们把县级批发商以及乡镇零售点作为主要的检查对象。以农药产品标签为突破口，检查中文通用名未标注或不规范、擅自扩大防治对象、冒用登记证号、商品名未登记或与登记证不符、生产厂名与登记不符、毒性标志错误、剂型与登记不符、有效含量与登记不符以及无生产日期或生产批号等违法违规行为。同时积极开展"禁用五种有机磷农药"的专项整治工作，教育群众不使用高毒禁用农药。截至目前，我县共检查生产、销售企业120家，发现并处理违规企业5家，不合格产品16t，有力地维护了我县药械市场的有序竞争，净化了药械市场。

纵观我县植保工作的开展历程，虽然每个历史时段都有其不同的时代特征，但对于我县农业生产的发展都有其不可替代的作用。尤其是改革开放以来，随着社会的飞速发展，新型的外来物种不断出现，这就要求植保工作者要不断学习，努力适应时代特征，为确保粮食增产、农民增收和农业可持续发展作出新的更大的贡献。

黄骅植保工作发展趋势展望

刘浩升

（黄骅市植保站）

一、概述

"民以食为天，国以农为本"，农业作为国民生产的第一产业，有着举足轻重的地位。虽然随着社会的进步第一产业生产总值在国民生产总值中所占比例逐年下降，但从近年的国家政策中仍体现出国家对农业生产的高度重视。"三农"始终是两会关注的热点，传统栽培农业的优惠政策和措施层出不穷。新形势、新政策、新技术的大背景下，要求我们农业工作者不断创新思路。植保工作作为农业工作的重要组成部分，其技术水平直接影响农业工作的优劣。随着科技的进步，人民素质的普遍提高，我国已迈入信息化的时代。政府职能的转变、农业产业结构的调整、农村联产承包责任制的改革，农村剩余劳动力的合理输出及中国加入 WTO 等新形势对植保工作提出新的要求、新的挑战。

二、植保工作的发展趋势

"新环境下植保工作者要干什么、怎么干、怎样干好？"已成为一个不能回避的问题。对于各种工作而言都是要为了满足社会发展的不同需要而产生。我们要弄清楚应该干什么，就必须看清社会需要我们运用植保技术去做什么。

（一）职能转变

从政府职能转变的角度看，政府要成为管理者，更要成为服务者。我们植保部门也不例外，我们要成为新植保技术的研究者、传授者、推广者、管理者和服务者。要让大家遇到植保问题就找我们，并且乐于找我们。这要求我们植保工作人员转变思想和工作作风，摒弃那种高高在上的错误观念，把心思放在帮农致富、帮本地区经济发展，帮社会和谐发展上来。

我们的权利是政府分派的，更是人民赋予的。我们不仅要对领导机关、政府负责，还要对农民和广大人民群众负责。要不断完善专业技术、提高自身修养文明平易执法。尽全力为群众解决尽可能多的问题，成为广大群众称赞的植保技术传播者、植保法律法规执行者、植保纠纷化解者。

（二）信息管理

从社会科学技术发展的角度看，要切实完成我们的职能，就要掌握先进全面的植保相关技术信息。要更好地为我们的服务、管理对象系统地提供相关植保信息，就要首先获得、掌握、管理植保技术相关信息。现代社会是信息爆炸的时代，随着信息化的发展，互联网植保技术、网上植保咨询、网上互联诊断、网上购销植保产品必定会普及。这就需要我们提前行动，搜集、整理、系统化所有植保信息源、信息内容，完善信息存放和管理系统，监管信息采集、发布和跟踪，确保植保信息内容的合法性、真实性和可利用性，保障植保信息系统的良性运行。

（三）结构调整

从农村联产承包责任制的改革、农业产业结构的调整、农村剩余劳动力的合理输出的角度看，随着农村剩余劳动力的减少，农业生产从原先的一家一户的小片种植向规模化、机械化种植过渡，从"大而全、小而全"的小农经济向发展地区产业化特色农业过渡。将来"自己扛锄头，一天三下地"的情况必定不复存在，植保工作就更要具备前瞻性、预见性和指导性。植保防治工作就更要体现"以防为主"的方针，这就需要有准确的病虫害发生预测预报和更科学的病虫害流行可能性、程度大小分析，以指导农户的防病除虫。我们就要加大力度进行更细致、科学的病虫害监测、抗药性监测及病虫害流行的研究工作，并及时准确地通过实时网络汇总、分析各种数据，从而能指定出台具有宏观指导意义的病虫害情报。让农户大胆投入、放心经营。

总而言之，我们要转变思想、一心为农，坚持搞好病虫害监测、预报工作，开辟完善的植保信息供给、管理的平台。让植保工作与时俱进，适应现代市场经济的要求，为我国构建和谐社会和社会主义新农村献计、出力。

沧县植保服务体系发展概况

史均环　孙泽信　张巧丽　高建海

（沧县植保站）

　　沧县拥有耕地面积 129 万亩，515 个行政村，乡村人口 60.78 万，是一个典型的农业大县。20 世纪 70 年代以来，我县的植保组织从无到有、日臻完善，尤其是进入 21 世纪，国家加大对农业基础设施投入力度，2004 年实施国家优质粮食生产工程在沧县建立了"河北省沧县农业有害生物预警与控制区域站"，建成了科学、高效、完备的现代化预警与控制系统。目前沧县形成了以国家、省、市、县四级植保站为（中心）基本架构，以乡、村农资经营和农技推广服务站为依托，以乡、村聘用技术员为纽带的植保服务网，拥有了比较完整的植保服务体系，成为支撑植保事业发展的中坚力量。纵观沧县植保推广体系发展，实现了三个历史性跨越。

一、起步阶段（1970～1979 年）

　　1970 年成立沧县农业局虫情测报站，测报站采取定点调查和重点调查手段预测预报，将虫情测报结果通过县政府传达到人民公社，由人民公社传达到各大队支部，由大队组织进行统一实施防治。全县 32 个公社只有东关公社 1972 年建立了"农业综合服务站"，服务站 3 各技术员，由政府开支，负责全公社农业技术宣传指导。70 年代由于土地属于生产队所有，农民没有自主经营权，农药品种少，防治方法和防治用药都比较简单。公社、村各有一名专职或兼职技术员，农业技术普及率较低。

二、发展与壮大（1980～1995 年）

　　沧县 1980 年开始实行农业生产家庭联产承包责任制，农民得到了可自主经营的土地，激发了农民种田的积极性，广大农民群众开始关心向往科学种田，向土地要效益，学习使用植物保护技术。80 年代的植保站是农业局的一个普通科室，已经发展到有 8 名技术人员，主要负责全县农作物病虫害的预测预报、病虫防治技术指导、新农药试验示范等任务。80 年代的县植保站人员，每天骑自行车分头下田调查农作物病虫害发生情况，不仅站上人员分头调查，下设的 6 个基层测报点也进行调查，汇总大量的数据结合历史资料，于 3 月底至 4 月初编写"上半年农作物病虫发生趋势预报"。进入 4 月清明节以后，各项调查任务正式开始，在病虫害始发期先进行大田普查，再选择有一定代表性的田块做定点调查。4～5 月田间调查以小麦为主，进入 5 月以后随着春播作物的生长调查任务增加，进入 7 月上旬至 8 月下旬是植保站最繁忙的季节，至 9 月底植保工作接近尾声。

　　80 年代病虫情报由铅字打印出蜡纸，再由油黑印刷，打字印刷工作不仅繁琐费时且印刷质量差，信息传递以邮寄信件为主，由植保站将病虫情报邮寄到乡农业技术服务站，乡农业技术服务站负责召集村技术员开会传达，整个信息传递过程需要 4～7 天时间，即使技术指导正确，有些发展蔓延迅速的病虫害因贻误战机得不到及时控制，造成农作物产量损失，每遇到这种情况我们就非常痛心。

1983年沧县植保站为便于新农药的推广成立"沧县植物医院"，与植保站一套人马两个牌子，植物医院实行开方售药，将新农药作为新技术的载体，实行技物结合的方法推广病虫草防治技术。1984年以后各乡镇相继成立了农业技术综合服务站，全县拥有80名乡镇农业技术员。乡农业技术综合服务站是乡政府授权的本乡唯一集农业技术服务经营于一体的经济实体，负责本乡区域内农药、化肥、种子的经营，并在县农业局的统一指导下进行技术服务。农业局植保站定期对乡镇技术人员进行技术培训，统一推广新技术、新农药、新良种和化学肥料。由于当时农资经营渠道只有生产资料公司和农业技术革新服务公司，农资经营利润较高。1990年农业局相继对各技术站投资购买了部分化验设备、测报设施、农药试验器具、办公设备，各技术站积累了一定的固定资产。乡镇农业技术综合服务站以农用物资作为农业技术推广载体，农闲季节对村技术员、示范户进行技术培训，农忙季节深入田间进行现场技术示范指导，并将县植保站的病虫发生信息用电话或有线广播通知农民群众。乡、村技术人员及时反馈病虫发生与防治信息及农业生产实践中出现的问题，县、乡、村三级技术人员紧密联系密切合作，形成覆盖全县的植保服务网，植保技术推广工作渠道畅通，在农民群众中影响力较大，在基层农业推广工作中成效显著，是基层农业技术推广的主力军。

三、创新发展阶段（1996～2008年）

为适应现代化农业的需要，提升植保站的工作能力，1995年农业部投资37万元在沧县建设区域性病虫监测站，建成了高标准的养虫室、抗性监测室、配备监测专用车，并实行微机联网。2004年国家投资400万元在沧县建成"河北省沧县农业有害生物预警与控制区域站"，通过建设改造完善，沧县建成了一个设施完备、功能齐全、具有现代科技水平的农业有害生物预警与控制区域站。

1995年以后，沧县植保技术推广体系随农业生产结构调整、市场经济体制的改变相应发生变化。植保站的工作由原来的测报防治、药效试验、新技术推广3方面工作扩展到6个方面。一是农业有害生物预警与控制；二是植保专业化防治队伍建设；三是绿色防控示范区建设；四是新农药示范推广；五是害虫的抗药性测定；六是技术培训与咨询。①有害生物预警与控制工作，根据作物种植结构，设定点调查田和系统调查田及系统监测对象，并定期进行大田普查。每周二、周五向省植保站、市植保站传送病虫发生报表，并定期向农业部传送病虫发生模式电报。年均发布病虫信息20期，以邮寄信件、发布手机信息、电话传达、电视播报几种形式向广大农民群众宣传病虫害发生与防治知识，病虫信息覆盖率达60%以上。使长期预报准确率达80%以上，中短期预报准确率达90%以上，为全县病虫危害损失率控制在5%以下提供有力保障。②专业化防治队伍建设，结合各乡镇实际情况，至2009年全县已组建乡村植保专业化防治队伍50支，每队拥有机动喷雾器10～30台。通过对机防专业人员进行技术培训，使植保专业统一机防示范区域的防治效果高于非统一机防区15%，节省农药10%。2009年吕寺村2000亩枣园实行专业队统防统治，在枣树病虫中度偏重发生的情况下，示范园区枣树全程用药8～10次，严格控制用药品种和用药量，平均每百株枣树每次防治成本10～12元，而一般枣园全程用药14～16次，每百株每次用药成本在14～20元，全年园区减少用药 5~6 次，每百株枣树节约防治费用 130 元左右，此外由于示范园区严格控制调节剂的使用量，使园区枣果明显个大、光泽度好、含糖量高、病果率低。③绿色防控示范区建设，通过绿色防控示范区实行统一测报、统一防治方案、统一组织实施、统一防效评估，并施行和推广综合防治技术，示范无公害农药新产品使用技术，减少化学农药使用量，确保生产出高品质的农产品。④新农药示范推广。无公害农业需要高效低毒农药产品，沧县植保站每年接受省植保站、省药检所新农药试验示范任务，如低毒农药替代高毒农药防治地下害虫拌种、新型杀虫剂试验、安全高效苗后除草剂试验、生长调节剂、杀菌剂等几十项试验项目，积累了丰富的试验数据，筛选出了适合沧县农田生态环境的农药品种进行推广。⑤害虫抗药性测定，抗性监测站建成以来，沧县植保站连年对棉蚜、棉铃虫、麦蚜对部分农药的抗药性进行测定，根据室内抗药性测定结果制定田间防治方案，使害虫的抗药性得以延缓，防治效果提高。⑥技术培训与咨询。以文字资料、电话、手机短信等多种形式将植保技术发放到各乡镇政府、农技站、科技示范户及农民群众手中；在重点乡镇、村庄开展植保技术现场讲座，并结合科技入户工程，录制专门的电视讲座节目，进行多种形式的植保技术培训工作，加大绿色植保技术推广力度；开通植保服务热线，每天接听群众来电咨询 5~10 次，做到仔细询问、实地观察、科学分析，为群众耐心解答。并给出行之有效的处理措施，深受农民群众欢迎。

进入 1995 年以后乡镇植保推广体系也随经济体制的改革发生了根本性改变，农业生产资料由生产资料公司和农业服务公司专营变为多渠道经营，村村都有农资经销点，市场竞争非常激烈，这样一来乡技术站的经营优势消弱，经营利润下降，一部分乡镇技术站由于经营不善被迫解体，另有一部分乡农业技术服务站转换经营方式，由集体经营转变为个体经营。新形式下的乡农业技术服务站也变原来的经营服务功能，成为以侧重经营为主农业技术服务为辅的经营服务实体。1995 年沧县 30 个乡镇合并为 19 个乡镇，原有的 30 个乡镇农业技术服务站因合乡并镇或解体，原乡镇农业技术推广人员（农民技术员）大部分实行了承包经营农技服务站的形式。农技推广体系出现了线断、网破、人散的状况，植保工作也受到很大影响。剩下 9 个具备一定规模和植保技术服务能力及村级农技站健全的乡站，构成了县植保站的下行技术服务网络。

植保站克服困难，调整思路，改变传统观念，创新工作方法，发展绿色植保和数字植保，建立新形式下的植保体系。1995 年以后的基层服务体系按形式背景和运行模式可分为两类：一类是合乡并镇后重组形成的新站，另一类则是近年来以农资连锁加盟或者特色农产品技术管理为名建立的服务站，由于经营服务的需要与植保站保持着业务联系和技术传承。这两类农技站资产属性和经营模式均为个人承包、家庭经营为主，个别为多人承包或多人集资。各站有一定的固定资产、部分化验设备、测报设施、农药试验器具、办公设备，并通过经营种子、农药、化肥等农用物资运转，采取以"经营促服务"的服务模式。各站在辐射范围内，采用农闲季节集中培训，农忙季节下田指导，聘请县专业技术人员授课，通过黑板、广播、手机短信发布病虫预报和防控意见，推广先进实用的植保技术，实现了"以经营促服务"。

如今，县植保站在当地具有领导力、号召力和示范力，乡、村镇技术站的技术服务起到对经营的保障作用。以县植保站为主导的基层植保机构，充分发挥了其在公益事业和社会服务方面的职能，保障了地方农业生产安全和生态安全。

青县植物检疫工作回顾

刘润通　　卞得友　　张俊丽　　回先锋

（青县植保植检站）

植物检疫是植物保护的重要组成部分，是防止危险性病虫草害传播蔓延的有效手段。几十年来，我县植物检疫从无到有，从弱到强，在各个不同时期，根据当时的政策、交通、种植结构等情况相应采取了不同的检疫措施，确保危险性病虫草害传播蔓延得到有效遏制，对我县的农业生产起到了保驾护航的作用。

一、概况

青县地处黑龙港河流域下游，地势平坦，交通发达便捷，京沪铁路、京沪高速、104国道纵贯南北，津保公路横穿东西，全境总面积979.4km²，其中耕地面积55 041hm²。地力较肥沃，适于种植小麦、玉米等粮食作物及棉花、蔬菜等，近几年，蔬菜种植发展迅速，我县成为河北省六大蔬菜基地县之一。

二、植物检疫工作的发展历程

我县于1977年开始，抽调人员进行学习培训、通过考核，成为我县首批专职检疫员，负责我县的植物检疫工作。当时的生产体制以人民公社和生产队为基本单位，管理严格，基本上杜绝了个人私自调种，当时的检疫工作主要检疫以县种子公司和公社的统供统销的种子为主。

20世纪80年代初期，随着农村联产承包责任制的实施及不断深入，多种形式的种子经营销售渠道已初步形成，一些原来没有涉足经营销售种子的人员也开始进行种子经营，他们走南闯北，看到别处什么品种好，就弄回什么品种，根本就不理会跨区调运种子需要什么手续，更谈不上为防止危险性病虫害的传播蔓延需要到当地植检部门对种子进行检疫，合格后才能跨区调运，没有经过检疫就私自调运种子的情况屡有发生。针对这一情况，我县植保植检站首先进行了较大规模的植物检疫宣传活动，印发检疫宣传资料，赶科技大集，向广大农民宣传植物检疫工作的重要性和必要性。其次深入各个种子经营单位检查指导，规范其种子经营行为，向其说明未经检疫私自调种，可能对农业生产造成的严重后果及所要承担的责任。这些措施有效地防止了未经检疫私自调种的现象的发生，并为以后的植物检疫工作打下基础。

80年代后期至90年代初期，社会经济进一步开放搞活，种子市场开放，农业生产有了长足的发展，同时道路交通运输业蓬勃发展，这些都为种子及农产品的跨区调运创造了便利条件，但同时也给植物检疫工作造成了很大压力。一些种子经营者为经济利益或图省事不去检疫，直接调运种子，未经检疫私自调种的现象有所抬头。我县植保植检站在加大常规宣传力度的同时，与河北省植保总站合作，制作了一套图文并茂的植物检疫挂图，宣传内容直观明了，引人入胜，此挂图在全省范围内得到推广，取得了较好的宣传效果。在加强宣传的同时，我们也加大了检疫执法力度，不定期到有关种子经销单位进行检查，发现问题，按《植物检疫条例》依法处理。另外，根据我县交通便利，种子通过道路运输量大，且毗邻天津市的地理环境，经报省站同意，并与县公安部门协调，在我县104国道马厂镇成立了联合检查站。在种子调运季节，植物检疫人员昼夜上岗检查，发现违法行为及时处理，既有效地防止了危险性病虫害的传播蔓延，又大力提高了种子经营者的检疫意识，促使其以后调运种子及有关农产品时主动检疫。后来随着绿色通道的开通及有关政策的出台，联合检查站撤销。我县检疫工作随即进入了源头管理阶段，即通过不定期对种子经营单位进行检疫检查，从而督促其在跨区调运时进行检疫。

90年代后期至今，随着农业产业结构的优化调整，我县蔬菜种植逐渐形成规模，蔬菜种子繁育发展迅速，形成河北省乃至全国的重点蔬菜种子繁育经营县。每年蔬菜种子繁殖面积达2.5万亩左右，其品种达80多个，种子销往全国各地，每年的种子销售量达50多万kg，在国内各大蔬菜种植区具有一定的市场，虽然调运时数量不大但批次很多，有害生物疫情传播、蔓延风险加大，对植物检疫工作提出了新要求。针对这种情况，我们采取了以产地检疫为主的植检方针，各有关繁种户在确定地块后，要及时到我站办理手续，填写有关产地检疫制表，如：植物产品经营单位检疫情况审查表，种子生产地植物检疫报告单、河北省植物检疫证明编号申请单，经我站审批同意，方可进行制种。在繁种过程中，我站按照《产地检疫操作规程》要求进行田间检疫，并结合必要的室内检验，对未发现危险性病虫害的，发给产地检疫合格证，发放植物检疫证明编号，凭产地检疫合格证在该种子调出时开具植物检疫证书，由于蔬菜种子外调时批次多，数量少，一张产地检疫合格证需要多次开具植物检疫证书，才能将合格证上的种子走完，为了加强对凭产地合格证开具植物检疫证书的管理，我们印制了植物检疫数量统计表，表上注明了繁种人姓名、作物品种、产品总数量、调检时间、调检数量、未验数量等事项，具体做法如下：将产地检疫合格证、植物检疫数量统计表一式两份，植保站留一份，经营单位留一份，当经营单位来我站开检疫证时，将以上两份表带来，将本次的检疫数量在检疫统计表上消减，如果所开检疫证上的数量超过了产地检疫合格证上的数量，即按调检进行检疫，这样，便于对每个经营单位应检疫的种子品种、数量搞清楚，不漏检。外地繁育的种子需要调回分装后再调出的，须持原产地植物检疫部门的植物检疫证书正本，到我站进行复检，经抽样检验合格后，方可审批检疫证书编号，外调时，开具植物检疫证书。

同时，根据《关于加强农业植物及植物产品运输检疫工作》的文件精神，主动与邮局、铁路等有关部门进行接洽，凡外调种子通过邮局、铁路运输的，必须持有我站出具的检疫证书，否则不能外运，调入种子要有当地植检部门出具的植物检疫证书，需要复检的要有当地检疫部门出具的产地检疫合格证，否则按无检疫证处理。另外我站对我县主要种子经营户都建立了跟踪档案，每户一档，包括办理产地合格证的各项表单，调运情况统计，检疫证副本及外地检疫证正本等，这样可更好地掌握各经营户的情况。近一两年来，按照农业部、省总站的统一要求，简化了一些报表手续，但在我们在实地检疫时，严格按照检疫程序进行，确保检疫质量。

在做好产地及调运检疫工作的同时，我们加大了植物检疫执法检查力度，不定期进入有关单位进行检疫执法检查。检查过程中，我们做到"一视同仁、两个必查、三个不漏"。

即：对农业系统内部的经营单位和其他经营单位要一视同仁、平等对待；种子公司必查、种子经营大户必查；不漏经营单位、不漏作物种类、不漏作物品种；检查检疫合格标签和编号是否规范、检疫手续是否齐全、所经营的品种、数量、产地与检疫手续是否相符。为切实搞好植物检疫工作，掌握本县疫情发生情况，结合农作物病虫害调查，我站多次对全县多种作物进行疫情调查，从而基本上掌握了各个时期我县各种病虫害的发生种类和发生趋势

三、积极防范应对检疫突发事件

（一）对黄瓜黑星病的除治

90 年代中期，我县在黄瓜上发现了检疫病害黄瓜黑星病，且有传播蔓延之势，我站积极行动起来，根据病情发展及时为农民提供防治方法及合适药剂，指导除治，将该病控制并逐渐根除，并开展检查，查清种子来源及销售去向，加强监测。同时对调入者进行了处理。另外，对全县种子经营者进行检查和通告。经过 2～3 年的监测，黄瓜黑星病在我县基本上得到了根除。

（二）对假高粱的防范布控

在防除黄瓜黑星病的同时，我站接到通报，天津市发现检疫对象假高粱。由于我县毗邻天津，传入的可能性极高，因此，我们高度警惕，对种子经营者进行告知通报情况，提高他们的检疫意识，要求他们提供从疫区调入种子的销售情况，以便我们进行实地检查。由于严格防范，假高粱没有传入我县。

（三）对黄顶菊的除治

1997 年，我县首次发现黄顶菊，我们迅速查清发生面积，发生密度，根据实际情况，制定出了行之有效的除治方案，会同有关乡镇，组织有关人员对黄顶菊进行了多次除治，黄顶菊在我县现已得到根本除治。

回顾几十年来，我县植物检疫工作走过的风风雨雨，我们都可以为自己做为一名专职检疫员而感到自豪，同时，也感到检疫担子逐年加重，我们坚信，有省、市有关领导的正确领导，有《植物检疫条例》等法律条例作为植物检疫行动指南，我县的植物检疫工作将会越做越好，更上一层楼。

青县蔬菜病虫害发生与防控概况回顾与展望

张俊丽　卞得友　刘润通　回先锋

（青县植保站）

青县蔬菜种植的历史悠久，1946 年以来，已有一定的种植面积。回顾青县蔬菜生产以及病虫害发生与防控情况，可以分为如下几个阶段：

一、自给自足以及初级生产，粗放的农业防控阶段（1946～1984 年）

1946 年蔬菜面积有 1.3 万亩，种植品种主要为大白菜、韭菜、南瓜、豆角、辣椒、芹菜等。到 1976 年，面积达到 1.5 万亩，品种达到 15 个。1978 年改革开放，集体土地分给各户部分自留地，蔬菜种植逐渐扩大，一般生产队种植瓜菜，各户自留地种植蔬菜，基本可以满足生活需要，主要种植大白菜、芹菜、菜瓜、甜瓜、大葱、大蒜、韭菜、芥菜、绿萝卜、胡萝卜、豇豆等 10 多个品种。1980 年以来蔬菜销售主要为周边销售，没有固定的市场，只有赶集串巷，也是农民的收入来源，1980 年面积达到 2.12 万亩。到 1983 年面积达到 1.978 万亩。从 1980～1984 年稳定在 2 万亩左右。这一阶段蔬菜病虫害防治只通过精心整地播种，合理施肥浇水，育壮苗健苗等农业措施防控，很少采取物理、生物、化学等防治措施。

二、蔬菜大发展认识引导，病虫单防单治阶段（1984～1989 年）

1984 年实行了联产承包责任制，自留地退出，农民在原来的基础上自主发展，蔬菜面积也不断扩大，黄瓜、番茄、甘蓝、菜花、菜豆、西瓜等，开始一定规模种植。品种越来越多，达到 25 个以上，面积达到 19 915 亩。1984 年引进了第一个全竹结构的春秋冷棚。1985 年鞑子营村、孟营、李营共建 50 亩大棚，1986 年发展到 800 亩，1987 年发展到 1 500 亩，到 1988 年，春秋棚面积达到 5 000 亩，32 个村，4 各乡镇。随着蔬菜种植种类的增多、种植面积的扩大、种植模式的多样化，蔬菜病虫害种类也开始有所增加。这一阶段蔬菜病虫害防控也主要以抗病品种的选择，栽培措施的改进等农业防控措施为主，对于常发病虫害的防治也是单防单治，没有系统的综合防控措施。

三、蔬菜规模发展，逐步采用化学药剂防治阶段（1989～1996 年）

1989 年青县县政府大力发展设施蔬菜，确定了"南菜北树"发展战略。1992 年农委成立了蔬菜办公室，当时大棚面积达到 4 000 亩。同年成立了蔬菜购销服务公司，引进新品种、新技术、推广新型农药、农膜。1993 年蔬菜面积达到 4.6 万亩，1994 年县政府把蔬菜作为乡镇考核内容，制订了发展任务及蔬菜考核办法。1996 年达到 9.2 万亩，出现了飞跃式发展，先后建成了盘古镇的前营、为庄子、白庄子、和睦庄、孙楼等，曹寺乡的肖庄子、大召官、东姚庄、张广王等，新兴镇的后流津、前流津等，清州镇的张齐庄、陈奎庄等温室生产区。这一阶段蔬菜病虫防治开始逐步大量采用化学防治措施，同时蔬菜病虫监测工作逐步得到重视，逐渐成为病虫害防控的依据，不断与生产实际紧密结合，植保部门开始探索并总结各类蔬菜病虫害综合防治措施，蔬菜生产的无公害意识不断加强，90年代初期一些种植蔬菜面积较大的菜农已经掌握一定的综合防治技术。

四、蔬菜大发展抓流通建设，无公害防治初级阶段（1997～2002年）

1997年蔬菜飞跃发展，种植面积达到14万亩，已经成为青县农业发展的重点。为更好的发展壮大蔬菜产业，1998年县委县政府研究决定成立蔬菜局，为农业局下属二级局，1999年蔬菜面积达到16万亩。2000年蔬菜面积达到19.4万亩。2002年蔬菜面积达到21万亩。随着蔬菜种植种类的增多，温室、大棚种植面积的增加，重茬、连作以及蔬菜周年生产，蔬菜种植间隔时间缩短，形成了菜田生态系统的不稳定性，从而导致病虫害发生种类以及发生程度增加，发生演替规律复杂，逐渐成为制约蔬菜可持续发展的主要因素。据植保站调查资料记载，1997年全县蔬菜病虫发生面积为12.58万亩次，2002年全县蔬菜病虫发生面积为34.6万亩次，上升速度很快。这一阶段菜农用于病虫害防治的投入也在不断增加，蔬菜病虫防治用药混乱现象日渐突出，大量使用化学农药，病虫抗药性日趋严重，造成农产品、生态环境的污染，蔬菜农药残留增加，对人民身体健康的影响日益严重。1999年政府发布了蔬菜上禁止使用高剧毒农药的公告。成立了绿色食品办公室，重点发展绿色农业。病虫害安全防控、绿色蔬菜生产被提上议事日程，蔬菜病虫监测工作得到高度重视，测报信息与防治结合逐步紧密化。2000年县植保站高级农艺师张俊丽、张玉杰参加河北省农业厅提出并归口的各类《蔬菜安全控害技术规程》和《无公害蔬菜生产技术规程》起草工作，2001年8月25日各类《蔬菜病虫害安全控害技术规程》和《无公害生产技术规程》正式通过河北省质量技术监督局鉴定发布，作为河北省地方统一生产防控标准正式颁布实施，由此青县蔬菜病虫防治有了统一的无害化防治标准，蔬菜从种到收有了一整套的无害化防控技术，黄板诱杀、黑光灯诱杀、防虫网防虫等物理防控措施以及高效低毒、低残留、无残留的生物制剂，化学制剂得到了示范推广。无公害防治技术得到大力宣传推广。2001年青县农业局与科技局联合承担的省科技厅招标项目《蔬菜病虫害安全控害及无农药污染产品示范》取得了显著的经济效益、社会效益和生态效益，2003年该项目获得沧州市科技进步三等奖，使青县蔬菜病虫安全防控规模和技术又上一个新台阶。依据《蔬菜病虫安全控害技术规程》和《无公害蔬菜生产技术规程》县绿办又制订了7个绿色食品生产技术规程，蔬菜生产、病虫害防控逐步进入有规程依据阶段。

五、蔬菜大发展提质增效、绿色防控阶段（2004～2007年）

2003年蔬菜面积25万亩，政府出台了蔬菜扶持政策，财政拿出30万元重点扶持绿色长廊及基地棚室、基础设施建设，制订了2003～2007年发展规划。2003年4月，青县成为全国第二批无公害蔬菜示范县、国家无公害蔬菜标准化示范区。结合项目建设，县政府成立了相关组织，标准化生产已经列入日常工作。农业局、技术监督管理局完成制定了更适合当地无公害蔬菜生产的技术规程23个，涵盖了青县当时的主要栽培品种。随着食品安全越来越被重视，2005年县政府发布了关于蔬菜基地与质量的通告，蔬菜面积达到35.6万亩，2006年36.2万亩。全县掀起了无公害蔬菜生产高潮，依据技术规程，禁止使用与推荐使用农药都塑封成牌悬挂于每一个棚内，并要求农户建立生产档案，统一按照生产技术规程管理、防控，规范蔬菜生产，从此青县蔬菜病虫防控进入统一绿色防控阶段。

六、打造品牌、加大园区建设、加强绿色防控阶段（2007年至今）

1998年，为促进蔬菜品牌发展，县政府决定注册蔬菜品牌，由县联合社牵头，通过筛选，确定了注册品牌为"青青"牌及商标图案。2000年"青青"牌获得省优质产品称号，2001年获得名牌产品。1999年、2001年"青青"牌蔬菜参加了北京农业博览会，1999~2007年连续8年参加了廊坊北方农产品交易会，7次获得省名优产品称号。2007年青青牌获得河北省著名商标称号。"青青"牌蔬菜实行生产基地进行统一管理，统一质量标准、统一产品检测、统一包装销售，对通过质检的蔬菜市场销售统一冠用"青青"牌，对达不到标准要求的严禁使用"青青"商标。2010年青县计划总投资5 413万元分别在盘古乡、曹寺乡、流河乡建设"青青"牌无公害蔬菜生产园区共计2 860亩。园区病虫防控主导思想："病虫预测预报为基础，优化农业生态环境为中心，有效控制病虫危害和降低农药残留为目标，综合应用农业、物理、生物防治，科学应用化学防治的防控策略。切实抓好有利于各项控制或减轻病虫害农业生态调控措施，有效利用害虫的趋避性防治虫害，大力推广生物农药、抓住有效时机合理使用化学防治措施，严格遵照《蔬菜病虫害安全控害技术规程》以及《绿色蔬菜生产技术规程》进行防控、生产。

青县植保工作回顾与展望

卞得友　刘润通　张俊丽　回先锋

（青县植保站）

一、青县农业生产概况

青县地处黑龙港河流域下游，属暖温带半干旱大陆性季风气候，地势平坦，交通发达便捷，京沪铁路、京沪高速、104 国道纵贯南北，津保公路贯穿东西，全境总面积 974.4km²，其中耕地面积 55 041hm²，总人口 388 122 人，其中农业人口 328 042 人，人均耕地 0.142hm²，是一个以粮、菜、棉生产为主的农业县。新中国成立后，特别是改革开放以来，青县农业生产有了跨越式发展，植物保护机构从无到有，从弱到强，不断完善，其职能日渐突出，为青县农业的发展起到了巨大的推动作用。

二、植物保护回顾

新中国成立后青县农业技术推广机构也逐步建立，建国初期植保、土肥没有单独建站，直到 1976 年青县农业局设立了植保站，历任站长分别是：常万江（1976～1982 年）、高景恒（1982～1986 年）、张恒星（1986～1991 年）、张玉洁（1991～2002 年）、卞德友（2002 至今）。1998 年 4 月 24 日经青县政府第二次常务会研究决定，建立了青县的农药监督管理站，挂靠在植保站。到 2003 年，农业多头执法带来的弊端，给经营者和管理者带来了很多的问题，所以河北省部分县市建立了执法大队，青县在 2005 年也建立了执法大队，由执法大队负责农资市场管理，农药监督管理站也同时注销。建国 60 年来，特别是自从建立植保站 30 多年以来，青县植保事业突飞猛进，为青县农业的发展发挥了巨大的作用，具体表现为：

（一）测报手段得到提高，测报水平不断完善

建站初期，当时基本没有仪器设备，数据整理、分析也不规范，测报的病虫种类也很单一，1982 年植保站建立了化验室，添置了基本的仪器设备，害虫诱蛾也使用上了黑光灯，测报水平得到了提高，2002 年使用了佳多智能虫情测报灯，不仅降低了工作人员的劳动强度，而且也提高了测报的准确率，化验室仪器设备也是最先进实用的，实现了测报的规范化、系统化、标准化和信息传递的快捷化。1992 年青县制定了《青县病虫测报工作年历》，并随着主要病虫的变化得到修订和完善。

（二）生物制剂的大面积推广应用

我国自 20 世纪 50 年代末开始苏云金杆菌杀虫剂的研究工作，曾经几上几下，经历了曲折漫长的商品开发过程。20 世纪 80 年代中期，BT 杀虫剂的发展被列入国家的攻关研究计划，到 90 年代初期，BT 产品的质量和产量开始大幅度的提高。当时青县 BT 乳剂的应用主要用于防治棉花棉铃虫，经过试验示范得到大面积的推广和应用，1989 年青县

《BT乳剂防治棉铃虫推广技术》获得了沧州地区科技进步二等奖。生物制剂的应用大大降低了农药残留，保护了环境，也得到了农民的认可，也为后来的苦参碱、灭蚜脲等一系列的生物制剂的推广打下了基础。

（三）高效低毒低残留无公害农药得以推广

20世纪90年代前，在农药的使用上基本是高毒、剧毒农药为主，限于当时的环境和水平，高毒农药的应用非常普遍，青县《1605拌种防治谷子线虫病》86年曾经获得河北农林科学院四等奖。随着人们对生活质量认识的提高，剧毒高毒农药逐渐退出了历史舞台，取而代之的是高效、低毒、低残留农药，为推广高效、低毒、低残留农药，青县人民政府在1992年发布了《关于禁止使用剧毒高毒农药的公告》，植保站编制了《无公害农药使用规程》，使青县的无公害农药得以迅速推广，也为青县蔬菜产业的发展奠定了良好的基础。

（四）除草剂的大面积应用

在20世纪80年代前，青县农民的除草主要靠人工拔除，进入20世纪90年代以来随着除草剂品种的研究，除草剂的选择性已不再成为除草剂应用的主要障碍，不仅高效灭生性除草剂在某些作物上得到广泛的应用，而且强力触杀型除草剂作为优良的茎叶处理剂得到快速发展，1995年以来，除草剂在青县的农作物上得到大面积的普及。

（五）暴发性、危险性有害生物得到控制

1. 黏虫

在20世纪90年代前，谷子黏虫是青县的一个主要的暴发性害虫，其危害非常严重，随着防治技术的改进，特别是作物布局的调整，进入90年代后，黏虫在青县已经不再是主要的害虫。

2. 东亚飞蝗

青县是历史上的蝗虫多发区，每年发生面积达5万~6万亩，发生地多在管理粗放、杂草丛生的内涝洼区。1997年青县曾家洼蝗虫暴发，历史上第一次使用飞机治蝗，通过各级部门的努力，抑制了蝗虫的危害，也同时引起了县政府的高度重视，县政府在听取了植保部门的建议后，决定对曾家洼蝗区进行彻底的改造，在河北省植保站的支持下，经过3年的改造，使曾家洼荒地变为良田，消除了蝗虫的适生环境。随着青县蝗区改造等防蝗措施的持续进行，青县蝗虫进入2000年以来，没有出现高密度蝗群，发生程度为中度偏轻发生，但个别地块蝗虫密度仍然较大，县委、县政府高度重视防蝗工作，农业局及植保站也每年召开专门会议进行研究部署，采取多种有力措施，确保了蝗虫不起飞，不成灾，不扩散。

3. 黄顶菊

随着改革开放的不断深入，农产品贸易的日益频繁，外来有害生物入侵机会增加，由于大范围的农机跨区作业，加速了外来有害生物的传播速度，设施蔬菜面积的扩大延长了外来有害生物的为害时间。这些因素造成了青县乃至全市外来有害生物入侵数量增多，为害程度加重。黄顶菊原产于南美洲，后传播到南非、英国、法国、澳大利亚等地，亚洲的日本也有分布。2005年在沧州市献县首次发现，2006年已扩展到献县、泊头、东光、沧县、孟村、河间、肃宁、运河区、吴桥等9个县市区的22个乡镇，局部已侵入农田，2007年黄顶菊传入青县，共发现黄顶菊3处，分别是上伍乡造纸厂院内、新兴镇周庄子村、清州镇城区南侧，总面积 200 余亩，发现疫情后县政府高度重视，下发了《青县黄顶菊疫情防控实施方案》，植保站逐镇、乡、场开展了黄顶菊知识的宣传培训活动，培训人数达 1 000 人次；进行电视技术讲座 3 次，印发明白纸 5 000 张。通过大力的宣传，提高了农民的风险防范意识，掌握了黄顶菊识别知识。经过两年的治理，彻底控制了黄顶菊不在青县发生危害，保障青县农业生产安全和农业生态安全。

（六）蔬菜绿色防控效果突出

青县位于河北省东部，下辖 11 个乡镇场。人口 38 万，耕地 85 万亩。有"津南第一县"之称。交通便利，地理位置优越。蔬菜发展有得天独厚的条件。1984 以来，县委政府把蔬菜产业作为主导产业来抓，通过标准生产，严抓质量，生产规模不断扩大，质量不断提高。1993 年被省政府定为"无公害蔬菜生产示范县"，1995 年被省定为"环津京菜篮子工程示范县"，2002 年定为"冀京津无农药残留放心菜生产基地"，2003 年被农业部定为全国第二批创建无公害农产品示范基地县。目前蔬菜面积 30 万亩，产量过 100 万 t，京津市场占 50 万 t 以上，成为京津地区的重要的无公害生产基地。为落实农业部无公害食品行动计划以及省、市植保站绿色防控工作部署，2000 年以来，我们从产地到市场两个环节入手全程控制，重点是产中控制和源头控制，在生产中严格按照无公害蔬菜生产技术操作规程执行，大力推广绿色控害技术，建立安全的生产技术体系，同时严格产品质量，确保上市蔬菜质量安全。

1. 建立蔬菜绿色防控示范基地

选建经过环评认证的蔬菜生产区域为蔬菜绿色防控示范基地。青县环评认证的基地面积 15 万亩，目前建立示范基地面积 5 万亩，重点在清州镇、曹寺乡、盘古乡等，主栽品种为黄瓜、番茄、韭菜、芹菜、西葫芦等，成立示范基地管理部门，责任到人，层层抓落实，通过培训、印发资料、技术指导、示范带动，提高了农民的绿色防控生产技术水平，推进了青县无公害蔬菜的发展。

2. 搞好宣传，抓好技术培训

（1）搞好绿色防控示范区宣传发动工作　大力宣传建立无公害蔬菜生产绿色防控示范区的意义，帮助农民尽快接受无公害蔬菜绿色防控生产技术，使菜农加强对生产无公害蔬菜，食用无公害蔬菜健康消费的认识，形成社会对无公害蔬菜认可支持的浓厚纷围。

（2）抓好不同层次的技术培训和指导　一是邀请省、市有关专家、教授对有关技术人员进行无公害蔬菜病虫害综合防治技术培训，进一步提高科技队伍人员技术水平；二是组织专业技术人员对示范区菜农进行全面的技术培训，提高菜农科技素质和种菜科技水平；三是向菜农发放无公害蔬菜病虫综合防治技术操作规程，明白纸、书籍等技术资料；四是在关键蔬菜生产季节组织农技人员进村入户、田间地头进行技术指导，解决生产中存在的实际问题。

3. 推广蔬菜绿色防控技术

在植保技术推广与应用方面，我们在了解当地情况的基础上，确立了工作思路，在植保对象上，抓住主要病虫害及杂草的防治；在技术路线上，将传统技术与高新技术相结合；在推广目标上，一手抓"短平快"技术，一手抓新技术推广。我们采取的措施是：以生产中控制为重点，整合青县的无公害蔬菜生产技术体系。一是调整品种结构，选用抗病新品种，科学合理安排茬口。引进抗病、优质、高产、市场型的优良品种，如黄瓜博耐

3、博耐 7、津优 10、津优 11；番茄博耐 4、208、卡依罗、百利等，抗病耐贮运，减少农药使用。改变原来黄瓜春秋种植模式采用春黄瓜＋秋番茄、春番茄＋秋黄瓜、春西葫芦＋秋番茄等茬口安排，倒茬种植，减少重茬危害，利于土壤改良。二是护根培育壮苗。应用营养钵、营养基块育苗，缩短苗龄 10 天，减少伤根，可培育无病虫壮苗，并且利于定植后缓苗。三是多膜覆盖技术。大棚早春采用 3 膜、4 膜覆盖技术，提高温度 3℃以上，2月中下旬定植，可提早 15 天，改善棚内小环境，降低湿度，减少病害发生，提高前期产量。四是应用物理设施防护等技术。生产中推广应用防虫网、遮阳网、黄板诱杀等物理防治措施，遮阴、阻虫、诱虫，减少病虫发生，每个生育期可减少用药 5 次以上。五是大力推广生物防治。在试验的基础上大面积推广应用生物杀虫剂，如抑太保、苦参碱等，降低了农药残留，提高了蔬菜质量。我们还进行了丽蚜小蜂在黄瓜上防治蚜虫和白粉虱的试验，效果很好，可进一步推广。六是以使用有机肥为主，合理使用化肥，减少化肥使用量，防止硝酸盐超标。

4. 农药使用的监督检查

突出源头管理，不定期对农药使用情况进行检查，杜绝使用禁用农药行为。同时县政府出台管理政策，发布文件公告，进行行政干预，广泛宣传，加大力度，消除隐患。

5. 建立完善的蔬菜质量检测体系

坚强蔬菜检测的作用，县建立了检测中心，配备定性、定量检测设备，制定检测制度、建立检测档案，同时重点园区也建立了检测站、点，使检测范围覆盖整个基地，并公开公布检测结果，制定处理办法，防止不合格产品上市交易，确保蔬菜质量。

三、植保工作展望

（一）坚持"预防为主，综合防治"的植物保护方针，牢固树立"公共植保、绿色植保"的理念，显著提高我地的综合防治水平

做到宏观和微观相结合，进一步揭示主要有害生物的发生发展规律，提出有效的综合治理策略，加强有害生物的监测和预警，综合运用生物、生态等各种高新技术，提供高效、安全、经济的可持续控害措施。为适应新形势下的植保工作，更好的参与市场，实现农业生产安全和农产品质量安全，应该做到四个转变：

1. 转变思维

过去植保工作常常是就植保抓植保、就生产抓生产、就技术抓技术，缺乏全局观念和整体目标。新形势下，植保工作应该站在全面建设小康社会、实现农业和农业经济持续、健康发展的高度，以农业增效、农民增收为目标，以可持续发展思想为指导，增强市场意识、服务意识和法制观念，一手抓"公益"，一手抓"效益"。在做好技术推广工作的同时，也要不断强化自身，通过建立植保技术咨询服务点，创建《病虫情报》，以技术咨询服务为纽带，提供植保物资，实现"技物"结合。

2. 转变管理

过去植保工作是自上而下层层的行政命令式，新形势下，应大力发展中介组织，开展区域服务，创建植保协会，使植保技术快速、有效的应用到农民手中。不断探索新的植保技术服务方式，并建立系统的植保技术推广服务体系，形成信息畅通，通力合作的运行机智，不断增强植保实力，充分发挥植保行为在农业生产中的作用。

3. 转变技术

过去植保技术的推广侧重于化学农药防治，这与"预防为主，综合防治"的植保工作方针不符的。在技术手段上应大力推广化学、农业、生物综合防治技术，并由抽象的技术手段向物化手段转换。按照传统技术高新化，高新技术产业化的思路，应用高新技术，加快技术创新步伐的传统和传统农业产业的技术升级。

4. 转变服务

农民是农业和农村经济发展的主体，是植保技术推广的终端。农业植保技术推广服务工作必须立足基层，围绕农民需求，因地制宜地解决好农民在生产中存在的实际问题，形成自下而上的推广机制，要真正了解农民迫切需要什么技术，在产前产中产后和物流服务上从行政管理型转变为技术服务型。

（二）在植保对象上，坚持抓住主要有害生物的防治

以主要作物及有害生物为中心，突出蔬菜有害生物的治理，制定和完善综合防治体系，通过防治技术的配套应用，把主要有害生物相对稳定的保持在较低水平密度上，并将其危害控制在允许经济损失水平以下，逐步实现生态、经济、社会发展的良性循环。

（三）注重新技术推广

在植保技术路线上，将传统技术和高新技术相结合，探讨和推广新技术的应用，始终把最先进实用的技术在我地得到推广。

从"七大变化"看东光植保事业的发展进程

班红卫　刘淑萍

（东光县植保站）

　　河北省东光县位于黑龙港流域龙王河下游，是典型的农业大县，全县耕地面积 73 万亩，棉花常年种植面积在 35 万亩左右，小麦、玉米复种面积在 62 万亩左右，蔬菜种植面积 4.2 万亩，果树、苜蓿等其他作物种植面积在 5 万亩左右。随着农业产业结构调整、高效生态农业发展和气候异常带来的农业生态环境变化，农业有害生物灾变频率和为害趋势不断加重，东光县连续 10 年全年病虫草鼠发生面积达 613 万亩次，为了适应新形势的要求，我们植保部门认真贯彻"预防为主、综合防治"的植保方针，积极落实"公共植保、绿色植保"新理念，以确保农业生产安全、农产品质量安全、农业生态环境安全为目标，加大病虫监测力度，2009 年全县病虫草鼠发生面积为 652.15 万亩次，防控面积为 939.58 万亩次，挽回粮食损失 445.54 万 kg，籽棉 917.6 万 kg，蔬菜 123.13 万 kg，为东光县粮棉夺得丰收作出了重大贡献，这些成绩是东光县植保站适应农业生产新形势，狠抓 7 个方面的工作的结果。

一、加强植保体系建设，网络"由间断变连续"

　　病虫害监测是防治决策的前提，而准确预测必须以长期、系统监测为基础，系统、规范、完整、准确的基础数据，要靠一支健全的测报体系来提高，植保队伍是植保体系的基础，必须加强植保队伍建设。一是确保植保站的县级事业单位法人资格及技术人员全额财政供养的基本工资待遇；二是增强植保技术人员的业务素质，加快知识和技术更新，培养具有高度责任感，强烈事业心和良好敬业精神的植保技术人员，东光县植保站多年来注重人员素质的提高，2010 年元月县植保站班红卫和赵桂玲同志同时获得河北农大函授本科学历；三是以基层农技推广服务体系改革为契机，对乡级综合区域站设置专业植保员 21 名，每名植保员负责 20 个村的植保监测管护，实行定期报告制度，进行定期培训，保证数据真实有效。这样不但稳定了队伍，并使原来的县级设点直线收集，变为全县监测全覆盖，植保体系进一步健全和完善，推动了植保事业的发展。

二、建立完善的农业有害生物预警体系，由"估测变准确"

　　植保工作是防灾减灾公益性的事业，建立完善的农业有害生物的预警体系，提高对农业生物灾害的预测能力、预报准确率并提高除治实效性。2008 年东光县被上级植保部门批准建设为有害生物防控体系示范县，东光县植保站严格按照项目要求已经建成 667m² 的病虫观测场，40m² 田间观测用房，36m² 的实验室、36m² 的标本室和 34m² 的化验室。实验室配有生物解剖镜、光学显微镜、电子天平、光照培养箱等精密仪器，为我们科学地作出病虫诊断提供科学依据；田间虫情测报灯为我们搞好虫情测报提供一手资料，为获得准确、连续的虫情发生的基础数据，2009 年东光县植保站工作人员从 4 月 20 日至 10 月

20 日坚持每周 3 次取蛾分检，风雨无阻，甚至牺牲了许多周日休息时间，结合田间调查共发布病虫防治信息 14 期，预报准确率 90%，为农民科学防治病虫害、提高防治效果、减少农药用量奠定了坚实的基础。东光县农业有害生物预警与控制能力得到很大程度提高，粮食生产能力增强，经济效益、生态效益、社会效益显著。在此基础上，更应面对现代农业和结构调整的需求，利用生物、物理等技术建立无害化治理体系，有效保护生态环境，确保农产生产全，推动植保可持续发展。

三、提高病虫防治技术信息的时效性，由"传送变直播"

为切实把植保技术送到千家万户，从 2006 年开始，东光县植保站选择有代表性的乡村设立了 36 个网点，以他们作为植保新技术、新农药的推广点，辐射全县 447 个行政村，形成技术讲座、诊断开方、下乡送药为一体的植保服务网络。吸收懂技术、责任心强、素质高的人员为网点负责人，将病虫情报、病虫动态、新农药品种及时送到他们手中，并通过他们传递到千家万户。东光县植保站还与县广播局《农村天地》节目组密切配合，根据病虫草害的发生时期及时制作深受广大群众欢迎的农业节目，提高病虫防治技术信息传输的时效性。并根据群众需求不断改进和提高。每年专业人员在《农村天地》栏目搞技术讲座 12～15 期，2009 年共完成电视讲座 14 期，2009 年 5 月 6 日的一期《加强小麦后期病虫害防治》在市科教站组织的节目评选中获优秀奖；在县电视台每日的《东光新闻》节目中，为广大农民朋友提供防治信息 26 条，采用电视飞字预报 12 次，受到了广大群众的好评，农户收视率达 90% 以上，提高了农民的科技素质与防治水平，使农民在农作物病虫草害防治中有的放矢，有效控制了东光县病虫草害的扩散和蔓延。

四、大力开展专业化防治，由"探索变推广"

为进一步加强东光县专业化组织建设，推进统防统治工作，提升植保防灾减灾能力，根据上级植保部门的工作部署，结合东光县实际，积极开展了病虫草害专业化防治工作，我们认真贯彻落实"预防为主，综合防治"的植保方针，牢固树立"公共植保、绿色植保"理念，到 2009 年年底统防统治覆盖面积达 26 万亩，东光县已成立了不同形式的病虫专业化防治组织 50 个，包括乡级农技站、村委会、植保协会、合作社、个人投资的专业化防治公司、种田大户等，在服务模式上，包括整生长季全程承包、单病虫承包、单次带药承包和单次不带药承包等多种形式。同时建立专业化防治示范村的做法，东光镇薛庄村组建机防队实行统防统治，在东光县乃至沧州市农作物病虫害防治方面，特别是棉田盲椿象的除治上起到了示范带动作用，这项工作的开展得到了省植保总站的肯定和表扬，在东光县专业化防治工作上起到带头作用。

五、拓展植保服务观念，由"浅表变深入"

一是从以粮棉病虫害防治为主要对象向多种经济作物和特种作物拓展，不仅局限于小麦、玉米、棉花等大宗作物，而且注重蔬菜、果树等病虫害的检测，2009 年 8 月 17 日在吴集大棚发现番茄曲叶病毒病疑似病株，通过与上级业务部门会诊，确定为番茄曲叶病毒病，是由烟粉虱传毒引起，及时指导农民进行了防治；二是由以保产为主要目标向保证农产品质量拓展，积极引导农民使用高效低毒农药，抓住防治时期，减少用药次数，减少农药残留；三是由产中服务为主向产前、产中、产后全方位服务拓展；四是由技术服务为主向提供技术指导、信息咨询相结合的多层次服务拓展；五是由偏重防效向提高防治效果与保护生态环境并重拓展；六是由追求最佳经济效益向统筹经济、生态、社会三大效益拓展；七是由向千家万户服务为主向龙头企业、生产基地、种植大户服务拓展。积极引导农民选择品质优、抗性好的品种，如在连年种植棉花的找王、龙王李、连镇等乡镇推广北京丰达公司抗病、大铃、高产、优质的棉花品种：中棉所 45 和山东鑫秋公司的抗黄萎病品种：中植棉 2，这两个棉花品种为东光县的棉花丰产丰收打下了坚实的基础；推广健身控害栽培技术，充分发挥农作物自身的抗耐性和补偿能力；大力开展生物防治、物理防治，推广高效、低毒、低残留合成农药和生物制剂，指导农民科学合理使用农药，大力开发无害化防治技术，改进施药方法，推行精准施药技术。

六、加速技术创新能力建设，由"传统变创新"

以提高有害生物治理的综合效益和农产品市场竞争力为目标，推进植保科技创新，为构建"公共植保、绿色植保、持续植保"体系提供支撑。一是重点推广了一批以生物多样性合理利用为主要内容的综合防治技术如防治棚室烟粉虱可采用黄板诱杀技术；二是大力开展新材料、新方法的试验、示范，找到了一批适合东光县应用、适应形势需要的生物制剂（如阿维菌素、井冈霉素等）和高效、低毒、低残留农药（如啶虫脒、吡蚜酮等），以及安全、高效、精准、适用的植保机械；三是加强与科研院所、大专院校的合作，引用了一批植保实用新技术，加快植保科技成果转化步伐，改造了一批高耗、低效、污染大的技术方法，提高了新技术对种植业的科技贡献率；通过项目的实施与科研成果推广，为植保科技创新与发展注入新活力。

七、强化植物检疫，由"动态变常态"

农业植物有害生物疫情监测是一项长期而艰巨的任务，东光县植保站高度重视农业植物有害生物疫情的普查，对象为棉花、小麦、玉米、薯类、大豆、花生、蔬菜、花卉以及储粮等品类，日常做好监测资料的收集整理工作，完善充实有害生物疫情数据库，为有害生物风险分析评估和保障农业安全生产，打下了坚实的基础。对已经发现的植物检疫对象严格按照检疫规程最大限度压低发生量，直至扑灭。如对东光县小麦、棉花等常规作物的繁种狠抓产地检疫，并对从外来引种的小麦、玉米、棉花、蔬菜等种子及其农产品必须进行严格的调运检疫和复检，坚决杜绝外来有害生物入侵。同时对全县种子经销商加大《植物检疫条例》及其配套法律法规的宣传贯彻力度，营造良好的氛围，防止有害生物传播蔓延。同时，加强危险性有害生物的检疫检验技术和重大疫情控制，确保了东光县农业安全生产。

沧州市沿海蝗区治蝗施药技术发展概况与展望

刘俊祥 刘浩升

（黄骅市植保站）

一、沧州市沿海蝗区东亚飞蝗发生和治理概况

蝗灾是对农业生产具有毁灭性打击的生物灾难，历史上蝗灾与水灾、旱灾并称为三大自然灾害。在我国东亚飞蝗是最具危害性的成灾蝗虫，一旦成灾，遮天蔽日，史书上记载"飞蝗蔽天，赤地千里，禾草皆光，饿殍枕道，人饥相食"。沧州市沿海蝗区是我国东部重点东亚飞蝗发生基地，面积约为 46.7 万 hm^2，沧州市沿海蝗区东亚飞蝗年发生面积在 100 万亩左右，1943 年新海管制区（现黄骅县）暴发蝗灾，连农户的糊窗纸都被吃光，甚至婴儿的耳朵也被咬伤。新中国成立后，为防止蝗灾悲剧的再次发生，党和政府大力开展治蝗工作。

在防治方式方面，采取了"多措并举"的方式，既有地面防治又有飞机防治。1951 年 6 月，经朱德同志批准，人民空军出动飞机，首次在河北省黄骅县成功地进行了飞机喷药防治蝗虫的试验，为此《人民日报》特刊发消息——《中国采用飞机喷洒六六六在黄骅治蝗》，自此揭开了我国沧州市沿海蝗区飞机治蝗的新篇章。直到现在飞机防治仍是飞蝗防治的重要手段，每年沧州市沿海蝗区飞机防治面积在 35 万亩左右。随着社会的进步飞机防治技术也更新，从原来的人工指引、信号队指引，发展到现在的 GPS 定位精准施药；从原先高毒的六六六到中毒的马拉硫磷，一直到现在的生物药剂——绿僵菌。

在飞机治蝗不断发展的同时地面防治也不断改进。药剂方面淘汰了高毒农药六六六，大面积推广了低毒的菊酯类药剂，部分使用了绿僵菌和苦参碱等生物源药剂。施药机械也广泛应用了燃油机动喷雾机和车载高射程喷雾机。极大地提高了防治效率。

二、沧州市沿海蝗区飞机施药治蝗技术的发展

（一）沧州市沿海蝗区治蝗飞机机型及发展

沧州市沿海蝗区飞机治蝗始于 1951 年，当时使用的是已改装过的苏制波-2 飞机，1952 ~ 1953 年，引入了苏制 AH-8 飞机投入治蝗，50 年代中后期，随着运-5 飞机的批量生产和飞机喷粉技术的日益完善，运-5 飞机治蝗开始大面积应用。以后又陆续出现了"蜜蜂"飞机和直升飞机治蝗。

1. 运-5 型飞机

我国现代飞机治蝗中普遍使用"运-5"飞机及改装机型，其原型为原苏联的安-2 运输机。运-5 飞机翼展 18.176m，机长 12.688m，机高 5.35m，最大载重 1 500kg。此机型对起降场地要求低，作业平飞速度 155 ~ 160km/h，标准作业飞行高度 10 ~ 15m，标准有效喷幅为 40 ~ 60m。储药箱容量一般在 400 ~ 600kg。

2. 蜜蜂 11 型超轻型飞机

蜜蜂系列飞机是我国研制的超轻型飞机，1998 年开始在沧州市沿海蝗区执行治蝗任务。蜜蜂 11 型（MF-11）机翼采用轻金属结构，发动机最大输出功率 62 马力。其翼展 8.7m，机身 2m，机长 6.8m，最大载重 420kg，对起降条件要求低，标准装药量 80 ~ 100kg，作业飞行高度 10 ~ 15m，喷幅 20 ~ 30m。

3. Robinson R44 直升飞机

2004 年首次使用机动性强的 Robinson R44 进行飞机治蝗。其螺旋桨转动时总长 11.63m，机身长度 8.94m，高度 2.11m，空载重量 645kg，最大起飞重量 1 089kg，可原地起降作业，灵活方便，效率高。装备有 GPS 定位导航、超低量喷雾设备及电子控制系统，作业时速 110 ~ 120km/h，标准作业飞行高度 3 ~ 5m，标准有效喷幅 25 ~ 50m，标准装药量 200kg。

4. 各种机型的优缺点

运-5 型飞机较蜜蜂 11 型和 Robinson R44 直升飞机装药量大，飞行速度快，单架次防治面积大。但其对起降条件较后两种机型要求高，非作业飞行时间长，对地面后勤保障及配套设施要求高，使用费用较高。

蜜蜂 11 型超轻型飞机机身小，对起降条件要求低，飞行灵巧，但装药量小，喷幅较小，稳定性较差。

Robinson R44 直升飞机的技术和机载设备都非常先进，造价较高。对起降条件几乎无要求，可在任何开阔地降落，机动性强，非作业飞行时间短。装药量中等，防治面积中等。保养和维护费用较高，使用费用居于运-5 和蜜蜂 11 型之间。

（二）沧州市沿海蝗区飞防施药技术的发展

沧州市沿海蝗区自 50 年代中后期至 70 年代中期基本采用喷撒六六六粉，自 70 年代中后期，飞机超低容量（ULV）喷雾防蝗试验成功，开始采用液态药剂喷雾，每架次作业面积由喷粉的 50 ~ 100hm^2 增加到 400 ~ 800hm^2，80 年代以后超低量喷雾技术逐步成熟，长达 31 年的飞机喷粉治蝗在 1983 年退出治蝗舞台，超低量喷雾技术取而代之。

在现代飞机治蝗中配备的超低容量喷雾设备流量（喷施率）在 5kg/hm^2 以下，其精度为正负 5%，生产喷幅雾滴覆盖密度不低于 10 个/cm^2，喷洒设备雾滴大小整齐度不低于 0.67，雾滴质量中位直径 80 ~ 120μm，生产喷幅内雾滴分布均匀度（变异系数）不大于 60%。

（三）飞行施药方法

治蝗飞机在装药地起飞，到达防治区域上空后，选择长边方向从角点开始施药，到达另一端后停止施药，并进行 180° 转弯，同时施药位置平移单位喷幅距离，从另一端开始施药，以此类推，进行蛇形飞行作业。

（四）沧州市沿海蝗区飞机治蝗药剂的发展

沧州市沿海蝗区飞机治蝗药剂的发展可从剂型及类别上分为 3 个阶段。

1. 有机氯农药喷粉阶段

沧州市沿海蝗区自 1951 年进行试验性飞防，开始使用喷六六六粉治蝗，50 年代中后期，随着国产六六六、滴滴涕等有机氯类农药的大量生产，被广泛用于飞机治蝗。六六六、滴滴涕这类药剂不但见效快，而且药效持续时间长，对蝗虫有持续的杀伤力。

2. 有机磷农药喷雾阶段

虽然我国早在 1975～1980 年超低容量（ULV）飞机喷洒马拉松和稻丰散治蝗就已试验成功并推广，但沧州市沿海蝗区直到 1988 年才又开始进行飞机治蝗，进入有机磷农药超低量喷雾阶段。主要防治药剂是：马拉硫磷（malathion、4049、马拉松、Malathon Cythion），飞机喷雾主要使用 75% 马拉硫磷乳油，对蝗虫有触杀、胃毒及熏蒸作用。

3. 各类农药有机结合阶段

进入 21 世纪后，由于环境保护和生态保护对要求，各种高效低毒农药、生物药剂发展迅速，沧州市沿海蝗区的治蝗工作为了适应现实要求也开始试验、推广此类药剂。1998 年沧州市沿海蝗区进行苯基吡唑类杀虫剂锐劲特治蝗试验，2001 年推广使用锐劲特进行飞机治蝗。锐劲特（氟虫腈、fipronil），属中等毒杀虫剂，具有高选择性、高效、低毒的特点，但对鱼、蜜蜂、蜘蛛高毒。

2002 年中国农业大学在黄骅市试验性使用绿僵菌飞机治蝗，并取得圆满成功，施药后 24 天达到最高防效 80%。2005 年又在黄骅市进行了微孢子虫飞机治蝗，当代最高防治效果达到 50%，效果令人满意。由于我国绿僵菌飞机治蝗技术较成熟，所以自 2004 年大面积推广使用绿僵菌飞机治蝗，年防治面积在 10 万亩左右。

三、沧州市沿海蝗区地面施药治蝗技术的发展

（一）沧州市沿海蝗区地面施药方式的发展

沧州市沿海蝗区在建国初期即开展大面积地面施药治蝗，当时重要采用两类方式进行防治：一是撒毒饵，二是喷洒药剂防治。药剂喷洒防治又分为喷粉和喷雾。由于 20 世纪 50 年代中后期，国产六六六、滴滴涕等有机氯类农药的大量生产，地面防治大量采用喷撒六六六粉，施药机械多用手摇喷粉机和机动喷粉机，20 世纪 60 年代逐步推广压缩喷雾器，主要机型有 552 丙型、工农－16 型、长江－10 型、飞燕－12 型、联合－14 型等。但施药技术工效低、防效差，农药利用率低，成本较高，污染较重。1974 年开始推广应用机动超低容量和低容量施药技术，主要药械是东方红－18 型、泰山－18 型背负式机动弥雾喷粉机。

（二）各种施药方式的优缺点

1. 喷粉

优点：①加工简单造价低。②分散性好。粉剂颗粒微小，可借助风力扩散。③使用简便。直接喷施，无须对水、搅拌等，不受水源限制。④沉积量高，较耐雨水冲刷，持效期长。⑤工作效率高。一般背负式人力喷雾器每人每日防治面积在 2～3 亩，而手摇喷粉机可以达到 20～30 亩。

缺点：①其飘移性强，防治效果不稳定；②粉剂不易附着在作物表面和害虫体表，对蝗虫的防治效果不如喷雾防治的药剂效果好；③要同等防治效果粉剂的使用量要远远大于喷雾防治的可湿粉、乳油等药剂；④由于其飘移性强、用量大，对防治区域及周边环境污染很大。在现在的蝗虫防治工作中已不提倡喷粉防治了。

2. 喷雾

这种方法与喷粉比较有不易被风吹和雨淋散失、药效期长等优点，一般比喷粉防治效果好。不足之处是大容量喷雾需要一定的水源，工作效率低于喷粉。喷雾法包括：

（1）大容量喷雾法　即常规喷雾法，喷出的雾滴较大，一般直径 $200\sim300\mu m$，是目前使用较普遍的方法。地面专业队防治和农民自治中一般使用此种方法。按使用的动力来分有手动喷雾法、机动喷雾法，手动喷雾和机动喷雾时一般每公顷用药液（稀释后）$150\sim7\,500kg$。

（2）低容量喷雾法　一般每公顷用药液量在 $150kg$ 以下的喷雾方法，其优点：①用药量少；②黏着性强、喷洒面积大；③效率高。低容量喷雾的方法一般有两种：一是针对性喷雾法，二是飘移性喷雾法。

（3）超低量喷雾法　超低容量喷雾法就是药液使用量低于 $7.5kg/hm^2$。这种方法是利用特别高效的喷雾机械，将药液雾化成直径 $50\sim100\mu m$ 的极小雾滴，一般每公顷喷药液在 $6L$ 以下。其更节省人力物力、施药工效高、防治病虫害效果好。目前，用于超低容量的喷雾器械有两种：一种是手持电动超低量喷雾器，如国产 JDP-A 型多功能超低容量喷雾器，用普通 1 号干电池 3 节，1 人操作，每小时可喷 $3\sim5$ 亩；一种是背负式机动超低容量喷雾器，如东方红-18 型、JDP-3 型等。超低容量喷雾药剂一般是含农药 $20\%\sim30\%$ 的乳油，每公顷用药液 $1.5\sim3L$。

3. 撒毒饵

撒毒饵杀蝗法是将农药同蝗虫喜食的饵料均匀混拌，将混合物撒在它们经常活动的场所，引诱其前来取食使其中毒死亡。制作毒饵所使用的农药一般为胃毒作用强的农药，尽量避免使用有驱避作用、见光易分解、持效期太短的农药。用药量依农药种类而定，一般为干饵料量的 $0.1\%\sim2\%$。20 世纪 80 年代以前在毒饵防蝗中主要使用六六六，1952 年河北、山东等省 21 个县用毒饵治蝗的面积达 5.33 万 hm^2。1953 年毒饵治蝗进一步扩大到 5 省，面积达 6.67 万 hm^2，占当时药剂治蝗总面积的 43%。

但由于六六六在动物体内有很强的蓄积作用，我国在 1983 年停止生产，同时由于乳油、可湿性粉剂等农药的大量生产和普及使用，防治蝗虫的主要方法向喷雾过渡。现今河北省在毒饵防蝗中主要使用敌·马乳油，具体方法是在麦麸、谷糠中加入切成 $0.5cm$ 左右小段的稗草、芦苇或其他蝗虫喜食杂草（以节约成本），再按照饵料：马拉硫磷（有效成分）$=100:1$ 的比例混合，再加水混拌均匀，每公顷施用干毒饵 $15\sim20kg$。因为敌·马乳油对阳光和高温敏感，所以在夏蝗防治中一般在傍晚施药，在秋蝗防治中早晨和傍晚都可施药。现今毒饵灭蝗主要应用在低密度零散东亚飞蝗发生区块村民自治及土蝗防治中。

（三）沧州市沿海蝗区地面防治药剂的发展

沧州市沿海蝗区地面防治药剂的发展与飞机治蝗药剂类似，同样为有机氯农药喷粉阶段、有机磷农药喷雾阶段、各类农药结合阶段。与飞机治蝗不同的是在 20 世纪 80 年代后，除应用马拉硫磷等有机磷类药物外，还应用了高效低毒的菊酯类药剂。在 90 年代后菊酯类药剂逐渐取代有机磷类药物成为地面防治的主要药剂品种，近几年地面防治药剂主要采用菊酯类药剂、氟虫腈、几丁质合成抑制剂配合使用，并在推广绿僵菌和苦参碱。

四、沧州市沿海蝗区各种治蝗配套技术的综合应用

（一）卫星定位导航技术

卫星定位导航技术也称为 GPS 导航，GPS 就是全球卫星定位系统。GPS 被广泛应用

于沧州市沿海蝗区定位、导航（航空喷雾）等治蝗工作中。将蝗虫发生区进行 GPS 定位后，数据输入飞防飞机或地面防治人员的 GPS 终端中，即可设计防治工作路线、目的地，进行导航。GPS 的应用大大提高防治的准确率；避免重防、漏防、误防；减少农药对环境的污染。利用 GPS 合理地布设防治路线、准确地引导、精准施药，大大节省防蝗作业的成本。

（二）不同治蝗药剂的有机结合

由于同代东亚飞蝗的发生往往是高密度区与低密度区相伴，不同代发生情况有时差异很大。为了有效控制蝗灾，同时减小环境污染、节约经费，沧州市沿海蝗区在近年来的飞蝗治理中，普遍采用化学药剂同生物药剂相结合的策略。化学防治是应对东亚飞蝗大发生的主要防治手段，而生物防治只适用于发生程度较低区域使用。根据当代不同片区发生程度高低，采取化学防高、生物控低的方法。两类药剂的有机结合，可以在保证有效控制东亚飞蝗虫口数量、减少农业损失的同时，降低防治成本，减少化学农药施用量，减少残留、污染等负面影响，保证农业生产的长期安全。

（三）飞机防治与地面防治的结合

飞机治蝗受气象条件及防治区障碍物影响较大，因飞行及其他条件限制，难免有某些蝗虫发生片区无法进行飞防，或飞防区内有某些小面积边角漏防。地面防治具有机动性强、组织简便、防治工作受环境影响小等优势，飞机防治同地面防治相结合，实现了优势互补。防治时，先期使用地面防治对大片高程度发生区的周边进行防治，防治扩散危害，缩小包围圈。随即在东亚飞蝗发生面积大、密度高的地区采取飞机防治，以降低防治成本、提高防治效果、加快防治速度，同时组织地面专业队对边角、漏防区域进行补防，保证防治效果，降低防治成本。

（四）蝗虫生态控制与综合治理

蝗虫生态控制就是利用"生态学原理"控制蝗虫的发生和发展，就是通过控制蝗虫发生、发展所必须依赖的主要生物种群数量，培育天敌，改造宜蝗区生物地理群落，破坏蝗虫和其依赖的生物的生存环境等来防治蝗虫。其优点是：不需要可能污染环境的药剂，这就保证了环境和食物的安全；不需要人工大量繁殖天敌所需要的昂贵的费用，降低了成本；生态原理贯穿于农业的始终，效果持久；其他植物的巧妙利用，还可能具有提高土地利用率、改善土壤肥力、增加农业的总体产值等。

五、沧州市沿海蝗区治蝗施药技术发展趋势与展望

50 多年来，沧州市沿海蝗区治蝗施药技术得到了长足的发展，取得了巨大的成绩。同时，仍存许多亟待解决的问题。

（一）飞机技术的改进

环渤海蝗区治蝗工作中使用的飞机大多是各种运输机型的改型。由于飞机治蝗等农业飞行工作具有短期性和临时性，所以飞机的设计不是专门按照农业防治的要求进行的，装药和超低空作业性能方面还有改进空间。随着我国经济发展，农业劳动力数量逐步下降，大面积飞机施药必将成为病虫害防治的新方向，需要有更加专业的飞防飞机。

（二）施药机械的开发和更新

我国现阶段的航空植保机械及地面施药机械还不算先进。机械的自重和施药能力、自

动化程度等相对国外都有差距，飞机防蝗和农业飞防的发展要求开发自重更轻、喷幅更大、防治效果更好的航空植保机械，同时地面防治机械也应更加轻便、施药能力更强、防治效率更高，同时要提高施药机械的人性化设计，减少防治人员施药的危险性，提高机械的易操作性。

（三）药剂的开发和配合使用

随着社会的进步，农业可持续发展和病虫害可持续控制被提上了日程，首当其冲的就是防治药剂的开发和配合使用。现在虽然沧州市沿海蝗区治蝗已广泛配合使用锐劲特、绿僵菌和微孢子虫，但锐劲特对鱼虾敏感，且在今年7月后将限制地上施用，替代药剂的开发十分紧迫；绿僵菌和微孢子虫虽只对蝗虫起作用，但是防治效果不很高，难以达到大发生时防治要求。更加高效、安全的防治药剂和更科学的配合使用方法是确保今后环渤海蝗区治蝗中必须解决的问题。

（四）地面后勤和技术保障的同步改进

"兵马未动，粮草先行"，后勤保障是治蝗战胜利的重要基础，对于飞机治蝗地面后勤和技术保障更是非常之重。沧州市沿海蝗区现已有专业治蝗机场，也基本普及了GPS的使用，但随着治蝗工作的发展，新技术的出现和应用，必然要求更好地进行设施设备的维护，及时地进行设备的更新和接轨。

飞蝗治理作为现阶段沧州市沿海蝗区的重点工作，任重而道远，随着科学技术的发展，飞蝗治理技术将在现有基础上不断发展。期望在不久的将来，使用卫星监测蝗情发生情况，利用GPS定位防治区域，采用专用无人机械和飞行器，人工遥控或自动进行防治。

廊坊市蝗虫发生及防控概况回顾与展望

王学海

（廊坊市植保植检站）

一、廊坊蝗区形成

廊坊市位于河北省中部，北京、天津两市之间，北起燕山南麓，南至子牙新河河畔。地理坐标为：东经 116°7′~117°15′；北纬 38°28′~40°5′。北部与北京的平谷、通州、大兴三区相邻；西部与保定市的涿州、雄县、新城接壤；南部与沧州市的任丘、河间、青县相连；东部与天津的静海、武清、宝坻、蓟县交界。廊坊市共辖大城县、文安县、霸州市、永清县、固安县、安次区、广阳区、香河县、大厂回族自治县、三河市等十个县区市，幅员面积 6 428km²，耕地面积 554 万亩。北部最高的大岭山，海拔 521m，相对高度 150m。低山丘陵不足 2%。冲积平原海拔小于 26m，南部的洼淀最低海拔高程只有 2m。境内河道纵横交错，有子牙河、大清河、永定河、北运河、潮白河等五大海河水系和沟河、引沟入潮、青龙湾减白沟河等各条河流均途经廊坊经天津入渤海。境内有溢流洼、东淀、文安洼等行洪、分洪、滞洪洼淀和永定河泛区。此外，还有十条小河排沥在境内汇流。由于地势低洼，河道纵横，上游无水库档畜，中游河道窄小，下游河道阻塞，加之堤防年久失修和下游入海口受潮水顶托，中华民国年间每当进入汛期，洪水暴涨，各条河流经常发生漫溢绝口，洪涝连片，排水无路。洼地土壤水分较高，遍地滋生芦草、马鞭，间生盐蓬、碱蓬及其他禾本科杂草，环境和气候给蝗虫创造了繁衍孳生的条件，形成了蝗虫窝。

二、蝗虫种类及蝗区类型

蝗虫在廊坊市的十个区市县均有不同程度的发生，常见的就有 18 种之多，其主要的优势种群有东亚飞蝗、中华稻蝗、中华剑角蝗、长额负蝗、短额负蝗、白边痂蝗、轮纹痂蝗、短星翅蝗、棉蝗、大垫尖翅蝗、二色嘎蝗、笨蝗、黄胫小车蝗、长翅素木蝗、疣蝗、大翅翅蝗、花胫绿纹蝗和狭翅雏蝗等。这些蝗虫在不同的年份表现的优势种群也有所改变，其中由于东亚飞蝗食性杂、飞翔力强、危害性也最为严重。根据东亚飞蝗对繁衍滋生栖息环境选择的特性，在境内大略可分为以下 3 种类型蝗区：

（一）河泛蝗区

由于干旱，多时无水，使得季节性河流处于常时干枯或半干枯，一旦上游客水超大流量溢出河床，河流改道冲击地面，切断现象严重，造成了准缓岗、二坡地、碟形洼、封闭洼等。河泛区由于上游水系混浊淤积，造成下游河道变浅，涝年河水泛滥，旱年河床干枯。河道淤积致使河道形成十年九旱的地上河。例如永清、安次县的永定河故道、大城县的子牙河故道泛区和香河县的潮白河两侧堤坡等。

（二）内涝洼淀蝗区

这些区域主要是在接纳了外地客水和雨季期间大雨过后的积水分散到洼、淀地带。多年来，由于上游支流众多，下游泄水不畅，造成这些地区洪水泛滥，形成各类大小不同的积水洼淀，使得作物不能正常生长。加之旱、涝交替发生情况，使得这些荒地或临时性庄稼地受到大自然气候影响，由于地势低洼在沥涝年份排水不良形成浅水沼泽地带，好的农田一年只能种植一季作物——小麦（俗称一水一麦）或者废弃撂荒。例如：文安县的黄甫区、马五营洼、刘么，大城县的一、二号灌渠、贾口洼、马六郎北洼，霸州市的溢流洼、东淀、胜芳、王庄子的苇塘。

（三）农田特殊环境蝗区

辽阔的盐碱沙荒地上，生长着大片的芦苇、茅草、蒲草、碱蒿、稗草、三棱草和一眼望不到边的苇塘。这些取之不尽的食料随处可取。若是遇到大旱之年荒地食料一旦受到影响，蝗虫也将会向邻近农田转移取食危害。这对飞蝗的栖息、取食、繁殖和促进群集创造了有利条件。在这荒草地和农田叉荒地区往往是地下水位深，地上没有水源，含盐量高，属半干旱，高盐碱，人烟稀少，作物耕种也是因地制宜掏洼种植。如大城县的贾口洼、马六郎北洼和文安县的马五营村、龙街乡、黄甫农场等。

三、蝗区的气候与植被

（一）气候

按中国气候区划为暖温带河北半湿润气候区，属于干湿季节分明寒署交替明显。

1. 日照时数

年日照时数 2 657.0~2 874.8h，全年平均为 2 759.7h。

2. 太阳辐射

年太阳总辐射（气候计算值）量 128.844~134.814kcal/cm^2。

3. 气温

全年最热月为 7 月，平均 26.0℃，最冷月是 1 月，平均 -5.2℃。极端最低气温为 -23.2℃，2010 年 1 月 6 日分别出现在固安和永清；初霜平均期为 10 月 19 日，终霜平均在 4 月 18 日。

（二）土壤

全市共有 5 个 2 纲，7 个土类，14 个亚类，51 个土种。从土类分布看，绝大部分为潮土类，面积为 652.207 万亩，占总面积的 89.17%；其次是褐土类 54 万亩，占 7.4%；石质土类，面积为 6.25 万亩，占 0.86%；砂姜黑土类 7.98 万亩，占 1.09%；盐土类 3.3 万亩，占 0.45%；沼泽土类 5.3 万亩，占 0.73%；风沙土类 2.2 万亩，占 0.3%。

（三）植被

地势平坦，距海较近，受暖湿季风影响，植被生长繁茂，自然植被大部分绝迹，均为夏绿林两年三熟小麦杂粮栽培植被和经济果林及野生植物等。大体可分三类：

1. 栽培作物

主要是小麦、玉米、谷子、高粱、大豆、小豆、吉豆、豌豆、花生、芝麻、瓜、果、菜类等。

2. 果、林植物

果树主要是苹果、梨、枣、桃、杏、李子、葡萄；林木主要有杨、松、柳、榆、椿、桑等；其他经济林还有秆、权、条等。

3. 野生植物

主要有芦苇、马唐草、三棱草、苍耳、灰菜、碱蓬、稗草、狗尾草、马齿苋等。

四、蝗虫的发生与防治情况

廊坊市的蝗虫有一年发生一代的也有一年发生两代的。东亚飞蝗一年发生两代。其中第一代 5 月初出土称为夏蝗，第二代 7 月下旬出土称为秋蝗。百姓简称东亚飞蝗为"飞蝗"，除飞蝗以外，其他种类蝗虫人们统称为"土蝗"。这些蝗虫都可以给植物造成局部或大范围的损失或毁灭性的灾害。据廊坊史记，远在 2 650 多年前的西晋时期至 1949 年就已有飞蝗成灾的记载，此后历代的文献中都有蝗灾的资料，据廊坊市记载，建国以前曾发生过蝗灾 161 次，每隔 8 ~ 10 年就有一次蝗灾的发生。1943 年"蝗食禾尽，寸草皆无，穿垫头街而过窗纸皆食"。文安县志记载明朝："景泰 39 年，蝗蝻遍野禾秸尽食无遗。"霸州市志记载："自元年世祖 23 年至民国 17 年，蝗害大发生有 25 次之多"。蝗灾是在水、旱灾年份交替发生的。是自古至今的一大自然灾害。民间总结俗传："旱了收蚂蚱，涝了收蛤蟆。"廊坊市从历史上遗留下来的蝗区有 143.3 万亩，其中：洼淀蝗区 77.9 万亩，河泛蝗区 29.7 万亩，内涝蝗区 35.7 万亩。

蝗虫发生的严重程度是受大自然环境的影响。不稳定的旱涝雨水年份，一般是受水的流量和水位上升，淹滩面积增加，对在洼滩区的东亚飞蝗发生程度有着较大影响。上水时期与积水时间对东亚飞蝗的影响：春季干旱增加了当年小气候的夏蝗发生程度。7 月上中旬上水到 8 月上中旬退水时，则秋蝗发生面积最小。8 月底以前上水、退水，秋蝗随退水产卵，来年夏蝗则偏重发生。在 9 月上中旬秋蝗产卵盛期上水时东亚飞蝗向未淹水的较高的老洼滩地集中，来年夏蝗在较高地带常出现小面积高密度蝗蝻群。如果连年河水流量较小时，洼滩地上水面积减少，适宜东亚飞蝗发生面积增加；相反时，绝大部分洼淀地带连年积水，则东亚飞蝗发生较轻。高低不平的沙荒洼（滩）地，稀疏的禾本科杂草的食料及人烟稀少的环境等，又制约着蝗虫繁衍和生存场所。1951 年 6 月初至 8 月底，全市发生夏、秋蝗 58.3 万亩次，虫口密度一般每平方米有蝗蝻近千头，国家出动飞机配合撒施农药进行防治。1955 年开始使用六六六粉和 DDT 乳油等有机氯杀虫剂防治蝗虫。1957 年 6 月，在文安城南建成中转农用机场，占地 7.7 万 m^2，主跑道 600m，宽 50m。同年又在霸州市（原霸县）信安镇东北方建起一个临时农用飞机场，供灭蝗飞机起落。在 1957 ~ 1961 年连续 5 年严重发生飞蝗，每年蝗灾面积达 100 万亩次以上。1994 ~ 1999 年连续六年严重发生东亚飞蝗，平均每平方米有蝗蝻灾害，每年发生面积达 80 余万亩次，防治面积达 80 余万亩。对霸州、文安、大城等县的重点蝗区实施飞机防治，飞防 13 架次，防治面积达 10 万余亩，有效地遏制了蝗虫的危害。21 世纪，廊坊市植保站面对蝗虫的严重发生，利用 GPS 卫星定位仪对宜蝗区进行了全面勘察，并提出了可持续控制的治蝗方案，该项目得到了领导认可，获得农业部科研成果一等奖。2003 年 5 月，香河县夏蝗发生 11.27 万亩，渠口乡梨园村 300 多亩麦田有蝗蝻达到 3 000 头/m^2 以上。2009 年底，全市已将不可改造的宜蝗区控制在 20 万亩以内，虫口密度也大幅度压低。比 1949 年宜蝗面积减少了 83.4%。

五、建立健全防蝗组织搞好监测预报

1949 年以前，全市无植物保护机构，蝗害到处蔓延。新中国成立之后，植物保护工作开始受到各级政府领导的重视。1953 年，天津专区和各蝗区县，先后建立起防蝗站，并在重点乡镇设季节性兼职或义务查蝗员。1956 年，天津专署农林局技术科设植保组，对外称植保植检站，负责全区农作物病虫害的预报、防治和检疫工作。1960 年以后，各县相继都设了专职病虫测报（防蝗）员。1967 年大城县建立农作物病虫测报站，在原有专职查蝗员的基础上又增加了季节性防蝗人员。1976 年以后，市、县两级先后建起测报、防治、检疫专门机构——植物保护植物检验站。市植保站先后购置了蝗虫监测摩托车和130 汽车。1978 年市植保站配备了查蝗专用汽车一辆，并在廊坊蝗区首试安装了小八一移动报话机电台两部（一部在基地，另一部是车载移动对讲用）。重点蝗区县也配备和更新了摩托车，更进一步提高了测报的质量和情报传递的速度。1979 年统计，全市有公社级测报点 9 个，大队级测报点 45 个，共有农民测报员 45 人。1980 年大城、香河两县建立起病、虫、草害标本室，温室和养虫室及观测场。存储了大量的蝗虫及各类的病、虫、草、鼠等资料。1984 年，开始采用数理统计方法进行蝗情预报，用电子计算机处理分析测报资料。针对东亚飞蝗调查工作制订出"三查"要求。一是查卵：从春季 4 月 10 日开始，由有查蝗经验的同志带队进入蝗区，选择不同环境有代表性的 3 个蝗区进行系统观察。在上年秋蝗产卵密度大的地带，每 10 天挖蝗卵一次，检查卵的死亡率和活卵的发育进度，每个蝗区每次挖 5 块，共查 3 次，记入档案。根据蝗卵发育进度计算蝗蝻出土时间，在胚熟期时，提前 1～2 天在蝗虫集中产卵的生态环境中，每天调查 1 次，查到蝗蝻出土为止，这天定为蝗虫出土始期；二查蝗蝻。调查蝗蝻出土始期、盛期、龄期和发生面积及密度。即是查蝗队员以"一"字形横排步行，每人手持 1m 左右的长木棍儿轻拨地表面小草，以目测方法观察 1m² 内跳动蝗蝻的数量和龄期。三查成虫（残蝗）。调查蝗蝻羽化盛期后 10 天开始，在查龄期的 3 个蝗区内，继续进行调查。1994～1996 年，河北省植保总站邀请全国治蝗专家，先后在文安、大城两县召开防蝗现场防治技术培训会议。省、市植保站也多次对全市测报员进行了统一培训，讲解蝗虫的分类及生活习性，蝗虫各虫态的区分和分级标准。使防蝗人员切实掌握了蝗虫的识别和预测预报方法及防治措施。人人都能独立工作全市的蝗虫发生趋势预报水平由短期预报发展到中、长期预报，准确率达到 90% 以上。2001～2003 年，经农业部批准，霸州、大城两个重点县先后建立了防蝗站。到目前为止，廊坊市和各蝗区县都建立了防蝗指挥部，主管农业的副市长或副县长任指挥长，农业局长任副指挥，农业、水务、气象、交通、财政和发改委等有关单位为成员单位。办公室设在农业局植保站，由主管植保副局长任主任。每年 4 月启动防蝗预案，调查越蝗卵发育进度，发布预报。从蝗蝻出土开始每周将汇总好的情况向上级领导和有关部门汇报。同时，利用普查前期时间组织专家和有经验的专业技术人员对当地防蝗人员和蝗区干部群众培训防蝗专业知识，以河北省植保总站发的《东亚飞蝗测报技术规范（GB/T15803—2007）》为标准，统一飞蝗调查规范。以没有防治前，蝗蝻密度大于或等于 0.2 头/m² 为发生面积，飞蝗每平方米 0.5 头以上，土蝗 10 头以上定为防治标准。在确定防治地块和时间后，组织防蝗队伍统一防治，统一检查防治效果，统一查残和扫残。确保"飞蝗不起飞、不成灾，土蝗不扩散、不为害"的防蝗目标。

六、蝗区的综合治理

新中国成立以后，党和国家领导人十分重视治蝗工作。1973 年 4 月河北省治蝗工作会议上，提出了"依靠群众，勤俭治蝗，改治并举，根治蝗害"的十六字的综合治蝗方针。总结了历史治蝗的经验，并提出了治蝗新举措。

（一）综合治理改造宜蝗区

1. 治理河泛加固防洪工程

1950 年 7 月 15 日开挖了香河县境内的潮白新河，这一竣工结束了潮白河自 1921 年李逐绝口洪水成灾的历史。1951 年 5 月 30 日，修筑了固安县、永清县的永定河全长 61km 的新北堤。1952 年 10 月 13 日对大城县、文安县和霸州市境内的大清河、子牙河的洪水顺新开减河直泄渤海。1955～1957 年，进行了大清河中、下整理工程。工程包括兴建设计流量 880m³/s 的文安王村进洪闸和开挖全长 70.4km 长的赵王新河。1958 年 10 月，在霸州东淀下口建成综合利用的西河闸大型枢纽工程，设计流量 1 100m³/s，与此同时还修筑了中亭堤、隔淀堤等防洪工程。1950～1959 年十年期间累计投资 350 万元。1963 年特大洪水以后，中共中央主席毛泽东发出"一定要根治海河"的伟大号召之后，市、地区各级政府积极兴修水利，改造河道。1965～1980 年，历时 15 个春秋，廊坊地区先后组织 100 万人（次），对北运河，青龙湾减河，潮白河吴村闸以下，以及赵王新河都做了旧河展宽和堤防加固。增辟沟河入河通道——引沟入潮工程。新辟了子牙河入海通道——子牙新河。兴建和扩建潮白河吴村闸和土门楼闸两座大型水利枢纽。修建了鲍邱河与引沟入潮立交的大罗村度槽。在潮白河上修建了牛牧屯引水闸。并对龙河进行了全面整治，对牤牛河进行了疏浚。加固了中亭河北堤，培筑了南埝。此外，还结合排涝河道治理修建了牤牛河金各庄闸，中亭河上的胜芳闸，大清河上的下码头闸，子牙河上的泊庄闸，龙河上的三小营闸、齐营闸、大五龙闸、永丰闸等。工程累计完成土方 15 324 万 m³。

2. 兴修水利工程

1951 年开始疏浚文安洼小白河，开挖任（丘）、河（间）、大（城）和雄（县）、固（安）、霸（州）排水工程。特别是 1955 年开始了"洼淀改造"后，建设了大量排水工程，对防止涝灾，减轻灾情起到了主要作用。1958 年以后，开始打规模兴建除涝、治碱的排水工程，并进行清淤、浚渠、扩挖沥水河道，修建排水闸涵。1959 年兴建了文安左各庄和霸县高各庄两座电力排涝杨水站。1960 年又建成王泊、胜芳、三官村、小庙等排涝杨水站。到 1963 年，全区共建电力排涝杨水站 12 座，设计总排水量 132.5m³/s。到 1985 年全区基本形成了比较完整的除涝排水体系。共开挖干、支渠 1 681 支，总长 5 271km，共动土方 38 782.5 万 m³。建成配套闸涵建筑物 4 128 座。建立 1m³/s 以上扬水站 216 座，总装机容量 9.77 万 kW，总提水能力 173.5m³/s。全区总控制除涝面积 912.98 万亩，其中达到十年一遇的 1.17 万亩，占 0.13%；达到五年一遇的 364.15 万亩，占 39.89%；达到三年一遇的 285.99 万亩，占 31.32%，不足三年一遇的 261.67 万亩，占 28.66%。

3. 改造注淀排除内涝工程

廊坊地区地势低洼，大小注淀和封闭洼地星罗棋布，由于受季风气候影响，旱、涝灾交替发生，年内往往是先旱后涝，涝后又旱。新中国成立后的 6 年中连年发生较大涝灾，受灾面积占耕地总面积的 60%～80%，6 年累计共淹地 1 653 万亩。1955 年 2 月 17 日，中共天津地委作出《关于改造低洼地区农业生产的决定》。决定中提出"依靠群众，因地制宜，改造自然，利用和改造自然变水患为水利"。

（二）药剂防治突发性飞蝗

历史以来，蝗区人民群众与蝗害做着顽强不懈的斗争，创造出了许多治蝗方法，如挖卵、捕打、网捕、袋抄、挖沟掩埋、火烧等方法。解放以后，随着科学技术的发展，应用化学农药除治蝗虫工作也在逐步开展。我国治蝗专家李光博院士早在1950年就深入到天津地区静海县首试六六六粉毒饵防治蝗虫技术。1951年6月初至8月底，全区发生夏、秋蝗58.3万亩次，虫口密度一般每平方米有蝗近千头，国家出动飞机配合撒施农药进行防治。1955年，廊坊地区开始采用了人工手摇喷粉器和手动552-丙型喷雾器喷撒六六六粉和滴滴涕乳油等化学农药，进入了有机氯杀虫剂防治蝗虫阶段。1978年，在大城、文安、霸州、固安、永清、安次、香河等县推广应用东方红-18型喷粉弥雾机喷撒粉剂和常量、低容量、超低容量化学农药防治农业害虫。由大城、文安、霸州、香河等县植保站组织起县级植保专业机械化合作防治队伍，固安县的公主府、大厂回族自治县的王必屯等乡（公社）蝗区县组织了以乡为单位组织了机械化合作防治专业队伍。推广应用超低容量喷雾法解决了局部高密度虫量的突击防治紧急作业的困难。防治药剂由喷撒六六六粉、DDT乳油逐步转变使用有机磷农药。80年代，推广使用高效低毒的菊酯类农药，替代了施用有机氯农药防蝗的方法。同时，开展试验了微孢子虫、绿僵菌防治蝗虫的新技术。90年代以后蝗区境内杜绝了高毒、剧毒化学农药的应用。并全面开展隔代、挑治法。

七、蝗区综合治理的探讨

治理蝗区，根除蝗害。关键在于如何对宜蝗区水的改造，修整河道、堤埝、洼淀、供排水渠、田间作业路等，改变田间小气候，破坏蝗虫栖息衍生环境。这就是综合治理蝗区的措施。

（1）食料是蝗虫生存的必需品　食料充足与否是蝗虫繁衍的基本条件，也是蝗虫成灾、迁飞的主要因素。没有足够或是没有喜食的食料蝗虫就会迁移或是降低虫口密度。建议在宜蝗区种植蝗虫不喜食的植物，如栽培苜蓿、棉花等植物使蝗区植被覆盖率超过80%，可以起到压缩虫源基数的效果。

（2）兴修水利，耕翻土地，调整蝗区的小气候　将宜蝗区农田的地上沟渠改造为地下管道，既可提高土地利用率，也可节省水利资源，又可减少宜蝗面积。

（3）保护天敌，生态控蝗　蝗虫的天敌主要有蛙和鸟两大类，尤其是蛙类，与蝗虫生活在同一类型的生态环境中——凡长有芦苇、杂草的低洼地、坑塘、沟渠等处，都是其良好的生存场所。据统计，一只青蛙一个夏季能消灭一万多只害虫；一只泽蛙，平均每天吃掉50只害虫，最多的可达266只；即使是身体笨乎乎的蟾蜍，夏季三个月也能捕食近万只害虫呢！一窝大山雀在半个月的育雏期间约可吃2 000个昆虫；一窝燕子，一个月可吃1 200个蝗虫；一只啄木鸟一天可以消灭上百条藏在树干中的害虫，还可以保护它周围90亩森林免遭虫害。燕鸟、大山雀和杜鹃也能消灭大量的蝗虫。以普通燕子为例，一对亲鸟和一窝雏鸟每月吃蝗虫可达16 200多只。吃蝗虫的鸟类有燕鸻、白翅浮鸥、田鹨等，尤以燕鸻最为突出；其次还有蜘蛛、虎甲、蚂蚁和蛇类等野生生物以及鸡、鸭、鹅、猫等禽类。建议在蝗区以保护蝗虫天敌和建立家禽饲养场的方法为主要生态控蝗措施；对突发性高密度的蝗区应选择喷施生物、植物制剂农药为补救措施。

廊坊市近年农作物上的几种常见蚜虫

崔广兆

（廊坊市植保植检站）

蚜虫（Aphid）在昆虫分类学上属同翅目蚜亚目蚜总科蚜科，是农作物上的重要害虫之一。这类昆虫以刺吸式口器刺破植物组织，吸收其汁液，使受害部分褪色、变黄，造成营养不良，器官萎缩或卷缩畸形，甚至整个植株枯萎、死亡。在取食时输进植物组织中去的唾液，含有消化酶，主要是淀粉酶和转化酶，起着体外消化的作用。还破坏植物的细胞壁，使消化后的物质能够通过，以便于吸收。

蚜虫一般都喜欢集中在植物柔嫩部位（这里的可溶性氮素较多）吸食。当植物细胞内的叶绿体被破坏时，即出现白色的斑点。蚜虫唾液在植物体内残存，继续破坏植物的细胞物质，抑制细胞生长，改变植物内含物的化学成分，使为害斑点继续扩大，发黄，变红，或刺激植物组织增生，畸形生长，造成卷叶或肿疣（虫瘿）。

除了直接为害外，蚜虫还是多种植物病毒（烟草花叶病毒 TMV、芜菁花叶病毒 TuMV、大麦黄矮病毒 BYDV）的传病介体，造成很大的次生为害。

廊坊辖区常见的几种蚜虫有棉蚜 *Aphis gossypii* Glover、麦长管蚜 *Sitobion avenae*（Fabricius）、麦二叉蚜 *Schizaphis graminum*（Rondani）、桃蚜 *Myzus persicae*（Sulzer）、萝卜蚜 *Lipaphis erysimi*（Kaltenbach）等。

在形态特征上，蚜虫触角长，通常 6 节，很少 5 节或 3 节。末节中部起突然变细，明显分为基部和鞭部两部分。在末节基部的顶端和末前节的顶端各有一圆形的原生感觉孔，这些是科的共同特征。第三至六节基部可能还有圆形或椭圆形的次生感觉孔，它们的数目和分布，可作为种的特征。

蚜虫腹部在第六节或第七节前面生有一对圆柱形的管状突起，称为腹管。腹部末端的突起，称为尾片。其形状、大小的区别，是蚜虫分类的重要依据。蚜虫一年能发生很多世代，有的多达 20～30 世代，在生活过程中，有不同的生活方式和形态（世代交替）。在身体构造、生殖方式以及生活场所上，蚜虫呈现复杂多变的情形，这是在长期的自然选择下，蚜虫适应不同气候条件、寄主条件的结果。

有迁移习性的蚜虫在夏秋两季，都是以"孤雌胎生"的方式繁殖下代的，到了秋冬才出现雄蚜，进行两性生殖产卵，以卵越冬，到第二年春天孵化。蚜虫产卵的寄主称为越冬寄主或第一寄主，从进化上，是蚜虫较早适应的寄主植物。在没有第一寄主植物的地区，蚜虫只在第二寄主上以孤雌生殖方式繁殖，相应的世代交替也就消失了。

棉蚜是多食性害虫，其中越冬寄主（第一寄主）有花椒、鼠李、石榴和木槿等木本植物，草本植物有夏枯草和车前草等，侨居寄主（第二寄主）包括棉花、洋麻等锦葵科植物，西瓜、南瓜等葫芦科以及豆科和菊科等多种作物。

麦二叉蚜、麦长管蚜的寄主除麦类作物外，亦为害玉米、高粱、糜子、雀麦、马唐、看麦娘等多种禾本科植物。

萝卜蚜寄主以十字花科为主，且偏嗜萝卜、白菜等叶上有毛的种类。

桃蚜，除为害十字花科蔬菜外，还为害茄科、藜科蔷薇科等植物，其中冬性风障菠菜是它的重要越冬寄主。

廊坊市各类病虫草鼠害发生与防控概况与展望

张金华

（廊坊市植保植检站）

廊坊市地处河北中部、京津两大城市之间，幅员面积 6 429km²，耕地面积 554 万亩，属温带大陆性季风气候，四季分明，种植的农作物以小麦、玉米、棉花、蔬菜、果树为主。同时廊坊市也是病虫害多发的地区，常年发生面积在 2 000 万~3 000 万亩次，随着病虫害的种类和为害程度变化较大，特别是近年来，新、特、奇作物的不断引进和种植，过去有的主要病虫为害减轻变为次要病害，新的病虫不断增加，有的已经上升为主要病虫。

一、主要农作物病虫害的变化

随着气候变化、耕作制度改变及农事的影响，廊坊市一些病虫草害也发生了变化。在小麦上，小麦蚜虫一直是主要虫害，发生面积居高不下，防治上以喷雾为主，药剂在 20 世纪 90 年代前以甲胺磷、氧化乐果等高毒农药为主，以后被吡虫啉、啶虫脒、菊酯类农药代替；小麦白粉病以前发生轻而未受关注，直到 1989 年才有数据统计，之后的近 10 年中白粉病发生严重，成为当时小麦主要病害，进入 21 世纪以来，随着气候的变化和防治技术的提高，白粉病被控制住，到目前只在水浇条件好，群体密度大、郁蔽的麦田才有发生；小麦吸浆虫是近几年严重发生的虫害，虽然早在 20 世纪 80~90 年代曾经发生过，但为害不大，没有引起足够重视，但到 2004 年开始在廊坊市的北部县市发生，面积 21.31 万亩，随后面积越来越大，到 2009 年，全市已有 7 个县（市、区）发生，面积达到 50.6 万亩，成为影响小麦产量的主要虫害；随着 2,4-D 常期使用和环境条件的变化麦田杂草的优势种群也发生了变化，在 20 世纪 90 年代前麦田以藜、蓟、苋等为主，现在以播娘蒿、荠菜、藜为主。2009 年在香河、霸州、固安等 3 县、6 乡镇、14 村的 438 亩麦田发生了禾本科恶性杂草——雀麦。

在玉米上，杂草在 20 世纪 90 年代前还以人工除治为主，以后逐步被化学除草代替，主要用的是乙草胺、甲草胺、阿特拉津等单剂为主，后来乙·阿合剂，在播后苗前使用。到 2000 年以后，开始使用玉农乐开展苗后除草；玉米耕葵粉蚧在 90 年代首次发现；玉米顶腐病在 2007 年开始发生；玉米螟一直是玉米上的主要害虫，防治时主要是在玉米大喇叭口期撒毒沙或颗粒剂，80 年代前使用六六六粉剂，90 年代后使用甲胺磷、1605 等有机磷，随着国家重视农产品残留问题，廊坊市 2001 年全面禁止了高毒高残留农药的生产、销售和使用，改用毒死蜱或菊酯类进行喷雾，但由于成本高、残效期短，农民不易接受，目前对玉米螟进行防治的逐步减少。

在棉花上，20 世纪 80 年代中后期棉蚜是棉田主要害虫。随着棉蚜综合防治技术措施的推广应用，通过消灭越冬蚜源减少发生基数、隐蔽施药、点片涂茎、保护利用天敌等一系列防治手段的运用，棉蚜为害得到了有效控制。20 世纪 90 年代棉铃虫上升为棉田主要害虫，发生面积逐年扩大，为害程度逐年加重，严重挫伤了农民的植棉的积极性，棉花面积大幅度减少，1995 年前后全市面积只有十几万亩。90 年代后期随着抗虫棉的种植，棉花得到了恢复性生产，2009 年面积增加到了 70 多万亩。但随之而来棉蚜、棉盲蝽、棉红蜘蛛等成为主要害虫。棉黄枯萎病面积逐年增加，为害越来越重。

在蔬菜上，20 世纪 80 年代前，种植主要是应季蔬菜，品种单一，以露地种植为主，病虫害发生种类较少；到了 80 年代后，特别是廊坊 40 型温室的成功推广，廊坊市设施蔬菜得到了迅猛发展，2009 年蔬菜面积达到 140 余万亩，占耕地面积的近 1/4。但由于保护地蔬菜连年种植和特定的小气候，病虫害发生严重，而且新的病虫害不断增加。1996 美洲斑潜蝇传入廊坊市，逐步成为蔬菜上的主要害虫；2000 年烟粉虱大暴发；2009 年大城、文安、霸州、永清、固安、广阳、安次等 7 个县（市、区）突发番茄黄化曲叶病毒病，发生面积为 5.475 万亩，占番茄播种面积的 80% 以上。一般发病率在 20%~30%，严重的达到 100%，有的已经毁种。

二、廊坊市植保社会公服务组织

廊坊市专业化服务工作起步较早，在 20 世纪 80 年代植保系统就开始了尝试，近 30 年来发展进程起起伏伏，主要经历了繁荣、萧条和复苏、壮大阶段：

（一）繁荣阶段（20 世纪 80~90 年代）

这一时期正是我国经济体制改革关键时期，也是从计划经济占主导地位逐步实行市场经济的转型期，农村分田到户，农民积极性空前高涨，政府及有关部门对农业重视。在这有利的条件下，植保专业化服务组织迅速发展壮大起来，到 90 年代初达到空前繁荣。全市形成了"以市级为指导、县级为核心、乡镇为桥梁、村级为基础"的植保专业化服务网络。当时服务模式主要有四种：一是县、乡植保专业服务组织；二是村办专防队；三是农民自办防治服务组织；四是以乡、村为单位，开展"四统一分"防治（即统一测报、统一购药、统一时间和方法、统一检查防治效果、分户防治）。服务方式有四种：一是无偿服务，主要是在工副业搞的好，集体经济实力雄厚的村，防治费用全部由集体承担；二是有偿承包防治，对某种作物或单病单虫一次性防治，收取防治费；三是有偿技术承包服务，订立技术合同，分清责权，由技术人员有偿指导农民统一防治；四是无偿技术服务。

植保专业化服务组织到 20 世纪 90 年代发展到鼎盛时期。据 1992 年统计，廊坊市共有市、县级植保站 10 个，植物医院 18 个，干部职工 112 人；乡级植物医院 82 个，占乡镇总数的 53.2%，干部职工 236 人，起到植物医院作用的乡镇技术站 51 个，占乡镇总数的 33.1%；村级植物诊所 252 个。县级专防队 15 个，机动喷雾器 931 台；乡级专防队 60 个，机动喷雾器 564 台；村级专防队 886 个，机动喷雾器 287 台，其他药械 8 000 余台。县、乡、村从事植保专业化服务人员总数达 1.2 万余人。

（二）萧条阶段（20 世纪 90 年代至 20 世纪末）

随着我国市场经济的初步建立但还不十分完善，多种分配形式并存，过去计划经济体制下建立起来的植保专业化服务体系因不适应形势的要求，渐渐退出市场，但新的体系还未建立，形成了"线断、人散、网破"的局面。这个阶段乡、村级的植保专业化服务组织已不存在；县级植物医院大多资不抵债，已名存实亡；从业人员分流下海，许多药械散落到各家各户手中，因此植保专业化服务进入了一个萧条期。但这时出现了可喜的苗头——新的服务形式露出萌芽。主要是由民间自发开始的专业化有偿服务，最早是单机作业"打加工"，也就是机手购买机动防治器械，农户自己购买农药，由机手负责施药，这也为以后的复苏打下了基础。

（三）复苏、壮大阶段（20世纪初到现在）

随着我国市场经济体制进一步完善和个体经济的迅速发展，植保专业化服务开始复苏和壮大起来，发展成以农资经销商为主体，以植保部门技术为依托，集药、械、技为一体的协会或专业化服务体系，并表现出旺盛的生命力。主要形式有三种：一是以农资连锁店为依托，集农资供应、技术服务、宣传培训、田间统一防治为一体的综合服务型专业化防治组织。实行市场化运作、民办民营、自负盈亏。植保部门负责对连锁店和专业化防治组织进行管理、引导和扶持，提供病虫害防治信息、培训技术人员及植保新技术推广、优质农药和植保器械的筛选、推荐等。机防队按照优质服务、自愿互利，合理收费的原则，开展农作物病虫害防治。通过电话、手机、短信联系约定或上门随叫随到服务方式。机防队带人、带药、带水、带机器、带车辆，统一配方、统一时间、统一组织、统一施药防治。农药供应和田间防治费用统一核算，防治中所用农药是连锁店的享受优惠价，收取用工费。二是机防队实行农药供应和田间施药单独核算。机防队负责提供机动喷雾器，有偿提供农药，由农民自己到时间进行防治。三是以种植专业大户组成的机防专业队。这种形式的机防队由农民自己提供药剂，机防队带机械到田间进行收费防治，收取防治费用以药液量计算。一般情况下，此种形式多与农资经营店挂钩，农资经营店负责提供农药、技术，确定时间，统一调动机手防治，机手只收取防治服务费。

总之，这段时间建立的植保专业化防治组织最显著的特点是没有行政干预，充分体现了市场行为，具有很强的生命力。据不完全统计，截至2008年底，全市共有专业化防治组织232个，其中，个体服务组织57个、农资连锁组织171、其他4个，从业人数1 560余人；有大型喷雾器械35台（套），机动喷雾器952台，手动喷雾器94 510台（件）；每年服务面积在355.8万亩，占总耕地面积的64.7%；涉及乡镇89个（全市共90个乡镇），行政村2 808个（全市共3 222个行政村），分别占98.9%和87.2%，基本上达到了全覆盖。

三、对新形势下植保专业化防治组织的思考

（一）前景广阔

近年来，农村经济不断发展，特别是个体私营经济发展迅速，农村大量劳动力向工厂、企业转移，造成农村劳动力短缺。农村家中留守种地的多是老龄人和妇女，一旦病虫害严重发生，不能及时施药，贻误最佳防治时期；近几年病虫害面积扩大，防治任务增加；防病治虫田间操作劳动强度大、环境恶劣，加之用药不科学，防效差，农药中毒事件屡见不鲜；一些迁飞性、流行性、暴发性病虫一家一户防治困难等多种原因存在，因此"用药难、防治难"已成为农业生产中十分头痛的问题，广大农民渴望有专门的组织来解决这个问题。在这一背景下，专业化防治组织孕育而生，它解决了一家一户办不了、办不好、办了不合算的难题，市场前景广阔，如果加以正确的引导和扶持，势必有巨大的生命力。

（二）形式灵活

由于现在的专业化服务组织是由下而上自发形成的，因此形式多种多样，操作灵活，很适应当前的需求。目前的防治组织由 1～2 名村民组成，对本村及周边区域，根据不同病虫、不同季节的单纯喷药服务，也有由有规模的农资经销商集药、械、技一体的综合服务组织、协会等多种形式。因此要分门别类，因地制宜地进行帮扶，避免一刀切、简单化。

（三）市场运作

以市场调节为主，以农民需求为导向，采取引导、扶持和资助等方式探索植保社会化服务组织的发展。作为我们植保部门对这些组织不能大包大揽，应依托国家、省对重大病虫害统防统治和专业化建设的支持，以植保技术服务为纽带，以国家机械、资金折成股分参与服务活动，把专业化防治回归社会和农民，形成利益共享，风险同担的合理模式。

廊坊市瓜菜根结线虫的发生与防治的摸索

唐道磊

（廊坊市植保植检站）

瓜菜根结线虫病是一种土传病害，近些年在廊坊市发生日趋严重，已成为阻碍廊坊市瓜菜生产发展的重要因素。农民虽曾采取了多种办法进行防治，但一直未取得较好的防治效果，部分地块减产、绝收的现象时有发生，而且采用的药剂大多是高毒、高残留农药。针对这一状况，为了寻求安全、高效、环保的防治药剂，探索一套切实可行防治瓜菜根结线虫病实用技术。从 2004 年至今，廊坊市植保站对根结线虫病在我市的分布、生物学特性、在土壤不同深度的分布、不同温度下死亡率和不同栽培条件发生情况进行了研究。筛选出了植物源农药"6% 阿罗蒗兹微乳剂（肯邦线尊）"及氰铵化钙（荣宝）使用技术。探索制定出一套有效的防治技术（即抓住一个"早"字；采用一个"综"字；突出一个"植"字；达到一个"安"字），并推广了 6 万亩，收到了很好的经济效益、社会效益和生态效益，受到了广大农民的欢迎。

一、根结线虫病的防治现状及前景展望

（一）农业防治

1. 改良土壤

某些有机物的施入能够增强土壤微生物的活性，影响土壤病原菌的活力和残存数量，可以有效降低根结线虫的数量，还能调节作物生长，为改良土壤，增加肥效，提高品质起到了积极的影响。目前，在土壤处理中添加的成分主要有甲壳类物质（主要是甲壳索）、粪肥和植物有机体等。郭玉莲利用鸡粪防治温室蔬菜根结线虫病，发现鸡粪水能够抑制根结线虫卵的孵化。房华等研究表明，茶树菇菌渣能减少南方根结线虫对番茄的侵染。

2. 合理轮作

根据根结线虫寄生范围的局限性原理进行合理轮作能够有效地防治根结线虫。在作物种植过程中可以利用与根结线虫不易繁殖的禾本科作物与甜瓜等作物进行轮作，轮作年限越长，效果越好。有条件的地区可实施水旱轮作，效果更好。吴家琴等用木薯和甘蔗与红麻进行轮作。发现这两种作物对红麻上的根结线虫种类均具有免疫性。

3. 抗病育种

抗病育种是防治根结线虫病最经济有效的措施，特别是对于那些寄主专化性较强的线虫，应用抗病品种防治效果十分明显。选栽抗性品种不仅能减轻线虫的侵染程度，同时也可以降低线虫的密度。然而由于抗病性品种的缺乏，且生产上应用的并不多，目前对番茄、甘薯、香蕉等抗病育种的研究工作正在不断深入。

4. 调节土壤 pH 值

根结线虫在 pH 值 4～8 的土壤中更适宜繁殖。因此，可根据不同作物的生长需求，适当追施碱性肥料如碳酸氢铵、生石灰等。通过调节土壤 pH 值可以有效的控制根结线虫

病害的发生。

（二）物理防治

物理防治是采用恶化土壤中病原物的生存环境的方法。通过胁迫作用减少病原物数量和削弱其致病力。物理防治处理土壤主要包括土壤暴晒、淹水、水蒸气消毒、臭氧水消毒、直流电流消毒、强酸性电解水消毒、电加热、射线或超声波处理等方法。目前，日本已经在部分农田上使用水蒸气消毒处理技术，用发电机发出的电加热锅炉中的水，再用导管将产生的水蒸气导入塑料薄膜下面。此方法更够将土壤表面和一定深度处的病原菌和害虫杀灭。根结线虫对高温很敏感，在49℃时保持10~15min，可杀死几乎所有线虫。孔凡彬等利用氰氨化钙—太阳能土壤消毒，此方法对茄子根结线虫的防效为55.92%~68.29%。但国内相关的报道较少，尚未见到这方面的系统研究。

（三）化学防治

化学防治在根结线虫的防治过程中占有重要地位，在实际生产中能达到立竿见影的效果，是深受果农、菜农青睐的方法。但目前使用的化学杀线剂存在毒性大、对环境污染严重、线虫易产生抗药性等诸多问题。截至2002年底，我国登记的杀线虫剂共计62种。其中用于防治根结线虫的21种，多属于有机磷或氨基甲酸酯类的单剂或复配制剂。且多属高毒农药（中华人民共和国农业部农药检定所，2003）。因此，随着公众环保意识的增强和线虫抗药性的增加，化学杀线虫剂的应用日益受到限制。

（四）生物防治

利用根结线虫的天敌进行生物防治是近年来发展较迅速的一种防治方法。根结线虫生防资源是指它们在自然界的所有天敌生物。在众多的天敌生物中，它们对线虫的作用机制各不相同，总体上分为捕食、寄生、拮抗或毒杀等三类。其中研究最多的是食线虫真菌，其次是巴氏杆菌和根际细菌。

1. 食线虫真菌

食线虫真菌是指对线虫具有拮抗作用真菌的统称。它是线虫生物防治中最重要、研究最广泛的线虫天敌，是根结线虫最有潜力的生防真菌之一。根据作用方式的差异，可分为捕食真菌、寄生真菌、机会真菌和产毒真菌。鄢小宁等研究发现少孢节丛孢 HNQ11 菌株对象耳豆根结线虫的防治具有较好效果。

2. 细菌

对根结线虫有毒效作用的细菌很多。目前研究较多的有巴氏杆菌、假单孢杆菌、苏云金芽孢杆菌、链霉菌、类立克次体和蜡状芽孢杆菌及其他一些土壤细菌。其中，以穿刺巴氏杆菌、假单胞杆菌和苏云金芽胞杆菌有的应用价值。

巴氏杆菌属是一类专性寄生细菌，该菌在土壤中广泛存在，具有内生孢子，易于附着线虫体壁和侵染线虫，寄生后产生大量孢子，并且性能稳定，对多种线虫防效显著。其中侵入巴斯德氏芽菌和南方根结线虫有特异性的亲和能力，对南方根结线虫防效明显。王志伟等通过研究侵入巴斯德氏芽菌对南方根结线虫2龄幼虫的亲和性，证明侵入巴斯德氏芽菌对海南省根结线虫的防治具有很好的效果。

根结线虫的天敌还有病毒、立克氏体、捕食性线虫、涡虫和原生动物等，捕食性线虫在植物寄生线虫群体发展的早期阶段，在土壤中的数量可能不多，还不足以作为有害线虫的有效自然调节者，而其他天敌研究相对少。目前尚不具备应用条件。

（五）微生物源及植物源农药防治

微生物源农药在防治根结线虫方面也取得很大的进展。阿维菌素作为一种生化制剂现已广泛用于防治根结线虫病，对作物安全，使用后很快移栽，并且使用不受季节的限制。梁祖珍等研究发现。用2.0%阿维菌素乳油1 200倍液＋90%敌百虫晶体1 000倍液，每15~20天淋施根部1次，可有效防治罗汉果根结线虫病。20世纪80年代以来，从植物中提取天然杀线活性物质的研究逐渐引起人们的重视，美国、英国、印度、墨西哥等研究利用植物防治寄生线虫已有几十年的历史。植物源杀虫剂印楝素可有效降低番茄根部的南方根结线虫、瓜哇根结线虫幼虫的侵染。不同植物提取液对线虫的防治效果不同，许多杀线虫植物不仅可利用其提取液防治线虫，也可以利用其切细的叶子与土混合防治线虫。

（六）讨论与展望

据预测，未来10年线虫的发生会有明显的上升，年平均增幅1%~9%，长期连作，土壤根结线虫累积危害日益严重，在未来相当长的时间内根结线虫病将依然是农作物的主要病害之一。因此，在选择防治根结线虫的方法时，不应片面强调某一种方法的作用，而要综合考虑各种防治技术。农业防治技术在理论上来说非常有效，但是在实际生产中存在严重的弊端。物理防治没有环境污染，对人畜无药害，重复使用不会产生抗药性，是今后研究和应用的方向之一。化学防治在今后的线虫防治中依然会占有重要地位。目前所用的人工合成杀线虫剂。对植物线虫的毒杀作用是非特异性的，且毒性较高。极易造成对人及其他非靶标生物的危害，但是随着人类的环保意识及对自身生活质量要求的不断提高，杀线虫剂的应用逐步从原来的高毒、高残留向低毒、高效、低残留方向发展。生物防治具有稳定、经济、长效和相对安全的特点，同时还能除害增产、减轻污染、保护生态环境。目前人们在资源调查、菌株筛选和菌剂研制等方面对根结线虫生物防治进行了大量的研究，取得了可喜成果，并显示出巨大的应用前景。但在高效菌株的筛选。迅速定殖土壤，大量生产和贮存以及与农业措施相适应等方面还有待于深入细致地研究。从杀线植物中分离提取天然杀线活性物质。并以这些物质为模板，进行人工合成。筛选出高效、经济、安全的线虫控制剂，目前已有印楝素、苦豆碱、DMDP（2,5-二羟基甲基-3,4-二羟基吡咯烷）等植物性杀线虫剂投入商品化生产。今后植物性杀线剂也将会成为防治根结线虫的重要途径，我国植物寄生线虫学起步较晚。植物源杀线虫剂的系统研究比较缺乏，所以开发植物源杀线虫剂防治根结线虫具有很大的研究空间，前景十分广阔。

二、瓜菜根结线虫病在我市的分布及为害情况

经过两年800多人次的调查表明，瓜菜根结线虫病在我市分布于9个县（市、区），即三河市、香河县、广阳区、安次区、固安县、永清县、霸州市、大城县、大厂县，发生严重的乡镇有27个，即三河的高楼、燕郊、段甲岭、泃阳，香河的钱旺、安平，广阳的九州、白家务、北旺，安次的北史务、杨税务、仇庄，固安的东红寺，永清的西部八个蔬菜乡镇，霸州的南孟，大城的广安、南赵扶、大尚屯，大厂的祁各庄乡（分布情况见表1）。

2004年发生8万亩，2005年发生16.06万亩，2006年目前调查发生18.15万亩。被害作物主要是瓜类（黄瓜、甜瓜、苦瓜、沙白瓜、冬瓜、西瓜等）、番茄、芹菜、韭菜等，瓜类、番茄被害最重。

廊坊市瓜菜上主要有南方根结线虫 [*Meloidogyne incognita*（Kofoid & White）*Chit-*

表1　廊坊市瓜菜根结线虫病发生防治情况一览表

县别	为害作物	发生面积（万亩）	防治面积（万亩）	发生严重乡镇	发生高峰期（月/日）	高峰期病株率（%）	防治措施	防治用药及剂量	防治效果（%）
三河	黄瓜	0.5	0.5	高楼、燕郊	5/10	14	定植时穴施或灌根	线克、福气多、克线磷	
	芹菜	0.1	0.1	高楼、段甲岭		12			
	番茄	0.2	0.2	高楼、燕郊、泃阳镇		23			
香河	韭菜	1.0	1.0	五百户	7/20	10.2	灌根	灭线磷、毒死蜱、乐斯本	85
	黄瓜	0.05	0.01	钱旺	5/10	0.5	播前沟施	神农丹	70
	苦瓜	0.05	0.05	安平	7/25	2.8	灌根	乐斯本	80
广阳	番茄	0.513	0.508	九洲镇	10~12月	58	轮作、换土、施药	10%福气多 1.5kg/亩	80
	黄瓜	0.005	0.005	九洲镇	4月	62		6%阿罗派兹 900mL/亩	60~70
	沙白瓜	0.71	0.708	北旺	4月	80		益舒丰 3kg/亩	50~60
	冬瓜	0.005	0.003	白家务	4月	30		阿维菌素 2 000~3 000 倍液灌根	50
安次	番茄	0.71	0.71	北史务、杨税务、仇庄	5/4~5	10~20	移栽前施药（穴施）、生长期灌根	福气多 1.5kg/亩、杀线农宝 4kg/亩、辛硫磷灌根	50~60
	瓜类	0.61	0.61	北史务、杨税务、仇庄	5/7~8	15~20			65
固安	黄瓜	0.7	1.6	东红寺	4/15~5/1	85	高温闷棚、药剂防治、耕前土表撒石灰粉	益舒丰	90
	番茄	0.3	0.7	东红寺	9/1~9/20	90			
	甜瓜	0.2	0.35	东红寺	2.15~3.1	80			
永清	黄瓜	6.5	6.5	西部八个蔬菜乡镇		100	药剂防治	必杀 1.5~1.8 千克/亩	30
	番茄	4.916	2.6	西部八个蔬菜乡镇		100	药剂防治	金线辛 4~5 千克/亩	65
霸州	番茄	0.28	0.1	南孟镇	2~3月	70	灌根	辛硫磷	40~50
	黄瓜	0.05	0.05	南孟镇	2~3月	50	灌根	辛硫磷	40~50
大城	黄瓜	0.1	0.1	广安、南赵扶、大尚屯	5月、9月	21.5	轮作倒茬用杀线虫剂进行土壤处理	阿罗派兹	85.0
	番茄	0.15	0.15	广安、南赵扶、大尚屯	5月、9月	20.0			82.9
	西瓜	0.5	0.5	广安、南赵扶、大尚屯	5月、9月	18.2			88.5
大厂	番茄	0.001	0.001	祁各庄乡	6月初	0.30%	拔除		

wood]、花生根结线虫（*M. arenaria*）、北方根结线虫（*M. hapla*）和爪哇根结线虫（*M. javarlica Treud*）等，其中在保护地上发生的线虫病以南方根结线虫侵染引起的为主。

三、发病条件研究

（一）病原线虫生物学特点

通过采用土壤分离、病症解剖和镜检等方法相结合，发现我市发生的主要是南方根结线虫。南方根结线虫雌雄成虫形状不同，雌成虫呈鸭梨形固定在寄主根内，乳白色，表皮薄，有环纹，大小为（0.44~1.59）mm×（0.26~0.81）mm。头部与身体接合部往往弯侧一边。卵产在尾端分泌的胶质卵囊内。卵囊长期留在衰亡的作物侧根、须根上。卵囊圆球形，一个卵囊内有卵100~300粒。幼虫细长，蠕虫状，共4龄。雄成虫线状，尾端稍圆，无色透明，大小为（1.0~1.5）mm×（0.03~0.04）mm。雄虫在植物组织内与雌虫交配，有时雄虫在侵入根组织后不久即死亡，因此在症状解剖时多发现雌虫，雄虫少见。线虫在植物幼根内生活，刺激幼根膨大成瘤状，尤其是以侧根和须根被害严重，形成许多大小不一的瘤状根结，严重时在根结上部形成不定形的大肿瘤，根系加粗，表面不平，并且根部逐渐发生腐烂，植株因缺水而枯死。植株枯死后，线虫以卵囊或以2龄幼虫在土壤中越冬。遇到适宜条件，孵化出幼虫，在土粒之间水中游动，2龄幼虫为侵染虫态，侵入根部。一代生活史时间一般在17~57天。保护地瓜菜根结线虫世代重叠现象普遍，卵、幼虫、成虫同时存在。

（二）病原线虫与环境关系研究

2006年4月，对瓜菜根结线虫在土壤不同深度的分布、不同温度下死亡率等进行了研究和探索。

土壤不同深度分布的调查：在廊坊市广阳区炊庄村根结线虫病发生区的5个大棚，每棚分别取1~5cm、5~10cm、10~15cm、15~20cm、20~25cm、25~30cm土，每棚分别取5个样点，把所有样点相同深度土混合，取土样100g进行分离、镜检，观察不同土层深度的线虫分布情况（表2）。

表2　不同土壤深度线虫分布情况表

土壤深度（cm）	1~5	5~10	10~15	15~20	20~25	25~30
线虫数量（头）	95	279	942	876	182	11

不同温度下死亡率的调查：将所取土样混合后，分成30个样本，分别置于不同温度的恒温箱内培养，每个温度3次重复，10min后分离、镜检，观察经过不同温度处理的土壤中线虫死亡情况（表3）。

表3　不同温度线虫死亡情况表

温度（℃）	15	20	25	30	35	40	45	50	55	60
死亡率（%）	10	4	4	5	11	14	18	87	95	98

注：死亡率（%）=（自然死亡率+温度变化致死率）×100%

不同土壤特性根结线虫病发生情况调查：我们对大城、永清、固安、广阳、三河5个县（市、区）保护地进行了根结线虫发病情况的调查，每地调查3个种植黄瓜的温室，共计15个温室（表4）。

表4　不同栽培条件根结线虫发生情况调查表

县别	温室（个）	种植年限（年）	土壤类型	pH值	病株率（%）
大城	1	5	中壤土	8.1	22
	2	7	中壤土	8.0	24
	3	7	中壤土	8.2	21
永清	1	11	中壤土	7.3	89
	2	10	沙壤土	7.3	100
	3	10	中壤土	7.4	92
固安	1	8	中壤土	7.7	88
	2	7	黏土	7.5	85
	3	8	中壤土	7.5	86
广阳	1	10	中壤土	8.0	62
	2	11	中壤土	8.1	62
	3	11	中壤土	7.8	71
三河	1	5	黏土	7.5	17
	2	5	黏土	7.6	16
	3	6	中壤土	7.3	27

通过我们调查与观测发现，瓜菜根结线虫发生与温度、土质、土壤含水量以及栽培条件有关。

深度：瓜菜根结线虫主要分布在5~30cm深的土壤层中，以5~20cm居多。

温度：瓜菜根结线虫生存最适宜温度25~30℃，高于40℃、低于5℃很少活动，温度超过55℃，经过10min幼虫即可死亡。

土壤：瓜菜根结线虫在温暖、湿润、pH值7~8的土壤环境均有发生。土壤质地疏松、有利于瓜菜根结线虫发生，沙壤土较黏土发病重，黏土地、增施有机肥的地块发病轻。老棚区，多年连作地发病重。

四、防治技术研究

（一）植物源杀线剂的筛选试验

为了筛选出高效、环保、安全的杀线虫农药，我站于2004年8~11月在廊坊市广阳区炊庄村日光温室开展了植物源农药6%阿罗蒎兹微乳剂（肯邦线尊）（泰山现代农业科技有限公司）、0.5%苦参碱水剂（江苏南通神雨绿色药业有限公司生产）、0.3%印楝素水剂（成都绿星生物有限责任公司生产）防治番茄根结线虫病的筛选试验。试验所选大棚已种植瓜菜3年，前茬作物为厚皮甜瓜，去年棚内根结线虫病发生严重，造成了大幅减产甚至绝收。

试验是在番茄定植时，即8月20日第一次用药，10月25日番茄结果期第二次用药，施药方法是定植时沟施，结果期灌根。对照药剂为10%噻唑膦GR（颗粒剂）（商品名福气多，日本石原产业株式会社产品）和1.8%阿维菌素EC（乳油）（山东泰诺药业有限公司产品）。

试验期间共调查2次，即10月20日和11月25日。10月20日调查定植后防治效果，11月25日调查收获期防治效果。

调查方法和分级标准：采用随机取样法，每小区取五点，每点调查两株，计算发病率、病情指数和防治效果。

病株分级方法：

0 级　根系无虫瘿；

1 级　根系有少量小虫瘿；

3 级　三分之二根系布满小虫瘿；

5 级　根系布满小虫瘿并有次生虫瘿；

7 级　根系形成须根团。

$$病情指数（\%）= \frac{\sum（各级病株数 \times 相对级数值）}{调查总株数 \times 7} \times 100$$

$$防治效果（施药前无基数）（\%）= \frac{CK_1 病情指数 - PT_1 病情指数}{CK_1 病情指数} \times 100$$

式中：CK_1 为对照区施药后，PT_1 为处理区施药后。

通过对所选试验药剂及使用量和防效进行调查表明（表 5），在第一次施药后 2 个月，各药剂处理均有线虫病发生，经过比较 6% 阿罗蒎兹微乳剂每亩 900g 制剂量和 10% 噻唑膦 GR（福气多）每亩 1 500g 制剂量的防效较高；第二次施药后 1 个月，6% 阿罗蒎兹微乳剂每亩 900g 制剂量处理的防效达到了 90.06%，有效抑制了番茄根结线虫病的发生与危害。而 0.5% 苦参碱水剂、0.3% 印楝素水剂对番茄根结线虫病的防治效果不理想。

通过差异显著性分析表明（表 6），第一次和第二次调查时的结果都显示，6% 阿罗蒎兹微乳剂每亩 900g 制剂量的防效与其他处理间差异极显著。6% 阿罗蒎兹微乳剂为植物源农药，对作物安全，对环境无污染，而且取得了良好的经济效益，通过此次试验，技术推广人员和很多农户都对该药剂表示认可。

表 5　6% 阿罗蒎兹微乳剂防治番茄根结线虫病田间药效调查表

处理	剂量	重复	第一次调查		第二次调查	
			病情指数（%）	相对防效（%）	病情指数（%）	相对防效（%）
6% 阿罗蒎兹微乳剂	600g/亩	1	15.70	60.75	30.00	66.13
		2	15.70	65.65	25.71	71.88
		3	14.29	59.98	22.85	71.44
		4	12.86	63.99	24.29	72.13
		平均	14.64	62.59	25.71	70.39
	750g/亩	1	11.43	71.43	21.43	75.80
		2	11.43	74.99	20.00	78.13
		3	12.86	63.99	20.00	75.00
		4	10.00	72.00	18.57	78.69
		平均	11.43	70.60	20.00	76.90
	900g/亩	1	5.71	85.73	8.57	90.32
		2	7.14	84.38	8.57	90.63
		3	5.71	84.01	10.00	87.50
		4	7.14	80.01	7.14	91.81
		平均	6.43	83.53	8.57	90.06

（续表）

处理	剂量	重复	第一次调查		第二次调查	
			病情指数（%）	相对防效（%）	病情指数（%）	相对防效（%）
0.5%苦参碱水剂	500倍	1	25.71	35.73	51.43	41.93
		2	22.86	49.99	52.86	42.19
		3	24.29	31.98	50.00	37.50
		4	25.71	28.00	52.86	39.34
		平均	24.64	36.42	51.79	40.24
	1 000倍	1	28.57	28.58	57.14	35.49
		2	27.14	40.63	52.85	42.20
		3	31.42	12.01	55.71	30.36
		4	30.00	15.99	54.29	37.70
		平均	29.28	24.30	55.00	36.44
0.3%印楝素水剂	1 000倍	1	30.00	25.00	57.14	35.49
		2	32.86	28.11	60.00	34.38
		3	35.14	1.60	57.14	28.58
		4	34.29	3.98	58.57	32.79
		平均	33.07	14.67	58.21	32.81
10%福气多GR	1 500g/亩	1	11.43	71.43	15.71	82.26
		2	14.29	68.74	20.00	78.13
		3	11.43	67.99	18.57	76.79
		4	8.57	76.00	14.29	83.60
		平均	11.43	71.04	17.14	80.19
1.8%阿维菌素EC	2 000倍	1	15.71	60.73	31.43	64.51
		2	17.14	62.50	24.29	73.43
		3	14.29	59.98	21.43	73.21
		4	8.57	76.00	22.86	73.77
		平均	13.93	64.80	25.00	71.23
清水	CK	1	40.00		88.57	
		2	45.71		91.43	
		3	35.71		80.00	
		4	35.71		87.14	
		平均	39.28		86.79	

表6　DMRT差异显著性分析

处理	剂量	第一次调查			第二次调查		
		防效（%）	显著性测定		防效（%）	显著性测定	
			1%	5%		1%	5%
6%阿罗蒎兹微乳剂	600g/亩	62.59	B	b	70.39	D	c
	750g/亩	70.60	AB	b	76.9	BC	b
	900g/亩	83.53	A	a	90.06	A	a
0.5%苦参碱水剂	500倍	36.42	C	c	40.24	E	c
	1 000倍	24.30	CD	d	36.44	DE	de
0.3%印楝素水剂	1 000倍	14.67	D	d	32.81	E	e
10%福气多GR	1 500g/亩	71.04	AB	b	80.19	B	b
1.8%阿维菌素EC	2 000倍	64.80	B	b	71.23	CD	c

使用6%阿罗蒎兹微乳剂均匀撒施进行土壤处理的试验观察，在900g/亩的处理剂量下，防效可达到90%以上，且对作物安全，对周围环境没有污染。

从我们的试验可以看出，6%阿罗蒎兹微乳剂是防治瓜菜根结线虫病的有效药剂，推荐使用剂量为900g/亩。可在土壤耕翻时喷施或定植时沟（穴）施。

（二）氰铵化钙（荣宝）试验

我站于2005年8月至2006年4月分别在廊坊市广阳区炊庄村、永清县韩村日光温室做了氰铵化钙防治番茄根结线虫病试验。

1. 试验原理

氰铵化钙又名石灰氮。利用氰铵化钙在土壤中分解放热和产生氰氢铵，再形成尿素充当氮肥的过程。氰铵化钙在土壤中遇水分解放热，同时加入植物秸秆参加发酵放热，提高土壤温度，杀死瓜菜根结线虫；氰铵化钙在分解过程中，产生氰氢酸，氰氢酸具有一定的毒性，对线虫也有杀灭作用。

2. 试验方法

在作物定植前，清洁保护地内病残体后，将氰铵化钙与部分粉碎的秸秆均匀撒在地表，每亩用氰铵化钙30kg、50kg、70kg三个用量，翻耕后，打畦、覆膜、浇水、闷棚。待氰铵化钙完全分解后，移栽定植。试验用福气多和益舒丰作为对照药剂。

调查方法和分级标准同阿罗蒎兹试验。

每亩施用氰铵化钙（荣宝）颗粒30kg、50kg、70kg的处理区病情指数与空白对照相比均有所降低（表7）。用邓肯新复极差法进行分析，各处理与对照之间差异显著（表8）。

氰铵化钙30kg/亩50kg/亩和70kg/亩在移栽后30天调查病情指数分别为12.86、5.71、1.4，空白对照区的病情指数为30.35，防治效果分别为62.91%、83.57%、96.03%，对照药剂福气多、益舒丰处理区的病情指数为7.5、14.64，防治效果为78.54%、57.7%。最后收获期（110天）调查，氰铵化钙30kg/亩、50kg/亩和70kg/亩的病情指数分别为33.93、20.72、9.29，空白对照病情指数为87.12，防治效果分别为61%、76.15%、89.34%，对照药剂福气多、益舒丰病情指数为13.93、55.72，防治效果为 84.07%、35.97%。

表7 氰铵化钙对西红柿根结线虫的田间防治效果

处理	剂量（kg/亩）	重复	第一次调查（30天）		第二次调查收获期（110天）	
			病指	防效（%）	病指	防效（%）
荣宝（氰铵化钙）	30	1	11.43	66.58	31.43	61.40
		2	15.71	52.19	35.71	59.68
		3	12.86	62.49	34.29	63.63
		4	11.43	70.37	34.29	59.28
		平均	12.86	62.91	33.93	61.00
	50	1	4.29	87.46	18.57	77.20
		2	7.14	78.27	20.00	77.42
		3	5.71	83.34	20.00	78.79
		4	5.71	85.20	24.29	71.15
		平均	5.71	83.57	20.72	76.14
	70	1	1.40	95.91	7.14	91.23
		2	0.00	100.00	11.43	87.09
		3	2.80	91.83	8.57	90.91
		4	1.40	96.37	10.00	88.12
		平均	1.40	96.03	9.29	89.34
福气多	1.5	1	5.71	83.30	11.43	85.96
		2	8.57	73.92	15.71	82.26
		3	7.14	79.17	15.71	83.34
		4	8.57	77.78	12.86	84.73
		平均	7.50	78.54	13.93	84.07
益舒丰	3	1	12.86	62.40	51.43	36.84
		2	15.71	52.19	54.29	38.70
		3	18.57	45.83	58.57	37.88
		4	11.43	70.37	58.57	30.44
		平均	14.64	57.70	55.72	35.97
清水对照	CK	1	31.40		81.43	
		2	28.57		88.57	
		3	34.28		94.29	
		4	27.14		84.20	
		平均	30.35		87.12	

表 8　DMRT 差异显著性分析表

处理	剂量（kg/亩）	30 天			110 天		
		防效（%）	显著性测定		防效（%）	显著性测定	
			1%	5%		1%	5%
石灰氮	30	62.9	C	c	61	D	d
	50	83.57	B	b	76.14	C	c
	70	96.03	A	a	89.34	A	a
福气多	1.5	178.54	B	b	84.07	B	b
益舒丰	3	57.7	C	c	35.97	E	e

从我们的试验，可以看出氰铵化钙对番茄根结线虫病有很好的防效，使用剂量以每亩 50~70kg 为宜。使用方法：在作物定植前，清洁保护地内病残体，将氰铵化钙与部分粉碎的秸秆均匀撒在地表，翻耕，打畦，覆膜，浇水、闷棚。待氰铵化钙完全分解后，再移栽定植。

（三）氰铵化钙分解时间与温度和用量关系的试验

1. 与温度关系

2006 年 3 月，我们在实验室进行了不同温度下氰铵化钙分解情况试验。方法是在营养钵中放入 1g 氰铵化钙（荣宝），在 10℃、15℃、20℃、25℃、30℃ 的恒温箱中观察分解情况，重复三次，每隔 5 天调查一次。完全分解以氰铵化钙颗粒变成粉末状为准（表 9）。

表 9　土壤温度与分解时间的关系

土壤温度（℃）	重复	完全分解时间（天）	最长天数
10	1	29	30
	2	30	
	3	28	
15	1	23	25
	2	22	
	3	25	
20	1	20	20
	2	18	
	3	16	
25	1	17	17
	2	15	
	3	15	
30	1	15	15
	2	14	
	3	12	

2. 与施用量关系

2005 年 8 月在廊坊市广阳区炊庄村日光温室进行了不同用量氰铵化钙分解情况试验。方法是清洁棚内病残体后，将氰铵化钙与粉碎秸秆均匀撒在地表，每亩用氰铵化钙 20kg、25kg、30kg、40kg、50kg、70kg、80kg 七个用量，翻耕后，打畦，覆膜，浇水，闷棚。调查方法：每隔 3 天调查一次，每次随机取 3 个点，完全分解以氰铵化钙颗粒变成粉末状为准（表 10）。

表 10　施用剂量与分解时间的关系表

施用剂量（kg/亩）	重复	完全分解时间（天）	最长天数
20	1	8	8
	2	6	
	3	6	
25	1	10	10
	2	8	
	3	8	
30	1	10	12
	2	12	
	3	11	
40	1	15	15
	2	12	
	3	15	
50	1	16	18
	2	15	
	3	18	
70	1	21	21
	2	18	
	3	20	
80	1	22	25
	2	25	
	3	21	

试验表明：土壤温度越低，氰铵化钙完全分解的时间越长，定植等待时间也就越长；土壤温度高，分解快，定植等待时间短。施用量大，等待时间长；施用量小，等待时间短。

（四）防治技术

由于瓜菜根结线虫主要为害瓜菜的根部，地上部症状不明显，常常不能引起菜农的注意，等到地上部表现出明显症状时，再进行防治已基本没有意义了，只有毁苗重种。两年来我们根据瓜菜根结线虫的生物学特点和习性，探索制定出一套有效的防治技术。一是抓住一个"早"字，就是在育苗期就要采取措施；二是采用一个"综"字，实行药剂防治与农业防治相结合的综合防治原则；三是突出一个"植"字，以植物源杀线虫药剂为主，消灭虫源，减轻危害；四是达到一个"安"字，采取这套防治技术达到无公害生产的目的，保证产品为无公害产品，使人民吃上安全、放心瓜菜。

1. 药剂防治

经过筛选，使用6%阿罗蒎兹和氰铵化钙能有效控制瓜菜根结线虫为害。在使用上本实验突出了三个阶段、把握住使用氰铵化钙时五个技术要点。

三个阶段是：

育苗期：苗床土壤应先消毒后育苗，确保幼苗不受侵染。

定植期：定植期是防治的关键期。抓好土壤处理，采用阿罗蒎兹（肯邦线尊）或氰铵化钙（荣宝）在定植期进行土壤处理，降低土壤瓜菜根结线虫基数。

生长期：在生长1~2个月期间，用阿罗蒎兹灌根，解决生长期线虫侵染，延长作物安全生长期。

五个技术要点是：一是要把握土壤温度与等待时间。即土壤温度低，定植时间等待长，土壤温度高，定植时间等待短；二是要把握施用量与等待时间。即施用量大，等待时间长，施用量小，等待时间短；三是要把握铺膜与揭膜时间。施用氰铵化钙后要立即铺膜，处理时间到，要揭膜晾晒1~2天；四是把握辅助施用秸秆和灌水。及时浇水，促进氰铵化钙分解和秸秆发酵；五是把握作物移栽前氰铵化钙是否充分分解。处理时间到后，要检查氰铵化钙是否充分分解，只有充分分解后，才能移栽作物，否则会造成作物烧根。

2. 其他措施

（1）无病土育苗　选用没有发生瓜菜根结线虫的土壤育苗，在有瓜菜根结线虫病发生的地区，苗床土壤应先消毒后育苗，确保幼苗不受侵染，减轻成株期发病程度。苗床消毒可用6%阿罗蒎兹微乳剂500倍液喷洒苗床土，边喷边拌土，使苗床土均匀着药。

（2）翻晒土壤　盛夏高温季节，根据瓜菜根结线虫在55℃以上经过10min幼虫即可死亡的特点。每隔10天，深耕翻土两次，深度25cm以上，同时地膜覆盖，利用高温和干燥杀死土壤上层的线虫，减轻其危害。

（3）清洁田园　黄瓜、番茄等瓜菜收获后，残留的病根带有大量的瓜菜根结线虫和卵，要及时收拾清理出田外烧毁，以减少病源，减轻发病。

五、结论

（1）明确了廊坊市各地瓜菜根结线虫的发生程度、特点，研究探索出根结线虫在不同土壤中的分布、不同温度死亡率、不同土壤特性发病情况。

（2）筛选出了高效、低毒、低残留的植物源杀线剂"6%阿罗蒎兹微乳剂（肯邦线尊）"，并首次明确了其使用技术，防治效果最高达90%。

（3）首次明确了氰铵化钙防治根结线虫的施用剂量、土壤温度与处理时间的关系。

（4）形成了一套以植物源为主的瓜菜根结线虫病综合防治技术，该技术简便、实用，防治效果在90%左右，增产17%以上。

（5）该综合技术已经推广6万亩，取得了显著的经济、社会和生态效益。

　　植物源农药为主的瓜菜根结线虫病综合防治技术通过两年的试验、示范，在示范区不但有效地控制了瓜菜根结线虫病的发生与危害，解决了农民群众生产中防治难的问题，而且保护了瓜菜的生产生态环境，促进了瓜菜的无公害生产和农民的增产、增收。经过两年的努力，我们选择的瓜菜根结线虫病综防示范区瓜菜增产 3 738.6 万 kg，农民增收 9 837.36万元，该项目的进行受到了农民群众的欢迎。

廊坊市专业化防治服务发展现状与思考

侯文月

（廊坊市植保植检站）

"十五"以来，在国家支农惠农政策的引导和推动下，我市农业生产和农村经济出现了诸多变化，农民种植积极性提高，土地集约化速度加快，农村劳动力转移提速，新型农业经济体不断涌现。随着现代农业的发展，农业生产对农业服务业的需求不断提高。在此背景下，各类新型植保服务组织应运而生，农作物病虫害专业化防治得到快速发展。在以支农为根本、惠农为目标的原则下，以发展植保专业化服务组织为着力点，以加强技术、信息、管理服务为支撑，提高农作物病虫防治的机械化水平，全面推进我市病虫害专业化防治服务工作。

一、廊坊市病虫害专业化防治概况

廊坊市地处京津之间，辖 10 个县（市、区），面积 6 429km²，人口约 400 万人，农村人口占地区总人口的 81%。耕地面积 550 多万亩，主要作物以小麦、玉米、棉花、蔬菜、果树为主。且常年发生各种病虫害 2 000 多万亩次，防治面积 1 600 多万亩次。截至目前，全市已注册专业化防治组织 102 个，未注册专业化防治组织 50 个，从业人数 2 821 人；有大中型药械 541 台；每年服务面积在 106.5 万亩次，占防治面积的 6.66%；涉及乡镇 89 个（全市共 90 个乡镇），行政村 2 808 个（全市共 3 222 个行政村），分别占 98.9% 和 87.2%，基本上达到了全覆盖。

二、廊坊市病虫害专业化防治发展历程

廊坊市植保系统的病虫害专业化防治服务工作起步较早（20 世纪八十年代开始尝试），近三十年来专业化服务发展起起伏伏，经历了发展和萧条、复苏两个阶段：

（一）发展阶段

20 世纪 80~90 年代初正是我国经济体制改革关键时期，在农村分田到户、农民积极性高涨、但技术薄弱的前提下，由植保技术人员组织当地农民进行技术指导，使植保专业化服务迅速发展。20 世纪 90 年代初，我市已形成了"以市级为龙头、县级为核心、乡镇为桥梁、村街为基础"的植保服务网络，植保专业化服务发展到鼎盛时期。专业化服务模式主要有四种：一是县、乡植保服务组织；二是村办专防队；三是农民自办防治服务组织；四是以乡、村为单位，开展"四统一分"防治（即统一测报、统一购药、统一时间和方法、统一检查防治效果、分户防治）。服务方式有四种：一是无偿服务，主要是在工副业搞的好，集体经济实力雄厚的村，防治费用全部由集体承担；二是有偿承包防治，对某种作物或单病单虫一次性防治，收取防治费；三是有偿技术承包服务，订立技术合同，分清责权，由技术人员指导农民统一防治，有偿服务；四是无偿技术服务。据统计，1992

年市县有植保站 10 个，植物医院 18 个，干部职工 112 人；乡级植物医院 82 个，占乡镇总数的 53.2%，干部职工 236 人，起到植物医院作用的乡镇技术站 51 个，占乡镇总数的 33.1%。县级专防队 15 个，机动喷雾器 431 台；乡级专防队 60 个，机动喷雾器 264 台；村级植物诊所 152 个，村级专防队 286 个，机动喷雾器 187 台，其他药械 5 000 余台。县、乡、村从事植保专业化服务人数达 2 千余人。

（二）萧条、复苏阶段

20 世纪 90 年代初至今，随着市场经济的初步建立，多种分配形式并存，因过去计划经济体制不适应形势的要求，农业部门直接建立起来的植保专业化服务体系渐渐退出市场，进入了一个短暂的萧条期。但是在市场经济体制进一步完善和个体经济的蓬勃发展，土地集约化速度加快，农村劳动力转移提速等条件的影响下，农村开始出现了由农民自发形成的单机作业"打加工"（机手购买机动防治器械为农户负责喷药防治，由农户自己购买农药，由机手负责施药），后来逐渐发展到由农资经销商组织、建成的集药、械、技为一体的协会或专业化服务组织。病虫害专业化防治出现了前所未有的生存和发展空间。

三、廊坊市专业化防治队的主要形式

我市的病虫害专业化防治服务主要分为两种形式。一是由市政府、市植保部门牵头的公益性防治为主的专业化防治服务；二是以农资连锁店、农资经营大户为依托，建立联盟优势互补，单项服务等有偿性专业化防治服务。

（一）以政府、植保部门牵头的公益性专业化防治

我市每年由市政府统一组织开展东亚飞蝗的应急防治，2009 年，全市组织 72 个专业应急机防队，出动专业化防治人员 16 400 余人次，各种高效植保器械 8 461 台次，喷施各类农药 5.37 万 kg，总投入资金 144 余万元，挽回粮食损失 3 732 万 kg。此形式突出了公益性强、组织化程度和效率高、防治效果好的特点，充分体现了专业化防治的优势。在财政比较好的县（市、区），公益性专业化防治主要由政府部门牵头组织，对重大农业有害生物开展统防统治。三河市政府出资 40 万元，主要针对小麦吸浆虫组织专业化防治队进行统一防治，其中 20 万元购买防治药品，20 万元用于培训专业技术人员和建立示范区。三河市小麦吸浆虫防治面积 14.8 万亩次，统防统治面积 6.6 万亩次。

（二）以经营为目的的有偿性专业化防治

以经营为目的的有偿模式又细分为三种主要形式。

1. 综合服务型

是以农资连锁店、农资经营大户为依托，集农资供应、技术服务、宣传培训、田间统一防治为一体的综合服务型专业化防治组织，是我市病虫害专业化防治最为普遍的形式。此类专业化防治服务形式，以农药经营带动专业化防治，以专业化防治服务促进农药销售，农药经营和专业化防治服务相辅相成。而植保部门负责对连锁店和专业化防治组织进行协调、引导和扶持，提供病虫害防治信息、培训技术人员及植保新技术推广、优质农药和植保器械的筛选、推荐等。机防队通过电话、手机、短信联系约定或上门等服务方式，带人、带药、带水、带机器、带车辆，统一配方、统一时间、统一组织、统一施药防治。永清县成立了以乡村连锁植物医院为主体的农资经营和专业化防治服务相结合的植保服务

网络，县植保站为各级植物医院提供植保技术支撑和防治药效评估。每个植物医院成立1支专业化防治队，设1名队长，5名机手。队长由植物医院负责人或农药经营户担任，主要负责提供优质农药、喷雾器维修和专业化防治服务的组织工作，机手负责其辖区内病虫害的专业防治。

2. 专业化防治队与经销商紧密结合，采取建立联盟优势互补的形式

该形式多是由种植专业大户、农民引领人、农机手、生产专业村组成的机防专业队。机防队只提供田间作业服务，收取防治服务费。一般情况下，此种形式多与农资经营店挂钩，农资经营店负责提供农药、技术，确定时间，统一调动机手防治，机手只收取防治服务费。该形式涌现出了如永清县于村专业化防治队等一大批先进的典型。

3. 单项服务型

机防队实行农药供应和田间施药单独核算。机防队负责提供机动喷雾器，有偿提供农药，由农民自己到时间进行防治。

四、廊坊市专业化防治的典型

为全面实施植保工程，进一步探索专业化防治工作，推进重大植物病虫害统防统治，大力推进农作物生物灾害专业化防治，我市创新服务方式，建立了防治病虫害试验示范点——大辛阁乡南、北岔口和曹家务乡东、北八里庄2个日光温室蔬菜区烟雾法防治病虫害试验示范点。

由于日光温室和塑料大棚不能使用柴油为药剂载体，我们尝试了使用可湿性粉剂药剂加水加专用发烟剂喷施烟雾法。为了做好这项工作，我们在两个试验示范点先后多次进行试验、示范，通过不断摸索，积累了一定的经验，掌握了一定的应用技术，在实践中也取得了一定的效果，已被菜农认可。在试验、示范中我们发现：

烟雾机具有经济适用性。

实践证明了它的先进性，省工、省时、省力、节水，操作简便。一个标准棚（长80m×宽7.5m）常规打一遍药需用工2h，耗费45～50kg水；而机动烟雾机每个棚仅用水1.5kg左右，完成作业仅6min，加上配制药剂时间，仅需10min，工效非常高。

施用烟雾机不受天气条件的限制。在施用时不增加棚内湿度；而常规喷雾法在遇阴天、雨、雪天气情况下，不能喷雾防治。

喷烟均匀、无死角、穿透力强。

根据烟雾机烟剂及配制要求，在日光温室、塑料大棚不可用柴油及有毒油进行配制要求，将烟雾机改用可湿性粉剂是一尝试，初步摸索出一些经验，掌握了一定的应用技术。

根据实践的体会和"温度逆增层"原理，应用烟雾机喷烟法在发病前或发病初期时，以冬季和早春效果为好。

乳剂、液剂、可湿性粉剂、乳油各种剂型农药都可使用。

五、专业化防治在农业生产中发挥的作用

病虫害专业化防治在农业生产中发挥着重要的作用，其具体体现在以下几个方面：

专业化防治队技术过硬，诊断精准，对症下药，具有针对性强及一药兼治的特点。

专业化防治队具有一定的实践经验，用药时机掌握准确，能起到事半功倍、药到病除

的效果。

安全可靠。专业化防治队使用的药剂都是最新的，质量好的尖端产品，具有优异的防效，持续期较长，且利于无公害生产的实施。

减量控害。专业化防治队科学计算施药计量、用药次数，严格遵循农药安全使用间隔期、轮换交替用药，既减少了用药，又增强了防效。

防效突出。专业化防治队采取跟踪服务，全程负责的服务方式既保证了防效，又便于根据当地病虫害的发生规律总结出当前最有效的防治方法。

有利于新药械、新技术的推广。专业化防治队作业在农业生产的第一线，是新药械、新技术的具体实施者和有效传播者。专业化防治队具有较强的技术更新性，容易接受新药械、新技术，更便于新药械、新技术的传播推广。

六、思考存在的问题

（一）各地开展的不均衡

由于地域差异，经济发展水平的差异，农作物布局类型，农村劳动力的数量等因素造成各地专业化服务组织发展不平衡。一般在经济发达地区开展较好；经济价值较高的如果树种植生产区比经济价值较低的地区开展的好；成方连片易于集中防治如小麦生产区、棉花生产区等比分散种植的如蔬菜生产区开展的好。相反，农村劳动力充足、经济相对落后的地域，专业化防治进展缓慢。

（二）农民传统观念制约

由于农业的产值和收入较低，农民还大多存在自力更生的观念，出钱让别人防治积极性不高，从而制约了专业化防治的快速发展。从农户调查问卷中发现，全程进行专业化防治的农户几乎为零，曾经接受专业化防治的农户在20%左右，也是对部分作物、部分病虫进行的。因此许多专防队必须依托农资经营才能生存。

（三）专业化防治队伍亟待规范

由于目前的专业化防治组织大多是根据需要自发形成的，缺少统一协调和管理；机防队员大部分是闲散劳力，整体素质不强，技术薄弱，在操作过程中很容易出现失误，经常造成纠纷，影响专业化防治的整体形象，从而影响到了专业化防治的整体推进。

（四）植保部门对专业化组织约束力有限

目前植保技术部门主要是进行技术培训、提供病虫信息等技术上的支持，由于没有资金，组织协调能力有限，无法对其行为进行强有力的干预；就是在技术培训方面，由于资金、人员等多种因素的制约，不能随时进行，从而影响到植保防灾减灾作用的充分体现，也造成了专业化防治工作群龙无首，没有统一的协调和管理。

（五）实际操作中的问题

防效问题是一切问题的核心。农民客户所关心的是防治终端结果表现病害控住了没有？虫子治住了没有？是农民忧虑、担心的问题，其实忧虑也好、担心也好，在这背后存在着诸多因素。

农药市场品种多、乱、杂，且一药多名现象非常严重，搞得农民眼花缭乱，再加上套用农药登记证号产品问题相当严重，药剂的质量无法保证。

一些经销商为多卖药，赚取利润，给你装一大堆，什么药、叶面肥、素之类的都有，乱混乱用，有的可起到综合效果，有的却严重影响了主要防治药剂的药效。

有些农民自己买药，专买便宜的、价格低的药剂，这类药剂药效不十分理想，往往由于持效期短（间隔期短），打药次数增多，5～7天一遍药，打药越多，效果越差。

用药时必须要求客户在场，对所用的药剂、操作过程必须一清二楚容易错过防治最佳期。

时间掌握不好。病害关键是预防。浇水前先打药，与浇水后再打药效果大不一样。由此，影响药效的因素是多方面的，有技术方面的，体现在用药方法上；还有对农药的物理、化学性质要清楚；有农药方面的，体现在质量上；有用水多少，体现在药剂浓度上；有作业方面的，体现在均匀否；有防治时期方面的，体现在早、晚上，有气候方面的，体现在气温、湿度大小上。

植物检疫 60 年回顾

赵洪波 安秀芹

（廊坊市植保植检站）

50 年代后期开始植物检疫工作。1957 年全区进行了第一次植物检疫对象的普查。60 年代前期多次普查。随着"岱字 15 号"棉种的调入，棉花枯萎病传入境内。1970 年，大厂县祁各庄窝坨大队有 30 亩棉田零星发病。1973 年全区有 9 个公社发病 1 067 亩。1976 年，印发《廊坊地区调动种苗检疫制度》，同年普查检疫对象 40 多万亩，划定了棉花枯、黄萎病，甘薯茎线虫病的疫区和保护区。1980 年普查棉花枯、黄萎病，全区有 46 个公社发病 50 677 亩，占棉田面积的 16.9%。1982 年，随全国性棉花枯、黄萎病大普查，全区调查棉田 41.88 万亩，其中发病面积达 12.012 万亩，绝收 480 亩。同年普查花生根结线虫病，首次在安次县大王务公社大王务三大队第二生产队发现。

1985～1986 年，对出口的 6.4 万 t 玉米和 5 万把高粱苗笤帚进行检疫、熏蒸处理，被河北省农业厅评为出口玉米检疫先进单位。1988 年对河北省新增补的黄瓜黑星病、番茄溃疡病和豚草等 8 种检疫对象进行了普查。

1991 年，全市建立植物检疫执法统一联查制度，每年进行 1～2 次，查处在调运种苗中的违法案件，有效地推动了植检工作的开展。同年在香河县首次发现黄瓜黑星病。1992 年，香河县首次发现番茄溃疡病，为此，召开了全市植保植检站长现场会研究防治。

2000 年使用微机出调运检疫证书，2003 年使用北京软件，2008 年开始使用全国检疫平台。2002 年《河北省植物保护条例》颁布，2003 年廊坊市开始实行植物检疫登记制度。2006 年，文安县世纪大道发现黄顶菊。农业局按规定及时将疫情发生情况报告市政府，王爱民市长、刘智广副市长分别作了"高度重视，组织力量，市县共同努力，打一场歼灭战，基本根除黄害"、"市农业局组织得力人员与发生地政府一起，全力控制黄顶菊疫情，不得蔓延"的批示。市植保植检站组织了全市黄顶菊知识培训和普查。2007 年 8 月 14 日，按照应急预案要求，经廊坊市黄顶菊防控指挥部决定在文安县召开了全市防控黄顶菊现场会。市农业局长、文安县主管农业副县长、各县（市、区）农业局局长、植保站长、指挥部各成员单位负责同志进行现场观摩，市政府拨专项资金进行了防控。2008 年，大城相继发生黄顶菊。经过几年有效防控，基本控制黄顶菊疫情危害。2009 年，黄顶菊疫情防控关键技术研究列入廊坊市科技项目。2001 年，霸州市、大厂县调入疫情阻截带监测点。

霸州市植保植检事业发展历程

潘小花　刘　莹

（霸州市植保站）

植物保护是控制害虫、病原微生物、杂草、农田鼠害等有害生物对农作物的为害，是保护农业生产安全的重要措施，是农业生产过程的重要环节。霸州市植保植检站是农业局下设事业站，承担着全市农作物病、虫、草、鼠害的监测、预报、防治、检疫及新农药、新药械的试验、示范、推广及安全使用等公益性职能。新中国成立以来，在党和政府的高度重视和支持下，霸州市植保事业从无到有，从小到大，不断发展壮大。

一、植保机构发展历程

霸州市植保站于 1974 年建站。随着农村实行家庭联产承包责任制，植保工作面临着由原来集体组织防治、农药统一购买、保管和使用的方式变为分户管理的新形势、新问题，一些地方出现防治失误、农药使用不当、作物药害、人畜中毒死亡事故等严重事件。针对这一情况，霸州市植保公司于 1983 年成立，并与植保站合并办公，坚持"既开方，又卖药"，开展承包防治服务，有效缓解了农民在病虫害防治中遇到的棘手问题。随着改革开放和经济建设的发展，1987 年植保站与植保公司分开，又于 1991 年 10 月合并，先后提出了"技物结合"、"围绕服务搞经营，搞好服务促经营"等一系列改革思路，推动了植物保护社会化服务。随着市场经济的发展，原有在计划经济发展和壮大起来的植保体系在新时期运转时，产生了明显的不适应。2001 年植保公司破产。同年，经农业部批准《霸州市蝗虫地面应急防治站》建立，并于 2002 年总体建设完毕，与植保站同为一处办公，即"一套人马两块牌子"，也就是现在的霸州市植保植检站、霸州市蝗灾地面应急防治站。

二、植保植检工作整体回顾及现状

（一）病虫草鼠害发生情况回顾

霸州市是病虫草鼠害多发区，历史上病虫草害曾给霸州农业生产造成了严重损失。如 20 世纪 50～60 年代，霸州市相继发生了 9 次大的蝗灾，分别是 1953 年 27.8 万亩，1954 年大水，全市受灾 101 万亩，仍发生 6.4 万亩，1955 年 46.38 万亩，1956 年 28.06 万亩，1957 年 93.28 万亩，1958 年 41.67 万亩，1959 年 14.99 万亩，1961 年 20 余万亩，1963 年 28 万亩；进入 90 年代，又相继发生了六次较大蝗灾，分别是 1994 年 15.2 万亩，1995 年 22 万亩，1996 年 19.8 万亩，1997 年 16 万亩，1998 年 16 万亩，1999 年 18.2 万亩等。经过省市等各级领导的共同努力，飞蝗为害得到有效控制，实现了"飞蝗不起飞成灾、土蝗不扩散为害"的治蝗目标。再如 1993 年、1994 年棉铃虫大发生，致使棉花减产严重；1997 年春中茬玉米粗缩病严重发生，经调查病株率在 30%～60%，致使春玉米几乎绝收，中茬玉米严重减产。近年来，由于种植结构的调整及新品种的引进，新的检疫对象和病虫害有所增加，农业生物灾害呈现种类多、发生重、危害大等特点。20 世纪 90 年代末 21 世纪初，白粉虱、美洲斑潜蝇严重发生，致使 20 万亩蔬菜由于减产和防治成本的增加，造成年经济损失 10 710 万元。特别是近几年，随着种植业结构的调整，农作物病虫害种类发生了较大变化，如一些已控制的病虫回升，某些次要病虫上升为主要病虫，新的病虫不断出现。如 2004 年 5 月，霸州市煎茶铺以西各乡镇麦田突发小麦吸浆虫为害，这是近 20 年来发生最为严重的一次，部分地块绝产失收（据资料记载，1987 年，小麦播种前，技术人员经大面积淘土普查，只在杨芬港乡杨一大队及老堤乡太保庄村淘出 2 头幼虫休眠体，此后 10 余年未曾发生）；2004 年 7 月，霸州市部分玉米田不同程度地发生了玉米大小斑病及褐斑病，某些地块减产严重；2005 年 6 月，霸州市部分麦田又发现了小麦腥黑穗病，病株率等于减产损失率，完全失去粮食价值；随之而来，2008 年、2009 年 9 月霸州市部分乡镇与杨树相邻的白菜田又受到美国白蛾（检疫对象）的入侵。以上种种事件，无一不为我们敲响了警钟，病虫害防治在即，植保工作只能加强，不能削弱。

（二）植保技术推广方式回顾及现状

20 世纪 70 ~ 90 年代，植保技术推广方式比较单一，即以纸张为载体，以邮电系统、乡（镇）农技员和村干部为传播媒体，采用逐级传递方式，最后传递到农户手中。基本过程是植保站根据预测预报情况，编写病虫情报，印刷后邮寄到乡（镇）农技站，再由乡（镇）农技站转发给管理区，然后传到村，由村传到组，再由组传到农户手中。此种传递方式由于环节多，同时受人为因素影响，传递过程中损失在所难免。其次，由于层次多，传递时间长，农户接收信息迟，容易错过最佳防治时期。特别是对一些迁飞性、暴发性、流行性病虫害，防治时机要求严格，如不能将信息及时送到农户手中，就不能有效控制病虫灾害。此外，此种传递方式信息覆盖率低，能直接收到信息的农户数量有限，从而影响大面积防治过程的开展。19 世纪末 20 世纪初，随着科学技术的进步，网络媒体应运而生。一是将病虫情报上网，向省、市、县、乡等各级领导及种植大户发送电子邮件。二是开展病虫电视预报，实现《病虫情报》可视化。三是利用移动短信平台，向农户发送病虫情报短信。以上几种方式，大大加快了信息传播速度。

（三）植物检疫工作回顾及现状

植物检疫是严防危险性病虫杂草传播蔓延的重要举措。20 世纪 80 ~ 90 年代，霸州市的植物检疫工作主要以调运检疫为主，即所谓的"坐等检疫"。近年来，随着市场经济的发展及种植结构的调整，检疫工作已逐步向各种农作物、向种植业生产、加工和销售的各个环节延展，检疫工作的服务范围逐步扩大。如 2002 年《河北省植物保护条例》（下称《条例》）颁布实施。为此，根据《条例》精神，在原来检疫的基础上，扩大了"两加工、三经营"，即"油料加工、粮食加工、粮食经营、中药材经营、花卉经营"。其次，积极推行植物检疫登记制度，建立健全植物检疫档案。根据《条例》第二十条"本省实行植物检疫登记制度。"为此，我们采取现场办公、上门服务的方式，对符合《条例》精神的经营单位颁发《植物检疫登记证》，分期分批开展此项工作。再次，在产地检疫方面，认真执行产地检疫规程。繁种单位及个人在播种前必须向检疫机构提供相关资料，检疫机构在作物生长期间组织人员对制种田块实施 2 ~ 3 次产地检疫。产地检疫合格后，签发《种子产地检疫合格证》，调出时凭《合格证》签发调运检疫证书。对于调运检疫，严格遵循"先申请、后受理，先验货、后签证"的工作程序，在签证上，改变原来书写方式，一律采用微机出证，检疫证书及票据设有专人管理，严格遵守"谁签证、谁负责"的原则。对于市场检查，采用普查与抽查相结合的方法，对辖区内的种子、苗木和应检农产品生产、经营、加工单位开展全面检查。检查内容主要包括：是否办理了《植物检疫登记证》，调出、调入种子是否有检疫证书，种子最小外包装是否有检疫证明编号等。

三、全面推进植保植检工作的对策与措施

（一）加强领导，提高认识

植保技术的普及与推广，固然与健全的植保组织、准确的预测预报、良好的防治方案密不可分。从目前情况看，植保技术推广体系健全、技术有效、措施到位、设备精良，唯有经费短缺，成为制约植保技术推广工作的瓶颈。因此，尽快将这些技术措施传递到农民手中，充分提高植保技术的利用率，使之成为农民增产增收的有利武器，是当前急需解决的重大课题。望各级领导在植保技术推广方面给予大力支持。积极增加植保经费，加大植保技术推广力度，从根本上彻底上解决一家一户病虫害防治问题。

（二）利用网络宣传普及植保技术

网络宣传具有省时、省力、效率高等优点。首先应对市直有关部门、各乡镇区办及村街电子邮箱进行登记造册，并由专人负责信息的收集。植保站将根据病虫害发生情况，及时向省、市两级植保站、市委、市政府、各乡镇村街及种植大户网发病虫图片及病虫信息，充分发挥网络优势的作用。

（三）利用电视、广播等多种形式宣传普及植保技术

对一些重大病虫害，将通过加强电视预报、举办技术讲座、召开现场会、发放明白纸等多种形式，广泛宣传植保技术。望各级领导给予支持协助，与电视台具体协商，继续做好电视预报的播放，力争期期播放，每期播放 2 ~ 3 次，使虫情与防治配方及时传播到农户手中。

（四）利用植保技术咨询服务热线宣传普及植保技术

自 2004 年 3 月，植保站正式开通了植保技术咨询服务热线（热线号码为 7231376）。该热线面向农业、面向农村、面向农民，直接解决农民在病虫草鼠害综合防治中所遇到的困难和问题，并提出切实可行的防治方案。今后应将继续安排专业技术人员做好咨询热线服务工作。

（五）利用下乡调查、田间指导宣传普及植保技术

在各种病虫害发生期，植保技术人员及时深入田间地头，随时掌握病虫发生动态。在此基础上，开展田间学校，宣传培训病虫防治技术，科学指导农户防治，确保农业增产、农民增收。

（六）努力做好一般性常规病虫害的监测预报工作

病虫害预测预报工作是植保工作的基础。作为一名植保技术人员，应力争主要病虫害测报准确率达90%以上，同时拓宽测报领域，加强蔬菜、果树等经济作物病虫害的监测预报工作。在防治技术和方法上，以生物防治为主，高效、低毒、低残留农药防治为辅，进一步提高技术到户入田率。

（七）突出抓好重大病虫害的监测和控制工作

灾害性病虫的监测和控制做的好不好，直接影响着农业生产安全。植保技术人员应切实加强对蝗虫、小麦吸浆虫等灾害性病虫的监测和控制工作。早谋划、早部署，提前制定防治预案，加大统防统治力度，集中人力、物力、财力，确保迁飞性害虫不成灾、重大疫情不蔓延。

（八）积极做好植物检疫工作，杜绝危险性病虫杂草传播蔓延

近年来，随着市场经济的发展，植物产品流通量不断增加，为有害生物传播蔓延带来隐患。植物检疫人员应切实做好植物检疫工作，特别是对加工、调运单位，严格植物检疫手续，深入宣传贯彻《河北省植物保护条例》《植物检疫条例及其实施细则》，坚决杜绝危险性病虫杂草传播蔓延。

廊坊市麦田杂草种群变化及演替

侯文月

（廊坊市植保植检站）

随着种植业结构调整、耕作制度的变化，杂草为害已成为影响廊坊市麦高产的主要因素之一。全市麦田杂草常年为害面积为 12.4 万 hm^2，占种植面积的 73% 左右，其中，轻度为害面积 5.4 万 hm^2，占 43.5%；中度为害面积 3.8 万 hm^2，占 30.6%；较严重和严重为害面积 3.2 万 hm^2，占 25.9%。1990 年前麦田杂草主要以人工除治为主，化学除治麦田杂草并末引起人们的重视，但随着时代的变化，人们耕作观念的转变，化学除草正逐步被人们认识，由于除草剂品种使用单一，杂草群落发生了很大变化，给生产和防除带来一定的困难，为了指导农民有效的防治麦田杂草，于小麦抽穗前对我市不同土壤质地，不同区域的麦田杂草进行了调查，基本摸清了该市麦田杂草发生情况，为合理除草提供理论依据。

一、材料与方法

（一）材料

计数器，标本夹，样方框（0.25m^2）即边长为 0.5m 的正方形铅丝框。

（二）方法

1. 调查地点

根据我市地理特点及麦田生产布局分别在该市北、中、南选定 3 个县、区（香河县、安次区、大城县）有代表性的麦田进行调查，共查 9 个乡（镇），34 个村，75 块地，675 个点，调查面积 168.75m^2。

2. 调查时期

在小麦拔节抽穗前。

3. 调查方法

取样方法——倒置"W"9 点取样法。在选定好地块后，沿地边向前走 70m，向右转后向地里走 24m，开始倒置"W"9 点的第一点取样。第一点调查结束后，向纵深前方走 70m，再向右转后向地里走 24m，开始第二点取样。以同样的方法完成 9 点取样后转移到另一选定的地块取样。取样时将样方框内杂草种类、各种杂草的株数和平均高度记载于杂草调查记载表中，同时记载调查表中的有关资料以便对调查结果进行统计分析。

4. 统计方法

为量化调查数据，对样方取样数据进行处理运用田间均度、田间密度、频率、相对多度等参数。

（1）田间均度（U） 某种杂草在调查田块中出现的样方次数占所调查同类田块总样方数的百分比。

$$U = \frac{\sum\limits_{}^{n} \sum\limits_{}^{9} X_i}{9n} \times 100 \qquad\qquad (1)$$

（2）田间密度（MD）　某种杂草的田间密度为这种杂草在各调查田块的平均密度（株·m⁻²）之和与调查田块之比。

$$MD = \frac{\sum\limits_{}^{n} D_i}{n} \qquad\qquad (2)$$

（3）频率（F）　某种杂草的频率为这种杂草出现的田块数占总调查田块数的百分比。

$$F = \frac{\sum\limits_{}^{n} Y_i}{n} \times 100 \qquad\qquad (3)$$

上式中，n 为调查田块数；9 为调查样点数；X_i 为某种杂草在调查田块 i 中出现的样方次数；D_i 为某种杂草在调查田块 i 中的平均密度（株·m⁻²）；Y_i 为某种杂草在调查田块 i 中的频率，为 1 或为 0。

（4）相对多度（RA）某种杂草的相对多度为这种杂草的相对频率（RF）、相对均度（RU）、相对密度（RD）之和，即 RA = RF + RU + RD。

$$RF = \frac{某种杂草的频率}{各种杂草的频率和} \times 100$$

$$RU = \frac{某种杂草的均度}{各种杂草的均率和} \times 100$$

$$RD = \frac{某种杂草的平均密度}{各种杂草的密度和} \times 100$$

二、结果与分析

（一）调查结果（表1）

表1　1999年廊坊市麦田杂草调查统计表

杂草名称	调查面积（m²）	调查块数	调查样点数	株数	田间均度 U（%）	田间密度 MD（株·m⁻²）	频率 F（%）	相对多度 RA（%）
播娘蒿	168.75	75	675	5 275	63.4	31.153	88.158	81.12
马齿苋	168.75	75	675	6 663	44.9	39.484	65.789	69.21
狗尾草	168.75	75	675	5 971	41.6	35.384	46	58.29
蟋蟀草	168.75	75	675	8 497	9.0	50.353	15.789	40.632
反枝苋	168.75	75	675	729	21.5	4.32	34.211	25.18
地锦	168.75	75	675	116	5.3	0.687	10.526	6.052
虎尾草	168.75	75	675	34	4.6	0.201	10.526	6.052
铁苋菜	168.75	75	675	161	3.4	0.954	10.526	5.9
菟丝子	168.75	75	675	58	2.1	0.344	3.947	2.611
打碗花	168.75	75	675	118	1.8	0.699	2.632	2.237
凹头苋	168.75	75	675	89	0.7	0.527	2.632	1.576
藜	168.75	75	675	7	0.1	0.041	1.316	0.526

注：共调查75块地，每块地调查9点，每点调查0.25m²

（二）杂草种类

表 1 表明廊坊市麦田杂草涉及种子植物门双子叶植物纲的 7 科 10 属 12 种，分别为藜科藜属的藜（*Chenopodium album*）、灰绿藜（*Chenopodium glaucum*）；蓼科蓼属的酸摸叶蓼（*Polygonum lapathifolium*）、扁蓄（*Polygonum aviculare*）；旋花科打碗花属的打碗花（*Calystegiu hederacea*）、旋花属的田旋花（*Convolvulus arvensis*）；十字花科荠菜属的的荠菜（*Capsella bursa-pastoris*）、播娘蒿属的播娘蒿（*Descurainia sophia*）；菊科蓟属的小蓟（*Cephalanoplos segetum*）、苦荬菜属的苦荬菜（*Lxeris denriculata*）；石竹科麦瓶草（*Silene conoidea*）；紫草科砂引草属的麦家公（*Lithospermum arvense*）。

表 2　1999 年安次区麦田杂草调查统计表

杂草名称	调查面积（m²）	调查块数	调查样点数	株数	田间均度U（%）	田间密度 MD（株·M⁻²）	频率 F（%）	相对多度RA（%）
播娘蒿	60.75	27	243	265	58.02	4.36	92.59	90.79
灰绿藜	60.75	27	243	8 497	25.1	139.87	44.44	31.65
藜	60.75	27	243	110	10.29	1.81	40.75	27.05
打碗花	60.75	27	243	337	12.76	0.56	29.63	23.65
田旋花	60.75	27	243	34	12.76	0.56	29.63	23.65

（三）杂草分布

廊坊市中部地区主要为潮土，土壤质地砂壤土或壤土，偏碱，水浇条件好，用 2,4-D 丁酯防治杂草面积逐年增加。播娘蒿成为廊坊市的麦田优势种，形成以播娘蒿 + 藜 + 打碗花 + 扁蓄或播娘蒿 + 田旋花为主的杂草群落（表 2）；南部为潮土，土壤质地壤土，偏碱，属大洼地区，水浇条件差，用 2,4-D 丁酯防治面积小，所以藜仍为优势种，形成了以藜 + 荠菜 + 播娘蒿 + 酸模叶蓼或播娘蒿 + 苦荬菜为主的杂草群落（表 3）；北部为潮土，土壤质地壤土或砂壤土，中性，水浇条件好，用 2,4-D 丁酯防治面积大。荠菜成为该地的优势种，形成以荠菜 + 麦瓶草或荠菜 + 藜 + 打碗花为主的杂草群落（表 4）

表 3　1999 年廊坊市大城县麦田杂草调查统计表

杂草名称	调查面积（m²）	调查块数	调查样点数	株数	田间均度U（%）	田间密度 MD（株·M⁻²）	频率 F（%）	相对多度RA（%）
藜	60.75	27	243	6274	84.36	103.28	88.89	100
播娘蒿	60.75	27	243	4228	91.77	69.6	100	90.79
荠菜	60.75	27	243	2437	46.91	40.12	51.85	48.65
打碗花	60.75	27	243	477	45.27	7.85	59.26	35.91
扁蓄	60.75	27	243	116	14.81	1.91	29.63	14.4
酸模叶蓼	60.75	27	243	58	5.76	0.95	11.11	5.57
苦荬菜	60.75	27	243	118	4.94	1.94	7.41	4.64

表4 1999年廊坊市香河县麦田杂草调查统计表

杂草名称	调查面积（m²）	调查块数	调查样点数	株数	田间均度U（%）	田间密度MD（株·M⁻²）	频率F（%）	相对多度RA（%）
荠菜	47.25	21	189	3 534	88.36	74.794	110	154.845
播娘蒿	47.25	21	189	764	33.862	16.169	71.429	58.097
藜	47.25	21	189	306	38.264	6.476	71.429	51.377
麦瓶草	47.25	21	189	161	12.169	3.407	38.095	22.627
麦家公	47.25	21	189	89	2.645	1.884	3.125	6.434
打碗花	47.25	21	189	15	2.645	0.317	9.524	4.62
小蓟	47.25	21	189	7	0.529	0.148	4.762	2.003

另外，局部地块还形成以麦家公＋小蓟为主的杂草群落。通过调查看出，播娘蒿、藜、荠菜、打碗花适于各种环境和土壤，发生范围广、面积大，麦瓶草、麦家公、小蓟在河岸、渠、堤埝、公路的两侧发生频率偏高。

（四）杂草的演替

1. 杂草种类的变化

20世纪80年代末对廊坊市麦田杂草进行普查，普查结果见表5。

表5 1989年廊坊市麦田杂草普查表

杂草名称	调查面积（m²）	株数	田间密度/（株·m⁻²）	所占比率/（%）	杂草名称	调查面积（m²）	株数	田间密度/（株·m⁻²）	所占比率/（%）
灰绿藜	18	1 250	69.44	37.46	马齿苋	18	35	1.94	1.05
小藜	18	843	46.83	25.26	反枝苋	18	28	1.56	0.84
藜	18	621	34.5	18.61	打碗花	18	24	1.33	0.72
荠菜	18	280	15.56	8.39	麦兰菜	18	19	1.06	0.57
扁蓄	18	93	5.17	2.79	猪毛菜	18	7	0.39	0.21
酸模叶蓼	18	90	5	2.69	龙葵	18	4	0.22	0.12
苦荬菜	18	40	2.22	1.2	独行菜	18	3	0.17	0.09

从表5中可以看出，当时廊坊市麦田杂草以一年生草为主，主要的优势种有灰绿藜、小藜，由于除草剂单一使用2,4-D丁酯，自1992年以来，麦田播娘蒿已成为优势种，且越年生杂草成逐年上升趋势，如打碗花、麦瓶草、麦家公、小蓟等（图）。

从下图中可以看出，越年生杂草逐年上升，到1999年调查，越年生杂草占93.8%，一年生杂草仅占6.2%。在越年生杂草中，以荠菜为优势种，占越年生杂草总量的90.75%；打碗花、苦荬菜近2年上升较快，分别占越年生杂草总量5.89%、1.3%、1.03%，麦家公、小蓟近2年在部分地块也有发生，呈上升趋势。从调查看出，越年生杂

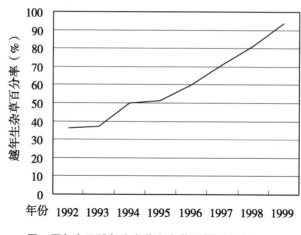

图　历年麦田越年生杂草占杂草总量百分率（%）

草以其竞争力强，繁殖快的特点，已成为麦田杂草优势种，由此可以看出，廊坊市麦田杂草群落结构较 80 年代已经发生明显变化。

2. 麦田杂草群落的演替

20 世纪 80 年代末，麦田杂主要以灰绿藜 + 藜 + 麦兰菜，藜 + 酸模叶蓼 + 扁蓄为主的一年生杂草组成的多元杂草群落，由于麦田水浇条件的不断改善和长期单一使用 2,4-D 丁酯进行防除，这些杂草得到了很好的控制，90 年代末，其他越年生杂草相继上升为麦田主要杂草，致使麦田杂草群落结构发生了明显的变化（表 6）。

表 6　1999 年廊坊市麦田杂草各群落所占百分率表

麦田杂草群落	调查群落数	所占百分率（%）	麦田杂草群落	调查群落数	所占百分率（%）
播娘蒿 + 荠菜 + 打碗花 + 小蓟	25	32.9	播娘蒿 + 田旋花	6	7.9
播娘蒿 + 荠菜 + 藜 + 酸模叶蓼	16	21.1	麦家公 + 小蓟	4	5.3
播娘蒿 + 藜 + 打碗花 + 扁畜	11	14.5	藜	2	2.6
荠菜 + 麦瓶草	10	13.2	播娘蒿 + 苦荬菜	2	2.6

从表 6 中可以看出，廊坊市麦田杂草进入 90 年代后主要以播娘蒿 + 荠菜 + 打碗花 + 小蓟或播娘蒿 + 荠菜 + 藜 + 酸模叶蓼等多元杂草组合群落。另外，还相继出现了少元或单一的杂草群落，如荠菜 + 麦瓶草、麦家公 + 小蓟、播娘蒿 + 田旋花等。播娘蒿、荠菜已经成为组成杂草群落的主要种，条件适宜时可作为麦田单一群落进行为害，但在个别地块未使用 2,4-D 丁酯进行防除的，仍有一年生杂草藜集中为害。

三、结论

截至 1999 年，调查结果表明廊坊市麦田杂草共计 12 种，10 属，7 科。

廊坊市麦田杂草的优势种由 20 世纪 80 年代末的灰绿藜，到 90 年代末已演替为播娘蒿、荠菜。

麦瓶草、麦家公、打碗花、小蓟等越年生杂草正处于上升趋势，将不断上升为麦田主要杂草。

到20世纪90年代末，廊坊市麦田杂草群落发生了明显变化，有越年生杂草组成的多元或少元杂草群落占麦田杂草群落的97.4%，由越年生为主的杂草组成的群落将逐渐代替一年生杂草为主的杂草群落。

安次区植保站发展史

张柄衡　李秀英

（安次区值保站）

安次区值保站（原安次县植保站）由原安次县病虫测报站发展而来。

最早病虫测报站在原安次县农场，由河北农业大学植保系老专家张阴华女士任测报员，对当时多发的蝗虫、黏虫、地下害虫、棉花病虫害进行了观测、预测。特别是棉花病虫害的预测预报是重中之重，因为原安次县是植棉大县、模范县，以许各庄等村为重在我国经济建设初期对交纳爱国棉县作出过贡献。当时对模范病虫害观测预报也是细致的，并积累了资料。

后来农场撤销（指县北史务农场），测报站曾迁到炊庄良棉场，安次县气象站落户原家场旧址时又借用气象站房在原址搞病虫测报，因此测报资料安次县在炊庄、北史务村搞的。当时，安次的测报对象是粮食作物（小麦、玉米、谷子、杂粮、甘薯等作物）棉花、油料（花生、大豆、芝麻）。当时承担任务的是刘海明、徐信，后来请来农村测报员张殿元。要测报工具是黑光灯、糖醋诱杀剂、田间定点、定时调查。

自 20 世纪 70 年代末张炳恒从张家口调回安次区，原在张家口蔚县（原晋、察，冀边区）边远山区都建了较完整的测报社。何况平原的安次县更应建完整的植保站。着手选址建站，1978 年选原址，气象站东边大坑，当时周边全是粮、棉地，有利病虫测报。每年筹集资金垫地，开始建四间房，搞测报，由原来的 2~3 人逐渐引进专业人才。1983 年省、市站出 指组建植保公司，搞技物结合的经营服务，自己积极资金向东南大坑扩展，从原先 2 分多地直到 80 年代末扩展到三亩九分地（南北 59m，东西 44m）。建了 3 排房共 22 间，人员多时发展到 12 人，基本完善了办公室、会议室、测报室、标本室、试验室、库房、门市部。购置了办公用品、显微镜、双目解剖镜、分析天平、化验设备，检疫设备，同时整理、积累了历史的测报资料，并向地站提供了数据（现市局），还制作了大量的昆虫标本，同时购置了大量专业书刊、日本昆虫大图鉴等，总之，为全面开展本专业工作展定了基础。在测报上除坚持定点是时调查，积累数据外，还坚持测报与防治结合并引入性诱剂搞测报。除开展粮、棉、油、外，培养蔬菜病虫害测报人才。随蔬菜、瓜果的生产需求，我们很主动的跟上技术服务和病虫测报的步伐。特别是原安次县发展瓜菜生产较早，植保站在关键的"甜瓜果斑病"（群众称臭瓜）作了系统调查，摸清了发生规律并提出了防治方法。解释了这一难题，在生产上指导了防治。

随生产的需要，我们又向果树病虫害发生、防治领域进军，几年内掌握了苹果、梨、桃、葡萄等主要栽培品种的主要病虫害发生，防治方法，重点抓了苹果树，腐烂病、轮纹病、霉、心病、斑点落叶病、梨黑星病、黑斑病。桃、杏，李流胶病、穿孔病、褐斑病、褐腐病、葡萄白腐病、炭疽病、灰霉病、霜霉病等病害，虫害重点抓了桃小、梨小、食心虫、桃螟、金纹细蛾、卷叶虫、蚜虫和红蜘蛛等的发生规律和防治方法，并引进性诱剂模规律指导科学防治。在搞好测报外，针对生产需要搞了大面积示范防治。

20 世纪 80 年代初在码头祁营村为主与市植保站共同搞了千亩棉田病虫防治示范，取得了显著生产效益。带动了周边村棉花生产。使该村从亩产 50kg 皮棉增加到亩产 100kg 多皮棉，用先进以病虫防治技术控制了棉铃由棉蚜、蓟马等害虫为害。使该村和周边村提早致富。同时获省科委、供销社、生产部奖励。

20 世纪 80 年代中对东沽港镇甘薯茎线虫病（群众称发包、糠心）和黑斑病进行了示范防治指导。从育苗、栽种创收获推广了防病虫的有效办法，特别是推广抗病的遗字 138、淘汰北京 553（大袍）取得了显著效果，直到现在我区甘薯的重栽品种仍为遗字 138（红皮、红肉）。只是缺乏，提纯复壮。

20 世纪 80 年代末至 90 年代抓了瓜菜生产示范，重点指导了当时甜瓜基地，南甸、北甸及东固城城，前南庄主要抓了"细菌性果斑病"（群众称臭瓜）的大面积防治指导，总结出控温、控水、育壮，结合药剂防治的办法，特别是五·一后升温快，但是群众怕长的慢不敢开大风口，特别不敢打地风，往往造成顶光受害歪脖不但影响了生长、结瓜，不定期使细菌量积累，侵染幼瓜，造成细菌性斑点，一但温度适合造成烂（臭）瓜。经过几年的宣传，大大压低了病害发生。使分区后的我区前南庄，柴务、孟村、小次乡一带大大减轻为害，提高了瓜农的收益。

20 世纪 90 年代示范推广果树病虫害综合防治、以码头、祁营、崔辛屯、史庄、小郑庄为主、北部小次乡、旧洲等乡村（包括南外环、杨税务）当时苹果重栽品种以元帅，红星，国光为主，梨以鸭梨、广梨、大雪花为主，桃以久宝为主，葡萄以巨峰为主。重点示范了防治了苹果腐烂病、轮纹病、元帅霉心病、斑点落叶病以及红星炭疽病、黑星病的防治，特别是斑点落叶病是当时新发病害，重点为害富士和元帅系列品种，摸规律，掌握发病原因，推广新的药剂多抗霉素，控制危害，服务范围扩大到北京郊区大兴安定千亩果园和天津南蔡村南千亩果园，不但使本区果园挽回损失，帮助了临近大果园。

在虫害防治上以桃小、梨小蛀果实虫为重点，引进性诱剂，摸清发生规律，如梨小，在 5 月前蛀桃梢，6 月蛀桃果（苹果），7 月后驻梨果，在小郑庄用性诱剂规测每月 10～15 日为发蛾高峰，及时指导预防，免受蛀果之害。后来又推广套袋，防效果更理想。新发害虫金纹细蛾，主要在尖塔南甸村发现，当时对苹果是严重危害性，害虫引起早枯死落叶，严重影响产量，我们以南甸为中心，引进性诱剂，摸清规律，及时控制了危害。

以上的工作在发展壮大时，迎来了安次分区之苦，经请示领导，职能科室必须分开，所以植保站无法完整保留。2000 年 4 月，原廊坊市安次区被划分为现安次区和广阳区，植保站也由原来的 9 名工作人员减少到 4 名，可是植保站的工作却并未因人少事多而打折扣。特别是现任植保站站长李秀英上任以后，带领大家团结一致、克服困难、不怕艰苦、勇挑重担，年年出色地完成了工作任务，多次受到省、市表彰。10 年来，全区植保工作人员顽强拼搏、艰苦奋斗，一次一次地战胜了各种病虫草害对全区农业生产的侵害，保证了全区农业生产正常进行，为全区农业大丰收提供了坚强的保证。

转变思想，更新观念，向绿色植保要效益是我们始终坚持的观念。时代和科技的进步，带动了人们思想的进步和观念的更新。过去的植保工作是粗放型，往往是牺牲环境搞植保，病虫草害得到了控制，可遗留问题却无法处理，各种药害对人、畜、禽的危害非常严重。认识到问题的严重性，我们决心从解决农药残留和高毒剧毒问题入手，把植保工作由"粗放型"向"公共植保"和"绿色植保"转变，以防病减灾为中心，以搞好专业防治为突破口，开展统防统治达到"三个提高，三个减少，三个安全"的目标，即防治水平提高、防治效果提高、防治效益提高；减少用工、减少用药、减少污染；人畜安全、作物安全、产品安全。具体措施如下。

1. 抓好病虫测报

提高病虫害监测预警能力。采取田间定点调查和大面积普查相结合等监测方法。全面了解掌握病虫发生动态，充分利用电视台，报纸、情报、短信等手段，做好病、虫、草害监测，及时发布病虫情报。10 年来共发布病虫草害情报 120 多期，上报周报 320 多期，为农民防治病虫草害提供了可靠的依据。今年河北省有害生物预警站落户在我区，必将推动我区的病虫害预警工作再上新台阶。

2. 建立统防统治，设施农业，绿色防治示范区，以示范区拉动面上的防治工作

截至目前，全区已成立专业统防统治队伍十多个，分别由农业专业合作社管理，分别负责本片区的统防统治工作。实行病虫害专业化统防统治后，提高防治效果 10%。每季可减少用药 1~2 次。亩节约投入成本 35 元，每亩可为农民增收节支 100 元左右。

3. 在设施农业示范区建设方面，我们又对高圈村共 300 个大棚（每棚 0.5 亩）所种植的蔬菜上对病虫害防止采取的是预防为主综合防治技术，用药选用高效低毒、低残留农药、科学控制用药次数和使用浓度，收到了很好的防治效果，经济效益显著提高。我们利用这种综合防治技术指导全区 1 000 个暖棚、2 000 个冷棚生产，年增经济效益达 370 多万元。

4. 在绿色防控示范区建设中，我区以保护地蔬菜为重点，兼顾粮、棉、油等作物，一是棚栽培的瓜菜、茄果类蔬菜，二是露地蔬菜。我区植保站在杨税务乡大北市设立示范区，大北市是我区无公害蔬菜生产专业村，有着十几年的种菜经历史，并成立了绿源果蔬农民专业合作社并注册了品牌"绿源"。本村现有耕地 2 300 亩，大棚菜发展到 1 700 亩，全村共有 399 户，平均每户 2 个大棚，每个大棚年收入都在 2 万元以上。蔬菜种植品种为五彩椒、番茄、甜瓜等，种植模式一年二茬或三茬。其中样板田面积 50 亩，辐射带动周围 20 多个村，面积达 2 万余亩。

几年来我们组织培训 100 余次，培训人员 2 万多人次。我们采取的绿色防控技术措施有：

（1）选择抗病品种，以色列泽文公司生产的五彩椒品种：金多乐、多乐福；番茄品种：卓越；甜瓜品种：沙白、丰雷、迎春、久红瑞 2 号等。

（2）土壤深耕、耙细、底肥采用一亩地 $2~3m^3$ 沼渣，配合生态有机菌肥加氮、磷、钾测土配方施肥。

（3）苗床育苗用 85% 三氯异氰尿酸（商品名治愈）1 500 倍液土壤消毒，培育无病壮苗。

（4）风口设有防虫网。每棚挂 20~30 块黄板诱虫，3 个月换一次。

（5）叶面喷施或冲沼液，叶面喷施没喷雾器 2/3 的水，1/3 的沼液，每隔 7 天喷一次；冲施沼液，每亩地 100kg 加有机肥就可以了。由于沼渣、沼液富含易被作物吸收的氮、磷、钾等多种微量元素和 17 种氨基酸，因此肥效高、质量优、植株健壮无病。

我区绿色防控工作效果明显，廊坊市电视台记者进行了专访，并在 2008 年 6 月 19 日

廊坊电视台新闻频道中午 12：05 分滚动播出，对我区绿色防控技术进行宣传、报道。防虫网、黄色诱虫板、沼渣、沼液在五彩椒、甜瓜、西红柿、芹菜上的应用表现出了很好的效果：一是化肥、农药用药量减少，只用少量生物农药，成本降低；二是植株健壮、病害减少、产量提高；三是产品质量得到很好的改善。通过绿色防控示范区建设使示范区内的土地每亩节约投入成本 85 元，增收 200 多万元。按 2 万亩计共节约投入 170 万元，增收 400 多万元。收到了很好的经济效益和社会效益。

　　10 年来，我区植保站工作取得了辉煌的成绩，被省、市植保站和省、市农药检定所评为先进单位 10 余次。成绩的取得来之不易，这既有上级领导的关怀与指导，也与我们安次植保人辛勤工作密不可分。我们一定把这种不畏艰辛、艰苦奋斗的传统传承下去，为全区农业生产保驾护航。真正成为全区农业生产保护神。

大厂植保事业与自治县发展风雨同舟

冯剑侠

（河北省大厂回族自治县植保站）

当你从北京乘车，沿102国道东行约40km，就进入了这片距离北京最近的县级少数民族自治区域——河北省大厂回族自治县。

大厂回族自治县地处华北平原北端，位于东经116°49′～117°04′；北纬39°49′～39°58′。县境东、北、西北与三河市毗邻，南面与香河县接壤，西、西南与北京市通州区隔潮白河相望。与三河市、香河县一起环抱在北京、天津两个直辖市之中。因紧临北京，故有"京畿"、"左辅"和"首都东大门"之称。若追寻它形成的历史，要上溯到明朝初叶。那些寻求幸福的先辈们，随着"燕王扫北"、"国都北移"，从江南的"鱼米之乡"来到这"天子脚"下的"京畿"之地，重建家园。年复一年，代复一代，这里的土地，这里的村庄，跨越了悠久的历史。相传，明朝统治者曾把这里辟为皇家放马大牧场，于是留下"大厂（场）"这个响亮的名字。

自治县东西横跨21.5km，南北纵跨12.5～14.5km，面积为176km²。共有耕地10 517hm²，全境皆平原。地势平坦、开阔。境内有潮白河和鲍邱河。属于大陆性与海洋性之间的半干旱、半湿润的暖温带季风气候。土壤虽然有机质和速效磷含量不高，肥力较低，但轻、中壤却适合种植多种农作物，属于华北北方冬春杂粮区，解放前及农业合作化初期，这里主要农作物以玉米、高粱、谷子为主，杂以黍子、甘薯、大豆、黑豆、小豆、吉豆等。近几十年来，由于水利、种子、肥料等条件的不断改观，农作物品种已转为以小麦、玉米、棉花为主，杂以其他品种，水利条件好的村也曾种过水稻。这里一度曾被列为河北省重点植棉县。

大厂回族自治县，是河北省最早的实行民族区域自治的两县之一，也是距首都最近的县级自治区域。全县现有11.2万人，其中，回族2.69万人。建县前的大厂只是个普通的村镇，真可谓"一穷二白"。农业生产是这里的人民赖以生存和发展的主要经济。但农业生产技术十分落后，纯属"靠天吃饭"。即使是风调雨顺，农作物产量仍然极低，1949年粮食亩产不过70kg。1952年的粮食单产仅有92kg，棉花单产14kg，油料单产48.5kg。一遇到天灾，仍然摆脱不了贫困。农业科技是一片空白，植保工作更是无从谈起。

新中国成立后，经过土改，农民分得了田地，生产积极性空前高涨，加之实行互助合作，兴修水利，粮食生产有了新的发展。在1952年11月，根据中央人民政府颁布的《中华人民共和国民族区域自治实施纲要》，这里迈开民族区域自治的步伐：首先建立了大厂回族自治区。1955年，根据中华人民共和国第一部新《中华人民共和国宪法》之规定，在自治区的基础上创建了大厂回族自治县。虽1955年自治县成立时，粮食亩产仅增加到107kg。但农田水利、电力化建设、农业科技、植保工作，已从无到有，起步发展，逐步被人们所认识，日益深入人心。

作为一个农作物生产大国，我国也是病虫灾害多发国家，常见农作物病虫害种类多达1 600种，这些病虫害的频繁发生，对农作物生长造成了不利影响和重大的威胁。翻开古老的《县志》，上边清晰的记载着，在大厂这片肥沃的土地上，曾发生过这样可怕的史实：

"明嘉靖十九年（1540年），蝗虫自南而来，铺天盖地，阻碍交通，人马不得行，坑堑皆平，禾草俱尽，颗粒无收……"

"元世祖至元十九年（1282年），蝗虫成灾，庄稼草木俱被食尽……"

"清咸丰六年（1856年），蝗蝻遍野，食庙殆尽……"

历史资料告诉我们，大厂地区原是文化落后的穷乡僻壤。历史上，许多农民根本不懂科学技术。全区没有一个农业科技人员，群众对各种的病、虫、草、鼠害发生预报和除治水平几乎是"零"。直到60年代初，农民对化肥（俗称肥田粉）还不认识、不理解。认为种田靠的是人和牲畜的粪便。后来推广合理密植，农民仍不愿接受，始终抱着"一步三棵苗"（指每5市尺留3棵苗）的旧框框不放。由此可见，当时的农民对科学技术还处于蒙昧状态。

建国以后尤其是自治县建立以后，在党和政府的关怀和大力扶持下，农业科学技术事业、植保工作，才得到了应有的重视和发展。在县委、县政府的领导下，一个县、乡、村三级科技网逐步形成。在农业生产中，广大回汉族农民从实践中认识到了科学种田、植保工作的重要性，科学技术逐步为全县回汉族人民群众所掌握、利用。在病害防治上，1949年建国至60年代，玉米、小麦病害主要采取选育、引进抗病品种加以防治。70年代，杂交品种的普遍使用，玉米病害基本控制。在虫害防治方面，40年代末至60年代中期，主要用普遍秋耕地和焚烧、轧碎玉米秸的方法消灭虫源。60年代后期至80年代，由于使用农药拌种，有效的防止了害虫对种子和幼苗的为害。建国初到50年代中期，主要靠人工捕捉消灭害虫。1957年开始少量使用手摇喷粉器和手动喷雾器除治黏虫和蝗虫。60年代后，才有化学农药、手动除虫机具大量用于灭虫。

建县初期，大厂县政府只有个科技组，负责全县的科学技术普及工作及植保工作。随着形势发展的需要，到1972年，科技组改为科学技术委员会，负责全县科学技术情报的搜集整理、工农业科学技术项目的实验、植保和开发新能源等项工作。

1974年，是大厂植保工作划时代的一年。在这一年，河北省大厂回族自治县植物保护植物检疫站宣告建立！人们不会忘记，在那些筹备建站的日日夜夜里，老一辈回族农业科技工作者李广桐，克服常人难以克服的家庭困难，投身建站工作。披星戴月、废寝忘食，在一无资金、二无设备的情况下，白手起家，自己动手，利用仅有的黑光灯、诱测器、捕虫网，捕捉各类成虫，手工制作，建立了第一个昆虫标本室，建立了第一个病虫测报记载档案。他利用两年时间，制作出昆虫标本20余盒、400多种。为自治县的植保工作开创先河，打下坚实基础。

1981年，为适应飞速发展的农业生产形势之需，植保站进一步扩大，增强植保技术力量，全站人员增至6人（行政领导1人，大中专以上学历专业技术人员5人）。在大厂、袁庄、祁各庄、夏垫、陈辛庄、陈府、冯兰庄、邵府等村下设8个观测网点，负责各片病、虫、草、鼠、害观测、预报、防治工作。这一时期，大厂县的植保工作已初具规模，全盘工作有序展开。作为一个职能部门，肩负起全县农作物病、虫草、鼠、害及有害生物田间调查、预测、预报、防治的艰巨任务。当时我县病虫害种类主要有：

病害种类：粮食作物有小麦锈病（包括叶锈、条锈、秆锈）、散黑穗、腥黑穗、丛矮、玉米大小斑、黑粉和谷子白发、高粱黑穗、红薯黑斑等病害。经济作物有棉花立枯、炭疽、角斑、枯萎、黄萎、轮纹斑，花生叶斑，白菜软腐，黄瓜霜霉，瓜类猝倒，西红柿病毒、脐腐、早晚疫等病害。

虫害种类：粮食作物有玉米螟、黏虫、高粱条螟、粟灰螟、麦蚜虫、豌豆潜叶蝇、大豆造桥虫、豆蚜、红薯线虫。经济作物有棉蚜、棉铃虫、棉红蜘蛛、棉花造桥虫、菜青虫。多食性及地下害虫有东亚飞蝗、蝼蛄、小地老虎、金针虫、蛴螬、拟地甲虫、象鼻虫、盲椿象等。

1982 年，在河北省植保站领导的大力支持下，大厂县植保站在原有基础上扩建了植保公司。其工作性质为"一套人马两块牌子"。工作人员由 6 人增加到 9 人。办公场所也由 6 间扩展为 21 间。为支援少数民族自治地方发展建设，省站支持资金 7.5 万元（其中固定资金 4 万元，流动资金 3.5 万元）用于建造房屋，购置机动药械 50 台；市站支持 130 货车一辆。

随之，公司从社会招募季节性临时工 20 余人，组建两个机防队，对全县小麦、玉米、棉花主要虫害（麦蚜、棉蚜、棉铃虫、黏虫等）进行统一药剂防治。全年防治面积达 8 万亩/次。防治效果达到 80% 以上。既节省了人力物力又降低了用药成本。受到广大农民群众的欢迎和各级领导肯定。

在各级领导的支持下，在全体植保工作者的共同努力下，建站以后几年中，大厂县的植保工作取得了可喜的成绩。为自治县的经济发展保驾护航作出了突出的贡献。

一、在病虫害测报方面

积极利用黑光灯、诱测器、杨树枝把，诱集成虫，并根据各种病虫害的发生规律进行田间调查，结合气象因素，预测病虫害的发生期及防治适期，并及时发布病虫害除治情报，指导农民群众开展除治工作。1982 年一代玉米螟大面积发生：百株幼虫达 43 头，被害率达 22%；1983 年三代黏虫大面积严重发生：麦套玉米百株最多有幼虫 1 172 头；晚谷田每平方米最多幼虫 167 头；1982 年棉花蚜虫相继大面积发生；1985 年二、三代棉铃虫大面积发生。1980~1985 年，由于我县棉花种植面积多达 4 万余亩，致使二、三代棉铃虫严重发生，二代百株累计卵量高达 556 粒。麦套玉米百株有大龄幼虫 700 多头。进入 90 年代后，通过种植结构调整，我县才减少了棉花种植面积，增加了蔬菜种植面积，三代棉铃虫对蔬菜田的危害逐渐加重，辣椒百株有三代棉铃虫幼虫 87 头，大葱百株有虫 112 头，白菜百株有虫 331 头；2004 年小麦吸浆虫在我县部分麦田严重发生，发生面积占 40%。小麦穗期剥穗调查，平均百穗有幼虫 63 头，最多单穗有虫 38 头。秋季淘土调查平均每立方米 15.2 头，最多每立方米 65 头。……上述病虫害发生情况，由于测报及时，发报准确，为防治提供了有力的依据，及时遏制了病虫灾害大面积蔓延。

二、病虫鼠害防治方面

1980 年后，通过换种、播前晒种及药剂拌种等方法，小麦 4 种病害（小麦锈病、黑穗病、腥黑穗病、丛矮病）也基本消灭。红薯病害防治方法采取换茬栽种，选用无病母本育苗，使病害有所减轻。棉花病害防治方法采取引进抗病品种、晒种、药剂拌种、倒茬种植、扒土晒根等。控制了主要病害严重发生。瓜类、蔬菜病害防治方法采取选用抗病品种、直播、倒茬种植，播前用多菌灵拌种，生长期喷撒瑞毒霉、托布津、乙膦铝等预防性药物菌剂。收到一定防治效果。使作物产量逐年提高。随着芝麻种植面积的减少和春播作物种植结构的调整，小地老虎、黄地老虎得以逐年减轻。时至 90 年代初期已无被害情况发生。

1981～1987 年，我县农田害鼠严重发生，百亩农田有鼠洞 269 个，我们通过挖洞、水灌鼠洞查明，百亩发现田鼠 71～370 只。据此灾情全县组织群众，统一时间、统一行动、统一投药、统一回收死鼠深埋，消灭鼠患。并大力宣传防治鼠患的方法、措施，推行捕鼠器灭鼠、药剂灭鼠；大力号召群众家庭养猫。通过集中、统一防治，使我县田鼠危害程度逐年减轻，进入 21 世纪以后，农田害鼠数量降低到百亩不足 10 只的可喜效果。

2004～2009 年，小麦吸浆虫在我县大面积发生，我们及时发布病虫害除治情报，利用广播、电视和各种手段，大力宣传防治措施，抓住时机，在小麦抽穗期防治成虫；秋冬季防治土壤里幼虫的综合手段，最大限度地减轻了害虫造成的损失，确保了全县小麦的高产、稳产。仅以活动猖獗的麦叶蜂、麦蚜为例：麦叶蜂，1996 年为大发生年，发生面积 8 万亩，由于 1995 年冬和 1996 年春气候偏暖，对麦叶蜂的繁殖极为有力，四月中旬，在麦田调查每平方米有幼虫 6～93 头，最多的每平方米达 138 头，是有史以来发生最严重的一年。我们根据调查情况及时发出了除治情报，并在电视台播出，广大农民收看后，立即行动，进行除治，及时将麦叶蜂消灭在 3 龄阶段，防治面积达 7 万亩，使我县小麦没有造成严重危害。仅此一项就挽回小麦损失 3 500t。

1998 年，是麦蚜大发生年，发生面积达到 9.5 万亩，发生期比常年提前 5 天，而且繁殖快，蚜量大，5 月 13 日，60% 以上的麦田已达到防治指标。百株超过 1 000 头，针对这种情况，我们于 5 月 14 日发出了除治情报，除治适期定为 15～20 日，比历年提前 3～4 天，5 月 22 日，全县防治工作全部结束，百株蚜量控制在 300 头以下，仅治蚜这一项就挽回产量损失 7 200t。30 多年来，由于对我县各种主要病虫草害的及时预测和有效防治，累计为全县挽回粮食损失超过 200 万 t。

三、在新技术推广方面

自 1976 年开始使用小型汽油机动喷雾、喷粉机。同时采用超低量喷雾新技术。1979 年试验示范了氧化乐果缓解剂涂茎防蚜方法，1981 年予以普遍推广。1982 年实行家庭联产承包责任制后，又恢复使用手摇喷雾、喷粉器，进一步提高功效和延长了防效期。

1990 年以后，大力推广使用植物性、生物性农药防治病虫害，以逐步替代剧毒农药。大棚蔬菜瓜果推广使用烟熏剂、植物生长调节剂，防治蔬菜病虫害，最大程度的减少蔬菜农药残留，倡导无害化生产的绿色农业。

2000 年以后，大面积防治美国白蛾，采取利用小型农用飞机喷撒植物性、低污染杀虫剂。农用飞机第一次飞翔在自治县晴朗的天空……

四、在科研成果及利用方面

老一辈植保工作者李广桐，在长期的一线植保科研工作中，通过对本县棉田大面积普查、调查，对棉枯、黄萎病由发生、蔓延、扩展，到采取综合防治措施，使之基本控制，皮棉单产有所回升的全过程追踪调研。总结、编写出调研专题论文《大厂县棉花枯、黄萎病调查》，在国家级植保专刊《植物保护》1982年第5期发表。受到上级领导的表彰和全国植保界的高度重视。

30多年来，在老一辈植保科技工作者的指导、带动、扶持下，全站人员完成各类试验项目报告，调查项目报告，各类病虫害的发生、发展、预报、防治的分析报告，病虫档案，省市各类表格，及其他各类农业科技推广技术文章的填报和撰写。先后完成500余篇（件）。除在各级报刊发表之外，分别呈报省市县各级领导及科技机构。受到各级领导的重视和表彰。其中影响较大的主要篇目，如：《二代黏虫的发生与环境因子关系的试验》《用赤眼蜂防治二代玉米螟的试验》《棉花枯黄萎病抗病品种试验》《玉米螟为害玉米产量损失的测定》《多菌灵防治芝麻茎点枯病试验》《关于棉蚜一次性合同防治的工作总结》《二代黏虫在我县的发生与防治》《棉铃虫高龄幼虫对菊酯类农药抗药性的调查》《实施小麦病虫害草综合防治措施，确保小麦超千斤》《美州斑潜蝇在我县发生情况的调查》《棉花枯黄萎病的综合防治措施》等。

大厂植保建站36年来，共发出各种的病、虫、草、鼠害发生预报和除治情报800多期，基本上做到了发报及时，无一错报、漏报，预报准确率在95%以上，为粮食增产农民增收，挽回了巨大的经济损失。仅从1982年和2008年的两组数字看去：1982年自治县在遭受严重干旱的情况下，农业生产仍获全面丰收，农业总产值达3 725万元，粮食单产355.5kg，总产4 178万kg。皮棉亩产43.5kg，总产达158万kg。2008年农业产值达40 042万元，林业产值265万元，夏粮亩产403kg，秋粮亩产421kg，总产量92 038t，这些数字的字里行间，无不浸润着大厂植保工作者的心血和汗水。

日复一日，年复一年，时光荏苒，光阴似箭，大厂的植保事业与自治县的经济发展风雨同舟，走过了多少峥嵘岁月，经历了多少雨雪风霜。大厂植保人为自治县农林大业做出了突出的贡献。继第一任站长海兆魁同志离休之后，一位又一位老领导、老植保技术工作者光荣离岗，一批又一批朝气蓬勃的年轻植保工作者走上植保工作岗位，不辞劳苦，不讲条件，默默耕耘，任劳任怨。为植保工作奉献了青春，奉献了毕生的心血……36年过去，弹指一挥间。伴随着自治县迎来55年诞辰，大厂植保工作又迎来一个绚丽的春天。

然而，我们没有骄傲自满，没有躺在已有的成绩上止步不前。因为我们清楚地看到，"开弓没有回头箭"，改革开放，与时俱进，时代和历史赋予了植保工作更艰巨、更光荣的使命。植物保护作为一项重要的防灾减灾措施，它与生物、自然、社会、经济等多种因素千丝万缕，密切相关。全球气候异常多变，粮食安全形势严峻，国际农产品市场竞争日趋激烈，公众对农产品质量安全要求普遍提高，都对植保工作提出了新挑战。气候条件和农业耕作方式变化，病虫发生规律更加复杂，植保工作面临新课题；耕地资源减少和自然灾害频发，粮食持续增产的压力加大，给植保工作赋予新任务；农业生产和农民就业方式深刻变化，农村社会化服务的需求迅速增加，植保服务方式面临新要求；人们生活水平提高和社会消费理念变化，对食品安全关注度普遍提高，防控对策需要作出新调整。为此，我们在各级领导的指引下，大力推进病虫害专业化统防统治；大力推进病虫害绿色防控；不断加强重大疫情监控阻截。不断加强农药监管与安全使用指导。不断加强植保综合能力建设。时代和使命要求我们必须始终坚持"预防为主、综合防治"的植保方针，牢固树立"公共植保、绿色植保"两个理念，不断完善政府主导、属地管理、联防联控三大机制，坚决打赢区域性重大病虫歼灭战、局部性重大病虫突击战和重大疫情阻截战"三大战役"。按照"政府支持、市场运作、农民自愿、循序渐进"的原则，加大行政推动力度，把病虫害专业化防治摆在植保工作更加突出的位置，真正抓出亮点、抓出典型、抓出实效。采取多种形式，加强农民安全用药技能培训，提高农民安全用药水平；动员农业科技人员深入到田间地头，指导农民正确识别病虫害、合理选用农药，做到合理用药、安全用药、科学用药。力争通过几年努力，使我县病虫害监测预警能力、应急防控能力、疫情阻截能力和技术支撑能力有新的提高和突破。

在当前及今后的植保工作中，我们将要采取多种形式，加强农民安全用药技能培训，充分发挥基层植保工作者的作用，力争通过几年努力，使我县病虫害监测预警能力、应急防控能力、疫情阻截能力和技术支撑能力有较大幅度的提高。以植保工作者的使命感和责任感，以更新科研成果，为庆祝建国60周年和建县55周年献礼，迎接大厂回族自治县植保事业的再度辉煌。

大城县植保工作 60 年回顾

张宝军　吴雅娟　马宝温

（大城县植保植检站）

农作物虫、病、草、鼠害是农业生产一大威胁。清代及以前官方、民间一向无植物保护措施，人们视农作物虫害为"神虫"，一遇严重的病虫灾害，官、绅、民众则烧香摆供，祈求苍天除虫灭灾。民国年间，开始宣传科学，破除迷信，遇到虫害为患，则发动农民下地捕捉，并组织老人、儿童到天边路旁一齐敲打铜锣、铜钹、铜盆，以企吓走蝗虫。民国 25 年夏，县内飞蝗成群，啃噬禾苗。县长徐赞化曾发动农民捕打蝗虫，可以说这以前病虫害防治最高发展到人工捕打的初级阶段。

一、新中国成立后

建国初期，几乎年年春季生蝻、夏秋飞蝗，人民政府曾多次组织群众洼沟灭蝻，捕捉飞蝗。1950 年，县内试验并推广喷洒"六六六"粉剂除虫，成本低，效果好，农民开始认识并使用农药。1957 年、1961 年，河北省两次派"安-2"型飞机对大城县实施大面积施撒六六六药粉灭蝗，到 1962 年，蝗灾基本消除。同时，50 年代后期还试用滴滴涕、1605 等新农药，用喷雾或喷粉的方法除治害虫，效果更佳。随着科学技术的发展和新农药的产生，防治害虫的能力也逐步提高。

1962 年推广"1605"农田小麦拌种防治蝼蛄示范试验工作。

1963 年开始用 0.5 度石硫合剂和 0.5% 对氨基苯磺酸液防治小麦锈病，于发病初期进行喷洒效果较好。其他药剂（如 1% 食盐水、3% 硫铵水）也有一定效果。

棉花生产：建立药库，储备药械，加强测报，每个生产队建立虫情测报小组，强调综合防治，提高杀虫效果。

在防蝗工作中设立防蝗侦查员负责药械清理、维修、机场保护、蝗区考察以及示范区的准备工作。

开始推广：敌百虫粉和乐果粉剂。敌百虫粉用于防治黏虫、棉铃虫、棉造桥虫、菜青虫。乐果：防治蔬菜蚜虫、红蜘蛛，5 000～10 000 倍喷布叶背，注意人畜安全，按照剧毒农业安全管理和使用规程严加掌握。

加强植物检疫工作：恢复和建立植物检疫队伍，结合生产做好植物检疫调查和检验工作。

加强 1605 和 1059 安全管理工作：健全供药械和供药手续；必须持证明信件购买，并提出用途、品种、数量，私人不予供应；供销社在出售药械前，应做药效检查，不合格不许出售；加强仓库管理；盛过 1605、1059 的容器由供销社收回，在卫生、公安部门监督下集中销毁；加强管理，严防中毒事故发生和犯罪分子破坏。

1965 年，秋蝗面积继续上升，广大干部群众懂得了"人不治虫，虫治人"的道理。

迅速组织大规模灭蝗战役，备好麦麸 15 万 ~20 万 kg，药粉 40 万 kg。准备大面积的撒毒饵除治。

防蝗方法：毒饵治蝗是一种省工、省药、省钱的好办法，治一亩只花 1 角钱。毒饵：2.5％666 粉 1kg，麦麸 15kg，麦糠 35kg，清水 50kg。配制方式：把麦麸与药粉干拌均匀，再与麦糠干拌均匀。在撒饵前加水，切忌提前加水发酵，使毒饵失效。加水时应用喷壶，一面加水一面搅拌，搅拌均匀，忌用大水泼浇，以免药粉流失，降低效果。毒饵制成后，用手抓一把，用力一攥，能由指缝挤出水，手松后散开成小团粒为宜。制饵注意用新鲜麦糠、麦麸，才能保证效果。撒饵时间：早晨 5 ~8 点，傍晚 6 ~8 点为宜。用量：每亩 1.5 ~2kg（以干饵计算）撒布均匀，不能成团。阴天、下雨、大风不要撒，以晴天撒效果最好。

二、病虫测报站的建立

1967 年，大城县建立了病虫测报站，站长马泽汉。测报站专门观测农作物病虫发生发展情况，及时发出预报，使植物保护工作又前进了一步。

1971 年，测报站增设了微生物研究小组，研究制作杀虫菌和农作物刺激素白浆菌、青虫菌等杀虫菌苗及 5406、920 等作物生长激素。

"920" 对小麦整个生育过程均有刺激作用，有增产趋势，返青后期用 "920" 过程，可以解决生产队部分三类苗的升级问题。但是 "920" 是刺激素，它不能代替肥料，也就是还要偏水偏肥，有的大队使用了 "920" 后显得苗高苗黄，这说明是水肥跟不上的缘故。使用 "920"（在返青后期）可以促进穗分化，为增产奠定可靠基础。但返青后期施用，第一、二节间距离伸长容易倒伏，是否可以配合防倒伏措施，有待继续试验。

农用微生物 5406、920 小麦田间试验，由于我们对这项新事物还没有足够的认识、技术不过硬、调查不细致，许多规律性的东西还没掌握，所以成效不大，为能达到领导和同志们对我们的希望和要求。辩证唯物主义者认为，失败中蕴藏着成功的因素。通过总结，是我们更加清楚的看到了工作中的差距，从而坚定了我们为革命搞好试验的决心和信心。我们决心在新的一年里需继续摸索 920、5406 农用微生物在主要作物上的规律，为全县粮食作物上纲要作出更大贡献。

三、到 20 世纪 80 年代

20 余年来，由于站长马泽汉带领植保站一般人的辛勤刻苦钻研和不懈努力，虫情测报站摸清了常年虫害与病害的发生发展规律，给防治提供了依据。已经查清县境内害虫有 2 纲，19 目，114 科，930 种。为害农作物的主要害虫有黏虫、蚜虫、菜青虫、钻心虫、蝼蛄、地蛆、棉铃虫、金刚钻、造桥虫、红蜘蛛、毛虫、斜纹夜蛾等；为害树木的主要有榆兰金花虫、食心虫、天牛、火蛛、蚜虫等。害虫的天敌已经查明的有脉翅目、膜翅目、螳螂目、蜻蜓目等，其中以瓢虫、草青蛉、虎甲、步甲、赤眼蜂、蜡类等，繁殖最多，灭霉病、角斑病、枯萎病、白粉病、炭疽病等。

四、进入 20 世纪 90 年代

随着农业种植结构的调整、耕作制度的改变，病虫草鼠害的发生面积、频次增加，危害程度加重，这些都给植物保护工作增加了难度；同时随着人民生活水平的提高，食品安全日益受到重视，这也给植物保护工作提出了新的要求。在植保站全体干部职工的共同努力下，克服困难，适应新形势的需要，在病虫害预测预报、防治、检疫、农药管理等方面都取得了一定的成绩。

近年来大城县农作物病虫草鼠害每年发生面积在 400 万亩次左右，防治面积在 300 万亩次左右，为害严重的病虫害主要有小麦蚜虫、小麦白粉病、东亚飞蝗、土蝗、玉米蚜虫、玉米螟、玉米斑病、棉铃虫、地下害虫、农田杂草等。

大城县植保站把以测报工作为基础，加强田间调查、总结病虫害发生规律、探索预测预报技术，通过努力病虫害发生资料全部实现了网上传输、强化了测报手段；转变了服务职能；大力推广《病虫情报》下乡工程；努力搞好"电视预报"工作。在 2003 年的测报工作中综合评比名列全省第一名。

病虫害防治指导工作是植保站工作的重点。在准确测报基础上，确定农药安全合理使用时期和使用量，推广有害生物综合防治（IPM）技术，宣传改进植保机械和施药手段，健全植保社会化服务体系，提高农民技术素质。在重大病虫害防治上协助政府搞好统防统治工作，如在 1995 年秋蝗大发生的情况下，在准确及时预报的基础上，制定防治预案，为政府提供参考，协助省植保站组织实施飞机防治和地面防治，有效的控制了蝗虫的发生与为害。

植物检疫是保护大城县农业免受危险性病虫害为害的重要手段，多年来一直坚持签证规范，按农业部统一印制的新植物检疫证书认真填写，实现微机签证。签证做到抽样、检验、出证三步走，严格调运检疫程序。同时，按照上级部署，努力搞好检疫普查工作，摸清了大城县检疫性病虫害的发生情况。

1997 年《农药管理条例》颁布后，植保站又增加了农药管理的职能，全站上下齐心协力，经过近几年的努力，使大城县农药市场得到了有效净化，各项法律、法规、政策得以有效落实。农药管理工作着重点放在打击假冒伪劣和剧毒、高毒、高残留农药上，目前假冒伪劣农药逐渐淡出大城县市场；剧毒、高毒、高残留农药几乎销声匿迹，特别是关乎人民生命安全的"毒鼠强"在相关部门的共同努力下，得到有效遏制。为实现"食品安全"这一主题作出了我们应有的努力。1998 年获河北省防蝗先进单位。2004 年度获河北省"毒鼠强"专项整治先进单位。

在打假的同时，我们坚持扶优的战略。对向河北威远等大公司的产品进行宣传推广；对阿维菌素、吡虫啉、啶虫脒等低毒高效农药示范推广。

五、21 世纪开始后

2003 年国家投资 300 万元，建设"国家级蝗虫地面应急防治站"，项目建成后，大大改善了植保站的硬件条件，对提高测报、防治、检疫和农药管理水平起到极大的促进作用。主要表现在：提高重大病虫害防治能力，改善防治装备，特别是在蝗虫防治中发挥重大作用；增加了预测预报设备，提高了病虫害检测鉴定能力；规范了调查行为，提高了病虫害调查水平，提高了调查数据的科学性和预测预报的准确性，预报准确率达到 95% 以上；扩大了病虫预报的影响，提高了病虫信息的时效性。我们与电视台合作，开辟了《农作物病虫害预报与防治》电视栏目，加快了病虫信息传递，提高了病虫信息在生产上的实用性；加快了信息交流与反馈。通过互联网与全国农业技术中心测报处、省植保总站测报科及有关市县，直接进行病虫信息反馈比信件传递更快捷；有效指导病虫害防治工作，提高生产经济效益。我站每年向农业部全国农业技术推广服务中心测报处、省农业厅植保总站测报科，上报病虫情报、电视预报各 22 期、周报 35 期及模式电报 13 期，有效指导大城县开展病虫害防治 400 多万亩次，挽回损失 3.5 多万 t。

六、近几年来主要开展以下工作

1. 积极推进绿色防控

把病虫害预测预报作为植保工作的基础，为提高农业综合生产能力、充分体现公益性职能，为创建和谐社会、和谐大城而努力工作。农业重大病虫预报准确率达到 90% 以上，测报的时效性达到 15 天以上；信息入户率，力争达到 80% 以上；

2. 全面推动专业化防治工作

针对大城县农业生产实际，大力发展专业化防治队伍建设，提高病虫害综合防治、专业化防治水平。依托国家对重大病虫害统防统治的支持，植保站、专业化防治队及队员以植保技术服务部为纽带。在大棚蔬菜上开展统防统治，大力发展无公害蔬菜，进而带动重大病虫害的统防统治。建立专业化防治队伍，既解决农民因资金缺乏不能实现防治器械现代化的问题，又解决了国家开展重大病虫害统一防治组织的困难。也必将带动植保专业化防治队伍的现代化。目前大城县有村级植保专业化服务组织 120 多个，我站今后将把培训和扶持重点向专业化防治方向发展。把 120 个专业化服务组织建成 120 支专业化防治队。

3. 大力推进阻截带建设

针对近年检疫对象随农产品调运传播蔓延加快的趋势，加大检疫工作力度，特别是搞好黄顶菊的查治力度。搞好产地检疫、调运检疫工作，实施植物检疫登记制度。大城县不是主要育种区，产地检疫任务不是很大。在摸清底码的基础上，主动上门服务，搞好产地检疫。调运签证是一项日常工作，为做到签证规范，调运检疫证书按农业部统一印制的新植物检疫证书认真填写，统一编号，证书上所列项目均填写，一律用微机出证。签证做到抽样、检验、签证三步走，严格调运检疫程序。特别是今年大城县小麦良种补贴项目的实施，调种任务较大，为保障项目的顺利实施和控制检疫对象的传播蔓延，我站检疫人员加班加点，对每一批调运的种子进行检疫不隔天。2008 年共完成调运检疫签证 67 个批次、49.012 万 kg。其中省间调运 2 个批次、0.425 万 kg。

4. 积极开展新农药、药械的推广普及工作

采取多种形式开展新农药、药械宣传工作，如集中授课、田间地头现场讲解、现场会、散发明白纸、发表电视讲话等达到 150 次；受益群众达 5 000 人以上；开展新农药、药械的试验示范工作，全年完成登记试验 6 个，新农药试验 10 个，示范 15 个，示范面积 2 000 亩，防效 95% 以上。大力开展新药械推广工作，全县完成销售数量：烟雾机 50 台；杀虫灯 200 台，防虫网应用面积 1 200 亩。

七、化学除草技术在大城县的推广和应用

到 1986 年，小麦田化学除草 16 260 亩，其中用 2,4-D 丁酯除草 11 760 亩，用二甲四氯除草 4 500 亩。

在推广除治麦田杂草的基础上，县植保站在大豆田和蔬菜田推广使用氟乐灵和地乐胺两种除草剂，通过试验示范，推广面积逐年有所扩大，如氟乐灵和地乐胺于菜田灭草，1987年，只有一两户农民在蔬菜田试用氟乐灵和地乐胺灭草，效果很好。1988年在这两户的基础上推广到全村（约200户）使用；1988年县植保站开始在大豆田试用地乐胺试验，试用50多亩，对马唐、狗尾草、稗草、牛筋草收到很好效果。1989年县植保站用地乐胺防治豆田杂草试验，结果表明地乐胺对一年生禾本科杂草效果好，在杂草牙苗未出土前用药效果最好；到1989年有300来户在防治韭菜田杂草使用了地乐胺，面积约在500亩。在1989年已逐步推广化学除草，如麦田的阔叶杂草类，推广使用了2,4-D丁酯，收到很好效果，使用面积达7万多亩，基本上控制了藜类、播娘蒿、荠菜等杂草的为害。

到1991年，杂草化除工作已在开展。北王祥的韭菜常年化除，效果很好。大田作物的杂草化除工作逐步开展，化除面积4.5万亩。到1993年，防治5万亩麦杂草，主要为播娘蒿。1994年，化学除草12万亩，其中麦田杂草7.5万亩，主要为播娘蒿、藜。1995年，麦田化学除草20万亩。

到2003年，化学除草已十分普遍，广泛应用于小麦田、大豆田、棉花田、玉米田、花生田、韭菜田、果园、路边和树地等。其中小麦田除草用2,4-D丁酯，在韭菜田用地乐胺除草，用氟乐灵除治棉田杂草；高效盖草能、精稳杀得、精喹禾灵用于大豆和棉花田间除草，在玉米田主要用玉农思、金莠进行化学除草；在果园、树地、路边用草甘膦、百草枯除草。

八、植保站科研成果

1993年《小麦主要病虫害数值预测》获河北省农业厅科学技术成果奖参与奖；1994年《夏谷锈病流行规律及防治技术》获河北省科学技术委员会科技成果奖；2005年《小麦病虫害综合防治技术》获河北省农业厅丰收一等奖。2000～2002年，参加"枣皮薪甲生物学特性及防治技术研究"，主要负责防治技术研究和推广，2000、2001年试验面积均为50亩，增产幅度分别为27%、31%。2002年大面积推广1万亩，增幅29.5%，3年累计新增纯经济效益844万元。获2003年度廊坊市科技进步二等奖；2002～2004年，参与河北省蝗虫生态控制技术应用推广并主持大城县的推广工作，种植棉花、苜蓿使大城县蝗区生态控制面积达14万亩，加上农民通过种植瓜菜等经济作物面积达1万亩，使大城县蝗区生态控制面积达到15万亩。通过蝗区生态控制，使原来的不毛之地、而且需投入大量人力物力进行蝗虫除治的蝗区，生长出了勃勃生机，每年可产生1亿元以上的经济效益。2004年获河北省农业厅丰收奖一等奖；在此基础上，进一步加大推广力度，扩大种植面积，于2005年获农业部丰收二等奖；2002～2005年参加"佳多自动虫情测报灯开发与应用"，主要负责大城佳多虫情测报灯的应用技术研究，通过佳多测报灯的使用，提高了测报工作的自动化水平，给测报工作人员带来了很大的便利，同时新灯的使用，增加了诱虫种类和数量，提高了测报的准确性。安装了佳多测报灯以后，周围地块，害虫发生种类和数量都有所降低，减少了田间发生量和用药次数。测报准确性的提高，也为病虫害的及时防治提供了依据，由此产生的社会效益和经济效益都非常巨大。于2005年获河南省科技进步一等奖；2003～2006年参与并主持大城县苜蓿化学除草及综合丰产技术研究。主持本区域内苜蓿化学除草及综合丰产配套技术的实施，同时负责本区域内苜蓿田杂草种类和发生规律的调查；化学除草技术的试验、示范和推广工作；并积极推广新型无害化农药品种；大力推广苜蓿草综合丰产栽培技术的推广工作。取得了显著的经济效益和社会效益。获河北省农业厅丰收二等奖。河北省科技进步提名奖。

九、发表论文情况

2003 年《在植保技术与推广》发表"绿盲椿象在大城县枣树上严重发生"；《燕赵都市报》大白菜病虫害综合防治技术。2005 年"常用手动喷雾器田间试验效果比较分析"在《植物保护与粮食安全》发表，并于 2007 年被《植保与清洗机械动态》收录；2007 年"北方常用草坪的光合速率、蒸腾速率和水分利用效果研究"在《河北农大学报》发表；先后被河北省植保信息网站转载："注意查治玉米蓟马"、"注意查治红蜘蛛"、"二代棉铃虫趋势预报"、"注意除治棉花苗期病害"等文章。

固安县植物保护工作

杨 静

（固安县农业局植保植检站）

新中国成立后，本县植物保护工作认真执行党和政府提出的"治早治小治了"的工作方针。50年代初技术手段落后、药剂短缺，主要靠组织发动群众进行人工捕捉和土农药除虫。

1951年7~9月本县89 772亩庄稼发生了蝗虫。在县委、县人民政府的领导下，积极组织发动群众灭蝗。全县发动群众146 050名，共捕捉蝗虫52 478斤，使农业损失大为减少。

60年代对小麦、玉米、谷子、甘薯、高粱、棉花等主要农作物病虫害开展了以化学防治为主的防病灭虫工作。1965年夏季开始推广黑光灯诱蛾测报，这一技术的推广使用，大大地压低了各种农作物病虫害发生的群体数量。

1973年农林部专门召开了病虫害测报会，修订了测报办法，强调要重视办好病虫测报站，从而使测报工作向正规化方向发展，当年县农林局建立了植保站。开始对黏虫、玉米螟、高粱条螟、谷子粟灰螟、蚜虫、棉铃虫等害虫开展了系统的观测和有关除治的预测预报，植物检验工作也逐步开展起来，在乡村设立测报点6个，植物测报检验员22名，形成了县、乡、村三级病虫测报检疫队伍，及时发布病虫情报，指导全县农田除治工作。

1975年后，本县认真执行"预防为主、综合防治"的植保方针，改变单纯依靠化学农药防治的片面做法，走上了综合防治的道路。综合防治主要包括以下三个方面。

一、农业防治

选育和利用抗性品种，改进耕作制度。轮作倒茬，调节播期以防、避病虫害，运用合理密植，科学施肥用水，中耕除草和田间管理等技术以搞好健身栽培，增强作物本身的抗病能力。

二、科学用药

一是淘汰高残留有机氯农药和1605、1059等广谱性剧毒老品种农药的使用。发展使用高效、安全、经济的农药，特别是高效的内吸杀虫、杀菌剂。二是从控害保益原则出发，全面考虑作物本身的补偿能力与天敌使用等，修正了过去单从化学防治着眼的防治指标，讲究施药策略，采用选择性杀虫药剂，明确施药适期和有效低剂量。三是改进施药方法，提倡低容量喷雾，减少农药使用次数和用药量，以提高防治效果和减少环境污染。

三、保护和利用天敌

天敌是调节害虫种群密度，维持生态平衡的主要因素，在综合防治中保护利用天敌已成为不可缺少的重要手段。

农村实行联产承包责任制后，植保工作逐步由原来的只管做病虫害预测预报、指导防治，向技物结合、技术咨询等综合服务方面转变。1982年县农业局成立了植保公司，经营农药和药械。1987年县农业局成立了植物医院，牛驼、渠沟、独流、礼让店、柳泉、宫村、马庄、沙垡、东红寺等乡镇植物医院也相继建立。农业技术干部负责技术咨询，"即开方又卖药"使农业技术直接与农民见面，方便了农民群众，促进了植保技术的推广。

1992年县农业局成立了植保专防队，组织技术干部和机手200人，机动喷雾器120台，深入到本县的广大农村，带机带药直接到田间为农民防虫灭病，当年防治小麦蚜虫、白粉病达3.2万亩，从而带动了全县的防治工作，使全县30万亩小麦病虫害得到了全部除治，防治效果达90%以上，使小麦千粒重提高5~10g，每亩小麦挽回损失60kg，全县小麦增收2 000万kg。同时，植保工作还利用声像技术这一先进手段，通过录音、录像、电视讲座等形式向广大农民宣传除虫灭害技术，促进了植保技术在农业上的应用。

近年来，由于气候条件和生态条件的变化，农业产业结构的调整，病虫害发生种类和格局发生了变化，为了及时准确地搞好各种作物病虫害的发生发展情况的预测预报，对在县内发生的各种常规病虫草害，严格按照《测报田间调查规范》进行调查、统计、汇总，认真搞好定点调查系统观测。增强预测预报的准确性，通过制定农药轮换使用方案，使农民在病虫草害的防治上达到了省工、省力、省药、省钱、高效，减少了农药使用次数，减小了农药污染，促进了无公害农业生产的发展。

种子生产的产地检疫程序得到了进一步的完善。我县是豌豆种子生产大县，生产的豌豆种子，每年销售到全国近30个省、直辖市、自治区，一旦检疫出现问题，将造成很大的影响，对我县的农业生产造成严重的损失。因此，搞好豌豆的产地检疫，是我县植物检疫工作的重点，也是难点，为把好检疫关，每年3月，对全县的种子生产单位，进行集中培训，重点强调了产地检疫工作的重要性和严肃性，并按照产地检疫程序，由种子生产单位，填报了产地检疫申请书等各项报表。植保站逐单位的进行了审核，然后再批准生产。豌豆生长期间，在不同的生长期，对豌豆种子繁殖地进行3次以上实地检疫勘察，合格后签发种子产地检疫合格证，种子调出时凭产地检疫合格证开据调运检疫证书。保证了种子生产、经营单位的正常进行。为我县种子生产的发展提供了良好的环境。为农业增产、农民增收创造了良好的条件。

认真搞好疫情监测，预防危险性病、虫、草害的发生和蔓延。为清楚的掌握全县内的疫情，多年来植保站对全县的多种作物及特殊环境进行长期监测与定期普查相结合，做到心中有数。对全县麦田进行小麦全蚀病及小麦吸浆虫病的突击普查与长期监测；每年5月开始对全县的12个乡镇的重点瓜菜区及大田进行详细调查；对我县境内的京开、固马及廊涿公路，3条公路干线（约75km）路段沿线的农田及树木的美国白蛾进行常年监测；制订了《固安县黄顶菊疫情防控实施方案》，采用网上发布信息、印发宣传资料、广播电视宣传等手段，使黄顶菊的发生特点做到家喻户晓，并积极组织技术人员在我县境内固马路、廊涿路、京开路两侧共计200km；建筑工地、堤坝、荒坡、苗圃等开展普查。

广阳区植保工作回顾

苏其茹

(广阳区植保植检站)

农作物病虫草鼠害每年都有不同程度的发生，如果防治不利就会给生产造成损失，作为植保工作人员有责任搞好病虫草预报和防治。十年来，我们植保站以服务"三农"为中心，坚持"绿色植保"的理念，为农业生产安全保驾护航。

一、大力宣传植保知识，为农民解决生产难题

广阳区植保植检站自2000年分区后成立，我们始终坚持大力宣传植保知识，利用广播、进村讲课、赶科技大集等多种形式培训农民2万人次，培育植保能手200多人，提高了广大农民科学种田水平。24h开通植保热线，农民有难题我们随时赶到现场进行技术指导。共解决生产难题300多个。建立植保专业生产定期座谈会，及时了解农民需求、病虫动态，做到及时有效地防治病虫草害，让植保知识深入人心。

二、测报工作

植保植检站负责全区的农作物病虫草预测预报及防治工作。全站人员敬业爱岗、认真搞好田间调查，根据虫情及时发出病虫情报指导田间防治，给领导当好参谋。病虫草害每年发生100万亩次，防治120亩次。危害严重的粮食作物主要病虫害有小麦蚜虫、小麦白粉病、麦叶蜂、玉米螟、玉米褐斑病、玉米蓟马、棉铃虫、棉盲椿象、棉蚜、棉田烟粉虱、地下害虫、农田杂草等。

由于广阳区地处京津，随着农业结构不断调整、蔬菜面积品种不断增加，病虫害种类也在不断变化，有些病虫害不断加重。因此，我们必须搞好新病虫害研究，掌握病虫害发生动态，指导农民科学用药。广阳区植保植检站工作重点也向蔬菜田转移，为害蔬菜的主要病虫害有霜霉病、疫病、灰霉病、细菌性果斑病、蔓枯病、根腐病、白粉病、瓜类根结线虫病、叶霉病、病毒病（番茄黄化曲叶病毒）、烟粉虱、斑潜蝇、菜青虫、小菜蛾、甜菜夜蛾等。

三、植物检疫工作

植物检疫工作常抓不懈，坚持规范执法，树立农业系统执法的良好形象。每年做好调出调入种子检疫、搞好重大病虫监测和防治，按省、市站要求抓好检疫对象普查，严防危险性病虫害传入，保护农业生产安全。

（一）大力推进阻截带建设

随着农产品调运频繁，我们加大检疫力度，特别是河北省发现黄顶菊疫情后，我站积极组织学习考察，在全区内适发地进行调查，发现后及时组织防治工作，利用人工拔除和

化学防治相结合控制了黄顶菊在广阳区的蔓延，同时不断进行宣传、培训、防止黄顶菊再次发生。

（二）搞好良种补贴和种子检疫

广阳区调运检疫任务不大，始终坚持规范执法，按编号统一填写，做到抽样、检验、签证三步走，严格调运程序。

四、搞好农药管理做好高毒农药的替代工作

《农药管理条例》颁布后，按照上级领导要求，认真学习有关法律、法规，做好基层服务部培训工作，搞好市场检查，坚决打击销售假冒伪劣产品，特别是高毒、高残留农药，通过宣传、检查，使高毒农药得到有效遏制，经营单位守法经营，为农民提供优质农药，指导农民安全科学用药。2002 年，为了在韭菜基地推广高效低毒的 48% 乐斯苯，我站深入基地进行宣传指导和试验示范，让农民明白怎样用药，生产的蔬菜才能达到无公害标准。通过多次下乡指导，每户的韭菜经由廊坊市药检所检测，农药残留不超标的发放"放心菜"证书，至此，48% 乐斯苯终于实现了推广使用，无公害韭菜品质有了保证，逐步走向了京津市场。

五、绿色防控和专业化防治

（一）做好病虫预测预报，是搞好病虫草害防治的基础

我们充分发挥公共植保的作用，扎实做好基础工作，始终牢记自己的职责，服务百姓，重大病虫害预测准确率达到 90% 以上，信息入户率达到 80% 以上。

（二）专业队伍建设

随着科技不断发展，土地流转也在实施，发展专业化防治队伍，提高病虫草防治水平势在必行，植保部门要以专业防治队、植保基层服务为纽带，做好病虫防治工作，在果树、蔬菜田大力开展专业化防治，建立植保防治队伍解决农民买不起现代防治药械的问题，以及一旦有重大病虫害发生又不能统一防治的困难，实现专业防治就比较规范和现代化。目前，广阳区有村街植保服务部 60 个，我们将逐步培育引导他们走向技物结合、专业防治，提高整体防治水平。

六、新农药、新药械试验推广

积极搞好环保型农药试验推广工作，大力推广高效、低毒农药主要品种：阿维菌素、吡虫啉、吡蚜酮、灭幼脲、乙蒜素、苦楝碱等，确保无公害蔬菜增产丰收。在生产中大力推广通过国家认证的喷雾器和烟雾机，全区推广喷雾器 2 000 个，烟雾机 10 台，推广黄板诱杀面积 2 000 亩、防虫网 2 000 亩，新农药示范区 10 个，示范面积 5 万亩，防治效率 95% 以上。

近两年和中国农业科学院合作开展保护地蔬菜病虫防治新技术研究，创经济效益 200 多万元，得到了区政府的肯定和老百姓的好评。

七、化学除草

随着农业生产的发展，化学除草面积不断扩大，品种不断增多。

麦田除草：从单用2,4-D - 丁酯发展到用2,4-D - 丁酯和苯磺隆混用防治藜、播娘蒿、荠菜等，除草面积9万亩。

玉米化学除草：开始推广乙阿合剂进行封闭除草，近二年苗后除草剂烟嘧磺隆使用面积越来越大，玉米除草面积发展到13万亩。

蔬菜田化学除草：蔬菜田除草用氟乐灵、地乐胺先从小面积试验示范推广，面积逐渐扩大，近年来苗后除草剂精喹禾灵、高效氟吡甲禾灵使用面积逐年增加，化学除草面积达到10万亩。

八、为无公害蔬菜生产服务

随着人民生活水平的提高，人们对蔬菜的品质要求越来越高，我站积极配合区政府制定无公害蔬菜生产方案，在无公害基地建立"环保农药"专柜，对菜农进行技术培训，实行"技物一条龙"服务。大力推广高效、低毒、低残留农药，指导农民安全使用农药，减少污染。确保无公害蔬菜生产顺利进行。目前，全区蔬菜播种16万亩全部通过省环保认证，15个品种通过农业部无公害蔬菜认证。

为使广阳区蔬菜上档升级，2009年广阳区认证了500亩有机蔬菜，注册了碧缘有机蔬菜品牌。为今后发展休闲、旅游、观光农业打下了基础。

九、植保科技成果

植保人始终坚持战斗在生产一线为农民解决生产难题，美洲斑潜蝇20世纪90年代末传入广阳区，针对其发生规律和防治方法进行了调查研究，发现寄主作物9科26种。一年发生13~15代。14℃以下不繁殖，用3 000倍阿维菌素防效达96%。结合清除病残、黄板诱杀、烟剂熏蒸、防虫网等措施的综合防治效果更好。

2001年美洲斑潜蝇生物学及防治技术研究获市科委科技进步二等奖，并创经济效益280万元。

随着经济的发展，温室面积逐年扩大，蔬菜产业已成为广阳区的主导产业，蔬菜病虫为害逐年加重。特别是瓜类根结线虫造成棚菜减产30%~50%，为此我们进行了多年的研究，从使用益舒丰、阿维菌素、阿罗漾兹、福气多利用石灰氮土壤消毒等措施对瓜菜根结线虫进行了大量的试验示范。目前采用土壤消毒加药剂土壤处理基本上可以控制线虫的为害。推广面积2 000亩防效80%~90%，农民增加收入400多万元。2007年以植物源农药为主的防治瓜类根结线病综合防治技术获市科委科技进步三等奖。

十、抓好蔬菜疑难病虫研究

近几年烟粉虱发生严重，尤其2009年下半年。全区1.2万亩番茄烟粉虱非常严重，单叶有虫100~200头，由于烟粉虱对吡虫啉产生抗性，选用吡蚜酮进行防治试验，再加上烟剂熏蒸可以控制烟粉虱的为害。

由于烟粉虱传播番茄黄化曲叶病毒，2009年6月下旬冷棚番茄黄化曲叶病毒大发生，我站从品种、田间管理用药等进行细致调查。由于此病毒是新变异的双生病毒，目前生产上没有抗病品种，樱桃番茄发病轻，植株健壮、遮阴部分、旧棚膜（光照不强）、使用遮阴网等发病轻。

在防治上育苗定植后使用防虫网、黄板诱杀、遮阴网等防治，病毒药剂＋营养液＋细胞分裂素等基本控制黄化曲叶病毒为害。

2009 年番茄黄化曲叶病毒发生面积 1 万亩：一般每株 20%～30%，番茄减产 30% 左右。防治番茄黄化曲叶病毒进一步探讨。

十年来，在省、市站的领导下全站同志共同努力，主要做了以上几项工作，我们的工作也得到了各级领导的认可，四次被市农业局评为先进植保植检站。

三河市植保六十年

王凤莲　陈小晔　王红梅　潘　超

（三河市植保植检站）

一、三河市植保组织体系的发展历程

三河市植保事业和全国各县起步一样大致经历了从新中国到 1957 年的起步阶段、文革期间的曲折发展阶段、改革开放到 20 世纪 90 年代初的全面发展阶段、90 年代初至今的转型阶段。

三河植保工作在 1977 年以前是隶属农业技术推广站，部分人员分管植保测报工作。1977 年，根据农林部要求"省市县三级要充实植保力量，建立植保站"，正式成立三河县植保站。1982 年有了植物检疫工作职能，改名为三河县植保植检站。1982 年 11 月，为了适应农村生产责任制，三河县批准建立县植保公司，当时植保公司与植保站是"两个班子一套人马"，负责测报、合同防治、检疫、农药销售等项工作，植物保护在当时农业生产中，尤其是正值农村包产到户的转型期起到了重要作用，仅 1983 年签定技术服务合同9 份，承包病虫害防治 2 万亩。植保公司到 1990 年年底，三河县农业委员会农业公司，为了取得更好的经济效益，农业公司把植保站、技术站、土肥站的农药经营综合到一起，建立了三河县农业综合服务站，自此三河县植保植检站开始了纯公益性事业功能。

二、有害生物防治的发展历程

第一，建国初期，主要采取人工防治和单一的化学防治措施，以追求一定的防治效果为目标，尚未考虑到生态问题。在化学防治上单一推广使用六六六药剂、DDT 粉，1956年试用乙基 1059，1959 年开始使用敌百虫、1605 乳剂、硫酸铜、代森锌、五氯硝基苯等杀虫、杀菌剂。

第二，60 年代至 70 年代初期，从单一技术应用开始转向多项技术的结合，这一时期有机磷和有机氯农药大量推广使用，提高整体有害生物防治效果。例如，在治蝗策略上由单一的化学防治转向"改治并举"，即在大量使用六六六的同时，注重蝗虫孳生地的改造，使蝗灾发生规模明显缩小。

第三，70 年代中期至 80 年代，强调农业防治、生物防治、化学防治和物理防治等各项措施协调应用，在保证防治效果的同时，注重生态环境保护。三河县植保站在这一时期开始推广使用菊酯类农药、呋喃丹等。1975 年在河南新乡的全国植保会议上，制定了"预防为主，综合防治"的植保方针，使有害生物综合防治的理论与实践有了很大发展，明确从"农业生态系统总体出发，充分利用自然控制因素"的防治原则，改变了单一依赖化学农药的局面。如三河县在防治棉蚜上提出先消灭"三树"消灭蚜源，结合整地消灭田中、田边杂草，药剂防治措施等方案。

第四，90 年代以来，重视有害生物的控制与食物安全、生态控制和科学用药技术。强调防治有害生物不仅要注重防治效果和防治成本，而且要考虑农药残留、环境污染和有害生物抗药性等负面作用，并提出"公共植保、绿色植保"理念。1990 年推广小麦"一喷三防"综合防治技术，1997 年建立蔬菜病虫害无害化治理示范田，策略上改变"重治轻防"的现象优先选用抗性品种、控害丰产的保健栽培和生态防治技术等预防措施在强化预防的基础上，协调运用生物、物理、化学等防治措施，选用高效、低毒、低残留农药。1998 年公布"三河市主要农作物农药安全使用操作规程"对如何进行病虫害防治进行了规范，公布了各种作物禁用农药名单。这一时期病虫害的防治开始与农业的可持续发展理论接轨，并促进使防灾减灾，与无公害农业、绿色农业和有机农业发展需求有机地结合起来。

三、三河农作物测报工作的发展历程

病虫测报是植物保护的基础性工作，测报工作政府的高度重视。通过对三河植保植检历史资料系统整理。资料可查年限从 1975 ~ 2009 年，跨越 36 年。除 1975 年前资料没有保存，从 1994 年后大部分资料、植保植检工作总结、病虫情报、田间调查数据、会议纪要和防治工作文件比较齐全。

（一）测报对象调整

根据 1975 年以来历史资料记录，我县主要农作物病虫害发生种类多、发生重，病虫危害此起彼伏。1975 ~ 1985 年以麦蚜、小麦白粉病、小麦病毒病、小麦条锈、叶锈、地下害虫、黏虫、棉铃虫、棉蚜、玉米螟等病虫害发生量大，因此确定为测报监测对象。随着改革的不断深入、气候变暖、种植结构的不断调整，生产方式、生产工具的不断完善等因素，一些原来发生不严重，甚至没有的病虫害开始为害严重，有的甚至危及农业生产安全。如地下害虫 70 年代的记录主要是蛴螬、蝼蛄，80 年代末以后由于农家肥使用量渐渐被化肥代替，金针虫变为重要地下害虫；由于小麦收割的变革，大型联合收割机跨区作业，小麦吸浆虫在三河 2004 年发现，2009 年大发生，给三河的农业造成很大威胁。因此1995 年后对测报对象进行了调整，增加监测对象，把部分蔬菜病虫害蔬菜霜霉病、蔬菜白粉病、美洲斑潜蝇、粉虱、金针虫、玉米蓟马、玉米蚜、小麦吸浆虫列为重点监测。

（二）测报工作条件的不断改善

70 年代、80 年代植保技术人员骑自行车下乡调查，通过调查杨树枝把、糖醋液诱杀蛾子，以后有了黑光灯，晚上诱蛾，早晨用敌敌畏喷杀，再进行分类，天天如此。再以后就安装了智能虫情测报灯，可以一个星期查一次，大田普查用汽车，大大减轻了工作强度。《病虫情报》由过去的蜡纸刻钢板油印发展到用电脑打印。病虫情况的上报、下达也发展到用互联网上邮件发送。三河县 1997 年购置了电脑。现在使用的 3 台电脑、2 台打印机都经第二次换代了，还拥有了数码相机，三河植保站办公地点也经过四次变动。

（三）测报宣传方式的变化

由起初的《病虫情报》只发到乡，到后来增加发到各农药销售网点，开通农业技术咨询热线电话，到田间地头讲解植物保护新技术、病虫害防治新知识，编印植保技术明白纸，2000 年开始在三河电视台开办电视预报农业病虫害。

四、三河植物检疫工作发展历程

三河县的植物检疫工作是 1982 年开始，我查阅到三河开据的最早的植物检疫证书是 1983 年 2 月。

（一）检疫性有害生物的调查与监测

最早发生的植物检疫对象是棉花枯萎病、黄萎病，三河县植保植检站在 1982 年对其进行了普查，1984 年调查棉花 9 000 多亩，1985 年对全县棉种进行了更换。1996 年发现美洲斑潜蝇，2003 年发现美国白蛾，并进行普查。2000～2003 年、2008 年对全三河市植物检疫对象进行了两次全面普查。近几年又对红火蚁、加拿大一枝黄花、黄顶菊、西花蓟马、梨枯梢病、花生地珠疥等危险性病虫害展开调查。2008 年三河市植保植检站被确立为植物疫情阻截带项目单位，重点对大豆疫病进行监测。

（二）执法能力的变化

《植物检疫条例》和《中华人民共和国种子法》是植物检疫工作的执法依据，2003 年河北省又制定了《植物保护条例》，法律制度的不断完善，把植保工作的有关管理和服务行为、体制机制、扶持政策、支持保障措施、权责关系等用法律形式固定下来。80 年代初期，三河县只有专职检疫员 2 名，人员的缺乏，执法显得薄弱，现在三河市有专职检疫员 4 人，各镇还有至少 1 名植保技术人员。因此，植物检疫的网络开始健全。

（三）装备手段的改善，提升监测能力

三河市植保植检站的检疫设备开始只有显微镜，2004 年又购置了 2 台显微镜、套筛、培养箱，2008 年建植物检疫操作台 10 m²，2009 年新买两台电脑、打印机，争取网络专线专门用于检疫网上签证。检疫装备手段的改善，提升监测能力和对外办事速度。此外，三河市还在农产品批发市场等周围有针对性地开展外来有害生物监测工作，防止其入侵和扩散。

（四）长效机制建立，提升防控能力

2000 年三河市开始建立重大有害生物应急防控机制，成立政府领导牵头、有关部门参与的应急防控指挥机构，制定应急防控预案，储备应急防控物资，提高应急防控能力。先后撰写《红火蚁防治预案》《黄顶菊防治预案》等几个应对重大有害生物发生应急防控文件，为进一步贯彻"预防为主，综合防治"的方针，大力开展综合防治技术的组装集成、示范展示和宣传培训，建立有害生物综合治理示范区和农民田间学校，指导农民及时防治、科学防治。

五、植保社会化服务的发展历程

在 1980 年以前，主要是农业生产责任制之前，当时是农业生产队，新的植保技术、新农药比较好推广。20 世纪 50 年代、60 年代为治理玉米螟、蝗虫三河县成立指挥部，县委第一书记挂帅，公社派专人负责。"三先四员"即先学习治虫技术、先搞好防虫灭虫试验、先带头灭虫，是指挥员、宣传员、技术员、参战员。冬耕（冬耕率 99.5%），割除田边杂草；坚持"治早、治少、治了"原则；合理轮作。虽然当时技术、工具都比较落后，但当时农业植保服务工作一直是政府带头干。

1982 年，三河县成立植保公司，当时正值农业生产责任制，包产到户。这时的植保

服务主要是农业植保技术人员下到村进行技术型承包。植保公司和植保站是"一套人马两个牌子"，当时本着"多品种、小数量、方便群众、服务生产"的宗旨。植保服务模式是植保技术推广与经营紧密结合，既开方又卖药。有时为了推广一种新农药，植保技术人员用自行车推着农药下乡，像农药厂家的推销员。

90 年代，三河县植保服务进入全新时期，建立了植保专业化防治队，购买机动喷雾器，和乡技术站合作，对麦田杂草、麦蚜、白粉病、土蝗等进行专业化有偿服务，植保专业化防治队的建立，把大面积综防工作提高到新的水平。

2000 年后，三河市政府增加对植保工作的投入，把三河的公共植保工作提高新高度，十年来，三河市政府共投资 400 余万元用于病虫害的防治示范、测报基础设施建设等，2010 年还将对小麦吸浆虫组织大面积防治，三河市公共植保服务建设正如火如荼。

综观三河植保 60 年的历程，植保工作从无到有，60 年来，我县几代植保人默默奉献，舍小家顾大家，不畏艰辛，坚持奋斗在防病灭虫第一线，最大限度地减少粮食损失，有力保障了粮食丰收。在缺衣少食的年代避免了无数人挨饿，填饱了多少张肚皮。新时期，我们新一代发扬老一辈植保人的优良传统，为农民增收、农业增效发挥植保的光和热。

六、植保成绩

1990 年，《三河县小麦病虫草大面积棕防》获廊坊市推广一等奖。

1995 年，《小麦病虫草综合防治技术推广》一等奖。

1995 年，《蔬菜病虫害综合防治技术推广》二等奖。

1997 年，全省植保工作先进单位。

多年来，曾有许多植保工作人员获得全国、省植保先进个人。现在有许多人已不在人世，无据可查，只能泛泛而写了。

文安防蝗六十年

高洪吉

（文安县植保站）

文安县位于冀中平原东北部，近于京、津、保三角地带的中心，东经116°12′~116°45′，北纬38°43′~39°03′。境内岗洼交错，有文安洼、东淀、牛角洼、溢流洼等洼淀，地势低洼，海拔2.1~7.8m，土质属于冲渍性黑黏土。历史上由于人少地多、耕作粗放、苇荒地多，几乎每年都发生大量东亚飞蝗和各种土蝗。从历记载看，从明成化六年（公元1470年）到公元1983年在有资料记载的蝗灾是21次，明朝《文安县志》有"蝗蛹遍野，飞蝗蔽日，禾苗尽食无遗，人饥相食"之说。由此可见蝗虫的猖獗。

建国初期，蝗虫也曾连年发生。特别是东亚飞蝗，面积大、分布广，严重年份达50多万亩，最高密度每平方米2 000头以上。但是在经过20世纪50~70年代的治理后，东亚飞蝗基本上得到控制。文安人民在与蝗虫的长期斗争中，积累了丰富的经验，即使是大发生年份，我们仍达到了"不起飞，不成灾"的目标。以后随着防蝗力量和技术的不断增强，蝗虫发生面积逐年减小，造成的危害逐年降低。可以说，文安县人民在60年的蝗虫治理中取得了辉煌的成就。

一、文安县蝗虫发生种类及分布

文安县的蝗虫除东亚飞蝗外还有15种土蝗，其中主要有二色嘎蝗、长翅素木蝗、大垫尖翅蝗、黄胫小车蝗和短星翅蝗。其次还有轮纹痂蝗、大翅翅蝗、疣蝗、中华剑角蝗、短额负蝗、长额负蝗、花胫绿纹蝗、中华稻蝗、笨蝗和狭翅雏蝗。

根据文安蝗区的土质、植被和耕作情况以及植物种类等，可分为4种类型：

1. 洼地黑黏土苇荒地

这里虽然生长芦苇田，但长势不好，其间杂生牛鞭草、狗尾草、白茅、蒿子、马绊草等。土蝗优势种是长翅素木蝗、二色嘎蝗、大垫尖翅蝗，其次还有黄胫小车蝗、负蝗和中华剑角蝗等。

2. 地势低洼土质黏重

耕作粗放的农田和草荒地。主要生长稗草、芦苇草、狗尾草、牛筋草和苍耳等，且植被较密。主要蝗虫有负蝗、中华剑角蝗、大垫尖翅蝗，其次还有黄胫小车黄、短星翅蝗和轮纹痂蝗等。

3. 洼地边沿碱荒地

地势较高土质瘠薄含盐碱。主要生长碱蓬、白茅、蒿子、马绊草、芦苇草等，杂草稀疏。主要蝗虫有短星翅蝗、疣蝗、花胫绿纹蝗、笨蝗和狭翅雏蝗等。

4. 大洼水稻田

主要是中华稻蝗，其次有大垫尖翅蝗、负蝗等。

虽然分为四种类型，但是随着气候及种植习惯的改变，多数蝗区常常是飞蝗与土蝗混生，蝗区类型间也没有太明显的界限。

二、新中国成立后飞蝗的发生和防治情况

（一）1949～1979 年的发生防治情况

建国初期我县蝗虫发生非常严重，造成的危害惨重，党和政府非常重视，大发生年份集中在 1957～1965 年，每年发生面积在 50 万亩以上，最高密度每平方米 2 000 头以上，吃成光秆的地块到处可见，部分地块绝收，8 年间光飞机除治就 320 万亩以上，地面除治100 万亩以上。其他年份发生较轻，每年发生十几万亩，基本上可以控制住蝗虫的危害。

（二）1980～2009 年蝗虫的发生和防治情况（表1）

表 1 文安县 1980～2009 年蝗虫发生情况统计表

年份	季节	发生面积（万亩）	达标（万亩）	防治（万亩）	最高密度（头/m²）
1980	夏	3	2.5	2.5	
	秋	2.72	2.5	2.5	
1981	夏	3	2.7	2.7	
	秋	3	2.5	2.5	
1982	夏	2.8	2.5	2.5	
	秋	2.8	2.5	2.5	
1983	夏	3	2.4	2.4	
	秋	3	2.4	2.4	
1984	夏	3	2.5	2.5	
	秋	2.8	2.5	2.5	
1985	夏	3	2	2	
	秋	3	2	2	
1986	夏	3	2	2	
	秋	3.5	2.5	2.5	
1987	夏	3.5	3	3	100
	秋	4	3	3	50
1988	夏	4	3	3	
	秋	4	3	3	
1989	夏	4	3.2	3.2	100
	秋	4	3	3	50
1990	夏	3.5	2.5	2.5	
	秋	3.5	2.5	2.5	
1991	夏	3.5	2.5	2.5	
	秋	3.5	2.5	2.5	
1992	夏	3	2	2	
	秋	3	2	2	

（续表）

年份	季节	发生面积（万亩）	达标（万亩）	防治（万亩）	最高密度（头/m²）
1993	夏	3	2.5	2.5	
	秋	4	2.5	2.5	
1994	夏	4	2.8	2.8	
	秋	7	4.8	4.8	
1995	夏	10	7	7	200
	秋	12	8	8	200
1996	夏	12	8	8	
	秋	12	9	9	
1997	夏	10	8	8	
	秋	11	8	8	
1998	夏	11	8	8	100
	秋	12	10	10	50
1999	夏	12	6	6	
	秋	12	8	8	
2000	夏	12	8	8	
	秋	15	8	8	
2001	夏	15	9	9	
	秋	15	9	9	
2002	夏	12	8	8	
	秋	12	8	8	
2003	夏	12	8	8	
	秋	12	8	8	
2004	夏	12	9.5	9.5	
	秋	12	9.6	9.6	
2005	夏	9	5.5	5.5	
	秋	9	6	6	
2006	夏	8.5	5.5	5.5	
	秋	8.5	5.5	5.5	
2007	夏	8.8	5	5	
	秋	8.5	5	5	
2008	夏	9	4.5	4.5	
	秋	9	4.5	4.5	
2009	夏	9	5.5	5.5	
	秋	9.3	6	6	

从近 30 年蝗虫的发生情况我们可以看出：大发生年份有 1987 年、1989 年、1995 年、1998 年。最高密度每平方米均达 100 头以上，其他年份最高密度每平方米均在 20 头以

下，发生程度较轻。从发生面积看，前15年在10万亩以下，后10年面积逐渐扩大，但2005年以后蝗虫发生面积又有缩小的趋势。据我们分析，这与当地农民种植业有关，农民种植业不赚钱效益低，多数农民弃农经商、务工。种植意识淡薄，撂荒地增多，2000年、2001年、2002年达到高峰，宜蝗区达24万亩。2002年以后随着抗虫棉的推广，棉价的提高，河南棉农的涌入，我们植保部门也积极引导，引导农民种植蝗虫不喜食的棉花，县政府也制定了一系列优惠政策，引导农民开垦荒地，种植棉花，开展生态治蝗。新中国成立开垦苇荒地25万余亩，减少了蝗虫的适生环境，使蝗虫得到进一步治理。

三、新中国成立后治理蝗虫的措施

（一）成立了蝗虫防治机构

新中国成立后，党和政府对蝗虫防治非常重视，50～60年代我县即有专门的防蝗组织，经过多年演变到1972年前后改为病虫测报站，站址在郭辛庄村，1980年改为文安县植保植检站，站址迁到城南飞机场，以后随着条件的改变植保站又迁到农林局院内，农、林分家后植保站隶属县农业局。负责文安县蝗虫监测和防治及其他病虫害测报工作。

（二）加强防蝗硬件建设

1950～1965年的16年中，除5年因水灾蝗虫发生面积较少外其他年份均有发生。党和政府对治理蝗虫极为重视，每年国家都拨专款30万～50万元，用于蝗虫治理工作。国家民航局多次派飞机喷撒农药治蝗。1958年国际民航局在文安城南特建民用机场一座，专门用来治蝗。1983年上级专门配备查蝗车一辆，1998年县财政出资购置机动喷雾器100台组成专防队一个。1996年10月全省蝗虫防治工作会议在文安召开。2008年文安县是植保体系建设项目县，购置了电脑、电子显微镜、电子解剖镜、培养箱、数码相机、测报灯、GPS等现代工具。另外，还购置了大型喷雾器及100台机动喷雾器。使统防统治能力增强。

（三）加强技术队伍建设

50～60年代文安县的防蝗技术队伍主要是由专职技术干部和临时防蝗员组成，到80年代中后期由于交通条件的改善临时防蝗员有所减少，但是蝗区农民防蝗水平都有所提高。每年植保站技术人员都到蝗区开展防蝗培训讲座1～2次培训人员1 000人次，散发明白纸10 000余张，还利用广播、电视、网络等现代手段传播防蝗知识，使人人都是兼职防蝗员。

（四）防蝗措施不断提高

新中国成立前，一般采取人工扑打、挖沟掩埋、围打、火烧等手段，50～60年代随着DDT、六六六等杀虫剂的应用。人们开始使用喷粉及撒毒饵等方法，70年代随着有机磷农药的应用人们开始使用马拉硫磷及1605、1059等乳油防蝗，80～90年代开始使用聚酯类农药，同时提倡高效低毒、环保、生态治蝗的理念，开展蝗区改造。

四、防蝗成就

文安县人民在新中国成立后的60年中，同蝗虫展开了顽强的斗争，在斗争中取得了重大的成绩，积累了丰富的经验。

（一）开展飞机治蝗

1958 年在文安建造机场一座，专门用于防治蝗虫。1957～1965 年，8 年间飞机防治蝗虫 320 多万亩次，1995 年飞机在沧州起飞 9 个架次，防治 5 万多亩次。

（二）组建专业蝗虫防治队

进入 80 年代后，随着土地承包到户后，蝗虫防治一度受到阻碍，因为飞蝗主要发生在国有苇荒地及沟渠边，政府及时出台措施，组建了各种不同形式的蝗虫专防队，每年都开展不同形式的地面防治，在统防统治中发挥了巨大的作用，年防治蝗虫 5 万～10 万亩次，使飞蝗在文安不起飞、不成灾，把蝗虫的危害减到了最小程度。

（三）开展生态治蝗

文安县地处海河下游的黑龙港地区，地势低洼，1997～2002 年由于连年干旱、耕作粗放、撂荒地增多，为蝗虫的发生提供了适生环境，使文安县宜蝗面积最高达 24 万亩，为了做好蝗虫生态控制，文安县植保站开始探索出了一套生态控制蝗虫的有效途径，即种植地膜棉花。我们总结的方法如下。

1. 大力推广转基因抗虫棉

随着基因抗虫棉的推广，使棉花种植管理也方便了许多，加上棉价上涨，百姓对棉花种植的积极性越来越高，从而带动了承包地价的上涨，县政府部门积极因势利导，出台优惠政策，将苇荒地承包给农民，本地农民不种的承包给河南的承包商，引导农民开荒种植蝗虫不喜食的棉花。从而铲除了蝗虫的孳生环境，有效地控制了飞蝗的发生，几年来我县改造苇荒地、夹荒地、撂荒地 15 余万亩。

2. 加大苇荒地改造

秋后深翻土地、整地、冻死蝗卵，减少蝗卵基数，清除芦苇根，返青后细耙土壤，达到整平的目的。拾除苇根带到田外，同时也可破坏蝗卵，整平后于棉花播种季节（4 月中下旬）覆膜播种，覆膜以后可使蝗卵即使孵化后也不能出来。棉花苗出来后农民自防意识增强，防治苗蚜、棉铃虫时可以兼防蝗虫。

新中国成立后，我县累计改造苇荒地达 25 余万亩，主要种植大豆、棉花类等经济类作物。近年来新增耕地年总产值 1.5 亿元以上。

香河县植物保护六十年

张立军

（香河县植保植检站）

一、农业生产现状

香河县共有耕地 50 余万亩，其中粮食作物面积 40 万亩，以小麦、玉米一年两茬作物为主，主要分布在安头屯、刘宋、渠口等乡镇。全县瓜菜种植占地 10.5 万亩，播种面积达到了 19 万亩；蔬菜总产量 79 万 t；商品量 64 万 t、省外销量 52 万 t，蔬菜总产值 57 555 万元。在播种的 19 万亩蔬菜中，保护地面积 4.5 万亩，包括大棚 1.1 万亩、日光温室 0.6 万亩、中小棚 2.8 万亩。地膜蔬菜 4.5 万亩，露地菜 10 万亩。

据资料记载，20 世纪 50～70 年代我县农作物种类只有小麦、玉米、棉花及杂粮。以小麦、玉米一年两茬作物为主。其中小麦播种面积 25 万亩；夏玉米播种面积 24 万亩；春玉米 6 万亩。棉花播种面积 6.1 万亩。蔬菜只是农户房前屋后零散种植。每年农业有害生物发生面积只有 30 余万亩。病虫害种类只有几种。虫害主要是地下害虫、麦叶蜂、黏虫、玉米螟、棉铃虫，病害只有小麦丛矮病、麦类锈病（条锈、叶锈）、黑粉病、玉米大斑病、小斑病。

进入 80 年代耕地面积约 42 万亩，农作物种类有小麦、玉米、棉花。小麦播种面积 23 万亩；夏玉米播种面积 22 万亩，春玉米 5 万亩。棉花播种面积 3 万亩。蔬菜播种面积 2 万亩，一般种植露地蔬菜，各户零散种植大白菜，成方连片种植的蔬菜以李庄韭菜为主。只有临近县城的河北止务村、赵庄村种植大棚蔬菜，以黄瓜种植为主，面积只有 200 亩。各种病虫草鼠害发生面积 75 万亩。其中病害年受害面积 25 万亩。病害主要有麦类锈病、白粉病、黑穗病等。玉米病害：大斑病、小斑病、黑粉病等。棉花病害主要有立枯病、炭疽病、角斑病、棉枯、黄萎病。蔬菜病害软腐病、黑斑病、霜霉病、疫病、角斑病等。虫害年受害面积 50 万亩。虫害主要有麦蚜、麦蜘蛛、麦叶蜂、玉米螟、玉米蓟马、玉米红蜘蛛、黏虫、东亚飞蝗、土蝗、蟋蟀、高粱蚜、大豆天蛾、棉蚜、棉铃虫、棉花红蜘蛛、菜青虫、小菜蛾、烟青虫、地下害虫有蝼蛄、蛴螬、金针虫、地老虎。其中，蚜虫、玉米螟、黏虫、东亚飞蝗、土蝗、地老虎、蝼蛄、蛴螬为害最大。

到 90 年代，小麦播种面积 22 万亩，夏玉米 22.7 万亩、春玉米 7.3 万亩，棉花播种面积 0.8 万亩。蔬菜发展到了 10 万亩。主要原因是政府加大了产业结构调整力度，鼓励农户发展蔬菜生产。全县各种病虫草鼠害发生面积增加到 200 万亩。1994 年政府出资扶持农户建大棚，每亩补贴 5 000 元，在我县各乡镇普遍建起了一批蔬菜大棚。其中保护地蔬菜面积达到了 1 万亩。全县蔬菜品种增加到瓜菜类、豆类、茄果类及食用菌等。病害有 39 种，包括真菌、细菌、病毒及生理性病害。危害最大的有 21 种，病害种类：麦类锈病、白粉病、黑穗病等。玉米病害：大斑病、小斑病、黑粉病等。棉花病害主要有立枯病、炭疽病、角斑病、棉枯、黄萎病。蔬菜病害：病毒病、软腐病、黑斑病、霜霉病、疫病、角斑病、根腐病、枯黄萎病等。虫害有 46 种，危害最大的有 23 种，以鳞翅目、鞘翅目、同翅目、膜翅目最多，主要害虫有麦蚜、麦蜘蛛、麦叶蜂、黑斑麦潜蝇、玉米螟、玉米蓟马、玉米红蜘蛛、黏虫、草地螟、东亚飞蝗、土蝗、蟋蟀、高粱蚜、大豆天蛾、棉蚜、棉铃虫、棉花红蜘蛛、菜青虫、小菜蛾、烟青虫、地下害虫有蝼蛄、蛴螬、金针虫、地老虎。其中，蚜虫、玉米螟、黏虫、东亚飞蝗、土蝗、地老虎、蝼蛄、蛴螬在本县危害最大。菜蚜、菜青虫、小菜蛾、美洲斑潜蝇等蔬菜害虫相继出现。90 年代防治棉铃虫已成许多农户的一大难题。随着棉花面积缩小，棉铃虫转而危害其他农作物及茄果类蔬菜。美洲斑潜蝇 20 世纪 90 年代传入我县。

进入 2000 年，小麦播种面积 18 万亩，夏玉米播种面积 17.9 万亩，春玉米播种面积 4 万亩，棉花播种面积进一步减少，据统计全县棉花种植面积只有 0.4 万亩。蔬菜播种面积 18 万亩。

无公害蔬菜大面积种植，我县是远近闻名的韭菜生产基地，韭菜种植历史悠久，主要品种有"平韭二号""黑苗"等。种植面积为 10 万亩，种植方式有温室、大棚、拱棚以及露地。韭菜远销东北三省、内蒙古以及京津等地。我县韭菜生产已实现周年供应。主要分布在我县中南部的几个乡镇，如五百户镇、刘宋镇、钳屯乡等。

食用菌种植面积到 2008 年底，已发展到 2 000 亩，年产量 2 万 t。其中香菇 1 700 亩，平菇、毛木耳等品种面积 300 亩，以蒋辛屯镇和钱旺乡栽培面积最大。

露地多茬口栽培：我县大部分乡镇多采用此种种植模式，以韭菜种植为主，主要分布在中南部乡镇。

保护地多茬口栽培：主要分布在栽培历史悠久，经验丰富，又有经济基础的村街采用此种模式，如毗邻县城的赵庄村、河北止务村等。

大棚苦瓜：主要栽培地在安平镇王板村、曹店和五百户镇的前后楼、四百户等村。全县苦瓜面积 5 000 亩，总产量 3 万 t 以上，产品销往津京二市。

本县常见的农作物病虫草鼠害有 120 种，每年受害（指达到防治指标）面积约 338.36 万亩，其中蔬菜病虫草鼠害发生面积 80 万亩。2000～2009 年玉米病害增加了褐斑病、弯孢霉叶斑病、顶腐病、玉米病毒病。蔬菜病害不断加重。尤其是生理性病害，如花打顶、脐腐病、干烧心等。小麦吸浆虫、玉米异跗萤叶甲、草地螟、黑斑麦潜蝇等是 2000 年以后增加的虫害。

草害有 35 种，年受害面积 59.4 万亩，主要有荠菜、播娘蒿、藜、雀麦、狗尾草、苦苣、打碗花、田旋花、刺菜、马唐、葎草，其中以 2009 年 5 月本县发现的麦田禾本科杂草"雀麦"危害最大。

1. 检疫性病虫草害

黄顶菊已经在我市广阳区发现，美国白蛾 2003 年在我县林木上首次发现。

2. 迁飞性害虫相继发生

东亚飞蝗在 2003 年出现高密度蝗蝻，每平方米 3 000 头。2004 年、2008 年两次出现草地螟成虫。

3. 区域性有害生物种类发生严重

小麦吸浆虫 2002 年 5 月底剥穗调查中始发现。2004 年就有个别田块出现了 50～

100kg 产量。到现在，全县 80% 麦田都现了小麦吸浆虫。2009 年麦田零星发生禾本科恶性杂草"雀麦"。

4. 新增病虫害

蔬菜病虫在原有的基础上增加了"根结线虫"、"枯黄萎病"和一些生理性病害，逐年加重。

二、预测预报

香河县植保植检站是国家级有害生物防控预警站，设 7 名专业测报人员，主要工作：病虫草鼠害监测预报；新农药、药械试验推广；植物检疫执法。测报主要是利用黑光灯进行数值预报，大田普查、系统调查相结合。每年常规测报项目 19 种，一般项目 49 种，年发布病虫情报 16～22 期，重大病虫草鼠害周报 24～30 期，黑光灯成虫诱测表 24～30 期，拍发模式电报 12 期。

三、防治

主要包括农业防治、生物防治、物理防治及化学防治等。

（一）病害防治

①农业防治：轮作倒茬，引进选育抗病品种；加强肥水管理，增施有机肥和磷钾肥，做好清沟排渍，降低田间湿度可减轻危害；②物理防治：播前晒种、种子处理；③化学防治：土壤处理、药剂拌种、喷施农药、消灭传播媒介等。

防治用药：70 年代主要杀菌剂只有多菌灵、退菌特、福美砷等。80 年代主要有"三唑酮、退菌特、托布津、多菌灵、石硫合剂、波尔多液等。90 年代，治疗真菌性病害的有百菌清、杀毒矾、代森锰锌、普力克、甲霜灵等。治疗细菌性病害可杀得、春雷霉素、链霉素、新植霉素等；治疗病毒病用病毒 A、植病灵、小叶敌等。

2000 年以后各种农药复配、交替使用，如雷多米尔、金雷、灭克、烯酰吗啉等。治疗生理性病害的产品越来越多，如治疗番茄缺钙的脐腐灵、超微钙、螯合钙等。

（二）虫害防治

①农业防治：轮作倒茬、耕翻灌溉土壤、晾晒、选育抗虫品种；②物理防治：杀虫灯、诱杀虫板、防虫网等；③生物防治：天敌防治、性诱剂诱捕成虫；④化学药剂防治。

70 年代虫害防治主要采用农业防治和化学防治。防治用药只有六六六、乐果、敌百虫。80 年代虫害防治主要采用农业防治和化学防治。化学防治用药主要是杀虫剂，如有机磷类。杀螨剂、杀鼠剂、植物生长调节剂。90 年代虫害防治主要采用农业防治、物理防治、化学防治。防治用药杀虫剂包括有机磷类、氨基甲酸酯类、菊酯类；杀螨剂：三氯杀螨醇；杀鼠剂：溴敌隆；植物生长调节剂：乙烯利、920。

2000 年虫害防治在原有基础上增加了生物防治。防治用药：有机磷逐渐被其他农药替代，菊酯类、生物类农药迅速发展。

草害防治：①农业防治：精选农作物种子，防止草籽侵入农田，实行伏耕、秋耕和播前深耕、翻灭杂草；②化学除草：包括封地除草、苗后除草。

80 年代农田化学除草刚刚起步。只是用于一少部分菜田，如韭菜田化学除草。除草剂种类只有乙草胺、地乐胺、施田补等。90 年代除草剂被广泛应用于麦田、玉米田、蔬菜田。如麦田除草用 2,4-D 丁酯，玉米田除草主要采取封地除草，药剂主要是"乙阿合剂"；蔬菜田除草主要用药：氟乐灵、施田补、使它隆等。2000 年以后麦田除草使用 2,4-D 丁酯与苯磺隆混合使用；为防治田旋花使用"使它隆"。玉米田除草在原来封地除草基础上，推广了"一封一杀"除草技术、玉米苗后除草技术等，用药主要有玉农思、乙草胺、百草枯、烟嘧磺隆。蔬菜田除草增加了阔锄、闲锄、打阔等。

随着科技进步和人民生活水平的提高，广大人民群众对食品安全更加重视，蔬菜产品的污染问题受到全社会的普遍关注。在蔬菜病虫害防治工作中出现了以下几个方面的新问题：一是在棚室保护地发展的同时适合保护地条件的低温或高湿性病害和生理障碍及新虫害发生；二是蔬菜基地的发展及南菜北运为病虫害的传播提供了机会；三农药污染严重；四是有机肥使用减少；五乱用农药造成了对蔬菜产品和环境的污染，危害到人民的身体健康。因此，提倡生物防治，直接取代部分化学用药，如苏云金杆菌、丽蚜小蜂防治小菜蛾、菜青虫、棉铃虫。生物农药、菊酯类农药大批使用。

保定植保六十年

李同增 陈 奇

（保定市植保植检站）

新中国成立至今六十余年，保定市种植业病虫草鼠害发生种类、发生面积有较大增加，对农作物的为害程度逐年加重。在各级政府和上级主管部门的支持下，经植保系统干部职工、技术人员的努力，对病虫害监测手段、预报水平有了较大提高；农药的种类和数量不断增加，使用技术不断改进，对重大病虫虫草害的防控能力有了很大的提升，为保定市农业生产安全作出了积极贡献。

一、保定市主要病虫害的发生与演变

（一）病害发生与演变

1. 小麦锈病

中华人民共和国成立后，保定市小麦条锈病在 20 世纪 50 ~ 60 年代连续多次流行。1976 年以后，小麦锈病的危害基本得到控制，没有形成大的流行危害。80 年代，主要以叶锈为主，2000 年以后，小麦条锈病在少数县零星发生。

1950 年和 1956 年小麦条锈病大流行，造成小麦减产 20% ~ 30%，这两次小麦条锈病的流行为害，主要是由条中 2 号小种引起的。针对条中 2 号小种，选育推广了碧玛一号耐锈品种。1956 年后，碧玛一号小麦种植面积占小麦总面积的 60% ~ 70%，基本控制了条锈病危害。但由于条中 1 号、10 号生理小种上升为优势种，又造成了 1964 年、1965 年条锈病流行危害。1964 年春季，平原发病田块率达到 40%，到 5 月底，70% 的小麦田发病，因锈病减产 10% 左右。

1965 年 5 月 20 日，保定南部麦田发生 43 万亩，北部地区也开始发病。

1966 年 5 月 13 日，安国发生小麦条锈病，水浇地一、二类麦田发病较重，病田率一般在 30% ~ 60%。

1972 年以后，由于条中 17 号取代了条中 1 号、10 号生理小种成为优势种，造成了1975 年小麦条锈病的流行，减产 10% ~ 20%。

1976 年后开始选育推广抗条中 17 号的北京 10 号等品种，随着抗病品种的大面积推广应用，小麦锈病得到了有效控制。

1977 年后，条中 19 号逐步取代条中 17 号小种成为优势种，北京 10 号等品种丧失抗性，变成感病品种，形成了 1979 年小麦条锈病呈加重发生态势。

到 1982 年，条中 22 - 25 号生理小种取代条中 19 号，成为优势种，泰山一号小麦等品种丧失抗性，由于 1983 年后增加了抗锈品种面积，且品种更新及时，基本控制了条锈病大流行，但叶锈病仍有发生。

20 世纪 80 年代中后期到 2004 年，随着抗病品种的大面积应用推广，小麦锈病发生较轻，没有对小麦生产形成为害。

2. 小麦病毒病

小麦病毒病包括丛矮病和黄矮病两种，在保定主要是丛矮病危害，受害麦株畸形丛生，不能正常生长孕穗。其发生危害始于70年代初，80年代初得到控制。但1986年后又有回升。

新中国成立后，保定就有丛矮病发生，只是仅在地头，地边，邻近杂草的地方由昆虫传毒零星发生，对小麦生产没有形成严重危害。因而，不被人们所注意。1970年后，随着种植制度的不断改革，间作套种（钻种）面积迅速发展，有利于传毒昆虫灰飞虱的繁殖孳生。造成了冬小麦病毒病大面积连片发生。1974年，满城县要庄大队大面积成片发生，面积达700余亩；从1977年秋开始，通过采取综合防治措施，虽然发病面积较大，但发病程度有所减轻。1978年以后，重视综合防治传病虫源，丛矮病呈下降趋势；1981年以后，随着家庭联产承包责任制的逐步推行，大田钻种面积大幅度缩减，灰飞虱适生地减少，病毒病面积缩小，危害程度降低。但从1986年开始，由于复种面积扩大，病毒病面积回升。1987～1988年，旱薄地麦田、棉花等春播作物相邻的麦田发病较重。90年代后，随着化学除草剂面积的不断加大，小麦丛矮病只是零星发生，没有对小麦生产构成威胁。

3. 小麦白粉病

小麦白粉病在保定大面积发生为害始于80年代，随着高感白粉病的小麦品种"津丰一号"等种植面积的逐渐扩大，小麦白粉病由零星发生向局部为害转化。1981年后，家庭联产承包责任制的实行，小麦水肥条件得以改善，群体密度加大，小麦长势转旺，使小麦白粉病迅速蔓延为害。1984年保定发生4.5万亩，病叶率为30%～50%。1986年小麦白粉病中度流行，5月上旬普遍发生，到中旬病叶率达20%。1987年小麦白粉病大发生，发病面积大，发生程度重，发病时期早。1988年小麦白粉病中度流行，保定中部地区的高水肥田、感病品种田严重发生。90年代以后，由于小麦田水肥条件好，群体密度高，小麦白粉病呈加重发生发生态势，成为小麦生产上的主要病害，但由于采取了化学保护措施，基本上没形成危害。

4. 麦田其他病害

除小麦锈病、病毒病和白粉病外，麦田病害还有黑粉病、小麦线虫病、全蚀病、赤霉病、纹枯病等。

在50～60年代初，小麦黑穗病（包括腥黑穗病和散黑穗病）曾一度严重发生危害，减产2%～5%，1956年发生最重。70年代后，小麦黑穗病类的发生危害大大减轻，但从1979年起，小麦黑穗病有所回升，进入90年代后，随着品种的优化和种植结构的调整，小麦品种引进多，小麦产品调运频繁，增加了黑穗病害的传播途径，2000年后，小麦黑穗病呈加重发生趋势。

1955年、1962年、1963年小麦线虫病发生较重。

小麦全蚀病从20世纪90年代末在保定发生，面积1.5万亩左右，由于难以防治，每年均造成一些损失，由于此病为河北省植物检疫对象，因此在防治上采取了一系列措施，因没有特效药，该病年年都有发生，但没有明显的蔓延。

小麦纹枯病自1999年在保定市发现，一般年份对产量影响不大，但个别年份病斑侵茎，形成小麦白穗，已成为小麦主要病害之一。

小麦赤霉病是一种偶发病害，2003 年在定州、安国、徐水、博野、涿州等县（市）均有发生，但没有形成明显危害。

5. 棉花病害

1956 年棉苗病发生较重，棉田普遍发病，一般染病率在 20% 左右，其中曲阳县 924 亩棉花被毁种。

1963 年，由于降雨多，土壤湿度大，温度低，棉苗病急剧发展，加之棉蚜危害，出现了死苗现象。

1980 年棉花苗病发生较重。

1985 年由于春季低温高湿，棉花晚播苗弱，棉花苗病大发生，死苗率在 10% 以上，重者造成毁种。

1986 年保定发生棉花苗病 57.42 万亩，发生程度偏重，如定州市病株率为 51%，博野县病苗率 68.5%。

90 年代以后，棉花苗期病害每年均有发生，特别是在 5～6 月降雨较多的年份，均能形成为害，已成为棉花苗期的主要病害。

从 80 年代中后期开始，棉花枯、黄萎病不断发展蔓延，发病逐年严重。由于对该病害没有切实有效的防治方法，致使其面积扩大、损失增加，一些老棉区不能种植棉花，特别是抗虫棉的大面积推广，该病呈加重发生趋势。

（二）虫害发生与演变

1. 黏虫

黏虫又叫蚝蜥虫、绵虫、五色虫、夜盗虫、行军虫，是保定市 50～90 年代农业生产中主要害虫，是"暴食性"害虫。从新中国成立后到 1988 年，黏虫都有不同程度的发生，对农业生产造成严重危害。

1953 年 5 月 19 日，定县专区的定县（今定州市）、曲阳、蠡县等 9 个县麦田中黏虫成虫大发生，其中蠡县较重，严重者每棵麦子上即有虫 100 余头。定县有的地块麦苗被黏虫蛾压倒，情况极为严重。

1960 年黏虫严重发生。1963 年继 8 月上旬遭受特大洪涝灾后，又发生了严重的虫害，主要是黏虫，凡被水淹残留的禾本科作物，几乎块块有黏虫、棵棵有黏虫，甚至甘薯地也有，一般每平方米三四十条，多的百条以上。

1964 年二、三代黏虫均发生较重，主要为害谷子、粳稻和玉米。二代黏虫一般的每棵庄稼有虫几条到几十条，严重的达几十条甚至上百条，三代黏虫每平方米有虫四五十头，多的百余头，个别严重的上千头。

1966 年保定地区发生黏虫 100 万亩以上，发生严重的县有清苑、蠡县、定县（今定州市）。为害作物主要是谷子、玉米和高粱，其发生特点：基数大，谷子地每平方米一般有卵 3～5 块，多的达到 20～30 块，是正常年份的 4～5 倍；孵化率高，达到 90% 以上；蛾、卵、幼虫混合发生。

1967 年三代黏虫大发生，但轻于 1966 年，谷子田卵量一般每平方米 2～3 块，多的 20 余块。

1973 年二代黏虫偏重发生。

1975 年白洋淀黏虫大发生，安新县植保站调查，苇田每平方米有虫 6 000～7 000 头，赵庄子、刘庄子苇田已吃成光秆。白洋淀有 3 万亩苇田于 6 月 5 日成害，形成黏虫发生基地。一般密度每平方米 700～2 000 头，个别地方苇杆爬满，地皮盖严。保定潴龙河沿岸草坡也严重发生，庄稼地一般每平方米一千多头，河坡草地多达 2 000～3 000 头。

1976 年二代黏虫大发生，虫量大，面积大，是建国以来最严重的年份之一，谷田每平方米一般有虫 100～200 头，个别达四五千头。三代黏虫又严重发生。

1977 年，白洋淀苇田黏虫为害严重，面积 5 000 余亩，密度每平方米百头左右。

1978 年三代黏虫蛾期比往年提前 7～10 天，7 月 24～31 日出现两次较大蛾峰，最大日蛾量每盏诱虫灯诱到 302 头，一般 100～200 头。

1979 年二代黏虫发生重于三代黏虫。

1980 年中度发生，二代黏虫重于三代黏虫，麦田一般每平方米有虫 20～30 头。

1982 年三代黏虫发生重于二代黏虫。

1983～1988 年，二、三代黏虫发生面积较大，但发生程度较轻，没有造成大的为害。

90 年代后，黏虫的发生面积和发生程度均较轻。个别年份晚播春玉米田和早播夏玉米发生较重，一般年份形不成为害。

2. 麦蚜

麦蚜为保定市常发性虫害。1949～1970 年麦蚜没有对小麦生产构成威胁。从 70 年代初期开始，由于生态环境发生改变，麦蚜危害日趋加重，成为麦田主要害虫之一，从 70 年代初期到 80 年代末麦蚜发生面积逐年增加。1982 年百株蚜量 2 000～3 000 头，多的万头以上，1984 年麦蚜发生比历年偏晚 10 天左右，蚜量少，发生轻，一般百株蚜量 400～900 头，最高 2 000 头；1985 年见蚜晚，前期上升缓慢，后期偏重发生，为害期短，为害盛期由常年的 5 月上中旬推迟到 5 月下旬至 6 月初，百株蚜量 1 000～4 000 头；1986 年发生特点是前期发展缓慢、后期发展快、蚜量高、面积大、天敌少、危害大、属大发生，百株蚜量 7 000～8 000 头；1987 年中偏重发生，来势猛，发展快，为害期长；1988 年中偏重发生，百株蚜量 2 000～5 000 头；90 年代后至今，随着气候变暖，麦蚜已成为小麦生产上的主要害虫，不认真除治，将造成明显减产。

3. 小麦吸浆

小麦吸浆虫是保定市 80 年代后严重危害小麦的害虫之一。自 1986 年传入定州、曲阳后，随着小麦吸浆虫的东扩北移，到 2004 年全市已有 24 个县（市、区）发生小麦吸浆虫，发生面积由几千亩发展到 300 万亩。由于小麦吸浆虫个体小，隐蔽为害，不易发现，一般不引起农民的注意，因此，形成了发生—严重发生—形成为害—进行防治—轻发生—忽视防治—严重发生—进行防治的发生循环，在发生年代表现上为 1986 年、1987 年、1988 年发生较重，1989 年、1990 年较轻，1991 年、1992 年、1993 年较重，1994 年、1995 年、1996 年较轻，1997 年、1998 年、1999 年较重，2000 年、2001 年较轻，2002 年、2003 年、2004 年较重。伴随着发生轻重的交替，使得发生面积不断扩大。特别 2003 年，由于"非典"的影响，在小麦吸浆虫防治的关键期，大部分麦田没能及时除治，造成小麦吸浆虫大发生，全市有 1.5 万亩小麦产量损失严重，出现了绝收地块，并造成了虫源基数加大。2004 年小麦吸浆虫大发生，发生面积 300 万余亩，最高虫口密度每样方 1 290 头。

小麦吸浆虫在 90 年代后期迅速蔓延，与实行小麦联合收割机跨区作业有一定关系。

4. 棉蚜

棉蚜是保定市棉花生产上的主要害虫之一，有苗蚜、伏蚜之分。新中国成立后，1951年开始大面积发生为害，一直到 1977 年，每年均有棉蚜发生，这期间主要是棉花苗蚜发生为害。从 1978 年到现在，棉花上既有苗蚜，又有伏蚜，均能造成卷叶。

5. 棉铃虫

在 20 世纪 50 年代以前，棉铃虫不是保定市主要害虫。到 1958 年保定的棉铃虫在生长茂盛丰产田里开始为害。在以后的 60～70 年代、80～90 年代已经相当普遍而日趋严重的发生。

到 90 年代初棉铃虫特大暴发，其严重程度，用群众的话说："除了水泥电杆没被害外，所有的庄稼它都吃"。因此造成棉花的大减产，严重的绝产。特大暴发的原因：①害虫一年四季都有良好的食物，在食物链上营养条件丰富。②逐年加大用药量、其抗药性由几年前的 10 倍猛增到 70 倍甚至 100 倍。③盲目用药大量杀死天敌，在大暴发期田间看不到天敌，失去了自然抑制作用，破坏了生态平衡。④气候因素对棉铃虫的发生繁殖极为有利。

6. 蝗虫

1949～1965 年，保定市辖区内有较大的东亚飞蝗适生环境，保定地区有宜蝗面积 500万亩，年夏秋蝗发生面积 400 万～1 000 万亩，蝗蝻最高密度 500～1 000 头/m^2，年防治面积 300 万～700 万亩。

1966～1987 年由于各级政府和有关部门十分重视蝗灾的治理，在 20 世纪 50～60 年代投入了大量的人力和物力致力于东亚飞蝗生物学、生态学以及防治技术的研究，取得了显著进展。同时，在"改治并举"治蝗方针的指引下，经过长期的化学防治和蝗区改造治理，使东亚飞蝗发生面积由 20 世纪 50 年代 500 万亩，压缩到 80 万亩，全区列为省重点蝗区县市的仅有安新、清苑、高阳、雄县、蠡县等，蝗虫对农作物的为害程度得到了有效遏制。

1988 年以后，由于受异常气候和生态环境及白洋淀水位变化等因子影响，加之一些水库频繁脱水，使新蝗区不断产生，老蝗区不断反复，蝗区面积和分布发生了较大变化，蝗虫发生频率不断上升，如安新县白洋淀蝗区 1993 年、1995 年、1998 年、1999 年、2001 年东亚飞蝗持续大暴发，尤其是 1998 年秋蝗及 1999 年夏蝗是新中国成立 40 多年来罕见的大蝗灾，出现了发生面积大、蝗蝻密度高、持续时间长、防治难度大等特点。一般年发生面积 30 万～50 万亩，一般蝗蝻密度 200～500 头/m^2，最高蝗蝻密度 10 000 头/m^2，1998 年、1999 年、2001 年、2003 年实施了大面积飞机防治。

二、病虫害预测预报的发展

病虫预测预报是指导开展病虫防治的基础，是保护粮食安全的公益性事业。新中国成立后，随着国民经济的不断发展壮大和农业安全生产的需要在各级政府和上级主管部门的支持下，经全市植保系统科技人员努力，农作物病虫预测预报组织从无到有，预测预报事业逐步壮大。

（一）病虫预测预报组织发展历程

1. 病虫预测预报组织创始阶段

1950 年，保定设立了除虫站，从 1951 年至 1955 年上半年，取消了专门的病虫防治站，除治病虫害工作由各级农业部门和各农场主管。从 1955 年下半年到 1958 年，在病虫害普遍和严重发生的县建立了棉蚜、黏虫、玉米螟、黄绿条螟情报点，由农业技术推广站和试验站的人员负责。1958 年以后，建立的病虫预测站、情报点均由同级农业科研所、农业技术推广站、公社农业研究所（站）的人员承担。1963 年根据省农业厅要求，省植保所恢复病虫测报研究室、各专区农科所恢复和建立测报组，各县在技术推广站建立病虫测报站。初步形成了以省植保所病虫测报研究室为核心，以专区农科所测报组为骨干，以县测报站和生产队侦察员为基础的病虫测报网络。1964 年，安新、清苑、蠡县、阜平、安国、容城、定县、定兴、雄县、高阳等县测报站成为省和保定专区重点测报站。到 1966 年保定专区有 23 个县级中心测报站。高阳县、定兴县中心测报站分别承担小麦锈病和棉花病虫测报工作，直接向中国农科院植保所寄送病虫情报资料。

2. 病虫预测预报组织瘫痪阶段

从 1967 年到 1971 年，由于受"文化大革命"的影响，保定的病虫预测预报组织瘫痪，工作不能开展。

3. 开展群众性病虫预测预报阶段

从 1972 年开始，全面开展群众性的预测预报工作，建立以县技术推广部门为中心，乡办站为枢纽，大队为基础的病虫测报网。到 1975 年，全区 23 个县（区）建立了病虫测报站，90% 以上的公社建立了测报组织，80% 的大队有了测报点、查虫员。到 1980 年保定地区及所辖的县（区）、公社、大队均有测报组织和人员。1977 年雄县、曲阳、安国为省直接联系的小麦锈病测报点，1978 年曲阳、博野、定兴被省确定为利用电码汇报病虫情的重点测报站。1987 年，随着家庭联产承包责任制的全面实行和财政体制改革，兼职测报人员、在乡、村的农民测报员及基层测报点大幅度减少。

4. 预测预报组织和专职人员稳定发展阶段

1980 年成立了保定地区植保植检站，各县（区）也先后成立了植保（植检）站。地区级有专职测报人员 3 ～ 5 名，每个县（区）有专职测报人员 2 ～ 3 名。1982 年，安新、里县、定兴成为河北省重点测报站。1990 年安新县植保站被确定为全国农作物病虫测报区域站，1995 年望都县植保站被确定为全国农作物病虫测报区域站，1990 年定州市植保站被确定为河北省农作物病虫测报重点站，1994 年博野县植保站成为河北省农作物害虫抗性监测站，2001 年易县植保站成为河北省农作物病虫测报重点站。2004 ～ 2010 年，定州、安国、定兴、清苑、涿州、易县植保站国家投资 300 万 ～ 400 万元，建设了国家级农作物有害生物监测与控制区域站。安新、市植保站建设了国家级蝗虫地面应急防治站。满城、望都、容城、高阳县植保站省财政投资 50 万建设了省级农业有害生物监测预控站。基础建设得到加强，增加了先进的监测防控设备，病虫害预测及时性准确率有了显著的提高，预报水平明显提升，防控能力得到加强。

（二）病虫鼠害测报对象的变化与扩展

新中国成立后，随着种植作物种类的增多，种植形式和气候条件的变化，病虫鼠害种类发生了变化，测报对象也发生了变化。

20 世纪 50 年代，测报对象为棉蚜、黏虫、玉米螟、黄绿条螟、马铃薯晚疫病、蝗虫、棉红蜘蛛、麦秆蝇、棉红铃虫、棉铃虫、地老虎、蛴螬、粟灰螟、梨蚜、梨黑心病、食心虫、粟穗螟。

20 世纪 60 年代：小麦锈病、黏虫、粟穗螟、稻飞虱、斜纹夜蛾、钻心虫、棉蚜、红蜘蛛、棉造桥虫、地老虎、稻瘟病、二化螟、三化螟、地下害虫、甘薯黑斑病、麦秆螟、马铃薯晚疫病、土蝗、飞蝗、田鼠。

20 世纪 70 年代：钻心虫、黏虫、高粱蚜、蝗虫、棉蚜、棉铃虫、花生蚜虫、稻纵卷叶螟、麦秆蝇、棉象鼻虫、麦蚜、麦蜘蛛、蛴螬、蝼蛄、小麦锈病、小麦病毒病、玉米大小斑病。

20 世纪 80 年代：小麦锈病、玉米斑病、黏虫、蝗虫、钻心虫、地下害虫、棉蚜、棉铃虫、白粉虱、麦蚜、红蜘蛛、小麦病毒病、禾谷类黑穗病、棉花枯黄萎病、蔬菜病毒病、田鼠、谷子白发病、白菜霜霉病、甜椒病毒病、黄瓜霜霉病、番茄疫病、麦秆蝇、小麦吸浆虫、菜青虫、菜蚜、小麦白粉病、花生叶斑病、麦叶蜂、西瓜枯萎病、蟋蟀、蔬菜棉铃虫。

20 世纪 90 年代至 21 世纪 20 年代：小麦蚜虫、小麦吸浆虫、小麦白粉病、小麦纹枯病、小麦全蚀病、小麦赤霉病、麦叶蜂、麦田杂草、黑潜叶蝇、棉铃虫、棉蚜、红蜘蛛、绿盲蝽、棉象甲、棉枯黄萎病、棉立枯病、玉米螟、黏虫、玉米粗缩病、玉米大小斑病、玉米蚜虫、耕葵粉蚧、玉米纹枯病、玉米褐斑病、豆天蛾、甜菜夜蛾、番茄灰霉病、小菜蛾、黄瓜霜霉病、美洲斑潜蝇、韭菜灰霉病、菜粉蝶、菜蚜、白粉虱、灰粉虱、番茄早疫病、晚疫病、番茄病毒病、辣椒落叶病、白菜霜霉病、白菜软腐病、韭蛆、蔬菜软腐病、茄科枯萎病、黄萎病、东亚飞蝗、土蝗、小地老虎、蝼蛄、蛴螬、金针虫、桃小食心虫、苹果轮纹病、梨木虱、草莓灰霉病、草莓白粉病、草莓叶斑病、草莓芽枯病、草莓病毒病、花生蚜虫、花生根腐病。

（三）测报技术手段和病虫信息传递形式逐步现代化

测报技术手段是随着测报事业的发展逐渐更新，不断提高的。50～60 年代初主要采取昆虫网捕捉，谷草把诱蛾、糖蜜诱蛾、杨树枝把诱蛾，用空中孢子捕捉器预测锈病。60 年代起用糖醋液诱蛾，用有效积温法、物候法预测，用黑光灯诱蛾。从 70 年代起预测技术上探讨利用生物统计法、数理统计法、回归分析法等模糊数学法、灰色理论法、电算预报法。蠡县植保站 1982 年利用温湿系数预测棉蚜和伏蚜。在诱蛾方法上除使用黑光灯外，性激素诱蛾效果更好。2002 年开始，尝试使用专用测报灯诱杀害虫，不但大大降低了测报人员的劳动强度，而且诱测效果好。

病虫信息传递与发布主要包括两个方面含义：一是向政府部门和上级业务部门的传递，一是向农业生产者的发布。向政府和上级业务部门的信息传递在 1958 年前多用书面文字报告的形式，1958 年以后，规定特殊情况可用明码电报或电话，以后逐步用模式电报、电话传递信息。2002 年后，应用计算机网络、电话及模式电报形式传递信息，大大提高了信息的时效性。

向农业生产者传递方面，一直采用编印《病虫情报》资料及时发送到基层的形式，然后通过广播或专栏形式进行发布。1985 年后，为适应农业生产责任制的需要，除将《病虫情报》发送到乡（镇、办事处）外，还通过广播、报纸、专栏、板报等形式发布。

从 1996 年绿色电波工程的实施，通过电视预报的形式发布信息，从开始的文字播报形式到后来的图文并茂形式。2003 年以后随着计算机网络的发展和完善，通过保定农业信息网站发布病虫信息。到现在，广播、电视、报纸、网站、文字等多种形式并存，信息发布渠道拓宽，发布时效性提高。

三、病虫鼠草害的防控能力防治技术的提升

新中国成立初期，农民对小面积发生的轻度虫害，采取锄耪、手撒土农药、人工捕捉等方法除治，对于大面积发生的严重虫害（黏虫、蝗虫）则视为天灾。50 年代末期，随着化学农药、植保机械及新技术的推广，化学防治成为病虫草害防治的主要手段，在及时有效的控制病虫危害、挽回粮食损失、保证粮食质量等方面均发挥了不可替代的作用。随着全球气候变暖，有利于病虫害安全越冬；设施农业的发展，病虫害周年发生；农业生产的发展，耕作制度的改进，种植业结构的调整，使病虫害种类日益增多；农机跨区作业、农产品频繁调运，新品种的不断引进，加快了病虫草害的传播蔓延；单一进行化学防治，病虫抗性增强等因素，使得病草害发生面积不断增加。为能有效地应对病虫害的发生和蔓延，最大限度控制其对农业生产的危害，农业植保系统改进施药器械，提高防控技术，加大防治力度，为全市农业生产提供了长期可靠的安全保障。全年防治面积由新中国成立初期的几十万亩发展到 2010 年的 5 000 余万亩次，防治方法也由只重视防治向"预防为主，综合防治"发展。病虫草害防控理论也由"预防为主，综合防治"发展到"公共植保、绿色植保"，直到现在的"专业化统防统治"。

（一）小麦主要病虫害的防治技术的提高

1. 锈病防治技术

50 年代保定市对小麦锈病的防治主要技术措施：割除地边杂草，烧毁；发动群众割除受害麦苗，烧掉。

60 年代，小麦锈病的防治主要技术措施：发动群众锄麦，自 3 月中旬开始，大部分麦田锄过一遍，病害严重的一般锄地三四遍，促使生长，增强抵抗力，初期有效。其次是有重点的推行石灰硫磺合剂喷雾防治。三是选用耐病品种，发现耐疸较强的品种有红葫芦头（满城）、紫根白（保定）、72 号（定县）。

70 年代主要技术措施：发动群众，开展查锈治锈，以早播、感病品种田为重点，大力铲除自生麦苗，控制和消灭越冬菌源，对条锈封埋病叶，叶锈较重地块，进行药剂防治。及时浇水、中耕、喷草木灰和追肥，以增强小麦抗病、耐病能力。主要推广的药剂有石硫合剂、多硫化钡、氟矽酸钠等。

20 世纪 80 年代至 2010 年主要技术措施：推广抗性品种，如泰山 1 号、东方红 3 号、农大 129、济矮 6 号、北京 14 号、冀麦 23 号、冀麦 24 号等；小麦播种时利用化学农药拌种和中后期喷施化学农药进行防治，推广的主要农药有代森锌、甲基托布津、多菌灵、粉锈宁、烯唑醇及进口杀菌剂等，防控效果显著提高。

2. 小麦红蜘蛛的防治技术

50 年代防除小麦红蜘蛛技术如下：①锄推法，在麦苗返青阶段，结合春季锄麦，在锄头上横绑一个草把，顺垄一拉一推，将麦苗上虫子碰落地面用锄擦死；②浇水或水冲，在有条件地区可结合浇麦，用铁锹或用扫帚扫麦苗，将虫震落水中，水干后即可将虫粘

死，旱地麦田趁虫子潜伏在麦根土块间隐蔽的时候，用水壶将稀泥顺麦浇灌，将虫子粘溺死；③器械除治，麦苗高达一尺以上时，使用捕虫车、捕虫船或拉虫板等器械除治，拉虫板是用一块三尺长、较麦垄稍窄的木板，上涂稀泥，前边钉一钉子拴上绳，一人拉着向前走，后面一人两手各拿一把扫帚震打麦苗，虫子受震动落在板上即可粘死，此法每人每天能除治 10 亩左右。

60~70 年代主要防治技术是使用高剧毒农药六六六粉剂，小麦圆蜘蛛发生地区，每亩用 0.5% 的六六六粉 0.5kg 与 2kg 筛过的干细土拌匀喷撒，杀虫效率 99%，此法对麦长腿蜘蛛无效。对长腿蜘蛛发生严重的麦田，施用 1605 药液喷治。

80 年代至今推广使用的农药有三氯杀螨醇、氧化乐果、阿维菌素等。

3. 小麦地下害虫防治技术

小麦地下害虫主要有蝼蛄、蛴螬、金针虫，1957 年主要采取发动群众对麦田、春播谷、高粱、玉米开展查治，用谷秕子、玉米皮、山药丝、红萝卜丝、新鲜杂草（如灰灰菜、杨树枝、刺儿菜）等各种饵料及灯火诱杀、捕捉等办法。

1965 年主要是抓住播种和返青两个环节除治。播种期，凡蝼蛄为害严重地区，积极推广 1605 拌种。1605 不足时，继续推广六六六、信石毒谷、毒饵防治。蛴螬严重地区，推广六六六毒土或毒饵防治。返青期，小麦返青后地下害虫继续为害，推广"送小饭"的办法，串糟毒饵进行防治。在有黑光灯条件或有灯光诱杀习惯地区，可有计划地组织群众诱杀，统一行动，讲求实效。

1979 年采取的主要措施：①耕作措施，进行精耕细作，深耕多耙，不施未经腐熟的有机肥料，以及采取灯光诱杀、随犁拾虫、合理灌水等措施。②药剂防治措施，一是用毒土（6% 六六六粉 1~1.5kg，掺细土 25~30kg），使地下害虫中毒死亡；二是用毒粪除治，将六六六等药粉均匀混合在土粪中；三是药剂拌种和其他种子处理，如施种肥、拌防病药剂、石灰水浸种统筹安排，防止药害。

80 年代以后，主要是采用药剂拌种和种衣剂包衣技术，防治地下害虫。

4. 小麦吸浆虫的防治技术

小麦吸浆是保定市小麦危害较重的虫害之一，自 80 年代中期以后形成较完整的防控理论和防治技术。对吸浆虫的防治原则是预防在先，及时监测，蛹期重治，成虫期扫残。具体防治技术有 3 项：

（1）选种相对抗浆虫的品种，免种相对抗虫差的品种。

（2）蛹期撒毒土防治　这一技术先后经历了 3 个高毒高残留农药替代过程，90 年用 1605 粉代替高残留农药啉丹粉，2000 年用毒死蜱代替禁用的 1605 粉。现在推广的防治技术是在小麦孕穗期 4 月 20 日左右，亩用 5% 毒死蜱粉剂 600~900g，配制成 25~30kg 毒（沙）土，顺麦垄均匀撒施地表，未浇水的麦田撒毒土后及时浇水，可提高药效。

（3）成虫期防治　蛹期防效差或未进行蛹期防治的麦田，要成虫期扫残。在小麦抽穗至开花前，即小麦抽穗 70% 时，拨开麦垄 2~3m 始见 2 头成虫时，每亩用 40% 乐果乳剂 1 000 倍液；或每亩用 10% 吡虫啉可湿性粉剂 40~70g；或每亩用 4.5% 高效氯氰菊酯乳油 22~50mL；加水 60~75kg，均匀喷雾。

5. 小麦病害的综合防治技术

1984 年开始应用综防技术：①有机磷农药拌种防治地下害虫；②搞好"两测两报"，

保护利用天敌，做到"三不化防"，即百株蚜量不到 500 头不化防、瓢蚜比大于 1∶150 不化防、风雨后蚜量减少的不化防；③应用新农药，及时防治二代黏虫，亩用 20% 除虫脲一号胶悬剂 10mL 超低量喷雾，亩用 0.4% 除虫精粉 1.5kg，亩用 50% 辛硫磷乳剂 75g，均能达到防治效果。

1991 年，在小麦病虫害防治中，以地下害虫、土蝗、小麦丛矮病、白粉病、杂草、麦叶蜂、红蜘蛛、黑穗病、吸浆虫、麦蚜为重点，根据小麦不同生育阶段，确定主攻目标，协调运用有效防治手段。①推广抗耐病品种，主要有冀麦 24、冀麦 26、冀麦 22、711、农大 215、北京 841 等抗耐白粉病品种；②耐病品种与农业措施相结合，在高水肥田，推广耐病品种结合低量播种；③严把药剂拌种关，在低洼地区地下害虫严重区采用辛硫磷、1605 等拌种，腥黑穗病发生区用粉锈宁、多菌灵拌种，病虫混发区采用杀虫剂和杀菌剂常规用量混配技术；④大力推广化学除草，麦田化学除草以春季为主，有针对性的运用秋季化除和毒杀除草法。以播娘蒿、荠菜为主的，用秋季除草法；水利条件好的，当浇水能与撒毒土相遇的情况下，采用毒土法；⑤农业措施结合喷药带，控制丛矮病和土蝗。仅土蝗发生区采用毒饵防治；⑥早期用粉锈宁防治白粉病；⑦运用不同对策围歼小麦吸浆虫，虫害发生较轻的田块，采用"化学防治为主，主攻中蛹期，成虫期扫残"的防治策略。虫害发生较重的地块采用"化学防治为主，中蛹期和成虫期防治并举"的策略；⑧推广麦蚜指标化防治。当百株蚜量达到 800～1 000 头时，天敌与麦蚜比小于 1∶200 时进行除治。保护天敌，提高效益；⑨及时控制潜在猖獗的害虫；⑩综合运用单项措施，如更换耐病品种，并采用常规用量混合拌种，在白粉病和杂草混发麦田进行除草剂与粉锈宁常规用量混合用，同时还与增产菌混喷，起到了防治杂草、早期防治白粉病和增产的作用。辛硫磷、乐果等杀虫剂与光呼吸抑制剂、叶面喷磷、抗旱剂 1 号等相结合，既防治麦蚜增强植株抗逆性，增加粒重和粒数，又抗倒伏和抵御干热风。在穗期白粉病与吸浆虫成虫综合防治。

20 世纪 90 年代末至 21 世纪初，以小麦条锈病、纹枯病、白粉病、叶枯病、赤霉病、根腐病、麦蚜、麦蜘蛛、吸浆虫和麦田草害为主要对象，开展不同生育时期的防治。

（1）小麦返青拔节期

①小麦纹枯病及早防治，选用禾果利或三唑酮隔 7～10 天施一次药连防 2～3 次，亩用水量不得少于 45kg。②冬前未化学除草的麦田，当杂草密度达到防治指标时，根据不同草相，选用二甲四氯、苯磺隆等除草剂进行化学除草。

（2）小麦拔节至抽穗扬花期

①麦红蜘蛛（200 头/市尺）用 1.8% 阿维菌素喷雾防治。②叶枯病、白粉病、锈病有一种达防治指标时，即用禾果剂、三唑酮、甲基托布津等防治，以后视病情 7～10 天用一次药。③小麦抽穗扬花期，若遇 3 天以上连阴雨天气，用多菌灵、甲基托布津、禾果利或代森锰锌喷雾。④根据对小麦吸浆虫发育进度调查，推行"主攻蛹期，成虫期扫残"的防治策略，蛹期防治，将毒土撒入田中，随后浇水，提高防治效果。成虫期防治，小麦抽穗以后可选用浆蚜灵、星科等喷雾防治。

（3）小麦灌浆期

①麦蚜：当百株有蚜 500 头，益害比小于 1∶150 时用药，选用啶虫脒、10% 吡虫啉、辉丰菊酯、抗蚜威等对天敌安全的药剂，此时应注意调查，若麦蚜上穗率高，用水量每亩

30~45kg；若上穗率低，亩用水量应60~75kg；也可用机动弥雾机低容量（15kg水/亩）施药，以提高防治效果。②此时期是小麦多种病虫盛发期，主要推广"一喷三防"技术，选用杀虫剂、杀菌剂、叶面肥混合施药，以提高防效和小麦籽粒的品质。

（二）东亚飞蝗的防治技术

东亚飞蝗防治技术的提高经历了以下6个阶段。

1. 人工捕打为主阶段（1952年以前）

此阶段正处于经济恢复时期和受科技发展水平的局限，治蝗策略以采取人工捕打为主的方法，吸取了过去古代的灭蝗的经验，推行使用了挖沟封锁、挖沟填埋、用鞋底捕打以及烧杀等方法捕杀蝗灾。如1951年清苑县发生蝗灾80多万亩，该县及时组织农、工、商、学5万多人采用人海围歼战术，用鞋底扑打、挖深坑埋杀，在短期内控制蝗害。同年秋后，全省有29个县挖耕蝗卵47万亩，发动劳力22.4万个，挖出蝗卵2.8万kg。此阶段由于治蝗手段和治蝗技术落后，全市不少地方出现了"打了蛹子，打飞子，打来打去吃成光秆子"的现象。1951年省农科所的蝗虫专家进行了"六六六"麦麸毒饵治蝗试验、示范，并取得了显著效果。

2. 药剂防治为主阶段（1953~1958年）

从20世纪中叶有机氯农药问世以来，为治理蝗灾提供了物质条件，对控制蝗灾起了巨大作用。1952年全国治蝗会议指出，从1953年起实行"药剂防治为主，人工捕打为辅"的治蝗方针，保定开始用2.5%六六六粉，以手摇喷粉器撒布，每亩用药4~5斤，撒后24h死亡率达90%以上；拌毒饵用2.5%六六六粉，每斤拌麸子50斤，每亩撒4~5斤，第2天死亡率达60%~70%。在此阶段内，全市药剂治蝗面积达80%以上。1953年保定地区东亚飞蝗严重发生，全区发生面积110万亩，其中安新县发生面积23.8万亩，并首次在白洋淀蝗区实施飞机灭蝗，相继清苑、蠡县也开展了飞机灭蝗工作。这也是保定首次采取飞机灭蝗，采用苏联J10-2小型双翼飞机，机身长7m，125马力，载重400kg，飞行速度120km/h，装药量为150~175kg，飞行高度5~7m，喷幅宽30m，每架次防治270亩。使用药剂为0.5%六六六粉剂，一般蝗虫死亡率为70%~80%。在确定飞机防治工作后，首先组织大规模的侦察队，每20~30人组成一小队，分头进入蝗区，调查蝗蛹密度，在蝗区中央插立小旗，再在蝗区周围插小白旗，以示蝗区范围，并绘制蝗区分布及蝗虫密度图，标明蝗区内的障碍物，飞行员亦可照图飞行。信号队的布置，信号队的任务是指示飞机喷施农药的目标，其工作十分重要，一般信号队长为3 000m，飞行员只要在上空飞行一次或往返一次，就可以把装载农药全部撒完，信号队每隔300~500米站一信号员，信号队两端各举两面大红旗，中间信号员举红白两色的小旗，首次飞机进入蝗区时，要燃火放烟，以代替信号旗，在烟堆旁再立一面红旗，使飞行员容易找到飞行目标。飞机喷药要和风向成直角或45°角，风速每小时不能超过30km，飞行时间一般早晨4~5点起，上午9~10点止。在此期间，安新、蠡县先后修建了专用防蝗飞机场。

3. 改治并举阶段（1959~1982年）

从20世纪50年代末期以后，蝗灾发生程度有所缓解，治蝗策略由单一的化学防治转向"改治并举"。保定根据农业部五省灭蝗会议精神，对辖区内蝗区提出：对内涝蝗区实施兴修水利，挖排水渠，修台田，打机井等措施；在河泛蝗区修堤坝、植树造林、建设农场，在此期间安新、蠡县、清苑、徐水均在蝗区建设了农场。对洼淀蝗区白洋淀实施综合治理，1965 年白洋淀新开辟了枣林庄新道，增大了白洋淀泄洪能力，1966 年春，为减轻洪水对藻苲淀压力，另辟 1 200m 宽的唐河新道，修筑新唐河大堤。保定地区调集 14 县民工，完成土石方 521.5 万 m³。1973～1974 年，保定地区又调集 12 个县市 8.5 万人加高加宽白洋淀大堤，使白洋淀大堤增高到 11.5m，完成土石方 2 281.3 万 m³，用工 453.2 万工日，当白洋淀保持水位 10.5m 时总面积 366.3km²，蓄水量 10.38 亿 m³。其次在白洋淀上游的 9 条河流修建了王快水库、西大洋水库等，使白洋淀周边彻底改变了过去 10 年 9 涝、3 年两次决口的状况，改变了白洋淀生态环境，改变了蝗区面貌。在 19 世纪 60 年代，保定出现了大面积的洪涝灾害，许多农田不能正常耕种，给东亚飞蝗造成适生条件。经过调查研究，进一步明确了水、旱、蝗三者的相关性，其中水是影响蝗区改造、引发蝗灾的重要因素，"先涝后旱，蚂蚱成片"，"水来蝗走，水走蝗来"是保定蝗灾的发生规律。

在此阶段，经过 23 年的艰苦努力，保定的治蝗工作进入了一个新的历史时期，获得了较为显著的经济、社会及生态效益。

（1）宜蝗面积有较大减缩　全区累积改造蝗区面积 80% 以上，其中内涝河泛蝗区改造 90% 以上，洼淀蝗区改造 60% 以上。

（2）发生范围缩小　随着生态环境的改变，全区已有 16 个县摘掉蝗区帽子，由原来发生东亚飞蝗的 21 个县减少到 5 个蝗区县。

（3）防治面积减少　进入 20 世纪 70 年代以来，随着改治水平的不断提高，东亚飞蝗的发生和防治面积逐年减少，虫口密度降低。防治面积由 20 世纪 50 年代的 400 万亩减少为 80 万亩，减少了 80% 以上。

4. 治蝗农药不断更新阶段（1983～1992 年）

早在 20 世纪 50 年代，以有机氯杀虫剂为主，采取灭杀防治来控制蝗灾。但由于有机氯杀虫剂的高残留特性，带来一系列的环境和人类健康安全问题，后来开发出了杀螟松、马拉硫磷等高效、低残留的有机磷杀虫剂替代狄氏剂用于蝗虫的防治。有机磷杀虫剂的大量施用，也很快就暴露出了严重缺陷。由于其残效期短，往往前期用药不能有效的控制后期蝗虫种群的暴发，因此，不得不多次用药，实行大范围、地毯式喷施，结果一方面极大地增加了防治成本，另一方面对环境造成更严重污染。由于其毒性强、杀虫广谱，除了对人、畜、野生动物、鸟类和水生物等构成威胁外，还大量杀伤了蝗虫的天敌，削弱了自然调控能力，使得蝗虫的暴发周期缩短、危害加重。

针对这种状况，多个研究机构积极探索从几个方面来弥补化学杀虫剂的缺陷。一是开发新的有选择性的化学杀虫剂，如又开发出了氨基甲酸酯类的西维因、拟除虫菊酯类的溴氰菊酯、锐劲特等种类来替代有机磷农药。在明确蝗虫防治经济阈值的前提下，以经济效益分析为主导，有限度地减少用药量，将蝗虫密度控制在经济危害允许水平之下；改进施药技术，大力开发和推广超低容量喷药技术及应用新的剂型，改善药液的散布和附着特性，同时实行条带施药法，为天敌生存保留一定场所，以利其发挥持续控制效应。

5. 可持续治理阶段（1993 年以后）

随着全球性异常气候的变化和旱涝灾害的频繁发生，加之适宜蝗虫孳生的环境在短期内难以消除，势必造成蝗灾在保定白洋淀周边持续发生较长一段时期。因此，面对持续性的蝗害，需要采取可持续控制对策，在有效控制近期蝗虫不起飞和不成灾的同时，适当放宽防治指标，发展生态控制技术，压缩蝗虫孳生基地，降低蝗虫的暴发频率和用药次数，逐步实现蝗患的长治久安。在可持续治理阶段，安新县总结了多年来在白洋淀蝗区的治蝗经验，采取了如下措施。

（1）实施新的治理策略　一是采用"主攻一类蝗区，削弱二类蝗区，稳定三类蝗区"；二是采取"两优先、三集中、五统一"的防治策略，在防治中优先重蝗区，优先高密度；集中时间，集中人力，集中物力；统一领导，统一指挥，统一防治，统一用药，统一验收。"两优先、三集中、五统一"是防治策略的一种创新，解决了大面积、突发性蝗灾快速除治的有效措施，提高了防治决策的科学性。

（2）改进防治适期　一改过去坚持了50多年的3龄防治为5龄防治，将防治适期向后推迟了两个龄期，使防后不再有大量蝗蝻出土，减少了田间残虫量。二改短效农药为长效农药，将多年使用的马拉硫磷杀虫剂改为菊酯类农药锐劲特，防后残效期可提高8～12天，防后可杀死再出土蝗蝻。三是加强生态治理。将3龄防治改为5龄防治，将短效农药改为长效农药，是东亚飞蝗防治技术的重大突破，解决了长期以来防后蝗蝻再出土现象，造成残蝗基数增加，使下代发生加重的弊病，同时减少了用药次数，降低了生产成本，减轻了田间污染，保护了天敌。

6. 当前应急化学防治阶段

地面应急防治。地面常规化学防治主要适用于局部高密度蝗区、小面积分散蝗区以及其他复杂地形的蝗虫防治。常规防治的主要途径有以下4个方面。

（1）带药侦察　用于零散蝗区、偶发蝗区，对密度在1头/m²以上的蝗区进行点片挑治，以后一般不再组织专门的防治行动。

（2）堵窝防治　针对常发蝗区聚集较早的蝗蝻群采取多人多机"封锁式施药"，围歼高密度蝗群，迅速减少蝗虫从发生基地向农田扩散，堵窝防治时期应在3龄盛期。

（3）规模防治　针对发生面积大、地形复杂且不适宜开展飞机防治的飞蝗发生区，苇荒地密度在1头/m²以上，大范围组织机防队进行统一防治，防治适期可以推迟到5龄盛期，以兼顾前后代，减少用药次数。

（4）补治扫残　主要针对飞机或地面防治后残留的蝗虫重新聚焦并严重超标的高密度蝗区，进行补充施药，扫除高密度残蝗，将飞蝗密度控制在1头/m²以内。

地面常规防治的施药方法以超低量喷雾和低容量喷雾为主，药械选用背负式机动喷雾器和拖拉机悬挂式机动药械。

（5）飞机应急防治　东亚飞蝗暴发性和迁移性强，采用飞机超低容量施药技术，是快速控制大面积突发性蝗灾的必要手段和有效的措施，其主要是针对大范围高密度群居型蝗虫。经过多年来的应用实践，总结得出飞机超低量施药防治的主要技术参数如下。

①运五飞机的作业区防治面积一般在6 000hm²以上，平均蝗虫密度在2头/m²以上，有蝗样点在80%以上，多点出现高密度蝗群并达到100～1 000头/m²。②作业区的长度不少于5 000m，作业方向为南北向或西南－东北和西北－东南向。③飞行作业速160kg/h，喷雾作业风速低于4m/s。④用70%马拉硫磷1 500～1 800g/hm²、0.4%锐劲特450～600g/hm²。⑤作业适期：5龄蝗蝻至羽化始盛期。⑥导航技术：采用人工信号旗导航或与全球卫星定位系统导航相结合，信号旗导航间距为500～1 000m，导航的施药喷幅误差一般小于10米。此外，对机场跑道还有详细的要求。

（三）棉花主要病虫害防治技术的更新

1. 棉蚜防治技术

1950 年按着"早治和组织起来普遍治"的要求，主动除治，迎头消灭，避免蔓延成灾。用烟草水、烟叶及灰水、烟叶石灰水、烟叶碱水及棉油皂水防治。

1959 年示范的治蚜方法：①抓关键时期开展普治。抓住棉蚜由杂草转移到棉苗之前、棉苗上发生有翅蚜之前和棉蚜大量繁殖之前的三个关键时期，开展普治。在 3 月底除杂草，集中沤肥。麦收前进行药剂连续普治，麦收后再普治一遍。②针对不同情况，使用不同方法和药剂。为节省农药，苗期使用粉剂，现蕾后使用 1059，生长后期使用 1605。为节省劳力，近地使用液剂，远地使用粉剂或 1059 涂茎。在农活较少棉株矮小时，使用 1% 1059 涂茎，农活忙时，使用 0.05% 的 1059 快速喷洒。③改进工具，提高工效。1958 年把单管喷雾器改装成喷雾车，两人一天能治 50 多亩。用中耕涂茎器，一天能中耕治虫 25 亩。

1979 年大力推广点涂治蚜、瓢虫治蚜。当蚜株率达到 20%，百株蚜量 500 头时，用久效磷、氧化乐果、磷胺点涂棉茎灭蚜，能保护益虫，省工省药，不仅消灭苗蚜，对减轻伏蚜及棉铃虫的发生危害有一定作用。同时推广瓢虫治蚜，减少化防面积。

进入 80 年代后，呋喃丹拌种、实行种子包衣等措施对控制苗蚜为害起到了很大作用。但随着棉蚜抗药性的增加，在防治棉蚜中使用新的化学农药在苗期喷雾是主要方法。

2. 棉铃虫防治技术

1965 年采取的措施为：①插杨枝把诱蛾；②发动群众采卵；③涮棵防治。25% DDT 350 ~ 400 倍，25% DDT 350 倍加入 250g 六六六可湿性粉剂和 3 000 倍的 1605。在上午 9 ~ 12 点，下午 3 ~ 6 点涮棵，兼治蚜虫、红蜘蛛、蓟马、象鼻虫、盲椿象。

1974 年大力推广诱杀技术：①种植玉米诱集带，减少棉铃虫在棉花上的落卵，每亩棉田点种玉米 300 ~ 500 棵；②黑光灯诱杀；③杨枝把诱蛾。

1975 年博野县示范推广玉米诱集带技术。在 30 亩棉田种植诱集带，每亩种玉米 278 棵，6 月 18 ~ 20 日 3 天，从玉米心叶捉蛾 1 904 头。玉米心叶可潜藏多种害虫，且能起到保护瓢虫的作用。

1978 年采用的主要措施：①秋耕冬灌，消灭虫源；②种植玉米诱集带，诱蛾、诱卵；③杨枝把和黑光灯诱蛾，压低虫源；④喷撒忌避剂。利用棉铃虫成虫对炕坯土和过磷酸钙忌避产卵的习性，在成虫产卵期，用炕坯土或过磷酸钙在棉田隔 4 垄喷 6 垄，隔 3 天喷 1 次，连喷 3 ~ 4 次，使棉铃虫产卵集中到没有喷忌避剂的棉行上，可减少药剂防治面积；⑤推广毒土和涮棵。亩用 6% 六六六可湿性粉剂 500g 或 1% 六六六与 5% DDT 混合粉剂或 2.5% 敌百虫粉剂 2.5 ~ 3kg，掺砂土 15kg，搅拌均匀。撒毒土在下午进行，不要有露水时撒，以免产生药害。二代棉铃虫产卵多在棉株顶尖嫩叶上，药撒在顶部嫩叶上，三、四代棉铃虫产卵多在群尖和花蕾苞叶上，顺垄普撒，每亩用量可增加到 40kg。用 25% DDT、6% 六六六可湿性粉剂配成药液，涮棵防治比较彻底。棉棵过大，不能涮棵的，进行喷雾、喷粉防治。喷雾用 25% DDT、50% DDV、50% 磷胺等农药。喷粉用 1% 六六六可湿性粉剂、5% DDT 粉剂、2.5% 敌百虫粉剂各 500g 的混合粉剂，或 5% DDT 粉剂、1.5% 1605 粉剂 1∶1 的混合粉，每亩 2.5 ~ 5kg。25% 亚胺硫磷乳剂 300 ~ 400 倍液防治棉铃虫，也有较好效果；⑥示范推广生物防治，7216、赤眼蜂、草蛉、蚂蜂、多角体病毒等对棉铃虫均有很好的杀伤作用；⑦结合整枝灭虫。

进入80年代后，防治棉铃虫在采用农业防治、物理防治措施的同时，大力开展化学防治，主要是进行化学农药喷雾防治，如1605、甲胺磷、氧化乐果、菊酯类，但随着棉铃虫抗药性的增加，造成农药使用量加大、成本提高，但防效仍不理想。

进入90年代后期至今，大力推广抗虫棉，有效地控制了棉铃虫对棉花的为害。二代棉铃虫不用除治。但在花生、蔬菜、玉米上棉铃虫发生为害呈加重趋势。

3. 棉花病虫害的综合防治技术

1958年保定棉田棉蓟马和棉盲椿象发生为害，造成棉株发生破头现象，早播田尤为严重，采取的措施：先把破头棉株上生长粗大、茎色青嫩的枝条彻底去掉，把生长短细、茎色棕褐的枝条适当多留或全部留下，把留下来的枝条的顶心及早摘掉，促其及早生出正常的果枝。同时推广药剂除治。

1963年以棉蚜、红蜘蛛、造桥虫、棉铃虫为除治重点。大面积示范1059治棉蚜、红蜘蛛，DDT治棉铃虫、造桥虫技术；对3911拌种治棉蚜、敌百虫治棉铃虫、造桥虫等新技术搞示范点。抓早治、普治两大环节。从5月中旬开始，凡棉田有蚜株率达50%时，用1059农药2 000倍液喷雾，苗期每亩次用原液10mL，棉株长大后每亩次用10～20mL。采用1059、666、DDT（或敌百虫）等药混用进行兼治。打好三大战役，第一次在麦收前，第二次在麦收后，第三次在七八月间。

1965年按棉花不同生育期开展病虫害防治。播种前后：①除草防虫。从播种到出苗前，彻底除草两次，出苗前后，消灭棉田杂草，可消灭小地老虎卵、幼虫和红蜘蛛、蓟马、黄地老虎的越冬幼虫。②处理棉蚜寄主树（花椒、石榴、木槿）。当树上棉蚜卵孵化后，有翅蚜迁飞前，采用人工或药剂消灭树上的棉蚜，推迟和减轻棉田蚜害，减少麦收前棉田防治1～2次。③3911处理棉籽。用75% 3911乳油，500g加水75kg，浸泡棉籽40kg，12～16h后捞出、晾干。苗期：麦收前主治棉蚜、地老虎。防治地老虎：每亩撒毒土15～25kg，顺行撒在棉苗和苗周围或用0.5kg 85%敌百虫乳剂加水2.5～5kg，拌鲜草50kg（用棉苗或一般鲜草），每亩用4kg左右，隔一定距离撒一小堆，可杀各龄幼虫。在治蚜的药液中，加入DDT乳剂可兼治黄地老虎。棉田治蚜：麦收前棉田喷药两次。第一次治蚜，平均蚜株率20%～30%时进行；第二次在割麦前3天完成，或抹棵涂茎。对1059已有抗药性的地区，麦收前不用1059或乐果。苗病严重地区，结合第一次治蚜，加入120倍1:1波尔多液防治叶部病害。棉苗出土后，发现蝼蛄为害，用六六六麦麸或毒谷毒杀。麦收后主治棉蚜兼治盲椿象。从6月15日开始，用杨树枝或黑光灯诱蛾，或喷药防治棉铃虫。7月下旬，当棉铃虫有卵株率超过10%，小造桥虫、银纹夜蛾百株有虫50头时，应及时防治。当黑光灯下银纹夜蛾较多时，应开展采卵和摘除有初孵幼虫的棉叶。8月份小造桥虫严重时，要集中防治。8月底彻底打群尖，摘除无效蕾，以减少金钢钻和棉铃虫的为害。越冬期大力开展越冬红铃虫的防治，如帘架晒花、清洁仓库、仓库喷药、处理花渣和轧花、运花工具等。收花站、加工厂的仓库，用敌敌畏100倍液喷洒，每50kg药液可喷洒700m^2。6月初和6月中旬，各喷一次，消灭红铃虫成虫。

从70年代末开始实施了"多虫综合防治，提高防效"的防治策略，主要防治措施：

（1）调整作物布局，改变棉田生态环境。粮棉小方田间隔插花种植、棉麦间作、种夏播棉等。

（2）药剂拌种。用呋喃丹（亩用量 2～3kg）代替 3911 拌种，一般有效期可达 35～40 天，在防治棉蚜的同时，兼治苗期其他害虫，保护天敌。

（3）种植玉米诱集撮。将棉田内种植玉米诱集带改为在棉田的水沟旁、地边、地埂种植玉米诱集撮（每亩 10 撮，每撮 4～5 株，与棉花同期播种中早熟春玉米）。玉米诱集撮的作用：①诱集棉铃虫成虫，降低棉田落卵量，减少防治次数；②诱集玉米螟，控制棉田玉米螟为害；③保护天敌，利于棉田生态平衡；④对棉花无影响，便于推广。

（4）间苗定苗拔除虫株，带出田外集中处理。

（5）保护利用天敌。一方面实行药剂拌种和涂茎，苗期一般不用喷药防治；另一方面通过间作套种粮棉插花种植，靠天敌的自然转移消灭蚜虫。在瓢虫大发生年份，基本控制苗蚜，瓢虫发生少的年份，再进行涂茎防治。在棉田瓢蚜比不足 1：150 时，进行人工助迁，苗期可不用化防。

（6）内吸缓释剂涂茎。①氧化乐果缓释剂涂茎防治。氧化乐果加入缓释剂后，延长了药效期，提高了防治效果。比磷胺机油、久效磷机油涂茎使用安全，成本低，兼治棉红蜘蛛。②甲胺磷缓释剂涂茎。

（7）应用新农药防治。用进口菊酯类农药（溴氰菊酯）2 500 倍液喷雾防治棉蚜，兼治其他苗期害虫，一般年份防 2～3 次；用其 5 000 倍液涮棵，2 500 倍液喷雾防治棉铃虫。20% 国产杀灭菊酯 5 000 倍液涮棵，50% 甲胺磷 800～1 000 倍液喷雾，氟氰菊酯（亩用有效量 3～4g）和百树菊酯（亩用 2g），均有良好防效。

（8）应用微生物农药。博野县应用核多体病毒防治棉铃虫，防效在 80% 左右；用核多体病毒与低浓度溴氰菊酯混合使用（亩用量 300 亿核多体病毒与 40 000 倍液的溴氰菊酯混用），防效更好。

（9）整枝打顶，捉虫灭卵。通过整枝、打顶消除第二代棉铃虫卵 24.2%～35.2%，幼虫 40%，通过打群尖、整枝，消除第三代棉铃虫卵 16%～58.5%，幼虫 62.5%，整枝也能消除第四代棉铃虫卵 19%～75.9%，幼虫 40.6%～85.7%。

（10）敌敌畏麦糠熏蒸。棉花封垄后，在伏蚜或红蜘蛛大发生的年份，采用敌敌畏麦糠熏蒸防治。亩用 80% 敌敌畏 150～200g，加水 2.5～4kg，喷拌麦糠 8～10kg，傍晚撒在垄间地面，不仅能高效地防治伏蚜，还能兼治红蜘蛛。

1984 年开展了棉花害虫综防示范工作，主要防治技术：

（1）推广隐蔽用药，控制棉蚜，保护天敌。呋喃丹拌种，点片挑治、涂茎治蚜，用氧化乐果、甲胺磷或久效磷与水 1：5 点涂，兼治蓟马。

（2）间出蚜苗，带出田外。

（3）放宽棉铃虫防治指标，推迟用药时间。在百株累计落卵量达 60 粒以上，初孵幼虫 8～10 头时，用药防治。

（4）推广低容量喷雾技术。将原有 1.3mm 喷孔改换成 0.7mm 小孔径喷片，亩用甲胺磷 40mL 防治棉蚜；亩用溴氰菊酯 20mL 防治棉铃虫。用水量减少 2 倍左右，提高工效 3～5 倍。

（5）种植诱集带。

90 年代中后期随着抗虫棉的大面积种植，棉田病虫害种类发生了变化。为有效控制棉花病虫害主要推广了以下防治技术：

1. 选用抗病虫品种

大力推广 Bt 转基因抗虫棉"新棉 33B"等抗虫棉品种。

2. 种子处理

强化基础防治。防治棉花苗蚜、苗病、蓟马、黄枯萎病及地下害虫。未包衣的种子采取如下措施：①温汤浸种，将棉籽置于 55～60℃温水中（三开加一凉）浸泡 30min；②自行种子包衣，采用棉花种衣剂，按与棉籽 1:30 的比例包衣均匀。③采用 10% 大功臣可湿性粉剂 20g 拌棉籽 10kg，5% 甲拌磷或 3% 呋喃丹亩用 2kg 拌种防治苗蚜和地下害虫；④选用 40% 黄枯净粉按种子量 1% 或 70% DTM 杀菌剂 300 倍液浸种 14h，可有效防治苗病和黄枯萎病。

3. 棉蚜、棉蓟马、红蜘蛛、美洲斑潜蝇的防治

①苗蚜防治指标为三叶前卷叶率 10%，四叶后卷叶率 20%。瓢蚜比为 1:100～150；伏蚜防治指标为卷叶株率 10%。②采用久效磷、氧化乐果、甲胺磷等内吸杀虫剂滴心、涂茎或聚雾喷顶等局部施药方法。③亩用 10% 大功臣 10g 对水喷雾防治苗蚜，亩用 15～20g 对水喷雾防治伏蚜。④亩用 1.8% 虫螨克乳油 10mL 对水 30kg 喷雾，或其他阿维菌类防治红蜘蛛、美洲斑潜蝇。

4. 棉花黄枯萎病防治

在轮作倒茬、增施有机肥、选用抗病虫品种和种子处理基础上，在棉花现蕾即发病初期，用黄枯净、百菌通、安索菌毒清、黄腐酸盐等药剂 300～500 倍液喷雾，连喷 2～3 次，间隔 7～10 天。

5. 棉铃虫综合防治技术

（1）麦田一代棉铃虫一般不用防治。当每平方米 2 龄幼虫 5 头时，可结合防治麦蚜兼治。选用灭害保益农药，如多虫净、抗蚜威、BT 制剂等。

（2）二代棉铃虫在常规棉田以农业、物理和生物防治为主，化学防治为辅，重点保护顶尖。具体措施：①麦收后及时中耕灭蛹。②利用性诱剂、高压汞灯、玉米诱集带等诱杀成虫。③当百株累计卵量 100 粒或百株幼虫 10 头，或田间卵量急增期的第三天开始喷药防治非抗虫棉，采用 BT 高效粉剂或乳剂，抗虫棉采用病毒制剂、灭幼脲等喷雾，虫量密度大时每亩加菊酯类农药 5～10mL 或有机磷农药 800～1 000 倍液混合喷雾。

（3）三四代铃虫以化学防治为主，重点保蕾铃，当百株累计卵量 40 粒或幼虫 5 头，选用拉维因、功夫菊酯复配农药 1 000～1 500 倍喷雾。要注意喷药质量，做到喷匀打透、药液充足，同时轮换交替用药。

（4）结合田间整枝打杈，人工抹卵捉虫，压低虫源，减轻化防的压力。对抗虫棉田内三四代棉铃虫每代应至少采取化学防治一次，禁用 Bt 制剂，以延缓棉铃虫抗 Bt 种群的产生，延长抗虫棉的有效使用年限。

（5）棉花收获后，及时砍除棉柴，进行秋耕冬灌，压低翌年越冬基数。

（6）注意及时查治花生、蔬菜等其他作物田的棉铃虫，以控制种群的总体数量。

（四）蔬菜病虫无害化治理技术更新

以黄瓜、番茄、白菜、甘蓝、青椒、韭菜、豆角为主保作物，露地菜以治虫为重点，以菜蚜、菜青虫、小菜蛾、韭蛆、棉铃虫、斑潜蝇为主攻对象；保护地以防病为中心，以霜霉病、灰霉病、疫病、病毒病、白粉虱、斑潜蝇等为主攻对象。

1. 选用抗病高产品种

黄瓜选用津杂、津春系列；番茄选用佳粉号、毛粉 802、早丰、西丰号；韭菜选用雪韭 791、嘉兴百根；甘蓝选用报春、中甘一号等。

2. 培育无病虫壮苗

用甲醛或高猛酸钾对育苗容器和用具消毒，用硫磺粉、敌敌畏对育苗室密闭熏蒸消毒，抓好温汤浸种、代森锰锌浸种，或用多菌灵、福美双、瑞毒霉拌种结合使用植病灵 2号、绿禾宝或绿勃康等拌种防治病毒病。有条件的积极运用地热线、营养块育苗，减轻猝倒病、枯萎病的发病程度。

3. 健身栽培技术

（1）清除前茬作物的残株落叶，清洁田园，铲除杂草，消灭病虫的传播寄主，棚室在定植前或播种前用硫磺粉或敌敌畏熏蒸消毒。

（2）嫁接栽培技术。以云南白籽或黑籽南瓜做砧木，与黄瓜栽培品种进行嫁接，控制枯萎病；采用明水暗灌、控温调湿、高温抑菌或灭菌，进行温湿度双限制，控制灰霉病，霜霉病的发生发展。

（3）营养防治。基肥以有机肥为主，增施磷钾肥和一些微量元素，如磷酸二氢钾，提高植株抗病力。

（4）生物防治。采用性诱剂诱杀棉铃虫成虫；人工释放赤眼蜂灭棉铃虫、菜青虫卵，或用 BT 乳剂杀棉铃虫、菜青幼虫。

（5）物理防治。采用防虫网防虫，黄板诱杀蚜虫、美洲斑潜蝇、白粉虱，银灰膜避蚜。

（6）科学用药。选用高效、低毒、低残留、低成本的农药，掌握施药方法和适期用药。如用大功臣等吡虫啉系列农药防治菜蚜、白粉虱；用齐螨素类生物农药防治小菜蛾、美洲斑潜蝇、茶黄螨、菜青虫、线虫；抑太保、灭幼脲等防治甜菜夜蛾；使用低毒、低残留农药，如敌敌畏、敌百虫、乐斯本等防治韭菜根蛆；植病灵 2 号、病毒 A、小叶敌等防治病毒病；克菌净、百菌清、克露、万露灵等防治保护地霜霉病、疫病、灰霉病等病害；武夷菌素、甲基托布津、立克锈防治白粉病。

（五）农田化学除草技术的更新

大面积应用除草剂对主要农作物田杂草进行除治，始于 19 世纪 70～80 年代，最早应用在水稻化学除草，然后应用在冬小麦田，随着除草剂品种的增多和农业生产的需要，化学除草剂应用作物种类不断增加，从小麦化学除草发展到玉米田、花生田化学除草。

1. 冬小麦

20 世纪 80 年代小麦田化除技术措施包括以下几种：

（1）春季化学除草　以藜、荠菜、播娘蒿、麦瓶草、扁蓄为主要除治对象的麦田：用 72% 的 2,4-D 丁酯，在春季除治麦田杂草，亩用量为 40～50g（32～40mL），用 20% 二甲四氯水剂，每亩用 200～250g，72% 二甲四氯 50～60g，压缩式喷雾器每亩对水 16～20kg，手持电动离心喷雾机，每亩对水 500g 左右，在杂草 3 叶期前进行喷雾。

（2）麦田冬前化学除草　在小麦 3 叶期后至上冻前，对荠菜、播娘蒿（越年生杂草）进行秋治皆可，使用药剂以 2,4-D 丁酯效果最好（94.9%～100%），亩用 10g。其次为绿麦隆，亩用 200～300g，效果 86.8～94.6%。

90 年代，除了使用 2,4-D 丁酯防除麦田杂草外，根据麦田杂草发生种类的变化，有针对性的推广应用了巨星、苯磺隆等除草剂进行麦田除草。

（3）2000 年以后麦田的除草技术措施。

农业措施：一是精选麦种，清除杂草种子。二是选用堆沤腐熟的农家肥料。三是深翻或播前精细整地，抑制或诱发（如野燕麦）杂草种子的萌发。四是合理轮作倒茬。水旱轮作，可有效防治野燕麦、看麦娘、黎、苣荬菜、荠菜等杂草；小麦与玉米、大豆轮作，夏玉米田可控制卷茎蓼、野燕麦等为害，春玉米田可有效控制灰灰菜、西天谷、律草、酸浆等的为害；小麦与油菜轮作，可控制猪殃殃、看麦娘等为害。五是用滚动式中耕除草器，或耘锄对麦田进行中耕松土，起到除治杂草和松土保墒的作用。六是在抽穗一灌浆期，拔除播娘蒿、雀麦等杂草，避免杂草种子成熟时大量落入土中和小麦收割时混入麦种。

化学防治：一是以播娘蒿、荠菜、藜等杂草为主的地块，每亩用苯磺隆有效成分 1.0g 喷雾防治，亩用药液 30～50kg。二是以播娘蒿、荠菜、打碗花、刺儿菜等杂草为主的地块，每亩用 72% 的 2,4-D 丁酯 20～25mL、巨星干悬浮剂 0.5g 喷雾防治，亩用药液 30～50kg。三是以马唐、看麦娘、藜、鸭跖草等杂草为主田块，每亩用苯磺隆有效成分 1.0g 或噻磺隆有效成分 1.8～2g 或 72% 的 2,4-D 丁酯 20～25mL＋13% 二甲四氯水剂 50～60mL。四是以播娘蒿、荠菜等杂草为主的地块，每亩用苯磺隆有效成分 1.0g，或 72% 的 2,4-D 丁酯 40～50mL＋64% 野燕枯可湿性粉剂 125g。对于近年新发生的雀麦、野燕麦、节节麦等禾本科杂草，推广使用了"彪虎"和"世玛"进行防治。

2. 夏玉米

80 年代末至 90 年代夏玉米免耕化除覆盖综合技术：在小麦收获后，贴茬抢种玉米，然后喷施除草剂，再覆盖麦秸，提高了保墒蓄水能力和化除效果。

夏玉米除草剂配方：玉米田用阿特拉津对下茬小麦极不安全，1988 年以前夏玉米化除示范药剂配方是阿特拉津和拉索或阿特拉津和杜耳，但拉索、杜耳是进口药，药源十分缺乏，使用了以下药剂配方：

40% 阿特拉津 75g＋40% 除草醚 200～250g；

40% 阿特拉津 75g＋60% 去草胺 75～100g；

40% 阿特拉津 75g＋50% 克草胺 75～100g；

40% 阿特拉津 75g＋50% 百草稀 75～100g；

1988 年试验国产药剂丁草胺，单用（亩用 150g、100g）、混用（丁草胺 1 两＋阿特拉津 75g）防效均达 85% 以上。

2000 年后夏玉米田杂草化除技术措施：一是播种前，麦田残留杂草较少时，采取人工拔除；或用 20% 克芜踪水剂 240～300 倍液喷雾，进行挑治。二是麦田残留杂草较多时，用钉齿耙耙地一次，清除杂草；或用 20% 克芜踪水剂，每亩用药 100mL，对水 30～40kg，进行全面喷雾防治。三是播后苗前以稗草、狗尾草、苋、藜、蓼、苍耳等一年生单、双子叶杂草为主的玉米田用 40% 乙阿合剂悬浮剂或 40% 玉丰悬浮剂，每亩 150～200mL，对水 30～50kg。或 90% 禾耐斯乳油 60～80mL 与 38% 阿特拉津悬浮剂 80mL 混用，一般每亩用水 30～50kg，根据土壤含水量的高低适当增减。四是以稗草、狗尾草、龙葵、苋、藜、蓼、苍耳、鸭跖草、刺儿菜等一年生及多年生单、双子叶杂草为主的玉米田，选用下列方法之一进行防治：①每亩用40%玉丰悬浮剂200～250mL或安威乳油250mL或50%都阿合剂250mL。②每亩用阿特拉津悬浮剂75g+48%拉索油每75g或用48%拉索乳油每亩用200g对水30～50kg。五是玉米2～4叶期，杂草3叶之前，每亩用4%玉农乐悬浮剂50mL与40%玉丰悬浮剂90mL；或每亩用4%玉农乐悬浮剂100mL，对水30～50kg，行间定向茎叶喷雾。六是玉米3～5叶期，亩用4%玉农乐悬浮剂50～60mL与40%阿特拉津悬浮剂80mL混；或每亩用4%玉农乐60～80mL+38%阿特拉津80～120mL混用，对水30～50kg，行间定向茎叶喷雾。七是玉米植株高100cm左右时，可采用20%克芜踪水剂，每亩125mL，对水30～50kg，行间定向茎叶喷雾。九是为保证防治效果，进行茎叶处理时，要控制杂草在3叶前，防治时喷头要加防护罩，如果先用铁耙把杂草推倒再定向喷雾，效果更好，且不易伤害玉米。

3. 2000年以后大豆、花生田杂草防治

（1）播种前化学除草　采用下列任意一种方法：一是每亩用50%的乙草胺133～167mL进行土壤处理；二是每亩用72%都尔乳油100～200mL，每亩喷液量40～50kg，均匀喷雾。

（2）出苗后除草　大豆2～4叶期，杂草2～3叶期。①以禾本科为主的地块，任选下列一种方法：每亩用35%精稳杀得乳油40～50mL喷雾。在干旱，杂草较大情况下，每亩用66.7～100mL，或每亩用10.8%高效盖草能乳油25～35mL，亩用药液15～30kg。②以阔叶草为主的地块，杂草高度不超过5cm。春播大豆、花生，亩用24%克阔乐乳油20～25mL；夏播大豆、花生每亩用24%克阔乐乳油20mL。③禾本科和阔叶杂草混生的地块，每亩可用24%克阔乐20～25mL和快锄30～50mL混用，或每亩用金豆水剂75～83.3mL对水30～50kg。

博野县植保植检工作整体回顾

李淑娟

（博野县农业局植保植检站）

博野县植保植检机构为博野县植保植检站，是农业局下属单位，现有人员6名，植保植检仪器设备共2台，负责全县农作物植保植检工作。博野县的植保植检工作，经历了从新中国成立到1957年的起步阶段、文革期间的曲折发展阶段、改革开放到20世纪90年代初的全面发展阶段、90年代初至今的转型阶段。植保工作的内容也随着博野县农业发展新阶段的要求而改变，改革开放以后博野县加大了对植保工作的投资力度，加强了植保法制建设、基础设施建设和体制改革，植保工作由侧重于粮食作物有害生物防控向粮食作物与经济作物有害生物统筹兼防转变，由侧重于保障农产品数量安全与质量安全并重转变，由侧重于临时应急防治向源头防控、综合治理长效机制转变，由侧重技术措施向技术保障与政府行为相结合转变。60年来，博野植保为博野县农业增产、农民增收和农业的可持续发展作出了重大贡献，植保植检工作的发展变化是博野县农业持续、快速、稳定发展的巨大动力。这些变化主要表现如下。

一、植保体系逐步健全，队伍不断扩大

六十年前，博野县农村使用的还是以生产队为单位的大规模耕作方式，农田归集体所有，种什么、怎么种都是队长说了算，庄稼基本上是靠天收，自从1958年起博野县有了第一个植保站，植保技术才真正地应用到生产实践中，刚开始博野县植保技术人员少，只有2人，没有什么办公设备，推广技术只是口传身授，抓住队长一人来统一防治。当时的作物品种比较单一，便于规模作业、集体行动，广谱的植保技术非常容易推广，我们用一六零五剧毒农药防治棉铃虫、蛴螬、蝼蛄等多种害虫，大面积地推广六六六粉防虫技术，晚上用（杨树枝）煤油灯诱杀金龟子、棉铃虫、地老虎技术等。1982年后由于实行家庭联产承包责任制分田到户，农民真正"当家做主人了"，农作物的品种多了，科技需求高了，对博野县植保工作提出了更高的要求，原来单一的推广防病灭虫技术已经很难适应改革开放农业发展的新形势，1985年以后植保站正式定员、定编，不断充实新生力量，乡（镇）农技站也正式开始定编，农技站由股级升格为副科级，乡（镇）的农民技术员也正式招聘为国家在编的植保干部。博野县植保站在编人员增加到12人。农技人员的素质也不断地提高，1978年前我站没有一个是大学生，到现在我们有农业技术人员大专以上学历占了75%，高级农艺师2名，农艺师4名。无论是在业务素质还是在精神面貌上都发生了非常大的变化，以前形容农技员是这样说的："远看像个要饭的，近看像个烧炭的，仔细一看原来是植保站的"，如今不同了，无论是开农业技术培训会还是下乡指导服务，植保站人员已经开着自己的车，拿着先进的照相机、摄像机、多媒体等现代装备，活动在田间地头，有人还错把植保技术人员当成了记者。

二、基础设施日趋完善，防控技术更加精准

1958 年博野县建立了第一个病虫测报点，由农业局派驻技术员测报全博野县虫情；1962 年测报点改为测报站；1965 年各乡及县农科所均建立了病虫测报员，每乡配备 1 名专职植保员。各测报点定期向县测报总站汇报虫情，县测报站据此进行综合分析，然后发出病虫测报，由于测报点多而且布置合理、代表性强，显著地提高了测报的准确率。

我站 2005 年以前是传统式的测报灯，每天要有专人入夜时分开灯，通常用一个小闹钟在晚上 12 时关灯，从 2000 年起，省植保总站给配备了佳多测虫灯，用全自动的佳多测虫灯省时省力。80 年代初至 90 年代末，向省站汇报都是采取电报组合方式进行，如二化螟用"1265"来代替，编十几个字的电报要花很长时间，还得到邮局发送，非常麻烦，现在，我们站里有一台电脑，上传下达只需轻经一按键盘，就 OK 了，交通工具也非常方便了，以前我们下乡坐公共汽车，偏远的乡镇每天只有一至二趟班车，有时下乡还得走上十多里才能到达目的地，现在不同了，近处开摩托车，远处局里给派车，调查面积更大了，测报也更准确了。我站有 1 部照像机，一部摄像机，随时可以拍摄病虫害发生情况。办公设施也日新月异，我站作为全国区域性测报站，2005 年在上级业务部的大力支持下，通过政府采购调进各项配套仪器设备达 12.3 万余元。总之基础设备的改善极大地提高了测报水平。

三、植保新技术应用范围不断扩大，社会效益更加显著

80 年代中期都是脸朝黄土、背朝天，跪在田里苦耘耕，到了 1987 年博野县才开始慢慢引进麦田、玉米田除草剂，如丁草胺等，由于除草效果理想，而且省工省时，此项技术得到广泛地推广。进入 90 年代初期，我们又在秧苗二叶一心期间推广喷施多效唑壮秧技术。90 年代末期，我们还大力推广早、晚秧苗超剂量送嫁药及穗期混合用药防病灭虫保穗新技术，使得农民减少用药次数，节省劳力，从而达到既防病灭虫又增产增收的目的。2005 年农业部要求全国各地逐步淘汰甲胺磷等 5 种高毒农药，我站坚决拥护，积极筛选一批高效、低毒、低残留农药投放市场，2008 年美国杜邦公司生产的氯虫苯甲酰胺（康宽）开始投放市场，通过试验、示范，到大面积的推广，确认康宽是一种非常好的杀虫剂，可以说康宽在杀虫剂中的横空出世具有革命性的意义。该药不但杀虫效果理想，而且对人、畜、鱼、虾绝对安全、环保，是真正意义的绿色农药，且用药一次药效长达 20～60 天，这项技术的推广深得全部使用过此药人的好评。除此以外，博野县植保站为适应农业结构调整的需要，把病虫监测和防治的范围，由粮食作物向经济作物延伸，加强了设施栽培条件下病虫害防治技术研究与推广，促进了设施园艺、"南菜北移"的迅速发展。2009 年博野县棚室蔬菜面积发展到 3 万亩，蔬菜总产量达 16.2 万 t，总产值达 1 亿元。大力示范推广农业防治、物理防治、生物防治、生态调控、化学诱杀等综合控害技术，综合防治面积逐步扩大，现已达到 32.9 万亩次，减少了单位面积农药使用量，降低了农药残留。尤其在无公害农产品生产基地，狠抓源头和生产过程控制，组织开展科学安全用药和残留监控技术，使农产品农药残留量逐年下降。博野县每年检测的品种有芹菜、番茄、茄子、萝卜、胡萝卜、菠菜、油菜、豆角等 8 类蔬菜样品，2009 年蔬菜、水果、粮油作物中农药残留检测合格率分别达到 97.5%、98.7% 和 98.2%，比 2001 年分别提高了 36.3

个、8.6 个和 25.6 个百分点。为了推进优势农产品区域布局规划的实施，按照有关国际标准，制定了优势农产品非疫区建设规划，启动实施了万亩绿色蔬菜长廊建设项目。通过提高农产品质量，进一步增强了博野县农产品市场竞争力，促进了农产品出口。还有非常多的植保技术，通过病虫情报进村入户工程，进入千家万户，改变了农民的传统耕作方式，为博野县现代化农业的发展作出了重要的贡献。

四、植保植检预警机制更加完善

我国是世界上农作物病、虫、草、鼠害发生最严重的国家之一，博野县常年发生的农业有害生物多达 700 多种，其中可造成严重危害的有 30 多种。许多有害生物一旦暴发成灾不仅危害农业生产，而且影响农业的可持续发展和社会的和谐稳定。改革开放以前博野县对农作物病、虫、草、鼠害的防治都是停留在发生了再防治的临时应急阶段，1998~2005 年，通过国家实施植保工程和优质粮食产业工程，博野县植保站也相应地建设了重大有害生物检疫防疫、检测预警、应急控制机制，相继安排了蝗虫、小麦条锈病的专项经费，改善了植保站及时处理植保突发事件的能力，使植保植检在减灾防灾中起到了举足轻重的作用。如 2008 年，博野县小麦吸浆虫的防治，我们通过取样淘土预测，小麦吸浆虫可能大发生。我们及时启动植保应急预案，组织技术人员分片包村，宣传小麦吸浆虫防治技术，在小麦吸浆虫防治的关键时期，技术人员亲自配药、亲自指导防治，并不时召开小麦吸浆虫防治现场会，全县适期防治面积达到 5 万亩，达到防治指标面积的 98% 以上，使小麦吸浆虫得到了有效控制，挽回经济损失 1 600 多万元。再如 2009 年河北省大面积地出现了旱情，博野县也实施了抗旱保增产应急预案，旱情得到了缓解，确保了粮食的稳产。又如 2010 年应对小麦春季冻害。60 年来，随着博野植保植检预警机制的不断完善，博野县农业抵御自然灾害和生物灾害的能力在增强。

五、农药管理从无到有，保障了生产和生态安全

三十年前农药是供销社独家经营，其他单位不得经营农用物质，因为当时正处在计划经济时代，没有市场竞争，80 年代前期植保站开始少量经营农药，当时的经营数量不到供销社的 1%，那时也没有任何监管，到了 90 年代开始有了监督机构，农资开始有工商局进行监管，从 1996 年以后我局成立农业综合执法大队，开展实施农药、化肥经营许可证的发放及市场监管工作，2000 年以后农药市场全面开放，农药和其他商品一样可以自由买卖，农药店和食品店一样随处可见，老板多是私人经营者，供销社完全退出了农资市场，与此同时国家先后颁布实施了《植物检疫条例》和《农药管理条例》，农资监管得到逐步完善。"十五"期间，各级农业部门采取有效措施，大力推进高毒农药削减和替代工作，高毒、剧毒农药比重由 21.8% 下降至 11.8%；环保型农药比重由 3.1% 上升为 18.1%；杀虫剂比例由 70% 下降至 42.2%，杀菌剂由 9.2% 上升到 10.9%，除草剂由 18% 上升至 29.9%，生物农药推广速度逐步加快，彻底改变过去"三个 70%"（即农药中杀虫剂占 70%，杀虫剂中有机磷产品占 70%，有机磷农药中高毒农药占 70%）的状况。同时，在生物灾害防控中，采取源头治理与分区防控相结合、综合防治与应急控制相结合、群防群控与专业防治相结合的策略，一方面，大大减少了蝗虫滋生地，有效控制了小麦条锈病、小麦吸浆虫等重大有害生物暴发和为害；另一方面，示范推广了综合防治和

科学施药技术，促进了农药科学安全使用，减轻了环境污染，保护了病虫天敌和生物多样性，保障了农业生产和生态安全。同时，也保证了人民群众的身体健康和财产安全。

六、标准化生产规程得到应用，提升了农业综合生产能力

改革开放以来，博野县粮食产量从 13 万 t 连续登上 14 万 t、15 万 t、16 万 t 四个台阶，棉花产量从 0.5 万 t 发展到 1.3 万 t。这些成就的取得，是良种、水肥、耕作、栽培等农作物标准化生产规程应用的结果。据有关资料，在这一过程中，博野县病虫害的威胁不是越来越轻了，而是呈梯次上升的趋势，年发生面积从 60 万亩（次）连续扩大到 80 万亩（次）120 万亩（次）。通过加强植物生长期内的全程保护措施，主要粮食作物的病虫害损失率一直控制在 2%～3%，挽回粮食损失占产量的比率分别由 7%，提高到 8%、9%、10%、11%；棉花的病虫害损失率一直控制在 4%～6%，挽回棉花损失占产量的比率分别由 10%，提高到 15%、20%、25%、30%。博野县产量损失每挽回 1 个百分点，每年就少损失粮食 3 万 t、棉花 3000t。减少损失，就是增加产量，就是提升农业生产能力。

七、博野县作物重大病虫草害的防治历程

博野县是河北省小麦和棉花的主产区，对这二种作物的的病虫草害的防治，基本上代表了 60 年来博野县植保植检防治的历程。

1. 博野县小麦病虫

地下害虫（蝼蛄、蛴螬、金针虫）、土蝗、蟋蟀、小麦吸浆虫、小麦禾缢管蚜、麦叶蜂、麦蜘蛛、黑穗病、丛矮病、纹枯病、赤霉病、白粉病、根腐病、叶枯病、小麦全蚀病。80 年代到 90 年代小麦丛矮病普遍发生，后来用晚播来减轻丛矮病的发生。近几年小麦吸浆虫是影响博野县小麦产量的主要病害，并有连年上升趋势，2000 年博野县发生面积 5 000 亩，达到防治指标的面积有 1 000 亩，2005 年博野县发生面积 1 万亩，达到防治指标的面积有 4 000 亩，2009 年博野县发生面积 2 万亩，每样方平均 1～5 头，个别地块虫口密度高达 137 头。达到防治指标的面积有 7 000 亩。我们防治小麦吸浆虫蛹和幼虫的方法是，4 月 15～25 日，每亩用 5%毒死蜱粉剂 800～1 000g，拌土 20kg 制成毒土，或用 40%甲基异柳磷乳油每亩 100～150mL，加适量水稀释，喷洒在 20kg 细干土上，配成毒土，趁土壤潮湿顺垄撒施，提高防治效果，有效控制虫害。如果此期防治欠佳通常在 5 月初（一般小麦抽穗达 70%～80%）进行成虫期防治。药剂可用低毒类农药吡虫啉、菊酯1 500 倍，蚜螨素 2 500～3 000 倍喷雾防治。博野县防治小麦病虫害使用的农药品种有 40%乐斯本乳油、40%辛硫磷乳油、快杀灵乳油、粉锈宁、烯唑醇甲基托布津、敌委丹、适乐时等。

2. 博野县棉花的病虫

棉花枯萎病、棉花黄萎病、棉花红叶茎枯病、棉蚜、棉铃虫、棉象鼻虫、棉蚜、棉盲蝽、棉花红蜘蛛、棉花蓟马等。自 1987 年棉花丰收计划实施以来，博野县棉花生产取得了可喜的成果，但从 1990 年以来棉铃虫连续大发生为害，造成棉花严重减产，拔棉毁种现象严重。1993 年以后棉铃虫得到有效的化学防控，棉花生产稳步增长，1996 年棉花枯、黄萎病发生严重，种棉积极性受到打击。到 1998 年美国冀岱公司抗虫棉种 33BG 开始了

博野县棉农种植抗虫棉的历史，棉花产量和品质都大幅提升。近几年棉花生产受病虫草害的影响不大，随棉花价格波动。现在我们常用的棉花病虫害防治方法：①用40%多菌灵或65%代森锰锌可湿性粉剂500～800倍液叶面喷雾防治棉花枯萎病；②用40%多菌灵1 000倍液灌根（0.5kg/株），或用黄腐酸盐500倍液加防死乐500倍液混合喷雾防治棉花黄萎病发病初期；③棉花红叶茎枯病在发病初期，可用2%的磷酸二氢钾或氯化钾水溶液喷洒叶面，每隔7天喷洒一次，连喷2～3次，可减轻红叶茎枯病的发生；④棉蚜卷叶株率达5%～10%时进行防治，选用25%唑蚜威乳油1 000～1 500倍液，4.5%高效氯氢菊酯1 000～2 000倍液，50%丙溴磷1 000～1 500倍液，10%吡虫啉可湿性粉剂2 000～3 000倍液针对性喷雾；⑤三代棉铃虫百株低龄幼虫15头，四代棉铃虫百株低龄幼虫8～10头时进行防治，选用35%硫丹乳油1 000～1 500倍液、20%灭多威乳油1 500～2 000倍液、2.5%功夫菊酯乳油1 000倍液、50%丙溴磷乳油1 000～1 500倍液、2.5%溴氰菊酯乳油1000倍液喷雾防治；⑥棉叶螨（红蜘蛛），10%强力浏阳霉素乳油1 500～2 000倍液，20%扫螨净乳油1 000倍液，20%速螨酮乳油2 000倍液，1.8%阿维菌素（虫螨克）乳油1 500～2 000倍液均匀喷雾。

3. 除草剂

本县从1986年就开始使用"乐草隆"除草剂，当年除草剂面积占26%，到1990年施用面积达50%，1995年发展到80%，2000年施用面积100%。现在博野县除草剂品种主要有笨磺隆、玉草净、精克草星、一遍净、田草光、田青等，旱地除草剂有草甘膦、农达、克无踪、百草枯等。

改革开放使博野植保发生了如此之大的变化，回顾过去，我们看到了博野县农业发展的艰难历程；展望未来，我们坚信祖国会更加强大，人民会更加安康！博野县植保事业会蒸蒸日上。

与时俱进，不断发展、前进的安新植保事业

李虎群　张小龙

（安新县植保站）

植物保护工作作为保障农业高产、优质、高效、安全的社会公益性事业，历来受到党和政府的高度重视。新中国成立60年来，特别是改革开放30年以来，伴随着国家经济社会的不断发展，综合国力的不断增强，安新县植物保护工作取得了长足发展，植保基础设施建设不断加强，植保防灾抗灾能力明显增强，植保社会化服务水平不断提高，公共植保、绿色植保建设不断走向深入，为维护全县农业生产安全、农产品质量安全、农业生态环境安全，发挥了重要的支撑作用。

一、基础设施条件不断改善

安新县植保站成立之初，办公地点位于县城西关外，当时办公室只有几间平房，病虫测报工具只有两台糖醋液诱蛾器和一组杨枝把，设施条件异常简陋。1977年，配备了自制的简易黑光灯。党的十一届三中全会后，随着国家对农业植保工作重视程度的提高，办公条件有了明显改善，相继配备了解剖镜、显微镜、恒温箱、汽车、摩托车等仪器设备，建起了观测圃、标本室、修配室等附属设施。此后，随着国家植保工程项目的建设实施，1991年农业部批准建设"全国农作物病虫测报网安新区域站"，植保站办公地点迁入县城北关，建起了面积1 300m²的综合办公楼一座，配备了计算机、病虫监测调查车等仪器设备，建起了微机室、档案室、化验案、标本室、图书室等附属设施，办公条件得到了明显改善。2001年12月农业部批准建设安新县蝗虫地面应急防治站，2003年年底建设完成。防蝗站占地面积4 000余m²，建筑总面积1 460m²，配备了背负式喷雾机、大型车载喷雾机、防毒服、GPS定位仪、农药械运输车、野外勘测车、摩托车及计算机、复印机、数码相机、数码摄像机等仪器设备，植保基础设施配备日趋完善。

二、植保防灾减灾能力不断增强

（一）农作物病虫监测预警能力不断增强

安新县病虫测报工作开展之初，由于受监测设备及监测技术的制约，只能开展粮食作物常规病虫害发生实况的简单调查监测。此后，随着科学技术的不断发展和国家植保工程项目的建设实施，植保基础设施条件不断改善，测报技术手段日趋多样、日渐完善，病虫监测预警能力不断增强，农作物病虫测报准确率不断提高。1985年开始，在常规预报的基础上，开展农作物病虫电算统计预报，先后建立了玉米螟落卵量、黄地老虎发生期、发生量等病虫统计预报模型，病虫测报工作开始由定性分析向定量预报转变，测报准确率有了明显提高。1991年，利用计算机对多年病虫资料进行了系统整理，建立了主要农作物病虫害历史资料数据库，病虫预测资料的系统性、连续性、可比性明显增强。1999年，

在全省县级植保站中率先开展了农作物病虫电视预报工作，病虫信息传递速度、入户率和时效性有了明显提高。2000 年，计算机实现联网，病虫信息实现了网络化传输。2003 年，在蝗虫、小麦吸浆虫等重大病虫监测工作中引入 GPS 定位技术，监测技术水平有了明显提高。据统计，安新县区域站建设前后，病虫害长期预报准确率由 83.26% 提高到了 93.83%，中期预报准确率由 95.11% 提高到了 98.62%，特别是重大病虫测报准确率始终保持 100%；电视预报工作开展前后，病虫信息入户率由原来的不足 30% 上升至 2009 年的 85%。

（二）重大病虫治理成效显著

重大病虫严重威胁农业生产安全。多年来，安新县植保工作认真贯彻"预防为主，综合防治"的植保工作方针，狠抓重大病虫治理，取得了明显成效。20 世纪 70 年代，针对白洋淀地区芦苇钻心虫发生日趋严重的情况，研究、推广了芦苇钻心虫发生规律及防治技术，使其发生为害得到了有效控制。1981 年后，随着玉米套种增产技术的推广，稀点雪灯蛾在夏玉米种植区发生为害日趋严重，通过对其发生规律及防治技术进行研究、推广，控制了其发生为害。1989 年，随着华北地区水位的下降，大面积常年沥涝区被开垦种植大豆，使大豆面积迅速增加，致使豆天蛾大发生，1989～1990 年对豆天蛾为害大豆产量损失及防治指标进行了研究，并进行了推广应用，控制了其发生为害。1994 年后，针对安新县小麦吸浆虫发生为害日益严重的状况，大力推广了小麦吸浆虫防治新技术，通过实施"两网一物"监测防治法，在全县范围内组织开展了大规模的统防统治活动，有效控制了其发生为害。同时作为历史老蝗区，多年来，在同蝗灾斗争的过程中，始终坚持"改治并举，根除蝗害"的治蝗工作指导方针，蝗虫治理工作取得了显著成效。特别是 20 世纪 90 年代末至今，针对东亚飞蝗在安新县白洋淀蝗区持续大发生的状况，试验研究、优化集成、配套组装了东亚飞蝗综合治理技术，并在重点蝗区进行了大面积推广应用。通过实施生态改造控制与生物防治、化学防治相结合的综合防治技术措施，开展大规模统防统治活动，有效控制了其发生为害，实现了"不起飞、不成灾"的工作目标，安新县蝗灾治理逐渐走上了可持续治理的道路。

三、植保社会化服务水平不断提高

植保工作是社会公益性事业。新中国成立以来，伴随着社会发展的不同阶段，安新县植保工作始终以服务社会、服务农民群众为己任，植保社会化服务水平不断提高。

农业病虫情报、信息是重要的植保资源，是各级领导决策和指导广大农民群众防病治虫的重要依据。将病虫情报、信息及时准确传递到广大农民手中，指导防治工作的开展，是体现植保部门服务职能、服务水平的一项重要工作。20 世纪 70 至 90 年代中期，受当时社会条件的限制，植保病虫害信息传递、发布主要通过信件邮递的方式进行。由于这一方式传递环节多、速度缓慢、覆盖面窄、时效性差，往往是病虫害防治信息传递到农民群众手中时，病虫害防治适期已经错过，很难发挥出病虫情报应有的指导作用。为提高病虫害信息发布的时效性，1999 年安新县开始开展农作物病虫电视预报工作，通过电视病虫预报工作的开展，农业病虫情报、信息传递速度明显加快，时效性明显增强，覆盖度和入户率有了明显提高。

20 世纪 80～90 年代，为解决农民群众防病治虫难的问题，我们成立了植物医院，技物结合，开方售药，为农民提供技术服务。进入 21 世纪以来，为进一步解决农民群众一家一户防病治虫难、防治不规范的问题，提高植保社会化服务水平，2006 年，我们开始尝试植保专业化防治组织试点建设工作。2008 年以来，按照中央 1 号文件提出的"探索建立专业化防治队伍，推进重大植物病虫害统防统治"的要求和农业部《关于推进农作物病虫害专业化防治的意见》部署，进一步强化引导、监督、管理、服务职能，全方位大力推进植保专业化服务组织建设工作，全县植保专业化防治组织数量、服务水平有了明显提高。截至 2009 年底，全县现有各类植保专业化防治组织 7 个，年专业化防治面积 4 万亩左右。

四、公共管理职能不断加强

1983 年 1 月 3 日《植物检疫条例》颁布实施以来，植保部门认真贯彻落实《植物检疫条例》和《植物检疫条例实施细则（农业部分）》及《河北省植物检疫实施办法》等法律法规，抓好产地检疫、调运检疫和危险性有害生物防控工作，检疫执法队伍建设不断加强，执法工作水平不断提高，有效控制了危险性病、虫、草害的传播蔓延，为全县农业生产安全提供了有力保障。2002 年 7 月 1 日，《河北省植物保护条例》颁布实施后，植保工作公共管理职能进一步强化，实现了对社会植保行为的全面、有效监管。

五、植保技术推广成绩斐然

多年来，植保工作始终坚持紧密联系农业生产实际，站在农业科技推广的前沿，大力推进先进植保技术的普及应用。20 世纪 80 年代，重点推广了水稻秧田化学除草、苇田除草、麦田除草、小麦蚜虫、小麦红蜘蛛、小麦白粉病、小麦锈病、玉米螟、条锹额夜蛾、芦苇飞虱、稀点雪灯蛾、豆天蛾及黄瓜霜霉病、细菌性角斑病等蔬菜病虫害防治、药剂拌种等技术，试验示范推广了有机磷、菊酯类、粉锈宁、乙膦铝等一批高效农药品种。20 世纪 90 年代推广了玉米田化学除草、棉铃虫、小麦吸浆虫、蔬菜病虫害防治等项技术和一批高效、低毒、低残留农药品种。进入 21 世纪以来，植保技术推广工作适应"绿色植保"发展要求，以推动"数量植保"向"绿色植保"根本性转变为目标，着力于满足"绿色"消费需求，服务"绿色"农业发展，提供"绿色"植保产品，大力推进绿色植保技术的普及推广。重点对小麦、玉米、棉花、蔬菜等主要作物病虫害标准化绿色防控技术进行了全面推广，同时以提升农药安全使用能力为中心，大力推广了农药适期、适量、对症用药、减量控害和一喷综防、扇形喷雾等精准施药技术和一批高效、低毒、低残留环境友好型农药新品种和生物农药品种，使全县农作物病虫害防治技术水平有了明显提高，为绿色植保的发展提供了有力的技术支撑。

六、植保科研硕果累累

多年来，安新县植保工作始终坚持紧密结合生产实际，加大对重大、新发、上升病虫害的研究力度，开展科研公关，解决生产难题。先后主持完成了芦苇条锹额夜蛾发生规律及防治、稀点雪灯蛾生物学及防治、豆天蛾为害大豆产量损失及幼虫空间分布型与抽样技术、黄胫小车蝗生物学及为害小麦防治指标、东亚飞蝗活动行为及在白洋淀持续大发生原因、白洋淀东亚飞蝗综合治理技术、小麦蚜虫新防治指标研究、小麦吸浆虫防治新技术推广等研究课题 23 项，获省、部及市级科技进步奖 15 项，研究成果在全国及河北省推广应用面积累计达 1 707.6 万亩，获经济效益 47 812.8 万元。在省和国家级刊物发表学术论文 40 多篇。

多年来，安新县植保工作多次受到农业部、省、市、县表彰。1989 年 3 月，被农业部授予"全国农作物病虫测报先进集体"荣誉称号，同年被省委、省政府授予"河北省知识分子先进集体"荣誉称号，1990 年 3 月，被农业部授予"全国蝗虫防治工作先进集体"荣誉称号，2001 年，被全国农技中心授予"农作物病虫防治工作先进集体"，2002 年，被全国农技中心授予"测报工作先进集体"荣誉称号，2006 年 8 月，被全国农技中心授予"全国农作物病虫电视预报工作先进单位"荣誉称号。

七、存在的问题及建议

纵观安新县植保事业的发展历程，离不开新中国成立以来，特别是改革开放以来，国家综合经济实力的不断增强。没有国家的日益强大，就没有植保工作的持续发展。但就目前安新县植保工作整体而言，仍然存在着一些问题，值得我们关注。

一是基层植保技术推广、服务体系职能弱化，技术推广、服务渠道不畅。基层植保技术推广体系，特别是乡镇级农技推广体系，最靠近农村、贴近农民，离农业生产实际最近，理应是整个植保技术推广体系中最活跃、最有生气的部分。但在工作实际中，作为整个农业技术推广体系中重要一环的乡镇级农技推广机构，工作开展普遍十分困难。一是专业技术人员少，知识更新慢。二是经费不足，技术装备不能满足工作的需要。三是重视不够，工作日益淡化。基层植保体系职能的弱化，直接影响了植保技术推广普及的深度和广度。

二是技术储备不足、技术支撑不够，不能很好适应形势发展的需要。随着农业生产结构调整和农业生产的发展，农作物种植品种日趋多样，新发病虫种类不断增加，无公害农产品生产的发展，高产、优质、高效、生态、安全的农业发展目标，都对植保工作提出了更高的要求。就植保工作本身而言，传统的以粮、棉、油等大宗作物病虫监测防治为主，且主要追求防灾减灾、保产的工作内容，已不能适应形势的需要。植保基础研究、技术集成创新、技术标准与规程的制定等还有待于进一步加强，植保技术人员的业务素质还有待于进一步提高。

面临新形势、新问题，只有不断发现问题、解决问题，与时俱进，我们的事业才会有新的进步。在今后的工作中，我们将继续以科学发展观为指导，坚持与时俱进、开拓创新，认真贯彻"公共植保、绿色植保、和谐植保"理念，扎实推进安新县植保事业的科学发展，为维护全县农业生产安全、促进全县农业生产发展作出新的、更大的贡献。

唐县植保站整体回顾

甄俊乔

（唐县植保站）

光阴似箭，日月如梭。新中国成立六十年来，唐县从县城到农村，都发生了翻天覆地的变化，经济的腾飞，生活条件的改善，都反映了改革开放的辉煌成就。从1978年十一届三中全会召开至今，改革开放的春风吹遍了整个神州大地，在祖国广袤的农村也书写了一个又一个的神话。60年来，唐县农民的生活水平也像芝麻开花节节高，农村一幢幢小洋楼雨后春笋般拔地而起，室内家电应有尽有，姑娘小伙子从穿着上看和城里人也没有什么两样了。这一切悄无声息的巨大变化，是唐县各届人民齐心协力、开拓进取、努力拼搏的结晶，其中也有我们唐县植保人员60年的默默奉献。唐县植保站为农业增产、农民增收作出了重大贡献，同时唐县植保事业也得到了长足的发展。回顾过去，植保站由无到有，由小到大，由落后到先进，经历了坎坷，实现了跨越发展，这些变化主要表现在以下几方面。

一、植保体系建设

1938年唐县抗日民主政府设实业科管理农业，1952年唐县人民政府初设农业建设科，1953年建唐县农林局，内设农业技术股、林业股、农政股和互助合作股，外设川里、稻园（军城）、王各庄、马庄、北罗、城关6个农业技术推广站，各站人员兼做植保工作，1962年成立县植保站，下面各站设了病虫测报点和测报站。1984年植保站下面成立了植保公司。过去农村是生产队为单位的大规模的耕作方式，农田归集体所有，种什么、怎么种都是队长说了算，由于规模作业，集体行动，植保技术非常容易推广，1979年后由于分田到户，农民真正"当家做主人了"，种什么，怎么种全由自己说了算，只抓住队长一人来统一防治、统一推广防病灭虫技术已经很难实施，为了能够适应改革开放新的形势，1985年以后植保站正式定员、定编，不断充实新生力量，乡（镇）农技站也正式开始定编，乡（镇）多数农民技术员也正式招聘为国家在编的植保干部。目前，唐县新型植保体系构架是，县级国家公共植保机构为主导、乡镇公共植保人员为纽带，多元化专业服务组织为基础的"一主多元"的新型植保体系，即国家公共植保系统与多元化专业服务组织系统的构架。

唐县植保站自建站以来历届站长相继为刘贵生、王凤德、付俊亭、邸献军、杨更强、赵俊岭、甄俊乔。

二、基础设施建设

基础设施得到了极大的改善。建站初期植保站挂靠农业技术推广站，没有办公设施，查虫情完全靠人工步行。2005年以前唐县植保站还是传统式的测报灯，每天要有专人入夜时分开灯，通常用一个小闹钟在晚上 12 时关灯，如今不同了，我们已经开始用全自动的佳多测虫灯。80 年代初至 90 年代末，向农业部及省站汇报都是采取电报或信件组合方式进行，编十几个字的电报要花很长时间，还得到邮局发送，非常麻烦，如今不同了，我们站里有专用电脑，上传下达只需轻轻的一按键盘，就 OK 了，交通工具也非常方便了，以前下乡步行、自行车、坐公共汽车，偏远的乡镇每天只有一二趟班车，有时下乡还得走上十多里才能到达目的地，现在不同了，近处开摩托车，远处开小车，调查面积更大了，测报也更准确了。有照相机、摄像机，随时可以拍摄病虫害发生情况。办公设施也日新月异，总之基础设备的改善极大地提高了植保服务水平。

三、植物检疫及法制体系建设

随着农业结构调整和市场经济的发展，农业有害生物的种类、发生频率和面积不断增加，传播速度逐步加快，暴发流行趋势加大，给农业生产构成严重威胁。在农业有害生物防治过程中，一些企业、组织和个人受利益驱动，随意向社会发布农业有害生物测报信息和防治方法，引导农民购买其农药和施药机械，误导农民连年、过量使用某一农药产品，致使药害、残留和抗性等问题日趋突出，坑农害农的事故和纠纷时有发生。同时，一些种子、种苗和农产品调运者不按有关法规要求，向植物检疫机构申报检疫，造成检疫性农业有害生物扩散、传播，给农业生产、农产品质量、人畜和环境安全带来严重威胁；一些农业有害生物监测预报站点、设施屡遭破坏或占用。这些问题，严重影响植保机构及时组织开展病虫监测和防治工作，影响有害生物的可持续治理和农业的可持续发展。为此，我们通过对植保工作面临的形势和挑战进行深入调查研究，得到这样一个重要启发：加强植保工作，必须重点抓好植物检疫和法规体系建设。

植物检疫工作，是维护农业生产、农业生态和农产品质量"三大安全"的重要举措，是政府公共服务的重要内容。"十五"时期，唐县植物检疫工作坚持围绕高效生态农业发展这个中心，主动服务粮食增产、农业增效、农民增收大局，坚持"预防为主，综合防治"的植保方针，科学防治农作物生物灾害，坚持创新创业，改进工作机制，完善农作物病虫防控体系，拓宽了植物保护检疫的领域，有效控制了农作物病虫草鼠为害，为农业结构调整的深入推进和农产品市场竞争力的提高发挥了积极作用，也为农村和谐社会的构建作出了重要贡献。尤其是 1976 年唐县发现了生态杀手"黄顶菊"，检疫人员高度重视，深入全县各村田间地头，认真普查，及时上报县政府及有关部门，发动群众，全力铲除，遏制了黄顶菊在唐县的传播，基本消灭了这一外来有害生物。没有对唐县生产造成损失。

1993 年唐县成立了农业执法大队，负责种子、农药、化肥等农资市场的监察管理，为农业生产安全、粮食安全、食品安全、环境安全保驾护航。今年唐县农产品安全检测达标率为 96%。

四、多元化专业防治模式建设

长期以来，在农作物病虫害防治中存在着不少问题，主要表现在 3 个方面，一是组织化程度低，农民千家万户小规模分散防治，农民缺乏病虫害防治知识，防治水平差，造成农业生产成本过高；二是农药源头出现问题，农药市场乱，经营渠道多，农民对农药品种缺乏了解，科学用药懂得不多，农产品质量难以保证；三是植保部门基础力量薄弱，县植保站只有植保专业技术员 4 人，平均每人要承担 10 万余亩次以上的农作物病虫害防治任务的指导工作，加之我们贫困县财政匮乏，基础设施相对简陋、经费缺乏、人员技术更新慢等，导致植保技术部门服务工作力度和深度不够，技术入户率低。在这种背景下，植保工作要确保全县粮食生产安全和果业生产持续健康发展，就必须积极进行植保服务新机制探索。

从 2005 年开始，唐县紧紧围绕全县果业和粮食两大农业生产任务，安排部署县植保站通过组建农作物重大病虫害应急防治专业队，实施粮食、果树等重大农作物病虫害统防统治以及开展植保社区服务试点等活动，积极组织全县植保系统进行了新形势下的植保服务机制创新工作。目前，全县共建立了 13 个农作物重大病虫害应急防治专业队，以组织专业队实施农作物病虫害防治，带动植保技术的普及与推广，在全县初步形成了 3 种由植保部门指导、管理、组织农民参与的全新植保技术综合服务专业组织。

一是植保协会型。以石洪涛植保专业机防队为代表，县站、乡镇农技站、机手成立植保协会，由协会指导专业队，推行三级负责的管理体制，将机械的所有权和使用权分开，实行植保站、专业队、机手分级负责制，并明确三个层次的责、权、利关系，充分调动了专业队员与农户的积极性。

二是村级组织型。以大庄子村王占民植保专业防治队为代表，县站通过向村级服务组织提供植保技术与信息服务，再由村级服务组织指导管理专业队员实施作业，把植保部门技术指导、村级服务组织、农药经营与专业队员人力、器械有机结合起来，使植保技术进村入地。这种模式延伸了植保体系网络，为植保系统在乡镇、村组上增加了"腿"，把原来破了的网，断了的线，散了的人，又组织起来，而且这个网不用政府包揽。

三是能人主导型。以贾计民植保专业防治队为代表，扶持引导农药经销户变原来的单一经销农药为技物结合的服务模式。使这些能人牵头，成立起综合服务型的植保专业防治队，这种形式既能与其原来的职业很好地结合起来，发挥出专业技能和特长，又能增加其责任意识，是目前最好的专业服务模式。

形式多样的植保专业服务模式，其成功经验最根本的一条就是因地制宜地把植保站自身的业务（如测报、防治技术、农药管理、农药经销等）与组建专业队有机地结合起来，与科技入户结合起来，形成了一套较为完整和成功的对专业队、机手的管理机制，如实行合同制、制定收费指导价、发证持证作业、向社会公布监督电话、向农民签发信誉卡等，既发挥了专业队、机手积极性，也防止了一些机手的随意性，保证了这支队伍的基本稳定和在群众中的信誉，使专业队及时开展了统一防治工作，有效控制了重大病虫危害，降低了防治成本，也为专业队逐步建立可以自负盈亏、自我维持、自我发展的运行机制和激励机制奠定了基础，架起了植保站、农药经营商与农户之间的沟通桥梁，使农户对植保技术不再陌生，也减轻了植保技术人员的压力，弥补了人员不足带来的植保技术走不出去的遗憾，实现了农作物防治工作中的病虫测报到位、技术培训到位、药剂供应到位、防治组织专业和时间的统一，从而真正体现了为农民办实事。

2009 年，在各级政府和农业行政主管部门的正确领导下，植保部门的专业指导下，专业队防治各类病虫害 6 万亩次，挽回经济损失 120 万元，为确保唐县粮食和果业生产安全、农民收入持续增长作出了一定贡献。为此，市植保站授予唐县植保站先进称号。县委县政府对在 2009 年专业队组建、服务机制创新等方面做出显著成绩的单位和个人给予物资及精神鼓励。

五、作物病虫害及其防治

（一）作物虫害及防治

唐县境内为害农作物的害虫主要有蝗虫、蚜虫、吸浆虫、黏虫、螟类、钻心虫、棉铃虫、红蜘蛛、菜蛆等，地下害虫有蝼蛄、蛴螬、地老虎等。

蝗虫防治：唐县历史上蝗虫猖獗，常造成减产绝收。新中国建立后，多在蝗区发动群众人工捕打灭蝗，1953 年开始用法国进口六六六灭蝗。1954～1958 年采取人工手摇喷粉器喷撒 666 粉灭蝗。每年使用 10～20t 农药，基本将蝗虫消灭在三龄以前。使夏秋蝗面积由 5 万亩下降到 2 000～3 000 亩，平原已不能成灾，山区水稻区虫口密度亦由每平方米 10～20 头，下降到每平方米 4～7 头。1960 年以来的 50 年间，由于植保站采取各项有效措施，境内从没因蝗虫成过灾。

吸浆虫防治：1990～1991 年，唐县小麦吸浆虫大发生，白家庄村好多地块造成绝产，引起多家农户恐慌。唐县植保站在各级部门的全力支持下，采取有力措施，每年春天采取陶土及拔穗两次调查，两次有针对性的统防统治，控制住了吸浆虫的危害，为农民挽回经济损失 500 多万元。

防治其他害虫：新中国建立之初，基本沿用民间传统技术防治。例如用烟梗水除治菜类咀嚼口器害虫。用砷制剂（信石）制成毒饵防治地下害虫。1950 年引进日本产鱼藤粉、撒尔瓦多等广谱杀虫剂，以及棉油皂、石灰硫黄合剂等防治蚜虫、红蜘蛛。清明节前处理玉米秸秆和田间采卵块防治玉米钻心虫等，对压低害虫量起到一定作用。

1953 年引进英国滴滴涕、法国产六六六化学农药，逐步取代传统土农药。1960 年以后引进 1605、1059 和 3911 等剧毒农药，防治棉蚜、棉铃虫和地下害虫，防治效果明显提高，但引起害虫天敌中毒并使害虫产生抗药性，用药浓度由 60 年代的 5 000～10 000 倍液，提高到 70 年代的 2 000 倍液。以后采取 3911 拌种，同时使用当时认为高效低毒农药如乐果、甲胺磷、敌百虫、敌敌畏等逐步取代剧毒农药。还提倡诱蛾、采卵结合田间管理消灭害虫，保护天敌，交替使用农药等综合防治措施。1980 年以来推广"呋喃丹"拌种和进口菊酯类农药，使化学药剂防治进入一个新时期。

1983 年唐县棉铃虫发生猖獗，大部分地块造成减产甚至绝收，县植保站对全县 33 000 亩棉田进行综合性统一防治，降低防治成本 8 万元，亩产皮棉 105 斤，增产增收 200 万元。1993 年唐县植保站为了彻底解决棉铃虫为害，引进美国抗虫棉品种，试验示范推广冀岱棉等措施，控制住了棉铃虫的为害，为农民增收作出了贡献，稳定了棉花市场。

生物防治：从 1968 年开始，着重进行天敌资源普查和利用自然资源控制害虫示范，1974 年开始试用七星瓢虫防治蚜虫示范成功。

微生物防治：1973 年在 16 个大队做青虫菌、白僵菌、杀螟杆菌防治玉米螟示范，均有防治效果。

（二）作物病害及防治

唐县境内主要农作物病害有小麦锈病、黄丛矮病、腥黑穗病、白粉病，谷子白发病、锈病，玉米大小斑病、黑穗病，水稻白叶枯、稻瘟病，甘薯黑斑病、软腐病、线虫病，棉花立枯病、枯萎病、黄萎病、炭疽病、花生叶斑病。蔬菜瓜类主要有立枯病、枯萎病、霜霉病和软腐病等。

农作物病害防治：自植保站成立以来，对农作物病害基本遵循了"预防为主，综合防治"的植保方针，从1950年开始推广赛力散拌种防治麦类腥黑穗病，温汤浸种防治散黑穗病。1956年淘汰72线麦等不抗病品种，引进早洋、碧玛麦。对小麦锈病的防治施用石硫合剂喷治，效果不佳，1970年引进石槐、五四、五二等抗锈病品种，有效控制了锈病流行。以后多年选育引进小麦品种，不但看其高产潜力，更主要是看其抗锈病、抗倒伏等抗逆能力，80年代境内推广的小麦品种，都具有较强的抗病能力，小麦主要病害得到有效控制。现在唐县引进了733、822、828等小麦良种，通过实施良种补贴的形式，彻底更换了小麦玉米品种，新品种高产抗病，既有效控制了病害，又保证了粮食的绿色安全。

小麦和玉米丛黄矮病：主要采取清除地头杂草，喷施化学农药，消灭传染媒介"灰飞虱"，效果较好，到1980年已基本控制住此病发生。

棉花枯黄萎病：境内历史上并无此病发生，1975年坛下张、东南京、田辛庄等村试验田和农事试验场开始发现，1977年发展到5个公社15个大队、34个生产队，共发生515亩，毁种30亩。1980年引进东聊城"鲁棉1号"带病棉种2.75万斤（1斤＝500g。全书同)，分配到平原8个公社，26个大队，114个生产队试种2 000亩，当年普遍发生此病，1981年又引进"鲁棉一号"棉种35 000kg，种植6 000余亩，1982年全县32 200亩棉田，发病面积达14 765亩，其中，枯萎病13 709亩，黄萎病1 040亩，黄枯萎病混生面积7 770亩，重病2 556亩，毁种195亩，205亩绝收。1982年开始淘汰"鲁棉一号"品种，引种冀棉7号抗病品种，并提倡倒插轮作，去除病株等综合防治措施，发病范围得以控制，1985年发病面积19 660亩，到1988年发病面积减少到15 000亩，1990年仍有8 500余亩发病，但程度有所下降。自1993年唐县植保站采取综合防治措施，通过种子包衣、轮作倒茬引进抗病品种，彻底控制了枯黄萎病的发生为害。

棉花立枯病：历年都有发生。60年代后强调棉花早播，致使该病逐年加重，不断造成大面积减产，进入80年代后，改早播为适时播种，不断提高播种质量，加强苗期管理，病情始得有效控制。

薯类病害防治：过去多用育秧选块、温汤浸种和更换无病品种等方法解决。现在完全靠选用抗病品种和轮作倒茬的方法解决。

大白菜类病的防治：90年代前是以指导菜农施足底肥、精细整地、更换良种，"呋喃丹"拌种防治地下害虫，以水控病，药剂防治病害等措施，蔬菜病害得以控制。蔬菜根腐病防治，用敌松原粉500倍液灌根，叶腐病用敌克松原粉1 000倍液喷雾，能够控制此病发生。现在完全选用无公害种植模式生产绿色蔬菜。

（三）化学除草

唐县境内杂草有马唐草、王母牛、麦萍草、马齿苋草、灰藜等数十种，历来以除草拔草为灭草手段。1974年在沿河稻区开始应用"敌稗"和"除草醚"灭草示范，以后推广过"杀草丹"，1986年推广2,4-D丁酯除治麦田杂草，阿特拉津除治玉米田杂草，每年药剂除草36 000亩，1990年达到86 000亩，效果良好，但对王母牛草只能压抑其生长，不能完全杀死。进入21世纪以来各种高效低毒除草剂繁荣市场，植保人员田间指导及时，唐县农田几乎见不到杂草丛生，更没有受到过杂草危害。

（四）灭鼠

鼠害是唐县历史上农业常害之一，家鼠、田鼠遍及农村，人工捕打为传统灭鼠手段。60年代初始用化学药品灭鼠，为控制鼠害，1981年开始组织全县人民开展大规模灭鼠"战役"，1982年县政府拨专款投放敌鼠钠盐，各地自拌鼠饵，集中投放，收效显著，同时农、林、工商各有关部门联合发出通告，禁止出售氟乙胺等剧毒鼠药。1982年植保公司在田辛庄村搞农田灭鼠示范。1986年春结合县爱卫会在全县用敌鼠钠搞过一次大规模灭鼠，历时月余灭家鼠、田鼠80余万只。但"二次中毒"问题仍不能解决。进入21世纪以来，禁用了毒鼠强等剧毒鼠药，采取养猫、养蛇等天敌的手段，同时增强了人们的灭鼠意识，完全控制了鼠害。

（五）植保机具

1952年以后开始推广单管喷雾器、手摇喷粉机和担架式喷雾器和压缩式喷雾器。1960年引进背负式喷雾器，1970年引进背负式机动喷雾器，1985年引进微量电动小型喷雾器，是年开始使用防毒面具。进入21世纪以来，多种大中小型机动喷雾器、喷粉机应有尽有，农民用起来得心应手，为植保事业的发展保驾护航。

六、树立"公共植保、绿色植保"新理念

回顾历史是为了开拓未来，以前我们的植物保护方针是"预防为主，综合防治"，但在生物灾害严峻的形势下，我们必须革新植物保护观念，树立"公共植保、绿色植保"理念。

强化"公共"性质和"公共"管理，开展"公共"服务，提供"公共"产品，着力服务"四大安全"，即农业生产安全、农产品质量安全、农业生态安全和农业贸易安全。

拓展"绿色"职能，满足"绿色"消费，服务"绿色"农业，提供"绿色"产品，着力服务资源节约型、环境友好型农业。

发挥植保职能，开拓植保事业的未来，打造绿色家园，为人类作贡献。

唐县植物检疫工作现状与构想

甄俊乔

（唐县农业局）

唐县地处保定市西部山区，下辖 20 个乡镇。345 个行政村，50 多万人，是一个占地 1 400 多 km² 的农业大县，植物检疫站挂靠植保站合称植保植检站。现有在岗的检疫员 4 人。植物检疫是植保工作中的重要内容，随着国际经济全球化进程的整体推进，植物检疫体制、工作模式等都有了进一步发展，植物检疫法规日趋完善，高新技术的应用，使植物检疫水平不断提高。植物检疫在保护国家利益、保护经济安全、生态环境和人民生命健康等方面呈现出越来越显著的作用。唐县自 1985 年正式建站以来，为保障唐县的农业生产安全作出了巨大贡献。但经过 25 年的运作，暴露出的问题也越来越多，原有的工作方法已不能适应新形势下的植物检疫工作，不断传入的检疫性有害生物和外来有害生物对农业生产造成严重的威胁。

一、唐县植物检疫工作现状

唐县植物检疫工作在当前形势下，出现了许多新情况：一是大部分应检单位由集体转为个体，检疫工作涉及面广量大。由于生产、经营形式的改变，对生产和经营植物及植物产品的企业或个人的生产经营情况很难摸清；二是应实施检疫的产品数量增加、面积扩大。植物检疫产品由种子、苗木、种用繁殖材料扩大到粮食、蔬菜、水果、花卉、中药材、食用菌等，检疫任务不断加大。唐县常年输出或输入的各类种子及农产品数百万斤以上，需要产地检疫的各类种子达 90 万斤以上，涉及多个国家和省（市）、自治区。涉及面宽，影响面广；三是新的检疫性有害生物和外来有害生物传入几率及速度成倍增加，经今年对全县小麦恶性杂草的调查，节节麦、毒麦等仅两年时间，已遍布唐县小麦主产区，其速度着实惊人。这就加大了植物检疫防疫的工作难度，如何防范有害生物的传播和对有害生物的控制、扑灭，是每一个植物检疫工作者面临的艰巨任务；四是随着交通的发展，高速公路不断增加，国道、省道加宽提速，植物检疫公路检查站的作用减弱，应施检疫的产品漏检、逃检数量增加；五是唐县的植物检疫工作仅处在产地检疫阶段，这样仅对输出唐县的种子起到了健康保护作用。如何在保证唐县对外提供健康种子的同时，保护唐县上万亩制种繁育基地以及 50 多万亩农作物、水果、蔬菜的生产，不受疫区检疫对象的威胁而处于安全状态，是摆在我们检疫工作者面前的一个重要课题。

二、植物检疫工作的新问题

1. 流通中的检疫问题

一是种子经营单位和个人成倍增加。唐县 1998 年只有县种子公司 1 家单位经营种子，到 2009 年末有各类种子经营单位和个人 80 多家，10 年来增加了 80 多家；二是近年来兴办的各种货物托运处，都是个体或者个人承包经营，受理货物时基本不履行植物检疫手续；三是农村集贸市场花卉、苗木销售兴旺，一些经营户无产地检疫证书；四是存在检疫的许多盲点，尽管一些地方已发生检疫性有害生物，但应施检疫的粮食、中药材、饲料、蔬菜、瓜果等产品的经销基本都未办理植物检疫手续。植物检疫工作不仅要搞好科研、生产单位、企业的种苗基地检疫，而且还要面对庞大的市场。如何加强与经营者之间的联系，进行针对性的检疫治理，是一个新的课题和艰巨的任务。

2. 调运检疫的把关问题

多年来，检疫部门主要依靠铁路、公路、邮政、民航等运输部门的协作配合，并通过公路检查站的设卡来开展植物及植物产品的调运检疫把关。而现在交通运输单位发展迅速，一些部门注重经济利益，淡化了检疫意识，往往以减轻货主负担为由，放松了对货主的法律约束，简化植物检疫手续，从而出现了违章调运现象。由于违章调运，唐县境内发现的检疫性有害生物已达 7 种，外来有害生物（如黄顶菊等）也相继传入，对农业生产造成严重威胁。

3. 执法监督机制和植物检疫体制问题

现在的植物检疫体制分成内检与外检。内检又分为农业和林业二块，因而在具体检疫业务上存在着脱节和扯皮现象，在政策处理上标准不一，给检疫业务的开展带来很多问题。如国外水果近年来大量进入国内市场，大部分未经植物检疫机关审批和检疫，往往通过外贸联营转口内销。按现在体制，这个问题只涉及到外检，一旦"检疫失控"，国际危险性害虫就会传入。而问题的解决，除了检疫立法外，有赖于建立植物检疫的监督检查机制，变被动检疫为主动检疫。

从当前植物检疫的体制现状来看，也存在较多的问题。一是机构设置多样化。基层植物检疫站设置有三类：唐县与植保站合称植保植检站；有的县单独设置为植物检疫站；有的在农业执法大队增挂植物检疫站牌子。二是专职检疫员调动频繁，力量薄弱。唐县基本上没有检疫员专门做检疫工作，都兼有其他工作。这种状态不利于工作的连续和专业工作的开展。三是检疫员业务水平跟不上形势的需要，面对新的形势和检疫的严重任务，基层植物检疫员缺乏检疫信息和业务培训，使检疫员的业务和执法水平难以提高。

4. 基层植物检疫站的规范化建设问题

植物检疫是技术性比较强的专业执法，工作性质决定必须具备一定的检疫检验条件，对流通中的植物及植物产品鉴定检疫性有害生物，为调运检疫和市场检疫提供依据。而基层植物检疫站的基础设施建设却不容乐观，唐县植物检疫站没有检疫实验室，检疫员开展检疫工作仍停留在 1 双手、2 只眼睛的原始状态，无法适应重要的疫情检测需要。

三、唐县植物检疫工作发展构想

针对唐县植物检疫工作出现的新情况、新问题，我们认为，现阶段检疫工作的对策是充分发挥植物检疫队伍和检疫员的专业优势，拓宽植物检疫领域，以种子苗木繁育单位和应施检疫的植物及植物产品的生产、经营单位作为治理突破口，以强化植物检疫执法作为检疫工作的切入点，重点做好"一个普及、两个建设、三个机制、四个创新和五个体系"，使植物检疫工作尽快适应新形势的需要。

（一）"一个普及"

加强宣传培训，加大植物检疫宣传力度，实现植物检疫法规制度的普及。普及植物检疫知识是植物检疫工作顺利开展的前提条件。检疫法规是目前我国植物检疫工作的基本法规，也是广大植物检疫人员执法的主要依据，是植物检疫工作的保障。绝大多数检疫对象的流入是人为造成的。因此加强植检条例的宣传应该成为检疫工作者的一项经常性的工作。植物检疫防疫工作涉及面广、工作量大，一些部门和个人对外来有害生物的危害性认识不足，警惕性不高，广大农民群众防疫意识淡薄，对疫情的发生、流行、危害的严重性认识不够，对防治和清除技术把握不够，主动参与防除工作的积极性不高，有的甚至不理解，不支持检疫部门的防除工作，导致错失防除时机，造成疫情的扩散和蔓延。因此，植物检疫部门必须加强植物防疫知识的宣传和培训，建立定期或不定期的培训制度，对于违反植检条例贯彻执行的生产单位或经营单位（户），在按条例给予严肃处理的同时，还应进行条例宣传和培训，要让他们知法、懂法、用法。特别是种子紧俏的年份唐县种子"走私"的现象比较突出，还有一些种子经营单位（户）不具备检疫证书，擅自调运种子，这样的后果可直接或间接导致疫区的检疫对象流入唐县，因此必须对他们进行培训教育引导；另外，还要广泛深入乡村第一线开展"对口入户宣传"活动，及时组织乡村干部、种植大户、果园承包户、育种育苗户、种子销售商等相关人员进行技术培训，利用广播、电视、明白纸等多种形式和渠道，向农民群众宣传检疫性有害生物的危害和科学防治知识，引导农民主动配合和自觉参与到防控行动中来，为植物疫情工作的开展奠定扎实的群众基础。

（二）"两个建设"

1. 植物检疫机构建设

目前唐县的检疫机构十分薄弱，全县50万亩耕地，只有4个检疫员，并且都是兼职的，乡镇没有检疫机构及检疫员，因此检疫机构的建立和完善已是迫在眉睫。为此，要尽快完善县级检疫机构，同时建立乡级检疫办事处及公路检查哨及市场检疫办事处。在此基础上完善检疫机构设施，增加投入，改善条件。基层植物检疫站要创造条件建立植物检疫实验室，配备相关的设施，建立检疫对象的标本、档案。这是配合植物检疫的基础性工作；可以为执行检疫法规提供依靠和证据。同时利用植物检疫实验室的平台去适应新形势下的植物检疫防疫工作；设立公路检查哨和市场检疫办事处，对漏网的不履行检疫手续私自营销者进行检查；加强市场检查，对调入或调出的种子进行植物检疫证明检查，坚决查处无证调运种子；在农产品集中批发的市场设立检疫办事处。乘基层体系改革的东风，建立一个真正按照《植物检疫条例》规定的独立执法主体。为安全生产保驾护航。

2. 植物检疫队伍建设

建立一支高素质的专职检疫员队伍，是顺利完成植物检疫工作的可靠保证。所谓高素质的专职检疫员应该具备有相当的专业知识、专业技能与专业素养，不具备这样条件的人是不能胜任这项工作的。随着市场经济的发展，唐县的植检工作任重而道远，对未来唐县的种子业市场及农产品市场起着重要的保驾护航作用。为此，我们首先要稳定检疫队伍。每个植物检疫站至少应有3个专门从事植物检疫工作的专职检疫员，以保证植物检疫工作的顺利开展。其次是要加强提高专职检疫员的业务水平。随着时代的发展，疫区的变化，检疫手段的更新以及新检疫对象的出现，控制检疫对象变化的措施都发展得非常快，基层的检疫人员迫切需要及时把握相关的信息和知识，以便更好地开展工作。为此，要建立植物检疫系统专职检疫员的培训、考察制度。加强对专职检疫员的职业技能及素质的培训是正确贯彻执行植检条例的基础内容之一，定期对专职检疫员进行职业技能及素质的培训，从而提高检疫人员的业务素质，去适应形势发展的需要。

（三）"三个机制"

1. 加强对疫情的监测，建立有害生物风险预警机制

有害生物风险预警制度是对其他地区正在流行的或在检查哨检疫截获的危险性有害生物进行风险预警通报，以提示检疫人员注重对来自疫区的寄主植物、产品以及运输工具做针对性检疫，防止外来有害生物的传入。必要时会暂时停止从疫区购进可能携带有害生物的寄主植物或产品，并报告上级检疫部门。建立基层检疫性害虫监测体系，在各乡镇设立监测点，全面监测检疫性有害生物的分布、适生、定殖变化情况，根据监测结果，有效地防范外来生物。同时，为上级主管部门提供可靠的信息，为检疫准入制度提供有力的依据。

2. 建立产地检疫与调运检疫的协同发展机制

产地检疫与调运检疫二者为"互补"关系。由于我国各地开展植物检疫的状况不一样，有的地方仅对种子等进行了产地检疫，而对农产品、水果及包装物等未进行任何形式的检疫，这就造成了疫区的检疫对象随着农产品的流通直接或间接进入非疫区，造成严重损失。因此，为了保证唐县制种基地及全县大面积农作物生产的安全，必须建立产地检疫与调运检疫协同发展机制。

在全面进行产地检疫的基础上严格调运检疫。对辖区内所有种苗繁殖单位和个人，无论是"双杂"种子还是常规种子，农作物还是花卉、苗木、中药材、水果都要进行检疫。就是说，凡是作为栽植、播种、出售的繁殖材料都要经过产地检疫。同时，凡是向外调运的种苗，一定要经过严格检疫，确认不带有检疫性有害生物和危险性病虫杂草后，方能出具调运检疫证书；凡是从外地大批量引进种苗的，调种单位或个人必须事先向所在地植物检疫站申请检疫，植物检疫站要认真核实种苗提供地疫情，确认没有发生疫情，方可准予调运；对调运进来的种苗一律要进行复检，证实不带有检疫性有害生物和危险性病虫杂草的，方可答应种植。

3. 完善登记注册制度，建立市场检疫与前伸后续检疫相结合的运行机制

完善登记注册制度。检验检疫部门对辖区内经营植物及其产品的公司、加工厂（场）、仓库、种植园等，实行登记注册制度，通过登记注册可以充分地了解这些单位业务流通情况，有效地防止漏报漏检。同时实行报检员办法，使检验检疫部门与货主单位建立联系制度。

建立市场检疫与跟踪检疫相结合的检疫机制。对市场上销售的植物及植物产品检查要勤。对调入、调出的各类种苗与繁殖材料要仔细检查"调运检疫证书"、"产地检疫合格证"、"植物检疫要求书"。对"三无"产品，一律按检疫条例处理，并就地销毁。用加强市场检疫和严格执法来维护植物检疫的权威，提高调运签证率，保证农业生产的安全。

同时，检验检疫部门需要与有关地区检疫部门协商，派检疫人员到产品的产地、仓库

等进行预检或监督。同时，对售出的繁殖产品建立跟踪机制，做到全程监管检疫，做到随发现随处置，实现全程追溯，责任追究。实现市场检疫与前伸、后续检疫相结合，既保证了检疫效果，又完善了检疫制度。

（四）"四个创新"

构建新型植物保护检疫体系，必须立足本地实际，把握工作趋势，坚持在"四个创新"上狠下功夫。

1. 职能定位要创新

实施植物检疫，控制有害生物，属于政府公共服务的范畴。一直以来，这些职责以农业部门为主承担，表现为部门责任。随着国家对公共安全问题越来越重视，我们应当将包括农作物有害生物和疫情的防控尽快提升到政府层面，体现为政府责任和政府行为。针对当前植物疫情传入频繁、为害加重、防控压力加大的实际，各级政府必须加强领导，建立健全重大农业植物疫情防控指挥部，层层落实防控责任制，组织各有关部门密切配合，发动广大农民群众共同参与，依靠科技，狠抓各项植物检疫防疫措施的落实，有效控制重大植物疫情的扩散、蔓延和危害。与之相适应，植物检疫定位必须提升，职能必须强化，管理必须到位，使政府保障农业生产安全、生态安全的责任得到全面落实。

2. 目标任务要创新

一直以来，农业生产以保障供应为目标，以增加数量为重点，忽视产品安全和农业环境保护。这在农作物有害生物防治上表现为，单一以化学手段为主，忽视生物、生态手段综合运用，导致农产品质量下降，环境污染加剧。当前大宗农产品普遍"供过于求"，保护农业生态环境、保障农产品质量安全、生态安全，已成为农业生产的新追求。植物检疫一定要适应这一要求，为我们的农业环境把好关、看好门，推进环境友好型农业的发展。

3. 管理重点要创新

长期以来，植物检疫强调的是病虫害和有害生物的防控，突出检查农产品，对工作中人的主导作用考虑较少，有"见物不见人"的现象。其实，从管理的角度看，重点应该是人：防控农作物病虫害的目的是为了人，探索研究其规律的是人，防控的主体也是人。而且很多外来生物的入侵都与人的活动有关。因此，我们要坚持以人为本，把能否有益于农民作为工作的出发点，把能否调动检疫人员的积极性、主动性和责任感作为工作的关键，把能否得到社会的理解和支持作为工作的着力点，采用依法、科学、有效的管理手段，努力提高植物检疫工作的到位率。加强内部治理，基层植物检疫站内部要制订、落实好各项规章制度，依法行政，秉公执法。主动接受农业行政主管部门的目标责任制和行政执法责任制的考核，在考核中检阅检疫人员的思想作风和业务水平，用制度来提高植物检疫的战斗力，通过不断的努力，开创植物检疫工作新局面。

4. 防控机制要创新

唐县是一个相对落后的农业大县，农业生产经营主体数量众多，农业结构的区域化、规模化格局尚未完全形成，以生产分散化、小型化、多样化为主要特征。另外，农业生产主体以单家独户为主，生产方式千差万别，生产资料（尤其是种子等）购买渠道千条万种。这样就增加了疫情防控的难度。同时，唐县也属于一个近年来发展比较快的县，农业组织化程度也在不断提高，龙头企业、专业合作社、农村服务组织大量涌现，村级集体组织功能增强，开展农业生产环节社会化服务的条件不断孕育。为此，检疫工作应该适应农业社会化、产业化发展潮流，符合生物灾害发生的突发性、区域性、可控性的规律，积极培育社会化服务组织，在不改变农户家庭经营的基础上，通过机制创新，采取有效的措施，全面提高检疫工作的科学性、及时性和有效性。加强疫情监测。坚持不懈地做好疫情的监测工作，做好监测点工作的落实，确保疫情早发现、早报告、早封锁、早扑灭，将疫情扑灭在萌芽阶段。

（五）"五个体系"

按照"四个创新"的思路，重点加快完善"五个体系"。

1. 加快完善农作物疫情监测预警体系

农作物疫情监测预警体系建设，是植物检疫工作的重点。加强预警监测点建设，取得第一手资料，排除人为因素影响，对准确预警十分重要。根据产业布局和规划、作物类型、种植面积，一般按照每5万亩耕地设立一个监测点的要求，完善植物疫情监测网络，配备必要的监测仪器，积极推进监测的标准化、规范化，切实提高检疫资料的准确性。要加强重点区域站的监督管理，对日常监测调查、情报、建设管理有明确要求，建立区域站测报技术人员的岗位责任制，健全监测和预警技术规范，建立监测信息定期汇报交流制度，定期进行考核，保证监测预报工作的质量和水平。

2. 加快完善疫情控制体系

深入实施疫情综合防治工程，搞好现有技术配套组装，结合农业科技入户工程，推动植物检疫防疫工作的开展。根据《植物检疫条例》等法律法规的规定，加强检疫性和外来有害生物防控，加大力度控制扑灭毒麦、节节麦、黄顶菊等检疫性有害生物。同时，要积极探索建立外来有害生物入侵的风险评估机制，制订严密的防控预案，加强防控准备，有效抵御外来生物入侵。

3. 加快完善科技创新检疫体系

科技进步是植物检疫的支撑力量。我们要结合自身工作，进一步加大关键技术研究推广力度，加快科技创新步伐。首先，要突出重点。围绕社会关注、农民关心、生产急需，突出有害生物数字化预警、重大农业有害生物生态控制、外来危险性有害生物检疫防疫等技术。着力开展外来有害生物发生规律与综合防治技术推广。加强"3S"高新技术、计算机网络技术和电视多媒体技术的应用，提升检疫现代化水平。其次，要强化协作，加强与农业科研院所和大专院校等部门的联系，充分发挥他们的技术、人才和设备优势，联合开展关键技术研究，推动重大技术的推广应用。

4. 从源头抓起，建立安全保障体系

检验检疫部门应该参与优势农产品基地规划和建设，对辖区内的制种单位，经营单位实行严格的植物检疫登记制度，推行"公司＋基地＋标准化"的生产模式，完善植物疫情监控体系，帮助企业建立质量保障体系，提高农产品质量安全水平。对种子、花卉、苗木、水果等全面实施检验检疫监督管理办法。从源头上抓起，对农作物生产商、包装厂实施注册登记，将检验检疫要求渗透到生产过程中。不仅可以在发现问题时追溯到源头，而且可以保证农产品的质量安全。

5. 加快完善应急管理体系

完备的应急管理体系，是政府保障公共安全和处置突发公共事件的基础。一要健全生物灾害应急预案体系及运作机制。逐级制定农作物重大生物灾害应急预案，建立应急管理体系。一旦发生农作物生物灾害疫情，能迅速按照预案的程序，遵循预防为主、分级负责、果断处置、规范有序的原则，落实预防、控制和有效治理措施。二要加强应急防治物资储备。建立各级农作物自然灾害、重大流行性病害、迁飞性害虫和重大危险性外来有害生物应急防治药剂及施药器械的分级储备制度，按照农业部门主管，供销部门、企业参与，财政适当补贴，市场化运作的要求，落实各项应急防治物资储备。三要加强应急管理能力建设。进一步强化农作物危险疫情的防控指挥工作，加强预警、信息平台和专业队伍建设，并结合实际积极开展培训和演练，提高应急防控处置水平。

望都县小麦吸浆虫发生演变规律与防治技术探讨

孙　会

（望都县植保站）

摘　要：小麦吸浆虫是小麦上的一种毁灭性害虫，在河北省望都县为害严重，为有效地控制小麦吸浆虫的为害，我们对小麦吸浆虫发生情况及防治技术进行了调查研究，基本上摸清了小麦吸浆虫的发生特点，并根据调查结果，制定了相应的农业防治措施和化学农药蛹期土壤处理的防治措施，取得了很好的防治效果。

关键词：吸浆虫；演变规律；防治

望都县位于河北省中部，属北方冬麦区。1989 年在望都县始见吸浆虫发生，从 1995 年大发生至今，扩展迅速，全县 8 个乡镇 147 个村均不同程度地遭受过吸浆虫的为害，其为害区域此起彼伏，已成为制约小麦高产、稳产的重要因素。通过近年来的调查与试验研究，基本上摸清了吸浆虫的发生特点，流行原因与防治技术。

一、小麦吸浆虫发生演变规律

望都县位于河北省中部，属北方冬麦区。1989 年在望都县始见吸浆虫，其危害时间仅 20 天左右而且虫体很小，极不易被群众发现，往往受害了、减产了，甚至绝收了还不知是何原因。人们认识不到其为害，很少有人去防治，直到 1994 年招庄村王振山的 10 亩麦田亩产仅 50kg，才给人们敲醒了警钟。1995 年全县种植面积 21 万亩，发生面积 16 万亩，农业部和省植保站非常重视，在市县两级的大力督导下，县政府与乡、村两级干部签订了责任状，各个乡村均开始大面积地防治，使得吸浆虫发生面积、发生程度才有所降低。但小麦吸浆虫喜湿怕干，而望都县良好的水利灌溉条件，无疑为其发生存活提供了广泛的适生地。虽然人们对吸浆虫有了一定的认识，但如何彻底根除还是一个未知数。1995 年至今，每年都有 1～2 户农民亩产在 50～100kg，全县发生面积起起伏伏，发生程度在 3～5，不能很好的控制其发生。由于农民种植的小麦品种绝大部分是互相交换而得来，连品种的名称都不知道，更谈不上抗不抗虫，而感虫品种经 2～3 年的种植便可造成吸浆虫的大发生，这也是治理小麦吸浆虫的一个难点。1999 年以前国家提倡使用林丹粉，其防治效果非常好，在小麦种植时使用，便能达到很好的效果，但其在土壤中残留时间长，现已被淘汰。1999 年以后，开始推广 1605 粉和乳油及甲基异柳磷等，其防治效果远不如林丹粉，这也是摆在我们植保部门的一大难题，如何来解决呢？2003 年、2004 年我们配合省植保所的同志做抗虫品种的实验，希望通过种植抗虫品种能控制、杜绝吸浆虫的发生及为害。但由于新品种的不断涌现，对其抗虫性也不了解，常有新品种由于吸浆虫的为害造成大幅度减产，甚至绝产。2005 年推荐使用 1.5% 甲基 1605 粉和 50% 辛硫磷乳油，2006 年推荐使用甲基异硫磷、50% 辛硫磷乳油和毒死蜱。2009 年辛硫磷由于见光易分解，防治效果不好，被否定不再使用。

二、发生特点

1. 隐蔽性强，为害重

小麦吸浆虫个体小，出土期仅 30 天左右，不易被农民发现。共遍及全县 8 个乡镇 147 个村，该虫为毁灭性害虫，以其幼虫吸食小麦花器及籽粒，破坏小麦品质，可使每亩小麦损失 40～100kg，严重时整块麦地绝收，望都县几乎每年都有几户农民受其害，亩产 20～50kg，足见其为害之重。

2. 分布极不均衡，呈"岛屿式"分布

1989～1993 年调查中，中韩庄、南王疃等村曾发现吸浆虫的为害，但在 1994 年淘土调查中却为零；在前庄子村南，在 1994 年的小麦剥穗调查中，所查穗平均有虫 3.2 头，最高单穗 98 头，同样在 1995 年春季于前庄子村南所取土样中却为零；同样一块地，两个调查点相距不远，虫口数量就相差几倍甚至十几倍。

3. 吸浆虫一年一代或多年一代，以末龄幼虫在土壤中结圆茧越夏或越冬

翌年当地下 10cm 处地温高于 10℃时，小麦进入拔节阶段，越冬幼虫破茧上升到表土层，10cm 地温达 15℃左右，小麦孕穗时，再结茧化蛹，蛹期 8～10 天；10cm 地温 20℃左右，小麦开始抽穗，吸浆虫开始羽化出土，当天交配后把卵产在未扬花的麦穗上，卵期 5～7 天，初孵幼虫从内外颖缝隙处钻入麦壳中，附在子房或刚灌浆的麦粒上为害 15～20天。望都县小麦拔节期在 4 月 10 日左右，4 月 29 日小麦开始抽穗，蛹也开始羽化出土，吸浆虫成虫始见期为 4 月 30 日，发生盛发期为 5 月 2～5 月 8 日，终见期为 5 月 13 日。成虫的发育进度与小麦发育期极相吻合。

4. 发生快、面积大、密度高

从 1989 年在望都县始见小麦吸浆虫，到 1995 年春季淘土调查，招庄王振山的麦田每样方虫量高达 808 头，当年全县发生面积达到 16 万亩，为望都县历史最高值。

5. 新老虫区交替为害，新虫区虫口密度增大

1989 年，小麦吸浆虫始在望都县发生，一直到 1994 年防治力度不够，造成 1995 年的大发生，淘土调查，平均每样方有虫 13.6 头，最高每样方虫量 808 头。1995 年至今，每年都有新虫区，虫口密度较大，见下表。

表 1　小麦吸浆虫发生与防治情况表

年份	发生面积 （万亩）	防治面积 （万亩次）	发生程度	平均密度 （头/m³）	最高密度 （头/m³）
1989	1	0	1	0.20	2
1990	1	0	1	0.03	1
1991	1	0	1	0.04	1
1992	1	0	1	0.13	10
1993	1	0	1	0.5	10
1994	5	0.1	2	0.13	2
1995	16	17.5	5	13.6	808
1996	10	16	4	5.74	88

（续表）

年份	发生面积 （万亩）	防治面积 （万亩次）	发生程度	平均密度 （头/m³）	最高密度 （头/m³）
1997	8.55	3.5	3	1.68	102
1998	7	2.2	3	1.54	26
1999	16.9	52	5	9.34	545
2000	7.9	13	3	3.45	164
2001	10.2	3	3	3.21	73
2002	13	7	4	18	326
2003	10.2	2.7	3	1.58	22
2004	14.96	26	4	5.83	107
2005	13.4	24	3	3.3	93
2006	14.2	24	3	3.25	59
2007	12.6	19	3	3.12	65
2008	10.5	19	3	2.57	56
2009	9.45	17.5	2	0.45	2

三、发生流行原因分析

1. 气候条件适宜

望都县 4～5 月份雨日较多，平均降雨大于 50mm，况且望都县具有较好的灌溉条件，给吸浆虫的破茧化蛹提供了适宜的土壤条件，加上基本上无大风天气，利于吸浆虫产卵为害。冬季较温暖干旱，利于吸浆虫越冬存活，春季早浇返青水也提高了土壤的湿度，便于越冬幼虫破茧上升。2004 年由于化蛹前期降雨少，土壤干旱，一部分又潜回土中，4 月 26 日降雨后，又有幼虫上升到土壤表层化蛹，造成今年成虫期较长，直到 5 月 20 日还有成虫，此时已是无效虫口。

2. 土壤中虫源基数较大

吸浆虫有多年休眠的习性，休眠期可长达 12 年。河北省于 60 年代、80 年代后期及 20 世纪 90 年代中期曾三次猖獗发生。望都县于 1992 年实现了吨粮县，随着肥水条件和高产栽培技术的推广，湿润肥沃的土壤条件利于其羽化和存活，加上小麦—玉米—小麦的单一种植方式和民间换种等原因，使土壤中存在着丰富的虫源。

3. 生产上主要种植的小麦品种抗性较弱

望都县种植的小麦品种繁杂，有些品种虽有一定的抗性，但各种优良性状不能最大限度地统一，使其对小麦吸浆虫的总体抗性较弱。

4. 大中型收获机械的带虫传播

近几年，我站对外来收割机异地作业所携带的病虫害进行了调查，发现大中型收获机械的连续作业，可使未能落入土壤中的幼虫随颖壳四处扩散，人为扩大虫源面积。

四、防治对策

望都县领导及有关单位十分重视吸浆虫为害，县政府与各乡镇签了责任状，又组织了大量人力、物力，广泛宣传，全面动员，深入普及防治知识，召开现场防治会，发放吸浆虫发生防治光盘到各乡镇，采取"药剂防治为主，其他农业措施为辅"的综合防治措施，并取得了一些成绩和经验。

1. 大力推广抗虫品系

为了防治小麦吸浆虫，望都县重点推广了一批芒长、多刺、口紧、小穗密集、扬花期短而整齐、种皮较厚的抗虫品系，如71-3、原冬8号等。实践证明，这些品种的抗性性状可以互为补充，减少小麦吸浆虫侵染的机会。为寻找新的抗虫品系，2003年秋季我站配合河北省植保所的同志，在望都宰庄村做了100多个品种的抗虫性试验，筛选出了一批抗虫品种。2004年秋季我们推广了部分高抗品种并且又做了一批抗虫品种试验。

2. 连年深耕，压低虫口数量

吸浆虫以幼虫在土壤中结茧越夏、越冬，连年深耕，可破坏其生存环境，杀死部分幼虫，压低虫口密度。

3. 小麦吸浆虫在地下生活时间长，虫体小，数量多，应分两步进行防治

蛹期防治、穗期防治。经验证明，这两步防治对彻底消除吸浆虫的为害有着举足轻重的意义，只要防治正确、措施得力，可变被动为主动，及时控制虫情。

（1）蛹期防治　小麦拔节前后（4月10日）幼虫开始向土表3~7cm处移动，我站开始调查幼虫上升情况；4月20日左右开始化蛹，我站系统调查蛹期发育进度，以确定防治时期，蛹期虫体抗药性差，可在田间撒施毒土，即用甲基1605粉2~2.5kg对干细土25kg拌匀撒于麦田地表，撒后浇水效果更好，防效可达90%以上，基本控制了吸浆虫的为害。2002年在西任疃进行蛹期防治试验，防治效果达到了97%。2003年望都县宰庄村马兰国的麦田平均亩产50kg，2004年我在其麦田进行小麦吸浆虫的系统调查，指导其在蛹期进行了防治，而到成虫期虫量很少，也就未防治，对产量基本无影响。2005~2009年在康庄、北关、城内等村进行系统监测，在田间进行指导防治。

（2）穗期防治　小麦抽穗期至开花前（5月1~10日，有70%小麦抽穗时），亩用"浆蚜灵"乳油60~80mL或25%星科乳油4.5%高效氯氰菊酯乳油30mL，对水30kg，在成虫活动旺盛的下午5时以后喷药，可有效杀死成虫，2002年我站在西任疃进行成虫期调查发现几块麦田成虫特别多，5月3日10复网达400多头，蛹期未防治，我们指导这几户农民在成虫期进行了2~3次喷药，防效达到了80%以上，基本上控制了吸浆虫的为害。也可用80%DDVP乳油150mL加水40mL喷洒在25kg麦糠上，隔行堆施熏蒸也有很好的防治效果。近年来一直提倡一喷多防技术（防治病、虫、干热风及叶面肥增产等），收到了很好的防治效果。

五、存在问题

小麦品种的抗性问题还未解决，全新的抗虫品系尚未出台；由于新品种的不断涌现，其中不抗虫品种种植2~3年造成了吸浆虫的大发生；多年来习惯性的浅耕也给吸浆虫在土壤中的生存提供了可乘之机；大中型收获机械的带虫因素难以排除，所以防治小麦吸浆

虫仍将是一项长期而艰巨的任务。应从改良品种、调查种植模式等处着手加大综合治理力度，因为单纯依赖药剂防治，迟早会引起害虫的抗药性，增加农业生产的多投入，对生态环境产生负面影响，因此。研究和推广新的高效、低毒、绿色环保型治虫药剂，保护麦田自然生态环境，可充分发挥天敌的自然控制效应，加上小麦抗虫品种的推广及合理的种植结构，势必会将防治小麦吸浆虫的工作提高到一个新的台阶。

承德市土蝗种类种调查及综合防治措施

马秀英　　尚玉如　　孙凤珍　　马立红

（承德市植保植检站）

　　土蝗是承德市农牧业生产中一种重要有害生物。近年来，受全球气候变暖、生态环境的改善等综合因素影响，从 20 世纪 90 年代中期以来种群数量和为害程度明显较 20 世纪 80 年代回升，年发生面积均在 100 万亩以上，特别是进入 90 年代后期以来，呈连年中偏重发生的势头。1998 年农牧交错区土蝗大发生，一些防治不及时草场中的土蝗大量迁入周围农田，致使这些农作物大量减产或绝收，特别是春小麦，受害更重。2001 年土蝗偏重发生，发生期恰遇干旱，草场植被长势差，苗小不敌虫咬，在承德的丰宁、围场县很多草场出现"虫进羊退"现象，由于近年来土蝗的严重发生，造成承德北部县的坝上地区大面积草场退化。1999～2002 年 7 月上中旬连续 4 年有异地亚洲小车蝗大量迁入承德，农村、城镇、厂矿、机关、街道、居民点到处都是。蝗虫不仅对农牧业生产构成威胁，同时还造成严重的社会影响。为了进一步掌握承德地区土蝗发生种类及发生规律和分布区域，2005～2009 年依照《河北省蝗虫种类及生态区勘查方案》要求，进一步对承德地区土蝗种类、发生范围、为害情况、生态环境、天敌资源等进行了勘查。

一、基本情况

　　承德适宜土蝗发生的丰宁、围场县种植作物主要有春小麦、莜麦、亚麻、马铃薯、豆类、蔬菜、饲用牧草等主栽作物，野生植物主要以禾本科、藜科、蓼科、菊科、伞形科和豆科等植物为主。本县境内由于植被资源丰富、耕作粗放、夏季气候比较温和，多雨和多样性的自然环境，为蝗虫的繁殖，栖息和发生为害创造了适宜的环境。

二、蝗区主要植被情况

　　承德土蝗蝗区主要分布在承德的丰宁、围场、隆化、平泉等北部县。根据勘查结果，植物有 61 科、204 属、358 种，主要有狗尾草、野燕麦、羊草、野黍、藜、扁蓄、苋、大籽蒿、黄蒿、猪毛菜等；人工栽培植物有杨树、榆树、柳树和山杏树等，栽培作物主要有春小麦、燕麦、马铃薯、亚麻、豆类（豌豆、蚕豆、大豆、红芸豆等）、油菜籽、荞麦、蔬菜、青玉米等约 33 种。人工和野生植被总覆盖率 70% 左右，其中人工植被占 23%，田间野生植被约占 47%。丰富的植被资源为土蝗的取食提供了充足的食源，但近年人工草场大面积种植土蝗不喜食植物苜蓿、草木樨、沙打旺等，对控制和减轻土蝗的发生危害发挥了重大作用。"围栏"种草，"禁牧"草场植被长势明显好于八九十年代，相比危害也所有减轻。

三、土蝗种类

1. 星翅蝗属 *Calliptamus* Serville

（1）短星翅蝗 *Calliptamus abbreviatus* Ikonn

2. 笨蝗属 *Haplotropis* Saussure

（2）笨蝗 *Haplotropis brunneriana* Saussure

3. 鸣蝗属 *Mongolotettix* Rehn

（3）条纹鸣蝗 *Mongolotettix japonicus* Vittatus（UV.）

4. 网翅蝗属 *Arcyptera* Serville

（4）隆额网翅蝗 *Arcyptera Coreana* Shir

5. 曲背蝗属 *Paracyptera* Tarb

（5）宽翅曲背蝗 *Paracyptera microptera* Meridionalis（Ikonn）

6. 牧草蝗属 *Omocestus* I. Bol

（6）红胫牧草蝗 *Omocestus* ventralis（Zett.）

（7）红腹牧草蝗 *Omocestus haemorrheidalis*（Charp）

7. 大足蝗属 *Gomphocerus* Thunb

（8）李氏大足蝗 *Gomphocerus licenti*（Chang）

8. 棒角蝗属 *Dasyhippus* Uvarov

（9）北京棒角蝗 *Dasyhippus peipingensis* Chang

（10）毛足棒角蝗 *Dasyhippus barbipes*（F. -W.）

9. 异爪蝗属 *Euchorthippus* Tarb

（11）素色异爪蝗 *Euchorthippus unicolor*（Ikonn）

（12）条纹异爪蝗 *Euchorthippus vittatus* Zheng

10. 雏蝗属 *Chorthippus* Fieb

（13）华北雏蝗 *Chorthippus bruneus* huabeiensis xia et Jin

（14）东方雏蝗 *Chorthippus intermedius*（B. -Bienko）

（15）北方雏蝗 *Chorthippus hammarstroemi*（mirm）

（16）小翅雏蝗 *Chorthippus fallax*（zub）

（17）狭翅雏蝗 *Chorthippus dubius*（zub）

（18）夏氏雏蝗 *Chorthippus hsiai* Cheng et TU

（19）白纹雏蝗 *Chorthippus* qingzangensis rin

（20）锥尾雏蝗 *Chorthippus* conicaudatus Xia et Jin

（21）异色雏蝗 *Chorthippus latipennis*（I. Bol.）

11. 尖翅蝗属 *Epacromius* Uvarov

（22）大垫尖翅蝗 *Epacromius coerulipes*（Ivan）

（23）甘蒙尖翅蝗 *Epacromius tergestinus* extimus B. -Bienko

12. 飞蝗属 *Locusta* linnaeus

（24）亚洲飞蝗 *Locusta migratoria* migratorial

13. 小车蝗属 *Oedaleus* Fieber

（25）黄胫小车蝗 *Oedaleus infernalis* Saussure

（26）亚洲小车蝗 *Oedaleus decorusasiaticus* B. -Bienko

14. 赤翅蝗属 *Celes* Sauss

（27）大赤翅蝗 *Celes skalozubovi* akitanus（Shir.）

15. 痂蝗属 *Bryodema* Fieber

（28）轮纹痂蝗 *Bryodema tuberculatum* dilutum（Stooll）

（29）白边痂蝗 *Bryodema luctuosum*（Sauss）

16. 异痂蝗属 *Bryodemella* rin

（30）黄胫异痂蝗 *Bryodemella* holdereri（Krauss）

17. 皱膝蝗属 *Angaracris* B. -BiBnko

（31）红翅皱膝蝗 *Angaracris rhodopa*（F. -W）

（32）鼓翅皱膝蝗 *Angaracris barabensis*（Pall.）

18. 束胫蝗属 *Sphingonotus* Fieber

（33）蒙古束胫蝗 *Sphingonotus mongolicus* Sauss

19. 异距蝗属 *Heteropternis*

（34）赤胫异距蝗 *Heteropternis rufipes*（Shiraki）

20. 蚁蝗属 *Myrmeleotettix* I. Bol.

（35）宽须蚁蝗 *Myrmeleotettix* patpalis（Zub）

通过多年来的田间普查结果，查到土蝗种类有1科35种，与80年代相比，发生种类多1属1种，即异距蝗属的赤胫异距蝗，以前曾有过记录的，其中有7种未采到标本。从普查来看，①坝上蝗区：海拔1 300～1 645m，种植主要作物有小麦、莜麦、马铃薯、胡麻、油菜、蚕豌豆、蔬菜、极早熟玉米等；主要植被是单双子叶杂草，如冰草、老亡麦、草木樨、披碱草、苜蓿、狗尾草、酸模叶廖、艾蒿、米蒿、鲁梅克斯、老牛筋、沙草等多种。蝗虫种类共有雏蝗11种（白边雏蝗、黑翅雏蝗、华北雏蝗、中华雏蝗、锥尾雏蝗、狭翅雏蝗、小翅雏蝗、北方雏蝗、夏氏雏蝗、呼氏雏蝗、东方雏蝗）、毛足棒角蝗、黄胫小车蝗、亚洲小车蝗、云斑小车蝗、红腹牧草蝗、短星翅、宽翅曲背蝗、长翅燕蝗、痂蝗、日本黄脊、鼓翅皱膝蝗、笨蝗、蒙古束胫蝗等24种。以白边雏蝗、白纹雏蝗、狭翅雏蝗、小翅雏蝗、毛足棒角蝗、小车蝗、红腹牧草蝗、短星翅为优势种。②接坝地区蝗区：海拔1 060～1 190m，种植作物玉米、小麦、莜麦、胡麻、油菜、谷子、大豆、马铃薯、中药材等，主要植被有铁杆蒿、山碗豆、紫花苜蓿、委陵菜、山麻籽、老牛筋、艾蒿、蒲公英、酸模类、车前、马唐草、狗尾草等。土蝗种类：北京棒角蝗、宽翅曲背蝗、白边痂蝗种、小车蝗、蒙古束胫蝗、毛足棒角蝗、白边雏蝗、中华雏蝗等，以宽翅曲背、小车蝗、毛足棒角蝗数量多是优势种。③坝下土蝗发生区：海拔400～1 050m，主要种农作物有玉米、高粱、大豆、水稻、谷子、蔬菜、大豆等。野生植被主要有狗尾草、马塘草、画眉草、鸡爪子草、苦荬菜、车前子、西天谷、山碗豆、紫花苜蓿、龙葵、艾蒿、猪毛蒿、牛筋草、刺母果、大籽蒿、黎科、蒲公英、铁杆蒿等。土蝗种类有大翅赤、大垫尖翅蝗、亚洲小车蝗、长额负蝗、短额负蝗、白边痂蝗、宽翅曲背、鼓翅皱膝蝗、菱蝗、中华稻蝗、小稻蝗、蒙古束胫蝗、短星翅等20余种。与80年代相比，土蝗优势种群无明显变化，只是年度间发生种群数量上的差异。普查结果表明，土蝗种类从南至北相同海拔高度种类基本相近，只是不同海拔高度土蝗种类差异很大，农牧交错区、农林交错区由于环境条件适宜，发生种类多危害重，农田中相对发生轻，种类也少，每年作物受害主要是农牧交错区土蝗扩散所致。

四、土蝗的天敌种类

通过近年和以往田间调查和普查，发现承德地区的土蝗天敌资源比较丰富，截至到目前已查到天敌种类 52 种，主要有鸟类、昆虫、蜘蛛类、菌类等，这些天敌资源在不同年份或不同蝗区对土蝗的种群数量，发生程度都有明显控害作用，勘查中发现，近年来百灵鸟、山雀、麻雀数量较 80 年代相比大量减少，喜鹊、斑翅山鹑、鹌鹑、野鸡数量增加，豆芫菁幼虫可取食大量蝗卵，当地发生种类多、种群数量大，但其成虫对当地农作物危害重，还需进行化学防治，压低种群数量，减轻作物受害程度。因此，还应对蝗虫天敌予以科学研究和保护。

蝗虫天敌名称

（一）鸟类　目　科　种

（1）喜鹊 *Picapica sericea* Gauld（雀形目 PASSERIFORMES 鸦科 Corvidae）

（2）乌鸦 *Coryus corone* L.（雀形目 PASSERIFORMES 鸦科 Corvidae）

（3）大山雀 *Parus major* L.（雀形目 PASSERIFORMES 山雀科 Paridae）

（4）麻雀 *Passer montanus*（雀形目 PASSERIFORMES 雀科 Fringilldae）

（5）小云雀 *Alauda gulgula*（雀形目 PASSERIFORMES 百灵科 Alaudidae）

（6）百灵鸟 *Melanocorypha mongolica*（雀形目 PASSERIFORMES 百灵科 Alaudidae）

（7）家燕 *Hirundorustica gutturalis*（雀形目 PASSERIFORMES 燕科 Hirundinidae）

（8）田鹨 *Anthus novaserlandiale* Richaedi Vieillot（雀形目 PASSERIFORMES 鹡鸰科 Motacillidae）

（9）燕鸻 *Glareola maldivarum* Forster（鸻形目 CHARADRIIFORMES 鸻科 Charadriidae）

（10）白翅浮鸥 *Chlidonias leucaptera*（Temminck）（鸻形目 CHARADRIIFORMES 鸥科 Laridae）

（11）灰斑鸠 *Streptopelia decipiens* Mourning Collared-Dove（鸻形目 CHARADRIIFORMES 鸠鸽科 Columbidae）

（12）小杓鹬 *Numenius Minutus*（鸻形目 CHARADRIIFORMES 鹬科 Scolopacidae）

（13）红脚隼 *Falcavespertinus amurensis* Radde（隼形目 FALCONIFORMES 隼形科 Falconicae）

（14）雀鹰 *Accipiter nisus*（隼形目 FALCONIFORMES 鹰科 Accipitridae）

（15）灰背隼 *Falco columbarius*（隼形目 FALCONIFORMES 隼形科 Falconicae）

（16）大斑啄木鸟 *Dendrocopos major*（Linne）（裂形目 PICIFORMES 啄木鸟科 Picidae）

（17）鹌鹑 *Coturnix coturnix* Japonica Temminck et schlegel（鸡形目 GALLIFORMES 雉科 Phasianidae）

（18）斑翅山鹑 *Perdix dauuricae*（鸡形目 GALLIFORMES 雉科 Phasianidae）

（19）鸡 *Gallus gallus*（鸡形目 GALLIFORMES 鸡科 Galliformes）

（20）戴胜 *Upupa epops*（佛法僧目 CORACIIFORMES 戴胜科 Upupidae）

（21）草鹭 *Ardea purpurea* Manilensis（鹳形目 CICONIIFORMES 鹭科 Ardeidae）

（22）短耳鸮 *Asio flammeus flammeus*（Pontoppidan）（鸮形目 STRIGIFORMES 鸱鸮科 Strigidae）

（二）两栖类

中华大蟾蜍 *Bufobufu gargarizans* Cantor

（三）昆虫类

（1）白条豆芫菁 *Epicau gorhami* Marseul	幼虫取食蝗卵
（2）中华芫菁 *Epicauta chinensis* Laporte	幼虫取食蝗卵
（3）绿芫菁 *Lytta carapanae* Pallasu	幼虫取食蝗卵
（4）黄斑豆芫菁 *Mylabrsi cichorii* Linnaeus	幼虫取食蝗卵
（5）小黑芫菁 *Epicauta megalocephala* Gebler	幼虫取食蝗卵
（6）红头黑芫菁 *Epicauta sibirica* Pallas	幼虫取食蝗卵
（7）苹斑芫菁 *Mylabris calida* Pallas	幼虫取食蝗卵
（8）中华星步甲 *Calosoma*（*campalita*）*chinensis* Kirby	捕食蝗蝻
（9）多型虎甲红翅亚种 *Cicindela hybrida nitida* Lichtenstein	捕食蝗蝻
（10）多型虎甲铜翅亚种 *Cicindela hybrida transbaicalica* Motschulsky	捕食蝗蝻
（11）通缘步甲 *Pterostichus* sp.	捕食蝗蝻
（12）齿广肩步甲 *Calosoma chinense* Kiroby	捕食蝗蝻
（13）蚂蚁 *Monomorium glyciphilum* Smith	捕食幼蝻
（14）蚂蚁 *Solenopsis* sp.	捕食幼蝻
（15）浅纹拟麻蝇 *Blaesoxipha lineata* Fallen	寄生蝗蝻和成虫

（四）蜘蛛类

（1）星豹蛛 *Pardosa astrigera* L. Koch	捕食幼蝻
（2）拟环纹蛛 *Pardosa pseudoannulata*（Boes. et. str.）	捕食幼蝻
（3）草间小黑蛛 *Erigonidium graminicolum*（Sundevall）	捕食幼蝻
（4）草丛逍遥蛛 *Philodromus cespitum*（Walckenaer）	捕食幼蝻
（5）迷宫漏斗蛛 *Agelena labyrinthica*（Clerck）	捕食幼蝻
（6）中华狼蛛 *Lycosa sinensis* Schenkel	捕食蝗蝻
（7）斜纹猫蛛 *Oxyopes sertatus* L. Koch	捕食蝗蝻

（五）菌类

杀蝗菌 *Empusa grylii*（Fresen）Mowak	寄生蝗蝻、成虫

（六）哺乳动物

（1）达乌尔黄鼠 *Citellus dauricus* Brandt

（2）小家鼠 *Mus musculus* Linnaeus

（3）黑线仓鼠 *Cricetulus barabensis* Pallas

（4）刺猬 *Erinaceus europaeus*

（5）黄鼬 *Mustela sibirica* Pallas

（6）狐狸 *Vulpes* Linnaeus

（7）伶鼬 Mustela nivalis Linnaeus

五、土蝗防治

近年来在防治土蝗中，主要采取"综合防治"和"改治并举"的技术措施，对控制土蝗的严重发生发挥了重要作用。在防治中以维护生态为核心，有针对性地开展生态调控、生物防治、保护天敌、对高密度田块采取高效农药防治，在防治中采取统一防治与分散相结合，生物防治、生态调控与化学防治相结合，生态调控与种植结构相结合，使防蝗工作更具有科学性，确保了"飞蝗不起飞、不成灾，土蝗不扩散、不为害"。

1. 农业防治

重点推广了早秋（春）耕，破坏土蝗产卵和越冬场所，将卵暴露地表或深埋，使卵失水、霉变或被取食，田间监测，每年从从农田中孵化的蝗卵寥寥无几，农田中的土蝗均为地埂、草场中土蝗迁入。

2. 开展生态调控和生物防治

从1998年开始，承德丰宁、围场县、张家口康保县纳入国家"一退双还"、"防沙治沙"工程县，退耕百万亩，主要种植苜蓿、草木犀、沙打旺、沙棘、枸杞等土蝗非喜食植物，不利的生态环境和植物有效控制了土蝗种群和危害程度。

3. 保护利用天敌

通过普查，土蝗天敌种群种类多、群体大，对控制土蝗种群发挥了重要作用，主要有蚂蚁、豆芫菁、步甲、蜘蛛、鸟类等。

4. 化学防治

通过近几年来对土蝗的药效试验、示范13项（表1至表13），在防治中大面积推广了4.5%高效氯氰乳油、20%菊·马乳油、2.5%高效氯氟氰菊酯等新农药防治土蝗，于三龄前防治，防治效果均在95%以上。

表1　10.3%印楝素 EC 防治土蝗药效试验结果（2005年）

药剂处理	药后1天		药后7天		药后10天	
	防效（%）	差异显著性	防效（%）	差异显著性	防效（%）	差异显著性
0.3%印楝素 EC（90mL/hm²）	47.3	c	83.1	d	82.8	d
0.3%印楝素 EC（150mL/hm²）	52.4	b	91.2	b	93.4	b
0.3%印楝素 EC（210mL/hm²）	72.0	a	93.6	a	93.4	a
45%马拉硫磷 EC（1000mL/hm²）	71.0	a	89.7	c	89.5	c
CK	0	d	0	e	0	e

表2 4.5%高效氯氰菊酯乳油防治土蝗试验结果（2005年）

药剂处理	药后1天		药后3天		药后7天		药后10天	
	防效（%）	差异显著性	防效（%）	差异显著性	防效（%）	差异显著性	防效（%）	差异显著性
4.5%高效氯氰菊酯乳油（商品量60mL/亩）	97.9	aA	99.1	aA	99.3	aA	97.1	aA
4.5%高效氯氰菊酯乳油（商品量50mL/亩）	96.5	bAB	98.2	bAB	98.6	abAB	95.3	bB
4.5%高效氯氰菊酯乳油（商品量50mL/亩）（对照）	95.6	bcBC	97.4	bcB	97.9	bcAB	95.1	bB
4.5%高效氯氰菊酯乳油（商品量40mL/亩）	94.2	cC	96.5	cB	96.5	cB	94.7	bB
CK	0	dD	0	dC	0	dC	0	Cc

表3 2.5%可可油微乳剂防治土蝗试验结果（2005年）

药剂处理	药后1天		药后3天		药后7天		药后10天	
	防效（%）	差异显著性	防效（%）	差异显著性	防效（%）	差异显著性	防效（%）	差异显著性
45%马拉硫磷乳油（商品量66.7mL/亩）	68.9	aA	78.5	aA	80.3	aA	80.8	aA
2.5%可可油微乳剂（商品量300mL/亩）	53.8	bB	70.5	bB	75.6	bB	76.5	bB
2.5%可可油微乳剂（商品量230mL/亩）	50.1	cC	61.4	cC	64.6	cC	66.3	cC
2.5%可可油微乳剂（商品量200mL/亩）	37.2	dD	54.9	dD	59.0	dD	61.0	dD
2.5%可可油微乳剂（商品量170mL/亩）	34.4	eD	50.2	eE	54.7	eE	55.3	eE
CK	0	fE	0	fF	0	fF	0	fF

表4 4.5%高效顺反氯氰菊酯乳油防治土蝗试验结果（2006年）

药剂处理	药后1天		药后3天		药后7天		药后14天	
	防效（%）	差异显著性	防效（%）	差异显著性	防效（%）	差异显著性	防效（%）	差异显著性
4.5%高效顺反氯氰菊酯乳油（商品量40g/亩）	96.8	a	98.9	a	99.1	a	97.3	a
4.5%高效顺反氯氰菊酯乳油（商品量30g/亩）	95.9	b	97.9	a	98.4	a	95.9	b
4.5%高效氯氰菊酯乳油（商品量30g/亩）	93.1	c	94.8	b	96.0	b	94.3	c
4.5%高效顺反氯氰菊酯乳油（商品量20g/亩）	91.8	d	93.8	b	94.6	b	92.8	d
空白	0	e	0	c	0	c	0	e

注：上表中的防效（%）为各重复平均值。

表5　45％马拉硫磷乳油防治土蝗试验结果（2006 年）

药剂处理	药后1 天		药后3 天		药后7 天		药后10 天	
	防效（％）	差异显著性	防效（％）	差异显著性	防效（％）	差异显著性	防效（％）	差异显著性
45％马拉硫磷乳油（有效成分600g/hm²）	94.7	a	96.9	a	98.6	a	98.4	a
45％马拉硫磷乳油（有效成分525g/hm²）	93.2	b	95.0	b	96.6	b	95.8	b
对照药剂45％马拉硫磷乳油（有效成分525g/hm²）	92.6	b	94.5	b	96.2	b	95.2	b
45％马拉硫磷乳油（有效成分450g/hm²）	89.3	c	91.4	c	93.5	c	93.6	b
空白	0	d	0	d	0	d	0	c

注：上表中的防效（％）为各重复平均值。

表6　4g/L 氟虫腈超低容量剂防治土蝗试验结果（2006 年）

药剂处理	药后1 天		药后3 天		药后7 天		药后10 天	
	防效（％）	差异显著性	防效（％）	差异显著性	防效（％）	差异显著性	防效（％）	差异显著性
4g/L 氟虫腈超低容量剂（有效成分6g/hm²）	95.8	b	97.0	bc	97.5	bc	97.1	b
4g/L 氟虫腈超低容量剂（有效成分8g/hm²）	97.4	a	98.0	ab	98.7	ab	98.9	a
4g/L 氟虫腈超低容量剂（有效成分10g/hm²）	97.9	a	99.3	a	99.3	a	99.4	a
4.5％高效氯氰菊酯乳油（有效成分33.75g/hm²）	94.4	c	95.7	c	96.6	c	95.8	b
空白	0	d	0	d	0	d	0	c

注：上表中的防效（％）为各重复平均值。

表7　敌杀死25/g 乳油防治土蝗试验结果（2006 年）

药剂处理	药后1 天		药后3 天		药后7 天		药后14 天	
	防效（％）	差异显著性	防效（％）	差异显著性	防效（％）	差异显著性	防效（％）	差异显著性
敌杀死25g/L 乳油（商品量50g/亩）	97.5	80.00aA	99.4	aA	99.4	aA	97.1	aA
敌杀死25g/L 乳油（商品量40g/亩）	97.0	80.05bA	97.8	bB	98.8	aB	96.4	bB
敌杀死25g/L 乳油（商品量30g/亩）	95.6	77.87cB	96.4	bcBC	96.5	bB	94.6	cC
4.5％高效氯氰菊酯乳油（商品量45g/亩）	94.1	76.00dC	95.2	cC	96.3	bB	93.2	dD
空白	0	0eD	0	dD	0	cC	0	eE

表8 8%毒死蜱·高效氯氰菊酯乳油防治土蝗试验结果（2006年）

药剂处理	药后1天		药后3天		药后7天		药后10天	
	防效（%）	差异显著性	防效（%）	差异显著性	防效（%）	差异显著性	防效（%）	差异显著性
4.5%高效氯氰菊酯乳油（有效成分30.375 g/hm²）	93.9	aA	95.6	aA	95.7	aA	95.0	aA
8%毒死蜱·高效氯氰菊酯油剂有效成分72g/hm²	92.6	bA	94.8	bA	95.2	aA	93.4	bB
8%毒死蜱·高效氯氰菊酯油剂有效成分54g/hm²	90.9	cB	92.5	cB	92.9	bB	91.7	cC
8%毒死蜱·高效氯氰菊酯油剂有效成分36g/hm²	90.6	cB	91.5	dB	91.7	cC	91.1	cC
48%毒死蜱乳油有效成分180 g/hm²	89.9	cB	91.3	dB	91.6	cC	88.9	dD
CK	0	dC	0	eC	0	dD	0	eE

表9 4g/L氟虫腈超低容量剂防治土蝗试验结果（2007年）

药剂处理	药后1天		药后3天		药后7天		药后10天	
	防效（%）	差异显著性	防效（%）	差异显著性	防效（%）	差异显著性	防效（%）	差异显著性
4g/L氟虫腈超低容量剂有效成分6g/hm²	95.8	b	97.0	bc	97.5	bc	97.1	b
4g/L氟虫腈超低容量剂有效成分8g/hm²	97.4	a	98.0	ab	98.7	ab	98.9	a
4g/L氟虫腈超低容量剂有效成分10g/hm²	97.9	a	99.3	a	99.3	a	99.4	a
4.5%高效氯氰菊酯乳油有效成分33.75g/hm²	94.4	c	95.7	c	96.6	c	95.8	b
空白	0	d	0	d	0	d	0	c

表10 45%马拉硫磷乳油防治土蝗试验结果（2007年）

药剂处理	药后1天		药后3天		药后7天		药后10天	
	防效（%）	差异显著性	防效（%）	差异显著性	防效（%）	差异显著性	防效（%）	差异显著性
45%马拉硫磷乳油有效成分600g/hm²	94.7	a	96.9	a	98.6	a	98.4	a
45%马拉硫磷乳油有效成分525g/hm²	93.2	b	95.0	b	96.6	b	95.8	b
对照药剂45%马拉硫磷乳油有效成分525g/hm²	92.6	b	94.5	b	96.2	b	95.2	b
45%马拉硫磷乳油有效成分450g/hm²	89.3	c	91.4	c	93.5	c	93.6	b
空白	0	d	0	d	0	d	0	c

注：上表中的防效（%）为各重复平均值。

表 11　4.5%高效氯氰菊酯乳油防治土蝗试验结果（2007 年）

药剂处理	药后 1 天		药后 3 天		药后 7 天		药后 14 天	
	防效（%）	差异显著性	防效（%）	差异显著性	防效（%）	差异显著性	防效（%）	差异显著性
4.5%高效氯氰菊酯乳油有效成分 40.5g/hm²	97.0	a	98.8	a	99.1	a	97.4	a
4.5%高效氯氰菊酯乳油有效成分 33.75g/hm²	95.4	b	98.0	ab	97.7	ab	95.7	b
对照药剂 4.5%高效氯氰菊酯乳油有效成分 33.75g/hm²	94.5	c	96.9	bc	96.3	b	94.8	c
4.5%高效氯氰菊酯乳油有效成分 27g/hm²	93.3	d	95.5	c	96.0	b	94.4	c
空白	0	e	0	d	0	c	0	d

注：上表中的防效（%）为各重复平均值。

表 12　15 亿孢子/g 绿僵菌饵剂防治土蝗试验结果（2008 年）

药剂处理	药后 5 天		药后 10 天		药后 15 天		药后 20 天	
	防效（%）	差异显著性	防效（%）	差异显著性	防效（%）	差异显著性	防效（%）	差异显著性
15 亿孢子/g 绿僵菌饵剂（90g/亩）	37.2	d	51.2	d	68.0	d	78.2	d
15 亿孢子/g 绿僵菌饵剂（120g/亩）	51.5	c	68.1	c	72.8	c	84.6	c
15 亿孢子/g 绿僵菌饵剂（150g/亩）	59.4	b	81.1	b	86.9	b	89.8	b
4.5%高效氯氰菊酯乳油制剂量（50g/亩）	98.0	a	98.2	a	96.6	a	94.7	a
空白	0	e	0	e	0	e	0	e

注：上表中的防效（%）为各重复平均值。

表 13　4.5%高效顺反氯氰菊酯乳油防治土蝗试验结果（2008 年）

药剂处理	药后 1 天		药后 3 天		药后 7 天		药后 14 天	
	防效（%）	差异显著性	防效（%）	差异显著性	防效（%）	差异显著性	防效（%）	差异显著性
4.5%高效顺反氯氰菊酯乳油（商品量 20g/亩）	90.9	c	93.4	b	94.4	b	92.3	d
4.5%高效顺反氯氰菊酯乳油（商品量 30g/亩）	95.2	a	98.0	a	98.6	a	96.2	b
4.5%高效顺反氯氰菊酯乳油（商品量 40g/亩）	96.1	a	99.1	a	99.2	a	97.7	a
4.5%高效氯氰菊酯乳油（商品量 30g/亩）	93.6	b	95.1	b	95.7	b	93.9	c
空白	0	d	0	c	0	c	0	e

注：上表中的防效（%）为各重复平均值。

六、土蝗勘查小结

（1）通过承德地区对蝗虫和天敌资源的勘查，明确了土蝗发生种类、寄主植物和天敌资源。

（2）明确了承德地区土蝗的分布特点和优势种，对开展防治提供了科学依据。

（3）通过近年来不同药剂、不同剂量对土蝗进行药效试验、示范，筛选出了防治土蝗理想药剂和使用剂量，药剂涵盖植物源和有机杀虫剂，为今后大面积防治提供了理想药剂。

影响冀北农区主要害鼠发生的主导因素及综合治理对策

马秀英 孙凤珍 马立红 赵鹏飞

（承德市植保植检站）

由于鼠药市场混乱，农区使用市场销售的剧毒鼠药，猫、狗、鸡、鸭等动物经常二次中毒甚至死亡，严重的是 2002 年丰宁县一农民家两头奶牛因中毒死亡，损失上万元；鼠害的猖獗发生还导致鼠源性疾病，如流行性出血热、鼠疫、斑疹、伤寒以及剧毒鼠药中毒事件时有发生。2002 年全市发生鼠源性疾病 4 起，其中 1 人死亡，对人民群众的身体健康和财产安全构成严重威胁，同时还损伤了鼠类天敌，破坏了生态平衡。承德市主要以丰宁、围场县为重点的北部农区影响主要鼠种发生的主导因素，不同海拔种群变化情况；综合防治等内容进行了系统的调查，总结出一套比较完善的"以化学防治为主，生态控制和农业防治为辅，大力推广毒饵站灭鼠技术"的综合治理措施。

一、影响农区鼠害发生的主导因素

通过调查发现，影响农区鼠害发生的主导因素是气候条件、海拔高度、生态环境、天敌、耕作条件等，其中气候条件是鼠害发生的前提条件，海拔高度是影响鼠种变化的关键因素，生态环境是影响鼠害发生的有利因素，天敌情况是控制鼠情发生的重要因素，耕作条件是影响鼠害繁殖和密度变化的主要因素。

（一）气候条件

气候条件是鼠害发生的主导因素之一，也是鼠害发生的前提条件。多年来，在示范区丰宁、围场调查，4 月上旬日平均气温达到 20℃，相对湿度 55%，降水达 10mm，平均风速不超过 4 级，日照时数达到 8h，0cm 土温最低达到 4.2~5.0℃，冻土上限 50cm 下限186cm，害鼠开始出洞活动，当日平均气温 10℃ 以上，日照时数达 10~12h，0cm 地面温度 15℃ 以上时，风速不超过 3~4 级，是活动的盛期，阴天降雨、风大不活动。

（二）海拔

通过春、秋在海拔 1 200~1 500m 的大滩、鱼儿山、草原、御道口、城子等乡镇调查，野外达乌尔黄鼠为优势种占 65.9% 和 63.8%，鼢鼠占第二位 18.5% 和 16.97%，褐家鼠占第三位 10.6%~11.4%，同时还有鼠兔但未能捕捉到该鼠。沙土鼠有群体转移的习性，调查 212hm² 未见该鼠踪影。中山地区海拔在 1 000m 以上，主要在原有鼠种的基础上又增加了大仓鼠、花鼠，没有达乌尔黄鼠鼠种。低山地区海拔 1 000m 以下，野外增加了田鼠而没有鼢鼠的分布为害。

（三）生态环境

不同的生态环境，鼠害种群密度占有率各不相同，根据 2007~2008 年丰宁、围场两县不同生态环境的夹捕，对主要鼠种进行了调查，达乌尔黄鼠调查了 211hm²，布夹 5 085

个，捕鼠813只，3.85只/hm²，百亩有鼠25.69头；黑线仓鼠调查了120.14hm²，布夹5 560个，捕鼠344只，2.86只/hm²，百亩有鼠19.07头；鼢鼠调查了485hm²，布夹5 878个，捕鼠196只，百亩有鼠2.7头。

以2007年为例，对不同生态环境害鼠密度调查黄鼠共有14.25只/hm²，黑线仓鼠共有9只/hm²，鼢鼠共有1.63只/hm²，见表1。

表1　2007年不同生态环境害鼠鼠群密度表

生境	黄鼠			黑线仓鼠			鼢鼠		
	只/hm²	捕鼠率（%）	黄鼠比率（%）	只/hm²	捕鼠率（%）	占总鼠（%）	只/hm²	捕鼠率（%）	占总鼠（%）
麦地	3.1	14.1	55.6	2.1	5.5	37.7	0.37	2.8	6.6
马铃薯地	3.6	21.9	56.3	2.3	5.7	35.99	0.49	4.45	7.7
草场	3.35	13.45	58	2.1	5.3	36.3	0.33	3	5.7
玉米地	4.2	15.9	58.8	2.5	5.7	35.0	0.44	3.4	6.2
合计	14.25			9			1.63		

在丰宁、围场两县室内家鼠调查3876间房，布夹5 905个，捕鼠423只，捕获率7.2%，其中褐家鼠265只占62.6%，小家鼠158只，占37.4%，鼢鼠在丰宁、围场两县调查1 800hm²，平均耕地0.18只/hm²，山坡荒地有鼢鼠0.17只/hm²；以1 200～1 500m高原地区危害较重，平均耕地有鼠0.28只/hm²，山坡荒地有鼠0.27只/hm²；海拔1 000m接坝地区平均耕地0.27只/hm²，荒地有鼠0.25只/hm²；低山地区未见鼢鼠。

（四）天敌的影响

由于近几年加大了枪支的管理力度，猫头鹰、黄鼬、狐狸、老鹰密度增加，对控制鼠情有较大的影响，据资料介绍一只狐狸可控制一万亩地。根据项目组的调查，推广高效低毒灭鼠剂和国家严禁使用毒鼠强和打击销售力度的增强，猫的饲养数量大大提高，60%～70%的农户养起了猫，人们提高了生态灭鼠的认识，刺猬、蛇等种群也有所增加，对鼠情起到控制作用。

（五）耕作条件

有效利用土地，将荒地、滩地改耕地，种植作物品种时，在播种期利用毒饵灭鼠，在马铃薯田可选择葱做毒饵，将葱白插入土中，葱叶用剪子剪断，把鼠药灌入葱叶中，渗到葱白内，被老鼠食用后，起到保种灭鼠作用。收获期，尽快收获，缩短害鼠取食时间。其他耕地，采取平整土地，铲除田边杂草和灌木丛，减少田埂和田间荒墩，修整沟渠，使害鼠难以隐藏、栖息，收获期快收快打、颗粒还家，减轻危害。

二、主要害鼠种类调查

在丰宁县试验点，选择有代表性的耕地、草荒地、住宅的生态类型区进行调查，对各生态类型区捕获的鼠类标本分别进行编号，鉴定鼠种及性别，体尺测量，结果填写入表2。

表2 2007～2008年丰宁鼠种鉴定调查记载

编号	调查日期	调查地点	生境类型	鼠种名称	性别	体重（g）	体长（mm）	尾长（mm）	后足长（mm）	耳高（mm）	备注
1	5.27	农科所	小麦	黑线仓鼠	雌	87	80	20	14	6	
2	6.30	南窝铺	小麦	大仓鼠	雌	157	163	81	23	8	
3	6.10	鱼儿山	马铃薯	中华鼢鼠	雌	307	195	45	36	4	
3	6.10	鱼儿山	草场	中华鼢鼠	雄	423	215	51	35	5	
4	6.10	辛房	草场	小家鼠	雄	94	90	92	16	15	
4	6.10	辛房	菜地	达乌尔黄鼠	雌	231	242	63	35	6.7	
5	6.10	辛房	马铃薯	达乌尔黄鼠	雄	260	254	67	37	7.0	
5	6.30	南窝铺	庭院	褐家鼠	雌	228	205	170	35	18	
6	6.30	南窝铺	庭院	褐家鼠	雄	292	225	180	37	18	

三、综合治理

（一）综合治理的策略

采取"春季主治压基数，秋季挑治保丰收"的防治策略。防治时在大范围内室内、外同步开展，以化学防治为主，生态、生物、器械、农业防治为辅。

（二）综合治理的技术措施

1. 综合治理

必须坚持做到"四集中"，集中时间、集中组织、集中人员、集中药械；"四统一"统一指挥、统一行动、统一方法、统一配制毒饵；"三不漏"，不漏房、不漏间、不漏有鼠外活动的环境。开展春秋两季统一灭鼠活动，确保春防面积达80%，秋防面积占20%。

2. 科学选用杀鼠饵料

大面积灭鼠选用高效、低毒抗凝血杀鼠剂（溴敌隆、杀鼠醚等）为主，实行灭鼠药物交替使用。饵料一般选用玉米、小麦、瓜子、马铃薯、大葱等鼠类喜吃的食物。

3. 机械防治

常用的方法有夹捕法和笼捕法。多用于室内灭鼠，一般放于害鼠经常出没的地方（墙角、旮旯）或洞口，笼捕法用自做鼠笼，老鼠钻进去出不来；夹捕法以害鼠喜食炒熟的玉米、花生米或苹果为诱饵，并经常检查，及时更换饵料，一次夹中后要更换下夹地点，以便提高杀鼠率。

4. 物理防治

灌水法。观察害鼠经常出没的鼠洞，发现后及时灌水，此法一般多用于田间灭鼠，因灌水对建筑易造成危害，采用此方法时要特别注意；人工堵洞法。秋季收获后在田间挖鼠洞，常挖出粮食和害鼠，对害鼠及时消灭，可降低越冬数量，减轻下年危害；鼢鼠也常采用此法进行人工捕捉。水淹法。常用于农村家庭，将呈有水的容器放置害鼠常出没的地方，容器上放圆滚或较滑的木棒，木棒中间放上诱饵或在水面上撒谷糠，引害鼠取食而淹死。

5. 化学灭鼠

是现在应用最广泛最有效的方法，近两年加强毒鼠强等剧毒鼠药管理，基本杜绝剧毒鼠药，普遍推广高效低毒的安全鼠药，如溴敌隆等，避免了二次中毒现象，深受农民欢迎，且防治效果突出。2006年抓住春、秋害鼠出蛰时期，在丰宁县大滩乡南窝铺村和鱼儿山镇土城沟村进行大面积防治示范，推广毒饵站技术，用溴敌隆毒饵和杀鼠醚母液拌饵料防治，试验、示范面积15万亩，3万户，每个农户给2~4个，农田每户10~20个，将毒饵站放在田边、地埂、墙角及害鼠活动较为频繁的地方，并加以固定，防治效果达85%。

通过调查，不同饵料对害鼠的防治效果不同，一般害鼠食了杀鼠醚小麦颗粒毒饵后，口渴寻找水源，易在蔬菜田危害，播种时采用杀鼠醚母液加水稀释浸泡后闷种投放效果好，还可用蔬菜、瓜果等拌鼠药作诱饵。而鼢鼠喜食大葱、薯类等食物，可以用杀鼠醚拌马铃薯、大葱，投放有鼢鼠洞内诱杀效果较好。

草地螟发生与防控概况

孙凤珍　吴景珍　马利红

（承德市植保站）

草地螟是一种突发性很强的害虫，具有较强迁移能力、集中为害、暴发性强、迅速扩散等特点，是危害承德市农作物生产的主要害虫之一。1996 年严重发生之后，1997 年再度暴发成灾，2008 年大发生。

一、基本概况

主要发生区域集中在丰宁、围场、隆化等北部县。2008 年，据丰宁县坝上农科所测报灯诱蛾调查，7 月 27 日一盏灯诱蛾 80 头，31 日一盏灯诱蛾 58 545 头，8 月 4 日一盏灯诱蛾达 10 万头以上，农田百步惊蛾达 1 000 ~ 1 500 头，5 日一盏灯诱蛾达 29.85 万头；据围场县测报灯诱蛾调查，8 月 4 日一盏灯诱蛾 5 514 头，田间百步惊蛾 1 000 头；5 日一盏灯诱蛾达 24 315 头；6 日一盏灯诱蛾 1 756 头，7 日一盏灯诱蛾 4 296 头。全年全市草地螟成虫共发生面积 1 350 万亩，其中农田发生面积 270 万亩，草滩、林地发生面积 1 080 万亩。其他县区均有发生，主要集中在夜晚有光源处。

二、寄主与发生条件

草地螟寄主范围广，可取食 35 科 200 多种，其中最喜食黎科、菊科、豆科、麻类等植物，如大豆、向日葵、亚麻、甜菜、马铃薯、灰菜、刺儿菜、猪毛菜等多种杂草。成虫羽化后需补充营养，性器官才能充分发育，提高繁殖力，所以成虫盛发期蜜源植物多，有利于成虫补充营养，产卵量大，发生重；反之，不利于发生。成虫喜在地势低洼、河沿岸、水沟、草甸附近的杂草上飞翔取食营养与水分。湿度高也有利于幼虫蜕皮和发育，尤其 1 龄幼虫要求湿度 80% 以上。降雨量大有利于雌成虫产卵，反之，不利于雌成虫产卵与卵孵化。

三、天敌种类

幼虫期寄生性天敌昆虫有多种，茧蜂、姬蜂、寄生蝇，寄生后的幼虫均能正常结茧，而死于茧内。卵期天敌有某些蜢类和瓢虫类。

四、主要虫源

2008 年在承德市范围内草地螟大发生，致使 2008 年度的草地螟越冬虫量较大，但是由于后期气候较为干旱，不适宜越冬代成虫卵的孵化，因此，2009 年草地螟在承德市为中偏轻发生，个别地块中等发生。据查阅有关资料数据显示分析，承德市草地螟的主要虫源来自蒙古共和国东部及中蒙边境地区。

五、防治措施

近年来，我们坚持"预防为主，综合防治"的植保方针；建立以农业防治、生物防治、物理防治、生态调控技术为主，化学防治为辅的长效治理机制；合理运用早秋深耕灭虫、灯光诱杀成虫、中耕除草灭卵和科学用药的化学防治相结合的方法。

1. 科学制定防治预案

每年都依据越冬基数和春季基数制定草地螟防治预案，对可能发生的虫害预先周密部署，明确了部门责任、防治目标和工作措施。对重点发生地区，组织技术干部密切监控虫情动态，随时发布虫情信息，为及时有效防治提供科学依据。

2. 农业防治

深耕：越冬代幼虫入土作茧后（秋季），越冬代成虫羽化前（春季）完成农区草地螟越冬区田块的耕翻，耕深 170～210mm；灌水：对草地螟末代幼虫发生较重的豆科牧草等田块，如有灌溉条件，于封冻前进行灌水；中耕除草：每年于成虫产卵前期和卵期进行，加快旱田铲趟进度，除净大草控制草荒，减少田间落卵量，减少早期孵化幼虫的食料，以降低幼虫密度，减轻危害。在农牧混交区，提前在农田周围挖沟和打防虫带，阻止草地螟幼虫大量迁入农田。

3. 生态防治

合理调整种植结构，在草地螟重发区的农牧交错区种植草地螟非喜食植物实行生态控制。如沙打旺、羊草、荞麦、糜黍等。

4. 物理防治

采用灯光诱杀，每年于草地螟成虫始见期至发生末期，从每天日落至翌日日出采用频振式杀虫灯连续开灯诱杀成虫，每盏灯可控制面积为 4～6.7hm^2。

5. 生物防治

保护利用自然天敌；生物药剂防治：使用生物制剂 Bt（8 000IU/mg）可湿性粉剂 600～800 倍液、白僵菌（400 亿孢子/g）可湿性粉剂 300～400 倍液于卵孵化盛期喷雾；1.8% 阿维菌素乳油 2 500～3 000倍液于幼虫 3 龄前喷雾。

6. 化学防治

选用 4.5% 高效氯氰菊酯乳油 1 500倍液或 2.5% 高效氯氟氰菊酯乳油 2 000～2 500倍液，20% 三唑磷乳油 1 000～2 000倍液或 40% 乐果乳油 1 000倍液，于草地螟幼虫 3 龄前进行喷雾防治。

草地螟防控是一项长期的、艰巨的工作，我们要认真进行监测，密切关注邻近地区和本地虫源虫情况，做好防治工作，减轻其发生与为害程度。

发展中的承德市农业植物检疫工作

段晓炜

（承德市植保植检站）

承德市的植物检疫工作，与全国的植物检疫工作一样，60 年来随着我国国民经济的发展与法制建设的不断完善，而得到不断发展，在检疫队伍、检疫制度建设，植物检疫对象的发生与防治，产地检疫、调运检疫等方面都取得了很大的成绩。

一、植物检疫机构及队伍建设

1956 年原热河省建制撤销，随之建立承德专员公署农林局，农林局下设承德农业试验站，站内设专人负责植物检疫工作。

1957 年承德专员公署农林局改为承德专员公署农业局，农业局下设农业技术推广站，在技术推广站指定 3 人负责植保及植检工作，直到 1966 年"文化大革命"开始。

"文化大革命"几年中，农业科技活动受到影响，地、县两级植物检疫工作中断。

1976 年根据河北省农业厅要求，建立承德地区植保植检站，地区植保植检站所有工作人员、县植保植检站一名站长、一名专职检疫员，全市共 26 名专职检疫员发放了河北省植物检疫人员工作证。

1984 年经过严格的审批程序，先后从全区选拔了专职检疫员 23 人，办理了农业部专职植物检疫员证。同时，还鉴于我区地域广阔，交通不便，繁制种面积大，检疫任务重的特点，又从农业系统和有关部门中聘请了热爱检疫工作，具备一定业务素质的兼职检疫员 198 名，经过地县两级培训，由地区植保站发证聘用，大大加强了检疫队伍的实力，使我区形成了一支以专职检疫员为主，兼职检疫员为辅、专兼职相结合的检疫队伍，为全区植检工作的健康发展打下了基础。

1992 年专职检疫员队伍增加到 35 人，高级农艺师 2 人，农艺师 12 人，助理农艺师 21 人。

1999 年专职检疫员队伍增加到 53 人，市站 8 人，各县 45 人，高级农艺师 5 人，农艺师 35 人，助理农艺师 13 人。

2002 年为了促进检疫事业的发展，适应加入 WTO 后的新形势需要，根据本市工作实际，经市农业局申请，省农业厅审批检疫员增加了市、县主管局长，使我市专职检疫员队伍发展到 67 人。

到 2008 年承德市专职检疫员发展为 68 人，其中市站 15 人，各县站 53 人。随着检疫员业务技能的不断提高，技术职称明显上升，有推广研究员 6 人，高级农艺师 18 人，农艺师 28 人，助理农艺师 16 人。

二、植物检疫法规建设

1984 年承德地区农业局制定了《产地检疫实施办法》。

1991 年承德地区农业局制定了《承德地区植物检疫工作目标管理考核办法》和《承德地区县级植物检疫化验室建设标准》。

2000 年根据农业部《植物检疫条例实施细则》《河北省植物检疫实施办法》，结合我市工作实际，承德市农业局印发了《承德市植物检疫实施办法》。

2006 年根据《河北省植物保护条例》，制定了《承德市植物检疫登记管理办法》（试行）。

三、检疫性有害生物的发生与防治

1990 年以来，我市特别加大了对危险性病虫草害的阻截力度，加强了对黄瓜绿斑驳花叶病毒病、红火蚁、葡萄根瘤蚜、小麦一号病、马铃薯甲虫、西花蓟马、香蕉穿孔线虫等疫情的调查，防止传入危害。并将已传入我市的检疫对象进行了成功的扑控。

稻水象甲　1992 年 7 月 24 日在我市宽城县发现稻水象甲，发生面积 2 500 亩。1999 年 7 月在我市滦平县张百湾、金勾屯、大屯 3 个乡镇 17 个自然村发生稻水象甲，发生面积 1.2 万亩，由于资金紧缺虽经防治但没形成统一防治造成该虫蔓延。到 2008 年稻水象甲已经扩散到我市的 6 个县，发生面积 15 万亩。

毒麦　承德 1958 年前后由黑龙江调入甘肃 96 号小麦传入坝上，1962 年在丰宁、围场两县均有发现，通过拔除病株，选留无病种子等检疫措施，已基本控制危害。到 2008 年普查，只在围场县四合永镇、腰栈乡发生面积 3 000 亩。2009 年普查未发现毒麦，发生过度买的田地改种其他作物。

美洲斑潜蝇　1996 年传入我市，发生面积 17.6 万亩，经过普查现在我市八县三区均有发生，但经过防治，蔬菜被害损失率控制在 10% 以下。后由于发生较少，美洲斑潜蝇从全国植物检疫性有害生物名单消失。

假高粱　1990 年 4 月 17 日我市隆化、平泉、宽城从进口阿根廷小麦中发现了检疫对象假高粱，通过对这批小麦运、贮、加工、销售各个环节采取检疫措施，假高粱在我市消踪灭迹。

美国白蛾　于 2006 年首次在我市兴隆、宽城两县林地发现。经普查在我市农田还没有发现美国白蛾疫情。

番茄溃疡病　全国检疫检疫性有害生物，我市在 1990 年植物检疫对象普查时，发现 30.3 亩，分布在平泉、隆化、滦平三县农场。截至到现在的统计，我市在双桥区的大石庙镇、冯营子镇、双峰寺镇；双滦区的陈栅子乡、偏桥子镇；营子区的营子镇；承德县的上板城镇、下板城镇、石灰窑乡、岗子乡、两家乡、孟家院乡；平泉县的榆树林子镇、道虎沟乡、台头山乡；围场县的腰栈乡；滦平县的张百湾镇、大屯乡、付营子乡、长山峪、滦平镇；丰宁县的凤山镇、王营乡、选营乡；隆化县的隆化镇、张三营镇、唐三营镇、韩麻营镇 6 县 3 区的 28 个乡镇共 2 330 亩。

黄瓜黑星病　1990 年 8 月普查黄瓜 1 054 亩，取样 22 129 株，发病面积 8.6 亩，平均发病率 10.5%，分布在平泉县两坝乡；围场县围场、半截塔两镇；隆化县七家乡、隆化镇。到现在最新统计为双桥区的大石庙镇、冯营子镇；双滦区的双塔山镇、偏桥子镇、陈栅子乡、滦河镇；营子区的营子镇；平泉县的榆树林子镇、道虎沟乡、平泉镇、南五十家子乡；围场县的腰栈乡、四合永镇、半截塔镇、哈里哈乡；滦平县的张百湾镇、大屯乡、付营子乡、西地乡、长山峪、巴克什营、两间房、滦平镇；宽城县的宽城镇、龙须门镇、化皮乡、板城镇；丰宁县的大阁镇、凤山镇；隆化县的隆化镇、汤头沟镇、张三营镇、唐三营镇、韩麻营镇、偏颇营乡、尹家营乡、蓝旗镇的6县3区37个乡镇6 730亩。

十字花科黑斑病　分布在围场县的腰栈乡、银镇乡、克勒沟镇、朝阳地镇、新地乡、四合永镇、龙头山乡；滦平县的大屯乡、金沟屯镇、滦平镇；宽城县的宽城镇、龙须门镇、化皮乡、峪耳崖镇；隆化县的汤头沟镇、唐三营镇、韩麻营镇、中关镇的4县18个乡镇43 518亩。

加拿大一枝黄花　河北省补充检疫性有害生物。2006年在花店发现了插花的加拿大一枝黄花。2009年7月3日，滦平县植保站在检疫普查中，在高速路滦平3个收费站发现了定植的加拿大一枝黄花，面积共有40m^2。最后进行了拔除销毁处理。

四、实施产地检疫

1984年我市首次试行产地检疫。主要方法是专职检疫员为骨干，兼职检疫员参加，做到乡不漏村、村不漏户、户不漏地块。90年代以后种子生产规模不断扩大，为此我们对产地检疫方法进行了改进。将检疫重点转移到亲本繁殖田和原种田，实行建圃监测与大面积抽查相结合。市、县分别将当年制种的亲本和杂交种建圃集中种在一起，定期进行检疫，在此基础上秋季检疫对象明显期植保站、繁种单位对大面积制种田按品种进行抽查。

五、调运检疫

调运检疫我们着重在规范检疫程序，严格检疫手续上下功夫。2006年以前我们的做法：一是实施了"四单一函和三个一致"制度，即种子产地植物检疫报告单、植物检疫证明编号申请单、承德市调运检疫申请单、种子销售部门出库单，调入方植物检疫部门检疫要求函，检疫证明编号品种与产地检疫合格证品种相一致、调运检疫申请品种与检疫证明编号品种相一致、检疫证书品种与检疫证明编号品种相一致；二是检疫证明编号规范管理，全市统一编制代码号，品种号由各县自行编制；三是规范签证，到2005年我市代省签证县全部实现了微机出证，纳入了标准化管理。

近几年来，由于农业部推广使用新的检疫软件，我们在使用新程序下新的单证外，继续实行严格的管理，检疫证书、检疫档案、检疫化验室专人管理。目前全市所有的县基本实现了检疫工作全国联网，逐步使用检疫管理系统进行检疫出证和人员管理等工作。

六、进口种子跟踪监测

1998年以来进口种子涉及油料、玉米、大麦、番茄等。2009年三北种业有限公司在匈牙利进口了15kg的玉米种子MADFXY；中国种子集团公司在美国进口了14kg的9701等7个油葵品种、在印度进口了6 000kg的NX19012、澳大利亚进口了36 000kg的澳62、在印度进口了24 000kgS275。在公司提供的隔离种植地点进行跟踪监测，均未发现检疫性有害生物。

七、阻截带建设

2007 年阻截带建设启动，促进了植物检疫工作的新发展。在搞好植物疫情专项普查工作的基础上，2008 年和 2009 年在隆化、宽城两县阻截带建设的启动，进一步加强了疫情监测点的建设，提高了对植物疫情的监控能力，为我市农业安全生产筑起了一道钢铁长城。

承德植保植检发展中铸就辉煌

李桂珍 任自忠 张 毅 胡彦婷

（承德市植保植检站）

经过 60 年的发展，特别是改革开放以来，在党和政府的高度重视和支持下，全市几代植保植检工作者勤勤恳恳，兢兢业业，在植物保护领域做了大量艰苦卓绝的工作，植保植检工作观念和科学技术不断发展创新，植保事业不断发展和壮大，为全市农业的安全稳定发展作出了重要贡献。

一、植保体系逐步健全完善

1. 植保服务体系

1956 年原热河省建制撤销，随之建立承德专员公署农林局，农林局下设承德农业试验站，农业试验站设专人负责植保植检工作。1957 年承德专员公署农林局改为承德专员公署农业局，农业局下设农业技术推广站，在技术推广站指定专人负责植保及植检工作，加强了对植保工作的指导，植物保护事业健康发展。但是，1966 年开始的"文化大革命"到 1975 年，植保服务体系受到严重破坏，技术服务、技术试验示范工作停滞。在此期间，农作物病虫害发生频繁，为害程度加重，防治病虫出现了过分依赖化学农药和不合理使用农药的现象，许多害虫产生了抗药性，药物使用浓度越来越高，用药次数越来越多，大量的有益生物受杀伤，防治病虫害越来越困难，农田环境和农副产品也受到越来越严重的污染。20 世纪 70 年代恢复了市、县植保植检站（1976 年建立承德地区植保植检站）；80 年代大力兴办植保公司，围绕服务搞经营、搞好经营促服务；90 年代兴办植物医院"既开方，又卖药"；进入 21 世纪之后植保社区服务站、植保技术协会等得到长足发展，适应市场经济的要求，由以往侧重于产中服务向产前、产中、产后全程服务转变，由侧重于药物药械服务向信息、技术、药械、培训、营销等综合配套服务转变，探索新形势下把服务做大，经营做强的新途径。2001 年承德市植保植检站承担农业部防治处全国农作物病虫害防治网社区服务站试点工作。成立植保社区服务站 4 个，其中在大棚蔬菜集中产区设点 3 个，在水稻集中产区设点 1 个。目的是面向农民、面向基层、面向市场，进一步推广普及植保先进技术和先进产品，强化植保社会化服务功能和植保防灾减灾功能。2002 年召开全市现场会进行推广，全市植保社区服务站以每年新建 20 个的速度逐年递增，目前已发展到 160 个。截至 2008 年承德市基层专业化防治组织达到 260 个，其中专业合作社型 23 个、企业带动型 15 个、村级组织型 137 个、大户主导型 14 个、公益性应急防治型 51 个、其他 20 个。从业人员 1 180 人，装备背负式机动喷雾器、手动喷雾器、烟雾机 1 260 台，以马铃薯、水稻、蔬菜为主要服务对象，服务范围达 80 个乡镇，260 个村，面积 90.1 万亩。承德市植保技术推广协会，有理事会员 9 个，单位会员 18 个，个人会员已达到 425 人。

2. 预测预报体系

承德市农作物病虫害预测预报始于 1956 年，由专署农林局负责此项工作，当时因人员不稳定，时测时停。1958 年 12 月，农业局设立小麦情报网室，各县在重点公社建立 1 ~ 2 个小麦观测情报点，兴隆县半壁山公社，平泉县南五十家子公社为省、专区小麦观测情报点。1959 年在昭乌达盟、锡林格勒盟、乌盟、伊盟和榆林、晋北、延安、张家口、承德专区（简称"四盟五专"）联防区内建立病虫测报站 137 处，病虫情报点 361 个。1961 年 2 月，在冯营子农业科学研究所内建立病虫测报中心站，各县均建立测报站，公社建测报点，大队设测报员，共建立 24 个测报站（点）。1966 年"文化大革命"开始，病虫测报工作停顿。直到 1972 年，病虫测报工作才恢复起来，全区建立了 10 个中心测报站，83 个测报点。1979 年中心测报站发展到 11 个，测报点发展到 94 个，并设兼职测报员上下形成病虫测报网。到 2008 年末，全市病虫监测点达 155 个，专职测报人员达 35 人。1979 年、1985 年宽城、围场县分别被列为河北省区域测报站，1992 年、1998 年承德、丰宁两县被国家列为区域测报站，配备了佳多虫情测报灯、电脑、传真机、激光打印机、数码照相机及化验室设备，使测报工作步入了一个崭新的时代。2007 年、2008 年丰宁、宽城两县被列入批准建设国家农业有害生物预警与控制区域站，隆化、平泉两县被批准建设省级农业有害生物预警与控制区域站。

3. 植物检疫体系

1956 年承德专员公署农林局下设农业试验站，负责植物检疫工作。1957 年承德专员公署农业局下设农业技术推广站指定专人负责植物检疫工作，"文化大革命"期间原有体系被打破，承德地区革命委员会农业处下设的推广站负责此项工作；1976 年开始，承德地区农业局下设植保植检站，专职检疫员负责植物检疫工作，1984 年经省批准地县共设专职检疫员 23 名，1992 年地县专职检疫员队伍增加到 35 人，其中，高级农艺师 2 人，农艺师 12 人，助理农艺师 21 人；1999 年全市专职检疫员队伍增加到 53 人，其中市站 8 人，各县 45 人，高级农艺师 5 人，农艺师 35 人，助理农艺师 13 人；到 2009 年全市专职检疫员发展到 68 人，其中市站 15 人，各县站 53 人。随着检疫员业务技能的不断提高，技术职称结构明显提升，现在全市检疫队伍中有推广研究员 6 人，高级农艺师 18 人，农艺师 28 人，助理农艺师 16 人，并从农业系统内部和有关部门聘请兼职检疫员 198 名，如今已形成了专职检疫员为主体，县、乡、村、科研、院校、场站兼职检疫员相结合的检疫队伍，使检疫工作层层有人抓，处处有人管，为全市检疫工作的健康发展打下了基础。

二、农业有害生物防治技术取得明显进步

1. 新中国成立初期至 80 年代，以被动性的单纯药物防治为主

这个时期黏虫、钻心虫、蚜虫、地下害虫、黑穗病、白发病为害严重，在防治上的特点是先发现后除治，主要依靠药物除治，推广使用了六六六、滴滴涕等有机氯杀虫剂，有机汞杀菌剂西力生、赛力散等。这些药物越来越多的使用造成对环境的污染和人畜严重的累积性中毒，同时这些药物长时间反复使用，使害虫产生很强的抗药性，防治效果不断下降，致使一些病虫害猖獗为害，黏虫、蚜虫、黑穗病和谷子白发病曾一度失去控制，造成粮食大幅度减产。

2. 20世纪80年代至90年代中期，病虫害综合防治技术逐渐成为主流

这个阶段病虫防治技术出现四个特点：一是强调药物防治与农艺防治相结合；二是病虫害预测预报指导防治，防治上突出治早治小治了，提高了防治效果；三是化学防治与物理防治相结合，黑光灯、杨树枝把、谷草把诱杀等受到很高程度的重视；四是高效农药迅速推广。期间还进行了白僵菌、赤眼蜂等生物防治和黑光灯等物理防治技术的示范，但推广面积不大，生物防治的试验示范最后中断。1983年国家明令淘汰了有机氯农药DDT、六六六等，80年代中期至90年代中期大量使用甲胺磷、甲基对硫磷、对硫磷、磷胺、久效磷、除草醚、毒鼠强等高毒药物，害虫快速除治收到良好效果。但这些药物或因对天敌的强大杀伤力和对人畜安全的威胁，或因对水和土壤的严重污染，或因越来越短的抗药性周期，使人们对自然生态系统遭受的破坏产生了强烈的担忧。这一时期最为成功的两大药物防治成果，一是阿普隆防治谷子白发病，二是速保利防治玉米丝黑穗病取得奇效，承德历史上危害甚烈的"一黑一白"两大病害自此得到遏制。

3. 90代后期开始，以示范推广无公害蔬菜生产技术为开端，农业有害生物防治21世纪进入绿色防控时代

保护环境、食品安全逐渐受到重视，安全、高效的新型农药品种大量推出，综合防控技术成果不断开发完善并广泛应用于生产。1999年国家停止了除草醚、氯丹、七氯、毒鼠强、杀虫脒、氟乙酰胺、氟乙酸钠、二溴氯丙烷的生产和使用。开始了高效、低毒、低残留的环保型农药的试验示范。溴氰菊酯、联苯菊酯、氟氯氰菊酯等菊酯类农药陆续示范推广。杀菌剂甲基托布津、多菌灵广泛应用于蔬菜、水稻病害防治。杀鼠剂溴敌隆、杀鼠醚取代了毒鼠强、氟乙酰胺。进入21世纪后，围绕"公共植保、绿色植保"的植保工作新理念，减量控害行动取得明显成效。2007年开始禁用甲胺磷、甲基对硫磷、对硫磷、磷胺、久效磷等5种高毒有机磷农药及其复配制剂。经过试验示范，一大批新型药剂品种大面积推广。如杀虫剂：吡虫啉、毒死蜱、阿维菌素、啶虫脒、三唑磷、灭幼脲、啶虫脒、三唑磷、辛硫磷、氯氰菊酯、氰戊菊酯、氯氟氰菊酯等。杀菌剂：克露、杀毒矾、甲霜灵、百菌清、代森锰锌、多菌灵、三环唑、乙霉威等。杀螨剂：哒螨灵、噻螨酮、炔螨特、石硫合剂等。充分应用灯诱、性诱、色诱生态控制及生物、植物农药。制定了日光温室无公害番茄生产、日光温室无公害黄瓜生产、露地大白菜绿色防控生产、露地花椰菜绿色防控生产、露地甘蓝绿色防控生产、优质马铃薯规范化生产、农区鼠害监测与综合治理等7个规程。推广了《冀北优质无公害苹果主要病虫综防关键技术》《优质马铃薯规范化生产技术》《A级、AA级生态水稻高产、稳产节水综合配套栽培技术》《蔬菜绿色防控集成技术》《冀北山区日光温室无公害蔬菜良好规范技术》《农业有害生物低毒化控技术》《农业有害生物监测预警信息传播技术》等10项包括了农业有害生物安全防控在内的无公害或绿色产品综合生产技术，推广面积达到全市粮、菜种植面积的78%，使绿色植保安全防控技术得到大面积推广。

三、化学除草技术不断发展

草害给农业生产造成的损失相当巨大，据调查，由于杂草为害水田减产10%～20%，严重地块达30%～40%；花生减产10%～15%，小麦减产10%以上。

70年代结束了面朝黄土背朝天的单纯人工除草模式，1974年开始了2,4-D丁酯麦田化学除草，随着墨麦种植面积的扩大，以麦田为主的旱田化学除草1975年达到20万亩，以后随着墨麦种植面积的减少，旱田化学除草面积逐年下降。水田化学除草试验始于1976年，主要使用除草剂敌稗、除草醚。

80年代化学除草面积不断扩大，极大地减轻了草害，降低了劳动强度，受到农民广泛欢迎。80年代前期水田化学除草面积逐年上升，除草面积由1978年的0.48万亩，上升到1981年的7.32万亩，1985年的9.4万亩。除草剂品种由敌稗、除草醚扩展到杀草丹、丁草胺、五二扑、氟乐灵、拉索等。80年代后期，随着农村产业结构的调整和一些新栽培技术的应用，旱田化学除草有所回升，开始了地膜花生田、疏菜田氟乐灵和拉索化学除草，氟乐灵除草效果92%，拉索化学除草效果95.6%。1986年，开始试验地膜玉米阿特拉津化学除草，除草面积1.27万亩，1987年地膜玉米阿特拉津化学除草面积上升到3.82万亩。随着地膜玉米面积扩大，拉索、阿特拉津化学除草面积1991年一跃上升到40万亩，突破了历史最高水平。1988年首次在围场县马铃薯田实施了氟乐灵化学除草3000亩，平均除草效果达到了91.4%。

90年代水田化学除草淘汰了敌稗、除草醚，推广使用封闭一号、丁草胺。进入21世纪，水田又推广了稻草一次净、稻田王、农得时、草克星；玉米田推广了乙草胺、乙阿合剂、玉草净、玉农思；蔬菜田推广了48%仲丁灵、地乐胺等。

四、植物检疫工作取得新进展

1. 贯彻国家检疫法规，逐步完善了相应的配套制度措施

1983年第一部《植物检疫条例》颁布实施，承德地区农业局制定了《产地检疫实施办法》，1990年承德地区农业局制定了《承德地区植物检疫工作目标管理考核办法》和《承德地区县级植物检疫化验室建设标准》。2000年根据农业部《植物检疫条例实施细则（农业部分）》及《河北省植物检疫实施办法》，承德市农业局制定了《承德市植物检疫实施办法》。2006年根据《河北省植物保护条例》，制定了《承德市植物检疫登记管理办法》（试行）。

2. 产地检疫不断发展创新

1984年承德市首次试行产地检疫。主要方法是专兼职检疫员相结合，统一方案，统一组织，集中实施。做到乡不漏村、村不漏户、户不漏地块。90年代以后种子生产规模不断扩大，由开始实施产地检疫的几万亩，最高时达到36.4万亩。检疫重点转移到亲本繁殖田和原种田，实行建圃监测与大面积抽查相结合。市、县分别将当年制种的亲本和杂交种建圃集中种植，定期进行检疫。在此基础上，植保站、繁种单位在秋季检疫对象症状明显期对大面积制种田按品种进行抽查。据统计，2009年全市共实施产地检疫13.65万亩，检疫合格种子7128.6万kg，开具产地检疫合格证367份。

3. 调运检疫严格把关

为使调入调出的种子不带任何检疫对象，全市着重在规范检疫程序，严格检疫手续上下功夫。1984年以前，种子调运植物检疫开证属于形式上的把关，开具检疫证书没有产地检疫的依据。1984年开始，种子调运检疫开证严格依据产地检疫结果。经过不断完善，2003年开始实施"四单一函和三个一致"制度。即每批调运检疫必须有种子产地植物检疫报告单、植物检疫证明编号申请单、承德市调运检疫申请单、种子销售部门出库单、调

入方植物检疫部门检疫要求函。并要求检疫证明编号品种与产地检疫合格证品种相一致，调运检疫申请品种与检疫证明编号品种相一致，检疫证书品种与检疫证明编号品种相一致，检疫签证实现了规范化。到 2005 年代省签证县全部实现了微机出证，纳入了标准化管理。2009 年实现了全国农业植物检疫计算机管理系统联网，逐步使用检疫管理系统进行检疫出证和人员管理。

4. 阻截与控制农业检疫性有害生物侵害

1990 年以来，加大了对危险性病虫草害的阻截力度，对黄瓜绿斑驳花叶病毒病、红火蚁、葡萄根瘤蚜、马铃薯甲虫、西花蓟马、美国白蛾、十字花科黑斑病、黄瓜黑星病等疫情进行了疫情调查。对已传入承德市的 3 个检疫对象进行了成功的扑控：假高粱在传入初期即被及时发现，彻底消灭；1958 年传入承德市，在坝上危害多年的毒麦，经过封锁扑控，到 2008 年，只在围场新拨、宝元栈两乡草滩零星发生，2009 年未再发现毒麦的踪迹；河北省补充检疫性有害生物加拿大一枝黄花发现后进行了彻底拔除销毁处理。1990 年普查发现黄瓜黑星病、番茄溃疡病，2009 年发现十字花科黑斑病、李属坏死环斑病毒病零星发生，都进行了有效控制。稻水象甲和美洲斑潜蝇于 1990 年、1995 年先后传入承德市，之后迅速蔓延，全市各方力量协调行动，治内控外，进行综合防治，基本控制了危害，使承德市水稻、蔬菜生产没有因此遭受大的损失。

五、预测预报技术不断提高

1. 测报技术不断改善

20 世纪 50～60 年代应用谷草把、杨树枝把、诱蛾器进行预测预报；70 年代初引进了黑光灯，采用黑光灯、杨枝把、谷草把、诱蛾器定点系统调查和大田观察的方法，根据病虫发生规律进行预测预报；80～90 年代农作物病虫害预测预报开始应用数理统计方法、电算预测式，并开始应用玉米螟、桃小食心虫性诱剂预测预报。21 世纪将早年用的黑光灯换成了自动虫情监测灯；性诱剂预测预报病虫种类增加了金纹细蛾、小地老虎；围场、丰宁、宽城、承德四县应用全球定位系统（GPS）定位确定病虫发生范围，指导防治。

2. 测报信息传递手段不断改进

1981 年结束了病虫信息表格邮递上报，推行了测报对象专用"模式电报"，提高了传递速度。2003 年改"模式电报"为微机联网，网络传递，进一步加快了信息传递速度，实现了信息共享。病虫情报下发由过去的邮递发送发展为电视预报、植保信息刊物专题发布等多种途径。

六、植保植检科研取得丰硕成果

在改革开放 30 年中，植保工作针对生产实际不断创新技术，解决疑难问题，取得部、省、市三级科技成果 20 项。统计近 20 年 12 项新技术成果推广总面积 364 万亩，纯经济效益 7 亿多元。其中 80 年代综合防治禾谷类黑穗病、阿普隆拌种防治谷子白发病两项成果降伏了为害农业多年的"一黑一白"两大顽症，每年减少损失 1 600 万元；90 年代针对严重威胁种子产业的玉米矮花叶病、粗缩病、弯孢菌叶斑病开展研究创新，获得三项研究成果，在省以上刊物发表论文 20 多篇，研究成果总体达到国内领先水平，部分内容国际先进，推广面积 65.8 万亩，增产玉米种子 4 220.31 万 kg，纯经济效益 10 225.38 万元；进入 21 世纪以来，优质马铃薯规范化生产研究与推广项目，防治号称马铃薯"绝症"的晚疫病，获得极大成功。累计推广 53 万亩，平均亩增产鲜薯 349.4kg，增幅 23.5%，商品率提高了 13%，新增经济效益 6 179.6万元。还推广了 A 级、AA 级生态水稻高产稳产节水综合配套栽培技术、冀北优质无公害苹果病虫综防技术等，推广 206.6 万亩，获纯经济效益 48 906.41万元。

60 年来，承德植保植检工作发生的一个又一个的巨大变化，为全市农业生产提供了越来越可靠的安全保障，不断推进了农业生产的技术进步和生产能力的提高，全市农民充分体验和享受到了植保事业发展给他们的生活带来的巨大变化。当前，党和国家对农业工作极为关注，政府投入不断加大，基层农业推广体系改革持续深入，给植保事业带来了新的发展机遇，植保事业会更加蒸蒸日上。愿广大植保工作者以新的精神、新的面貌、新的姿态为植保事业的发展铸就新的辉煌。

承德市稻水象甲发生与防控回顾

李淑静

（承德市植保植检站）

稻水象甲，属鞘翅目象甲科，是国家进境检疫性有害生物和全国农业植物检疫性有害生物，是水稻的重要害虫之一，该虫传播速度快、生命力强，防治难度大。

一、稻水象甲发生情况

（一）发现疫情至 20 世纪末

1990 年和 1991 年宽城县植保站进行有害生物普查时在化皮村和下河西村发现了稻水象甲成虫为害状，但未见成虫。

1992 年 6 月下旬宽城县在田间查到稻水象甲成虫，经农业部植物检疫实验所稻水象甲专家蔡悦进鉴定，证实确系稻水象甲，发生面积 2500 亩。同年，在滦平县张百湾镇、周营子乡水稻田也发现了零星成虫为害状，发生面积 5 000 亩。

到 1998 年我市的稻水象甲仍处于轻发生阶段，发生面积没有扩大。

1999 年 7 月上旬，滦平县发生的稻水象甲，涉及张百湾、金沟屯、大屯 3 个乡镇 17 个自然村，发生面积达 1.2 万亩，发生程度较重，虫口密度达 30 ~ 90 头/m²。

（二）2000 年至今

由于资金缺乏，在防治方面很难做到统防统治，致使稻水象甲逐渐蔓延，在滦平县发生面积逐年扩大。2000 年蔓延到 4 个乡镇，发生面积 3 万亩，2001 年蔓延到 7 个乡镇，发生面积 5.5 万亩，2002 年扩散到 10 个乡镇，发生面积 8 万亩。

2003 年是稻水象甲发生较严重的一年，全市发生面积 20 万亩，5 月 25 ~ 28 日市、县植保站在滦平县张百湾、金沟屯镇水稻秧田多点抽样调查，平均虫口密度达 74 头/m²，比上一年同期高 21 头/m²，最高密度达 116 头/m²。宽城县平均虫口密度 3.2 头/m²，最高为 6.4 头/m²。5 月 28 日，承德县上板城镇原种场频振式杀虫灯首次诱到稻水象甲成虫。

2004 年我市稻水象甲发生面积 20 万亩，局部区域中偏重发生，由于春季气温偏低，稻水象甲发生时间较常年偏晚 10 天左右，滦平县 5 月 20 日调查，平均每平方米秧田有稻水象甲成虫 69 头。

2005 年是我市稻水象甲发生最严重的一年，全市发生面积达 20 万亩，其中重发生的滦平县发生面积 8 万亩，涉及 10 个乡镇，与此同时，丰宁、承德两县在本田也相继发生了稻水象甲，其中丰宁县发生面积 3 万亩，承德县发生面积 7 万亩，发生程度均为中偏重。为此，到 2005 年全市已有宽城、滦平、丰宁、承德四个县发生了稻水象甲，发生面积达 20 万亩。

2006 年，全市稻水象甲发生面积达 20 万亩，涉及宽城、滦平、承德县、丰宁、平泉、隆化6个县，37个乡镇，159个村。发生特点：一是冬前基数偏高。2005年10月份调查冬前基数，宽城15头/m²，丰宁10头/m²，滦平18头/m²，比常年偏高5~10头/m²。二是越冬虫源多，越冬成虫密度大。由于冬季气候变暖，稻水象甲成活率高，5月25日市植保站组织人员对全市稻田进行了调查，林地、荒草地越冬成虫100~150头/m²，秧田3~8头/m²，高的达15头/m²。三是由于承德春季气温偏低，稻水象甲发生期较常年偏晚10天。四是发生范围扩大。发生范围又增加了平泉县黄土梁子、柳溪、平房、蒙合乌苏4个乡镇的6个村，到2006年，我市除兴隆、围场两县未发现稻水象甲疫情，其余6个县都不同程度的发生了疫情。

2007年，我市稻水象甲发生面积达19万亩，涉及宽城、滦平、丰宁、平泉、承德县、隆化6个县。发生特点：一是冬前基数偏高，由于2006年冬季气温偏高，在10月20日调查冬前基数为0.9头/m²。二是越冬虫源多，越冬代成虫密度大。5月29日在滦平县金沟屯乡山后村调查，秧田有成虫180~260头/m²。三是发生期比常年偏晚7~10天。四是集中危害比较严重，滦平、隆化、承德三县发生较重，平泉、宽城、丰宁三县发生较轻。

2008年，市站组织力量对全市稻水象甲发生、分布情况进行摸底调查，调查结果：我市稻水象甲属中偏重发生，发生面积15万亩，防治面积15万亩次。涉及宽城、滦平、丰宁、平泉、承德县、隆化6个县41个乡镇210个村。其中宽城2个乡镇7个村，滦平8个乡镇51个村，丰宁3个乡镇15个村，平泉5个乡镇8个村，承德县15个乡镇63个村，隆化县8个乡镇66个村。

2009年稻水象甲中等发生，发生面积9万亩，防治面积9万亩次。涉及6个县37个乡镇，分别是宽城县的宽城镇、化皮乡；滦平县的张百湾镇、大屯乡、付营子乡、小营乡、红旗镇、西沟乡、西地乡、金钩屯镇；承德县的上板城镇、六沟镇、头沟镇、下板城镇、石灰窑乡、岗子乡、两家乡、邓上乡、三家乡、甲山镇、三沟镇；平泉县的黄土梁子镇、北五十家子乡、柳溪乡；丰宁县的凤山镇、菠萝诺乡、西官营乡；隆化县的隆化镇、蓝旗镇、步古沟镇、郭家屯镇、八达营乡、太平庄乡、旧屯乡、白虎沟乡、韩家店乡、湾沟门乡。

二、稻水象甲防控概况

（一）20世纪90年代

1992年8月经确认我市发生稻水象甲疫情后，承德地区行政公署办公室下发了认真做好"稻象甲—1号"防治工作的紧急通知，承德地区植保站制定了封锁、控制、监测和防治稻水象甲蔓延的总体方案，确定抓住三个关键时期，打好三个防治战役的策略，控制了危害，防止了蔓延。

1993~1998年，植保部门认真监测，农户积极防治，致使稻水象甲疫情蔓延速度较慢。

1999年7月，滦平县大面积爆发稻水象甲疫情，市植保站向市政府做了汇报，市政府拨款5万元，滦平县委、县政府在张百湾镇召开了稻水象甲封锁防治现场会，组建了专防队进行统一防治，减少了危害，使疫情得到缓解。

（二）2000 年至今

2000～2004 年稻水象甲疫情进一步扩散，滦平和宽城两县疫情严重，根据这一调查情况，市植保站及时向全市发出了做好监测和统防统治工作的通知，每年 6 月上旬稻水象甲发生区用高效氯氰菊酯 1 000 倍液防治越冬代成虫；6 月下旬至 7 月上旬用地虫克星 600 倍液，3% 呋喃丹颗粒剂防治水稻本田幼虫；7 月下旬至 8 月上旬用高效氯氢菊酯防治稻水象甲一代成虫，通过三次防治，对稻水象甲扩散蔓延起到了有效的控制作用。

2005 年至今我市除兴隆和围场两县外，其余县均不同程度的发生了稻水象甲疫情，根据这一情况，我站在每年年初制定《承德市稻水象甲疫情防治预案》，发生稻水象甲疫情的各县植保站也制定了《稻水象甲防治实施方案》。对稻水象甲进行了全面监测，主要采取全面普查与重点抽查相结合，群众调查与专业技术人员调查相结合，灯光诱杀与田间调查相结合的方法进行，确定防治关键时期，轻发生区组织群众自防，重发生区以村组为单位组建专业化防治队伍，实施统防统治，控制稻水象甲的扩散蔓延。

三、采取的主要防控措施

（一）准确调查监测，及早发现预警

为及时掌握稻水象甲疫情的发生动态，以稻水象甲发生区为监测中心，每个乡建立一个疫情监测点。在非疫区及周围分别建立监测点，安装诱测灯。每个监测点配备 2 名专业技术人员，进行田间监测并及时准确上报。

（二）加强植物检疫，严密封锁疫情

在准确调查的基础上，划定疫区、缓冲区和保护区。在缓冲区和保护区，认真搞好植物检疫，严禁从疫区调运种子、秧苗及其他可以携带稻水象甲的应检物品。密切监视疫情发生动态，认真进行定期普查，做到及时发现，及时上报，严密封锁，迅速扑灭。对疫情发生区，严格检疫处理外运物品，延缓疫情扩散和蔓延速度。

（三）依据发生情况，制定综合防控技术

1. 农业防控

①调整种植期，适期晚插秧，能减轻其为害程度。②水稻收割后，及时铲除稻田周边杂草。③加强肥水管理，合理施用氮肥；推广浅水栽培，浅水栽培条件下，幼虫密度几乎与用药处理的相同。④秋翻晒垡灭茬，在水稻收割后至土壤封冻前对稻田进行翻耕或耙耕，焚烧根茬，降低田间越冬成虫的成活率。

2. 物理防控

利用灯光诱杀技术压低虫源，每年 4～10 月，在疫区设置杀虫灯诱杀成虫，每 30～50 亩安装 1 台，有效降低虫口密度；设置防虫网阻止稻水象甲迁移进入稻田，减少稻株上的落卵量。

3. 生物防控

保护捕食性天敌，如稻田、沼泽地栖息鸟类、蛙类、结网型和游猎型蜘蛛、步甲等猎食各种虫态稻水象甲的天敌。

4. 化学防控

根据稻水象甲主要为害早稻秧田和本田特点，采取"狠治越冬代成虫，兼治第一代幼虫，挑治第一代成虫"的防治策略。

（1）秧田防治 主要防治越冬代成虫。早稻秧田揭膜后是越冬代成虫迁入秧田的高峰期（一般在起秧前7天左右），选用5%锐劲特乳油50mL或20%丁硫克百威乳油30mL或20%三唑磷乳油100mL或25%阿克泰水分散粒剂4g或48%乐斯本乳油60mL，对水30kg喷雾。

（2）本田防治 ①本田的越冬代成虫和本田第一代幼虫防治。越冬代成虫0.5头/穴或者稻叶受害率为30%、幼虫（3头/穴）时进行防治。5月下旬至6月上旬插秧后7~10天，成虫迁入本田，用4.5%高效氯氰菊酯2 000~2 500倍液或2.5%高效氯氟氰菊酯2 500倍液稀释，均匀喷洒于水稻叶片上；6月下旬至7月上旬为幼虫危害高峰期，防治幼虫在水稻晒田期用40%辛硫磷1 000倍液或40%毒死蜱1 000~1 500倍液喷雾或亩用百虫亡160mL拌细沙10~20斤撒施。②防治本田一代成虫。稻叶受害率达30%进行防治。7月下旬至8月上旬，第一代稻水象甲成虫进入盛发期，选用速效性好击倒力强的菊酯+有机磷复配剂（如百虫亡、星科等）1 000~1 500倍液稀释喷雾。

稻水象甲防控是一项长期的、艰巨的工作，我们要认真进行监测，了解疫情发生动态，做好统防统治工作，把稻水象甲为害减小到最低程度。

平泉县植物保护六十年发展历程

许建新

（平泉县植保植检站）

平泉地处冀（河北）辽（辽宁）蒙（内蒙古自治区）三省交界处，是农业生产大县。总面积 3 296km²，辖 9 镇 10 乡 1 个街道办事处，291 个行政村，人口 47.6 万，气候为内陆季风型半干旱半湿润丘陵气候，年均气温 7.3 摄氏度，年均降雨量 400～800mm，无霜期 120～140 天。耕地面积 64.9 万亩，现在已形成以粮食生产为基础，食用菌、设施园艺为主导的农业产业结构。农业产业在发展壮大的同时，农产品质量也在迅速提高，这与植保部门保驾护航作用密不可分。目前，已平泉县已成为国家粮食生产大县，年产粮食 2.5 亿 kg，其中玉米 2 亿 kg（绿色玉米占 1/3）；食用菌 2.1 亿盘（袋），产量 21 万 t，达到标准化生产水平；蔬菜面积 12.72 万亩，其中设施蔬菜 5.73 万亩，均达到了无公害标准。常年病虫害发生面积 200 万亩次左右，防治面积 180 万亩次，2000 年以后，加大了物理和生物防治技术的推广应用，综合防治水平大幅提高。由于地处三省交界的特殊地理位置，平泉素以"三省通衢，京津门楣"著称，因此农业有害生物传播几率较大，使植保部门的工作任务较重。多年来，我们始终把有害生物防控和检疫工作作为首要任务严抓不懈，确保了无检疫性有害生物从平泉越境。

一、植物保护发展历程

纵观全县植物保护 60 年风雨历程，经历了从无到有、由弱到强的发展过程。

（一）"三"无阶段（从新中国成立初期到 1970 年）

这一时期，可谓是植物保护的"三无"阶段：即无专门的植物保护机构、无专业的植物保护人员、无系统的植物保护技术。新中国成立伊始，当时的地区行署、公社没有专门的植保机构和植保技术人员，当时的干部既抓行政，又抓农业生产，遇到农业病虫害，苦无良方，防治方法单一。大都是农民自发的采用一些土办法：如烟熏、烟叶熬水喷洒治虫，后来逐步发展到使用"六六六"粉、"滴滴涕"粉、"1059"、敌敌畏、敌百虫、乐果等农药，方法为喷雾、喷粉、拌种、涂茎等，大大提高了防治效果。

（二）起步阶段（1971～1979 年）

1971 年，成立了农技推广中心，下设植保组，这就是植保植检站的雏形，共有 4 人，开始专门的病虫害防治工作。植保站正式成立于 1976 年，当时的植保站有 7 个人，开始系统的开展病虫害测报、预防和控制工作。在病虫害防治中，开展病虫害防治药效试验，推广高效农药和先进的防治技术，对全面开展农业病虫害防治积累了宝贵经验。

（三）发展壮大阶段（1980～1998 年）

1981 年植保植检站在南五十家子建立第一支村级植保机械防治队，当年完成防治面积 4 313 亩，防治经验在县、地区、省内推广；1982 年经平泉县人民政府批准，成立植保公司，实行一套人马两个牌子，全面开展病虫害防治工作。1983 年防治面积达到 43 万亩，占全县农作物防治面积的 60%，开展了大面积灭鼠工作，共灭鼠 127.94 万只，挽回粮食损失 113.46 万 kg。1980～1983 年承担了河北省农业害虫天敌的普查工作，共采集天敌标本 500 余种，编写了《平泉县主要农作物病虫害天敌目录》。1984 年在三十家子搞玉米制种田产地检疫试点，到 1987 年共为制种户签发产地检疫合格证书 52 378 份。1985 年河北省农业厅在平泉县召开检疫现场会，经验在全省推广。

（四）全面发展阶段（1999～2009 年）

这一时期，病虫测报、有害生物防控、检疫检测、执法监督、综防统防、新技术推广等工作全面推进。平均每年发布测报信息 15 期，准确率达 95% 以上，进村入户率达100%；严格产地检疫、加强调运检疫、强化市场检疫，扩大检疫工作的广度和深度。在全面实行种子检疫、农药市场准入备案登记管理的基础上，进一步加强农资市场整治力度，实现了种子、农药的制度化、规范化管理；强化了有害生物综合防治技术的推广应用。在指导农民科学合理用药同时，全面推广黄板诱杀、灯光灭杀、天敌控制等物理、生物防治技术；充分发挥示范区的带动作用，建立高质量的绿色防控、有害生物综合防治示范区，以点带面，全面推广；开展农技下乡、农业普法下乡，筛选优质、高效、低毒农药下乡进村；推进植保专业化防治队伍建设，发展乡村级植保服务人员，建立乡村级专业化防治队伍，全面推进专业化统防统治水平。

二、植物保护工作情况

（一）农业有害生物发生与防治

1. 虫害发生与防治

（1）地下害虫　地下害虫主要有蛴螬、蝼蛄和金针虫。三种害虫每年都有发生，发生年有轻、中、重之分。自 1993 年至今，每年发生与防治面积为 25～60 万亩。防治方法主要有深翻土壤、灯光诱杀成虫、合理排灌药物防治等措施。

（2）麦蚜　麦蚜在麦田中，1 年发生 10 多代。1993 年后，平泉春季一般是十年九旱，气温偏高，雨量少，适宜麦蚜的发生。麦蚜防治指标为百株蚜量 1 000 头，每年麦蚜发生都超过防治指标，1997 年、1998 年大发生，发生面积和防治面积 5 万亩。防治方法：主要用快杀灵、蚜灭多、吡虫啉等药物防治。

（3）二代黏虫　黏虫为典型的迁飞性害虫，在承德北方地区不能越冬，5 月要从南方长途迁飞而来，进入麦田、谷田等产卵孵化为二代幼虫后进行为害。每年都用诱蛾器进行监测，指导农民及时防治。

（4）土蝗　土蝗的种类有 32 种，主要有中华稻蝗、大赤翅蝗、笨蝗、小翅雏蝗、宽翅曲背蝗、螽斯等。水稻田以中华稻蝗危害为主，每年都有不同程度发生，2001～2009 年土蝗发生面积从 1 万亩扩大到 20 万～30 万亩，发生严重的柳溪乡，平均每平方米有卵块 20 块，有蝗虫 100 头以上，发生面积 6 000 亩，其中最严重的马架子村、韩杖子村每平方米有蝗虫1 000 头以上。2005 年调查卵块，平均每平方米有卵块 18.2 块，多的高达 40 块，植保技术员每周对虫情进行监测一次，发动群众进行统防统治，重点采取了药剂防治。

（5）草地螟　2007 年在平泉零星发生，2008 年 7 月下旬，有大量草地螟一代成虫迁入平泉县，对平泉县秋粮、蔬菜、草场带来严重的威胁。灾情发生后，我站立即组织全站人员对平泉县农田及草地受害情况进行了详细全面的调查，并采取了全面监测、制定方案、统一防治等相应的防控措施。有效控制了草地螟为害。

（6）蔬菜虫害　温室白粉虱、烟粉虱主要为害黄瓜、番茄、茄子等作物。这两种粉虱在温室中一年中可发生 10 余代。白粉虱 1993～2009 年每年都有发生。菜青虫在一年发生 4～5 代，小菜蛾一年发生 3～4 代。美洲斑潜蝇一年可发生多代，可全年危害，以 6～9 月为发生危害高峰期，1997 年发生面积 2 万亩，1998 年下降至 1.6 万亩，从 1999 年至 2009 年发生面积始终维持在 1 万亩左右。

2. 病害发生与防治

（1）玉米病害　玉米大斑病、玉米小斑病、弯孢菌叶斑病、纹枯病、褐斑病、丝黑穗病、瘤黑粉、病毒病、茎基腐病等。①玉米大、小斑病，是 70 年代由于种子引进传入的，在制种田里每年都有发生。尤其玉米自交系黄早 4、478、8112、吉 63、矮源 311、E28 等品种系发病率 100%，级别为 3～4 级，严重影响玉米种子的成熟度和产量，玉米大斑病发生普遍，年发生面积达 25 万亩。②弯孢菌叶斑病（黄斑病），1995 年经保定农业专家赵来顺先生鉴定玉米"黄斑病"的病原菌是弯孢霉菌，名称为玉米弯孢菌叶斑病 1995～1998 年在平泉镇于营子、小寺沟镇趟道沟村、榆树林子镇付家湾子搞了不同播期、不同药剂、有机肥高肥量试验，追施氮肥高肥量试验。对发病相关因子、防治效果进行统计分析，并参与该科技项目实施，此项目 1998 年获市科委科技进步二等奖。年发生面积达 40 万亩。③玉米纹枯病，玉米自交系 8401、22741、5003、3189、丹 340、478 发病严重，病株率达 100%，对有的品种危害到穗位。1995 年"5003"自交系和杂交组合在党坝镇种植 980 亩，由于玉米纹枯病和玉米大小斑病混合大发生，造成植株提前死亡减产，亩产只有 7.5kg 左右，2003 年在党坝大发生，发生面积 1 万亩，2005 年小寺沟发生 4 000 亩。④玉米病毒病，主要是玉米矮花叶病。在玉米自交系中 E28、8401、莫 17、披 107、豫 12、许 052、丹 340 等 25 个品系都有不同程度的感病，重病田甚至颗粒不收。从 1993 年至 1997 年间每年发病 1 万多亩。尤其披单 2 号的制种田产量损失极重。近年来，由于加强检疫工作，发病较轻。⑤玉米丝黑穗病，平均发病 3%～4%，严重年份，平均发病率 6.5%，1999 年出现严重干旱，玉米丝黑穗病和玉米瘤黑粉病普遍发生。榆树林子玉米制种田最严重的地块发病率达 70%～90%，几乎绝收，1993 年、1994 年承德市政府将"速保利"防治玉米丝黑穗和小麦腥黑穗病的防治工作被列入农业"26 推"项目。1997 年七家岱发生面积 3 000 亩，1998 年榆树林子发生面积 8 000 亩。⑥玉米茎基腐病，2002 年植保站在小寺沟镇雅图沟村、桥西村、党坝镇四家村、郭杖子乡郝杖子村的 4 000 亩玉米制种田首次发现，到 2005 年历年都有发生。2003 年七沟镇发生面积 300 亩。

（2）水稻病害　以稻瘟病为主。1993 年 9 月，平泉镇南岭村 170 亩稻田用有污染的瀑河水灌溉稻田，穗颈瘟发病率达 50% 以上，节瘟达 5% 左右，白穗率达 60% 以上，后期造成大面积死亡，减产 40.8t。近几年均有所发生，但防治及时，未造严重减产。用 20% 三环唑可湿性粉剂 600 倍液喷雾或用 50% 多菌灵可湿性粉剂 1 000 倍液喷雾。

（3）辣椒病害　病毒病、炭疽病、疫病、疮痂病等。1993 年为发展高效田，引进辣椒羊角椒、天鹰椒两个品种播种面积 6 600 亩，由 7 月降雨多，田间湿度大，适宜病害发生。发病率为 100%，损失率达 10%～50%，加之棉铃虫蛀果率达 18%，共损失 470t。2001 年疫病发生比较严重，在黄土梁子发生达 150 亩，防治面积 150 亩。到 2009 年每年各种病害均有发生。

（4）黄瓜病害　主要有霜霉病、灰霜病、黑腥病、炭疽病、枯萎病、疫病等。①霜霉病，1994年发生面积200亩，1995年、1996年发生普遍，发病率在80%～100%，无论大棚还是露地黄瓜发病较严重，个别造成绝收。②黑腥病，1994年4月在平泉镇西坝村代同沟大棚黄瓜上首次发现，至2009年每年均有发生。

（5）番茄病害　早疫病、晚疫病、灰霉病、叶霉病和溃疡病。①早疫病，1995年发生面积较大，发病率在50%～100%。②晚疫病，多雨年份发生严重。1996年7月下旬到8月上旬出现了十几天的连续阴雨低温天气，造成晚疫病的大流行。如蒙和乌苏乡二道营子村35亩连片露地番茄（品种是"白果强丰"），发病率100%，病情5级，全田植株萎蔫而枯死，果实不能食用，造成绝产，发病面积500多亩。③溃疡病，1996年3月在平泉镇西坝村代同沟番茄大棚中发现，发病面积2亩。从20世纪90年代中期，大面积推广越夏硬果番茄，品种以百利、格雷为主。此病每年均有发生，通过综合防治，到2005年病害已基本得到控制。④枯萎病，1994年平泉镇代同沟李武等10多户菜农10多亩大棚突然发病，发病率达40%，常年都有不同程度发生。

（6）十字花科蔬菜病害　白菜霜霉病、软腐病、病毒病，是白菜上的三大病害，每年发病都很严重。2003年软腐病发生面积400亩。

3. 化学除草

从1980年开始，先后了进行阿特拉津玉米田除草实验，敌稗稻田除草实验，弗乐灵大豆蔬菜田除草实验，2、4-D麦田除草实验，推广使用除草剂。1993～2000年，每年用化学除草面积始终保持在10万～11万亩。2001～2009年，化学除草面积从23.5万亩上升至47万亩。玉米田化学除草面积从13.5万亩到2009年已发展到38万亩左右。化学除草面积逐年上升，但大量使用除草剂带来的污染问题，在今后的工作中重点解决。

4. 农田鼠害

大仓鼠、黑绒姬鼠、花鼠（花狸棒子、王道眉）、社鼠（山耗子）、褐家鼠、小家鼠等。这些害鼠栖息环境和喜食的食物各有不同，它们共同点都为害农田里的作物和种子，盗取粮食、油料和瓜果，有的还咬死幼禽、毁坏蛋类，有的还传播多种疾病。防治方法主要有器械灭杀和药剂毒杀，在2005年以前为害较重。近年来，全县围绕创建"省级卫生县城"目标，加大了城乡统一灭鼠力度，鼠害得到了有效根治。

（二）植物检疫

1993年植保植检站新建立了无菌操作室、检验室，投资近万元购置了一台高标准的超净工作台，添置部分精密仪器，改善了条件，为提高化验水平奠定了基础。植检化验室每年都为调运种子抽取300～600个样品进行洗涤化验，确认无检疫对象后方可开据植物检疫证，2004年开始使用微机开证。2009完成了植物有害生物防控体系建设项目，化验室、标本室、实验室达到100m²，6 670m²病虫观测场在2009年6月投入使用。

1. 产地检疫

1993年至2009年间对涉及18个乡镇110个村3万多个制种户，累计79.46万亩的"两杂"制种及蔬菜繁种田进行了产地检疫，并对制种田、亲本繁殖田的各品种病虫害危害情况做了详细的记载，存入档案。未发现有检疫性有害生物。

2. 调运检疫

从1993年至2009年共调运检疫达4 530批次，调出玉米种子9.579万t，调出食用菌和菜籽 3 450t。

3. 检疫性有害生物普查

1994 年在平泉镇西坝村、代同沟村发现番茄枯萎病；1995 年 4 月在沙坨子乡孟杖子村、西坝代同沟村发现黄瓜黑腥病（省检疫对象）；1996 年 1 月在蔬菜田里发现美洲斑潜蝇。1996 年 3 月在代同沟大棚番茄中发现番茄溃疡病。1998 年，黄瓜黑腥病感染的面积达 4.9 亩。

4. 农业有害生物疫情普查

2002 年开始，每年都要开展有害生物普查。到 2009 年底，查出玉米病虫害：玉米螟、棉铃虫、玉米红蜘蛛、白星花金龟、玉米蚜、玉米锈病、玉米丝黑穗病、瘤黑粉病、玉米纹枯病、玉米灰斑病、褐斑病、玉米矮花叶病、玉米基腐病、玉米穗病、未发现玉米植物检疫对象；小麦病虫害：麦蚜、小麦白粉病、小麦锈病、小麦根腐病。经查后均未发现检疫对象；番茄病虫害：白粉虱、棉铃虫、美洲斑潜蝇、番茄猝倒病、番茄枯萎病、番茄早疫病、番茄晚病、番茄叶霉病、番茄灰霉病、番茄花叶型病毒、番茄蕨叶型病毒、番茄条斑型病毒、番茄炭疽病、番茄青枯病、番茄溃疡病；贮粮害虫：主要有玉米象、麦蛾、印度谷螟、绿豆象。

5. 执法检查

自 1998 年开始，加大了对生产经营蔬菜、玉米等种子的单位及个人的植物检疫监督检查力度，组成检疫稽查队对生产经营单位进行不定期检查，对一证多用、涂改证章、无证调运等违法调运行为进行批评教育或罚款处理。1998 年至 2009 年共处理违章案件 39 起。（1998 年前未做此项工作）。

（三）农药管理

农药管理主要是培训农药经营者，发放经营许可证（现已取消经营许可），查处假冒农药。从 1998 年开始，进行市场普查摸底，查假打假，当年共查出售假单位 32 个，累计罚款 4 950 元。从 1999 年开始办理农药经营许可证，此证"一年一验，三年一换"。开始对农药从业人员进行统一培训，考试合格发证上岗。2005 年培训农药经营人员 182 人，全部取得上岗证，对农药经营户发放农药销售台账，实行可追溯管理，实行诚信卡制度，确保经营户守法经营。截至 2009 年底，查出无证经营农药 57 家、查获假劣农药累计 25 000 余瓶（袋），价值 50 000 余元。收缴禁用高剧毒农药 87 瓶，已全部上缴。查出"三无"鼠药 280 支袋，未发生鼠药投毒案件，确保了全县鼠药有序经营。

三、植保现状和发展方向

2009 年下半年，县政府开始谋划农技推广体系改革，2010 年 3 月底改革结束。植保植检站人员由原来的 31 人精简为 5 人，副高级农艺师 3 人，农艺师 1 人，助理农艺师 1 人，从事植保工作都在 10 年以上，其余大部分植保技术人员充实到乡镇一线，巩固了基层植保队伍。如今，已彻底摆脱了人员多、包袱重、工资无保障、经费短缺等诸多困难，所有人员开支纳入县级财政，终于可以轻装上阵，精心谋划植保植检工作。

今后，我站将严格按照国家、省、市主管部门要求，以保障农业生产安全、提升农产品质量为目的，以抓好有害生物监测预报为基础，全面提高专业化统防统治水平，发展乡村级植保技术人员，组建专业化防止队伍，加大检疫执法力度，进一步规范农药市场秩序，争取项目资金支持，加强自身建设，全力开创植保植检工作新局面。

沧桑巨变　看隆化植保

张永生
（隆化县植保植检站）

　　2009 年，伟大的新中国已走过 60 年的光辉历程，国泰民安、普天同庆。隆化植保事业发展也同其他行业一样，在沧海桑田中，日新月异。隆化县位于河北省承德市北部，是典型的农业生产大县，全县辖 25 个乡镇，365 个行政村，有人口 43 万人，总耕面积 67.2 万亩，种植的作物有玉米、水稻、蔬菜、大豆、谷子、高粱、薯类及杂粮等单季作物。隆化县水资源丰富，土壤肥沃，有机质含量高，四季分明，无霜期 100~140 天，年日照时数达 2 900h，年平均气温 7.5℃，≥10℃有效积温 2 500~3 400℃。2000 年以来，平均亩产达 430kg 左右。病虫害年发生面积 180 万~210 万亩次，防治面积 150 万~175 万亩次，年总产粮食达 191 302t 左右，时差蔬菜年产 201 806t，农业年产值达 64 623 万元，人民人均收入达 3 015 元，较新中国成立初期增长 30 倍。隆化县的植物保护工作为隆化农业生产安全，为提升人们的"菜篮子、米袋子"的质和量，为农业增收、农民增效，作出了突出的贡献。

一、1949~1976 年，农作物保护主要是农民潜意识的防治，是植保的雏形

　　新中国成立以前，为害农作物的害虫有玉米螟、黏虫、蚜虫、菜青虫、蝗虫、蛴螬、蝼蛄等，防治并无良策，一遇虫害，除抓虫外，既烧香求神灵保佑，遇大发生年份就在阴历六月六去土地庙上供焚香。1949 年新中国成立以后，开始破除封建迷信的做法，对病虫害采取积极地防治措施，主要采用人工捕捉和烟雾熏落，或逐虫入沟坑杀等措施。那时，虽然没有专门的植保机构，没有专门的人员负责，但当时已经有了虫害防治措施、病害防治措施、测报技术等植物保护技术，为以后的植保发展奠定了良好的基础。种植的粮食作物主要有水稻、薯类、玉米、高粱、谷子、大豆等，为了解决吃饭问题，在防病灭虫方面采取了积极地措施。

（一）虫害防治方面

　　1951 年，由县社负责供应农药，本县第一次使用农药"六六六"粉、硫酸铜、赛力散进行灭虫，但数量不多、使用范围不大，主要防治措施仍如以前。1952 年使用烟油子等土农药对甘薯虫害普治一次，效果很好。1957 年全县使用"六六六"粉 4 210kg，之后"六六六"粉、"滴滴涕"等有机氯农药在县内开始逐渐普及，虫害危害得到了很好的控制。1966 年应用"1059"涂茎，乐果粉剂喷粉或使用乐果乳油喷雾等防治高粱蚜虫，用"滴滴涕"灌心防治玉米螟，取得了较好的效果。1970 年有机磷农药和有机氯农药并用，以有机氯农药为主，防治以"治小、治少、治了"为原则，主要应用农药"1605"、敌敌畏、敌百虫、乐果、"六六六"粉、"滴滴涕"等，采用的方法为喷雾、喷粉、拌种、涂茎等。

（二）病害防治方面

针对当时种植的粮食作物（主要是谷子和玉米），开展了病害的防治。

（1）谷子白发病　每年都有发生，病害造成减产在 20% 左右，1961 年以前主要采取一些农业耕作措施进行防治，主要措施有温汤浸种、割除病株、适时晚播、轮作倒茬等，但防治效果不好，遇到大发生年份，白发病穗与健壮谷穗参差兼半。1961 年开始采用赛力散拌种防治，效果较好，但不能控制危害。

（2）谷子黑穗病　1961 年全县谷子播种面积 21.1 万亩，有 17 万亩遭受不同程度的危害，发病率在 10% ~ 50%。1962 年采用赛力散拌种进行种子消毒，结合精选良种、及时播种等措施，发病率明显下降，70 年代初谷子黑穗病得到了有效控制。

（3）玉米丝黑穗病　全县种植的玉米每年都有不同程度的发生，发病率一般在 5% ~ 10%，以重茬田、低洼地危害严重。1961 年使用温汤浸种和赛力散拌种进行防治，虽能控制部分危害，但效果不显著，使用面积不大。1971 年采取药剂处理，结合农业措施，防治效果有所提高。

（三）病虫测报技术

1952 年以前，对病虫的发生没有预测预报，防治上也是见病治病、见虫抓虫，对病虫的发生更无系统的研究。1953 年在国营农场设置糖蜜诱蛾器，开始对黏虫进行系统的调查，1954 年增加为 2 台，以此探讨、调查黏虫成虫发生期，结合幼虫田间调查，判断当年在县内是否有大发生的可能。1956 年以后，测报组织及测报人员几上几下，测报点不断变动，测报方法也不系统。1974 年起，恢复了测报组织，县内在农技推广站内设一人专门负责植保工作，指导几个测报点的工作，并不定期的发布病虫情报，采用的主要测报方法有：糖蜜诱蛾器、杨树枝把诱蛾、田间定点查卵、查虫等，主要测报对象为黏虫、地老虎。

通过以上可以看出，隆化县植物保护开展的较早，在当时就已经有了病虫害防治措施，但受方方面面的制约，没有形成完整的体系，影响了植保工作的开展，更牵制住了发展的脚步。从隆化县的《农业志》中可以看出当时的政府对植物保护工作给予了足够的重视，1952 年农业"八字宪法"中"保"就是植物保护、防治病虫害；1962 年县人委批转农业局"关于隆化县谷子黑穗病发生情况的考察和防治意见"的报告。这些都对今后植保工作的顺利进行打下良好的基础，为以后成立植保站铺平了道路。

二、1976 年以后，植物保护进入了全面发展阶段

县植保站正式成立于 1976 年，当时的植保站只有 3 个人，负责病虫害的防治，有了真正意义上的植物保护组织，有了专门负责病虫害防治人员。从那时开始，植保站逐渐成为保障粮食稳产、高产的重要部门，得到了农民的认可，在病虫害防治中，发挥的作用越来越明显。开展了病虫害防治的药效试验，推广高效农药和先进的防治方法，对隆化县的粮食作物病虫害的有效防治探索出一条新路子。随着技术人员的不断充实，粮食作物病虫害得到了有效防治，植保站在农业生产中的地位也在逐渐提高，成为农业生产中不可缺失的力量。在病虫草害防治、预测预报方面有了长足的发展。1977 年为防治谷子白发病采用清水洗净种子后，用 10% ~ 15% 的赛力散拌种，即"三洗一拌"技术，并采用"大粒化"，即将谷种用黄黏土、烟囱油及赛力散等制成绿豆大小的颗粒，使谷子白发病发生率

下降10%。1979年县科委与农业局共同组织在全县1 750亩水旱田进行5种化学除草剂防治杂草的实验，5种药剂为2,4-D丁酯、阿特拉津、扑草净、敌 、除草醚。1978年开始对地下害虫越冬基数进行区域性系统调查，全县划分七个调查组，调查地块按三点取样，分层测地温，调查各层虫种、虫量，1979年全县设了9个测报点，分布于东、西、北三川，对黏虫的发生趋势做了比较准确的预报，并对其他病虫害的发生做了预测预报，主要测报种类有小麦蚜、高粱蚜、谷子白发病、稻瘟病、玉米花叶病、大斑病、高粱炭疽病等。

这一段的植保工作是在"文化大革命"结束后的恢复期，植保技术人员努力工作，通过试验新农药、推广新的植保技术，为当时的农业生产作出了贡献，为以后的植保工作指出了方向。

80年代技术力量得到了加强，人员增加到9人，植保业务进一步分工，根据隆化《农业志》记载，1979年3月21日省农业厅文件要求"市、县植保站配备检疫人员，测报、防治、检疫一起抓"。隆化县随即确定了专职检疫员、测报员，开展了相应的业务。1982年开始进行玉米丝黑穗病防治、筛选试验，通过试验粉锈宁防治效果较好。在原有植保站基础上，建立植保公司，成立了全县唯一一家集农药批发、零售为一体的植保公司，开设了推广新农药、药械为主的植物医院，看病、开方、卖药、防治一条龙服务。合作承担的阿普隆拌种防治谷子白发病试验，获得"河北省农林科学院科技进步四等奖"，1987年使用pp450、s3308拌种防治玉米丝黑穗病项目通过部级鉴定。在此期间植物检疫工作、病虫害测报工作得到了前所未有的发展。1983年国务院发布了《植物检疫条例》，使植物检疫工作有了法律依据1984年检疫人员开始对县内制种地块进行田间检疫，并以户为单位核发了检疫证，1985年开始完善检疫手续，开始种子苗木调出调入检疫，开展了室内检测，全县专职检疫员2人，兼职检疫员2人，领取了国家农牧渔业部和省地植检部门核发的"植物检疫员证和兼职植物检疫员证"1988年添置了必备的检测仪器和化学药品，建立了植检化验室，完善了操作规程，在省、市植检部门的帮助下，对检疫对象发生情况进行了一次复查，发现检疫对象"番茄溃疡病"、"黄瓜黑星病"，进行了隔离处理。测报工作1981年调整了病虫害测报点，在县植保站设立了中心测报点，在七家、章吉营、郭家屯、步古沟设立了4个乡级测报点，统一了测报规格。1982年建立了专门的中心测报场，安装了黑光灯诱测器、杨树枝把、糖醋液等诱测器，发布病虫害情报9期。1986年开始利用10年的系统资料及影响发生的各种环境因素，利用计算机整理出二代黏虫的发生史，盛期发生程度的电算方程式和高粱蚜虫发生程度方程式。

这一时期的植保工作得到了前所未有的发展，无论是病虫害防治、药效试验推广、植物检疫等工作都步入了正轨，有了专人负责，各项业务积极开展，政府也逐渐重视此项工作，据隆化县《农业志》记载，1980年全国40名植保学家来本县考察农作物病虫害发生防治情况，1982年县政府发出《关于认真推行阿普隆拌种防治谷子白发病的紧急通知》。

90年代，植保各项工作得到了进一步加强和完善，药剂防治开始有意识向环保、低毒方向发展，蔬菜、果树上禁止使用甲胺磷、1605、1059、3911、乐果等高毒农药，大田作物中禁止使用六六六粉等剧毒农药。1990～1993年开始推行使用"叶面宝、920"等植物生长调节剂，开始大面积推行"速保利"拌玉米种子防治玉米丝黑穗病，1995～1996年开始在玉米种子上使用防治玉米丝黑穗病与防治地下害虫相结合的拌种方式，大大提高了防治功效。检疫方面，在韩麻营镇十八里汰村建立了玉米亲本种子检疫观测圃，为进一步做好玉米产地检疫打下了坚实的基础。1996年在蔬菜上发现了植物检疫对象——"美洲斑潜蝇"，全站人员积极开展普查、宣传、防治等工作，经过四年的努力，疫情得到了有效的控制。测报方面，进一步在稳定基层测报点的基础上，建立了基层测报上报制度，对上报及时、全面、准确率高的测报人员给予奖励，实行效率与工资奖励相挂钩，大大调动了基层测报人员的积极性，测报工作有了进一步提高。这一时期植物保护作为确保农业稳产、高产的重要手段，国家对植保基础设施建设投资力度不断增加，同时加强了植保的法制建设、体制建设，出台了相关的法律、法规、文件，保证了植保工作的正常有序的开展。随着全县范围内多家植物医院的出现，1999年成立了农药监督管理站，开展了农药市场检查和监督，2000年开展了植物检疫市场检查，植保业务机制得到了进一步健全，植保工作适应了农业发展新阶段的要求，逐步由侧重于粮食作物有害生物防控向粮食作物与经济作物有害生物统筹兼防转变，由侧重保障农产品数量安全向数量安全与质量安全转变，由侧重于临时应急防治向源头防治、综合治理长效机制转变，由侧重技术措施向技术保障与政府行为相结合转变，促进了农业持续快速、稳定的发展。

三、植保工作确立了"公共植保、绿色植保"理念和"预防为主、综合防治"的植保方针

2000年以来，人员增加到27人，其中，高级农艺师5人，农艺师10人，助师2人，高级工10人，国家配备了植保专用车一台，投资50万元在隆化县大沈屯建设了占地10亩综合病虫测报场一处，同时建设了100m²的实验室、标本室、化验室，配备了化验检测设备，同时连续四年建设了植保新技术示范展示园区2个，以频振式杀虫灯、黄板、性诱剂、糖醋液等物理防治为主线的绿色防控水稻、露地时差蔬菜、西瓜为主要作物的展示基地1 500亩，使植保新技术得到了有效的转化，成为植保新技术的展示窗口、培训新技术的基地，有效地推动了植保绿色防控的进程，成为隆化县农业技术推广中的一个亮点，测报工作以其准确率高、发布及时，为各级政府当好农业生产参谋做出了贡献，年均发布病情报18期左右，指导防治面积达170多万亩次，亩挽回粮食50kg以上，年挽回粮食3 360万 kg，挽回经济损失6 700余万元。

植物检疫工作，专职检疫人员8人，承担着全县危险性有害生物和检疫性有害生物的监测和防控工作。近些年来，为防止周边县国家级检疫对象稻水象甲的入侵设卡、设观测点，成立有害生物防治领导小组，制定防控应急预案，成立科技组织，组建机防大队，进行统防统治，将检疫性有害生物稻水象甲控制在点片阶段，没有向其他稻区扩散，为农业可持续发展做出了贡献。对突发性的草地螟、蝗虫等害虫，采取政府牵头、部门协作、业务部门主管、植保督办的模式，将农业突发事件治早、治小、治了。

检疫执法工作受到了省、市主管部门的好评和肯定。隆化县是两杂玉米种子生产大县，每年三北种业、华丰种业、翔龙种业，生产种子达3 500余万斤，每年严格产地检疫、调运检疫一，推广使用国家微机植物检疫平台，调运出证700余批次，从无出现一次纰漏，有效的保证了农业生产不受外来有害物种的侵害。

纵观植保事业发展历程，植保工作的发展是农业发展的重要组成部分，重视植保工作，植保事业发展了，农业生产发展就快，就更平稳。削弱植保工作，植保事业受挫折，

农业发展就受到影响就消极。在隆化县农业发展的各个历史阶段植物保护工作都发挥了重要及不可替代作用，尤其改革开放以来植保工作为粮食生产，农民增收和农业可持续发展作出了突出贡献。

农业综合生产能力得到了提升，粮食产量稳步提高，粮食单产由新中国成立初期7 524万 kg 增加到 2008 年的 27.3 万 t，粮食产量的提高意味着良种、水肥、耕作、栽培、病虫害防治等因素多方面作用的结果。这其中植保的工作占重要位置和作用。纵观隆化县农业发展的历史，病虫害的威胁不是越来越轻而是上升趋势。2009 年病虫害发生面积 210 万亩以上，防治面积 185 万亩次，由于控制有力，连续几年达到农业部要求的将粮食损失率控制在 5% 以内的目标。

植保工作促进了农业产业结构调整和农民增收，首先植保工作逐步实现适应农业产业结构调整的需要，把病虫监测和防治范围由粮食作物向经济作物延伸，加强了设施栽培条件下病虫害防治技术推广，促进了隆化县进京设施菜和时差菜的农业防治、物理防治、生物防治、生态调整、化学诱导等综合控害技术，绿色防控面积达 12 万 ~ 30 万亩，减少了农药使用量，控制了高毒农药的使用，确保了农产品的食用安全性。无公害水稻基地面积达到了 23 万亩，以隆泉米业为龙头的"公司 + 农户带基地联市场"的水稻产业链和龙型经济初具规模。农产品销往京、津、石、沪等大城市和地区。

回顾植保事业 60 年的发展历程，植保科技工作从无到有，由弱到强，植保科技人员在有关部门的正确领导下，再接再厉，为农业增产、农民增收努力奋斗。

新中国成立六十年周年 看丰宁植保新发展

尚玉儒 李春宁 曹艳蕊

（丰宁植保站）

丰宁地处燕山北麓，地跨内蒙古高原和冀北山地两大地貌单元，全县总面积 8 765km²，居河北省第二位，其中耕地面积 107 万亩，牧草面积 526.8 万亩，是典型的农牧交错区。种植的农作物主要有蔬菜、玉米、水稻、马铃薯、莜麦、小麦、谷子及杂粮、杂豆等。由于全县境内地域广阔，地形地貌复杂，气候变化范围大，小气候类型多，农作物种植种类多，因此，决定丰宁县有害生物发生种类多而且复杂，形成了适宜等多种有害生物繁衍生存的生态环境，每年都有不同程度的发生，对农业生产直接构成了严重的威胁。尤其是 20 世纪 90 年代以来，受异常气候、生态环境变化的影响，有害生物呈现出逐年加重的发生趋势，常见的病虫、害近百种。

面对纷繁复杂的环境，植保人以"吃苦为人先，事业为己任，乐于做奉献"的精神为指导，在上级业务部门和地方政府大力支持下，努力维护农业生产安全，在艰苦的工作岗位上做了不平凡的业绩。

一、植保队伍不断壮大、植保体系逐渐健全

植保机构始建于 20 世纪 60 年代末，执行植保工作任务是植保组，隶属于农业站，期间由于文化大革命，农业受到时局影响，植保工作一直没有进展。直到 1980 年正式成立植保站，当时有专职工作人员 5 人（临时工 1 名），只有几件防毒衣具，1983 年成立了植保服务公司，人员增至 8 名，并开始有了药械供应，在技术指导基础上推广药械，期间乡镇靠社办站农业技术员调查统计病虫害工作。1984 年在凤山、窄岭、乔家营建立测报场三处，设专职测报员 3 名，开始正规测报业务。1990 年成立农业技术推广中心，下设 5 个分中心，由分中心人员负责当地病虫调查并指导防治。21 世纪初在坝上坝下建立两个测报场，有专职测报人员 4 名，至今有正式员工 16 人，其中研究员 1 名、高级农艺师 2 名、农艺师 6 名、助师及技术员 3 人，技术力量雄厚，能够较好的完成各项任务。目前农业技术推广体系即将建成，届时将形成了以县站为中心、乡镇为纽带、村组为基点的植保网络服务体系，为现阶段植保工作的顺利开展奠定了坚实的基础。

二、基础设施逐步健全，办公条件得到改善

20 世纪 60～80 年代，植保组归农业站管理，与农业站合属一个办公室，条件艰苦，监测手段极为简陋，只能进行简单调查，下乡徒步行走，紧急情况只有坐拖拉机。1980 年植保站成立后，有了 2 间办公室；1983 年又成立植保服务公司，办公室增至 4 间；1990 年县农业技术推广中心成立，植保站有办公室 4 间，试验室 2 间，下乡骑自行车，远处坐班车，省植保站为丰宁县配备了显微镜、解剖镜、电冰箱、温箱、高压消毒锅等实验设备。1998

年，我站被农业部确定为全国重大农作物病虫区域测报站，同时由国家投资，完善丰宁县区域站设施的建设，拥有办公室、实验室和标本室等较为齐全的综合楼，并配备了电话、电脑、打印机、摩托车等办公设备和交通工具，随后相继添加了数码相机、显微照相、田间小气候观测仪、GPS 等，进一步改善了办公条件。测报工作由简单调查到应用黑光灯诱测，现正在使用佳多牌虫情测报灯，操作更简单、数据更准确。办公由几个人合用一张桌、用复写纸手抄到现在微机操作，基本实现网络化办公，下乡坐公共汽车或站内吉普车。2009 年，县级有害生物预警区域测报站建设项目已经批复建设，项目建成后将有 1 000m² 检验检测、办公场所、完整的实验设备、高标准测报场、网纱大棚、200 余 m² 药械库及防控指挥专用车一辆，病虫预测预报数据将更加准确及时、防控能力将进一步增强。

三、业务范围不断拓展，服务职能日益突出

1. 病虫害预测预报工作

20 世纪 60 ~ 70 年代虽没单独设立植保站，但病虫预测预报工作已经开始并一直坚持，当时只是乡级技术员（临时工），通过田间调查记载病虫发生情况，总结预报病虫信息，建站后由专业技术人才承担，并在县城、凤山、窄岭、乔家营四处建立固定测报场，开展黑光灯诱测，负责玉米、水稻、谷子等主栽作物的黏虫、玉米螟、土蝗等监测预报工作，主要以模式电报形式上报病虫信息。1998 年被农业部确定为全国重大农作物病虫区域测报站，测报工作进一步加强，确定 4 名专职测报人员开展对玉米、小麦、水稻、谷子、蔬菜等所有作物病虫鼠害监测业务，主要有迁飞性草地螟、土蝗、害鼠、玉米螟、黏虫、小菜蛾等，信息以模式电报、电子邮件等方式上报。2004 年省站给配备了佳多牌自动虫情测报灯，测报数据及时、准确，年发布《病虫情报》20 余期，短期预报的准确率在 95% 以上，中长期的准确率在 90% 以上，模式电报 4 ~ 5 期，电视预报 5 ~ 8 期。2005 年开始采用软件系统上报调查数据，可直接网上录入病虫信息，传输速度更快更便捷，为上级业务部门提供可靠数据，为当地政府防治病虫害提供可靠依据，有效地指导了病虫害防控工作。

2. 检疫工作

建站之初根本没有专职检疫人员，检疫工作只是泛泛调查，工作进展缓慢。20 世纪 80 年代初种子公司成立，开始玉米繁种，才正式开展植物检疫，配备专职检疫人员并着装，技术人员通过目测和简易检验；1983 年配备了显微镜，能够进行镜检分析；1985 ~ 2000 年县内每年繁种都在 1 万亩左右，最多年份达 2 万亩，植保站技术人员坚持每年田检和穗检两次检疫检查，多年来未发现任何玉米检疫性有害生物，确保了全县农业生产安全；1998 年代配备光学显微镜，21 世纪初又配备了显微照相等技术设备，检测手段进一步完善；2005 年实行检疫申报、备案登记，并实现检疫微机出证；2009 年安装使用检疫平台，所有检疫申报、登记、出证，全部网络化，提高工作效率。

3. 病虫害防治工作

（1）病害种类 1990 年以前禾谷类作物主要病害是黑和白两种，"黑"指麦、蜀等的坚、散、丝、腥等黑穗及黑粉病，"白"专指粟类白发病；玉米主要病害有黑穗病、大、小斑病；水稻主要病害有稻瘟病和白叶枯病；十字花科、葫芦科蔬菜主要病害是：霜霉病、病毒病腐烂病、白斑病、菌核病；茄科作物主要病害有早、晚疫病、病毒病、炭疽病、黄萎病等。

（2）虫害种类　蚜虫、黏虫、草地螟、土蝗、麦秆蝇、粟灰螟、小菜蛾、菜青虫、潜叶蝇、瓢虫等。地下害虫：蝼蛄、蛴螬、金针虫等。

（3）防治工作　一是农药应用情况：建国初期病虫害防治工作很简单，基本采用人工除治，几乎没有化学农药，20世纪60~70年代采用人工加化学农药防治，农药以有机磷类高毒为主，如六六粉、3911、1605、1059等杀虫剂，80年代后主要使用菊酯类化学农药，90年代开始有一些生物农药使用，21世纪初国家开始在一些瓜果、蔬菜等农作物上禁止或限制使用高剧毒化学农药，开始推广高效低毒、低残留农药，并有多种生物农药投入生产应用，2008年开始推广绿色防控技术。二是病虫害防治情况：20世纪80年代"一黑一白"两种病害及玉米丝黑穗病发生严重，"一黑一白"年发生面积15万~20万亩，通过采用阿普隆与拌种双拌种，使这两种病害得到有效控制，该技术获得省农业厅农业技术推广甲等成果奖；玉米丝黑穗病年发生面积10余万亩，1983年承担农业部防治处"S3308"、"PP450"防治玉米丝黑穗药剂筛选工作，并取得了较好防效；目前，上述病害已基本得到控制。而其他病虫害种类没有太大变化，每年防治面积都在200万亩次以上，没有造成重大损失。

4. 有害生物调查工作

一是农区鼠害20世纪80年代以前防治一般只在室内采取下夹子和投放鼠药防治；80年代开始对害鼠种类进行调查，农田、农舍分别进行优势鼠种普查，2003年分坝上坝下各设立2个鼠害监测点，通过采用下夹法、投放毒饵站法进行统计，摸清害鼠优势种有家鼠、仓鼠、黄鼠、鼢鼠、田鼠等（20世纪记载的优势鼠种沙土鼠逐渐减少），掌握其发生规律，制定出一系列防控措施，鼠害损失控制在5%以下，防治工作取得明显成效。二是土蝗调查，20世纪80年代初进行一次蝗虫种类分布调查工作，1984年《河北蝗虫》一书有详细记载，并一直沿用至今，2005~2007年根据省植保总站统一安排，在全县开展了农牧交错区土蝗发生情况勘察定位工作，进一步摸清了当地土蝗种类、分布、数量、发生范围（GPS定位）、发生规律，初步摸清丰宁县土蝗优势种有笨蝗、负蝗、稻蝗、小车蝗、毛足棒角蝗、隆额网翅蝗、宽翅曲背蝗、红胫牧草蝗、红腹牧草蝗等43种，为防治工作奠定坚实基础。三是有害生物普查，本世纪初以前在丰宁县未发现任何检疫性有害生物，检疫工作主要对进出县境种子进行检疫检验，规范调运手续。随着农业产业结构调整，种植作物种类不断更新，危险性病虫种类传播速率也有逐年加快趋势，2005年就在潮河川水稻产区发现稻水象甲，为保首都用水从2007年开始，潮河川全部实行稻改旱，因此，从2005年开始每年都要对全县有害生物进行摸底调查，严防"红火蚁"、"美国白蛾"、"加拿大一枝黄花"、"黄顶菊"、"黄瓜绿斑驳"等检疫性有害生物发生发展及蔓延。

5. 植保公共服务职能进一步增强

1983年以前植保站只负责简单调查和技术指导，1983年成立植保公司，业务工作从技术指导到一些药械等物资供应，1984年成立植物医院，开始针对不同作物、不同病虫害开方供药，1988年河北农民报对丰宁植物医院工作开展情况进行详细报道，使植物医院工作开展的更扎实，并一直坚持到现在。目前，已组建专业化防治队8个，防治队员126人，针对突发病虫害进行应急防治，同时植保技术人员每年都坚持深入田间进行技术指导，在总结经验基础上更新防治技术，认真开展植保技术培训，从印发技术材料、明白纸到现在开展电视宣传，宣传工作进一步加强，深入基层针对不同作物、病虫害种类进行光盘播放，并自制多媒体进行病虫害防治技术讲座，深受农民欢迎。年接待病虫害防治业务咨询 30 余次、电话业务咨询千余次、现场技术鉴定 10 余次，配合县消费者协会、农牧综合执法大队处理相关违法案件 10 余起，有效维护农业生产安全。

四、防灾减灾能力增强，效果显著

20 世纪 70 年代防治病虫害全部是人工操作，手段极其落后，因此造成损失严重，如当时的谷子白发病、钻心虫、二代黏虫等，由于手工防治不及时致使作物大面积减产或绝收。20 世纪 80 年代开始配备工农 16 背负式喷雾器，90 年代开始配备机动喷雾器，防灾减灾能力进一步增强，本世纪初开始组建专业化防治队，到目前已有专业化防治队伍 8 个，可有效防控区域性病虫害大发生。2002 年王营村土蝗大发生，林间地边土蝗密度 400～500 头，最高达 1 000 头，植保站监测到后，及时调用防治队，技术人员亲自配药、指挥防治，将其消灭在向农田转移之前，降低了为害。2005 年在朝河川的厢黄旗村、河东村发现检疫对象稻水象甲后，组织了统一防治，控制其为害。由于稻田改旱田及连年的防治工作，2008 年没有调查到稻水象甲。而这一年草地螟一代幼虫在坝上和接坝地区大发生，发生面积 20 余万亩，主要为害作物有油菜、胡麻、向日葵、玉米、胡萝卜等危害严重，其中小坝子乡二道营村向日葵吃成光秆，在上级业务部门大力支持下，植保站筹集防治用药 5t，抽调 4 支专业化防治队使用机动喷雾器、坝上平坦地块采用拖拉机载喷雾器进行统一防治，有效的控制其危害，共挽回损失 3 000 余万元。多年来通过病虫害防治每年挽回损失都在 5 000 万元以上。

五、植保业绩突出，为植保事业发展奠定基础

20 世纪 80 年代开始推广稻田除草剂，大大提高劳动效率、节省劳动用工，深受稻农欢迎；使用阿普隆与拌种霜复配剂防治谷子白发病取得明显效果，并获得省农业厅农业技术推广甲等成果奖；参与农业部防治处"S3308"、"PP450"防治玉米丝黑穗药剂试验工作，得到农业部认可。2007 年承担"冀北农区鼠害发生规律及综合治理技术研究与应用"本县区域内害鼠种类调查、药剂、毒饵站试验、示范与推广工作，该项目获河北省山区创业三等奖、承德市科技进步一等奖；草地螟监测数据准确上报及时得到部、省、市业务部门肯定。2008～2009 年在坝上露地菜试验"三诱一生"绿色防控技术，效果明显，得到上级业务部门肯定，并进一步推广。曾有 5 人在省、部级刊物上发表病虫害防治论文 40 余篇，多人获得市以上奖励，有一人被聘为省草原处草地螟防治顾问。多次获得省级先进单位称号。所有成绩的取得都是植保人勤于吃苦、大胆实践、勇于奉献的结果，是每个人的无私奉献推动了植保事业的发展。

新中国成立 60 周年特别是改革开放 30 年来，植保工作也发生了巨大的变化。展望未来，植保工作任重而道远，为适应新形势发展的需要，更好地服务于现代农业，必须切实加强植保体系建设。牢固树立"公共植保"、"绿色植保"的理念，突出植物保护工作的社会管理和公共服务职能，借完善农业技术推广体系大好时机，举全社会之力，充实县级、完善乡级、发展村级，逐步构建起"以县级以上植保机构为主导，乡、村植保人员为纽带，多元化专业服务组织为基础"的新型植保体系，在搞好病虫预测预报基础上，拓建专业化防治队，稳步提高生物灾害的监测防控能力。

回眸建国六十年的承德县植保

承德县植保植检站

新中国成立 60 年来，承德县植保植检工作不断得到发展，植保队伍从无到有，不断壮大；植保技术从传统的以剧毒农药消灭病虫，发展到采用综合防治策略，着眼于农业的可持续发展；同时植保相关的法律、法规建设日益完善，保证了植保工作的及时、有效开展，植保防灾抗灾能力明显提高，承德县粮食生产连年丰收，人民生活水平得到了很大的提高，无公害绿色苹果、无公害蔬菜等农产品质量不断提高，植保事业不断发展和壮大。在准确及时发布病虫信息，提高农民防治水平，减轻病虫损失，推广植保新技术，控制检疫性有害生物，保障农作物丰收等方面做了一系列卓有成效的工作。

一、植保队伍不断壮大，植保体系日渐完善

植保体系和组织机构的建设是植保工作发展的基础。60 年来，承德县植保组织体系从无到有，日臻完善。

1. 三次建站三次飞跃

第一次建站是在 70 年代，只有一间办公室和 1.5 亩观测场，只有一名测报人员，测报工具只有一台简易的黑光灯和一台显微镜，没有自己的观测场，每年到春季调查，需要寻找合适的农田，再找农户协商借用农田和黑光灯用电，然后用几根木棍支起一台黑光灯，每天晚上骑着自行车去开灯，早晨骑车去关灯，调查昆虫，进行分类记载，无论刮风下雨都要去开灯、关灯、调查，真是晴天一身土、雨天一身泥，非常辛苦。

第二次是 1991 年，农业部把承德县列为全国农作物病虫测报网二级区域站，完善和更新了测报仪器、办公设备及观测场用地，植保工作日趋制度化，病虫测报工作不仅发布本县的病虫发生动态的中短期预报，为各级制定防治决策和指导农民开展防治服务，而且还要承担全国农作物重大测报网二代黏虫和高粱蚜虫的系统监测任务。负责对重大病虫进行系统观察和大田普查，按统一调查内容、统一汇报时间、利用模式电报和电话、传真、信件等形式，定期将有关病虫信息向上汇报给省站测报科和农业部病虫测报处，供全国和省预报时使用。

第三次是 2001 年植保工程投资了 90 万元，配备了电脑、数码相机、数码录像机、体视显微镜、光照培养箱、电子天平等设备，在上板城原种场建立了 13 亩土地的有害生物观测场，场内安装了光控虫情测报灯和小气候仪，虫情测报灯是光控型，自动开灯，自动关灯，而且内装 8 个接虫袋，自动转仓，不需要观测人员每天晚上开灯，早晨关灯，可以几天调查一次，也不会出现几天内害虫混淆在一起的情况，大大减轻了观测人员的劳动量。小气候仪可自动记录空气温度、空气湿度、10cm 土壤湿度、10cm 土壤温度、风向、风速、光照度 7 个数据。采集数据以小时为单位，可连续记录一年的气候数据。检验检测

室的配备，提高了病虫检测手段，使承德县植保工作向更深层次发展，测报工作向专业化、网络化、数字化、可视化发展。

2. 植保信息服务取得大突破

改革开放30年来，植保信息服务取得了很大的突破，七八十年代发布一期病虫情报，要用手刻蜡纸油印，需要一天或半天的时间。到1997年区域测报站建设以来，配备了计算机、打印机、复印机，现在发布一期病虫信息只需要1~2h。另外摄录机、数码像机的配备促进了测报信息发布可视化的发展，每年利用县有限电视在"三农之窗"节目播放病虫发生动态趋势电视预报6~8期，使病虫情报更加直观化、生动化、形象化，有效提高了病虫情报普及率，使广大农民准确认识、掌握各种病虫害发生趋势、发生盛期、病虫发生特点、发生原因及防治要点，及时进行科学防治，减少用药次数，降低了生产成本，提高了品质，增加了农民收入。

同时还设置植保技术服务电话咨询，随时为农民出主意，定措施，解答具体问题，利用广播、电视、网络、手机等媒体，发布植保技术、病虫发生趋势动态、防治技术措施要点等，让农业专家走到农民身边，把技术送到农民手中。

3. 植保服务体系的建设和发展

植保服务体系建设主要围绕植保社区服务站、植保技术推广协会、基层植保专业化防治组织进行。是新时期植保工作的重要组成部分，是植保技术推广应用的重要窗口，为农民提供技术咨询、统一防治等多种形式的技物结合的社会化服务，是植保技术保证农业生产安全和农产品质量安全的重要途径。

积极发展植保技术推广协会会员，推动植保技术应用、推广，加强植保信息的交流、反馈。会员主要包括种子经营单位、农药经营单位负责人、植保社区服务站负责人、部分乡镇农业站长，部分蔬菜、水稻种植大户等。

二、防灾减灾成绩突出，深受农民好评

测报防治工作不仅要保障农作物丰产，而更注重保证农作物品质上提升服务。新中国成立初期，虽明确"预防为主，综合防治"方针，但病虫害防治多采用剧毒农药或人工捕捉方法处理。60~80年代测报防治技术有所提高，购入背负式喷雾器，主要采取县站发情报，以组为单位进行防治，县、区、乡建成三级植保观测防治网，农药使用亦趋向多样性和高效低残毒。九十年代由财政拨款，购置了机动喷雾器，成立了植保专业防治队，并组织专业技术人员对重大病虫进行统一防治。

1996年稻蝗大发生，由县政府拨款购置了药品、燃油等物资，植保站牵头，组织专业防治队对上板城漫子沟、卸甲营、白河南等村大面积集中连片的稻田进行了统一防治。

2005年6月份在承德县发现了检疫对象–稻水象甲，立即组织人员分三片到承德县水稻主产区进行了普查。并由县政府拨款购置机动喷雾器26台和省站配备的2台烟雾机，由专业防治队，对全县11个乡镇，2.35万亩稻田的稻水象甲的进行了拉网式统一防治，有效地控制了稻水象甲的发生及蔓延。取得了很好的效果，受到了农民的好评，他们形象地称植保人员为"庄稼的保护神"。

三、植物检疫工作取得突破性进展

在 70 年代承德县开展植物检疫工作以来，到 80 年代中期，植物检疫体系基本形成。目前有检疫员 5 名，其中，高级职称 2 名，中级职称 3 名，具备检疫检验化验室和各种仪器设备。检疫工作取得了突破性进展。

1. 完善各项规章制度，规范了执法文书

为树立植保执法形象，我们根据《行政许可法》《植物检疫条例》《植物保护条例》等农业有关条例赋予的职责，制定了植物检疫管理制度、专职检疫员职责、两错追究制度、行政执法行为规范、植物检疫程序、办事指南等各项规章制度。在实施执法行为时，按照法律程序正确填写执法文书、植物检疫要求书、产地检疫报告单、田间检验记录表、产地检疫合格证、植物调运证书等。对违法案件的处理，详细做好询问笔录，现场堪验笔录，做到了执法行为程序化、文书制作规范化、档案管理正规化。

2. 检疫档案管理不断完善

对违法案件的处理，无论是简易程序还是一般程序都按照法律程序正规要求正确填写执法文书，从案件受理到结案都按照正规的档案管理要求进行归档，同时由专人负责。

3. 加强市场执法，打击植物检疫违法违规

随着种子经营市场的放开，玉米、蔬菜等种子经营摊点迅速增加，县域外（如辽宁、山东、北京等地）繁育的种子大量引入，为防止检疫性有害生物传入承德县，我站逐摊点登记，汇总种子来源，查验检疫证书，重点查处种子批发门市部和品种销售的县级代理单位。通过市场检查，对跨省调入的种子均未开取检疫要求书，私自调进，无检疫调运证书的单位和个人，给予了教育和经济处罚。有效的控制了源头，保护了农民的利益。

4. 产地检疫和调运检疫规范化

产地检疫是植物检疫最直观、准确、简便易行的检测手段，对在承德县域内繁种报检的单位，在正确填写产地检疫申报单后，我站严格按着《产地检疫操作规程》开展产地检疫，通过田检未发现检疫对象，签发产地检疫合格证。

调运检疫在把好产地检疫关的基础上，把好调运检疫关，对库存品种进行了室内检验，并封样保存，在办理调运检疫手续时，严格按照种子调运检疫程序，规范填写检疫证书，检疫证明编号齐全，实行计算机签发，目前《植物检疫证书》实现了全国联网。

通过全面实施检疫要求书制度以及产地检疫、调运检疫和引种审批等相关规定，检疫工作质量和效率明显提升，承德县每年产地检疫 2 万~3 万亩，安全调运种子 400 万~500 万 kg，签发《植物检疫证书》300~500 份，强化了引种检疫审批的严肃性和规范性。

5. 查清县域内有害生物的疫情

根据省农业厅和市农业局通知要求，对新近传入河北省的检疫性有害生物"加拿大一枝黄花"、"红火蚁"、"西花蓟马"和"稻水象甲"等检疫性有害生物进行了认真的调查，通过对县域的蔬菜、花卉等作物检查，未发现"加拿大一枝黄花"、"红火蚁"、"西花蓟马"传入承德县。2005 年县城内发现了稻水象甲，通过统防统治基本控制了进步扩展。

四、植保法律法规进一步完善

植物保护法律法规建设是贯彻植保方针，防止危险性病虫害传入、扩散，有效地控制

病虫为害，保护人类生存环境安全的重要保障。建国60年来，我国在植物检疫、农药管理等法律法规的建设方面取得很大进展，使相关植保工作逐步走上了法制化的轨道。

1. 植物检疫法规

1957年农业部颁布了《国内植物检疫试行办法》和《国内植物检疫名单》，这是我国第一个国内植物检疫法规，标志着我国国内植物检疫的全面开始。1983年国务院颁布了《植物检疫条例》，1983年农业部公布了《植物检疫条例实施细则》，1992年国务院又修订公布了《植物检疫条例》，主要内容包括：检疫机构，检疫范围，检疫对象的制订，疫区与保护区的划定，调运检疫和产地检疫，国外引种检疫，隔离试种，国外新传入检疫对象的封锁与扑灭，交通运输和邮政部门配合做好检疫工作的规定，以及违反检疫条例惩处的规定等。

2. 农药管理

1997年国务院发布，《中华人民共和国农药管理条例》，2001年又进行了修改，为了加强对农药生产、经营和使用的监督管理，保证农药质量，保护农业、林业生产和生态环境，维护人畜安全。这些法律法规明确了植保工作在农业生产中的社会管理和公共服务职能，确立了在农业生产中的地位、作用、职责。

3. 植物保护条例

河北省于2002年发布了《河北省植物保护条例》，这是我国第一部出台的植物保护条例，为了规范植物保护行为，减少农业有害生物的危害，控制农药残留，保障农业生产和农产品质量安全，维护生态环境，促进农业可持续发展。

另外，为加强管理，保证病虫测报工作的正常开展，1955年12月农业部颁布了《农作物病虫害预报方案》，对加强测报工作和建立测报制度等方面做了明确规定。1983年7月农牧渔业部颁布了《病虫测报站岗位责任制》，规定了病虫观测记载、发报验证、汇报联系、资料档案和考核奖惩等制度，进一步明确了各级测报站的职责。1993年1月农业部颁布《农作物病虫预报管理暂行办法》，又在病虫预报发布管理制度方面作了规定，保障了测报工作的开展。

五、植保技术工作实现了"两个创新"

1. 植保技术推广理念的创新

市场经济体制和农业发展新阶段对植保技术推广工作提出了新课题和新任务，要树立以人为本理念，把过去的以普及技术为核心转变为以提高农民素质为核心，把单纯的防治病虫，增产增收防治技术指导拓展到农民的教育、咨询和服务等领域，上升到实现"公共植保、绿色植保"的新准则。引导农民自觉行为，通过行为的改变来促进无公害绿色植保技术的发展。植保技术推广的目标由单纯的防病减灾，提高产量拓展到"预防为主，综合防治"、"公共植保，绿色植保"的现代植保体系为目标，提高产品的质量与安全性，提高市场的竞争力，提高农业生产效益，增加农民收入，改善农民生活质量，提高农民素质，实现农村经济社会的可持续发展。

2. 植保技术推广方式方法的创新

一是植保技术推广与农业产业化紧密结合，彻底改变过去那种就技术抓技术，就推广抓推广的思维和做法，使植保技术推广与优质农产品生产基地和市场紧密地结合起来。

2003 年本着"测报预警化、防治系统化、质量绿色无害化"的原则，我们选择建立了安匠岭沟的绿色苹果示范园区和上板城漫子沟的无公害蔬菜示范园区。二是加强无公害示范园区建设和管理，把示范区建成新技术、试验示范基地，建成引导农民进行种植业结构调整的样板。园区内生产严格执行承德市地方技术标准《长货架番茄越夏栽培技术标准》，在栽培病虫害防治中引进多项有效无公害技术：①在生产中进行种子消毒，操作人员消毒和棚室消毒，春季覆膜时用磷酸三钠喷棚膜和竹杆或对旧棚膜用磷酸三钠浸泡 5min，对重茬棚室采取硫酸、生石灰、NEB 技术，在青椒和番茄中前期，对操作人员实行两液一灰一奶技术；②施肥时注意养分比例，坚持以配方施肥和 发酵肥为主；③应用"两网一膜技术"防治害虫侵入降低防治成本；④园区内实行三牌两卡一证；⑤应用黄板和丽蚜小蜂防治白粉虱和蚜虫等害虫；⑥在园区内安装杀虫灯诱杀虫，减轻园区内害虫发生程度，减少用药次数；⑦熊蜂授粉技术；⑧生物防治，在病虫害发生期推广应用吡虫啉、抑太保、克露、普力克、金雷多米尔、加收米、苦参碱等低毒环保型农药；⑨苹果套袋技术。在果品生长后期，进行双层套袋。防止水果在成熟后期遭到鸟类、病虫害及恶劣天气的侵害损伤。同时改善果品的外观品质，减少农药残留，提高果品质量。

瞧！这一个又一个的变化，都见证了建国 60 年，改革开放 30 年来承德县植保工作的巨大变化，正是这 30 年，才让承德县的植保事业迅速发展，植保基础设施、检验检测设备、观测场地等从无到有，从小到大，从弱到强，才让承德县农民提高了病虫草综合防治技术水平，才让承德县粮食生产连年丰收，才让承德县农民过上了幸福的生活。

展望未来，植保工作任重而道远，为适应新形势发展的需要，更好地服务于现代农业，必须切实加强植保体系建设。牢固树立"公共植保、绿色植保"的理念，突出植物保护工作的社会管理和公共服务职能，稳步提高生物灾害的监测防控能力。

宽城植保植检发展成就

金文霞　　寇春会

（宽城满族自治县植保植检站）

　　宽城植保植检站建站以来，尤其是改革开放 30 年以来，植保植检工作在各级部门的高度重视、亲切广怀和业务部门的精心指导下，取得了可喜的成绩，植保事业得到了蓬勃的发展。在病虫测报、植物检疫、综合防治等方面均得到了丰富、完善和提高。

一、基础设备逐渐完善，病虫测报更加准确

　　1991 年农业部把宽城定为全国农作物测报网区域站，从那时起，省站为我站先后配备了电脑、数码相机、自动虫情测报灯、显微镜、解剖镜等多台先进设备，还自筹资金买了一台工作车，使我站的测报工作日趋日常化、制度化，测报效果准确、真实、及时；测报不仅为本县服务，还承担全国农作物测报网"苹果桃小食心虫和金纹细蛾"的监测任务，每年发病虫情报 20 多期，模式电报 10 多封，向上级业务部门报表 100 余次，由于有先进的仪器设备和高素质的专业人才，我站的测报工作逐渐实现了专业化、网络化、数字化和可视化。

二、新技术不断推广，植保防灾减灾能力进一步提高

　　在 20 世纪 80 年代以前，病虫防治只是用高毒高残留农药防治害虫，与虫争粮，减少损失；80～90 年代，化学除草、生物农药等一些植保新技术开始得到推广，但手段还是比较单一，推广面积有限；进入 21 世纪以后，我站植保站的综合能力大大提高，遵循"预防为主，综合防治"的方针，以"绿色植保、公共植保"理念为指导，充分发挥植保工作对农业高产、优质、高效、生态、安全的保障和支撑作用，取得了突破性的进展和成效。

　　首先，预警能力明显增强。通过建立病虫观测圃，完善测报设施，培训测报点的测报员，站内召开病虫发生趋势研讨会等措施，病虫测报准确率显著提高；通过储备植保机械和高效低毒农药为农民解决后顾之忧，把病虫损失降到最低限度。2008 年"农业有害生物预警与控制区域站"项目在宽城满族自治县实施，宽城满族自治县的预警能力将更加增强。

　　其次，病虫草鼠综合防治效果显著。先后推广了农田化学除草、农田化学灭鼠、生物防虫等植保新技术多项，通过制定科学的防制策略，使用性诱、色诱、灯诱新技术，使用高效低毒低残留农药，明显的提高了防治效果。据统计，近 30 年来累计引进新农药 100 多个，推广科学防治 300 万亩次，挽回农产品损失 20 多万 t。

三、植物检疫到位，农业生产更加安全

　　我站是代省签证单位，为了把好出入关，多年来一直把检疫工作作为重点来抓，每年

都严格细致的进行产地检疫、调运检疫和市场检查，建站以来全县累计开展产地检疫 40 多万亩次，进行调运检疫近 3 000 多批次，调运种子 10 多万 t，无带检疫对象种子运出、运进宽城满族自治县；近年来在全县范围内进行了加拿大一支黄花、稻水象甲、美国白蛾、地中海实蝇、刺萼龙葵、黄顶菊、红火蚁、西花蓟马、三叶草潜叶蝇、黄瓜绿斑驳病毒病等农业有害生物调查工作，发现检疫性有害生物立即封所防治，有效地控制了有害生物的入侵，保证了宽城满族自治县和周边县市的农业生产安全。

四、认真研究，科研成绩显著

在做好常规工作的同时，站内技术人员根据自己所做工作，深入学习，认真研究，积极开展科研试验和科技攻关，我站先后参与了东亚飞蝗监测与综合治理研究，苹果腐烂病综合防治研究，冀北山区美洲斑潜蝇、甜菜夜蛾、苹果桃小食心虫等害虫的综合防治研究，先后取得了省级、市级科技成果奖 3 项，在国家、省级以上刊物上发表学术论文 30 余篇，对宽城满族自治县与其他地区的防治工作起到了良好的带动作用；还连续 4 年参加了农业部"苹果桃小食心虫"高毒农药替代试验，基本筛选出了适于苹果生产的高效低毒农药十余种，为宽城满族自治县苹果高产优质提供了保障。

回顾过去，展望未来，改革开放的确是适合我国国情的一项基本国策，给我国农业创造了大发展的良好机遇，给广大农民带来了巨大实惠，也给宽城满族自治县的植保事业带来了勃勃生机，随着宽城满族自治县预警站项目的实施，我们坚信，宽城满族自治县的植保植检工作还会有空前的发展，植保事业也会蒸蒸日上，植保防灾减灾能力进一步增强。

顺应形势　不断提高　努力开创植保植检事业发展新局面

——记宽城植保植检事业发展之路

姚明辉　李树才　金文霞

（宽城满族自治县植保植检站）

　　宽城 1963 年建县，以前隶属青龙县，在建县以前，宽城作为青龙县的一个区，没有单独的植保机构，植保事业几乎为零。建县后，虽然当时就成立了农业局，但全局只有工作人员 10 人，植保方面只能靠兼职的虫情测报人员；1976 年虫情测报站正式改称植保植检站，设专职工作人员 4 人，服务范围也由单一的虫情测报扩大到病虫测报及防治技术指导；1983 年，植保植检站成立了植保公司，开始经营农药和维修、经销植保器械，但工作职责仍以指导全县病虫防治为主；为了适应新形势的需要，植保植检站从 2001 年开始不再搞经营活动，把全部精力用到服务农民上。

　　从植保植检站的雏形——虫情测报站成立以来，宽城植保从一个只能凭经验监测虫情，到利用黑光灯等设施监测虫情、指导防治的普通测报站，发展到现在的对全县病虫草鼠进行系统监测和科学指导防治、对全县的农业有害生物疫情进行全面监测和阻截、承担农业部等多项监测任务的重点区域测报站，其职能也由单一的虫情测报发展到承担农业有害生物测报、综合防治、植物检疫、农药械管理等多项任务，全面履行植保植检职责，综合实力显著提高。

一、人员素质的提高，让植保事业的发展成为可能

　　通过这些年的经验和总结，感觉人力因素是影响一项事业发展的最重要因素之一，高素质的人才可以促进事业的迅速发展，尤其是像植保植检这样专业性要求较高行业，人员综合素质的高低已成为制约发展的重要因素。植保植检站的工作是一项艰苦的工作，田间调查是病虫测报的基础，为了系统掌握病虫情报，提高预报准确率并及时防治，测报人员需要常年在田间地头调查农业有害生物的发生发展情况，需要常年在农业生产第一线指导防治工作，像性诱剂、黑光灯等诱测项目，必须做到每日观察，不管刮风下雨还是烈日炎炎都得出去调查，可以说是晴天一身汗、雨天一身泥；同时，植保植检站的工作又是一项专业性很强的工作，一方面需要对调查的数据进行汇总、分析和总结，另一方面还需要熟练掌握各种农业有害生物的形态特征、为害特点以及发生规律，以便作出科学判断。因此，作为一名植保工作人员，思想品质和专业水平都十分重要，这些素质的全面提高，为植保事业的发展奠定了基础，使植保事业的发展成为可能。

　　建站以来，宽城植保从最初的聘用农民当测报员，到招入正式大中专毕业生，再到目前的全部录用大专以上学历的专业技术人员，实现了人员素质的不断提高。

　　宽城植保植检站现有专职工作人员 7 人，其中，大专以上学历 6 人、技术人员 5 人，

在技术人员中，有推广研究员 1 人、高级农艺师 3 人，人员专业素质的不断提高；另一方面，宽城植保人特别注重思想方面的培养和教育，在成为植保工作人员之时就提出要树立不怕吃苦的精神，因此宽城植保人员的素质不断提高，为宽城植保事业的发展奠定了坚实的基础。

二、社会经济的发展，让植保事业的发展成为必须

随着社会经济的发展，人们的传统意识正由以前的数量型向质量型转变，对植保的要求随之越来越高，新的农作物品种越来越多，农业有害生物种类越来越复杂，外来有害生物入侵现象越来越严重，重大植物疫情封锁防治形势越来越紧迫，因此对新的植保技术要求也越来越迫切，适应社会经济发展的需要、不断探索新的植保技术、更新新的植保理念，已是植保事业发展的必须。

宽城是一个山区县，过去以种植玉米、高粱、谷子、红薯等大田作物为主，地下害虫、黏虫、玉米螟、条螟、蚜虫虫害和丝黑穗病等病害是当时的主要有害生物，防治措施也仅局限于人工除治和使用六六六、滴滴涕、敌敌畏、乐果等农药进行简单的化学防治，基本处于"见虫才打药、见病没法治"的状态；20 世纪 70 年代后期，水稻、苹果等作物开始大面积栽植，80 年代又开始推广花生、小麦、山楂等作物，90 年代以后推广设施蔬菜和山地时差蔬菜栽培，加上流通环节更加活跃，因此农业有害生物发生种类越来越多、发生特点越来越复杂，加之环境变化和不合理用药等原因，东亚飞蝗、草地螟等重大迁飞性害虫和稻水象甲、黄瓜黑星病检疫性有害生物开始出现，苹果腐烂病、蔬菜霜霉病、蚜虫、粉虱、斑潜蝇等有害生物开始严重发生，防治形势越来越紧迫。

三、科学技术的进步，使植保事业的发展成为必然

科学技术的不断进步，必然会带动植保事业的进步。自动虫情测报灯和绿色防控等一大批智能化仪器设备和植保新技术正被广泛应用于植保事业上，统计分析软件、办公软件、互联网等现代科技产品迅速普及到植保工作中，为植保事业的快速发展提供了依托。

建站以后，宽城植保开始进行对病虫进行测报并指导防治，由于条件所限，当时只有老式显微镜及放大镜等设备，后来陆续添置了黑光灯、烘箱、胶片相机、电冰箱等设备，但多数情况下是凭经验，加上设备本身落后，因此准确性不高；在防治上也是单纯的进行技术指导，不具备应急防治能力。现在自动虫情测报灯、GPS、孢子捕捉仪、田间小气候观测仪、数码相（摄）机、电脑、可视显微镜、光照培养箱、离心机等仪器设备已成为站里的必备品；大型施药器械、机动喷雾器、烟雾机等植保器械的储备，让专业化防治和突发性重大疫情封锁防治更加迅速，为应急防治提供了保障；杀虫灯、性诱剂等绿色防控植保新技术的应用，让人们更放心满意。

过去植保植检站发送信息一是靠下乡指导，二是靠邮寄信函和发送电报，现在则是多种方法并举，尤其是互联网的诞生让植保信息工作更加方便快捷，加上电视预报、手机短信平台等现代媒体的应用，提供了极大方便。

四、运行机制的转变，让植保事业的发展蒸蒸日上

建站以来，宽城植保事业的发展壮大与运行机制的转变关系密切。从最初的没人管到

有一个象征性的牌子、一两个兼职人员，再到有专职人员主抓，再到成立植保植检站、实现基本独立，再到目前的成为正式独立事业法人单位；从人财物完全依赖农业局，到现在的独立管理；从以经营为创收手段，围绕经营搞服务，到专门搞服务和管理；从眉毛胡子一把抓，到现在的职责明确、专人负责、分工合作，宽城植保的运行机制正一步步走向成熟。

五、经济条件的改善，让植保事业的发展健康持久

经济条件的好坏，直接影响到植保事业的发展。建站以来，宽城植保的经济条件不断改善，不但办公条件发生了翻天覆地的变化，由过去的砖坯房变成了楼房，还有配备了专门的车辆，事业经费也得到了一定保证。另外，由于经费有保障，专业技术人员均把心全部放在事业上，不再搞以盈利为目的的经营活动，工作效率大为提高，植保事业的发展也更健康持久。

六、利好政策的出台，为植保事业的发展提供了坚实的保障

植保事业的发展，离不开国家政策的支持。近几年来，国家十分重视农业，多次在中央1号文件中提到要发展植保事业，不断出台利好政策，在资金上也加大了扶持力度，"粮食工程项目"、"植保工程项目"等一大批植保项目的实施，有效提高了各区域测报站综合预警能力、防灾减灾能力和重大农作物有害生物防控能力，给植保事业的发展提供了强有力的保障。

宽城植保植检站过去条件十分落后，几乎没有像样的设备，1991年成为省级区域测报站后，配备了体视显微镜、光照培养箱、电脑、数码相机、虫情测报灯等仪器设备，2008年宽城又开始实施了"农业有害生物预警与控制区域站"国家建设项目，检验检测楼、田间测报场的建设以及一大批现代仪器设备的应用，使办公条件、检验检测条件、观测条件等都得到了根本改善，也为植保事业的发展提供了坚实的保障。

滦平县六十年植物保护工作发展与变化

王松柏

（滦平县植保植检站）

光阴似箭，日月如梭，新中国成立以来，滦平县植物保护工作在国家、省、市、县各级政府及有关部门的大力支持和领导下，蓬勃发展，不断创新，取得了长足的进步。我们始终坚持贯彻党和国家有关方针政策，把保障粮食生产安全，保障农产品质量安全，保障生态环境安全，保障农业增产增收，为农业生产保驾护航作为第一要务，认真履行植物保护防灾减灾、植物检疫、农药管理的公共职能，为农业生产做出了贡献。

一、建立健全植保体系

1. 植保队伍建设

在 1975 年以前没有成立植保站，仅有一名植保员，从 1983 年起成立了具有法人资格的植保植检站，到目前为止植保人员已增至 5 人，其中，具有中级职称人员 3 名，高级职称人员 2 名，植保队伍稳定，同时每一乡镇至少有一名植保员，部分村有一名植保联络员或村级查虫员。这一体系的建立，大大增强了滦平县应对重大农业有害生物灾害的预测和防灾控灾能力。

2. 植保设施建立健全

1987 年以前只有普通配置测报灯，乡镇没有测报灯，其余设备都比较少，不能满足工作的需要，自 1990 年后，配置了测报仪器，灭杀虫设备。随着植保工作不断发展，到目前各种杀虫灯、测报灯都已具备，准确及时进行监测，科学指导有害生物预报和防治。

二、农业有害生物监测预警

随着农业产业结构的不断调整，耕作制度的改变，农业科学技术不断提高，高产优质高效作物品种不断推广，测土配方施肥全面普及，各种化肥农药不断推入，农作物高产保丰收，农产品质量安全与环境保护对植保技术服务的要求越来越高，同时，农业有害生物也在不断变化，植保工作责任越来越重。

通过预测预报，保障粮食安全生产。近年来，滦平县乡村各级植保机构投入人力物力，建设起来的病虫害监测预报体系发挥了巨大作用。做到了调查监测规范，预报准确，发布及时，指导科学，由原来单一的下发病虫情报，发展到通过电视播报和下发通知等多种方式及时传递到各村、组、农户，进村入户率达到 100%，能够有效预防和控制农业病虫草鼠害。

三、植保新技术推广

通过植保新技术的不断推广，为农民增收、减轻劳动强度和减轻环境污染做出了重要的贡献。20世纪80年代初期，测报人员只是对有限的病虫害进行辨认，绝大部分难以区分清楚，原因之一是植保设施落后。通过植保设施改善、植保技术培训、互联网等多种形式，能准确地辨认当地病虫害种类，提高预测预报的准确率。1987年开始引进玉米、水稻除草剂，如丁草胺等，由于除草效果理想，而且省工省时，此项技术推广较快。90年代，大力推广早、晚秧苗超剂量送嫁药及穗期混合用药防病灭虫保穗新技术，农民减少了用药次数。在国家相继出台的限制和禁止使用农药名录后，积极进行新农药试验工作，做好新农药引进和推荐工作，确保了农产品质量安全。

四、植保工作发展

植保科技人员通过普查和系统调查研究，初步摸清了蝗虫、稻飞虱、棉铃虫等30多种重大病虫害发生规律，研究和推广了主要农作物病虫害监测预报和综合防治技术，牢固树立"公共植保，绿色植保"理念，利用多种技术和手段，并开展了用GPS确定重大病虫害发生区域，提高了监测预报和科学防治的准确性和时效性，推动了植物保护工作不断发展。

回顾过去，我们看到了植保工作给农业生产发展带来的优势，我们有信心，通过植保人的不懈努力，植保事业会取得更大的佳绩，为农业生产安全起到重要的作用。

不断发展的围场植保事业

梁士民

（围场县植保植检站）

围场县是河北省最北部的农业县，东北与内蒙古赤峰、克旗相邻，西与多伦、丰宁相接，南与隆化接壤，全县总面积 9 219km²，有耕地 120 万亩，其中，马铃薯种植面积 45 万亩，蔬菜种植面积 25 万亩，是全国马铃薯之乡，是河北省蔬菜之乡，做好植物保护预测预报和病虫害的防治工作是确保农业生产安全的关键环节，为提高农业有害生物防治水平，不断提高植保防灾减灾能力，围场县于 1954 年开始病虫预测预报工作，1963 年成立植物检疫站，1978 年改名为植保植检站，随着改革开放的不断深入，促进了围场植保事业的快速发展。

一、有害生物监测预报技术不断充实和完善

围场县病虫测报从 1954 年开始，当时只设 2 个基层点，测报的项目也仅限于大田作物，1978 年编制了《围场县主要病虫害预测预报方法》对黏虫、麦秆蝇、谷茎跳甲、粟叶甲、草地螟、二十八星瓢虫、小麦锈病、玉米花叶条纹病、小麦黄矮病、谷子白发病、禾谷类黑穗病进行预测预报。根据调查数据结合历史气象资料，及时编制发布《病虫情报》，为全县防治病虫害提供科学依据，科学的指导全县病虫害的防治工作。1998 年在上级业务部门的大力支持下，建成了国家区域监测站，从此围场植保事业走上了快速发展的轨道，测报手段不断完善，上级为我们陆续装备了日别式自动测报灯、农田气候观测仪、微机、电子显微镜、解剖镜等先进的仪器设备，测报技术不断提高，测报技术队伍长期稳定，测报点发展到 6 个，县城设中心测报点 2 个，观测圃 1 个，在不同气候类型区建设基层测报点 4 个，测报项目由过去单一的大田病害虫害拓展到现在的棚室蔬菜、露地蔬菜、农田鼠害及土蝗、草地螟等重大病虫害，经过多年的实践，积累了比较丰富的测报资料，提高了预测预报的准确率，预报的实效性进一步提高，2003 年围场土蝗大发生、2004 年马铃薯晚疫病大发生、2008 年草地螟大发生，植保站及时调查预报，提出防治方案，为政府当参谋，深入重发区进行技术指导，在政府的组织下进行科学的防治，使重灾之年没有造成危害。为农业生产安全做出了贡献。

二、植物检疫工作稳步发展

新中国成立以来，围场的植物检疫工作稳步发展，检疫项目不断拓宽，1980 年对全县作物进行了全面普查，1983 年对"美国白蛾"进行了专项普查，1985 年 6 月围场县人民政府发布了《围场县人民政府关于加强植物检疫的布告》，从 1982 年开始每年都对县内玉米制种田和马铃薯繁种田开使进行产地检疫和调运检疫，2000 年以后又增加了蔬菜种子、胡萝卜、中药材的产地检疫和调运检疫；年产地检疫 10 万亩，调运检疫 100 万 kg，

其中，1989 年检疫调出马铃薯种薯 31 010t，553 个车皮，开出检疫证 553 份，发到 9 省 45 个市、县。进一步加强了检疫市场检查，每年 3 月份结合植物检疫宣传月进行市场检疫执法检查，严厉查处无检疫手续等违法行为，检查种子门市 180 个；开展了有害生物调查，通过调查发现国家级检疫对象 2 个，毒麦和菟丝子，按要求进行了处理；投资 25 万元，建成了检疫化验室一个，配备了酶联病毒检测仪、电子显微镜、电冰箱、恒温箱、微机、超净工作台等仪器设备，使用微机出证，检疫水平得到提高；专职检疫员 1978 年 2 人，现在增加到了 6 人。60 年来，围场植保植检站严把植物检疫关，保证了农业生产的安全。

三、植保专业化服务组织进一步得到加强

改革开放以前，围场县种植作物以玉米、谷子为主，防治病虫害以防治虫害为主，防治器械简单，以纱布袋、袜子筒、扑虫兜、扑虫网为主，防治效果低，对环境有污染，1959 年上级奖励 1 台日产机动喷雾器，是围场县第一台机动喷雾器。改革开放后，随着种植业调整不断深入，围场县种植作物结构发生了很大的变化，由粮食作物为主发展到现在的以马铃薯、蔬菜等经济作物为主，经济效益不断增长，广大农民对防治病虫害的认识不断加深，对植保器械的投入不断加大，农民购买使用的主要器械有手动喷雾器、机动喷雾器和机载打药机。近年来，随着"公共植保、绿色植保"新理念的贯彻实施，植保专业化服务组织进一步得到加强，目前，在政府和上级业务部门的大力支持下，已建成乡、村级植保专业化服务队 131 个，配备机动喷雾器 400 台、烟雾机 20 台，年防治面积 2 万亩，专业化防治提高了防治效果，减少了用药次数，节约了防治成本，得到了农民的欢迎。

四、绿色防控技术得到推广应用

为确保农产品质量安全，促进"薯、菜"产业的健康发展，植保植检站从 2004 年开始在蔬菜主产区推广加多频振杀虫灯、糖醋液、黄板诱杀杀虫技术；推广了阿维菌素、甲氨基阿维菌素苯甲酸盐、苦参碱等生物、植物源农药替代高毒农药防治害虫，在马铃薯主产区重点推广了统防统治专业化防治马铃薯晚疫病技术，即在马铃薯晚疫病发生期采取统一组织、统一时间、统一用药、统一使用机动喷雾器由专业队进行防治，取得了较好的效果现已在全县推广。

五、植保队伍不断壮大

植保植检站人员由建站之初的 2 人发展到现在的 16 人，技术力量不断加强，现有高级农艺师 2 人，农艺师 5 人。技术手段得到提高，有规范的化验室、标本室、养虫室和观测圃和先进的测报仪器。改革开放促进了围场植保事业的不断发展，为围场农业生产安全做出了贡献。

兴隆县植物保护六十年发展历程

白福林　杨春文

（兴隆县植保植检站）

兴隆县地处京、津、唐、承四城市的结合部，全县共辖 20 个乡镇，290 个行政村，总面积 3 123km²，林果面积 292 万亩，森林覆盖率 64.7%，是个九山半水半分田的山区县。农作物病虫、草害种类多，发生为害面积大。常年病虫草害发生面积 30 万亩左右。中华人民共和国成立前，防治病虫草害，主要靠土方法，多采用烟叶（筋）或有毒植物熬水喷洒治虫，对暴食性害虫，如黏虫，主要采取人工扑打的方法。

中华人民共和国成立后，政府对农业生产极为重视，逐年培养农业技术干部指导生产。1953 年建立了兴隆县农业技术推广站，以后陆续在各区建立农业技术推广站，逐渐推广技术措施防治病虫发生为害。1958 年分配了第一个专职植保技术干部。1960 年 5 月 2 日 植物病虫害防治工作受到县政府重视，成立了病虫害防治指挥部，县长孟昭成任主任，农业局副局长刘传珍任副主任。1965 年建立了病虫测报中心站，1975 年成立兴隆县植保植检站，主要负责农作物的病、虫、草害综合防治，病虫害预测预报，植物检疫等工作。

多年来，我们认真贯彻植保方针、树立"公共植保、绿色植保"理念，以农作物病虫害绿色防控为重点，以控制农药残留污染为目标，以植保科技示范区建设和植保新技术推广为手段，认真搞好农业有害生物监测预报，严防美国白蛾、黄顶菊等重大检疫性农业有害生物疫情的入侵和扩散。不断加大农业行政执法检查力度，使植保植检法律法规得到了进一步的落实，确保了农业生产安全。

一、主要虫害发生与防治

（一）黏虫

俗称夜盗虫，兴隆县是二、三代多发区，多以二代发生为害为主。二代黏虫几乎年年都有不同程度的发生，一般在 6 月中、下旬为害麦田、谷子、玉米等（麦田套种玉米为害最重）。三代黏虫只在个别年份发生，多在 8 月上、中旬为害谷子、水稻和玉米等。

1958 年以前由于麦田种植面积小，二代黏虫主要为害谷子，但为害较轻容易防治。1958 年以后由于大搞农田水利基本建设，扩大了水浇地面积，麦田面积逐年增加，到 1970 年以后，扩种了大麦、麦子和春麦等夏收作物，给二代黏虫的大发生创造了有利条件（增加了寄主植物面积），一般年份麦田黏虫密度，每平方米在 50 ~ 100 头左右，最多的高达千头以上。二代黏虫大发生时，正逢小麦黄熟阶段，很多地方怕用药后污染小麦，往往防治不利，对麦田套种的玉米和附近大田为害很重。尤其在收割小麦时正值雨季，农民忙于收打小麦，对套种作物不能进行及时防治，造成黏虫大集中，大发生，1 ~ 2 天内就吃光了全部套种作物，造成严重减产。

三代黏虫常年发生较小,为害较轻,但个别年份较重。据记载:1972年三代黏虫特大发生,全县13万亩玉米、谷子受害。百株虫量平均在500头以上。牛圈子村曾有人看到,有三四个似排球大的黏虫球从山坡往下滚,道路上一脚能踩死几十条虫子。全民动员,奋战了十几天,突击治虫,施用了100多吨农药,仍有2.3万亩玉米、谷子被咬成光秆,该年因此减产三成以上。资料记载中三代黏虫发生较重的年份为1968年、1970年、1972年和1981年。

1982年农村实行家庭联产承包责任制,连片种植单一作物的面积变小,麦田种植面积逐年下降,加之耕作精细,黏虫的发生为害有明显下降的趋势。

黏虫的防治:在1953年以前,主要是靠人工防治,1954年开始推广六六六粉、滴滴涕粉剂,采取用药防治和人工相结合的方法。1962年推广敌百虫粉剂、敌百虫精和敌敌畏等高效杀虫剂,为控制黏虫为害起了一定作用。1968年推广黑光灯诱杀成虫,全县挂黑光灯680盏,高压电网黑光灯54台,普遍推广杨树枝把诱蛾和土农药防治,减轻为害的同时降低了防治成本。1975年开始使用机动、电动喷雾器,1979年全县实现植保机械化治虫,1982年后推广敌杀死、速灭杀丁、菊酯类等高效低毒杀虫剂,有效的控制了暴食性害虫的为害。

(二)蚜虫

主要有高粱蚜、麦蚜、玉米蚜等。1960年以前发生较轻,一般不治或只进行高粱打底叶方法来减轻为害,1966年后随着麦田面积的逐年增加,麦蚜为害日趋严重。1968年推广种植杂交高粱后,因植株矮种植密度大,含糖量高,田间湿度大,致使高粱蚜虫由一般性害虫一跃上升为本县主要害虫,在高粱蚜虫大发生的年份,防治不利的地块往往造成颗粒不收。1983年后,因麦田和杂交高粱的种植面积逐年缩小,蚜虫为害也日趋下降。

蚜虫防治:1954年开始推广使用六六六粉治蚜。1961年开始使用乐果乳剂后,有效地控制了蚜虫为害。1969年使用乐果粉剂,1974年推广异丙磷,对防治高粱蚜效果好。1982年开始使用治蚜特效农药——氧化乐果,现在主要以灭蚜威和吡虫啉为主,结合黄板诱杀防治。

(三)美国白蛾

2006年8月23日县林业局在县城的柳树上初次发现美国白蛾为害,并请省林业厅、市林业局专家进行鉴定,确认为美国白蛾。年底已有8个乡镇49个村发生。2007年有13个村发现美国白蛾,全年重点区域监测调查林果树2 080株、染虫株数78株,全部及时地进行了防治。2008年在兴隆镇、大杖子、蘑菇峪、挂兰峪、八卦岭、半壁山、蓝旗营、三道河、南天门、孤山子共有10个乡镇,95个村发生疫情,发生面积67亩,防治面积67亩,染虫棵数8 709棵。2009年全县有8个乡镇62个村发现美国白蛾。其中,挂兰峪镇10个村,八卦岭乡6个村,半壁山镇13个村,蓝旗营乡7个疫点村,孤山子乡8个村,三道河乡15个村,南天门乡1个村,六道河镇1个村。总发生情况是比去年少了一个乡镇11个村。美国白蛾在本县主要为害林木和果树,发生地点主要在公路两旁厕所、饭店周围的树上,为害树种有桑、泡桐、山楂、核桃、杨、柳、杏、板栗等18种。发生面积7.78万亩,防治作业面积18.66万亩,共剪除网幕4 597个。粮食和蔬菜等农田未发现美国白蛾为害。

（四）地下害虫

主要有蛴螬、蝼蛄、金针虫、地老虎等。由于地下害虫为害，常造成缺苗断垄，严重时毁种。1956 年全县地下害虫大发生，造成补种 6.4 万亩，补栽 1.2 万亩。给农业生产造成很大损失。

1. 蛴螬

优势种是大黑金龟子，占蛴螬总量的 60% 以上，两年发生一代。经多年调查 "双重单轻" 的现象明显，即逢双数年份在春播作物上为害较重。

2. 蝼蛄

主要有两种蝼蛄，即华北蝼蛄、非洲蝼蛄，以沿河两岸低湿地和水浇地为害严重。

3. 金针虫

为偶发性害虫，仅个别年份发生较重。2008 年是金针虫近年来发生较严重的一年，由于金针虫为害造成减产的面积 1 万亩，占玉米种植面积的 8.3%。

玉米田发生金针虫严重的品种是三北六、农大 364、中玉九号、富友九。有 10 个乡镇发生，其中，发生较严重有蘑菇峪乡城墙峪村，李家营乡蓝家店村，北营房镇姚栅子村、被营房村和荒地沟村，兴隆镇大河南村等。

为害严重的主要原因：春季降雨较常年偏多，气温和地温较常年偏低，地温是 11 ~ 19℃，为害盛期由每年的 5 月份，延长到 6 月份。

4. 地老虎

优势种为小地老虎，1970 年前主要在园田为害，1972 年后在大田也时有发生。

防治：1953 年以前，主要靠人工随犁拾虫或挖虫处理，使用信石和砒酸铅拌种防治能减轻受害。1954 年开始使用六六六粉拌种防治蛴螬。用六六六粉制成毒谷防治蝼蛄。1957 年用含量不同的六六六粉拌种和毒土作对比试验，结果以 20% 六六六拌种防治效果最好，且成本低不易发生药害，定为当时重点推广项目。1960 年以后每年地下害虫的防治面积均在 12 万亩左右。1965 年又推广氯丹拌种，防治效果好并兼治象鼻虫。而后相继推广使用 "1605" 拌种防治。农民技术员司桂凤，使用甲基 "1605" 拌种，不仅防治效果好，比使用 "1605" 更为安全，被定为县重点拌种方法全面推广，而后在承德地区范围内普遍推广。1968 年使用黑光灯诱杀成虫，据 1973 年 7 月 21 日调查，一支 20 瓦黑光灯一夜诱杀宽胸金龟子成虫 1 246 只。1979 年使用呋喃丹拌种，其效果高，但药价太高，防治成本加大，未能普遍推广。1981 年推广辛硫磷拌种，适用防治各种地下害虫，且效果好，使用安全。现在商品种子再出售之前一般都用种衣剂拌种。

二、主要病害发生与防治

（一）玉米丝黑穗病

1960 年以前发生很轻，自 1970 年后开始推广旅北、丰七一、白单号玉米杂交种以来，发病逐年加重，1973 年该病大流行。据调查，一般发病率在 10% ~ 20%，严重地块高达 30%，在连作地块、早播田块、土壤墒情差地块，发病明显加重，品种间抗病性差异很大，经多年引种、试种，淘汰了十多个玉米杂交品种，自推广京杂六号、丹玉二号、承单四号等抗病品种后，该病发生明显减轻，现在用烯唑醇拌种有效地防止玉米丝黑穗的发生。

（二）谷子白发病

一般发病率在 10% 左右，个别发病严重地块发病率高达 30% 以上，给生产造成严重损失。1954 年曾推广西力生、赛力散拌种，1960 年后又推广"三洗一拌"法，即用清水洗种三次晾干后再拌药，并结合应用田间拔除病株、轮作倒茬，选育抗病良种等综合技术措施，该病尚未得到彻底控制，发病始终维持在 10% 左右。1978 年有机汞农药禁用后，该病又有加重危害的趋势。从 1980～1981 年经两年的试验、示范发现"阿普隆"对防治谷子白发病有特效。1982 年推广用"阿普隆"拌种面积达 12.574 亩，占谷子面积的 75%，秋后调查 9 个行政区，23 个地块，代表面积 2 011 亩，拌药区平均发病率为 0.34%；对照区（不拌药）平均发病率为 16.44%，拌药防治效果为 98%，连续三年推广，基本控制了该病的发生。

（三）玉米大斑病

1966 年大面积种植维尔 156 玉米杂交种以后，该病大流行，全县发病 6 万多亩，造成减产 30% 以上，8 月 2～5 日调查病株率为 25%～50%，8 月 20 日调查平川地块病株率达到 100%，维尔 156 品种对玉米大斑病表现为感病，是造成大发生的主要原因，另外，7～8 月份正处于高温高湿季节，给病害流行创造了有利条件。据查不同地势、地力条件发病差异很大，海拔 1 000m 以上的高山区一眼石村，大斑病的发生明显减轻。品种间抗病性差异也很大，当地玉米品种比杂交品种发病轻。通过选用抗病品种，增施磷肥，适期早播，轮作倒茬等措施能减轻发生。京杂六、中单二、承单四等抗病品种一直沿用至今。1982 年该病大发生，全县发生面积 4.7 万亩，减产 20% 以上。

（四）稻瘟病

主要是叶瘟、节瘟和穗颈瘟，一般年份发病不重，个别年份严重。1979 年全县稻瘟病大流行，几乎块块稻田均染病。土城头、水泉甸子两个村因病减产 50% 以上，个别田块几乎绝收。

1966 年推广使用勃拉力斯，稻瘟散，防治效果好。20 世纪 70 年代中后期汞制剂停用后，使用稻瘟净，从 1982 年开始推广春雷霉素。

三、杂草危害与防治

农田杂草常见的有：马唐、藜、狗尾草、牛筋草、马齿苋、苋、刺儿菜、苣荬菜、看麦娘、野荞麦、稗、眼子菜、猪尾草、三棱草等 50 余种。还有一些不知名和发生较少的杂草约计 100 多种，历年发生面积在 10 万亩左右。

20 世纪 60 年代以前，主要依靠人工锄地除草，从 1972 年开始使用化学除草剂，用五氯酸钠和敌稗进行稻田除草。同年推广氟乐灵和拉索，进行地膜花生和大豆除草面积 6 000 亩。在 1988 年开始使用阿特拉津进行除草。

2009 年全县杂草发生面积 25.5 万亩次，防治面积 75.7 万亩次，其中，化学除草 12 万亩（玉米田 9.5 万亩，花生 0.5 万亩，中药材 1 万亩，蔬菜 1 万亩）。玉米田除草剂基本上是混合制剂

四、植保器械使用与发展

1953 年以前，农民防病治虫手段主要依靠人工进行，1954 年，开始使用单管喷雾器，

两个人一天可喷药剂 2~3 亩。1962 年推广使用背负压缩式喷雾器，一人一天可喷药剂 2~3 亩。1975 年县中心测报站购进一台东方红机动喷雾器，在 8 个乡做示范，一天喷 60~80 亩，超低量喷雾 300 亩/天以上，深受广大农民欢迎。1976~1979 年 4 年实现了植保机械化，全县拥有机动喷雾器 367 台，电动喷雾器 469 台。1979 年在植保站内建立药械维修间，能承担全县机动，电动喷雾器的修理任务，做到维修不出县。1979 年底全县有 32 个公社，250 个大队建立起病虫合作防治组织，省和地区曾两次在兴隆县召开现场会，推广兴隆县植保机械化防治经验。截止到 2009 年底，全县基本实现了植保机械化，全县有机动喷雾器 367 台，电动喷雾器 8 690 台，手动喷雾器 75 000 台。

五、病虫害预测预报

从 1954 年开始，农场有专人负责黏虫测报，为上级部门提供黏虫情报。1965 年在黄酒馆乡正式建立县中心测报站，设专职测报员一名，其他区各设一个测报点，由一名农民技术员负责测报任务。1974 年每区增设两个测报点，连同县测报站，全县共设 17 个测报点，1982 年后，因农业经费不足，又将大部分测报点撤销，调整后为 3 个测报点。

系统测报对象：黏虫、高粱蚜、地下害虫、玉米螟等。一般测报对象：小麦锈病、麦蚜、稻瘟病、栗叶甲、栗灰螟等。及时向省、市上报调查数据。多年来，根据病虫消长规律，结合气象因子分析，每年发布病虫情报 10~15 期，每期 120 份。

六、植物检疫工作

1981 年以前，没有专职检疫员，植物检疫只停留在鉴发几张检疫证上。1981 年开始植检工作。1983 年国务院颁布《植物检疫条例》以后，1984 年由省政府批准，农牧渔业部发证设两名专职检疫员。从 1984 年开始产地检疫工作，对杂交玉米制种田进行产地检疫并发放合格证书，并担负种子、苗木调运的检疫工作，确认无危险性病、虫、杂草，依程序进行调出。对调入的种子、苗木进行复检，杜绝危险性病、虫、草害的传出和传入。

1957 年开展第一次检疫对象普查，确定甘薯黑斑病和马铃薯环腐病已普遍发生。1976 年发现有小麦全蚀病，划定为疫区，后经封锁，病害得到控制。

按 2009 年 6 月 4 日农业部公告（第 1216 号发布）全国植物检疫性有害生物和河北省补充的检疫性有害生物有小麦全蚀病、美国白蛾两种，其余尚未发现。

七、近期植保植检的发展变化

（一）基础条件的变化

在 20 世纪 70~80 年代，当时只有 3 名技术员，2 间平房办公室，夏天漏雨，冬天用煤炉取暖。基本没有实验设备和病虫鉴定仪器，病虫发生后只能查阅一些书本资料，测报工作由传统式的黑光灯，每天专人早晚管理，进行测报。

现有工作人员 6 人，高级农艺师 1 人，农艺师 3 人，助理农艺师 2 人，在农牧局办公楼里办公。配备了显微镜、解剖镜、电冰箱、温箱、高压消毒锅等检验设备，病虫害检测水平有所提高。办公设备有电脑、打印机、数码相机，使植保植检工作逐步向网络化和数字化方向发展。

（二）服务范围不断扩大

在 20 世纪 70～80 年代，主要承担玉米、高粱、大豆主要作物病虫害测报与防治工作。现在还有蔬菜、食用菌、花卉等有害生物监测，有害生物普查、重大农业有害生物疫情监测与防控指导，推广植保新技术、新方法等，防治工作向绿色植保方向发展。

（三）在病虫防治上提倡环保型

在 20 世纪 70～80 年代，防治主要使用六六粉、滴滴涕、敌百虫粉高剧毒农药，在治虫同时也将天敌杀死，虫害发生还比较严重，而且农药残效期长，污染环境，对人民的生命健康造成威胁。现正在大力推广高效、低毒、低残留农药和生物农药，确保了农业生产安全和质量安全。

（四）防治技术的变化

20 世纪 70～80 年代，一家一户的防治，现在是使用电动喷雾器和机动喷雾器的专业化防治队伍。应用农业防治、生物防治、物理防治的生态防治综合技术。推广杀虫灯、杀菌灯、性诱剂、生物制剂防治病虫害等绿色防控技术。

八、植保植检站机构改革

1960 年 5 月 2 日兴隆县成立病虫害防治指挥部，县长孟昭成任主任，农业局副局长刘传珍任副主任。

1975 年 5 月开始建立植保站，司马昭为负责人。

1979 年 4 月陈宝昆任站长，徐世英任副站长。

1983 年 3 月 6 日建立植保公司，与植保站一套人马两个牌子，1984 年 1 月蒙卫民任经理，张雅轩任副经理。

1987 年 10 月植保站、植保公司撤销，合并为农业技术推广中心。

1989 年 12 月恢复植保站，蒙卫民任站长。

1992 年再次成立农业技术推广中心，李秀发任主任。1996 年 3 月刘德平接任农业技术推广中心主任。

2002 年 8 月机构改革，兴隆县植保植检站由农业技术推广中心分离单独建站，白福林任植保植检站站长、杨春文任副站长至今。

回顾过去，展望未来，我们将继续真抓实干，为植保事业做出贡献。

以科技进步为支撑　促进植保事业的快速发展

李树才　姚明辉　寇春会

（宽城满族自治县植保植检站）

回顾宽城 60 年尤其是改革开放 30 年来，宽城植保事业的发展历程，不难看出，正是科学技术的进步，促进了植保事业的全面发展。科技进步让我们采集的数据更准确、分析的方法更科学、沟通的手段更多样、治理的措施更合理、工作的效率也更高效，实现了数字植保与绿色植保。

一、智能化的病虫测报手段，让测报工作更加轻松自如

宽城在 20 世纪 90 年代以前的病虫测报手段，主要是用黑光灯诱虫，再就是田间调查，然后根据经验进行简单的分析，由于采用的是人工方法，误差大且效率低，从 20 世纪 90 年代中期开始陆续添置了一批新仪器设备，现在的植保是智能化的植保，一大批智能化设备让测报工作更加轻松自如。

自动虫情测报灯不但让农业有害昆虫的诱测数量、品种更多、更具代表性，而且采用红外线杀虫，克服了以往测报灯具必须使用有毒药品熏杀，对测报人员身体和环境造成严重危害的弊端；更重要的是，由于采取了智能化控制措施，在开关机、红外线杀虫、转换接虫袋、雨控、排水等方面实现了自动化操作，在无人监管的情况下，可连续 8 天自动完成诱虫—杀虫—收集—分装的全过程，具有自动防雨功能，解决了长期以来雨水造成被监测虫体损坏而无法鉴定和识别的难题，避免了每天均需开关灯、每天均需查看诱虫情况的现象，降低了劳动强度；与测报灯相连接的气象观测系统为农业害虫的预测预报提供了实时、系统的资料。地理信息系统、农业有害生物预警系统、植保专业统计系统等智能软件软件以及 GPS 全球定位系统、PDA 移动数据采集系统等的投入使用，让数据采集与分析更加准确合理且一目了然，真正实现了智能化，有效避免了以前人工采集分析误差较大的弊端。田间小气候观测仪、孢子捕捉仪、全自动细菌监测仪以及性诱剂等测报手段的广泛应用，让病虫测报的范围更大、结果也更准确，实现了对田间病虫科学而系统的全方位监测。

二、高科技的实验设备，让检验检测水平大幅度提高

宽城的检验检测设备最初只有普通显微镜、放大镜、恒温箱等最简单的几种，即便是特别容易观察的真菌性病害，也只能是做一下初步鉴定，而且效率极低，20 世纪 90 年代中期以后，开始使用配有胶片相机的显微镜和解剖镜，现在的检验检测设备已基本实现了现代化，光照培养箱、组织切片仪、超净工作台、点滴仪、紫外可见光分光光度计、离心机、红外干燥箱、电子天平、光学显微镜及数码成像设备等应有尽有，大大提高了植物检疫及病虫鉴定诊断水平。

三、现代化的办公设施，让植保信息处理更加得心应手

传统信息产业的发展史同样是植保信息的发展史，从最初的文字描述、到简单的胶片照相机，再到现在的数码照相机、摄像机等多媒体设备，从手工记载到机械打印、刻印，再到现在的微机处理，从电报、纸质信函到电话、传真，再到现在的网上发布、手机短信平台、电视预报，无不体现出现代信息技术给植保信息事业带来的巨大变化，让人了解植保信息的渠道更加广泛，植保信息的传递更加快捷，为各级部门科学决策提供了更多的依据和更充裕的时间，使突发性重大农业有害生物疫情的监测封锁控制的能力大大提高，实现了植保数字化。

四、低毒化的防治技术，让群众更加放心满意

由于受科学技术水平的限制，20 世纪 80 年代以前防治农作物病虫主要采取的是喷洒化学农药的方法，六六六、滴滴涕、杀虫脒等高残留杀虫剂被广泛应用，其生物富集效应让人们饱受苦头；甲胺磷、对硫磷、磷胺、氧乐果、水胺硫磷等有机磷农药，虽然残留期相对较短，但是大多数品种毒性较大，因食用农药残留超标的农产品造成人畜中毒的事件时有发生；拟合成菊酯类农药效果较好，且毒性相对较低，但易产生抗性，且对有益生物毒性较大。随着人们生活水平的提高，对农产品质量要求越来越严格，食用安全优质的农产品已是人们生活所必须，这势必要求使用科学而先进的植保技术，有效降低农药残留。科学技术的发展，使这成为现实，现在 IPM 技术、健身栽培技术、非化学防治技术、绿色防控技术等应运而生，虫酰肼、甲氧虫酰肼、氟铃脲、氟虫脲、灭幼脲、苦参碱、印楝素、天然除虫菊素、阿维菌素、甲维盐等生物农药、半合成生物农药以及啶虫脒、吡虫啉等高效低毒化学农药的相继开发应用，为低毒化防治提供了基础，让人们更加放心满意。另外，烟雾机、大型施药设备的使用也为防治工作提供了有力保障。

植保事业发展，必须坚持科学发展观，以科技进步为支撑，从智能化、现代化、数字化等各方面入手，逐渐充实完善自己，坚持"公共植保、绿色植保"的理念，道路一定会越走越宽。

张家口市植物保护六十年回顾

沈　成　张利增　温少斌

（张家口市植保植检站）

　　张家口市位于河北省西北部，东邻承德，南接北京、保定，西与山西接壤，北与内蒙古交界。南北最大距离近 300km、东西最大距离约 228km，总面积 36 873 km²。全市辖 13 县 5 区和 2 个管理区，209 个乡镇，4 193 个村，总人口 450.54 万人，常用耕地面积 1 320 万亩。全市海拔 600～1 600m，西北高、东南低，横贯中部的阴山山脉，将全市划分为坝上、坝下两个自然地理区域。

　　新中国成立以来，张家口市的植物保护事业和全省乃至全国一样，在前进的道路上经历了一个曲折发展的过程，植保队伍从无到有，不断壮大，植保工作从传统的以消灭病虫为目的短期行为，发展到着眼于农业的可持续发展和保护、提高人类赖以生存的环境质量，进一步协调了自然控制和人为防治。回首本市植物保护事业 60 年的发展历程，应该说为农业和整个的社会发展做出了重要贡献，取得了辉煌成就，打下了坚实的基础。目前，随着我国的农业转型和进入新农村建设的重要历史时期，植保工作正进入一个新的历史阶段。可以说，回顾过去激情澎湃，展望将来豪情满怀，本市的植物保护事业必将取得新的飞跃。

一、植保队伍从无到有，逐步发展壮大

　　20 世纪 50 年代初，为恢复农业生产，党和政府十分重视植保工作，在各县逐步建立起了病虫害防治站，并在乡、镇中逐步建立了基点站，形成了早期的植保网络。张家口市（时为地区，辖康保、沽源、尚义、张北、崇礼、万全、怀安、蔚县、阳原、怀来、涿鹿、赤城等 12 个县）级植保站建立于 1957 年，有 5 名工作人员。后部分县级病虫害防治站又改为农业技术推广站等，在市级植保工作主要由农业局所属的技术科等负责。在"大跃进"和"文革"期间，植保工作受到严重削弱，各级植保机构大多被撤销，植保工作基本处于瘫痪状态，农作物病虫草鼠危害严重，麦类黑穗病等病虫害大暴发，农业生产遭受重大损失。自 1973 年起县级开始恢复建立病虫测报站，1974 年原张家口地革委又下达了 181 号文件，要求"各县（市）都要建立病虫预测预报站，配备 3 名技术干部，系统地进行病虫测报工作"，1975 年张家口地区植保站正式恢复建立，至 1978 年县级均成立了植保植检机构（测报站），对主要农业病虫进行观察、记载，并开始组织进行防治工作的试验、示范、推广。随着县级植保机构的建立，各乡镇级（原人民公社）开始配备植保技术员，部分行政村配备了查虫员，形成了较完整的植保网络。1993 年 7 月，政府行政管理区划调整，张家口撤地设市地市合并，原张家口地区植保站和张家口市植保站合并成立张家口市植物保护植物检疫站，即现在的张家口市植保植检站。

二、紧密服务农业生产，扎实开展植保工作

20 世纪 50 年代，张家口市的植保工作和全国一样处于刚刚起步阶段。当时农作物种植比较单一，主要是玉米、谷子、麦类等粮食作物，病虫害发生也较单一。1955 年全国第一次植物保护及植物检疫会议上提出了"全面防治，重点消灭"的植物保护工作方针，可以说是这一阶段植保服务的内涵。具体在对病虫害的防治上可谓是群策群力，群防群治，主要以物理防治为主，表现为人工和机械捕杀虫害。

20 世纪 60 年代，受农业"八字宪法"和"人定胜天"理论的影响，全国植物保护工作提出了"防治并举，以防为主，土洋结合，领导、专家和群众三结合，全面防治，安全有效"的方针。本市这一时期的植保工作主要是针对鼠害、谷子钻心虫、黏虫等主要虫害的防治，采用了大规模动员群众的统防统治等措施。自 60 年代后期"文革"以来，植保工作基本处于全面瘫痪状况。

20 世纪 70 年代，随着全市各级植保机构的逐步恢复成立，全市的植保工作开创了一个新局面，可以说是上下齐心，群众参与，综合防治，成绩显著。1975 年，全国植物保护工作提出了"预防为主，综合防治"的植保方针。1973 年起，各测报站开始对几种主要病虫害进行观察、记载，并组织群众开展防治。1973 年，张家口地区农业局技术组试验用 8 瓦晶体管黑光灯诱杀防治玉米螟，并分别于 8 月 20 日前和 9 月上旬组织了两次大面积的玉米大斑病普查，针对不同玉米自交系、杂交种的田间发病情况、抗性做了详细观测、记录。1976 年植保站制定了主要病虫害预测预报试行办法，包括预测常用工具、小麦黄矮病、麦秆蝇、地老虎、玉米大斑病、黏虫、玉米螟、粟灰螟、高粱蚜等的统一规范标准。从 70 年代初期开始，在坝下地区玉米螟为害严重，其中，涿鹿县 1974 年调查，百秆有虫高达 610 头。1973 年，怀来县永红灌区一带西八里、新保安等 63 个大队建立玉米螟大面积联合防治区，统一行动进行防治，到 1974 年坝下六县市组建了玉米螟联防区。1974 年，怀来县大黄庄大队首次利用人工释放赤眼蜂防治玉米螟，比用农药防治效果高 30% ~ 50%，一直到 80 年代这项技术在全市得到大力推广应用。同年，怀来、涿鹿、蔚县、怀安等县开始利用白僵菌、"7216（苏云金杆菌类的芽孢杆菌）"等防治玉米螟、粟灰螟的示范、推广。到 1977 年，坝下 6 个县玉米螟联防区综合防治玉米螟每年达 30 多万亩的规模，通过采用"越冬处理秸秆，诱杀成虫，压低虫源；田间防治，菌、药、蜂结合，安全经济，控制危害"的综合防治措施，使一代玉米螟蛀茎率由 40% ~ 50% 降到了 5% 以下。70 年代中期，由于墨麦的大规模引进种植，全蚀病、麦秆蝇严重发生。为了摸清全蚀病这种检疫对象的来源和发生范围，1975 年动员了 5 756 人次参与全蚀病普查，其中，脱产干部 285 人，明确了历史上在沽源等县局部即有全蚀病发生。为迅速控制麦秆蝇为害，自 1975 年开始，在使用背负式、担架式等机动药械参与防治麦秆蝇的基础上，组织飞机喷药防治麦秆蝇，收到了非常好的效果。另一方面，大规模动员群众采集狼毒与敌百虫、1605、煤油、烟草、肥皂等制作狼毒合剂防治麦秆蝇，其中，在 1976 年采集狼毒等土农药 250 万 kg，解决了农药不足的矛盾。在农药供应不足，同时为降低污染维护人身健康停用汞制剂等形势下，1975 年 5 月张家口地区农业局（75）张农字第 24 号转发怀来县综合防治玉米螟大力生产白僵菌的报告，1977 年康保县植保站由吉林省农科院引进农抗"769（公证岭霉素）"菌种，至 70 年代末，在部分县甚至公社、大队都建起了生物

防治厂。同时，机动喷雾器维修厂（组）、植保机械修理厂等也建立完善起来。植保工作点、片、面结合起来，县、乡、村联动形成网络，以体系化的形式服务于农业生产。

改革开放到20世纪90年代初，党的十一届三中全会以后，国民经济全面复苏，植保工作也迎来全面发展的阶段。病虫害防治从大力提倡使用各种农药以保证农业生产安全到禁止"六六六"、"DDT"等农药的生产、使用，开始注重残留、环保，"预防为主，综合防治"的植保方针逐步得到深入贯彻实施，由某种作物的单一病虫综合防治向某类作物的多种病虫害综合防治发展。在本市随着农村实行了家庭联产承包责任制和种植结构调整的深入，种植作物品种复杂多样起来，蔬菜种植面积扩大，蔬菜病虫害防治成为了植保工作的一个重点。在植保措施的贯彻执行上，病虫害防治工作由原来的集体统一防治变为一家一户防治，化学农药防治已经成为防治工作的主要手段，传统的综合防治逐渐被化学防治所代替，综合防治的理念一度淡化，在一些地方甚至出现了防治失误或因农药使用不当造成农作物药害及人畜中毒等新情况和新问题。为了给广大农民排忧解难，适应千家万户防治病虫的需要，全市植保工作及时调整适应农业发展阶段的要求。一方面，通过积极开展病虫普查摸清家底，夯实技术基础，使监测预警和防治做到有的放矢。1979～1981年间，植保部门组织技术力量连续3年抓了昆虫资源调查和天敌普查，对主要农作物病虫害、田间杂草及害虫天敌等进行了详细普查。1986年，又组织了主要蔬菜病虫害普查。90年代初，联合河北农业大学、河北省植保所、保定农专、市农学会、市专家咨询委员会等专家领导对全市20余万亩杂交玉米制种田病害进行普查。另一方面，坚持深化体制改革，转变服务模式，通过技术示范和服务引导推动植保技术的普及落实。1983～1990年期间，在涿鹿等县与原张家口农业高等专科学校合作先后完成了"合成玉米螟性信息素在防治上的作用研究"，和"玉米螟成虫在玉米穗期的生物特性与防治技术研究"等成果，对诱杀法治螟的作用原理做了更加深入的揭示，用合成性信息素防治玉米心叶期和穗期亚洲玉米螟均获得比较理想的防治效果。1985年起，全市开始蔬菜无公害生产的示范和推广。1992年地区植保站成立了"植物医院"，按照"围绕服务办实体，办好实体促服务"的工作方针，开展了"技物结合，既开方，又卖药"的产前、产中、产后系列化服务，引导和推动了植保社会化服务体系建设，形成了覆盖全市的植保服务网络，解决了广大农民"防病治虫难"的问题，使植保工作在病虫动态监测、新农药新技术应用等诸多方面得到了有效推广。90年代初，针对农业生产的实际需要，邀请河北农业大学、河北省植保所、保定农专、市农学会、市专家咨询委员会等专家领导，对全市杂交玉米制种田发生的病害进行了大面积普查，共查到病害14种，为害较重的仍是玉米丝黑穗病、玉米瘤黑粉病及玉米大小斑病等。同时，积极发挥项目的示范带动作用，先后推广完成了"无公害蔬菜生产技术"、"禾谷类作物黑穗病防治技术推广"、"亚麻抗病增产技术推广"等项目，有力促进了实用植保技术的普及。

三、适应形势，直面挑战，促进植保工作不断进步

受气候变化、种植结构调整、统一防治力度下降等多种因素影响，20世纪90年代中期以来，草地螟、土蝗、鼠害等暴发性重大病虫害在本市再度严重发生。面对草地螟、土蝗等重大病虫猖獗发生的形势，全市各级植保部门充分发挥病虫监控体系的作用，对发生情况进行密切监测，及时向当地政府和上级业务部门进行汇报，并通过紧急通知、防灾减

灾专栏、电视台、报纸等多种形式通报病虫发生情况，宣传防治技术，组织技术人员深入田间地头指导农民开展防治工作。另一方面，在防控行动中充分发挥政府行为，完善"政府主导、属地责任、联防联控"的长效机制，大力推行统防统治，打赢了区域性重大病虫歼灭战、局部性重大病虫突击战和重大疫情阻截战的"三大战役"，实现了草地螟等重大病虫害不成灾，土蝗不扩散，"人间鼠疫不发生、鼠间鼠疫不下坝"的防控目标。

1997年草地螟暴发为害，植保部门在准确监测和预报的基础上，及时向政府和相关部门进行了专题汇报，迅速联系药械的调拨，积极组织力量成立专业队对重发区开展统防统治，对一般发生区指导农民进行群防群治，有效地降低了虫害造成的损失。2002年，针对草地螟突破以往发生区域在坝下低纬度地区发生的新情况，于10月23~24日，在怀安县太平庄乡南九场村田间召开了全市草地螟越冬基数调查培训现场会。经培训后，全市植保系统共出动技术人员400多人次展开调查，涵盖了全市多种生态类型区域，发现全市的草地螟越冬面积达到了220万亩（以往不超过40万亩），并在坝下丘陵地区发现草地螟高密度集中越冬区，这是在以往调查研究基础上的新发现，是对草地螟越冬区以往认识的一个新突破，也是对全国草地螟研究和防治工作的一个重要贡献。2003年8月7~10日，农业部全国农业技术推广服务中心在张家口市召开了京津冀蒙蝗虫联防对策研讨会，交流了蝗虫防治经验，研讨了防治对策，制定了四省市对重大虫情实行联防统治的长效机制，推动了重大病虫联防联控工作的开展。2005年，农业部在万全县建设的全国首个鼠害野外监测控制站顺利完成并投入使用，为农区鼠害发生规律和控制技术研究提供了重要平台。2006年9月18~21日，张家口市成功举办了"2006年全省农区秋季统一灭鼠示范现场会"和"农业部农区鼠害田间观测试验场"的揭牌仪式，农业部全国农业技术推广服务中心、中国农业大学和中国科学院动物所的领导、专家及全省11地市和有关县的40余名代表到会，促进了灭鼠工作先进经验的交流，有力的推动了农区统一灭鼠工作的开展。2008年6月30日至7月3日，农业部组织北京、天津、内蒙古、山西、河北等华北五省（市）在张家口市召开了北京周边农区奥运前期鼠害联防联控工作会议。2008年7月21~23日农业部全国农业技术推广服务中心在张家口组织召开草地螟关键控制技术集成与示范课题实施情况检查活动，河北、内蒙古、山西、黑龙江等省和中国农业科学院植物保护研究所专家参加，会议考察了康保县草地螟综合防控示范区，对示范区采取"深耕压虫源、灯光诱杀成虫、除草避（灭）卵、天敌控种群、药剂治重发"综合防控措施取得的成效表示肯定。2008年8月6日，针对草地螟一代成虫突然大暴发的情况，市政府召开全市草地螟防治工作紧急电视电话会议，省农业厅张文军副厅长、市政府杨玉成副市长出席了会议，并做了重要动员讲话，市及各县（区）农业局、畜牧局、财政局、公用事业管理局，植保站、草原站等有关单位参加了会议，有力地推动了草地螟防控工作的迅速落实。

蔬菜上的检疫性虫害美洲斑潜蝇于1995年8月在怀安县东沙洼村温室黄瓜上首次发现，至1996~1998年的全市检疫普查，已在各个县区均有不同程度的发生。另外，部分潜在的检疫性外来有害生物，如黄顶菊、美国白蛾、红火蚁、加拿大一枝黄花、黄瓜绿斑驳花叶病毒、葡萄根瘤蚜、马铃薯甲虫、番茄黄化曲叶病毒病等已在周边部分省、市发生，传入本市的危险性大大增加。随着农产品贸易和现代化物流的迅速发展，植物检疫防控危险性病虫传播蔓延所面临的任务日益复杂艰巨，因此，本市积极组织专职检疫人员进行专题技术培训，规范检疫执法水平，认真开展大面积疫情普查，做到早发现、早扑灭，防患于未然。1997 年，针对美洲斑潜蝇发生重，人们认识不够，防治不及时的情况，于 7 月份在桥西区沈家屯乡召开了由有关县、周围乡村农民、技术员共 60 多人参加的防治现场会、技术培训会；年底，又举办了植物检疫培训班，邀请市农工委、科协、农学会、法制局领导列席参加了培训会，有效宣传了广大领导。1998 年，怀来县长城葡萄酒公司从法国进口赤霞珠、梅鹿辄两种葡萄苗木 100 万条，根据农业部全国农业技术推广服务中心和省植保总站有关精神，制定了详尽监测方案，在 3 月份苗木到后，和天津海关商检部门共同进行了开包检疫，完成了开包检疫、包装物处理、苗木入圃催芽前药剂处理、苗木出圃期联检、生长期监测等全程监测过程，并协助农业部植检处成功举办了首届引进葡萄苗木疫情监测技术培训班，有 9 个省市 39 名专职检疫员及领导参加了培训。

1997 年 5 月 8 日，国务院发布了《中华人民共和国农药管理条例》，加强对农药生产、经营和使用的监督管理。1998 年张家口植保站挂张家口市农药监督管理站牌子，负责全市农药监督管理工作，县级农药监督管理机构也相应建立起来。而这一时期，随着市场经济发展，植保部门开办"植物医院"等服务实体的弊端也逐步显现出来，部分植保机构将主要精力放在经营创收上，放松了植保的公益性技术服务；另一方面部分县级植保部门还被列为了自收自支、差补或定补单位，植保有被边缘化甚至淘汰整合的危险。为此，2000 年根据张家口市农业局"对局属事业单位所办的种子农药经营门市部改制"的有关精神，将原"张家口市植物医院"与植保站进行了剥离，植保站不再从事有关经营活动。同时，组织全市植保部门扎实做好业务工作，积极向领导和有关部门汇报，利用电视、报刊、网络等多种媒体扩大宣传植保工作，大力争取恢复部分县级植保机构的全额地位，做到"有为有位"。

四、贯彻"公共植保、绿色植保"理念，开创植保工作新局面

随着国家"农村城镇化建设"、"新农村建设"、"土地流转"、"农机具购置补贴"等一系列支持现代农业发展的政策出台实施，农业生产、经营向集约化、规模化发展，传统农业逐步向现代农业转变。在新阶段农业发展的主旋律是"优质、高产、高效、生态、安全"，发展的总目标是"农产品竞争力增强、农业增效、农民增收"，发展的着力点是"提高农产品质量安全水平"。植物保护工作与"农业生产安全、农产品质量安全、生态环境安全"密切相关，在新阶段农业可持续发展中地位更加突出、作用更为重要。可以说，新阶段农业的可持续发展在呼唤"绿色农业"，"绿色农业"需要"绿色植保"。2006 年 3 月 31 日，在北京召开的植物保护高层论坛上，农业部范小建副部长首次提出了"公共植保、绿色植保"的新理念。2006 年 4 月 13 日，在湖北襄樊召开的全国植保工作会议上，正式提出了"绿色植保、公共植保"理念。在新时期，植物保护就其性质而言是"公共植保"，主要从事公共管理，开展公共服务，提供公共产品，着力服务国家粮食安全、农产品质量安全、农业生态安全和农业贸易安全；就其职能而言是"绿色植保"，主要满足绿色消费，服务绿色农业，提供绿色产品，着力服务"资源节约型、环境友好型农业"的建设。

为了适应新阶段农业发展的要求，本市的植物保护工作要逐步实现"六个"转变，即由侧重于粮食作物有害生物防控的粮食植保向粮经兼顾转变，由侧重于保障农产品数量

安全的数量植保向数量安全与质量安全并重转变，由对单一有害生物临时应急防治的产中植保向源头防控、综合治理、专业化统防统治覆盖产前、产中、产后的长效治理机制转变，由侧重技术措施指导向技术保障与政府行为相结合转变，由面向当地及国内市场需求的国内植保向符合国际贸易要求的国际植保转变，由经济效益植保向经济、社会、生态效益植保转变。在奋斗目标和实施手段上要达到"三降三提高"，即降低农药使用量，降低农药残留量，降低有害生物防治成本；提高农药利用率，提高专业化统防统治效益，提高农产品质量。工作的主要内容是努力实现"四化"。一是农业有害生物监测预警规范化。利用国家"基层农技推广体系改革"和实施"植保工程"的契机，建立健全农业有害生物监测预警体系，形成完善的市、县、乡三级监测网络，实现有害生物监测规范化、信息传递网络化、病虫预报可视化，以标准格式通过电视、网络等多种形式传播监测预警信息，提高测报信息传递速度和植保技术入户率，提升监测准确率。二是有害生物防控无害化。贯彻"绿色植保"理念，制定和实施主要作物病虫害的无害化防治技术规范，严格执行农药安全使用标准。大力引进、试验、示范和推广生物农药、环保型农药和新型植保机具。开展无害化防治技术培训，推广普及无害化防治技术。开展有害生物抗性监测，筛选、集成有效的防控技术，对有害生物实现可持续综合治理。三是危险性有害生物疫情可控化。建立健全植物检疫体系，形成设施完善、机构齐全的植物检疫网络。严把产地检疫、调运检疫和市场检疫关，防止和延缓危险性有害生物传播蔓延。切实加强危险性有害生物防除工作，有针对性的开展疫情专项普查，查明分布、摸清家底，开发和创新疫情防除技术，扑灭或减轻危害，实现危险性有害生物可控化。四是稳步推进植保法制化。大力宣传和贯彻《植物检疫条例》《河北省植物保护条例》等法律法规和相关规章制度，形成较完善的工作制度和工作准则，依法开展各项植保工作，对职责范围内的事情做好做足，既不"不作为"也不"乱作为"。

总之，在农业发展的新阶段，本市的植物保护工作要认清形势，总结经验，解放思想，更新观念，抓住机遇，迎接挑战，以农产品优质、农业高效和可持续发展为主题，围绕农业有害生物可持续综合治理这个中心，全面开创植保工作新局面。

张家口草地螟监测预警及持续控制技术
研究与应用进展

沈　成[1]　康爱国[2]

（1. 张家口市植保植检站；2. 康保县植保植检站）

一、草地螟发生概况

草地螟是我国北方农牧业生产上的一种重要害虫，具有周期性暴发特点。新中国成立后，曾在 1953～1959 年，1978～1984 年两次周期性暴发成灾，给当地农牧业生产造成了巨大的损失，第三次从 1995 年种群回升到 1997 年大发生，形成了新中国成立以来第 3 个草地螟暴发周期。与前两个暴发周期相比，这一草地螟猖獗为害周期在张家口市的发生尤为严重，面积大、虫口密度高、危害程度重、持续时间长，超出前 2 个暴发周期。1997 年，张家口市草地螟特大发生，6 月 21 日康保县单盏黑光灯日诱越冬代成虫高达 20.17 万头，为有记录以来最高，是历史上发生最重的 1979 年越冬代成虫日最高诱蛾量（72 000 头）的 2.8 倍；全市一代幼虫发生面积达 900 万亩，其中，农田发生面积 700 万亩，占全市种植面积的 50%，草场发生面积 200 万亩。该发生面积是河北省历史上危害最严重 1979 年全省发生面积的 3 倍。其中，又以坝上县、区发生最为严重，发生面积达 540 万亩，占全市农田种植面积的 77.7%，坝上地区种植面积的 86.4%。全市虽经竭力防治，调拨农药 300t，出动劳力 50 多万人次，仍有 54 万亩的农田无法控制而绝收。2002 年和 2003 年，草地螟连续两年在坝下低纬度地区发生二代幼虫严重为害，并形成大面积集中越冬区，是首次在坝下低纬度地区发现草地螟越冬场所。2004 年，一代幼虫首先在坝下地区怀来和涿鹿盆地严重发生，也是有历史记录以来的首次。2008 年，在一代幼虫仅在部分县点片轻发生基本未形成危害情况下，一代成虫迁入蛾量大、批次多、持续时间长、波及范围广，发生范围覆盖全市各县、区，且在城市城区内也出现了大量成虫；二代幼虫暴发为害，全市发生面积 647 万亩，其中，农田 273 万亩，农牧交错区 374 万亩，发生范围涉及各县、区，重发区是坝上各县及坝下万全、怀来、怀安、赤城等县；同时，也正由于二代幼虫在各县、区均有发生，因此，形成了覆盖全市范围的大面积越冬虫源区，这些均突破历史上记载。说明由于农业和种植业结构调整，栽培方式和耕作制度改变以及气候条件等因素的影响，草地螟的发生情况出现了新的变化。

二、草地螟监测与综合防控技术研究取得突破

面对严重的虫害，各级政府和领导高度重视，全市植保部门反应迅速，对虫情发生动态进行了严密监测，深入一线积极组织和指导防控工作，有效的控制了虫害。1997～1998 年，市植保站及时开展了"草地螟综合防治技术推广"项目，依照"摸清规律，准确预报，领导重视，技物结合，统防统治"的防控策略，在技术上采取灯光诱蛾，拉网捕捉，

锄草避卵，喷防护药带，挖防护沟，在幼虫三龄前施药，深耕破坏虫茧等一整套综合防治技术措施，取得了良好的防控效果。2005～2008 年科技部下达了"飞蝗、草地螟和鼠害监测预警及持续控制技术研究与示范"国家科技攻关项目，张家口市和康保县植保站承担了"草地螟灾变规律及监控技术研究"及"草地螟关键控制技术集成与示范"两个课题中的部分任务，在草地螟监测与综合防控技术研究方面取得突破，按期圆满完成了项目任务书要求的工作。

（一）明确了草地螟成虫产卵寄主

通过多年田间调查，明确了草地螟成虫产卵寄主名录。共观察到草地螟产卵植物有 32 科 117 种，有裸子植物 1 科 1 种（松科落叶松），被子植物 31 科 116 种，其中，双子叶植物有 28 科 109 种，单子叶植物有 3 个科 7 种。本市农田常见杂草中以藜科、菊科、蓼科、豆科、伞型科和禾本科中的狗尾草、稗草等为主要寄主，这些杂草也是农田中的主要杂草优势种；亚麻、大豆、豌豆、蚕豆、胡萝卜、甜菜、向日葵等作物上草地螟成虫也产卵。其中，禾本科杂草狗尾草、稗草上草地螟成虫可以大量产卵，这在以往文献资料上未见报道，为新发现。

（二）完成了成虫产卵行为及中耕除草灭卵控害作用的研究

1. 草地螟成虫在不同产卵寄主上的着卵情况

（1）草地螟在作物和杂草上的着卵情况　试验结果表明，草地螟成虫在易受害作物亚麻上着卵量占 11.1%，杂草上占 88.9%。多年调查未发现草地螟成虫在小麦、莜麦、玉米上着卵，在马铃薯上有零星着卵，在豌豆、蚕豆、甜菜、胡萝卜上可查到大量草地螟卵粒，为今后草地螟卵田间调查提供了科学依据。

（2）草地螟成虫在不同杂草上着卵情况　当地农田中主要杂草优势种有灰菜、扁蓄、狗尾草、刺藜、卷茎蓼等（表1），通过试验调查，双子叶杂草灰菜、扁蓄是草地螟成虫产卵首选寄主，单位样点内两种杂草所占比例为 62.4%，产卵占单位面积产卵量的 69.7%，单子叶杂草狗尾草单位样点内杂草密度所占比例 20.9%，产卵量占 27.9%，是草地螟成虫产卵的一种主要寄主。

表 1　草地螟成虫在不同杂草上着卵量对比

杂草种类	平均杂草株数（株/尺²）	所占比例（%）	位次	平均产卵块数（块/尺²）	平均产卵粒数（粒/尺²）	所占比例（%）	位次	备注
灰菜	11.2	37.2	1	20.2	62.2	29.5	2	
扁蓄	7.6	25.2	2	18.8	84.6	40.2	1	
狗尾草	6.3	20.9	3	10.7	58.7	27.9	3	
刺藜	1.7	5.6	4	1.1	1.6	0.8	5	
卷茎蓼	3.3	11.1	4	1.2	3.4	1.6	4	
合计	30.1	100	—	52	210.5	100	—	

2. 不同中耕除草时期影响草地螟成虫田间着卵

试验在多种作物田中采取产卵前和产卵峰（末）期进行中耕除草对比。试验结果表明，同一块地、同一种作物及早中耕除草单位样点内落卵量明显减少，迟中耕除草单位样点着卵量明显偏高，早中耕除草与迟中耕除草相比单位样点着卵减退率在 83.9%～

89.8%，及早中耕除草有明显的避卵作用（表2）。

表2　不同中耕除草时期草地螟成虫田间着卵量对比

作物	中耕除草时期	平均杂草株数（株/尺²）	平均者卵量（粒/尺²）	虫（卵）减退率（%）	备注
豌豆	产卵前中耕除草	1.2	14.2	83.9	
	产卵峰期中耕除草	20.1	88.6	—	
亚麻	产卵前中耕除草	0.3	22.0	89.3	
	产卵峰期中耕除草	24.7	205.0	—	
大豆	产卵前中耕除草	0.2	4.5	89.0	
	产卵末期中耕除草	13.2	41.2	—	
胡萝卜	产卵前中耕除草	0.7	4.1	89.8	
	产卵末期中耕除草	17.8	40.2	—	

3. 不同中耕除草措施灭卵除虫效果

通过试验区早中耕除草、中耕除草后拾草、不拾草和进入低龄幼虫期中耕除草等不同措施处理，明确了中耕除草的灭卵效果（表3）。

表3　不同中耕除草措施灭卵除虫效果调查表

试验作物	中耕除草措施	平均（卵）量（头/尺2）	虫口减退度（%）	备注
亚麻	产卵前中耕除草	27	86.6	高密度田块中耕除草后，需化学防治
亚麻	卵孵化期中耕除草（未拾草）	56.4	72.4	高密度田块中耕除草遇降雨，需化学防治
亚麻	卵孵化期中耕除草（拾草带出田间）	5.7	97.2	不需化学防治
亚麻	进入2~3龄幼虫6期中耕除草	176.6	13.5	高密度田块绝收
亚麻	不进行中耕除草	204.2	—	高密度田块绝收

4. 气候条件影响成虫产卵习性和中耕除草效果

通过多年对草地螟的田间产卵观察，成虫产卵对寄主和着卵部位都有很强的选择性，植物不同部位着卵量不同。无论在何种寄主植物上，草地螟多喜欢将卵产在叶片背面，叶片正面和叶柄上也可落卵。草地螟成虫产卵场所喜选择在杂草种类多的环境中产卵，杂草少、种类单一的植物上即使是草地螟成虫喜好产卵杂草和幼虫喜食植物，成虫着卵量也偏低。同一样点，草地螟成虫喜欢产较小的植物上，多产在底层1~3片叶片叶背上，约占74.7%~86.4%。同一植株上，植株下部叶片上产卵量最多，上部次之，中部最少。具体产卵部位和比率随环境温度和湿度不同而有所变化。

（1）一般适温、高湿（平均气温20~22℃，相对湿度79%~89%）的年份，成虫选择把卵产在寄主叶背（底层1~3片叶片）和植物留在地表上的细枯根上，多块产，枯草根上卵也能正常孵化为幼虫并转移危害（从这点讲，称草地螟产卵植物为草地螟卵附着物更为妥当)。在这样年份,中耕除草灭卵效果偏低(2008 年一代卵主要产在枯枝和枯草根上)。

(2)适温、相对湿度偏低(平均气温 20～22℃,相对湿度 54%～75%)的年份,卵多产在底层 1～3 片叶片的叶背,具有遮阴保湿,有利卵的孵化。这样的年份,中耕除草灭卵效果好,特别是中耕除草期间降雨偏少、空气湿度偏低的年份,中耕除草灭卵效果更好。

(3)低温、低湿(平均气温 15.8℃,相对湿度 38%～43%)的年份,草地螟成虫多选择把卵产在叶面和中部叶片,少量产在叶背和底层叶,多单产。

(三)开展了草地螟天敌资源调查及其控害作用的研究

多年来,对当地草地螟天敌资源进行了调查,初步明确草地螟天敌主要有寄生性天敌、捕食性天敌和鸟类等。尤以寄生蝇、寄生蜂、步甲、蚂蚁、瓢虫、蜘蛛、喜鹊、麻雀、百灵等为优势种,还有白僵菌、红僵菌等,对控制草地螟种群发挥了作用。还对寄生蜂、寄生蝇种类以及对草地螟的控害作用开展了调查研究,明确了寄生蜂、寄生蝇发生种类和控害作用(表 4 和表 5)。

表 4 寄主各个发育阶段寄生蜂种类

寄主发育状态	种类数	品种			
二龄	5 种	盘绒茧蜂	瘦怒茧蜂	缝姬蜂亚科	弯尾姬蜂
		草地螟巨胸小蜂			
三龄	6 种	瘦怒茧蜂	绿眼赛茧蜂	缝姬蜂亚科	弯尾姬蜂
		草地螟巨胸小蜂	盘绒茧蜂		
四龄	8 种	瘦怒茧蜂	绿眼赛茧蜂	怒茧蜂亚科	缝姬蜂亚科
		抱缘姬蜂	弯尾姬蜂	菱室姬蜂	草地螟巨胸小蜂
五龄	4 种	瘦怒茧蜂	怒茧蜂亚科	草地螟巨胸小蜂	草地螟阿格姬蜂
预蛹或蛹期	9 种	瘦怒茧蜂	怒茧蜂亚科	绿眼赛茧蜂	弯尾姬蜂
		抱缘姬蜂 草地螟阿格姬蜂	缝姬蜂亚科	菱室姬蜂	草地螟巨胸小蜂

1. 明确了寄生蜂种类和控害作用

2008 年和 2009 年,中国农业科学院植物保护研究所在康保县植保站实验室饲养发现了草地螟卵寄生蜂 1 种——暗黑赤眼蜂,这是我国首次发现寄生草地螟卵的赤眼蜂,以往会议交流和文献记载都来自前苏联文献。通过室内饲养及多年田间调查,还明确了河北省寄生蜂主要有 12 种,分别是:盘绒茧蜂、绿眼赛茧蜂、瘦怒茧蜂、螟甲腹茧蜂、小模茧蜂、深径茧蜂、怒茧蜂亚科、草地螟阿格姬蜂、弯尾姬蜂、抱缘姬蜂、草地螟巨胸小蜂、菱室姬蜂。

2004～2006 年对康保县田间调查和室内饲养结果表明,每年寄生蜂优势种略有变化。以瘦怒茧蜂、弯尾姬蜂、草地螟阿格姬蜂为优势种,其中,瘦怒茧蜂始终是当地主要优势种。草地螟巨胸小蜂、菱室姬蜂为重寄生蜂。

对草地螟幼虫不同发育阶段的寄生蜂种类进行调查的结果表明，幼虫不同发育阶段的寄生蜂种类有所不同。瘦怒茧蜂、盘绒茧蜂、弯尾姬蜂、缝姬蜂亚科、草地螟巨胸小蜂在寄主幼虫二龄就可以寄生，绿眼赛茧蜂从三龄见寄生，抱缘姬蜂、怒茧蜂亚科、和菱室姬蜂从四龄见寄生，草地螟阿格姬蜂五龄见寄生；五龄寄主幼虫的寄生率最低，寄生蜂的种类也是最少的；预蛹或蛹期的寄生蜂种类却很丰富，几乎涵盖了各个龄期所有的寄生蜂种类。

2. 明确了寄生蝇种类和控害作用

通过室内饲养及多年田间调查，发现当地草地螟幼虫寄生蝇有7种，分别是：伞裙追寄蝇、双斑截尾寄蝇、黑袍卷须寄蝇、卷须寄蝇、代尔夫弓鬃寄蝇、草地螟帕寄蝇、蓝黑节寄蝇，其中，以伞裙追寄蝇和双斑截尾寄蝇为优势种。

（1）草地螟寄生蝇以寄生幼虫为主 从室内个体饲养观察和田间调查，未发现对其他虫态的寄生。被寄生的寄主虫体上一般有1~2个寄生卵粒，多的3~4粒，个别虫体高达9粒。被寄生的个体最终只有1个寄生体完成发育。如果刚产在寄主虫体上的寄生卵未能孵化进入寄主虫体，伴随着寄主的幼虫蜕皮而被蜕去，则为无效寄生。

表5 寄主不同发育阶段调查到的寄生蝇种类

寄主发育状态	种类数	种名		
二龄	2 种	伞裙追寄蝇	双斑截尾寄蝇	
三龄	3 种	卷须寄蝇	伞裙追寄蝇	双斑截尾寄蝇
四龄	3 种	伞裙追寄蝇	双斑截尾寄蝇	黑袍卷须寄蝇
五龄	7 种	伞裙追寄蝇	双斑截尾寄蝇	卷须寄蝇
		黑袍卷须寄蝇	代尔夫弓鬃寄蝇	蓝黑节寄蝇
		草地螟帕寄蝇	双斑截尾寄蝇	

（2）寄主幼虫密度与寄生蝇寄生率呈正相关 通过田间调查和室内观察，寄生蝇成虫和草地螟幼虫在田间呈聚集分布，寄主幼虫密度越高，田间寄生蝇成虫量越大，寄生率也越高。室内检查结果：高密度幼虫发生区与低密度幼虫发生区寄生蝇寄生率分别为44.2%和8.3%，寄生率相差35.9%，年度间寄生率差异很大（图1）。而相同发生区寄生蜂分别为19.2%和17.1%，相差仅2.1%，从这一点也更进一步说明寄生蝇聚集分布的特性（表6）。

表6 草地螟田间不同幼虫密度寄生情况调查

虫口密度（头/尺^2）	发生程度	正常羽化活虫率（%）	寄生蝇寄生率（%）	寄生蜂寄生率（%）	白疆菌寄生率（%）	备注
238.5	重	30.8	44.2	19.2	0	调查数据从拨茧查虫获得
73.2	中	68.4~71.0	11.4~15.0	13.6~14.9	0.9	
10.4	轻	72.0~75.0	7.5~9.1	15.9~18.3	0	

注：实验田作物是亚麻，实验区未开展化防。

（3）寄主低龄期寄生率低，高龄期寄生率高 由于草地螟幼虫1~3龄体型小，隐避性强，寄生蝇成虫很难对低龄幼虫虫体进行寄生行为，寄生率低。幼虫进入4~5龄，幼

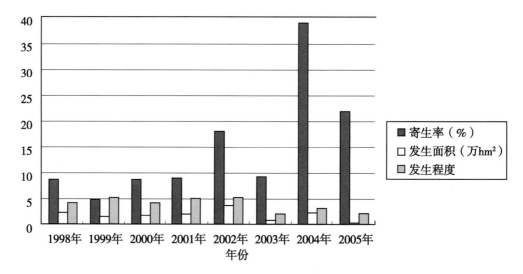

图1　康保草地螟寄生蝇历年寄生率与发生面积、发生程度关系图

虫取食量增加，活动范围扩大，再加上虫体大，暴露机会增加，天敌很容易对其实行寄生行为，寄生率高（表7）。

表7　寄生蝇对草地螟不同龄期幼虫寄生情况汇总表

虫龄	7月13日		7月16日		7月20日		8月6日	
	寄生数（头）	所占比例（%）	寄生数（头）	所占比例（%）	寄生数（头）	所占比例（%）	寄生数（头）	所占比例（%）
1	21	1.8	—	—	—	—	—	—
2	321	28.1	146	12.9	—	—	—	—
3	561	49.2	529	46.9	40	5.9	—	—
4	235	20.6	319	28.3	100	14.9	—	—
5	3	0.3	134	11.9	532	79.2	—	—
合计（头）	1141		1128		672		1080	
寄生数（头）	88		120		164		420	
寄生率（%）	7.7		10.6		24.4		38.9	

注：调查田块植物种类为草木樨，8月6日寄主入土做茧。

（四）明确了秋（春）耕对草地螟越冬虫源防治效果

通过筛土，对农田秋（春）耕后不同耕层深度草螟越冬虫茧分布情况和不同耕层中的草地螟虫茧正常羽化出土成活率的调查，明确了不同耕层的草地螟虫茧分布比率和能正常羽化出土的草地螟虫茧比率。田间调查，秋耕暴露于地表的虫茧，大多被鸟类、鼠类等取食，剩余的也干瘪而死；春耕暴露于地表的虫茧，15天死亡率达86%，40天达100%。试验调查结果表明，秋（春）耕沙壤或栗钙土的农田，能正常羽化出土的草地螟成虫仅为14%，深耕灭虫、灭蛹防效为86%左右；降雨偏多、土壤湿度高的年份和黏土耕地，死亡率更高。试验研究调查结果为草地螟深耕灭虫、灭蛹提供了理论依据（表8）。

表8　不同耕层草地螟虫茧分布及来年羽化出土成活率调查统计表

取样深度 （cm）	不同耕层虫 茧数（头）	不同耕层虫茧 分布率（%）	不同耕层羽化出 土成活率（%）	备注
0	11	1.7	0	干瘪，不能正常化蛹或被天敌取食能化蛹、羽化、但羽化口倒置的虫茧内的成虫不能出茧、出土而死部分能化蛹羽化，但不能出土不能羽化出土
0～5	112	17.3	14	
5～10	355	54.9	0	
10～20	169	26.1	0	
合计	647	100	14	

（五）开展了对草地螟的监测预警研究

多年来，通过田间调查和仪器观测，对草地螟的迁入、迁出和发生消长进行了系统的监测，准确掌握了草地螟的发生动态，对草地螟预警与防治提供了重要依据。

1. 明确了草地螟越冬代虫量与一代草地螟发生关系

通过对康保县20多年草地螟资料的整理分析，明确了草地螟越冬代虫量与一代草地螟发生关系（图2）。草地螟越冬基数与越冬代成虫诱集量相关系数仅为0.456 3；与一代着卵量和幼虫发生面积相关系数分别为0.188 9和0.346 9，相关性不显著；草地螟越冬代成虫诱集量与一代草地螟卵量和幼虫发生相关性极显著，相关系数分别为0.920 4和0.949 5，其研究内容对开展草地螟中、长期和短期预报提供了理论依据。

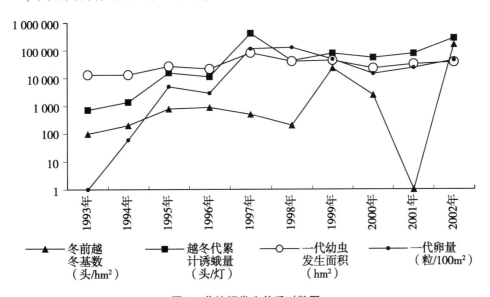

图2　草地螟发生关系对数图

2. 组建了一代草地螟发生程度长期预报模型

通过对康保县草地螟32年系统监测资料统计分析，应用数理统计方法马尔科夫链组建了一代草地螟发生程度长期预报模型。预报模型对2007～2010年一代草地螟幼虫长期预报准确率100%，较经验预报准确率提高20～30个百分点，历史回检符合率89.7%。此方法对解决我国草地螟长期预报准确率低的难题提供了科学方法（以往省、市、县对草地螟的长期预测采用因子是当地和异地的越冬基数，气候和环境条件等，就全国而言相关性显著，而对某一个省、市、县来说相关性不显著）。

3. 验证了传统黑光灯和佳多自动虫情测报灯之间诱虫关系

主要体现在以下几方面：一是2004~2006年通过传统黑光灯和佳多灯对草地螟诱蛾对比试验，明确了两种光诱捕器对草地螟诱杀效果。两种灯灯下草地螟种群动态变化趋势基本一致，每日灯下的诱蛾量呈极显著相关。二是自动虫情测报灯对高密度草地螟种群诱杀效果显著。三是传统黑光灯对低密度种群较为敏感。佳多自动虫情测报灯与黑光灯相比具有诱蛾始期早、末期迟、盛（峰）期高、诱蛾量多等特点。诱虫数据分析，佳多自动虫情测报灯和传统黑光灯在发生期监测上无明显差异，相关性显著，其监测性能优于传统黑光灯。在今后的应用中通过数据转换，可以继承应用历史资料。

（六）对草地螟越冬区有了重新认识

以往研究结果，我国草地螟越冬区主要分布在河北省坝上地区、山西省雁北地区，内蒙古乌盟四王子旗和吉林省西部。进入草地螟第三个暴发周期以来，我们加大了草地螟越冬虫源调查力度，对本市不同地区、不同环境进行调查。2002年在怀安县海拔800m的丘陵山区发现了大面积、高密度越冬区；2003年在蔚县、阳原县海拔900~1 100m的河川区及丘陵地区也发现了草地螟大面积、高密度越冬区；2004年在海拔1 000~1 200m的接坝地区查到了草地螟越冬区；2008年还在怀来县土木镇西辛堡村，东经115°34′48″北纬40°20′10″，海拔493m河川区查到高密度草地螟越冬虫源区，最高样点568.2头/m²，这是国内发现的草地螟海拔最低越冬区，这些发现对指导全省乃至全国草地螟越冬区调查发挥了指导性作用，对开展草地螟准确预报提供了科学依据。

（七）试验示范了佳多频振式杀虫灯和黑光灯诱杀效果

2007~2008年两年，于草地螟发生期在康保县试验了佳多频振式杀虫灯（220V、15W）和黑光灯（220V、20W）的诱蛾数量和田间残留成虫数量及田间落卵量和幼虫量，并与对照田比较计算诱杀效果。结果为：①两种灯具对草地螟成虫均有较好的诱杀效果，频振式杀虫灯和黑光灯田间落卵量分别减少97.57%和94.68%，田间幼虫数量分别减少97.86%和94.72%。②用灯区比化学防治区减少用药2~3次，而用灯区每667m²投入费用为9元，节约用工和用药费28元，用灯区费用比化学防治区降低成本32.14%，用灯区域基本不需要进行防治，防效为74.1%。③康保县植保站还对杀虫灯设置距离和控制范围进行了试验，设置频振式杀虫灯，分别在距灯源50m、80m、100m、150m和200m 5个距离调查幼虫数量，与对照区比较分别下降99.2%、93.4%、78.2%、75.4%和17%，一盏灯可控制范围最小面积为3.1hm²。

（八）开展了药剂防治草地螟试验及完善了施药技术

试验选用了有机磷、菊酯类、植物源和生物源等高效、低毒农药品种，对不同龄期幼虫进行了药效试验，明确了4.5%高效氯氰菊酯乳油1 500~2 000倍液，2.5%高效氯氟氰菊酯乳油2 000~2 500倍液，1.8%阿维菌素乳油1 500~2 000倍液防治低龄草地螟幼虫均在100%，大龄幼虫95%以上；1%印楝素乳油防治效果55.2%以上，对天敌安全；有机磷农药水胺硫磷和三唑磷乳油对低龄幼虫防效高，平均防治效果在94%~100%，但对大龄幼虫防效仅为83.1%（有扩散现象），而4.5%高效氯氰菊酯乳油1 500倍液平均防效达95%以上（表9）。

表9　不同药剂防治草地螟幼虫药效试验结果

药剂	使用浓度（倍）	防治效果（%）			备注
		1 天	3 天	5 天	
2.5%高效氯氟氰菊酯乳油	2 000	100	100	100	
4.5%高效氯氰菊酯乳油	1 500	100	100	100	
1.8%阿维菌素乳油	1 500	100	100	100	
40%水胺硫磷乳油	1 000	95.1	100	100	
20%三唑磷乳油	1 000	94.5	100	100	
1%印楝素乳油	800	55.2	57.3	74.6	

通过田间试验，二龄幼虫是化学防治的最佳龄期。由于田间龄期参差不齐，提倡于幼虫三龄前展开防治。为防止幼虫迁移为害，应采用专业化防治措施，"围圈"施药、集中歼灭。防治中应实行交替用药，合理轮用，科学混用，提倡选用低毒、低残留、生物源农药，保护天敌，达到科学用药，延缓抗性，提高防效，实现持续控制的目标。

（九）制定了国内首个草地螟防治省、市地方标准

《草地螟防控技术规范》于 2008 年 11 月通过张家口市质量监督局审定并颁布实施（DB1307/T105—2008），从而规范了本市草地螟的综合防控技术，通过在张家口市及承德市的大面积应用，收到了理想防治效果，为全市和全省草地螟防控提供了科技支撑。2010 年 5 月又通过省级鉴定，鉴定水平达到国内先进。河北省质量技术监督局于 2010 年 7 月 20 日发布（DB13/T1241—2010），自 2010 年 8 月 10 日实施。

三、草地螟持续控制技术集成与示范推广获成效

在总结多年防控经验的基础上，紧密结合地方实际情况，积极示范和推广了"深耕压虫源、除草避（灭）卵、灯光诱杀成虫、天敌控虫群、药剂治重发"等系列有效的综合防控技术。一是通过秋（春）深耕破坏草地螟适宜越冬场所，提高虫（蛹）死亡率，压低当地越冬虫源量。本市坝上地区历年来延习深耕，具有蓄水保墒，是当地农民已经习惯并行之有效的一项农艺措施，当地有句谚语是"隔冬划条缝，等于来年上茬粪"，依据该有效的农艺措施，经多点田间观测试验表明，秋（春）深耕对草地螟越冬虫源的杀灭率达85%以上，可有效的压低当地越冬基数，使分布在农田中的虫源基本成为无效虫源。项目实施以来，本市通过示范区带动和广泛宣传，在坝上各县虫源地实现大面积推广，成效显著，目前该技术已被广大农民所接受并认可，每年秋耕灭虫面积达 100 多万亩。二是，适时中耕除草避（灭）卵。在草地螟产卵期除尽田间和地边杂草，达到避开或减少作物田草地螟落卵量。田间实地调查表明，与对照相比，产卵前除草一般能减少落卵80%～90%以上；或在产卵后孵化高峰前除草，能杀灭大部分卵，平均防治效果达70%以上，特别提倡除草后将杂草捡出统一处理，灭卵效果明显，防治效果一般能达到85%～95%；若草地螟卵已孵化，则应先喷施农药再除草，否则已孵幼虫将大部分转移至作物上，加重作物受害程度。2005～2008 年，通过草地螟综防示范带动全市大面积适时中耕除草 600 余万亩，有效减少了田间落卵量，中耕除草后及时将除掉的杂草带出田外埋

掉或沤肥，处理带卵杂草。通过除草灭卵，近80%的地块不需再开展化学防治。三是，灯光诱杀成虫"杀母抑子"。康保县"示范区"3年完成灯光诱杀1.2万亩。根据草地螟成虫对黑光灯有很强的趋光性，通过诱杀成虫起到"杀母抑子"的作用。据调查，一盏黑光灯可控制 3.1hm²（不需化学防治），减轻 6.7hm² 内草地螟的为害程度。四是，在草地螟易发区示范推广种植了非喜食作物荞麦、红芸豆、禾本科作物莜（小）麦等，降低草地螟大面积集中危害的风险。三年来在坝上各县累计推广种植非喜食作物 230 万亩，在及时除草的情况下，非喜食作物田中虫口密度低，基本未达防治指标，不用开展化防。五是，创造良好的生态环境，充分利用自然天敌控制草地螟种群。在本市，草地螟寄生性天敌有寄生蝇、寄生蜂和白僵菌等，幼虫期捕食性天敌有步甲、蚂蚁、蜘蛛、瓢虫幼虫、鸟类等，天敌在抑制草地螟种群增长方面发挥了重要作用。据近几年调查，在田间捕食性天敌对草地螟幼虫的捕获率达 12.4% ~ 23%，寄生性天敌的寄生率一般为 20% ~ 30%，在草地螟虫口密度高的地方甚至达到 70% ~ 80%。为此，在防治活动中适当提高防治指标，减少化学农药使用量和使用次数，应用低毒药剂，最大程度保护和利用天敌资源，达到降低成本，实现无公害防治保护环境的目的。五是，积极组织发动，及时开展化学除治。一般发生区实行群防群治，重发区实行规模化的统一防治，平均防治效果达 90% 以上。

加强植保工作　为农业发展保驾护航

崇礼县植保站

植保工作是一项长期而艰巨的任务，崇礼县植保工作者始终坚持"预防为主、综合防治"的植保方针，在上级主管部门的指导和县委、县政府的正确领导下，历经60年的发展，崇礼县植保工作取得了前所未有的优异成绩，为全县农业、农村经济发展做出了贡献。

一、回顾植保工作60年

回顾这60年，崇礼县农业取得了突飞猛进的发展，蔬菜产业已取代传统旱作农业成为全县农民增收的主要途径。到2009年，全县蔬菜种植面积达到12.02万亩，其中，设施蔬菜达到1.38万亩，成为全国最大的"越夏彩椒生产基地"。随着农业的发展，对于植保工作的要求也就更高。崇礼县植保工作历时40年，从无到有，从建站初的困难发展到现在的具有各种检测仪器、交通工具、专业人员、成为有害生物防控体系区域站，植保站发展步入了崭新时代，成为全县有害生物防控的主力军。

60年前，崇礼县是一个贫穷落后的农业县，人民群众收入全部来自种植大田收入，使得全县的经济水平始终保持在低位发展，而靠天吃饭的传统思想和传统的种植模式已根深蒂固，植保工作也难以开展。改革开放的三十年，彻底解放了农民的思想，实现了农业的跨越式发展。现在，标准化、无公害化、有机化生产技术日益成为种植标准，植保方面的统防统治工作也初步实现，建立起了一整套实施方案，为全县蔬菜产业的发展保驾护航。

二、植保体系的建设

崇礼县植保站围绕实现"控害、降残、节本、增效"的总体目标，从乡镇基层队伍建设、专业化防治、新技术示范推广等多方面强化植保体系建设与管理，切实保障粮食生产安全和蔬菜产业的优质高产。

县植保站每年组织乡镇植保员进行一次植物疫情形势、农作物主要病虫害防治知识业务培训，有效提高他们的农业病虫害防控能力。

为了有效防控病虫害，崇礼县在各乡镇构建植保防控网络，每个乡镇都配备了一名植保员，并配备了一定的技术设备。同时全县所有乡（镇）农业综合服务中心都设立了测报联系点，以提高测报结果的准确性。植保站还通过发放宣传资料、制作简报、送科技下乡等形式，广泛宣传病虫害的发生与防治知识，选用多种服务方式稳步推进病虫专业防治服务。目前全县共组建成立各种专业防治组织11个，配备专业防治队员46人。

三、重大病虫害监测预报

为方便农民了解当前病虫害发生情况，及时开展防治工作，我们从植保工作开展以来，一直坚持重大病虫害实时监测、及时发布预警信息、及时指导开展防治工作，确保病虫害发生在可控范围内，减少病虫害造成的损失。主要从下面几个方面开展工作。

1. 加强当地病虫害的监测工作

由于多年种植同一品种，重茬病发生严重，给正常的农业生产带来严重影响，为此，县农牧局植保站联合乡农业综合服务中心，对发病较重的乡镇实行 24h 监测，一旦发现病虫害有大规模发生趋势，立即向全县发布预警信号，及时采取化学防治的办法，控制病虫害的发生、发展。从多年的植保工作来看，当地病虫害主要集中在甘蓝、大白菜、大棚西红柿和大棚彩椒等蔬菜上，病害尤以甘蓝的黑胫病，番茄的晚疫病、溃疡病和彩椒的疫病为主，虫害以菜青虫和吊丝虫（学名小菜蛾）为主，已成为当地每年都有发生，重点防控的病虫害。

2. 严防外来病虫害

60 年来，崇礼县外来有害生物从无到有，从轻到重，导致现在每年都有发生，成为植保工作又一主要防治对象。崇礼县的外来虫害主要以草地螟迁飞为主，每年的 7 月中下旬，受到内蒙古地区大面积发生的影响，草地螟迁飞进入本地区，给本地区的农牧业造成严重损失，县政府每年在草地螟进入本地区前高度重视，专门召开会议安排部署监测、防控工作，对草地螟在本县逗留时间、主要区域和迁飞出本地区的具体情况进行汇总上报，及时给各乡镇下发防控通知，确保为害程度降到最小。

为防止外来物种通过外调种子等途径传入本县，县植保站安排 3 名专职检验员对外调种子进行检验检疫，同时对本地区外销种子和育种基地生产的种子进行跟踪检疫，保证种子的安全性。通过多年的工作，崇礼县没有发生过一起外调种子的质量问题，很少发生外来病虫害造成的大规模危害，确保了本地农业生产的安全。

四、提高为民服务意识

植保工作是一项为民服务的工作，主要服务对象就是农民，这也决定了该项工作的重要和艰苦。为了进一步团结植保工作人员，凝聚大家的战斗力，我站共组织各种学习活动 10 余起，使广大工作人员养成在思想上认识、在任务上执行、在工作上认真的好的工作态度。60 年的风雨铸就了植保工作的辉煌，全县主要病虫害的发生发展规律时刻掌握在每位从事植保工作的人员心里，始终坚持"预防为主、防治结合"的植保方针，始终把人民利益放在第一位。

五、工作展望

为更加有效地打好 2010 年病虫草鼠为害防御战，保障本县农业的持续增效和农民的稳步增收，崇礼县植保站在局农业工作会议上肯定了 2010 年植保工作的辉煌业绩，重点通报了 2010 年崇礼县病虫草鼠害的发生趋势及应对措施，统筹规划了新的一年植保工作的具体流程及相关细节。

2010 年是实施"十一五"发展规划的结束年，是"十二五"规划的关键年，是全县建设社会主义新农村，壮大农村经济的实施年，也是保障崇礼县蔬菜产业迈向新阶段的关键之年。随着人民群众对农产品要求的提高及加入 WTO 后农产品竞争的日趋激烈化，新的历史使命赋予了植保部门新的要求：农业生产不能只单纯地追求高产，而应达到高效、高质、安全、环保的生态农业要求。面对新的挑战，同时更是新的机遇，崇礼县植保站明确了今后工作的新思路和新目标。一是植物保护领域要不断拓展，不仅要继续加强病虫草鼠害的防治、农药的监测管理，而且要把卫生害虫防治、田间药效试验规范化等长久以来存在敷衍应付的方面重新摆放到同等重要的位置，要围绕高效、优质农业生产的要求提高植保技术水平；二是在城乡统筹，农民增收的关键时期，植保部门应尽可能为农民节本增效，以最少的开支取得最大的效益（经济效益、生态效益等）；三是在无公害、绿色、有机蔬菜农产品逐步步入规范化、服务化、品牌化、标准化的重要时期，植保要降低农药残留，努力建设安全、环保的生态农业，从而才能沉着应对国际农产品贸易中存在的出口技术壁垒，提高崇礼县蔬菜的出口量，增加出口创汇。

根据农作物种植结构、耕作栽培条件、品种及其抗性水平以及气候、病虫基数与发生规律等因素分析，预计 2010 年崇礼县大棚彩椒的疫病、番茄的溃疡病和露地蔬菜的小菜蛾等病虫害重发生，与 2009 年相似，其中，草地螟等迁飞害虫大发生；由于多年种植同一品种造成的连作，今年蔬菜的病害有加重的趋势。植保站要发挥不怕苦不怕累的奉献精神，建立统一指挥、反应灵敏、功能齐全、协调有序、运转高效的重大病虫监测预警和应急防治的快速反应机制，为保障崇礼县农产品生产安全、农业增效、农民增收等发挥好"先头兵"作用，并积极吸引全民参与，让广大人民群众充分认识到植保部门"防灾减灾"的公益性、必要性、持续性和艰巨性，理解并支持和配合植保部门搞好防治工作。

贯彻落实好《农业植物疫情报告与发布管理办法》，该《办法》是农业部下发的为加强农业植物疫情管理，规范疫情报告与发布工作，根据《植物检疫条例》制定的，2010年1月4日起正式实施。该办法的颁布在《植物检疫条例》的基础上进一步规范了疫情报告与发布的程序规范化，提高报告合理性和准确性，发布的权威性。

农业产业的发展、战略和行动的实施以及目标的实现，与植保密切相关。崇礼县农牧局张忠局长强调，2010 年的植保工作要突出 4 个重点：一是健全体系，完善机制。植保站要主动与政府有关部门沟通、协调，利用构建重大病虫害防控体系区域站建设的契机，进一步巩固和强化县级植保站，落实和稳定乡植保员，建立重大病虫防治指挥机构和应急机制，提高病虫灾害治理水平；二是做好病虫灾害和重大疫情的监测预警和防治指导工作，为政府组织病虫防治和疫情控制当好参谋，为农民实施防控提供技术指导，这是植保部门首要的、根本的职责，县植保站按照 2010 年植保工作计划，抓早、抓实、抓好监测预警和防治指导工作；三是做好农药监管工作。植保站积极主动配合工商、技术质量监督、公安等部门开展农药市场监管和打假护农工作，严厉打击制售假冒伪劣农药行为，净化农药市场，确保农药质量，保护农民利益。同时，积极做好高效、低毒、低残留农药的筛选替代工作；四是做好宣传培训和成熟实用技术的推广工作。为搞好病虫害防治技术宣传、指导服务，积极开展科技下乡活动，聘请专家和教授为广大农民朋友进行面授，提高他们的植保意识。

新中国建立的 60 年，崇礼县植保工作发展的 40 年，改革开放的 30 年，是经济发展、社会进步、生活水平逐步提高的历史阶段，崇礼县植保工作在 40 年的发展过程中，经历了挫折、坎坷，但有今天的成绩是多少植保人的共同付出。随着我国经济实力的增强，人民生活水平的提高，对于生活必需品的要求也更加严格，无公害、绿色、有机等字眼越来越多的出现在我们的视线中，而如何才能让人们群众得到满意的答案呢？这就要从我们最基层的植保工作开始。我相信，通过几代植保人的共同努力，植保工作一定会成为社会发展的"主力军"、"排头兵"。

康保植保植检工作整体回顾

唐保县植保站

康保县位于河北省西北部坝上高原，东、西、北三面与内蒙古自治区的商都县、白旗、宝昌接壤，南距张家口市 135km，是典型的农业生产县。全县总耕地面积 145 万亩，农作物以莜麦、小麦、亚麻、豆类、马铃薯、蔬菜、饲草作物为主。改革开放 30 年来，康保农业取得了惊人的成绩，康保植保也硕果累累。30 年来，在各级党委、政府的关怀和大力支持下，在上级业务部门的指导和帮助下，历代康保植保人崇尚"吃苦耐劳，事业为己任，乐于做奉献"的精神，爱岗敬业，在艰苦的工作岗位上做出了应有的贡献。

一、植保队伍不断壮大，植保体系日逐健全

康保县植保机构是于 1966 年在河北省康保县病虫试验站的基础上建立起来的，当时定名为"康保县病虫测报站"，20 世纪 80 年代，全省统一部署，改名为康保县植保植检站。建站之初，仅县站有工作人员（含临时工）4 人。1978 年，全县原各人民公社开始配备 1 名植保技术员，60% 的行政村配备了查虫员，工资待遇由公社或村里解决，使康保县植保工作得以正常运转。2005 年，由于省、市、县政府的高度重视，全县各乡镇都配备了 1 名专职植保员，彻底解决了植保人员的工资和办公经费，解除了多年来因植保人员待遇得不到解决而影响植保工作全面开展的重大难题，从而振奋了广大植保人的精神。目前，已形成了以县植保站为中心、乡镇农科站为纽带、村植保专业化防治队为基点的植保网络服务体系，为现阶段植保工作的顺利开展奠定了坚实的基础。同时植保人员整体素质空前提高，从事植保工作后获得高级技术职称的有 2 人，中级技术职称的 6 人，初级技术职称的 10 人。

二、业务范围不断拓展，服务职能日益突出

建站之初的康保县病虫测报站，主要负责的是粮、油病虫的监测及防控工作。自 20 世纪 90 年代至今，本站一直是农业部原植保总站、现全国农业技术推广服务中心病虫测报处和河北省植保植检站的病虫监测联系点，承担着全国、全省主要迁飞性害虫及流行性病害的监测任务。如今，康保县植保植检站肩负着对全县粮、油、菜、食用菌等特色农作物病虫害和重大农业有害生物进行监测与防控指导，大力推广植保新技术、新方法，为农业生产保驾护航的重任，服务职能日益突出。通过努力，近年来先后筛选出环保型新农药新品种 20 余个，高毒农药替代产品 5 个，筛选出适合于当地农业生产的除草剂 6 个，涉及全县麦类、马铃薯、亚麻、豆类、蔬菜等多种作物，为全县无公害农产品生产做出了贡献。病虫害信息传递方式大为改观，原来通过信件、模式电报、传递信息速度较慢，现在通过电话、传真、网络进行信息传递，传递速度明显加快，特别是电视预报的应用及普及，为防治工作的开展赢得了宝贵时间，防治效果较以前明显提高。目前，植保站年发布

《病虫情报》10 余期，1 500 余份，全年上报周报 29 期，按要求上传模式电报 26 份，每年完成专业、年终总结近 20 余份。短期预报的准确率在 95% 以上，中长期的准确率在 90% 以上，其中，应用马尔科夫链统计分析方法组建的一代草地螟幼虫发生程度长期预测模型，2007～2009 年连续三年预报准确率为 100%，草地螟长期预报率提高 10～15 个百分点。有效地指导了当地乃至全国的病虫害防控工作。

三、基础设施明显硬化，办公条件得到改善

20 世纪 60～80 年代，我站一直在县农业局平房办公，条件艰苦，监测手段极为简陋。1990 年，县农业技术推广中心成立，我站随之迁入中心办公楼办公，安排有办公室 4 间，实验室 3 间，省植保总站给我站配备了显微镜、解剖镜、电冰箱、恒温箱、高压消毒锅等实验设备。1998 年，我站被国家农业部确定为全国重大农作物病虫区域测报站，同时由国家投资，完善了康保县区域站设施的建设，在城区建成检验检测用房 120 多 m^2，拥有办公室、会议室、实验室、资料室和标本室较为齐全的办公用房，并配备了电话、传真、电脑、打印机、摩托车等办公设备和交通工具，随后又相继添加了数码相机、扫描仪、佳多虫情测报灯、病虫观察圃等，进一步改善了办公条件。2007 年我站被国家农业部确定为有害生物预警与控制区域站，由国家投资建设，在城区建成检验检测用房 780 m^2，拥有办公室、会议室、实验室、会商室、病害室、昆虫室、网络室、资料室、标本室、应急防治药械库等齐全的办公用房，并配备了台式电脑及相关外设、打印机、孢子捕捉仪、自动虫情测报灯、田间小气候自动观测仪、光学显微镜、解剖镜、电子天平、杀虫灯、病虫防控指挥车、病虫测报专用摩托车、大型施药设备等仪器设备；在病虫观察圃新建了温室 810 m^2、养虫网室 100 m^2、测报办公用房 100 m^2。康保县有害生物预警区域站的投资建设，进一步改善了办公条件，武装了植保队伍，为进一步搞好有害生物预警与控制工作建立了良好的工作平台。

四、防灾减灾成绩突出，服务农民深受好评

有效地防控病虫害，是植保工作的重点。几十年来，康保县十分重视病虫害防治工作，20 世纪 60～80 年代，主要采取县站发情报，乡村发简报，以乡镇为单位进行防治。90 年代以后，在病虫防治的关键时段，还由政府出资，组织有县领导带队的病虫巡查督导组，检查和指导病虫害的防治工作。在 1995～2002 年草地螟、土蝗大发生时期，全县上下全力抓防治，取得了显著的效果。从 2007 年以来，为了加大病虫防控力度，县政府成立以主管农业副县长为指挥长的病虫防控指挥部，植保站及乡镇技术骨干深入生产一线进行技术指导工作，全县专业化防治明显加强，目前全县共组建县乡村专业化队伍 121 个，从业人员 1 300 余人，大型喷药机械得到普遍使用，提高了防治效果，缩短了施药时间。截至 2009 年底植保机械社会拥有量 17 627 台，其中，大型的 5 台，背负式和担架式 972 台，确保对重大病虫能及时防治。由于测报准确、防控及时，可减少病虫为害率约 80%，每年减少损失 450 万元以上，每亩直接和间接为农民增加经济效益 60 元左右。由于贡献突出，植保工作者被农民形象地称为"庄稼的保护神，农民的财神爷"，得到各地党委政府、社会各界以及农民的充分肯定和表扬。植保工作的影响面越来越大，社会地位越来越高，植保人的干劲也越来越大。为此，从 2006 年以来县植保站有 2 名同志被选为

县政协委员，并且植保站大部分人员曾多次被市、县政府及部、省、市业务部门授予先进集体和先进工作者等称号。由于工作业绩突出，2009 年县植保站有 1 名技术骨干被县委授予农业科技标兵光荣称号，县政府为其记三等功。

五、植保业绩硕果累累，收益当代永留史册

康保县植保人事业心强，不停留在现有的技术上，而是把握社会和植保技术的发展前沿，力求解决植保新难题，努力探索植保新技术，以服务"三农"为己任，取得了一个又一个的丰硕成果。承担并完成全国重大病虫害集成与示范课题研究任务，现已有 20 多项科研成果，获全国病虫害测报工作先进集体、先进个人，获得农业部、省和市政府二、三等奖；主编和参加编辑植保专业书籍 8 册，如《草地螟测报技术规范》、河北省张家口市《草地螟防控技术规范》地方标准、《农业有害生物防控技术手册》等。近年来，通过承担国家科技支撑项目《草地螟灾变规律与防控技术研究》《草地螟防控技术集成与示范》掌握了草地螟迁飞规律、成灾机理和防控措施。《草地螟第三个暴发周期成因及防控措施》《越冬代虫量与一代草地螟发生关系》《草地螟寄生蝇种类及控害作用》《草地螟产卵寄主及中耕除草灭卵效果》《佳多杀虫灯和普通黑光灯诱虫效果及防效对比》等多篇文章发表在《昆虫知识》《昆虫学报》《植物保护》《中国植保导刊》等国家级学术核心期刊上。通过室内饲养、田间调查，查清了本县草地螟寄生蝇、寄生蜂种类及优势种，在国内率先发现草地螟卵的赤眼蜂；通过多年田间调查，整理出本县草地螟产卵和幼虫危害寄主 37 科 187 种。2005～2009 年承担了省植保植检站下达的《河北省蝗区种类及生态区勘察》项目，5 年来，通过系统调查，大面积普查，基本上按方案要求查清了当地土蝗种类、优势种、天敌、寄主。普查结果：当地有土蝗 1 科 35 种；天敌 52 种，主要有鸟类、昆虫、蜘蛛类、菌类等；寄主 61 科 204 属 358 种。土蝗种类多、天敌资源大、寄主植被丰富。2009 年承担并完成《油用亚麻病虫草有害生物勘查》项目，通过田间调查，明确了亚麻生育期有害生物有 123 种，其中，病害 6 种，虫害 10 科 34 种，草害 25 科 83 种；天敌 19 科 46 种。1997～2009 年，每年都要承担并完成省植保植检站、省农药检定所下达的新农药试验、示范 17 项左右，所承担试验任务的完成不仅为新农药登记提供科学依据，而且为当地农业生产筛选出了适用对路的新农药及防治技术，同时也为当地农业生产增加了技术储备。所有这些成绩的取得不仅对当地植保工作具有重要的指导作用，而且对本省乃至周边地区具有重要影响，还是有益于植保后来人借鉴和精神的鞭策，更是永留史册的一项植保事业！

展望未来，植保工作任重而道远，为适应新形势发展的需要，更好地服务于现代农业，必须切实加强植保体系建设。牢固树立"公共植保"、"绿色植保"的理念，突出植物保护工作的社会管理和公共服务职能，举全社会之力，充实县级、完善乡级、发展村级，逐步构建起"以县级以上植保机构为主导，乡、村植保人员为纽带，多元化专业服务组织为基础"的新型植保体系，实施专业化防治、统防统治，稳步提高生物灾害的监测防控能力，为现代化农业发展做出突出贡献。

农业部鼠害观测试验场的建设及应用

杨建宏　李仲亮　石凤仙

（农业部农区鼠害观测试验场）

农业部农区鼠害观测试验场，是"全国农村（区）统一灭鼠项目"中的科研工程，主要作用是模拟自然生态条件，对农区鼠害进行系统、全面观测，为我国北方农区鼠害监控工作提供理论依据。该实验场位于万全县宣平堡村北，207 国道旁，占地 $1hm^2$。共建 $100m^2$ 的正方形观测圃 40 个，办公室 6 间，建成投资 80 万元。

一、兴建及概况

2005 年 5 月，受全国农业技术推广服务中心委托，中国农业大学施大钊教授和河北省植保系统技术人员到张家口市进行了实地考察；经过多方论证，最后选定了在万全县宣平堡村北建设。6 月动工，该观测圃四周及各观测圃之间均为从地面向下 1.5m、向上 50cm 的混凝土砖墙。上加 150cm 铁丝网并封顶。"农区鼠害观测试验场"的建设，是在既无现成样板借鉴又无资料参考的情况下完成的。在全国农业技术推广服务中心和中国农业大学的具体指导下，河北省植保技术人员完全凭借对工作的责任心和对业务的创新能力，完成了我国第一个"农区鼠害观测试验场"。在建设时间短、施工专业性强、技术难度大、资金短缺的困难面前，为圆满完成任务，万全县农业局的全体干部职工，利用休息日，挖槽开沟，全面监工，不仅加快了施工进度，保证了工程质量，还节约了资金，保证了项目的顺利完成。

2006 年 9 月 20 日正式起用，全国农业技术推广服务中心在此举行农业部农区鼠害观测试验场揭牌仪式。中国农业大学、河北省各级植保部门代表共计 50 多人参加。农业部农区鼠害观测试验场是农业部农区统一灭鼠项目的重点建设内容之一。农区鼠害观测试验场在我国农区鼠害治理上是一次伟大的创举，开创了农区鼠害系统监测及控制技术研究与应用推广的先河。这里将成为我国农区鼠害监测与治理技术的研究与试验基地，为我国农村鼠害的治理工作提供坚实的技术保障。

二、应用现状

鼠害观测试验场的研究方向和主要内容：以重大害鼠为研究对象，宏观和微观结合，发挥生态学、生理学、生物化学、分子生物学、信息科学等多学科综合交叉优势，重点研究害鼠的种群动态和暴发机制，繁殖行为与生殖调控，化学通讯与动植物协同进化，害鼠抗药性治理与生物防治措施，以及全球变化、生物多样性演变和转基因生物对鼠害的发生及生物安全的影响等，揭示害鼠种群变动与成灾机理，建立鼠害预警系统，发展害鼠与植物和天敌的协同进化理论，提出生态调控的新方法，开辟无公害控制的新途径，为实现农业鼠害的可持续控制提供理论依据和技术支撑。

鼠害观测试验场自建成以来每年都有中国农业大学的研究生3~5名，万全县植保站技术人员5~7名常年在此做观察试验。并得到了中国农业大学施大钊教授，农业部、河北省植保植检站及其他省市研究所的专家们的指导与支持，再加上研究人员的认真与努力，短短的几年内，共完成各级课题13项，如：对布氏田鼠防治经济阈值的研究；长爪沙鼠对农区（特别是对小麦）危害防治经济阈值的研究；不育剂投入后对害鼠社群变动的影响；布氏田鼠日食量的研究；0.005溴鼠灵RB对布氏田鼠的药效试验；不同投饵处理对布氏田鼠的杀灭效果及防治成本分析等。发表学术论文22篇，登载于《中国媒介生物学及控制杂志》等核心期刊。观察场围饶着国家目标和学科前沿，取得了大量的创新性研究成果。为我国北方害鼠的持续控制提供了理论依据。培养出研究生7名，现已奔赴全国各地，从事鼠害的研究或治理工作。

特别是对张家口市的鼠情监测及控制起了跨越性提高，无论是在监测技术，还是在监测手段上均有大幅度的提升。提高了各种害鼠的监测准确率与防治效果，促进了农业生产的健康发展，保证了农业生产安全。

鼠害观测试验场场建设以来，共接待来自北京、天津、内蒙古、南京、广州等地及澳大利亚的鼠害研究权威人26人次。

2008年6月30日"农业部北京周边农区奥运前期鼠害联防联控工作会"在鼠害观测试验场场召开。与会人员有：农业部种植业管理司副司长涂建华、全国农业技术推广服务中心副主任钟天润、中国农业大学教授（奥组委特聘专家）施大钊、河北省、山西省、北京市、天津市、内蒙古自治区植保站站长、张家口市农业局局长、万全县县长等。参观了"农业部农区鼠害观测试验场"、"万全县鼠情监测站"及万全县农村（区）统一灭鼠示范区之一——宣平堡乡霍家房示范区，并听取了万全县鼠情监测、研究及农村（区）统一灭鼠工作的汇报。

三、发展前景

目前，鼠害观测试验场场基本达到模拟生态环境，试验鼠的生存环境与外界的温度、湿度、光照、降水等自然条件基本相同。但是试验主要是通过人为观察完成，这样势必投入很大的人力，即使这样也会有观察盲点，同时也会惊扰到试验鼠，使它的生活习性有所改变，如能安装系统监控设备，对试验鼠进行24h监控，这样不仅观察准确，同时也能留有图像资料有利于今后的研究及方便查阅。

万全县绿色植保的发展与展望

石凤仙

（万全县植保站）

万全县地处张家口市西北，气候冷凉，现有耕地 35.75 万亩，所辖 4 镇 7 乡，172 个村委会，总人口 21.96 万，东亚大陆性季风气候，平均气温 6.9℃，平均降水量 464mm，年积温 2 788℃，无霜期 116~135 天。种植业是万全县的支柱产业，种植业持续稳定发展为确保粮食安全和主要农产品有效供给奠定了基础。同时，由于自然气候条件多变，连作复种多样，农业有害生物呈现多发、频发、重发的态势，因此，实现粮食安全、农产品质量安全、生态安全、贸易安全，植物保护工作变得尤为重要，大力发展绿色植保成为当前及今后工作的重中之重。

一、当前绿色植保面临的新形势

1. 植保工作面临的新任务

绿色农产品、无公害农业、农业可持续发展已成为 21 世纪农业的新要求。其具体要求为实现农业的高产、优质、高效、生态、安全。发展节约型现代农业是我们当代主攻的方向，为适应这一新任务，我们必须转变职能，大力推进绿色植保。所谓绿色植保，就是要把植保工作作为人与自然和谐系统的重要组成部分，拓展"绿色"职能，满足"绿色"消费，服务"绿色"农业，提供"绿色"产品。

2. 生物灾害发生的新特点

受全球气候变暖、我国耕作制度变化、国际贸易频繁、多种病虫对农药抗性增强等大因素的影响，万全县农业生物灾害呈现诸多新特点。①草地螟、土蝗呈现频发、重发态势，草地螟越冬代成虫基数高，发蛾早、来势猛，持续时间长，危害严重。去年发生面积 20 万亩。土蝗连年发生偏重势头，一些种类的土蝗还集中迁飞扩散，对农牧业生产构成威胁，去年发生面积达 10 万亩。蔬菜害虫主要有红蜘蛛、蚜虫、二十八星瓢虫、菜青虫、小菜蛾等。②农田害鼠北部山区发生较重，农区平均捕获率 1.0%，最高达 4.5%。退耕还草地鼠密度有上升趋势，主要为害马铃薯、谷黍、葵花、瓜类等，危害损失率达 5%~10%，中部丘陵区中等发生，主要为害葵花、瓜类、玉米、蔬菜等，危害损失率达 1%~5%。南部河川区发生较轻，主要危害玉米、蔬菜等，危害损失率达 0.1%~1%。③地下害虫偏重发生，以蛴螬、地老虎、金针虫等为主，发生面积 15 万亩，防治面积 6.5 万亩，发生程度中等。

二、万全县绿色植保的进展

1. 植保体系不断增强

万全县植保站在过去的工作中，逐步形成了以县城植保站为主导，乡（镇）农技人员为辅助的植保体系，建立村级合作社 25 个，建立统防统治专业队 14 个。植保测报站被河北省列为重点区域测报站，测报站 2003 年采用了佳多牌自动虫情测报灯，利用远红外快速处理虫体，与常规使用毒瓶（氯化钾、敌敌畏）等毒杀昆虫相比，不会造成病虫情测报人员的身体危害，减少环境污染。同时多次培训测报人员，提高他们的业务素质，认真开展好系统调查，突出搞好蔬菜病虫害的系统调查，为适时、合理开展防治提供科学依据。

2. 绿色防控技术措施不断加强

（1）建立以基地为主线的绿色生态模式，以北沙城乡、北沙城村大棚蔬菜绿色农产品生产基地为依托，因地制宜，制定一整套防控措施，如选用抗病品种，适时蹲苗培育壮苗，覆盖防虫网，利用糖醋液诱杀害虫，使用低毒高效农药，推广黄板诱杀，减少农药使用量，减少化肥使用量，增加有机肥料使用量，生产绿色农产品。

（2）建立以作物为主线的绿色生态模式，针对作物生长期全过程发生情况，制定绿色植保防控措施，生产绿色农产品，如对玉米生长期不同阶段指定相应防控措施，抓住关键时期，重点防治玉米苗期病虫草害，大喇叭口期施用辛硫磷颗粒剂进行绿色防控，尽量生产绿色农产品。

（3）利用农业部建立在万全县的鼠情监测站，做好监测站的应用及管理。去年万全县共举办农村灭鼠培训班 6 期，开展宣传发动工作，使广大农民掌握灭鼠知识，科学有效进行灭鼠工作，发生面积 25 万亩，防治面积 8.5 万亩。

（4）万全县自 2007 年以来禁止使用高剧毒农药，通过使用替代产品多种措施，多次检查全县农药门市部，禁止销售高毒农药，极大地降低了农产品农药残留量。大力推广生物源农药和高效低毒低残留农药。杀虫剂推广阿维菊素、灭幼脲、毒死蜱、吡虫啉、苦参碱等；用阿米西达防治蔬菜炭疽病、灰霉病、叶霉病等多种真菌引起的病害，选用农用链霉素、新植霉素、可杀得 2000 等防治细菌引起的病害。

（5）加强植物检疫管理力度。万全县植保站去年 5 月 20～21 日对全县所有种子生产单位及经营门店进行检查，加强产地检疫申报工作，加强经营种子单位的监督管理，另外，6～8 月对万全县玉米制种单位结合花期检查进行了有害生物的田间检查，建立了田间档案。植保站对所割制种单位进行了产地检疫，通过种苗基地考察、苗期疫情监测、生殖生长初期疫情监测、成熟期疫情监测、室内样品检测，全年对制种田进行监测，对合格种苗，开具了产地检疫合格证，保质保量完成了产地检疫任务。

三、对今后工作的展望

万全县绿色植保工作才刚刚起步，我们还有很多工作要做。一是应该正确认清绿色植保工作的现状，绿色植保工作才刚刚起步，许多农民还没认识到，需要我们大力宣传，加大工作力度，找出适合万全县绿色防控工作的实施办法。二是加强对绿色植保工作的领导，特别是由部门行为上升为政府行为，引起各级政府的重视。三是加强部门间的协作，推行科研、教学、推广、农户、企业等有机相结合的方式，做好"大植保"公共植保工作；四是加大绿色防控工作的宣传指导工作，提高农民对绿色防控的认识，自觉采用目前成熟的绿色防控技术防治农作物病虫害。

总之，在以后的工作中，我们要以绿色植保为理念，开展多种多样的绿色植保防控措施，深化思想认识，推进改革创新，加快建设步伐，为万全县农业绿色植保工作再上一个新台阶而努力。

万全县糯（甜）玉米田玉米螟的发生与防治

李仲亮　杨建宏

（万全县植保站）

万全县地处冀西北地区，南临北京、西与山西交界，北靠内蒙古，位于京、晋、冀、蒙交汇处，全县地形复杂，全县土地面积 1 161万亩，海拔 678～1 816m。气候差异大，属东亚大陆性季风气候，四季分明，昼夜温差大年平均气温 6.9℃，常年降水量 464mm，年均积温 2 788℃，农业界限积温 1 140℃，日照时间约 2 828h，无霜期 100～170 天，全县划分为南部河川区、中部丘岭区和北部山区 3 个不同类型区，种植作物种类多，有水稻、玉米、豆类、杂粮、马铃薯、莜麦，还有经济作物、油料和各种蔬菜等。全县耕地面积45 万亩，其中，玉米播种面积大25 万亩左右，近年来随着种植业结构的调整，万全县糯（甜）玉米种植面积大且品质好。目前鲜食玉米加工产业已成为万全县的支柱产业。但近年来玉米螟发生较重，且危害损失较大。

一、玉米螟的发生调查

玉米螟属鳞翅目（Lepidoptera），螟蛾科（Pyralidae）。俗称玉米钻心虫，箭杆虫。

（一）鲜食玉米玉米螟的为害特征

玉米螟初孵幼虫吃嫩叶的叶肉留表皮，3～4 龄幼虫，咬食其他坚硬组织，玉米心叶期，集中在心叶内为害，幼虫取食叶肉或蛀食未展开的心叶，被害叶成不规则透明薄膜窗孔或洞孔，叶片支离破碎，使其不能展开抽穗。孕穗期，心叶中的幼虫集中上部为害嫩苞内未抽出玉米雄穗。雄穗抽出后，幼虫蛀入雄穗柄和雌穗上的茎秆，蛀孔处易倒折。到雌穗膨大时，幼虫集中在花丝内为害，蛀食雌穗、嫩粒，严重影响雌穗发育及籽粒灌浆，造成籽粒缺损霉烂，品质下降。玉米螟在盛发期得不到有效控制会对玉米造成极大的产量损失，严重的地块会造成减产60% 以上。

（二）鲜食玉米玉米螟的生活习性及发生盛期

（1）生活习性　万全县玉米螟 1 年发生 2 代，玉米螟以老熟幼虫在玉米的秸秆、穗轴和根茬内越冬，翌春化蛹、羽化。越冬代幼虫一般于5 月下旬至6 月下旬化蛹，盛期在6 月中、下旬，末期在6 月下旬。

（2）发生规律　各代主要虫态发生盛期为越冬代成虫和第 1 代卵为5 月中、下旬，第 1 代成虫和第 2 代卵为8 月中、下旬，第 2 代成虫为8 月中、下旬，一般于9 月下旬至10 月上旬开始越冬。

成虫羽化后，白天隐藏在作物及杂草间，傍晚飞行，飞翔力强，有趋光性，夜间交配，交配后1～2 天产卵，卵多产于玉米叶背面靠近中脉处，产卵10～20 块，每块卵30～40 粒，卵期3～5 天，初孵幼虫有群集咬食卵壳的习性，低龄幼虫有趋向可潜藏的植株幼嫩部分为害的习性，高龄幼虫则喜钻蛀为害。

（三）田间调查与防治适期

依据《玉米螟预测预报技术规范》，加强越冬基数调查、各代玉米螟化蛹羽化进度调查、田间卵量及孵化进度调查，确定采取各项防治技术措施的防治适期。在此基础上，选择当地玉米主要品种，不同长势、播期、栽培条件等代表性的田块，开展田间普查，确定防治范围和防治面积。

二、原因分析

因鲜食玉米植株、果穗和籽粒中的含糖量高于普通玉米，易遭害虫侵害，其中，玉米螟是鲜食玉米生产最重要的害虫。玉米螟很容易侵害甜、糯玉米，虫害严重，不仅造成鲜穗减产，严重的是降低品质，使合格穗减少，对加工品质的影响更大。因此，要加强玉米螟虫害的防治，并推行无公害防治，提高食用安全性。

三、防治策略和技术措施

（一）防治策略

玉米螟的综合防治策略为"以农业防治为基础，物理、生物防治为主，化学防治为补充"的绿色无害化综合防治。

（二）防治技术措施

1. 农业技术措施

（1）选用抗螟品种 尽管目前抗螟鲜食玉米杂交种不能完全抗虫，但仍比普通鲜食玉米减少了玉米螟为害，种植抗螟鲜食玉米品种是控制玉米螟为害的一项经济、安全有效、无公害的措施。

（2）处理越冬寄主，压低虫源基数 即在越冬幼虫化蛹前，把主要越冬寄主作物的秸秆、根茬处理完毕。如秸秆还田、用作饲料、燃料、封垛等，可消灭虫源，减轻一代螟虫为害。争取翌年5月20日前尽量处理完。

2. 物理技术措施

物理防治提倡利用害虫对环境条件中各种物理因素的行为和生理反应杀灭害虫。大面积推广灯光诱杀、辐射不育等，简便易行，效果好。利用玉米螟成虫的趋光性，在玉米心叶期采用黑光灯田间诱杀玉米螟成虫，可有效降低危害率。

在农电供应较稳定，村屯居住较为集中，玉米种植面积大的地方可采取安装200W或400W高压汞灯，将汞灯安装在捕虫水池上方中央，并用支架固定，灯泡距水面0.15m，灯间距为150m。捕虫水池内径1.2m、高0.12m，水池下留一小放水孔，诱杀成虫。水池中注入0.06m深的水，加入0.1kg洗衣粉，每3天换1次水。高压汞灯每天晚上20：00时开灯，次日凌晨4：00时关灯，同时将虫子捞出。高压汞灯应选择村屯外围，且庭院较为开阔的住户院内安置，避免建筑物和树木对灯光的影响。开灯期为当地越冬代玉米螟羽化始盛前，开灯期一个月。

频振式杀虫灯诱杀玉米螟成虫：在具备通电条件的村屯四周每间隔100m安灯一盏。从玉米螟羽化始期开始，即在6月5日开灯到7月5日结束，开灯期一个月。天黑开灯，天亮关灯。

3. 生物技术措施

（1）白僵菌封垛 封垛时间根据测报结果确定封垛时间，一般在玉米螟化蛹前15~20天。万全县一般在5月上旬进行，每天对玉米秸秆垛进行检查，发现有越冬幼虫爬出洞口开始活动，即可进行封垛。封垛方法有两种：

喷液法：一般每立方米玉米秸秆用含量为300亿孢子/g的白僵菌7g，加水0.5kg，每立方米一个喷液点。

喷粉法：每立方米玉米秸秆用白僵菌粉（每克含孢子量300亿）7g，兑滑石粉0.25kg均匀混合后，在玉米秸秆垛（或茬垛）的茬口侧面用木棍向垛内捣洞50~70cm，将机动喷粉器的喷管插入洞中摇动手把，均匀喷在垛内或直至垛面飞出菌粉为止。

（2）田间释放玉米螟赤眼蜂 亩放蜂量1.5万头，分2次释放。当越冬代玉米螟化蛹率达20%时，后推10天，时间大约在6月20~26日，为第一次放蜂适期，间隔5~7天后放第二次。每亩放2点。将撕好的蜂卡用针线缝在玉米中部的叶片背面，距基部1/3处。

（3）生物药剂灌心叶 ①BT颗粒剂：亩用量150mLBT乳剂对适量水，然后与1.5~2kg细河沙混拌均匀，晾干后灌心叶。②白僵菌颗粒剂：亩用每克含300亿孢子的白僵菌粉35g对细沙1.5kg，混拌均匀灌心叶。

以上两种生物药剂混拌均匀，随拌随用。于玉米心叶中期末—末期初撒入玉米心叶内。

4. 化学防治方法

毒死蜱·氯菊颗粒剂亩用量350~500g，具体用量根据亩株数而定。

自制颗粒剂：毒死蜱（乐斯本）乳油，0.5kg药液对25kg细沙拌成颗粒，亩用量1kg灌心叶。

化学药剂喷雾防治：选用毒死蜱（乐斯本）、敌敌畏等农药进行喷雾防治。

如能采取频振式杀虫灯诱杀、白僵菌封垛、田间释放赤眼蜂，结合颗粒剂灌心叶的综合防治技术措施，防治效果将大大提高，可在较短的时间内降低虫源基数，减轻玉米螟的危害。

四、注意事项

（1）频振式杀虫灯接通电源后不能触摸高压电网、雷雨天气尽量不要开灯，以保证人畜安全。并要及时清理接虫袋。

（2）白僵菌封垛是利用白僵菌孢子接触幼虫身体且有水膜的条件下萌发后，从幼虫皮肤侵入杀伤幼虫，这就要求关键时期时幼虫必须从秸秆中出来，即幼虫化蛹前出来取水。同时要求一定的湿度，能保证孢子萌发。否则会影响防效。

（3）田间释放赤眼蜂对气象条件即风速、温度要求较高，如遇雷雨大风或连日大雨，防效降低，应及时采取颗粒剂防治予以补救。

（4）玉米属于高秆作物，通风较差。用化学药剂喷雾防治时，避免中午等气温较高时进行，并要做好自我防护。

万全县鲜食玉米病害种类及防治措施

李仲亮　张景斌　杨建宏

（万全县植保站）

摘　要： 万全县鲜食玉米种植经过田间调查，总结出了鲜食玉米生产过程中常发病害种类、发生程度及防治措施。

关键词： 鲜食玉米；病害种类；防治措施

近年来，随着人民生活水平的不断提高，作为新型营养保健食品的鲜食玉米市场需求稳定增长，种植面积不断扩大。

万全县鲜食玉米的发展从无到有逐渐壮大起来。据万全县农牧局调查统计，近几年来全县每年玉米种植25万亩左右，其中，鲜食玉米种植面积达到6万亩，占玉米种植面积的24%。经调查种植鲜食玉米比种植普通玉米每亩增收400元左右，是万全县农民增收的一个新亮点。

现今在万全县境内加工鲜食玉米企业达21家，2009年加工2亿穗。又由于鲜食玉米的抗性较弱，品质较好，致使主要病害的发生日趋严重并常造成重大经济损失。因此，对本县鲜食玉米病害的发生加以及时防控，减少损失，提高产品质量，对鲜食玉米产业的发展有重要的意义。

一、鲜食玉米病害种类、发生程度及防治措施

（一）丝黑穗病

1. 症状特征

丝黑穗病属于典型土壤传播系统侵染性病害。在苗期至成株期均可表现症状。一但发病往往全株颗粒无收。是由丝轴团散黑粉菌引起的真菌性病害。病菌以冬孢子散落在土壤中，混入粪肥里或附在种子表面越冬。冬孢子在土壤中可存活2~3年或更长时间。用病残体或病土沤粪未经腐熟的带菌粪肥是重要的传染来源。种子带菌虽不如土壤带菌重要，但仍是病害远距离传播的重要途径，是新区发病重要传播来源。历年来，万全县鲜食玉米经常是中等偏重发生，病株率20%~30%，重的达50%。所以，如何预防该病发生显得尤为重要。

2. 防治措施

（1）加强检疫 从外地调种时，应做好产地调查，防止由病区传入带菌种子。

（2）选用品质好的抗病品种。

（3）采用冬沤肥，减少肥料带菌。

（4）采用地膜覆盖，提高地温，缩短出苗时间，减轻病害发生。

（5）轮作倒茬。对发病严重的地块必须进行轮作倒茬，减少发病几率。

（6）药剂拌种。药剂拌种是防治玉米丝黑穗病的最简便易行、省工高效的方法。12.5%速保利可湿性粉剂按种子量的0.4%~0.6%拌种，风干后播种。2%立克秀粉剂2g加水1L混合均匀后拌种子10kg，风干后播种。

（二）瘤黑粉病

1. 症状特征

瘤黑粉病属于局部侵染的病害。植株的气生根、茎、叶、叶鞘、雄花及雌穗等幼嫩组织均可被侵害。被侵染的组织因病菌代谢产物的刺激而肿大成菌瘤，外包有由寄主表皮组织形成的薄膜，均为白色或淡紫红色，渐变成灰色，后期变为黑灰色。失水后当外膜破裂时，散出大量黑粉，既病菌的冬孢子。越冬的孢子在条件适宜时产生担孢子和次生担孢子，二者经风雨传播到玉米的幼嫩组织上，萌发并直接穿透其表皮或经由伤口侵入。在玉米的生育期内可进行多次侵染，在抽雄前后一个月内为玉米瘤黑粉病的盛发期。历年来，万全县鲜食玉米发生瘤黑粉病为偏轻发生，为害较轻。

2. 防治措施

（1）减少菌源，彻底清除田间病株，进行秋翻地。在田间发病后及早割除菌瘤，带出田外深埋或烧掉。

（2）选用抗病品种。

（3）加强栽培管理。合理密植，防止过量施氮肥，灌水要及时，特别是在抽雄前后易感病的阶段，必须保证水分的充分供应。

（4）发病重的地块，可以采用玉米、高粱、谷子、大豆等作物3年轮作的方法。

（5）药剂拌种。可用种子重量0.2%~0.3%的50%福美双可湿性粉剂拌种，以减轻种子带菌造成的危害。

（6）在玉米出苗前地表喷施杀菌剂（除锈剂）；在玉米抽雄前喷50%多菌灵或5%福美双，防治1~2次，可有效减轻病害。

（三）大斑病

1. 症状特征

大斑病属半知菌亚门，病原是大斑突脐孢。该病主要为害叶片，严重时也危害叶鞘和苞叶。由植株下部叶片开始发病，向上扩展。病斑长梭形，灰褐色或黄褐色，长5~10cm，宽1cm。多雨潮湿天气，病斑上可蜜生灰黑色霉层（即病原孢子）。

由于玉米大斑病的最适宜温度在20~25℃，随雨水或气流传播，侵染期10~14天，从拔节到出穗期间发生。在6月上旬，多雨多雾或连阴雨天气易导致病害迅速扩散蔓延，造成严重的损失，不可不小心预防。

2. 防治措施

（1）选用抗、耐大斑病的玉米杂交种。

（2）实行轮作、倒茬制度。避免鲜食玉米连作，秋季翻耕土壤，清除病残体，消灭菌源；开春后及早处理完作燃料用的玉米秸秆，可兼治玉米螟；病残体作堆肥要充分腐熟，最好不要在玉米地施用秸秆肥。

（3）改善栽培技术，增强玉米抗性。合理灌溉，洼地注意田间排水。

（4）在玉米抽雄前后开始喷药。可选用50%多菌灵可湿性粉剂、75%百菌清可湿性粉剂、80%代森锰锌可湿性粉剂等500倍液喷雾，每亩用药50~75kg。隔7~10天喷药1

次，共防治 2~3 次。

（四）矮花叶病

1. 症状特征

矮花叶病病原为玉米矮花叶病毒，属病毒病类病害。

整个生育期均可感染发病，以苗期侵染的植株病状明显，损失严重。

根据调查，万全县鲜食玉米以矮花叶病毒为主，其他病毒病很少发生。病毒病传播途径在万全县主要以有毒蚜传播，而万全县由于种植瓜、果、蔬菜，玉米易感染蚜虫，又由于气候干旱更适宜蚜虫的大量发生，更由于鲜食玉米植株含淀粉量高，更有利于蚜虫的发生。据历年的调查统计为中等偏轻发生，所以，预防矮花叶病显得尤为重要。

2. 防治措施

（1）种植抗病的优良杂交种，如京科糯 2000。

（2）种植在水浇条件较好的地块，空气湿度较大不利于蚜虫的发生。加强田间管理，及时中耕除草，拔除有病植株。

（3）药剂防治：玉米病毒病的治疗没有很好的药剂，主要以消灭传毒蚜虫为主。

（五）根腐病

1. 症状特征

玉米根腐病是缺钾引起的一种生理性病害。玉米缺钾时，幼苗叶色发黄，植株生长缓慢，节间变短，支撑根少，抗逆性差。大家知道，玉米很多病害都是先在根部侵染引起根腐，表现为苗期病害、茎腐、青枯等。近年来，根腐病越来越重的主要原因是连作病菌积累量大，苗期低温多湿，加之栽培措施不当及长年偏施氮肥，施肥营养不均衡，农民不重视药剂拌种，又缺少抗根腐病品种和防治玉米根腐病的常识。

玉米根腐病在玉米幼苗期至抽穗吐丝期均可出现症状，整株植株茎叶暗绿。病叶自叶尖向下或从边缘向内逐渐变黄干枯。病株的叶片由下而上发展而呈焦枯状；须根初期表现水渍，变黄，后腐烂坏死，根皮容易脱落。当玉米植株长到七、八片叶时，根部变黑腐烂，叶片至下而上逐渐变黄枯萎；或抽雄以后根部迅速腐烂，植株枯黄倒伏死亡。轻病植株可抽穗，但籽粒不充实，甚至秕瘪，穗抽疏松，秃尖，严重减产，重至枯萎。玉米根腐病已成为近年来常见的毁灭性病害。

2. 防治措施

（1）选抗病性较强的品种。

（2）加强栽培管理，根腐病有一部分是由于鲜食玉米为了提前上市，种植较早，致使玉米生长期处在低温、高湿的环境下，影响玉米正常生长而致病，应当采取起垄、覆膜栽培，降低土壤湿度，提高土壤温度，早发芽，早出苗，降低发病率。

（3）玉米根腐病的发生与土壤含钾量的关系非常密切。土壤中速效钾含量在 50mg/kg 以下发病重，100mg/kg 以下发病中等，150mg/kg 以上则病害很少发生，缺钾而重施氮肥的地块病害加重。

要重视预防工作。加大农业措施，增施硫酸钾、氯化钾或含钾复合肥，作基肥，纯钾每公顷 100kg。播前处理种子，采用 25% 粉锈宁等药物拌种，也可用木霉菌、假单胞杆菌等生物菌拌种或包衣。多进行锄趟，提高地温。加强肥水管理，促苗壮。

为了防止玉米根腐病的为害，要把握防治主动权，认真调查，搞好病情监测，及时防治。防治可分为施用钾肥和化学防治方法。

一是用钾肥防治玉米根腐病。病株率在 10% 以上的，亩用氯化钾 3～5kg，或草木灰 50kg。病株率在 10%～20% 的，亩用氯化钾 8～10kg，或草木灰 80～100kg。病株率在 30% 以上的，亩用氯化钾 10～15kg，或草木灰 100～150kg。施用钾肥时，氯化钾最好溶水灌埯，草木灰宜单独施用，切忌与化肥和水粪一起施用。也可选用多元复合微肥加磷酸二氢钾叶面喷雾。

二是化学防治方法，用 50% 多菌灵 +40% 乙膦铝 1 000 倍液或 70% 甲基托布津 +40% 乙膦铝 1 000 倍液灌根，每株用 100g 药液。

二、结论与讨论

万全县作为鲜食玉米之乡，今后鲜食玉米产业会逐步发展壮大起来，本县鲜食玉米种植面积会逐年加大，所以，如何识别病害种类、如何更好的防控鲜食玉米病害降低为害带来的经济损失，成为发展鲜食玉米产业的首要任务。

万全县植保站的回顾及展望

万全县植保站

河北省万全县植保植检站始建于 1965 年，是省级农作物病虫测报区域站，隶属万全县农业局，为国家全额拨款事业单位，具有独立的法人资格，编制人员 10 人。植保植检站下设测报室、检疫室、防治室、综合室。万全县植保植检站主要承担以下工作：一是负责全县农作物病虫草鼠害的预测预报和防治；二是新农药试验、示范、推广；三是植保新技术的推广应用；四是植物危险性病虫草害的检疫；五是植保新技术培训。近年来，万全县植保植检站认真贯彻"预防为主，综合防治"的工作方针，病虫测报准确率达到 85% 以上，保证了万全县农业生产安全，因此，植保植检站曾多次荣获省、市先进集体。

万全县植物保护植物检疫站现有植保专业技术人员 10 人，其中，高级农艺师 2 名，农艺师 5 名，电子工程师 1 名，助理农艺师 1 名，助理会计师 1 名。人员素质高，业务精，工作过硬，成绩显著，曾多次受到省、市植保站及县政府、农业局的表彰。

1982 ~ 1984 年，与张家口农专合作搞"玉米性诱剂防治玉米螟"取得了重大突破。

1985 ~ 1987 年，北京农业大学雷新云教授合作推广 83 增抗剂防治番茄病毒病取得了很好的防效。

1986 ~ 1988 年，与北京市植保站合作对蔬菜病虫害开展大规模的病虫害防治活动。

1986 ~ 1988 年，推广呋喃丹颗粒剂撒施防治腮蚯蚓，防效达 95%。

1988 ~ 1991 年，向日葵花蚤甲生物学习性及防治科研取得了重大突破获河北省科技进步三等奖。

1988 ~ 1993 年，在玉米杂交制种基地，特别是北沙城周围药剂拌种防治地下害虫，取得很好防效。

随着玉米种植面积的扩大，玉米丝黑穗病已成为影响玉米产量与质量的重要因素，尤其是玉米制种田，为了找到对当地玉米丝黑穗病防治效果好，成本低，便于操作的防治方法，经多次试验得出使用种子量的 0.4% ~ 0.6% 的 12.5% 速保利拌种，防效达 95%。

植保植检站在课题研究方面经验十分丰富并取得优秀成绩：1998 年承担了"禾谷类作物黑穗病防治技术推广"项目，获河北省科技成果二等奖；2005 ~ 2006 年承担了"苜蓿化学除草及综合丰产配套技术"项目，获河北省农业厅丰收奖二等成果奖。2003 ~ 2006 年参加河北省综合灭鼠技术的应用推广获河北省农业厅丰收奖二等成果奖。

2005 年承担了"农业部农区鼠害观测试验场"的建设工作，2006 年以来在与中国农业大学合作完成了许多试验与研究，如：对布氏田鼠防治经济阈值的研究；长爪沙鼠对农区（特别是对小麦）危害防治经济阈值的研究；不育剂投入后对害鼠社群变动的影响；布氏田鼠日食量的研究；0.005 溴鼠灵 RB 对布氏田鼠的药效试验；不同投饵处理对布氏田鼠的杀灭效果及防治成本分析等。

农业部农区鼠害观测试验场建设以来，共接待来自北京、天津、内蒙古、南京、广州等地及澳大利亚的鼠害研究权威人士 26 人次。

2008 年 6 月 30 日"农业部北京周边农区奥运前期鼠害联防联控工作会"在农区鼠害观测试验场召开。与会人员有：农业部种植业管理司副司长涂建华、全国农业技术推广服务中心副主任钟天润、中国农业大学教授（奥组委特聘专家）施大钊、河北省、山西省、北京市、天津市、内蒙古自治区植保站站长、张家口市农业局局长、万全县县长等。参观了"农业部农区鼠害观测试验场"、"万全县鼠情监测站"及万全县农村（区）统一灭鼠示范区之一——宣平堡乡霍家房示范区，并听取了万全县鼠情监测、研究及农村（区）统一灭鼠工作的汇报。

近年来，通过电视、网络将有害生物信息向社会发布，每年发布病虫情报 16~22 期，特别是草地螟、土蝗、农田鼠害等，采取了连续发动、报告、控制其为害的措施，为万全县农业保驾护航。

辛勤耕耘结硕果　再接再厉创辉煌

宣化县植保站

宣化县位于河北省西北部，张家口市区东南，是传统的农业生产大县，地形主要由河川平原、浅山丘陵和深山区组成，年降水量 350~450mm，无霜期 110~140 天，平均气温 7.7℃，平均海拔 900m，为冀西北坝下以玉米为主的杂粮主产区。全县耕地总面积一直稳定在 60 万亩以上，主栽作物有玉米、马铃薯、谷子、大豆、向日葵等，农作物的产量随着农业科技水平的提高不断增长，当然也和植保战线工作人员的辛勤劳动分不开，一直以来，宣化县植保技术人员辛勤耕耘在农业生产第一线，贯彻国家"预防为主、综合防治"的植保方针，树立"公共植保、绿色植保"理念，为宣化县的农业发展起到了保驾护航的重要作用。

一、多元化的植保体系已经形成

1975 年，宣化县农业局建植保站。属财政全额拨款事业单位，开展病虫预测预报工作，指导农村植保科技试验、示范、推广，负责植物检疫等，1985 年改称植保公司，在进行技术服务的同时，兼向农村供药物药械。1988 年，植保公司有干部 6 人。1991 年 5 月，县里将植保站列为自收自支单位，工资主要由检疫收入和经营少量农药发放，从 1997 年开始全县制种面积大幅下降，农药经营量急剧下降，造成拖欠职工工资，2002 年 7 月，机构改革时，县政府又将植保站划为定补单位每年财政拨付 7 万元，维持站内正常业务的开展，2007 年，县政府又将植保站定位全额拨款事业单位，编制 7 人，从此植保工作进入正常轨道。现在，植保植检站有人员 4 人，高级农艺师 1 名，农艺师 3 名，全县 13 个乡镇农办都有专职的植保技术干部，现有植保专业技术合作社 3 个，专业化防治队伍 30 个，村级服务组织 304 个，已经形成了稳定的植保推广队伍。

二、植保新技术的推广使用，为农业生产保驾护航

20 世纪 60 年代以来，重大防治活动有：① 1963 年，洋河南岸江家屯、塔儿村、许家堡、嶂村等公社的一些荒坡地块发生鼠害，面积共达 4 万多亩，每亩平均有活动鼠洞 20 多个。县政府和县农林局组织大量人力物力，进行灭鼠工作。在药剂杀灭的同时，还发动群众捕捉或水灌，取得了较好效果。该地区的黄鼠密度至今尚无明显回升。② 1975 年，全县高粱蚜虫大发生。单株蚜虫成千上万，发生面积多达 15 万亩。全县发动群众，用异丙磷毒砂撒施熏蒸法防治，迅速扑灭。③ 1982 年，河川区和深井地区蛴螬大发生，亩有虫量 2 000~10 000 多头，发生面积 20 万亩，严重者 10 万亩。发生期间，县植保站推广的辛硫磷拌种见了功效，凡用该药拌种的，保苗率均达 95% 以上。④ 1998 年、1999 年，由于矮秆玉米品种 117 的大面积推广，玉米丝黑穗病发生严重，发生面积 5 万亩，造成损失 250 万 kg，以后随着抗病品种的推广，该病发生明显减少。⑤ 2008 年，草地螟在宣化县大发生，发生面积 10 万余亩，由于宣化县种植业结构的调整以及及时的防治，没

有给农业生产造成损失。

三、农药的更新换代，为植保工作的开展起到举足轻重的作用

新中国成立前，农民用砒霜防治蝼蛄，对其他害虫则束手无策，倘遇暴食性害虫，如黏虫、草地螟发生，就只能求助于神灵。新中国成立后，党和政府加强了农业技术推广工作，1951 年开始采用温汤浸种、白酒拌种，赛力散拌种，防治谷子白发病和禾谷类黑穗病。1952年后，开始使用"六六六"、"滴滴涕"等有机氯杀虫剂和波尔多液、石硫合剂等杀菌剂，防治多种害虫，20 世纪 60 年代以后，有机磷和有机硫等农药广泛应用，到 70 年代，使用农药的种类更多，常用农药达 20 余个品种，常年用量约 100t，从 1983 年起，广泛应用第三代农药，即嗨菊酯类、昆虫激素、农用抗菌素、微生物农药、耐病毒诱剂以及某些特异性农药，到 90 年代后，化学除草剂在县内逐步推广，适用范围也逐步扩大，现在发展到使用面积 20 多万亩。2004 年起，宣化县根据上级文件要求，开始在全县范围内，禁止使用和销售甲胺磷、对硫磷、甲基对硫磷、久效磷和磷胺等 5 种高毒高残留农药以及混复配制剂，共收缴高毒农药 50 瓶，含有甲胺磷的混配制剂 3 箱 60 瓶，经过多年的工作，现在宣化县已没有销售和使用高毒农药的行为。期间，由于国家对农业投入的加大和农民自觉意识的提高，手动植保机械和机动植保机械广泛应用，使植保时效得到了提高。

通过宣化县植保工作人员的辛勤工作，30 多年来，为全县挽回经济损失 40 多亿元。

四、植物检疫常抓不懈

1986 年，宣化县植保开始此项工作，主要项目是种子、苗木产地检疫，20 世纪 80 年代后期，一般产地检疫在 1 万亩左右，到 90 年代中期，由于全县制种面积的加大，到 1995 年达到 3 万亩，随后逐年下降，现在产地检疫仅仅剩 350 亩，调运检疫一直也是我站的主要工作，30 多年来，共开出检疫证书 3 000 多份，调运数量约 1 亿多 kg，主要为玉米种子。在检疫工作中，我们严格执行《植物检疫条例》及其《实施细则》，在搞好产地检疫的基础上，规范检疫手续，认真做好发放产检合格证和签发调运检疫证书工作，严格查处无证、凭证不符调运种子的行为。

五、自身的发展不放松

宣化县植保站一直致力于病虫害的测报与防治工作，加强病虫测报网的建设，配备了先进的测报仪器，测报网络覆盖全县所有乡镇，基本办公条件也得到了明显改善，现有电脑 3 台，照像机、投影仪、电子显微镜、电子解剖镜等大量仪器设备，宣化县植保站由于工作突出，曾获得多项奖励和荣誉。如：采用辛硫磷拌种和拌粪防治黄褐金龟和大黑金龟，获市科技进步二等奖。连续多年利用性诱剂防治玉米螟，获市科技进步一等奖。连续多年为省站、市站先进，有多名同志因工作突出被省市县表彰。

时光荏苒，转眼宣化县植保站已经走过了 35 年的历程，有辉煌的工作业绩，也有失败的教训，但是，随着我国综合国力的提高，农业政策的倾斜，科学技术的不断进步，全体植保技术人员的努力，宣化县的植保事业将走向更加辉煌的明天。

植保在涿鹿

刘克霞

(涿鹿县农业局植保站)

涿鹿县地处河北省西北部，张家口市东南部，与北京、保定交界。全县辖 1 区 17 个乡镇，373 个行政村，总户数 10.5 万户，总人口 33 万人，总面积 420.3 万亩，其中，粮食播种面积 30.52 万亩，主要种植农作物有：玉米、小麦、谷黍、水稻、马铃薯、大豆等，特别是玉米种植面积达到 24.4 万亩，在张家口地区号称"塞北小江南"，是主要的产粮大县，做好虫情测报、病虫害防治、农作物检疫工作对于涿鹿的农业增效和农民增收至关重要。通过对涿鹿县植保工作 60 年的发展历程和重点病虫害防治工作回顾，可见涿鹿县植保人在这六十年间历经风风雨雨，付出了常人难以理解和难以想象的艰辛和汗水，也做出了许多可以载入涿鹿县史册的卓越贡献。

一、涿鹿县植保工作六十年回顾

1948 年 10 月涿鹿县为了恢复农业生产成立了实业科（也就是现在农业局的前身），科长科员各一人。

1951 年涿鹿县建设科配合原察哈尔省农业技术推广队来涿鹿县宣传秋耕，防治葡萄毛粘病新技术。

1953 年由病虫害防治站改为涿鹿县农业技术推广站，建站时仅有技术人员 7 人，同年 3 月上级为了加强本县的农业技术推广工作，从沙岭农校农业技术干部训练班分配到涿鹿技术人员 8 人，从而大大加强了农技推广工作。

1956 年在全县组织防治谷子钻心虫。

1958 年人民公社化建立技术推广站，6 个公社建起 6 个技术推广站，谷子钻心虫防治技术在全县推广。

1964 年是涿鹿县发生黏虫面积最大的一年，发生面积达 40 多万亩，占播种面积的 60%，技术推广站进行了防治。

1971 年对谷子的白发病进行了有效的防治。

1973 年春季随着病虫测报站的建立，对涿鹿县几种主要病虫进行观察、记载。并开始进行白僵菌、7216HD-1 防治玉米螟的生防工作的试验、示范、推广。

1977 年涿鹿县河川区涿鹿镇、东小庄乡、郭庄乡等 10 个乡镇参加张家口地区坝下玉米螟联防区建设。

1981 年用阿普隆农药拌种防治谷子白发病。

1982 年阿普隆农药拌种防治谷子白发病获省农业厅二等奖，地区科技局三等奖。

1983 年植保站试验推广利用 15% 粉锈宁，0.3% 拌种防治高粱丝黑穗病 5.05 万亩，占全县高粱播种面积 90%，防治效果 73.2%～89.3%，全县可挽回损失 75.75 万 kg。

在 1983～1985 年期间，涿鹿县农业局植保站作为主要协作单位之一，完成河北北方学院（原张家口农业高等专科学校）李文德教授主持的"合成玉米螟性信息素在防治上的作用研究"，以及 1986～1990 年，又合作完成了"玉米螟成虫在玉米穗期的生物特性与防治技术研究"，在这两项成果中，用合成性信息素防治玉米心叶期和穗期亚洲玉米螟均获得比较理想的防治效果，并对诱杀法治螟的作用原理做了更加深入的揭示。两项研究分获河北省科技进步成果三等奖、二等奖。

1987 年农业技术推广中心成立，植保站、土肥站、技术站归农业技术推广中心管理。

1990 年性诱剂防治玉米钻心虫面积已达 5 万亩。

1993 年涿鹿县玉米上出现了一种新病害——玉米疯顶病。

1997 年涿鹿县在新中国成立后发生第三次草地螟暴发成灾周期，主要为害马铃薯、玉米、油菜，经广大植保人员及农民共同努力，未对生产造成危害。

1999 年全县发生病虫草鼠害面积 236.6 万亩次，进行防治的 218.6 万亩次，综合防治面积 46 万亩次，挽回粮油菜总产量 16 396.2t。按照病虫分区治理的原则，突出重点，统筹兼顾，在不同治理区推广不同的技术，1999 年共完成禾谷类黑穗病综防技术 14.1 万亩，种子包衣防治地下害虫 19.2 万亩，防治马铃薯二十八星瓢虫 14.3 万亩，美洲斑潜蝇防治 0.6 万亩次，农田化学除草技术 7.1 万亩，玉米红蜘蛛防治 6.5 万亩，苹果红蜘蛛防治 16 万亩次，蔬菜病虫害综防 16.7 万亩次，农田鼠害防治技术（种子包衣）21 万亩次，使涿鹿县的主要病虫草害得到了有效的控制。

2001 年共完成全县 8 种主要植物（玉米、小麦、马铃薯、水稻、大白菜、黄瓜、向日葵、葡萄）的疫情普查，共发现有害生物 53 种，分析结果表明有些是以前在涿鹿县未发现的如：葡萄扁平介壳虫、瑞典麦秆蝇等，有些病虫害有为害加重的趋势，如：双斑萤叶甲、玉米瘤黑粉病、玉米粗缩病、稻曲病等，有些为害相对发生较轻，如：美洲斑潜蝇、二十八星瓢虫等。

2002 年植保植检站全站有专职检疫员 4 名，2 名农艺师、2 名高级农艺师，均从事植保工作 10 年以上，并多次参加省、市检疫及行政执法培训，具有一定的检疫及行政执法水平。

2007 年 11 月，涿鹿县植保站单独建站，由农业局直接管理。高级农艺师 1 人、农艺师 1 人、技术员 2 人。

2008 年 9 月至 2009 年 9 月，涿鹿县植保站，建立了专业的、设备先进的病虫测报观测场。

二、涿鹿县主要农作物病虫害防控情况

（一）谷子钻心虫的防控

1986 年在董家房、辉耀、护路湾 3 个点，用 3% 六六六在麦尖和苗高 5～6 寸（1 寸 =3cm）时，每亩用 0.5kg 药对细土 25～30kg 均匀的各撒一次防治谷子钻心虫，此试验获得成功。1958 年该防治技术在涿鹿县全面推广，谷子钻心虫得到了有效控制。1981 年在黑山寺公社口前大队用千分之一、千分之三、千分之五 3 种不同浓度的阿普隆农药拌种防治谷子白发病效果试验，在小区调查中，确定千分之三、千分之五两种的浓度效果最佳，把原发病率 6.2% 降至为零。

谷子是本县的主栽作物，谷子钻心虫是其主要害虫之一，是涿鹿县重点监测对象，直到2002年据调查谷子钻心虫中等偏重发生，秋季调查谷子钻心虫平均基数15头/百茬，是2000年的两倍，根据本地区气候，近几年出现暖冬现象，平均气温均高于常年，而早春降雨又相对偏多，将有利于谷子钻心虫的越冬及化蛹、羽化、产卵，由于涿鹿县谷子、玉米种植区比较稳定，难以轮作倒茬，而防治上统防统治又难以进行，从而导致谷子钻心虫为害加重。植保人员组织农民在晚秋早春彻底清理谷茬，集体烧毁或深埋，田间出现枯心苗时，要及时拔除，还要结合间苗、定苗拔除枯心苗，拔除的枯心苗要及时带出，田外作饲料或深埋，用2.5%敌杀死乳油2 000～3 000倍液喷雾等措施使谷子钻心虫得到了有效的控制。

（二）黏虫的防控

1964年发生了黏虫灾害，涿鹿县农业技术人员组织广大农民用5%滴滴涕粉与1%六六六粉（1：1）混合喷粉、在蛾卵盛期普遍连续采卵消灭、诱杀成虫等方法，对黏虫的防治起到了很好的效果。直到现在黏虫在涿鹿县很少大面积发生。

（三）谷子白发病的防控

1971年对植物的白发病进行了有效的防治。他们学习山西经验，采用三洗（清水洗种、盐水洗种、消水洗种）一拌一闷一晒种子处理办法。对防治白发病起到了较好效果。

谷子白发病是影响谷子产量的大敌。自新中国成立以来，虽然采用了各种防治措施，但始终未得到有效的控制，近年又有发展的趋势。谷子在涿鹿县是主栽作物，县植保植检站人员对控制谷子白发病做出了防治措施，控制白发病的大面积发生。他们让农民行进土壤消毒，采用沟施药土的方法，开沟播种撒施药土盖种，还对种子消毒，用75%敌克松可溶性粉剂、70%甲基托布津可湿性粉剂以及50%多菌灵可湿性粉剂按种子重量拌种，取得了良好的效果。

（四）玉米螟的防控

在1983～1985年期间，涿鹿县农业局植保站作为主要协作单位之一，在张家口农业高等专科学校李文德教授的指导下，合作完成的"合成玉米螟性信息素在防治作用上的研究"，以及1986～1990年合作完成的"玉米螟成虫在玉米穗期的生物特性与防治技术研究"两项成果中，用合成性信息素防治玉米心叶期和穗期亚洲玉米螟均获得比较理想的防治效果，并对诱杀法治螟的作用原理做了更加深入的揭示。

在1988～1995年期间涿鹿县农业局植保站在县委县政府的大力支持下，号召全县玉米生产乡镇，推广应用合成玉米螟性信息素防治玉米螟，均取得良好防治效果。田间调查结果显示，在防治区内一代卵量减退63.3%～89.8%，玉米蛀茎减退率74.9%～91.0%，蛀孔减退率78.9%～90.2%，越冬基数亦有逐年下降趋势。6年累计推广应用面积为45.5万亩，平均每年防治面积达7.58万亩，占应防治面积的75.8%，最高年份达84%，蛀孔减退率80%，因蛀孔造成的玉米倒伏明显减少，六年累计挽回粮食损失2 298.28万kg，增收节支总额1 865.09万元，年均310.8万元。

2008年推广应用"合成玉米螟性信息素诱杀法防治第一代玉米螟"3万亩，控制玉米螟的发生。田间调查显示，玉米螟性信息合成素防治玉米螟的地块和用50%辛硫磷乳油2 000倍液在玉米心叶末期灌心防治玉米螟的地块与未防治玉米螟的地块比较，田间调查结果显示，玉米螟性信息合成素防治玉米螟的地块平均田间蛀孔减退率为80%，50%辛硫磷乳油 2 000 倍液灌心防治玉米螟地块田间蛀孔减退率为 83%，基本达到化学防治的效果。

2009 年涿鹿县在以往的工作基础上，又引进了北京中捷四方生产的玉米螟性诱剂进行试验示范，同时承担了中心安排的宁波纽康玉米螟性诱剂的试验任务，试验时间从 7 月初到 8 月中旬。2009 年推广应用诱杀法防治玉米螟面积 3 万亩。

（五）玉米疯顶病的防控

1991 年，涿鹿县玉米上出现了一种新病害——玉米疯顶病，被当时很多部门误认为是玉米霜霉病（玉米检疫对象），涿鹿县玉米制种基地甚至张家口制种基地面临被取消的潜在危险，为此，涿鹿县植保植检站与省植保所联合攻关，经过四年研究调查，明确了此病为非检疫对象，确保了农业生产安全。植保植检站组织农民选用抗病良种，消灭越冬病残，播种前，彻底清除田间病残体，铲除田边寄主杂草，减少田间病菌量。种子用 25% 瑞毒霉可湿性粉剂按种子重量的 0.40% 拌种，玉米疯顶病得到了较好防治。

（六）禾谷类作物黑穗病的防控

"禾谷类作物黑穗病防治推广"累计应用面积 32.6 亩，选用优良抗病品种，精细整地，适时播种，加强肥水管理，施用充分腐熟的农家肥，尽量减少种子留土时间，减少种子感病机会。田间发现病株及时拔除，彻底清除，拔除的病株带出田外，集中销毁，以清除田间菌源。用 2% 速保利可湿性粉剂 20~25g 拌种。基本控制了黑穗病在涿鹿县生产上的危害。

三、涿鹿县植保部门六十年间主要科技成果（市、厅级以上获奖项目）

1982 年阿普隆农药拌种防治谷子白发病获河北省农业厅二等奖，地区局三等奖。

在 1983~1985 年期间，完成河北北方学院（原张家口农业高等专科学校）李文德教授主持的"合成玉米螟性信息素在防治上的作用研究"，获河北科技进步成果三等奖。

1986~1990 年期间，又完成了"玉米螟成虫在玉米穗期的生物特性与防治技术研究"，获河北省科技进步成果二等奖。

2000 年"合成玉米螟性信息素诱杀法防治第一代玉米螟"该成果获张家口市科技进步二等奖。（闫兴明）

2000 年"玉米疯顶病发病规律及防治技术"研究应用，获河北省科技进步三等奖。（闫兴明）

1998 年"禾谷类作物黑穗病防治推广"该成果获市科技进步一等奖。（闫兴明、闫春萍）

总之，在这六十年期间，涿鹿县的植保工作做出了显著的成绩和贡献，并对涿鹿县农业生产和全省的植保工作做出了优异的成绩。目前涿鹿县正致力于队伍建设和植保设备上档升级，涿鹿县植保站已单独建站，受农业局直接管理，列入事业单位编制，现有高级农艺师 1 人，农艺师 1 人，技术员 2 人，从去年建立了有害生物观测厂，引进了佳多牌虫情测报灯和佳多小气候采集系统，进一步提高了测报准确率。涿鹿县植保站将紧紧围绕"农业增产、农民增收"这条主线，认真贯彻落实"预防为主、综合防治"的植保方针，抓好农作物病虫害预测预报、植保综合防治、植物检疫、植保新技术推广等各项工作，为粮食生产安全和农业增产、农民增收做出强有力的植保保障！

与中国改革开放同步发展的蔚县植保植检事业

蔚县植保植检站

蔚县是一个农业大县，从 1949 年至今，六十年的农业发展发生了翻天覆地的变化。这和蔚县植保事业的发展息息相关。尤其是从 1975 年开始贯彻"预防为主，综合防治"的植保方针，到现在树立"公共植保、绿色植保"新理念，三十年的植保巨变，为推动蔚县生态农业、绿色农业的长足发展做出了重大贡献。

一、多元化的植保服务体系初步形成

蔚县植保植检站于 1975 年 4 月成立。有技术人员 2 人。1985 年以后植保站正式定员、定编，保持独立法人资格的全额事业单位。现工作人员发展到 12 名，其中，副高 2 名，农艺师 5 名，技术员 2 名。乡（镇）农技站也于 85 年正式开始定编，乡（镇）多数农民技术员也正式招聘为国家在编的植保干部。随着乡村机构改革，市场经济体制的深入将原来的农业技术推广网络基本打破，建立健全了全新的技术推广网络。全县现有植保技术协会 1 个、村级服务组织（合作社）536 个、专业防治队 46 个。具有了比较稳定的推广队伍。

二、植保新技术的推广，为农民增产增收和保障农产品生产安全做出了重要的贡献

20 世纪 80 年代初期，我们的老测报人员对很多病虫都难以区分。80 年代防治地下、苗期害虫，蔚县推广甲胺磷拌种、甲拌磷拌粪。1605、氧化乐果等高毒农药可用于瓜菜及大田病虫害防治。中期蔚县植保站开始引进了化学除草剂，进入 90 年代初期，我们又推广了种衣剂，当时的防治原则是"药到病虫除"，农药浪费和污染严重。进入 21 世纪，植物保护树立的是"公共植保，绿色植保"新理念。采用的是"减量控害"方针，目标是实现农产品生产安全无害化。所以，从 2000 年后逐步取消了甲胺磷、甲拌磷、1605、氧化乐果等高毒农药的应用。推广了新型种子包衣技术和高效低毒杀虫、杀菌、杀鼠剂。如毒死蜱、吡虫啉、啶虫脒、阿克泰、除虫脲、阿维菌素等杀虫剂；农用链霉素、新植霉素、植病灵、普力克、安克锰锌等杀菌剂；杀鼠醚、溴敌隆、敌鼠钠盐等杀鼠剂。植保器械从 1999 年前全县农民全部应用工农 16 手动喷雾器和部分机动喷雾、喷粉器发展到拖拉机牵引式机动喷雾器、电动背负式喷雾器，2006 年底又引进电动不锈钢机动烟雾机和电子杀虫灯。除此之外，在摸清当地优势农作物病虫草害种类及发生规律的前提下，还试验、开发、推广了非常多的绿色植保新技术。通过建立绿色防控示范区、加强技术培训、植物医院和植保专业队建设及病虫情报进村入户等工程，为蔚县生态农业、绿色农业的发展做出了重要的贡献。

三、植保植检在减灾防灾中起到举足轻重的作用

例如：1982 年黏虫暴发、1999 年土蝗、2000 年草地螟大发生。成灾面积均在 10 万亩以上，涉及 10 余个乡镇。严重威胁着本县粮食的丰产丰收。由于全体植保人员的努力和县委、县政府重视，病虫警报发布及时，专业防虫队及时开展统防统治，把损失控制到最低，未造成大的损失。检疫性害虫美洲斑潜蝇 1997 年传入蔚县北留庄 1.5 亩大棚后，县政府拨专款进行了封锁销毁处理。

30 年来通过蔚县植保人员的共同努力，预计为蔚县的农业生产挽回经济损失 30 亿元以上。

四、依法行政、把关服务成效显著

随着《植物检疫条例》的修订和其《实施细则》《中华人民共和国农业法》《河北省植物保护条例》《中华人民共和国农药管理条例》及其《实施办法》等法律的颁布实施，蔚县植保植检站在植物检疫、农药管理执法领域既把关又服务。在植物检疫行政执法上，蔚县植保站在抓好产地检疫和调运检疫的基础上，逐年扩大市场检疫范围，并对外来疫情的拦截和植物疫情种类分布全面进行普查做了大量而详尽的工作。30 年来共开出调运植物检疫证书 3 000 余份，约 1 亿 kg，主要有玉米种、烤烟、蔬菜、水果等作物。农药管理从无到有。农资监管得到逐步完善。有效地保障了植保新技术的推广和蔚县农产品生产质量安全。

五、自身发展彰显成就

蔚县植保站 2005 年以前是传统式的测报灯，每天要有专人在夜间开关灯。如今我们已经采用全自动虫情测报灯。而且还配备了先进的检测仪器及网络化仪器等；测报工作向专业化、网络化、数字化、可视化发展。蔚县植保站基础设施和办公条件得到了极大的改善。现有电脑 4 台，汽车 1 部，照相机、投影仪、电子显微镜、电子解剖镜等大量仪器设备，办公设施也日新月异，现拥有房屋 21 间（300m²），地下药库 1 间（23m²），试验及观测场用地 20 亩。我站由于工作突出，曾获得多项奖励和荣誉。如：1997 年完成的 "粟褐鳞斑叶甲生物学特性及其防治技术" 获省科技进步三等奖；"阿普隆防治谷子白发病示范"、"增产菌施用技术推广" 分获 1984 年、1991 年市科技成果推广一等奖。1997 年、1998 年、2000 年、2001 年、2008 年、2009 年均是省站先进，1990 年、1992 年、1997 年、1999 年、2002 年、2006 年、2007 年均是市局先进，1989 年、1990 年、1998 年、1999 年是市站先进，1982 年是县科委先进，1987 年获县委、县政府两次先进表彰。这些荣誉是蔚县植保植检工作的成绩，也是推动继续发展的动力。

60 年过去了，尤其是 30 年改革开放更让人顿觉有沧桑巨变之感。是啊，是改革开放才使植保发生了如此之大的变化，是改革开放的春风催生了这一切。如果没有改革开放，就不会有植保的今天。回顾过去，我们看到了改革开放所带来的国富民强；展望未来，我们坚信祖国会更加强大，人民会更加安康！植保事业会更加蒸蒸日上。

怀来县植保 60 年回顾与展望

怀来县植保植检站

怀来县位于河北省北部，张家口东南部，东与北京延庆县接壤，县政府所在地沙城，距北京市 131km，是全国葡萄之乡，水果之乡。全县辖 17 个乡镇，279 个行政村，34 万人口，耕地面积 50 万亩，林地面积 50 万亩，主要作物有葡萄、蔬菜、玉米、马铃薯、果树等。其中，玉米常年种植面积 20 多万亩，蔬菜 4 万多亩，葡萄 12 万亩。农药常年使用量约 480t，化肥施用量约 4 万 t，种子 85 万 kg。病虫害种类复杂，达 30 多种，常发病虫害有：葡萄霜霉病、果树食心虫、玉米螟、地下害虫等。

作为北京的西大门，新中国成立以来，怀来县植物保护工作得到了良好发展，植保队伍从无到有，不断壮大，植保工作从传统的以消灭病虫为目的的短期行为，发展到着眼于农业的可持续发展和保护、提高人类赖以生存的环境质量，进一步协调了自然控制和人为防治。始终不渝的坚持"预防为主、综合防治"的植保方针，认真做好病虫害监测预报，发放病虫情报，组织开展防治工作，紧跟时代步伐，树立"绿色植保、公共植保"的理念，紧紧围绕保护京津生态环境全面展开，做好京津病虫防护带建设，做好有害生物防控工作，确保不进京、不扩散的目标，为北京绿色生态做出了积极的贡献。

一、植保队伍从无到有

1952 年成立了怀来县病虫防治站，开始了病虫害防治工作。1953 年，在全县乡镇中逐步建立了基点站，也就是早期的植保网络。1956 年，全县病虫防治工作划片管理，分为六大片，加强属地管理，落实属地责任，为做好病虫害防治工作奠定了基础。1974 年，怀来县植保站正式成立，人员 16 名，从此植保工作开始步入了发展快车道。尽管当时农作物种类较为单一，交通、通讯条件落后，但植保技术是先进的，政府部门高度重视，生物防治、物理防治等综合防治搞得如火如荼，是全地区乃至外省市学习的楷模。到 20 世纪 80 年代中期，由于体制等因素影响，植保站、土肥站、技术站合并成为植保、土肥、技术综合站，90 年代初，又更名为农业技术服务推广中心，植保站成为其中一个组成部分，原来的人员，受到统一领导，只有一人负责测报、检疫工作，由于机构的合并，或多或少对植保工作造成一定影响。1998 年农业局再一次进行改革，将农技中心分开，恢复原有的植保站、土肥、技术站，植保站又一次单独设站，人员由 4 名增加到 8 名，一直到现在。60 年来，一代代植保人恪尽职守，任劳任怨，以降低和控制病虫草鼠危害为目标，以促进农民增收为根本，为农业丰产、稳产做出了应有的贡献。

二、传统的植保工作成绩斐然

20 世纪 50 年代的植保工作可谓是群策群力，群防群治，主要以物理防治为主。当时农作物种植单一，主要是玉米、谷子等粮食作物，病虫害发生也较单一，防治上也好开展，如 1950 年全县普遍发生马铃薯虫害，受害较重面积 1 万亩，经过人力捕杀及药械喷杀，虫害基本消灭。1952 年，地下害虫蝼蛄为害，全县组织 5 000 多人进行人工捕捉，捕捉 25 000kg，取得了明显的效果，受到察哈尔省政府通报表扬，并指示各地学习。1953 年，组织技术推广秋季大调查，主要是谷子钻心虫为害程度和玉米青秆原因调查分析。1955 年蚕房营基点推广站大面积防治"疙瘩梨"效果显著，受害率减少到 1%。在全体人员的共同协助下，病虫害得到了很好的防治。1957 年，分片训练了 500 多名技术员，传授大田和蔬菜作物种植管理技术。同年，推行 1605 农药防治果树红蜘蛛 25 万株，收到了积极的效果。1959 年，普及推广优良种子，其中，玉米达到 70%，小麦达到 99%，马铃薯也有 60%，狼山公社"八一"谷子普及全社。

20 世纪 60 年代的植保工作仍然是统防统治、综合防治。1961 年谷子钻心虫大面积发生，9 万亩农作物发生谷子钻心虫，全县掀起万人消灭谷子钻心虫活动，基本控制了其为害。1963 年开展春、夏、秋三季灭鼠战役，采取人工与磷化锌、氯化苦烟雾炮诱杀相结合，防治面积 8 万亩。1964 年组织 6 000 多人开展苗期撒毒土为中心的歼灭谷子钻心虫群众运动，防治面积 13 万亩，占全县谷子面积 60%，一般枯心苗率下降到 2% 以下，效果明显。1965 年开展两次突击战防治钻心虫，组织 7 000 多人，2 000 架喷粉器，防治面积 17 万亩，专署农林局（65）农技发 14 号文件发出通报，表扬怀来县消灭钻心虫大会战取得了好战果，号召各县学习。同年，东园地区消灭田鼠取得好效果，消灭田鼠 65 万只，鼠洞密度由原来每公顷 80 个减少到 1～3 个。

20 世纪 70 年代的植保工作是上下齐心，综合防治，成绩显著。植保站的成立使全县植保工作开创了一个新局面。1972 年普遍发生蚜虫和黏虫，组织 3 000 多人进行防治。1973 年永红灌区一带玉米螟为害严重，西八里、新保安等 63 个大队建立玉米螟大面积联合防治区，统一行动进行防治。1974 年大黄庄大队首次利用赤眼蜂防治玉米螟，经过调查，利用赤眼蜂防治玉米螟平均受害率在 18.6%，比用农药防治效果高 30%～50%，一直到 80 年代这项技术在全县得到大力推广应用。同年灭鼠工作取得较好成绩，组织人员 2 000 多人，消灭田鼠 2 万只，基本上控制了鼠害。1975 年 5 月张家口地区农业局（75）张农字第 24 号，转发本县综合防治玉米螟，大力生产白僵菌报告。当时在西八时、新保安等公社和 10 多个大队都建有自己的生物农药厂，用于生产白僵菌，从 1972 年到 1980 年这项技术为怀来县防治玉米螟做出了很大贡献。1976 年 6 月首次利用黑光灯诱蛾防治玉米螟，在新保安、西八里等 7 个公社都引用该技术，10 月新保安公社技术站、农业局植保站等联合选编《玉米螟综合防治技术》，并在各地推广。谷子白发病防治工作效果显著。推广赛力散拌种，80 年代推广粉锈宁拌种效果都较好，谷子钻心虫主要苗期撒毒土和人工捕捉防治。

20 世纪 80～90 年代的植保工作随着结构调整的深入，蔬菜病虫害防治工作成为植保工作的一个重点。如番茄晚疫病、病毒病、黄瓜霜霉病等成为防治工作的重点，农药工业的发展，传统的综合防治逐渐被化学防治代替，农药防治已经成为防治工作的主要手段，植保综合防治的理念逐渐淡化，人们只知道化学防治。如 1981 年开展植保化学除草技术，西八里 7 个公社水稻施用除草剂，防治面积 2 000 亩，取得好效果。1986 年邀请北京农业大学教授，就怀来县番茄、黄瓜、茄子等主要蔬菜病虫害防治进行培训，为做好蔬菜病虫害防治工作奠定基础。同年，在全县推行"NS-83 增抗剂"喷洒番茄 4 000 亩收到增产增收效果。1987 年，随着本县苗木、种子等外出的需要，植保站又加进了植物检疫工作，从此，植物检疫工作成为我们植保工作的一项重要内容，认真做好产地检疫、调运检疫和市场检疫，为防止外来有害生物入侵、控制有害生物危害发挥了应有的作用。

2000 年至今的植保工作是以"绿色植保、公共植保"为理念，始终不渝的坚持"预防为主、综合防治"的植保方针，以绿色防控和专业化防治为切入点，开展以蝗虫、草地螟、鼠害为主的防治活动，开创植保工作新局面。2003 年开展毒鼠强等危险化学品整治行动，严禁销售毒鼠强等剧毒鼠药，实行鼠药定点专柜销售，控制了其对人畜安全和生态安全的危害。2004 ~ 2006 年开展春秋灭鼠活动，发放高效低毒鼠药 20t，有效地控制了鼠害，净化了环境。2004 年、2008 年开展草地螟防治活动，全民动员，有效地控制了其为害，确保了北京绿色奥运的顺利召开。

三、植保网络发展历程

20 世纪 50 ~ 60 年代网络不健全。计划经济体制下，一切工作都是全民动员，再加上当时病虫害发生单一，植保网络不需要建立，一旦发生，就开始组织防治。同时，建立基点站、全县分六大片，植保网络雏形。划片防治，群防群治，病虫害发生取得了明显效果。

20 世纪 70 年代植保网络是金字塔形，最上面是县级植保站，中间是区植保站，全县共划分 7 个区，区植保站长由县植保站委任，下面是公社测报站，最下面是村测报员，层层有人管，一环套一环，由上向下分担任务，由下向上反馈信息，全县病虫监测站共 5 个，分布在存瑞、大黄庄、新保安、官厅、大山口。这时的植保可谓是星罗棋布。

20 世纪 80 年代的植保网络有所削减。形成了县乡二级网络，乡级由农技站负责，县级由植保站负责，取消了最下面的村级，但整体上植保工作还是有链条的，乡技术员都是招聘的专职技术人员，病虫害监测站只剩下了新保安一个。

20 世纪 90 年代又重新建立了植保网络。以全县种植结构为出发点，将全县划分为七大片，再从各片挑选七位事业心强、懂知识的技术能手，作为基层测报员，生产中出现病虫害，及时上报第一时间进行防治。

进入 21 世纪，我们组建了以县站为中心，基层 9 个测报网点为基础的测报网络，覆盖全县各个种植区域，选拔责任心强、能胜任工作的农药经营人员、乡镇技术员为基层测报员，取得了显著的效果。如 2004 年本县黏虫大暴发，各基层测报员发现本区域后，及时向我们报告，为全面及时了解发生情况提供第一手材料，达到科学有效及时防治。

四、植保工作展望

回顾过去，有过辉煌的时刻，展望未来，我们更有信心把植保工作推向一个新的高峰。面对适应建设现代农业的新形势，以及确保国家粮食安全、农产品质量安全、农业生态安全和农业贸易安全的新要求，植物保护工作肩负的责任重大，使命光荣。植保工作必须创新理念，转变职能，大力推进公共植保、绿色植保。

（一）指导思想

以推进社会主义新农村建设和促进农村改革发展为契机，坚持以科学发展观为指导，贯彻落实"预防为主、综合防治"的植保方针和"公共植保、绿色植保"的植保理念，以促进粮食稳定发展和农民持续增收为目标，努力构建新型农业有害生物监测预警和绿色防控体系，加强试验示范，加大植保新技术的宣传推广力度，继续搞好农作物病虫害专业化防治工作，进一步提高本县农作物病虫害和农业有害生物的防控水平，确保本县高效农业建设和生态农业健康发展，促进本县植保工作再上新台阶。

（二）采取措施

加快植保体系建设，提升有害生物监测预警能力。植保工作是关系"三农"、关系社会大众、关系国家安全的公共事业，农作物病虫害防治就是植物的卫生防疫，就像人和牲畜的卫生防疫一样，应该纳入公共卫生的范围，作为农业和农村公共服务事业来支持和发展。政府要确保植保体系运行的公益性，植保人员纳入公务员管理，保证经费的有效供给，通过上级支持、地方扶持，逐步建立有害生物监测站，提升全县有害生物的预警监测能力，提升农业有害生物防灾减灾能力，提高有害生物预警防控水平，辐射带动周边县区有害生物监测预警能力，把有害生物危害控制在萌芽状态。努力实现监测网络化，信息化，一旦发现异常，网络间积极应对，信息共享，协调联动，为第一时间开展防治工作争取主动，把危害控制中萌芽状态。

建立一支稳定的植保技术队伍。成立县乡村三级网络，尤其是在每个乡镇配备一名植保技术人员，在农业主产村，按照千亩基地配一名技术人员的要求，着力组建反应快、懂技术、能力强、有经验，面向农民、面向千家万户的植保技术队伍，形成县乡村三级应对农业有害生物灾害的综合防控技术服务体系。以能力建设为核心，强化技术服务队伍的技能培训，普及农业技术知识，培养一批有知识、懂技术、善经营、能管理的复合型人才，提升应对各种突发性灾害的应急处置能力。各级政府要安排专项资金用于植保工作的开支，确保工作能够正常开展，避免出现技术队伍断层，植保工作不能够持续健康有序开展。

增强植保服务功能。一是做好植保新技术的宣传培训，普及植保植检知识，提高广大农户对病虫害的防控能力。充分利用现有媒体资源，加大宣传力度，宣传植保工作的重要性和必要性，提高领导和群众的植保意识，提高农民植保意识，从观念上树立综合防治、绿色植保的理念，通过举办培训班和实地授课等形式，普及农民植保知识，正确识别病虫害，及时防治病虫害。二是加强技术推广与指导，确保防治技术及时到位。从技术上传授正确的防治技术，要做到对症用药、适时用药、施药正确，减少农药使用量，提高农药有效率。三是培植专业化防治组织，推动植保社会化服务健康稳步发展，提高防治的时效性和技术的到位率，提高病虫防治组织化水平。

认真做好产地检疫、调运检疫和市场检疫。对本区域繁育种子的企业进行摸底，按照《植物检疫操作规程》实施产地检疫，突出抓好玉米繁种基地。首先对繁种基地进行核准，符合条件在审报制种田面积的基础上，对制种田产地进行严格检验，分别在拔节孕穗期、抽雄开花期、灌浆成熟期进行检疫，确保种子质量安全。严格按照《调运检疫操作规程》对调入本县的葡萄、玉米、蔬菜实施检疫，出具检疫证书。对产地植物检疫对象发生情况不清楚的植物、植物产品必要时进行复检，确保农民用种安全。加强植物疫情的监测，开展植物疫情调查，发生疫情及时组织封锁、扑灭和控制，严防外来有害生物疫情侵入。

健全工作机制。植保工作是公共管理、是政府强制性的工作，就必须要有章可循，照章办事。因此，制定科学的法律法规是必要，"公共植保"工作涉及社会多个部门和阶层，部门之间的协调一致是必要的，国家在制定政策时必须充分考虑到这一点。植保队伍体系的管理十分重要，要形成若干制度，使各个植保机构和工作人员正确行使其工作职责，充分发挥主观能动性。

秦皇岛市植物保护工作回顾与展望

董立新　刘春茹

（秦皇岛市植保站）

秦皇岛市地处河北省东北部，环渤海，近京津，地处东北、华北两大经济区的结合部，是沿海开放城市和重要的港口城市。辖昌黎、抚宁、卢龙、青龙满族自治县4个县和海港、山海关、北戴河3个城市区，到2007年底，全市有75个乡镇，耕地面积280万亩，海岸线长126.4km，总人口287万，其中农业人口201万，地貌及资源类型多样，自北向南依次为山区、丘陵、平原和沿海。独特的地理位置及气候条件决定了秦皇岛市适应大宗作物的生长繁育，同时也适合多种农业有害生物的发生流行。回顾新中国成立以来秦皇岛市人民与农业病、虫、草、鼠害斗争的历程，有过艰辛，有过喜悦，有过惨痛的教训，更有辉煌的业绩。展望未来，我们充满信心，有中央各项惠农政策的扶持、有省植保植检站的正确领导，有当地政府的大力支持，秦皇岛市的植保工作正面临着前所未有的发展机遇。在十二五期间，本市植保工作者一定会抢抓机遇，创造性地开展工作，再创全市植保工作新的辉煌。

一、植保工作发展与成就

新中国成立初期，秦皇岛市的农业生产非常落后，农作物病虫为害十分猖獗。为了加强农作物病虫防治工作，在党和政府的高度重视和大力支持下，1957年市、县、区农业技术推广站设植物检疫员，负责植物检疫具体工作。在建立植保机构、组织植保体系的基础上，农作物病虫草鼠害的防治工作取得了一定成效。几十年来，本市植物保护站历经由小变大，植保工作由弱变强，成长为今天集行政执法、公益服务、市场监管于一体的全新的事业单位。

（一）植保工作职能由附属变独立，由弱变强

1979年，原秦皇岛市植保业务从技术科分离出来，建立市植物保护站，其他各县也相继建立。开展预测预报、综合防治和植物检疫工作，拉开了植保工作的序幕。但由于人力、物力、财力和行政体制的限制，只能做一些调查研究、督促检查、总结推广、上传下达等原则指导性的工作，对保证农业增产丰收起到一定的作用，但对这个业务性强、病虫种类多、技术复杂的植保事业的发展却有局限性。20世纪80年代，市、县、乡三级植保服务组织相继建立，由此拉开了植保事业改革发展的序幕。70年代末到80年代初抚宁、昌黎植保站成为省级区域测报站，2005年昌黎植保站再次成为部级《有害生物预警与控制区域站》，2007年卢龙县植保站又成为《植物有害生物防控体系站》，各级政府为项目建设提供了人、财、物的大力支持，区域植保站基本配齐病虫观测圃、必要的检验鉴定仪器、计算机网络等设施设备，并及时升级更新，添置了病虫防治服务车，极大地改善了办公环境，使本市植保系统防控能力大幅提高，基本能够满足应急防控的需要。防治对象由

80 年代初，以对主要作物、主要地区、主要病虫进行测报防治为主，逐步发展到以作物为对象，病、虫、草、鼠害齐抓；由以稻、麦、玉米、薯类为主，到粮、棉、油、果、蔬共管；鼠害的防治由农田到农户、由农村到城市，开展了全方位的服务。防治面积由 1979 年的 22.33 万亩次到 2008 年已达 1 554.09 万亩次。虽然不同的时期各有侧重，但都进一步扩大了防治面积，拓宽了服务领域，增强了农业的总体效益，基本上控制了普发性的各种病虫害。2006 年，农业部召开全国植保工作会议，明确提出"公共植保"理念，强化植保工作的社会公共管理和服务职能。至此，本市植物保护工作职能发生了蜕变。

（二）植保防治行为由被动变主动，由重数量变重质量

20 世纪 70 年代病虫害的防治只是技术员根据田间调查数据，凭借多年经验，下达预报及用药防治命令，进行统一防治。农药品种单一，只有六六粉、敌敌畏等少数农药品种，基本上是见虫防虫，见病治病，这种只重防效，不计成本及对环境的影响，出现污染重，残毒高，人畜安全受威胁，生态平衡遭破坏，虫体抗药性越来越大的弊端，我们称之为"数量植保"。80 年代随着人们对环境、健康等认识逐步提高，植保工作本着"预防为主，综合防治"的植保方针，由单一的化防向综合防治转变，尝试各种防治措施综合利用、多种农药混配，一药多治，开始计算用药、用工成本、投入产出比、环境污染等综合指标。进入 20 世纪，植保服务开始研究家庭经营与社会化服务的关系，由产中服务向产前、产中、产后全程服务转变。这时，农药品种琳琅满目，高、剧毒农药对人、畜、环境的影响越来越明显，因农药残留超标不能出口撕毁合同、造成农民收入损失惨重事件时有发生，社会各界对生存环境越来越关注。自 1998 年开始实施"农业植保防灾减灾计划"，坚持"预防为主、综合防治、灾害治理与环境保护并重"的原则，从调控农业生态平衡入手，培育病虫害的自然调控能力；从抗性种源、生物源农药、有害生物诱杀等新技术推广应用，努力提高防治病虫科技含量和整体抵御病虫灾害的能力；从控制农药污染并筛选推广环保型新农药品种，确保农产品优质安全。至此，植保工作针对有害生物防治经历了单一对象的防治，到多种防治措施的"拼盘"式的综合防治过程，再到现今的生态调控、生物源农药、有害生物诱杀等多种技术应用的绿色防控服务。农药品种由 20 世纪六七十年代单一的剧毒砒、砷、有机磷制剂到 80 年代的菊酯类和氨基甲酸酯类，到今日的高效、低毒、低残留农药品种，实现了以作物为主体、区域性主要有害生物的绿色防控，完成了由数量植保向质量植保的过渡。防治面积由 1979 年的 22.33 万亩次到 2008 年的 1 554.09 万亩次，实现了质的飞跃。

（三）植保物化技术服务由计划变市场，由混乱变规范

三十年来，农药、药械的供销体制发生了两次大的变革，植保部门也随之进行了两次大的角色转换。1979 年以前的计划经济时代，农药、药械完全由商业部门统购统销，造成了产销脱节、销售和使用两张皮、品种不对路、供应不及时、防治时效差的被动局面。从 80 年代到 90 年代初期市场逐步放开，农药和药械由商业部门独家经营到农、商两家共同经营，商业部门以常规大批量药剂供销为主，植保部门采取试验、示范、推广相结合的方式，经营新农药、新药械，由此植保部门也成为技术服务和新农药、新药械经营的二元结构单位，一部分人从事技术服务，一部分人从事农药经营，在人员管理和待遇上实现"双轨制"。1983 年，各县区建立县级植保公司 4 个，乡级植保公司 82 个，县级植保公司共有流动资金 18.5 万元，市、县两级植保公司为基层植保专业服务组织提供各种农药

50t。植保部门开展农药和药械经营工作，有效地促进了基层植保专业组织的业务发展，极大地推动了新农药、新药械和新技术的推广应用，丰富了供应市场，保障销售产品对路到位，确保了防治效果。90 年代中期以后，农药经营权进一步放开，大量民营经销公司进入市场，打破了供销、植保两大行业经营的格局，并在激烈的市场竞争中逐步占据主导地位，截至 2008 年民营服务组织已达 800 多个，对平衡本市农药市场，为农民提供质优价廉的农药品种起了很大的作用。

1997 年 5 月 8 日，国务院《农药管理条例》颁布施行。农药监督管理是国家赋予农业部门的一项新工作，标志着我国农药管理工作进入法制化轨道。

1998 年，经市编委批准，秦皇岛市农药监督管理（以下简称"农药监管"）站挂牌成立。所辖四县在短时间内全部建立了农药监管站。2000 年，抚宁县通过县政府批准，农药监管站单独建站，给了 4 个编制。其余各县农药监管机构与植保植检站两块牌子一套人马，由各级农业行政主管部门委托开展农药监管行政执法工作。各级农药监管机构与植保植检站内部分工，确定专人、明确职责，农药管理和农药经营彻底分开，打破了既当裁判员又当运动员的运行机制，为本市农药监管工作的顺利开展奠定了良好的基础，净化了农药市场，为农药的科学、合理使用，确保了农业增效、农民增收、农产品质量安全和生态环境安全，又一次完成了植保物化运行模式。

（四）植保管理由部门变政府，由制度管理变法制管理

1983 年 1 月 3 日国务院颁布的《植物检疫条例》，农业部、河北省人民政府分别制定了《植物检疫条例实施细则》《河北省农业植物检疫条例实施办法》，农业及相关行政部门出台了配套规范性文件，保障了植物检疫工作的开展和农业危险性有害生物的封锁控制和扑灭。从 1978 年到 2008 年，从防控水稻白叶枯病、美国白蛾、水稻细菌性条斑病、豚草、美洲斑潜蝇、稻水象甲等检疫对象通过设路卡、封锁现场、限期销毁、扑灭等法制性措施，有效地控制其蔓延危害。

1978 年 11 月，国务院批转化工部、农业部、卫生部关于加强农药管理的报告，农业部先后颁发了《农药安全使用标准》《农药安全使用规定》《农药登记规定》，启动我国农药管理工作；1997 年 5 月 8 日，国务院《农药管理条例》颁布施行，1999 年，农业部制定发布实施《中华人民共和国农药管理条例实施办法》，标志着我国农药管理工作进入法制化轨道。

2000 年以来，国家明令禁止使用六六六、DDT 等 18 种高、剧毒农药，对 19 种高毒农药做出了限制使用的规定，推荐了 120 种高效、低毒、低残留环保型农药品种，取代这些禁用、限用农药。2006 年 6 月，中华人民共和国农业部、国家发展和改革委员会、国家工商行政管理总局、国家质量监督检验检疫总局 四部委联合发布了第 632 号公告，公告决定自 2007 年 1 月 1 日起，全面禁止在国内销售和使用甲胺磷、对硫磷、甲基对硫磷、久效磷和磷胺 5 种高毒有机磷农药，撤销所有含甲胺磷等 5 种高毒有机磷农药产品的登记证和生产许可证。从中央到地方制订和颁发的各种相关的法规、规章性的文件，健全了农药登记、质量监测、农药药监督管理法规体系，为保证用药安全、农产品质量安全、生态环境安全奠定了法制基础。

自 2002 年 7 月 1 日起，《河北省植物保护条例》施行，进一步明确了植物保护工作的职责和任务，规范了植物保护行为，确立了植物保护机构的社会地位和经费来源，提高了可操作性。它的颁布和实施，是植保事业走向更加法制化和科学化的重要里程碑，对推动植保事业的发展和促进农村经济增长、农民增收将产生深远影响。

2006年，农业部召开全国植保工作会议，明确提出"绿色植保"、"公共植保"，强化植保工作的社会公共管理和服务职能，推广绿色防控技术，实行综合防治；自此植物保护行为更加规范，对减少农业有害生物的危害，控制农药残留，保障农业生产和农产品质量安全，维护生态环境，促进农业可持续发展更加有力，为实施植保各项措施提供法规性的依据，至此植物检疫、农药管理和病虫测报防治方面等工作逐步实现了法制管理。

（五）植保服务形式由单一变多样，由盲目变专业

20世纪80年代初农村实行承包责任制后，过去人民公社时期的专人查虫、集体防治的基层组织自然解体，农民普遍存在病虫种类多识别难、农药品种多购买配制难、防治适期短、时机把握难的问题，且随着我国工业的不断发展，越来越多的农民进城务工，农村青壮年劳力缺乏，农民的植保知识贫乏，出现农作物病虫防治无劳力、单户防治费工、费时、防治工作不及时的问题。针对这种情况，市植保站深入田间，广泛与农民接触、了解调查研究后，采取因地制宜，形式多样的服务形式。一是农业植保部门，主要是县、乡、村基层服务组织，既开方又卖药，防治和用药技术随着方子走，面对面的辅导农民；二是统防统治：统一领导、统一测报、统一购药、统一配药、统一防治时间，分户打药；三是实行专业化防治：组建植保专业化服务组织，截至2010年年底，本市已组建各种形式的专业化服务组织306个，其中，专业化合作社46个，农资企业销售带动型59个，基层农技部门型28个，村防治组织型121个，大户主导型52个。共拥有经过植保技术培训和施药器械使用技能培训的从业人员760人。装备有大型施药机械650台，机动烟雾机80台，背负式机动喷雾器711台。专业化的服务形式充分发挥了病虫应急防治的功能，及时控制了农作物重大病虫的发生为害，降低了防治成本，减轻了劳动强度，提高了防治效果，同时，也解决了外出务工农民的后顾之忧，减少了环境污染，达到了经济效益、社会效益和生态效益的同步增长。多种植保服务形式极大地方便了农民，保证防治的时效性，是解决千家万户治虫难的根本方法。

（六）植保信息传递由缓慢变快捷，由抽象变直观

由于农作物病虫传播蔓延快，农作物病虫信息的时效性就显得非常强，病虫预报等信息若不能及时上传下达，将会贻误防治时机，给农业生产造成重大损失。省、市、县之间的病虫信息传递，20世纪80年代初到90年代中期主要依靠电话、模式电报，传真，90年代后期随着计算机网络的迅猛发展，病虫信息传递则主要靠互联网。而基层病虫信息向农民传递，长期以来主要靠病虫预报、明白纸（传单式的单页纸）、墙报、广播电台等手段，这些方式有极大的局限性，时间长、覆盖面窄，信息有限，技术要点难掌握等弊端。随着电视的普及和村村通工程的开展，为及时、快速发布病虫信息提供了条件，也是本市开展病虫电视预报的雏形，随后四县植保站均与电视台签定了长期合作协议，开办了电视病虫预报专栏，定期发布虫情，防治技术，遇重大病虫灾害还专门举办电视讲座。2000年，举办电视预报及各类讲座22期次，优美的画面、清晰的图像、固定的收视时间，赢得了农民群众的赞誉，提升了植保系统的形象。凭借电视覆盖面广、传播速度快的优势，使病虫信息直接转化为生产力。1996年市农业局开办"秦皇岛市农业信息网"，开设植保专栏，病虫信息在网上发布，使病虫测报信息既可通过网站立竿见影向全市发布，又可通过媒体迅速传到千家万户。同时，随着农民使用手机的普及，利用手机短信传递病虫信息的手段也越来越普及，使病虫信息传递手段上了一个新台阶。信息时代的到来，为植保工作特别是测报工作的现代化提供了新的条件，提高了防治病虫害的效率，使植保工作的总体水平不断提高。

二、植保工作的展望

目前，我国农业发展的主旋律是"优质、高产、高效、生态、安全"，发展的总目标是"农产品竞争力增强、农业增效、农民增收"，发展的着力点是"提高农产品质量安全水平"。植物保护工作与"农业生产安全、农产品质量安全、生态环境安全"密切相关，在新阶段农业可持续发展地位更加突出、作用更为重要。可以说，新阶段农业的可持续发展在呼唤"绿色农业"，"绿色农业"在呼唤"绿色植保"，因此"公共植保、绿色植保"是今后一个时期植保工作的方向。

三、新时期开展植保工作的建议

为了适应新阶段农业发展的新要求，本市的植物保护工作首先要从观念上实现"四个转变"，由注重粮食产量向产量与质量并重转变；由农民一家一户单一防治向病虫害专业化统防统治转变；由地方特色植保向与国际化接轨转变；由单一经济效益向经济、社会、生态综合效益转变。从工作上做到"五个加强"一是加强病虫测报工作，建立健全病虫测报体系；二是加强农作物病虫害专业化防治工作，实现统防统治；三是加强绿色防控工作，实现病虫防治无害化；四是加强植物检疫工作，有效控制外来有害生物侵入；五是加强农药市场的监督与管理，有效控制假冒伪劣农药及高毒农药的使用；从目标上实现"四个提高"，即提高植保信息入户率；提高农药利用率；提高病虫害综合防治效益；提高农产品质量。全市植物保护近5年的主要工作任务是，在5年内实现全市无国家明令禁止使用的农药，高毒高残留农药用量减少90%以上；普通农产品农药残留合格率达到98%以上，绿色无公害基地农产品农药残留合格率达到100%；农药利用率由40%提高到50%以上，病虫害防治效果提高10个百分点；产地检疫覆盖率达到95%以上，调运检疫带证率提高10个百分点；检疫性有害生物得到有效封锁控制。

总之，在农业发展的新阶段，本市的植物保护工作要认清形势，总结经验，解放思想，更新观念，抓住机遇，迎接挑战，围绕全市农业有害生物可持续综合治理这个中心，全面开创植保工作新局面。

秦皇岛市植物检疫事业发展历程

鲁洪斌　许州达

（秦皇岛市植物保护站）

秦皇岛市地处东北与华北的咽喉，铁路、公路、航运运输发达，秦沈高速铁路、京哈、京秦、大秦四条铁路干线和京秦高速公路、102、205 国道贯穿全境，秦皇岛港是中国北方最重要的港口，是华北、东北和西北地区重要的出海口。检疫性有害生物和外来有害生物传入几率大，植物检疫的工作难度大，如何防范有害生物的传播和对有害生物的控制、扑灭，是每一个秦皇岛市植物检疫工作者都要面对的严峻任务。近 60 年来，秦皇岛市各级植物检疫机构为保障本市的农业生产安全做出了巨大贡献。

一、1957 ~ 1980 年，秦皇岛市植物检疫工作的奠基阶段

1957 年，市、县、区农业技术推广站设植物检疫员，负责植物检疫具体工作，并没有独立的植物检疫机构。在当时财力、物力都很紧张的条件下，开展工作相当困难。一是检疫人员少、知识水平低，二是没有专门的植物检疫经费，三是设备简陋，只有几台显微镜，四是没有相应的法律法规作为支撑，直到 1964 年，根据国务院加强植物检疫工作通知精神，由市农林局和交通、邮电部门共同协商，制定了种苗托运检疫检验签证制度。规定凡属经交通、邮电部门托运的种子、苗木等繁殖材料和应该检疫的植物、植物产品必须持有植检部门签发的检疫证书。这一文件的出台，为产地检疫、调运检疫工作的开展奠定了法律基础。

在这样艰苦的环境下，全市各级植物检疫工作者凭着对事业的热爱，做了大量的工作，为本市植物检疫事业奠定了扎实的基础。1969 年，本市抚宁县水稻白叶枯病突然大发生，发生面积 9.5 万亩，占种植面积的 90%。1972 年，随着乡村自行串换稻种水稻白叶枯病传入郊区。到 1975 年普遍发生，发病面积占种植面积的 35%，严重影响水稻生产。为消灭此病，市县区各级政府和植保检疫站，严格遵守国家、省市有关检疫制度，种植无病种子，防止带病种子传入无病区；选用抗病增产稻种；进行种子消毒；培育壮苗；合理施肥，科学管水；药剂防治，及时喷洒叶枯净、代森铵等。1977 年，郊区普查水稻白叶枯病发病面积下降到 17.6%，有的村实现无病田。1978 年发病面积控制到 12.5%。全市有 11 个公社 52 个大队为水稻白叶枯病点片发生区。1979 年 3 月市农学会印发《怎样防治水稻白叶枯病》科学宣传资料，发至各社队及有关单位。到 1980 年，发病面积压缩到 2.95%。1985 年发病面积全市减少到 4 000 亩，仅占水稻面积 1.1%。

由于当时检疫意识不强，只要不发生死亡事件，一般不会引起人们对植物检疫的重视，非法调运种子的事件时有发生。1976 年春，本市计划从张家口调入一批黑麦种子。张家口是小麦全蚀病疫区，如果让带病种子传入，将会给本市农业生产造成严重后果。为防止小麦全蚀病传入，市植保站及时提出建议，市政府采纳后，做出取消从张家口调入黑

麦种子的决定。同年秋，北戴河区海滨公社草场大队私自从张家口调入黑麦种2.5t，市植保站得知后，按照中央农林部《关于防止小麦全蚀病传播蔓延的通知》要求，立即制止使用这批黑麦种子，并明确专人负责将全部黑麦加工成面粉食用。

二、1980～2000 年，秦皇岛市植物检疫工作的发展、完善阶段

随着我国经济不断发展，人员、物资流动频繁，贸易量逐年增加，检疫性有害生物的传入几率也在加大。各级政府对植物检疫工作的重视程度也在加大，1983 年 1 月 3 日，国务院发布《植物检疫条例》，市植物检疫站以此为契机，展开了广泛的宣传、培训及疫情普查工作，这些措施的实施使本市的植物检疫工作向制度化、正规化迈进了一大步。

（一）利用广泛的宣传、培训及疫情普查促使本市植物检疫工作全面展开

1. 宣传、培训工作

1983 年 3 月初，市检疫站举办了植物检疫培训班，聘请动检所、林业局等单位六名农艺师对全国和省制定的植物检疫对象"小麦一号病、毒麦、水稻细菌性条斑病、水稻白叶枯、甘薯瘟病、美国白蛾"等检疫对象进行比较系统的讲解，对各县站主抓检疫工作的全体同志、各区技术站、各县种子公司、原种场共50人进行了培训。通过学习，使与会人员提高了对检疫站工作重要性的认识，为本市产地检疫工作的开展奠定了技术基础。会上安排布署了产地检疫工作，并印发了产地检疫申请表、合格证。会后，市农业局发出"关于执行产地检疫工作的通知"，要求市、县种子公司要组织各繁种单位或个人，认真填报"种苗基地检疫申报表"，各县植保站对本地区的原种场及其他繁种基地执行产地检疫。1984 年，随着改革开放的新形势，农村经济和农业生产的发展，植物检疫任务不断扩大，为方便群众有利生产，根据中央农牧渔业部及河北省农业厅的文件精神，实行对省间调运种子，苗木等繁殖材料及其他应检疫的植物、植物产品，由市植检站签发检疫证书。并从 1984 年 1 月 20 日起开始使用新的"全国统一规格植物检证书"。5 月 24 日，为进一步开展植物检疫工作，全市配备植物检疫员 19 人，报省植物检疫站备案。6 月 3 日，市农业局向各县农业局发了《关于做好三种植物检疫对象普查工作的通知》。各县按要求培训技术骨干，开展普查工作。普查重点是棉花枯萎病、黄萎病、花生线虫病三种植物检疫对象。6 月 20 日，市植物检疫站举办了为期 4 天的检疫对象普查培训班。聘请河北农业大学植保系张志铭教授对其三种病害发生规律、为害症状、田间和室内鉴定技术、标本制作、普查和防治方法等进行讲授。各县主抓植检工作的同志、各区的技术员 50 人参加学习。

1996 年，市植保站在年初专门举办了植保技术培训班，对全市专职检疫人员进行培训。邀请有关专家，对美洲斑潜蝇、玉米干腐病、番茄溃疡病、黄瓜黑星病等检疫对象的鉴定、检疫技术进行讲解，提高了检疫人员的业务素质。各县、区站也都分别利用冬训对检疫法规及检疫对象防治技术进行了培训。在检疫宣传月中，青龙县专门成立了以主管农业副县长为组长的领导小组，主管县长亲自主持召开了由交通局、邮电局、工商局、公安局、检察院、法院和农业局各股站参加的联席会。在县农业局召开的各乡镇大秋作物考察会上组织与会人员学习了植物检疫条例和实施细则。在电视上主管检疫工作的局长就检疫工作进行了专题讲话。青龙县植物检疫宣传月活动期间直接宣传人数达 300 多人，间接宣传人数在 10 万人以上。张贴宣传标语 400 余幅。卢龙县在冬训期间，对条例及实施细则

及其他植保技术专门培训两次，受训人数 102 人次，在检疫宣传月期间举办电视讲座 4 次，主管局长对植检知识以问答形式进行讲解，收视人数达 6.3 万人次。青龙、卢龙、昌黎、海港区植保站还利用集市开展普法宣传活动 28 次，印发宣传材料 3400 多份，开展技术咨询 1.1 万人次。

2. 队伍建设

1985 年，市植物检疫工作人员，根据国家有关文件规定，开始统一着装。全市首批着装的植物检疫人员共 12 人，其中，市站 4 人，抚宁县 2 人，昌黎县 2 人，卢龙县 2 人，青龙县 2 人。卢龙县人民政府于 1985 年 6 月 14 日发布了县内第一个植物检疫执行法规，《关于贯彻执行国务院植物检疫条例的布告》。昌黎、抚宁、青龙等县政府也相继发了布告。全市共发布告 6 000 份。与此同时，全市聘用兼职植物检疫员 175 人，其中，抚宁 27 人，昌黎 50 人，卢龙 54 人，青龙 34 人，市区 10 人。

3. 疫情普查

1995 年 8 月 31 日至 9 月 6 日，市、县植保部门对美洲斑潜蝇在境内发生情况进行了调查，1995 年 9 月 18 日经农业部植物检疫实验所陈乃中先生鉴定，确认送检样品是美洲斑潜蝇。秦皇岛市 4 县 3 区均有发生，发生乡镇 106 个，占全市乡镇（137 个）的 77.4%，重点调查了葫芦科、豆科、茄科、十字花科蔬菜，发现寄主作物有黄瓜、冬瓜、西葫芦、菜豆、豇豆、扁豆、茄子、番茄、青椒、白菜、蔓陀罗等。以黄瓜、西葫芦、菜豆、豇豆受害严重，叶片被害率 10% ~ 50%，个别地块有虫株率达 100%，发生面积约 10 万亩左右。

同年 8 月初，市农业局专门发出"关于做好美洲斑潜蝇普查、防治工作的通知"。在 1995 年普查基础上，为摸清全市疫情，开展了大范围的普查工作。本市露地蔬菜种植面积 48.79 万亩，保护地蔬菜种植面积 13.98 万亩。美洲斑潜蝇发生面积 18.23 万亩。被害株率较轻的在 2% 以下，一般为 30% ~ 50%，严重的达 100%。虫叶率 10% 以下的发生面积为 8.87 万亩，10% ~ 30% 的 4.28 万亩，30% ~ 50% 的 3.47 万亩，50% 以上 1.61 万亩。本市 4 县 3 区的 74 个乡镇均有分布。目前发现寄主种类有 6 科 21 种。分别为葫芦科：黄瓜、冬瓜、西葫芦、西瓜、甜瓜、丝瓜；豆科：架豆、豇豆、扁豆、大豆、白豆；茄科：番茄、茄子、青椒、蔓陀罗；十字花科：甘蓝、油菜、白菜、萝卜；菊科：向日葵；大戟科：蓖麻。其中，以架豆、豇豆、黄瓜、西葫芦受害最重。

通过系统调查，美洲斑潜蝇在本市温室蔬菜始见期为 5 月初，大棚为 5 月下旬至 6 月上旬，在露地蔬菜上始见被害状日期为 6 月 4 日。到 6 月下旬至 7 月初出现第一个为害高峰。7 月中旬至 8 月上旬因气候炎热不利于其发生为害，因而出现了一个明显的衰退期。8 月下旬出现第二个为害高峰。

1997 年，按照省站"关于进行植物检疫对象普查的通知"要求，采取定点调查与大田普查相结合的方法，开展了 8 种检疫对象普查工作。经普查，小麦全蚀病、花生根结线虫病、黄瓜黑星病、水稻白叶枯病、豚草在本市均有发生，玉米干腐病、甘薯小象甲、谷象尚未发现。

小麦全蚀病发病面积 0.293 万亩，分布在昌黎、卢龙两县 18 个乡镇 59 个村。

花生根结线虫病发生面积 2.537 万亩，分布在昌黎、北戴河区、海港区的 18 个乡镇 275 个村。

黄瓜黑星病发病面积0.183万亩。在抚宁、昌黎、青龙县、山海关、北戴河、海港区的10个乡20个村，属零星发生。

水稻白叶枯病发生较为普遍，发病面积0.96万亩。分布在抚宁、昌黎、卢龙、北代河、海港区的22个乡镇155个村。

豚草除青龙、卢龙两县未发现外，其他各县区均有分布。较集中发生面积约1万亩，分布在14个乡87个村。公路、铁路两侧、城区部分街道、海港区发生较重，已侵入菜园、玉米、向日葵、大豆等农田。

三裂叶豚草仅在昌黎县昌黎镇、农技师院院内有发生，面积约3亩，为零星发生。

1998年3月，秦皇岛市昌黎县于从法国引进酒葡萄种苗100万株，根据全国农业技术推广服务中心及省站监测方案要求进行了疫情监测。共设立9个育苗点，35个育苗大棚，要求葡萄苗用50%辛硫磷1 500倍液浸泡1min，下脚料及包装物销毁。4月25日至5月25日，进行苗圃检疫，共调查350个样点，3 500株苗，出圃苗木270万株，每基地1 998亩。7月1～15日进行苗期检疫，一般病害有霜霉病、毛毡病，并进行了防治。

1998年3月，秦皇岛市昌黎县从法国引进酿酒葡萄赤霞珠等种条100万枝。根据全国农业技术推广服务中心及省站监测方案要求，我站于1998～1999年对引进葡萄种条进行了疫情监测工作。葡萄种条分三批运抵昌黎县，首先进行开包检疫，每批次按上、中、下层抽取货物总件5%进行检查，经目检合格后，在育苗所在地对剪截好的葡萄种条用50%辛硫磷1 500倍液浸泡1min进行消毒处理，下脚料及包装物销毁。共设立9个育苗点，35个育苗大棚。4月25日至5月25日，苗木出圃前10天进行苗圃检疫，按棋盘式10点取样，每点调查10株，共调查350个样点，3 500株苗，目检有无检疫性有害生物发生。并每点拔1株，检查根部有无病虫害发生。定植后7月1～15日进行大田期间的检验，取样方法与苗圃相同。两年的疫情监测结果表明，引进葡萄苗长势正常，未发现检疫性有害生物发生，常见病虫害主要有霜霉病、白腐病、毛毡病等。2001年，按照农业部制定的《规程》要求，进行了《规程》试行工作。葡萄苗分别定植在昌黎镇、泥井镇、安山镇和马坨店乡等4个乡镇的15个村，定植面积共1998亩。选择4个定植不同品种的村作为疫情监测点：昌黎镇钱庄子村、泥井镇牛心庄村、安山镇牛甫庄村和马坨店乡武各庄村。

（二）围绕着豚草、美国白蛾及稻水象甲的监控、防治工作，开展认真细致的工作，促使本市植物检疫工作全面推进

1. 豚草

1989年，本市首次发现豚草。抚宁、昌黎两县和海港、北戴河、山海关区共16个乡84个村发现豚草和三裂叶豚草，发生范围130km²，较集中发生面积为1.25万亩，每平方米最高密度为4 000株，一般为200株。8月27～28日河北省植保总站在本市召开豚草现场会，为8月份开展大规模普查打基础。市政府召开有关县区领导、爱国卫生运动委员会、地方铁路、城市绿化办公室、卫生局、教育委员会、交通局、农业局、林业局、农村经济委员会等24个单位参加的除治豚草现场会。副市长崔致中做了发动群众除治豚草意见的讲话。秦皇岛市电视台、秦皇岛电台都做了宣传，使社会各界引起高度重视，及时进行了除治。

1989年5月，市政府发出除治豚草意见的文件，市植保站、市爱委会与市电视台共同协作，到重点发生区进行现场录相对而言，进行播放宣传，发动群众铲除豚草。市财政拨专款 1 万元用于豚草药防示范，在秦海公路两侧除治豚草 1 万延长米，效果很好。

1990 年 6 月 29 日，市政府在海港区召开秦皇岛市除治豚草现场动员会。到 7 月底，全市累计出动 5 万人次，铲除豚草 200 万 m²。

2. 美国白蛾

1979 年，美国白蛾由朝鲜传入中国，首次在辽宁省丹东市发现。本市自 1981 年开始，把控制美国白蛾侵入列为检疫工作重点，逐年开展普查和检疫。同年 5 月，市农业局、市林业局举办了各乡村、林场、果园、北戴河各疗养院、铁路、苗圃、园林处等单位技术员参加的普查美国白蛾培训班。从 5 月下旬到 6 月上旬进行了为期 20 天的第一次普查，普查了 4 个园艺场、2 个林场、20 个乡村果园、十多条公路。8 月 25～29 日，由市农业局、林业局、动植物检疫所组成 14 名技术干部的专业队进行了第二次普查，这次普查，重点是到靠近辽宁省绥中县边界的边墙子、望夫石、晏家屯等村，进行座谈访问和实地检查，两次普查均没有发现有美国白蛾。

1981 年 9 月，经原省农委批准，在通往东北要道石河大桥东、交通监理站院内设立山海关美国白蛾检疫哨卡，负责检疫从辽宁省美国白蛾疫区运入河北省的农林产品。配备 3 名人员，在交通部门的协助下，共同开展工作。重点检查从东北运往内地的木材、树苗、种子、鲜果等类货物和交通运输车辆。

同年 7 月 5 日，市农业局、市林业局联合召开查防美国白蛾专业会，部署在全市农村广泛开展查防美国白蛾工作。会后，各县区立即开展活动，全市举办了 9 期技术培训班，培训普查技术骨干 303 人，发放有关普查美国白蛾技术资料、书籍 180 份。青龙、卢龙安置 10 台黑光灯诱测成虫。青龙县与辽宁省的 6 个交通要道设立检查点，并设置一台捕虫器，采集标本，汇报查防情况。春秋两季普查了昌黎、青龙、抚宁、卢龙和山海关、海港、北戴河的 49 个乡，240 个村，共 458 个单位，普查面积 114 281 亩。这次大普查，没发现美国白蛾。

1984～1985 年，全市各县、区对美国白蛾再次进行了普查，在山海关哨卡站与各县站设置黑光灯，观察监视美国白蛾的传入情况，均未发现美国白蛾侵入。

1985 年 8 月，市植检站与市林业局森防站，组织各县区专职检疫人员 15 人，赴辽宁省丹东市、大连市，对美国白蛾进行了实地考察。

1989 年，美国白蛾传入秦皇岛市。当时在海港区东山公园榆树上发现 1 个网幕，现在已发展至秦皇岛市 4 县 3 区 25 个乡镇 264 个村 4 个街道 6.13 万亩。寄主有榆树、桑树、法国梧桐、泡桐、白蜡、海棠、杨柳树等。幼龄幼虫常群集寄主叶上吐丝作网幕，在内取食叶肉，受害叶片仅留叶脉呈白膜状而枯黄；老龄幼虫食叶呈缺刻和孔洞。幼虫食树叶，且具暴食性，经常把整株树叶全部吃光，危害极大。经过总结过去的防治经验，结合其发生规律，现在已经能基本控制其为害范围及程度。

3. 稻水象甲

1990 年 7 月 31 日，在抚宁县首次发现稻象甲。经普查全市发生面积 39 480 亩，分布在昌黎、抚宁、卢龙 3 个县的 17 个乡镇 70 个村。

1991 年，市县区各级政府及疫区乡镇都成立了"扑灭稻象甲领导小组"及相应组织，负责对稻象甲进行封锁除治的领导协调工作。秦皇岛市共召开专题会议 20 次，制定封锁防治稻象甲的方案和具体措施。印发封锁防治稻象甲的公告 1 500 多份，公开信 10 万份，通知 200 份下发到有关单位，各乡镇及农户手中，较详细地介绍了稻象甲的为害，防治的必要性及措施，使干部群众充分提高认识，自觉防治。

同年 4 月 3 日，昌黎县政府向全县发布《关于严防稻象甲传播蔓延》的公告，5 月 1 日向全县人民印发了《全县人民紧急行动起来，力争将稻象甲消灭在零星发生阶段》的一封公开信。由于宣传发动措施得力，全县封锁防治工作开展顺利，除治及时。

1991 年 4 月 1 日，为落实省政府（1991）35 号文件精神，切实搞好封锁，秦皇岛市共建常年植检哨卡七处，即昌黎县滦河大桥东侧，茹荷姜各庄大桥，山海关区南么河乡边墙子村，青龙县木头凳，逃军山，北代河车站，海港区海阳路北口。一处季节性哨卡在卢龙县潘庄镇，从 4 月 1 日起陆续上岗执勤。上岗执勤前，市县区站对哨卡人员进行了岗前培训。市站统一办理了公路检查证，制作了检疫服装。制定了哨卡人员工作日志，省制定的哨卡执勤人员工作守则扩印上墙。市县区站抽出专人对哨卡进行管理，不定期地检查，发现问题及时解决。为了搞好哨卡建设和管理，加强封锁工作，市站为各常年哨卡配备了无线电通信设备。截止到 11 月中旬，全市哨卡共劝回无证禁运物品 296 车次，约计 635.5t，有证或消毒处理合格放行 812 车次，约 14 748.8t，主要是稻草、芦苇及其制品包装和填充物。

同年 6 月 24 日，市政府在抚宁县田各庄乡召开了各县区主管农业的副县长、农委主任、农业局长，植保站长参加的除治水稻三虫（稻象甲、水稻二化螟、稻蝗）和一代玉米螟现场会，并决定对防治的地块每亩补贴 0.40 元。在此现场会前后，各县区都召开了专题会议重点布置防治工作，层层落实，使秦皇岛市发生稻象甲的 24.43 万亩稻田，全部进行了除治。

同年 7 月 17 日，新一代成虫在黑光灯上始见。抚宁县植保站一盏黑光灯 7 月 17～24 日共诱到成虫 348 头。抚宁县留守营镇 7 月 24 日一盏黑光灯诱到 205 头成虫，7 月 25 日诱到成虫 1 550 头。7 月 26 日市植保站紧急召开各县区植保站长会，安排布置普查和除治工作，要求边普查边防治，对稻象甲进行专门除治，不搞兼治。7 月 27 日，市政府发了"关于开展稻象甲普查除治"明传电报，要求在 8 月 15 日前对发生稻象甲的地块普治一遍。8 月 9 日，市政府在昌黎县茹荷乡召开各县区主管农业的副县区长、农业局长、植保站长参加的现场会，提高对防治稻象甲紧迫性、重要性的认识。要求各县区充分发动群众，对发生地块在 8 月 15 日前除治一遍。并决定凡是防治的每亩补助 0.60 元，两次防治每亩共补助 1.00 元。秦皇岛市水稻种植面积 37.1 万亩，经过普查，稻象甲发生面积 33 万亩，分布在四县三区的 87 个乡镇的 913 个村。虫口密度最低 0.01 头/m²，一般 1～3 头/m²，最高 8 头/m²。截至 8 月 14 日，发生稻象甲的 33 万亩稻田全部除治一遍。

同年 11 月 26 日，市政府召开全市稻象甲封锁控制联防会。市扑灭稻象甲领导小组成员，市直有关单位，各县区农业局长和植保站长及全市有关企业单位的领导等共 50 人参加了会议。会议由市政府办公室副主任齐玉民主持，市植保站长王宝田同志介绍了稻象甲在国内外及秦皇岛市的发生为害情况。市长助理、市扑灭稻象甲领导小组副组长刘振和宣读了市政府文件——秦政（1991）第 202 号《秦皇岛市人民政府关于防止稻水象甲传播蔓延的通知》，并对此项工作提出了落实意见和具体要求。会后，市政府将文件转发到市直各单位及各县区人民政府，各有关企业单位。从而引起各个方面的重视，对秦皇岛市防止稻象甲的传播蔓延，加强封锁控制，保护水稻安全生产起到保障和促进作用。

1993 年，在检疫哨卡撤销后，重点抓了稻水象甲寄主物品调运前原产地检疫工作。深入各有关厂矿，对稻草、草绳等进行现场消毒技术指导，共开展检验 836 批次，防止了稻水象甲随其寄主物品调运传播蔓延。为完成省政府提出的"今年疫区范围不扩大，一代残虫控制在每平方米 1 头以下"的工作目标，市站代市政府起草了"关于进一步做好稻水象甲封锁控制工作的通知"下发到各县区，在没经费，稻水象甲发生面积广，田间虫口密度小，防治工作难度较大的情况下，各级政府都狠抓了这项工作，在稻水象甲防治工作中，根据往年的防治经验，结合防治中华稻蝗、水稻二化螟，继续推广"一药多防、一防多用"的兼治技术措施，使防治稻水象甲工作真正落到实处。秦皇岛市防治稻水象甲面积 86 万亩，其中，越冬场所及秧田防治面积 26 万亩，本田防治两次 60 万亩，取得较好的防治效果。

经市科委批准的"稻水象甲发生规律及防治技术"专项研究工作，自 1991 年起至 1993 年止，历时三年课题研究工作已经完成。掌握了稻水象甲在秦皇岛市的发生规律，找出了防治的有效措施，为搞好稻水象甲防治指导生产提供了科学的依据。

1994 年，秦皇岛市水稻面积减少加之气候适宜，新一代稻水象甲成虫在秦皇岛市发生重于往年，及时将发生情况向主管领导汇报，对此市农业局，各县、区政府都非常重视，市农业局 7 月 30 日在抚宁县召开了各县、区农业局长、植保站长参加的除治稻水象甲现场会。卢龙县、海港区政府也都分别召开了主管农业的乡镇长、技术站长参加的稻水象甲除治工作会议。进一步强调了防治工作的重要性，把防治稻水象甲工作推向高潮。在除治工作中，卢龙、青龙、昌黎县和海港区实行统一动员、统一行动、统一技术进行专业化防治，专业化防治面积达到 10 万亩。

（三）开展全面的检疫执法检查

市植物检疫站严格执行产地检疫及调运检疫制度，每年在春秋两季都对种子、种苗销售市场进行检查，发现违规行为依法进行处理。每年市场检查种子、种苗经销户不少于 100 家。同时，对非法调运种苗的行为也做了重点打击。1985 年 4 月，昌黎县农林局农业服务公司、抚宁县田各庄乡、鲁庄乡等单位未经检疫部门同意，从疫区湖南邵东县檀山乡引进 3 113kg "涟香一号"香稻种。该稻种带有全国检疫性病害水稻细菌性条斑病。市植物检疫站按照国家规定做出禁止出售决定。并指定有关单位对下脚料彻底销毁，已育秧苗彻底铲除，秧田进行消毒处理，一年之内该地块禁种水稻。河北省昌黎果树研究所擅自从辽宁省美国白蛾疫区引进水果苗木 11.2 万株、山丁子苗 190 万株，根据《植物检疫条例》及河北省有关规定给予经济处罚 800 元、6 000元。河北省农林师范学院实验农场果树站擅自从辽宁省美国白蛾疫区引进山樱苗 5 万株，根据《植物检疫条例》及河北省有关规定给予经济处罚 800 元。

三、2000 ~ 2009 年，秦皇岛市植物检疫工作迈向制度化、规范化

（一）疫情监测与有害生物分布调查制度化

2000 年，秦皇岛市对境内发生的检疫性有害生物进行了一次普查有 9 种（其中，国家检疫对象 4 种，省检疫对象 5 种）。包括稻水象甲、美洲斑潜蝇、美国白蛾、棉花黄萎病、小麦全蚀病、花生根结线虫病、黄瓜黑腥病、番茄溃疡病、豚草。其中，小麦全蚀病

有加重趋势。美国白蛾也以一定的速度向西扩散蔓延，其他检疫对象在秦皇岛市基本得到有效控制。

稻水象甲在本市常年发生面积 25 万亩左右，发生范围分布在 7 个县区的 48 个乡、692 个村。该虫在昌黎县呈加重趋势，虫口密度一般在 30 头／m^2，重者达 70 头／m^2 以上。

美洲斑潜蝇发生面积 18 万亩左右，该虫在本市可常年进行为害，其危害栽培植物 7 科 33 种，年发生 10 代以上，全年有两个危害高峰，出现在 6 月下旬、8 月上旬至 9 月中旬，在防治上重点推广了爱福丁等生物制剂。

2001 年，根据农业部 [2000] 15 号《关于开展农业植物有害生物疫情普查的通知》和省农业厅 [2000] 152 号《关于印发河北省农业有害生物疫情普查实施方案的通知》精神，依照省植保总站 [2001] 11 号"关于认真做好 2001 年农业植物有害生物疫情普查工作"的安排部署，对秦皇岛市有害生物进行了普查，共调查 49 个乡镇，调查植物（作物）种类包括水稻、玉米、小麦、花生、棉花、马铃薯、甘薯、蔬菜、杂草、果树等。秦皇岛市共发现危险性有害生物 31 种（侧重调查农业部划定的有害生物）。其中，全国检疫对象 7 种：美国白蛾、稻水象甲、番茄溃疡病、美洲斑潜蝇、菟丝子属、棉花黄萎病、苹果绵蚜。省内检疫对象 5 种：小麦全蚀病、水稻白叶枯、花生根结线虫病、黄瓜黑腥病、豚草。有害生物 29 种：稻曲病、水稻干尖线虫病、水稻纹枯病、水稻青枯病、水稻恶苗病、水稻二化螟、稻飞虱、稻蝗、花生叶斑病、花生病毒病、玉米螟、高粱条螟、玉米大小斑病、玉米花叶病毒、玉米粗缩病、棉花炭疽病、棉花枯萎病、甘薯茎线虫病、甘薯黑斑病、甘薯环腐病、菜豆枯萎病、十字花科根肿病、斜纹夜蛾、葡萄白腐病、葡萄黑痘病、苹果锈病、桃小食心虫、苹果顶芽卷叶蛾、黏虫、小麦锈病、小麦白粉病。

2001 年，美洲斑潜蝇发生面积 172 000 亩，分布于 7 个县（区），53 个乡镇（合并后乡镇 75 个）。主要寄主有黄瓜、芸豆、番茄、辣椒、白菜、西葫芦、芹菜等。

2002 年 9 月，根据部、省关于检疫性有害生物疫情普查工作部署，我站与海港区、北戴河区植保站一起对观赏花卉进行了调查，重点调查了海港镇小高庄示范园、海港镇大石园林和北戴河集发等园区，共调查 15 科，35 种观赏植物。结果是：在海港镇小高庄示范区、北戴河集发示范园区首次发现有害生物蔗扁蛾。为害寄主植物有巴西木（香龙血树）、发财树。发生原因主要是随巴西木等观赏植物的引进而传入的，花卉主要来自广东、北京等地。

2005 年以政府文件的形式印发了《秦皇岛市红火蚁疫情防控应急预案》，2005～2006 年开展了红火蚁、三叶草斑潜蝇、黄顶菊、加拿大一枝黄花、黄瓜绿斑驳花叶病毒等有害生物的普查与监测工作，没有发现上述检疫性有害生物。2007 年为贯彻落实省政府《关于切实做好黄顶菊和麦田恶性杂草防控工作的通知》要求，市政府下发了《关于做好"黄顶菊"等检疫性有害生物疫情和麦田恶性杂草监控工作的通知》，市县分别成立了"黄顶菊监控工作领导小组"，制订了黄顶菊监控工作实施方案。利用报纸电台、电视、农村广播、印发宣传资料、下乡培训、召开会议等多种形式，开展防控技术宣传培训，提高全民的防范意识，全市召开培训会 5 次，电视宣传 6 次，发放宣传资料 3.5 万份。同时加强了对秦皇岛市已发生的稻水象甲、美洲斑潜蝇、小麦全蚀病等检疫性有害生物的控制和封锁，控制和减轻了稻水象甲等检疫性有害生物在秦皇岛市的发生和为害。

2008年根据农业部《重大植物疫情阻截带建设方案》的总体要求和省植保植检站制定的疫情监测方案，本市认真组织实施，开展定点监测和疫情普查，建立健全疫情报告和信息通报制度，确保早发现、早治理。2008年本市设立植物危险性疫情阻截带监测点12个，2010年又做了调整，监测点增加到13个。重点阻截红火蚁、葡萄根瘤蚜、加拿大一枝黄花、梨树枯枝病、小麦一号病、马铃薯甲虫、西花蓟马、香蕉穿孔线虫、黄顶菊、黄瓜绿斑驳花叶病毒病、李属坏死环斑病毒病、苹果蠹蛾、大豆疫病等，通过监测到目前为止秦皇岛市尚未发现上述疫情。实施了"河北省植物疫情种类分布及数据库建设"项目，明确专人，认真做好调查、采样和拍照等项工作。普查结果：发现有害生物33种。其中昆虫15种；线虫4种；真菌6种；原核生物5种；杂草3种。

（二）市场监管检查经常化

这几年来，各县区植保植检站加大了检疫执法力度，规范种子市场秩序。对本地种子繁育单位和个人认真进行摸底调查，准确掌握本辖区的繁种企业、品种、数量、种植区域、种植面积等情况并登记造册。外来种子、苗木必须有植物检疫部门出具的《植物检疫证书》，做到种子市场全面检查、重点检查与定期检查、不定期检查相结合，使检疫执法日常化。

（三）农业植物检疫工作规范化，业务程序化

1. 健全了植物检疫登记制度

2006年，我站代市政府起草了《秦皇岛市农业植物检疫登记管理办法》，以政府规范性文件的形式出台了秦皇岛市的植物检疫登记管理办法。全市范围内统一实行植物检疫登记制度，对于生产、经营、加工农作物种子或繁殖材料的单位和个人，在依法领取《种子生产许可证》《种子经营许可证》《营业执照》后，都要向所在县区植保植检站申报植物检疫登记。各县区植保植检站对其生产、经营、加工场所的条件、设施等进行实地考察，合格后发放植物检疫登记证。市站统一制定了植物检疫登记证有效期及办理流程并进行宣传和公示，并在县区植保植检站办公场所张贴，方便相关单位和个人办理业务。确立了植物检疫报检员制度。取得植物检疫登记证的单位确定至少一名具备植物检疫相应知识的人员作为植物检疫报检员，代表单位办理植物检疫登记事项。市植保站统一对报检员进行培训并备案，并规定未经过培训及备案的人员不得作为植物检疫报检员。

2. 规范产地检疫及调运检疫出证程序

自2004年以来，本市各代省签证县全部安装了全国农业植物检疫计算机管理系统，从近几年的使用情况看，各县都能按照规定在管理系统上进行出证，未发生手工出证情况。产地检疫、调运检疫档案制作、保存及票据使用的实现了规范化。档案制作规范，有专人进行保存和管理，都能及时换领收费证许可证和财政统一印制的收费票据。

《植物检疫条例》条例颁布实施以来，每年3月份是河北省植物检疫宣传月。多年来，本市通过办培训班、媒体宣传、集市宣讲、到重点单位走访、墙体标语、印发资料等方式多方面开展宣传。今年市植保站还专门拨出1万元经费给各县站用于书写永久标语，共刷写墙体标语200余条。

自开展植物检疫工作以来，逐年签发了一批植物检疫证书。进入20世纪80年代，植物检疫工作量迅速扩大。详情见1984～2002年调运植物检疫统计表。

2002年4月，市植保站（植物检疫站、农药监督管理站）编辑印刷了《植物保护·

植物检疫·农药监督资料汇编》1 000册，把涉及农药、种子及植物检疫的有关法律、法规、规章进行了摘编，同时还编写了农药的合理使用等知识，具有明显的针对性，方便了农药生产、经营部门及农药、检疫执法人员的学习和使用。该书的辑印，对于普及农药、植物检疫、相关法律、法规及规章知识，实现依法治农、依法护农、依法兴农，起到积极的作用。我们还集中利用一个星期的时间，专门约请了市司法局、市技术监督局、市工商局的领导、专家，对秦皇岛市植保执法人员进行了系统、全面的培训。通过这次培训，澄清了一些模糊认识，强调了执法程序的问题，使参加培训的人员执法水平得到了明显提高。

秦皇岛市鼠害发生与防控概况回顾与展望

杨秀芬

（秦皇岛市植保站）

老鼠是人类生活的大敌，在农业上所造成的损失约是年农业总产值的20%，已成为当今世界性灾害，农田鼠害的防控工作一直是植保站的一项重要工作，现回顾一下秦皇岛市灭鼠工作：

一、20 世纪 80 年代大规模灭鼠活动阶段

20 世纪 80 年代，由于大规模的滥砍滥伐，生态环境遭到严重破坏，破坏了鼠类天敌的适生环境，再加上人为捕杀，对鼠类天敌有大量杀伤，致使鼠类天敌如猫头鹰、黄鼬等大量减少，以及大量使用急性杀鼠剂-氟乙酰胺灭鼠，使猫等鼠类天敌误食死鼠二次中毒被毒死，鼠类天敌几乎濒于绝灭，生态失去平衡，造成鼠类大量繁殖，致使老鼠危害猖獗，成为农业生产一大祸害。1983 年，全市进行了大规模的鼠害普查工作，查清了本市鼠害发生的种类、密度、分布等情况。

通过普查发现本市发生的害鼠主要有褐家鼠、小家鼠、纹背仓鼠、仓鼠、黑线姬鼠、花鼠。卢龙、青龙两县还发现有鼢鼠、松鼠。市郊区山区有岩松鼠。1985 年，在老岭鼠类及天敌调查中，又查有隐纹花鼠和棕背鼠两个新鼠种。

1983 年本市鼠害发生面积 183 万亩。鼠密度为：平均每百亩有鼠 27 只。本市害鼠的分布情况是平原地区密度高于丘陵山区。卢龙县调查，平原地区平均每百亩有鼠 75 只；丘陵地平均每百亩有鼠 21.7 只。抚宁县调查，沿海平原平均每百亩有鼠 32.6 只，丘陵地平均每百亩有鼠 58 只。昌黎县在滦河岸边调查，平均每百亩有鼠 23.5 只。全市以纹背仓鼠为害农作物最甚。村庄附近以家鼠为害为主。山地丘陵等地的粮食水果多有花鼠为害。

20 世纪 80 年代消灭鼠害，成为全市植保工作的一项主要任务。市、县、区各级政府对此十分重视，列入保证农业丰收的重要措施，宣传发动群众，积极组织捕杀害鼠。1980 年 6 月，市农业局植保站在市郊区户远寨公社搞了新药灭鼠试点。使用对家禽农畜低毒的新型杀鼠剂——敌鼠钠盐。采取统一拌药，统一投药时间，统一处理死鼠，减少了对天敌的杀伤，灭鼠效果显著。在 15 个村共灭鼠 10 026 只，按每只鼠每年糟蹋 7.5kg 粮食计算，保住粮食 7.5 万 kg。同时，有利于防止鼠传染的各种疾病。20 世纪 80 年代末，各县区都举办了灭鼠训练班，推广灭鼠经验。1981 年 6 月 15 ~ 25 日，卢龙县开展第一次全县宅院灭鼠活动。共用敌鼠钠盐 22kg，配成毒饵 2 万 kg，灭鼠 62.5 万只。1983 年春季，卢龙、青龙、昌黎 3 县共投放敌鼠钠盐 107kg，灭鼠面积 37.5 万亩，共计灭鼠 148.2 万只。卢龙县植保站制做烟炮 6.3 万支，全部出售使用。陈官屯工委 6 个乡搞了 12 万亩的烟雾炮，灭鼠 5.05 万只，挽回粮食损失 45 万 kg。是年，市农业局和市财政局联合下达灭鼠经费通知，拨给卢龙、抚宁、昌黎、青龙四县植保站和市植保站经费 9 000 元，作为消灭鼠害补助，实现专款专用。

1984 年 10 月，全市开展以平原地为主的大面积灭鼠活动，全市完成灭鼠 52 万亩，

共灭鼠79.8万只。卢龙县植保站从6~9月份制作烟炮28万余支，除本县使用外，支援昌黎、抚宁、青龙三县2.4万支，全县完成灭鼠49万亩，该县从1982~1984年共生产烟炮36.16万支投入灭鼠活动。青龙县采取"春突击、夏普治、秋扫尾"的灭鼠战略，全县春季播种前在灭鼠区内投放敌鼠钠盐8kg，播种期间以甲胺磷、1605毒饵为主，处理15.5万亩，杀鼠20万只。夏季统一投药，全面检查，全县投用敌鼠钠盐37kg，灭鼠灵240kg，共投毒饵6万kg，灭鼠20万只，挽回粮食损失达180万kg。与此同时，各县、区号召群众养猫灭鼠。卢龙县六百户乡张田各庄，大刘庄乡下黎峪等村，农户养猫达100多只。基本上控制住家鼠及村庄附近田鼠的为害。

1985年，全市采取综合措施灭鼠65万亩，其中，抚宁15万亩、昌黎15万亩、卢龙县20万亩、青龙县15万亩。通过大规模的统一灭鼠，平均鼠害密度由原来的30只/百亩左右，下降到5只/百亩以下，鼠害得到了有效地控制

二、鼠害从下降到逐年回升阶段

进入20世纪90年代，本市鼠害年发生面积由80年代的每年180多万亩下降到70多万亩，1986~1990年，全市累计发生农田鼠害面积341.05万亩，防治面积152.7万亩。但进入90年代随着种植结构的优化调整和农作物产量和品质的提高，加之农区统一灭鼠工作力度下降，农民大量乱用剧毒鼠药，很多天敌因第二次中毒而被杀死，致使鼠害猖獗态势再次迅速加剧，1999年农田鼠害发生面积159万亩，防治面积48.93万亩，至此本市农田鼠害呈逐年上升趋势。

三、净化鼠药市场毒鼠强专项整治阶段

进入20世纪初，农田鼠害面积不断增加，危害程度日趋严重，农作物产量损失较大；农舍区鼠情呈上升趋势，对农村居民身体健康和财产安全构成较大威胁。然而，农村灭鼠安全隐患十分突出，在此时期，市场上销售的多为国家明令禁止生产、销售和使用的毒鼠强、氟乙酰胺等危险鼠药，经常引发人畜中毒事件。特别是2002年9月17日南京汤山和2003年2月12日四川什邡"毒鼠强"危险鼠药投毒案件，给城乡居民的生命财产造成巨大损失，使人们产生了巨大的恐慌，引起了国家的高度重视，国家决心下大力气净化鼠药市场。2002年12月13日国务院召开了"专项治理毒鼠强"电视电话会议会，2003年7月19日国家农业部、公安部、国家发改委等九部委联合发布了《关于清查收缴毒鼠强等禁用剧毒杀鼠剂的通告》，要求加强对杀鼠剂生产、销售、使用的管理，预防和打击利用杀鼠剂进行违法犯罪活动。通告规定，严禁任何单位和个人制造、买卖、运输、储存和使用、持有毒鼠强、氟乙酰胺、三步倒、闻到死、"全杀光"、"2秒死"、"五步倒"、"嗅到死"等国家禁用剧毒杀鼠剂；严禁任何单位和个人违法生产、加工、销售国家允许使用的杀鼠剂。

从2002年电话会议后，本市成立了专项治理领导小组和毒鼠强专项整治办公室，由农业、公安、卫生、工商、质检、环保、经贸、爱卫会等部门在市政府的领导下，立即行动起来，协同作战，摸清本辖区情况。对本辖区流散在社会上的毒鼠强进行清查清缴，彻底捣毁生产、销售毒鼠强的黑窝点。开展了多次大规模的治理和宣传活动，对农药经营门店进行了检查，特别是对农村集贸市场，进行了持续的清理工作，将检查、收缴、清理、打击、处理结合起来，坚持堵源截流，打击与管理并重，标本兼治，综合治理，对违法责任人和单位进

行了严肃的处罚。经过 2003 年大规模联合彻底整治，2004 年持续整治清理，市场上彻底杜绝了毒鼠强、氟乙酰胺等危险剧毒鼠药。给安全、科学灭鼠创造了有力的环境。

四、大规模科学灭鼠阶段

1. 发生危害情况及特点

从历年监测及普查情况看，近年本市发生的鼠害种类主要有：大仓鼠、小仓鼠、纹背仓鼠、黑线姬鼠、大家鼠、小家鼠、褐家鼠。农田优势鼠种为大仓鼠，占 65%。农户优势鼠种为大家鼠和小家鼠，占 75%。鼠害发生特点，一是鼠害的发生范围广、危害大，家居鼠害危害较为突出。由于气候适宜、化学农药污染及杀伤天敌等因素的影响，农区鼠害日渐突出，环境卫生差的地方发生较重，村庄附近的农田重于远离村庄的农田，零星种植的田块重于连片种植的田块，鼠害直接对居民人身安全构成威胁。二是鼠密度回升快。老鼠种群庞大，统一药物灭鼠过后，由于农民不注意平时防鼠，环境中常年都有丰富的食料，为鼠类提供了良好的生存和繁衍条件，鼠密度回升很快。所以，灭鼠是一项长期的工作任务，必须常抓不懈。

2. 体现公共植保、实行联合灭鼠

由于本市害鼠带毒率高（带毒率 34%），所以，本市是出血热高发区，2006 年本市有两个县出血热发病病例排在全国前五名，严重威胁着人们的身体健康。本市是旅游休闲地又是 2008 年北京奥运会的分会场，人员流动性大。因此，对于这种鼠传疾病的发生引起了领导的高度重视。

为此 2006 年 11 月 24 日本市召开了《全市流行性出血热防治和灭鼠工作会议》，会议由主管农业和主管卫生的两个副市长主持，由市农业局、市植保站、各县（区）植保站主要领导；各县（区）主管农业、卫生的县长；市爱委办、各县（区）爱委办的主要领导及各相关部门参加。会上市领导强调了我们面临的严峻形势和艰巨的灭鼠任务，强调灭鼠工作农业部门、卫生部门要搞好合作，灭鼠实施要做到五同，即同组织、同培训、同方案、同实施、同检查。这样本市从 2006 年起农业和卫生部门联合起来，成立了由市农业局植保站和市卫生局爱卫办组成的联合灭鼠领导小组。

灭鼠工作是一项社会公益事业，仅靠农业植保部门和卫生部门的积极工作是远远不够的，在灭鼠行动中，必须由政府统一组织和部署行动。2007 年本市召开了两次由主管农业的副市长和主管卫生的副市长联合主持的专题会议安排和部署灭鼠工作，要求各县区都必须成立灭鼠工作领导小组，并由县区主管领导任组长、各成员单位、各乡镇一把手为成员，并把灭鼠工作作为年度考评指标。同时要求各部门要充分认识灭鼠工作的重要性和必要性，既分工负责，又密切配合，发动群众积极参与，掀起全民统一灭鼠的高潮，切实保障灭鼠工作的顺利开展。县、乡镇负责出资购买鼠药，植保部门和爱卫办负责毒饵的配制、技术培训和措施的落实、检查工作，村委会负责出资购买稻谷（饵料）和组织专业队。本市各县区在财政紧张的情况下都拿出了一定的资金用于灭鼠，政府的大力支持，部门的密切配合，为本市农区灭鼠工作的顺利开展奠定了坚实的基础。

3. 做好宣传工作、普及灭鼠知识

为提高全市广大民众对灭鼠工作重要性的认识，推广普及科学灭鼠技术知识，开展了层层培训活动。从 2006 年起，每年本市都举办"农村灭鼠培训班"，受培训人员主要有

主管农业的乡镇领导、乡镇技术员、定点鼠药经销商、县级农业局技术人员、村委会主任和村级投饵员。主要就灭鼠工作意义、科学的灭鼠方法、鼠药性能、毒饵配制方法，安全投饵、如何投饵有效及使用注意事项、中毒后的急救措施、剧毒急性鼠药的危险性等相关知识进行了具体的培训。并且每年本市都开展集中宣传，发放各种宣传材料和挂图。各村还利用板报等各种形式进行宣传，使全市广大干部群众充分认识到灭鼠的重要性，同时进一步普及了灭鼠知识。

4. 科学用药、实行专业化统防统治

近年来，本市每年在春、秋两次统一灭鼠前，各县区都统一购进敌鼠钠盐、溴敌隆等安全鼠药或毒饵。春、秋各下发由市植保站和市爱卫办联合制定的春、秋季统一灭鼠实施方案，严格实行了"六统一""五不漏"即统一组织领导、统一筹集资金、统一宣传培训、统一鼠药供应、统一投放饵料、统一投饵时间，投放饵料做到了县不漏乡、乡不漏村、村不漏社、社不漏户、户不漏田。全市农村大范围内的居民地、住宅、加工厂、仓库、公共庭院、饲养场，距村庄300m以内的农田、河岸、沟渠、堤坝、稻场等各种鼠类栖息活动场所，城镇各社区、绿化带、垃圾箱周围，实行大范围统一投药。配制好的毒饵采用一次性饱和投放法，即室内每$15m^2$房间投饵50～100g，每堆10g。室外每公顷投饵500～1 000g。

同时各县、区农业局都在集中防治的基础上抓了1～2个典型示范村。技术人员亲自进行技术指导进行投饵示范。通过以点带面，带动了全市统一灭鼠工作的开展。

5. 大力推广毒饵站控鼠新技术

近几年，本市植保站投入资金统一购进制作了80 000多个毒饵站，发放到各县（区）做灭鼠示范，在毒饵站灭鼠示范工作中，发现毒饵站灭鼠有其安全、环保、持效的优点，尤其对家鼠的防治上，保护了其他家畜的安全。为了更好的推广毒饵站灭鼠，我们在培训时教授了如何用塑料瓶做简单的毒饵站技术。到2009年，发放的毒饵站加群众自制的毒饵站，大部分农户灭鼠已经用上毒饵站，使灭鼠更加科学有效。

6. 检查验收。

每年统一灭鼠开始后，本市植保站和市爱卫办联合各县（区）植保站和爱卫办与政府组成督导检查组，对全市各个乡镇的灭鼠工作进行了全面检查。从每次的检查结果看，绝大多数乡、镇、村都能够按方案要求进行安排落实，各项措施也都到位，取得了良好的效果。对个别工作马虎的单位，给予了及时的批评纠正。

7. 不懈努力 成绩显著

通过连续4年的统一灭鼠，鼠密度由原来农田1.5～15只/百夹，农户2.5～4.5只/百夹；降至今年的农田1.5～4.3只/百夹，农户0.8～2.5只/百夹，今年流行性出血热发病率较往年同期下降了60%以上。本市彻底摘掉了流行性出血热病例全国前五名的帽子。

五、今后灭鼠工作展望

我们将把这种联合统一灭鼠模式推广下去，常抓不懈。继续加大宣传力度，采取多种宣传方式，宣传到农户，继续大力推广毒饵站灭鼠技术，投入一定资金多做毒饵站，使大部分农户灭鼠用上毒饵站；增加监测点的数量，争取每个县、区至少有3个监测点，从而及时掌握鼠情动态；在联合统一灭鼠的同时，平时结合生态灭鼠、生物灭鼠，把鼠密度保持在较低的水平。

实施科学灭鼠　　工作成效显著

安英伟

（秦皇岛市海港区农业局）

鼠害是农业生产中的一个重要的生物灾害，是传播多种人体疾病的重要媒介，给农业生产和人类健康造成极大危害。为有效地开展农村灭鼠工作，切断流行性出血热的传播途径，保护粮食生产和农产品质量安全。我局自2004年开展农村灭鼠工作以来，在区委、区政府的正确领导下，市农业局植保站的业务指导下，按照省、市政府灭鼠工作会议精神，我区坚决贯彻"预防为主，综合防治"的指导方针，抓住灭鼠防治关键季节，大力推广鼠害综合防治技术、新产品，加强灭鼠工作宣传培训，巩固毒鼠强专项整治成果，在保障人民群众身体健康，维护社会稳定，打造平安海港区和创建和谐社会方面，做出了积极的贡献。

一、我区农村基本情况

我区地处秦皇岛市中心，所辖有5个镇，一个工业区，一个物流园区，拥有97个自然村，3.9万农户9.85万农村人口。全区农作物播种面积近10万亩，主要种植大田作物、蔬菜等作物，属现代郊区型农业。

二、我区农村灭鼠工作取得的成绩

流行性出血热是鼠类传播的重要疾病，流行性出血热人数多少是衡量灭鼠工作好坏的重要标准。为降低鼠密度，防止流行性出血热疾病的发生，我区每年在春秋鼠类种群繁殖的高峰季节，组织全区3.9万农户对所辖住宅区、农田进行统一大规模的防治，灭鼠效果达到90%以上，鼠密度明显下降，每年挽回农作物经济损失700万~800万元，鼠传疾病明显减轻，尤其是流行性出血热人数及比例在我区逐年下降。具体情况见表（此数据是在海港区疾病控制中心获悉）

表　海港区农村流行性出血热统计表

年份	流行性出血热病例（人）	与前一年相比下降百分比（%）
2005	25	
2006	21	16
2007	6	71
2008	6	0
2009	2	67

三、采取措施

（一）领导重视，行动迅速

为把灭鼠工作落实到位，海港区一是建立健全灭鼠工作体系。区、镇、村都相继成立了灭鼠工作领导小组，做到统一领导，分工负责，分级实施，共同做好灭鼠工作；二是关键季节召开灭鼠工作会议。每年春秋两季海港区都以召开灭鼠工作会议、印发灭鼠工作通知、出台灭鼠工作实施方案等形式布置灭鼠工作；三是多方筹资，落实灭鼠经费。海港区政府对灭鼠工作十分重视，把它作为统筹城乡经济社会发展，为民办实事一件大事来抓，在财政非常困难的情况下，安排财政专项资金用于宣传、培训及灭鼠药物的购置。据统计，全区农村灭鼠共投入 8 万元，其中，政府财政拨款 4 万元，集体和农户自筹 4 万元。建立了国家、集体、个人共同分担，多渠道筹集灭鼠资金新机制。

（二）广泛宣传，加强培训

为了把全区农村灭鼠工作做好，让广大农民积极参与到灭鼠工作中去，海港区以举办培训班、黑板报和公开栏、印发宣传材料及标语等多种形式宣传灭鼠工作的意义、作用及灭鼠使用技术、安全防范等知识。大力推广国家规定的杀鼠剂，严禁使用毒鼠强等违禁剧毒鼠药，一旦发现要及时上报。据统计，海港区每年各种形式的培训班 16 次，培训人员近 1.5 万次，黑板报和公开栏 100 期次，发放《农村灭鼠工作势在必行》《灭鼠知识问答》宣传材料 6.2 万份，在全区农村真正做到了灭鼠工作家喻户晓，人人皆知。

（三）开展调查，摸清鼠种

为了准确掌握海港区鼠类发生情况，做到有的放矢地开展灭鼠工作，海港区于 2004 年对农村住宅区进行了鼠情调查，调查中按照随机取样的原则，调查 54 个村 403 个农户。发现海港区农户鼠种以小家鼠为主，以褐家鼠及其他鼠类为辅。其中，小家鼠占 93.5%，褐家鼠占 4.8%，其他鼠类占 1.7%；农田以田、小家鼠为主，其他鼠类为辅。通过调查基本摸清了海港区老鼠危害种类及危害作物。老鼠主要危害蔬菜、果品及玉米、花生、水稻等作物。

（四）开展监测，确定防治时期

为了解海港区鼠类发生规律，海港区 2005 年在东港镇上营村、北港镇大旺庄村设立了 2 个鼠情监测点，采用鼠夹法监测，监测点每次农户 50 个鼠夹，农田 50 个鼠夹。每月 15 日上报检测结果。具体结果如下：2005 年 2.4 只/百夹，2006 年 1.6 只/百夹，2007 年鼠密度为 2.0 只/百夹，2008 年，2009 年鼠密度为 1.42 只/百夹，从以上检测数据中了解到，海港区鼠密度均达到了国家规定的农村农舍鼠密度低于 2.5% 以下的防治指标。监测点的设立一是为全区科学灭鼠提供依据，鼠密度的下降，准确反映出海港区灭鼠工作取得的成绩。

（五）科学防治，高效安全

为使海港区灭鼠投药工作落实到位，海港区是统一购进国家规定的杀鼠剂。如：溴敌隆饵料、杀鼠醚饵料、溴鼠灵饵料等鼠药；二是统一灭鼠时间。春季 5 月 15～31 日、秋季 10 月 25 日至 11 月 10 日；三是开展技术培训。使各镇、村的技术骨干、投药员对鼠药投放位置、投药量有进一步了解，通过采取以上措施，各镇都能够按照区里规定，严格按照的"三统一、三不漏、三结合、三集中"的原则，完成鼠药的投放任务；四是开展灭鼠技术创新。在常年的灭鼠工作中，海港区大多采用传统投放毒饵方式，每次投放的毒饵，除害鼠消耗仅20%～30%，其余毒饵残留在土壤中，对环境和水体造成了污染。针对这种情况，海港区于2006年引进了毒饵站灭鼠技术。毒饵站是一种老鼠能自由进入而其他动物不能进入，能盛放毒饵的容器。使用毒饵站灭鼠技术，具有省工、省毒饵、持续高效、安全环保等优点，目前在海港区已经大面积推广；五是监督检查到位。通过我们监督检查、实地走访、灭鼠效果监测，发现各级灭鼠工作人员都能够及时把鼠药发放到农民手中，农民也能够按照区里的规定统一时间集中灭鼠，有效地降低了海港区农区鼠密度，均达到省市规定的标准。海港区的灭鼠工作主要采取环境治理与投放鼠药相结合；政府投入与社会筹资相结合；群众自觉参与政府强制相结合等手段。从未发现因灭鼠投放工作不利而造成的中毒事故。

（六）加强管理，实施杀鼠剂经营资格核准

为加强杀鼠剂定点经营单位管理，严厉打击违法行为。海港区完善了杀鼠剂经营资格核准和定点销售制度，合理布局定点，建立全区定点销售网络，以满足广大群众经常性灭鼠的需求。同时加强了鼠药经营人员业务培训，使他们建立销售台账，提高生产经营者的诚信意识和依法守法观念。

回顾过去，海港区农村灭鼠工作取得的成绩是在各级政府高度重视、有关部门密切配合、上下齐心协力、群防群治取得的。展望未来，灭鼠工作还十分艰巨，海港区将进一步完善灭鼠机制，进一步贯彻"预防为主，综合防治"的植保方针，综合运用农业、生物、物理、化学防治措施。加快灭鼠技术、灭鼠药物、灭鼠方法和灭鼠工作机制的开发创新，普及无害化灭鼠技术，不断提高农村统一灭鼠的科技水平。

植保无公害化防控体系

董建华

（秦皇岛市卢龙县农牧局植保植检站）

植保，即植物保护。植保职能是指通过本地区的种植农作物的多种有害生物（病、虫、草、鼠）进行监测、预报、防控技术指导，把对被保护植物的为害降到最低，损失降到最小。绿色农业是指以生产、加工、销售绿色食品为轴心的农业生产经营方式。绿色食品是指遵循可持续发展的原则，按照特定方式进行生产，经专门机构认定的，允许使用绿色标志的无污染的安全、优质、营养类食品。而绿色农业是国际市场对农产品的高品位、高质量、优品种和无毒无害无污染农产品的要求，中国必须走绿色农业发展之路，就是通过植保技术的推广应用，保护农业生产的安全，作为各级植保植检站工作职责。

一、植保体系进程

我国的植保事业是从新中国成立以后才开始。各级植保机构逐渐成立逐步健全，从基本设施到专业人员，体现简陋和短缺，20 世纪 50 年代到 80 年代，我国植保服务的内涵基本上是"控制病虫危害，保证粮棉油丰收"。

20 世纪 50 年代，清初使用"信干"，即用砒霜水将谷子煮透晾干制成毒饵，同种子一起播下，杀地下害虫。开始利用有机氯农药。宗旨是"全面防治，重点消灭"有害生物为害，保证粮棉油丰收为宗旨。卢龙县是从 1965 年开始实行农作物病虫害监测和预报，开始了农业植保工作，由于受农业"全面防治，重点消灭"理论的影响，防控以土洋结合，人工为主，掀起全民动手"灭四害"的高潮，"虫口夺粮"，在艰苦奋斗中求得了生存。那个时候化学防治用药主要是药防有机氯农药。

20 世纪 70 年代，由于社会历史原因，植保、检疫工作一段时间内发展停滞不前，1973 年卢龙县建立农业植保检查站，在普查的基础上，依据具体的生态环境，分析研究境内病虫害发生和蔓延规律。当时从事植保一线人员条件艰苦，通常是晴天一身土，雨天一身泥，有一个顺口溜"远看像要饭的，近看像逃难的，一打听是农业三站的。"便是当时农业植保工作人员一线办公的写照。1975 年，我国根据植物保护的性质，提出了"预防为主，综合防治"的植保方针。人民生活挣扎在"粮食丰收"的时代，注重的是数量，毕竟温饱问题尚未解决，无暇其他。防治模式以生产队、组形式，防治用药高毒高残留农药占据防治主流，卢龙县 1978 年地老虎大发生，北部丘陵区较严重，但由于及时防治，未造成大减产，说明当时的植保已在农业生产中起到了重要作用。

20 世纪 80 年代，土地实行承包责任制实施，生产队解散，责任到户，防治模式发生了改变，各种农药使用技术、病虫防治技术又有了新需求，植保事业进入了崭新阶段，加大有害生物监测点，在卢龙县各主要村镇建立了监测点。推广、试验、示范新产品、新技术，推陈出新。1981 年 6 月，进行第一次全县宅院灭鼠，共用敌鼠钠盐 22kg，配成杀鼠毒饵 4 万 kg，灭鼠 62.5 万只。1982 年 10 月进行农田灭鼠，燕河营公社 15 个大队灭鼠 2 万亩，消灭田间害鼠 5 万余只。1983 年利用烟炮灭鼠，陈官屯工委片农田灭鼠 12 万亩。"农田烟炮灭鼠"获秦皇岛市农业科技推广成果二等奖。1984 年，城关、刘田各庄、木井、潘庄、双望 5 工委片农田灭鼠面积 47 万亩。至 1985 年共进行全县范围灭鼠 6 次，鼠害基本得以控制。

1982 年 6 月 5 日农牧渔业部、卫生部发布：施用化学农药，防治病、虫、草、鼠害，是夺取农业丰收的重要措施。如果使用不当，亦会污染环境和农畜产品，造成人、畜中毒或死亡。为了保证安全生产，特做一系列相关规定：根据当时农业生产上常用农药（原药）的毒性综合评价（急性口服、经皮毒性、慢性毒性等），进行高毒、中等毒、低毒三种分类。订出"农药安全使用标准"的品种，均按照"标准"的要求执行。高毒农药不准用于蔬菜、茶时、果树、中药材等作物，不准用于防治卫生害虫与人、畜皮肤病。除杀鼠剂外，也不准用于毒鼠。氟乙酰胺禁止在农作物上使用，不准做杀鼠剂。"3911"乳油只准用于拌种，严禁喷雾使用。呋喃丹颗粒剂只准用于拌种、用工具沟施或戴手套撒毒土，不准浸水后喷雾。高残留农药六六六、滴滴涕、氯丹，不准在果树、蔬菜、茶树、中药材、烟草、咖啡、胡椒、香茅等作物上使用。氯丹只准用于拌种，防治地下害虫。杀虫脒可用于防治棉花红蜘蛛、水稻螟虫等。根据杀虫脒毒性的研究结果，应控制使用。在水稻整个生长期内，只准使用一次。每亩用 25% 水剂 2 两，距收割期不得少于 40 天，每亩用 25% 水剂 4 两，距收割期不得少于 70 天。禁止在其他粮食、油料、蔬菜、果树、药材、茶叶、烟草、甘蔗、甜菜等作物上使用。在防治棉花害虫时，亦应尽量控制使用次数和用量。喷雾时，要避免人身直接接触药液。禁止用农药毒鱼、虾、青蛙和有益的鸟兽。国家对一些高毒、高残留农药使用范围做的这些相关规定以及农药安全使用相关要求，充分表明国家开始注重农业植物保护和农业环境保护。特别是十一届三中全会以后，国民经济全面复苏，我国开始注重使用各种农药以保证农业生产安全，并深入贯彻实施了"预防为主，综合防治"的植保方针。1985 年开始实行农作物种子、产品、苗木等的产地检疫制度，严格控制病虫害的侵入和蔓延，确保农作物的增产增收。

20 世纪 90 年代后，我国农业向外向型农业方向发展，面对世界大市场、大环境的冲击，我国农业由长期短缺向阶段性过剩转化，为适应世界经济发展需求，由数量农业正逐渐转变为质量农业，优质、无公害农产品应运而生，1997 年国务院颁布了《农药管理条例》更明确高剧毒农药在蔬菜、水果等农产品上使用限制，农药在农产品中残留引起广泛重视。随着市场经济迅猛发展，人民生活水平提高，人民生活日益增长的需求，2001 年中华人民共和国国务院令第 216 号文件发布对 1997 年 5 月 8 日颁布的《农药管理条例》进行了修订，对农药规范使用更为详尽和完善，我国农业开始向绿色农业、生态农业发展。农业植保工作内涵又发生变化，监测预报任务加重，防控技术要求提高。随着我国加入 WTO，经济往来频繁，物质流通广泛，一些外来生物入侵并形成新的危害，我国农业植保面临严峻考验，建立健全监控体系，把危害控制在萌芽状态，2002 年河北省第九届人民代表大会常务委员会第 26 次会议《河北省植物保护条例》通过，并在 2002 年 7 月 1 日实施。对河北省植保植检工作责、权、利详细规范。体现农业植保重要地位。

二、植保防控技术发展

随着时代的变迁，植保服务的内涵大有不同，经历从新中国成立后对农作物有害生物从"消灭"到现在的"可持续治理"。20 世纪 80 年代前消灭一切要害生物的观念，其结果致使生态链断缺。人为的生存发展破坏生态结构，打乱生态循环，破坏生态平衡，致使一些相关生物灭绝或濒临灭绝，直接危害到人类生存环境。

从长远角度来看，单一保护或单一的消灭某个物种都不利于生态发展。植物保护应从生态角度考虑，维持生态可持续性发展，必须发展生态农业，大力推广无公害防控技术。

（一）大力推广物理防控、生物防治技术，打造绿色无公害农产品

（1）我站在蔬菜生产基地大力推广黄板诱蚜技术，黄板诱杀：防治蚜虫、粉虱（白、烟粉虱）等成虫，用黄板诱杀成虫，每亩放 1m×0.17m 的黄板 30 块左右，诱满害虫后及时清理更换，减少化学药剂使用。

（2）使用防虫网：蔬菜生长期内，在棚架上覆盖 50 目防虫网，把网棚的四周压紧，不留缝隙，防止小菜蛾、斜纹夜蛾、甜菜夜蛾、瓜绢螟、豆荚螟等害虫进入棚内为害。在盖网棚之前处理一次地下害虫，进出棚时及时关严棚门。

（3）灯光诱杀：采用频振式杀虫灯或太阳能杀虫灯，对小菜蛾、菜青虫、棉铃虫等成虫进行诱杀，平均 50 亩设置一盏灯。

（4）高温闷棚防病：在原有蔬菜大棚内，于夏季换茬期间，选择晴天将大棚完全密闭后，连续高温闷烤 5~7 天，可杀灭青枯病、枯萎病、疫病病菌。

（5）复合盖顶棚避雨预防病害技术：春季气温回升后，保留大棚棚膜和裙膜，平时将裙膜卷起、棚门打开，下雨时放下裙膜、关上棚门，用以避雨降湿，预防茄果类、瓜类疫病及青椒枯萎病等土传病害。

（二）利用生物农药、高效低毒农药进行化学药剂防治

1. 生物防治及生物农药防治

生物防治：使用苏云金杆菌（Bt）、白僵菌防治菜青虫，颗粒体、多角体病毒防治小菜蛾、菜青虫、斜纹夜蛾，浏阳霉素防治红蜘蛛、茶黄螨，农用链霉素防治青枯病，宁南霉素防治病毒病，农抗 120 防治炭疽病、枯萎病。使用印楝素防治菜青虫、小菜蛾，苦参碱、烟碱、天然除虫菊素防治菜青虫、蚜虫。

2. 应用高效低毒农药

防治菜青虫、小菜蛾、斜纹夜蛾、甜菜夜蛾、豆荚螟、瓜绢螟应在低龄幼虫期用溴虫腈、茚虫威、氟虫脲、灭幼脲、啶虫隆，防治蚜虫用吡虫啉、啶虫脒、溴氰菊酯，防治红蜘蛛、茶黄螨用克螨特、阿维菌素、甲氰菊酯。病虫害发生初期，选用低毒低残留农药进行防治，改进施药方法和施药技术，提高防治效果，降低农药使用量和使用次数。蔬菜移栽前 3~5 天，喷施或浇灌防病药剂，做到带药移栽。移栽后，浇定根水时加入防病药剂，预防疫病、青枯和枯萎病等土传病害。

无公害呼声日益高涨，对植保服务内容形成冲击，无公害植保技术的研发推广已成燃眉之急。在传统植保服务内容是围绕"控制病虫灾害、保护农业生产安全"而确定的，但无公害农产品的标准中，农药残留是一项最重要的内容。不论是生物农药还是化学农药，施药都要本着无公害环保的原则，尽可能不施药、少施药。植保服务内容必须符合无

公害的要求。绿色植保技术的应用推广，是植保工作的一项主要内容，是确保农业节本、增效，提升农产品质量安全，减少环境污染，促进农业可持续发展的一项主要技术措施。

三、植保预测、预警系统设施建设

（一）信息监测与报告

卢龙县通过黑光灯、杨树枝把、田间调查、群众反映等方式发现农业有害生物重大灾害后，一经核实，植保站的负责人员在第一时间，通过电话或直接报告形式，向上级农业主管部门报告灾害的类型、发生时间、地点、程度、农业经济损失、潜在危害程度等初步情况。在进行救灾的同时，通过电话或书面形式，随时报告有关确切数据及灾害发生的原因、过程、采取的应急措施等情况。救灾工作结束后，通过书面形式报告事件潜在或间接的危害、社会影响、处理后的遗留问题，参加处理工作的有关部门和工作内容，出具有关危害与损失的证明文件等详细情况。2007 年省植保总站给卢龙县植保站病虫测报检测设备——"佳多牌"虫情测报灯，替换了老式测报灯。2009 年又配备了"佳多牌"虫情测报灯、小气候观测仪、风杆等一些先进检测工具，我站租赁了 16 亩有代表性的地块，建立了农业防控观测圃，提升了我站对病虫监测的水平，我站对全县农作物的病虫草鼠害进行监测更为准确、及时。

（二）有害生物突发事件预警应急预案

卢龙县在 2006 年依据国务院《植物检疫条例》《农药管理条例》《河北省植物保护条例》等相关法律、法规制定有害生物突发事件预警应急预案。有害生物突发事件应急领导小组办公室与各乡镇建立顺畅的信息沟通与协调机制。有下列情况之一的，要立即启动应急预案：

（1）重大病虫灾害发生，在一定区域内，为害情况具备下列条件之一：

频发高致灾性病虫（玉米螟、稻水象甲、稻瘟病、棉铃虫等），严重为害的面积超过当地作物面积的 20% 以上，可给农作物造成严重损失的。

暴发迁飞性害虫（东亚飞蝗、黏虫、草地螟等），全县严重为害面积超过 1 000 亩以上，且虫口密度大，若不予以控制，可给农作物造成重大损失，或可导致起飞迁移的。

（2）农业外来检疫性有害生物入侵事件发生。

（3）农作物受药害面积超过当地耕地面积 10% 以上，影响正常生长的。

（4）因可能的农药纠纷到农业部门或当地政府部门上访人数超过 5 人，且情绪不稳定、可能使矛盾激化的。

（5）接到群众举报、涉及高毒、假、劣农药或含检疫性有害生物种子的。

（三）工作原则

（1）以防为主，防抗结合。树立农业灾害可持续治理的科学发展观，坚持以预防为主、综合防治的方针，建立和加强有害生物的预警机制，健全测、报、防、救信息网络，做到提早发现、及时报告、快速反应、有效控制。

（2）快速灵活，经济效能。运用现代化信息手段，在灾后第一时间，快速、准确传递灾害发生地区、发生程度、损失情况等信息，为政府及时实施救助提供依据。同时，要统筹兼顾，科学安排，合理整合资源，降低减灾救灾成本，提高资源利用率。

（3）分级管理，分工负责。卢龙县有害生物突发事件应急处理小组负责指挥、协调各部门的联合救助工作，各局级单位成员按照各自责任分工认真负责，密切配合，确保应急处理工作顺利开展。

做好农业有害生物的预防、应急处理和灾后农业生产恢复工作，最大限度地减轻有害生物对农业造成的损失，确保农业生产安全、有序、可持续发展，并明确实行领导负责制，对不落实工作的给予通报批评，造成工作延误的，提请上级部门给予政纪处分等相关的条款。

（四）应急保障

卢龙县有害生物突发事件应急处理小组在 24h 内做出安排。"突发事件应急处理小组"要立即赶赴事发地开展工作，做好群众工作，及时控制灾情发生程度，控制虫源地的扩展；对药害造成损失的负责协调补种等补救措施；对经营高毒、假、劣农药的门店安排执法人员核实并积极与工商、公安部门密切配合及时查处高毒、假、劣农药，触犯刑律的要及时按程序移交司法机关。

四、总结

植保无公害化防控是高效农业、绿色农业、生态农业的保障，病虫害防治的技术要求高，多数农民缺乏相关的植保知识，导致盲目、过量用药，不仅破坏农田生态环境，而且容易造成农产品农药残留超标和施药者安全事故。通过农作物无公害专业化病虫害防治，可以实现安全、科学、合理用药，有利于建立无公害农产品生产可追溯制度，保障农产品质量安全，有利于农药废弃包装物的回收，保护农业生态环境；有利于减少施药人员中毒几率，保护施药者人身安全。保证农产品质量安全、农业生态环境安全和农业生产者安全。

秦皇岛六十年主要病虫灾害发生防治回顾

刘春茹　董立新

（秦皇岛市植保站）

气候类型属于暖温带半湿润大陆性季风气候。因受海洋影响较大，气候比较温和，春季少雨干燥，夏季温热无酷暑，秋季凉爽多晴天，冬季漫长无严寒。

秦皇岛市的气候条件适宜大宗作物的生长繁育，同时也适合农业有害生物的发生流行。随着农业种植结构的调整，种植模式的改变，也导致一些病虫发生规律的改变；发展设施农业，推广新的耕作方法（如免耕法），增加了有害生物种群变化的风险，导致一些新病虫害的出现及已被控制的病虫再度回升，或是原属次要地位病虫上升为对农作物有重要威胁的主要病虫。因此，本市各种作物病虫害发生频率较高。20世纪80年代，各种农作物上发生比较普遍和危害比较严重灾害的主要病虫草害达86种之多

2001年，植保部门在本市49个乡镇对农业部划定的农业植物有害生物疫情进行了普查。调查植物（作物）种类包括水稻、玉米、小麦、花生、棉花、马铃薯、甘薯、蔬菜、杂草、果树等。共发现危险性农业部门划定的有害生物31种。

一、病害

小麦锈病　也叫"黄疸"，是一种由真菌性病菌引起的小麦主要病害。本市发生的有叶锈病、条锈病和秆锈病。

小麦锈病每年都不同程度的发生，以叶锈病发生最多。1984年，该病首次在昌黎县大发生，成灾面积14 000hm²，占全县小麦面积的99.4%，防治9 333hm²。1985年，全市发病面积15 600hm²，占麦田总面积的72%。以后，各县区加强预测预报工作，及时开展药物防治，起到了良好的减灾作用。在开展药物防治的同时，并采取引进抗锈品种，改进耕作种植技术等措施，进行综合防治小麦锈病，成灾面积逐年明显减少。1989年共发生433hm²，仅占全市麦田面积的2.3%。1990年本市小麦锈病发生晚，6月上旬暴发，条锈病和叶锈病混合发生，成灾程度属中等偏重。全市共发生16 760hm²，防治2 133hm²，锈病造成粮食损失约990.5t。近年该病只在本市零星发生。20世纪60~80年代初，防治锈病的主要措施是：20%萎锈灵200倍液喷雾；65%可湿性代森钾粉剂0.5kg对水250kg进行喷雾；或敌锈钠液200倍液，施药液750~1 500kg/hm²，或用种子重量的0.02%粉锈宁拌种，或亩用12.5%禾果利30~35g、20%粉锈宁45~60mL对水喷雾。

小麦全蚀病　病原菌属子囊菌纲，球壳菌目，日规壳科，顶囊壳属。可为害麦、稻、粟、黍等多种禾本科植物。本市以冬小麦为主，整个生育期均可受害。此病在本市昌黎县首次发现于1988年，1990年发生最重，发生面积达667hm²。2001年普查，全县调查的208hm²中，受害面积54.9hm²，被害率0.7%~6.6%，平均3.2%，全县16个乡镇均有零星发生。其他县区未发现该病发生。防治措施：种子用52~54℃恒温浸种10min，包装

物用开水煮沸或蒸 10min。轮作也是控制此病的有效措施。

小麦赤霉病 又称麦穗枯、烂麦头、红麦头，该病病原由多种镰刀菌引起，2005 年在昌黎全县 7 个乡镇进行病害普查中，有两块地发现该病零星发生，造成危害。

稻瘟病 是由病原稻梨孢菌（属半知菌亚门真菌）引起的病害。本市水稻主要病害。20 世纪 60 年代开始发生，主要以穗茎瘟为害最大，叶瘟次之。1983～1985 年，穗茎瘟连续 3 年大发生，共发生稻瘟病 35 000hm²，防治面积 32 533hm²。虽采取了一定防治措施，一般仍减产 1～2 成。1989 年，全市发生稻瘟病 22 000hm²，防治 15 600hm²。在以后的年份皆有不同程度的发生。1980 年后，经过多年实践掌握了对稻瘟病行之有效的防治方法。用 500 倍代森铵药液浸泡种子 48h，捞出后闷 24h，防治苗期稻瘟效果好，是前期压低菌源的措施之一。根据田间稻瘟病的发展情况，将防治重点放在后期的穗茎瘟。用 500 倍稻瘟净药液分别在水稻孕穗期、挑旗期、齐穗期喷雾防治 3 次，防治效果良好。20 世纪 90 年代在合理使用氮肥，提高植株抗病性的基础上进行药剂防治：抓住关键时期，适时用药。早抓叶瘟（发现病株即治），狠治穗瘟。发病初期喷洒 20% 三环唑（克瘟唑）可湿性粉剂 1 000 倍液或用 40% 稻瘟灵（富士一号）乳油 1000 倍液，上述药剂也可添加 40mg/kg 春雷霉素或加展着剂效果更好。叶瘟要连防 2～3 次，穗瘟要着重在抽穗期进行保护，特别是在孕穗期（破肚期）和齐穗期是防治适期。

水稻稻曲病 是由病原稻绿核菌（属半知菌亚门真菌）引起的病害。本市 1981 年始见发病，1983 年引入中花系品种后，发病逐年加重。抽穗扬花期遇雨及低温则发病重，抽穗早的品种发病较轻，施氮过量或穗肥过重加重病害，连作地块为害重。1986 年，全市发病面积达 6 400hm²，占水稻种植面积的 28.2%，除病粒直接损失外，空穗率高，千粒重下降，成为威胁水稻生产的主要病害之一。1986 年，本市开始进行防治技术研究，明确了 DT 杀菌剂对稻曲病的防效。使用 50% DT 杀菌剂 125g 防效达 82.5%～95%，挽回粮食损失约 5%～10%。用药两次，喷药时期必须在水稻抽穗始期前 10 天（俗称破口），第二次用药在水稻抽穗始期前 3～4 天，用量不可超过 2.25kg/hm²，水稻抽穗后不宜用药。同时在防治上注意更换抗病品种，合理使用氮肥，浅水勤灌，后期见干见湿等措施，可有效地控制病害的发生、蔓延。

水稻白叶枯病 是由病原水稻黄单胞菌，属细菌引起的病害。境内发生最早是抚宁县，1969 年突然大发生，面积达 6 333hm²，占种植面积的 90%。郊区是 1972 年随乡村自行串换稻种而传入。到 1975 年普遍发生，严重影响水稻生产。此后，各级政府和植保植检部门严格执行有关检疫制度，种植无病种子，采取以串换无病种子为主的综合防治措施，主要是严格实行检疫，防止带病种子传入无病区；选用抗病品种；合理施肥，科学管水；药剂防治，25% 叶枯灵可湿性粉剂 300g 对水 75kg，于秧田期、始病期或乳熟前期喷两次药。到 1980 年，发病面积缩减到 2.95%。到 1985 年全市发病面积减少到 267hm²，仅占水稻面积 1.1%。1990 年，全市发生面积 434.8hm²，占稻田面积的 1.9%，分布在 40 个乡镇 184 个村。近年只是零星发生。

水稻立枯病 是由病原禾谷镰刀菌、尖孢镰刀菌、立枯丝核菌、稻德氏霉，均属半知菌亚门真菌引起的病害。本市水稻秧田主要病害。严重时可引起烂秧，造成秧苗生长不良或死亡。土壤带菌是秧田苗坏死的主因。因此采取药剂拌种，消灭土壤菌源是防治的重要途径。过去多用敌克松拌种。1981 年，昌黎县始用 D801 拌种，收到了良好效果。经过普遍推广应用，各稻区把 D801 和敌克松作为拌种的必备药剂，每年全市有 60% 以上的秧田实行拌种。1991 年以来，抚宁县推广使用 40% 增效瑞毒霉 100g 拌稻种 50kg，取得了良好的减灾效果。

水稻条纹叶枯病 是由灰飞虱传毒引起的一种病毒性病害，病原 Rice stipe virus 简称 RSV，称水稻条纹叶枯病毒，属水稻条纹病毒组（或称柔线病毒组）病毒。该病 2004 年在本市发现，2006 ~ 2007 年个别水稻品种严重发生，造成水稻大面积减产，严重地块减产 100 ~ 150kg。田间病穴率达 1% ~ 3%，发病主要品种有垦玉 8、17、20 号，垦糯 1 号，盐丰 6，津原 47，9714 等品种发病较重。防治对策坚持"预防为主，综合防治"的植保方针，采取"切断毒源，治虫防病"的防治策略，狠治灰飞虱，控制条纹叶枯病。防治技术抓好灰飞虱防治，结合小麦穗期蚜虫防治，开展灰飞虱防治，清除田边、地头、沟旁杂草，减少初始传毒媒介。

玉米顶腐病 我国于 1998 年在辽宁省阜新首次发现，为玉米新病害。2002 年，顶腐病在辽宁玉米产区普遍发生和流行，造成严重产量损失。病原菌为亚粘团镰孢菌。病原菌在土壤、病残体、种子中越冬。早春低温多雨利于病害发生。苗期到成株期皆可发病，苗期病株生长缓慢，边缘失绿，叶片皱缩、扭曲。中后期茎基部腐烂只剩叶脉，症状表现复杂，有生理病害、虫害、病害多重症状，不易辨认。2005 年在秦皇岛市首次发现其中东丹系列品种发病重，重地块发病率达 95% 以上，缺苗断垄现象严重，个别地块甚至毁种。调查发现低洼、土壤黏重的地块发病重。防治采取综合措施：①拔除病弱苗。玉米顶腐病在苗期即可表现出症状，在进行田间作业时，可以人工拔除形态不正常的病苗、弱苗、畸形苗，带出田外烧毁或深埋。②及时追肥。对去年发病较重的地块要及早追肥；同时可叶面喷施锌肥和生长调节剂，促苗早发，补充营养，提高抗病能力。③药剂防治。田间病苗率较高时，可用药剂防治，药剂可选用 50% 多菌灵可湿性粉剂或 70% 甲基托布津可湿性粉剂 500 倍液，或 70% 百菌清可湿性粉剂 300 ~ 500 倍液叶面喷雾。

甘薯黑斑病 又称黑疤病、黑膏药等，是由病原甘薯长喙壳菌，属于囊菌亚门真菌引起的病害。1942 年，从日本传入昌黎县，1944 年传入卢龙县。20 世纪 50 年代初，烂井、坏炕、薯秧黑根及死苗情况普遍发生。1954 年，全面推广温汤浸种。卢龙县邸柏各庄试验成功了顿水顿火育秧技术，防治效果良好。1964 年，第三茬薯秧病株率压低到 0.3% 以下，以后又有回升。1980 年春，调查 66 个村的 394 个薯井，病井率、烂井率和病薯率分别达 77%、9.8% 和 14%。是年推广托布津浸种薯和泼坑。1983 年推广由天津农科院植保所引进的"药肥素"，使甘薯黑斑病重新得到控制。苗床处理，种薯上炕覆土前用 70% 甲基托布津 800 ~ 1 000 倍液喷炕。药剂浸苗消毒，栽秧前用 50% 甲基托布津 500 ~ 700 倍液或 50% 多菌灵 2 500 ~ 3 000 倍液，把薯苗根部 2 ~ 3cm 浸蘸 2 ~ 3min，取得了良好的减灾效果。近年该病发病率较低。

甘薯茎线虫病 是由病原马铃薯腐烂线虫或破坏性茎线虫，属植物寄生线虫引起的病害。新中国成立前，昌黎县部分地区已有发生。20 世纪 50 年代，面积逐步扩大，以八里庄、亭泗涧、何家庄为重。1969 年，卢龙县因木井村两户农民从天津郊区未经检疫引进薯秧传入，逐年扩大蔓延。1985 年，卢秦公路以南的 18 个乡镇都程度不同的发生。1986 年秋季，全县开展了一次大规模普查，发生范围 26 个乡（镇）247 个村的 10 888 户约 2 955hm²。1986 年，昌黎县发病面积达 2 389hm²，占甘薯种植面积的 35.1%。重病薯块人畜均不能食，亦不能加工淀粉，完全失掉经济价值。病情严重地块，病薯率达70%以上。1982年，全市推广呋喃丹处理育秧床和田间土壤，加强对病薯统一处理，控制疫区薯秧外流等措施，收到较好效果。

20世纪80年代末期以来，在防治上不断摸索总结推广了一系列综合治理措施：①不从病区调运种薯；把好种薯消毒、苗床施药关，选用无病种薯，培育无病壮苗。②种薯处理：用51～54℃温汤浸种10min；③栽秧期把好药剂处理土壤关：用10%神农丹颗粒剂45～60kg/hm²；24.5%微线克15kg/hm²；10%灭线磷颗粒剂30 kg/hm²；④清洁田园：收获期把好病残体处理关，彻底处理病残组织；⑤与禾本科作物轮作；⑥选用抗病品种：2000～2002年卢龙县植保站多次试验示范，建议干旱丘陵地适宜推广抗病品种27-3、5303，在平原壤土地区适宜推广58-1，抗病效果好。

花生根结线虫病　也叫"坐黄病"、"小秧病"，由病原为垫刃目，异皮科，根结线虫属的一个种引起的病害。花生的危害性病害，病田减产20%～30%，重者可达50%以上，甚至绝产，且难以防治。1957年，海港区西白塔岭大队和山海关区高建庄公社张庄大队首次发现。之后发生面积及程度直线上升，花生产量连年下降。1984年，全市种植花生24 162hm²，普查16 929hm²，发病面积3 576hm²，占普查面积的21.1%，共发生在42个乡的290个村。包括抚宁县1乡1村；原市郊区11乡478村；昌黎县30乡的241村。10年间发病面积扩展近8倍。20世纪70年代后期，将其列入全市作物病害防治重点。

1979年，昌黎县经防治试验示范，确认二溴氯丙烷是防治效果好的药剂。1980～1983年，扩大推广施用面积。1984～1985年，累计防治5 897hm²。其中，施用二溴氯丙烷5 557hm²，呋喃丹340hm²。因前者对人畜有副作用，1986年后停用。后推广呋喃丹、铁灭克、甲基异柳磷等。在加强药物防治的同时，严格检疫制度，控制情发展蔓延。卢龙县经1974年、1979年、1984年开展全县性检疫普查预防活动，未发现此病。1987～1990年，全市发病面积分别达3 013hm²、2 147hm²、2 347hm²和1 662hm²，防治面积都在6r 667hm²左右，主要分布于抚宁县、昌黎县、海港区、山海关区的30个乡241个村。近年发生较轻。

花生叶斑病　又称黑斑病，由病原落花生小球壳的短胖孢阶段引起的病害。在本市常年发生。主要为害叶片、叶柄、茎和花轴。病斑现于叶正背两面，圆形或近圆形，底部叶片较上部叶片发病重。除为害花生外，还为害豆科植物。采用与其他作物轮作2～3年。发病初期喷洒70%甲基硫菌灵可湿性粉剂1 000倍液、70%百菌清可湿性粉剂600～800倍液，喷药时宜加入0.2%洗衣粉做展着剂，间隔15～20天一次，连防2～3次，取得了较好的控制效果。

棉花枯黄萎病　由半知菌引起的病害。本市最早发生于1979年，在卢龙县，发病面积2.1hm²。1984年，全市普查了1 277hm²棉田，占棉田总面积52.4%，发现有此病害34.2hm²，集中发生在卢龙、抚宁、昌黎县的14个乡38个村。20世纪80年代末，全市开展科技知识宣传，加强检疫工作，选用抗病良种，严格控制带病种子传播，使用多菌灵药液浸种、实行轮作，增施钾肥，氮肥或抗生菌肥料等综合防治措施，加之棉田面积急速缩减而未成灾。

番茄溃疡病　由棒状杆菌属密执安棒杆菌番茄溃疡病致病型细菌侵染而引起的病害。属细菌性维管束病害，幼苗期至结果期均可发病。果实上病斑圆形，外圈白色，中心褐色，粗糙，似鸟眼状（称鸟眼斑）是其特有症状。本市1990年普查发现此病。调查的51个乡（镇）115个村的37.53hm²番茄园，发病面积占普查面积的10.3%，涉及山海关第一关乡北园村，长城乡回马寨村；海港区白塔岭乡孙庄、前进村；铁庄乡王庄、安子寺村；马坊乡小李庄；黄土坎乡柳村和北戴河区戴河乡车站村等7个乡（镇）的9个村。抚宁、青龙、昌黎、卢龙四县尚未发现。2001年，发生面积3.82hm²，分布4县（区）6个乡（镇）。

采取种子用55℃热水浸种25min，或用5%盐酸浸种5~10h，或干种子在70℃恒温箱中处理72h。与非茄科作物轮作2年以上。发病初期选用77%可杀得可湿性粉剂500倍液、1:1:200波尔多液、农用链霉素或新植霉素4 000倍液喷雾，对控制病害发生起到了一定效果。

黄瓜黑腥病　由半知菌亚门枝孢属瓜枝孢引起的病害。此病为害黄瓜子叶、嫩尖、茎、叶柄及瓜条等部分，是为害严重的病害之一。叶片得病，初呈褪绿圆形斑点，穿孔后边缘略皱。瓜条染病，初流胶，后为暗绿色凹陷斑，长出灰黑色霉，最后病部呈疮痂状，形成畸形瓜。除为害黄瓜外，还侵染西葫芦、南瓜、甜瓜、冬瓜等。本市1990年普查发现此病。调查的51个乡镇131个村的68.09hm²黄瓜畦中，发病面积占6.63%，分布在抚宁县西河南乡宋杨村；山海关区马头庄肖庄、董庄、侯庄、南营子；海港区铁庄乡王庄、马坊乡西盐务和北戴河区戴河乡戴河村等5个乡（镇）8个村。青龙、昌黎、卢龙三县尚未发现。2001年，发生面积72.33hm²，分布4县（区）的16个乡（镇）。

采取种子消毒，用55~60℃温水恒温浸种15min；50%多菌灵可湿性粉剂500倍液浸种20min，洗干净后催芽；轮作倒茬，重病棚（田）与非瓜类作物轮作。药剂防治喷撒10%多百粉剂，1kg/次·667m²；用45%百菌清烟剂熏24h，250g/次·667m²；发病初期喷70%代森锰锌可湿性粉剂800倍液，80%多菌灵可湿性粉剂600倍液，75%百菌清可湿性粉剂600倍液，每亩喷洒药液60~65L，隔7~10天一次，连防3~4次等措施，取得了良好效果。

二、虫害

蝗虫　曾是成灾最严重的害虫。新中国成立初期，政府重视灭蝗工作，国家拨专款，指派专职干部，组织灭蝗，采取药械和人工捕打相结合，减灾效果显著，幸未成灾。但为随时掌握蝗虫的发生动态，植保部门仍把监视蝗虫作为虫情预测预报主要内容之一。1983年8月，全市进行的蝗虫普查中查出蝗虫29种。1987~1988年，2006~2007年又分别进行了大范围的调查，经鉴定，分布在本市的蝗虫有5亚科的27属，共37种。为害农作物优势种：中华稻蝗、棉蝗、短星翅蝗、长翅黑背蝗、中华剑角蝗、长额负蝗、短额负蝗、笨蝗、大垫尖翅蝗、花胫绿车蝗。1980年以来，稻蝗为害范围较大，经及时防治均未成大灾。2001年进行蝗虫普查时，因大部分水库坑塘干涸，滩涂杂草丛生，造成蝗虫适生环境，抚宁洋河水库库区发现高密度蝗蝻，每平米达600头以上，卢龙零号水库库区发现高密度蝗蝻为害甘薯现象，单株最高有虫37头，并在卢龙城关附近发现散居型东亚飞蝗，因发现及时，组织防治得力，蝗虫被消灭在扩散之前，未造成农作物被害。

黏虫　俗称"麦黄虫"、"豪蜊虫"，为本市主要农作物害虫之一。新中国成立前境内因之成灾者屡见不鲜。新中国成立后，因除治不力，亦多有成灾减产严重之地。为害严重的主要是第二代、第三代，第二代黏虫多发生于6月中旬和下旬，以为害小麦、玉米为主，此时正值小麦扬花灌浆期，轻者叶有残缺，重者吃成光秆，造成籽粒秕瘦，严重减产。麦收后，黏虫转移到附近玉米、高粱等地块继续为害。重者，造成毁种或补苗，产量受到影响，卢龙县从1971~1985年间，除1971年、1981年、1982年、1984年外，其余11年成灾严重；抚宁县1967~1983年二代黏虫连年发生，20世纪70年代推广小麦、玉米带田种植以来尤为严重，每年发生面积在6 600hm²左右，最高年份达15 000hm²。1995年以后发生程度减轻，个别年份及发生偏重地区由于预报准确，及时除治，基本得到控制，未酿成大灾。

第三代黏虫多发生在8~9月，正值作物生长盛期，枝叶茂密，不易发觉。阴湿气候是黏虫大发生的有利环境，黏虫蛾产卵于叶背，幼虫孵化初期三龄前，易被忽视，进入四、五龄暴食期，为害严重，谷子、玉米、高粱等禾本科类皆食，有群居性、假死性。1988年，小麦二代黏虫大发生，全市有17 067hm²麦田受灾，除治13 267hm²，挽回粮食损失约4 218.8万t，造成实际损失2109.4万t。同年，玉米田二、三代黏虫混合发生，面积达2 4 173hm²，防治20 193hm²。

20世纪60~70年代长期使用DDT、六六六等有机氯农药除治黏虫，其结果虽有杀虫作用，但同时出现严重污染环境，残毒较高，不仅危害人畜安全，还大量的杀伤天敌，影响生态平衡，虫体的抗药能力也越来越大。1979~1980年，连续使用灭幼脲防治二代黏虫的药效试验，取得了良好效果。最高虫口减退率达95%以上。经过试验示范，使用灭幼脲一号农药除治黏虫随即在全市推广。

螟虫　又叫"钻心虫"，常发生的有玉米螟（玉米钻心虫）、高粱条螟（高粱钻心虫）、粟灰螟（谷子钻心虫），是本市主要作物害虫之一。

玉米螟，是秦皇岛市玉米主要害虫，本市一年发生两代。第一代主要为害春玉米，第二代主要为害夏玉米。第一代防治适期在6月底7月初（心叶末期），第二代在8月中下旬（穗期）。每年皆有不同程度的发生。防治主要是采用撒施化学药剂制成的颗粒剂，杀灭心叶期玉米螟幼虫。现在多采取农业技术、生物防治、物理诱集、化学防治等综合防治法。发生期可用1%辛硫磷颗粒剂，每亩1~2kg，使用时加5倍细土或细河沙混匀撒入喇叭口，防治心叶幼虫，穗期应在抽穗初期进行全株施药，重点保护雌穗。

高粱条螟、粟灰螟本市一年发生2代。常与玉米螟混合发生，防治玉米螟时得到兼治。

高粱食穗虫　在1966年以前因种植农家品种多为散穗型，未发现此类虫害。1966年，各县区引进杂交高粱（遗杂7号）后，到1972年食穗虫发生发展较快。随后，年年均有发生。以1978年、1979年和1983年发生较重，近20年播种面积极少，无大面积连片种植区域，1983年后，发生渐轻。

蚜虫　也叫"腻虫"。本市小麦、花生、高粱、棉花、大豆等农作物主要害虫之一。历年都有发生。因气候条件等原因，各年程度有所不同。

防治以药剂防治为主。进入2000年后，在防治适期逐步开展统防统治暨三统一（统一供药、统一时间、统一防治）与专业化防治相结合模式，大大提高了防效，有效地控制了为害。

地下害虫：主要有蝼蛄、蛴螬、金针虫、地老虎等。粮、棉、油等作物及蔬菜、果树、林木等幼苗均受其害，每年皆有不同程度的为害，造成缺苗断垄，甚至毁种。防治主要以拌种或根部用药为主。

蝼蛄 又名"喇喇咕"。本市有非洲蝼蛄和华北蝼蛄两种。食性杂，在土中掘成隧道，咬食作物根、茎、幼苗及种子。

蛴螬 也称"地蚕"。花生主要害虫之一。花生蛴螬在 20 世纪 70 年代以前发生较少。从 1979 年起逐年增多。20 世纪 80 年代末期更为严重。虽采取了秋翻地、拌药、喷雾防治，但一直未得到有效控制。

地老虎 也称"切根虫"。境内主要有小地老虎和黄地老虎两种，其咬断苗茎基部造成缺苗断垄。小地老虎在全市历年都有不同程度的发生为害。从 4 月下旬至 5 月中下旬为第一代为害期，这代危害性较大。从 6 月中旬至 7 月下旬为第二代为害期。

金针虫 又叫"叩头虫"。本市主要地下害虫之一，为害麦类、玉米、高粱、粟、薯类、棉花、蔬菜等作物。未造成严重危害。

棉铃虫 除为害棉花外，还为害玉米、高粱、小麦、水稻、番茄、菜豆、豌豆、苜蓿、芝麻、向日葵、花生等多种农作物。本市年发生 3～4 代，以滞育蛹在土中越冬。越冬代成虫于 4 月下旬始见，第一代幼虫主要为害小麦、豌豆、蔬菜等作物，第二代成虫始现于 7 月上旬，7 月中下旬盛发，主害棉花、蔬菜等。第三、四代除为害棉花外，还为害玉米、高粱、花生、豆类、番茄等，虫量较分散，三代成虫始见于 8 月上中旬，发生时间长，四代成虫始见于 9 月上中旬。

2000 年，棉铃虫大发生。蛾量之大，发生程度之高，为害时间之长历年罕见。二、三、四代为害皆重，改变了以往只三代重发生的局面。昌黎县从 6 月 6 日始见蛾，到 9 月 23 日止，一盏黑光灯累计诱蛾 6 030 头，是 1999 年的 20.1 倍。从田间幼虫为害情况看，二代为害盛期是 7 月上旬，主要为害花生，百穴有虫 14～250 头；三代幼虫为害盛期是 7 月下旬至 8 月上旬，主要为害花生、大豆、蔬菜等，被害株率达 100%；四代主要为害蔬菜，被害株率达 100%。主要原因是早春气温高，利于越冬蛹的羽化，造成二代发生较重，6～8 月除部分县区无降水外，有均匀的 100mm 左右的降水过程，气候条件利于棉铃虫的发生，且因抗性较强，用药防治效果不十分理想，残虫量高，为下一代发生提供了充足的虫源。

2001～2004 年发生也较重，以后年份相对较平稳，因防治及时，没造成大的为害。

该虫在孵化后的第二天就为害生长点，第四天转移到幼蕾上蛀孔为害，此时对农药很敏感，是用药防治的关键时期，对一代棉铃虫，如卵量大，来势猛，应从卵盛期开始用药，在 50% 的卵开始变黑时用药效果最好。对二代棉铃虫，当百株棉花累计卵量达到百粒，三、四代棉铃虫，百株累计落卵量达 25 粒或有 5 头幼虫时可用药防治。

美洲斑潜蝇 世界危险性害虫，原产于巴西。成虫、幼虫均可为害，以幼虫为主。幼虫潜入叶片、叶柄蛀食，形成不规则的蛇形白色潜道，终端明显变宽。严重受害叶片失去光合能力，干枯脱落，影响植株生长发育，从而造成减产，降低商品价值。自 1993 年我国海南省首先发现后的 1995 年 8 月 31 日～9 月 6 日，市、县植保部门对美洲斑潜蝇在境内发生情况进行了调查，1995 年 9 月 18 日经农业部植物检疫实验所鉴定，确认送检样品是美洲斑潜蝇。本市四县三区均有发生，达 106 个乡镇，占全市乡镇的 77.4%，重点调查了葫芦科、豆科、茄科、十字花科蔬菜，发现寄主作物有黄瓜、冬瓜、西葫芦、菜豆、豇豆、扁豆、茄子、番茄、青椒、白菜、蔓陀罗等。以黄瓜、西葫芦、菜豆、豇豆受害严重，叶片被害率10%～50%，个别地块有虫株率达100%，发生面积约6 667hm²。2001年，发生面积11 467hm²，分布于7个县区合并后的53个乡镇。主要寄主有黄瓜、芸豆、番茄、辣椒、白菜、西葫芦、芹菜等。

美洲斑潜蝇自在本市发生以来，每年都很严重。在防治上主要采取：物理防治，应用黄板诱杀（药剂配方为90%万灵粉100倍加糖源酶200倍），使用黄色粘板或黄粘纸诱集成虫，2000年此项技术在海港区、昌黎县都有应用，防治效果在85%以上。药剂防治，用1.8%齐螨素乳油3 000倍液喷雾，防效在85%以上。10%吡虫啉可湿性粉剂1 000倍液、48%毒死蜱乳油800～1 000倍液、2.5%三氟氯氰菊酯（功夫）乳油2 000～3 000倍液，间隔4～6天1次，连治4～5次。防治成虫以上午8:00时施药最好，防治幼虫以1～2龄期施药最佳。

甜菜夜蛾　自1995年以来，在本市为害逐年加重。2000年大发生，并与棉铃虫、菜青虫等混合发生，食性杂，对多种作物进行为害，并因抗药性、耐药性极强，农民反映十分强烈，尤其是在蔬菜上发生极为严重，特别8月下旬至9月上旬，为害猖獗，被害株率达100%，单株最多有虫20头。为此，提出人工捕杀与药剂防治相结合的办法，禁止在蔬菜上用高毒、剧毒农药，建议使用菊酯类农药与灭幼脲等农药混合使用，抓住龄期小用药防治的关键时期。以后年份发生程度虽不同，皆未造成大的危害。

烟粉虱　2000年，根据省植保站安排，组织了大面积的普查工作，涉及75个乡镇，12种作物，代表面积7 333hm²。番茄、芸豆、芹菜、茼蒿、白菜、桃子上皆有发现。以温室芸豆最多，单叶最多达203头，其次是番茄发生最普遍，造成的损失最重，单叶有虫一般20～30头，最高有虫82头，被害株率达100%。现已成为蔬菜主要害虫，防治以农业防治如安排茬口、合理布局 在温室、大棚内，黄瓜、番茄、茄子、辣椒、菜豆等不要混栽，有条件的可与芹菜、韭菜、蒜、蒜黄等间套种，以防粉虱传播蔓延；生物防治如用丽蚜小蜂防治烟粉虱，可与芹菜、韭菜、蒜、蒜黄等间套种，以防粉虱传播蔓延；化学防治如早期用药在粉虱零星发生时开始喷洒20%扑虱灵可湿性粉剂1 500倍液20%灭扫利乳油2 000倍液、10%吡虫啉可湿性粉剂1 500倍液，隔10天左右1次，连续防治2～3次，棚室内发生粉虱可用背负式或机动发烟器施放烟剂，（采用此法要严格掌握用药量，以免产生药害）等综合方法，可有效地控制为害。

稻水象甲　严重为害水稻生产的检疫性害虫。继我国于1988年在河北省的唐海县、滦南县首次发现稻水象甲之后，1990年7月31日，本市也首次在抚宁县发现了稻水象甲。它以成虫和幼虫为害水稻，成虫取食幼嫩稻叶，留下纵行长条白斑。由于稻水象甲繁殖能力强，一般药剂无效，且能飞翔善游泳，故而其田间密度上升速度惊人。从首次发现伊始，一盏黑光灯共诱到田间一代成虫48头，而到了1994年，共诱到一代稻水象甲12.3万头，田间虫口密度由1990年普查时的扫网见不到成虫发展到1994年田间扫网100往有成虫1 690头。幼虫为害使水稻一般减产10%～20%，严重时可达50%以上，甚至绝收。在本市一年发生1代，以成虫主要在稻田周围的渠埂、路边的杂草、土块下、稻茬下越冬。全市常年发生面积约20 000hm²，占植稻面积的75%，四县三区均有分布，严重地块有成虫80～120头/m²。1994年，抚宁县西河南、留守营榆关河西等部分稻区越冬代稻水象甲发生严重，造成部分稻田毁秧。

自发生后，市、县区各级政府都成立了"扑灭稻水象甲领导小组"，采取了积极的封锁、防治措施。重点抓了以下工作：①普查监测、摸清疫情，绘制发生分布图，以指导防治；②广泛宣传其危害性和防治的必要性；③搞好科研，指导防治；④设立检疫哨卡，防止疫情人为传播。1990 年 4 月在疫区边缘，主要交通要道上设立了 7 个固定的植物检疫哨卡，并按规定依法实施对疫区的封锁；⑤抓好防治、控制疫情。在防治技术上大力推广"一药多用、一防多用"等措施。

2000 年以来，因为防治用药单一，加之农民防治的自觉性较差，导致稻水象甲在本市有回升势头。据调查，2000 年，田间虫口密度严重地块高达 150 头/m² 左右，海港区个别地块减产达 80% 以上，在抚宁县还发现越冬代稻水象甲为害玉米现象。2000 年后该虫每年皆有不同程度发生，因植保部门宣传力度加大，预报及时，防治组织得力，虫情基本得到控制。

水稻二化螟　别名钻心虫，是水稻常发虫害之一。近几年为害较重，严重地块形成大量枯心苗、白穗，造成严重减产。本市一年发生两代，最佳防治适期：一代 6 月下旬，二代 8 月中下旬。用 50% 杀螟松乳油 50 ~ 100mL、90% 晶体敌百虫 100 ~ 200g 对水 75 ~ 100kg 喷雾。

稻飞虱　本市主要有灰飞虱、褐飞虱、白背飞虱 3 种。灰飞虱为当地虫源，褐飞虱、白背飞虱在本市不能越冬，虫源主要是随暖湿气流由南方迁入。主要为害水稻、小麦、大麦、玉米、高粱等禾本科植物。褐飞虱主要为害水稻，以成、若虫群集于稻丛下部刺吸汁液，引起黄叶或枯死。灰飞虱在本市一年发生 4 ~ 5 代，多以三、四龄若虫在麦田、河边等处禾本科杂草上越冬。褐飞虱、白背飞虱成虫对嫩绿水稻趋性明显，成、若虫喜阴湿环境，喜欢栖息在距水面 10cm 以内的稻株上，发生时多从田中间点片向田边蔓延，并迅速暴发成灾。夏季高温多湿，食料丰富时出现多，是大发生的预兆。稻飞虱喜欢群居，密度大时可引起严重减产甚至绝收。

1991 年 9 月上旬，抚宁县各稻区普遍发生稻飞虱，全县共发生面积达 8 033hm²，用药防治 4 220hm²，其中，绝收 28.67hm²。发生最严重的为原西河南乡前朱建坨、后朱建坨和苏城子等沿海稻区。此次稻飞虱发生种类有灰飞虱、褐飞虱和白背飞虱，主要为后两种。

2007 年、2009 年受全市降水量偏多，天气潮湿、闷热等影响，沿海当稻区大发生，以灰飞虱为主。2007 年 8 月 3 ~ 6 日在留守营、西河南调查单穴有虫 300 ~ 500 头。2009 年抚宁植保站 7 月 31 日在西河南、于关、牛头崖、留守营等地调查每穗有虫 20 ~ 50 头；昌黎植保站 8 月 3 日全县普查，单穴有虫 40 ~ 90 头，呈现发生早、范围广、来势猛、虫量大的特点。

采取的技术措施是：做好田间密度与优势种调查，如迁飞性飞虱密度大，着重在迁移为害初期施药，由田边向田中间围歼，上下打透；一般在 2 ~ 3 龄若虫盛发时喷药。用 20% 速灭威乳油 2 250 ~ 3 000g/hm² 加水 75 ~ 100kg 喷雾或喷洒 10% 吡虫啉可湿性粉剂 1 500 倍液、20% 扑虱灵乳油 2000 倍液。

草地螟　首先是 8 月 2 日晚在本市青龙县城区路灯下发现大量草地螟蛾；8 月 2 日晚卢龙发现大量草地螟蛾，单灯日诱蛾 215 头，8 月 3 日单灯日诱蛾 516 头；8 月 3 日晚抚宁县植保站高庄原种场发现大量草地螟蛾，单灯日诱蛾 800 头以上；8 月 4 日上午在市区园林草坪调查，百步惊蛾 2 000 ~ 3 000 头，最多可达 5 000 ~ 6 000 头，这是本市首次发生大量草地螟成虫。为密切关注其发生动态，本市开展了对全市草地螟发生情况大排查即查成虫、卵及幼虫的行动，根据本市各地调查，成虫在本市皆有发生，均未发现草地螟卵，在抚宁、青龙幼虫数量相对重些，但相对成虫发生量，幼虫量还是极少，发现幼虫后对幼虫及时进行了防治，基本未造成为害。分析原因可能是本市的气候条件、植被环境不适宜草地螟的生存和繁殖。

美国白蛾　为害林木的世界性检疫害虫。1987 年在与本市毗邻的辽宁省锦州市首次发现。1989 年传入本市海港区东山公园，当时在榆树上发现 1 个网幕，到 2002 年已发展至全市 4 县 3 区的 25 个乡镇 268 个村和街道 4 087hm²，寄主有榆树、桑树、法国梧桐、泡桐、白蜡、海棠、杨、柳树等 300 余种，寄主广泛，幼龄幼虫常群集寄主叶上吐丝作网幕，在内取食叶肉，受害叶片仅留叶脉呈白膜状而枯黄；老龄幼虫食叶呈缺刻和孔洞。幼虫食树叶，且具暴食性，经常把整株树叶全部吃光，危害极大。

防治措施：①加强检疫工作，严禁疫区苗木外运；②人工防治：美国白蛾蛹期较长，可于蛹期挖蛹消灭，以降低虫口密度。成虫飞翔能力较差，可于黄昏时捕捉成虫。幼虫 1 ~ 4 龄期群居在网幕内取食，五龄后才分散为害。可利用人工剪除网幕，集中销毁；③物理防治：成虫羽化期利用频振式杀虫灯诱杀成虫；④天敌防治：利用白蛾周氏啮小蜂寄生美国白蛾蛹的特性，人工大量繁育，选择美国白蛾各代老熟幼虫期及化蛹盛期释放，防效甚佳；⑤药剂防治：于幼虫处于 1 ~ 4 龄期喷洒 20% 除虫脲（灭幼脲 1 号）6 000 倍液或 5 龄以上喷洒 25% 灭脲 3 号 2 000 倍液或 1.2% 百虫杀 2 000 倍液或 BT300 倍液防治。幼虫发生为害严重地段也可用拟除虫菊酯类药剂 1 000 倍液防治。

苹果绵蚜　主要为害果木枝干。我国最早于 1910 年前，由德国传入青岛，本市于 1990 年在北戴河区首次发现。当时在蔡各庄 5 株苹果树上发生，现已发展至卢龙、抚宁、昌黎、山海关，涉及 5 个乡镇 13hm² 果园。寄主有苹果、海棠、山丁子、山楂等蔷薇科植物。防治方法：①加强检疫，禁止从发生苹果绵蚜疫区调进苗木、接穗；②根部施药，4 ~ 5 月间，距树 50cm 处扒土露根，撒入乐果、辛硫磷等药物颗粒剂或毒土，浇水后原土覆盖；③枝干喷药。未进行树干涂药的果园，在苹果开花前，5 月下旬至 6 月上旬、6 月下旬至 7 月上旬和 8 月下旬至 9 月上旬各喷一次 50% 抗蚜威可湿性粉剂 1 000 倍液或 40.7% 乐斯本 1 000 倍液；④天敌防治，为害期可释放日光蜂。

蔗扁蛾　2002 年本市首次发现。蛀干式害虫，以幼虫在木柱皮层内上、下蛀食。主要为害巴西铁、发财树、一品红、铁树、袖珍椰子、海南铁、龙血树、棕竹、喜竹芋、凤梨、百合、鹤望兰、鹅掌柴、甘蔗、香蕉、菠萝等 50 多种花木和经济作物。

2002 年 9 月，市植保部门同海港区、北戴河区植保部门一起对观赏花卉进行了调查，重点调查了海港镇小高庄示范园、西港镇大石园林、北戴河集发等园区，共调查 15 科 35 种植物。在小高庄示范园和集发农业示范园区首次发现蔗扁蛾，为害的寄主植物有发财树、巴西木（香龙血树）。分析发生原因是：蔗扁蛾主要随观赏植物及繁殖材料传播。成虫飞翔能力有限，远距离传播主要靠幼虫、蛹随巴西木等寄主植物调运。据调查本市观赏花卉主要从广东、北京等地引进，由此可见，蔗扁蛾是随巴西木等观赏植物的引进而传入的。鉴于该虫为害的严重性，市植保站及时将情况上报到省。市农业局专门向市政府写了报告，并提出了具体防治建议。

海港区绿色防控工作发展现状及趋势

王红双

（秦皇岛市海港区农业局）

近年来，河北省大力提倡"绿色植保"理念，海港区也把开展绿色防控工作作为重点工作来抓。绿色防控，即运用农业防治、物理防治、生物防治技术，并辅以少量高效、低毒、低残留化学农药防治等手段，对病虫害实行有效的防控，彻底改变以往过分依赖化学农药防治病虫害的做法。绿色防控是确保种的生态、吃的生态的重要措施，代表了现代农业的发展方向，将成为植物防控的重要内容。

一、海港区绿色防控工作发展历程

2002～2004年是海港区绿色防控工作的起步阶段。自2002年起，海港区引进了无公害蔬菜生产技术，初步开展了海港区在蔬菜生产方面的绿色防控工作。当时，我们一是引进一批高抗性的优质蔬菜新品种。二是引进先进的技术设备，提高全区无公害蔬菜生产技术管理水平，如：臭氧发生机、黄板诱蚜的引进等等。三是大力推广配方施肥技术。在无公害生产基地及示范村实施"沃土工程"，鼓励农民多施有机肥及生物肥，合理使用化肥及硝态氮肥。四是在栽培管理上，推广嫁接、基质育苗、转光膜、防虫网、遮阳网及轮作倒茬技术，减少病虫害的发生。五是在病虫害综合防治方面，大力采用农业防治、物理防治、生物防治办法，如：丽蚜小蜂防治白粉虱，赤眼蜂防治菜青虫办法。在采用化学防治时，禁止使用高毒、高残留农药，大力推广高效、低毒、低残留农药。另外，在采收瓜、果、菜时，要严格注意农药安全间隔期。虽然我们当时引进了绿色防控相关的各种技术，但一方面因为只是在少数几个蔬菜无公害生产基地进行示范，不成规模，引不起政府的足够重视；另一方面是绿色防控普及的不够，没有得到广大农民的认可。至2004年底海港区防虫网、杀虫灯及黄板诱蚜等新技术推广面积仅500亩，各种绿色防控技术属于刚刚引进，尚未成熟，但我们的工作经验为以后绿色防控工作的发展奠定了坚实的基础。

2005～2007年为海港区绿色防控工作的快速发展阶段。平均每年海港区防虫网、杀虫灯及黄板诱蚜等新技术推广面积4 900亩（防虫网2 000亩，遮阳网1 500亩，杀虫灯1 400亩，黄板诱蚜1 000亩）。防虫网推广面积2 000亩，防治达95%以上，菜农开始接受这种新型的病虫害防控技术，并有一些村民主动咨询这些新技术。2007年我局根据全区菜农实际种植品种习惯，先后制定了10个符合海港区特点的蔬菜生产标准，通过省标准化评定部门认证纳入海港区蔬菜生产标准行列。充分利用农业、物理及生物技术，减少农药使用次数和数量。如采用防虫网、杀虫灯、黄板诱蚜、诱虫剂等新技术，防治蔬菜病虫害，大大的减少了农药的使用次数和数量，同时也降低了成本。我局多次举办了由蔬菜技术人员、蔬菜种植大户、农药经销商参加的无公害蔬菜病虫害防治培训班，聘请了有丰富经验的河北省植保所专家讲课，重点讲解了蔬菜病虫害防治用药现状，番茄、黄瓜、芹菜等蔬菜病虫害疑难杂症的分析、诊断与用药误区，无公害蔬菜病虫防治趋势、减害增效、安全合理使用农药等问题，使他们真正学会怎样购买农药，怎样使用农药来提高农药的利用率来防治蔬菜病虫害，生产出产量高、质量好的无公害蔬菜，减少药害发生，保证人民的身体健康。并大力推广环保型农药。海港区充分利用赶大集、田间地头下乡、办培训班、上街宣传等形式，大力宣传环保型农药在病虫害防治过程中给人们带来的好处，充分发挥农药经营单位的作用，建立健全环保型农药推广网络，提高优质农药占有率，使高毒、高残留农药和劣质农药退出市场。大力推广农药废弃物处理技术。引导、组织了农民对农药残液进行集中处理，对废弃物农药包装进行深埋或集中焚烧，以减轻环境污染，避免人、畜中毒。但由于当时农业技术社会化服务体系尚不健全，农民小田块分散，绿色防控技术虽然发展迅速，但毫无体系可言，虽初具规模，但普及不够。

2008 年至今是海港区绿色防控深入发展的阶段。海港区现设市级绿色防控示范区 4 个。分为叶菜类蔬菜绿色防控示范区和茄果类蔬菜示范区。叶菜类分布大里营村和青石山村，茄果类示范区分布在海港镇小李庄村和海阳镇栗园村。整个示范区面积 2 000 亩，辐射全区蔬菜面积 1.9 万亩。同时在这 4 个绿色防控示范区大力推广农业防控技术、灯光诱杀技术、防虫网阻隔害虫、黄板诱杀等诱杀技术，为各示范区配备杀虫灯 30 台，黄板 2 800 张，防虫网 3 000m，推广高效、低毒、低残留农药，覆盖整个绿色防控示范基地，从而为全区绿色防控基地建设的发展奠定了坚实的基础。海港区将绿色防控示范区建设作为 2010 年工作重点，并申报《蔬菜绿色防控项目》，一是确定绿色防控示范区。通过示范区的建立，带动全区蔬菜绿色防控工作的开展；二是推广蔬菜绿色防控技术。调整品种结构，选用抗病品种，科学合理安排茬口；以棚室温、湿度调控为核心，以科学用药为重点，以生物防治为突破的绿色防控技术，设立诱杀板、防虫网、灯光诱杀等绿色防控技术；推广使用生物农药、植物源农药，同时辅之以健身栽培和烟雾机施药技术；三是加强技术培训。通过培训学习，培养出一批绿色防控技术骨干，提高各示范区内农民的科技意识和参加绿色植保技术示范的积极性。

在多年的绿色防控工作中，我们总结经验教训，并向其他地区相同部门认真学习先进技术，积极采取各种相关措施，建立自己的绿色防控体系。

二、采取措施

（一）组织措施

1. 加强领导，确保绿色防控工作的落实

农产品质量安全是海港区各级领导十分重视的热点问题，开展农业有害生物的绿色防控是海港区农业局围绕全区食品安全工作倡导的新举措。因此，农业局领导高度重视，确定主管局长为绿色防控工作总负责人，具体工作由执法大队落实，同时对各示范区也明确具体负责人

2. 狠抓示范区的落实

为把有害生物绿色防控技术工作落实到实处，海港区为各绿色防控示范区制作了牌匾，明确了具体实施单位、技术负责人、工作目标及绿色防控技术措施。

3. 强化技术培训，提高农民科学防治水平

为了抓好技术落实，海港区一是多次组织菜农到北京、抚宁、昌黎等地学习设施蔬菜

生产建设及蔬菜管理的先进经验、新品种生产、蔬菜高产高效种植模式等。通过参观学习，使他们开阔了视野，提高了设施菜管理经验；二是技术人员深入基层对农民有针对性的培训，及时解决生菜生产中出现的问题；三是以印发明白纸等形式，宣传病虫草害防治知识。

4. 千方百计争取资金支持，为绿色防控提供有力支撑

海港区以农产品质量安全生产为契机，加强植保专业化机防队项目建设，千方百计争取资金支持，为各示范区引进了威尼水果黄瓜、红珊瑚彩椒、红昆仑硬果型番茄、板蓝根、大叶黄麻、芝麻菜等多个优良品种，配备了杀虫灯（覆盖150亩的杀虫灯15台，覆盖30～60亩的杀虫灯28台）、黄板（应用面积1 000亩）、防虫网（应用面积1 000亩）等物理防控设备，在示范区大力推广生物农药、植物源农药。

5. 加强农业投入品监管，实施源头控制　为规范海港区农药市场，海港区执法人员定期不定期对全区25个农药经营单位进行检查，未发现甲胺磷等5种违禁农药，同时与各农药经营单位签订了农资质量承诺书，农药经营单位各项规章制度齐全，建立了农药"销售档案"和"诚信卡"，为海港区农产品安全生产提供了保证。

（二）技术措施

茄果类示范区，海港区以蚜虫、斑潜蝇、粉虱类害虫、霜霉病、灰霉病、疫病、病毒病为防治重点；叶菜类示范区，海港区以小菜蛾、菜青虫、甜菜叶蛾、蚜虫以及霜霉病为防治重点。在整个绿色防控示范区推广：以农业措施为基础，以棚室温、湿度调控为核心，利用灯光诱杀、性诱剂诱杀、黄板诱杀、防虫网等物理防控技术，以生物防治为突破的绿色防控技术，推广使用生物农药、植物源农药，同时辅之以健身栽培和烟雾机施药技术。具体技术措施如下：

调整品种结构　海港区引进津优红昆仑番茄、玉林达彩椒、41黄瓜、荷兰卡瑞八甘蓝、北京的鑫雨凯蒂番茄及芝麻菜等保健菜等多个品种，为减少病虫害发生奠定了坚实的基础。

培育壮苗　对种子、土壤进行消毒处理，茄果类绿色防控示范区应用营养钵、营养基块育苗，培养无病无虫壮苗，利于定植后缓苗。

大力推广农业防控技术　以调控棚室温湿度为中心，减轻蔬菜各种病害的发生，减少用药。

应用物理防控设施和生物农药防治等技术　海港区引进并推广了杀虫灯、黄板、防虫网在蔬菜生产中的使用，这种灭虫方法能使害虫减少一大半，再使用灭幼脲、阿维菌素、链霉素、毒死蜱、吡虫啉、苦参碱等生物农药，配以科学的农事管理，虫害发生高峰期再使用一些高效、低毒、低残留的化学农药，完全能够达到绿色防控目的。通过使用这些绿色防控技术，主要害虫平均防效达90%以上，农药使用量降低30%以上，蔬菜品质得到了大大提高。

三、存在问题

1. 资金投入问题

从长远的角度讲，绿色防控技术是一项有益于人们身体健康、降低用药成本、可持续发展的技术，但先期投入资金数目较大，且在短期效果上不如化学农药明显。一盏频振式

杀虫灯的防控面积为 30～60 亩，使用年限为 4～6 年，但每盏灯需一次性投入 400 元，还需要定期更换灯管，每根灯管为 20 元，折合每亩地成本是 4.6 元；一套诱芯＋诱捕器费用是 20 元，一亩地放置 3 个，每 30 天左右也要更换诱芯，每根诱芯成本为 2 元，折合每亩地成本是 84 元；1 张黄板为 1.5 元，一亩地需要 20 张，一个生长季节需要更换 3 次，折合每亩地成本是 90 元；生物农药每个生长季节打 3 次药，每次 15 元，每亩成本需 45 元，总计一亩地投入要 223.6 元。而农民认为打化学农药不仅成本低廉且效果明显。虽然海港区政府部门比较重视，资金投入也不少，但如果只靠政府部门资金的扶持，恐怕远远不够。

2. 成本高价格不高

农民种地是为了赚钱生活的，如果使用绿色防控技术增加了成本，而收益又不高，自然会有抵触情绪，绿色防控工作推广起来就有困难。虽然海港区的绿色防控蔬菜生产基地做到了优质优价，但绝大部分优质农产品并没有做到。农产品只有品质好价格高，才能激发农民运用绿色防控技术的热情。否则影响了农民的积极性。

3. 种植面积分散、品种不一

海港区蔬菜种植基地规模小，种植品种多且又分散，这样绿色防控工作开展起来就有困难。种植的品种不同，统防统治工作难以开展。现在海港区绿色防控技术在蔬菜、果树上使用的比较广泛，但发展程度还不够，尤其是在水稻、花生、玉米等农作物上还需要进一步开展绿色防控工作。

四、发展方向

1. 多元化投入

目前投入方式的多元化是解决绿色防控资金投入的途径之一。绿色防控初期投入较高，一般农民自己出资还很难接受，靠政府补助也是有限的。所以说绿色防控不能仅靠政府的扶持，完全可以探索依托企业创建蔬菜基地，采用企业出资、个人出资、政府补助的方式出资，这不仅可以解决经费紧张的问题，还有利于绿色防控的推广。

2. 体系建设

海港区的绿色防控工作从 2002 年发展到今天各方面发展快速，也形成了一定规模，但没有健全的体系，进一步发展困难，所以，绿色防控体系的建设需要日益完善。一是加强蔬菜合作社建设：农村组织化程度是解决目前种植分散、技术推广难的另外一条路子，以蔬菜专业合作社为代表的基层经济组织能有效地解决目前防治不统一、不规范问题，也是提高防治水平的有效措施。按照市场运作、农户自愿、政府扶持等措施推广农作物病虫害专业化统防统治，可以凸显"公共植保"、"绿色植保"的理念，解决目前绿色防控社会化的难题。二是加快土地流转工作，将零散土地集中，使蔬菜种植规模加大，开展病虫害的绿色统防统治，构建公共植保体系，创新重大病虫防控机制，使海港区机防队起到更大的作用。三是植保技术人员分配到村：海港区近几年来组织的"专业技术人员进万村兴百业"活动目的就是充分发挥各行业专业技术人员的积极作用，大力推进农村经济社会更快更好的发展。植保技术人员也是其中一部分。每位技术人员都负责一个村，将先进的技术介绍给农民，并指导农民具体操作。

3. 创建品牌

认证、品牌创建等形式才能提高产品附加值。在提升产品质量、强化品牌意识的同时一定要打通市场渠道。"优质优价",才是拉动"绿色植保"技术推广的市场杠杆和动力。目前,要抓紧开展"农超"对接,加快建立品牌蔬菜等,确保绿色食品尽快进入中高端消费市场,满足市场需求,增加农民收入。海港区富鲤合作社已经创建了自己的品牌——"鲤泮庄"牌农产品,走出了海港区农产品创建品牌的第一步。

"绿色防控" 从源头抓好质量安全

隋　歆

（秦皇岛市海港区农业局）

推广应用农作物病虫害绿色防控技术，是农业部近几年重点推行的重大技术推广行动之一。近年来，海港区农业生物灾害发生呈加重趋势，对农业生产安全、农业增效和农民增收构成严峻威胁。单纯依靠灾害发生后的化学防治，不仅使病虫产生抗性，出现防治效果不理想问题，还会危及食品安全及环境污染问题。如果能够在灾害发生前实施准确预测，并采取相应的行之有效的防控措施，则能够获得以较小的成本投入达到有效控制灾害发生的目的，这就是"绿色防控"技术的基本原则。"绿色防控"技术是根据"预防为主，综合防治"的植保工作方针，围绕重点区域、重点作物、重大病虫实施防治新技术措施。"绿色防控"技术内容是针对农业生产条件与栽培特点，以保护生态环境、节本降耗、提高资源利用率为目标，紧紧围绕提升农产品质量安全这个主线，以"绿色减灾、和谐植保"为核心，优化集成生物防治、生态控制、物理防治和化学调控等新技术，开发安全型防控措施，通过加大应用展示新技术、推进蔬菜病虫害物理防治，提高防灾减灾的科技含量和综合效益。

海港区是秦皇岛市中心区，南临渤海，北依燕山。总面积204.7km²。总人口54.39万人。全区辖5个镇：东港镇、海港镇、西港镇、海阳镇、北港镇，以及北部工业区，共有118个行政村。全区农作物播种面积仅10万亩，属现代郊区型农业。按照省、市植保站工作安排，结合我区实际情况，我区把开展农业有害生物防控工作作为重点工作来抓，采取各种有效措施，大力推广有害生物的绿色防控技术，在保障农产品产量不因有害生物危害形成严重减产的前提下，减少化学农药的使用，有效控制农药的残留。全面提高了海港区农产品的市场竞争力。

早在2002年我区就开始推广引进无公害蔬菜生产技术，在病虫害综合防治方面，大力采用物理防治、生物防治办法，如：黄板诱蚜技术的引进、丽蚜小蜂防治白粉虱，赤眼蜂防治菜青虫的生物防治方法。

2006～2008年我区引进樱桃萝卜、水果黄瓜等100多个抗病新品种。充分利用物理及生物技术，减少农药使用次数和数量。如采用防虫网、杀虫灯、黄板诱蚜、诱虫剂等新技术，防治蔬菜病虫害，大大的减少了农药的使用次数和数量，同时也降低了成本。三年共推广防虫网3 000亩，遮阳网1 500亩，杀虫灯5 900亩，黄板3 000亩，诱虫剂500亩，秸秆反应堆和植物疫苗500亩、生物农药2 000亩、示范土壤活化剂100亩，沼渣沼液综合利用技术500亩。我们在海阳镇大理营村做了一下计算，如2006年海阳镇大理营村共1 100亩蔬菜，仅采用防虫网这一项技术就可减少农药投入、省工成本约计10万元左右。

随着工作进一步的开展，为做好典型示范带动"绿色防控"工作的发展，2009年我区确定绿色防控示范区，设市级绿色防控示范区4个。分为叶菜类蔬菜绿色防控示范区和茄果类蔬菜示范区。叶菜类分布大里营村和青石山村，茄果类示范区分布在海港镇小李庄村和海阳镇栗园村。整个示范区面积 2 000 亩，辐射全区蔬菜面积 1.9 万亩。为了抓好技术落实，我区一是组织参观培训。多次组织菜农到北京、抚宁、昌黎等地学习设施蔬菜生产建设及蔬菜管理的先进经验、新品种生产、蔬菜高产高效种植模式等。通过参观学习，使他们开阔了视野，提高了设施菜管理经验；二是开展技术指导。技术人员深入基层对农民有针对性的培训，及时解决生菜生产中出现的问题；三是搞好宣传。以印发明白纸等形式，宣传病虫草害防治知识。全年组织参观培训 8 次，培训农民近 2 000 多人，下发宣传材料 5 000 份，达到了农民科学防治病虫害的效果；四是引进绿色防控技术。为各示范区引进了威尼水果黄瓜、红珊瑚彩椒、红昆仑硬果型番茄、板蓝根、大叶黄麻、芝麻菜等优良品种 40 多个，配备了杀虫灯（覆盖 150 亩的杀虫灯 15 台，覆盖 30 ~ 60 亩的杀虫灯 28 台）、黄板（应用面积 1 000 亩）、防虫网（应用面积 1 000 亩）等物理防控设备，在示范区大力推广生物农药、植物源农药；五是加强农业投入品监管。为规范我区农药市场，我区执法人员定期不定期对全区 25 个农药经营单位进行检查，未发现甲胺磷等 5 种违禁农药，同时与各农药经营单位签订了农资质量承诺书，农药经营单位各项规章制度齐全，建立了农药"销售档案"和"诚信卡"，为我区农产品安全生产提供了保证。

在茄果类示范区，我区以蚜虫、斑潜蝇、粉虱类害虫、霜霉病、灰霉病、疫病、病毒病为防治重点；在叶菜类示范区，我区以小菜蛾、菜青虫、甜菜叶蛾、蚜虫以及霜霉病为防治重点。在整个绿色防控示范区推广：以农业措施为基础，以棚室温、湿度调控为核心，利用灯光诱杀、性诱剂诱杀、黄板诱杀、防虫网等物理防控技术，以生物防治为突破的绿色防控技术，推广使用生物农药、植物源农药，同时辅之以健身栽培和烟雾机施药技术。具体技术措施如下：

调整品种结构　我区引进津优红昆仑番茄、玉林达彩椒、41 黄瓜、荷兰卡瑞八甘蓝、北京的鑫雨凯蒂番茄及芝麻菜等保健菜等品种 40 多个，为减少病虫害发生奠定了坚实的基础。

培育壮苗　对种子、土壤进行消毒处理，茄果类绿色防控示范区应用营养钵、营养基块育苗，培养无病无虫壮苗，利于定植后缓苗。

大力推广农业防控技术　以调控棚室温湿度为中心，减轻蔬菜各种病害的发生，减少用药。

应用物理防控设施等技术　生产中推广应用防虫网、黄板诱杀、多频杀虫灯、秸秆反应堆等物理防治措施。

大力推广生物农药防治　如灭幼脲，阿维菌素，链霉素，毒死蜱，吡虫啉，苦参碱等高效低毒、低残留农药防治蔬菜病虫害，降低农药残留，提高蔬菜质量。

我区通过实施"绿色防控"技术，不仅大幅度降低了农药的使用量，而且大大提高了农产品的质量，减少了病虫防治成本。

为适应新形势发展的需要，更好地服务于现代农业，继续贯彻落实"预防为主，综合防治"的植保方针，牢固树立"公共植保，绿色植保"新理念。我区一方面大力引进农业、生态、物理等病虫草害防治，推广生物农药，保护农业生态环境；另一方面推行标准化生产，通过实施植保机防队建设、专业化统防统治等项目，提高了农产品质量，确保了农产品质量安全，实现了农产品增值、农民增收。通过"绿色防控"工作的深入开展，使我区农业发展水平迈上一个新台阶。

北戴河区植保植检 60 年情况

杨纯彬

（秦皇岛市北戴河区农业局）

北戴河区农业主管部门是由原郊区农业系统分离出来形成的，成立时间为 1983 年下半年，名称为北戴河区农业办公室，下设水利、农机、农业、蔬菜、农经等科室。植保植检工作属农业科管辖，无专门科室，工作为人员兼职，无植保植检专业人员。1990 年前为鄂恩兰兼管，1990～1995 年为鄂恩兰、张军远兼管，1995～2003 年为张军远兼管，2003 年以后为杨纯彬兼管。

北戴河是旅游胜地，食品安全非常重要，2003 年来，北戴河区植保部门工作的亮点是蔬菜生产的绿色防控技术。北戴河植保部门与集发公司密切配合，制定了较严密的绿色蔬菜生产防控技术，集发公司已有 15 个蔬菜品种获得国家级绿色产品称号，主要做法是：

一、成立蔬菜绿色防控技术领导机构

由北戴河区农牧局局长为组长，北戴河区农牧局副局长、集发公司副总经理为副组长，集发企管部部长为办公室主任、技术总指导北戴河区农牧局高级农艺师、集发公司生产技术部部长、集发质监安环部部长、主管科长为督办监察、蔬菜生产基地经理为主要执行者的绿色防控领导机构。

二、选址建园

绿色防控技术的实施首先要建立绿色蔬菜标准园，我们在本区选择地理位置优越，周围无任何工厂废气、废渣和废水污染的地块。在 01、06 基地 248 亩集中连片面积上，建 3 300m² 智能化育苗棚室 1 栋、建 3 300m² 示范标准温室 2 栋，建 5 400m² 连栋温室 1 栋，建温室大棚 28 栋。其余土地进行露地生产。

三、实施标准化绿色生产技术

以集发公司先后通过的绿色批发市场认证、ISO9001、ISO14001 国际质量、环境管理体系认证和 15 种绿色食品 A 级认证等为基础，实施经营管理标准化。科学技术依托国内科研机构和农业高等院校，共应用推广无土栽培，应用防虫网、诱杀虫板、频振式杀虫灯等物理防治，节水灌溉等农业技术 15 项。引进推广国内、外名优蔬菜 150 多种。采取统一标准，统一管理，统一集发品牌，统一蔬菜品种种植，统一销售。公司常年派技术人员深入农户进行指导，对生产的蔬菜均进行了产前、产中、产后严格的监督检查，并对每批蔬菜入库、出库、加工、配送前均进行严格检测。

四、加强安全生产保障措施

（1）01、06 基地一把手负全责，指派专人负责蔬菜标准园创建生产安全台账和管理，严格按绿色标准园创建领导小组发放的表格填写，将检查台账、生产记录作为日常监管的重要内容。

（2）从根本上杜绝违规或不当使用药物及添加剂的事件发生，严密防范人为破坏或其他外来的污染。

（3）强化日常检查和蔬菜检测频率，领导小组每周必保三次以上到各部门进行检查督管。供应各大超市的蔬菜每批次都必须有检验报告。

（4）生产基地必须安装生态防控设施：防虫网、杀虫灯、遮阳网、黄板诱杀板、灰色避蚜膜、补光灯、滴喷灌溉、水帘降温、排风扇、机械灭鼠器（药物灭鼠坚决禁用）。

（5）农药使用规定

各基地应使用生物农药，如杀虫药：Be 悬浮液、苦楝素等生物制剂农药。

杀菌药：农用链霉素、农大 120、井冈霉素等。

基地全面禁止使用农药：六六六、DDT、毒杀芬、二溴氯丙烷、杀虫脒、EDB、除草醚、艾氏剂、狄氏剂、汞制剂、砷、铅类、敌枯双、氟乙酰胺、甘氟、毒鼠强、氟乙酸钠、毒鼠硅、甲胺磷、对硫磷、甲基对硫磷、久效磷、磷胺、氧化乐果、甲拌磷、甲基异柳磷、特丁硫磷、甲基硫环磷、治螟磷、内吸磷、克百威、涕灭威、灭线磷、硫环磷、蝇毒磷、地虫硫磷、氯唑磷、苯线磷。

农药的管护和使用：农药购入严格执行从三证具全的商家购入，必须有商家正式发票。购药时认真识别是否属禁用农药或复配农药含有禁用农药成分。农药购入后出入库按管理规定办理。

在使用过程中按公司安全使用农药规定办理，农药和肥料库在原管护的基础上，要求基地昼夜有人值班看守防火、防盗。

（6）生产过程管理

①按绿色食品蔬菜的要求进行生产，按领导小组下发的生产技术规程和产品品质标准执行。做好生产记录台账，一种蔬菜一本登记档案，从种到收每个阶段有完整记录以备查验和生产经验的总结。②生产基地每日有进出人员登记表，包括操作员工、公司领导和上级检查人员。③蔬菜成熟采收、运输必须指定专人进行。在采收和运输过程中不准随意换人替代，做好采收、运输记录。④蔬菜收获前 3 天进行药检，收获后立即进行药检，合格后送往所需单位，减少库存环节。确需库存要设专库保存，不得与其他物品混放。

（7）监控措施

①绿色蔬菜标准园生产部门经理对本部门生产的蔬菜食品安全质量负全责，并按照本部门的实际情况制定管理细则，督办检查。②每周由技术部、企管部、基地的三人负责到各部门日常检查二次以上；同时，把各部门的产品和样品带回配送中心检测，检测记录分类存档。对查出的问题每项处罚 200 分，并监管立即整改。质量全部合格奖励 100 分。③每周公司食品安全小组领导成员，由经理牵头不定期组织对公司食品安全进行抽查。查出问题按制度拿出处罚意见并督办整改。④由公司检查出的食品安全失误，由领导小组进行督办整改，同时承担处罚责任的 30%，失误部门承担 70%。

五、产后加工与配送

　　各种名优特色蔬菜、错季蔬菜和应季蔬菜。经蔬菜配送中心在销售前进行抽样检测、清洗、分选分级、加工、包装、预冷、冷藏，直接配送销售到京、津、唐地区和秦皇岛市大、中型超市以及北戴河区 120 多家休疗院。绿色蔬菜标准园种植的蔬菜、种苗选用北京、广州等几家种子公司提供的国内、外优质品种，原材料资源充足、质量好。运输车辆为冷藏运输车。保证运输过程中保持蔬菜的新鲜及质量。

昌黎县植保站发展历程

李 志

(秦皇岛市昌黎县农业局植保植检站)

　　昌黎县东临渤海，北枕碣石，西面和南面被滦河环抱。也就是三面环水，一面靠山。全县辖 17 乡镇，共 446 个行政村，55 万人口，总面积 1 212km²，全县耕地面积 96 万亩，种植业五花八门。各种病虫害的发生在所难免。

　　随着科技的进步、社会的发展，为了减少病虫害对农业的为害，提高农作物产量，确保农业丰收，1976 年昌黎县农业局植保植检站建站。当时站上共有房屋 10 间（共不足 200m²，其中四间宿舍、一间办公室、二间标本室、其余为储藏室），工作人员 4 名，交通工具是两辆自行车，仪器有两台显微镜和一台解剖镜。1978 年又增加了两人，6 个人负责全县的植保工作，交通及交通工具落后、仪器设备缺乏，工作紧张程度可想而知。到 20 世纪 80 年代初唐山地区植保站给了一辆两轮摩托车，两年后给换了一辆三轮摩托车，用于下乡调查，初步解决了交通工具问题。

　　随着改革开放大潮的进行，农村也跟着发生了翻天覆地的变化，种植业结构不断的调整，农业生产包干到户，土地复种指数得到提高，农民在农作物防病治虫上开始投入增加。这个时候为了解决农民购买农药难的问题，按上级主管部门的要求建立了植保服务部，给农民提供技术指导，并且保障农药供应。这在当时的农业生产中确实解决了很多问题。

　　随着植保事业的发展，仅仅一个三轮摩托车服务全县农村，它的运力远远不够。因此，在 20 世纪 80 年代中期站上买了一辆星光双排汽车，三年后显得这辆车还小，又换了一辆跃进双排。这辆车比较大，装农药装得多。四年后随着植保站经济条件变好，又购买了一辆重庆五十铃，既下乡可以拉药，又可以坐人下乡调查，大大提高了工作效率，给病虫害的及时防治提供准确的测报依据，使农作物和经济作物年年丰收。

　　随着我国商品经济的发展、生活水平的提高以及加入世贸组织的临近，对粮食、蔬菜、水果及其加工产品的质量有了越来越高的要求，但在当时的农业生产上，普遍存在着不科学用药、不合理用药以及滥用高毒、高残留农药等现象，致使农产品中农药残留量严重超标，人畜中毒事件屡有发生，同时造成环境污染、破坏生态、影响出口等严重社会问题。另外，随着种植业结构的调整，不断涌现出新的作物、新的病虫，农民迫切需要先进的防治技术，但由于存在着地方财政困难、推广经费短缺、技术人员少、推广体制不健全等问题，影响了对农民的技术培训以及防治技术的试验、示范，障碍了植保技术的普及与推广。当时农药经营也比较混乱，假冒伪劣农药充斥市场，坑农害农事件屡有发生。

　　在上述情况下，只有直接面向农村、面向农民、面向生产，在村一级建立植保技术服务组织，形成县、乡、村相衔接的一体化植保技术服务体系，使各级植保技术服务组织结合在一起，使技术人员与农民结合在一起，并通过这支完整的植保技术服务组织去引导、宣传、带动和推广新技术，才有可能从根本上提高农民的科技素质，尽快改变滥用剧毒农药状况，才能有效地解决技术人员少、推广经费短缺的矛盾，才能大大加快植保科技成果的转化和应用。于是按照《农业技术推广法》和国家有关科技体制改革的精神，20 世纪 90 年代后期在村一级建立了植保技术服务组织，为农民办好事、办实事，这在当时具有重要的政治和经济意义。至 2002 年全县共核发农药经营许可证 203 份，其中，在县城范围内从事批发业务的门市 55 家、乡镇农技站、基层供销社及村级植保服务组织 148 家。

1999 年昌黎县农药监督管理站成立，与植保站一套人马、两块牌子。当时有农药监督管理人员 6 名，其中，5 名高级农艺师、1 名农艺师，工作能力较强，业务素质较高，主要担负着昌黎县农药市场的监督管理工作及农药生测试验工作。当时站上仅有 4 台进口背负式喷雾器，1 台果园专用单管喷雾器，2 台电脑，1 部汽车；还有天平、量杯、量筒等试验必需品。到 2002 年 9 月，我站做了 40 多项的试验，主要涉及旱田除草、水田除草、梨树黑星病、梨木虱、苹果轮纹病、葡萄霜霉病、葡萄灰霉病、黄瓜霜霉病、番茄病毒病、花生根结线虫病等。我站严格按照《准则》要求，本着科学严谨的工作态度、认真负责的工作精神、实事求是的工作原则，认真地进行落实、调查、总结，并做出了客观、公正的评价，得到了上级主管部门及农药生产企业的认可。

我站的办公条件也是一年比一年好。20 世纪 80 年代后站上整个房屋面积不到 200m^2，1999 年经农业部批准昌黎县农作物区域病虫监测站开始建设，盖起了一栋 500m^2 的办公楼。通过项目建设使我站的办公条件大为改善，每 2～3 人一间办公室，有化验室、标本室、档案室、微机室等，设有专用的观测场地，配备有交通工具、通讯工具等。同时又增盖了 200m^2 的库房，站上经济收入维持事业的发展。

20 世纪 80 年代的病虫情报手工刻版，手动油印，出一份情报搞一天，随着办公条件的发展，局里增加活字打印机，局长审批后可以在局里打印，也得用一天的时间，要是局里事多有可能得两天。建立农作物区域病虫监测站后增添了电脑打印机，出一期病虫情报 2～3h，病虫信息的发布与传递更加通畅，与部、省、市等上级业务主管部门之间的信息传递实现了网络传输，在病虫信息的发布上除沿用传统的印发病虫情报外，开展了电视预报，另外，还采用广播电视讲座、散发科普资料、集市宣传、技术培训等手段宣传普及植保技术，有力地指导了病虫害防治，为植保防灾减灾做出了贡献；测报更加及时准确，因配备了现代化的测报工具、交通工具及通讯工具等，增加了测报工作的时效性和科学性，使测报准确率大为提高，误报漏报现象减少；有利于测报资料的积累与保存，使测报资料更加完整、系统，提高了测报资料的使用价值；提高了对病虫害的检验、鉴定及培养能力，提高了病虫害抗性监测水平及检疫检验水平。充分体现了植保工作的公益性、社会性，给农业丰产丰收奠定了基础。

在 2002 年站上和农药经营者联合盖门市 600m^2，14 户建库房 1 400m^2。到 2008 年 5 月 1 日使用到期，产权全部归植保站所有，现在经营者的使用费用可以保证植保事业的再发展。现在站上的固定资产（按当时的投入）是 500 万元。基础积累越来越多，服务三农越来越好。县直行风评定农业局排名列名次第二。

为了贯彻落实［2004］中央 1 号文件关于"加强病虫害防治工程建设，完善农产品的检验检测，扩大优质农产品生产和供应"；农业部《优势农产品区域布局》（2003～2007 年）关于"建设完善病虫害防治体系，提高对危险性病虫害的防范和控制能力"；《国家优质粮食产业工程建设规划》（2004～2010 年）关于"病虫害发生的预报准确率达到 90% 以上，灾害损失率控制在 3% 以内，病虫害基本不成灾、不起飞、不扩散"以及《农业七大体系建设规划》《昌黎县五带兴昌、八业立县规划》等一系列文件精神和规划要求。经农业部批准，2005 年开始建设河北省昌黎县农业有害生物预警与控制区域站。

区域站的建设，使我站又增 500m² 的库房，新盖办公楼 1 000m²。办公条件可以说得到大大提高，仪器设备应有尽有（仪器设备购置 46 台套＜批＞），照相机、摄像机、采编机和视频压缩机等数码设备全部配备，站上可以把病虫情报做成光盘在电视台播放，在病虫草防治上既可以直观地看又可以听。对农作物的防治提供技术依据，对高效及时的防治提供技术保障，对农业丰产丰收切实奠定牢固基础。

2008 年我站在全县指导下建立了蔬菜绿色防控示范区，其中有：

（1）甘蓝示范区，在城郊区刘李庄，初建时面积 3 000 亩，辐射面积 10 000 亩以上，种植样式有大棚、中棚和小拱棚。现在以刘李庄为中心的大、中、小棚及露地春秋甘蓝和菜花基地，总面积已达 5 万亩，环评认证面积 3 万亩。

（2）西葫芦示范区，在新集镇新庄子村，面积 2 000 亩，栽培方式是中棚。

（3）黄瓜示范区，在靖安镇马芳营村，面积 5 000 亩，辐射面积 12 000 亩。日光温室有深冬生产的半地下式和早春的地上式两种。

（4）三种三收示范区，朱各庄镇坎上村，面积 5 000 亩，辐射面积 10 000 亩。种植样式：地膜马铃薯—行间套种玉米—行间套种大白菜。

通过蔬菜绿色防控示范区的建立，使农民认识到对蔬菜进行无公害栽培管理的重要性，同时大大提高了农民的收入，也提高了植保站在农民心中的地位。

改革开放三十年，全国各行各业变化很大，尤其是农村农业，农民除了粮食作物外，经济作物也应有尽有。新的病虫害主要为害种类越来越多，农业生产需要我们解决的问题也越来越多，而后才是农民的收入越来越高。植保事业的发展应符合农村农业农民生产的要求。我们植保站现在工作人员已达 14 人，已经实现办公自动化，交通工具有汽车，服务农业生产快捷，给植保事业的发展带来前所未有的春天。在此基础上植保站也取得了不小的成绩，获省市级奖励达 15、16 项，个人单项奖励不胜枚举。

展望未来，植保工作任重而道远，为适应新形势发展的需要，更好地服务于现代农业，必须切实加强植保体系建设。牢固树立"公共植保"、"绿色植保"的理念，突出植物保护工作的社会管理和公共服务职能，我们已经逐步建起了"以县级植保机构为主导，乡、村植保人员为纽带，多元化专业服务组织为基础"的植保体系，今后还要充实县级，完善乡级，发展村级，稳步提高生物灾害的监测防控能力。不停留在现有的技术上，把握社会和植保技术的发展前沿，力求解决植保新难题，努力探索植保新技术，以服务"三农"为己任，取得更多的丰硕成果。

抚宁县植物保护工作回顾

陈国民　汪志和　祁景乔

（秦皇岛市抚宁县农牧局植保植检站）

1967 年春，抚宁县成立了农作物病虫测报站，站址设在局属县高庄良种繁育场，人员有祁景乔并雇用一名初中毕业生聂振国作为协作员。

从 1967 年搬到县良种场到 1976 年搬出良种场，这一阶段是植保工作最忙、最累、收获最大的十年，回顾起来在高庄良种场期间主要做了以下工作：

一、全县基层测报点儿从无到有、从少到多，最多时达到 14 个。

二、测报对象由黏虫一种增加到 8 种，其中有小地老虎、玉米螟、高粱条螟、棉蚜、麦蚜、小麦锈病。

三、通过黑光灯、糖蜜诱杀器、杨树枝把、谷草把诱蛾以及田间定点、定期系统调查和田间普查，积累了大量的成虫诱测数据和田间调查资料，为对各种病虫害的发生量、发生期的预测预报积累了大量的数据。

四、收集并制作了黑光灯诱到的农、林、果树害虫成虫标本，并送到吉林省农业科学院植保所进行了鉴定。

五、通过对成虫诱集量和田间卵量、幼虫发生量及为害情况的调查，结合气象资料，明确了抚宁县一些重要病虫害的发生规律、防治时期、防治方法和发生量预测指标。

六、为了使县站和基层测报点之间成虫诱测和田间调查数据具有可比性，我站编印了"抚宁县农作物主要病虫害测报办法"并印制了全县统一调查记载表，由县站制作了黑光灯、诱杀器，无偿发送到各基层测报点，从而做到了全县从上到下测具规格样式、田间调查方法及记载内容的 3 个统一。

七、县站根据成虫诱测和田间调查情况以及基层测报点的调查数据，对比历史资料和天气预报，对病虫害的发生趋势、防治时期、防治方法，印发成《病虫情报》，寄给有关部门、县领导、工委、公社农业站、基层测报点，并上报全国、省、地区测报站以及唐山地区各县测报站，当时县领导说：测报站提供的《病虫情报》准、快、细，测报工作的开展，提高了抚宁县农作物病虫害防治的预见性、主动性，减少了盲目性，群众称赞测报站为除虫灭病的侦察兵、雷达站。

1973 年祁景乔到湖南长沙参加了农业部召开的全国病虫测报座谈会，我站的测报材料被选入会议材料汇编。1976 年 6 月，省农业厅为了推广抚宁测报工作经验，在本县召开了全省病虫测报工作现场会。1978 年在唐山地区行署召开的农业工作会议上，我站被评为先进集体并奖给幸福摩托车一辆。1993 年我站又被农业部评为全国病虫测报工作先进集体。

1976 年高庄农作物病虫测报站搬到县农林局所属白僵菌厂办公并改为抚宁县农林局植保植检站，祁景乔同志任站长，成员有：周盛钰、温晓明、陈国民。1976 年以后根据地区植保站关于各县植保站单建的通知，在县农林局西侧，由北街大队征地 6 亩，建成 300m² 水泥砖木结构办公用房，其中，有病害实验室、虫害实验室、标本资料室、仓库、宿舍、办公室。办公试验用房后面还有约 3 亩地观测场，场内设置气象观测仪器、测报用具及田鼠饲养池。新建的办公、实验用房建成后，从开展病菌分离、培养、接种、昆虫饲养、农药生物测定等方面出发，又购置了大量仪器设备。新病害实验室建成后进行了苏云金杆菌 77-21 的生产和田间防治二代黏虫试验，收到了和使用化学农药 DDT 乳剂相当的效果。

植保植检站成立后到现在，除主抓病虫测报、防治及植物检疫工作外，还依据抚宁县农作物病虫草防治中出现的难题，开展了农业生产课题研究，其中，应用效果好并获得省、市科委、农业厅奖励的有：

（1）"花生田蛴螬种类鉴定、防治时期、防治方法研究"项目获 1991 年度秦皇岛市科技进步一等奖。

（2）"黏虫异地预测预报技术"获 1987 年农牧渔业部科技进步二等奖。

（3）"甲胺磷拌种防治地下害虫技术"项目获得唐山地区科技进步三等奖。

（4）"农田化学除草技术"项目获 1987 年省科委科技进步二等奖。

（5）"麦蚜发生迁飞规律及预测技术研究"项目获 1991 年农业部科技进步三等奖。

（6）"花生病毒病综防技术研究"项目获省农业厅科技进步二等奖。

（7）"DT 杀菌剂防治水稻稻曲病技术应用研究"项目获 1989 年市科技进步三等奖。

（8）"稻水象甲在秦皇岛发生规律及防治技术研究"项目获 1994 年市科技进步一等奖。

（9）"玉米矮花叶毒病综防技术研究"项目获 1998 年市科技进步一等奖。

（10）从 1985 年开始，对水稻立枯病、恶苗病、稻曲病、稻瘟病、纹枯病、二化螟等病虫害的防治技术进行了单项防治方法筛选试验，最后根据实验结果，本着优中选优的思路，提出了水稻病虫草规范化防治技术规范，推广到生产中去，控病增产效果明显，本项目并获市科技进步三等奖。

（11）和沈阳化工研究院生测中心合作试验推广了水稻新型除草剂—稻田王，解决了大龄稗草和阔叶草防除难的问题。该项目同时获 1995 年市科技进步三等奖。

（12）"瑞毒霉拌种防治水稻青枯、立枯病技术"项目获 1995 年市科技进步三等奖。

（13）引入北京农业大学研制的增产菌生物制剂，分别在水稻、甘薯、黄瓜、苹果上进行试验，均表现出良好的抗病增产效果，并能提高品质，增强抗旱抗倒性，是一种很有研究价值的生物制剂。该项目获 1989 年市优秀科技成果三等奖。

（14）首先推广拉索、氟乐灵、乙草胺、地乐胺旱田化学除草技术，大大地减轻了农民的劳动强度，提高了生产效率。

（15）"玉米对玉米病毒病抗病机制的研究及应用"项目获 1999 年河北省科技进步三等奖。

（16）"河北省稻水象甲预测技术及规范标准的研究"项目获 2000 年河北省科技进步三等奖。

（17）"玉米粗缩病和矮花叶病猖獗流行因素及控制技术研究"项目获 2001 年河北省农林科学院科技成果二等奖。

1985 年植保植检站从平房搬入农业局新建的推广大楼，站上人员由 3 人发展到 8 人。

进入 20 世纪 90 年代，植保站的工作任务发生了一定变化，由单一的技术指导型转向技术、物质相结合的复合型。1992 年省农业厅印发了《河北省植物医院管理办法》，要求各级植保技术服务部门均应建立植物医院，要面向基层农民，实行开方卖药，融技术服务、信息服务、经营服务为一体，按照此办法，县植保站实行两块牌子、一套人马，各乡镇、村也相继建立了植保技术服务站，亦即后来的各乡镇农业服务站。

1993 年中华人民共和国《农业技术推广法》颁布实施，其中第二十条规定 "农业技术推广机构，可以开展技术指导与物质供应相结合的多种形式的经营服务"。1993 年市、县政府为加快农口改革，强化服务功能机理和健全农业社会化服务体系，相继出台政策，鼓励并扶持各农口单位兴办各种经济服务实体。根据《农业技术推广法》，按照省、市、县政府文件精神，结合本县实际情况，在搞好病虫测报、植保技术试验、示范、推广的基础上，植保站为解决办公经费和科研经费严重不足并提高职工待遇和自筹人员工资问题，将经营服务工作作为植保工作的主要内容之一。在经营服务中，与企业、科研院所合作，引进、试验、示范、推广了一大批植保技术和新型农药品种，应用到生产中去，取得了较好的经济和社会效益，为农业生产的健康发展提供了坚实的物质基础和雄厚的技术保障。如 1992 年，和沈阳化工研究院合作，引进了新型水田除草剂—稻田王，解决了本县水田大龄稗草及阔叶草难治的问题；1993 年我站首先引入 "扫螨净"、"蚜虱净" 等新型农药，彻底解决了果树、农作物红蜘蛛、蚜虫防治难的生产难题；1997 年又从沈阳化工研究院引进并试验推广了 "氟吗锰锌" 用于防治霜霉病、"菌思奇" 防治灰霉病等技术，效果非常显著。这期间还大力推广了旱田化学除草技术，由小面积的试验示范到全县大面积普及推广，全县化学除草普及率得到显著提高，到目前，全县化学除草面积达到 90% 以上，既减轻了农民的劳动强度，又提高了生产效率。

2006 年，水稻条纹叶枯病在本县突然大暴发，经中国农业科学院植保所专家技术指导，通过实验，引进了防治该病的新的药剂，并提出了一整套防治该病的技术措施，在全县推广应用以后，迅速控制了该病的发生。同年底，由于单位合并及人员调动，植保站的经营服务工作终止，植保站的工作中心又转移到以技术服务为重点的正常轨道上来直到现在。

海港区植保工作回顾与展望

安英伟

（秦皇岛市海港区农业局）

海港区地处秦皇岛市中心区，是秦皇岛市政治、经济、文化的中心。地处河北省东北部，南临渤海，北倚抚宁，东邻山海关，西近抚宁县和北戴河区，全区共有 5 个镇，一个工业区，所辖面积 204.7km²，总人口 54.39 万，全区农作物播种面积仅 10 万亩，属现代郊区型农业。

自 1984 年成立海港区以来，我区植保工作在区委、区政府的正确领导下，在市农业局植保站业务部门指导下，坚持贯彻实事求是，科学发展的重要精神，不断创新，取得了长足的进步；在业务方面，积极贯彻"公共植保、绿色植保，预防为主、综合防治"的十六字植保方针，在保障粮食生产安全，保障农产品质量安全，保障生态环境安全，切实履行植物保护防灾减灾、植物检疫、农药管理的公共职能，为高产优质高效安全农业做出了最大努力，取得了一定的成绩。

一、植保体系建设初步完善

（一）植保机构体系健全

从 1984 年开始，农作物病虫草害由统一开展防治到分产到户的独立防治。面对不断变化的病虫草鼠害侵袭，我区建立了一套监测、科学预防、综合治理、全面控制农业有害生物的长效机制。2007 年以前海港区农业局只有一人分管植保工作，到 2008 年成立了海港区农业局植保站，工作人员已增至 3 人，基层植保队伍稳定，做到每镇有一名植保人员，村有一名植保联络员。这一体系的建立，大大增强了我区应对重大农业有害生物灾害的预测和防灾控灾能力，提高农业综合生产能力，有力地促进了农民增收和农业可持续发展，适应了社会主义新农村建设的需要。

（二）植保队伍素质提升

通过加强培训学习，全区的植保人员素质不断提高。1998 年以前我区没有一名中级以上职称的植保专业技术人员，到 2010 年区、镇两级已有中级职称以上 3 人，初级以下职称 6 人。全体植保专业人员经过多次培训和长期实践，具有非常丰富的专业知识与实践经验，他们吃苦耐劳、刻苦钻研，坚持深入田间地头调查监测农作物病虫害发生动态，开展植物疫情监测，能够从容地应对各种农业病虫害监测防治工作，监测防治水平有明显提高。

（三）基础防治设施建设不断改善

2006 年之前，主要农作物生产基地主要以化学防治为主，2007 年以后主要农作物生产基地配置了杀虫灯，并且能够运用物理方法进行农作物病虫害综合防治。成立区农业局植保站以后，配备了专职电话、电脑和多功能的打印机。在基层防治设备配备方面，由

2003年前的手动喷雾发展到拥有大型、机械化喷雾设备及物理防治设备，且防治效率不断提高。到目前为止，我区80%以上的果园运用大型喷雾机进行果树病虫草害防治，每小时作业面积达40~60亩；我区大部分农户运用了杀虫灯、防虫网、黄板等物理方法防治虫害；部分农户运用烟粉机防治农作物病虫草害，每台烟粉机工作效率相当于手动喷雾器12~15倍；采取以上防治措施，不仅降低了成本，而且减少了环境污染，保障了农产品质量安全。

（四）植保服务体系不断加强

随着经济体制改革的不断深入，农村实行了家庭联产承包责任制，病虫害防治工作由原来的集体统一防治变为一家一户的分散防治，一些地方出现了防治失误或因农药使用不当造成农作物药害、农产品农药残留超标、人畜中毒等新情况和新问题，进而引起了我区各级政府和植保部门的高度重视。为了给广大农民排忧解难，适应千家万户防治病虫的需要，我区植保部门按照"围绕服务办实体，办好实体促服务"的工作方针，开展了产前、产中、产后系列化服务，引导和推动了植保社会化服务体系建设，形成了区、镇、村三级植保服务网络，解决了广大农民"防病用药难"、"防病治虫难"等问题。我区从1990年的农药经营门店5个、植保专业户100多个，发展到2010年的农药经营门店25个，植保专业户800多户，全区植保工作在病虫监测、新农药、新技术应用等诸多方面得到了有效推广。自2008年以来，我区本着"国家引导，政策扶持"的政策，积极贯彻"公共植保、绿色植保"的理念，秉承"服务农业、服务农民"的宗旨，在全区5个镇成立了植保专业化防治机防队，配备了烟雾机、自动喷雾器等机防设备，制订了各项规章制度，为我区农作物病虫草害开展植保专业化防治奠定了坚实的基础。随着我区各镇植保专业化服务组织的建立，农村中也涌现了一批闲散的植保专业化组织，到目前为止已发展到20个，为我区的农作物病虫草害防治做出了积极的贡献。

二、防灾减灾成绩突出，服务农民深受好评

搞好农作物病虫草害综合防治，有效地防控病虫害，是植保工作的重点。多年来，我区十分重视病虫草害的综合防治工作，积极贯彻"预测预报为主，综合防治"的方针。大力引进植保新技术，由1984年的病虫草害综合防治面积80%上升到目前95%以上，每年挽回粮食损失6 000~8 000t。

水稻是我区的主要作物之一，1984~1990年，为害水稻的主要病虫有稻瘟病、纹枯病、立枯病、恶苗病、干尖线虫病、稻曲病、白叶枯病、稻蝗、稻纵卷叶螟、二化螟、三化螟、稻飞虱等害虫，防治方法主要是根据全区的病虫预报情况及技术人员深入田间地头指导，防治药剂主要有乐果、氧化乐果、1605、敌敌畏、甲胺磷、呋喃丹、水胺硫磷、敌克松、甲基1605、稻瘟净、异稻瘟净、井冈霉素、多菌灵、灭线灵、石硫合剂、丁草胺等一些药剂。1991~2000年，农业实行了无公害生产，淘汰了高毒、高残留农药，采用高效、低毒、低残留农药，因此，在防治药剂上有所改变，如：甲霜灵、菊酯类农药、乙酰甲胺磷、稻虫一次净、三环唑、富士一号、浸种灵、稻田王等等。2001~2010年，农产品质量安全在群众心目中占有越来越重要的位置，全面实行了水稻标准化生产，除了采用高效低毒低残留农药等化学防治方法外，还采用了物理防治方法及生物防治方法。另外，在原有病虫的基础上，1991年又出现了新的检疫性害虫—稻水象甲，经过本区对稻

水象甲发生规律的研究，摸索出了一套防治稻水象甲的有效方法。

玉米、花生也是本区的主要作物，占全区粮食、经济作物的80%以上，因此，病虫草害的综合防治工作是全区植保工作的重点。1983～1990年，为害玉米、花生的主要病虫有地下害虫、蚜虫、线虫病、叶斑病、病毒病、玉米黑粉病、黏虫、玉米螟等等。防治的主要药剂有甲胺磷、水胺硫磷、乐果、氧化乐果、1605、甲基1605、辛硫磷、敌敌畏、多菌灵、甲基托布津、地乐胺、氟乐灵等一些药剂；1991～2000年，随着植保工作的改进，玉米、花生病虫种类基本没有增加，但是，随着无公害工作的开展，在防治药剂上却有了很大改变，主要采用的药剂有：乙酰甲胺磷、乐斯本、病毒灵、菊酯类农药、齐螨素、毒死蜱、吡虫啉、乙草胺、阿乙合剂等药剂。2001年至今，我们着重在品种的引进上下功夫，减少病虫害的发生，另外，还大力推广一些高效低毒、低残留农药，提高病虫草害的防治效率。

随着植保工作的影响面越来越大，在农产品质量安全生产中的位置越来越突出，往往被农民朋友形象地称为"庄稼的保护神，百姓的财神爷"，得到各级领导、社会各界以及农民朋友的充分肯定和赞许。

三、植保内容进一步发展

20多年来，本区植保工作也由以前单纯的以粮为主发展到现在多种农作物并举，防治措施也以化学防治为主，发展到了农业、化学、生物、物理等多种防治手段综合使用的绿色植保防治方法，运用杀虫灯、黄板、防虫网等技术，根据不同作物不同病虫害在不同时期的发生特点，科学用药，用高效、低毒、低残留农药取代被淘汰的甲胺磷等五种违禁农药。

20世纪80年代，本区农药由供销社统一经销；进入90年代后，随着农药市场放开，相继出现了假冒伪劣农药流入市场的现象，损坏了农民利益，致使农药监督管理方面发生了变化。2000年后，随着《农药管理条例》等相关法律法规的出台与实施，各级农药执法监管体系建设不断完善，通过多层次的宣传培训，农药经营者守法意识不断加强，农民知道用法律武器保护自己的合法权益。通过农药市场检查，有力打击了销售假冒伪劣农药、甲胺磷等5种高毒违禁农药、标签不合格等违法行为，使本区农药市场环境良好，农民用药安全得到了保障。

四、植保工作取得较好成绩

经过本区各级植保人员多年的不懈努力，不断推广优质、抗病新品种，农作物一些病虫草害得到了控制。自1984～1990年我区稻瘟病基本得到控制，1991～2000年基本消除了水稻白叶枯病的发生为害，同时摸清了稻水象甲、美洲斑潜蝇等检疫性病虫草发生规律及防治方法，2001年至今，病虫草害为害逐年减轻，通过多年的疫情普查，本区未发现新的植物检疫对象。

20世纪80年代中期，随着666、DDT等一批高毒高残留农药在本区停止销售使用，经过本区植保技术人员不断开展高新农药在病虫草害防治上的试验、示范、推广，一些新的高效、低毒、低残留农药在本区得到广泛应用。按照国家规定，从2007年开始本区全面禁止销售使用甲胺磷等五种高毒违禁农药，农产品质量安全已经大大提高99%以上，生态环境也得到明显的改善。

回顾过去，展望未来，本区的植保工作任重而道远，为适应新形势发展的需要，更好地服务于现代农业，必须切实加强植保体系建设。牢固树立"公共植保"、"绿色植保"的理念，突出植物保护工作的社会管理和公共服务职能，举全社会之力，逐步构建起"以区级以上植保机构为主导，镇、村植保人员为纽带，多元化专业服务组织为基础"的新型植保体系，稳步提高生物灾害的监测防控能力，力争使本区的植保工作再上新台阶。

卢龙县甘薯病虫害防控回顾与展望

吴金美

(秦皇岛市卢龙县农牧局植保站)

新中国成立前，卢龙县境内作物病虫害的发生频繁，蝗灾尤为严重。旧志中多有记载，经常是"蝗虫大发生，所过之处，草净苗光"，农民"悲鸿遍野，流离失所"，一片凄凉景象。束手无策的农民，修筑起 9 座蜡庙，烧香祈祷，求神保佑。

新中国成立后，党和政府十分重视农业生产和发展，开创了植保事业，指导思想是"以防为主，防治结合。"1965 年实行农作物病虫害监测和预报。1973 年建县农业植保检查站，在普查的基础上，依据具体生态环境，分析研究境内病虫害发生和蔓延规律，进行预报。1975 年开始贯彻"预防为主，综合防治"的方针，以农业防治为基础，合理利用化学防治、生物防治、物理防治和植物检疫等进行综合防治。1985 年开始实行农作物种子、产品、苗木等的产地检疫制度，严格控制病虫害的侵入和蔓延，确保农作物的增产增收。新同志沿着卢龙植保站开创者梁信明、田雨润勤勤恳恳、扎扎实实工作的足迹，树立公共植保、绿色植保的理念，做强做好卢龙的植保工作，为农业增产、为农民增效保驾护航，贡献自己的一份力量。

一、甘薯种植情况介绍

卢龙县位于河北省东北部，为秦皇岛管辖，地处东经 118°46′ ~ 119°08′，北纬 39°42′ ~ 40°08′。燕山南麓余脉构成全县地貌特征，县域内地形北高南低，低山丘陵占全县面积的 70%，其余为山前冲积平原。全县东西宽 26.1km，南北长 46.3km，总面积 1 021km²。

卢龙县辖 12 个乡镇，548 个行政村，总人口 41.9 万，其中，农业人口 33.2 万，是一个以农业为主的农业大县。全县耕地 61 万亩，其中，水田 2.1 万亩，水浇地 42.1 万亩，旱地 16.8 万亩。2007 年农民人均纯收入 3 560 元。

卢龙县耕地面积 64 万亩，其中，丘陵坡地占 70%，土地比较贫瘠，加之历史上长年干旱少雨，大部分农作物收成甚微，卢龙人民长期饱受饥寒之苦。甘薯于清朝咸丰年间（19 世纪中叶）引入卢龙种植，因其适应在丘陵地带生长，具有高产、稳产和适应性广、抗逆性强、"旱涝保收"等特点，深受人民群众喜爱，被称为"铁杆庄稼"。到新中国成立初期（20 世纪中叶），禾本科作物易受蝗虫为害，造成颗粒不收，而甘薯蝗虫不为害甘薯，每年都有收成，甘薯种植面积已达到 10 万亩，成为全县人民果腹充饥的主要食物。

我县甘薯栽培已有百余年历史，在新中国成立初期栽培面积只有 10 余万亩，鲜薯单产不足 500kg；20 世纪 60 ~ 70 年代甘薯面积扩大到 20 万亩左右，单产水平提高到 1 000 kg 左右；到 80 年代中期，随着改革开放，县政府确立了开发利用甘薯资源的发展方向，甘薯面积直线上升，每年递增近万亩，90 年代初达到 30 万亩，到 21 世纪初已达到 34 万亩，单产水平比新中国成立初期翻了两番。

发展甘薯产业适合卢龙县自然条件。卢龙县百分之七十以上耕地为丘陵坡地，且十年九旱，风雹灾害频发，甘薯不但抗旱耐脊，适应性强，还被称为"铁杆庄稼"，灾后恢复能力强，且有高产稳产性，这是其他作物无法比拟的。

卢龙县主栽作物有甘薯、玉米、小麦、花生、水稻、蔬菜等，其中，甘薯面积25万亩，占全县粮食作物的50%；多年来，县委、县政府始终坚持以发展抗旱稳产作物甘薯为主导产业，甘薯已由粮食作物转化为经济作物，形成了具有卢龙特色的甘薯产加销一体化的龙头产业。

卢龙县甘薯生产加工在国内外具有一定知名度。1996年被国家命名为"中国甘薯之乡"，1999年被省确定为首批农业产业化建设示范县，2001年又被命名为"河北甘薯之乡"，2005年"卢龙粉丝"获得国家质监总局批准原产地域标志产品保护。卢龙县薯制品以品种多样，质地上乘而闻名，在长期业务交往中，建立了良好的信誉，为今后大力发展甘薯产业打下了坚实基础。

卢龙县的甘薯自新中国成立60年来基本是前30年是粮食作物，改革开放30年转化为经济作物（尽管又划为粮食作物但在卢龙县仍为经济作物对待）。1949年甘薯品种主要是"胜利百号"占甘薯种植面积的90%以上，1957年引进甘薯品种"北京553"，1974年调进甘薯品种"徐州一窝红"。1978年"徐州一窝红"栽植面积已占甘薯总面积的61%，"胜利百号"降到35%。1979年"徐州一窝红"栽植面积已占甘薯总面积的76%，1987年开始对"徐州一窝红"提纯复壮，培育出"提纯一窝红"，提纯后产量提高了20%。1988年全县主栽品种仍为"徐州一窝红"，1989年甘薯品种"卢选一号"出现，到1993年"卢选一号"占甘薯种植面积的90%以上，到2009年"卢选一号"还是占甘薯种植面积的80%以上。

二、甘薯黑斑病

（一）回顾

1944年引进"胜利百号"等品种，染病薯种把甘薯黑斑病带入卢龙县，20世纪50年代初蔓延全县，病态表现为薯秧黑根及死苗、烂井、坏炕，严重减收。1954年试验"温汤浸种"（薯块在40～50℃温水中预浸1～2min后，移入种薯用51～54℃温汤浸种10min，水温和处理时间要严格掌握，注意上下水温应一致，对新品种处理后应进行发芽试验。浸种后要立即上床排种，且苗床温度不能低于20℃。）防病，同时卢龙县木井乡邸柏各庄创造"顿水顿火育秧法"（种薯上床前，一次浇足水。种薯上床后，将温度迅速上升到34～38℃，保持4天，以后炕温保持28～30℃。拔苗前，降温至20～22℃。以后每拔一次苗浇足一次水，并将温度升到28～30℃），通过这两项措施，对防治黑斑病收到良好效果。至1964年第三茬秧压低到3‰以下。以后又有回升，1980年调查66村399眼薯井，病井率77%，烂井率9.8%，病薯率14%。当年推广托布津浸种和泼炕收到效果，1983年应用天津市农科院植保所研制的"药肥素"防治，使黑斑病得到控制。到2009年加上70%甲基硫菌灵可湿性粉剂、烯唑醇防治，使黑斑病得到控制，虽年有发生，但面积小，未成灾。基本前30年由于种植食用品种"胜利百号"、"徐州一窝红"，黑斑病比较重，是甘薯主要病害。后30年卢龙县种植大多为淀粉型品种"提纯一窝红"、"卢选一号"不进行贮藏收获后马上加工，黑斑病危害轻。

（二）展望

综合防治。防治策略应采取无病种薯为基础，培育无病壮苗为中心，安全贮藏为保证，药剂防治为辅助的综合防治措施。近两年改良火炕旱育秧，较传统育秧方法有三方面改进，一是从时间上改将上炕时间从"清明"上炕提前到"春分"前后；二是从结构上改，将烟窗从炕前改到两侧，把床面与炉室连为一个整体用薄膜覆盖，并在炉子上烧水增加湿度；三是从温度上改，将催芽温度（住火后上返温度最高）由38℃提高到41~42℃（当温度降至35~36℃开始烧火），实践证明，改良炕具有增温、保温、防治黑斑病效果好、节省燃料、早出秧多出秧等优点，比传统育秧方式早供应秧苗15~20天，为提早栽秧创造了条件。用40%多菌灵800~1 000倍液，置于敞口容器内，浸种10min；用化学药剂50%甲基托布津500倍液，浸种5min，能有效地杀死附着在种薯表面的病菌，烯唑醇等新型杀菌剂的加入使黑斑病更容易防控。

三、甘薯茎线虫病

（一）回顾

卢龙县甘薯近30年的主要病害为甘薯茎线虫病。1985年经河北省农科院植保所刘信义等专家确定卢龙县甘薯茎线虫病病原（*Ditylenchus destructor* Thorne）称马铃薯腐烂线虫或破坏性茎线虫，属植物寄生线虫。症状又称糠心病、空心病、糠梆子、糠裂皮等，是一种毁灭性病害。主要为害薯块、茎蔓和苗。染此病的薯块不能食用，更不能加工淀粉，完全失去经济价值。

甘薯茎线虫病就是1969年木井一农民从天津带来一把未经检疫薯秧传入卢龙县，1980年甘薯茎线虫病发病面积53hm²，1984年甘薯茎线虫病发病面积1 333hm²，1991年发病面积3 800hm²，防治3 800hm²，2000年发病面积1.4万hm²，2004年发病面积1.9万hm²，2008年发病面积1.9万hm²。

甘薯茎线虫病开始发病在木井街13hm²地里，1983年土地承包到户后群众通过购买带病薯秧、薯种加快甘薯茎线虫病传播。尤其是推广"提纯一窝红"、"868"、"卢选一号"在带来增产的同时，也加快了甘薯茎线虫病在全县远距离传播。近距离通过肥料、粉浆水、水传播。

1982年，县植保站做了呋喃丹处理育秧床和栽薯地块土壤，防效达84%，后来在全县示范推广4 050hm²。1988年又引进甲基异柳磷和铁灭克，对育秧床和栽薯地块土壤进行防治，为防止种薯传染，用甲基异柳磷和铁灭克或呋喃丹对育秧床进行药剂处理，插秧时，用3%甲基异柳磷、3%呋喃丹或15%铁灭克进行土壤处理防效达82%。1989年到1995年防治甘薯茎线虫病主要药剂为15%铁灭克每亩使用1kg，使用方法为刨埪—抹秧—施药—浇水—覆土，把药装入瓶子里瓶盖扎眼儿进行点施，手不要接触农药颗粒避免中毒。1994年县植保站开始试验国产神农丹5%涕灭威颗粒剂防治甘薯茎线虫病，试验结果防效与进口的15%铁灭克一样。1995年示范、推广了1 000hm²，1996年神农丹全县使用300t使用面积达6 660hm²，到2000年达到高峰植保站销售神农丹700t使用面积15 540hm²。1997年试验地瓜茎线灵5%灭线磷颗粒剂每亩使用3kg防治甘薯茎线虫病效果可以达70%，由于当时神农丹未在甘薯上登记，而地瓜茎线灵在甘薯上已登记，且神农丹属于剧毒内吸剂，地下施药地上薯秧 3 个月有毒，家畜误食易造成中毒。1998 年开始推广地瓜茎线灵，当年推广了 10t 防治面积 220hm²。2000 年神农丹防甘薯在我国的山东、河北、河南三省进行了局部登记，一直到 2009 年每年进行续展登记。2003 年县植保站又推广了益收丰 10% 灭线磷颗粒剂防治甘薯茎线虫病每亩使用 1kg。2004 年推广 20t 防治面积 1 333hm²。到 2008 年防治甘薯茎线虫病主要药剂仍为神农丹，每年在全县使用 300t，使用面积达 6 660hm² 左右，其他为灭线磷颗粒剂等药剂。

甘薯茎线虫病的综合防治措施：

（1）检疫关　严把检疫关，县内调无病薯秧、薯种。主要为县的北部不要去南部引种。甘薯茎线虫病使卢龙县仅每年防治费用就高达 1 500 万元，减产损失 1 000 多万元。血的教训，警钟长鸣，通过此病害说明检疫的重要性。要加强检疫工作，防范于未然，杜绝此类事件再次发生。

（2）推广新的抗病品种关　2000 年、2001 年、2002 年河北省农科院植保所马平副研究员做甘薯抗病品种选育、选育新品系 58-1、27-3、苏薯七、5303，在抗甘薯线虫病上较本地卢选一号有明显抗性。2002 年试验结果为苏薯 7 号比主栽品种卢选抗病性提高了53.6%，5303 提高 63%，27-3 提高了 91.9%，58-1 提高 53.7%，综合三年试验 5303、27-3 属于抗旱品种，58-1 不抗旱，卢龙县十年九旱丘陵地广，适合推广抗病的 27-3、5303 品种，在平原壤土地适合推广 58-1。轻病田继续栽培卢选。

（3）轮作倒茬关　对甘薯茎线虫病发病率 50% 以上地块应进行轮作倒茬，倒茬作物为禾本科作物，如小麦、玉米、谷子、高粱等，轮作时间最少在三年。这样土壤中线虫减少 90%。1987 年，全县有病源地 3 146hm²，病田 1 741hm²，防治 2 955hm²。药剂处理苗床 10 400 铺，提供无病秧苗栽种 16 640hm²，药剂处理 651hm²，实行三年轮作倒茬 1 000hm²。1988 年，全县有病源地 3 346hm²，病田 1 645hm²，防治 3 146hm²。药剂处理苗床 9 272 铺，提供无病秧苗栽种 14 835hm²，药剂处理 689hm²，实行三年轮作倒茬 2 058hm²。

（4）土壤处理关　1987 年前用 3% 甲基异柳磷颗粒 666.6m² 用 10kg 打垄撒施，自 1998 年群众自发在打垄喷施"3911"防治甘薯茎线虫病，虽有一定防治效果但"3911"是国家绝对禁止喷雾的农药，卢龙县政府坚决禁止这种防治方法，并给以严厉打击。现推广灭线磷乳油代替 3911，2009 年已推广 2 000hm²。县植保站推出了打垄沟施灭线磷与栽秧埯施相结合防治甘薯茎线虫病。1999 年至 2000 年间，600 户技术服务站利用打垄底施茎线灵 666.6m² 用 3kg，栽秧埯施神农丹或地瓜茎线灵，比单一埯施任何一种药剂防治效果都明显。2009 年植保站试验打垄喷施 40% 阿维·灭线磷微胶囊悬浮剂 500g/亩喷雾，试验结果 40% 阿维·灭线磷微胶囊悬浮剂的综合防效为 80.2%，亩比空白对照增产 278kg。

（5）育秧关　薯炕育秧时，是减少薯秧带线虫的关键环节。薯种上炕前用水漂一下，去掉带线虫病薯，再用 51～54℃ 水浸种 10min。伏完薯种，浇完透水，再按每平方米用 5% 神农丹颗粒剂 70g 施药，拔完一茬秧后再施一次效果更好。改拔秧为高剪秧高剪苗，一般留茬 3.3cm，秧苗几乎不带线虫。

（6）栽秧埯施用药剂方法　每埯用 5% 神农丹颗粒 1g。或用 5% 灭线磷栽秧埯施 666.6m² 用 3kg 或 10% 灭线磷栽秧埯施 666.6m² 用 1.5kg。按照刨埯—抹秧—施药—浇水—覆土的顺序操做方法施药防止人中毒。示范用维线克生物菌剂、双阿维菌剂防治茎线虫病，逐步取代神农丹，以达到无公害防病技术。自 2007 年起在安徽省农业科学院植物保护研究所朱建祥研究员支持下试验示范推广筛选高效、低毒、低残留药剂 30% 辛硫磷微囊悬浮剂 "生歌" 666.6m² 用 1～1.5kg 浸苗，利用微胶囊的缓施技术防治线虫病，解决了神农丹、灭线磷只对线虫病田间为害第一个高峰（栽插至 7 月上旬）有防治效果而对田间为害第二个高峰（9 月初至收获）没有防治效果的难题，解决了内吸杀虫剂神农丹只杀植株内的线虫而对土壤内的线虫没有防治效果的问题，也解决了触杀杀虫剂灭线磷只杀土壤内的线虫而对植株内的线虫没有防治效果的问题，增加了熏蒸土壤内的线虫的作用，延长防效时间提高防效。"生歌" 使用技术要点把每 666.6m² 地所需要的药剂，按一份药加 4～5 份水充分搅匀配成药液。然后，把甘薯苗理齐浸入药液 3 寸深，浸泡 3～5min，取出沥干即可栽插，剩下药液加入大桶装的每 666.6m² 地所需要的定根水中均匀浇下；防治效果达 85%。2007 年卢龙植保站试验 30% 辛硫磷微囊悬浮剂的 666.6m² 产量为 1 298.8kg 比对照增产 702.2kg，神农丹的 666.6m² 产量为 1 248.8kg 比对照增产 652.2kg，灭线磷的 666.6m² 产量为 1 219.1kg 比对照增产 622.5kg，克线丹的 666.6m² 产量为 1 195.1kg 比对照增产 598.5kg，对照的 666.6m² 产量为 596.6kg，通过这些数据我们可知，30% 辛硫磷微囊悬浮剂的产量最多，"生歌" 防治甘薯茎线虫高效的机理：①药剂持效期长是保证高效的重要条件；②甘薯苗地下茎基部长期保持高浓度药剂很重要；③北方雨少干旱，土壤空隙多，有利辛硫磷扩散。

（7）无病田繁育种薯　选育无病田繁育种薯，同时采用高剪秧，减少线虫，繁育无病种薯，此方法木井万庄蛤泊片已推广开，我们正在加大推广宣传力度，推广到全县。

（8）清理田间病残休　1987 年卢龙县县财政出资收购病残体病薯，效果很好。但近几年县财政状况紧张，只有加大宣传力度，宣传群众收集病残体可以烧火或深埋地下 1.5m 以下。

（二）展望

以上 8 个方面的综防措施，如能全面做到，当然能彻底控制茎线虫病的为害。然而，由于上述综防措施涉及面很宽，环节甚多，相当麻烦，有些措施也难以掌握，群众很难做到和接受。因而，从实用上考虑，根据我们的经验，重点抓好药剂防治，则不仅简便易行而且相当有效。据中国工程院院士国家环境保护总局南京环境科学研究所研究员蔡道基带领国家环保局南京环境科学研究所一行，2003 年 10 月和 2004 年 10～12 月，在卢龙县和山东费县、新泰调查，卢龙的甘薯经多点向抽样加工淀粉、粉丝中未检出涕灭威与涕灭威砜等有害物质，而山东的薯干检出量明显超过国家标准。对于地下水的检测，卢龙的水样检出率为 12%，涕灭威与涕灭威砜浓度为 0.2～0.6µg/L，未超过国家标准，甲拌磷检出率为 11%，浓度为 0.2～6.3µg/L，超过国家 1.4µg/L。说明在不远将来国家会禁止涕灭威和甲拌磷使用。

今后做好以 30% 辛硫磷微囊悬浮剂等高效低毒药剂防治甘薯茎线虫病为重点的甘薯茎线虫病综合防治工作，以代替高毒、高残留灭线磷（益舒宝、益收丰、茎线灵）、涕灭威（神农丹、铁灭克）、甲基异柳磷、甲拌磷、特丁硫磷。开发与示范高效、简便、无公害防治甘薯茎线虫病药剂。

四、黑绒金龟子（黑豆虫）

主要为害新栽薯秧。1981 年开始，县植保站用甲胺磷 500 倍液浸秧防治，效果达

87%，该技术获得"秦皇岛市1983年科技推广成果二等奖"。这一技术2007年后改用毒死蜱800倍液。

五、甘薯天蛾

甘薯天蛾在卢龙县一年只发生一代甘薯天蛾。在1995年8月10日在石门、黄岭、万庄局部大发生，植保站组织人员迅速从山东宁阳调来20%灭多威1t组织农民防治，防治面积1 350亩。以后每年通过黑光灯对其进行监测，结合田间调查进行预测预报，没有再大发生。

卢龙县花生病虫害防控工作回顾与展望

王 燕

（秦皇岛市卢龙县农牧局植保站）

新中国成立后，卢龙县党和政府十分重视农业生产的发展，开创了植保事业，指导思想是"以防为主，防治结合"。1965 年开始实行农作物病虫害监测和预报。1973 年卢龙县建立农业植保检查站，在普查的基础上，依据具体生态环境，分析研究境内病虫害发生和蔓延规律，进行预报。1975 年开始贯彻"预防为主，综合防治"的方针，以农业防治为基础，合理利用化学防治、生物防治、物理防治和植物检疫等进行综合防治。1985 年开始实行农作物种子、产品、苗木等的产地检疫制度，严格控制病虫害的侵入和蔓延，确保农作物的增产增收。到 2000 年以后我站为确保本县粮食安全、减灾防灾、农业增产、农民增收，着力推广高效、低毒、低残留的生物制剂农药，本着绿色植保、专业化防治病虫方面做了大量的工作。2007 年省植保总站给卢龙县植保站配备了病虫测报检测设备——"佳多牌"虫情测报灯，还配备了一些先进检测工具，提升我站对病虫监测的水平，我站对全县农作物的病虫草鼠害进行监测更为准确、及时。

一、卢龙县花生种植情况介绍

卢龙县位于河北省东北部，为秦皇岛管辖，卢龙县辖区有 12 个乡镇，548 个行政村，总人口 41.9 万，其中，农业人口 33.2 万，是一个以农业为主的农业大县。全县耕地 61 万亩，其中，水田 2.1 万亩，水浇地 42.1 万亩，旱地 16.8 万亩。

卢龙县主栽作物有甘薯、玉米、花生、小麦、水稻、蔬菜等，花生是本县主要的油料作物，位列本县主栽作物的第三位，油料作物第一位，2009 年种植面积 7 万亩，占全县主栽作物的 11.4%。主要品种由 20 世纪 80 年代的小白沙、海花、冀油 4 到 2000 年以后的鲁花 11、鲁花 14、改良冀油 4、花育 25、冀花 4 等。

近几年来，由于卢龙县种植结构的调整和种植方式的变化，农民开始向收益高的花生作物上发展，因此，花生的种植面积大大增加。生产无公害花生成为必然方向，而花生病虫的无公害防治原则是生产无公害花生的重要环节。

二、卢龙县花生的主要病、草害发生种类及防治

1. 花生病毒病

是对花生为害最严重的病害，为害卢龙县花生的病毒病，主要是花生条纹、黄花叶病、花生矮化病毒。其中，为害最严重的是花生普通花叶病毒病。是由通过种子和蚜虫传播的。

为害症状及侵染 普通花叶病毒病：病原为花生矮化病毒（PSV），病株顶端叶片出现褪绿斑，并发展成绿色与浅绿相间的花叶，新长出的叶片通常展开时是黄色的，但可以

转变成正常绿色。病叶变窄小，叶缘有时出现波状扭曲。病株结荚少而小，有时畸形或开裂。

病害循环　花生矮化病毒种传率很低。花生出苗后，有翅蚜向花生地迁飞，同时将病毒从其他越冬寄主上传入。普通花叶病毒病还可在田间越冬寄主上存活，成为来年病害的初侵染源。在花生生长季节，主要靠蚜虫以非持久性方式在田间传播。

发病条件　病毒病的发生和流行与毒源数量、介体蚜虫数量、花生品种和生育期有密切关系。在存在毒源和感病品种的条件下，蚜虫发生早晚和数量是影响病毒病流行的主要因素。传毒蚜虫发生早、数量多、传毒效率高，病害就易于流行。种子带毒率与种子大小成负相关，大粒种子带毒率低，小粒种子带毒率高。传播病毒的蚜虫主要是田间活动的有翅蚜。一般花生苗期降雨少、气候温和、干燥，易导致蚜虫发生早，数量大，易引起病害严重流行，反之则发病轻。

防治方法　是采用无毒或低毒种子，杜绝或减少初侵染源；是选用感病轻和种传率低的品种，并且选择大粒子仁作种子；推广地膜覆盖种植，地膜具有一定的驱蚜效果，可以减轻病毒病的为害；早期拔除种传病苗；及时清除田间和周围杂草，减少蚜虫来源，可减轻病害发生；药剂治蚜，也可用3%辛拌磷盖种，每亩用药量1kg，花生出苗后，要及时检查，发现蚜虫及时治虫，以杜绝蚜虫传毒；搞好病害检疫，禁止从病区调种。

2. 花生茎腐病与花生根腐病

前者是一种暴发性病害，发病部位主要在第一对侧枝分生处或根茎的中上部，幼苗期病菌首先侵染子叶，使两片子叶发生黑、褐色腐烂，然后侵染接近地面的茎基部或地下的根茎部，产生黄褐色水渍状的病斑，逐渐扩大成大型病斑，呈黑褐色，并围绕茎四周扩展成一环形病斑，使维管束腐烂，截断了水、营养的运输。后者也称青枯病。主要症状为植株不变色萎蔫，茎内部维管束变黄褐色到黑褐色，切口处有细菌流胶，后期根部霉烂发黑。发病时用80%多菌灵灌根。

3. 花生叶斑病

花生叶斑包括黑斑和褐斑两种。病斑均呈圆形或不规则形，正反面均有红褐色或黑褐色的斑点，或有明显的黄色晕圈，有时叶柄及茎均会受害。此种病害呈逐年上升的趋势。2007年卢龙县植保站曾在本县潘庄镇富申庄村做过25%联苯三唑醇可湿性粉剂防治花生叶斑病的田间药效示范试验。通过下表结果表明25%联苯三唑醇可湿性粉剂能较好地控制花生叶斑病的为害，且对花生安全，建议轻病田亩用商品量50g，重病田亩用商品量80g。

25%联苯三唑醇可湿性粉剂防治花生叶斑病田间示范结果

药剂处理	调查日期 药前病指 8月18日	第一次药后7天8月25日		第二次药后14天9月10日	
		病指	防效（%）	病指	防效（%）
50%多菌灵100g/亩	4.7	7.8	67.4	16.1	78.0
25%联苯三唑醇50g/亩	4.5	6.5	71.7	11.4	83.7
25%联苯三唑醇80g/亩	4.3	5.8	73.5	7.0	89.5
清水对照	4.2	21.4	—	65.4	—

4. 杂草

花生田主要杂草有稗草、狗尾草、马唐，马齿苋、苋、灰绿藜等。20 世纪 80 年代末期除草一般是播后苗前用 50% 乙草胺喷雾防治；90 年代中期苗后多用 10.8% 精喹禾灵防治禾本科杂草；90 年代末期使用 10% 乙羧氟草醚乳油防治阔叶杂草；到 2000 年后就用精喹禾灵 + 乙羧氟草醚兼治禾本科、阔叶两类杂草。

三、卢龙县花生的主要虫害发生种类及防治

1. 蚜虫

俗称腻虫，是小麦、花生、高粱、棉花、大豆及蔬菜等的主要害虫，是花生上常发性害虫，为害期在 5 ~ 6 月份，即苗期，及 7 ~ 8 月份即生长中后期，其中，以苗期为害为主。历年都有发生，干旱年份发生较严重。

新中国成立前，蚜虫的防治多采用烟草水、棉油皂水浸沾。20 世纪 50 年代后使用 1 000 倍液鱼滕精、2 000 倍液 "六六六"、1% "六六六" 粉，有机磷杀虫剂 1605、1059、氧化乐果、甲胺磷等药剂，效果很好。80 年代开始使用 3% 呋喃丹颗粒剂拌种，2.5% 溴氰菊酯乳油 3 000 ~ 5 000 倍液喷雾。90 年代后用 "一遍净"、"吡虫啉"、"氯氰菊酯" 等来防治。

利用天敌灭蚜，很长时期没有被人们所认识，在化防蚜虫的同时，也杀死许多天敌，导致蚜虫害的蔓延。进入 20 世纪 70 年代，随着除虫科学技术的普及，利用天敌灭蚜逐步受到重视，小麦基本以天敌灭蚜为主。而花生上基本以药防为主，并由原来的高毒农药向高效、低毒、低残留的生物制剂农药转化。

2. 红蜘蛛

卢龙县俗称红眼腻，是常发性害虫，为害期为 6 ~ 8 月份，并且在干旱年份，往往发生猖獗。可用哒螨灵乳油或阿维菌素防治。

3. 棉铃虫

是近年来花生上发生较为严重的一种害虫，为害期在 6 ~ 8 月份，主要是三代棉铃虫，而且干旱年份发生尤为严重。提倡绿色植保以来采用辛·氯乳油、灭多威、阿维菌素等防治。

4. 地下害虫

卢龙县境内主要发生的有蝼蛄、蛴螬、金针虫、地老虎等。发生面广，食性杂，粮、棉、油、蔬菜、果树、林木等的幼苗都能受害。是影响花生发芽、坐果、结荚以及产量的最重要的害虫，为害花生的整个生长发育期。

蝼蛄又名 "拉拉蛄"，卢龙县内有华北蝼蛄和非洲蝼蛄两种，食性杂，在地下咬食作物幼苗、根、茎及种子。

地老虎又称 "切根虫"，为害粮、棉、油作物的幼苗及蔬菜等。卢龙县境内发生的是小地老虎和黄地老虎，历年都有小地老虎发生，4 月下旬至 5 月中下旬发生第一代，危害性较大，6 月中旬至 7 月下旬发生第二代。1978 年地老虎大发生，北部丘陵区较严重，但由于及时防治，未造成大减产。

金针虫亦称 "叩头虫"，为卢龙县境内主要地下害虫之一。为害小麦、玉米、高粱、谷子、薯类、棉花、蔬菜等。

防治地下害虫主要是药防，明代就有用砒霜（信石）拌种的记载，清初使用"信干"，即用砒霜水将谷子煮透晾干制成毒饵，同种子一起播下，杀地下害虫。到 20 世纪 50 年代开始利用有机氯农药。80 年代我县境内防治地下害虫所用方法是药剂（乐果、六六六、辛硫磷、氯丹、甲胺磷、1605 等）拌种或处理土壤、精耕细作、清除杂草，施用"六六六"与滴滴涕混合粉剂或滴滴涕、敌百虫药液等。因为卢龙县植保站在 70、80 年代蝼蛄防治得好，卢龙县植保站的建站人——梁信明站长曾一度被本县的老百姓美誉为"拉拉蛄"。到 90 年代就用 5% 灭线磷颗粒剂、3% 辛·拌磷颗粒剂、5% 特丁磷颗粒剂等来防治，而在 2000 年后推广高效、低毒、低残留的生物制剂农药，着力使用 30% 生歌辛硫磷微囊悬浮剂，30% 毒死蜱微囊悬浮剂等来防治。

四、蛴螬对卢龙县花生的为害

近年来花生地下害虫的为害越来越重，其中，罪魁祸首就是蛴螬，蛴螬也叫"地蚕"，为金龟子的幼虫，为害多种谷类、豆类、花生、蔬菜、林木的幼苗、根茎及种子，花生蛴螬 70 年代前发生较少，进入 80 年代逐渐增多，近年发生严重，虽采取了秋翻地、拌药、喷雾防治，但仍得不到控制。且花生蛴螬发生呈逐年加重的趋势，故防治花生蛴螬是生产无公害花生的重要环节的重中之重。

花生蛴螬为害花生的现象：幼苗受害，根茎常被平截咬断，造成缺苗断垄现象。荚果期受害，果柄被咬断、幼果被咬伤或蛀入取食果仁，为害严重时，将嫩果全部吃光仅留果柄，有的咬断果柄使荚果发芽、腐烂，有的吃空果仁形成"泥罐"，有的剥食主根使植株死亡，一般减产 20%～30%，严重的损失 60%～70%，更甚者颗粒无收，花生蛴螬的为害严重制约着我县花生的生产。为此，自 2006 年开始，我们植保站技术人员在全县范围内开展了花生蛴螬发生规律和防治技术的调查，并进行了试验示范，取得显著成效。

（一）形态特征

蛴螬的成虫是鞘翅目金龟甲，本县发生的种类是暗黑金龟子。金龟子的幼虫便是蛴螬，农户叫它大头虫，老母虫，白地蚕、白土蚕。体乳白色，体壁柔软、多皱。体表疏生细毛。头大而圆，有胸足三对，遇惊扰假死为"C"字型。

（二）发生规律

1. 发生期整齐　暗黑金龟子在本县一年发生一代，以三龄幼虫在土中越冬，5 月化蛹，6 月成虫陆续出土，麦收后为出土高峰期，一般在收完小麦的雨后第二天晚上出现，发生期非常整齐，为集中时间插杨树枝毒把诱杀提供了极好的机会。

2. 分布广　暗黑金龟子是适应性极强、分布最广、为害最重的地下害虫之一，除水田外，几乎所有农田都有分布。

3. 交尾取食规律　暗黑金龟子一般晚上 17:30 时左右开始出土，出土后金龟子飞到路旁榆树、杨树上取食树叶，并到玉米、高粱等矮秆作物上交尾（趋低交尾）。20:00 时是出土交尾高峰，此时，群集交尾的暗黑金龟子可将小树枝条压弯，挤成虫团，非常有利于人工捕捉。20:10 时以后，交尾结束，飞到高树上取食（趋高取食）。所以，20:00～22:10 时是人工捕捉暗黑金龟子的最佳时间。

4. 隔日出土　暗黑金龟子不是每天晚上都出土，而是隔日出土，且受降雨的影响较大，如果出土当日 19:30～20:00 时下大雨，就不出土，并由原来的双日或单日出土，改为单日或双日出土。插杨树枝毒把诱杀和人工捕捉应在出土日进行。

5. 产卵期长　暗黑金龟子出土后必须在交配后取食10～15天，补充营养后才能产卵繁殖。主要取食榆树、杨树等树木叶片，并表现出明显的定向取食性。

6. 趋光性强　暗黑金龟子对黑光灯、白炽灯有很强的趋光性，出土日晚上20:00～20:30时是扑灯高峰，可用于测报和灯光诱杀。

7. 产卵有选择性　在花生、大豆、甘薯、玉米、瓜菜等并存时，暗黑金龟子特别喜欢在天亮前到花生、大豆等豆科作物田产卵。因此，花生和大豆田暗黑蛴螬的发生为害最重，其次是甘薯田。卵产在松软湿润的土壤内，以水浇地最多，每头雌虫可产卵100粒左右。喜欢产在生长茂盛田块，因而春播重于夏播。7月10日左右为卵的孵化盛期，7月10～15日为幼虫蛴螬的一龄期，此时抗药性差，为防治最佳适宜期。6～8月为害花生果，花生收获后由三龄蛴螬入土越冬。当10cm土温达5℃时蛴螬开始上升土表，13～18℃时活动最盛，23℃以上则往深土中移动。因此，春、秋季在表土层活动。

（三）防治效果差的原因

一是发生隐蔽性，蛴螬一直处于土中，因此，用药必须灌根，药液渗到5～10cm土中。二是药剂的持效性不能达到控制整个危害期的要求，如辛硫磷颗粒剂20天药效，防治需要多次用药。三是没有掌握适期用药。四是缺乏综合防治技术。仅单纯用药，由于发生数量大，持续时间长，难以防治。

（四）综合防治技术

在认真贯彻执行"预防为主，综合防治"方针的基础上，优先采用农业、物理和生物防治措施，协调各项生态防治技术，科学合理的使用低毒、低残留及生物农药，互相配合，防治兼顾，发挥综合防治的优势来防治花生蛴螬。

1. 生物防治

①推广地膜覆盖、平衡施肥，增施腐熟有机肥、稀土微肥和钾肥等丰产栽培措施，促进作物生长，增强抗虫力。②花生收获时，在刨花生的同时将翻出的蛴螬收拾起来集中销毁，据经验可有效减少来年虫口密度。③实行轮作，减少虫源。④利用天敌防治。捕食金龟子的天敌有鸟、刺猬、蟾蜍、步行虫等，捕食蛴螬的有食虫虻幼虫。

2. 物理防治

①利用太阳能频振式杀虫灯诱杀成虫。田间设置诱虫灯，50亩一盏，6～8月的成虫出土期夜晚开灯，诱杀金龟子，减少产卵。②在花生田边种植蓖麻，成虫取食后中毒死亡，有一定的防效。③药枝诱杀金龟子。将0.5～1m长的新鲜杨树或榆树枝浸在50倍液的40%氧化乐果中10h，于傍晚插到田间，每亩5把，诱金龟子食用，次日清晨收起，连用2～3天。

3. 药剂防治

①土壤处理：5%辛硫磷颗粒剂每亩2～3kg，拌细土40～50kg施于播种沟或播种穴内，具有良好的防效。②拌种：50%辛硫磷乳油按种子量的0.2%，药剂加50～100倍水拌种，均匀喷于种子上，堆闷数小时后播种或者亩用护丰（30%毒死蜱微囊悬浮剂240g＋特种配伍助剂250g），二者充分混合均匀后，加入到1亩地（15kg）花生种里，充分混合搅拌均匀后，在阴凉（避光）通风处摊开晾干后播种，此法可有效地防治花生蛴螬缺少长效、高效药剂；花生幼果期灌药难，劳动强度大，用功多，效果难保证且易造成

农药残留超标的问题。该药持效期达 4 个月，起到一次拌种，控制整个生长期虫害的作用。③花生荚果膨大期是防治最为关键也最为有效的时期。每亩用 5% 辛硫磷颗粒剂2.5～3kg 加细土 15～20kg，撒施于花生根际，然后划锄。水源较好的可用以上药液灌墩。④48% 毒死蜱乳油 250～400mL 或 3% 辛硫磷颗粒剂 5kg，拌细炉渣或粗砂 20～25kg 顺垄撒施并覆土浇水。春花生 7 月中、下旬防治两次，套种花生 7 月下旬防治一次。⑤新型长效药剂。使用 30% 生歌辛硫磷微囊悬浮剂防治花生地下害虫，药效期长达近 4 个月，使用 30% 生歌辛硫磷微囊悬浮剂一次可有效控制花生生育期内蛴螬、蝼蛄、地老虎、金针虫等地下害虫为害。方法是：①药液喷穴：播种时每亩用 30% 生歌辛硫磷微囊悬浮剂800～1 000g 对水 30～40kg（即 2～3 喷雾器），花生下种后直接喷在穴内（喷到种子上不烧种，喷到穴外无效），每穴 4～5mL，喷后迅速覆土。②苗后灌墩：在花生出土破膜后至开花前用药灌墩，亩用 30% 生歌辛硫磷微囊悬浮剂 800～1 000g，对水 150kg（即 10 喷雾器），均匀浇灌在花生根部。③每亩用 30% 生歌辛硫磷微囊悬浮剂 800～1 000g 对水 1～1.5kg 拌干细沙 30～40kg，均匀穴施盖在花生种上，然后马上盖土即可。

五、对本县花生产业的展望

本县始终坚持以提高花生种植效益为根本，故在本县花生种植方面就主要病虫防治提几点建议：

1. 种植地块的选择

选择砂质土壤，有水浇条件更好，避免在连作二年以上的地块种植，收获后及时清除残枝病叶，并集中处理，做到田间清洁；另外，对土壤进行及早翻耕，可有效杀死土壤中的害虫及越冬虫、卵、蛹等和减少病菌。

2. 品种的选择

选用增产潜力大的大果型品种，是花生栽培获得高产的重要条件之一。2009 年我们在卢龙镇四街村种了 3 个花生新品种进行品比试验，改良冀油 4 号亩产 288kg、花育 25 亩产 325kg、冀花 4 亩产 345.5kg。

3. 适时早播，合理密植

适时播种、合理密植。根据本县气候条件，地膜花生播期以 4 月 15 日至 4 月 20 日为宜。中熟大粒型品种每台种两行，小行距 40cm，每行离垄台边缘不低于 13cm，撮距 18～20cm，每穴两粒，每亩 8 500 撮，早熟中粒品种，每亩 9 000 撮。裸地花生在"五一"前后播种。覆膜花生保温、保水、保肥性能好，可减少病虫草的为害，另外，可提早收获。合理密植可提高产量。

4. 加强田间管理，适时收获

中耕除草。在花生初花后果针下扎前及时中耕，改善表土层的水、肥、气、热状况，清除杂草；及时破膜出土。花生出苗后及时扎膜通风，防止高温烧苗，保证苗齐、苗壮；科学施肥灌水。不仅可改善作物的生长状况，且能提高作物的抗病能力，及受害后的补偿能力。花生属喜钾作物，故底肥可施氮、磷、钾复合肥；另外，花生喜砂壤，为此保水性能不好，因此，适时灌水尤为重要。由于我县多丘陵山地，水利灌溉多有不便，也可以在花生的各个生长期喷施叶面肥缓解花生生长期的需水要求，有效地提高花生结果；适时收获。地膜花生收获过早使荚果不成熟，收的过晚会使花生在地里生芽，因此，为确保地膜花生增产增收，应做到适时收获。在地膜花生收获后，还应拣净残膜，以免破坏土壤结构，减轻土壤污染。

5. 合理控制病虫

利用蚜虫对颜色的趋性，苗生长期且在蚜虫发生高峰期，在田间悬挂黄板，诱杀有翅蚜，减少蚜虫的发生量；还可利用害虫对某些物质的趋性进行诱杀，如用糖醋液，杨树枝等诱杀地老虎、金龟子等害虫。

6. 科学使用农药

用种衣剂对花生进行包衣，可有效预防苗期的病害及苗期蚜虫。另外，当病虫害发生比较严重时，推广高效、低毒、低残留及生物农药进行防治，2007年后绝对禁止使用甲胺磷、对硫磷、氧化乐果、久效磷、磷铵等高毒、高残留农药。严格掌握农药品种的使用方法，减少农药次数，且注意轮换使用以延缓病虫抗性的发展。

植保辉煌六十年

吕克尧

（秦皇岛市青龙满族自治县植保植检站）

青龙县位于燕山东麓，古长城脚下。全县总人口 52 万人，其中，农业人口 49 万人。总面积 3 510km²，其中，耕地面积 48.4 万亩。主栽农作物为玉米、高粱、谷子。

青龙满族自治县植保植检站，是 1972 年 1 月 16 日经青龙县编制委员会办公室，批准注册登记的国有事业单位，隶属县农业局。具体负责全县农作物病、虫、草、鼠害预测预报、防治、植物检疫、农药监督管理等项工作。

三十多年来，各级领导十分重视植物保护工作。植保站从无到有，日臻完善，植物保护事业取得了前所未有的发展。人员从过去的 1~2 人发展到现在的 4~5 人，办公条件和硬件设备也得到了较大的改善。在此基础上，近年来植保体系又在镇（乡）村得到了很好的延伸。各级植保人与时俱进、开拓创新，为保障农作物生长安全，减少灾害损失和促进清龙县农业的丰产丰收发挥了重要作用。

一、病虫测报工作

病虫测报是植物保护的基础性工作。在上级领导的高度重视和支持下，县站常年安排 1~2 人专门具体负责病虫测报工作，并配有用于开展田间调查的专用摩托车。长期下设村级测报 2 个，最多时达到 10 个。对常发性和重大迁飞性害虫进行系统观察和大田普查，然后将调查内容，定期向上级汇报。同时县站及时整理发布病虫预报，为有关部门制定防治决策和指导农民开展防治服务。据统计，共整理印发病虫情报 602 期，累计向各级发送病虫情报 36 120 余份。举办各种形式的病虫测报、防治培训班 138 期。通过广播、电视讲座、病虫情报和明白纸、农民田间学校等形式宣传植保知识，提高了农民植保技术水平。据统计共指导开展地下害虫综合防治 950 万亩次；水稻病虫害综合防治 370.5 万亩次；高粱蚜虫综合防治 285.6 万亩次；玉米病虫害综合防治 798.2 万亩次；二、三代黏虫防治 456.8 万亩次；小麦病虫害综合防治 171 万亩次；土蝗综合防治 16.5 万亩次；谷子病虫害综合防治 418 万亩次；大豆病虫害综合防治 105 万亩次；开展杂草综合防治 406 万亩次。累计挽回农作物粮食损失 45 600t 以上。

在农区灭鼠工作中，三十多年来，尤其是 2004 年以来，为进一步遏制流行性出血热的发生，确保全县人民生命财产安全，灭鼠工作更加摆在了首要的位置。根据上级有关文件精神和本县的实际情况，我们及时成立了灭鼠工作领导小组和督导小组，认真加强对灭鼠工作的组织和领导。在具体工作的开展中，我们加大宣传力度，突出重点，规范操作，狠抓落实。严格遵循"三统一"（统一时间、统一用药、统一投放）、"五不漏"（不漏村、不漏户、不漏单位、不漏房间、不漏死角），和"三次饱和投药"的科学灭鼠方法。据统计，共举办县级灭鼠培训班 28 期，乡级灭鼠培训班 300 期，累计培训灭鼠骨干

27 800人。举办全市四县三区秋季灭鼠现场会1次，省、市领导亲自到会并讲话。引进、发放0.5%溴敌隆母液6 000kg，3.75%杀鼠醚母液1 200kg，0.005%溴敌隆毒饵500kg，投放鼠盒2万个。累计开展农户灭鼠220.5万户次，农田灭鼠126万亩次。鼠密度由原来的7%下降到目前的0.5%左右，使流行性出血热发病率大幅降低，扭转了本县流行性出血热病例居高不下的局面，确保了全县人民生命财产安全。

二、植物检疫工作

在上级领导的大力支持下，植物检疫工作自从20世纪80年代初开始以来，检疫体系基本形成。现有专职检疫人员5人，其中，农艺师4人，全部为全额事业单位职工。拥有办公室3间，共计54m^2；拥有实验室2间，计36m^2。有计算机1台，打印机1台，显微镜1台，数码相机1台，电冰箱1台，培养箱1台，放大镜2个，工作台2个，标本柜2个。

（一）植物检疫宣传培训工作

二十多年来，我们在春季利用办培训班、宣传车、挂横幅、刷标语等一些行之有效的宣传方法，进行植物检疫知识的宣传培训。据统计，共出动宣传车122车次，为种子、水果、苗木、花卉的经营单位及个人开办了培训班35期，散发各种宣传资料20 000余份。有效地提高了全民尤其是经营者的植物检疫意识，为检疫工作的顺利开展打下了坚实的基础。

（二）认真把好产地检疫和调运检疫关

一是突出抓好产地检疫。产地检疫是搞好调运检疫工作的基础，也是控制本地检疫对象不向外传播的重要手段。二十多年来我站主要重点抓好玉米繁育基地的产地检疫工作，共开展产地检疫56 800亩，产地检疫合格率100%。

二是严把调运检疫质量关。二十多年来我站对调出玉米种子、中药材共签发调运检疫证书820批次，检疫玉米良种17 040t。同时加强市场检疫检查力度，每年都在春季3~4月份对市场进行大检查，严格把住外来有害生物侵入这一关，确保了我县农业生产安全。

三是全面抓好有害生物疫情普查监测工作，确保农业生产安全。二十多年来，共开展普查面积87万亩次，涉及25个乡镇，300多个行政村，圆满地完成了这项工作。通过普查，进一步摸清家底，掌握有害生物发生、分布、为害状况，为制定针对性的监测、控制、防治策略奠定了基础，进一步保障了农业生产的安全。

三、农药监督管理工作

1997年开展农药监督管理工作以来，10年间我们从强化执法人员业务素质入手，很抓了自身队伍建设，通过坚持每年开展全县农药经营者培训班、农药经营许可证的检、办证制度的实施、农资市场打假检查、毒鼠强专项整治和定点杀鼠剂经营单位的核准落实等项工作，逐步理顺了全县农药市场的经营秩序，坚决打击了制售假冒伪劣农药产品的不法行为，促进了全县农药管理事业的健康发展，为农业增产、农民增收、维护农村社会稳定做出了积极的贡献。

累计举办全县农药、种子经营单位负责人参加的培训班10期，培训人数2 200人次，散发宣传资料13 200多份，发放自编的农村灭鼠常识5 000多份；开展农药知识咨询22

次；开展农药经营许可证检办证 991 份次；开展全县农药市场的执法检查 26 期，出动执法车辆 360 多辆次，出动执法人员近千人次；共检查农药经营门市部 1 110 个次，检查农药品种 675 个次，检查集贸市场 121 个次，取缔非法摊点 132 个，没收高剧毒农药（含鼠药）120kg，核准定点杀鼠剂经营单位 57 个。同时我站还协助各门市部积极开展了高毒农药的替代工作，通过乐斯本、吡虫啉、好功夫等一系列的低毒农药的使用，使甲胺磷等高毒农药失去了市场。保护了广大农民的合法权益，保障了我县农业生产的安全。

四、植保专业化服务体系和植保园区建设

20 世纪 90 年代以来，随着清龙县县域经济的发展，在植保站的协助和支持下，全县各地相继出现了植保公司、植物医院等销售、防治组织网络，为农民提供技术咨询、防治等多种形式的技物结合的社会化服务。到目前，全县各地共建立植物医院 125 个，专业服务队 3 个，绿色植保示范园区 2 个，辐射范围达 6 个乡镇，植保专业化服务体系和植保园区建设，解决了部分农民一家一户买药难、治虫难的问题，使植保技术的推广普及有了载体，病虫防治次数大幅减少，农药用量下降，提高了防治效果，降低了成本，减少了农药用量和对环境的污染。同时加快了植保新技术、新产品的推广速度，提高了植保防灾减灾能力，科学用药技术得到进一步的提高，有力地推动了植保科技服务工作的广泛开展。

六十年植保植检回顾

侯继胜

（秦皇岛市山海关区农牧局）

随着农业生产条件的逐步改善，农业技术的推广普及，种植模式的改变，复种指数的提高，随之带来农作物各种病虫害的发生亦呈加重趋势，疫情在不断扩大、传播。因此，提高植保防治技术在农业生产的应用，从传统以消灭病虫为目的的短期行为发展到着眼于农业的持续发展和保护，提高人类赖以生存的环境质量。

一、病虫害的发生与防治

20世纪50~60年代，本区主要是旱作农业生产耕作形式，以春播一茬作物为主。播种的农作物以玉米、甘薯、高粱、谷子为主。当时发生的主要虫害有地老虎、玉米螟、黏虫等。

1967年黏虫大发生，在采用药剂防治的同时，在特殊年代还利用人海战术，组织中小学生人工捕捉，有效地控制了黏虫的为害程度。

进入20世纪70年代，1972年提出"以粮为纲"，"全部粮田全部麦子"的口号，提倡大面积推广上茬小麦、下茬玉米两种两熟种植模式，该种植模式虽提高了复种指数，但加大了病虫害的发病几率，增大了植保防治工作的难度。

在特殊年代如何开展植保工作：一是以当时人民公社户户通的小喇叭为依托，以各公社为单位，在防治关键时期进行直播报道防治技术。二是根据测报，向各人民公社并以人民公社的名誉向各生产队发通知，要求各生产队在规定的时期统一时间，统一用药，此种防治办法收到了良好的防治效果。开展两统一防治方法是过去也是今天乃至今后的积极有效防治途径。

进入20世纪80年代以后，农业体制发生根本变化，农业生产由过去集体耕种，改为了一家一户自由耕种，同时增加了农业生产设施，调整了产业结构，改变了种植模式，增加了复种指数。面对一家一户自由生产的新形势及复种指数的提高，给植保防治工作带来极大的困难和挑战。迎接挑战的方法：①利用电视新闻，做电视植保专业讲座，向农业生产者传递植保病虫害防治信息。②组织植保专家到农村举办植保培训班，面对面培训农民，每年培训人数在2万人次以上。③每年利用科技下乡向群众发放植保技术资料。④利用移动信息和手机网络向用户发送植保信息。

二、化学除草

农田推广化学药剂除草始于20世纪60年代，使用初期主要在水稻田推广使用。70年代植保站又在地膜花生油料作物上推广使用除草剂。进入80年代，开始在玉米田推广使用化学药剂除草。截至目前，农区推广化学除草面积占全区耕地面积50%~60%。

三、检疫

为了防止外来有害生物的侵入，长期以来坚持开展检疫调查工作。在 20 世纪 80 年代设置了专职检疫人员。80 年代前，本区基本上无外来有害生物侵入。随着改革开放的深入发展，市场经济的逐步活跃，外来有害生物的侵入危险系数在逐年增大。

1. 美国白蛾

1990 年本区第一次发现美国白蛾侵入，当年只发现两棵榆树受为害。1995～1996 年迅速蔓延多点发生，集中发生在各村、街道的各种树木上，发生面积曾达到 1 万余亩，针对疫情蔓延的情况，区镇成立 4 个专业防治队，配置了专业喷药车。每年集中时间、集中人力、统一用药、防治 2 次，到目前美国白蛾发生面积控制在 6 000～7 000 亩。

2. 稻水象甲

1991 年首次在前七星寨发现稻水象甲成虫，进入 90 年代有点片蔓延发生迹象，根据疫情发生状况，及时采用秋季人工翻地，春季投入药剂进行综合防治，有效地控制了疫情的蔓延。目前全区水稻插秧面积不足 300 亩，由于防治力度的加大，水稻生产面积的减少，使稻水象甲发生面积急剧下降。

唐山市东亚飞蝗综合治理

李朝辉　李寿义　王　蕊

（唐山市植保站）

蝗灾与地震、海啸、飓风、洪水、传染病等自然灾害，被现代人认为是对人类生存构成最严重威胁的自然灾难。唐山市是我国主要蝗虫发生地之一，也是河北省蝗灾重发区，改革开放以来，唐山市几代领导班子都高度重视，将防蝗工作摆上重要工作日程，防蝗基础设施不断改进，技术力量不断壮大，应急措施不断完善，防灾减灾能力不断增强。通过几代防蝗专家的不懈探索，经过反反复复的发生与防治，逐步完善了防蝗策略与防蝗措施，取得了明显成效。

一、蝗虫发生概况及自然生态条件

唐山位于华北平原东部，北依燕山，南临渤海，国土面积 13 472 km² （2 020.8 万亩），现有耕地 845 万亩，海岸线长 170 多 km，有潘家口、大黑汀、邱庄、陡河等四大供水水库。大部分山地多在 300～500 m，少数山峰在 800 m 以上。平原地区一般在海拔 20 m 以下，东南部仅 2～5 m，形成东南向西北逐步增高的趋势。年平均气温在 10～11.3℃，大于等于 0℃ 的积温年平均为 4 348.5℃。无霜期 178～193 天，平均年降水量在 620～750 mm，大多集中在 7～8 月份，特点是年际年内分配不均，少雨年与多雨年相比可相差 3～4 倍，是蝗虫年度间发生差异的主要原因。主要农作物以玉米、小麦、水稻、棉花、甘薯、花生及各种蔬菜为主，与 20 世纪 80 年代初比，小麦种植面积减少了，谷子、高粱很少种植了。唐山市沿海、内涝和库区的滩涂地面积较大，加之旱季、雨季区分明显的自然气候，正是适合东亚飞蝗和多种土蝗生活栖息、繁殖、生存的适宜环境及场所，是历史上的老蝗区。80 年代年平均发生面积 21.26 万亩、防治面积 2.58 万亩，虫口最高密度为 1981 年的 450 头/m²；90 年代年平均发生面积 13.78 万亩、防治面积 3.42 万亩，虫口最高密度为 2000 年的 200 头/m²；2001～2008 年年平均发生面积 69.21 万亩、防治面积 25.73 万亩，虫口最高密度为 2002 年的 7 000 头/m²。

如图 1 和图 2 所示，2003 年后蝗虫大发生势头得到遏制，2004 年以来处于低发态势。

二、蝗虫主要种类

我站利用两年多的时间，除对全市普查外，重点考察了 109 个点，其中，700～800 m 高山两处，500～600 m 低山 31 处，丘陵 47 处，平地河滩库区 26 处，累计行程近万里。采集蝗虫标本 1 324 个，拍彩照 312 张，制作标本 32 种，结合历史资料总结唐山市蝗虫有 5 亚科 34 属 48 种。与《河北的蝗虫》一书对照，并经中国科学院动物所刘举鹏老先生鉴定，褐色雏蝗为河北省新记录种。通过认真整理本市 20 世纪 80 年代蝗区勘察总结发现：夏氏雏蝗、宽须蚁蝗、狭翅雏蝗、小稻蝗、亚洲小车蝗、北极黑蝗、红腹牧草蝗、红翅雏

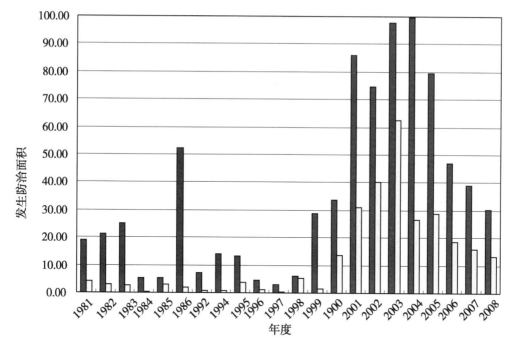

图1　历年发生防治面积及虫口最高密度

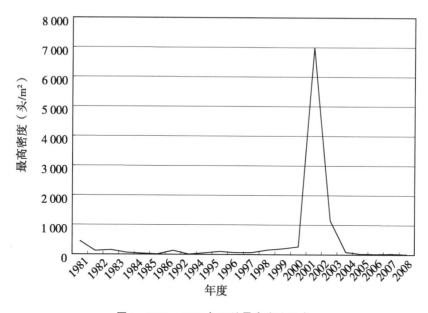

图2　1981～2008年飞蝗最高密度图表

漆蝗8种蝗虫为唐山这次新记录种，这些记录种80年代主要分布在张家口、承德的坝上地区，表明这些蝗虫种类已南迁。

（一）滨海蝗区

通过对丰南区草泊水库、沟渠畦田、干燥的高岗、河坝等特殊环境的调查，丰南蝗区主要种类有负蝗、中华稻蝗、长翅素木蝗、中华剑角蝗、黄胫小车蝗。

从分布环境看：①滨海洼地海拔仅 3m，地下水位高、土质黏重，含盐量高。植被覆盖率在 30% 以下，主要生长马绊草、蒿草、黄须草，生长在这种环境的蝗虫有大垫尖翅蝗。稻田附近有大量的中华稻蝗。为害水稻、玉米、高粱等。

②沟渠畦田，海拔 3m，土质黏重，生长着茂密的双子叶杂草，覆盖度 70% 以上，主要有负蝗、长翅素木蝗、中华稻蝗、中华剑角蝗，为害棉花、大豆、甘薯菜类等作物。

③干燥的高岗、河堤等地势较高的特殊环境中，植被稀疏主要有车蝗、笨蝗、轮纹痂蝗、宽翅曲背蝗。车蝗主要为害谷子、玉米；笨蝗取食甘薯、大豆、棉花；宽翅曲背蝗为害禾本科植物。

（二）水库区蝗区

通过对遵化市的丘庄水库、搬若院库区，马兰峪山区、侯家寨北部山区，平安城和东新庄稻区三种不同环境调查，遵化蝗区的蝗虫优势种主要有：东亚飞蝗、中华稻蝗、花胫绿纹蝗、黄胫小车蝗、短额负蝗、褐色雏蝗、蒙古束胫蝗、短星翅蝗、棉蝗、大垫尖翅蝗、短角斑腿蝗、中华剑角蝗、疣蝗、长额负蝗、素色异爪蝗、长翅素木蝗、云斑车蝗、大赤翅蝗。

通过考察水库区以东亚飞蝗为优势种，山区以黄胫小车蝗和短星翅蝗为优势种，平原区以稻蝗为优势种。

通过在迁西县蝗区调查，蝗虫优势种农田平川区：以东亚飞蝗、中华稻蝗、短星翅蝗、黄胫小车蝗、中华剑角蝗、小稻蝗为优势种；低山区：以长翅素木蝗、短星翅蝗、中华剑角蝗、云斑车蝗、东亚飞蝗、条纹鸣蝗、华北雏蝗为优势种；高山区：以棉蝗、云斑车蝗、宽翅曲背蝗、条纹鸣蝗、大垫尖翅蝗为优势种。

（三）内涝蝗区

通过对玉田县地形地貌及河流、海拔和植被勘察，玉田蝗区分布及优势主要有：①低山丘陵区（海拔在 50～500m）以短星翅蝗、黄胫小车蝗、云斑车蝗、棉蝗、华北雏蝗、中华剑角蝗、东亚飞蝗为优势种；②平原区（海拔在 3～50m）以长翅素木蝗、东亚飞蝗、短额负蝗、中华稻蝗、黄胫小车蝗、短星翅蝗、中华剑角蝗、花胫绿纹蝗、大垫尖翅蝗为优势种；③洼地类型区（海拔在 0.5～3m）以长翅素木蝗、东亚飞蝗、短额负蝗、中华稻蝗、中华剑角蝗、黄胫小车蝗、短星翅蝗、斑角蔗蝗、花胫绿纹蝗为优势种。

赤胫异距蝗仅在海拔 250m 左右的高度发生；蒙古束胫蝗则在山脚碎石碓处发生；斑角蔗蝗发生在洼地的苇荒地，2007 年玉田下洼苇荒地大发生；中华稻蝗在洼地、平原、山区稻田均有发生。

三、蝗虫防控综合技术措施

不同年代科技发展水平有一定的差异，对东亚飞蝗的防治策略和技术也不同，防治技术随科技水平的提高而提高，体现了渐进的过程。改革开放以来，唐山市蝗虫的防治策略由"普遍治、连续治"到"隔季治、隔年治"再到"生态控制为基础，科学用药为重点"的综合治理对策的实施，在化学防治上，由主攻三龄前到主攻五龄期的转变，体现了唐山市防治技术的不断进步，有效地减少了用药次数，最大限度地发挥天敌的控害作用，维护了生态环境安全。

（一）化学防治

化学防治是蝗虫综合治理的重要措施之一，也是在蝗虫大暴发时采取的主要应急方法，其灭蝗率高达90％以上。化学农药治蝗具有经济、简便、快速、高效、效果较稳定等特点。1984年以前主要使用有机氯（DDT、六六六等）杀虫剂，有效地控制了蝗虫发生，同时也使蝗虫对其产生了抗（耐）药性。1985～1990年，防治蝗虫多用有机磷农药，这类药毒性强、副作用大、污染环境、对人畜有害，还杀伤了大量天敌，破坏了生态平衡，同时，易使蝗虫产生抗（耐）药性，其后代难以防治。1991～1999年主要使用菊酯类农药，该类农药大量使用，也会使多种害虫产生抗药性。2000年以后主要使用锐劲特，属于长效、高效、低用量、抗雨水冲刷农药，对控制2001年以来东亚飞蝗大发生起到了显著作用。

（二）蝗区改造

蝗区改造是有效压缩蝗区面积的长效治理措施。结合农田基本建设，对大面积的蝗区进行了耕翻改造、围捻养殖，经过几十年的努力，将盐碱洼地改造为基本农田，使蝗区面积大大减少。改造后的蝗区多种植小麦、水稻、玉米等作物，养鱼、养虾、养螃蟹等水产品，对控制蝗虫起到了很大的作用。

（三）生态控制

生态控制除将蝗区改造为农田外，还根据蝗虫的食性有计划的种植蝗虫厌食的双子叶植物，如棉花、苜蓿等。2006年以来，本市蝗区大面积推广种植棉花技术，有效地控制了蝗区的反弹，同时促进了农业种植结构的调整，增加了农民收入。

（四）生物防治

生物防治是控制蝗害、维护生态环境的有效措施。多年来的化学防治，消弱了天敌的控害作用。经多年的试验示范，大面积推广了微孢子虫生物制剂的防治技术。2006年以来，本市累计实施微孢子虫生物制剂防治技术10万亩。实施该技术的蝗区，化学农药使用量明显减少，年节省防蝗药剂10.6t、节省费用60万元，天敌种类和数量显著增多，有效地改善了蝗区生态环境，维护了生态平衡。

四、蝗虫治理取得的成果

三十年来，在各级党委、政府的正确领导下，农业部门与有关部门通力协作，密切配合，防蝗工作取得了令人瞩目的成就。

（一）防灾减灾应急能力显著提高

1980年以来，市、县两级成立、完善了防蝗指挥部，出台、完善了防蝗应急预案，并进行了实地演练。2006年以来，本市相继完成了一个"国家级蝗虫地面防治应急站"、四个"农业有害生物预警与控制区域站"项目建设，配备了用于蝗情监测的GPS，用于实验研究的试验设施，用于信息处理的计算机系统，用于防治工作的大型喷雾设备和机动施药设备，提高了机动控制、监测预警能力，提高了应急能力。

（二）防蝗科技含量显著提高

三十年的防蝗工作，造就了一批又一批训练有素的防蝗技术队伍，积累了丰富的经验，提高了技术水平。特别是生态控制技术、生物防治技术及监测预警技术和研究运用、新型施药机械的推广等，使防蝗综合技术有了很大提高。

（三）宜蝗面积显著下降

20 世纪 80 年代初本市宜蝗面积 220 万亩，经过 30 年的垦荒种植、围堰养鱼、植树造林等多措并举的综合治理，到 2008 年本市宜蝗面积下降到 118.5 万亩，比 80 年代初减少了 101.5 万亩，减少 46.14%。

（四）蝗区农民收入显著增加

经生态控制技术的实施，形成了棉花在蝗区的规模种植，推动了碱洼地棉花种植业的发展。通过本市 2006～2008 年蝗区改造项目的实施，改造后的碱洼地，经田间测产，扣除 10% 误差，每亩产皮棉 69.73kg，按 11 元/kg，每亩增收 767.03 元；棉花副产物收入 142.04 元，两项合计每亩增收 909.07 元。全市累计推广项目实施技术 16 万亩，共计增加产值 1.3 亿元，扣除生产和推广费用，增加经济效益 1.2 亿元。

（五）农业生产安全得到保障

全市平均防治面积 20 世纪 80 年代为 2.58 万亩，90 年代为 3.42 万亩，2001～2003 年，防治面积在 31 万～63 万亩，2004～2008 年，防治面积在 14 万～29 万亩，为农业生产安全起到了保障作用。1980 年以来，全市基本未出现大面积农田严重遭受蝗害现象，未出现东亚飞蝗迁飞现象。特别是 2001～2005 年连年大发生的情况下，实现了"不起飞、不成灾"的治蝗目标。

曹妃甸区稻水象甲防治工作总结

曹妃甸区植保植检站

曹妃甸区位于环渤海、环京津的"两环"核心地带，毗邻京津两大城市，距北京220km，距天津120km，处在京津冀1h经济圈内。全区总面积1 943km²，陆域海岸线80km，常住人口26.87万，其中，农业人口10万人。现有15个农业场镇，有农作物种植面积37.8万亩，其中，水稻种植面积31万亩，旱作物种植面积6.8万亩。水稻种植面积常年稳定在30万亩左右。作为检疫对象稻水象甲的首发地，曹妃甸区确因该虫防治投入了大量的人力物力等生产成本，农产品销售和运输也曾受到了很大影响。据统计，稻水象甲发生25年来，累计专项防治用药1 067.65万亩次，其中，越冬场所达到50万亩次，平均每年全县因稻水象甲防治使用来福灵、氯杀威、稻乐丰等农药20t，其中1989～1994年，每年农药使用就达27～32t。

一、发生、防控概况及其特点

1988年，曹妃甸区在国内首先发现稻水象甲为害，当时为保密，对外称稻象甲，经调查，当年分布范围以唐海镇、三农场、四农场、十农场为中心，遍布全县11个农场，发生面积7.6万亩，经组织防治后仍减产稻谷250万kg。随着时间的推移，疫情发生25年来，在上级政府的直接领导和支持下，通过全区上下干部职工的共同努力，稻水象甲为害和传播蔓延得到了有效控制，越冬场所密度由当时的每平方米356头，降到目前的每平方米几头，新一代成虫高峰期最高日灯诱虫量由1988年的13.1万头，降至现在的50多头，年挽回稻谷损失2 000万kg以上。

按照防治重视程度，可分为3个阶段：全民大动员防控阶段、重点害虫防治阶段和作为一般虫害防治阶段。

全民大动员防控阶段。时间在1988～1994年。本阶段特点是全区上下认识程度高、防控意识强。可以说无论是组织领导，还是财力支持，无论是生产防治还是检疫封锁，无论是宣传发动还是措施落实都很到位。

作为重点害虫防治阶段。时间在1995～2001年。本期特点：一是没有了上级的财政支持，防治费用全部由地方承担，区、农场承担越冬场所统防费用，农户承担自家承包地防治费用；二是芦苇、稻草外销减少，对稻水象甲的传播威胁压力减弱，稻草主要由当地纸厂作原料消耗；三是"三个战役"防治措施有所调整。

作为常规害虫防治阶段。时间是2002年至今。本阶段特点：一是虫口密度趋渐减少，稻水象甲防控投入减少。2001～2003年唐海遭遇历史罕见的严重旱灾和持久的稻谷价格低迷形势，稻水象甲整体防治质量下降。许多农工不分插秧早晚，对大田药剂防治一律由丘内喷药普防转向重点圈边施药，新一代成虫基本不再用药防治；二是因条纹叶枯病暴发，当地主栽品种被迫更换，我县种子市场由大量外供转向主要依靠外来（辽宁，2005年始）种源，秧苗基本不再有外销，种子途径传播压力减弱；三是国家投资进行曹妃甸港口建设，公路纵横，交通畅通，人员往来频繁，防控疫情传播压力骤增。

二、主要工作措施

（一）建立组织健全制度，加强对疫情封锁和防治工作的组织领导

一是区政府迅速成立了以主管副县长挂帅，政府农办、农林、交通、邮政、财政、公安、物资、广播电视、卫生等政府相关部门主要镀层为成员的防治领导小组，各农场也相继成立了防控组织。二是建立了工作目标考核制度，签订了防控责任书，制定了"越冬场所防治和控制剩余秧苗外运工作"奖惩办法。三是利用上级无偿配放的100多台机动喷雾器，组建了10个专业机防队，并为各机防队配备了配药和机器维修技术人员1～2名。

（二）加强虫情动态监测，做好防控知识宣传和防治动员

一是准确掌握虫情动态，最佳时间组织防治。区植保站安排专人从4月中旬开始，跟踪调查稻水象甲在不同场所、不同环境、不同类型田块的活动和发育进程，预测最佳防治时期，及时组织全区开展检疫防控工作。二是利用多种形式，进行检疫防控知识宣传和普及。

（三）打好"三个战役"，实施全生育期控制

第一战役防治越冬代成虫，时间从4月底5月初至6月上旬。"5月初至5月中旬"组织越冬场所和秧田的用药防治。由农场统一组织人员对林带、路边、农渠、果园等越冬场所进行（水胺硫磷）喷药防治，各农户对自家秧田（菊酯类及其复配药剂）普遍用药一次，带药下本田；"5月中旬至6月上旬"，于本田插秧后7～10天用药普治1～2次。

第二战役是挑治大田一代幼虫。时间6月中、下旬，根据田间虫情动态和田间受害情况，在幼虫低龄期，使用3%呋喃丹颗粒剂（国产1.5～2.5kg，进口1.0kg）或40%甲基异柳磷撒毒土防治一代幼虫重发生田块。

第三战役是综合防治本田新一代成虫。时间7月20日至8月5日，用药对象是本田和沟渠埂埝。稻水象甲一代成虫盛发期，结合防治水稻其他病虫害，普遍喷药防治1次，降低越冬基数，减少向外传播扩散的危险（菊酯类及其复配药剂）。

（四）坚持"三个统一"、实行"三个结合"，确保防虫效果

实施统防统治，采取多种治虫措施是做好稻水象甲防治工作的最有效方法和降低用药成本，减少农药污染，提高防治效果的最佳途径，也是长期以来曹妃甸区开展稻水象甲封锁防治的成功经验。

"三个统一"即统一组织、统一措施、统一行动，其关键是统一联动，不留死角。

"三个结合"即：①化学药剂防治与农业栽培防治相结合。稻水象甲成虫产卵及幼虫发育均需水生环境，不保水的稻田不适合其生存，如水稻缓秧后实施浅水层管理，通过水层的浅—湿—浅的变化，给卵的孵化和幼虫生育造成不利因素，但对秧苗来讲有利根系发育，增强受害补偿能力；稻田防治成虫施菊酯类农药浅水层喷雾、水胺硫磷等有机磷类农药采取落干施药方法；在一代成虫期采取黑光灯诱集灭虫（该方法成本高，诱虫效果与当地虫量大小有关，在虫量低时，不经济）；②防治稻水象甲与防治其他水稻病虫害相结

合。这样可以减少施药次数，降低劳动量和防治成本；③精心组织集体统一除治与发动农户分户除治相结合，集体机防队负责沟渠埝埂的防治、各农户负责自家承包田的防治。

（五）开展新药剂试验，创新防治方法

一是在抓好大田防治的同时，积极开展新药剂筛选。曹妃甸区先后引进试验了多来宝、赛乐收、乐斯本、苦参碱、锐劲特、稻乐丰等多种新农药或剂型，验证了多来宝、乐斯本、锐劲特、稻乐丰等药剂的防效，为以后生产推广应用提供了依据。

二是创新防治方法。我们根据稻水象甲5月中旬以前迁入本田数量少，且主要集中分布于田边1~2m的特点，经多点试验验证，对于5月中旬以前早插秧的地块，插秧后的3~5天在田边1~2m内打药（我们称之为丘内圈边），第二次用药再全田普治，防效很好。这样既能有效控制稻水象甲的为害，又可降低防治成本（注：5月20日后插秧田两次都需全田喷药）。

三、对25年来曹妃甸区稻水象甲防治工作的体会

在冀东一季稻区，稻水象甲每年发生一代，个别年份部分地块能形成不完全的二代。①越冬场所稻水象甲4月上旬温暖天就可开始活动，4月下旬至5月中旬为活动盛期，以后陆续向稻田转移，6月底越冬场所仍能见越冬代成虫；②越冬成虫喜在土质较松软且较潮湿，8月份时有葎草等密集杂草遮盖的地方越冬，冬季泡水淹虫对越冬成虫存活影响不大；③虽然稻水象甲的寄主非常广，成虫可为害9科64种植物，幼虫可为害5科20种植物，但更喜食禾本科和莎草科植物，如稗草、马唐、白茅、芦苇、水稻、玉米、扁秆蘑草等。有几年，玉米田边垄新出的苗被吃的都很厉害。

虽然稻水象甲在越冬场所活动受气象、地形、植被、覆盖物多少等因素影响出土不整齐，但5月上旬气温回升后由分散逐渐向越年生禾本科杂草集中并聚集的活动规律是一致的，此时使用有效杀虫剂防控作用较好。所以，作为稻水象甲防治的一项措施，适时开展越冬场所防治很必要，但应改过去普遍喷药的方法为重点对禾本科杂草及其周围集中喷药（杂草周围都要喷湿，并且时间应保证在4月20日至5月10日前，5月10日后越冬后的稻水象甲成虫又开始分散），以减轻劳动强度，节约防治成本。所以，"5月上旬"、"林带禾本科杂草及其周围"是越冬场所防治的重点"时期"和重点"施药区域"。

防治使用药剂上曹妃甸区"三大战役"所推药剂，防效一般都可接受，但仍以成虫用菊酯类（或复配剂）、幼虫用呋喃丹较理想。①越冬场所用水胺硫磷防治，而来福灵、白僵菌、绿僵菌效果都差；②水稻秧田和本田防治成虫用来福灵、水胺硫磷、醚菊酯、氯氰菊酯及其复配药剂如氯杀威（氯·仲）、辉丰快克、药凯明四号、快杀、稻乐丰、克甲螟等（与有机磷类的辛硫磷、三唑磷等复配）、有机磷类及其混合药剂（乐斯本、凯明六号、多灭克等）效果都可以。近年来使用20%用知乐在秧田兼治潜叶蝇和稻水象甲效果也很好（毒死蜱+阿维菌素）；③防治幼虫用3%呋喃丹（1.5~2.5kg/亩）、甲基异柳磷（200mL/亩）；④一代成虫使用来福灵、醚菊酯、氯氰菊酯及其复配药剂。

1991年以前曾对七大类（氨基甲酸酯、沙蚕毒素、有机氯、有机磷、除虫菊酯、天然植物制剂）近70个品种，开展了100多个室内毒力测定和62个田间小区试验，确定天王星、灭扫利、来福灵、速灭杀丁、水胺硫磷、甲基异柳磷对稻水象甲成虫药效高于其他单剂，混灭威、仲丁威次之，1605、氧化乐果、巴丹、喹硫磷、敌敌畏、杀虫双、久效

磷、马拉硫磷效果差。呋喃丹、甲基异柳磷对幼虫药效（3天后死虫率80%～90%）高于巴丹、辛硫磷、敌杀死、速灭杀丁、杀虫双等。

"三个战役"中，5月下旬至6月上旬控制秧田后期和本田初期的越冬代成虫应该是防治工作重点中的重点。多年的实践证明，只要该时期对越冬代成虫控制好了，后期幼虫为害和新一代成虫数量明显减轻，水稻有一定的补偿作用。其关键是用药要及时，把成虫消灭于产卵之前。

对于传播问题，我们认为，在稻水象甲众多传播途径中，秧苗运输是近距离传播最危险的途径，而7月下旬至8月中旬一代成虫迁飞转移高峰期，傍晚运输车辆则可能是远距离带虫的最大祸手，其带虫的可能性和数量要比稻种大得多，尤其是交通日益发达的今天，其危险性更大。而稻谷、稻种中能够带虫，但翌年春大部分成虫不能存活，携带虫量较少。

附件

曹妃甸区（唐海县）各年度稻水象甲发生密度与防治情况表

年度	越冬后基数（头/平米）（春季）	水稻面积（万亩）	防治面积（含越冬场所）（万亩次）	主要药剂
1988 年		27.12	16	来福灵、氯杀威、呋喃丹、水胺硫磷
1989 年	356	28.02	57	来福灵、氯杀威、呋喃丹、水胺硫磷
1990 年	168	28.87	70	来福灵、氯杀威、呋喃丹、水胺硫磷
1991 年	40	30.5	68	来福灵、氯杀威、呋喃丹、水胺硫磷
1992 年	224.4	31.4	53.8	来福灵、氯杀威、呋喃丹、水胺硫磷
1993 年	320.6	31.7	40	来福灵、氯杀威、呋喃丹、水胺硫磷
1994 年	451.8	31.96	71	来福灵、氯杀威、稻乐丰、呋喃丹
1995 年	430.1	33.38	71	来福灵、氯杀威、稻乐丰、呋喃丹
1996 年	缺失	35.96	70	来福灵、氯杀威、稻乐丰、呋喃丹克甲螟
1997 年	477.4	36	47.71	来福灵、凯明四号、氯杀威、呋喃丹、甲基异硫磷、克甲螟
1998 年	缺失	34.97	62	来福灵、凯明四号、氯杀威、呋喃丹、甲基异硫磷、稻乐丰、快杀
1999 年	缺失	34.12	66.25	来福灵、凯明四号、呋喃丹、甲基异硫磷、稻乐丰、三唑啉
2000 年	554.8	31.9	73.5	来福灵、甲基异硫磷、多灭克、氯杀威
2001 年	320	9.4	26	来福灵、甲基异硫磷、多灭克、氯杀威、克甲螟、象甲净、稻乐丰
2002 年	42.6	29.97	38.9	来福灵、甲基异硫磷、多灭克、凯明四号、呋喃丹
2003 年	14.67	14.22	21.09	氯氰菊酯、凯明四号、凯明六号
2004 年	42.6	22.97	24.3	氯氰菊酯、多灭克、凯明六号、稻乐丰
2005 年	5.1	25.53	26	氯氰菊酯、稻乐丰、凯明六号
2006 年	15.2	27.5	27.7	氯氰菊酯、稻安康、毒死蜱、象甲除净、克象
2007 年	16.3	25.1	24.8	氯氰菊酯、稻安康、毒死蜱、象甲除净、克象、速灭杀丁
2008 年	17.62	27.6	33.5	氯氰菊酯、稻安康、毒死蜱、象甲除净、克象、速灭杀丁
2009 年	4.8	20.5	22.5	氯氰菊酯、稻安康、毒死蜱、象甲除净、克象、速灭杀丁
2010 年	1.7	15.5	21.1	氯氰菊酯、稻安康、毒死蜱、象甲除净、克象、速灭杀丁
2011 年	2.6	15.5	15.5	氯氰菊酯、稻安康、毒死蜱、象甲除净、克象、速灭杀丁
2012 年	3.1	14.2	20	氯氰菊酯、稻安康、毒死蜱、象甲除净、克象、速灭杀丁

第四篇　人　物　篇

香河县植保站马福旺同志事迹材料

香河县植保站

马福旺，中共党员，曾任香河县农业局植保站测报员。

马福旺，1977年3月至2002年9月一直从事农作物病虫害预测预报工作，34年如一日，始终坚持理论与实践相结合，在干中学、学中干，按省、市站业务安排部署认真做好本职工作，工作中兢兢业业，一丝不苟，任劳任怨，不断进取，自我加压，奋力争先，他做的病虫预报准确率平均达到98%以上。在执行农作物病虫测报技术规范、测报技术研究与改进、测报业务管理、病虫信息发布规范化和可视化程度较高，取得显著经济效益、生态效益和社会效益。如1993~2000年在各种农作物病虫草害发生面积（2698.17万亩次）较大情况下，防治面积达到了1728.78万亩次，挽回粮食损失19.16万t，棉花0.13万t，蔬菜10.91万t，产量逐年提高，特别是2000年蔬菜挽回3.743万t，占蔬菜8年总量的34.3%以上。因测报准确，发布及时，我站曾多次被评为省市测报先进集体。特别是1998年被省站评为县级十佳单位，并从1978年开始被列为省、市重点测报县之一，1990年以后被列为省重点区域测报站。该同志因工作积极，认真负责，成绩突出，1989年被省市评为先进个人，被县政府记功1次；1990年被县农业局评为先进个人；1991年被省站评为河北省农作物病虫测报网区域站优秀测报员；1993年被市农业局评为先进个人；1998年被市站评为先进工作者，由于在《河北植保信息》编发工作中积极提供信息，1998年省站评为《河北植保信息》优秀通讯员；1999年县政府给予嘉奖奖励，同年晋升为农技师，2000年被省站评为先进个人，又被全国评为全国先进工作者，1996~2001年连续6年业务考核为优秀。

一、刻苦学习，努力提高业务水平

为提高自身业务水平，更好地开展工作，马福旺同志于1984~1987年参加了中央农广校农学专业学习，以优异成绩毕业，1989~1991年又在北京中央农业管理干部学院蔬菜大专班进修，以优异成绩毕业，五个学年均被评为优秀学员。他曾参加了省站在衡水举办的数理统计培训班和石家庄举办的灰色理论培训班，1997年又参加了本县成人教育中心举办的计算机应用培训班。自学了较多的业务书籍，参加了多次专业知识培训，良好的学习使知识不断得到更新，从而提高了自身业务水平，为更好工作打下了坚实的基础。

马福旺同志非常热爱自己的事业，工作兢兢业业，任劳任怨，尽职尽责，富有科学求实，吃苦耐劳的精神，在测报技术研究与改进方面成绩显著。

（1）《东方红-18型背负式机动植保多用机地面低容量喷雾技术及其应用》，他1978年5月开始就参加了这项课题的研究，积极开展试验、示范和推广工作，1982年获农牧渔业部技术改进二等奖。

（2）1981~1983年，他参加了《棉虫综合防治》课题研究，1983年获市科技进步二等奖。

（3）1982～1984年，他参加了《小麦丛矮病防治技术改进与应用》课题研究，获农牧渔业部科技进步三等奖。

（4）1985年《农田害鼠的调查与防治》课题研究，他参加了田间调查与防治制图表，获农业厅科技成果二等奖。

（5）1987年《农作物病虫测报计算机应用－华北地区黏虫跟踪预测技术研究》课题，他参加并做出了一定贡献，1988年9月省省农业厅科技进步二等奖。

（6）1987年，他参加了《昆虫性信息素在测报上的应用推广》项目研究，主要负责田间调查，数据汇总，做出了一定贡献，1987年12月获省科委科技进步三等奖。

（7）1987年《小麦蚜虫危害对产量损失及防治指标研究》项目，他参加了田间调查、数据汇总，做出了一定贡献，1987年12月获省科委科技进步四等奖。

（8）1987年《微机在农业害虫测报中的应用》课题，他积极提供数据，做出了较大贡献，1987年2月获廊坊地区农业局科技进步二等获。

（9）1989年《小麦病虫草综合防治》项目，他积极参加试验示范和推广，做出了较大贡献，1989年8月获市农业局推广一等奖。

（10）1992年由省站组织的《保护地韭菜、番茄、黄瓜灰霉病发生规律及防治技术》课题研究，他完成了试验调查、防治技术的推广、撰写总结，为项目主要完成者，1993年5月获省科委科技成果三等奖。

（11）1993年《小麦主要病虫害数值预测》课题研究，他参加了资料汇总、数理统计、撰写总结等工作，1994年11月获省农业厅科技成果三等奖，为廊坊试区第三完成人。

（12）1993年，由省站组织《棉花害虫预测预报标准，区划和测报资料整理利用的研究》课题，他按照省站要求，将本站1978年以来的棉铃虫、棉蚜数据全面系统地进行整理，完成了本站的数据整理工作，1994年2月获农业部科技进步二等奖。

（13）1997年获省科委颁发的《棉铃虫测报田间调查规程》农业科技进步三等奖，为主要参加者。

（14）他与王贵生、王贺军、邢方寒4人协作合著《棉铃虫学会、植保学会学术讨论会论文摘要汇编一书，主要利用数列预测、灾变预测、季节灾变预测、拓扑预测、系统预测方法，建立灰色模型，对棉铃虫发生期、发生量进行超长期预测预报，实践证明，效果较好。

（15）他与王贵生、王贺军等协作合著《棉铃虫超长预测方法－灰色预测法》论文发表在1992年由中国科学技术出版社出版的《中国棉花害虫预测预报标准、区划和方法》一书中，本文主要介绍了用于发生期预测的季节灾变预测和用于发生量预测的拓扑预测方法和结果，效果比较理想。

（16）他与王贺军、王贵生、梁庆杰、李秀荣协作合著《河北省棉花害虫预测预报区划和预报资料统计标准的研究》发表在1992年出版的《中国棉花害虫预测预报标准、区划和方法》一书中，本文通过对河北省20多个代表站1979～1987年棉铃虫系统预测资料及其影响因素的系统分析，利用计算机，采用模糊聚类和判别分析的数学方法，对棉铃虫进行预测预报分区，制定各测报区棉铃虫发生期、发生程度测报资料统计标准，收效显著。

（17）1999年他与赵以志、刘俊田合著《香河县麦田杂草种群变化特点、发生原因及防治对策》论文共同发表在2000年《河北农业大学学报》第23卷增刊中，他按照省总站农田杂草调查方案，参加了麦田杂草的田间调查，资料汇总，统计分析和论文的起草。通过对本县麦田杂草普查，摸清了杂草种类、种群变化原因，制定出了相应的防治对策，为今后更好测报与防治打下了坚实基础。

（18）1998～2000年，他撰写的《香河县主要病虫草害发生概况及特点》《香河县麦蚜发生特点及原因分析》《玉米褐斑病发生及除治措施》《香河县1998年病虫测报工作情况》等15余篇专项总结或病虫信息被河北植保信息杂志刊登，为河北省测报工作顺利开展做出一定贡献。

（19）自1993年以来，他每年撰写病虫情报19～21期，各种总结、报告7～15个，预报准确率均在98%以上，为适时开展防治做出了显著成绩。

二、做好田间调查，准确测报

该同志自1978年5月至2002年9月在本站一直主抓病虫测报工作，一贯积极肯干，认真负责，做到了发报准确，防治及时，特别是1992年以来测报工作按省部颁测报标准执行，他要求更加严格，数据更加规范，如棉铃虫、棉蚜、玉米螟、条螟、黏虫、麦蚜、小麦白粉病、小麦丛矮病、小麦锈病、菜青虫等常发性病虫，坚持三天一定点，五天一普查，定时定点定株调查，黑光灯、性诱剂、糖醋液等诱测工具及时开启，杨枝把捕虫日出前完成，风雨无阻，起早搭晚，任劳任怨，有时生病了，依然带病坚持工作，特别是降雨天气，棉铃虫、黏虫杨枝把诱蛾量最多，雨后3天内产卵是不是也最高，因此更不能疏漏一次调查。晴天一身汗，雨天一身泥，从未间断。对偶发性、突发性、灾害性病虫，随时进行监测，及时掌握病虫发生动态，及时汇总整理，反馈给省、市、县各级领导，多次利用晚上撰写病虫情报和各项总结，病虫情报也以最快速度发放到群众手中。多年来他做到了监测可靠，汇报及时预报准确，发报快捷，为农业生产做出了较大贡献。

三、做好病虫档案整理，提高测报准确程度

该同志在病虫档案资料整理工作中认真细致，严格按照省部颁标准执行，一丝不苟，数据全面可靠，每年11月底前准时完成，从而加快计算机在测报上的应用，该同志从测报规范化、科学化、系统化入手，从数理统计出发，以一虫一病一档案为原则，现已建立20册，最长的病虫年限已达到26年。建棉铃虫数据库1个，年限已达23年。

由于测报准确，资料规范，年平均预报准确率均达到98.0%以上。其中，短期预报95%～100%，中期预报90%以上，利用灰色 GM（1，1）模型和数理统计方法建立回归方程超长预测，准确率达80%～100%，进一步提高了测报水平。

四、更新观念，不断扩大测报范围

随着香河县"两高一优"农业的发生和种植结构的调整，蔬菜面积不断增加（2000年已达到7.18万亩，比1999年增加了2.18万亩），复种指数（2000年为2.51）不断提高，特别是保护地蔬菜发展更快，面积不断推广（2000年日光温室及大中小棚面积达到了3.2万亩），品种种类不断增加，保护地与露地相互衔接，相互交叉，已实现周年生产，产量逐年提高，但病虫发生为害也逐年加重，已成为本县主要病虫。另外，东亚飞蝗也有所抬头，均成为本县主要测防对象。面对这些新情况，该同志及时更新观念，在不放

松大田作物病虫测报同时，积极主动向蔬菜、花卉、草皮、果树等作物病虫害加大监测力度。在没有测报交通工具的情况下，他利用自己的摩托车完成了全年的测报工作，平均每日行程100km，测报范围波及全县各个角落，准确地掌握了全县各种作物病虫害发生动态，为准确预报起到了积极作用。

黄瓜霜霉病、番茄疫病、黄瓜灰霉病等蔬菜病害近年在本县发生较重（特别是保护地蔬菜），已纳入本县系统测报对象，他严格按照《测报田间调查规范》实施，准确及时无误进行测报。对突发性、灾害性病虫，如蝗虫、黄瓜黑星病、棉轮纹斑病等更加严格监测，及时掌握病虫发生动态。对没有调查规范的病虫如美洲斑潜蝇、玉米病毒病、玉米纹枯病等参照部颁标准积极进行探索，为大面积防治工作的开展提供了依据。

五、做好科技宣传，把技术送到千家万户

为加速植保新技术推广应用，使广大农民及时掌握更多测报技术和除虫灭病知识，该同志积极协助本站利用电视讲座、电台广播、发放技术资料、病虫情报、集市咨询、基层培训等形式做好宣传外，2000年更突出了植保宣传车和电影的作用，测报工作收到了较好的效果，达到了适时治早、治小、治了的目的，特别是他利用每天下乡调查这一有利条件，面对面直接为群众解决实际问题，深受广大群众欢迎，为提高新形式下植保形象做出了积极贡献。

近几年来，平均每年共搞电视讲座5~7次，电台广播8~10次，发放技术资料2 000余份，病虫情报19~21期，5 000余份，集市咨询20~28次，基层培训4~6次，2000年电影放映10场，植保宣传车宣传25天，仅宣传车和电影受益人数就达15万余人次，收到了较高的经济效益和社会效益。

六、加强信息反馈，当好领导参谋

近年来，该同志利用传真手段发送病虫信息，做到了积极主动，及时无误。坚持随时有情况随时汇报，积极为领导决策提供科学依据，平均每年向省总站发送动态旬报和周报36~41期，模式电报7~10份，病虫情况9~21期。坚持每星期按时主动向市站县政府汇报，给各级领导当好了参谋，使领导做到指挥有力，防治及时。

七、结合病虫测报，认真搞好试验、示范和推广工作

药剂试验，近四年在小麦、玉米、棉花、蔬菜、果树等作物上共搞50余项，试验示范涉及麦蚜、玉米田杂草、棉铃虫、棉蚜、菜青虫、美洲斑潜蝇、韭菜根蛆、果树斑病、果树红蜘蛛等多种病虫草害，筛选出了多种高效、低毒、低残留农药，推动了农作物、蔬菜、果树无害化治理工作的开展。

八、认真做好植保专业统计工作

植保专业年度报表统计工作是省站下达的一项重要工作任务，多年来在填报工作中，他以认真求实的工作态度，根据病虫实际情况、气候特点、作物布局、茬口安排、试验示范、农业生产资源及生产力水平，参考外地统计经验，综合分析，认真填报，及时完成，做到数据准确，可靠无误，得到省、市好评。

事业的追求 无悔的选择

——写在改革开放三十年植保事业的发展

王更申

（深泽县植保站）

时光荏苒，岁月如梭，在忙忙碌碌的工作中，蓦然回首，已经三十余年，在这过去的时光里，虽然自己在工作上没有可圈可点的成绩，但也就是这三十年，我的成长经历恰恰是与我国的改革开放同行的，也是亲历了农业的植保工作在改革开放中发展壮大的全部历程。这是很值得用心去回顾。

我1979年毕业于河北农业大学植保系，我的同学有的分配到农业部，有的分配到省、市农业技术部门，看到众多的同学留在了城市，我却无奈的回到了家乡，心情很是郁闷，但在计划经济年代，这些是不容个人选择的，不论命运把你抛到哪里，只能服从。

当时我被分配到县农业局，刚报完到就被告知，新的大学、中专毕业生必须到基层锻炼一年，因此，随之被派到我县西河公社技术站挂职锻炼。在公社里，首先要完成公社的催收催种、包村、征购等任务，驻村蹲点，同群众同吃同住同劳动，昼夜坚持，有时能争取一些剩余时间干些业务，搞搞调查，提提建议，讲讲技术，宣传一些植保技术。最实际的就是帮助村里或乡里预防除治诸如小麦锈病、棉铃虫、蚜虫、玉米钻心虫等具体活动。同时也在其中体会到农村是多么的缺少技术，更是多么的缺少植保知识，大锅饭和集体劳动不能使得农业病虫害得到及时除治，而且更主要的是有些防治活动缺少针对性，因而效果差，造成的损失大。往往庄稼收成毁于一旦，是十分令人痛心的。而农业院校毕业生深入基层，把所学的专业技术知识回馈农村，体现自身价值是多么的重要啊。到此时，郁闷的心情一扫而光，农村的现实教育了我，职业的责任感说服了我，也使我坚定了为农村的植保工作奉献一生的决心和信心。

一年后，我又应召回到了农业局植保站，那时专业化的植保站刚刚建立，连我一共三人，人员少，资料缺，信息闭塞，设备简陋，能称之为工具的就是每人一把尺子，和站上的一台1%的托盘天平，但不缺的是工作热情和刻苦精神，我和几位老同志坚持当时的"预防为主，防重于治，防治结合"的植保方针，每天骑着自行车深入基层，搞巡视，查虫情，搞培训、抓典型、编简报搞宣传，重点抓好几大病虫的防治，虫口夺粮确保丰收。几年的时间，使得植保站具有了十分丰富的调查、试验研究资料，根据这些资料，结合本县的气候情况，对棉铃虫、玉米螟、蚜虫等几个主要病虫害和小麦的生长发育及防冻等项技术制作了发生发展曲线图，使病虫害的年度发生发展情况、季节和气候特点的关系跃然纸上，一目了然并配上说明编制成册，发到公社、村等，十分有效的指导了病虫害的防治，小麦适时播种安全越冬等，使损失减到了最低，植保站的工作得到了迅速发展，成为了领导的参谋，作物的救星，病虫害的劲敌，我也在这几年的工作中得到了充实，更加成熟。

到1988年我从一般的技术人员被提拔为植保站站长，身上的担子更重了，这时候农村由于大包干的全面开展，使得村级集体服务功能荡然无存，社会的变革，生产活动的细化，一家一户的经营，一盘散沙，一些问题暴露了出来，相应的几大难也明显的显现出来，直接影响着农业的发展。病虫害的防治也同样存在着信息不灵，器械落后，药剂陈旧，防治效果差等诸多问题，一度造成一些主要病虫害猖獗，次生虫害上升的趋势，个别地方损失严重，针对这些问题，首先组织科学可靠的队伍，加强对乡镇植保站的建设，一乡一人，并建立定期上站的科学培训制度，其次加强村级测报点的建设，搞好虫情的全面调查汇总、分析、预测，三是强化病虫情报的作用，施行定期与不定期相结合，强调及时、准确，并坚决落实每村一份，通过喇叭广播宣传群众，四是积极引进新的农药品种，搞好试验积极推广，提高防效，在此基础上，积极组织专业化防治队伍，探讨和推行专业化防治，解决群众喷药难，治虫效果差和乱用药的问题，共建立了西北马、西关、留村等三支专业化防治队伍，并具备了机动喷雾器150台（套）和120台（件）手动和专业器械，使得专业化防治初具规模。专业化防治在减少用药，降低成本、提高防效和功效，解决农民困难以及推广新型农药和化学除草剂等方面取得了明显的效果，也多次受到了省市有关部门的表扬。

但是经过一段时间的实践，专业防治的投资大，成本高，队伍素质差，不便管理等问题暴露出来。如何解决服务问题，在各级领导的支持下，于1989年着手建立了植物医院，施行微利经营，送货上门，组织培训，提供技术，实现了即开方又卖药的技物结合的服务，同时在乡、村延伸建立了两级服务站，实行统一组织货源，统一送货上门，统一供、销价格的连锁形式，不但杜绝了假冒伪劣农药进入市场，还适当的降低了价格，使农民用药既安全又实惠。在此基础上，又积极组织开展了统一提供植保信息，统一提供防治用药，统一防治技术，统一防治时间，分户除治，几统一分的统防统治活动。有效的提高了各分站服务人员的素质，提高了农民的科学意识，降低了生产成本，提高了对病虫害的防治效果。同时在这些活动中，增强了植保站的经济实力，1990年、1994年先后购了两辆客货车，并于1993年建设了植保服务楼一座，到2000年以后，又在此基础上开展了快易通进村服务站建设，到目前已发展乡、村两级服务站73个，初步形成了覆盖全县85%乡村的服务网络，有效的提高了群众的植保减灾意识和植保技术的推广。杜绝了因对病虫害防治不利而造成减产的现象，收到了很好的效果。

在这些年，除了植保队伍得到了壮大，也使植保站的基础设施建设有了长足的发展，购买了必要的仪器和设备，建成了生化检测室、化验室和农产品安全检测室，并在日常业务中发挥着重要作用。同时还承担着省生测试验项目，从1988年开始到现在，完成了近百个农药新品种的生测试验，为省药械科提供详实的资料。还完成中荷合作的玉米田化学除草减量应用项目，芦笋高产高效研究项目，小麦纹枯病的防治等多项技术项目。我在这些年也对一些障碍农业丰收的因素进行了有针对性的调查研究，用15年的时间对小麦吸浆虫的发生发展规律进行调查、统计、研究，对棉铃虫防治的研究、对小麦纹枯病的防治研究、小麦禾本科杂草发生规律及除治研究，克无踪在棉花催熟应用研究和推广等多项，都取得了明显的效果。并撰写了十几篇论文，分别在《中国农学通报》《河北农业》《河北农业科技通讯》及《植保信息》上发表。

党和人民也给予了我很大的荣誉，多次被评为省、市、县优秀党员、优秀科技工作者、县政府优秀工作者、记功奖励、市劳动模范，在业务上也多次获得省（部）、市级科技进步奖，成果奖和丰收计划奖，使我的努力得到了肯定，也深深的鼓励我继续把工作做好。

如今的我已过天命之年，但也更加成熟，脚踏实地和经验丰富，老骥伏枥，仍怀千里之志，将会在有生之年服务于农村，服务于农民，服务于祖国的社会主义建设。这三十余年是人生最光辉的阶段，也是最值得珍惜的，因为，风风雨雨日夜兼程，泥里水里艰苦奋斗，把最美好的人生奉献给了农业，奉献给了植保事业。这里有失败和挫折的艰辛，更有成功和丰收的喜悦。虽然和那些在城市中身居要职的同学们相比，我可能生活上有着更多的困难和拮据，在待遇上和职务上有着更多的区别和差距，但是在基层从事植保工作是我事业的追求和无悔的选择。

俯首甘为植保人

史均环

（沧县植保站）

自 1985 年 7 月毕业分配到沧县农业局植保站工作至今已经 26 个年头了，我与植保工作结下了不解之缘。二十多年来，沧县植保工作随着我们所处的社会和经济一起沐浴着改革开放的春风，蓬勃发展，队伍不断壮大，科技不断创新。而我经过这二十多年的磨练，成为地地道道的"植保人"。

敢吃苦，抓实践，积累经验知识

我出生在农村，在农村的成长经历让我深深地爱着这片生我养我的土地，爱着在这片土地上和我父母一样辛勤劳作的淳朴善良的农民们。作为农民的女儿，我深知农民耕作的辛苦，知道农民因缺少农业科技知识、因不懂得病害防治常识而遭受的损失。因此在填报高考志愿时，我选择了农业院校，选择了植保专业，在毕业分配时，放弃了在城市工作的机会，选择了到农业科技服务一线的县植保站。

刚到县植保站，我有的只是满腔的热情和那点从书本上得来的知识，好在我来到了沧县植保站——这个团结战斗的集体。那时的植保站是隶属于县农林局的一个普通的科室，有 8 名技术人员，老站长是 60 年代的大学毕业生，正是他们兢兢业业的敬业精神感动了我，让我在这里一干就是二十多年。80 年代中期，县植保站的交通工具就是自行车，每天骑车几十公里下田调查病虫害，就是我们的主要工作。3 月，大地刚刚解冻，我们就来到田野里，剥查上年玉米、高粱秸秆及残留的谷茬，了解玉米螟、高粱条螟、粟灰螟的越冬存活情况，挖土调查蛴螬、金针虫、蝼蛄及棉铃虫越冬蛹的数量，从木槿和石榴树的枝条上调查越冬棉蚜数量，调查返青麦田的红蜘蛛、麦蚜和叶锈病，在蝗虫适生地挖土调查蝗虫越冬卵的数量和存活率。通过调查汇聚了大量的真实数据，结合历史资料，编报上半年的农作物病虫害发生趋势预报。进入 4 月份，各项调查工作正式开始，始发期的大田普查、定点调查，黑光灯诱蛾调查。7 月上旬至 8 月下旬是植保工作最忙的季节，炎炎烈日下，我们在农田里一待就是大半天。晴天一身土，雨天一身泥，风吹日晒导致皮肤过敏、脱皮，面对困难和辛苦，我没有退缩，坚持和站里的同志们一起下乡。我们把工作当作自己的责任，我们以在田野里发现病虫害的新品种为乐趣，以在田野里发现更多数量的病虫害为爱好，不仅在工作中，就是节假日路过农田时，也习惯性地到田间地头去看一看。

细观察，勤思考，推广科技经验

多年的工作实践，我养成了细心观察、勤于思考的良好工作习惯，让我从中受益匪浅，撰写出多篇科技论文及技术推广文章。

如 1999 年刊登在《植保技术与推广》上的由我主笔撰写的《抗虫棉对三代棉铃虫生

物学特性的影响》一文，便是我们细心观察、勤于思考的结果。1983 年沧县开始使用的菊酯类农药（杀灭菊酯、溴氰菊酯），对鳞翅目、同翅目害虫的防治效果很好，但连续大量使用，使上述害虫对菊酯类农药产生了抗药性。90 年代初期棉铃虫连年猖獗为害，棉田最高百株日落卵量达 260 粒，最高百株幼虫达 80 头以上，加之虫龄越大抗药性越强，使棉花生产损失惨重，棉农的生产积极性大大受挫。抗虫棉的引进，改变了这一状况。为准确掌握抗虫棉的抗虫效果，1998 年 8 月我们于三代棉铃虫发生期捕捉二龄以上幼虫 100 头带回实验室，在同等条件下，分别用普通棉叶和抗虫棉叶进行饲养，每培养皿饲养一头，每日清除培养皿内棉铃虫的代谢物并更换棉叶，以确保棉铃虫的适生环境。逐日观察棉铃虫幼虫成活率、发育进度、化蛹率、蛹的羽化进度及羽化率、成虫发育进度及产卵量，与普通棉田进行对比，发现抗虫棉叶培养的棉铃虫幼虫死亡率高、化蛹率低、蛹的羽化率低、蛹个体偏小、成虫个体偏小、存活时间缩短、成虫产卵量减少且卵孵化率降低，从而证明抗虫棉恶化了棉铃虫的生态环境。

多年来，通过这样的观察和敏锐的思考，我撰写了许多推广类的文章，如 2003 年我在总结绿色示范园区生产水平基础上撰写的《植保园区建设的实践与体会》，于 2004 年在《全国植保导刊》上发表；通过对全自动虫情测报灯诱虫种类分析，总结撰写了《佳多牌全自动虫情测报灯与普通灯应用效果比较》，发表在 2006 年《全国植保导刊》。撰写了《沧县灯诱昆虫种类》，上报并发表在《河北植保信息》上，推动了测报工作的发展；总结新农药试验示范项目中农药在不同环境条件的作用效果，撰写了《枣树花期如何使用赤霉素》《麦田除草主要问题》《如何提高玉米田除草效果》《枣农用药早知道》等系列文章，在科技刊物上发表，有效地宣传推广了植保新技术，提高了农民的抗击植物病虫害的能力。

抓服务，促发展，喜获特殊荣誉

国家对"三农"投入的不断增加，有效地促进了农业的发展，农业发展的新形势给植保技术的推广示范提出了新的要求，植保工作的目标从侧重保产增收扩展到无公害农产品的生产，技术传播的渠道也从以前的以行政手段为主向以市场调节为主转变，推广的方法也向农民学习与共同参与的方式转变。为探索新形势下植保技术推广服务的新模式，在省植保总站的指导下，2003 年我们建立了 2 000 亩的"绿色金丝小枣示范园区"。示范园区以生产无公害农产品为目标，以统防统治为手段，我们与园区所在的村委会签订了建设协议，并对园区农户进行登记。工作中我们在园区内设立了虫情测报点，为确保农药店质量，还专门设立了农药供应点，还根据测报情况，积极与村上的农业科技能手共同商讨制定技术措施，对园区农民进行技术培训，每天坚持对枣树生长及病虫害情况进行观察，把园区当作第二个实验室。通过大家的共同努力，园区建设成效显著，园区全程用药比普通区减少 5 次，每百株枣树每年节约防治成本 130 元，产品通过了"河北省无公害农产品"认证，产品市场价当年收益比普通产品每千克高出 1 元。在抓好示范园区建设的同时，我们还积极引进国家优质粮食生产工程项目，建设"河北省沧县农业有害生物控制区域站"，建成了高标准的植保实验室，配备了现代化的办公系统和先进的虫情测报系统，并积极与省植保总站、省药检所及国内外农药生产厂家联系，争取多项新农药试验示范项目，并对好的农药产品、先进适用的植保技术及时在全县推广，有效地推动了本县农业科技的发展，为农业高端产品的生产提供了良好的服务。

　　现在的县植保站，已经发展成为拥有 9 位高级农业技术人员，220m² 先进实验室，1 个病虫观测埔，6 个实验基地及 2 个绿色产品示范园区的国家级农业有害生物控制区域站。由于工作业绩突出，县植保站多次受到全国农业技术推广服务中心、河北省农业厅植保总站、沧州市委、沧州市政府、沧县政府的表彰和奖励。我个人也分别于 2004 年被河北省政府授予"河北省先进工作者称号"，于 2005 年被评为"河北省新世纪三三三人才工程"第二层次人才，并多次受到全国农业技术推广服务中心、河北省农业厅植保总站、沧州市委、沧州市政府、沧县政府的表彰和奖励。2005 年我当选为沧县人大常委会委员，2006 年晋升为农业推广研究员，并获得过农业部丰收奖，省长特别奖，省科技进步奖，沧州市科技进步奖。在《中国植保导刊》《中国生物防治》《中国农技推广》发表论文十几篇，有数十篇文章在《河北植保信息》《河北科技报》等技术刊物上发表。

　　通过二十多年的锻炼，我积累和掌握了大量的实践经验，也使我深深地爱上了植保工作，情为植保所动，心为植保所系，入了植保行，成为了一名地道的"植保人"。

抚宁县植保站原站长祁景乔同志业绩

抚宁县植保站

祁景乔，男，汉族，大学文化，中共党员，农技推广研究员。1937 年 12 月 6 日生于河北省抚宁县牛头崖村，1950 年从本村完小毕业考入北京 24 中初中，1954 年考入本校高中，1957 年考入河北农业大学植物保护系，1961 年毕业分配到唐山地区专署农业局植保科，1962 年到抚宁县农业局搞植保，一直到 1998 年退休，退休前一直任植保站站长。他是抚宁县植保专业的开拓者。

37 年来主要业绩有如下。

第一，为了提高农作物病虫害防治的预见性、主动性，减少盲目性，于 1967 年在条件极其艰苦的县良种繁殖场办起了全县第一个虫情测报站。不论是刮风下雨，还是白天黑夜他总是定时、定点地坚持观测、调查、记载、存档，就是在文化大革命最激烈阶段也没中断过。与此同时还在全县 14 个大队建立了虫情测报点并形成了虫情测报网络，测报水平很快就达到准、快、细。1981 年农业部农作物病虫测报总站授予他"全国先进测报工作者"称号，成为全国、省、市（地区）测报战线上的排头兵。他总结出"三个坚持"、"五个总结"的测报工作经验，分别在 1972 年河北省抚宁病虫测报现场会和 1973 年湖南长沙全国测报座谈会上做了典型介绍发言，从此他的测报经验被推广到全省，介绍到全国。

第二，他从县域农业生产实际出发，选定科研项目，为农民适时解决了不计其数的病虫防治难题，为农业丰收起到了保驾护航作用。20 世纪 70 年代末，他提出了在田间卵峰过后 8~12 天投放颗粒剂来防治田间一代玉米螟，从而有效地控制了一代玉米螟的为害，为县域主栽作物玉米的丰产丰收做出了贡献。90 年代中期，他针对县域主栽作物玉米出现的矮花叶毒病进行了细致的防治研究，通过更换品种等措施后发病率明显下降，取得增产 10% 的效果。针对水稻立枯病、纹枯病、稻曲病、穗茎稻瘟病、二化螟等病虫害，对其防治方法进行了细致的研究，取得亩增产 88kg 的效果。他还试验推广了水、旱田化学除草技术，对减轻农民劳动强度、保证农业高产起到了明显作用。37 年来他主持或参与完成了多项农业科研课题，其中："黏虫异地预测预报"项目获农牧渔业部 1987 年科技进步二等奖；"农田化学除草技术"项目获 1987 年河北省科委科技进步二等奖。"麦蚜发生、迁飞规律及异地预测技术研究"项目获农业部 1991 年科技进步三等奖。"花生田蛴螬种类、发生规律及防治技术研究与应用"项目获 1995 年秦皇岛市科技进步一等奖；"DT杀菌剂防治水稻稻曲病技术"项目获 1988 年秦皇岛市优秀科技成果一等奖；"稻水象甲在秦皇岛发生规律及防治技术研究"项目获 1994 年秦皇岛市科委科技进步一等奖；"玉米矮花叶毒病综防技术研究"项目获 1998 年秦皇岛市科技进步一等奖；"水稻病虫草规范化防治技术推广"获 1991 年省农业厅科技成果三等奖；"高效、广谱新型水田除草剂一次净研究与应用技术"获 1995 年秦皇岛市科技进步三等奖；"瑞毒霉拌种防治水稻立枯病技术"获1995年秦皇岛市科技进步三等奖。

第三，为了把科研成果和防治措施推广应用到农业生产中去，他从1962年开始直到1998年退休，每年利用冬训现场会、电视讲座进行农业技术培训，由于他讲课内容注重实用性和实效性，农民喜欢听他讲课，喜欢向他咨询，称他为"虫子王"。

第四，37年来，他利用诱测和调查资料撰写论文多篇，其中有6篇在刊物上发表："二代黏虫发生规律和预测预报及防治技术"一文发表在《河北农业大学学报》1982年5卷1~2期。"二、三代黏虫卵、幼虫天敌种类及寄生率的观察"一文发表在《河北农业大学学报》1987年10卷专刊上。"二代黏虫蛾的测具问题"一文发表在1982年《植物保护》第6期上。"中华稻蝗对水稻危害损失及防治指标的探讨"一文发表在1993年《昆虫知识》30卷第4期上，该文还被评为全国农作物病虫测报优秀论文三等奖。"小麦蚜虫迁飞及发生规律研究报告"一文发表在"病虫测报"1989年第四期上。"玉米矮花叶毒病对玉米综合影响的调查"一文发表在《河北农业大学学报》1995年18卷第4期上。

第五，37年来该同志勤勤恳恳、兢兢业业，在植保事业上取得了显著成绩，为保证农业丰产丰收做出了突出贡献并多次受到省、市、县有关部门的表彰和奖励：1983年、1993年分别被授予秦皇岛市劳动模范，1996年、1997年被授予市优秀人民公仆称号，1993年评为"市优秀知识分子"，1994年评为"市优秀共产党员"并荣获市"首届农技推广十大标兵"称号，1989年被市委、市政府命名为市级"专业技术拔尖人才"。1982年被授予"河北省劳动模范称号"，1997年被评为"河北省十大优秀人民公仆"。1984年被国家经委、科委、农牧渔业部、林业部授予"全国农林科技推广先进工作者"，1997年被全国科协授予"全国优秀科技工作者"称号，1992年被批准享受国务院政府特殊津贴，1996年晋升为农业技术推广研究员，他还是河北省第五、六、七、八届人大代表。

爱岗敬业 扎根基层 做好本职工作

——记丰宁县植保站测报员 孙继兰

孙继兰 尚玉儒 孙凤珍

（丰宁县植保站）

孙继兰同志 1980 年毕业于承德农校农学专业，一直从事农业技术推广工作，其中从事植保工作 21 年，30 多年来始终在基层工作，思想端正，任劳任怨，从没向领导提出任何要求。下面就多年的工作情况做一简单总结。

一、扎根基层搞推广

自 1982～1986 年在朱首营村蹲点，主要为农民传授玉米科学种田技术及水稻品种试验，共试验出适应当地栽培的水稻优良种 20 余个。实验从春季育秧到中期插秧、施肥等栽培管理都是自己完成。从那时起做下了风湿寒腿的病根。在此期间，还义务为 40 人当起了辅导老师，白天工作在田间，夜晚备课、讲课到 10 点，12 点以后更是常事。通过一年多的技术培训，有的成了乡镇农业技术员，有的成为村级农业技术员。解决了当地农业技术匮乏的问题。

1988～1998 年，在凤山镇植保站农药门市部，负责农药销售，工作条件非常艰苦，开方、卖药一人挑，还经常到田间进行病虫害防治指导，深受领导和周边农民的好评。

近几年来，由于单位工资和经费紧张，利用春季销售种子进行补充。年年销售业绩都排在前面，而且账目清楚。特别是 2003 年为了方便，吃住在林营村一农户家。每天以咸菜、夹生饭为主，由此做下了至今未治愈的胃病，但就是这样，也没担误种子销售工作。

二、深入田间搞测报

从 1999 年开始承担测报工作，从没接触过此工作的她开始向老测报员请教，自费订阅和购买农作物病虫害书刊，并到田间进行对照。为了一份病虫测报，反复学习和多次田间调查方可得出，发布后到了发生期又进行准确率评估，就这样很快熟悉了业务并做到了精通。2004 年新的虫情测报灯在坝上农科所实验地安装，需要每年 5 月至 9 月上旬 4 个多月时间随时监控，统计数据，任务又一次落在她肩上，她涌跃承担了。

五年来每天查看测报灯，准确数出各类害虫数量。草地螟盛发期需每天上报虫情，而且还必须解剖 20 头雌虫，观察卵发育状况。虫体解剖观察，她要戴上 300 度的花镜再用放大镜，每天解剖任务弄得头晕眼花。田间调查又是一项非常艰苦的工作，早上露水大弄得身上湿半截，白天太阳晒，4 点以后蚊子咬。成虫盛发期百步惊蛾调查 3 天一次。分山坡、草地、农田分别调查。幼虫期 3 天调查一次，近处几里，远的十几里，最远的万胜永乡 30 多里。除正常调查外，在草地螟重发生年份还要制作虫体标本保存，2008 年草地螟大发生连续 20 多天中午没休息看鸟晾晒虫体标本。

目前，使用的河南佳多测报灯，避雷装置不够完善，一旦雷击损坏，当地不能维修，须厂家来人负责。为了测报灯正常运行，多少次夜间冒雨去离宿舍 200m 测报灯关闸是常有的事。2005 年一天夜间 3 点下起大雨，关闸回来全身湿透了，由此感冒了一场。为了保证测报灯的安全使用，每天早晨统计完数据后，关闭电闸，晚上再去合闸。

三、继续研究搞项目

在坝上承担测报工作的同时，积极承担各种试验项目。2005 年承担市植保站麦田除草药效试验及农广校氨基酸叶面肥肥效试验，2006 年承担市植保站蝗虫防治药效试验，2007 ~ 2009 年连续三年承担拜耳公司防治马铃薯晚疫病药效试验。2008 年承担北京植保部门不同剂量拌种防治小麦腥黑穗病药效试验。2009 年承担市植保站小菜蛾生物防治药效试验等。在各项实验中，严格按实验内容进行操作，认真进行田间调查，做好原始数据的记录，及时进行数据的整理和结果分析。

四、解决疑难问题

丰宁县坝上地区，经济相对落后，信息比较闭塞，防治病虫害技术较落后，通过每年的测报工作田间调查，掌握了坝上地区主要病虫害种类及发生规律，指导农户科学进行防治。小菜蛾是为害蔬菜害虫之一，在丰宁坝上地区防治最佳时间为 6 月 15 日左右，由此为农民推荐了"灭幼脲 + 乐斯苯"的配方，此方法既杀成虫又杀卵，以后随幼虫的出现，在原方内再加一些生物制剂，药效可达 10 ~ 15 天，一次用药成本每亩不超过 4 元，比农民常规用药成本降低 3 倍，此防治方法达到了标本兼治的作用。万合城村菜农李良园自2004 年开始使用，年收入都比其他菜农多增收 2 ~ 3 成。2005 年又为农民推荐"加收米 + 氨钙王"防治白菜软腐病配方，防治效果达 80% 以上。

五、不断提高综合素质

由于是中专毕业，随着时间的推移，原有的基础知识不能适应形势发展的需要，因此，学习是干好工作的基础。在多年的下乡工作期间，搜集各方面学习资料，边学边用，每年都写出近万字的学习笔记，2006 年有两篇病虫害防治方面的论文在国家级刊物上发表。2009 年已将坝上地区主要病虫害的发病条件、发病规律及防治方法写成了近两万字的培训材料，是坝上地区开展农民技术培训的一本实用教材。

六、取得的成绩

多年的扎根基层工作，得到了省市县领导的好评。1984 年被河北省科协评为先进个人；1985 年被河北省科协评为先进个人；1985 年被承德地区科协评为先进个人；1985 年被丰宁县科协评为先进个人；2004 年被丰宁县农业局评为基点工作先进个人；2006 年被河北省植保总站评为先进工作者；2006 年荣获河北省植保总站"安格诺杯"植保工作优胜奖；2006 年被承德市农业局评为"十五"期间防治工作先进工作者；2007 年被承德市农业局评为植保植检先进个人；2008 年被丰宁县农牧局评为先进个人；2008 年被承德市农业局评为先进个人；2008 年荣获承德市拜耳公司药效试验科技成果奖。2008 年承德市副市长丁万明来坝上检查草地螟发生情况，特地来到农科所查看了宿舍、伙房，并询问了生活各方面的问题，副市长对此工作的艰辛表示了肯定。

30 多年来风风雨雨，她付出了无数的艰辛和汗水，为了工作她把一对双胞胎儿子的其中一个，从小寄放在母亲家抚养，儿子至今已经 28 岁，与母亲关系不太融洽。丈夫始终在丰宁县凤山高中教学，距县城 100 华里（1 华里 = 0.5 千米），两地分居已达二十多年，只有退休才能结束两地生活。但她对工作的执着，使她无怨无悔。

甘当农田卫士　献身植保事业

李长印

（大名县农业局植保植检站）

我于 1980 年 3 月毕业于邯郸农校农学专业到农业局上班，同年 9 月分配到大名县农业局植保植检站工作，至今已三十个年了。三十年来在党的正确路线指引下，在上级主管部门的大力支持下，在局领导和同志的关怀帮助下，政治思想上得到了不断进步，专业技术理论及业务工作能力逐渐提高。特别是担任县植保植检站站长二十多年来，自己在主抓全县病虫害测报、植物检疫重大病虫害防治、农药监督管理以及新农药新技术的试验示范推广等工作中，自己甘当农田卫士，献身植保事业，爱岗敬业、开拓进取，工作上取得了突出成绩，为农业生产做出了较大贡献。

一、政治思想素质

身为一名共产党员始终如一，坚定信念。拥护共产党的领导，积极宣传模范执行党的各项方针政策，服从组织安排，热爱本职工作。众所周知，农业技术干部最辛苦，可搞农业植保的更艰辛，每种病虫害的发生情况防治措施都必须经过认真调查，掌握发生规律，确定防治时期进行科学防治，每天接触的是虫子，身上沾着是农药味，耳边听到的是挖苦讽刺。常言道，远看不知道是干啥的，身边一站就知道是植保站的。但自己多少年来从不计较，说实话，像自己这样搞植保工作的同志原来全省有近百名，现已为数不多了，大都提拔或改换其他工作，自己也曾有过改行去做领导的机会，但终因自己热爱本职工作，献身植保事业的热情而婉言谢绝了。在工作中自己遵纪守法，认真负责的态度，讲究职业道德的行为，都为搞好各项工作奠定了良好的基础。

二、专业技术工作成绩

参加工作 30 年一直从事植保植检工作，曾多次获得国家、省、市、县先进工作者称号，并获得了多项科技成果奖。①1985 年农田鼠害防治技术与推广获农牧渔业部科技进步二等奖；②1987 年在农田鼠害研究与防治经济效益获省厅科技成果二等奖、农田害鼠的测报技术项目获省厅科技成果三等奖，1990 年农田灭鼠工作受到了农业部全国植保总站的表彰；③1990～1995 年连续六年受县委县政府记功奖励表彰，1992 年在科技服务和技术承包工作中，被邯郸地区评为先进工作者；④1996 年在全国棉铃虫三年治理工作中被农业部评为先进工作者，同年获邯郸市棉麦一体化棉铃虫消长规律及综合防治技术研究；新型花生种衣剂防治沙地重茬花生病虫害的研究与应用两项科技成果一等奖；⑤1999年获农业部第一届全国植物检疫知识竞赛优胜奖；⑥2000～2004 年连续五年受河北省植保总站和邯郸市植保站、检疫站表彰"植保工作先进个人"；⑦2003 年全省毒鼠强专项整治先进个人、2007 年度全省农药管理系统先进个人，"《无公害蔬菜生产技术规程》系列地方标准"获 2002 年度河北省科技进步三等奖；2004 年参与研究的"免耕玉米田大龄杂草发生与防除技术推广"项目获省科技进步三等奖；2005 年"花生田化学除草新技术"获农业部农牧渔业丰收成果二等奖；"冬麦田农药减量控害技术"获农业部 2006 年度农牧渔业丰收成果三等奖；⑧发表论文及著述情况。1996 年"麦棉一体化栽培区棉铃虫消长规律及综合防治技术研究"发表在《中国植物保护研究进展》；1996 年《棉麦一体化栽培农田病虫害综合防治技术》一书由中国农业出版社出版发行；2005 年《花生蛛蚜发生与防治初探》发表在中国检验检疫科学研究院主办的《植物检疫》刊物上。所负责的植保植检站多次受到上级部门的表彰。2000 年被评为河北省植保工作先进集体，2002 年荣获全国农作物病虫防治先进集体，2000～2007 年连续八年被邯郸市农业局评为植保植检工作先进集体；2006 年、2008 年评为大名县第三批、第四批系统优秀专业技术拔尖人才，同时 2005 年以来本人在年终考评中连续五年获得优秀和嘉奖。

三、业务工作能力

在以往的业务工作中主持完成了多项植保新技术新农药的试验示范推广项目，结合本县实际有的放矢的制订实施方案。一是完成了农田鼠害防治技术与推广，农田鼠害研究防治经济效益，农田鼠害的测报技术研究项目；二是在全国三年棉铃虫治理工作中，在发布病虫测报上准确无误，取得了较好效果；三是完成了小麦、玉米、花生主要作物病虫害的综合防治任务，尤其是在防治小麦吸浆虫的战役中抓点带面、深入田间地头、搞好调查、准确测报，为领导决策提供了可靠依据，从而取得了防治小麦吸浆虫的全面胜利。2005 年以来全县年平均综合防治病虫草鼠害面积达 389 万亩次，占发生面积的 90% 以上，挽回粮食作物损失 450 万 kg，花生约 150 万 kg，挽回直接经济损失 1 000 万元以上。特别是 2009 年在小麦吸浆虫的测报和防治上工作扎实，由此全省小麦吸浆虫暨重大病虫害防治在我县的召开，为推动全省小麦吸浆虫防治工作起到了重要的指导作用。同年在小麦推广适期早治，一喷多效统防统治技术，比分散防治地块平均亩减少投入 2.8 元，防效增加 21.3%，平均增产 9.4%，为大名农业持续健康发展做出了较大贡献；四是自 2001～2009 年在大名县电视台举办的"直击三农"绿色植保专栏中，面向社会发布农作物病虫信息防治技术等，累计编发病虫情报达 336 期，印发各类技术资料上十万余份，手机短信 1 000 余条，大大提高了广大农民抵御各种病虫灾害的能力。

总之，在植保植检工作中取得的显著成绩是来之不易的，这与领导的关怀和支持是分不开的。与形势的发展和领导的要求及同行们相比，仍有许多值得学习和探讨的地方。我决心在实践和理论上再攀新高峰，继续努力，开拓植保技术新领域，为农业生产多做新贡献，再创新奇迹。

张宝军同志先进事迹材料

大城县植保站

张宝军同志 1991 年毕业于河北农业大学植物保护专业，2001 年任大城县植保站站长，2006 年兼任大城县土肥站站长。2002 年 12 月经河北省农业技术高级评审委员会评审通过晋升为高级农艺师，同年被聘任。于 2005 年授予大城县优秀科技工作者，2006 年授予大城县专业技术拔尖人才、2006 年度河北省十佳植保信息员，2007 年大城县"亮比树"先进个人，2008 年被评为农业推广研究员，2009 年度廊坊市第六届青年科技奖提名奖，2009 年度河北省新世纪"三三三人才工程"第三层次人选。并多次受到省市主管部门和县委、县政府的表彰。在科研推广方面，获农业部丰收二等奖 1 项、省科技进步一等奖 1 项、农业厅丰收奖一等、二等奖各 1 项、市科技进步二等奖 1 项、省科技进步提名奖一项；分别在农业部组织编写的"植保技术发展"和"植物保护与粮食安全"、"科技资讯"、植保技术与推广、燕赵都市报、植保与清洗机械动态、河北农业大学学报发表文章 10 篇。任现职以来主要从以下几方面开展工作：

一、认真完成农作物主要病虫害调查、预报、重大病虫防治指导工作

病虫害调查是测报工作的基础，搞好普查、系统调查，特别是加强重大病虫预测工作。首先要围绕粮食生产安全，做好麦蚜、小麦纹枯病、小麦条锈病、玉米螟等病虫害的监测预报工作。其次要围绕农民增收做好棉花等经济作物病虫害，如棉铃虫、棉盲蝽、棉花枯黄萎病以及蔬菜和特色经济作物的病虫害监测。三要围绕农村稳定，做好东亚飞蝗、黏虫等暴发性、迁飞性害虫的监测工作。在调查中严格按照调查规范执行，努力提高测报的准确率，使预报准确率达到 90% 以上。强化病虫信息、资料网上传输、改进测报手段。病虫信息、资料施行网上传递，不仅方便快捷，而且有利于搞好测报标准化建设，改进测报手段，使测报工作更加规范。持续开展《病虫情报》下乡，使重大病虫信息的入户率达 80% 以上。搞好植保园区建设，带动植保工作的正常开展。

二、搞好产地检疫、调运检疫工作，实施植物检疫登记制度、加强高剧毒农药的监管

调运签证是一项日常工作，为做到签证规范，调运检疫证书按农业部统一印制的新植物检疫证书认真填写，统一编号，证书上所列项目均填写，一律用微机出证。签证做到抽样、检验、签证三步走，严格调运检疫程序。

三、开展农药登记试验和新植保技术的示范推广等工作

按照省农药鉴定所的统一安排，我们每年要进行农药登记试验 12 ~ 15 个，既为厂家登记农药新品种提供了依据，又为该农药将来在本县的推广应用提供了技术保障；同时，有针对性的对部分农药厂家的产品进行示范试验，每年 2 ~ 3 个，通过试验一方面为本县

病虫害的防治寻求良方；另一方面，又可以推广先进的施药器械和科学的施药方法。推动本县农作物病虫害防治工作的进步。

四、开展测土配方施肥示范和推广工作

从 2006 年兼任土肥站站长，负责全县测土配方施肥技术的示范和推广工作，按照省市主管部门的安排部署，完成测土配方施肥面积 5 万亩，测土配方施肥比习惯施肥法亩增产 45.6～52.5kg，增产效果非常明显。测土施肥区土壤肥力也有增加，实施测土施肥后，配方区土壤有机质增加 0.01 个百分点，土壤速效氮减少 0.56 个百万分点，土壤中速效磷含量增加 0.19 个百万分点，速效钾减少 0.8 个百万分点。减少了土壤中化肥的残留，也就减少了化肥残留对土壤的毒害作用，保护了环境。2007 年我县被批准为农业部测土配方施肥示范县，使我县测土配方施肥能力大大提高，推广面积进一步扩大，推广面积将达到 40 万亩。

五、科学技术研究和推广方面

1. 2000～2002 年，参加"枣皮薪甲生物学特性及防治技术研究"，主要负责防治技术研究和推广，2000 年、2001 年试验面积均为 50 亩，增产幅度分别为 27%、31%。2002 年大面积推广 1 万亩，增幅 29.5%，三年累计新增纯经济效益 844 万元。获 2003 年度廊坊市科技进步二等奖。

2. 2002～2004 年，参与河北省蝗虫生态控制技术应用推广并主持大城县的推广工作，通过种植棉花、苜蓿使本县蝗区生态控制面积达 14 万亩，加上农民通过种植瓜菜等经济作物面积达 1 万亩，使本县蝗区生态控制面积达到 15 万亩。通过蝗区生态控制，使原来的不毛之地，而且需投入大量人力物力进行蝗虫除治的蝗区，生长出现勃勃生机，每年可产生 1 亿元以上的经济效益。2004 年获河北省农业厅丰收奖一等奖；在此基础上，进一步加大推广力度，扩大种植面积，于 2005 年获农业部丰收二等奖。

3. 2002～2005 年参加"佳多自动虫情测报灯开发与应用"，主要负责大城佳多虫情测报灯的应用技术研究，通过佳多测报灯的使用，提高了测报工作的自动化水平，给测报工作人员带来了很大的便利，同时新灯的使用，增加了诱虫种类和数量，提高了测报的准确性。安装了佳多测报灯以后，周围地块，害虫发生种类和数量都有所降低，减少了田间发生量和用药次数。测报准确性的提高，也为病虫害的及时防治提供了依据，由此产生的社会效益和经济效益都非常巨大。于 2005 年获河南省科技进步一等奖。

4. 2003～2006 年参与并主持大城县苜蓿化学除草及综合丰产技术研究。主持本区域内苜蓿化学除草及综合丰产配套技术的实施，同时负责本区域内苜蓿田杂草种类和发生规律的调查；化学除草技术的试验、示范和推广工作；并积极推广新型无害化农药品种；大力推广苜蓿草综合丰产栽培技术的推广工作。取得了显著的经济效益和社会效益。获河北省农业厅丰收二等奖。河北省科技进步提名奖。

在今后的工作中，加强科技研究，更好的推广植保新技术，如把目前正在进行的中荷合作除草项目搞好，提高我县施药技术的水平。

六、发表论文情况

2003 年《植保技术与推广》发表"绿盲椿象在大城县枣树上严重发生";《燕赵都市报》大白菜病虫害综合防治技术。2005 年"常用手动喷雾器田间试验效果比较分析"在《植物保护与粮食安全》发表,并于 2007 年被《植保与清洗机械动态》收录;2007 年"北方常用草坪的光合速率、蒸腾速率和水分利用效果研究"在《河北农业大学学报》发表;先后被河北省植保信息网站转载:"注意查治玉米蓟马"、"注意查治红蜘蛛"、"二代棉铃虫趋势预报"、"注意除治棉花苗期病害"等文章。

我与植物保护事业

邵立侠

（隆尧县农业局）

为了写好这篇短文，我翻阅了大量的资料，走访了从事植物保护工作多年的老农技推广员，从河北省植物保护事业的发展变化和我个人与植保事业结缘 30 年光阴岁月的点滴小事，折射和反映出河北省植物保护事业 60 年发展历程和辉煌成就。

为了表述上的方便，还是将本文分为两个部分来写。

新中国成立以来，河北省植物保护事业经历了一个曲折发展的过程。有关专家分析认为，河北省的植保工作发展大致经历了从新中国成立到 1957 年的起步阶段、文革期间的曲折发展阶段、改革开放到 90 年代初的全面发展阶段、90 年代初至今的转型阶段。目前，随着我国进入建设社会主义新农村的重要历史时期，植保工作正进入一个新的历史阶段。

在新中国成立之初百废俱兴的情况下，党和政府十分重视植保工作，1949 年农业部就设立了病虫害防治司（后更名为植物保护局），1950 年河北省同全国一样，逐步建立起病虫害防治站，随后各省农业厅相继设立植保机构。植保事业的起步发展，保障了1950~1957 年的农业恢复和稳步发展。1963 年重点县农技推广站建立了病虫测报站。1966 年 2 月各县普遍建立了以县为中心的测报站。在"大跃进"和"文革"期间，植保工作受到严重削弱，各级植保机构大多被撤销，植保人员被下放，植保工作基本处于瘫痪状态，病虫草鼠为害严重，麦类黑穗病等病虫害大暴发，农业生产遭受重大损失。生物灾害与自然灾害的交互作用，导致了三年饥荒，农业发展一直在低水平徘徊。20 世纪 70 年代各地农业部门也陆续恢复和建立了植保植检机构，1977 年底全省 146 个县均建立起病虫测报站。尤其改革开放后，国家加大了对植保工作的投资力度，加强了植保法制建设、基础设施建设和体制改革。1985 年每个县都建立了 5~10 个虫情联系点，形成省、地、县上下沟通的测报网络。1988 年 7 月确定石家庄、宁晋等 18 个市、县为全国区域测报站和曲周、巨鹿等 10 个县为省级区域测报站。

在化学农药应用上，新中国成立初期仍然沿用传统方法人工捕杀，辅之以药物除治。1950 年使用自制的土农药烟叶小灰水、烟叶肥皂水等防治棉蚜，同时开始使用六六六、DDT粉，1956 年试用内吸杀虫剂乙基 1059，1959 年开始大量使用六六六、DDT 粉，开始推广使用敌百虫、1605 乳剂、硫酸铜、代森锌、五氯硝基苯等杀虫、杀菌剂。20 世纪 60 年代有机磷农药大量增加，70 年代国家停止生产汞制剂，大量供应有机磷和有机氯农药，80 年代开始进口农药，溴氰菊酯、呋喃丹开始应用，1983 年后国家停止六六六、DDT 等有机氯杀虫剂，大量供应有机磷和进口菊酯类农药，农药使用量明显减少。从 60~70 年代开始实施某项单一作物病虫害综合防治，80 年代开始向某项农作物多种病虫害综合防治技术发展。

植保工作适应农业发展新阶段的要求，逐步由侧重于粮食作物有害生物防控向粮食作物与经济作物有害生物统筹兼防转变，由侧重于保障农产品数量安全向数量安全与质量安全并重转变，由侧重于临时应急防治向源头防控、综合治理长效机制转变，由侧重技术措施向技术保障与政府行为相结合转变，促进了农业的持续、快速、稳定发展。提升了农业综合生产能力，促进了农业结构调整和农民增收，推动了农业科技进步，初步形成了与农业发展基本相适的植保体制和机制，保障了生产和生态安全。

从 1978 年党的十一届三中全会以后，沐浴改革开放的春风，河北省的植物保护事业得到更快的发展。同样，回顾隆尧县植保事业发展和我个人的成长经历，不仅与改革开放同行，而且也真实地反映出河北省植保事业近 30 年的新变化。

我生在农村，从小就热爱养育我的这片热土，敬重、怜悯那些顶风冒雨，一年四季为温饱而辛勤耕耘在黄土地上的父老乡亲，也深知农民因缺乏科技知识、不懂得病虫发生规律而贻误防治时机造成的粮棉损失。因此，为农民服务，在广袤的田野上做文章、干事业成了我的志向。1978 年 3 月，是我命运的转折点，我毅然走进了"邢台农校"的大门，并选择了毕生为之奋斗的农技推广事业。从此，我与植物保护结下了不解之缘。

在校学习的三年，我牢记恩师的教诲，认真仔细地学好植物保护的每一堂课程，熟记每一个病虫草害特征、特性、发生规律和防治技术，使自己牢固掌握了植物保护、病虫防治基础知识，为日后的农业病虫测报、科学指导防治打下了坚实的基础。

1980 年农校毕业后，我主动要求到当时条件艰苦的隆尧县农业局病虫测报站工作。为了搞好病虫测报，我自费订阅和购买了《中国农作物病虫害》等几十种专业书籍和报刊反复地学习和钻研。天刚蒙蒙亮，我就顶着湿露到测报点儿调查杨树枝把儿，记载各种害虫数量；白天，骑着自行车，东奔西走搞调查；夜晚，如饥似渴地学习新知识，分析研究农技推广、防病治虫新方法，编发《病虫情报》，向农民发布虫情预报，指导生产。以坚韧的毅力，数年如一日，风雨无阻，从未间断。有时扎进麦田、棉田一蹲就是几个小时，常常是腰酸背疼，站都站不起来。长年坚持不懈，一次次准确的病虫灾害预报，减轻了农民的损失，我也因此患上了高血压、静脉曲张等病症，由于腾不出时间住院治疗，至今仍带病工作在一线。

20 世纪 80 年代的病虫测报工作条件可真称得上艰苦，经常是骑着自行车下乡调查，通过调查杨树枝把儿、糖醋液盆诱杀害虫蛾子，凭自己的经验作预报，用蜡纸刻钢板油印《病虫情报》，骑自行车到各公社（乡、镇）、农村送情报资料，经常是起早贪黑，没有星期天、节假日。做农药防治病虫试验更是冒着高温酷暑，受着剧毒农药的熏呛，多药混合，多次重复，一个数据一个数据地进行对比、求证，取得一手资料，及时指导生产。虽然条件艰苦，但知识积累不断增加，测报技术、业务和写作水平也进一步提高。1985 年我根据自己的大量试验、调查发现棉蚜对菊酯类农药抗性增强这一突出问题，立即撰写了《棉蚜对菊酯类农药抗性增强，请棉农注意交替混合用药》一文，在 1985 年 8 月 14 日《河北科技报》发表后，在全省农业战线立即引起强烈反响。省植保总站专门邀请我到省农业厅参加害虫抗性研讨会，各地农民纷纷打电话、来信咨询有关技术问题。从这以后，更加激发了我学科技、用科技、干农业、爱植保，普及推广农业病虫防治新技术的决心和信心。80 年代末至 90 年代，我每年在《河北科技报》《农家乐》《河北农民报》《河北农业科技》等报刊杂志发表农业科普、植物保护方面的技术普及文章二三十篇，连年被报社评为"优秀通讯员"。

我同众多的植物保护工作者一样，经常下乡串村，到田间地头为群众现场讲解、示范农技新知识，哪里农业出现灾情、虫情问题，哪里就有我们的足迹。多年来，没有歇过节假日、星期天。我的家庭电话和手机几乎成了农民技术咨询的热线电话，我总是耐心地解答问题，农民兄弟亲切地称我为"庄稼卫士"、"害虫克星"。30 年间，骑车下乡调查 3 000 余次，行程近 5 万 km，跑遍了全县 276 个村庄的每一块田埂，足迹遍布全县 80 多万亩耕地的沟沟坎坎，与土地、庄稼和农民结下了浓厚的情谊……

为了使更多的农民掌握病虫防治新技术，我利用多种形式组织开展农业技术培训，经常深入乡、村，利用中午、晚上时间给群众讲解植物保护新技术、病虫防治新知识，编印植保技术"明白纸"40 多万份，直接培训 500 多场，受训农民数万人次。引进夏玉米免耕覆盖化学除草、抗虫棉地膜覆盖种植、农作物病虫草害综合治理等农业新技术项目 55 项，推广面积 180 多万亩次，社会、经济效益巨大。1996 年 5 月开始，在全省率先在县电视台主持开办《农技电波》电视栏目，通过电视预报农业病虫害、宣传推广农业新技术，每周播出 2 期。13 年时间采编、播讲农业植保技术 400 多期，发布农业信息 600 多条，传播、推广农业植保新技术 100 多项，直接受众百万人次以上，已成为最受农民欢迎的电视栏目，使我县农业植物保护新技术普及率达到 95% 以上。

通过对植保新科学、新技术的不断学习和消化，加上常年生产一线的经验积累，使我在理论研究和创新能力方面具备了较高的水平，在全市乃至全省植保战线产生较大影响。主持完成 26 项农业植保科技成果，有 16 项分别获得省、市科技进步成果奖。在国家和省级学术刊物发表论文 60 多篇，有 2 篇论文被评为全国二等奖，发表植保技术、科普文章 380 多篇。由于成绩突出，我所领导的隆尧县植保站连年保持全市和全省"先进单位"称号。由于在植物保护、农业病虫防治上成绩突出，我中专毕业仅六年多时间就被破格晋升为农艺师，还被提拔为县农业局副局长，农广校校长，评为高级农艺师，邢台市"拔尖人才"，荣获河北省科普事业贡献奖，全国农技推广先进工作者，全国星火科技先进工作者等荣誉称号。被推选为邢台市五、六届党代表，政协邢台市第八、九届委员，邢台市第十二、十三届人大代表。我从心底里感到，作为一名植保工作者，自己所做的工作，能够得到社会和人民群众的认可，就是对我们最高的奖赏。那么，全省有多少植保工作者在辛勤地劳动着，他们那种"默默无闻，甘于奉献"的精神，就是我们的河北植保精神！

改革开放三十年，各行各业发生了巨变，河北省的植保事业也实现了新跨越。隆尧县病虫测报站同其他县一样，也早改成了隆尧县植物保护检疫站，建设了高标准的植保实验室，配备了计算机对病虫草害分析作预报，早年用的黑光灯也已换成了自动虫情测报灯，安装了田间小气候观测仪、光学显微镜、光照培养箱、电子天平、投影仪、笔记本电脑、专用数码摄像机、数码照相机等现代化的记录和音像、电教设备，由过去的刻钢板发情报改为电视预报，农民病虫防治作业也由过去背"药筒子"换成电动式喷雾器、机动式喷雾机和大型应急防治施药专用设备，成立了病虫机械化防治专业队，农业病虫防治周期也由过去的十天半月缩短为一两天，人们对植保的认识和观念也发生了深刻的变化，禁用和取代了高毒农药的使用，实现了由过去数量型植保向绿色植保理念的转变……

河北省植物保护 60 年的发展变化，如同一棵嫩绿的幼芽，历经雪雨风霜，终于成长为一棵参天大树……

毫无疑问，植物保护工作今天是，今后仍然是现代农业发展的基础，是打造绿色农业的关键，更是实现农业增效、农民增收的有力保障。只有推进绿色植保，才能促进绿色农业的发展，才能确保农产品质量安全，才能提高农产品市场竞争力。

勤奋工作 勇于进取 争做农技推广事业的带头人

武瑞林

（张北县植保站）

我于1979年8月毕业于河北农业大学植物保护系，同年分配到县农业局（现农牧局）植保站至今，一直从事植保专业技术工作。1988年晋升农艺师并负责植保站工作；1999年晋升高级农艺师；三十多年来，在省、市、县的直接领导下，我在植物病虫测报与防治、技术推广、技术培训、试验研究、科研项目实施、论文著作撰写等方面做了一些工作，特别在病虫测报防治和项目成果及著作论文方面取得了较为突出的成绩。

一、认真开展了蝗虫、杂草有害生物的普查和调研

从1982～1998年，张北县开展了蝗虫、杂草二次规模较大的普查和调研工作。

（一）蝗虫

从1982年开始到1986年结束，五年当中有二年多是搞野外普查，通过对张北县认真全面的普查，查到蝗虫种类42种，共涉及蝗虫中的4个亚科、20个属。同时也查清了张北县不同地形区域的不同的蝗虫种类及优势种群的分布。发生数量大及危害重的有雏蝗类，牧草蝗类，尖翅蝗类，短量翅蝗，曲背蝗类和痂蝗类。

（二）有害杂草

1998年，由我陪同北京市植保站、中国科学院植物研究所、北京师范大学的专家、教授来本县进行了全面、细致的野外杂草普查，共查到杂草87种，隶属26科，其中，双子叶杂草75种，占86.2%，单子叶杂草12种，占13.8%，发生普遍且危害重的杂草有28种，占29.8%。

以上二项野外普查为张北县填补了蝗虫、杂草种类及种群分布的空白。

二、搞好病虫测报，服务全县农民

自1988年以来，我一直任植保站站长，二十年如一日，踏踏实实、认真负责地抓了病虫测报工作、病虫害防治、农药管理等工作。自1988年以来累计撰写病虫情报200多期（每年10～16期），用于指导全县的病虫防治和情报交流。由于预报及时、准确，所以，病虫测报工作多次受到省市植保系统和县领导的肯定和表彰。

三、抓好病虫防治，减少经济损失

病虫害防治，是植保站的一项重要工作。每年在病虫发生季节，我都亲临重灾区和生产第一线，对病虫防治工作进行直接技术指导和指挥，并积极帮助农民出主意、想办法，解决实际问题。

自1988年以来，累计主持防治各类病虫732万亩次。其中，草地螟250万亩次；蝗

虫 168 万亩次；黏虫 90 万亩次；蚜虫 70 万亩次；其他 154 万亩次。累计挽回粮食作物损失 1 336 万 kg；油料作物损失 584 万 kg；蔬菜作物损失 3 900 万 kg，总计折合人民币 4 825.6 万元。

四、搞好技术培训，提高农民素质

多年以来，张北县一直利用冬春农闲季节，开展大规模的农村实用技术培训工作。我既是单位的技术骨干，也是技术培训的中坚，每年在技术培训季节，有三分之一左右的时间在基层，随叫随到，走乡串村，和广大农民同吃同住，大部分精力都用在技术培训上，工作态度和授课水平多次受到局领导、县领导和广大农民的称赞。三十多年来，累计下乡培训约 920 多天，累计授课时数 1 080h，累计直接培训农民 5.76 万人次。此外，还撰写了大量的技术培训教材，主要有"草地螟的发生与防治"、"蝗虫的发生规律及防治方法"、"黏虫的发生与防治"、"麦类黑穗病防治技术"、"新农药简介"、"除草剂的种类与施肥技术"、"主要蔬菜病虫害的发生与防治"、"甜菜栽培技术与病虫害防治"、"马铃薯主要病害防治技术"、"地膜白菜栽培技术"、"农药安全使用"等 20 余篇。

五、认真完成技术承包和技术推广任务

1988～1991 年，张北县开展了大规模的技术承包工作。四年间，我个人单独承包农田 2 000 亩，共和基层签订承包合同 4 份，地点分别在郝家营乡、公会镇许青坊村、油篓沟乡玻璃彩行政村和城关乡。承包农作物主要有亚麻、蔬菜、麦类等作物，承包内容主要是病虫害的防治，并全面完成了合同内容和技术经济指标。此外，还参与了 1989 年"十万亩豌豆丰收杯集团承包"和 1990 年"地膜玉米集团承包"，在大家的共同努力下，两个集团承包项目均完成了合同所规定的技术经济指标。

多年来，张北县对技术推广工作非常重视，每年都要制定指令性农业技术推广计划。我累计参与了 42 个技术项目的推广工作，其中，大部分为植物保护方面的内容，42 个项目累计为农民增加经济效益 2 940 万元。

六、搞好试验研究，提高植保技术水平

自 1988 年以来，总计主持完成省市县试验项目 10 项，具体情况如下表：

序号	试验名称	项目来源	完成年度	试验研究内容	完成情况	在生产中应用情况
1	亚麻新品系抗枯萎病试验	河北省农科院	1988	亚麻新品系 7544 和 7669 的抗病性和丰产性及适应性鉴定试验	确定 7544 居第一位，完成试验报告	次年开始在我县大面积推广，1989～1996 年一直是主要当家品种之一
2	增产菌试验示范	张家口地区农业局	1989	确定增产菌在多种作物上的增产效果	平均增产 10% 左右，完成试验报告	

（续表）

序号	试验名称	项目来源	完成年度	试验研究内容	完成情况	在生产中应用情况
3	用"666增抗剂"防治亚麻立枯病试验	张家口地区农业局	1990	用药剂拌种方式确定"666增抗剂"对亚麻苗期病害的防治及增产效果	苗期发病率比对照低2.4%，比对照增产13.1%，完成试验报告	
4	芹菜使用"保农元"试验	张家口地区农业局	1991	用保农元浸种、喷雾，确定其增产效果	一般增产10%左右，完成试验报告	
5	除草剂药效试验	张家口地区农业局植保站	1992	采用苗期喷雾方式，确定"燕麦枯"和"2,4-D"对杂草的杀灭作用	"燕麦枯"仅能有效地杀死野燕麦，而"2,4-D"的除草范围较广，同时效果也很好。完成试验报告	次年"2,4-D"在生产中得到广泛应用，直到目前仍是主要除草剂种类之一，年使用面积在5万亩左右
6	"乙草胺"药效试验	张家口地区农业局植保站	1994	播后不同用药量喷雾对比	亩用药不能大于200g，以亩用药150g为宜，超过200g会产生药害。完成试验报告	
7	芹菜斑枯病发生规律及综合防治技术研究	张家口地区农业局植保站	1995	在张北县仅搞了叶斑净、大生、百菌通、代森锰锌、甲托、扑海因、瑞毒铝硫7种农药对芹菜斑枯病的防治效果对比	确定扑海因、甲托、瑞毒铝硫对芹菜斑枯病的防治效果较好。完成试验报告	在县内芹菜种植上得到广泛应用
8	"防治小菜蛾"药效试验	张家口市农业局植保站	1996	"菌杀敌"、"杀铃尿"、"901生物杀虫剂"防治小菜蛾的药效对比	"菌杀敌"药效最佳。完成试验报告	次年我县在生产中得到广泛应用，目前仍是防治小菜蛾的主要药剂种类
9	48%氟乐灵乳油除草效果试验	张家口市农业局植保站	1997	不同亩用量的对比	通过在胡萝卜、马铃薯作物田试验，确定除草效果较好，总除草效果在80%～85%，并以亩用量75g比较适宜。完成试验报告	在菜类作物上应用比较广泛
10	"70%甜农1号"药效试验	河北省农业局植保总站药检所	1998	不同亩用量的除草效果对比	该药剂对单双子叶杂草均有较显著杀灭效果，用药量以每亩400g效果最好。完成试验报告	

七、科研项目完成获奖情况

参加工作以来，共参加完成科研项目 4 个，具体情况如下：

1. 《旱地品种莜麦栽培技术》

该项目由张家口地区农业局下达，承担单位为张家口地区农业局技术推广站，张北、沽源、康保、尚义四县农业局为协作单位。该项目于 1991 年春季实施，秋收前进行了检查验收。该项目示范总面积为 130 万亩，其中，张北县 40 万亩，主要示范推广了"拌种双拌种、合理氮磷配比施肥、宽播幅机播、适时中耕"等综合旱作技术措施，项目示范区平均亩增产 13.5kg，总增产 1 755 万 kg，总增收 2 632.5 万元。其中，张北县的 40 万亩平均亩增产 14kg，总增产 560 万 kg，总增效 840 万元。我个人作为该项目的主要完成者之一，荣获张家口地区农业局颁发的"1991 年丰收奖三等奖"。

2. 《禾谷类作物黑穗病防治技术推广》

该项目来源于张家口市计委、科委，从 1995 年开始实施，承担单位为张家口市植保站。经过 1995～1997 年 3 年的试验推广，明确了"籽种选晒、用药对路（麦类黑穗病及谷黍黑穗病用 40% 拌种双，玉米丝黑穗病用 12.5% 速保利）、剂量准确（麦类及谷黍用种子量的 0.2%～0.3% 药量拌种，速保利用玉米种子量的 0.08% 拌种）、拌种均匀"的关键技术措施。三年累计推广面积 1 406.73 万亩，共增收粮食 25 929.05 万 kg，总增经济效益 31 837.324 万元。该项目于 1997 年 8 月通过了由张家口市科委组织的专家鉴定验收，于 1998 年 5 月被评为张家口市科技进步一等奖。张北县农业局为该项目主要协作单位之一，我作为课题组成员直接参加了该项目试验推广工作，张北县三年共试验推广 160 万亩，共增收粮食 3 200 万 kg，总增经济效益 3 936 万元。我作为该项目主要完成者之一，获张家口市科技进步一等奖。

3. 《草地螟综合防治技术推广》

该项目来源于张家口市农委、市农业局，从 1997 年开始实施，承担单位为张家口市植保植检站。经过一年认真工作，明确了"成虫防治 - 灯光诱蛾、卵的防治 - 锄草避卵、幼虫的防治 - 药剂围歼、虫茧的防治 - 中耕破茧"等关键技术措施。该项目总计试验推广面积为 325 万亩，总计挽回油料损失 3 900 万 kg；挽回甜菜、蔬菜、马铃薯损失 3 000万 kg；挽回麦类损失 1 800 万 kg，增收总额达 1.53 亿元。该项目于 1997 年 12 月通过了由张家口市科委组织的专家鉴定验收，于 1999 年 6 月获张家口市科技进步二等奖。张北县是该项目的主要协作单位之一，我作为课题组成员参加了该项目的试验推广工作，张北县共试验推广 87 万亩，挽回各类作物损失 2 175 万 kg，增收总额为 3 500 万元。我个人作为该项目的主要完成者之一获张家口市科技进步二等奖。

4. 《豌豆萎蔫病发生规律及其综合防治技术》

该项目是张家口市科委下达的重点科研项目，课题编号 941050，研究起止年限为1994 年 5 月至 1998 年 12 月。该项目由张家口市坝上农科所主持，主要协作单位有中国农业科学院植保所，张北县农业局植保站等单位，我个人在课题组中排名第五，为主要参加人员之一。该项目经 5 年试验研究，澄清了豌豆病害主要是由尖孢镰刀菌豌豆专化型和拟枝孢镰刀菌复合侵染引起的萎蔫病；其侵染途径是由根部表皮进入根部输导组织，进而向茎部输导组织扩展；传播途径主要是土壤、秸草（病残体）和种子；阴雨高温高湿和通透不良的环境条件易发病；筛选出 2 种高效农药，并提出了使用方法；选出抗病资源材料 48 份，育成抗病品种 3 个；提出的农艺防治技术是：轮作倒茬、增施肥料、适时早播、精细选地；综合防治措施是：选用抗病品种，采用农艺技术、培育壮苗，药剂拌种。该课题在探索研究的同时，从 1996 年开始布点示范推广，1997 年推广面积为 17 万亩，1998 年推广面积达 21 万亩，二年累计推广 38 万亩，累计纯增经济效益 1 281.52 万元。该课题于 1999 年 7 月 1 日通过了由省科委组织的由同行专家组成的鉴定委员会的鉴定，认为该课题"在同类研究中居国内领先水平"。

八、著作、论文情况

（一）著作

《河北的蝗虫》一书于 1991 年 4 月由河北科学技术出版社出版发行，我个人作为编著者完成了斑翅蝗亚科部分的编写工作，计 3 万余字。

（二）论文

《河北省蝗虫分布状况》一文刊载于由中国生态学会主办的《生态学报》1990 年第 10 卷第 3 期，我为该文撰写人之一。文章主要通过 1982～1984 年在张北县大量实地调查和优势种饲养，描述了全省蝗虫的水平分布（即地带分布）和垂直分布状况，为全省蝗虫防治工作和蝗虫的分类研究提供了理论依据。

《坝上地区草地螟发生原因及防治技术》一文刊载于由中国农业科学院主办的《农业科技通讯》1998 年第 3 期，我为该文第一撰写人。文章通过多年来的调查研究和实践活动，描述了草地螟在坝上地区的发生发展规律及防治对策，对全省草地螟的综合防治具有一定的指导意义。

《草地螟，你跑不了啦》一文刊载于 1998 年 5 月 13 日《河北农民报》第三版上，我为该文第一撰写人。文章通过通俗易懂的实例描述，指出草地螟的危害性和在坝上地区的发生规律，并根据坝上地区生产实际情况，提出了综合防治意见。

《应用 1.8% 集琦虫螨克防治小菜蛾》一文刊载于由中国植物保护学会主办的《植物保护》1998 年第 24 卷第 4 期，我为该文撰写人之一。文章通过药效对比试验，指出 1.8% 集琦虫螨克对小菜蛾的防治效果明显优于当地多年使用的 10% 氯氰菊酯，并确定以 4 000 倍液喷雾效果最佳结论，对全省小菜蛾的综合防治具有积极的指导意义。

《实施旱地农业配套栽培技术提高甜菜产量》一文刊载于由中国农业科学院甜菜研究所主办的《中国糖料》1999 年第 2 期，我为该文主要撰写人之一。文章根据多年实践经验，提出提高甜菜单产的 4 条旱作农业关键配套技术，对坝上地区的甜菜栽培具有积极的指导意义。

《菌杀敌防治小菜蛾效果好》一文刊载于由河北省植保总站和河北省植保学会联合主办的《河北植保信息》1997 年第 18 期，我为该文的撰写人。文章通过药效试验结果，指出菌杀敌是防治小菜蛾的最佳药剂，对坝上地区小菜蛾的综合防治具有一定的指导意义。

《河北省坝上农田杂草种类及其危害研究》一文刊载于《杂草科学》2000 年第四期，我为该文的撰稿人之一。该文对坝上主要杂草进行了系统分类，并根据大量调查结果，对其危害程度进行了定性描述，对坝上农田杂草的基础研究具有积极的指导意义。

九、其他工作

自 1998 年以来，除完成每年的日常工作外，主要又抓了以下两项工作：

植物检疫有害生物普查：根据省市下达的普查任务，我们主要对莜麦、小麦、胡麻、马铃薯、蔬菜等作物进行了全面详细的普查，累计普查面积约 105 万亩，通过普查未发现检疫对象。

农药市场管理：张北县有农药经营摊点 62 家，之前，农药市场较混乱，各经营点个人素质较低，通过每年的上岗培训，个人素质大大提高，现在人人都守法经营，农药市场也较规范，受到了省、市、县的一致好评。

我与植物保护

赵会斌

（涞水县植保站）

1984 年 9 月 10 日，我被河北省保定农业专科学校接新生的校车带到新生报到处，领到的表上是植保 32 班。第一节课是班主任泰士平老师给我们介绍。我知道了植保就是植物保护，也就是植物的医生。

一、离开农校，被分配到农业局植保站

1987 年春天，小麦返青拔节期，刚上班的我被安排在了植保站，植保站共 3 人，从其他站抽了 5 人，安排两个人一组，开始推广小麦田除草剂 2,4D-丁酯。除草剂在我们县属于新生事物，麦田里的杂草都是人工除草，老百姓根本不知道什么是除草剂，当然更不了解。植保站统一准备了部分除草剂，还有几台手持的超低容量的电动喷雾器，喷雾器最多加 1.5 斤水。一亩地 30～50g 2,4D-丁酯。我刚上班，哪里都不熟悉，所以就到我娘家村，至少自己村的人认识呀，站上规定每亩收 1.5 元。我们骑着自行车到地里，头戴草帽，挽上裤腿很热情的亲自给老百姓喷药。首先是家里的、亲戚的麦田喷，毕竟是熟面子，一两天后有的老百姓看到灰菜、播娘蒿萎蔫了，才真正相信除草剂的作用大了，认为太省劲，太省功夫了。当时刚开始土地承包没几年，地里种的都是小麦，没有什么经济作物，大部分老百姓都没有钱。我们一天最多喷 60 亩，后来熟悉了，我们在地边对好药，有的就是自己喷。晚上回到家里，鞋、衣服都是泥土，到家脱掉脏衣服就做饭。中午都是在我娘家吃饭，第 3 天中午吃完饭，我清洗喷雾器，把清洗的水倒在北房东面的大槐树根部了，第 2 天我刚来，爸爸一脸不高兴的，"一尺粗的槐树叶怎么突然都干了"我忽然想起来，是我把清洗喷雾器的水倒在了树根部，我如实交代了。爸爸严厉的说"你这是工作吗，什么都不懂，"我脸通红，真的不熟悉除草剂 2,4D-丁酯的一切性质。因为站上安排下乡时只是告诉我们怎么对水怎么喷，自己也不知道看看别的资料。那棵树是准备家里盖房用的，自己感到无地自容。

二、通过实际工作体会到病虫测报工作必须深入田间准确掌握第一手资料，才能指导农业生产

1996～1997 年，搞棉花百亩方田示范，我被单位安排在胡家庄乡富位村，棉田在富位村的村北，距离县城 10km。我主要负责棉花病虫害的防治工作。关键就是棉铃虫的防治，我第一次接触棉花，一切知识需要学习，棉花苗期蚜虫调查，很轻松，知道始发期，达到防治指标就组织喷药，过几天达到防治指标再喷。到棉花蕾期二代棉铃虫开始发生，开始我每天骑着自行车，上午去棉田定点定株数查棉铃虫的落卵量，百株累计卵量。我每天仔细观察卵的颜色，发现刚产的是乳白色，第 2 天变成深黄色，第 3 天变成黑色，于是

就该生出棉铃虫的幼虫了。知道这些特性，我就3天去地里调查一次。我在实际工作中摸索到，棉铃虫卵变黑之日起到2龄幼虫初期，一般需5天左右，是棉铃虫防治适期。打破了传统的提法3龄前，我对棉铃虫生活习性、发生规律了如指掌了。根据调查结果，准确预报棉铃虫防治适期，指导棉农防治。由于各种原因，各地棉铃虫大发生，造成严重为害，棉铃虫以幼虫为害，共6个龄期，龄期越大越难治。棉花生产属国家指令性计划经济，棉花产量高低直接关系民生。在棉铃虫防治上，政府干预力度大。我们召开培训会、现场喷药防治大会、村广播、印发病虫情报等等。当百株累计卵量达100粒时开始用药，这是防治指标。以后每隔4天再喷一次药，防效90%以上。在棉铃虫的防治技术中，我借鉴别人的经验，采用了因地制宜综合防治，在百亩方田内推广了种植玉米诱集带防治棉铃虫技术。这项技术难度是家家户户每天早晨捉成虫。在用药上，我们采用轮换使用不同种类的农药，来解决棉铃虫产生抗药性的问题。三代棉铃虫防治难度较大，因为此时棉株高大，我们大力推广了缩节胺全程化控技术，这样控制棉株的株高，并结合人工整枝人工捕捉龄期较大的幼虫。在调查中我发现，3代的卵大部分产在群尖幼嫩部分，残虫后期大部分大龄幼虫都盘踞在花蕊里，易捕捉。总之，在棉铃虫大发生的年份，我负责的百亩方田，棉铃虫的发生情况预测预报准确，防治及时，综合防治方法正确，百亩方田平均亩产皮棉1996年达到了56.6kg。我负责的方田是全县的亮点，领导视察工作，开现场会都是来这里。1997年保定市农业局、保定市棉办室颁发《棉花百亩示范方田荣誉证书》给我，自己心里说不出的高兴。

三、摸清全县植物病虫害种类，对重点病虫防治探索新的防治对策

据我经常下乡调查，我县目前常发害虫有：玉米螟、小麦穗期蚜虫、地下害虫、小菜蛾等。常发的病害主要有：小麦根腐病、小麦白粉病、玉米叶斑病、灰霉病、花生叶斑病等。偶发的病害有：小麦条锈病、小麦腥黑穗病、玉米病毒病、玉米黄斑病、玉米顶腐病等。偶发的虫害有：草地螟、黏虫等。

1997年开始发生以来到现在，小麦吸浆虫已经成为我县小麦生产中常发生的最重要的害虫，是我们病虫测报工作的重点。我一直从事植物病虫害测报工作。特别是2004年，小麦吸浆虫春季淘土最高1 250头/样方（保定地区最高）平均虫口密度38.6头/样方，有虫样点率55.26%，局部大发生。我们在李艳华站长的带领下，统一购进部分1 605粉（当时还许可用）送到重点村我们亲自卖给老百姓，蛹期搞统防统治，确保了2004年我县小麦丰产丰收。《保定日报》对我们这种服务形式还做了专题报道。重大病虫发生有应急防治方案、及时想办法进行防治是我们应尽的职责，因为植保是公益的呀，有什么可报道的呀，都是应该做的工作。

四、做一个合格的植保工作者

2009年，我们县小麦播种面积16万亩，玉米播种面积22万亩，法国蜜宝草莓栽种8 000亩，蔬菜种植面积12万亩，其中设施蔬菜2.1万亩。小麦、玉米机收机播，种植结构发生了明显的变化，经济作物面积明显增加。传统农业向现代农业逐步发展，农业专业合作社16个，各种形式的农民协会25个，农业税的取消，良种补贴项目的实施，广大农民种地的积极性更加高涨，病虫害防治工作越来越受到农民的重视。当然，新的病虫害也

随之而来。作为农业生产一线的植保工作者，我对植保工作有极大的兴趣，不断学习新知识充实自己，以适应现在的农业生产，当为老百姓解决了一个又一个植物病虫害方面的难题时别提自己有多自豪了。现在的老百姓，庄稼出了问题都知道找农业局植保站。拿着得病植株到我们站，我会告诉他是什么原因，得了什么病，用什么药；有的单位派车，我直接到老百姓的地里，现场诊断，给老百姓解释清楚；有的老百姓自己有车，亲自接我去他的地里。2009 年，我们县出现的问题，我去现场解决的：①小麦有个别老百姓小麦吸浆虫防治打药不正确，造成减产。②玉米 2~3 叶期没有喷药防治灰飞虱，造成病毒病严重。③玉米除草剂使用不当，莠去津药害等等。

五、植保也是法律武器

现在我从事的植保，不单单是病虫害的防治，还是老百姓打官司的法律依据之一。2008 年 11 月，义安镇王皇甫村一村民因为家庭矛盾，4 亩小麦被别人给喷了百草枯，我把李同增站长等 5 名专家请来，专家鉴定，该农户打赢了官司。2009 年 7 月 7 日，我们县北义安电机厂北侧 3 户夏玉米苗被毒气污染，我带领站上 2 名同事去，现场诊断，告诉村支书是厂毒气的原因，北义安电机厂很服气的给 3 户老百姓合理的赔偿了。

六、及时发现新病虫以适应不断发展的现代农业生产

社会在发展，我们不但会解决问题，还要会发现问题，2008 年 7 月，我在东关夏玉米田里调查时，发现了一种小虫子，3 种颜色，向省站的专家请教，结果是新的虫子，叫"玉米褐足脚胸叶甲"我经过仔细观察，写了一篇论文，在《中国植保导刊》第 3 期刊登了。这不是炫耀自己吧，是形式逼的，老百姓视我们为"专家"如果老百姓问我们，我们答不上来，多难堪呀。

七、新形势下，我县植保工作发展的方向以便为我县农产品质量安全做出更大贡献

现在，我县平原小麦等都是机械化了，年轻人也是新型的农民，真正在家种地的，大部分都是农村妇女，壮劳力都出去打工了，年纪很轻的妇女也都上班，所以种地的都是年纪稍大的妇女。她们普遍文化低，在植物病虫害用药方面，经常出问题，所以，专业化统防统治，是大势所趋。因为专业化统防统治，是符合现代农业的发展方向，适应病虫害防治规律，提升植保工作的有效途径，也是保障农业生产安全、农产品质量安全和农业生态安全的重要措施。我们植保站现在共 5 个人，如果重大病虫害，都统一防治，老百姓用药不合理出现药害的问题就会少一些，我们的工作量就会减轻一些。出现问题最多的是除草剂，1987 年到现在，除草剂在我县使用 20 多年了，由当初的一种麦田除草剂 2,4D-丁酯，发展到现在的几十种，涉及小麦、玉米、花生、大豆、甘薯、马铃薯、蔬菜、旱地等等。喷雾器现在有一个喷头的、有双向喷头的、有手动的，也有电动的、有小型的，也有大型的。我们县农资服务门市部到 2009 年有 65 个老百姓买药械很方便了，有的商家送货上门。2009 年，我们县在义安镇、王村乡、石亭镇、明义乡试点性的成立了乡级农技站每个站都是农业局派去的技术人员。以后每个乡镇都会建的。我们植保站调查的数据会更加全面，代表性更大，向市站报的信息会更多。因为我们人少，下乡硬件设施差，乡级农技

站的建立，对我们的植保工作无疑是增砖添瓦。我局自 2000 年就成立了农业执法大队，2008 年 3 月县编办正式批文。执法大队是我们植保工作的左膀右臂，所有农资门市部的农药等他们都严格执法，所以，我们县所有植物病虫害使用的农药都是合乎国家标准的，我们县的农产品质量是安全的，合格的。

八、植保事业，是我毕生的事业

2007 年 3 月，各种原因，我被局长赶着鸭子上架，接过了植保站站长的担子。我们站共 5 人，3 名大专，一名本科，都是学农的，其中 2 名农艺师、1 名助理农艺师、1 名公务员、一名职员。一个人专门负责黑光灯，3 人负责病虫测报，一人负责办公室工作。我们认真开展工作及时向市站报告病虫情况，我们的工作得到了市站的肯定，2008 年度，我被评为省植保先进工作者，2009 年度，我们站被评为保定市先进集体。我被推选为县政协委员已经 4 年了。20 多年的植保工作，我由最初的刚走出农校大门什么都不懂的黄毛丫头，变成了现在的中年妇女。现在全县的老白姓都知道农业局的植保站，是植保成就了现在的我，我爱这项工作，我对植物保护充满无限的热情，我愿为植保工作尽自己所能。

2009 年 7 月 16 日是我爸的生日，上午，涞水镇北郭下村名叫梁富的，他和妻子自己开着车来单位接我们，我带着一名同事到地里一看，他弟媳的两块夏玉米，苗不长，叶子一片一片的金黄色，我仔细观察，告诉他们是除草剂莠去津使用不当，是药害，并当场告诉喷什么药。天下起了小雨，处理完，中午回到娘家已经 12 点多了。"爸，我很忙，一农户的玉米出了问题，我是站长，就得我去解决，所以回来晚了"爸爸满脸微笑，"忙点好啊，（我父亲 76 了，还是一名大队干部）整天闲着没事哪叫上班呀？是啊，现在人们对庄稼得病都太重视了，太影响收成了"。见父亲没生气，我开心的笑了。

甘于奉献植保事业的人

——记围场植保站测报员 钟瑞彬

钟瑞彬 孙凤珍

（围场植保站）

钟瑞彬同志从生产队的技术员起步，近40年来，一直从事植保测报工作，他几十年如一日，风雨无阻，坚持田间调查，数据准确率达99%以上，是我市植保系统公认的优秀测报员。

一、结缘植保，扎实工作

1971年初中毕业后，他被生产队选中，当了四级农科网中的最基层专业队技术员。1973年原承德地区农林水利办公室批转了农业处《关于加强植物保护工作，办好植保测报站的报告》，在全区建立了10个中心测报站83个测报点，他有幸成为其中的一员，从此与植保结下了缘。1976年5月开始到县农业局植保站从事病虫测报工作，从此走上了专业植保测报工作。

为了尽快适应所从事的工作，文化知识和植保专业知识都匮乏的他，开始自学了植物病理学，农作物栽培学，1981年8月参加了中央农业广播学校学习，1985年12月毕业。通过不懈的努力，1984年被转为正式技术干部，1993年破格晋升为农艺师。

二、面对困境，始终坚持工作

由于病虫测报工作时效性很强，按测报规范从春季至秋季8个月时间都得深入田间，20世纪70年代，交通不便，为确保测报工作正常进行，只能吃住在测报点上，没有食堂只好自己做饭，每天早晨4点半起床查虫，晚上开诱虫灯、诱蛾器、捆杨树把等，白天整理数据、田间调查、上报数据，风雨无阻。诱蛾高峰时早饭吃不上是经常的。30多年来，中心测报点迁移了3次，初建的测报点距县城4km，在原农业局农业科学研究所院内，交通不便，没有代步工具，每次只能步行去县城寄病虫情报。在这样的艰苦条件下，一干就是8年，始终如一，无怨无悔。1985年中心测报点迁到距县城8km的龙头山二板村，这时交通工具也有所改观，配备了自行车，一干又是6年。1993年中心测报点迁到四合永镇的掌字村，植保站却被改为自收自支单位，为保证正常业务的开展，只有从事农资经营，利用经营收入来弥补测报费用，当时他一个人即是病虫测报员还是经营门市售货员，晚上还是值班员。体制改革使县植保站经济陷入困境，财政不给经费，业务部门的项目费又少的可怜，一切都要靠自己去赚钱来养活植保工作，由于经营不善，钱没有赚到，倒赔了职工集资款和工资，2000~2002年上半年是最困难的时候，18个月没发工资，没有工资、没有生活费，即使这样测报工作也没有停，确保了测报数据的连续性。钟瑞彬是这样说的：我们承担的是省区域监测站任务，为了对测报工作负责，自己吃再大苦，受到多大的困难，测报工作不能丢。有时家里抱怨，光干活不拿工资，他却向家里解释说单位有困难我们应体谅，但工作必须要做好。

三、病虫测报年行万里路，四易摩托车为事业

中心测报点在基层，又需要下乡调查病虫情况，为了测报工作的方便，1988年农技推广中心为测报工作添置了一辆50型小摩托车，为了确保调查数据的准确性，必须经常到基层点调查数据，为了一个数据有时跑上几十里，甚至是上百里，坐班车不方便只有骑摩托车，从春到秋一个生长季节要驾摩托车行走1万km。1995年第一辆摩托车跑坏了，单位又给换了一辆90摩托车，至2003年，一场突如其来的"非典"人类疫病席卷全国，为人们的出行带来不便，而单位的用于测报的摩托车又损坏报废，单位经济困难一时不能新购买摩托车，测报又需要车，没办法自己出钱买了摩托车公用。由于年龄关系手脚不太灵便，骑大摩托车又危险，到2008年自己又出资买了一辆轻便摩托车为测报使用。钟瑞彬以他无私的精神，博大的情怀，履行着一个普通测报员的职责，展示了一个基层农技人员忠于植保事业的情结和高尚的品质。

四、传播植保技术，为农民分忧解难

开展植保科普宣传，培训农药从业人员。1995年以来植保科普宣传下乡，赶科技大集的技术咨询材料大部都出自钟瑞彬之手，农药从业人员上岗培训课都由他讲，几年来编写讲义超过20万字，赶科技大集下乡20余次，电视讲座2次，由他导播的电视科普知识宣传片于2008~2009年各播1个月，培训农民达10万人次，为农业从业人员培训讲课20余次，受训人员达2 500人次之多。在农忙的季节里每天都要接10多个技术咨询电话。

为农民排忧解难。长期的生产一线造就了他的过硬的技术本领。随着改革开放的深入发展，市场经济理念不断的深入人心，随之而来的是农业种植结构的调整，日光温室、错季菜、蓬勃发展。蔬菜生产对基础条件要求比较高，属于集约化栽培方式，随着种植面积的不断扩大，倒茬、换茬问题突出，致使病虫害发生日趋严重，农民遇到了难于解决的问题。1999年围场县新拨乡、张家湾乡万亩胡萝卜发生了病害，小苗满地枯黄大片死苗，农民们急了，后来他们与植保站取得联系，派钟瑞彬去现场指导，经调查诊断是由细菌引起的病害，指导农民采用化学药剂防治，每亩药费不足20元，治好了病害，万亩胡萝卜获得了大丰收。技术过硬，名声就会远扬，1997年，围场县种子公司在杨家湾乡种植了3 000亩玉米制种田，由于气温过低种植的父本出苗后出现了苗黄、苗弱、甚至烂根死苗，如此下去就会造成父母本比例失调、花期不遇，使玉米制种田严重减产或绝收，农民心急如焚，公司经理急的团团转，后来钟瑞彬应邀前往诊治，发现是由于低温多雨造成了腐霉菌滋生，导致父本烂根，采用多菌灵、甲霜灵灌根措施，治好了父本的病害，获得了制种丰收。每一年都会遇到这样或那样的事情，只要他能做到的都不会拒绝。所以，周围几十里有很多的农民找他求医问药。农民们都称他为老师，植保专家。

五、敬业测报一丝不苟

测报工作是一项平凡而辛苦的工作，做起来并不那么轰轰烈烈，但必须任劳任怨持之以恒一丝不苟。脚踏实地搞调查，积累数据资料，时间长了资料就是资本，就是财富，数值预报用起来就会得心应手。30多年来积累的测报资料在服务农业生产上发挥着作用。

用这些资料编写了围场病虫测报防治历，建立了黏虫、草地螟、蚜虫、马铃薯晚疫

病、马铃薯瓢虫等主要病虫害数值预测式，为准确预报打下了基础。

为领导当参谋，为农民搞服务，测报工作就是公益性的，是为广大农民群众服务的。预测预报首先是为领导当好指挥生产的参谋，为农民当好庄稼卫士，工作必须走在前面，预测的病虫情报必须准确无误，否则就是误导。30多年来发出的病虫情报近500期次，其发生期准确率，发生程度准确率均在90%以上，在指导病虫害防治上发挥了巨大作用，每年为围场县农业挽回近亿元的经济损失。

三十九年在历史长河中是弹指一挥间的事，但人生三十九年对个人而言就太珍贵了，记得有位哲人说过"把简单的事做的不简单，就是不简单，把平凡的事做的不平凡，就是不平凡"。在三十九年中，钟瑞彬年年被评为优秀党员，五次被评为承德地区、承德市植保先进测报工作者，五次被评为本系统（县局）先进工作者。负责的测报点两次被省植保站评为测报先进单位，两次被评为承德地区、承德市植保测报先进单位。1990年被县政府记大功一次，2001年获围场县政府嘉奖一次。所参加玉米病虫草害系列化，规范化综合防治技术项目获承德地区1990年科技进步二等奖。参加"小麦主要病虫害数值预测"课题获1993年河北省农业厅科学成果三等奖。参加的"冀北农区鼠害发生规律及综合治理技术研究与应用"项目获2007年河北省科技成果奖。

真诚做人，潜心做事，钟瑞彬在做好工作获得众多荣誉和科技成果的同时，在学术上也小有建树，1989年在《病虫测报》杂志上发表了《1989年围场县马铃薯晚疫病大发生原因分析》，1990年在华北区植物病理学会第五届年会上论文（摘要）集上发表了《玉米病毒病的发生与5月的多雨低温》一文，1993年在《植保技术与推广》杂志上发表了《麦、阔作物间作田2,4-D丁酯除草剂安全使用技术》和《甲拌磷防治地下害虫安全使用技术》，2000年在《植保技术与推广》第4期杂志上发表了《搞好田间除草是防治草地螟发生为害的关键措施》。2001年与人合写了《气象因素对马铃薯晚疫病发生流行的影响》在《中国马铃薯》杂志上发表，并且该文也在《国际马铃薯中心东亚片论文集》中发表，并获得国内优秀论文奖。2004年在《中国植保导刊》第8期上发表了《农田害鼠发生主要影响因素调查分析》，本人1995年后为《河北植保信息》撰写了多篇技术性稿件。承担完成了省站下达编写的马铃薯晚疫病、马铃薯瓢虫等测报调查规范。

心系农田　情系农民

——记鹿泉市植保站站长　聂海琴

徐　靖

（鹿泉市植保站）

鹿泉市植保战线有这样一位干部：为农业增效、农民增收，他长期在乡村"蹲点"指导农业生产，为了使农民尽快脱贫致富，他骑着自行车走村串户送去实用技术。农民把他当成了自家人。这位深受乡亲们欢迎和称赞的人，就是鹿泉市植保站站长、农技推广研究员聂海琴同志。

聂海琴同志1983年自河北农业大学毕业后，27年来一直在鹿泉市农业生产第一线从事植保技术推广工作。他立足本职工作，服务农业、服务农村、服务农民，根据农时季节采用农民喜闻乐见的形式，编写各种技术宣传资料100多种，2万多份；培训县、乡、村三级技术人员3 000多人次，培训农民2万多人次；解决生产中的技术难题100多项。在宣传普及农业技术中，他既是单位的科技带头人，又是农民的知心朋友。他先后被省政府、省农业厅和石家庄市委、市政府授予"农技推广先进工作者"、"防治小麦吸浆虫先进工作者"、"防蝗先进工作者"、"石家庄市管专业技术拔尖人才"、"跨世纪青年拔尖人才"、"石家庄市科技先进工作者"等荣誉称号，荣获市厅级以上科技成果16项，其中，省部级3项、市厅级13项。在省级公开出版专业书籍和专业刊物发表论文及科技文章16篇。

他常说"我是一名普通的植保科技工作者，服务农业，服务农民，使农业增效、农民增收是我的职责"，他是这么说的也是这么做的。每年由他负责推广植保新技术就达10多项。为了推广新技术，他经常深入到农村和农户家中宣传、讲解新技术，农民白天没时间，他就晚上讲，每次讲完课回到家已是深夜，第二天白天，他还照常上班，处理日常公务，准备讲课材料，常年累月他却毫无怨言。推广化学除草技术时，他带领技术人员深入田间地头进行指导，亲自为农民调配药剂，示范喷药方法，一干就是十几天，农民使用后高兴地说："除草剂一喷，省工、省劲，产量高"。近年来，为适应农业产业结构调整的要求，他先后组织推广了无公害蔬菜生产技术、西瓜周年生产技术、日光温室蔬菜生产技术等80多项新技术，这些新技术目前均已在本市开花结果。

为加快本市农业科技发展步伐，他带领技术人员，进行了多项技术攻关，获得一大批科技成果。"冀农优质西瓜新品种及高效技术推广"项目，通过采用新品种及改变种植模式，达到增产增收。累计推广30.2万亩，增加经济效益5 883.8万元，2002年获全国农牧渔业丰收奖二等奖。"高邑Ⅱ型日光温室蔬菜高产高效综合配套栽培技术推广"项目，累计推广10.8万亩，纯增效益2.09亿元，2005年获石家庄市科技进步3等奖。"毁灭性主要小麦病虫害综合防治技术推广"项目，三年挽回损失39 813t，获经济效益5 191万元。2006年获石市科教兴山创业奖三等奖。

搞好农作物病虫害测报与防治，是粮食丰产丰收的基本保证，为了这个目标，他兢兢业业，默默奉献，不知有多少个节假日用在了田间地头上。病虫害定点调查，需连续进行，他无论刮风下雨从不间断，特别是夏季气候炎热，坐在办公室里都热的出汗，而他却钻到2m多高玉米地里，一棵一棵地查，那真是进去一身汗，出来一身泥，正是他这种不怕苦、不怕累的工作态度和执著的敬业精神，为农民及时提供了准确的病虫害防治信息，指导防治，保证了农业丰收。2004年春季，李村镇后东毗村吸浆虫严重发生，他当时由于感冒发高烧正在家休息，当他听到这个情况后，不顾家人的劝阻，赶到单位带队到虫害发生地调查指导。为了查清害虫发生范围及发生程度，他拖着病弱的身体带领科技人员一块地一块地的取样，淘土查虫，编写印发防治技术资料，现场指导防治，一连干了十多天，当他回到家后病情加重，一连输了十多天液，才感觉好了些。由于指导及时，保证了防治效果，当年该村的小麦喜获丰收。

多年来，他急农民所急、想农民所想、忧农民所忧，时刻牢记保护农民利益就是自己的职责，哪里有虫情、灾情他就出现在哪里。农民在生产中遇到问题就找他，下到田里都拽他到自己的田里给指导，每当这时他从不厌烦，一一给予解答。2004年5月，黄壁庄村多块麦田出现麦穗干枯，农民非常着急。听到这一情况，他立即骑车40多里赶到田间，经过看病株、查病菌，确诊是小麦全蚀病为害所致，当场为农民提出了除治措施。2004年7月，我市铜冶镇、寺家庄镇部分农田遭受严重冰雹灾害后，他在第一时间赶到受灾农田查看调查灾情，针对不同受灾情况，提出生产补救措施，指导农民灾后自救。为农民排忧解难，他常常是风里来、雨里去，节假日加班加点。有些人不解地问他，干农业条件差，待遇又不高，你何必这么认真，这么傻干呀。每当这时他总是说"我是一名普通的植保技术人员，干好工作，为农民搞好服务是我的本份。我最大的满足和欣慰是粮食增产、丰收，是农民对我工作的认可，我离不开农田，离不开农民。

春去夏至，又一个农忙季节即将到来。目前已接近50岁的他，正以更加饱满的热情带领农技人员忙碌在我市农业生产的第一线，我们没有理由不相信，他的辛勤耕耘、无私奉献必将换来更加丰硕的成果，必将谱写植保科技推广工作新的辉煌的篇章！

我与植保共成长

贾彦华

（河北省故城县植保站）

参加工作以来，一直从事植保工作，亲身经历了故城县植保事业由弱到强的巨大变化，使故城县由一个普通的县级植保站，成为国家投资建设的农业有害生物预警与控制区域站，服务手段和服务水平踏上了一个新的台阶。自己也从一名农业技术员破格晋升为高级农艺师，这一切的取得与党的改革开放政策，各级政府的支持是密不可分的。

一、办公设施实现了质的飞越

故城县植保站从不足100m² 的简陋办公室，到拥有1 000m² 的现代办公楼，从几台老式显微镜到拥有一系列检验检测仪器设备，从笔墨纸张到实现无纸化办公，大大提高了服务质量和服务效能，实现了病虫汇报、信息发布网络化，并成为全省首批检疫微机出证的县份之一。同时，随着故城县标准病虫观测场的建成，标志着与国际测报设施的接轨，为实现测报规范化创造了条件，实现了常发性病虫提前20 天预警，突发性病虫提前15 天预警，危害性、流行性病虫提前30 天预警，提高了测报准确率。在交通装备上，实现了由自行车到汽车的跨越。在病虫调查、农药试验、项目实施、检疫执法、技术指导等方面，拥有了快捷便利的交通工具，使我们的精神面貌、工作形象发生了质的变化，充分展示了现代植保人的新形象。

二、从基础工作到承担省部级重大调研项目

兢兢业业、勤于探索是我站的优良传统。通过参加农业院校的继续教育，各级专业业务知识培训，我们的理论知识、技术水平得到了传承和提高，目前全站有高级职称资格的就有2 人，占全局各业务股站的40%，其中县级专业技术拔尖人才1 人，市级专业技术拔尖人才1 人，为做好业务工作奠定了基础。在做好业务工作的同时，近年来先后承担中国农科院、农业部、省植保站、省药检所等重大调研项目，承担的试验项目有防治抗性棉铃虫药剂筛选，高毒农药替代试验（苹果黄蚜、棉铃虫、棉蚜、棉盲椿象等），农药大田示范试验，农药田间登记试验等。参加的课题项目有《农民用药水平调查》《棉花主要病虫害可持续控制及配套技术》《河北省夏玉米田杂草无害化治理技术示范与推广》等，为农业科研做出了贡献。

三、从看文章到写文章

在长时间翻看他人专业文章的时候，萌动了写文章的念头。而在写文章过程中又发现这是一个学习总结提高的过程。我们通过不懈的努力，首先在《衡水日报》上将"棉铃虫的化学防治"、"棉蚜的化学防治"这2 篇科普短文铅印化，接着《河北植保信息》《河

北农业》有了我们的文章，1998 年在国家级刊物《植保技术与推广》发表了"无害化治理技术在控制棉铃虫上的应用与效果"一文，实现了在国家级刊物发表论文零的突破。近年来，多次在《中国植保导刊》《农药科学与管理》《河北植保信息》发表论文，仅 2008 年我们就在《农药科学与管理》上发表 3 篇文章，"几种药剂防除黄顶菊试验"刊登在 2008 年第 5 期，"2.7% 赤霉酸脂膏调节梨果生长田间药效试验"、"农民使用农药调查与分析"同时刊登在 2008 年第 7 期。

四、从普通县站到先进单位

改革开放以来，我们从默默无闻的一个普通县级植保站成长为在省、市植保系统知名的骨干单位，多次获得各级政府的表彰奖励，有的被市政府记功，有的被评为三八红旗手，有的被评为优秀共产党员，有的被评为先进工作者，有的获青年科技奖，获得了一系列荣誉和称号。2008 年我站又被全国农业技术推广服务中心授予全国植保信息暨农药械推广先进集体。

爱岗敬业树形象　求实奉献创绩效

——记隆化县植保站植物检疫员　翁贵军

隆化县植保站

翁贵军，1973年毕业于承德农业学校。现任高级农艺师，从事植保技术推广工作。担任隆化县植保站副站长，这位从农家小屋走出的人，凭着对党和人民的一颗赤诚之心，用行动真实地实践着"三个代表"重要思想，默默地把青春、知识和智慧献给了农业植保事业，并始终坚持"统防统治"、"公共植保、绿色植保"、"预防为主、综合防治"的植保理念和方针，成为新时期优秀的植保科技工作者。自参加工作以来，深入基层，兢兢业业、勤勤恳恳、成绩显著。在他身上，没有轰轰烈烈的事迹，没有惊天动地的壮举。但他在平凡的岗位上倾注了全部的心血，以顽强的毅力、拼博的精神，做出了不平凡的业绩。"把平凡的事情做好就是不平凡，把简单的工作完成好就是不简单"。这是翁贵军常说的话。这充分展现了植保技术推广人"忠诚执著、爱岗敬业、无私奉献"的老黄牛精神。并以他的聪明才智和对植保事业的满腔热情，在平凡的工作岗位上，取得了不平凡的业绩。1996年获得省农业厅颁发的农村科技二等成果奖（水稻栽培），1997年获农业部丰收二等奖（水稻高产栽培），1998年获农业部丰收二等奖（玉米机械化），1999年获省科委山区创业一等奖（水稻亩产700kg），2005年获省科技成果一等奖（生态水稻）。

一、胸怀大志，扎根基层，爱岗敬业

常言道："人往高处走、水往低处流"。在当时，大中专毕业生可是单位和同志们眼里的"香饽饽"，许多和翁贵军一起参加工作的同事纷纷选择留在条件好的县城，可翁贵军却是例外。当时正赶上"十一届三中全会"前夕，我国改革开放即将开始。乡镇农业服务中心成立不久，专业技术人才奇缺，各项业务才刚刚起步。由于自身专业对口，为发挥业务特长，翁贵军主动要求到家乡荒地乡农业技术推广服务中心工作。乡镇服务中心的业务主要面向所辖各村镇的农民直接传授和推广先进的栽培技术，直接与普通老百姓打交道，工作性质和职责的需要，使他必须经常奔波于乡镇和村庄之间。村头巷尾，田间地头成了他平日里流动的工作岗位。每天早出晚归，整日风吹日晒，艰苦的环境非但没有使他退缩，反而磨炼了意志，增长了才干。他白天深入基层，紧盯工作一线，在实践中锻炼业务。晚上又扎进书堆充实专业知识，苦练基本功，很快成为了服务中心的技术骨干。凭着他在学校学的专业知识和强烈的责任感，决心要改变家乡的落后面貌。他先后5次自费到外地学习考察，借鉴人家好的经验和做法，通过做规划、引品种、推技术。明确了荒地乡今后农业发展方向。为荒地乡农业的大发展奠定了坚实的基础。

1989年，翁贵军同志调入县农业科技推广中心主任工作，这期间正直县科委通过国家外国专家局为我县引进科技引进成果转化阶段，原正市先生的水稻旱育稀植技术到张三营镇河东村进行186亩的试验、示范，他和其他科技人员一起认真学习刻苦钻研，利用十年的时间，通过吸收，改进，创新，使该技术成为我县水稻发展生产的技术核心完成了推广技术，提高单产，扩大水稻面积与优化品种，提质增效 2 个重要阶段，亲自参加水稻面积苗床调酸剂改进，水稻品种对比，配方施肥，化肥用量控制模式，不同密度，抛秧，隔离层育秧，温控小拱棚育苗，病虫草害防治等项试验研究，试验，示范，取得了大量的可靠数据，在 1995 年 12 月原农业部常务副部长吴亦侠来隆化考察水稻旱育稀植时，为国务院提交了调查报告，将我县技术人员推广的水稻旱育稀植总结为：旱育稀植育壮秧，带蘖入田，早插，稀插，浅插，插稀长密成大穗，均衡增产的总体技术原则写进了调查报告。1996 年他兼任水稻旱育稀植办公室主任，在河东村抓 1 000 亩示范方，亲自制定方案，培训农民发放技术资料，建立水稻旱育稀植样板村，使该村成为该技术的新成果的展示基地，带动了全县水稻的发展，全国 20 多个省市区到我县参观学习该项技术。1992 年 8 月被国家外国专家局授予全国农业引智成果示范基地。全县水稻面积由 20 世纪 90 年代的 6 万亩发展到现在的 23 万亩，平均亩产由 350kg 提高到 650kg 以上，使本县的水稻成为兴农、富民、可持续发展的支柱产业。

二、兢兢业业，吃苦耐劳，甘于奉献

1998 年翁贵军调入县农业局植保站工作。在这期间他对工作更是一丝不苟，兢兢业业。他一心扑在农业病虫害综合防治工作上。不辞辛劳，哪里工作最艰苦他就工作在哪里，哪里防病有问题哪里就有他的身影。工作忙起来，没有节假日和双休日。深入田间地头指导生产。但从来不叫苦，从来不抱怨。有人说他傻，而他却说"其实也没啥，我只是做了我应该做的事情，尽到了应尽的职责，跟我们的其他同志比起来，我所做的仅仅是一些微不足道的小事，如果换了别人，也会和我一样，甚至比我干的还要出色"。这就是翁贵军，一个只顾奉献，不求索取的人。在隆化无公害水稻生产基地，在蔬菜生产大棚里，在有害生物监测点都留下了他的足迹。隆化县是植物检疫和植物病虫害综合防治大县，每年承担着几万亩的玉米制种的产地检疫和调运检疫，植物检疫和病虫害防治工作非常繁忙，他一心用在工作上，三十八年如一日，忘我工作。农民都亲切地称他翁老师。去年春唐三营镇菜农刘殿军菜苗出事了，急着把他找去，经过认真分析找出了挽救办法，拯救了 100 亩地的菜苗，刘殿军感动的掉下了眼泪留他吃饭，他断然拒绝了。他用实际行动赢得了农民的爱戴。年底几十名农民联名制作了一面锦旗，一封感谢信送到单位。专门感谢翁贵军。一分耕耘一分收获。农民真正得到了效益。他的脸上也露出了平静而坦然的笑容。十多年来在植保新技术推广，植物检疫，绿色防控植保园区建设中和其他同志一道把植保事业推向了一个崭新的阶段，使植保示范基地成为病虫害防治成果展示基地，带动了全县农业产业化的升级，农业有害生物得到了有效控制，绿色、有机食品品牌名誉全国。

三、与时俱进，刻苦钻研，完善自我

翁贵军同志的座右铭就是"严于律己、宽以待人"，他始终注重自身综合素质的全面提高。始终把植保事业放在第一位。业务方面，刻苦钻研专业知识，经常下乡深入植保防治第一线，做到理论与实践相结合，发现新问题及时研究解决。为不断提高自身业务水平，他坚持学习，资料没有就自己买，时髦的衣服都舍不得买，但农业病虫害防治书籍却买了一大箱。常年的基层工作，练就了一身过硬的本领。他不仅自己技术过硬，还不忘

"传、帮、带"，对自己的技术从不保留。从点滴小事做起，用自己的行动履行应尽的职责，影响着、带动着身边的每一个同事。"一根绳吊不动百吨闸门，一锹泥筑不了百米大坝，一个人素质再高，浑身是劲也不能完成所有的工作，只有让更多的人掌握了技术，群策群力，事业才有更大的发展"。他经常这样讲。思想政治方面，他认真学习马列主义、毛泽东思想、邓小平理论，身体力行"三个代表"重要思想，深入贯彻落实科学发展观，深入到广大农民中了解他们急需解决的问题，他以求真务实、扎扎实实的工作作风赢得了全局干部职工的一致拥护。

四、满腔热情，迎难而尽，谱写明天

面对眼前的成绩和各种荣誉，他并未因此而沾沾自喜，而是以满腔的热情积极投身到本县农业安全生产的浪潮中。不断更新推广，怎样把植保防治科学技术成果尽快的转化为生产力的问题就摆在面前，即如何充分利用、本县的资源优势，使资源优势转化为商品优势和经济优势，成为农民增收的新的增长点。针对这一问题，他提出，要注重后续产业的培育和衔接，调整种植业结构，大力推广新型植保防治理念和防治方法，把发展植保园区建设和提升有害生物监测手段为突破口。同时，他清醒地熟悉到，要发展农业植保事业，必须抢抓机遇，利用国家对农业的投入和补助政策，申报项目，争取国家和省农业资金支持，最大限度地发展植保事业，为农业生产发展保驾护航。

纵观隆化县植保事业发展历程，植保工作的发展是农业发展的重要组成部分，重视植保工作，植保事业发展了，农业生产发展就快，就更平稳。翁桂军就是这样一个植保工作先行者。平凡的事业，平凡的岗位，平凡的人，不平凡的是一颗无私奉献于的拳拳之心。他用自己的行动，感召着一批人。翁贵军同志在辛苦努力工作的同时，获取了宝贵的工作经验，也取得了领导、群众的一致信任和拥护。"爱岗敬业，无私奉献"永远是他所追求的信念。面对成绩，他不骄不躁，展望未来，他充满信心。今后，他仍会全身心地投入到隆化植保事业建设中，为家乡农民富裕倾心尽力，为隆化农业美好的明天再谱辉煌。

辛勤播撒科技种 满园盛开植保花

高振彩

(平泉县植保植检站)

时光荏苒，岁月如梭。转眼我已经从事农业植物保护工作 27 个春秋了，回首这二十多年的植保技术推广工作历程，颇有些感慨与收获。

1984 年，我毕业于保定农业专科学校，同年 8 月我满怀一腔热忱到县植保站工作，因为我是学植保专业的，那时站里还缺乏这方面的人员，所以，我就特别得到单位重视，刚上班就被安排做蔬菜病虫测报和植保技术推广工作。刚刚走上工作岗位的我，便满怀热忱投入到了工作中。

在改革开放号角刚刚吹响的年代，农民的农业科技知识还很匮乏，对植保知识更是一无所知。记得我初到田里调查蔬菜病虫害发生情况时，农民很是不解，他们问"庄稼还会生病，没听说过？"。诚然，对于日出而作，日落而息的他们来讲，"植保"是个陌生的概念，病原菌更是天方夜谭。从那时起，我便深知，植保技术推广工作任重而道远。

随着改革开放的深入，提高农民科学技术水平和科学种田提到了日程，农广校、绿色证书培训班、植物医院和各种农业科技培训班应运而生，社会以各种形式向农民传授着农业科学知识。我在这些工作中担任过辅导员、植保员、植物医生、测报员、检疫员等角色。工作中，我曾多次向农民讲授植物保护和植物检疫知识，无数次耐心解答农民咨询的各种问题。结合农作物病虫草害预测预报调查工作，在田间地头，我多次帮农民朋友解决他们在植物病虫害防治过程中出现的各种难题。

经过社会各方面科技工作者的共同努力，几年下来农民朋友初步掌握了各种科学种田技术，对植物保护知识和技术也有了全面的了解。同时，科学技术在春种秋收中也体现了它特有的魅力，农民朋友在生产实践中也目睹了科学技术发挥的作用。科技的力量激发了农民对知识的渴望。那时起，农民学技术、靠科学致富的积极性空前提高，我们这些科技推广人员也从此得到了群众从未有过的信任和支持，倍受农民朋友欢迎。

在接下来的十几年农作物病虫测报和植保技术推广工作中，我曾无数次到田间地头进行示范指导和耐心讲解植物保护相关知识。我县的乡乡村村、山梁沟坎，只要有农作物生长的地方，几乎都留下我们植保工作者的足迹。农民朋友对我也非常欢迎，在工作中，每当我走到一个地方，都会有农民朋友围上来咨询有关病虫害治理方面的问题。他们亲切地称我为医生、专家，还跟我亲切交流各种病虫害的防治技术和经验。一些好客的农民朋友还拿出最好的食品招待我，在寒冷的天气里为我送上一杯杯热茶。农民朋友的欢迎让我认识到，我所做的是一份很有价值的工作。

虽然植保技术推广工作经常是风里来，雨里去，非常艰苦，可是想到农民朋友的需要和信任，我工作的决心和信心就得到激励，我对所做的工作无怨无悔。

通过我们这些农业科技推广工作者和农民朋友多年的共同努力，农民的科技知识发生着日新月异的变化，植物保护水平也在大大提高。现在，农民朋友向我谈论起作物植物保护问题时更是侃侃而谈，什么真菌、细菌、病毒、线虫等各种病虫害的识别和防治了如指掌。如榆树林子镇的良友还在自己的暖棚里搞起了黄瓜病虫害综合防控绿色栽培。成为我县的农民植保科技示范户。

农民朋友今天的变化，让我想起了我刚刚参加工作时他们对植保知识一无所知的情景，今天的农民与那时相比发生了翻天覆地的变化，今天的他们俨然就是一个植保专家。这些农民植保专家，让我倍感欣慰，看到他们对植保知识那么精通，我心里就有一种成就感，这不正是我们这些植保工作者辛勤播下的科技种子，盛开的满园鲜花吗？

多年的植保技术推广工作，不仅给农民送去了植保科技知识，同时我自身的技术水平也得到了不断提高，现在我被评为高级农艺师，并被市科技局评为科学技术专家。这些对别人看来也许算不了什么，但我对这些却很重视，因为这是社会对我多年植保技术推广工作的肯定。

时代在发展，社会在进步。一个健康、文明、和谐的社会主义新农村正等着我们去建设。我们要不断更新知识，总结经验，提高科技水平，以更高的素质，服务于我们这个崭新的社会。

坚守植保三十载　保驾护航助三农

康爱国

（康保县农业局植保站）

我于 1984 年参加工作，大专学历，高级农艺师，省十二届人大代表。2011 年底被县委特聘为县农业局副局长，分管植保工作，目前大量时间仍在从事植保工作，已在植保工作岗位上连续从事农作物病虫测报、防治和植保新技术试验、示范、推广工作 31 年。寒来暑往、春夏秋冬，经受过风沙肆虐的窒息、感受过骄阳酷暑的虚脱、尝受过寒风刺骨的痛楚，但我从未放弃心爱的植保事业，从未离开生我养我的康巴诺尔这片热土，为农业增效、农民增收做出了积极贡献，为康保县植保事业和国家、省、市病虫害监测做出了一定成绩，得到了各级政府和主管部门多次褒奖以及农民群众好评。先后被评为"感动康保十大人物"，"张家口市第四届道德模范"，"河北省农业系统先进人物"，"善行河北"行业先进典型人物，先进事迹被河北经济日报，张家口日报，河北电台，河北卫视进行了登载和播报。中共康保县委、县政府，中共张家口市农牧局和河北省农业厅分别做出在全县党员干部、职工和全市、全省农业系统向康爱国学习的决定。

康保县地处河北省冀西北坝上高原，康保县植保站是张家口市唯一的国家级农作物病虫测报区域站，作为主要负责者，我一直从事这项工作。承担着国家、省、市下达的草地螟、黏虫、地下害虫、马铃薯晚疫病、农区鼠害等多项重大病虫系统监测任务，这些病虫鼠害多数是国家规定的重大迁飞性、暴发性、突发性、毁灭性有害生物，搞好对它们的监测，不仅事关当地农业安全生产，同时也关乎河北省和全国粮食安全，如迁飞性害虫草地螟、黏虫，暴发性害虫土蝗，流行性病害马铃薯晚疫病和农区鼠害等，一旦监控不力，不仅影响当地和全国、全省防控工作，而且可能影响群众生命健康安全。

农作物病虫测报工作常年累月大部分时间在野外，工作繁重，酷暑严寒，风霜雨雪，没有节假日（田间和诱测工具需要逐日不间断调查），早出晚归（有一次同单位王洋同志到屯垦镇新村下乡，回来天黑走到后淖草滩迷失了方向；一次到张纪镇孙家村帮助农户指导蔬菜病虫害防治，返回时在丹清河乡耧木公司村一退双环工程区发现大量草地螟，由于情况特殊，我就地展开调查，天很快黑了，当时手机又未普及，急的单位领导又给镇里和村里打电话，又派人寻找，直到很晚我才回来），上午下田一身水（早晨和雨后田间调查，作物上露水和雨水把衣服浸湿），下午下田一身汗，蚊虫叮咬，还要经常接触农药（目前我已闻不出黑光灯使用的敌敌畏气味）。清晨四、五点，当许多人还在睡梦中，我已开始检查杨树枝把诱虫情况（天亮后，气温回升，诱到的蛾子受惊动会飞跑，影响统计诱蛾数量），而后还要把黑光灯、佳多灯诱到的成千上万成虫进行种类和雄雌分类统计（每种成虫要分拣三次，分拣成虫时，飞起的鳞片大量被吸入，这些鳞片是有毒的，以前只有黑光灯，2006 年以后又增加了佳多诱虫灯，工作量更大），接下来还要深入田间进行不同作物、不同病虫鼠害的系统调查和大面积普查工作，惊蛾、查卵、查幼虫、查蛹、查发生面积，查各虫态发育进度，每个环节也不能少，逐日收集病虫监测数据，及时掌握田间病虫消长情况，科学指导田间防治。

由于坝上地区紫外线照射强烈，野外调查需要长年累月，夏季长时间田间调查中暑是常有的事，皮肤被晒得脱皮，出现病发日光性皮炎，脸和身体裸露地方被晒得黑紫，农民朋友形象地称我们是田间"活雕塑"，就是在这样的工作环境中，一干就是 30 余年（一次农业部植保首席专家和测报处领导问我，现在你身兼副局长，又是省人大代表，又要搞测报工作，担子更重了，我们对你搞好草地螟监测工作有些担忧，我和他们下决心，请他们放心，只要我还在，农业局就不放弃测报工作，他们听后很感动，事实证明，康保植保工作现在仍位于全国、全省前列）。有的年轻同事忍受不了艰苦的工作环境，想调离这个岗位，但是在我的影响下留了下来，爱岗敬业在这里蔚然成风。田间系统调查和普查，做到了风吹不动、雨淋不散、虫咬不怕。目前康保县草地螟、二代黏虫等一些重大病虫系统监测资料都在 35 年以上，草地螟系统监测资料在国内是年代最长、最完整的监测资料，对掌握历史发生情况，分析发生规律提供了历史依据。

为了掌握重大病虫草地螟的发生规律，从土地解冻开始至封冻前，我每天坚持搞田间系统调查。为了观察夜间不同时间和恶劣气候条件下成虫活动情况，经常一站就是几个小时甚至一整夜，蚊虫叮咬是可想而知的。为了指导好全县草地螟防治工作，在搞好系统监测的同时，我还要对全县进行大面积普查，查清全县草地螟发生情况，全县哪个村发生了虫情，发生面积多少，为害轻重，都了如指掌。草地螟是一种迁飞性害虫，受环境影响，成虫迁入迁出频繁，近几年草地螟发生偏轻，呈局部点片发生，这就为系统监测和田间普查带来困难，为了准确掌握田间各虫态发生动态，每次迁入迁出都要跟踪监测。2012 年全县一代幼虫在康保县集中发生 100 余亩，在全县 505 万亩的版图上也被我们监控到发生地，2013 年 8 月，一代成虫大量集中迁入康保县东部乡镇，卵巢发育已达 3 级，理论上是不能再迁飞了，但由于当地气候不适宜，夜间又迁飞而走，不知去向，为了准确掌握去向（迁入地），从早晨一直查到傍晚，又在与宝昌交界的草场查到这批虫源，这一发现揭示了高级别卵巢草地螟成虫还可近距离迁移，其研究成果发表在国家核心期刊《植物保护》。2008 年 8 月北京奥运会开幕式前，大量草地螟成虫迁入北京，影响到开、闭幕式，如果监控不力，在世界上将有损中国形象，为了及时准确掌握北京外围草地螟发生动态，按照上级要求，我们 24h 对草地螟进行了系统监控，每日将监测数据报告省和国家应急指挥部，对围歼草地螟，确保奥运会圆满召开做出了贡献。

康保县地域广阔，占地面积 3 360km^2，田间调查地形复杂，乡村和田间道路多沟堑，行走不便。1998 年之前下乡调查 50 里内骑自行车，远了坐班车到乡里再借自行车下地搞调查。到 1998 年我们争取省植保站支持买了一辆摩托车，方便了田间调查，一天下来行程至少要 100km，有时超过 200km，天没亮就出发，天黑才回家，有时一天只能吃一顿饭，一天下来，躺在床上累的动也不想动，心痛的母亲看到后，把可口的饭菜端到床边劝着我吃。摩托车下乡车坏在路上是常有的事，有一次我和站里李强同志下乡搞调查，离县城 30 华里车坏了，我们推着摩托车步行 2 个多小时才回到单位，回来后还要加班整理调查数据，书写情报、报告、周报、日报表，第二天还要把这些数据及时上报上级业务主管部门。人们常说，骑摩托"骑好了一身病，骑不好要了命"，在这方面我是深有感触的，十多年下来，我很幸运，属于前者，由于长时间骑摩托车，每遇天阴下雨或变天，我的腿部和肩部关节就痛，夏天还得穿着毛衣毛裤。有一次我和单位小梁下乡，拐弯处散落有石粒，摩托车重重滑倒，身上穿的秋衣、秋裤、毛衣、毛裤、上衣和裤子着地处三层衣服被磨烂，身上多处被碰伤，全身疼痛，不能站立，坐在那、用手揉着摔痛部位，问小梁不知带的照相机摔坏没有，气的小梁说："人都摔成这样了，你还管照相机"，由于母亲患有重病，怕惊吓她，只好等到天黑后忍着身痛才敢进家，悄悄把磨破衣服换下藏起，不敢让她看到，怕她担心。为了不让母亲看见胳膊上的伤，闷热的夏天在家也得穿长袖衫。2012年下乡回来的时候，发生车祸，头部被划破，动脉血管血喷不止，从出事到手术室近两个小时，上衣左袖浸满了血滴在地上，闻讯赶来医院的单位同事顺着地下的血迹从一楼找到三楼手术室，上手术台时衣服和手臂粘连，医生用手术剪把袖子剪下，由于血流不止，手术在来不及麻醉情况下缝合十一针，住院半个月，欺骗母亲出差学习，到如今也不敢让母亲知道，现在身上的创伤到处可见。长时间骑摩托排气筒高温把裤腿烧成孔洞也是常有的事。搞测报一到夏天连件像样的衣服也不能穿，穿浅色的衣服进地调查，出来后黄一片、绿一片、黑一片，变成一件迷彩服。就是在这样的工作环境中，艰辛的工作着。

由于一心扑在工作上，对于家里的事我却关注甚少，2009年6月越冬代草地螟成虫暴发，母亲胆结石在张家口市做切除手术，术后第3天我就返回了工作岗位，在母亲最需要的时刻，没能在病床前多尽儿子的一份孝心。家里的大事小事一般都由妻子打理，也没能尽到做丈夫和父亲的责任，有时不知情的妻子埋怨我不管家事（2008年女儿阑尾炎手术我在黑龙江参加全国草地螟研讨会）。就是这么多年来有母亲的痛爱、妻子的理解和领导及同事们支持和帮助，才坚定了我干好植保工作决心，凭着我对植保事业的挚爱，至今坚持在测报工作第一线。由于对草地螟监测工作认真、准确，康保县植保站被国家测报处称为草地螟系统监测的"侦察兵"和"前哨"，监测数据每年多次被全国、省、市业务部门采用，对全国草地螟等重大病虫监测和发生预报做出了重大贡献，多次在国家、省、市召开的植保会议介绍先进经验，近期康保县又入选全国百个作物病虫标准化观测场，参加了在河南鹤壁召开的经验交流会并做了大会发言。康保县植保站还被评为全国病虫测报先进集体，被树为全国、全省和我市植保系统标杆。我也先后多次被县委、县政府评为先进工作者，获康保县"十大杰出青年"，"十大创新先锋"，"十大创新楷模"，"农业科技标兵"，记三等功一次（1984年以来县里唯一被授予者）等荣誉；多次被市农牧局授予先进工作者，三次被市委、市政府评为先进科技工作者，两次被市委、市政府评为农业先进工作者，荣获张家口市劳动模范；入选河北省"双百、双千人才工程"第三层次人选，当选河北省农业系统先进人物，被省农业厅、省人社厅评为先进工作者；被省委创先争优领导小组评为"全省行业服务标兵"，全省基层建设年表彰大会上被评为优秀队，受到省委、省政府表彰；还两次被评为全国病虫测报先进工作者。

康保县是河北省唯一的鼠疫疫源县，也是农区鼠害重发区，作为项目主要研究者，我承担了河北省农区鼠害和天敌种类调查及综合防控示范项目，在项目实施中，严格项目要求，推陈创新，我制定的一些防控技术被全省农区灭鼠推广应用，对控制农区鼠害严重发生做出了贡献。为了掌握鼠害活动规律，整天奔走在田间。为拍摄田间生态鼠害照片，有时我在田间一蹲就是三四个小时，起来时腿麻、眼前昏花，而拍摄的鼠害图片多幅被《全国农区鼠害图谱》一书选用，在国内外会议交流。农区鼠害综合防治技术推广项目被评为省"丰收计划"二等奖（第3完成人）。同时该项目对实现省委、省政府提出的"人间鼠疫不发生、鼠间鼠疫不下坝"的防治目标做出了贡献。

　　康保县是河北省农业生产自然条件最恶劣的地方，区域特点独特，农业生产技术水平相对薄弱，特别是一些植保方面的监控技术。多年来，我深入农业生产第一线，脚踏实地开展调查研究，把论文写在大地上，帮助解决生产新难点、新问题，服务于当地农业生产。参加了抗病亚麻试验，筛选出适合康保县当地种植的抗病、高产新品种并在当地推广。针对康保县近年推广的品种亚麻白粉病发生趋于严重，通过连续三年系统田间调查和品种抗病性对比试验，摸清了其发生流行规律，筛选出了适合本县种植的推广品种。多年来，我作为主要研究人员之一，多次参加国家、省、市科研和推广项目，承担了国家技术攻关项目《草地螟关键控制技术集成与示范》和《草地螟灾变规律及监控技术研究》两个项目部分研究任务，荣获"2008 年北京市科技成果 3 等奖"和"2009 年农业部中华神农科技 3 等奖"（是该项目唯一基层受奖人员），近期又作为主要研究人员参加申报了 2014 年国家科技奖励。近年还承担和参加了国家公益性行业科技（农业）专项研究项目 3 项和"国家'十一五'和'十二五'油用亚麻产业技术体系"团队和省市一些研究和示范、推广项目。草地螟监测和预警是世界性的难题，也是我国的六大病虫害之一，我经过多年调查研究，攻坚克难，获得了多项创新研究成果，我的一些研究成果得到了国内专家同仁的认可。如在国内率先采用马尔科夫链理论率先完成了草地螟数学预测模型，解决了困扰我国草地螟长期或超长期预报的瓶颈问题，连续六年长期预报准确率 100%，研究成果发表在国家级核心期刊《应用昆虫学报》。我根据多年来田间调查数据的整理，在国内首先完成河北省草地螟产卵和危害寄主，在此基础上，同其他省完成了全国草地螟产卵和危害寄主调查任务，填补了国内这一方面空白。同时还明确了田间中耕除草对草地螟卵的防治效果，其研究成果文章发表在国家级核心期刊《中国农学通报》和《中国植保导刊》。通过田间调查和室内饲养，完成了草地螟寄性天敌寄生蝇、寄生蜂、寄生菌种类及控害的调查，在国内首次发现草地螟卵的寄生蜂—暗黑赤眼蜂，其研究成果发表在国家级核心期刊《应用昆虫学报》和《植物保护》等期刊上。由于专业技术得到了社会和专家们的认可，因此，多次作为专家参加全国和省市举办的草地螟学术研讨会和培训班，帮助指导多名研究生完成学业。2013 年 6 月，应邀参加了中国植物保护学会在广西兴安召开的全国突发性暴发性生物灾害早期预警与防控技术研讨会，我是大会 13 名报告人唯一来自基层的专家。近年来我同中国农业科学院植保所、中国农业科学院草原所、全国农业技术推广服务中心等国家级和省级科研院所及推广部门建立了良好的科研合作关系，共同承担了国家和省级科技攻关项目，开展科技攻关，取得了丰硕成果。先后获省（部）科技进步三等奖 3 项，市（厅）科技进步一等奖 1 项、二等奖 3 项、三等奖 4 项；获两项发明专利；去年又荣获 2011～2013 年度全国农牧渔业部贡献奖。多年来，在《应用昆虫学报》《自然灾害学报》《昆虫学报》《草地学报》《中国植保导刊》等国家级和省级公开核心期刊上发表论文 40 余篇，《植保技术与推广》创刊 30 周年被评为全国百名优秀作者，一篇论文被《应用昆虫学报》评为优秀论文。作为第 1 完成人，完成了国内第一个《河北省草地螟防控技术规范》地方标准。

　　为更好地服务于当地农业生产，指导农民增产增收，作为一名基层农技推广技术人员，还需要掌握方方面面的农业技术，实用性技术，才能成为一名合格的农技人员。我参加工作时只有高中文化知识，对农业知识了解甚少，工作起来很吃力，为了提高自己的业务知识水平，向实践学、向课本学，在单位向老同志虚心请教，回家后向父亲询问。为了提高自己的理论水平，利用 8 年半的时间，完成了农业中专、大专和大学本科全部课程学习，今年 2 月份将取得大学本科学历证书。我还不放过各种学习和培训机会，不断更新自己知识，系统学习了计算机，GPS 等现代先进知识。2006 年参加了农业部在南京农业大学组织的为期 30 天的病虫测报培训班学习。回来后，根据所学数理统计技术知识，结合康保县多年草地螟系统监测资料，组建了草地螟长期预测数学模型，从而提高了康保县草地螟的预报水平，科学准确的指导了当地防治工作。参加工作后，经常下乡，有时农民问这问那，不能给出满意答复，感觉到知识的匮乏，自己都不知这棵菜是怎样长成的，怎能去指导菜农？按教材去做往往达不到农民满意。1986 年和 1987 年利用冬季农闲季节到当时坝下农科所官厅试验站师从王福庭老师学习蔬菜栽培技术，连续两个冬天，春节也未回家。接受培训之后，开始把大白菜引进本县试种，当时引种的品种有二包尖、二高桩、晋三、青麻叶等品种，这些品种不抗抽薹，产量低，后来又引进试种成功了王福庭老师培育的高原 2 号抗抽薹、叠抱形白菜新品种，到如今始终未放弃对白菜品种的引种试验工作，包括 20 世纪 90 年代中后期引进的韩国、日本的春夏王、强势、春秋王等白心大白菜和 90 年代末期引进的金峰、春鸣、春鼎、春泉、金辉等大、中棵黄心白菜和近年推广种植的娃娃白菜，加上甘蓝、菜花、大萝卜等蔬菜品种，这么多年下来经我亲自试验过的蔬菜品种不下 400 个品系。从播种、田间管理、到采收每个生产环节都要亲自去操作，生产中还要观察每个品种抗病抗虫性、抗逆性、丰产性、商品性等，现在生产中该选用什么品种（加工型，还是鲜食性等），常发性病虫害种类、如何防治，应注意什么，如何搞好田间管理，生产中容易出现什么问题都了如指掌。康保县大白菜种植面积大，近年来经我引进试验的一些新品种已在当地大面积推广，助推了农民增收，看到菜农可喜的收入和鼓起来的钱袋子自己也感到非常欣慰。目前我试验的一些抗抽薹品种，拿到全国各地种植表现良好，未发现有抽薹现象。近年来还和国内、国外白菜育种家建立了间接联系，能够拿到他们新培育的一些新品种引种试验，加快了品种更新速度。2013 年我又在康保县王洪礼科技园区指导引进国内外蔬菜新品种 148 个进行了试验，建成了国内最大、品种最全的十字花科蔬菜试验基地，京张蔬菜专家，国、内外育种、栽培专家，部门领导和人大代表参观视察后都给予好评。

多年来，我先后引进完成试验、示范项目 105 项，一些新技术被迅速大面积推广，如：麦类黑穗病防治技术、农田化学除草技术、露地蔬菜无公害生产技术等。2000 年以前，康保县、包括坝上地区胡萝卜田除草全是人工除草，苗小草多，一天下来仅能锄三四分地，费工、劳动强度大，为了降低和减轻劳动强度，提高除草效果，我们开始筛选高效胡萝卜田除草剂。利用去兰州出差，从兰州农药厂购进一瓶氟乐灵农药，在本县蔬菜种植村照阳河镇王来栓村王占清胡萝卜田试验，收到了很好的化学除草效果，当时与人工除草相比，亩除草成本由 85 元下降到 15 元，功效提高 5 ~ 6 倍，这一技术被当地菜农很快认识，当时张家口地区市场氟乐灵除草剂欠缺，我们联系北京市植保站和北京市农资公司有这种除草剂，征得领导同意开着单位 212 吉普车从北京把农药给菜农拉回，这项技术在康保县迅速推广，每年推广 2.5 万亩以上，后来被坝上和张家口其他胡萝卜种植区广泛使用。改变了坝上农民"面朝黄土背朝天"的耕作方式。莜麦是当地一种主要粮饲兼用作物，莜麦坚黑穗病是莜麦生产上一种毁灭性的病害，2007 ~ 2010 年由于连续遭受自然灾害，用种不足，农户开始频繁从外地串种，造成病菌大量传入，再加上农机跨区作业，莜麦坚黑穗病迅速传播，呈严重发生态势，为了掌握全县病情发生情况，2011 年和 2012 年，我带领植保站技术人员，深入全县 15 个乡镇 160 余个村，800 余块麦田进行了普查，调查样点 4 000 个，准确地掌握了莜麦坚黑穗病发生动态，及时报告县政府，争取防治资金，指导了全县莜麦坚黑穗病的防控工作，控制了为害，2013 年通过测产，仅此一项防控技术就挽回经济损失 2 000 余万元。

作为一个人干什么要有奋斗目标、要有理想，要有始有终，干一行要爱一行，心里想着他人，有无私奉献的精神。作为一个工作人员，要确立自己的人生观，要爱岗敬业，情系百姓，热爱人民，具有全心全意为人民服务的高尚品格。前些年基层推广系统断奶，人员浮躁，不少技术人员利用自己的技术专长下海经商。虽然我的家庭面临妻子下岗，孩子待业，母亲重病的困境，家里很需要钱，凭借我的技术，开个农药、种子门市部，自己单干，肯定能挣到钱。当时一些乡镇科技园区缺少技术人员，乡镇领导也找过我，让我当技术顾问，待遇也比较丰厚，但我想，一个人的精力是有限的，选择担当技术顾问就意味着要放松植保工作，你出去自己挣钱去了，植保站其他同志怎么想，都去干自己的活，挣自己的钱，测报工作谁还来干，人心不就散了吗，仔细斟酌后还是不能放弃自己心爱的植保事业。近年来，我多次谢绝一些专业蔬菜公司和合作社薪金聘请，毅然选择了心爱的植保事业。而对于这些公司和合作社的技术咨询，我悉心指导，免费提供服务。邓油坊镇宋家营村众旺合作社以蔬菜种植为主，每年种植面积在 1 000 多亩，生产季节我时常深入田间进行指导，还通过电话随时了解蔬菜生长情况，帮助他们解决生产中存在的问题，合作社负责人武玉英说：这些年来我们生产的蔬菜产量高、品质好、收益好，多亏了你对我们的技术帮助，我们蔬菜生产上出了什么问题，一打电话你就及时赶到，帮我们解决问题，是我们种菜的"保护神"，每次去指导他们都想好好招待，想给点服务费也被我拒绝了。无论是当地蔬菜种植户还是外地种植大户、还是种植散户，只要他们生产中出现问题随叫随到，今年一个浙江蔬菜种植大户苏老板，早春育苗时由于出苗时浇水过勤，出现水渍现象，幼苗子叶枯死，真叶发黄，棚里培养的是 2 000 亩菜地苗子，毁种重新育苗将耽误农事，把老板急哭了，打电话找到我，我及时赶到现场，查明原因，进行了补救，今年收入颇丰，坚定了明年在康保继续扩大种植面积。张纪镇边家营村一户菜农，由于在大白菜种植中误用除草剂面临绝收，通过镇政府找到我，当时已是下午五点多，我二话没说，骑摩托车急赶 50 多华里，到现场查清原因，由于治疗及时，这家农户拿出秋天收入 4 万余元要答谢我，却被我固执的谢绝了。这样的实例对我来说很多很多……，由于对农户悉心指导、热情服务，我已成为了农民的贴心"科技指导员"。

基层的工作是辛苦的，生活是艰辛的。30 多年来，我的足迹踏遍了家乡的山山水水，凭着对植保事业的满腔热情和刻苦钻研、吃苦耐劳的精神，扎根农业生产第一线，解决了生产中一个又一个技术难题，工作得到了社会和群众的认可，给予我很多荣誉，我要更加珍惜这些荣誉，在荣誉面前，要更加认清自己肩上责任，我决不把荣誉作为资本，而是作为一种动力去激励今后我的工作，开拓创新，奋发向上，服务群众，创先争优。为农业更强、农村更美、农民更富做出新的贡献。

河北省农业厅关于在全省农业系统开展
向康爱国同志学习的决定

冀农办发〔2013〕35号

发布时间：2013-12-16 17:59:02

河北省办公厅

各设区市、定州市、辛集市农业、畜牧水产、农业产业化主管部门，厅属各单位：

康保县农业局高级农艺师、省十二届人大代表康爱国同志，1965年11月出生，1984年10月参加工作以来，一直在县农业局植保站从事病虫害监测和植保新技术试验、示范和推广工作，他三十年如一日，始终扎根在坝上高寒贫困地区农业科技推广第一线，不畏艰辛，忘我工作，足迹踏遍了全县各个乡镇，为农业生产和病虫害监测做出了突出贡献，得到了各级政府和上级主管部门的多次表彰，赢得了广大农民群众的称赞和爱戴。

多年来，康爱国同志潜心钻研业务，苦学不辍，攻坚克难，获得了多项创新研究成果，完成了国内第一个《河北省草地螟防控技术规范》地方标准，率先采用马尔科夫链理论完成了草地螟数学预测模型，解决了困扰我国草地螟长期或超长期预报多年存在的瓶颈问题，连续多年预报准确率100%。由于业绩突出，获得全国农牧渔业丰收奖一等奖1项、农业部中华神农科技三等奖1项、河北省科技进步三等奖3项和北京市科技成果三等奖1项等奖项，多次评为全国病虫测报先进工作者、河北省"双百、双千人才工程"第三层次人选、全省行业服务标兵和全省农业系统先进人物等荣誉称号。他的先进事迹在《河北经济日报》等新闻媒体刊登。

康爱国同志的先进事迹感人至深，催人奋进，他用实际行动诠释了一名优秀农业科技推广人员诚挚的为民情怀，展现了一名基层农技人员无私奉献的可贵品质，谱写了对党和人民的一片忠诚。他是河北省农业科技战线上的优秀代表。为此，省农业厅决定，在全省农业系统开展向康爱国同志学习活动。

要学习他深入基层、心系农民的务实作风。他立足农业生产第一线，几十年如一日，急农民之所急，送农民之所需，不辞劳苦，常年奔走在全县田间地头，为群众解难题、送科技，在平凡岗位上，取得了不平凡的业绩。

要学习他勇于实践、忘我钻研的优秀品质。他坚持学以致用，理论与实践相结合，长年坚持科技试验示范活动，攻坚克难，不断提高业务水平，努力成为农业科技推广战线上的行家里手，为当地农业发展、农民增收做出了突出贡献。

要学习他坚守信念、爱岗敬业的奉献精神。30年来，他不讲条件，不争待遇，耐得住清贫，经得住考验，一心扑在他倾心热爱的农业科技推广工作上，默默地实现着一名农业技术推广人员的人生价值。

要学习他务实高效、清正廉洁的高尚情操。在金钱和事业面前，他毅然选择了自己热爱的公益性植保事业，始终坚持在病虫鼠害测报工作第一线。对农民的技术咨询，他言无不尽，义务悉心指导，成为农民贴心的科技人。

全省各级农业部门要立足本地实际，认真组织广大干部职工和科技工作者学习康爱国同志的先进事迹，将学习活动同当前开展的党的群众路线教育实践活动有机结合起来，紧密围绕"百、千、万"农业干部下基层、解难题、送服务行动的实施，组织和引导广大干部职工深入基层，贴近实际，送服务、解难题，惠民生、促发展。通过学习康爱国同志的先进事迹，努力激发广大干部职工蓬勃向上的工作热情，在全系统形成学先进、做贡献、促发展的良好风气，切实加强干部队伍建设，坚定信念，扎实工作，为全面完成省委、省政府"三农"工作的各项部署，促进农业农村经济又好又快发展努力奋斗。

附：康爱国同志先进事迹

河北省农业厅

2013 年 12 月 13 日

康爱国同志先进事迹

康爱国，男，1965 年 11 月生，1984 年 10 月参加工作，大专学历，康保县农业局植保站高级农艺师，省十二届人大代表。参加工作以来一直从事农业病虫害监测和植保新技术试验、示范和推广工作，为康保县的农业生产、国家、省、市病虫害监测做出了不平凡的业绩，得到了各级政府和主管部门多次表扬以及农民群众好评。

一、平凡事业　突出实绩

参加工作以来，他获省（部）科技进步三等奖 3 项，市（厅）科技进步一等奖 1 项、二等奖 3 项、三等奖 4 项，获两项发明专利，近期又荣获 2011～2013 年度全国农牧渔业部贡献奖。先后在《自然灾害学报》《昆虫学报》等国家级和省级公开核心期刊上发表论文 30 余篇，2010 年《植保技术与推广》创刊 30 周年被评为全国百名优秀作者。作为第 1 完成人，完成了国内第一个《河北省草地螟防控技术规范》地方标准。先后多次被县委、县政府评为先进工作者，获康保县"十大杰出青年"，"十大创新先锋"，"十大创新楷模"，"农业科技标兵"，记三等功一次等荣誉；1998 年、2007 年和 2011 年三次被市委、市政府评为先进科技工作者，2012 年还被市委、市政府评为农业先进工作者，2013 年又荣获张家口市劳动模范；2000 年入选河北省"双百、双千人才工程"第三层次人选，2000 年当选河北省农业系统先进人物，2012 年被省委创先争优领导小组评为"全省行业服务标兵"，2012 年在全省召开的基层建设年表彰大会上被评为优秀工作组（队员享受优秀队员），受到省委、省政府表彰；2000 年和 2010 年两次被评为全国病虫测报先进工作者。2010 年中共康保县委、县政府和张家口市农牧局党委分别做出全县党员干部、职工和张家口市农业系统干部、职工《关于开展向康爱国同志学习的决定》。河北经济日报以《平凡的岗位　闪光的人生》为专题对他的事迹进行了报道。

在荣誉面前，让他更加认清了自己肩上责任，他不把荣誉作为资本，而是作为一种动力去激励今后的工作，开拓创新、奋发向上、服务群众、创先争优。

二、辛勤工作　爱岗敬业

康保县植保站是国家级农作物病虫测报区域站，参加工作以来，他一直承担着国家、省、市草地螟、黏虫等十几项重大病虫系统监测任务，选择了植保工作，就注定了与田地打交道。从事过农业植保工作的同事都知道，做病虫监测工作需要大部分时间在野外渡过，没有节假日，晴天一身汗，雨天一身泥，风吹日晒，蚊虫叮咬，工作十分繁重。为了掌握草地螟等病虫害的发生规律，从土地解冻开始至封冻前坚持田间调查。为了观察夜间不同时间和恶劣气候条件下成虫活动情况，经常一站就是几个小时甚至一整夜，蚊虫叮咬是可想而知的。为了收集杨树枝把诱到的成虫，夏天四、五点钟太阳未出已开始检查诱到的成虫，而后还要把黑光灯、佳多灯诱到的成千上万成虫进行种类和雄雌分类统计，接下来还要深入田间进行系统调查和大面积普查工作，及时准确掌握田间病虫消长规律，收集病虫监测数据。全县哪个村发生了虫情，发生面积多少，为害轻重，他都了如指掌。2010 年前，下乡交通工具是一辆摩托车，早出晚归，有时一天只吃一顿饭，一天下来行程 100 多 km，由于常年骑摩托车，身体患上关节炎，天气一变关节就痛，夏季还穿着厚长袖衫。骑车下乡摔跤碰伤是常有的事，怕年迈体弱母亲担心，回家总是装出无事的样子。2009 年 6 月越冬代草地螟成虫暴发，母亲胆结石在张家口市做切除手术，术后第 3 天他就返回了工作岗位，在母亲最需要的时刻，没能病床前尽儿子的一份孝心。有时不知情的妻子埋怨他不管家事（2008 年女儿阑尾炎手术他在黑龙江参加全国草地螟研讨会）。就是凭着这种顾大家、舍小家的敬业精神，坚持在测报工作第一线。长年累月的野外调查，皮肤被晒的脱皮，出现病发日光性皮炎，身体裸露地方被晒的黑紫，农民朋友形象地称呼他是田地间的"活雕塑"，风吹不动、雨淋不散，虫咬不怕。这样的工作一干就是 30 年。由于工作认真、数据准确，康保县植保站被国家测报处誉为草地螟系统的监测"侦察兵"和"前哨"，2001 年被评为全国病虫测报先进集体。康保县是河北省唯一的鼠疫疫源县，也是农区鼠害重发区，2004 年他承担了河北省农区鼠害和天敌种类调查及综合防控示范项目，作为项目主要承担者，严格项目区实施，一些防控技术被全省推广应用，对控制农区鼠害严重发生做出了贡献。为了掌握鼠害活动规律，拍摄田间生态鼠害照片，有时他在田间一蹲就是三四个小时，他拍摄的鼠害图片多幅被全国农区鼠害图谱一书选用，在国内外会议交流。2007 年农区鼠害综合防治技术推广项目被评为省"丰收计划"二等奖（他是第 3 完成人）。同时该项目对实现省委、省政府提出的"人间鼠疫不发生、鼠间鼠疫不下坝"的防治目标做出了贡献。

三、敢于担当　勇于创新

康保县是河北省农业生产自然条件最恶劣的地方，但是康爱国一待就是 30 年，他放弃了几次升迁和调动的机会，支撑着康保的植保事业。作为一名基层科技人员，他多次参加国家、省、市科研和推广项目，2005～2008 年他作为主要研究人员之一，承担了国家技术攻关项目《草地螟关键控制技术集成与示范》和《草地螟灾变规律及监控技术研究》两个项目部分研究任务，荣获"2008 年北京市科技成果 3 等奖"和"2009 年农业部中华神农科技 3 等奖"（是该项目唯一基层受奖人员）。近年又承担和参加了国家公益性行业科技（农业）专项研究项目3项和"国家十一五和十二五油用亚麻产业技术体系"团队和省市一些研究和示范、推广项目。草地螟监测和预警是世界性的难题，也是我国的六大病虫害之一，康爱国同志经过多年调查研究，攻坚克难，获得了多项创新研究成果，他的研究成果得到了国内专家同仁的认可。如他率先采用马尔科夫链理论率先完成了草地螟数学预测模型，解决了困扰我国草地螟长期或超长期预报多年存在的瓶颈问题，连续六年长期预报准确率100%。为此，多次作为专家参加全国和省市举办的草地螟学术研讨会和培训班，2013年6月他又应邀参加了中国植物保护学会在广西·兴安召开的全国突发性暴发性生物灾害早期预警与防控技术研讨会，他是大会13名报告人唯一来自基层的专家。由于专业技术得到了社会和专家们的认可，他同中国农科院植保所、中国农科院草原所、全国农技推广中心等国家级和省级科研院所和推广部门建立了良好的科研合作关系，共同承担了国家和省级科技攻关项目，开展科技攻关，取得了丰硕成果。

多年来，他先后引进完成试验、示范项目105项，一些新技术被迅速大面积推广，如：麦类黑穗病防治技术、农田化学除草技术、露地蔬菜无公害生产技术等，其中，胡萝卜田氟乐灵化学除草技术，亩除草成本由85元下降到15元，功效提高5~6倍，每年推广2.5万亩，改变了坝上农民"面朝黄土背朝天"的耕作方式。莜麦是当地一种主要粮饲兼用作物，莜麦坚黑穗病是莜麦生产上一种毁灭性的病害，2007~2010年由于连续遭受自然灾害，用种不足，农户开始频繁从外地串种，造成病菌大量传入，再加上农机跨区作业，莜麦坚黑穗迅速传播，呈严重发生态势，为了掌握全县病情发生情况，2011年和2012年，他深入全县15个乡镇160余个村，800余块麦田进行了普查，调查样点4 000个，准确的掌握了莜麦坚黑穗病发生动态，及时报告县政府，争取防治资金，指导了全县莜麦坚黑穗病的防控工作，控制了危害，2013年通过测产，仅此一项防控技术就挽回经济损失2 000余万元。

四、廉洁自律　清白做人

他情系百姓，热爱人民，具有全心全意为人民服务的高尚品格。前些年基层推广系统断奶，人员浮躁，不少技术人员利用自己的技术专长下海经商。虽然家庭面临妻子下岗，孩子待业，母亲重病的困境，康爱国同志凭借他的业务水平，自己单干，肯定能挣大钱。但是他首先想到的是全县的植保事业和农业发展，他的这种道德情操，是一名真正基层干部的品质标准，是我们每一个国家公务人员的学习榜样。他在工作和生活中严格要求自己，乐于助人、辛勤工作、刻苦钻研业务，团结同志，作风正派。他的人生观、价值观和对工作的态度是我们进行"照镜子、正衣冠、洗洗澡、治治病"鲜活典型。近年来，他多次谢绝一些专业蔬菜公司和合作社薪金聘请，毅然选择了心爱的植保事业。而对于这些公司和合作社的技术咨询，他悉心指导，免费提供服务。邓油坊镇宋家营村众旺合作社以蔬菜种植为主，每年种植面积在1 000多亩，生产季节他时常深入田间进行指导，还通过电话随时了解蔬菜生长情况，帮助解决生产中存在的问题，合作社负责人武玉英说：这些年来我们生产的蔬菜产量高、品质好、收益好，多亏了他对我们的技术帮助，我们蔬菜生产上出了什么问题，一打电话他就及时赶到，帮我们解决问题，是我们种菜的"保护神"，他每次来指导普通便饭也没吃过一次，想给他点服务费他不接受，我们喜欢这样真心为群众办实事的干部。张纪镇边家营村一户菜农，由于在大白菜种植中误用除草剂面临绝收，通过镇政府找到他，当时已是下午五点多，他二话没说，骑摩托车急赶50多华里，到现场查清原因，由于治疗及时，这家农户收入 4 万余元要答谢他，却被他固执的谢绝了。这样的实例对他来说很多很多……，由于对农户悉心指导、热情服务，他已成为了农民的贴心"科技指导员"。

基层的工作是辛苦的，生活是艰辛的。30 年来，他的足迹踏遍了家乡的山山水水，凭着对植保事业的满腔热情和刻苦钻研、吃苦耐劳的精神，扎根农业生产第一线，解决了一个又一个技术难关，用智慧和汗水浇灌着广袤田野，用赤诚传播现代农业技术。

怀念我的老站长——王吉华同志

程红霞

（尚义县植保站）

20 年前，我毕业于河北农业大学植保系，我怀着满腔的期待和新奇，踏上了位于坝上的贫瘠尚义——这块需要我的土地。我志愿被分到尚义县植保站——我认可的专业对口单位。迎接我的是一位 50 多岁的男性长者，我的第一任老站长——王吉华同志。他，微胖的身材，微白的头发，慈祥而总带微笑的面容，言语谦和地对我说："欢迎你，大学生，尚义县的植保事业需要你。我也不是本地人——保定易县人。文化不高——小学五年级水平。植保工作辛苦，需要爱学习，好钻研的精神，只要肯努力，就会出成绩……"我认真地听着他的话，一种温暖的感觉涌上心头……

我慢慢发现：

他的桌上总摆着钳子、铁丝、洋钉、盘子、瓶子……

原来，他在改造黑光灯：坝上的风大雨斜；下雨时，雨水会流进集虫瓶。他成功了，在我的协助下，还发表了论文。

他的卷柜里，陈列着许多植保专业书籍：

植物保护、昆虫知识、生态农业、病虫测报历……

上面都有他的观察论文。

他对坝上鼠害、麦秆蝇有独到的研究，他不辞辛苦，不计代价，在有害生物的发生期，不分上班、下班，认真观察；一顶褪色的草帽，一双带泥的黄胶鞋，被露水打湿的裤腿……他的付出，同事认可，政府认可，他被评为河北省劳动模范。

我的老站长，他的文化不高，却凭着多年的工作经验和一份执著，做出了成绩，赢得了尊严，赢得了荣誉。

72 岁那年，离休的他由于癌症离去了。临手术前，他还来植保站看了看，说了许多鼓励我们的话。

我怀念他，我的老站长，退休后，他把许多的观察笔记、测报工具和工作资料留给了我，把他的桌椅、板凳也留给了我。

我坐在他的位置上，体会着他的不平凡，老站长的敬业和钻研，一直激励着我，成为我一生的精神财富。我也是一个外地人，现已在尚义的植保站工作了 20 年，成为尚义植保站线的带头兵，我欣慰，我情愿。因为我的心中永远有一面镜子，一面旗帜：我的老站长，王吉华同志。

科技兴农　身体力行

——一个植保技术推广者的苦辣酸甜

程翠联

（无极县植保站）

　　我从事植保农业技术推广工作二十载，一个毕业于河北农业大学常年与农民打交道的普通得不能再普通的农业技术员，二十年的工作经验使我悟出了一个道理，农技推广工作要想做好、做强、做大，只有心系农民，想为农民所想，急为农民所急，做农民所做，二十年来，我和植保站全体同事，奋力拼搏，开拓创新，脚踏实地，真抓实干，甘于奉献，充分发挥自己掌握的农业技术，发展我县农业，使农业增产、农民增收，与全站人员共同努力，赢得了广大农民的依赖和拥护。

　　回顾 20 年的工作历程，我的感觉是酸甜苦辣、五味俱全，为人妻为人母，家务繁重，单位条件差，女同志较多，没有交通工具。一年内有几十次骑自行车到几里、几十里以外的村庄调查，来回跑五六十里，夏天一身汗，风天一身土，雨天一身泥，确实有点苦。夏秋季节，农民喜气洋洋收打小麦、玉米，也是我们最开心的时刻。当我们完成一个个试验示范项目、科研项目、丰收计划项目时，又有说不出的高兴。每年在小麦收获季节，我们都要取上百个样品，测定不同小麦千粒重。2002 年，我和一位同事骑自行车到南马、张段固、高头一带取小麦千粒重。6 月份是麦收季节，天气又干又热，我们走到南马村时，已经到了上午十一点，如果立即回家，还能给上学的孩子做上中午饭，但是调查任务没有完成，返回家再取，一是增加跑道时间，二是时间不等人，怎么办？我俩商量决定，克服困难，完成当天的任务，累了在树荫下休息会儿，渴了在机井旁喝点凉水，直到下午 2 点多钟，才圆满完成任务，2004 年，在实施"优质小麦配套技术示范县"项目的小麦播种期间，我们在东池阳村建立了小麦玉米高产示范方作为实施项目的典型方田。为保证方田内小麦做到"六个统一"，即统一品种，统一测土配肥，统一播期，统一播量，统一病虫草综合防治，统一肥水管理。中心领导分别派专人负责示范点的工作，我和一位同事负责该村方田，该方田面积 300 亩，涉及 69 户，其中有 8 户小麦品种不统一，原因是农民已留种子不愿购买新品种，为做通这 8 户的工作，我们结合村干部深入各户费尽口舌，终于使 300 亩小麦全部种上了优质小麦新品种，实现了种子统一，在小麦播种期间，我们几乎每天都到东池阳村一趟，往返 20 里地，一次遇上风天，骑车走不动，就坐在公路旁休息会儿，等有劲了再继续赶路。我们植保站有 4 名技术干部，其中 3 名女同志，有的中午接送上学的孩子，单位又没有车，面对家里和单位的困难，我们 4 个人没有退缩，而是想办法克服，自己的困难不算困难，工作第一，完成任务第一，早上 7 点钟出发，中午在村边吃碗面条，下午接着调查，一块一块的查，一个一个的数，有时为了寻找有代表性的地点，需要钻十几块的玉米地，一天下来我们的衣服脏了，头发乱了，累得筋疲力尽，但是没有一个同志叫苦叫累，个个脸上还都带着笑容，这就是农业干部的素质，这就是我们的精神面貌，这就是我们的工作态度。最近四年我县农业产业结构发生了巨大变化，逐步形成了"东菜、南革、北油、西养"的格局，为适应新形势的需要，我和站上几位同志学习无公害蔬菜栽培基地，七汲镇王村、小吕开办的"无极县无公害蔬菜产销协会技术服务中心"，参加了黄瓜—韭菜效益调查，以及韭菜禁用高毒高残留农药灌根的调查等项工作，在《河北农村科技开发》上发表。总之，我县11个乡镇、213个自然村的寸寸土土，几乎都有我们技术人员的脚印和汗水。农业技术中心有十几位技术干部，我只是其中的一员，每位技术干部始终为促进我县农业、农村经济的发展，积极开展农技推广活动，在推广方法上，做到了"电视上有形象、报纸上有文章、喇叭里有声音"，起到了一个技术推广人员应起到的作用。

1998年我县小麦纹枯病大发生年，为确保全县小麦损失降低到最低，我和我站其他人员一起深入田间进行详细的调查，并在关键时刻提出切实可行的防治建议，因此，本县小麦并未受到多大损失，此方法被市植保站采纳，于2000~2004年在全市推广，又经市科委专家组验收，达到了同类研究的领先水平，被市科委授予科技进步二等奖。

我们艰辛的劳动有时并不被农民所理解，那是2003年7月，正值农业税收缴期间，因小麦全蚀病发生收获无几的北苏镇新城村十几名农民到镇政府请愿，要求赦免税费，我们听说后，主动到该村宣传技术，帮助农民防治病害，但农民并不领情，因为他们害怕假技术、假农药，钱花了，病不见好，俗语说："一旦被蛇咬，十年怕草绳"，何况我们提出的防治策略，需要较多投入，一亩地少说也要十几元钱，老百姓接受不了，关键还是怕治不住，经过调查找出症结，我用我这几年的小麦全蚀病经验，并搞了深入细致技术讲座，使当地老百姓明白了小麦全蚀病发生规律与防治方法，并明白了我们这是在无偿服务，他们感动了，我于是一鼓作气，把全蚀病发生严重村讲了个遍，推广全蚀病防治技术1.2万亩次，占全县发生面积的40%，通过2004年小麦产量调查，防治效果不错，为农民换回产量损失250多万斤，取得了明显经济效益和社会效益。通过这次为期半个月的成功宣讲，使我深深地体会到技术宣讲不再是一种泛泛之谈，必须与我们技术人员的社会责任心挂起钩来，我们让老百姓怎么做，预期达到什么效果，在老百姓做事情以前就要让老百姓首先明白，实现预期效果是我们技术人员技术服务所追求的唯一目标，不能让老百姓认为我们讲技术是空空之谈，是卖当的，做秀的，只有做到心系农民，勇于做好农民的技术后盾，敢于负起技术责任，才能做一个为农民的技术后盾，敢于于负起技术责任，才能做一个为农民奔向富裕的真正护航员。

在小麦生产上我们紧紧围绕"依据地力基础，优化品种布局，氮磷钾微有机肥并举，适时运筹肥水，调控适宜群体，严防蚜虫、红蜘蛛、吸浆虫、地下害虫、麦叶蜂、白粉病、纹枯病、叶枯病"五虫三病"的技术路线。狠抓了"依据地力基础，优化品种布局，因地制宜，改革种植形式，坚持稳氮控磷，增钾、补锌的配方施肥原则，全面推广机械化半精量播种技术，科学促控，增穗增粒，严防病虫害"六项关键技术的落实。使本县小麦单产总产上升了一个新的台阶，并总结出了一整套"小麦全程综防技术措施"，为我县农业增产做出了一定贡献。

2006~2008年在我局主持的科技入户示范工程中，我承包了王村两名科技示范户辐射十名蔬菜种植户和东朱村、南马的十名示范户辐射的200户小麦种植户，每到关键时，必须与户里零距离接触，从施肥浇水到病虫草综合防治全程服务，使我深刻认识艰辛，认识到自己肩上的责任。在我县组织的"专业技术人员进村兴业"活动中，为把科技知识普及到千家万户，提高农民种田的技术含量，积极为政府建言献策，鉴于我县近几年麦田禾本科杂草发生严重这一现象，在 2005 年提出"加强道路检疫，确保我县农业安全生产"这一议案，被我县政府采纳，并列为 2006 年我县"十大工程"之一。

科技兴农，身体力行，这是一个普通的植保工作者最起码的工作态度。农业发展、科技先行，在今后的岁月里，我更有决心，有信心利用自身之长，献身农业、服务人民，积极贯彻"公共植保、绿色植保"的防治理念，使我县农业增产，农民增收，做一名出色的植保技术推广人员。